4830 bis 6095

**Jahrbuch zum
VDE-Vorschriftenwerk
1998**

Zum Autor

Prof. Dr.-Ing. **Alfred Warner** war bis zu seinem Eintritt in den Ruhestand 1997 Leiter des VDE Prüf- und Zertifizierungsinstituts, Offenbach a. M., und Geschäftsführer des VDE. Er studierte Nachrichtentechnik an der TU Hannover, promovierte 1966 an der TU Berlin. 1957 begann er bei der VDE-Prüfstelle seine berufliche Laufbahn als Prüfingenieur für Funk-Entstörung sowie Geräte und Bauelemente der Elektronik. 1971 übernahm er die Geschäftsführung. Er vertrat die Belange des VDE-Prüf- und Zertifizierungswesens in nationalen, europäischen und internationalen Gremien, war stellvertretender Vorsitzender des IEC-Systems für Konformitätsprüfungen nach Sicherheitsnormen für elektrotechnische Erzeugnisse (IECEE), Vorsitzender des Internationalen Sonderausschusses für Funkstörungen (CISPR), Vorsitzender des Komitees der Zertifizierungsstellen (CCB) im CB-Verfahren der IEC, des ECQAC und des DIN-Ausschusses Zertifizierungsgrundlagen (AZG). Seine Veröffentlichungen betreffen Funk-Entstörung, Prüf- und Zertifizierungswesen, Terminologiefragen und Technikgeschichte sowie das VDE-Vorschriftenwerk, über das unter seiner Herausgeberschaft oder Bearbeitung erschienen bzw. erscheinen: „Einführung in das VDE-Vorschriftenwerk", „Lexikon der Elektrotechnik; Definitionen des VDE-Vorschriftenwerks", „Tabellen und Diagramme für die Elektrotechnik; Aus dem VDE-Vorschriftenwerk ausgewählt" und „Jahrbuch zum VDE-Vorschriftenwerk". Seit 1980 hat er an der TU Darmstadt den Lehrauftrag „Normen-, Prüf- und Zulassungswesen in der Elektrotechnik", ab 1993 geändert in „Europäisches Normen-, Prüf- und Zulassungswesen in der Elektrotechnik". 1986 wurde er zum Honorarprofessor ernannt.

**VDE-Schriftenreihe
Normen verständlich**

98

Jahrbuch zum VDE-Vorschriftenwerk 1998

Neues über VDE-Bestimmungen,
VDE-Leitlinien und VDE-Vornormen
auf der Grundlage von EN, HD, IEC und VDE

Berichtzeitraum 1. April 1997 – 31. März 1998
15. Jahrgang
Herausgegeben und bearbeitet
von Prof. Dr.-Ing. Alfred Warner

1998

VDE-VERLAG GMBH • Berlin • Offenbach

Deskriptoren: Elektrotechnik. Technische Regeln. Normen. VDE-Bestimmungen.
VDE-Leitlinien. VDE-Vornormen. DIN-Normen. DIN-VDE-Normen. Europäische Normen.
Harmonisierungsdokumente. Internationale Elektrotechnische Kommission (IEC).
Europäisches Komitee für Elektrotechnische Normung (CENELEC).

Die Deutsche Bibliothek – CIP-Einheitsaufnahme

Verband Deutscher Elektrotechniker:
Jahrbuch zum VDE-Vorschriftenwerk ... : Neues über VDE-Bestimmungen,
VDE-Leitlinien und VDE-Vornormen auf der Grundlage von EN, HD, IEC und VDE. /
Hrsg.: Alfred Warner. - Berlin ; Offenbach : VDE-VERLAG,
Erhielt früher eine ff.-Aufnahme
ISSN 0175-7199
Jg. 15. 1998. Berichtszeitraum 1. April 1997 – 31. März 1998. –
1998
(VDE-Schriftenreihe ; 98)
ISBN 3-8007-2333-6

ISSN 0506-6719

© 1998 VDE-VERLAG GMBH, Berlin und Offenbach
Bismarckstraße 33, D-10625 Berlin

Alle Rechte vorbehalten

Druck: GAM Media GmbH, Berlin   9808

Vorwort

Eine solch umfassende Sammlung, wie sie das VDE-Vorschriftenwerk mit seinen über 1500 VDE-Bestimmungen, VDE-Leitlinien und VDE-Vornormen darstellt, kann den Bedürfnissen der Benutzer nur dadurch gerecht werden, daß sie regelmäßig dem Stand der Technik angepaßt wird. Dies geschieht heute vorrangig durch Übernahme der Europäischen Normen (EN) und durch Anpassung an Harmonisierungsdokumente (HD) des Europäischen Komitees für Elektrotechnische Normung (CENELEC). Hierüber zu informieren, ist das Ziel des **Jahrbuchs zum VDE-Vorschriftenwerk.**
Die Aufnahme, die das seit 1984 von mir herausgegebene Jahrbuch zum VDE-Vorschriftenwerk in der Fachwelt erfreulicherweise gefunden hat, bestätigt die Richtigkeit des eingeschlagenen Weges. Daher lag es nahe, dieses Jahrbuch 1986 in die VDE-Schriftenreihe mit derselben Zielsetzung zu übernehmen. Für diesen Band gilt somit das schon früher Gesagte:
Als VDE-Vorschriftenwerk wird gemäß VDE 0022 die Sammlung der technischen, vorzugsweise sicherheitstechnischen, Festlegungen bezeichnet, die der VDE Verband Deutscher Elektrotechniker e.V. seit seiner Gründung am 22. Januar 1893 in Form von VDE-Bestimmungen und anderen Regeln herausgibt. VDE-Bestimmungen enthalten Festlegungen über die Abwendung von Gefahren für Menschen, Tiere und Sachen, wobei diese Gefahren folgende Ursachen haben können:
- elektrische Spannungen und Ströme,
- elektrisch verursachte Übertemperaturen,
- Störungen der Elektrizitätsversorgung,
- Störungen des Betriebs elektrischer Anlagen, Geräte oder deren Teile,
- ähnliche elektrische Gefahrenquellen,
- Funkstörungen,
- mechanische, thermische, toxische, radiologische und sonstige Gefahrenquellen in elektrischen Anlagen, Geräten oder deren Teilen.

Die Besonderheiten dieses Jahrgangs sind:
- Er enthält die Kurzfassungen der zwischen April des Vorjahres und März dieses Jahres in Kraft gesetzten 253 VDE-Bestimmungen, VDE-Leitlinien, VDE-Vornormen und Beiblätter, geordnet nach VDE-Gruppen und VDE-Klassifikationsnummern.
- Ein Inkraftsetzungs-Kalender gibt in zeitlicher Reihenfolge die Nummern der im jeweiligen Monat in Kraft gesetzten VDE-Bestimmungen, VDE-Leitlinien, VDE-Vornormen und Beiblätter an.
- Ein Außerkraftsetzungs-Kalender führt alle VDE-Bestimmungen, VDE-Leitlinien, VDE-Vornormen und Beiblätter auf, die im Berichtszeitraum und danach außer Kraft gesetzt wurden.

- Mitteilungen zum VDE-Vorschriftenwerk sind die Verlautbarungen der Deutschen Elektrotechnischen Kommission im DIN und VDE (DKE), bekanntgegeben in ihren Organen „etz Elektrotechnische Zeitschrift" und „DIN-Mitteilungen mit elektronorm". Mitteilungen zu analogen Regelwerken werden fallweise aufgenommen.
- Eine Dokumentation von 68 Aufsätzen und Büchern verzeichnet mit einer kurzen Inhaltsangabe neuere Arbeiten, die sich mit dem VDE-Vorschriftenwerk und analogen Regelwerken befassen.
- Das „Besondere Kapitel" dieses Jahrgangs ist der Originaltext der **Telekommunikationszulassungsverordnung**.
- Ein Sachregister macht das Jahrbuch zu einem praktischen Nachschlagewerk.

Dieses Jahrbuch würde nicht zustande kommen, würde ich nicht von meiner Frau und von unserer Tochter tatkräftig unterstützt.

Darmstadt, im April 1998   A. Warner

Inhalt

1 Kurzfassungen der Erst- und Folgeausgaben zum
VDE-Vorschriftenwerk
(in der Reihenfolge der VDE-Klassifikationsnummern;
Titel sind stark gekürzt) 17

1.1 Energieanlagen 19

DIN VDE 0100-... (**VDE 0100 Teil ...**)
Elektrische Anlagen von Gebäuden. 21
DIN VDE 0102 Bbl 3 (**VDE 0102 Bbl 3**)
Berechnung von Kurzschlußströmen in Drehstromanlagen 32
DIN IEC 909-3 (**VDE 0102 Teil 3**)
Doppelerdkurzschlußströme 38
DIN EN 50110-... (**VDE 0105 Teil ...**)
Betrieb von elektrischen Anlagen 41
DIN VDE 0105-100 (**VDE 0105 Teil 100**)
Betrieb von elektrischen Anlagen 47
DIN VDE 0108 (**VDE 0108**)
Starkstromanlagen und Sicherheits-Stromversorgung für
Menschenansammlungen 54
DIN VDE 0110-... (**VDE 0110 Teil ...**)
Isolationskoordination in Niederspannungsanlagen 56
DIN EN 60071-... (**VDE 0111 Teil ...**)
Isolationskoordination 66
DIN EN 50122-1 (**VDE 0115 Teil 3**)
Bahnanwendungen; Ortsfeste Anlagen; Schutzmaßnahmen 71
DIN EN 50123-... (**VDE 0115 Teil 300-...**)
Bahnanwendungen; Ortsfeste Anlagen; Gleichstrom-Schalteinrichtungen .. 76
DIN EN 50152-... (**VDE 0115 Teil 320-...**)
Bahnanwendungen; Ortsfeste Anlagen; Wechselstrom-Schalteinrichtungen 78
DIN VDE 0118 (**VDE 0118**)
Errichten elektrischer Anlagen im Bergbau unter Tage. 80
DIN EN 61400-2 (**VDE 0127 Teil 2**)
Windenergieanlagen; Sicherheit kleiner Windenergieanlagen 84
DIN EN 50176 (**VDE 0147 Teil 101**)
Ortsfeste Sprühanlagen für brennbare flüssige Beschichtungsstoffe .. 87
DIN EN 50177 (**VDE 0147 Teil 102**)
Ortsfeste Sprühanlagen für brennbare Beschichtungspulver 91

DIN EN 61800-3 (**VDE 0160 Teil 100**)
Drehzahlveränderbare elektrische Antriebe 94
DIN VDE 0185-103 (**VDE 0185 Teil 103**)
Schutz gegen elektromagnetischen Blitzimpuls 103
DIN EN 60073 (**VDE 0199**)
Grund- und Sicherheitsregeln für die Mensch-Maschine-Schnittstelle...... 109

1.2   Energieleiter 115

DIN VDE 0207 (**VDE 0207**)
Isolier- und Mantelmischungen für Kabel und isolierte Leitungen.......... 117
DIN EN 61773 (**VDE 0210 Teil 20**)
Freileitungen; Prüfung von Tragwerksgründungen..................... 118
DIN VDE 0266 (**VDE 0266**)
Starkstromkabel mit verbessertem Verhalten im Brandfall............... 121
DIN VDE 0271 (**VDE 0271**)
Starkstromkabel mit Isolierung und Mantel aus PVC................... 124
DIN VDE 0276-621 (**VDE 0276 Teil 621**) (HD 621)
Starkstromkabel: Energieverteilungskabel mit getränkter Papierisolierung.. 128
DIN VDE 0278-... (**VDE 0278 Teil ...**)
Starkstromkabel-Garnituren bis 30 kV 135
DIN VDE 0282-... (**VDE 0282 Teil ...**)
Gummi-isolierte Leitungen 140

1.3   Isolierstoffe 145

DIN IEC 1340-4-1 (**VDE 0303 Teil 83**)
Elektrostatik; Verhalten von Bodenbelegen und verlegten Fußböden....... 147
DIN EN 60216-3-... (**VDE 0304 Teil 23-3-...**)
Langzeiteigenschaften; Berechnung thermischer Langzeitkennwerte 150
DIN EN 60819-1 (**VDE 0309 Teil 1**)
Vliesstoffe auf Kunststofffaserbasis; Begriffe und Anforderungen 152
DIN EN 60763-... (**VDE 0314 Teil ...**)
Blockspan 154
DIN EN 60626-... (**VDE 0316 Teil ...**)
Flexible Mehrschichtisolierstoffe 161
DIN EN 60893-... (**VDE 0318 Teil ...**)
Tafeln aus Schichtpreßstoffen auf der Basis wärmehärtbarer Harze........ 169
DIN EN 60371-... (**VDE 0332 Teil ...**)
Glimmererzeugnisse für elektrotechnische Zwecke 170
DIN EN 61068-... (**VDE 0337 Teil ...**)
Gewebte Bänder aus Polyesterfilamenten 172

DIN EN 61067-... **(VDE 0338 Teil ...)**
Gewebte Bänder aus Textilglas oder Textilglas und Polyesterfilamenten.... 179
DIN EN 60454-... **(VDE 0340 Teil ...)**
Selbstklebende Isolierbänder.. 183
DIN IEC 1033 **(VDE 0362 Teil 1)**
Verbackungsfestigkeit von Imprägniermitteln auf Lackdraht-Substrat...... 192
DIN IEC 60970 **(VDE 0370 Teil 14)**
Bestimmung der Anzahl und Größen von Teilchen in Isolierflüssigkeiten... 194
DIN EN 61619 **(VDE 0371 Teil 8)**
Isolierfüssigkeiten; Verunreinigung durch polychlorierte Biphenyle....... 196

1.4 Messen · Steuern · Prüfen 199

DIN EN 61010-2-... **(VDE 0411 Teil 2-...)**
Meß-, Steuer-, Regel- und Laborgeräte; Besondere Festlegungen......... 201
DIN EN 61036 **(VDE 0418 Teil 7)**
Elektronische Wechselstrom-Wirkverbrauchszähler.................... 206
DIN EN 61083-2 **(VDE 0432 Teil 8)**
Digitalrecorder für Stoßspannungsprüfungen; Prüfung von Software...... 210
DIN EN 60255-1-00 **(VDE 0435 Teil 201)**
Schaltrelais 212
DIN EN 61812-1 **(VDE 0435 Teil 2021)**
Relais mit festgelegtem Zeitverhalten (Zeitrelais) 217
DIN EN 60255-22-2 **(VDE 0435 Teil 3022)**
Elektrische Relais Störfestigkeit 221
DIN EN 61466-1 **(VDE 0441 Teil 4)**
Verbund-Kettenisolatoren für Freileitungen; Endarmaturen.............. 224
DIN EN 60383-... **(VDE 0446 Teil ...)**
Isolatoren für Freileitungen... 227
DIN EN 50102 **(VDE 0470 Teil 100)**
Schutzarten durch Gehäuse gegen äußere mechanische Beanspruchungen .. 231
DIN EN 60695-... **(VDE 0471 Teil ...)**
Prüfungen zur Beurteilung der Brandgefahr........................... 233
DIN VDE 0472 **(VDE 0472)**
Prüfung an Kabeln und isolierten Leitungen........................... 245
DIN IEC 1226 **(VDE 0491 Teil 1)**
Kernkraftwerke; Sicherheitsleittechnik; Kategorisierung................ 246

1.5 Maschinen · Umformer 249

DIN EN 60086-... **(VDE 0509 Teil ...)**
Primärbatterien 251
DIN EN 60034-... **(VDE 0530 Teil ...)**
Drehende elektrische Maschinen.................................... 253

DIN EN 60551 **(VDE 0532 Teil 7)**
Geräuschpegel von Transformatoren und Drosselspulen 269

DIN EN 60076-1 **(VDE 0532 Teil 101)**
Leistungstransformatoren; Allgemeines 271

DIN EN 60076-2 **(VDE 0532 Teil 102)**
Leistungstransformatoren; Übertemperaturen....................... 278

DIN VDE 0532-222 **(VDE 0532 Teil 222)**
Drehstrom-Öl-Verteilungstransformatoren 281

DIN V ENV 50184 **(VDE V 0544 Teil 50)**
Gültigkeitserklärung (Validierung) von Lichtbogenschweißausrüstung..... 283

DIN EN 50091-1-1 **(VDE 0558 Teil 511)**
Unterbrechungsfreie Stromversorgungssysteme (USV); Sicherheit........ 286

DIN EN 61270-1 **(VDE 0560 Teil 22)**
Kondensatoren für Mikrowellenkochgeräte; Allgemeines 291

DIN EN 60931-3 **(VDE 0560 Teil 45)**
Nichtselbstheilende Leistungs-Parallelkondensatoren; Sicherungen 295

DIN EN 60831-1 **(VDE 0560 Teil 46)**
Selbstheilende Leistungs-Parallelkondensatoren; Allgemeines 297

DIN EN 60831-2 **(VDE 0560 Teil 47)**
Selbstheilende Leistungs-Parallelkondensatoren; Alterungsprüfung 301

DIN EN 60931-1 **(VDE 0560 Teil 48)**
Nichtselbstheilende Leistungs-Parallelkondensatoren; Allgemeines 304

DIN EN 60931-2 **(VDE 0560 Teil 49)**
Nichtselbstheilende Leistungs-Parallelkondensatoren; Alterungsprüfung ... 307

DIN EN 61071-1/-2 **(VDE 0560 Teil 120/121)**
Kondensatoren für Leistungselektronik 309

DIN EN 60871-4 **(VDE 0560 Teil 440)**
Parallelkondensatoren; Sicherungen 314

DIN EN 137000/137100/137101 **(VDE 0560 Teil 800/810/811)**
Aluminium-Elektrolyt-Wechselspannungskondensatoren 316

DIN EN 132421 **(VDE 0565 Teil 1-3)**
Kondensatoren zur Unterdrückung elektromagnetischer Störungen........ 323

DIN EN 133000 **(VDE 0565 Teil 3)**
Passive Filter gegen elektromagnetische Störungen 325

1.6   Installationsmaterial · Schaltgeräte 329

DIN VDE 0603-... **(VDE 0603 Teil ...)**
Installationskleinverteiler und Zählerplätze AC 400 V 331

DIN EN 60947-7-1 **(VDE 0611 Teil 1)**
Niederspannungs-Schaltgeräte; Reihenklemmen für Kupferleiter 333

DIN EN 60238 (**VDE 0616 Teil 1**)
Lampenfassungen mit Edisongewinde 334

DIN EN 60400 (**VDE 0616 Teil 3**)
Lampenfassungen für röhrenförmige Leuchtstofflampen 336

DIN EN 60838-2-1 (**VDE 0616 Teil 4**)
Sonderfassungen; Lampenfassungen S14 341

DIN EN 60838-1 (**VDE 0616 Teil 5**)
Sonderfassungen; Allgemeine Anforderungen und Prüfungen 342

DIN EN 61242 (**VDE 0620 Teil 300**)
Leitungsroller für den Hausgebrauch und ähnliche Zwecke 343

DIN EN 60320-1 (**VDE 0625 Teil 1**)
Gerätesteckvorrichtungen für den Hausgebrauch; Allg. Anforderungen 346

DIN EN 60730-1 (**VDE 0631 Teil 1**)
Regel- und Steuergeräte für den Hausgebrauch; Allg. Anforderungen...... 354

DIN EN 60730-2-... (**VDE 0631 Teil 2-...**)
Regel- und Steuergeräte für den Hausgebrauch; Besondere Anforderungen . 355

DIN EN 60669-... (**VDE 0632 Teil ...**)
Schalter für Haushalt und ähnliche ortsfeste Installationen 370

DIN EN 60269-1 (**VDE 0636 Teil 10**)
Niederspannungssicherungen; Allgemeine Festlegungen 376

DIN EN 60269-2 (**VDE 0636 Teil 20**)
Niederspannungssicherungen; Zusätzliche Anforderungen 377

DIN EN 60269-4 (**VDE 0636 Teil 40**)
Niederspannungssicherungen; Zusätzl. Anford.; Halbleiter-Bauelemente ... 378

DIN VDE 0636-301 (**VDE 0636 Teil 301**)
Niederspannungssicherungen (D-System); Gebrauch durch Laien 382

DIN EN 60947-... (**VDE 0660 Teil ...**)
Niederspannungsschaltgeräte 385

DIN EN 60947-4-... (**VDE 0660 Teil 1...**)
Niederspannungsschaltgeräte; Schütze und Motorstarter 401

DIN EN 60947-5-... (**VDE 0660 Teil 2...**)
Niederspannungsschaltgeräte; Steuergeräte 407

DIN EN 60439-1 (**VDE 0660 Teil 500**)
Niederspannungs-Schaltgerätekombinationen 419

DIN VDE 0660-507 (**VDE 0660 Teil 507**)
Niederspannungs-Schaltgerätekombinationen; Erwärmung 423

DIN EN 60129 (**VDE 0670 Teil 2**)
Wechselstromtrennschalter und Erdungsschalter 425

DIN EN 60282-1 (**VDE 0670 Teil 4**)
Hochspannungssicherungen; Strombegrenzende Sicherungen 429

DIN EN 60427 **(VDE 0670 Teil 108)**
Synthetische Prüfung von Hochspannungs-Wechselstrom-Leistungsschaltern 432

DIN EN 61129 **(VDE 0670 Teil 212)**
Wechselstrom-Erdungsschalter; Schalten eingekoppelter Ströme 433

DIN EN 61330 **(VDE 0670 Teil 611)**
Fabrikfertige Stationen für Hochspannung/Niederspannung 434

DIN EN 50187 **(VDE 0670 Teil 811)**
Gasgefüllte Schotträume für Wechselstrom-Schaltgeräte und -anlagen 438

DIN EN 60168 **(VDE 0674 Teil 1)**
Prüfungen an Innenraum- und Freiluft-Stützisolatoren. 441

DIN EN 60099-5 **(VDE 0675 Teil 5)**
Überspannungsableiter; Auswahl und Anwendung. 443

DIN EN 60832 **(VDE 0682 Teil 211)**
Isolierende Arbeitsstangen und zugehörige Arbeitsköpfe. 448

DIN EN 60895 **(VDE 0682 Teil 304)**
Schirmende Kleidung zum Arbeiten unter Spannung. 452

1.7   Gebrauchsgeräte · Arbeitsgeräte 457

DIN EN 60335-1 **(VDE 0700 Teil 1)**
Geräte für den Hausgebrauch und ähnliche Zwecke; Allg. Anforderungen .. 459

DIN EN 60335-2-... **(VDE 0700 Teil ...)**
Geräte für den Hausgebrauch u. ähnliche Zwecke; Besond. Anforderungen   461

DIN EN 60598-1 **(VDE 0711 Teil 1)**
Leuchten; Allgemeine Anforderungen 527

DIN EN 60598-2-... **(VDE 0711 Teil 2-... bzw. 20...)**
Leuchten; Besondere Anforderungen 529

DIN EN 60570 **(VDE 0711 Teil 300)**
Elektrische Stromschienensysteme für Leuchten 537

DIN EN 60920 **(VDE 0712 Teil 10)**
Vorschaltgeräte für röhrenförmige Leuchtstofflampen; Sicherheit 540

DIN EN 60921 **(VDE 0712 Teil 11)**
Vorschaltgeräte für röhrenförmige Leuchten; Arbeitsweise 543

DIN EN 60922 **(VDE 0712 Teil 12)**
Vorschaltgeräte f. Entladungslampen (ausgen. röhrenförmige); Sicherheit .. 544

DIN EN 60923 **(VDE 0712 Teil 13)**
Vorschaltgeräte f. Entladungslampen (ausgen. röhrenförmige); Arbeitsweise. 547

DIN EN 60926 **(VDE 0712 Teil 14)**
Startgeräte (andere als Glimmstarter); Sicherheit. 550

DIN EN 60927 **(VDE 0712 Teil 15)**
Startgeräte (andere als Glimmstarter); Arbeitsweise. 553

DIN EN 60925 (**VDE 0712 Teil 21**)
Gleichstromversorgte Vorschaltgeräte; Arbeitsweise 556

DIN EN 60929 (**VDE 0712 Teil 23**)
Wechselstromversorgte Vorschaltgeräte; Arbeitsweise 557

DIN EN 61046 (**VDE 0712 Teil 24**)
Elektronische Konverter für Glühlampen; Sicherheit 559

DIN EN 61047 (**VDE 0712 Teil 25**)
Elektronische Konverter für Glühlampen; Arbeitsweise 560

DIN EN 60432-1 (**VDE 0715 Teil 1**)
Glühlampen für den Hausgebrauch................................. 561

DIN EN 60432-2 (**VDE 0715 Teil 2**)
Halogen-Glühlampen für den Hausgebrauch 563

DIN EN 61199 (**VDE 0715 Teil 9**)
Einseitig gesockelte Leuchtstofflampen; Sicherheitsanforderungen........ 565

DIN EN 60519-4 (**VDE 0721 Teil 4**)
Sicherheit in Elektrowärmeanlagen; Lichtbogenofenanlagen............. 566

DIN EN 60519-11 (**VDE 0721 Teil 11**)
Sicherheit in Elektrowärmeanlagen; Anlagen zum Rühren von Metallen ... 568

DIN EN 50144-2-... (**VDE 0740 Teil 12...**)
Handgeführte Elektrowerkzeuge; Besondere Anforderungen............ 571

DIN EN 60601-1 (**VDE 0750 Teil 1**)
Medizinische elektrische Geräte; Allgemeine Festlegungen 574

DIN EN 60601-2-... (**VDE 0750 Teil 2-...**)
Medizinische elektrische Geräte; Besondere Festlegungen 580

1.8 Informationstechnik..................................... 603

DIN EN 41003 (**VDE 0804 Teil 100**)
Sicherheitsanforderungen zum Anschluß an Telekommunikationsnetze 605

DIN EN 60950 (**VDE 0805**)
Sicherheit von Einrichtungen der Informationstechnik................. 608

DIN EN 50116 (**VDE 0805 Teil 116**)
Einrichtungen der Informationstechnik; Stückprüfungen................ 615

DIN VDE 0819-5 (**VDE 0819 Teil 5**)
Geräteanschlußkabel für digitale und analoge Kommunikation 617

DIN VDE 0819-101ff. (**VDE 0819 Teil 101ff.**)
Werkstoffe für Kommunikationskabel 620

DIN EN 60127-... (**VDE 0820 Teil ...**)
Geräteschutzsicherungen... 627

DIN EN 50090-2-2 (**VDE 0829 Teil 2-2**)
Elektrische Systemtechnik für Heim und Gebäude (ESHG) 633

DIN V VDE V 0829-240 **(VDE V 0829 Teil 240)**
Elektrische Systemtechnik für Heim und Gebäude (ESHG). 637

DIN EN 50132-... **(VDE 0830 Teil 7-...)**
CCTV-Überwachungsanlagen für Sicherungsanwendungen 640

DIN EN 50082-1 **(VDE 0839 Teil 82-1)**
EMV; Störfestigkeit; Wohnbereich, Geschäfts- und Gewerbebereiche. 643

DIN EN 61326-1 **(VDE 0843 Teil 20)**
Betriebsmittel für Leittechnik und Laboreinsatz; EMV-Anforderungen 651

DIN EN 61000-4-... **(VDE 0847 Teil 4-...)**
Elektromagnetische Verträglichkeit (EMV); Prüf- und Meßverfahren 658

DIN EN 50083-... **(VDE 0855 Teil ...)**
Kabelverteilsysteme für Fernseh-, Ton- und Multimedia-Signale 671

DIN EN 55013 **(VDE 0872 Teil 13)**
Funkstöreigenschaften von Geräten der Unterhaltungselektronik 677

DIN EN 55020 **(VDE 0872 Teil 20)**
Störfestigkeit von Geräten der Unterhaltungselektronik. 679

DIN EN 55011 **(VDE 0875 Teil 11)**
Grenzwerte und Meßverfahren für Funkstörungen von Hochfrequenzgeräten 680

DIN EN 55014-1 **(VDE 0875 Teil 14-1)**
EMV; Haushaltgeräte, Elektrowerkzeuge; Störaussendung 687

DIN EN 55014-2 **(VDE 0875 Teil 14-2)**
EMV; Störfestigkeit; Haushaltgeräte, Elektrowerkzeuge u. ä. 689

DIN EN 55015 **(VDE 0875 Teil 15-1)**
Grenzwerte u. Meßverfahren f. Funkstörungen v. Beleuchtungseinricht. . . . 696

DIN EN 55103-1 **(VDE 0875 Teil 103-1)**
Audio-, Video- und audiovisuelle Einrichtungen; Störaussendung. 698

DIN EN 55103-2 **(VDE 0875 Teil 103-2)**
Audio-, Video- und audiovisuelle Einrichtungen; Störfestigkeit 702

DIN EN 50117-... **(VDE 0887 Teil ...)**
Koaxialkabel für Kabelverteilanlagen. 710

2 **Inkraftsetzungs-Kalender zum VDE-Vorschriftenwerk**. 719

3 **Außerkraftsetzungs-Kalender zum VDE-Vorschriftenwerk** 729

4 **Mitteilungen zum VDE-Vorschriftenwerk und zu analogen Regelwerken**
(Titel und sonstige Angaben sind stark gekürzt) 805

Änderung des Benummerungssystems bei IEC-Publikationen . . . 807

IEC- und CISPR-Normen auf CD-ROM 808

	50 Jahre VDE-VERLAG	808
	Berichtigungen von VDE-Bestimmungen	809
	Entwürfe mit Ermächtigung	811
	Zurückziehungen von VDE-Bestimmungen	812
	Verwendung und Einbau von Elektroinstallationsmaterial	814
	Stiftung fördert elektrische Sicherheit	815
	CENELEC-Memorandum 3 leistet Hilfe bei der EG-Konformitätserklärung	816
	Annahme von ENV, EN und HD durch CENELEC	817
5	Dokumentation von Aufsätzen und Büchern zum VDE-Vorschriftenwerk und zu analogen Regelwerken	873
5.1	Dokumentation	875
5.2	Veröffentlichungen von Alfred Warner. Erster Nachtrag	898
6	Das besondere Kapitel: Wichtiger Originaltext	901
	Telekommunikationszulassungsverordnung	903
Sachregister		923

1 Kurzfassungen der Erst- und Folgeausgaben zum VDE-Vorschriftenwerk

(in der Reihenfolge der VDE-Klassifikationsnummern)

1.1 Energieanlagen

1.2 Energieleiter

1.3 Isolierstoffe

1.4 Messen · Steuern · Prüfen

1.5 Maschinen · Umformer

1.6 Installationsmaterial · Schaltgeräte

1.7 Gebrauchsgeräte · Arbeitsgeräte

1.8 Informationstechnik

Bezugsquellen der vollständigen Erst- und Folgeausgaben:

VDE-VERLAG GMBH, Bismarckstraße 33, D-10625 Berlin
Telefon (030) 34 80 01-0, Fax (030) 3 41 70 93

Beuth-Verlag GmbH, Burggrafenstraße 6, D-10787 Berlin
Telefon (030) 26 01-1, Fax (030) 26 01-231

Die angeführten Preise der Preisgruppen waren bei Redaktionsschluß gültig. Maßgebend ist der Preis nach dem gültigen Katalog.

Preis-gruppe	Preis DM	Preis-gruppe	Preis DM	Preis-gruppe	Preis DM	Preis-gruppe	Preis DM
1 K	10,00	19 K	64,40	37 K	111,90	55 K	170,10
2 K	12,50	20 K	67,70	38 K	113,90	56 K	173,70
3 K	14,10	21 K	70,80	39 K	116,40	57 K	176,90
4 K	15,80	22 K	73,80	40 K	118,30	58 K	180,90
5 K	17,80	23 K	76,50	41 K	120,30	59 K	183,80
6 K	19,80	24 K	79,70	42 K	122,60	60 K	187,50
7 K	21,60	25 K	82,60	43 K	124,60	61 K	190,80
8 K	25,30	26 K	85,60	44 K	126,80	62 K	193,60
9 K	29,40	27 K	88,50	45 K	131,00	63 K	196,50
10 K	33,30	28 K	91,10	46 K	134,90	64 K	199,60
11 K	36,90	29 K	93,70	47 K	139,40	65 K	202,20
12 K	39,90	30 K	96,20	48 K	143,20	66 K	204,50
13 K	43,00	31 K	98,60	49 K	147,20	67 K	206,50
14 K	46,60	32 K	101,10	50 K	151,10	68 K	208,10
15 K	50,00	33 K	103,10	51 K	155,10	69 K	209,40
16 K	53,50	34 K	105,40	52 K	159,10	70 K	210,70
17 K	57,00	35 K	107,60	53 K	162,70		
18 K	60,50	36 K	110,00	54 K	167,40		

Mengenrabatt
Bei Mengenbezug derselben VDE-Bestimmung erhalten alle Besteller (Schullieferungen und Wiederverkäufer ausgenommen) einen Mengennachlaß: ab 10 Stück 20 %, ab 25 Stück 30 %, ab 100 Stück 40 % und ab 500 Stück 50 %; der höchste Rabatt beträgt 50 %.

Hinweis: VDE-Bestimmungen sind auch wie die DIN-Normen keine Artikel des Buchhandels, deshalb kann auf Veranlassung des Herausgebers, der DKE, kein Buchhandels- oder Wiederverkäuferrabatt gewährt werden.

Rabatt für anerkannte Lehranstalten bei Bestellung mit Schulstempel 50 %.

1.1 Energieanlagen
Gruppe 1 des VDE-Vorschriftenwerks

DIN VDE 0100-442 (**VDE 0100 Teil 442**):1997-11   November 1997

Elektrische Anlagen von Gebäuden
Teil 4: Schutzmaßnahmen – Kapitel 44: Schutz bei Überspannungen – Hauptabschnitt 442: Schutz von Niederspannungsanlagen bei Erdschlüssen in Netzen mit höherer Spannung
Deutsche Fassung HD 384.4.442 S1:1997

6 + 16 Seiten HD, 8 Bilder, 1 Tabelle, 2 Anhänge   Preisgruppe 17 K

Die Bestimmungen dieses Hauptabschnitts (VDE-Bestimmung) stellen Anforderungen auf für den Schutz von Personen und Einrichtungen in Niederspannungsanlagen im Falle eines Fehlers zwischen Hochspannungsanlage und Erde in der Transformatorstation, die Niederspannungsanlagen versorgt.
Die Anforderungen für die Verbindung der Körper in der Transformatorstation mit der Erdungsanlage der Transformatorstation sind in prEN 50179 angegeben.
Die Bestimmungen dieses Hauptabschnitts gelten nicht für Niederspannungsanlagen, die Teil der öffentlichen Elektrizitätsverteilungsnetze sind.
Nationale Anmerkung: Für öffentliche Elektrizitätsverteilungsnetze in Deutschland wird die Anwendung dieser Norm empfohlen.

Betriebsfrequente Beanspruchungsspannung
Die Größe und die Dauer der betriebsfrequenten Beanspruchungsspannung von Niederspannungsbetriebsmitteln in der Verbraucheranlage aufgrund eines Erdschlusses in der Hochspannungsanlage darf die in **Tabelle I** angegebenen Werte nicht überschreiten.

Tabelle I

zulässige betriebsfrequente Beanspruchungsspannung an Betriebsmitteln in Niederspannungsanlagen, Effektivwerte V	Abschaltzeit s
$U_0 +$ 250	> 5
$U_0 +$ 1200	≤ 5

In IT-Systemen ist U_0 durch die verkettete Spannung zu ersetzen.

Erdungsanlagen in Transformatorstationen
An der Tranformatorstation muß eine Erdungsanlage nach prEN 50179 vorhanden sein.
Anmerkung: prEN 50179 enthält die Forderungen für die Auslegung, Errichtung und Messung der Erdungsanlage und – wenn notwendig – für die Verbindung von Körpern und fremden leitfähigen Teilen in der Transformatorstation.

Erdungsanlagen im Hinblick auf die Art der Erdverbindung des Niederspannungsnetzes

TN-Systeme
a) Der PEN-Leiter im Niederspannungsnetz darf mit der Erdungsanlage der Transformatorstation verbunden werden, wenn die Spannung $U_f = R_E \cdot I_E$ innerhalb der in einem Bild vorgegebenen Zeit abgeschaltet wird.
Anmerkung 1: Diese Bedingung basiert auf dem ungünstigsten Betriebsfall, wenn der PEN-Leiter ausschließlich über die Erdungsanlage der Transformatorstation geerdet ist. Wenn der PEN-Leiter an mehreren Stellen geerdet ist oder die Erdung Teil eines globalen Erdungssystems ist, dürfen die dafür geltenden Forderungen nach prEN 50179 angewendet werden.
b) Wenn der PEN-Leiter des Niederspannungsnetzes nicht mit der Erdungsanlage der Transformatorstation a) verbunden ist, muß er durch eine elektrisch unabhängige Erdungsanlage geerdet werden.

TT-Systeme
a) Der Sternpunkt des Niederspannungsnetzes darf mit der Erdungsanlage der Transformatorstation verbunden werden, wenn die Beanspruchungsspannung $U_2 = R_E \cdot I_E + U_0$ und die Abschaltzeit nach Tabelle I für die Niederspannungsbetriebsmittel in der Anlage erfüllt sind.
b) Wenn die Bedingung nach a) nicht erfüllt ist, muß der Sternpunkt des Niederspannungsnetzes über eine elektrisch unabhängige Erdungsanlage geerdet werden.

IT-Systeme
a) Die Körper der Betriebsmittel der Niederspannungsanlage dürfen mit der Erdungsanlage der Transformatorstation nur dann verbunden werden, wenn die Spannung $U_f = R_E \cdot I_E$ innerhalb der nach einem Bild vorgegebenen Zeit abgeschaltet wird.

Wird diese Bedingung nicht erfüllt, dann
- müssen die Körper der Betriebsmittel der Niederspannungsanlage mit einer Erdungsanlage verbunden werden, die elektrisch unabhängig von der Erdungsanlage der Transformatorstation ist, und
- es muß für das IT-System der Erdungswiderstand der Erdungsanlage, an dem die Körper der Niederspannungsbetriebsmittel angeschlossen sind, ausreichend klein sein, so daß die Spannung $U_f = R_A \cdot I_h$ (in diesem Fall) innerhalb der vorgegebenen Zeit abgeschaltet wird.

b) Die Sternpunktimpedanz im Niederspannungsnetz darf, wenn vorhanden, mit der Erdungsanlage der Transformatorstation verbunden werden, wenn die Körper der Betriebsmittel in der Niederspannungsanlage über eine von der Stationserdung elektrisch unabhängige Erdungsanlage geerdet sind und wenn die Beziehung zwischen der Beanspruchungsspannung ($R_E \cdot I_E + \sqrt{3} U_0$) und

der Abschaltzeit für die Betriebsmittel in der Niederspannungsanlage erfüllt ist.
Wenn diese Bedingung nicht erfüllt ist, muß die Sternpunktimpedanz über eine elektrisch unabhängige Erdungsanlage geerdet werden.

Betriebsfrequente Beanspruchungsspannung für Niederspannungsbetriebsmittel der Transformatorstation

TN- oder TT-Systeme
Wenn in TN-Systemen der PEN-Leiter oder in TT-Systemen der Neutralleiter über eine von der Stationserdung elektrisch unabhängige Erdungsanlage geerdet ist, muß der Isolationspegel der Niederspannungsbetriebsmittel in der Transformatorstation mit der betriebsfrequenten Beanspruchungsspannung ($R_E \cdot I_E + U_0$) verträglich sein.

IT-Systeme
Wenn in IT-Systemen sowohl die Körper in der Verbraucheranlage als auch, soweit vorhanden, die Sternpunktimpedanz über eine von der Stationserdung elektrisch unabhängige Erdungsanlage geerdet sind, muß der Isolationspegel der Niederspannungsbetriebsmittel in der Transformatorstation mit der betriebsfrequenten Beanspruchungsspannung ($R_E \cdot I_E + \sqrt{3} \, U_0$) verträglich sein.

Änderungen
Gegenüber DIN VDE 0100 (VDE 0100):1973-05, § 17 und DIN VDE 0100-736 (VDE 0100 Teil 736):1983-11 wurden folgende Änderungen vorgenommen:

a) Grundsätzliche und vollständige Überarbeitung.
b) Gegenüber den Aussagen, welche Teile in Kraftwerken und Umspannanlagen an eine gemeinsame Erdungsanlage anzuschließen sind, und Hinweisen, wie die Trennung von Hochspannungsschutz- und Niederspannungsbetriebserde auszuführen ist, steht nun der Schutz von Niederspannungsanlagen im Vordergrund.
c) Vorgabe zulässiger Beanspruchungsspannungen in Abhängigkeit von der Abschaltzeit.
d) Bedingungen für die Erdverbindung und die Behandlung der Neutralleiter, PEN-Leiter und Körper in Abhängigkeit vom System nach der Art der Erdverbindung im Niederspannungsnetz (TN-, TT- oder IT-System).
e) Beanspruchungsspannungen der Niederspannungsbetriebsmittel bei verschiedenen Fehlerfällen für unterschiedliche Systeme nach Art der Erdverbindung im Niederspannungsnetz.
f) Wiedergabe der Berührungsspannungskurve aus der Norm für Hochspannungsanlagen.
g) Zur konkreten Ausführung der Erdungsanlage (Verbindung, Trennung) wird auf die Norm für Hochspannungsanlagen verwiesen.

Erläuterungen

Der in der Erdungsanlage der Transformatorstation fließende Fehlerstrom verursacht eine bedeutende Anhebung des Potentials gegen Erde, deren Größe bestimmt wird durch:
- die Größe des Fehlerstroms und
- die Impedanz der Erdungsanlage der Transformatorstation.

Der Fehlerstrom kann verursachen:
- einen allgemeinen Potentialanstieg der Niederspannungsanlage gegen Erde, d. h. betriebsfrequente Beanspruchungsspannungen, die einen Durchschlag der Isolierung in den Niederspannungsbetriebsmitteln hervorrufen können;
- einen allgemeinen Potentialanstieg der Körper der Niederspannungsanlage gegen Erde.

Dieses Europäische Harmonisierungsdokument fällt nicht unter eine EG-Richtlinie.

DIN VDE 0100-482 (VDE 0100 Teil 482):1997-08   August 1997

Elektrische Anlagen von Gebäuden
Teil 4: Schutzmaßnahmen
Kapitel 48: Auswahl von Schutzmaßnahmen als Funktion äußerer Einflüsse
Hauptabschnitt 482: Brandschutz bei besonderen Risiken oder Gefahren
Deutsche Fassung HD 384.4.482 S1:1997

9 + 5 Seiten HD, 1 Bild, 2 Anhänge   Preisgruppe 12 K

Der Hauptabschnitt 482 (VDE-Bestimmung) gilt für
- die Auswahl und Errichtung von elektrischen Anlagen in feuergefährdeten Betriebsstätten, das sind solche, bei denen das Brandrisiko durch die Art der verarbeiteten oder gelagerten Materialien, durch die Verarbeitung und durch die Lagerung von brennbaren Materialien einschließlich der Ansammlung von Staub, wie in Scheunen, Holzverarbeitungswerkstätten, Papier- und Textilfabriken, oder ähnlichem verursacht wird;
- die Auswahl und Errichtung von elektrischen Anlagen in Räumen oder Orten mit vorwiegend brennbaren Baustoffen, wie Holz, Hohlwände usw.;
- die Auswahl und Errichtung von elektrischen Anlagen in Räumen oder Orten mit Gefährdung von unersetzbaren Gütern (in Beratung).

Elektrische Betriebsmittel müssen unter Berücksichtigung äußerer Einflüsse so ausgewählt und errichtet werden, daß ihre Erwärmung bei üblichem Betrieb und die vorhersehbare Temperaturerhöhung im Fehlerfall kein Feuer verursachen können.
Dieses darf durch eine geeignete Bauart der Betriebsmittel oder durch zusätzliche Schutzmaßnahmen bei der Errichtung erreicht werden.
Zusätzliche Maßnahmen sind nicht gefordert, wenn es unwahrscheinlich ist, daß durch die Oberflächentemperatur der Betriebsmittel eine Entzündung benachbarter brennbarer Materialien verursacht werden kann.

Feuergefährdete Betriebsstätten aufgrund der Art der verarbeiteten oder gelagerten Materialien
In Betriebsstätten, in denen gefährliche Mengen brennbaren Materials in die Nähe elektrischer Betriebsmittel kommen können, müssen die elektrischen Anlagen auf solche beschränkt werden, die für die Anwendung in diesen Betriebsstätten erforderlich sind. Solche elektrischen Anlagen müssen den folgenden Anforderungen genügen.
Wenn zu erwarten ist, daß sich Staub auf Umhüllungen von elektrischen Betriebsmitteln in feuergefährlichen Mengen ablagern könnte, müssen Maßnahmen getroffen werden, um zu verhindern, daß die Umhüllungen unangemessen hohe Temperaturen annehmen.
Elektrische Betriebsmittel müssen für feuergefährdete Betriebsstätten geeignet

sein. Ihre Umhüllungen müssen mindestens der Schutzart IP5X bei möglicher Ansammlung von Staub entsprechen.
Wo Staub nicht zu erwarten ist, muß die Schutzart den einschlägigen nationalen Vorschriften entsprechen.
Prinzipiell gelten die allgemeinen Regeln für Kabel- und Leitungssysteme (-anlagen). Wenn die Kabel- und Leitungsanlagen nicht vollkommen in nicht brennbaren Materialien, wie Verputz, Beton, oder anderweitig vom Feuer geschützt sind, müssen die Kabel und Leitungen schwerentflammbare Eigenschaften nach HD 405.1 haben.
Zusätzlich müssen Kabel- und Leitungssysteme (-anlagen), die feuergefährdete Betriebsstätten durchqueren, aber für die elektrische Versorgung innerhalb dieser Räume nicht notwendig sind, folgende Bedingungen einhalten:
- Sie dürfen keine Verbindungen oder Klemmen in diesen Betriebsstätten haben, es sei denn,
- die Verbindungen oder Klemmen sind in Umhüllungen angebracht, die den Prüfungen für Brandsicherheit entsprechend den maßgebenden Betriebsmittelnormen, zum Beispiel speziellen Anforderungen für Wanddosen, genügen.

Kabel- und Leitungssysteme (-anlagen), die feuergefährdete Betriebsstätten versorgen oder durchqueren, müssen bei Überlast und bei Kurzschluß geschützt sein. Die entsprechenden Schutzeinrichtungen müssen vor diesen Betriebsstätten angebracht sein.
Kabel- und Leitungssysteme (-anlagen), die ihren Speisepunkt in feuergefährdeten Betriebsstätten haben, müssen bei Überlast und bei Kurzschluß mit Schutzeinrichtungen geschützt werden, die am Speisepunkt dieser Stromkreise angeordnet sind.

Räume und Orte mit brennbaren Baustoffen

Vorsorge muß getroffen werden, um sicherzustellen, daß elektrische Betriebsmittel keine Entzündung von brennbaren Wänden, Fußböden und Decken verursachen können. Dieses kann erreicht werden durch:
- Verhinderung von Feuer, das durch Isolationsfehler verursacht werden kann, und
- geeignete Auswahl und Errichtung von elektrischen Betriebsmitteln.

Elektrische Betriebsmittel, wie Installationskästen, Verteilertafeln, die in brennbaren Hohlwänden eingebaut werden, müssen in Übereinstimmung mit den Prüfanforderungen der maßgebenden Normen sein.
Wenn elektrische Betriebsmittel, die nicht diese Anforderungen erfüllen, in brennbare Hohlwände eingebaut werden, müssen sie mit 12 mm dicken Silikatfasern oder entsprechend nichtentflammbarem Material oder mit 100 mm Glas- oder Steinwolle umschlossen sein. Wo solche Materialien verwendet werden, muß der Einfluß des Materials auf die Ableitung der Wärme vom elektrischen Betriebsmittel berücksichtigt werden.

Anhang (informativ)
A-Abweichungen
Dieses Europäische Harmonisierungsdokument fällt nicht unter eine EG-Richtlinie.
Abweichung Belgien (RGIE Art. 104.50)

Änderungen
Gegenüber DIN VDE 0100-720 (VDE 0100 Teil 720):1983-03 und DIN VDE 0100-730 (VDE 0100 Teil 730):1986-02 wurden folgende Änderungen vorgenommen:
a) Schutzeinrichtungen zum Schutz bei Isolationsfehlern immer am Anfang (Speisepunkt) der elektrischen Anlage;
b) Schutz bei Isolationsfehlern erfolgt in TT-Systemen und TN-Systemen bis auf Ausnahmen durch RCDs;
c) wo Staub nicht zu erwarten ist, wird die Schutzart nicht mehr gefordert, sondern im Nationalen Vorwort empfohlen;
d) Leuchten mit begrenzter Oberflächentemperatur werden gefordert, auch wenn kein Staub zu erwarten ist;
e) detaillierte Anforderungen zum Verlegen von Leitungen in Hohlwänden sowie in Gebäuden aus vorwiegend brennbaren Baustoffen sind nur im Nationalen Vorwort angegeben;
f) kurz- und erdschlußsichere Verlegung ist entfallen;
g) Kabel und Leitungen mit elektrisch leitendem Mantel/Schirm dürfen verwendet werden.

Zur Benennung RCD
In Deutschland werden die RCDs (englisch: residual current protective devices)
• mit Hilfsspannungsquelle als „Differenzstrom-Schutzeinrichtungen",
• ohne Hilfsspannungsquelle als „Fehlerstrom-Schutzeinrichtungen"
bezeichnet.
Es ergibt sich danach folgende Einordnung:

RCD (als Oberbegriff)

RCD **mit** Hilfsspannungsquelle	RCD **ohne** Hilfsspannungsquelle
Diese wird in Deutschland als „Differenzstrom-Schutzeinrichtung" bezeichnet.	Diese wird in Deutschland als „Fehlerstrom-Schutzeinrichtung" bezeichnet.

Es wird darauf hingewiesen, daß RCDs nach DIN VDE 0100-510 (VDE 0100 Teil 510):1997-01 den einschlägigen DIN-Normen und VDE-Bestimmungen sowie den Europäischen Normen und/oder CENELEC-Harmonisierungsdokumenten – soweit vorhanden – entsprechen müssen.

DIN VDE 0100-551 (**VDE 0100 Teil 551**):1997-08　　　　August 1997

Elektrische Anlagen von Gebäuden
Teil 5: Auswahl und Errichtung elektrischer Betriebsmittel
Kapitel 55: Andere Betriebsmittel
Hauptabschnitt 551: Niederspannungs-Stromerzeugungsanlagen
(IEC 364-5-551:1994)
Deutsche Fassung HD 384.5.551 S1:1997

4 + 10 Seiten HD, 1 Bild, 2 Anhänge　　　　　　　　　　Preisgruppe 12 K

Dieser Hauptabschnitt von IEC 364-5 (VDE-Bestimmung) gilt für Niederspannungs- und Kleinspannungsanlagen mit Stromerzeugungsanlagen für eine entweder dauernde oder zeitweilige Stromversorgung der gesamten Anlage oder eines Teils davon. Er enthält Anforderungen für die folgenden Ausführungen:
- Stromversorgung einer Anlage, die nicht an das öffentliche Netz angeschlossen ist;
- Stromversorgung einer Anlage als Alternative zum öffentlichen Netz;
- Stromversorgung einer Anlage parallel zum öffentlichen Netz;
- geeignete Kombinationen der oben aufgeführten Stromversorgungen.

Es werden Stromerzeugungsanlagen mit folgenden Energiequellen berücksichtigt:
- Verbrennungsmotoren;
- Turbinen;
- Elektromotoren;
- fotovoltaische Zellen;
- elektrochemische Akkumulatoren;
- weitere geeignete Energiequellen.

Die für Erregung und Kommutierung angewendeten Mittel müssen für den beabsichtigten Einsatz der Stromerzeugungsanlage geeignet sein. Die Sicherheit und einwandfreie Funktion anderer Stromquellen dürfen durch die Stromerzeugungsanlage nicht beeinträchtigt werden.

Der zu erwartende Kurzschlußstrom und der zu erwartende Erdschlußstrom sind für jede Stromquelle oder für jede Kombination von Stromquellen zu ermitteln, die unabhängig von den anderen Stromquellen bzw. Stromquellenkombinationen betrieben werden können. Der Wert des Bemessungskurzschluß-Ausschaltvermögens der Schutzeinrichtungen in der Anlage, die, falls zutreffend, an das öffentliche Netz angeschlossen sind, darf für keine der vorgesehenen Betriebsweisen der Stromquellen überschritten werden.

Schutz sowohl gegen direktes als auch bei indirektem Berühren

Dieser Abschnitt enthält zusätzliche Anforderungen für Kleinspannungssysteme (ELV), die Schutz sowohl gegen direktes als auch bei indirektem Berühren sicherstellen und wenn die Anlage von mehr als einer Stromquelle versorgt wird. Wenn ein SELV- oder ein PELV-System von mehr als einer Stromquelle versorgt wird, dann gelten die Anforderungen von IEC 364-4-41 für jede Stromquelle. Werden eine oder mehrere Stromquellen geerdet, gelten die Anforderungen von IEC 364-4-41 für PELV.

Schutz bei indirektem Berühren

Für die Anlage ist der Schutz bei indirektem Berühren unter Berücksichtigung jeder Stromquelle oder Kombination von Stromquellen vorzusehen, die unabhängig von anderen Stromquellen oder Kombinationen von Stromquellen in Betrieb sein kann.

Der Schutz durch automatische Abschaltung der Stromversorgung ist entsprechend IEC 364-4-41 vorzusehen.

Der Schutz durch automatische Abschaltung der Stromversorgung darf nicht von der Erdung des Systems der öffentlichen Stromversorgung abhängig sein, wenn die Stromerzeugungsanlage als umschaltbare Versorgungsalternative zu einem TN-System in Betrieb ist. Ein geeigneter Erder muß vorgesehen werden.

Schutz bei Überstrom

Wenn Mittel zur Erkennung von Überströmen der Stromerzeugungsanlage vorgesehen sind, müssen diese so nahe wie praktisch möglich an den Generatoranschlußklemmen angeordnet sein.

Wenn eine Stromerzeugungsanlage für den Parallelbetrieb zu einem öffentlichen Netz vorgesehen ist oder wenn zwei oder mehr Stromerzeugungsanlagen parallel arbeiten, sind die vagabundierenden Oberschwingungsströme so zu begrenzen, daß der thermische Bemessungswert der Leiter nicht überschritten wird.

Zusatzanforderungen für Anlagen, bei denen ein Parallelbetrieb der Stromerzeugungsanlage mit einem öffentlichen Netz zulässig ist

Bei Auswahl und Einsatz einer Stromerzeugungsanlage für den Parallelbetrieb mit einem öffentlichen Netz ist auf die Vermeidung negativer Auswirkungen auf das Netz und auf andere Anlagen in bezug auf Leistungsfaktor, Spannungsänderungen, nichtlineare Verzerrungen, Lastunsymmetrie sowie Anlauf-, Synchronisier- und Flickereffekte zu achten. Das öffentliche Versorgungsunternehmen ist hinsichtlich besonderer Anforderungen zu befragen. Wenn eine Synchronisierung notwendig ist, ist der Einsatz von automatischen Synchronisieranlagen zu bevorzugen, die die Frequenz, Phasenlage und den Spannungswert berücksichtigen.

Anhang

Besondere nationale Bedingungen

Besondere nationale Bedingung: Nationale Eigenschaft oder Praxis, die nicht – selbst nach einem längeren Zeitraum – geändert werden kann, z. B. klimatische

Bedingungen, elektrische Erdungsbedingungen. Wenn sie die Harmonisierung beeinflußt, bildet sie Teil der Europäischen Norm oder des Harmonisierungsdokumentes.
Für Länder, für die die betreffenden nationalen Bedingungen gelten, sind diese normativ; für die anderen Länder hat diese Angabe informativen Charakter.

Deutschland

Allgemein

Die Aussagen und Anforderungen bezüglich der öffentlichen Netze beziehen sich in Deutschland auf alle Netze, d. h. auf öffentliche und nichtöffentliche Netze.

A-Abweichungen

Dieses Europäische Harmonisierungsdokument fällt nicht unter eine EG-Richtlinie.

Abweichung Belgien

Nach dem Belgischen Gesetz ist 50 V durch U zu ersetzen, dessen Wert wie folgt von den äußeren Einflüssen abhängt:
- BB1: 50 V
- BB2: 25 V
- BB3: 12 V

Änderungen

Gegenüber DIN VDE 0100-728 (VDE 0100 Teil 728):1990-03 wurden folgende Änderungen vorgenommen:
a) Der Haupttitel wurde an den des HD 384 angeglichen (Elektrische Anlagen von Gebäuden), und der Untertitel wurde in „Niederspannungs-Stromerzeugungsanlagen" geändert.
b) Für die Abschnittsnumerierung wurde die Numerierung der IEC 364 und damit das CENELEC HD 384 angewendet anstelle der rechtsbündigen Angaben in eckigen Klammern.
c) Der Anwendungsbereich wurde von zeitweilige auf dauernde Stromversorgung ausgedehnt. Parallelbetrieb zum öffentlichen Netz ist möglich. USV-Anlagen sind mit eingeschlossen.
d) Die Ermittlung des zu erwartenden Kurzschluß- und/oder Erdschlußstroms wird gefordert.
e) Maßnahmen zum Lastabwurf sind zu treffen.
f) Kunstworte (Akronyme) SELV, PELV, FELV, ELV, RCD wurden eingeführt.
g) Zusatzanforderungen an Anlagen mit statischen Wechselrichtern wurden aufgenommen.
h) Für nicht dauerhaft installierte Stromerzeugungsanlagen wird unabhängig vom System nach Art der Erdverbindung grundsätzlich eine RCD ($\leq$ 30 mA) als zusätzliche Schutzmaßnahme gefordert. Dies wird durch den Anhang ZB (normativ) relativiert.

i) Schutz bei Überstrom wurde aufgenommen.
j) Zusatzanforderungen für Parallelbetrieb mit öffentlichem Netz wurden aufgenommen.
k) Schutztrennung und Schutzklasse II als mögliche alternative Schutzmaßnahmen wurden wieder aufgenommen.
l) Zusatzanforderungen zum Schalten und bei Parallelbetrieb zum Netz wurden aufgenommen.

Beiblatt 3 zu DIN VDE 0102 (**Beiblatt 3 zu VDE 0102**):1997-05   Mai 1997

Berechnung von Kurzschlußströmen in Drehstromnetzen
Faktoren für die Berechnung von Kurzschlußströmen

49 Seiten, 28 Bilder, 6 Tabellen, 15 Literaturquellen   Preisgruppe 34 K

Dieser Technische Bericht (VDE-Beiblatt) hat das Ziel, den Ursprung und, soweit notwendig, die Anwendung der verwendeten Faktoren zu zeigen, um damit der notwendigen technischen Genauigkeit und Einfachheit nachzukommen, die bei der Berechnung der Kurzschlußströme nach DIN VDE 0102 (VDE 0102):1990-01, „Berechnung von Kurzschlußströmen in Drehstromnetzen", erforderlich ist.
Dieser Technische Bericht ist daher eine Ergänzung zu DIN VDE 0102 (VDE 0102):1990-01. Er verändert jedoch nicht die Basis für die genormte Berechnung, die in jener Norm angegeben ist.

Faktor c für die Ersatzspannungsquelle an der Kurzschlußstelle

Die Größe der Kurzschlußströme in Drehstromnetzen (größte oder kleinste Kurzschlußströme) an einem bestimmten Ort hängt in erster Linie vom Aufbau des Netzes, den Generatoren oder Kraftwerksblöcken und den in Betrieb befindlichen Motoren ab und erst in zweiter Linie vom Betriebszustand des Netzes vor dem Auftreten eines Kurzschlusses.
Die verschiedenen Betriebszustände eines Drehstromnetzes sind sehr umfangreich. Es ist deshalb schwierig, denjenigen Lastzustand zu finden, der entweder zum größten oder zum kleinsten Kurzschlußstrom an den verschiedenen Kurzschlußstellen des Netzes führt. In einem gegebenen Netz gibt es deshalb für jeden Ort so viele verschiedene Werte für die Größe des Kurzschlußstroms wie verschiedene Lastflußzustände. Normalerweise sind extreme Lastflußzustände aus der Erfahrung nicht bekannt.
Die Norm DIN VDE 0102 (VDE 0102):1990-01 empfiehlt daher das Berechnungsverfahren mit der Ersatzspannungsquelle $cU_n/\sqrt{3}$ an der Kurzschlußstelle. Dieses Verfahren, beschrieben in DIN VDE 0102 (VDE 0102), Abschnitt 6, ist eine Näherungsmethode ohne Rücksicht auf besondere Betriebsbedingungen. Das Ziel dieses Verfahrens ist es, die größten Kurzschlußströme mit genügender Genauigkeit zu finden, unter Berücksichtigung von Sicherheitsgesichtspunkten und, soweit möglich, unter wirtschaftlichen Gesichtspunkten.
Während der Planungsphase eines Netzes sind die unterschiedlichen zukünftigen Lastflußbedingungen nicht bekannt. Die Ersatzspannungsquelle $cU_n/\sqrt{3}$ geht daher von der Netznennspannung U_n aus und vom Faktor $c = c_{max}$ oder $c = c_{min}$ für die Berechnung der größten oder kleinsten Kurzschlußströme. Diese Faktoren werden in DIN VDE 0102 (VDE 0102):1990-01, Tabelle 1, angegeben. Die Einführung des Faktors c ist aus verschiedenen Gründen notwendig:

- Unterschiedliche Spannungen, abhängig von der Zeit und dem Ort;
- Veränderung der Stufen der Transformatorschalter;
- Vernachlässigung von Belastungen und Kapazitäten bei der Berechnung entsprechend DIN VDE 0102;
- subtransientes Verhalten der Generatoren, Kraftwerksblöcke und der Motoren.

Die Bedeutung des Faktors c wird an dem einfachen Modell eines radialen Netzes gezeigt. Weiterhin zeigen die Ergebnisse von ausgedehnten Berechnungen die möglichen Abweichungen von Berechnungsergebnissen mit der Ersatzspannungsquelle an der Kurzschlußstelle gegenüber den ungünstigsten Werten, die mit einer besonderen Methode bei der Anwendung des Überlagerungsverfahrens gefunden wurden.

Im Prinzip gibt es zwei Verfahren zur Berechnung des Anfangs-Kurzschlußwechselstroms an der Kurzschlußstelle:
- das Überlagerungsverfahren, abgeleitet aus dem Helmholtzschen Prinzip;
- das Verfahren mit der Ersatzspannungsquelle an der Kurzschlußstelle.

Ist ein bestimmter Lastfluß eines existierenden Netzes bekannt, kann der Anfangs-Kurzschlußwechselstrom mit dem Überlagerungsverfahren bestimmt werden.

Impedanzkorrekturfaktoren K (K_G, K_{KW}) bei der Berechnung der Kurzschlußimpedanzen von Generatoren und Kraftwerksblöcken

Eines der Hauptkriterien für die Bemessung elektrischer Betriebsmittel ist der größte Kurzschlußstrom und in vielen Fällen auch der größte Teilkurzschlußstrom. Es wird notwendig, Impedanzkorrekturfaktoren K_G für Generatoren und K_{KW} für Kraftwerksblöcke zusätzlich einzuführen, insbesondere dann, wenn die subtransienten Reaktanzen von Generatoren hoch sind und das Übersetzungsverhältnis der Blocktransformatoren (mit oder ohne Stufenschalter) verschieden ist von den Netzspannungen während des Betriebs auf beiden Seiten des Transformators. Die Korrekturfaktoren K_G und K_{KW} sind in DIN VDE 0102 angegeben.

Besondere Überlegungen für die Korrekturfaktoren sind bei der Berechnung der kleinsten Kurzschlußströme notwendig, weil die besonderen Randbedingungen für die einzelnen Kraftwerksblöcke bekannt sein müssen. Diese Bedingungen sind z. B. gegeben durch die maximale Ausdehnung des untererregten Betriebsbereichs, die kleinste abzugebende Wirkleistung thermischer Kraftwerke während des Dauerbetriebs oder die größte Blindleistung (über- oder untererregt) von Maschineneinheiten in Pumpspeicherkraftwerken, ebenso wie durch besondere Einrichtungen für die Begrenzung des Polradwinkels. Weiterhin muß die Tatsache beachtet werden, daß sogar während der Schwachlastzeit in einem Netz nur die eine oder die andere Kraftwerkseinheit mit Teillast arbeitet oder sich im untererregten Zustand befindet. Eine erste grobe Näherung für die minimalen Kurzschlußströme kann daher durch Anwendung der Angaben in DIN VDE 0102 gefunden werden und durch Anwendung der gegebenen Impedanzkorrekturfaktoren für Generatoren und Kraftwerksblöcke, auch wenn diese für den Fall des Bemessungsbetriebs gefunden wurden.

Faktor κ zur Berechnung des Stoßkurzschlußstroms

Der Faktor κ wird zur Berechnung des Stoßkurzschlußstroms i_p verwendet. Die Basisgleichung in DIN VDE 0102 ist:

$$i_p = \kappa \sqrt{2}\, I_k''$$

Für den Fall des einfach gespeisten generatorfernen Kurzschlusses ist der Faktor κ als Funktion von R/X oder X/R angegeben, oder der Faktor κ kann berechnet werden mit:

$$\kappa = \kappa_{VDE} = 1{,}02 + 0{,}98\, e^{-3R/X}$$

$\kappa = \kappa_{VDE}$ ist sowohl für 50-Hz-Netze als auch für 60-Hz-Netze gültig. Der Faktor κ soll auf den größtmöglichen Augenblickswert des Kurzschlußstroms führen. Daher wird angenommen, daß der Kurzschluß im Nulldurchgang der Spannung eintritt und der Stoßkurzschlußstrom i_p etwa 10 ms (in 50-Hz-Netzen) oder 8,33 ms (in 60-Hz-Netzen) nach dem Beginn des Kurzschlusses auftritt.
Im Falle des generatornahen oder motornahen Kurzschlusses klingt auch das symmetrische Wechselstromglied des Kurzschlußstroms ab. Um diese Erscheinung während der ersten 10 ms (oder 8,33 ms) nach dem Kurzschlußeintritt zu berücksichtigen, werden spezielle fiktive Verhältnisse R_G/X_d'' und R_M/X_M eingeführt. Diese Verhältnisse sind erheblich größer als das natürliche Verhältnis R/X von Synchron- und Asynchronmaschinen. Sie wurden aus Messungen und Berechnungen gefunden.
Im Falle des dreipoligen Kurzschlusses, gespeist von mehreren unabhängigen Quellen, ergibt sich der Stoßkurzschlußstrom i_p an der Kurzschlußstelle als Summe der Stoßkurzschlußströme der verschiedenen Zweige.

Faktor μ zur Berechnung des Ausschaltwechselstroms

Im Fall des generatornahen Kurzschlusses klingt der symmetrische Kurzschlußstrom innerhalb der ersten Zehntelsekunde nach dem Eintreten des Kurzschlusses merklich ab. Dieses Phänomen ist bedingt durch die Änderung des Flusses im Rotor des Generators während des Kurzschlusses.
Selbst wenn Digitalrecorder oder Analogrechner verwendet werden, ist es nicht einfach, die aktuellen Bedingungen zu simulieren. Das verwendete System der Differentialgleichungen zur Nachbildung des transienten Verhaltens des Generators kann nicht in einfacher Weise integriert werden wegen der Stromverdrängung im massiven Rotor von Turbogeneratoren, der nichtlinearen Charakteristik des Rotoreisens, der Rotor-Anisotropie (unterschiedliche Leitfähigkeit der d- und q-Achse) und wegen der Zahnsättigung im Stator. Ein erheblicher Umfang von

Daten muß für die Berechnung des transienten Abklingens des symmetrischen Kurzschlußstroms berücksichtigt werden.
Hier sind hauptsächlich zu berücksichtigen:
- die Reaktanzen und Zeitkonstanten des Generators,
- die Lage des symmetrischen oder unsymmetrischen Kurzschlusses entweder innerhalb des Kraftwerks oder außerhalb im Netz,
- die Betriebsbedingungen des Generators vor dem Kurzschluß zwischen Leerlauf und Bemessungsbetrieb entweder über- oder untererregt,
- die Art und Wirkung der Erregungseinrichtung und Spannungsregelung,
- das kinetische Verhalten des Generator-Turbinen-Satzes während des Kurzschlusses,
- die Bemessungsdaten und die Betriebswerte (z. B. Stufenschalterstellung und Sättigung) des Transformators, über den der Kurzschlußstrom fließt.

Es ist deshalb nicht überraschend, daß sogar Ergebnisse von detaillierten Berechnungen oftmals weniger genau sind als erwartet. Detaillierte Berechnungen werden in speziellen Fällen durchgeführt, z. B. wenn besondere Sicherheitsanforderungen notwendig sind.

Faktor λ (λ_{max}, λ_{min}) zur Berechnung des Dauerkurzschlußstroms

Der typische zeitliche Verlauf des symmetrischen Kurzschlußstroms im Falle des generatornahen Kurzschlusses wird in DIN VDE 0102 beschrieben. Der Anfangs-Kurzschlußwechselstrom I_k'' ändert sich während einiger Sekunden auf den Dauerkurzschlußstrom I_k mit $I_k < I_k''$. Das Abklingen hängt von der Art der Erregungseinrichtung und der Spannungsregelung und in hohem Maße von der Sättigung und der größten möglichen Erregerspannung $U_{f\ max}$ ab. Die abklingende Gleichstromkomponente ist null, bevor der symmetrische Dauerkurzschlußstrom erreicht wird.
In den meisten Fällen ist der größte Dauerkurzschlußstrom $I_{k\ max}$ von Interesse:

$$I_{k\ max} = \lambda_{max}\ I_{rG}$$

Der Strom $I_{k\ max}$ eines Generators wird wegen der thermischen Wirkung auf I_{rG} bezogen. Der Faktor λ_{max} hängt vom Verhältnis I_{kG}'' / I_{rG} und vom gesättigten Wert $x_{d\ gesättigt} = X_{d\ gesättigt} / Z_{rG}$ der synchronen Reaktanz in der Längsachse ab. Das Verhältnis $I_{k\ max} / I_k''$ des betrachteten Generators wird zur Auffindung der thermischen Beanspruchungen von elektrischen Betriebsmitteln verwendet.
Der Umfang der bei der Berechnung von $I_{k\ max}$ zu berücksichtigenden Daten ist merklich größer als der bei der Berechnung des Ausschaltwechselstroms I_a. Die folgenden Parameter sind zusätzlich wirksam:
- Die synchrone Reaktanz, besonders in der Längsachse (X_d),
- die Eisensättigung, besonders die des Rotors,
- die Wirksamkeit der Spannungsregelung,
- die größtmögliche Erregerspannung $U_{f\ max}$, die von der Erregungseinrichtung geliefert wird und die üblicherweise auf die Erregerspannung U_{fr} bei Bemessungsbetrieb bezogen wird: $u_{f\ max} = U_{f\ max} / U_{fr}$.

Faktor q zur Berechnung des Ausschaltwechselstroms von Asynchronmotoren

Der Faktor q wird zusammen mit dem Faktor μ zur Bestimmung des Ausschaltwechselstroms von Asynchronmotoren oder Gruppen von Asynchronmotoren in Mittel- und Niederspannungsnetzen verwendet.
Der Kurzschlußstrom von Asynchronmotoren bei dreipoligem Klemmenkurzschluß klingt merklich schneller ab als der Kurzschlußstrom von Synchrongeneratoren. Die wirksame Zeitkonstante T_{AC} wächst mit der Quadratwurzel der Wirkleistung pro Polpaar.
Der Faktor q, abhängig von P_{rM} / p und t_{min}, ist in DIN VDE 0102 angegeben.
Der Faktor μ im Produkt μq berücksichtigt den Abstand zwischen der Kurzschlußstelle und den Motorklemmen.
Der Anfangs-Kurzschlußwechselstrom von Asynchronmotoren ist mit der Ersatzspannungsquelle $c\ U_n / \sqrt{3}$ zu berechnen, obwohl die innere Spannung der Motoren kleiner ist als die Klemmenspannung. Die Gründe sind:
- Vereinheitlichung des Berechnungsverfahrens in allen Fällen;
- die Spannung an den Klemmen vor dem Kurzschluß kann höher sein als die Bemessungsspannung U_{rM} des Motors;
- das Verhältnis I_{an} / I_{rM} darf um 20 % höher sein als der angegebene Bemessungswert auf dem Leistungsschild.

Feststellung des Beitrags von Asynchronmotoren oder Gruppen von Asynchronmotoren (Ersatzmotoren) zum Anfangs-Kurzschlußwechselstrom

Asynchronmotoren oder Gruppen von Asynchronmotoren (Ersatzmotoren) tragen, insbesondere beim motornahen Kurzschluß, zum Anfangs-Kurzschlußwechselstrom und weiterhin zum Stoßkurzschlußstrom i_p, zum Ausschaltwechselstrom I_a und bei unsymmetrischen Kurzschlüssen auch zum Dauerkurzschlußstrom I_k bei. In den Fällen, in denen der Beitrag zum Anfangs-Kurzschlußwechselstrom kleiner als 5 % des gesamten Kurzschlußstroms bleibt, darf dieser Beitrag vernachlässigt werden. DIN VDE 0102 enthält zwei Gleichungen zur Abschätzung des Beitrags kleiner 5 % von Asynchronmotoren oder Gruppen von Asynchronmotoren, entweder bei einem Kurzschluß an den Klemmen des Motors oder bei einem Kurzschluß, gespeist von Motoren oder Motorgruppen über Transformatoren, ohne genaue Berechnung.
Eine große Anzahl von Niederspannungs-Asynchronmotoren, z. B. in Industriebetrieben oder in einem Kraftwerkseigenbedarf und der Fall, daß die Daten nicht für jeden Motor vollständig vorliegen, führt zur Einführung von Ersatzmotoren einschließlich der Verbindungskabel zu einer gemeinsamen Sammelschiene.

Erläuterungen

Dieses Beiblatt gibt Hinweise auf den Ursprung, die Anwendung und die Grenzen der Anwendung von Faktoren, die zur Berechnung der Kurzschlußströme in Drehstromnetzen nach DIN VDE 0102 (VDE 0102):1990-01 verwendet werden.

Dieses Beiblatt enthält spezielle, in DIN VDE 0102 (VDE 0102):1990-01 bisher nicht vorhandene Hinweise auf die Anwendung der Impedanzkorrekturfaktoren für Kraftwerksblöcke mit der Unterscheidung für Fälle,
- in denen die Blocktransformatoren mit einem unter Last verstellbaren Stufenschalter ausgerüstet sind und
- in denen die Blocktransformatoren keinen Stufenschalter aufweisen.

In dem letzten Fall sind unter Umständen Wicklungsanzapfungen vorhanden. Ein Hinweis auf die notwendige Unterscheidung dieser beiden Fälle wurde bereits in den Erläuterungen zu DIN VDE 0102 (VDE 0102):1990-01 gegeben.

DIN IEC 909-3 (**VDE 0102 Teil 3**):1997-06   Juni 1997

Kurzschlußströme
Berechnung der Ströme in Drehstromanlagen
Teil 3: Doppelerdkurzschlußströme und Teilkurzschlußströme über Erde
(IEC 909-3 : 1995)

19 Seiten, 11 Bilder, 2 Tabellen, 3 Anhänge   Preisgruppe 17 K

Diese Internationale Norm (VDE-Bestimmung) beschreibt Verfahren zur Berechnung der zu erwartenden Kurzschlußströme bei unsymmetrischen Kurzschlüssen in Hochspannungs-Drehstromnetzen mit Nennfrequenz 50 Hz oder 60 Hz, und zwar
a) der Doppelerdkurzschlußströme in Netzen mit isoliertem Sternpunkt oder Erdschlußkompensation,
b) der Teilkurzschlußströme über Erde bei einpoligen Erdkurzschlüssen in Netzen mit starrer oder niederohmiger Sternpunkterdung.
Die mit diesen Verfahren berechneten Ströme sind zur Bestimmung der induzierten Spannungen, der Berührungs- und der Schrittspannungen sowie des Anstiegs des Erdpotentials in einer Anlage heranzuziehen.

Ziel dieser Norm ist es, der Berechnung von Doppelerdkurzschlußströmen und Teilkurzschlußströmen über Erde bei elektrischen Anlagen handliche, einfache und ausreichend genaue Verfahren zugrunde zu legen. Zur Bestimmung des Stroms werden dabei an der Kurzschlußstelle eine Ersatzspannungsquelle angelegt und alle anderen Quellen zu null gesetzt. Dieses Verfahren ist sowohl bei manueller und digitaler Berechnung als auch bei analoger Simulation anwendbar.
Diese Norm ist eine Ergänzung zu IEC 909. Die allgemeinen Begriffe, Formelzeichen und Annahmen zur Berechnung beziehen sich auf diese Publikation. In diesem Dokument sind lediglich Besonderheiten definiert und näher erklärt. Dies schließt nicht den Gebrauch spezieller Verfahren, wie zum Beispiel eines auf besondere Umstände angepaßten Überlagerungsverfahrens aus, wenn mindestens dieselbe Genauigkeit erreicht wird.
Kurzschlußströme und ihre Parameter dürfen, wie in IEC 909 festgelegt, ebenfalls durch Versuche im Netz, durch Messungen mit einem Netzanalysator oder mit Digitalrechnern bestimmt werden.
Die Berechnung der Kurzschlußparameter aus den Bemessungsdaten der elektrischen Betriebsmittel und der Netztopologie hat den Vorteil, daß sie sowohl für bereits existierende Netze als auch für Netze im Planungsstadium durchgeführt werden kann.

Doppelerdkurzschlußstrom

In einfachen Fällen kann der Doppelerdkurzschlußstrom nach **Tabelle 1** berechnet werden, wobei $\underline{Z}_{(1)} = \underline{Z}_{(2)}$ und $\underline{M}_{(1)} = \underline{M}_{(2)}$ angenommen wurde. Die Indizes in den Gleichungen beziehen sich auf die relevanten Impedanzen im jeweiligen Netz.

Tabelle 1: Berechnung des Anfangs-Kurzschlußstroms in einfachen Fällen

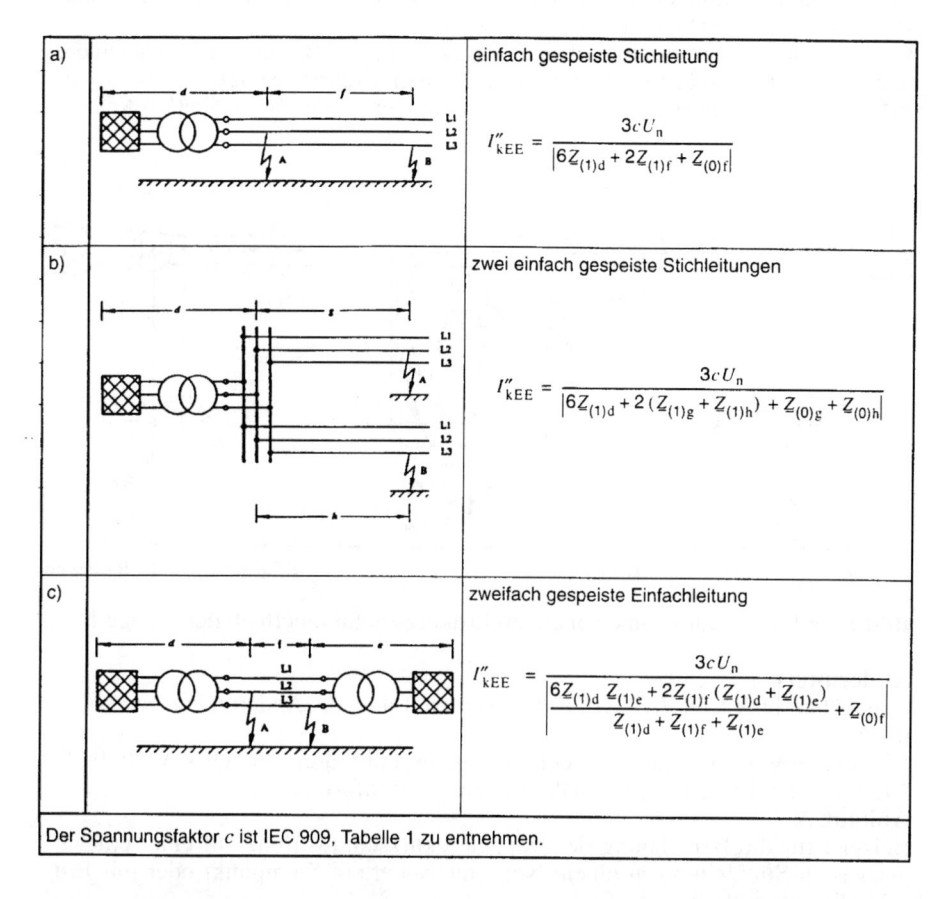

a)		einfach gespeiste Stichleitung
		$I''_{kEE} = \dfrac{3cU_n}{\left|6Z_{(1)d} + 2Z_{(1)f} + Z_{(0)f}\right|}$
b)		zwei einfach gespeiste Stichleitungen
		$I''_{kEE} = \dfrac{3cU_n}{\left|6Z_{(1)d} + 2(Z_{(1)g} + Z_{(1)h}) + Z_{(0)g} + Z_{(0)h}\right|}$
c)		zweifach gespeiste Einfachleitung
		$I''_{kEE} = \dfrac{3cU_n}{\left|\dfrac{6Z_{(1)d}Z_{(1)e} + 2Z_{(1)f}(Z_{(1)d} + Z_{(1)e})}{Z_{(1)d} + Z_{(1)f} + Z_{(1)e}} + Z_{(0)f}\right|}$

Der Spannungsfaktor c ist IEC 909, Tabelle 1 zu entnehmen.

Teilkurzschlußströme über Erde bei unsymmetrischen Kurzschlüssen
Dieser Abschnitt behandelt Teilkurzschlußströme über Erde und geerdete Leiter (z. B. Erdungsanlagen, Erdseile von Freileitungen bzw. leitfähige Mäntel, Abschirmungen und Bewehrungen von Kabeln) bei einpoligen Erdkurzschlüssen. Diese Kurzschlußart stellt in Hochspannungsnetzen mit niederohmiger Sternpunkterdung den häufigsten Fehlerfall dar. Für $Z_{(0)} > Z_{(1)}$ führt er zu den größten Teilkurzschlußströmen über Erde.
Bei $Z_{(0)} < Z_{(1)}$ ist hier der Strom über Erde I''_{kE2E} für den zweipoligen Kurzschluß mit Erdberührung nach IEC 909 einzusetzen.

Angenommen wird, daß die Anlagen A, B und C weiter als der doppelte Anlagenfernabstand D_F auseinanderliegen.
Die Mastimpedanzen mit oder ohne Erdseil, die Maschenerderimpedanzen sowie andere Erdverbindungen dürfen bei der Berechnung des maximalen Kurzschlußstroms nach IEC 909 vernachlässigt werden.
Das Berechnungsverfahren wird an einem einfachen Netz, bestehend aus den drei Anlagen A, B, C und Einfachleitungen mit einem Erdseil gezeigt.
Bild I zeigt ein Umspannwerk B mit Verbindungen zu den benachbarten Anlagen A und C.

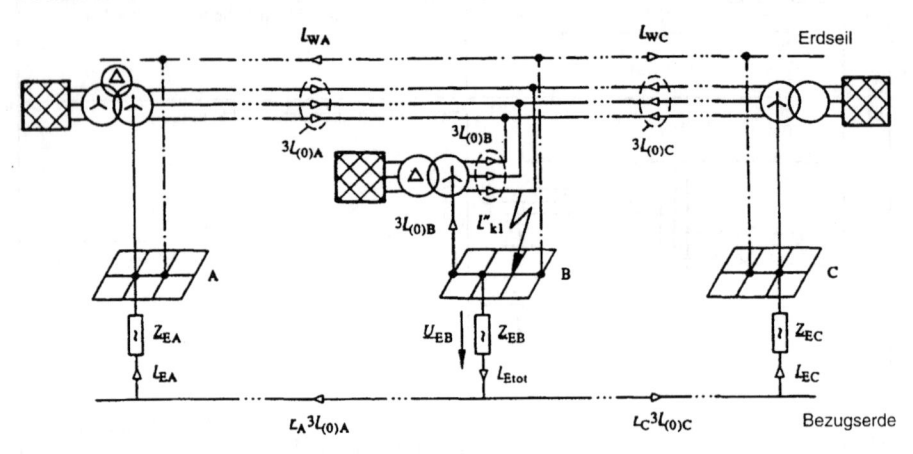

Bild I Teilkurzschlußströme bei einem Erdkurzschluß innerhalb der Anlage B

Änderungen
Gegenüber DIN VDE 0102:1990-01 wurden folgende Änderungen vorgenommen:
Die IEC 909-3 ist gegenüber dem Hauptabschnitt drei von DIN VDE 0102: 1990-01 ausführlicher und enthält zusätzlich zur Information:
Anhang A
Beispiel für die Berechnung der Doppelerdkurzschlußströme auf einer einfachgespeisten Stichleitung in einem Netz mit isoliertem Sternpunkt oder mit Erdschlußkompensation.
Anhang B
Beispiel für die Berechnung der Teilkurzschlußströme über Erde bei einpoligen Erdkurzschlüssen in einem Netz mit niederohmiger Sternpunkterdung.

DIN EN 50110-1 (**VDE 0105 Teil 1**):1997-10   Oktober 1997

Betrieb von elektrischen Anlagen
Deutsche Fassung EN 50110-1:1996

3 + 25 Seiten EN, 2 Bilder, 2 Tabellen, 4 Anhänge   Preisgruppe 20 K

Diese Norm (VDE-Bestimmung) gilt für das Bedienen von und alle Arbeiten an, mit oder in der Nähe von elektrischen Anlagen aller Spannungsebenen von Kleinspannung bis Hochspannung, wobei der Begriff Hochspannung die Spannungsebenen Mittelspannung und Höchstspannung einschließt.
Elektrische Anlagen dienen der Erzeugung, Übertragung, Umwandlung, Verteilung und Anwendung elektrischer Energie. Sie können ortsfest sein, wie z. B. eine Verteilung in einer Fabrik oder einem Bürogebäude. Andere werden nur vorübergehend aufgebaut, wie z. B. Baustellen-Einrichtungen. Wieder andere sind ortsveränderlich; sie können entweder unter Spannung stehend oder im spannungsfreien Zustand bewegt werden. Beispiele hierfür sind elektrisch angetriebene Bagger in Steinbrüchen oder Braunkohlen-Tagebauen.
Diese Norm beschreibt die Anforderungen für sicheres Bedienen, Arbeiten und Instandhalten an oder in der Nähe von elektrischen Anlagen. Sie gilt nicht nur für elektrotechnische Arbeiten aller Art, sondern auch für nichtelektrotechnische Arbeiten, wie Bauarbeiten in der Nähe von Freileitungen oder Kabeln.

Allgemeine Grundsätze

Sicherer Betrieb
Vor jedem Bedienungsvorgang und jeder Arbeit an, mit oder in der Nähe einer elektrischen Anlage, müssen mögliche Gefährdungen bedacht werden, um festzulegen, wie die beabsichtigte Tätigkeit sicher auszuführen ist.

Personal
Die Verantwortlichkeiten für die Sicherheit von Personen, die an einer Arbeit beteiligt oder von ihr betroffen sind, müssen der nationalen Gesetzgebung entsprechen.
Alle an Arbeiten an, mit oder in der Nähe einer elektrischen Anlage beteiligten Personen müssen über die einschlägigen Sicherheitsanforderungen, Sicherheitsvorschriften und betrieblichen Anweisungen unterrichtet werden. Die Unterrichtung ist im Verlauf der Arbeiten zu wiederholen, wenn die Arbeiten lange andauern oder komplex sind. Die Arbeitenden müssen angewiesen werden, diese Anforderungen, Vorschriften und Anweisungen einzuhalten.

Organisation
Jede elektrische Anlage muß unter der Verantwortung einer Person, des Anlagenverantwortlichen, betrieben werden. Wo zwei oder mehr Anlagen miteinander in

Verbindung stehen, sind Absprachen der jeweiligen Anlagenverantwortlichen unverzichtbar.

Kommunikation (Informationsübermittlung)
Kommunikation umfaßt jede Art der Informationsübergabe oder des Informationsaustausches zwischen Personen, d. h. mündlich (z. B. Telefon, Sprechfunk, direktes Gespräch), schriftlich (z. B. Telefax) und optisch (z. B. Sichtgeräte, Anzeigetafeln, Leuchtanzeigen).
Vor Beginn einer Arbeit muß der Anlagenverantwortliche über die vorgesehene Arbeit informiert werden.

Arbeitsstelle
Die Arbeitsstelle muß eindeutig festgelegt und gekennzeichnet sein. An allen Arbeitsstellen an oder in der Nähe einer elektrischen Anlage muß ausreichende Bewegungsfreiheit, ungehinderter Zugang und ausreichende Beleuchtung vorhanden sein. In Freiluftanlagen muß erforderlichenfalls der Zugang zur Arbeitsstelle eindeutig gekennzeichnet sein.

Werkzeuge, Ausrüstungen, Schutz- und Hilfsmittel
Werkzeuge, Ausrüstungen, Schutz- und Hilfsmittel müssen den Anforderungen einschlägiger europäischer, nationaler oder internationaler Normen entsprechen, soweit solche existieren.

Schaltpläne und Unterlagen
Es müssen aktuelle Schaltpläne und Unterlagen für die elektrische Anlage verfügbar sein.

Schilder
Beim Betrieb von oder bei Arbeiten an elektrischen Anlagen müssen, sofern erforderlich, geeignete Sicherheitsschilder angebracht werden, um auf mögliche Gefährdungen aufmerksam zu machen. Die Schilder müssen einschlägigen europäischen, nationalen oder internationalen Normen entsprechen, soweit solche existieren.

Übliche Betriebsvorgänge
Es sind erforderlichenfalls geeignete Werkzeuge und Ausrüstungen zu benutzen, um Gefahren für Personen zu vermeiden. Diese Tätigkeiten müssen mit dem Anlagenverantwortlichen abgestimmt sein. Der Anlagenverantwortliche ist zu informieren, wenn diese Tätigkeiten beendet sind.

Arbeitsmethoden
Jede vorgesehene Arbeit muß geplant werden.
Entsprechend den allgemeinen Grundsätzen muß entweder der Anlagenverantwortliche oder der Arbeitsverantwortliche sicherstellen, daß vor Beginn von Arbeiten die ausführenden Personen aufgabenbezogen unterwiesen werden.

Vor Beginn der Arbeit muß der Arbeitsverantwortliche dem Anlagenverantwortlichen die Art, den Ort und die Auswirkungen der vorgesehenen Arbeit auf die Anlage melden. Vorzugsweise ist diese Meldung schriftlich zu machen, insbesondere bei komplexen Arbeiten.
Nur der Anlagenverantwortliche darf die Erlaubnis für die vorgesehene Arbeit geben. Ein entsprechendes Verfahren muß auch im Fall einer Unterbrechung und bei Beendigung der Arbeit eingehalten werden.

Spannungsfreiheit feststellen
Die Spannungsfreiheit muß an oder so nahe wie möglich der Arbeitsstelle allpolig festgestellt werden. Dabei sind betriebliche Anweisungen einzuhalten, nach denen z. B. bestimmte festeingebaute oder ortsveränderliche Prüfgeräte oder Prüfsysteme verwendet werden müssen. Ortsveränderliche Meßgeräte und Spannungsprüfer sind mindestens unmittelbar vor Gebrauch und nach Möglichkeit auch nach Gebrauch zu überprüfen.

Erden und Kurzschließen
In Hochspannungsanlagen und bestimmten Niederspannungsanlagen müssen alle Teile, an denen gearbeitet werden soll, an der Arbeitsstelle geerdet und kurzgeschlossen werden. Die Erdungs- und Kurzschließvorrichtungen müssen zuerst mit der Erdungsanlage verbunden und dann an die zu erdenden Teile angeschlossen werden.

Arbeiten unter Spannung
Arbeiten unter Spannung müssen nach national erprobten Verfahren ausgeführt werden. Danach sind die Anforderungen möglicherweise nicht in vollem Umfang anzuwenden auf Arbeiten wie Feststellen der Spannungsfreiheit, Anbringen von Erdungs- und Kurzschließvorrichtungen usw.
Bei Arbeiten unter Spannung berühren Personen mit Körperteilen, Werkzeugen, Ausrüstungen oder Hilfsmitteln blanke, unter Spannung stehende Teile oder dringen in die Gefahrenzone ein. Die äußere Grenze der Gefahrenzone ist gegeben durch den Abstand D_L.
Werte für den Abstand D_L können den Dokumenten entnommen werden, die in den normativen nationalen Anhängen in EN 50110-2 aufgelistet sind.
Wenn national keine Werte festgelegt sind, können Richtwerte für D_L einem Anhang entnommen werden.
Arbeiten unter Spannung dürfen nur durchgeführt werden, wenn Brand- und Explosionsgefahren ausgeschlossen sind.

Arbeiten in der Nähe unter Spannung stehender Teile
Arbeiten in der Nähe unter Spannung stehender Teile müssen nach nationalen Vorschriften ausgeführt werden.
In der Nähe unter Spannung stehender Teile mit Nennspannungen über 50 V Wechselspannung oder 120 V Gleichspannung darf nur gearbeitet werden, wenn durch geeignete Maßnahmen sichergestellt ist, daß unter Spannung stehende

Teile nicht berührt werden können oder die Gefahrenzone nicht erreicht werden kann.

Instandhaltung
Instandhaltung dient dazu, die elektrische Anlage im geforderten Zustand zu erhalten.
Instandhaltung besteht aus vorbeugender Instandhaltung (Wartung), die regelmäßig durchgeführt wird, um Ausfälle zu verhüten und die Betriebsmittel in ordnungsgemäßem Zustand zu erhalten, und Instandsetzung, z. B. Reparatur, Austausch eines fehlerhaften Teils.

Änderung
Gegenüber DIN 57105-1 (VDE 0105 Teil 1):1983-07 wurde folgende Änderung vorgenommen:
- EN 50110-1:1996 übernommen.

Erläuterungen
Zu dieser Europäischen Norm können in den CENELEC-Mitgliedsländern nationale normative Anhänge bestehen, die in DIN EN 50110-2 (VDE 0105 Teil 2) aufgeführt sind. Die DIN EN 50110-2 unterscheidet zwischen zusätzlich geltenden **Vorschriften** (für Deutschland die UVV „Elektrische Anlagen und Betriebsmittel" (VBG 4)) und **Normen** (für Deutschland die zusätzlichen deutschen normativen Festlegungen in DIN VDE 0105-100 (VDE 0105 Teil 100)).
Um die Zusammenhänge zu verdeutlichen und die Lesbarkeit zu erleichtern, wurden die Sachinhalte der Norm DIN EN 50110-1, die zusätzlichen deutschen normativen Festlegungen und die Sachinhalte der DIN EN 50110-2 in der Deutschen Norm DIN VDE 0105-100 (VDE 0105 Teil 100) zusammengeführt, die die DIN VDE 0105-1 (VDE 0105 Teil 1) ersetzt.

DIN EN 50110-2 (VDE 0105 Teil 2):1997-10   Oktober 1997

Betrieb von elektrischen Anlagen (nationale Anhänge)
Deutsche Fassung EN 50110-2:1996 + Corrigendum 1997-04

2 + 11 Seiten EN   Preisgruppe 13 K

Die Norm (VDE-Bestimmung) besteht aus einer Aufzählung nationaler normativer Anhänge (einer pro Land), die sowohl gegenwärtig geltende Sicherheitsanforderungen als auch nationale Ergänzungen zu den Mindestanforderungen enthalten.
Die nationalen Anhänge – soweit vorhanden – wurden von dem jeweiligen Mitgliedsland zusammengestellt.
Die nationalen Komitees müssen jede erforderliche Änderung ihres nationalen Anhangs an CENELEC melden.

Nationale Anhänge der deutschsprachigen Länder

Österreich (AT)

Gesetze und Verordnungen
10. Verordnung des Bundesministers für soziale Verwaltung vom 29. Oktober 1981 über den Nachweis der Fachkenntnisse für die Vorbereitung und Organisation von bestimmten Arbeiten unter elektrischer Spannung über 1 kV (BGBl. 10/1982).

Normen
ÖVE-E5 Teil 1 „Betrieb von Starkstromanlagen", grundsätzliche Bestimmungen

Schweiz (CH)

Gesetze und Verordnungen
Bundesgesetz betreffend die elektrischen Schwach- und Starkstromanlagen (SR 734.0)
Loi fédérale concernant les installations électriques à faible et à fort courant (SR 734.0)
Starkstromverordnung (SR 734.2)
Ordonance à courant fort (SR 734.2)
Verordnung über elektrische Niederspannungsinstallationen NIV (SR 734.27)
Ordonance sur les installations électriques à basse tension OIBT (SR 734.27)
Verordnung über elektrische Leitungen LEV (SR 734.31)
Ordonance sur les lignes électriques (SR 734.31)
Bundesgesetz über die Unfallverhütung UVG (SR 832.20)
La loi fédérale sur les assurances contre les accidents (SR 832.20)

Normen
Niederspannungsinstallations-Normen NIN SEV 1000-1 bis -3
Norme pour les installations basse tension NIBT ASE 1000-1 à -3

Deutschland (DE)

Gesetze und Verordnungen
Unfallverhütungsvorschrift „Elektrische Anlagen und Betriebsmittel" (VBG 4)
Unfallverhütungsvorschrift „Elektrische Anlagen und Betriebsmittel" has been published by the industrial accident insurance bodies. BGZ-list VBG 4.

Normen
DIN VDE 0105-100 (VDE 0105 Teil 100)
Betrieb von elektrischen Anlagen; Nationaler Anhang zu DIN EN 50110-1:1997.
Operation of electrical installations – National Annex to DIN EN 50110-1:1997.

Änderungen
Gegenüber DIN 57105-1 (VDE 0105 Teil 1):1983-07 wurden folgende Änderungen vorgenommen:
Es wurden zu den für alle europäischen Länder geltenden allgemeinen Anforderungen in DIN EN 50110-1 (VDE 0105 Teil 1) die jeweils zusätzlich in den einzelnen Ländern geltenden Vorschriften und Normen aufgenommen.

Erläuterungen
Die Europäische Norm EN 50110 besteht aus zwei Teilen:
- EN 50110-1 enthält die allgemein gültigen Festlegungen, die von allen Nationalen Komitees von CENELEC unverändert zu übernehmen sind.
- EN 50110-2 verweist auf Vorschriften oder weitere Normen, die gegebenenfalls zusätzlich zu den in der EN 50110-1 festgelegten Anforderungen in den jeweiligen europäischen Ländern zu berücksichtigen sind.

Die EN 50110-2 unterscheidet zwischen zusätzlich geltenden **Vorschriften** (für Deutschland die UVV „Elektrische Anlagen und Betriebsmittel" (VBG 4)) und **Normen** (für Deutschland die zusätzlichen deutschen normativen Festlegungen in DIN VDE 105-100 (VDE 0105 Teil 100)).
Um die Zusammenhänge zu verdeutlichen und die Lesbarkeit zu erleichtern, wurden die Sachinhalte der Basisnorm DIN EN 50110-1, die zusätzlichen deutschen normativen Festlegungen und die Sachinhalte der vorliegenden Norm DIN EN 50110-2 in der Deutschen Norm DIN VDE 0105-100 (VDE 0105 Teil 100) zusammengeführt.
Die vorliegende Norm gibt eine Aufstellung der Vorschriften oder weiteren Normen in der jeweiligen Landessprache sowie einen kurzen erläuternden Text in Englisch, der von dem jeweiligen Land erstellt wurde. Da diese erläuternden Texte landesspezifische Gegebenheiten beschreiben, die in anderen Sprachen zum Teil nur unzureichend wiedergegeben werden können, wurde von einer Übersetzung ins Deutsche abgesehen.

DIN VDE 0105-100 (**VDE 0105 Teil 100**):1997-10   Oktober 1997

Betrieb von elektrischen Anlagen

2 + 40 Seiten, 2 Bilder, 6 Tabellen, 3 Anhänge   Preisgruppe 25 K

Die vorliegende Norm DIN VDE 0105-100 (VDE 0105 Teil 100) (VDE-Bestimmung) enthält
- den Sachinhalt der Deutschen Fassung der Europäischen Norm EN 50110-1:1996 „Betrieb von elektrischen Anlagen",
- die zusätzlichen deutschen normativen Festlegungen, die der Fachöffentlichkeit mit dem Entwurf DIN VDE 0105-100 (VDE 0105 Teil 100):1995-02 vorgestellt wurden,
- den Sachinhalt der Deutschen Fassung der Europäischen Norm EN 50110-2:1996 „Betrieb von elektrischen Anlagen (Nationale Anhänge)".

EN 50110 und die zusätzlichen deutschen normativen Festlegungen wurden in der vorliegenden Norm zusammengeführt, um die Zusammenhänge zu verdeutlichen und die Lesbarkeit zu erleichtern. Dabei sind die Texte der Europäischen Normen in Normalschrift, die zusätzlichen deutschen Festlegungen kursiv gedruckt. Soweit zusätzliche deutsche Festlegungen mit eigener Abschnittsnummer eingefügt wurden, sind sie durch Endnummern ab 101 gekennzeichnet.
Gegenüber der früheren Norm „Betrieb von Starkstromanlagen" DIN VDE 0105-1 (VDE 0105 Teil 1):1983-07 ist der Anwendungsbereich in keiner Weise eingeschränkt. Die Festlegung im „Anwendungsbereich" – diese Norm gilt nicht beim bestimmungsgemäßen Benutzen elektrischer Einrichtungen, die für den Gebrauch durch Laien konstruiert und installiert wurden – gibt nur einen selbstverständlichen Sachverhalt wieder, der in der früheren Norm nicht erwähnt war: Wenn eine Person (Laie, elektrotechnisch unterwiesene Person oder Elektrofachkraft) beispielsweise ein Küchengerät, einen Staubsauger, ein Elektrowerkzeug, eine Werkzeugmaschine, ein Kopiergerät oder einen Computer benutzt, so muß sie dazu diese Norm nicht kennen und nicht beachten. Gleiches gilt auch beim Benutzen festinstallierter Anlagen, wie z. B. Belüftung, Beleuchtung, Heizung. Hier ist deutlich zu unterscheiden zwischen dem „Benutzen" und dem wesentlich umfassenderen „Betreiben" (Bedienen und Arbeiten). Nur für das Benutzen solcher Geräte und Einrichtungen ist diese Norm nicht anzuwenden. Selbstverständlich gilt sie aber für Arbeiten an diesen Anlagen und Betriebsmitteln sowie das Erhalten des ordnungsgemäßen Zustands.
Für bestimmte elektrische Anlagen gelten
a) „Zusatzfestlegungen", die nur zusammen mit der Basisnorm für den Betrieb von elektrischen Anlagen anzuwenden sind. Bis zu ihrer Anpassung an DIN VDE 0105-100 (VDE 0105 Teil 100) gelten diese Normen in Verbindung mit DIN 57105-1 (VDE 0105 Teil 1):1983-07:
- DIN VDE 0105-3 (VDE 0105 Teil 3)
  Zusatzfestlegungen für Bahnen

- DIN VDE 0105-4 (VDE 0105 Teil 4)
  Zusatzfestlegungen für ortsfeste elektrostatische Sprühanlagen
- DIN VDE 0105-5 (VDE 0105 Teil 5)
  Zusatzfestlegungen für Elektrofischereianlagen
- DIN VDE 0105-7 (VDE 0105 Teil 7)
  Zusatzfestlegungen für explosivstoffgefährdete Bereiche
- DIN VDE 0105-8 (VDE 0105 Teil 8)
  Zusatzfestlegungen für Elektrofilteranlagen
- DIN VDE 0105-9 (VDE 0105 Teil 9)
  Zusatzfestlegungen für explosionsgefährdete Bereiche
- DIN VDE 0105-10 (VDE 0105 Teil 10)
  Zusatzfestlegungen für elektrische Anlagen im Bergbau über Tage.

b) „Besondere Festlegungen", die unabhängig von dieser Norm anwendbar sind:
- DIN VDE 0105-11 (VDE 0105 Teil 11)
  Besondere Festlegungen für den Bergbau unter Tage
- DIN VDE 0105-12 (VDE 0105 Teil 12)
  Besondere Festlegungen für das Experimentieren mit elektrischer Energie in Unterrichtsräumen
- DIN VDE 0105-15 (VDE 0105 Teil 15)
  Besondere Festlegungen für landwirtschaftliche Betriebsstätten

Allgemeine Grundsätze

Sicherer Betrieb

Vor jedem Bedienungsvorgang und jeder Arbeit an, mit oder in der Nähe einer elektrischen Anlage müssen mögliche Gefährdungen bedacht werden, um festzulegen, wie die beabsichtigte Tätigkeit sicher auszuführen ist.
Elektrische Anlagen sind den Errichtungsnormen entsprechend in ordnungsgemäßem Zustand zu erhalten. Bei Änderung der Betriebsbedingungen, z. B. Art der Betriebsstätte (trocken, feucht, feuer- oder explosionsgefährdet), müssen die bestehenden Anlagen den jeweils gültigen Errichtungsnormen angepaßt werden.
Werden an und in elektrischen Anlagen Mängel beobachtet, die eine Gefahr für Personen, Nutztiere oder Sachen zur Folge haben, so sind unverzüglich Maßnahmen zur Beseitigung der Mängel zu treffen. Sofern die Betriebsverhältnisse nicht erlauben, die Mängel unmittelbar zu beseitigen, ist die Gefahr zunächst einzuschränken, z. B. durch Absperren, Kenntlichmachen, Anbringen von Schildern.
Der Anlagenverantwortliche ist unverzüglich zu benachrichtigen.
Schadhafte elektrische Betriebsmittel dürfen nicht benutzt werden, es sei denn, daß ihre Weiterbenutzung offensichtlich gefahrlos ist. Behelfsmäßig ausgebesserte Betriebsmittel dürfen nur kurze Zeit benutzt werden, wenn zwingende Gründe dies rechtfertigen, z. B. Aufrechterhalten wichtiger Betriebsfunktionen; die Instandsetzung muß unverzüglich veranlaßt werden.
Anlagen oder Anlagenteile, die nicht betrieben werden dürfen, sind auszuschalten und mindestens durch Verbotsschilder an den Stellen, an denen die Anlagen

in Betrieb gesetzt werden können, gegen Einschalten zu sichern. Darüber hinaus sind die Mittel für die Antriebskraft oder Steuerung der Kraftantriebe fernbetätigter Schalter unwirksam zu machen.

Schalter, die den Anforderungen am Einbauort nur eingeschränkt genügen, sind zu kennzeichnen und in ihrer Funktion entsprechend zu beschränken, z. B. durch Unwirksammachen des Schutzrelais, Verriegeln des Schalters.

Sicherheitseinrichtungen und die für die Sicherheit erforderlichen Schutz- und Überwachungseinrichtungen dürfen weder unwirksam gemacht noch unzulässig verstellt oder geändert werden. Dies gilt nicht für Eingriffe zum Prüfen, Suchen von Fehlern und bei kurzzeitigen Umschaltungen.

Der Schutz gegen gefährliche Körperströme ist nach den Errichtungsnormen wirksam zu erhalten. Änderungen, z. B. Auslösestrom, Auslösezeit, dürfen nur durch eine Elektrofachkraft nach vorheriger Prüfung der Zulässigkeit durchgeführt werden.

Elektrische Anlagen mit Nennspannungen bis 1000 V müssen in einem Isolationszustand erhalten bleiben, der den Festlegungen entspricht.

Es dürfen nur Verlängerungsleitungen verwendet werden, die die Schutzmaßnahme des anzuschließenden Betriebsmittels sicherstellen.

Vor dem Benutzen sind Verlängerungsleitungen und die beweglichen Anschlußleitungen
- von ortsveränderlichen Geräten,
- von Geräten, die nach Art und üblicher Verwendung unter Spannung stehend in der Hand gehalten werden oder von Hand bewegt werden,
- von ortsfesten Geräten, wenn die beweglichen Anschlußleitungen besonderen Beanspruchungen ausgesetzt sind,

auf erkennbare Schäden zu besichtigen.

In gefahrbringender Nähe von nicht gegen direktes Berühren geschützten aktiven Anlagenteilen dürfen keine Gegenstände gelagert oder aufbewahrt werden, z. B. Montagematerial, Werkzeuge, Kleidungsstücke. An Kabeln und Leitungen, an Schutzverkleidungen, Schutzgittern, Schutzleisten, Stellteilen, Gehäusen von Betriebsmitteln und Feuerlöschgeräten dürfen keine Gegenstände angehängt oder befestigt werden. Dies gilt nicht für Teile, die zur Anlage selbst gehören, Kennzeichnungs- und Sicherheitsschilder, Schutzabdeckungen und Sperrvorrichtungen, z. B. Vorhängeschlösser.

Brandschutz und Brandbekämpfung
Die sachlichen Festlegungen des informativen Anhangs B.2 müssen erfüllt sein.
Betriebsmittel, insbesondere Wärmegeräte, sind so aufzustellen und zu betreiben, daß sie keinen Brand verursachen können.
Feuerlöscher, Feuerlöschmittel und Feuerlöscheinrichtungen sind in gebrauchsfähigem Zustand zu erhalten und in regelmäßigen Zeitabständen zu prüfen. An Feuerlöschern ist ein Prüfvermerk anzubringen.
In kleineren, unbesetzten Anlagen ist das Vorhalten von Feuerlöschern bzw. Feuerlöscheinrichtungen nicht erforderlich.
In besetzten Anlagen mit Nennspannungen über 1 kV muß mindestens eine

Löschdecke vorhanden sein, die zum Löschen brennender Kleidung bestimmt und leicht erreichbar aufzubewahren ist.
Für das Vorgehen bei Bränden wird auf DIN VDE 0132 (VDE 0132) verwiesen; diese ist an geeigneter Stelle auszulegen.

Organisation
Jede elektrische Anlage muß unter der Verantwortung einer Person, des Anlagenverantwortlichen, betrieben werden. Wo zwei oder mehr Anlagen miteinander in Verbindung stehen, sind Absprachen der jeweiligen Anlagenverantwortlichen unverzichtbar.
Der Anlagenverantwortliche mit Weisungsbefugnis für den Betrieb der elektrischen Anlage muß Elektrofachkraft sein.
Abgeschlossene elektrische Betriebsstätten müssen verschlossen gehalten werden. Die Schlüssel müssen so verwahrt werden, daß sie unbefugten Personen nicht zugänglich sind. Abgeschlossene elektrische Betriebsstätten dürfen nur von beauftragten Personen geöffnet werden. Der Zutritt ist Elektrofachkräften und elektrotechnisch unterwiesenen Personen, Laien jedoch nur in Begleitung von Elektrofachkräften oder elektrotechnisch unterwiesenen Personen gestattet.

Schaltpläne und Unterlagen
Es müssen aktuelle Schaltpläne und Unterlagen für die elektrische Anlage verfügbar sein.
Als Schaltpläne und Unterlagen gelten auch Übersichtspläne in vereinfachter einpoliger Darstellung der Schaltung ohne Hilfsleitungen, Blind- oder Steckschaltbilder sowie ausreichende Beschriftung der Stromkreise.
Arbeits- und Anlagenverantwortlichen sowie Personen, die unter eigener Verantwortung arbeiten, ist DIN VDE 0105-100 (VDE 0105 Teil 100) zugänglich zu machen.

Spannungsfreiheit feststellen
Die Spannungsfreiheit darf nur durch eine Elektrofachkraft oder durch eine elektrotechnisch unterwiesene Person festgestellt werden.
Wenn geerdet und kurzgeschlossen wird, ist zuvor die Spannungsfreiheit zusätzlich an allen Ausschaltstellen allpolig festzustellen.
Die Spannungsfreiheit der freigeschalteten Anlagenteile ist festzustellen
- mit Spannungsprüfern oder
- mit festeingebauten Meßgeräten, Signallampen oder anderen geeigneten Vorrichtungen, wenn beim Ausschalten der Spannung die Veränderung der Anzeige beobachtet wird, oder
- durch Einlegen festeingebauter Erdungseinrichtungen, z. B. einschaltfeste Erdungsschalter nach DIN VDE 0670-2 (VDE 0670 Teil 2), oder durch Einfahren von Erdungswagen.

Bei Kabeln und isolierten Leitungen sowie deren Zubehörteilen darf, nachdem an den Ausschaltstellen die Spannungsfreiheit festgestellt worden ist, vom Feststellen der Spannungsfreiheit an der Arbeitsstelle abgesehen werden, wenn

- das Kabel oder die isolierte Leitung von der Ausschaltstelle bis zur Arbeitsstelle eindeutig verfolgt werden kann oder
- das Kabel oder die isolierte Leitung eindeutig ermittelt ist, z. B. durch Kabelpläne, Bezeichnungen, Kabelsuchgeräte, Kabelauslesegeräte.

An einem Kabelschneidgerät oder Kabelbeschußgerät kann im ungünstigsten Fall nach dem Betätigen Spannung anstehen. Dies ist im allgemeinen nur durch geeignete organisatorische Maßnahmen (z. B. Rückfrage bei der netzführenden Stelle) oder spezielle technische Einrichtungen feststellbar.

Erden und Kurzschließen

Liegen Kabel und isolierte Leitungen mit durchgehender, allseitig geerdeter metallener Umhüllung im Einflußbereich von Wechselstrombahnen oder starr geerdeten Hochspannungsnetzen, so ist der Metallmantel an der Arbeitsstelle vor dem Auftrennen durch eine Leitung von mindestens 16 mm^2 Cu zu überbrücken. Bei Arbeiten an den Adern solcher Kabel und isolierten Leitungen hat sich der Arbeitende gegen die mögliche zu hohe Berührungsspannung, z. B. Beeinflussungsspannung, zu schützen, wenn nicht durch Berechnen oder Messen festgestellt wird, daß sowohl im Betriebszustand als auch bei Erdkurzschlüssen der beeinflussenden Anlage die angegebenen Berührungsspannungen an der Arbeitsstelle nicht überschritten werden. Geeignete Schutzmittel und Einrichtungen sind entsprechend zu verwenden.

Wo Metallmantelkabel mit Isoliermuffen oder metallmantellose Kabel verlegt sind, braucht nur eine Ausschaltstelle geerdet und kurzgeschlossen zu werden; die anderen müssen kurzgeschlossen werden. Zum Herstellen und Aufheben jeder dieser Kurzschließungen ist jedoch an dieser Stelle vorübergehend zu erden, wobei die Erdungen an anderen Ausschaltstellen während dieser Zeit aufgehoben sein müssen.

Metallene Konstruktionsteile, z. B. Gerüste, Maste, dürfen zum Erden und Kurzschließen mit verwendet werden, wenn sie den Bedingungen genügen und ihre mechanische Festigkeit nicht beeinträchtigt wird.

Bei Erdungs- und Kurzschließseilen darf die Seillänge zwischen je zwei Anschließstellen das 1,2-fache des Abstands der Anschließstellen nicht unterschreiten.

Beim Parallelschalten von Kurzschließgeräten mit Seilen müssen folgende Bedingungen erfüllt sein:
- gleiche Seillänge,
- gleiche Seilquerschnitte,
- gleiche Anschließteile und Anschlußstücke,
- Einbau der Geräte dicht nebeneinander mit Parallelführung der Seile.

Beim Parallelschalten mehrerer Seile sind für jedes Seil 75 % der zulässigen Strombelastbarkeit anzunehmen.

Die Querschnitte parallelgeschalteter Seile dürfen voll belastet werden, wenn sichergestellt ist, daß die Kurzschließseile nur einmal mit dem vollen Kurzschlußstrom beansprucht werden. Dies trifft im allgemeinen für Anlagen mit Nennspannungen ab 110 kV zu.

Arbeiten unter Spannung
Beim Arbeiten unter Spannung besteht eine erhöhte Gefahr der Körperdurchströmung oder Störlichtbogenbildung. Dies erfordert besondere technische und organisatorische Maßnahmen, je nach Art, Umfang und Schwierigkeitsgrad der Arbeiten in a) bis c).

a) Arbeiten, die generell unter Spannung durchgeführt werden dürfen
- Alle Arbeiten, wenn
  - sowohl die Nennspannung zwischen den aktiven Teilen als auch die Spannung zwischen aktiven Teilen und Erde nicht höher als 50 V Wechselspannung oder 120 V Gleichspannung ist (SELV oder PELV) oder
  - die Stromkreise nach DIN VDE 0165 (VDE 0165) eigensicher errichtet sind oder
  - der Kurzschlußstrom an der Arbeitsstelle höchstens 3 mA Wechselstrom (Effektivwert) oder 12 mA Gleichstrom oder die Energie nicht mehr als 350 mJ beträgt.
- Heranführen von Spannungsprüfern und Phasenvergleichern.
- Anbringen von Isolierplatten, Abdeckungen und Abschrankungen.
- Abklopfen von Rauhreif mit isolierenden Stangen.
- Anspritzen unter Spannung stehender Teile bei der Brandbekämpfung. Hierbei ist DIN VDE 0132 (VDE 0132) zu beachten.
- Heranführen von Prüf-, Meß- und Justiereinrichtungen bei Nennspannungen bis 1000 V.
- Heranführen von Werkzeugen und Hilfsmitteln zum Reinigen von Anlagen mit Nennspannungen bis 1000 V.
- Heranführen von Werkzeugen zum Bewegen leichtgängiger Teile, bei Nennspannungen über 1 kV mit Hilfe von Isolierstangen.
- Herausnehmen oder Einsetzen von nicht gegen direktes Berühren geschützten Sicherungseinsätzen. Bei Nennspannungen über 1 kV sind Sicherungszangen oder gleichwertige anlagenspezifische Hilfsmittel zu verwenden.
- Abspritzen von Isolatoren in Freiluftanlagen. Hierbei ist DIN VDE 0143 (VDE 0143) zu beachten.

b) Arbeiten, die aus technischen Gründen unter Spannung durchgeführt werden müssen
Hierzu gehören z. B.:
- Arbeiten an Akkumulatoren oder Fotovoltaikanlagen unter Beachtung geeigneter Vorsichtsmaßnahmen. Bei Nennspannungen über 1 kV muß eine Elektrofachkraft oder elektrotechnisch unterwiesene Person als zweite Person anwesend sein.
- Arbeiten in Prüfanlagen unter Beachtung geeigneter Vorsichtsmaßnahmen, wenn es die Arbeitsbedingungen erfordern. DIN VDE 0104 (VDE 0104) ist zusätzlich zu beachten.
- bei Nennspannungen bis 1000 V: Fehlereingrenzung in Hilfsstromkreisen,

Arbeiten bei Fehlersuche, Funktionsprüfung von Geräten und Schaltungen, Inbetriebnahme und Erprobung.

c) Sonstige Arbeiten, die unter Einhaltung bestimmter Voraussetzungen unter Spannung durchgeführt werden dürfen
Für diese Arbeiten müssen die folgenden Bedingungen erfüllt sein:
- Anweisung durch eine verantwortliche Elektrofachkraft (siehe DIN VDE 1000-10 (VDE 1000 Teil 10)),
- Sicherstellung, daß die Anforderungen erfüllt sind.

Änderungen

Gegenüber DIN 57105-1 (VDE 0105 Teil 1):1983-07 wurden folgende Änderungen vorgenommen:
- EN 50110-1:1996 übernommen (siehe auch Vorwort).
- Norm komplett überarbeitet.

Beiblatt 1 zu DIN VDE 0108 (Bbl. 1 zu VDE 0108):1997-11   November 1997

Starkstromanlagen und Sicherheitsstromversorgung in baulichen Anlagen für Menschenansammlungen
Informationen zur Anwendung der Anforderungen der Reihe
DIN VDE 0108 (VDE 0108)

2 + 8 Seiten   Preisgruppe 9 K

Dieses Beiblatt enthält Informationen zu DIN VDE 0108 (VDE 0108), jedoch keine zusätzlich genormten Festlegungen.

Dieses Beiblatt gibt Hinweise auf die Fortentwicklung der Normung zum Normungsgegenstand „Starkstromanlagen und Sicherheitsstromversorgung in baulichen Anlagen für Menschenansammlungen". Diese Fortentwicklung ist dadurch gekennzeichnet, daß zum Normungsgegenstand nicht mehr autonom national genormt werden darf und es, bedingt durch die internationalen und regionalen Vorgaben, nicht mehr zu einer Folgenorm gleichen inhaltlichen Umfangs wie bisher kommen kann.

So sind z. B. Geräteanforderungen, die bislang Normungsgegenstand in der nationalen Reihe DIN VDE 0108 (VDE 0108) waren, in eigenständige Normen zu überführen. Weiter können nationale baurechtliche Regelungen nicht mehr in eine dann international und/oder regional geltende Norm übernommen werden.

Im vorliegenden Beiblatt wird auf mittlerweile geltende Normen verwiesen, die den Normungsgegenstand der nationalen Reihe DIN VDE 0108 (VDE 0108) betreffen.

Das zuständige Komitee 223 „Starkstromanlagen in baulichen Anlagen für Menschenansammlungen" der Deutschen Elektrotechnischen Kommission im DIN und VDE (DKE) hat keine sicherheitstechnischen Bedenken, die gegenüber der geltenden Errichtungsnorm eingetretenen Änderungen als Basis für die Planung, Auswahl und Errichtung von „Starkstromanlagen und Sicherheitsstromversorgung in baulichen Anlagen für Menschenansammlungen" zugrunde zu legen.

Die Informationen dieses Beiblatts sind als Anregungen für eigenverantwortliches Handeln zu verstehen.

Beiblatt 1 zu DIN VDE 0108-1 (Beiblatt 1 zu VDE 108 Teil 1):1989-10 „Baurechtliche Regelungen"

Das Muster der ARGEBAU für Richtlinien über brandschutztechnische Anforderungen an Leitungsanlagen – Fassung September 1988 – ist inzwischen durch eine neuere Fassung ersetzt worden und nicht mehr maßgebend. An den Nachdruck des neuen Musters für Richtlinien über brandschutztechnische Anforderungen an Leitungsanlagen als DIN VDE-Beiblatt ist derzeit nicht gedacht. Der jeweilige Stand der Übernahme in den Ländern sollte bei den Baubehörden der Länder erfragt werden.

Das Beiblatt 1 zu DIN VDE 0108-1 (Beiblatt 1 zu VDE 0108 Teil 1):1989-1 mit der veralteten Fassung des Musters für Richtlinien über brandschutztechnische Anforderungen an Leitungsanlagen – Fassung September 1988 – wird jedoch nicht zurückgezogen, da daraus Abschnitte in der Norm DIN VDE 0108-1 (VDE 0108 Teil 1):1989-10 zitiert sind und damit normativer Bestandteil der DIN VDE 0108-1 (VDE 0108 Teil 1):1989-10 sind. Das Beiblatt enthält Erläuterungen zu 19 Abschnitten.

DIN VDE 0108-2 (VDE 0108 Teil 2):1989-10 „Versammlungsstätten"
Hierzu enthält dieses Beiblatt Erläuterungen zu vier Abschnitten.

DIN VDE 0108-7 (VDE 0108 Teil 7):1989-10 „Arbeitsstätten"
Verbesserungsbedürftige Aussagen, notwendige Klarstellungen und Anpassungen an die internationale Normung führten zu einer Fortschreibung des Teiles für Arbeitsstätten.
Aufgrund der mittlerweile angelaufenen Arbeit an einer internationalen Nachfolgenorm zum Anwendungsbereich der DIN VDE 0108 (VDE 0108) ist es jedoch wegen der hierbei geltenden Regularien nicht möglich, zeitgleich eine nationale Norm in gleicher Sache herauszugeben. Das zuständige Komitee 223 steht jedoch voll hinter der im Beiblatt abgedruckten Entwurfsfassung, bestehend aus vier Druckseiten, und empfiehlt daher sehr seine Anwendung.

DIN VDE 0110-1 (**VDE 0110 Teil 1**):1997-04   April 1997

Isolationskoordination für elektrische Betriebsmittel in Niederspannungsanlagen

Teil 1: Grundsätze, Anforderungen und Prüfungen
(IEC 664-1:1992, modifiziert) Deutsche Fassung HD 625.1 S1:1996

5 + 51 Seiten HD, 23 Bilder, 11 Tabellen, 5 Anhänge   Preisgruppe 35 K

Dieser Teil von IEC 664 (VDE-Bestimmung) enthält Festlegungen der Isolationskoordination für Betriebsmittel in Niederspannungsanlagen. Sie gilt für Betriebsmittel zum Einsatz bis zu einer Höhe von 2000 m über NN und mit einer Bemessungs-Wechselspannung bis 1000 V mit Nennfrequenzen bis 30 kHz oder einer Bemessungs-Gleichspannung bis 1500 V.

Sie legt die Anforderungen für Luftstrecken, Kriechstrecken und feste Isolierungen von Betriebsmitteln, begründet auf ihren Leistungsmerkmalen, fest. Eingeschlossen sind Verfahren für die Spannungsprüfung in bezug auf die Isolationskoordination.

Diese Sicherheits-Grundnorm soll Technischen Komitees, die für die verschiedenen Betriebsmittel verantwortlich sind, zeigen, wie die Isolationskoordination erreicht wird.

Sie stellt notwendige Angaben als Leitfaden für Technische Komitees zusammen, um Luftstrecken, Kriechstrecken und feste Isolierungen für Betriebsmittel festzulegen.

Grundsätze der Isolationskoordination

Isolationskoordination umfaßt die Auswahl der elektrischen Isolationseigenschaften eines Betriebsmittels hinsichtlich dessen Anwendung und in bezug auf seine Umgebung.

Isolationskoordination kann nur erreicht werden, wenn die Bemessung des Betriebsmittels auf den Beanspruchungen, denen es im Verlauf der zu erwartenden Lebensdauer voraussichtlich ausgesetzt ist, beruht.

Isolationskoordination in bezug auf die Spannung

Berücksichtigt werden müssen:
- die Spannungen, die im System auftreten können;
- die Spannungen, die vom Betriebsmittel erzeugt werden (die andere Betriebsmittel im System ungünstig beeinflussen können);
- der Grad der Verfügbarkeit der verlangten Funktion;
- die Sicherheit von Personen und Sachen, so daß die Wahrscheinlichkeit des Auftretens unerwünschter Vorkommnisse, verursacht durch Spannungsbeanspruchungen, nicht zu einem unvertretbaren Schadensrisiko führt.

Isolationskoordination in bezug auf die Dauerwechsel- oder Dauergleichspannung
Isolationskoordination hinsichtlich der Dauerspannungen beruht auf:
- der Bemessungsspannung;
- der Bemessungs-Isolationsspannung;
- der Arbeitsspannung.

Isolationskoordination in bezug auf transiente Überspannung
Isolationskoordination hinsichtlich transienter Überspannungen beruht auf einem Zustand begrenzter Überspannungen.
Um das Prinzip der Isolationskoordination anzuwenden, muß zwischen zwei Arten von transienten Überspannungen unterschieden werden:
- transiente Überspannungen, herrührend aus dem System, mit dem das Betriebsmittel über seine Anschlußklemmen verbunden ist;
- transiente Überspannungen, herrührend aus dem Betriebsmittel.

Die Isolationskoordination verwendet eine bevorzugte Reihe von Werten der Bemessungs-Stoßspannung:
330 V, 500 V, 800 V, 1500 V, 2500 V, 4000 V, 6000 V, 8000 V, 12000 V.

Isolationskoordination in bezug auf periodische Spitzenspannungen
Berücksichtigt werden muß das Ausmaß von Teilentladungen, die in festen Isolierungen oder auf der Oberfläche von Isolierungen auftreten können.

Spannungen und Bemessungsspannungen
Zum Zweck der Bemessung von Betriebsmitteln in Übereinstimmung mit der Isolationskoordination müssen Technische Komitees festlegen:
- die Grundlage für die Bemessungsspannungen,
- eine Überspannungskategorie entsprechend dem zu erwartenden Einsatz des Betriebsmittels unter Berücksichtigung der Kenndaten des Systems, für das es zum Anschluß vorgesehen ist.

Verschmutzungsgrade der Mikro-Umgebung
Um Luft- und Kriechstrecken zu bestimmen, werden die nachstehenden vier Verschmutzungsgrade für die Mikro-Umgebung festgelegt:
- Verschmutzungsgrad 1
  Es tritt keine oder nur trockene, nicht leitfähige Verschmutzung auf. Die Verschmutzung hat keinen Einfluß.
- Verschmutzungsgrad 2
  Es tritt nur nicht leitfähige Verschmutzung auf. Gelegentlich muß jedoch mit vorübergehender Leitfähigkeit durch Betauung gerechnet werden.
- Verschmutzungsgrad 3
  Es tritt leitfähige Verschmutzung auf oder trockene, nicht leitfähige Verschmutzung, die leitfähig wird, da Betauung zu erwarten ist.
- Verschmutzungsgrad 4
  Die Verunreinigung führt zu einer beständigen Leitfähigkeit, hervorgerufen durch leitfähigen Staub, Regen oder Schnee.

Tabelle I: Mindestluftstrecken für die Isolationskoordination

erforderliche Steh-Stoßspannung[1])	Mindestluftstrecken in Luft bei Aufstellungshöhen bis 2000 m über Meereshöhe (NN)							
	Bedingung A (inhomogenes Feld)				Bedingung B (homogenes Feld)			
	Verschmutzungsgrad				Verschmutzungsgrad			
	1	2	3	4	1	2	3	4
kV	mm	mm	mm	mm	mm	mm	mm	mm
0,33[3])	0,01				0,01			
0,40	0,02				0,02			
0,50[2])	0,04	[3])			0,04	[3])		
0,60	0,06	0,2[4])			0,06	0,2[4])		
0,80[2])	0,10		0,8[4])		0,10			
1,0	0,15			1,6[4])	0,15		0,8[4])	
1,2	0,25	0,25			0,20			1,6[4])
1,5[2])	0,5	0,5			0,30	0,30		
2,0	1,0	1,0	1,0		0,45	0,45		
2,5[2])	1,5	1,5	1,5		0,60	0,60		
3,0	2,0	2,0	2,0	2,0	0,80	0,80		
4,0[2])	3,0	3,0	3,0	3,0	1,2	1,2	1,2	
5,0	4,0	4,0	4,0	4,0	1,5	1,5	1,5	
6,0[2])	5,5	5,5	5,5	5,5	2,0	2,0	2,0	2,0
8,0[2])	8,0	8,0	8,0	8,0	3,0	3,0	3,0	3,0
10	11	11	11	11	3,5	3,5	3,5	3,5
12[2])	14	14	14	14	4,5	4,5	4,5	4,5
15	18	18	18	18	5,5	5,5	5,5	5,5
20	25	25	25	25	8,0	8,0	8,0	8,0
25	33	33	33	33	10	10	10	10
30	40	40	40	40	12,5	12,5	12,5	12,5
40	60	60	60	60	17	17	17	17
50	75	75	75	75	22	22	22	22
60	90	90	90	90	27	27	27	27
80	130	130	130	130	35	35	35	35
100	170	170	170	170	45	45	45	45

1) Diese Spannung ist
   - für Funktionsisolierung: die höchste an der Luftstrecke zu erwartende Stoßspannung;
   - für Basisisolierung, falls direkt oder wesentlich beeinflußt durch transiente Überspannungen aus dem Niederspannungsnetz die Bemessungs-Stoßspannung des Betriebsmittels;
   - für andere Basisisolierung: die höchste Stoßspannung, die im Stromkreis auftreten kann;
   - für verstärkte Isolierung: die Bemessungs-Stoßspannung des Betriebsmittels, jedoch um eine Stufe höher gegenüber Basisisolierung.
2) Vorzugswerte.
3) Bei Leiterplatten gelten die Werte des Verschmutzungsgrads 1 mit der Ausnahme, daß der Wert von 0,04 mm nicht unterschritten werden darf.
4) Die Mindestluftstrecken für die Verschmutzungsgrade 2, 3 und 4 beruhen eher auf Erfahrung als auf Grundlagenwissen.

Bemessung der Luftstrecken

Luftstrecken müssen so bemessen und nach **Tabelle I** ausgewählt werden, daß sie der geforderten Steh-Stoßspannung standhalten. Für Betriebsmittel, die an das Niederspannungsnetz angeschlossen sind, ist die erforderliche Steh-Stoßspannung die Bemessungs-Stoßspannung.

Bedingungen des elektrischen Feldes

Die Form und die Anordnung der leitenden Teile (Elektroden) beeinflussen die Homogenität des Feldes und infolgedessen die benötigte Luftstrecke, um einer gegebenen Spannung standzuhalten (siehe Tabelle I).

Bedingung des inhomogenen Feldes (Bedingung A in Tabelle I)

Die Luftstrecken für Bedingung A erfüllen in jedem Fall die erforderliche Steh-Stoßspannung. Daher können Luftstrecken, die nicht kleiner als die in Tabelle I für Bedingung A festgelegten sind, unabhängig von der Form und der Anordnung der leitenden Teile (Elektroden) und ohne Nachweis durch eine Steh-Stoßspannungsprüfung verwendet werden.

Luftstrecken durch Schlitze und Öffnungen von Umhüllungen (Gehäusen) aus Isolierstoff dürfen nicht kleiner als die der Bedingung A sein.

Bedingung des homogenen Feldes (Bedingung B in Tabelle I)

Die Werte für Luftstrecken in Tabelle I für Bedingung B sind nur bei homogenen Feldern anwendbar. Sie können nur angewendet werden, wenn die leitenden Teile so geformt und angeordnet sind, daß ein elektrisches Feld mit im wesentlichen konstanten Spannungsgradienten erreicht wird.

Luftstrecken mit Werten kleiner als die der Bedingung A erfordern einen Nachweis durch Prüfung.

Höhe

Die in Tabelle I angegebenen Werte gelten für Höhen bis einschließlich 2000 m über NN. Die Werte für Luftstrecken in Höhen über 2000 m müssen mit einem Höhenkorrekturfaktor entsprechend **Tabelle II** multipliziert werden.

Tabelle II: Höhen-Korrekturfaktoren

Höhe m	normaler Luftdruck kPa	Multiplikationsfaktor für Luftstrecken
2000	80	1
3000	70	1,14
4000	62	1,29
5000	54	1,48
6000	47	1,7
7000	41	1,95
8000	35,5	2,25
9000	30,5	2,62
10000	26,5	3,02
15000	12	6,67
20000	5,5	14,5

Tabelle III: Mindestkriechstrecken für Betriebsmittel mit langzeitiger Spannungsbeanspruchung

Spannung Effektivwert[1]	gedruckte Schaltungen Verschmutzungsgrad			Kriechstrecken Verschmutzungsgrad										
	1	2	1	2 Isolierstoffgruppe			3 Isolierstoffgruppe			4 Isolierstoffgruppe				
V	[2] mm	[3] mm	[2] mm	I mm	II mm	III mm	I mm	II mm	III[4] mm	I mm	II mm	III[4] mm		
10	0,025	0,04	0,08	0,4	0,4	0,4	1	1	1	1,6	1,6	1,6		
12,5	0,025	0,04	0,09	0,42	0,42	0,42	1,05	1,05	1,05	1,6	1,6	1,6		
16	0,025	0,04	0,1	0,45	0,45	0,45	1,1	1,1	1,1	1,6	1,6	1,6		
20	0,025	0,04	0,11	0,48	0,48	0,48	1,2	1,2	1,2	1,6	1,6	1,6		
25	0,025	0,04	0,125	0,5	0,5	0,5	1,25	1,25	1,25	1,7	1,7	1,7		
32	0,025	0,04	0,14	0,53	0,53	0,53	1,3	1,3	1,3	1,8	1,8	1,8		
40	0,025	0,04	0,16	0,56	0,8	1,1	1,4	1,6	1,8	1,9	2,4	3		
50	0,025	0,04	0,18	0,6	0,85	1,2	1,5	1,7	1,9	2	2,5	3,2		
63	0,04	0,063	0,2	0,63	0,9	1,25	1,6	1,8	2	2,1	2,6	3,4		
80	0,063	0,1	0,22	0,67	0,95	1,3	1,7	1,9	2,1	2,2	2,8	3,6		
100	0,1	0,16	0,25	0,71	1	1,4	1,8	2	2,2	2,4	3	3,8		
125	0,16	0,25	0,28	0,75	1,05	1,5	1,9	2,1	2,4	2,5	3,2	4		
160	0,25	0,4	0,32	0,8	1,1	1,6	2	2,2	2,5	3,2	4	5		
200	0,4	0,63	0,42	1	1,4	2	2,5	2,8	3,2	4	5	6,3		
250	0,56	1	0,56	1,25	1,8	2,5	3,2	3,6	4	5	6,3	8		
320	0,75	1,6	0,75	1,6	2,2	3,2	4	4,5	5	6,3	8	10		
400	1	2	1	2	2,8	4	5	5,6	6,3	8	10	12,5		
500	1,3	2,5	1,3	2,5	3,6	5	6,3	7,1	8	10	12,5	16		
630	1,8	3,2	1,8	3,2	4,5	6,3	8	9	10	12,5	16	20		
800	2,4	4	2,4	4	5,6	8	10	11	12,5	16	20	25		

Tabelle III: (Fortsetzung)

Spannung Effektivwert[1]	gedruckte Schaltungen Verschmutzungsgrad			Kriechstrecken Verschmutzungsgrad										
	1	1	2	1	2 Isolierstoffgruppe			3 Isolierstoffgruppe			4 Isolierstoffgruppe			
	[2] mm	[2] mm	[3] mm	[2] mm	I mm	II mm	III mm	I mm	II mm	III[4] mm	I mm	II mm	III[4] mm
V													
1000	3,2	3,2	5	3,2	5	7,1	10	12,5	14	16	20	25	32
1250				4,2	6,3	9	12,5	16	18	20	25	32	40
1600				5,6	8	11	16	20	22	25	32	40	50
2000				7,5	10	14	20	25	28	32	40	50	63
2500				10	12,5	18	25	32	36	40	50	63	80
3200				12,5	16	22	32	40	45	50	63	80	100
4000				16	20	28	40	50	56	63	80	100	125
5000				20	25	36	50	63	71	80	100	125	160
6300				25	32	45	63	80	90	100	125	160	200
8000				32	40	56	80	100	110	125	160	200	250
10000				40	50	71	100	125	140	160	200	250	320

1) Diese Spannung ist
   - für Funktionsisolierung: die Arbeitsspannung;
   - für Basis- und zusätzliche Isolierung eines direkt vom Niederspannungsnetz gespeisten Stromkreises: auf der Grundlage der Bemessungsspannung des Betriebsmittels ausgewählte Spannung oder die Bemessungs-Isolationsspannung;
   - für Basis- und zusätzliche Isolierung von Systemen, Betriebsmitteln und internen Stromkreisen, die nicht direkt vom Niederspannungsnetz gespeist werden: der höchste Effektivwert der Spannung, die im System, Betriebsmittel oder internen Stromkreis bei Versorgung mit Bemessungsspannung und bei der ungünstigsten Kombination der Betriebsbedingungen im Rahmen der Bemessungsdaten auftreten kann.
2) Isolierstoffgruppen I, II, IIIa und IIIb.
3) Isolierstoffgruppen I, II und IIIa.
4) Isolierstoffgruppe IIIb wird nicht zur Anwendung unter Verschmutzungsgrad 3 bei Spannungen über 630 V und unter Verschmutzungsgrad 4 empfohlen.

Bemessung der Kriechstrecken
Kriechstrecken müssen aus **Tabelle III** ausgewählt werden. Die folgenden Einflußfaktoren sind zu berücksichtigen:
- Spannung;
- Mikro-Umgebung;
- Ausrichtung und Lage der Kriechstrecke;
- Formgebung der Isolierstoffoberfläche;
- Isolierstoff;
- Dauer der Spannungsbeanspruchung.

Anforderungen an die Ausführung der festen Isolierung
Da die elektrische Festigkeit fester Isolierungen sehr viel größer als diejenige von Luft ist, könnte man dieser nur geringe Aufmerksamkeit bei der Bemessung von Niederspannungsisolierungen widmen. Jedoch ist die Dicke der festen Isolierungen in der Regel viel kleiner als die Länge der Luftstrecken, so daß sich hohe elektrische Beanspruchungen ergeben. Außerdem ist zu berücksichtigen, daß von der hohen elektrischen Festigkeit der festen Isolierstoffe in der Praxis kaum Gebrauch gemacht werden kann. In Isoliersystemen können Spalte zwischen den Elektroden und dem Isolierstoff und zwischen verschiedenen Lagen der Isolierung bestehen; außerdem können Hohlräume im Isolierstoff selbst vorhanden sein. In diesen Spalten oder Hohlräumen können Teilentladungen auftreten, und zwar schon bei Spannungswerten, die weit unterhalb der Durchschlagspannung liegen. Dadurch kann die Lebensdauer der festen Isolierung entscheidend beeinflußt werden. Allerdings ist das Auftreten von Teilentladungen unwahrscheinlich, solange der Scheitelwert der Spannung unter 500 V liegt.
Da es keinen allgemeinen Zusammenhang zwischen der Dicke der festen Isolierung und den zuvor beschriebenen Ausfallmechanismen gibt, kann die Eignung der festen Isolierung nur durch eine Prüfung ermittelt werden. Die Festlegung von Mindestdicken für die feste Isolierung ist kein geeignetes Mittel, um langzeitiges elektrisches Stehvermögen zu erreichen.

Beanspruchungen
Die Beanspruchungen, denen feste Isolierungen unterliegen, werden unterteilt in
- kurzzeitige und
- langzeitige.

Andere Beanspruchungen als die aufgeführten können an der festen Isolierung im Gebrauch auftreten.

Prüfung zum Nachweis der Luftstrecken
Wenn elektrische Betriebsmittel zum Nachweis der Luftstrecken Spannungsprüfungen unterzogen werden, müssen die Prüfspannungen mit der Steh-Stoßspannungsanforderung übereinstimmen. Wie festgestellt wurde, ist eine Stoßspannungsprüfung nur für Luftstrecken erforderlich, die kleiner als die Werte für Bedingung A der Tabelle I sind.

Bewertung der Prüfergebnisse
Es darf kein elektrischer Durchbruch (Überschlag oder Durchschlag) während der Prüfung auftreten. Teilentladungen in Luftstrecken, die keinen Durchschlag auslösen, werden nicht beachtet, wenn vom Technischen Komitee nichts anderes festgelegt wird.

Elektrische Prüfungen für feste Isolierungen
Feste Isolierungen, die während Betrieb, Lagerung, Transport oder Einbau mechanischen Beanspruchungen unterliegen können, müssen vor der elektrischen Prüfung in bezug auf Schwingung und mechanischen Stoß geprüft werden. Die Technischen Komitees dürfen Prüfverfahren festlegen.
Die folgenden Prüfungen sind zur Anwendung bei der Typprüfung im Zusammenhang mit der Isolationskoordination bestimmt. Sie haben folgende Zielsetzung:
a) die Steh-Stoßspannungsprüfung zum Nachweis, daß die feste Isolierung der Bemessungs-Stoßspannung standhalten kann;
b) die Wechselspannungsprüfung zum Nachweis, daß die feste Isolierung dem Bemessungswert der zeitweiligen Überspannung standhalten kann;
c) die Teilentladungsprüfung zum Nachweis, daß in der festen Isolierung keine Teilentladungen aufrechterhalten werden bei:
  • der höchsten dauernd anliegenden Spannung;
  • der langzeitigen zeitweiligen Überspannung;
  • der periodischen Spitzenspannung;
d) die hochfrequente Spannungsprüfung zum Nachweis, daß kein Isolierversagen, verursacht durch dielektrische Erwärmung, auftritt.

Prüfergebnis
Die feste Isolierung hat die Prüfung bestanden, wenn:
• kein Isolierversagen auftritt und
• während der Anwendung der Prüfspannung U_t
  − Teilentladungen nicht aufgetreten sind oder
  − die gemessene Ladungsstärke nicht höher als die festgelegte Ladungsstärke ist.

Messung der Luft- und Kriechstrecken
Die Breite X von Nuten ist wie folgt vom Verschmutzungsgrad abhängig:

Verschmutzungsgrad	Breite X der Nuten Mindestwert
1	0,25 mm
2	1,0 mm
3	1,5 mm
4	2,5 mm

Wenn die zugehörige Luftstrecke kleiner als 3 mm ist, darf die kleinste Nutenbreite auf ein Drittel dieser Luftstrecke vermindert werden.
Die Meßverfahren für Luft- und Kriechstrecken sind in den folgenden Beispielen angegeben. Diese Fälle unterscheiden nicht zwischen Luftspalten und Nuten oder zwischen der Art der Isolierung.
Folgende Annahmen werden gemacht:
- es wird angenommen, daß jeder V-förmige Einschnitt durch einen Isoliersteg mit einer Länge entsprechend der festgelegten Nutenbreite X in der ungünstigsten Lage überbrückt ist (siehe Beispiel 3);
- wo der Abstand über eine Nut gleich oder größer als der festgelegte Wert X ist, wird eine Kriechstrecke entlang der Konturen einer Nut gemessen (siehe Beispiel 2);
- Luft- und Kriechstrecken zwischen zueinander beweglichen Teilen werden dann gemessen, wenn diese in ihrer ungünstigsten Lage sind.

Beispiel 1:

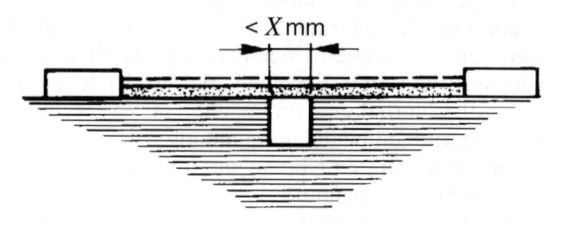

$< X$ mm

Luftstrecke: – – – –   Kriechstrecke:

Bedingung: Der betrachtete Weg schließt eine Nut mit parallelen oder konvergierenden Seiten von beliebiger Tiefe mit einer Breite kleiner als X mm ein.
Regel: Luft- und Kriechstrecke werden, wie gezeichnet, direkt über die Nut gemessen.

Beispiel 2:

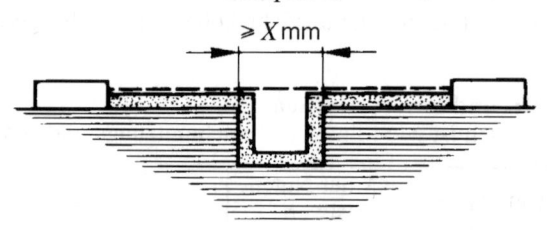

$\geq X$ mm

Luftstrecke: – – – –   Kriechstrecke:

Bedingung: Der betrachtete Weg schließt eine Nut mit parallelen Seiten von beliebiger Tiefe mit einer Breite gleich oder größer als X mm ein.
Regel: Luftstrecke ist der Abstand der „Sichtlinie". Der Kriechweg folgt der Kontur der Nut.

Beispiel 3:

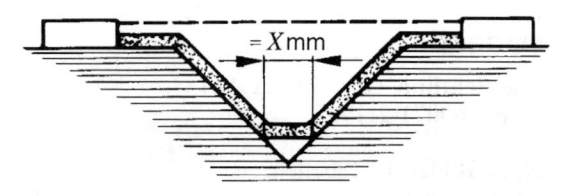

Luftstrecke: – – – –   Kriechstrecke: ▰▰▰▰▰

Bedingung: Der betrachtete Weg schließt eine V-förmige Nut mit einer Breite gleich oder größer als X mm ein.
Regel: Luftstrecke ist der Abstand der „Sichtlinie". Der Kriechweg folgt der Kontur der Nut, aber „überbrückt" den Boden der Nut mit einer Verbindung von X mm.

Änderungen
Gegenüber DIN VDE 0110-1 (VDE 0110 Teil 1):1989-01 und DIN VDE 0110-2 (VDE 0110 Teil 2):1989-01 wurden folgende Änderungen vorgenommen:
a) Festlegungen des HD 625.1 S1 unverändert übernommen.
b) Mit der Übernahme erfolgte eine Überarbeitung der bisherigen Festlegungen.
c) Zusätzliche Anforderungen zur (elektrischen) Prüfung fester Isolierungen.
d) DIN VDE 0110-2 ersatzlos gestrichen.

Erläuterungen
Diese Norm enthält grundlegende Anforderungen und Prüfungen der Isolationskoordination für elektrische Betriebsmittel in Niederspannungs(NS-)Anlagen in Übereinstimmung mit den Festlegungen der Internationalen Elektrotechnischen Kommission in IEC 664-1 und ist eine Sicherheitsgrundnorm nach IEC-Guide 104. „Guide to the drafting of safety standards and the role of committees with safety pilot functions and safety group functions".
Diese Sicherheitsgrundnorm richtet sich grundsätzlich an Technische Komitees zur Erstellung von Normen in Übereinstimmung mit den Prinzipien der IEC-Guides 104. Die Anforderungen sind nur anzuwenden, falls sie in den Normen der Technischen Komitees enthalten sind oder darauf Bezug genommen wird.
In Fällen fehlender Festlegungen über Werte für Luft- und Kriechstrecken in betreffenden Normen der Technischen Komitees oder sogar fehlender Normen kann diese Sicherheitsgrundnorm in großer Eigenverantwortung herangezogen werden. Es ist aber zu beachten, daß die Technischen Komitees verantwortlich dafür sind, wo erforderlich, in Normen für Betriebsmittel innerhalb ihres Anwendungsbereichs die Anforderungen der Sicherheitsgrundnorm einzuhalten oder darauf Bezug zu nehmen.

DIN EN 60071-2 (**VDE 0111 Teil 2**):1997-09　　　　　　September 1997

Isolationskoordination

Teil 2: Anwendungsrichtlinie (IEC 71-2:1996)
Deutsche Fassung EN 60071-2:1997

3 + 101 Seiten EN, 24 Bilder, 12 Tabellen,
11 Literaturquellen, 11 Anhänge　　　　　　　　　Preisgruppe 55 K

Dieser Teil der IEC 71 ist eine Anwendungsrichtlinie (VDE-Bestimmung) und gilt für die Auswahl von Isolationspegeln für Betriebsmittel oder Anlagen elektrischer Drehstromnetze. Ihr Zweck besteht darin, eine Anleitung für die Bestimmung von Bemessungsstehspannungen in den Bereichen I und II nach IEC 71-1 zu geben und die Zusammenhänge der Bemessungswerte mit den genormten höchsten Spannungen für Betriebsmittel zu begründen.

Diese Zusammenhänge gelten nur für Zwecke der Isolationskoordination. Anforderungen zur Personensicherheit werden in dieser Anwendungsrichtlinie nicht behandelt.

Die Richtlinie umfaßt Drehstromnetze mit Nennspannungen über 1 kV. Die hier abgeleiteten oder vorgeschlagenen Werte sind im allgemeinen auch nur für solche Netze anzuwenden. Die angegebenen Verfahren sind jedoch auch für Zweiphasen- oder Einphasennetze gültig.

Die Richtlinie umfaßt Isolierungen Leiter gegen Erde und Leiter gegen Leiter sowie Längsisolierungen.

Repräsentative Spannungsbeanspruchungen im Betrieb

In IEC 71-1 sind die Spannungsbeanspruchungen durch geeignete Parameter, z. B. Dauer der betriebsfrequenten Spannung oder die Form einer Überspannung, entsprechend ihrer Auswirkung auf die Isolierung oder das Schutzgerät klassifiziert. Die Spannungsbeanspruchungen in diesen Klassen haben verschiedene Ursachen:

- betriebsfrequente Dauerspannungen: bedingt durch den bestimmungsgemäßen Netzbetrieb;
- zeitweilige Überspannungen: diese können bedingt sein durch Fehler, Schaltvorgänge (wie z. B. Lastabwurf), Resonanzbedingungen, Nichtlinearitäten (Ferroresonanzen) oder eine Kombination von diesen;
- langsam ansteigende Überspannungen: diese können durch Fehler, Schaltvorgänge oder direkte Blitzeinschläge in die Leiter von Freileitungen bedingt sein;
- schnell ansteigende Überspannungen: diese können durch Schaltvorgänge, Blitzeinschläge oder Fehler bedingt sein;
- sehr schnell ansteigende Überspannungen: diese können durch Fehler oder Schaltvorgänge in gasisolierten Schaltanlagen (GIS) bedingt sein;

- kombinierte Überspannungen: diese können durch jede der vorgenannten Ursachen bedingt sein. Sie treten zwischen den Leitern eines Netzes auf (Leiter-Leiter-Isolierung) oder an dem gleichen Leiter zwischen getrennten Netzteilen (Längsisolierung).

Eigenschaften der Isolationsfestigkeit

In allen Werkstoffen wird die Leitfähigkeit durch die Beweglichkeit von geladenen Teilchen bewirkt. Leiter enthalten eine große Anzahl freier Elektronen, die sich in einem vorhandenen elektrischen Feld bewegen, während Isolierstoffe sehr wenig freie Elektronen haben. Wenn die elektrische Beanspruchung in einem Isolierstoff auf ein ausreichend hohes Niveau gesteigert wird, so wird sich der Widerstand entlang eines Pfades im Isolierstoff von einem hohen Wert zu einem Wert verändern, der mit denen von Leitern vergleichbar ist. Diese Änderung wird als Durchschlag bezeichnet.

Ein Durchschlag erfolgt in drei wesentlichen Stufen:
- Einsetzen der Ionisierung an einem Punkt oder an mehreren Punkten;
- Entstehung eines ionisierten Kanals durch die Strecke;
- Überbrückung der Strecke und Übergang zur vollständigen Entladung.

Die dielektrische Festigkeit wird durch eine Anzahl von Faktoren beeinflußt:
- Betrag, Form, Dauer und Polarität der angelegten Spannung;
- dielektrische Feldverteilung in der Isolierung: Homogenität oder Inhomogenität des elektrischen Feldes, Elektroden in der Nähe der betrachteten Isolierstrecke und deren Potential;
- Art der Isolierung: gasförmig, flüssig, fest oder eine Kombination derselben; Verunreinigungen und vorhandene lokale Inhomogenitäten;
- physikalischer Zustand der Isolierung: Temperatur, Druck sowie weitere Umgebungsbedingungen, mechanische Beanspruchungen usw.; die Vorgeschichte der Isolierung kann ebenfalls von Bedeutung sein;
- Verformung der Isolierung unter mechanischer Beanspruchung, chemischen Einflüssen, Oberflächeneinflüssen an Leitern usw.

Der Durchschlag in Luft ist weitgehend von der Elektrodenanordnung, der Polarität und der Wellenform der einwirkenden Spannungsbeanspruchung abhängig. Außerdem beeinflussen die relativen atmosphärischen Verhältnisse die Durchschlagfestigkeit – unabhängig von Form und Polarität der einwirkenden Beanspruchung. Aus Labormessungen gewonnene Durchschlagfestigkeiten in Luft sind auf genormte atmosphärische Bedingungen bezogen.

Bemessungsspannung und Prüfverfahren

In IEC 71-1 sind in zwei Tabellen die Bemessungs-Prüfspannungen U_w für den Bereich I bzw. den Bereich II festgelegt. In beiden Tabellen werden für die Bemessungs-Prüfspannungen Gruppen genormter Isolationspegel gebildet und genormten Werten der Bemessungsspannung für Betriebsmittel U_m zugeordnet. Im Bereich I erfassen die Bemessungs-Prüfspannungen die Steh-Kurzzeitwechselspannung und die Steh-Blitzstoßspannung. Im Bereich II erfassen die Bemes-

sungs-Prüfspannungen die Steh-Schaltstoßspannung und die Steh-Blitzstoßspannung.
Die in IEC 71-1 angegebenen genormten Isolationspegel enthalten die weltweiten Erfahrungen und berücksichtigen moderne Überspannungsableiter und Überspannungs-Begrenzungsmethoden. Die Auswahl eines bestimmten Isolationspegels hat dem Verfahren der Isolationskoordination so zu entsprechen, wie es in dieser Anleitung beschrieben ist. Sie muß die Isolationseigenschaften des betrachteten Geräts berücksichtigen.

Prüf-Umrechnungsfaktoren
Für den Fall, daß geeignete Faktoren für den Bereich I nicht zur Verfügung stehen (oder vom zuständigen Gerätekomitee nicht festgelegt sind), sind geeignete Prüf-Umrechnungsfaktoren in der **Tabelle I** gegeben, die für die Umrechnung der erforderlichen Steh-Schaltstoßspannungen verwendet werden können. Die Faktoren gelten sowohl für die erforderlichen Stehspannungen Leiter gegen Erde als auch für die Summe der Stehspannungskomponenten Leiter gegen Leiter und der Längsisolation.

Tabelle I: Prüf-Umrechnungsfaktoren für den Bereich I zur Umrechnung der erforderlichen Steh-Schaltstoßspannungen (Scheitelwerte) in Kurzzeit-Stehwechselspannungen (Effektivwerte) und Steh-Blitzstoßspannungen (Scheitelwerte)

Isolierung	Steh-Kurzzeit-wechselspannung[1])	Steh-Blitzstoß-spannung
äußere Isolierung		
– Luftstrecken und saubere Isolatoren, trocken		
• Leiter gegen Erde	$0{,}6 + U_{rw}/8500$	$1{,}05 + U_{rw}/6000$
• Leiter gegen Leiter	$0{,}6 + U_{rw}/12700$	$1{,}05 + U_{rw}/9000$
– saubere Isolatoren, naß	0,6	1,3
innere Isolierung		
– gasisolierte Schaltanlage	0,7	1,25
– flüssigkeitsgetränkte Isolierung	0,5	1,10
– Feststoff-Isolierung	0,5	1,00
Anmerkung: U_{rw} ist hier die erforderliche Steh-Schaltstoßspannung in kV. 1) Die Prüf-Umrechnungsfaktoren enthalten den Faktor $1/\sqrt{2}$ zur Umrechnung von Scheitelwerten in Effektivwerte.		

Für den Fall, daß geeignete Faktoren für den Bereich II nicht zur Verfügung stehen (oder vom zuständigen Gerätekomitee nicht festgelegt sind), sind geeignete Prüf-Umrechnungsfaktoren für die Umrechnung der erforderlichen Kurzzeit-

Stehwechselspannung in Schaltstoßspannungen in der **Tabelle II** gegeben. Sie gelten auch für die Längsisolierung.

Tabelle II: Prüf-Umrechnungsfaktoren für den Bereich II zur Umrechnung der erforderlichen Kurzzeit-Stehwechselspannungen (Effektivwerte) in Steh-Schaltstoßspannungen (Scheitelwerte)

Isolierung	Steh-Schaltstoß-spannung
äußere Isolierung – Luftstrecken und saubere Isolatoren, trocken – saubere Isolatoren, naß	 1,4 1,7
innere Isolierung – gasisolierte Schaltanlage – flüssigkeitsgetränkte Isolierung – Feststoff-Isolierung	 1,6 2,3 2,0
Anmerkung: Die Prüf-Umrechnungsfaktoren enthalten den Faktor $\sqrt{2}$ zur Umrechnung von Effektivwerten in Scheitelwerte.	

Spezielle Betrachtungen für Freileitungen
Obwohl das Verfahren der Isolationskoordination für die Freileitungsisolierung dem allgemeinen Denkmodell der Isolationskoordination folgt, müssen folgende spezielle Betrachtungen berücksichtigt werden:
- Wo die Konstruktion freischwingende Isolatoren verwendet, sollte für die dielektrische Festigkeit von Luftstrecken die Leiterbewegung in Betracht gezogen werden.
- Normen für Isolatoren legen die Maße für Isolatorelemente fest, ohne auf eine höchste Spannung für Betriebsmittel oder eine höchste Netzspannung zu verweisen. Demzufolge wird das Isolationskoordinationsverfahren mit der Bestimmung der erforderlichen Stehspannung U_{rw} abgeschlossen. Die Auswahl einer Bemessungsspannung aus der Reihe in IEC 71-1 ist nicht erforderlich.
- Das Isolationsverhalten von Freileitungen hat eine große Auswirkung auf das Isolationsverhalten von Umspannstationen. Die durch Blitzeinwirkung bedingte Ausfallrate von Übertragungsleitungen bestimmt wesentlich die Häufigkeit von Wiedereinschaltvorgängen. Das Blitzverhalten der Freileitung nahe der Schaltanlage bestimmt die Häufigkeit des Einlaufens von schnell ansteigenden Überspannungen in die Schaltanlage.

Luftstrecken zur Sicherstellung einer festgelegten Stehstoßspannung in Anlagen
In kompletten Anlagen (z. B. Umspannstationen), die nicht als Gesamtheit geprüft werden können, muß sichergestellt sein, daß die dielektrische Festigkeit angemessen ist.

Die Steh-Schalt- und -Blitzstoßspannungen in Luft müssen bei genormten atmosphärischen Bedingungen gleich oder größer als die in dieser Norm festgelegten Bemessungs-Schalt- und -Blitzstoßspannungen sein. Diesem Grundsatz folgend sind Mindest-Luftstrecken für verschiedene Elektrodenanordnungen bestimmt worden. Die erforderlichen Mindestabstände werden mit einem konservativen Verfahren bestimmt. Diese Luftstrecken dienen nur den Anforderungen der Isolationskoordination. Sie berücksichtigen praktische Ergänzungen, Wirtschaftlichkeit und die Gerätegröße bei Abmessungen unter 1 m.

Diese Abstände sind nur für Zwecke der Isolationskoordination gedacht. Sicherheitsanforderungen können wesentlich größere Abstände bedingen.

Diese Luftstrecken dürfen jedoch kleiner sein, wenn durch Versuche an aktuellen oder ähnlichen Anordnungen nachgewiesen worden ist, daß die Bemessungs-Stoßspannungen eingehalten werden. Dabei sind alle zutreffenden Umgebungsbedingungen in Betracht zu ziehen, die Unregelmäßigkeiten auf der Oberfläche von Elektroden verursachen, z. B. Regen oder Verschmutzung. Die Strecken sind deshalb nicht für Betriebsmittel anwendbar, für die in der Spezifikation eine Stoßspannungs-Typprüfung enthalten ist, da obligatorische Luftstrecken die Konstruktion des Betriebsmittels behindern, seine Kosten erhöhen und einer fortschrittlichen Auslegung hinderlich sein könnten.

Die Luftstrecken dürfen dort kleiner sein, wo durch Betriebserfahrung bestätigt worden ist, daß die Überspannungen kleiner sind, als bei der Auswahl der Bemessungsspannung erwartet wurde, oder daß die Funkenstreckenanordnung günstiger ist, als für die empfohlene Luftstrecke angenommen.

Änderung
Gegenüber DIN 57111-3 (VDE 0111 Teil 3):1982-11 wurde folgende Änderung übernommen:
- Festlegungen von EN 60071-2 wurden unverändert übernommen.

Erläuterungen
Diese Norm enthält den Inhalt der zweiten Ausgabe der IEC 71-2 und ersetzt IEC 71-2:1976, Isolationskoordination, Teil 2: **Anwendungsrichtlinie** und teilweise IEC 71-3:1982, Isolationskoordination, Teil 3: Leiter-Leiter-Isolationskoordination; Grundsätze, Festlegungen und **Anwendungsrichtlinie.**
Der Inhalt von IEC 71-2:1976 sowie der Anhang von IEC 71-3:1982 waren in dem Deutschen Normenwerk nur sinngemäß in DIN 57111-3 (VDE 0111 Teil 3):1982-11 berücksichtigt. Die mit dieser Norm abgelöste Ausgabe baute auf langjährigen Erfahrungen des Betriebs von Hoch- und Höchstspannungsnetzen auf. Sie wird jetzt mit dieser Norm abgelöst.
Diese Anwendungsrichtlinie soll dem besseren Verständnis von DIN EN 60071-1 (VDE 0111 Teil 1) dienen und deren sachgerechte Anwendung unterstützen. Sie erhebt nicht den Anspruch, eine vollständige Beschreibung aller für die Isolationskoordination notwendigen Details darzulegen.

DIN EN 50122-1 (**VDE 0115 Teil 3**):1997-12   Dezember 1997

Bahnanwendungen – Ortsfeste Anlagen
Teil 1: Schutzmaßnahmen in bezug auf elektrische Sicherheit und Erdung
Deutsche Fassung EN 50122-1:1997

5 + 64 Seiten EN, 44 Bilder, 9 Tabellen, 9 Anhänge   Preisgruppe 44 K

Diese Norm (VDE-Bestimmung) legt die Anforderungen für Schutzmaßnahmen in bezug auf die elektrische Sicherheit in ortsfesten Anlagen fest, die mit Wechsel- und Gleichstrom-Bahnanlagen verbunden sind, und alle Anlagen, die durch Energieversorgungsanlagen elektrischer Bahnen gefährdet werden können.
Sie betrifft außerdem alle ortsfesten Anlagen, die erforderlich sind, um die elektrische Sicherheit im Laufe von Instandhaltungsarbeiten an elektrischen Bahnanlagen sicherzustellen.
Diese Norm gilt für alle neuen Strecken und alle größeren Änderungen an vorhandenen Strecken folgender elektrischer Bahnanlagen:
- Eisenbahnen;
- geführte Nahverkehrsbahnen, wie Straßenbahnen, Hoch- und Untergrundbahnen, Bergbahnen, Obusanlagen und Magnetbahnen;
- Materialbahnen.

Schutzmaßnahmen gegen elektrischen Schlag in Anlagen mit Nennspannungen bis einschließlich AC 1000 V/DC 1500 V
Es gelten die Festlegungen von HD 384.4.41 und HD 384.4.47 (VDE 0100 Teil 410 bzw. 470) mit folgenden Einschränkungen und Erweiterungen.

Schutz gegen direktes Berühren
Für Anlagen mit Nennspannungen bis einschließlich AC 25 V/DC 60 V wird kein Schutz gegen direktes Berühren verlangt. Dies gilt jedoch nicht, wenn der betreffende Stromkreis an die Rückleitung angeschlossen ist, deren Potential über das Erdpotential ansteigen kann.
Wenn beabsichtigt ist, an Oberleitungen unter Spannung zu arbeiten, sind diese zum Schutz gegen direktes Berühren so zu errichten, daß jeweils im unmittelbaren Arbeitsbereich keine berührbaren Teile verschiedener Potentials vorhanden sind.
Dies gilt nicht für Stellen, an denen diese Anforderung technisch nicht durchführbar ist, z. B. bei Streckentrennern, Oberleitungskreuzungen von Straßenbahnen mit Obussen oder bei Oberleitungsanlagen für Obusse.
Isolatoren, durch die aufgrund ihrer Bauart im Fehlerfall Tragwerke oder Stützpunkte unter Spannung gesetzt werden können, wie z. B. Sattel- oder Schnallenisolatoren, dürfen in diesen Oberleitungsanlagen nicht verwendet werden, wenn unter Spannung gearbeitet werden soll.

Schutz durch Abstand

Für Standflächen, die von Personen betreten werden dürfen, muß gegen direktes Berühren von aktiven Teilen von Oberleitungsanlagen oder irgendwelchen aktiven Teilen an den Außenseiten von Fahrzeugen (z. B. Stromabnehmer, Dachleitung, Widerstände) ein Abstand gegen Berühren in gerader Richtung entsprechend **Bild I** vorhanden sein. Dies gilt nicht für Stromschienenanlagen mit dritter Schiene.

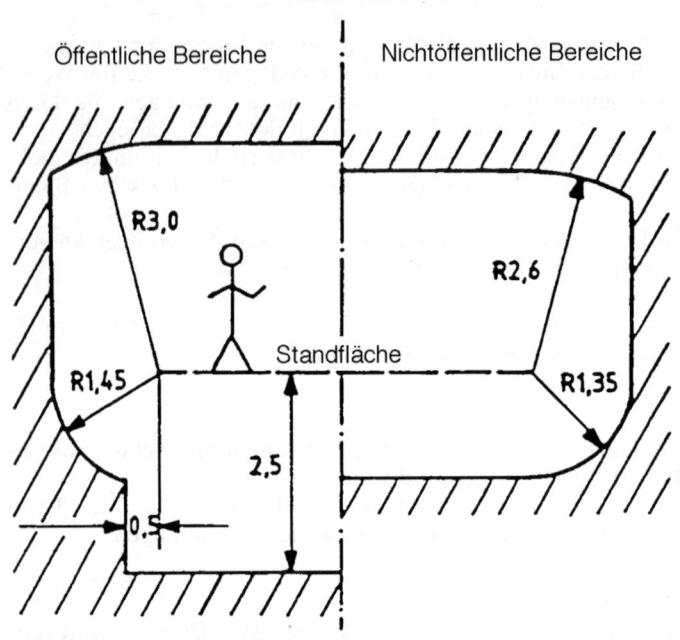

Maße sind Mindestmaße in m

Öffentliche Bereiche | Nichtöffentliche Bereiche

R3,0   R2,6
R1,45   Standfläche   R1,35
0,5   2,5

Bild I Abstände von der Berührung zugänglichen, aktiven Teilen an den Außenseiten von Fahrzeugen sowie zu aktiven Teilen von Fahrleitungsanlagen zu Standflächen, die von Personen betreten werden dürfen, bei Nennspannungen bis einschließlich AC 1000 V/DC 1500 V

Schutz durch Hindernisse

Können die Abstände nicht eingehalten werden, ist als Schutz gegen direktes Berühren der Schutz durch Hindernisse anzuwenden.

Warnschilder

Warnschilder müssen dort angewendet werden, wo die ernste Gefahr besteht, in die Gefahrenzone von aktiven Teilen einer Fahrleitungsanlage zu gelangen. Solche Warnschilder müssen an auffälliger Stelle leicht sichtbar in der Nähe der Zugangsstelle angeordnet werden. Das Warnschild muß nach ISO 3864 ausgeführt sein. Falls erforderlich, kann ein geeignetes Zusatzschild verwendet werden.

Schutz bei indirektem Berühren
Bei Erfüllung der Anforderungen von HD 384.4.41 erübrigt sich bei Nennspannungen bis AC 50 V/DC 120 V ein Schutz bei indirektem Berühren.
Bei höheren Nennspannungen sind folgende Schutzmaßnahmen anzuwenden:
- Bahnerdung,
- Schutz durch Verwendung von Betriebsmitteln der Schutzklasse II.

Schutzmaßnahmen an ganz oder teilweise leitfähigen Bauwerken sowie an metallenen Bauteilen, die sich im Oberleitungsbereich oder Stromabnehmerbereich befinden
Für ganz oder teilweise leitfähige Bauwerke (z. B. Stahlkonstruktionen, Stahlbetonbauten) und metallene Bauteile (z. B. Maste für Oberleitungen, Stahlbetonmaste, Metallzäune, Regenrohre, Schienen nichtelektrischer Bahnanlagen), die durch eine gerissene Oberleitung oder einen gebrochenen oder entgleisten Stromabnehmer unter Spannung stehen, müssen erforderlichenfalls Schutzmaßnahmen gegen das Bestehenbleiben einer gefährlichen Berührungsspannung getroffen werden.
Diese Schutzmaßnahmen müssen bei Gleichstrombahnen mit den in EN 50122-2 geforderten Maßnahmen zur Verringerung der Streustrom-Korrosion abgestimmt werden.

Schutzmaßnahmen gegen elektrischen Schlag in Anlagen mit Nennspannungen über AC 1 kV/DC 1,5 kV bis 25 kV AC oder DC gegen Erde

Schutz gegen direktes Berühren
In Oberleitungsanlagen muß als Schutz gegen direktes Berühren eine der folgenden Schutzmaßnahmen angewendet werden:
- Schutz durch Abstand,
- Schutz durch Hindernisse.

Alle Isolatoren, die mit einem aktiven Teil Verbindung haben, gelten als aktives Teil, wenn es um Festlegungen von Abstandsmaßen in dieser Norm geht.

Kletterschutzmaßnahmen
Kletterschutzmaßnahmen sind üblicherweise nicht erforderlich. In begründeten Fällen können Kletterschutzmaßnahmen jedoch notwendig werden. Das Bahnunternehmen muß festlegen, wo es erforderlich ist, Maste und Mastverankerungen mit Kletterschutzeinrichtungen auszustatten.

Warnschilder
Warnschilder müssen dort angewendet werden, wo die ernste Gefahr besteht, in die Gefahrenzone von aktiven Teilen einer Fahrleitungsanlage zu gelangen. Solche Warnschilder müssen an auffälliger Stelle leicht sichtbar in der Nähe der

Zugangsstelle angeordnet werden. Das Warnschild muß nach ISO 3864 ausgeführt sein. Falls erforderlich, kann ein geeignetes Zusatzschild verwendet werden.

Schutz bei indirektem Berühren
An Körpern von elektrischen Betriebsmitteln und an Bauteilen von Oberleitungsanlagen sind Maßnahmen zum Schutz bei indirektem Berühren zu treffen.

Schutzmaßnahmen an ganz oder teilweise leitfähigen Bauwerken sowie an metallenen Bauteilen, die sich im Oberleitungsbereich oder im Stromabnehmerbereich befinden
Für ganz oder teilweise leitfähige Bauwerke (z. B. Stahlkonstruktionen, Stahlbetonbauten) und metallene Bauteile (z. B. Maste für Oberleitungen, Stahlbetonmaste, Metallzäune, Regenrohre, Schienen nichtelektrischer Bahnanlagen), die durch eine gerissene Oberleitung oder einen gebrochenen oder entgleisten Stromabnehmer spannungführend werden, müssen erforderlichenfalls Schutzmaßnahmen gegen das Bestehenbleiben einer gefährlichen Berührungsspannung getroffen werden.
Diese Schutzmaßnahmen müssen bei Gleichstrombahnen mit den in EN 50122-2 geforderten Maßnahmen zur Verringerung der Streustrom-Korrosion abgestimmt werden.

Schutzmaßnahmen beim Zusammentreffen von Gleisanlagen, die zum Leiten des Bahnrückstroms benutzt werden, oder Oberleitungsanlagen mit Anlagen für brennbare Flüssigkeiten oder Gase in explosionsgefährdeten Bereichen
Für Anlagen, bei denen nach anderen Vorschriften Schutzmaßnahmen gegen Explosion durch Funken erforderlich sind, sind zusätzliche Bestimmungen einzuhalten.
Explosion durch Funken kann z. B. entstehen durch
- Berühren einer Oberleitung;
- Reißen eines Fahrdrahtes;
- Spannung zwischen den Fahrschienen, die zum Leiten des Bahnrückstroms benutzt werden, und Erde (Schienenpotential) oder
- Ableitung statischer Elektrizität zur Bahnerde.

Anmerkung: Beispiele solcher Anlagen sind: Umfüllanlagen, Teile von Raffinerien, chemischen Betrieben oder von Tanklagern.

Schutzmaßnahmen an Starkstrom-, Fernmelde- und anderen elektrischen Anlagen gegen Gefährdungen durch das Energieversorgungssystem der Bahn
Folgende Anlagen sind z. B. gefährdet:
Verbraucheranlagen, Bahn- oder Verkehrssignalanlagen, Freileitungen und Fernsteuereinrichtungen. Alle diese Einrichtungen sind dadurch gekennzeichnet, daß sie bei bestimmten Umständen eine gefährliche Spannung auf lange Entfernun-

gen verschleppen können. Deshalb darf kein Teil einer solchen Anlage unter dem Begriff „Geringe Abmessung" betrachtet werden.

Rückleitungsanlagen und Erdungsleitungen
Jedes Unterwerk muß über mindestens zwei Rückleiter mit den Fahrschienen, den Rückleitungsverstärkungen oder Rückleitungsstromschienen entweder unmittelbar oder über Gleisdrosseln verbunden werden. Die Rückleiter müssen so ausgelegt sein, daß sie bei Ausfall eines Rückleiters den vollen Strom übernehmen können. In der Rückleitung dürfen Sicherungen, unverschließbare Schalter und Trennlaschen, die ohne Werkzeug lösbar sind, nicht eingebaut werden.

Änderung
Gegenüber DIN 57115-1 (VDE 0115 Teil 1):1982-06 und DIN 57115-3 (VDE 0115 Teil 3):1982-06 wurde folgende Änderung vorgenommen:
• EN 50122-1:1997 wurde übernommen.

DIN EN 50123-5 (VDE 0115 Teil 300-5):1998-03　　　　　　März 1998

Bahnanwendungen

Ortsfeste Anlagen – Gleichstrom-Schalteinrichtungen

Teil 5: Überspannungsableiter und Niederspannungsbegrenzer
für spezielle Verwendung in Gleichstromsystemen
Deutsche Fassung EN 50123-5:1997

2 + 20 Seiten EN, 2 Bilder, 12 Tabellen, 2 Anhänge　　　　Preisgruppe 17 K

EN 50123-5 (VDE-Bestimmung) enthält besondere Anforderungen an Überspannungsableiter (nachfolgend Ableiter genannt) für den besonderen Einsatz in ortsfesten Anlagen von Gleichstrom-Bahnnetzen. Es sind Überspannungsableiter, die aus einem oder mehreren nichtlinearen Widerständen bestehen, die mit einer einzelnen oder mehrfachen Funkenstrecke in Reihe geschaltet sein dürfen. Niederspannungsbegrenzer sind auch in EN 50123-5 enthalten. Es sind Schutzeinrichtungen, die in ortsfesten Anlagen von Gleichstrom-Bahnnetzen angewendet werden, um bestimmte Teile des Stromkreises zu verbinden, wenn aufgrund einer außergewöhnlichen Situation die Spannung über der Einrichtung einen vorgegebenen Grenzwert überschreitet. Sie werden im allgemeinen nicht für den Stoßspannungsschutz eingesetzt.
Im besonderen sind folgende Hauptanwendungen für Niederspannungsbegrenzer (LVL) vorgesehen:
• Verbindung leitfähiger Teile mit der Fahrschiene;
• Schutz der Schienenstromkreise;
• Erdung der Schienen im Unterwerk;
• Schutz von Katodenstromkreisen;
• Schutz der Kabelschirmungen.
Die Abschnitte dieser Norm ergänzen oder ersetzen die entsprechenden Abschnitte in DIN EN 60099-1 (VDE 0675 Teil 1) und DIN EN 60099-4 (VDE 0675 Teil 4).

**Überspannungsableiter mit nichtlinearen Widerständen
und Funkenstrecken**

Typprüfungen nach Tabelle I

Tabelle I　　Prüfanforderungen für Ableiter

Prüfung der betriebsfrequenten Ansprechspannung
Prüfung der genormten Ansprech-Blitzstoßspannung
Prüfung der Stirn-Ansprech-Stoßspannung
Prüfung der Restspannung

Stoßstromprüfung mit: – Hochstrom- – Rechteckstoßstrom
Prüfung der Betriebsbeanspruchung
Prüfung der Druckentlastung
Prüfung von Abtrennvorrichtungen (falls vorhanden)

Metalloxid-Überspannungsableiter ohne Funkenstrecken
Typprüfungen nach Tabelle II

Tabelle II Prüfanforderungen für Ableiter

Prüfung des Isoliervermögens des Gehäuses
Prüfung der Restspannung: – Prüfung der Restspannung mit Steilstoßstrom – Prüfung der Restspannung mit Blitzstoßstrom – Prüfung der Restspannung mit Schaltstoßstrom
Prüfung mit Rechteckstoßstrom
Betriebsbeanspruchungsprüfung: – Hochstoßstrom – Schaltstoßstrom
Gleichspannungs-Zeit-Kennlinie
Ableiter-Abtrennvorrichtung (wenn montiert)
Prüfung der Dichtheit (ZnO-Ableiter)
Druckentlastung
Prüfung unter Fremdschichtbedingungen

Niederspannungsbegrenzer für den besonderen Einsatz in Gleichstromanlagen
Typprüfungen nach Tabelle III

Tabelle III Typprüfungen

Messung der Gleichstrom-Überschlagspannung Messung des Leckstroms Langzeit-Stromfestigkeit Hochstrom-Stehstoßspannung Stoßstrom/Stoßspannung mit Folgestrom Prüfung der Rückkehrgrenzwerte

DIN EN 50152-2 (VDE 0115 Teil 320-2):1998-03 März 1998

Bahnanwendungen

Ortsfeste Anlagen – Besondere Anforderungen an Wechselstrom-Schalteinrichtungen

Teil 2: Einphasige Trennschalter, Erdungsschalter und Lastschalter mit U_m über 1 kV
Deutsche Fassung EN 50152-2:1997

3 + 10 Seiten EN, 2 Tabellen, 2 Anhänge   Preisgruppe 13 K

Dieser Teil der EN 50152 (VDE-Bestimmung) gilt für einpolige Einphasen-Wechselstrom-Trennschalter, Erdungsschalter und Lastschalter (Lasttrennschalter sowie Schalter für allgemeine Anwendung), die für stationäre Innenraum- oder Freiluftanlagen für den Betrieb in Bahnnetzen mit U_{Nm} über 1 kV und unter 52 kV und mit Frequenzen von 16 2/3 Hz und 50 Hz ausgelegt sind.

Die vorliegende Norm gilt auch für zweipolige Trennschalter, Erdungsschalter und Lastschalter (Lasttrennschalter sowie Schalter für allgemeine Anwendung), falls sie in folgender Weise angeschlossen sind:
a) ein Pol speist die Verbindung zu der Fahrleitung der Strecke, der andere Pol speist die Verbindung zu der Speiseleitung, die entlang derselben Strecke verläuft und die in regelmäßigen Abständen zur Stabilisierung der Streckenspannung in Verbindung mit Autotransformatoren verwendet wird;
oder
b) die beiden Pole des Trennschalters, Erdungsschalters oder Lastschalters (Lasttrennschalter oder Schalter für allgemeine Anwendung) sind in Reihe geschaltet, um eine sichere Trennung zu erreichen (d.h. zwei Trennstellen in Reihe).
Die Abschnitte dieser Norm ergänzen oder ersetzen die entsprechenden Abschnitte in DIN EN 60129 (VDE 0670 Teil 2):1998-03.

Bemessungsdaten

Bemessungsspannung (U_{Ne})
Die Bemessungsspannung U_{Ne} muß unter Berücksichtigung des höchstzulässigen Spannungspegels gewählt werden, der ständig auf die Trenneinrichtung einwirken darf (d. h. höchste Dauerspannung U_{max1}, wie in EN 50163 definiert).

Nennspannung (U_n)
Die Nennspannung U_n muß eine der in EN 50124-1 aufgeführten Spannungen sein, die entsprechend einer Tabelle aus EN 50163 ausgewählt wurde.

Bemessungs-Isolationspegel (U_{Nm})
Der Wert des Bemessungs-Isolationspegels U_{Nm} der Bemessungsstehstoßspan-

nung U_{Ni} und der Prüfwechselspannung U_a muß dem in einer Tabelle angegebenen entsprechen, die den Tabellenwerten in EN 50124-1 entnommen wurden.

Bemessungsfrequenz
Bei Bahnanwendungen ist die Bemessungsfrequenz 16 2/3 Hz als Alternative zu 50 Hz anwendbar.

Typprüfungen
Es gelten die in einer Tabelle angegebenen Prüfspannungspegel sowie die in EN 50124-1 enthaltenen Anforderungen. Sonst gilt EN 60694.
Die mechanische Dauerprüfung muß bei der Umgebungslufttemperatur an der Prüfstelle durchgeführt werden. Die Umgebungslufttemperatur muß im Prüfbericht aufgezeichnet sein. Hilfseinrichtungen, die Bestandteil von Betätigungseinrichtungen sind, müssen in die Prüfung einbezogen werden.
Die mechanische Dauerprüfung muß aus folgenden Schaltspielen bestehen:
Klasse 1: Schalter für allgemeine Anwendung   1000 Schaltspiele
Klasse 2: für Schalteinrichtungen mit hoher Schaltfolge
  – für Erdungsschalter   1000 Schaltspiele
  – für Trennschalter   3000 Schaltspiele
  – für Lastschalter   10000 Schaltspiele.
Die Prüfung muß bei stromlosem und spannungsfreiem Hauptstromkreis durchgeführt werden.
Während der Prüfung sind Schmierung, mechanische Einstellung oder eine andere Art der Instandhaltung unzulässig.
EN 60129 ist für Trennschalter und Erdungsschalter gültig.

Beiblatt 1 zu DIN VDE 0118 (**Beiblatt 1 zu VDE 0118**):1998-02   Februar 1998

Errichten elektrischer Anlagen im Bergbau unter Tage

Leitfaden zur Erstellung einer technischen Dokumentation im Sinne der Maschinenrichtlinie (89/392/EWG)

2 + 12 Seiten EN, 1 Tabelle   Preisgruppe 12 K

Dieses Beiblatt (VDE-Beiblatt) enthält Informationen zu DIN VDE 0118-1 (VDE 0118 Teil 1) bis DIN VDE 0118-3 (VDE 0118 Teil 3) „Errichten elektrischer Anlagen im Bergbau unter Tage", jedoch keine zusätzlichen die Norm betreffenden Festlegungen.

In diesem Beiblatt werden den in der 9. Verordnung zum Gerätesicherheitsgesetz (9. GSGV) umgesetzten Anforderungen der Maschinenrichtlinie (89/392/EWG) die Festlegungen der Normen DIN VDE 0118-1 (VDE 0118 Teil 1) bis DIN VDE 0118-3 (VDE 0118 Teil 3) und DIN EN 60204-1 (VDE 0113 Teil 1) gegenübergestellt, durch deren Anwendung den Anforderungen der 9. GSGV und damit auch den Schutzzielen der Maschinenrichtlinie unter anderem entsprochen werden kann *(durch Kursivdruck hervorgehoben).*

Das Beiblatt berücksichtigt nicht weitere Richtlinien, die mit der 9. Verordnung umgesetzt werden.

Sicherheit und Zuverlässigkeit von Steuerungen

Steuerungen sind so zu konzipieren und zu bauen, daß sie sicher und zuverlässig funktionieren und somit keine gefährlichen Situationen entstehen. Insbesondere müssen sie so konzipiert und gebaut sein, daß

- sie den zu erwartenden Betriebsbeanspruchungen und Fremdeinflüssen standhalten;
DIN VDE 0118-2 (VDE 0118 Teil 2):1990-09, Abschnitt 19.12
DIN EN 60204-1 (VDE 0113 Teil 1):1993-06, Abschnitt 9.4
DIN EN 50014 (VDE 0170/0171 Teil 1) bis
DIN EN 50020 (VDE 0170/0171 Teil 7)
- Fehler in der Logik zu keiner gefährlichen Situation führen.
DIN VDE 0118-2 (VDE 0118 Teil 2):1990-09, Abschnitt 19.14
DIN VDE 0118-3 (VDE 0118 Teil 3):1990-09, Abschnitt 13.3.6

Stellteile

Stellteile müssen
- deutlich sichtbar und kenntlich und gegebenenfalls zweckmäßig gekennzeichnet sein;
- so angebracht sein, daß ein sicheres, unbedenkliches, schnelles und eindeutiges Betätigen möglich ist;
DIN VDE 0118-2 (VDE 0118 Teil 2):1990-09, Abschnitt 19.10
DIN VDE 0118-3 (VDE 0118 Teil 3):1990-09, Abschnitt 13.3.5

DIN VDE 0118-3 (VDE 0118 Teil 3):1990-09, Abschnitt 13.4.10.7
DIN EN 60204-1 (VDE 0113 Teil 1):1993-06, Abschnitt 10
- so konzipiert sein, daß das Betätigen des Stellteils mit der jeweiligen Steuerwirkung kohärent ist;
- außerhalb der Gefahrenbereiche angeordnet sein, erforderlichenfalls mit Ausnahme bestimmter Stellteile wie solcher von Notbefehlseinrichtungen oder von Stellteilen auf Pulten zur Programmierung von Robotern;
- so liegen, daß ihr Betätigen nicht zusätzliche Gefahren hervorruft.

DIN VDE 0118-2 (VDE 0118 Teil 2):1990-09, Abschnitt 19.10
DIN VDE 0118-3 (VDE 0118 Teil 3):1990-09, Abschnitt 13.3.5

Ingangsetzen

Das Ingangsetzen einer Maschine darf nur durch absichtliche Betätigung einer hierfür vorgesehenen Befehlseinrichtung möglich sein.
Dies gilt auch
- für das Wiederingangsetzen nach einem Stillstand, ungeachtet der Ursache für diesen Stillstand,
- für eine wesentliche Änderung des Betriebszustandes (z. B. der Geschwindigkeit, des Druckes usw.),

sofern dieses Wiederingangsetzen oder diese Änderung des Betriebszustandes für die gefährdeten Personen nicht völlig gefahrlos erfolgt.
Diese grundlegende Anforderung gilt nicht für das Wiederingangsetzen oder die Änderung des Betriebszustandes bei der normalen Befehlsabfolge im Automatikbetrieb.
DIN EN 60204-1 (VDE 0113 Teil 1):1993-06, Abschnitte 9.2.5.2 und 10

Stillsetzen

Normales Stillsetzen

Jede Maschine muß mit einer Befehlseinrichtung zum sicheren Stillsetzen der gesamten Maschine ausgerüstet sein.
Jeder Arbeitsplatz muß mit einer Befehlseinrichtung ausgerüstet sein, mit der sich entsprechend der Gefahrenlage alle beweglichen Teile der Maschine bzw. bestimmte bewegliche Teile der Maschine stillsetzen lassen, um die Maschine in einen sicheren Zustand zu versetzen. Der Befehl zum Stillsetzen der Maschine muß den Befehlen zum Ingangsetzen übergeordnet sein.
Ist die Maschine oder sind ihre gefährlichen Teile stillgesetzt, so muß die Energieversorgung des Antriebs unterbrochen werden.
DIN EN 60204-1 (VDE 0113 Teil 1):1993-06, Abschnitt 9.2.5.3

Betriebsartenwahlschalter

Die gewählte Steuerungsart muß allen anderen Steuerfunktionen außer der für die Notbefehlseinrichtung übergeordnet sein.
Ist die Maschine so konzipiert und gebaut worden, daß mehrere Steuerungsabläufe oder Betriebsarten mit unterschiedlichen Sicherheitsstufen möglich sind

(z. B. für Rüsten, Wartung, Inspektion usw.), so muß sie mit einem in jeder Stellung abschließbaren Betriebsartenwahlschalter versehen sein. Jede Stellung des Wahlschalters darf nur einer Steuer- oder Betriebsart entsprechen.
DIN EN 60204-1 (VDE 0113 Teil 1):1993-06, Abschnitt 9.2.3

Störung des Steuerkreises
Ein Defekt in der Logik des Steuerkreises, eine Störung oder Beschädigung des Steuerkreises darf nicht zu gefährlichen Situationen führen.
Insbesondere ist folgendes auszuschließen:
- unbeabsichtigtes Ingangsetzen;
- Nichtausführung eines bereits erteilten Befehls zum Stillsetzen;
- Herabfallen oder Herausschleudern eines beweglichen Maschinenteils oder eines von der Maschine gehaltenen Werkstückes;
- Verhinderung des automatischen oder maschinellen Stillsetzens von beweglichen Teilen jeglicher Art;
- Ausfall von Schutzeinrichtungen.

DIN VDE 0118-2 (VDE 0118 Teil 2):1990-09, Abschnitt 19.14
DIN EN 60204-1 (VDE 0113 Teil 1):1993-06, Abschnitt 9.4

Software
Die Software für den Dialog zwischen Bedienungspersonal und Steuer- oder Kontrollsystem einer Maschine ist nach den Grundsätzen der Benutzerfreundlichkeit auszulegen.
Ergonomische Gestaltungsgrundsätze werden von CEN TC 122 erarbeitet (in Vorbereitung)

Gefahren durch elektrische Energie
Eine elektrisch angetriebene Maschine muß so konzipiert, gebaut und ausgerüstet sein, daß alle Gefahren aufgrund von Elektrizität vermieden werden oder vermieden werden können.
Soweit die Maschine unter die spezifischen Rechtsvorschriften betreffend elektrische Betriebsmittel zur Verwendung innerhalb bestimmter Spannungsgrenzen fällt, sind diese anzuwenden.
DIN VDE 0118-1 (VDE 0118 Teil 1):1990-09, Abschnitt 12
DIN EN 60204-1 (VDE 0113 Teil 1):1993-06, Abschnitt 6.2

Gefahren durch statische Elektrizität
Die Maschine muß so konzipiert und gebaut sein, daß möglicherweise gefährliche elektrostatische Aufladungen vermieden oder beschränkt werden, und/oder mit Mitteln zum Ableiten versehen sein.
DIN VDE 0118-1 (VDE 0118 Teil 1):1990-09, Abschnitt 5
DIN EN 50014 (VDE 0170/0171 Teil 1) bis
DIN EN 50020 (VDE 0170/0171 Teil 7)

Gefahren durch fehlerhafte Montage
Fehler bei der Montage oder der erneuten Montage bestimmter Teile, die zu Gefahren führen könnten, müssen durch die Bauart dieser Teile oder andernfalls durch Hinweise auf den Teilen selbst und/oder auf den Gehäusen unmöglich gemacht werden. Die gleichen Hinweise müssen auf den beweglichen Teilen und/oder auf ihrem Gehäuse stehen, wenn die Kenntnisse der Bewegungsrichtung für die Vermeidung einer Gefahr notwendig ist. Eventuell muß die Betriebsanleitung zusätzliche Informationen enthalten.
DIN VDE 0118-2 (VDE 0118 Teil 2):1990-09, Abschnitt 21.9
DIN EN 60204-1 (VDE 0113 Teil 1):1993-06, Abschnitte 13.2, 15.2, 18.3, 18.5

DIN EN 61400-2 (VDE 0127 Teil 2):1998-01   Januar 1998

Windenergieanlagen
Teil 2: Sicherheit kleiner Windenergieanlagen
(IEC 61400-2:1996)
Deutsche Fassung EN 61400-2:1996

3 + 20 Seiten EN, 2 Bilder, 3 Tabellen, 3 Anhänge   Preisgruppe 18 K

Dieser Teil der IEC 61400 (VDE-Bestimmung) behandelt die Sicherheitsphilosophie, Qualitätssicherung und die technische Integrität, und er legt Anforderungen für die Sicherheit kleiner Windenergieanlagen (KWEA) einschließlich der Auslegung, Installation, Wartung und des Betriebes unter festgelegten Umweltbedingungen fest. Der Zweck der Norm besteht in der Angabe eines angemessenen Sicherheitsniveaus gegen Betriebsrisiken, die von diesen Anlagen während ihrer geplanten Lebensdauer ausgehen.
Die Norm betrifft alle Komponenten kleiner Windenergieanlagen (KWEA), wie Sicherheitssysteme, interne elektrische Systeme, mechanische Systeme, tragende Struktur, Fundamente und die elektrischen Anschlußeinrichtungen.
Die Norm gilt für KWEA, deren überstrichene Rotorfläche kleiner als 40 m^2 ist und die eine Spannung erzeugen, die unter 1000 V Wechselspannung oder 1500 V Gleichspannung liegt.

Grundsätze
Die technische Integrität umfaßt die Auslegung der strukturellen, mechanischen und elektrischen Systeme sowie der Steuerungs- und Regelsysteme. Sie wird erreicht, indem die Anforderungen der vorliegenden Norm im Hinblick auf Konstruktion, Fertigung und Qualitätsmanagement eingehalten werden.
Bei der Installation, dem Betrieb und bei der Wartung von KWEA wird eine Kombination von vorhandenen Technologien angewendet. Die Verfahren, die bei solchen Technologien eingeführt wurden, müssen eingehalten werden.

Qualitätssicherung
Die Qualitätssicherung muß integraler Bestandteil bei Auslegung, Beschaffung und Fertigung einer kleinen WEA und ihrer Komponenten sowie auch der Dokumentation von Montage, Installation, Betrieb und Wartung sein.
Das Qualitätsmanagementsystem sollte mit den Anforderungen der ISO 9001, ISO 9002 und ISO 9003 übereinstimmen.

Strukturauslegung
Die Strukturauslegung von KWEA muß auf einem Nachweis der strukturellen Integrität der lasttragenden Komponenten basieren. Die Bruch- und die Betriebsfestigkeit der Strukturelemente der KWEA müssen durch Versuch oder Berech-

nung nachgewiesen werden, um die strukturelle Sicherheit einer KWEA mit dem entsprechenden Sicherheitsniveau zu belegen.
Die Strukturauslegung sollte nach Möglichkeit auf der ISO 2394 basieren.
Ein ausreichendes Sicherheitsniveau muß gewährleistet werden. Mit Berechnungen oder Versuchen muß nachgewiesen werden, daß die Bemessungslast den betreffenden Bemessungswiderstand nicht überschreitet.

Sicherheitssystem einer KWEA
Falls erforderlich, müssen ein oder mehrere Sicherheitssysteme vorgesehen werden, um die KWEA innerhalb der Auslegungsgrenzen zu betreiben. Besondere Vorkehrungen sind zu treffen, damit die maximale Rotordrehzahl nicht überschritten wird. Der Hersteller muß ein sicheres Verfahren zur Abschaltung der KWEA angeben, das eine Angabe der maximalen Windgeschwindigkeit und anderer Bedingungen enthalten muß, unter dem dieses Verfahren ausgeführt werden darf.
Das kombinierte Betriebsführungs- und Sicherheitssystem muß fail-safe ausgelegt sein. Es muß im allgemeinen geeignet sein, die KWEA bei irgendeinem Einzelfehler oder dem Ausfall einer Energiequelle oder irgendeiner nicht fail-safe ausgelegten Komponente innerhalb des Sicherheitssystems zu schützen.
Die Sicherheitsfunktion muß den Vorrang vor der Betriebsführungsfunktion haben.
Die Funktion des Sicherheitssystems muß im manuellen und automatischen Betrieb gewährleistet sein.
Es müssen Vorkehrungen getroffen sein, um unbeabsichtigte oder unbefugte Änderungen des Sicherheitssystems zu verhindern.

Tragende Struktur
Die tragende Struktur ist ein Bestandteil der KWEA und muß so ausgelegt sein, daß sie den Bemessungslasten, einschließlich der vorgeschriebenen Sicherheitsbeiwerte, standhält. Die tragende Struktur muß weiterhin so ausgeführt sein, daß zufälliger Kontakt von Personen oder Tieren mit beweglichen Teilen der KWEA verhindert wird. Die tragende Struktur kann unterschiedliche Formen aufweisen: Türme sowie andere Befestigungen.

Elektrische Anlage einer KWEA
Die elektrische Anlage einer KWEA und jede Komponente der elektrischen Ausrüstung muß mit den einschlägigen IEC-Normen übereinstimmen. IEC 61400-1 gilt, wenn eine KWEA mit einem Energieversorgungsnetz verbunden ist. Jede Komponente der elektrischen Ausrüstung muß so ausgeführt sein, daß sowohl die für den Montageort angenommenen Umweltbedingungen als auch die mechanischen, chemischen und thermischen Beanspruchungen ertragen werden, denen die KWEA während des Betriebs ausgesetzt sein kann.
Wenn jedoch ein Bauteil der elektrischen Ausrüstung auslegungsgemäß nicht die Eigenschaften hat, die es entsprechend seiner Anordnung haben müßte, darf es unter der Bedingung eingesetzt werden, daß für dieses Bauteil ein ausreichender

zusätzlicher Schutz als Teil der kompletten elektrischen Anlage der KWEA vorgesehen wird.
Jede Komponente der elektrischen Ausrüstung, die aufgrund ihrer Leistungskennwerte ausgewählt wurde, muß für die geforderte Betriebsart geeignet sein. Die zu erwartenden Auslegungs-Lastfälle sind in Betracht zu ziehen.

Elektromagnetische Verträglichkeit
Jedes elektrische Gerät muß hinreichend unempfindlich gegen elektromagnetische Störungen sein (IEC 61000). Alle elektrischen Geräte müssen so ausgewählt werden, daß sie weder störende Auswirkungen auf andere Geräte in der gesamten elektrischen Anlage noch auf die Umwelt haben (IEC CISPR 11 = Internationaler Sonderausschuß für Funkstörungen).

Betriebsbedingungen
Der Hersteller muß folgende Werte angeben, bei deren Einhaltung die elektrische Anlage der KWEA ohne Schaden betrieben werden kann:
- Nennstromstärke;
- Nennspannung und deren zulässige Abweichung am Anschluß zur KWEA;
- Nenndrehzahl des Generators.

Schutz gegen direkte und indirekte Berührung
Personen und Tiere müssen vor Gefahren geschützt werden, die sich aus direkter und indirekter Berührung von spannungführenden Teilen der KWEA ergeben können (IEC 60364). Der Schutz gegen direkte Berührung aller spannungführenden Teile muß mindestens IP23 nach IEC 60529 entsprechen.

Messungen und Versuche
Das Ziel der Messungen und Versuche besteht darin, unter praktischen Bedingungen nachzuweisen und vorzuführen, ob die Auslegungsspezifikationen und -kriterien bei bestimmten Verhältnissen eingehalten werden. Die Messungen und Versuche müssen ergänzend zu den analytischen Auslegungsberechnungen erfolgen und die bei den Berechnungen verwendeten Werte der Auslegungs-Betriebsparameter verifizieren.
Das Meßprogramm für KWEA kann aus Komponententests, Betriebsmessungen und dynamischen Tests bestehen.
Die Messungen müssen mit Verfahren, die dem aktuellen Stand der Technik entsprechen, durchgeführt werden. Es muß eine zweckentsprechende Meßgeräteausrüstung verwendet und eine geeignete Kalibrierung durchgeführt werden.
Die Prüfmuster müssen ausreichend repräsentativ für die Auslegung des WEA-Typs bzw. -Bauteils sein.
Die Messungen müssen in einem Bericht dokumentiert werden, der eine vollständige Beschreibung der verwendeten Verfahren, der Meßbedingungen, die Spezifikationen der geprüften Maschine und die Meßergebnisse einschließlich der Instrumentierung der Datenerfassung und der Datenanalyse enthält.

DIN EN 50176 (VDE 0147 Teil 101):1997-09   September 1997

Ortsfeste elektrostatische Sprühanlagen für brennbare flüssige Beschichtungsstoffe

Deutsche Fassung EN 50176:1996

4 + 11 Seiten EN, 1 Tabelle, 1 Anhang   Preisgruppe 14 K

Diese Europäische Norm (VDE-Bestimmung) legt Anforderungen für ortsfeste elektrostatische Sprühanlagen fest, die zum Versprühen von brennbaren Flüssigkeiten verwendet werden, wobei sich explosionsfähige Atmosphäre im Sprühbereich entwickeln kann. In diesem Zusammenhang wird unterschieden zwischen Sprühvorrichtungen, die aufgrund ihrer Konstruktion den Anforderungen von EN 50050:1986 entsprechen, und solchen, für die andere Entladeenergien und/oder Stromstärkebegrenzungen vorgesehen sind.
Sie spezifiziert auch die konstruktiven Anforderungen für den sicheren Betrieb der elektrischen Installationen einschließlich der Anforderungen an die Lüftung. Zusätzliche Anforderungen an die Konstruktion der Sprühbereiche als Kabinen, Stände usw. werden in anderen Normen behandelt, die zur Zeit vorbereitet werden.
Diese Europäische Norm berücksichtigt die drei allgemeinen Typen von elektrostatischen Sprühsystemen.

Typ A   Systeme in Übereinstimmung mit EN 50050:1986 mit einer Entladeenergiebegrenzung auf 0,24 mJ.
In diesen Systemen besteht keine Gefahr eines elektrischen Schlags oder durch zündfähige Energie.

Typ B   Systeme mit einer Entladeenergiebegrenzung auf Werte größer als 0,24 mJ, jedoch kleiner als 350 mJ und einer Stromstärkenbegrenzung auf kleiner als 0,7 mA.
In diesen Systemen besteht keine Gefahr durch elektrischen Schlag, wohl aber bestehen Gefahren durch zündfähige Energie.

Typ C   Systeme mit einer Entladeenergie größer als 350 mJ und/oder einer Stromstärke größer als 0,7 mA.
In diesen Systemen bestehen Gefahren durch elektrischen Schlag und durch zündfähige Energie.

Diese Europäische Norm behandelt nur diejenigen Gefahren, die für die elektrostatischen Eigentümlichkeiten des elektrostatischen Sprühauftrags kennzeichnend sind.

Allgemeine Anforderungen
Das Versprühen von brennbaren flüssigen Beschichtungsstoffen darf nur in Sprühbereichen erfolgen, die entsprechend ausgerüstet sind.

Betriebsanleitungen über Errichtung und sichere Anwendung der ortsfesten elektrostatischen Sprühanlage müssen vom Hersteller zur Verfügung gestellt werden. Diese Betriebsanleitungen müssen in einer Sprache abgefaßt sein, die der Betreiber verstehen kann.
Die ortsfeste elektrostatische Sprühanlage darf nur durch ausgebildetes Personal benutzt werden, das mit den in dieser Europäischen Norm enthaltenen Bestimmungen völlig vertraut ist. Zusätzlich muß ein Warnschild in einer Sprache, die der Bediener verstehen kann, vom Hersteller mitgeliefert werden und an einer auffälligen Stelle in der Nähe des Sprühbereichs angebracht werden. Dieses Warnschild muß die Arbeitsweisen und Schutzvorkehrungen, die von den Bedienern beachtet werden müssen, enthalten. Die Gefahren, die durch unsachgemäße Reinigung entstehen können, müssen deutlich hervorgehoben werden.
Alles Zubehör, wie z. B. die Hochspannungsversorgung, muß sich, wo immer es möglich ist, außerhalb der Sprühbereiche befinden.
Zubehör in den Sprühbereichen muß den Anforderungen einer oder mehrerer der in EN 50014 aufgeführten Zündschutzarten und mindestens der Schutzart IP54 nach EN 60529 genügen, die Fallprüfung in EN 50050:1986 bestehen, und die Oberflächentemperatur darf 200 °C nicht übersteigen.
Hochspannungskabel müssen den angeführten Prüfanforderungen genügen.

Fußbekleidung und Handschuhe

Fußbekleidung, die zur Benutzung durch die Bediener vorgesehen ist, muß EN 344 entsprechen. Werden Handschuhe getragen, dürfen dies nur antistatische Handschuhe entsprechend EN 50053 sein, oder die Ballen müssen ausgeschnitten sein.

Antistatischer Fußboden

Der elektrische Widerstand des Fußbodens muß EN 50053 entsprechen.

Sprühbereiche

Es muß eine technische Lüftung vorhanden sein, die die mittlere Konzentration von Lösemitteln in Form von brennbarem Dampf oder Nebel unterhalb 50 % der UEG (untere Explosionsgrenze) hält.
Die Rezirkulation von Lösemitteldämpfen muß berücksichtigt werden, wenn ein Luftrückführungssystem berechnet wird.

Hochspannungsversorgung

Das Einschalten der Hochspannung darf nur mit Schlüssel, das Ausschalten muß auch ohne Schlüssel möglich sein.
Es muß eine Anzeige vorhanden sein, die das Anliegen von Hochspannung anzeigt.

Bei Verwendung der Typen von Systemen entsprechend Typ C muß eine Verriegelung der Hochspannungsversorgung vorhanden sein, die verhindert, daß es zu gefährlichen Situationen für das Personal kommt.

Erdungsmaßnahmen

Alle leitenden Teile der Anlage und alle leitenden Bauteile, wie z. B. Fußböden, Wände, Decken, Absperrgitter, Transporteinrichtungen, Werkstücke, Beschichtungsstoffcontainer, Bewegungsautomaten usw. im Sprühbereich – mit Ausnahme der betriebsmäßig hochspannungführenden Teile –, müssen metallisch leitend miteinander und mit der Erdungsklemme der Hochspannungsversorgung an das Erdungssystem der Elektroversorgung angeschlossen sein.
Der Erdableit-Widerstand vom Aufnahmepunkt jedes Werkstücks darf höchstens 1 MΩ betragen. Die Konstruktion der Gehänge und Haken muß sicherstellen, daß die Werkstücke geerdet bleiben.

Beschichtungsstoffversorgung

Falls leitende Teile für das Beschichtungsstoffversorgungssystem verwendet werden, müssen diese Teile entweder geerdet oder mit der Hochspannungsversorgung so verbunden sein, daß ihr Potential unveränderlich identisch mit dem des elektrostatischen Sprühsystems ist.
Falls ein Beschichtungsstoffversorgungsbehälter aus leitendem Material im Normalbetrieb mit der Hochspannungsversorgung verbunden ist, muß er in einer abgeschlossenen elektrischen Betriebsstätte untergebracht sein, die mit der Hochspannungsversorgung verriegelt und geerdet ist.

Änderungen

Gegenüber DIN 57147-1 (VDE 0147 Teil 1):1983-09 wurden folgende Änderungen vorgenommen:
- Aufteilung in mehrere Teile, entsprechend dem verwendeten Beschichtungsstoff.
- Übernahme EN 50176.

Erläuterungen

Elektrostatische Sprühanlagen

Errichten ortsfester elektrostatischer Sprühanlagen (VDE 0147)	Elektrostatische Handsprüheinrichtungen (VDE 0745)
EN 50176 Ortsfeste elektrostatische Sprühanlagen für brennbare flüssige Beschichtungsstoffe DIN EN 50176 (VDE 0147 Teil 101)	**EN 50050** Elektrische Betriebsmittel für explosionsgefährdete Bereiche – Elektrostatische Handsprüheinrichtungen (Allgemeine Anforderungen) DIN VDE 0745-100 (VDE 0745 Teil 100)
EN 50177 Ortsfeste elektrostatische Sprühanlagen für brennbare Beschichtungspulver DIN EN 50177 (VDE 0147 Teil 102)	**EN 50053-1** Bestimmung für die Auswahl, Errichtung und Anwendung elektrostatischer Sprühanlagen für brennbare Sprühstoffe Teil 1: Elektrostatische Handsprüheinrichtungen für flüssige Beschichtungsstoffe mit einer Energiegrenze von 0,24 mJ sowie Zubehör DIN VDE 0745-101 (VDE 0745 Teil 101)
prEN 50223 Ortsfeste elektrostatische Sprühanlagen für brennbaren Flock E DIN EN 50223 (VDE 0147 Teil 103)	**EN 50053-2** Bestimmung für die Auswahl, Errichtung und Anwendung elektrostatischer Sprühanlagen für brennbare Sprühstoffe Teil 2: Elektrostatische Handsprüheinrichtungen für Pulver mit einer Energiegrenze von 5 mJ sowie Zubehör DIN VDE 0745-102 (VDE 0745 Teil 102)
EN 50XXX*) Ortsfeste elektrostatische Sprühanlagen für nichtbrennbare flüssige Beschichtungsstoffe DIN EN 50XXX (VDE 0147 Teil 200)	**EN 50053-3** Bestimmung für die Auswahl, Errichtung und Anwendung elektrostatischer Sprühanlagen für brennbare Sprühstoffe Teil 3: Elektrostatische Handsprüheinrichtungen für Flock mit einer Energiegrenze von 0,24 mJ oder 5 mJ sowie Zubehör DIN VDE 0745-103 (VDE 0745 Teil 103)
*) in Vorbereitung	**EN 50059** Bestimmungen für elektrostatische Handsprüheinrichtungen für nichtbrennbare Sprühstoffe für Beschichtungen DIN VDE 0745-200 (VDE 0745 Teil 200)

Die DIN 57147-1 (VDE 0147 Teil 1):1983-09 gilt somit weiterhin für ortsfeste elektrostatische Anlagen, für deren Anwendungsbereich noch keine Europäischen Normen existieren.

Beim elektrostatischen Versprühen von Lack wird Flüssigkeit in einen Nebel von Lacktröpfchen umgewandelt, die auf eine Oberfläche gerichtet sind, um dort eine gleichmäßige Schicht der geforderten Dicke und Beschaffenheit zu erzeugen. Die Tröpfchen werden durch Hochspannung von einigen 10 kV aufgeladen, so daß sie vom geerdeten Werkstück angezogen und darauf niedergeschlagen werden.

DIN EN 50177 (VDE 0147 Teil 102):1997-09   September 1997

Ortsfeste elektrostatische Sprühanlagen für brennbare Beschichtungspulver

Deutsche Fassung EN 50177:1996

4 + 12 Seiten EN, 1 Tabelle, 1 Anhang   Preisgruppe 14 K

Diese Europäische Norm (VDE-Bestimmung) legt Anforderungen für ortsfeste elektrostatische Sprühanlagen fest, die zum Versprühen von brennbarem Beschichtungspulver verwendet werden, wobei sich explosionsfähige Atmosphäre im Sprühbereich entwickeln kann. In diesem Zusammenhang wird unterschieden zwischen Sprühvorrichtungen, die aufgrund ihrer Konstruktion den Anforderungen von EN 50050:1986 entsprechen, und solchen, für die andere Entladeenergien und/oder Stromstärkebegrenzungen vorgesehen sind.
Sie spezifiziert auch die konstruktiven Anforderungen für den sicheren Betrieb der elektrischen Installationen einschließlich der Anforderungen an die Lüftung.
Zusätzliche Anforderungen an die Konstruktion der Sprühbereiche als Kabinen, Stände usw. werden in anderen Normen behandelt, die zur Zeit vorbereitet werden.
Diese Europäische Norm berücksichtigt die drei allgemeinen Typen von elektrostatischen Sprühsystemen.

Typ A   Systeme in Übereinstimmung mit EN 50050:1986 mit einer Entladeenergiebegrenzung auf 5 mJ.

In diesen Systemen besteht keine Gefahr eines elektrischen Schlags oder durch zündfähige Energie.

Typ B   Systeme mit einer Entladeenergiebegrenzung auf Werte größer als 5 mJ, jedoch kleiner als 350 mJ, und einer Stromstärkenbegrenzung auf kleiner als 0,7 mA.

In diesen Systemen besteht keine Gefahr durch elektrischen Schlag, wohl aber Gefahren durch zündfähige Energie.

Typ C   Systeme mit einer Entladeenergie größer als 350 mJ und/oder einer Stromstärke größer als 0,7 mA.

In diesen Systemen bestehen Gefahren durch elektrischen Schlag und durch zündfähige Energie.
Diese Europäische Norm behandelt nur diejenigen Gefahren, die für die elektrostatischen Eigentümlichkeiten des elektrostatischen Sprühauftrags von Beschichtungspulvern, die lose beigemengte Metallpartikel nicht enthalten, kennzeichnend sind.

Allgemeine Anforderungen

Das Versprühen von brennbaren Beschichtungspulvern darf nur in Sprühbereichen erfolgen, die entsprechend ausgerüstet sind.
Betriebsanleitungen über Errichtung und sichere Anwendung der ortsfesten elek-

trostatischen Sprühanlage müssen vom Hersteller zur Verfügung gestellt werden. Diese Betriebsanleitungen müssen in einer Sprache abgefaßt sein, die der Betreiber verstehen kann.
Die ortsfeste elektrostatische Sprühanlage darf nur durch ausgebildetes Personal benutzt werden, das mit den in dieser Europäischen Norm enthaltenen Bestimmungen völlig vertraut ist. Zusätzlich muß ein Warnschild in einer Sprache, die der Bediener verstehen kann, vom Hersteller mitgeliefert werden und an einer auffälligen Stelle in der Nähe des Sprühbereichs angebracht werden. Dieses Warnschild muß die Arbeitsweisen und Schutzvorkehrungen, die von den Bedienern beachtet werden müssen, enthalten. Die Gefahren, die durch unsachgemäße Reinigung entstehen können, müssen deutlich hervorgehoben werden.
Alles Zubehör, wie z. B. die Hochspannungsversorgung, muß sich, wo immer es möglich ist, außerhalb der Sprühbereiche befinden.
Zubehör in den Sprühbereichen muß mindestens den Anforderungen der Schutzart IP54 nach EN 60529 genügen, die Fallprüfung nach EN 50050:1986 bestehen, und die Oberflächentemperatur darf 200 °C nicht übersteigen.
Hochspannungskabel müssen den angeführten Prüfanforderungen genügen.

Fußbekleidung und Handschuhe

Fußbekleidung, die zur Benutzung durch die Bediener vorgesehen ist, muß EN 344 entsprechen. Werden Handschuhe getragen, dürfen dies nur antistatische Handschuhe nach EN 50053 sein, oder die Ballen müssen ausgeschnitten sein.

Antistatischer Fußboden

Der elektrische Widerstand des Fußbodens muß EN 50053 entsprechen.

Pulver-Sprühbereich und Pulver-Rückgewinnungsanlage

Der Pulver-Sprühbereich muß technisch belüftet werden, um den Austritt von Pulver in die Umgebung zu vermeiden. Die technische Lüftung muß so beschaffen sein, daß die mittlere Konzentration von Pulver in Luft 50 % der UEG nicht überschreitet. Ist ein verläßlicher Wert der UEG (untere Explosionsgrenze) nicht vorhanden, darf die mittlere Konzentration 10 g/m^3 nicht überschreiten.
Die technische Lüftung ist mit den übrigen Einrichtungen der Anlage so zu verriegeln, daß weder die Hochspannung eingeschaltet noch Beschichtungsstoff zugeführt werden kann, solange die technische Lüftung nicht wirksam arbeitet und mindestens ein fünffacher Luftwechsel im Sprühbereich stattgefunden hat.

Hochspannungsversorgung

Das Einschalten der Hochspannung darf nur mit Schlüssel, das Ausschalten muß auch ohne Schlüssel möglich sein.
Es muß eine Anzeige vorhanden sein, die das Anliegen von Hochspannung anzeigt.
Bei Verwendung der Typen von Systemen entsprechend Typ C muß eine Verrie-

gelung der Hochspannungsversorgung vorhanden sein, die verhindert, daß es zu gefährlichen Situationen für das Personal kommt.

Erdungsmaßnahmen
Alle leitenden Teile der Anlage und alle leitenden Bauteile, wie z. B. Fußböden, Wände, Decken, Absperrgitter, Transporteinrichtungen, Werkstücke, Beschichtungsstoffcontainer, Bewegungsautomaten usw. im Sprühbereich – mit Ausnahme der betriebsmäßig hochspannungführenden Teile –, müssen leitend miteinander verbunden und mit der Erdungsklemme der Hochspannungsversorgung an das Erdungssystem der Elektroversorgung angeschlossen sein.
Der Erdableit-Widerstand vom Aufnahmepunkt jedes Werkstücks darf höchstens 1 MΩ betragen. Die Konstruktion der Gehänge und Haken muß sicherstellen, daß die Werkstücke geerdet bleiben.
Ist es schwierig, eine ausreichende Erdung des Werkstücks sicherzustellen, ist die Ableitung der elektrischen Ladungen am Werkstück durch geeignete Einrichtungen, z. B. Ionisatoren, zulässig. Wo derartige Einrichtungen zusammen mit Sprühsystemen verwendet werden, müssen sie eine Energiebegrenzung auf 5 mJ aufweisen. Diese Energiebegrenzung muß entsprechend der für die auf 5 mJ begrenzten Sprühvorrichtungen nach EN 50050 geprüft werden.

Änderungen
Gegenüber DIN 57147-1 (VDE 0147 Teil 1):1983-09 wurden folgende Änderungen vorgenommen:
- Aufteilung in mehrere Teile, entsprechend dem verwendeten Beschichtungsstoff;
- Übernahme EN 50177.

Erläuterungen
Beim elektrostatischen Pulverbeschichten wird das Pulver aus einem Vorratsbehälter in einem Luftstrom zu einer elektrostatischen Sprühvorrichtung transportiert. Während die Pulverteilchen durch die Sprühvorrichtung fliegen, werden sie durch Hochspannung von einigen 10 kV aus einem Hochspannungsgenerator aufgeladen und in Form einer Wolke, die auf das Werkstück gerichtet ist, ausgestoßen. Die Pulverteilchen der Wolke werden von dem geerdeten Werkstück angezogen und darauf niedergeschlagen. Das Niederschlagen des Pulvers auf dem Werkstück hält so lange an, bis das Pulver nach Erreichen einer bestimmten Schichtdicke als Isolator wirkt und so weiterer Niederschlag von Pulver verhindert wird.
Pulver, das nicht auf dem Werkstück haftet (overspray), wird durch Absaugung oder andere Einrichtungen entfernt und in die Pulver-Rückgewinnungsanlage gefördert.
Die mit Pulver beschichteten Werkstücke kommen dann in einen Ofen, wo das Pulver geschmolzen und in eine zusammenhängende Schicht überführt wird.

DIN EN 61800-3 (VDE 0160 Teil 100):1997-08   August 1997

Drehzahlveränderbare elektrische Antriebe

Teil 3: EMV-Produktnorm einschließlich spezieller Prüfverfahren
(IEC 1800-3:1996)
Deutsche Fassung EN 61800-3:1996

4 + 71 Seiten EN, 21 Bilder, 18 Tabellen,
7 Anhänge, 8 Literaturquellen   Preisgruppe 47 K

Diese Norm (VDE-Bestimmung) enthält Anforderungen zur elektromagnetischen Verträglichkeit (EMV) für elektrische Antriebe (Power Drive Systems = PDS). Darunter fallen drehzahlveränderbare Antriebe mit AC- bzw. DC-Motoren, die an Wechselspannungsnetze bis 1000 V (effektiv) angeschlossen werden können.
Bei Versorgungsspannungen größer als 1000 V (effektiv) sind die EMV-Anforderungen unter Beratung, so daß bis zur Ausgabe einer neuen Veröffentlichung diese Anforderungen zwischen dem Hersteller/Auftragnehmer und dem Anwender vereinbart werden müssen.
Diese Norm gilt für elektrische Antriebe, die sowohl in Industrie- als auch in Wohngebieten eingesetzt werden, mit Ausnahme von Traktionsantrieben und Fahrzeugantrieben. Ein Anschluß an ein Industrienetz liegt dann vor, wenn ein spezieller Verteilungstransformator, meistens innerhalb oder benachbart eines Industriegebiets, ausschließlich industrielle Verbraucher versorgt. Andererseits können Antriebe auch direkt an das öffentliche Niederspannungsnetz mit geerdetem Nulleiter zur Versorgung von Haushalten angeschlossen werden.
Die Anforderungen wurden so gewählt, daß Antriebe eine angemessene elektromagnetische Verträglichkeit (EMV) in industriellen und öffentlichen Umgebungen besitzen. Die Grenzwerte können jedoch nicht vor Extremfällen schützen, die in jeder Umgebung, allerdings mit sehr geringer Wahrscheinlichkeit, auftreten könnten. Nicht berücksichtigt werden Verhaltensänderungen eines Antriebs hinsichtlich EMV, wenn diese durch einen fehlerhaften Zustand der elektrischen Ausrüstung hervorgerufen werden.

Zweck dieser Norm ist die Festlegung von Grenzwerten und Prüfverfahren für Antriebe. Sie enthält Anforderungen zur elektromagnetischen Störaussendung, die andere elektronische Betriebsmittel (z. B. Radios, Meßeinrichtungen und Computer) stören könnte, sowie Anforderungen zur elektromagnetischen Störfestigkeit gegen andauernde und kurzzeitige, leitungsgebundene und gestrahlte Störungen einschließlich elektrostatischer Entladungen. Aus grundsätzlichen wirtschaftlichen Erwägungen müssen die Aussendungs- und Störfestigkeitsanforderungen ausgeglichen und an das jeweilige Umfeld des elektrischen Antriebs angepaßt sein.
Diese Norm definiert EMV-Mindestanforderungen für elektrische Antriebe.

Definition
Ein Antriebssystem (PDS, Power Drive System) besteht aus einem Motor und einem Antriebsmodul (CDM, Complete Drive Module). Die angetriebene Maschine ist nicht Bestandteil des Antriebssystems. Das Antriebsmodul (CDM) besteht aus einer Antriebsgrundeinheit (BDM, Basic Drive Module) und möglichen Erweiterungen wie die Einspeiseeinheit oder anderen Hilfsantrieben (z. B. Lüfter). Die Antriebsgrundeinheit (BDM) besteht aus dem Leistungsteil und dem Regel- und Steuerteil mit Schutzfunktionen. **Bild 1** zeigt die Abgrenzung zwischen dem PDS und einer Anlage und/oder einem Herstellprozeß.

Anlage oder Teil einer Anlage

Antriebssystem oder elektrischer Antrieb (PDS)

CDM (Antriebsmodul)

überlagerte Steuerung

BDM (Antriebsgrundeinheit)

Regel- und Steuereinheit
mit Schutzfunktion

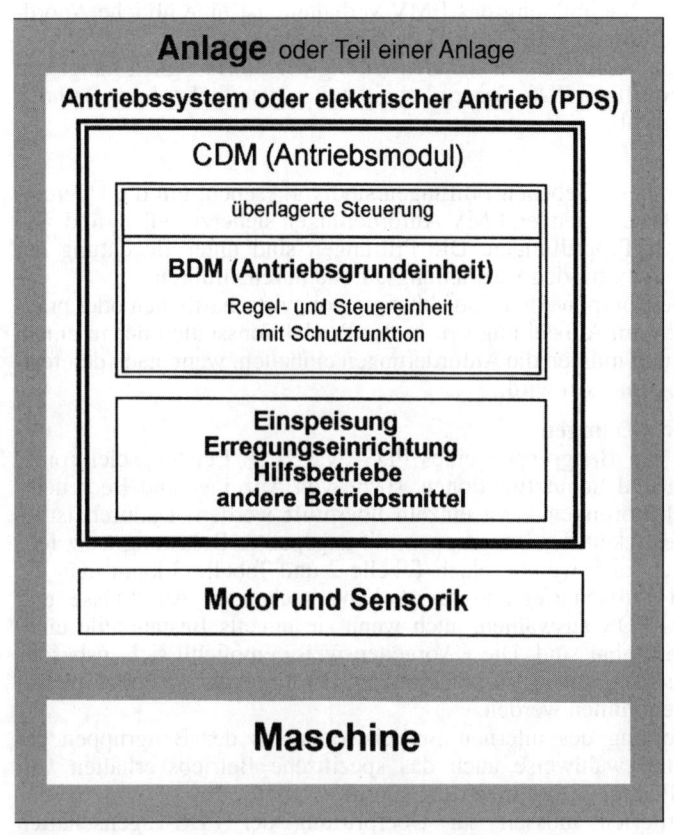

Einspeisung
Erregungseinrichtung
Hilfsbetriebe
andere Betriebsmittel

Motor und Sensorik

Maschine

Bild 1 Definition einer Anlage und ihrer Bestandteile

Allgemeine Anforderungen und Prüfungen
Alle Auswirkungen sind aus Sicht der Störaussendung oder Störfestigkeit einzeln zu betrachten. Die Grenzwerte sind für Betriebsbedingungen vorgegeben, in denen keine Überlagerungseffekte berücksichtigt werden.

Systembetrachtungen
Drehzahlveränderbare Antriebe können sehr unterschiedlich gestaltet sein. Die Art der Umwandlung von elektrischer in mechanische Energie kann unterschiedlich sein und trotz z. B. gleicher Ausgangsleistungsbemessung von Anforderungen des Kunden und wirtschaftlichen Bedingungen vorgegeben sein. **Bild 1** erläutert, daß verschiedene Einspeisungseinheiten oder Hilfseinrichtungen genauso wie verschiedene Motoren und Transformatoren innerhalb eines Antriebssystems je nach Anforderung miteinander kombiniert werden können. In diesem Zusammenhang ist es nicht notwendig, alle denkbaren Kombinationen zu prüfen. Für eine realistische Nachbildung des EMV-Verhaltens ist eine übliche Anordnung für die Typprüfung nach IEC 146-1-1 auszuwählen.
Die Anwendung von Prüfungen für die Beurteilung der Störfestigkeit hängt von dem Aufbau des jeweiligen PDS, dessen Schnittstellen, der Technologie und den Betriebsbedingungen ab.

Prüfungen
Die in dieser Norm beschriebenen Prüfungen sind vorgesehen, um die Übereinstimmung mit den grundlegenden EMV-Anforderungen sicherzustellen, und sind somit ausschließlich Typprüfungen. Die Prüfungen sind unter Beachtung der Herstellerempfehlungen für den Verdrahtungsaufbau durchzuführen.
Das PDS oder seine Komponenten sind abhängig von wirtschaftlichen oder praktischen Erwägungen am Aufstellungsort, in der Produktionsstätte oder in einem Prüffeld zu prüfen und müssen die Anforderungen einhalten, wenn nach den festgelegten Verfahren gemessen wird.

Störfestigkeitsanforderungen
Die Störfestigkeit von Baugruppen eines PDS, wie z. B. Leistungselektronik, Treiberschaltungen und Schutzfunktionen, sowie von Anzeige- und Bedienelementen gegen EM-Störungen kann einzeln überprüft werden. Dadurch ist es möglich, die Störfestigkeit der Baugruppen mit angepaßter Belastung trotz fehlender Komponenten zu bewerten. Nach Tabelle 2 und Tabelle 3 kann man die Prüfverfahren und Prüfschärfegrade für die entsprechenden Anschlüsse und Schnittstellen eines PDS auswählen, auch wenn sie nur als Bestandteile einer Unterbaugruppe verfügbar sind. Diese Vorgehensweise empfiehlt sich insbesondere, um die Qualitätssicherung zu unterstützen. Die Ergebnisse können in den Prüfberichten aufgenommen werden.
Anstelle der Bewertung des internen Betriebsverhaltens der Baugruppen bei Störeinwirkung kann wahlweise auch das spezifische Betriebsverhalten von BDM, CDM oder PDS bei Störeinwirkung geprüft werden.
Die Bewertungskriterien müssen zur Überprüfung der PDS-Eigenschaften gegenüber elektromagnetischer Störeinwirkung verwendet werden. Aus Sicht der EMV muß jede Anlage nach Bild 1 einwandfrei arbeiten. Da ein PDS nur ein Teil der Funktionsfolge einer meist größeren Anlage ist, kann die Auswirkung einer bestimmten Reaktion jedes einzelnen PDS auf den Prozeßablauf kaum vorhergesagt werden.
Die Grundfunktionen eines PDS sind Umwandlung von elektrischer in mechani-

sche Energie und die dazu notwendige Informationsverarbeitung. Die Bewertungskriterien für internes Betriebsverhalten bei Störeinwirkung können unterteilt werden:
- Betrieb von Leistungselektronik und Treiberschaltungen;
- Informationsverarbeitung und Sensorik;
- Betrieb von Anzeigen und Bedienelementen.

Tabelle 1 klassifiziert die Auswirkung der vorgegebenen Störungen in die drei Bewertungskriterien A, B und C, von denen jedes einem bestimmten Grad der Störfestigkeit entspricht.

Tabelle 1: Kriterien zur Bewertung der Störfestigkeit eines Antriebs bei EM-Störungen

Betriebsverhalten	Bewertungskriterien		
	A	B	C
spezifisches Betriebsverhalten allgemeiner Aspekt	keine merkbaren Änderungen des Betriebsverhaltens BETRIEB WIE VORGESEHEN Abweichungen innerhalb des zulässigen Bereichs	merkliche Änderungen der Betriebscharakteristik (sicht- oder hörbar) SELBSTTÄTIGE ERHOLUNG	Abschaltung, anderes Betriebsverhalten, Auslösung von Schutzeinrichtungen siehe Anmerkung 1 KEINE SELBSTTÄTIGE ERHOLUNG
spezifisches Betriebsverhalten besonderer Aspekt Drehmomentwelligkeit	Drehmomentabweichung innerhalb der zulässigen Grenzabweichung	zeitweise Drehmomentabweichung außerhalb der zulässigen Grenzabweichung SELBSTTÄTIGE ERHOLUNG	Drehmomentverlust KEINE SELBSTTÄTIGE ERHOLUNG
internes Betriebsverhalten Betrieb von Leistungselektronik und Treiberschaltungen	keine Fehlfunktion der Leistungshalbleiter	Zeitweise Fehlfunktion, die aber kein unbeabsichtigtes Abschalten des Antriebs verursacht	Abschaltung, Auslösen von Schutzeinrichtungen siehe Anmerkung 1 KEINE SELBSTTÄTIGE ERHOLUNG
internes Betriebsverhalten Informationsverarbeitung und Sensorik	ungestörte Kommunikation und Datenaustausch zu externen Komponenten	zeitweise gestörte Kommunikation, aber keine Fehlermeldung von internen oder externen Komponenten, die eine Abschaltung verursachen könnten	Kommunikationsfehler, Verlust von Daten und Informationen KEINE SELBSTTÄTIGE ERHOLUNG
internes Betriebsverhalten Betrieb von Anzeigen und Bedienelementen	keine Änderungen von sichtbaren Anzeigeinformationen, nur geringe Änderungen der Leuchtstärke (Flackern der LED) oder leichte Bewegungen der Buchstaben oder Zahlenwerte	sichtbare, zeitweise Veränderung der Informationen, unerwünschte LED-Anzeigen	Abschaltung, ständiger Informationsverlust oder unerlaubter Betrieb, offensichtlich falsche Anzeige

Anmerkung 1: Bewertungskriterium C:
Die Funktion kann durch Bedieneingriff (manuellen RESET) wiederhergestellt werden. Das Auslösen von Sicherungen ist bei netzgeführten Umrichtern im Wechselrichterbetrieb erlaubt.
Anmerkung 2: Bewertungskriterien A, B, C:
Fehlanläufe sind nicht zulässig. Eine unbeabsichtigte Änderung des logischen Zustands „Halt" und das dadurch hervorgerufene Anlaufen des Motors wird als Fehlanlauf bezeichnet.

Auswahl des spezifischen und des internen Betriebsverhaltens
Der allgemeine Aspekt des spezifischen Betriebsverhaltens nach Tabelle 1 muß passend zur speziellen Applikation und üblichen Konfiguration des PDS festgelegt sein und liegt in der Verantwortlichkeit des Herstellers. Die Prüfung des internen Betriebsverhaltens der Unterkomponenten wird empfohlen, wenn das gesamte PDS aufgrund seiner Größe, der Stromstärke, der Nennleistung oder der Lastbedingung nicht in einem Prüflabor in Betrieb genommen werden kann. In jedem Fall müssen die Prüfmittel störfest gegenüber der höchsten an das PDS oder seine Unterkomponente angelegten Störamplitude sein.

Die Prüfung des internen Betriebsverhaltens muß angewandt werden, wenn das spezifische Betriebsverhalten nach Tabelle 1
- nicht zweckmäßig anwendbar ist oder
- aus technischen oder wirtschaftlichen Gründen nicht praktikabel ist (z. B. große und/oder komplexe PDS mit separaten Funktionseinheiten).

Prüfbedingungen
Prüfungen unter Schwachlast sind zulässig. Im Fall einer eingebauten Treiberschaltung kann beispielsweise trotz eines kleinen Ausgangsstroms eine Störeinwirkung von außen eine Fehlerreaktion hervorrufen (Querzünder oder unerwünschtes Ansprechen eines Zwischenkreiskurzschließers). Das gleiche gilt für jede elektronische oder mikroprozessorgesteuerte Funktion innerhalb des PDS.
Wenn Prüfung bei Vollast gefordert ist (als besondere vertragliche Vereinbarung), müssen die Bewertungskriterien für das spezifische Betriebsverhalten auf das BDM als vollständige Einheit angewendet werden.

Grundlegende Störfestigkeitsanforderungen – niederfrequente Störungen
Die Anforderungen sind beim Entwurf und bei der Bemessung der Störfestigkeit des PDS gegenüber niederfrequenten Störungen unbedingt zu beachten. Als Nachweis sind von jedem Hersteller entsprechende Prüfungen bzw. Berechnungen selbst festzulegen, um die richtige Schaltungsauslegung zu bestätigen. Die Ergebnisse sind in den Spezifikationen des Produkts anzugeben.

Netzoberschwingungen und Kommutierungseinbrüche/Spannungsverzerrung
Die zu bemessende Störfestigkeit gegen Oberschwingungen in der Versorgungsspannung und insbesondere gegen einzelne Oberschwingungen müssen je nach Einsatzort mindestens dem Verträglichkeitspegel der IEC 1000-2-4 (Klasse 3 mit $THD = 10\ \%$) oder IEC 1000-2-2 ($THD = 8\ \%$) im stationären Betriebszustand entsprechen, wobei das Bewertungskriterium A erfüllt werden muß.
Für dynamische Betriebszustände (Zeitdauer kleiner 15 s) muß die zu bemessende Störfestigkeit mindestens dem 1,5fachen der Dauerverträglichkeitspegel mit Bewertungskriterium B entsprechen.

Störfestigkeitsanforderungen bei hochfrequenten Störungen

Die **Tabelle 2** gibt die Mindest-Störfestigkeitsanforderungen gegen hochfrequente Störungen sowie die entsprechenden Bewertungskriterien an.

Tabelle 2: Mindest-Störfestigkeitsanforderungen für Antriebssysteme (PDS), die für den Einsatz in öffentlicher Umgebung und nicht in industriellen Netzen vorgesehen sind.

Anschluß	Phänomen	Grundnorm	Wert	Bewertungs-kriterium
Gehäuse	ESD[1])	IEC 1000-4-2	6 kV CD oder 8 kV AD, wenn CD nicht möglich	B
	EMF[7])			A
Leistungsanschluß	Burst	IEC 1000-4-4	1 kV/5 kHz[2])	B
	Surge[3])	IEC 1000-4-5	1 kV[4])	B
	1,2/50 µs, 8/20 µs		2 kV[5])	
Leistungs-schnittstellen	Burst	IEC 1000-4-4	1 kV/5 kHz[6]) kapazitive Koppelzange	B
Anschlüsse für prozeß-nahe Meß- und Regel-funktionen und Signalschnittstellen	Burst	IEC 1000-4-4	0,5 kV/5 kHz[6]) kapazitive Koppelzange	B

CD = Kontakt-Entladung
AD = Luft-Entladung

1) Prüfungen sind nicht bei offenem Gerät oder Baugruppenträger oder Eingruppierung in IP00 möglich und aus Sicherheitsgründen verboten. In diesem Fall muß der Hersteller einen entsprechenden Warnhinweis unverlierbar am Gerät anbringen.
2) Netzanschlüsse mit Stromstärke < 100 A: direkte Einkopplung unter Verwendung eines Koppel- und Entkoppelnetzwerks.
Netzanschlüsse mit Stromstärke ≥ 100 A: direkte Einkopplung oder kapazitive Koppelzange ohne Verwendung eines Entkoppelnetzwerks. Bei Verwendung der kapazitiven Koppelzange beträgt der Prüfpegel 2 kV/5 kHz.
3) Anwendbar nur für Netzwechselspannungsanschlüsse und nur, wenn entsprechende Prüfmittel allgemein auf dem Markt verfügbar sind. Die Bemessungsimpulsspannung der Basisisolation darf nicht überschritten werden (siehe IEC 664-1).
4) Einkopplung Außenleiter gegen Außenleiter.
5) Einkopplung Außenleiter gegen Erde.
6) Anwendbar nur für Anschlüsse oder Schnittstellen, deren Leitungslänge nach Herstellerangabe zwei Meter überschreiten kann.
7) EMF: elektromagnetisches Feld.

Störfestigkeit gegen elektromagnetische Felder

Die Prüfungen weisen die Betriebssicherheit eines PDS in Umgebungen mit ISM-Geräten (industrielle, wissenschaftliche oder medizinische Ausrüstung) oder Funkübertragungssystemen, wie z. B. Funksprechgeräte oder schnurlose Telefone, nach.

Die Prüfungen nach IEC 1000-4-3 müssen durchgeführt werden. Um jedoch denkbare benachbarte Funkübertragungssysteme mit in Betracht zu ziehen, muß das Frequenzband während der Prüfungen auf 26 MHz bis 1000 MHz ausgeweitet werden. Die Amplitude muß 10 V/m betragen bzw. 3 V/m für Umgebungen der ersten Art.

Störaussendungsanforderungen

Die Prüfanordnung des elektrischen Antriebs muß so weit wie möglich an die realen Betriebsbedingungen der Umgebung angepaßt werden. Zur Erfüllung der EMV-Schutzanforderungen werden in dieser internationalen Norm an allgemein erhältliche Geräte härtere Störaussendungsanforderungen gestellt als an Geräte, die nur eingeschränkt erhältlich sind.

Aus wirtschaftlichen Gründen müssen die Geschäftspartner jeder einzelnen Anlage die EMV-Schutzanforderungen sicherstellen, indem sie die jeweils passenden Störaussendungsklassen auswählen, Messungen an Ort und Stelle („in-situ") mit den vorliegenden Randbedingungen durchführen und technische Spezifikationen austauschen.

Die Messungen müssen in dem Arbeitspunkt mit der höchsten Störaussendung im Frequenzbereich, jedoch mit der üblichen Anwendung übereinstimmend, durchgeführt werden.

Störaussendungsgrenzwerte im niederfrequenten Bereich

Zur Erfüllung dieser Anforderungen ist die Durchführung von Messungen entweder aus technischer oder aus wirtschaftlicher Sicht unzweckmäßig. Jedoch kann im Rückgriff auf langjährige praktische Erfahrung die Einhaltung dieser Anforderungen durch allgemein bekannte Rechen- und Simulationsverfahren (numerisch oder analog) nachgeprüft werden, vorausgesetzt, es gibt keinen entgegenlautenden Vertrag zwischen dem Hersteller und dem Anwender.

Bedingungen während der Hochfrequenzprüfungen

Als Hauptursache für HF-Störaussendung sind erwartungsgemäß die Spannungssteilheiten (du/dt-Werte) relevant. Hohe Werte können bereits bei Ausgangsströmen unterhalb des Bemessungsstroms eines elektrischen Antriebs erreicht werden, so daß diese Prüfungen bei Schwachlast ausführbar sind. Die Prüfungen sind einzeln auf alle relevanten Anschlüsse in einer definierten und reproduzierbaren Art und Weise anzuwenden. Das Prüfverfahren muß CISPR 11 entsprechen, wobei besonderes Augenmerk auf die Erdverbindungen gerichtet werden muß.

Störaussendungsgrenzwerte im hochfrequenten Bereich

Viele Antriebe arbeiten auch ohne Filtermaßnahmen vorschriftsmäßig in industrieller Umgebung und stören keine anderen Betriebsmittel oder Einrichtungen, d. h., sie sind elektromagnetisch verträglich. Sowohl für leitungsgeführte als auch für gestrahlte Störaussendungen gilt deshalb das Prinzip, daß die Störaussendungs-Grenzwerte um so strenger sind, je höher die Wahrscheinlichkeit einer Störung ist.

Mindestanforderungen zur Erfüllung von Sicherheitsmerkmalen
Die Durchführung von Störfestigkeitsprüfungen kann ein Sicherheitsrisiko verursachen, sofern keine besondere Vorsicht getroffen wurde. Bei jeder Störfestigkeitsprüfung muß die Personensicherheit Vorrang haben.
Im Fall der Störfestigkeitsbewertung nach Kriterium C und für besondere Betriebseigenschaften des PDS muß die Festlegung eines automatischen oder manuellen Zurücksetzens mit dem Anwender geklärt werden.
Eine Gefährdung der Basisisolation während der Störfestigkeitsprüfung gegen energiereiche Kurzzeitüberspannungen (Surge) ist nicht erlaubt.

Anhang

Allgemeiner Überblick über EMV-Phänomene in Tabelle A.1

Viele Phänomene werden in IEC 1000-2-5 beschrieben. Definitionen der Niederfrequenzphänomene werden in IEC 1000-2-1 gegeben.
Der Betrieb eines PDS wird durch einen Grundschwingungsanteil mit überlagerten Oberschwingungen durch Nichtlinearitäten des Umrichters und/oder Wechselrichters sowie durch schnelle Schaltvorgänge der Leistungselektronik im Umrichter und/oder Wechselrichter charakterisiert, die für Hochfrequenzphänomene verantwortlich sind. Deshalb kann das Antriebssystem (PDS) gleichermaßen sowohl nieder- als auch hochfrequente Signale aussenden.
Im Umkehrschluß dazu können aber auch von anderen Geräten oder Systemen in der Nachbarschaft des PDS Nieder- oder Hochfrequenzphänomene ausgehen, die den Betrieb des PDS beeinflussen.
Die elektromagnetischen Phänomene, die bezüglich Einsatz und Nutzung von elektrischen Antriebssystemen (PDS) mit Leistungselektronik betrachtet werden müssen, können in verschiedene Klassen eingeteilt werden. Jede dieser Klassen könnte durch ihre Niederfrequenzstörungen oder durch ihre Hochfrequenzstörungen Berücksichtigung finden. In einigen Normen ist die Grenze dazwischen bei 9 kHz, in anderen hingegen bei 10 kHz festgelegt.
Für PDS sind beide Arten von Phänomenen bedeutsam:
- Grundschwingungsfrequenzen kleiner 9 kHz, die absichtlich erzeugt wurden, um elektrische Leistung für den Motor zur Verfügung zu stellen, und
- damit verbunden Frequenzen von über 9 kHz, die bei der Regelung, z. B. Pulsdauermodulation (PWM) der Wechselrichtersteuerung, oder der Mikroprozessortaktfrequenz zum Einsatz kommen können.

In jeder Klasse sind leitungs- und feldgebundene Phänomene beschrieben.

Tabelle A.1: EMV-Überblick

Frequenz	Fortpflanzung	Kopplung		Aussendung	Störfestigkeit
Niederfrequenz $0 \leq f < 9$ kHz	leitungs-gebunden	unsym-metrisch		vielfache, durch 3 teilbare Oberschwingungen (Nullsystem)	Spannung der Netzfrequenz
				– Ableitströme	
		symme-trisch		Oberschwingungen, Interharmonische und Kommutierungseinbrüche	Kommutierungseinbrüche
					Spannungsschwankungen
				Einflüsse auf Rundsteueranlagen als Folge	Einbrüche und Kurzzeitunterbrechungen
					transiente Überspannungen
					Verlust der Phasenlage
					unsymmetrische Spannungen
					Verlust der Frequenzinformation
					Gleichspannungsanteile
	feldgebunden	Nahfeld	magnetische Kopplung	magnetisches Feld	magnetisches Feld
			kapazitive Kopplung	elektrisches Feld	elektrisches Feld
		Fernfeld			
Hochfrequenz 9 kHz $\leq f$	leitungs-gebunden	unsym-metrisch		eingestrahlte hochfrequente Spannungen und Ströme	eingestrahlte hochfrequente Spannungen und Ströme
					Spannungsspitzen
		sym-metrisch			eingestrahlte hochfrequente Spannungen und Ströme
					Spannungsspitzen
	feldgebunden	Nahfeld		elektrisch (hohe Impedanz)	pulsierende Magnetfelder (tragbare Sender)
				magnetisch (kleine Impedanz)	tragbare Sender
		Fernfeld		elektromagnetische Felder	elektromagnetische Felder im HF-Bereich
breites Spektrum		elektrostatische Entladungen (Luft- und Kontaktentladungen)			

Anmerkung: In dieser Internationalen Norm liegt die Grenze zwischen Niederfrequenz und Hochfrequenz bei 9 kHz. Diese Festlegung richtet sich nicht nach Rundfunkübertragungsbändern.

DIN VDE 0185-103 (VDE 0185 Teil 103):1997-09   September 1997
Schutz gegen elektromagnetischen Blitzimpuls
Teil 1: Allgemeine Grundsätze
(IEC 1312-1:1995 modifiziert)

33 Seiten, 26 Bilder, 8 Tabellen,
7 Anhänge, 6 Literaturquellen   Preisgruppe 24 K

Dieser Teil der internationalen Norm IEC 1312 (VDE-Bestimmung) gibt Informationen für den Entwurf, die Installation, die Inspektion, die Instandhaltung und die Prüfung von Schutzsystemen gegen LEMP-Wirkungen für Informationssysteme in oder an baulichen Anlagen.
Die folgenden Fälle liegen außerhalb des Anwendungsbereichs dieser Norm: Fahrzeuge, Schiffe, Luftfahrzeuge und Installationen vor der Küste unterliegen speziellen behördlichen Vorschriften.
Die Systemausrüstung selbst wird in dieser Norm nicht betrachtet. Der Inhalt liefert jedoch Richtlinien für die Zusammenarbeit des Planers des Informationssystems mit dem Planer des Schutzsystems gegen LEMP, um einen optimalen Schutz zu erzielen.

Störquelle

Blitzstrom als Störquelle
Für die analytische Bestimmung der Stromverteilung in der Blitzschutzanlage (LPS) und den mit ihr verbundenen Installationen muß die Blitzstromquelle als Stromgenerator betrachtet werden, der einen aus mehreren Einzelentladungen bestehenden Blitzstrom in die Leiter der LPS und die mit ihr verbundenen Installationen einprägt.
Dieser eingeleitete Strom sowie der Strom im Blitzkanal bewirken elektromagnetische Störungen. Die elektromagnetischen Kopplungsprozesse sind in einem Anhang erläutert.

Blitzstrom-Parameter
Für Simulationszwecke muß angenommen werden, daß der Blitzstrom entsprechend den Einzelentladungen in einem Blitz besteht aus:
• einem ersten Stoßstrom positiver oder negativer Polarität,
• einem Folgestoßstrom negativer Polarität,
• einem Langzeitstrom positiver oder negativer Polarität.
Die Blitzstrom-Parameter am Einschlagpunkt sind angegeben für unterschiedliche Schutzklassen in:
• **Tabelle 1** für den ersten Stoßstrom,
• **Tabelle 2** für den Folgestoßstrom,
• **Tabelle 3** für den Langzeitstrom.

Tabelle 1: Blitzstrom-Parameter des ersten Stoßstroms

Stromparameter		Schutzklasse		
		I	II	III und IV
Stromscheitelwert	kA	200	150	100
Stirnzeit T_1	µs	10	10	10
Rückenhalbwertzeit T_2	µs	350	350	350
Ladung des Stoßstroms Q_s[1])	C	100	75	50
spezifische Energie W/R[2])	MJ/Ω	10	5,6	2,5

1) Da der wesentliche Teil der Gesamtladung Q_s in dem ersten Stoßstrom enthalten ist, wird die Ladung aller Stoßströme (erster Stoßstrom und Folgestoßströme) als in Q_s enthalten angesehen.
2) Da der wesentliche Teil der spezifischen Energie W/R im ersten Stoßstrom enthalten ist, wird die spezifische Energie aller Stoßströme (erster Stoßstrom und Folgestoßströme) als in W/R enthalten angesehen.

Tabelle 2: Blitzstrom-Parameter des Folgestoßstroms

Stromparameter		Schutzklasse		
		I	II	III und IV
Stromscheitelwert	kA	50	37,5	25
Stirnzeit T_1	µs	0,25	0,25	0,25
Rückenhalbwertzeit T_2	µs	100	100	100
mittlere Steilheit I/T_1	kA/µs	200	150	100

Tabelle 3: Blitzstrom-Parameter des Langzeitstroms

Stromparameter		Schutzklasse		
		I	II	III und IV
Ladung Q_l	C	200	150	100
Dauer T	s	0,5	0,5	0,5
mittlerer Strom: näherungsweise Q_l/T				

Blitz-Schutzzonen
Der zu schützende Raum muß in Blitz-Schutzzonen LPZ eingeteilt werden, um Räume unterschiedlicher LEMP-Schärfen zu definieren und Orte für Potentialausgleich-Punkte an den Zonengrenzen zu benennen.
Zonen sind durch bedeutende Änderungen der elektromagnetischen Bedingungen an ihren Grenzen charakterisiert.

Definitionen von Zonen
LPZ 0_A Zone, in der Gegenstände direkten Blitzeinschlägen ausgesetzt sind und deshalb den vollen Blitzstrom zu führen haben. Hier tritt das ungedämpfte elektromagnetische Feld auf.
LPZ 0_B Zone, in der Gegenstände keinen direkten Blitzeinschlägen ausgesetzt sind, in der jedoch das ungedämpfte elektromagnetische Feld auftritt.
LPZ 1 Zone, in der Gegenstände keinen direkten Blitzeinschlägen ausgesetzt sind und in der die Ströme an allen leitenden Teilen innerhalb dieser Zone im Vergleich mit den Zonen 0_A und 0_B reduziert sind. In dieser Zone kann auch das elektromagnetische Feld gedämpft sein, abhängig von den Schirmungsmaßnahmen.
Folgezonen (LPZ 2 usw.):

Das allgemeine Prinzip für die Einteilung eines zu schützenden Volumens in verschiedene Blitz-Schutzzonen ist in **Bild I** dargestellt.

Anforderungen an die Erdung
Die Erdung muß IEC 1024-1 entsprechen.
Wenn benachbarte bauliche Anlagen vorhanden sind, zwischen denen elektrische Versorgungskabel und Fernmeldekabel verlaufen, müssen die Erdungssysteme miteinander verbunden werden, und es ist vorteilhaft, mit vielen parallelen Pfaden die Ströme in den Kabeln zu verringern. Dieses Ziel wird von einer vermaschten Erdungsanlage erfüllt.

Anforderungen an die Schirmung

Die Wirksamkeit einer Schirmung muß mittels der Amplitudendichte des Blitzstroms und der entsprechenden Amplitudendichte des Magnetfelds bestimmt werden.
Die Schirmung ist die grundlegende Maßnahme zur Verringerung elektromagnetischer Störung.
In **Bild II** sind Schirmungs- und Kabelführungsmaßnahmen zur Verringerung von Induktionseffekten prinzipiell dargestellt:
- äußere Schirmungsmaßnahmen,
- geeignete Kabelführung,
- Leitungsschirmung.
Diese Maßnahmen können kombiniert werden.

Um das elektromagnetische Umfeld zu verbessern, müssen alle Metallteile mit signifikanten Abmessungen, die mit der baulichen Anlage zusammenhängen, untereinander und mit der LPS verbunden werden, z. B. Dachhäute oder Fassaden aus Metall, Metallbewehrungen im Beton und Metallrahmen von Türen und Fenstern.

Anforderungen an den Potentialausgleich
Der Zweck des Potentialausgleichs ist die Verringerung der Potentialdifferenzen zwischen Metallteilen und -systemen innerhalb des gegen Blitze zu schützenden Volumens.
Ein Potentialausgleich muß an den Grenzen von LPZ für die Metallteile und -systeme, die die Grenzen kreuzen, sowie für Metallteile und -systeme innerhalb einer LPZ vorgesehen und installiert werden. Ein Potentialausgleich zu Potentialausgleich-Schienen muß mittels Potentialausgleich-Leitern und -Klemmen und – wo erforderlich – mittels Störschutzgeräten (SPD) vorgenommen werden.

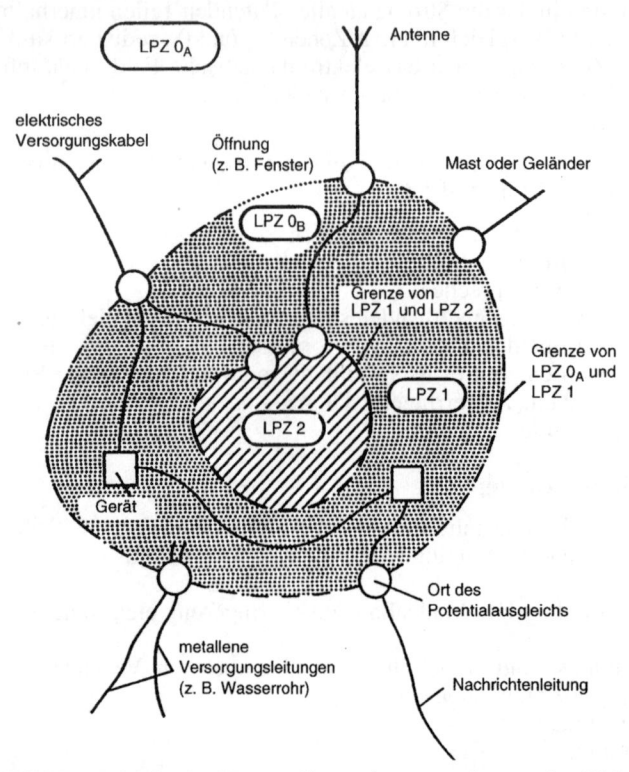

Bild I Prinzip der Unterteilung eines zu schützenden Volumens in verschiedene Blitz-Schutzzonen (LPZ)

Ungeschütztes System

- Metallgehäuse
- Gerät 1
- Induktionsschleife
- Gerät 2
- energietechnische Leitung
- informationstechnische Leitung

Reduktion der Induktionseffekte durch äußere Schirmungsmaßnahmen

vermaschtes LPS
(untereinander verbundene Bewehrung, metallene Dachhaut und Fassaden)

Reduktion der Induktionseffekte durch geeignete Leitungsführung

informationstechnische Leitung
energietechnische Leitung

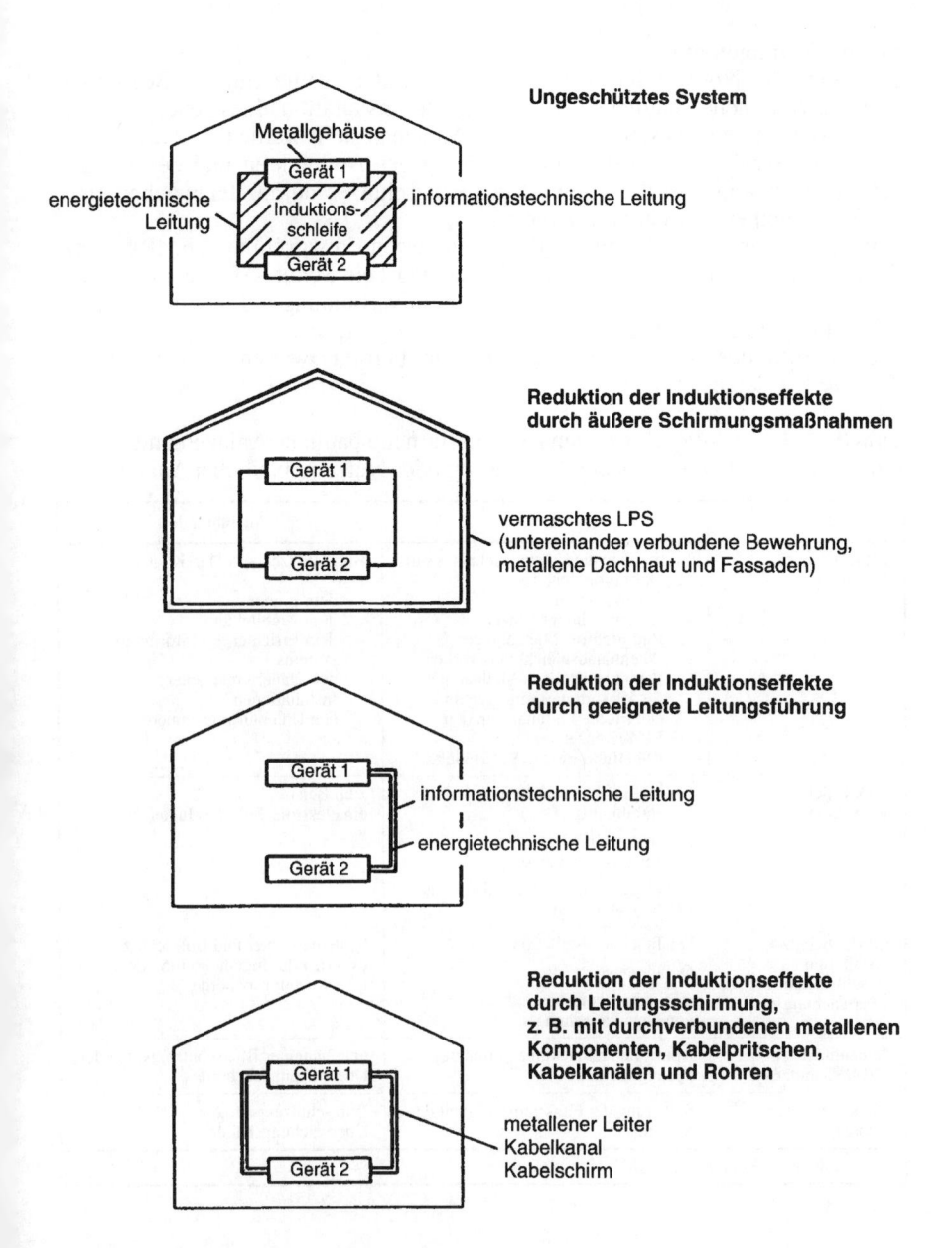

Reduktion der Induktionseffekte durch Leitungsschirmung, z. B. mit durchverbundenen metallenen Komponenten, Kabelpritschen, Kabelkanälen und Rohren

metallener Leiter
Kabelkanal
Kabelschirm

Bild II Schirmung und Leitungsführung

Schutz-Management

Die Frage der Notwendigkeit eines LEMP-Schutzes sollte ganz zu Beginn der Planung einer neuen baulichen Anlage oder der Installation eines neuen Informationssystems in eine bestehende bauliche Anlage gestellt werden.

Üblicherweise liegt es in der Verantwortung des Architekten und der am Bau beteiligten Ingenieure, den Entwurf des Blitzschutzes durch Heranziehen eines Blitzschutzexperten zu koordinieren.

Um einen technisch und wirtschaftlich optimierten Entwurf eines LEMP-Schutz-Systems zu erstellen und aufrechtzuerhalten, wird ein Schutz-Management benötigt. Der Entwurf des LEMP-Schutzes sollte in Verbindung mit dem Entwurf der LPS durchgeführt werden.

Die Schritte des Schutz-Managements, die befolgt werden sollten, sind in **Tabelle E.1** dargestellt.

Tabelle E.1: LEMP-Schutz-Management für neue bauliche Anlagen und umfassende Änderungen in der Ausführung oder Nutzung baulicher Anlagen

Schritt	Ziel	Ausführende
LEMP-Schutz-Planung	Erarbeitung eines Schutzschemas mit der Definition von – Schutzklassen – LPZ und ihren Grenzen – Raumschirm-Maßnahmen – Potentialausgleich-Netzwerken – Potentialausgleich-Maßnahmen für Versorgungsleitungen und elektrische Leitungen an den LPZ-Grenzen – Kabelführung und Schirmung	Blitzschutzexperte[1]) in Kontakt mit – dem Eigner – dem Architekten – dem Errichter des Informationssystems – den Planern relevanter Installationen – den Unterauftragnehmern
LEMP-Schutz-Ausführung	Übersichtszeichnungen und Beschreibungen Erarbeitungen von Leistungsverzeichnissen Detailzeichnungen und Ablaufpläne für die Installation	zum Beispiel ein elektrotechnisches Ingenieurbüro
LEMP-Schutz-Installation einschließlich Überwachung	Qualität der Installation Dokumentation mögliche Überarbeitung von Detailzeichnungen	Systemerrichter und Blitzschutz–experte oder Ingenieurbüro oder Überwachungsbehörde
Abnahme des LEMP-Schutzes	Kontrolle und Dokumentation des Systemzustands	unabhängiger Blitzschutzexperte oder Überwachungsbehörde
wiederkehrende Inspektion	Sicherung der Funktionsfähigkeit des Systems	Blitzschutzexperte oder Überwachungsbehörde
1) mit fundierter Kenntnis der EMV		

DIN EN 60073 (**VDE 0199**):1997-09 September 1997

Grund- und Sicherheitsregeln für die Mensch-Maschine-Schnittstelle, Kennzeichnung

Codierungsgrundsätze für Anzeigegeräte und Bedienteile (IEC 60073:1996)
Deutsche Fassung EN 60073:1996

3 + 26 Seiten EN, 1 Bild, 14 Tabellen, 6 Anhänge   Preisgruppe 23 K

Diese Internationale Norm (VDE-Bestimmung) stellt allgemeine Regeln zur Zuordnung einzelner Bedeutungen zu bestimmten sichtbaren, hörbaren und fühlbaren Anzeigen auf, um
- die Sicherheit von Personen, Eigentum und/oder Umwelt durch die sichere Überwachung und Bedienung der Einrichtungen oder Prozesse zu erhöhen;
- die genaue Beobachtung, Bedienung und Instandhaltung der Anlage zu erreichen;
- die schnelle Erkennung von Bedienungszuständen und Stellungen von Bedienteilen zu erreichen.

Diese Norm ist allgemein gültig:
- angefangen von einfachen Fällen, wie einzelne Anzeigelampen, Druckknöpfe, mechanische Anzeiger, Leuchtdioden oder Anzeigebildschirme, bis zu ausgedehnten Warten, die eine große Vielfalt von Geräten zur Überwachung einer Maschine oder eines Prozesses umfassen;
- wo die Sicherheit von Personen, Eigentum und/oder Umwelt betroffen ist und wo auch die vorstehend erwähnten Codes genutzt werden, um die genaue Bedienung und Beobachtung einer Anlage zu erleichtern;
- wo eine besondere Art der Codierung durch ein Technisches Komitee zu einer speziellen Funktion zuzuweisen ist.

Codierungsgrundsätze
Codierungsgrundsätze müssen in einem frühen Stadium der Systementwicklung aufgestellt werden und konsistent zu solchen Codierungsgrundsätzen sein, die für andere Einrichtungen innerhalb der gleichen Anlage oder im gleichen Prozeß genutzt werden.
Die Wahl eines bestimmten Codes hängt ab von den Aufgaben des Personals und den zugehörigen Bedingungen der Arbeitsumgebung.
Es wird die Anwendung von mindestens einer der folgenden Codierungsarten für die Codierung von Anzeigen empfohlen:

Sichtbare Codes:
- Farbe;
- Gestalt;
- Position;
- zeitabhängige Veränderung von Merkmalen (Blinken).

Hörbare Codes:
- Tonart;
- reine Töne;
- zeitabhängige Veränderung von Merkmalen.

Tastbare Codes:
- Gestalt;
- Stärke (Kraft);
- Vibration;
- Position;
- zeitabhängige Veränderungen von Merkmalen.

Tabelle 1 zeigt Beispiele dieser Codierungsarten.
Die Bedeutung der ausgewählten Codes muß eindeutig sein und in der zugehörigen Dokumentation der einzelnen Einrichtung und/oder Anlage erklärt sein.

Tabelle 1: Codierungsarten

Art	Merkmale
sichtbare Codes	
Farbe	– Buntton – Sättigung – Helligkeit – Kontrast
Gestalt	– Figur (alphanumerisch, Piktogramme, grafische Symbole, Linien) – Form (Zeichensatz, Größe, Linienbreite) – Textur (Linienart, Schattierung, Schraffur)
Position	– Lage (absolut, relativ) – Orientierung (mit oder ohne Bezugssystem)
Zeit	zeitliche Veränderung (Blinken): – der Helligkeit – der Farbe – der Gestalt – der Position
hörbare Codes	
Tonart	– Ton – Geräusch – Sprache
reine Töne	– ausgewählte Frequenz
Zeit	Veränderung – der Frequenzzusammensetzung – des Schalldruckpegels – der Gesamtdauer
tastbare Codes	
Gestalt	– Form – Oberflächenrauheit
Stärke (Kraft)	– Amplitude
Vibration	– Amplitude – Frequenz
Position	– Lage (absolut, relativ) – Orientierung (mit oder ohne Bezugssystem)
Zeit	Veränderung – der Stärke – der Vibration

Sichtbare Codes

Farbe und die zeitliche Veränderung von Merkmalen (Blinken) sind die effektivsten Mittel, um Aufmerksamkeit zu erregen. Deswegen müssen diese Codes mit gleichbleibender Bedeutung verwendet werden; Farben, um Prioritäten auszudrücken, Blinken zum Wecken der Aufmerksamkeit.
Werden farbfehlsichtige Personen als Bediener beschäftigt, so wird empfohlen, daß Farbe nicht der alleinige Code sein darf.
Wenn sich die Bedeutung von Farben auf die Sicherheit von Personen oder die Umwelt bezieht, müssen ergänzende Codes vorgesehen werden.

Codierung durch Farben

Spezielle Bedeutungen sind speziellen Farben zugeordnet (siehe **Tabelle 2**). Diese Farben müssen leicht identifizierbar, unterscheidbar von der Hintergrundfarbe und jeder anderen zugewiesenen Farbe sein. Bestimmte Farben müssen für Sicherheitsanwendungen reserviert werden.

Tabelle 2: Farbbedeutung für die Codierung – allgemeine Grundsätze

Farbe	Bedeutung		
	Sicherheit von Personen oder Umwelt	Prozeßzustand	Zustand der Einrichtung
Rot	Gefahr	Notfall	fehlerhaft
Gelb	Warnung/Vorsicht	anomal	anomal
Grün	Sicherheit	normal	normal
Blau	vorschreibende Bedeutung		
Weiß Grau Schwarz	keine spezielle Bedeutung zugewiesen		

Codierung durch Gestalt oder Position

Sichtbare Codes, die Gestalt und/oder Position enthalten, dürfen folgendermaßen angewandt werden:
a) als Hauptcode;
b) als ergänzender Code zu dem angewandten Hauptcode, z. B. Gestalt in Ergänzung zu Farben, um Fehler zu vermeiden, die durch farbfehlsichtige Personen entstehen können.
Bedeutungen sind speziellen Formen zugeordnet (siehe **Tabelle 3**).
Der Positionscode ist hauptsächlich anwendbar zur Anzeige des Status des Prozesses oder der Einrichtungen (siehe IEC 60447).
Es wird die Anwendung grafischer Symbole (z. B. auf der Basis von IEC 60027, IEC 60417, IEC 60617 und ISO 7000) empfohlen, die – beispielsweise durch Schraffierung unterstützt – den Status zugehöriger Einrichtungen anzeigen.

Tabelle 3: Bedeutung der Gestalt für die Codierung – allgemeine Grundsätze

Gestalt	Bedeutung		
	Sicherheit von Personen oder Umwelt	Prozeßzustand	Zustand der Einrichtung
⬡ [1]	Gefahr	Notfall	fehlerhaft
△ [1]	Warnung/Vorsicht	anomal	anomal
☐ ▭ ▯ [1]	sicher	normal	normal
◯	vorschreibende Bedeutung		
☐ ▭ ▯	keine spezielle Bedeutung zugewiesen		
Anmerkung: Der Zustand des Prozesses oder der Einrichtungen sollte mit Symbolen auf der Basis von IEC 60417, IEC 60617 und ISO 7000 codiert werden. 1) Die Gestalt muß bei ausschließlich sicherheitsrelevanter Anwendung einen fetten Rand haben.			

Hörbare Codes

Hörbare Codes dürfen angewandt werden, wenn
- es notwendig ist, die Aufmerksamkeit des Bedieners zu wecken;
- die codierte Information kurz, einfach und vorübergehend ist;
- die Information eine umgehende oder zeitbasierte Reaktion erfordert;
- die Anwendung sichtbarer Codes beschränkt ist;
- die Situation so kritisch ist, daß eine unterstützende oder redundante (mehrfache) Information nötig ist.

Ein akustisches Signal darf aus reinen oder komplexen Tönen, Geräuschen oder Sprache bestehen. Es muß den Beginn und die Dauer einer gefährlichen Situation markieren oder vor einem bevorstehenden Risiko warnen.
Die allgemeinen Grundsätze der Bedeutung akustischer Signale für die Informationscodierung sind in **Tabelle 4** angegeben.

Tabelle 4: Bedeutung hörbarer Codes – allgemeine Grundsätze

	Bedeutung		
	Sicherheit von Personen oder Umwelt	Prozeßzustand	Zustand der Einrichtung
– auf-/abschwellende Töne – Explosivtöne	Gefahr	Notfall	fehlerhaft
Tonwechsel zwischen konstanten Tönen	Warnung/Vorsicht	anomal	anomal
Dauerton mit konstantem Pegel	sicher	normal	normal
Tonwechsel	vorschreibende Bedeutung		
andere Töne	keine spezielle Bedeutung zugewiesen		

Tastbare Codes
Tastbare Signale müssen durch den Bediener leicht identifizierbar sein, wenn das Gerät oder die Einrichtung in der vorgegebenen Weise betrieben wird.
Tabelle 5 zeigt die allgemeinen Grundsätze für die tastbare Codierung von Informationen.

Tabelle 5: Bedeutung tastbarer Codes – allgemeine Grundsätze

Code		Bedeutung		
Vibration Stärke (Kraft)	Position	Sicherheit von Personen oder Umwelt	Prozeßzustand	Zustand der Einrichtung
hoch	keine Signale zugewiesen	Gefahr	Notfall	keine allgemeine Bedeutung zugewiesen
mittel		Warnung/Vorsicht	anomal	
niedrig		Sicherheit	normal	
keine Signale zugewiesen		vorschreibende Bedeutung		
Anmerkung 1: Eine kontinuierliche Vibration darf angewandt werden, um einen relativen Grad der Sicherheit anzuzeigen, oder die Vibration darf in Übereinstimmung mit den hörbaren Codes codiert sein (siehe Tabelle 4), um absolute Informationen bezüglich z. B. Gefahr, Warnung oder Sicherheit zu geben. Anmerkung 2: Anstelle von Vibration oder Kraft dürfen andere fühlbare Codes verwendet werden.				

Änderung
Gegenüber der Ausgabe 1994-01 wurde folgende Änderung vorgenommen:
- vollständig überarbeitet.

1.2 Energieleiter
Gruppe 2 des VDE-Vorschriftenwerks

Beiblatt 1 zu DIN VDE 0207 (Beiblatt 1 zu VDE 0207):1997-06   Juni 1997

Isolier- und Mantelmischungen für Kabel und isolierte Leitungen

Verzeichnis der Normen der Reihe DIN VDE 0207 (VDE 0207)

8 Seiten, 1 Tabelle   Preisgruppe 8 K

Dieses Beiblatt enthält Informationen zu DIN VDE 0207 (VDE 0207), jedoch keine zusätzlich genormten Festlegungen.

Durch die voranschreitende Harmonisierung auf dem gesamten Kabel- und Leitungssektor entsteht eine neue Normenstruktur. Dies hat auch Auswirkungen auf die Normen für Isolier- und Mantelmischungen, die bislang in der Normenreihe DIN VDE 0207 zusammengefaßt waren.

Dieses Beiblatt soll dem Anwender der Normenreihe DIN VDE 0207 eine Hilfe dahingehend geben, festzustellen, in welche Normen inzwischen harmonisierte Anforderungsprofile der Isolier- und Mantelmischungen übernommen wurden oder werden. Die restlichen Mischungen verbleiben in einer nationalen Restnorm unter Beibehaltung der bisherigen Bezeichnung.

Mit Hilfe dieses Beiblatts soll es dem Normenanwender auf einfache Weise möglich gemacht werden, bei noch gültigen nicht harmonisierten Produktnormen, die sich hinsichtlich der Isolier- und Mantelmischungen auf DIN VDE 0207 beziehen, die Norm zu finden, in der sich nunmehr die Anforderungsprofile für die harmonisierten Mischungen befinden.

Mischungen für noch nicht harmonisierte Produkte verbleiben unverändert in der Normenreihe DIN VDE 0207 (VDE 0207).

In nationalen Aufbaubestimmungen sind noch folgende Mischungen zitiert:
EI1/GI1 ist ersetzt durch EI4
GM1a ist ersetzt durch EM3
5GM1 ist ersetzt durch EM2
5GM2 ist ersetzt durch EM2
HI3 ist ersetzt durch DIN VDE 0819-106 (VDE 0819 Teil 106)

Änderung

Gegenüber DIN 57207 Bbl 1 (VDE 0207 Bbl 1):1982-07 wurde folgende Änderung vorgenommen:
- Inhalt wurde überarbeitet und erweitert.

DIN EN 61773 (VDE 0210 Teil 20):1997-08 August 1997

Freileitungen

Prüfung von Tragwerksgründungen
(IEC 1773:1996)
Deutsche Fassung EN 61773:1996

2 + 36 Seiten EN, 17 Bilder, 5 Tabellen,
2 Literaturquellen, 7 Anhänge   Preisgruppe 24 K

Diese Internationale Norm (VDE-Bestimmung) gilt für Verfahren zur Prüfung der Gründungen von Freileitungstragwerken. Diese Norm unterscheidet zwischen:
a) Gründungen, die überwiegend durch Axialkräfte, die in Richtung der Gründungsmittelachse entweder in Zug- oder Druckrichtung wirken, belastet sind. Dies gilt für Gründungen starrer Gittermaste mit Einzelgründungen, z. B. Betonstufengründungen, Stahlroste, Bohr- oder Schachtgründungen, Pfähle und mörtelverpreßte Anker. Die Gründungen von Abspannankern sind eingeschlossen, wenn sie in ihren tatsächlichen Ankerneigungen geprüft werden;
b) Gründungen, die überwiegend durch seitliche Kräfte, Kippmomente oder eine Kombination von beiden belastet sind. Dies gilt für einstielige Maste mit Kompaktgründungen, z. B. Einblockgründungen, Betonplattengründungen, Bohr- oder Schachtgründungen, Pfähle und direkt in den Baugrund eingebettete Maste. Die Norm kann auch für Gründungen von H-förmigen Tragwerken angewandt werden, wenn die überwiegenden Lasten seitliche Kräfte, Kippmomente oder eine Kombination hiervon darstellen;
c) Gründungen, die durch eine Kombination der unter a) und b) erwähnten Lasten beansprucht sind.
Prüfungen an Gründungen mit verkleinertem Maßstab oder an Gründungsmodellen sind nicht eingeschlossen. Jedoch können solche Prüfungen für Auslegungszwecke nützlich sein.
Der Zweck dieser Norm ist das Bereitstellen von Verfahren für die Untersuchung der Tragfähigkeit und/oder der Reaktion (Verschiebung oder Drehung) der gesamten Gründung unter Belastung infolge des Zusammenwirkens zwischen der Gründung und dem umgebenden Boden und/oder Fels. Die mechanische Festigkeit der Bauelemente selbst ist nicht Gegenstand dieser Norm. Im Falle von mörtelverpreßten Ankern kann jedoch das Versagen von Bauelementen, z. B. des Verbunds zwischen Anker und Mörtel, die Grenzbelastbarkeit darstellen.

Arten der Prüfungen
Mit Bezug auf den Prüfungszweck, den Untersuchungsumfang und die Ausführung unterscheidet diese Norm zwischen zwei Arten von Prüfungen:
a) Auslegungsprüfungen;
b) Annahmeprüfungen.

Auslegungsprüfungen
Auslegungsprüfungen werden üblicherweise an eigens eingebrachten Gründungen mit einem oder mehreren der folgenden Ziele durchgeführt:
a) um Auslegungsparameter oder -verfahren zu bestätigen;
b) um Verfahren der Gründungseinbringung zu bestätigen;
c) um geotechnische Auslegungsparameter zu gewinnen und/oder ein Auslegungsverfahren für eine besondere Anwendung aufzustellen;
d) um die Übereinstimmung der Gründungsauslegung mit Auslegungsvorschriften zu bestätigen;
e) um für eine Gründungsart die mittlere Versagenslast und deren Variationskoeffizienten unter gegebenen Bodenbedingungen zu bestimmen.
Prüfungen entsprechend c) und/oder d) werden auch Typprüfungen genannt.

Annahmeprüfungen
Diese sind für die Anwendung während des Einbringens von Gründungen vorgesehen zur Prüfung der Qualität der Einbringung, der verwendeten Materialien und des Fehlens irgendwelcher größerer Schwankungen in den angenommenen geotechnischen Auslegungsparametern. Annahmeprüfungen kommen auch für Gründungen in Frage, die in heterogenen Böden eingebracht sind, wobei eine große Streuung der Gründungstragfähigkeit zu erwarten ist. Einheitlichkeit, rasche Durchführbarkeit, Wirtschaftlichkeit und Zweckdienlichkeit sind dabei die Hauptüberlegungen.

Geotechnische Kennwerte
Baugrunderkundungen sollten vor der Auswahl eines Standorts für Auslegungsprüfungen durchgeführt werden. Baugrunderkundungen vor der Ausführung der Gründungen dürfen unterbleiben, wenn entweder die geotechnischen Kennwerte aus während des Einbringens gewonnenen Daten hergeleitet werden (z. B. Felsanker) oder wenn Annahmeprüfungen vorgesehen sind, um die Einbaubedingungen nachzuweisen. Jedoch sollten die Aufzeichnungen früherer Baugrunderkundungen und aller Annahmen, die vor oder während des Einbringens der Gründungen getroffen werden, vorhanden sein.

Einbringen der Gründungen
Annahmeprüfungen werden an Tragwerksgründungen durchgeführt. Deshalb sollte es hinsichtlich der Ausführung keine Unterschiede zwischen den geprüften und den nicht geprüften Gründungen geben. Auslegungsprüfungen werden im allgemeinen an eigens eingebrachten Gründungen durchgeführt, die unter Verwendung der vorgegebenen Materialien mit möglichst geringen Abweichungen zu den geforderten Maßen ausgeführt werden müssen.

Prüfeinrichtung
Der Mechanismus zum Aufbringen der Last muß geeignet sein, die Gründung bis zu ihrer Tragfähigkeit zu belasten und/oder die entsprechend den Auslegungskriterien zu erwartenden Verformungen zu ermöglichen. Die Belastungseinrichtungen sollten, soweit möglich, gleichzeitig axiale und Querlasten aufbringen, wenn

die seitliche Belastung möglicherweise einen bedeutenden Einfluß auf die Tragfähigkeit der Gründung hat.
Lasten können durch eine hydraulische Presse, ein Windensystem oder andere Belastungsmechanismen, je nach den Erfordernissen, aufgebracht werden. Motorisch angetriebene Pumpen sollten bevorzugt verwendet werden, wenn eine automatische Registrierung der Gründungsbewegungen verfügbar ist. Das selbsttätige Konstanthalten der Lasten kann zum plötzlichen und raschen Versagen mit nur geringen Vorwarnungen führen. Wenn motorgetriebene Pumpen oder Belastungseinrichtungen verwendet werden, muß ein geeignetes Regelsystem verwendet werden, um ein Überschreiten der vorgesehenen Belastung zu vermeiden.

Prüfungsdurchführung
Die Anzahl der durchzuführenden Prüfungen hängt von folgenden Faktoren ab:
- Art der Prüfung, d. h. Auslegungs- oder Annahmeprüfung;
- wesentliche Änderungen der geotechnischen Kennwerte entlang der Freileitungstrasse;
- vorgesehenes Verfahren für die analytische Auswertung der Versuchsergebnisse.

Auswertung der Prüfungen
Für jede Gründung müssen die Prüfergebnisse mit Bezug auf die Bedingungen der Ausführung ausgewertet werden. Vor jeder Prüfung sollte die Tragfähigkeit und, soweit möglich, die zugehörige Verschiebung/Verdrehung auf der Basis der von den ursprünglichen Baugrunderkundungen abgeleiteten Parametern berechnet werden. Die charakteristische Tragfähigkeit der Gründung kann in Übereinstimmung mit IEC 826 bestimmt werden.

Annahmekriterien
Geeignete Annahmekriterien sollten vor der Prüfungsdurchführung aufgestellt werden. Werte für die bei den aufgebrachten Auslegungs- oder Prüflasten einschließlich anzuwendender Lastfaktoren zulässigen Verschiebungen sollten während der Auslegung der Gründungen auf der Basis der Vorschläge eines Anhangs vereinbart werden. Falls zutreffend, sollten nationale Normen und Regeln beachtet und als bindend befolgt werden.

DIN VDE 0266 (VDE 0266):1997-11 November 1997

Starkstromkabel mit verbessertem Verhalten im Brandfall
Nennspannungen U_0/U 0,6/1 kV

2 + 14 Seiten, 5 Tabellen, 2 Anhänge Preisgruppe 13 K

Diese Norm (VDE-Bestimmung) gilt für halogenfreie, raucharme Kabel mit verminderter Brandfortleitung für Starkstromanlagen mit Nennspannungen U_0/U (U_m) 0,6/1 (1,2) kV.

Allgemeine Anforderungen
Es gilt DIN VDE 0276-604 (VDE 0276 Teil 604), Teil 1 „Allgemeine Anforderungen", soweit in den folgenden Abschnitten dieser Norm keine abweichenden Festlegungen getroffen sind.

Kabel mit Isolationserhalt
Dieser Abschnitt gilt für halogenfreie, raucharme Kabel mit verminderter Brandfortleitung und einem Isolationserhalt von mindestens 180 min mit einer Isolierhülle aus vernetzter Polyolefin-Mischung und einem Mantel aus thermoplastischer oder vernetzter Polyolefin-Mischung.

Leiter
Die Leiterform „sektorförmig, mehrdrähtig" ist nicht zulässig.
Über dem Leiter muß eine Trennschicht aufgebracht sein.

Isolierhülle
Als Isoliermischung darf auch die halogenfreie Isoliermischung HXI1 nach **Tabelle 1** verwendet werden.
Die Wanddicke der Isolierhülle vom Typ 2XI1 muß den Werten in DIN VDE 0276-604 (VDE 0276 Teil 604) entsprechen, die Wanddicke der Isolierhülle vom Typ HXI1 muß den Werten in einer Tabelle dieser Norm entsprechen.

Mantel
Der Mantel muß aus der thermoplastischen halogenfreien Polyolefin-Mischung des Typs HM4 nach einer Tabelle von DIN VDE 0276-604 (VDE 0276 Teil 604) oder der vernetzten halogenfreien Polyolefin-Mischung HXM1 nach einer Tabelle dieser Norm bestehen.

Kabel für besondere Anwendungen
Dieser Abschnitt gilt für halogenfreie, raucharme Kabel mit verminderter Brandfortleitung für besondere Anforderungen mit Isolierung und Mantel aus einer vernetzten Polyolefin-Mischung.
Diese Kabelbauart erfüllt die besonderen Bedingungen im Containment von

Kernkraftwerken mit Druck- und Siedewasserreaktoren. Der Eignungsnachweis auf Kühlmittelverlust-(KMV-)Störfallfestigkeit (LOCA) ist allerdings nach den relevanten KTA-Regeln und Richtlinien separat zu führen.

Leiter
Die Leiterform „sektorförmig, mehrdrähtig" ist nicht zulässig.
Mehrdrähtiger Leiter ab 1,5 mm^2 zulässig.
Zweiadrige Kabel bis zu 50 mm^2 zulässig.

Isolierhülle
Als Isoliermischung muß die halogenfreie Isoliermischung HXI1 nach Tabelle 1 verwendet werden.
Die Wanddicke der Isolierhülle muß den Werten einer Tabelle dieser Norm entsprechen.

Mantel
Der Mantel muß aus der vernetzten halogenfreien Mantelmischung HXM1 nach Tabelle 1 dieser Norm bestehen.

Tabelle 1 Anforderungen für die Isoliermischungen HXI1 und HXM1

	1		2	3	4
	Mischungsbezeichnung			HXI1	HXM1
	höchstzulässige Betriebstemperatur des Leiters		°C	90	90
	Mechanische Eigenschaften				
1	**Vor der Alterung**				
1.1	Zugfestigkeit, minimale		N/mm^2	5,0	6,5
1.2	Reißdehnung, minimale		%	125	125
2	**Alterung im Wärmeschrank**				
	• Temperatur		°C	135	135
	• Grenzabweichung		°C	± 3	± 3
	• Dauer		d	7	7
3	**Nach der Alterung**				
3.1	• Zugfestigkeit, minimale		N/mm^2	5,0	6,5
	• Änderung, maximale		%	$-30^1)$	$-30^1)$
3.2	• Reißdehnung, minimale		%	100	100
	• Änderung, maximale		%	± 30	± 40
1) kein oberer Grenzwert festgelegt.					
	(fortgesetzt)				

Tabelle 1 (Fortsetzung)

	1	2	3	4
	Mischungsbezeichnung		HXI1	HXM1
	höchstzulässige Betriebstemperatur des Leiters	°C	90	90
	Thermische Eigenschaften			
4 4.1	**Wärmedehnung** • Temperatur • Grenzabweichung • Prüfdauer • Belastung	°C °C min N/cm^2	200 ± 3 15 20	200 ± 3 15 20
4.2	Maximale Dehnung unter Belastung	%	175	175
4.3	Maximale Dehnung nach Entlastung	%	25	25
5	**Spezifischer Durchgangswiderstand bei 90 °C, minimaler**	Ω · cm	10^9	–

DIN VDE 0271 (VDE 0271):1997-06   Juni 1997

Starkstromkabel mit Isolierung und Mantel aus thermoplastischem PVC und Nennspannungen bis U_0/U (U_m) 3,6/6 (7,2) kV

19 Seiten, 3 Tabellen, 2 Anhänge   Preisgruppe 15 K

Diese Norm (VDE-Bestimmung) legt den Aufbau, die Maße und die Prüfanforderungen für Starkstromkabel mit PVC-Isolierung für Nennspannungen U_0/U (U_m) bis 3,6/6 (7,2) kV fest, die nicht in DIN VDE 0276-603 (VDE 0276 Teil 603):1995-11, Teile 1 und 3G, und DIN VDE 0276-620 (VDE 0276 Teil 620):1996-12, Teile 1, 3C und 4C, genormt sind. Es handelt sich um Bauarten von Starkstromkabeln für spezielle Anwendungsbereiche, wie z. B. für den Bergbau unter Tage (BuT).

Allgemeine Festlegungen
a) Isolierwerkstoff
   Die Isolierung für Kabel nach dieser Norm muß aus Polyvinylchlorid bestehen und den Anforderungen entsprechen, die in dem für die Bauart zutreffenden Abschnitt angegeben sind.
b) Nennspannung 0,6/1 (1,2) kV und 3,6/6 (7,2) kV
   Kabel nach dieser Norm sind geeignet für Netze nach Kategorie B nach IEC 183. Die Dauer eines Erdschlusses darf 8 h nicht überschreiten. Die Gesamtdauer aller Erdschlüsse in einem Jahr sollte 125 h nicht überschreiten.
c) Höchste zulässige Temperaturen am Leiter für die Isoliermischung
   bei ungestörtem Betrieb   70 °C
   bei Kurzschluß   für Nennquerschnitte $\leq$ 300 mm^2 : 160 °C
   (Dauer maximal 5 s)   für Nennquerschnitte $>$ 300 mm^2 : 140 °C
d) Werkstoff der inneren Schutzhülle, falls vorhanden
   Die innere Schutzhülle für Kabel nach dieser Norm muß aus Polyvinylchlorid bestehen und den Anforderungen entsprechen, die in dem für die Bauart zutreffenden Abschnitt angegeben sind.
e) Mantelwerkstoff
   Der Mantel für Kabel nach dieser Norm muß aus Polyvinylchlorid bestehen und den Anforderungen entsprechen, die in dem für die Bauart zutreffenden Abschnitt angegeben sind.
f) Prüfbedingungen
   Nach DIN VDE 0276-605 (VDE 0276 Teil 605):1995-10.

Kabel mit Nennspannung U_0/U (U_m) 0,6/1 (1,2) kV
Anforderungen an den Aufbau nach DIN VDE 0276-603.3G
(VDE 0276 Teil 603.3G):1995-11

Kabelaufbauelement	zusätzliche Anforderungen
Leiter	runder, feindrähtiger Leiter, Klasse 5 nach DIN VDE 0295 (VDE 0295), 1,5 mm² und 2,5 mm²
Isolierung DIV 4	
Verseilung der Adern	
gemeinsame Aderumhüllung	
konzentrischer Leiter	Mehradrige Kabel mit einem konzentrischen Leiter für den Bergbau unter Tage (BuT) müssen bewehrt sein. Über dem konzentrischen Leiter darf eine Bebänderung aufgebracht sein.
Schirm als Überwachungsleiter, z. B. bei Bahnstromkabeln	Über dem Schirm darf eine Bebänderung aufgebracht sein. Die Kurzschlußstrombelastbarkeit ist beim Hersteller zu erfragen.
Schutzleiter bei Kabeln für den Bergbau unter Tage (BuT)	Folgende Ausführungen sind zulässig: • als konzentrischer Leiter über der gemeinsamen Aderumhüllung • als konzentrischer Leiter gleichmäßig aufgeteilt über den einzelnen Adern, wobei die aufgeteilten konzentrischen Leiter metallenen Kontakt miteinander haben müssen • als gleichmäßig aufgeteilter isolierter Leiter, Isolierhülle grün-gelb, symmetrisch angeordnet in den Zwickeln zwischen den Außenleitern.

Kabel mit Nennspannung U_0/U (U_m) 3,6/6 (7,2) kV
Anforderungen an den Aufbau nach DIN VDE 0276-603.3G
(VDE 0276 Teil 603.3G):1995-11

Kabelaufbauelement	zusätzliche Anforderungen
Leiter	zulässige Leiterbauarten und Querschnittsbereiche **Tabelle A.1**
Isolierung	
Werkstoff: DIV 15	
Wanddicke	
a) Nennwert	3,4 mm
b) Mittelwert, Mindestwert	Anmerkung: Die Wanddicke von Trennschichten auf dem Leiter oder über der Isolierung darf nicht in die Wanddicke der Isolierung eingerechnet werden.
Aderkennzeichnung	Ausnahme: aufgeteilter Schutzleiter bei Kabeln für BuT
Verseilung der Adern	nur dreiadrige Kabel
gemeinsame Aderumhüllung	aus Bändern (z. B. Papier- oder Kunststoffband) gewickelt oder aus einer extrudierten Füllmischung, über der ein Band aufgebracht sein darf
Schirm Bei einadrigen oder mehradrigen Kabeln befindet sich der Schirm über der Isolierung oder über der gemeinsamen Aderumhüllung.	Bei Einzeladerschirmung müssen die Querschnitte der Einzelschirme etwa gleich sein, ihre Summe muß den Werten einer Tabelle entsprechen, wobei die Schirme metallenen Kontakt miteinander haben müssen. Entspricht der Nennquerschnitt des Schirms jeder Ader der Tabelle, braucht kein metallener Kontakt zu bestehen. Über dem Schirm darf eine Bebänderung aufgebracht sein.
Werkstoff Kupfer	spezifischer Widerstand maximal $0,01786\ \Omega \cdot mm^2/m$ bei 20 °C

Tabelle A.1 Zulässige Leiterbauarten für Kabel mit Nennspannungen U_o/U (U_m) 3,6/6 (7,2) kV

Leiterform	Querschnittsbereich mm^2
Kupferleiter rund, mehrdrähtig sektorförmig, mehrdrähtig	25 bis 95[1]) 35 bis 300
Aluminiumleiter rund, mehrdrähtig sektorförmig, eindrähtig sektorförmig, mehrdrähtig	50 bis 500 50 bis 240 50 bis 240
1) einadrig auch bis 500 mm^2	

Änderungen
Gegenüber DIN VDE 0271 (VDE 0271):1986-06 wurden folgende Änderungen vorgenommen:
Die Festlegungen, die nicht in DIN VDE 0276-603 (VDE 0276 Teil 603): 1995-11 oder DIN VDE 0276-620 (VDE 0276 Teil 620):1996-12 übernommen wurden, werden in dieser Norm wiedergegeben. Es handelt sich dabei um Kabel mit Bewehrung.

Erläuterungen
Im Zuge der Erstellung einer Norm zur Erfüllung der öffentlichen Beschaffungsrichtlinie (PPD) wurden alle Bauarten von Niederspannungskabeln, die für die Verwendung in öffentlichen Verteilungsnetzen eingesetzt werden, aus der bestehenden VDE-Bestimmung DIN VDE 0271 (VDE 0271):1986-06 nach HD 603 bzw. HD 620 überführt, die nunmehr in DIN VDE 0276-603 (VDE 0276 Teil 603):1995-11 bzw. DIN VDE 0276-620 (VDE 0276 Teil 620):1996-12 vorliegen.
Vieladrige Ausführungen sind in HD 627 enthalten, das in Kürze als DIN VDE 0276-627 (VDE 0276 Teil 627) erscheinen wird.
Dabei blieb jedoch ein Restbestand, z. B. die bewehrten Bauarten, der in der vorliegenden Fassung aufgeführt wird. Um dem Anwender das Lesen und Verstehen der Norm zu erleichtern, wurde diese Norm DIN VDE 0271 (VDE 0271) an das Layout der harmonisierten Normen der Reihe DIN VDE 0276 (VDE 0276) angepaßt.

DIN VDE 0276-621 (**VDE 0276 Teil 621**):1997-05   Mai 1997

Starkstromkabel

Teil 621: Energieverteilungskabel mit getränkter Papierisolierung
für Mittelspannung
Deutsche Fassung HD 621 S1:1996 Teile 1, 2, 3C und 4C

3 + 85 Seiten HD, 32 Tabellen, 1 Anhang   Preisgruppe 50 K

Teil 1
Allgemeine Anforderungen
HD 621 (VDE-Bestimmung) gilt für Kabel mit getränkter Papierisolierung und für Nennspannungen U_0/U (U_m) von 3,6/6 (7,2) kV bis 20,8/36 (42) kV für die Verwendung in Energieverteilungsnetzen.
Teil 1 legt die allgemeinen Anforderungen für diese Kabel fest, sofern in den einzelnen Hauptabschnitten dieses HD nicht anders angegeben.
Die angegebenen Prüfmethoden sind in HD 605, EN 60811, HD 383 und HD 405, in IEC 55-1 und IEC 229 festgelegt.
Teil 2 enthält alle speziellen Prüfmethoden für papierisolierte Kabel, die in HD 605 nicht enthalten sind.
Die einzelnen Kabelbauarten sind in den Teilen 3 und 4 spezifiziert.

Zweck
Zweck dieses Harmonisierungsdokuments ist es:
- Kabel zu normen, die bei bestimmungsgemäßer Verwendung in bezug auf die technischen Anforderungen des Systems, in dem sie eingesetzt sind, sicher und zuverlässig sind;
- Merkmale und Anforderungen an die Fertigung festzulegen, die einen direkten oder indirekten Einfluß auf einen sicheren Betrieb haben;
- Prüfungen festzulegen, um die Übereinstimmung mit den Anforderungen zu prüfen.

Verwendung des Namens CENELEC
Der Name CENELEC, ausgeschrieben oder abgekürzt, darf nicht direkt auf oder in den Kabeln verwendet werden.

Aderkennzeichnung
Wenn gefordert, müssen die Adern durch Ziffern oder eine andere Methode gekennzeichnet sein. Dies ist in den einzelnen Hauptabschnitten dieses Harmonisierungsdokuments angegeben.

Leiter
Leiter bestehen entweder aus blankem, geglühtem Kupfer oder blankem Aluminium nach HD 383 (VDE 0295) und den in den einzelnen Hauptabschnitten dieses HD angegebenen Anforderungen.

Die Leiter müssen entweder rund oder sektorförmig sowie mehrdrähtig oder (nur bei Aluminium) eindrähtig sein.
Der Widerstand eines jeden Leiters muß mit den Anforderungen in HD 383 für die angegebene Leiterklasse übereinstimmen.

Isolierung
Die Isolierung muß aus Papierbändern bestehen, die wendelförmig um den Leiter aufgebracht und mit einer geeigneten Masse oder Haftmasse getränkt sind.
Die Werte der Wanddicke für die Aderisolierung und die Gürtelisolierung sind in den einzelnen Hauptabschnitten für jeden Kabeltyp, -querschnitt und jede Spannung festgelegt.

Feldbegrenzung der Adern
Die Feldbegrenzung der Adern, wenn gefordert, muß aus einer äußeren Leitschicht mit oder ohne innerer Leitschicht bestehen, wie in den einzelnen Hauptabschnitten dieses HD angegeben. Die Feldbegrenzung muß aus einem leitfähigen und/oder metallisierten Papierband bestehen, wie in den einzelnen Hauptabschnitten dieses HD angegeben.

Verseilung der Adern
In mehradrigen Kabeln müssen die Adern wendelförmig oder mit einer anderen geeigneten Methode verseilt sein.

Zwickelfüllungen und Haltewendeln
In mehradrigen Kabeln darf der Innenzwickel gefüllt werden. Der Verseilverband der Adern und der Zwickelfüllungen darf durch eine Haltewendel zusammengehalten werden.

Metallmantel
Der Metallmantel ist als gemeinsamer Mantel über den verseilten Adern aufzubringen, einschließlich der Gürtelisolierung (falls vorhanden) oder einzeln über den einzelnen Adern.
Er besteht üblicherweise aus Blei, einer Bleilegierung oder Aluminium; Anforderungen sind in den einzelnen Hauptabschnitten angegeben.

Vollständige Kabel
Alle Kabel müssen mit den Anforderungen und den einzelnen Hauptabschnitten in diesem HD übereinstimmen. Dies ist durch Sichtprüfung und Messungen entsprechend den in den jeweiligen Hauptabschnitten aufgelisteten Prüfmethoden nachzuweisen.

Abdichtung der Kabel und Verpackung
Vor der Lagerung oder dem Transport sind die Kabelenden durch geeignete Kappen abzudichten, um das Eindringen von Wasser sowie das Auslaufen der Tränkmasse zu verhindern.

Die Kabel sind auf Spulen zu transportieren, wie in den einzelnen Hauptabschnitten angegeben.

Strombelastbarkeit
Die Stromstärke, die ein Kabel entsprechend diesem HD übertragen kann, wird durch unterschiedliche Bedingungen beeinflußt, entweder elektrisch (Spannungsfall) oder thermisch, wobei der ungünstigere Fall ausschlaggebend ist.
Die Belastbarkeit, die sich aus den thermischen Grenzen ergibt, wird nach IEC-Publikation 287 oder einem entsprechenden Verfahren berechnet.
Bei diesen Berechnungen müssen die gegebenen Betriebs- und Verlegebedingungen berücksichtigt werden.

Empfehlung für Verwendung und Auswahl von Kabeln
Die Empfehlung für die Verwendung der Kabel ist in den einzelnen Hauptabschnitten dieses HD angegeben.
Bei der Auswahl von Kabeln ist zu beachten, daß nationale Bedingungen oder Regeln, die z. B. klimatische Bedingungen oder Anforderungen an die Verlegung enthalten, existieren können. Diese sollten deshalb in Zusammenhang mit diesem HD beachtet werden.

Teil 2
Zusätzliche Prüfmethoden
Dieser Teil enthält die Prüfmethoden für die Prüfung von elektrischen Kabeln mit getränkter Papierisolierung in öffentlichen Mittelspannungsverteilungsnetzen.
Die in diesem Teil angegebenen Prüfmethoden sind eine Ergänzung zu den bereits harmonisierten Prüfmethoden, z. B. EN 60811, HD 405 und HD 605, und gelten für die Prüfung von Kabeltypen nach HD 621. In jedem Falle gibt dieses HD für jeden Kabeltyp umfassende Informationen für die praktische Anwendung. Jedoch ist der vorliegende Teil als solcher nicht ausreichend für die Durchführung und Bewertung der Prüfungen an elektrischen Kabeln.

Nichtelektrische Prüfungen

Abmessungen und Gleichmäßigkeit von Kabelaufbauelementen
Messung der Isolierwanddicke
Messung der Mantelwanddicke
Messung der Wanddicke des Mantels aus Blei oder Bleilegierung
Messung der Wanddicke des Metallmantels
Messung der Wanddicke des Mantels
Messung der Wanddicke (ausgenommen Isolierung und Metallmantel)
Messung des Abstands unter dem Mantel
Messung der Bewehrung und der damit zusammenhängenden Abmessungen

Messung des Durchmessers der Runddrahtbewehrung
Messung der Abmessungen des Stahldrahts
Messung der Dicke des Stahlbands
Überprüfung der Gleichmäßigkeit des Aufbaus
Isolierung – Bewertung der Lagenversätze
Messung der Dicke des Polsters und der äußeren Schutzhülle

Prüfungen an der Papierisolierung
Prüfung auf wasserlösliche Verunreinigungen im Isolierpapier
Abtropfprüfung
Messung der Bruchlast und Reißdehnung des getränkten Papiers

Prüfungen an anderen Kabelaufbauelementen
Masse der Zinkbeschichtung des verzinkten Stahldrahts oder Stahlbands
Korrosionsprüfung
Prüfung des Korrosionsschutzes des Aluminiummantels
Korrosionsprüfung (für Kabel mit Aluminiummantel)
Prüfung der Bitumenbeschichtung des Aluminiummantels
Prüfung auf Begrenzung von Korrosion des Aluminiummantels
Druckprüfung unter dem Mantel
Prüfung mit Wasserbeaufschlagung
Prüfung auf Beständigkeit gegen Verfärbung
Prüfung der Entfernbarkeit des gewellten Aluminiummantels

Biegeprüfung am vollständigen Kabel

Elektrische Prüfungen
Spannungsprüfung an der Isolierung
Spannungsprüfung am vollständigen Kabel
Verlustfaktor tan δ
tan δ bei Kabeln mit Nennspannung $U_0 \geq 4{,}8$ kV
Spannungsprüfung am Mantel
Gleichspannungsprüfung am Außenmantel
Stoßspannungsprüfung
Stoßspannungsprüfung am erwärmten Kabel
Spezielle Spannungsprüfung
$4 \cdot U_0$-Spannungsprüfung an einem dreiadrigen Kabel mit einem Leiterquerschnitt von 185 mm^2
Prüfung des Dielektrikums

Langzeitprüfungen
Lastwechselprüfung
Beschleunigte Alterungsprüfung

Teil 3
Hauptabschnitt C – Einadrige Kabel mit getränkter Papierisolierung, auch vorverseilt

Diese Norm legt den Aufbau, die Maße und die Prüfanforderungen von einadrigen Starkstromkabeln mit getränkter Papierisolierung (Bauart 3C) für Nennspannungen 6/10 kV bis 18/30 kV für feste Verlegung fest.

a) Isolierwerkstoff
   Die Isolierung nach dieser Norm muß aus getränktem Papier bestehen.
b) Nennspannung
   6/10 kV (12) kV; 12/20 (24) kV und 18/30 (36) kV
   Kabel nach dieser Norm sind geeignet für Kategorie B nach IEC 183. Die Dauer eines Erdschlusses darf 8 h nicht überschreiten. Die Gesamtdauer aller Erdschlüsse im Jahr sollte 125 h nicht überschreiten.
c) Höchste zulässige Temperaturen für die Isolierung
   i) bei ungestörtem Betrieb
      6/10 kV   70 °C
      12/20 kV   65 °C
      18/30 kV   60 °C
   ii) bei Kurzschluß (Dauer maximal 5 s)
      6/10 kV   170 °C
      12/20 kV   170 °C
      18/30 kV   150 °C

Anforderungen an den Aufbau
1. Leiter
2. Innere Leitschicht
3. Isolierung
4. Äußere Leitschicht
5. Kennzeichnung des Herstellers
6. Metallmantel
7. Schutz
8. Übereinstimmung mit HD 621, Teil 3, Hauptabschnitt C
9. Typkurzzeichen (vorläufig)

Prüfanforderungen
1. Stückprüfungen
2. Auswahlprüfungen
3. Typprüfungen (elektrisch)
4. Typprüfungen (nichtelektrisch)
5. Elektrische Prüfungen nach der Verlegung

Empfehlung für Verwendung
1. Hinweise für die Verwendung
2. Hinweise für Lieferung und Transport
3. Hinweise für die Verlegung
4. Hinweise zur Fehlersuche

Strombelastbarkeit

Teil 4
Dreiadrige Kabel mit getränkter Papierisolierung
Hauptabschnitt C – Kabel mit getränkter Papierisolierung, Gürtelkabel, H-Kabel und Dreibleimantelkabel

Diese Norm legt den Aufbau, die Maße und die Prüfanforderungen von dreiadrigen Starkstromkabeln mit getränkter Papierisolierung (Bauart 4C) für Nennspannungen 6/10 kV bis 18/30 kV für feste Verlegung fest.

a) Isolierwerkstoff
   Die Isolierung nach dieser Norm muß aus getränktem Papier bestehen.
b) Nennspannungen
   6/10 (12) kV; 12/20 (24) kV und 18/30 (36) kV
   Kabel nach dieser Norm sind geeignet für Kategorie B nach IEC 183. Die Dauer eines Erdschlusses darf 8 h nicht überschreiten. Die Gesamtdauer aller Erdschlüsse im Jahr sollte 125 h nicht überschreiten.
c) Höchste zulässige Temperaturen für die Isolierung
   i) bei ungestörtem Betrieb

6/10 kV	Gürtelkabel	65 °C
6/10 kV	H-Kabel und Dreibleimantelkabel	70 °C
12/20 kV	H-Kabel und Dreibleimantelkabel	65 °C
18/30 kV	H-Kabel und Dreibleimantelkabel	60 °C

   ii) bei Kurzschluß (Dauer maximal 5 s)

6/10 kV	Gürtelkabel	170 °C
6/10 kV	H-Kabel und Dreibleimantelkabel	170 °C
12/20 kV	H-Kabel und Dreibleimantelkabel	170 °C
18/30 kV	H-Kabel und Dreibleimantelkabel	150 °C

Anforderungen an den Aufbau
1. Leiter
2. Innere Leitschicht
3. Isolierung
4. Aderkennzeichnung
5. Gürtelisolierung
6. Äußere Leitschicht
7. Kennzeichnung des Herstellers
8. Verseilung der Adern von Gürtelkabeln und H-Kabeln
9. Metallmantel
10. Schutz der bleiummantelten Kabel
11. Verseilung der Adern von Dreibleimantelkabeln
12. Polster
13. Bewehrung
14. Äußere Schutzhülle
15. Übereinstimmung mit HD 621, Teil 4, Hauptabschnitt C

Prüfanforderungen
1. Stückprüfungen
2. Auswahlprüfungen

3. Typprüfungen (elektrisch)
4. Typprüfungen (nichtelektrisch)
5. Elektrische Prüfungen nach der Verlegung
Empfehlung für Verwendung
1. Hinweise für die Verwendung
2. Hinweise für Lieferung und Transport
3. Hinweise für die Verlegung
4. Hinweise zur Fehlersuche
Strombelastbarkeit

Änderungen
Gegenüber DIN VDE 0255 (VDE 0255):1979-09 und DIN 57255/A4 (VDE 0255/A4):1981-10 wurden folgende Änderungen vorgenommen:
• Redaktionell wurde die Form des HD übernommen.
• 1 kV-Kabel wurde nicht übernommen.

Erläuterungen
Das Harmonisierungsdokument HD 621 ist vor dem Hintergrund der europäischen öffentlichen Beschaffungsrichtlinie (Public Procurement Directive) erstellt worden. Es enthält die gebräuchlichen Kabelbauarten mit getränkter Papierisolierung mit Nennspannungen U_0/U 3,6/6 kV bis 20,8/36 kV für die Energieverteilung in den CENELEC-Ländern. Das HD strukturiert sich wie folgt:
Teil 1 Allgemeine Anforderungen
Teil 2 Zusätzliche Prüfmethoden
Teil 3 Einadrige Kabel mit getränkter Papierisolierung, auch vorverseilt
Teil 4 Dreiadrige Kabel mit getränkter Papierisolierung

DIN VDE 0278-628 (VDE 0278 Teil 628):1997-11   November 1997

Starkstromkabel-Garnituren mit Nennspannungen U bis 30 kV (U_m bis 36 kV)

Teil 628: Prüfverfahren für Starkstromkabelgarnituren mit einer Nennspannung von 3,6/6 (7,2) kV bis 20,8/36 (42) kV
Deutsche Fassung HD 628 S1:1996

3 + 22 Seiten HD, 13 Bilder, 4 Anhänge   Preisgruppe 18 K

Diese Norm (VDE-Bestimmung) legt die Prüfverfahren fest, die zur Typprüfung von Starkstromkabelgarnituren mit einer Nennspannung von 3,6/6 (7,2) kV bis 20,8/36 (42) kV angewendet werden müssen. Die Prüfverfahren sind für Garnituren für Kunststoff- und Papierkabel nach HD 620 und HD 621 festgelegt.

Prüfaufbau und -bedingungen
Die Prüfverfahren, die in dieser Norm beschrieben sind, sind für Typprüfungen vorgesehen.
Prüfanordnungen und Anzahl der Prüflinge sind in der jeweils betreffenden Norm angegeben.
Wenn nicht anders angegeben, sind die Prüfparameter und Prüfanforderungen in der jeweils betreffenden Norm angegeben.
Für Übergangsmuffen (von Kunststoffkabel auf Kunststoffkabel oder von Kunststoffkabel auf papierisolierte Kabel) gelten die Prüfparameter des geringer belastbaren Kabels (Spannung und Leitertemperatur).
Mit den Prüfungen ist nicht vor 24 h nach der Installation der Garnituren auf die Kabelprüfstrecken zu beginnen, es sei denn, der Hersteller hat dies vorgeschrieben. Die Zeitspanne ist im Prüfbericht zu vermerken.
Kabelschirme und Kabelarmierungen, falls vorhanden, sind nur an einem Ende zu verbinden und zu erden, um induzierte Ströme zu vermeiden.
Alle Teile einer Garnitur, die üblicherweise geerdet sind, sind mit dem Kabelschirm zu verbinden. Jegliche Metallstützteile sind ebenfalls zu erden.
Die Umgebungstemperatur hat (20 ± 15) °C zu betragen.

Diese Norm gibt Prüfbedingungen für folgende Prüfungen an:
Wechselspannungsprüfung
Gleichspannungsprüfung
Blitzstoßspannungsprüfung
Teilentladungsprüfung
Prüfungen bei erhöhter Temperatur
Lastwechselprüfung
Thermische Kurzschlußprüfung (Schirm)
Thermische Kurzschlußprüfung (Leiter)
Dynamische Kurzschlußprüfung

Feuchte- und Salznebelprüfungen
Schlagfestigkeitsprüfung bei Umgebungstemperatur
Schlagfestigkeitsprüfung bei niedriger Temperatur
Widerstandsmessung am Schirm
Messung des Ableitstroms am Schirm
Schirmfehlerstrom-Prüfung
Prüfung der Lösbarkeit von Kabelanschlüssen
Prüfung der Zugöse
Prüfung des kapazitiven Meßpunkts

DIN VDE 0278-629-1 (VDE 0278 Teil 629-1):1997-11   November 1997

Starkstromkabel – Garnituren mit Nennspannungen U bis 30 kV (U_m bis 36 kV)

Teil 629: Prüfanforderungen für Kabelgarnituren
für extrudierte Kunststoffkabel mit einer Nennspannung
von 3,6/6 (7,2) kV bis 20,8/36 (42) kV
Teil 1: Kabel mit extrudierter Kunststoffisolierung
Deutsche Fassung HD 629.1 S1:1996

3 + 22 Seiten HD, 5 Bilder, 11 Tabellen, 3 Anhänge   Preisgruppe 18 K

Diese Norm (VDE-Bestimmung) gilt für die Anforderungen bei Typprüfungen für Kabelgarnituren in Verbindung mit extrudierten Kunststoffkabeln, wie in HD 620 beschrieben.
Garnituren, für die der Hersteller hinreichende Betriebserfahrungen nachweisen kann, brauchen nicht typgeprüft zu werden.
Nachdem die Prüfung bestanden wurde, braucht sie nicht wiederholt zu werden, es sei denn, Änderungen in Material, Konstruktion oder Herstellprozeß, welche die Betriebseigenschaften beeinflussen können, wurden vorgenommen.

Die Norm gilt für folgende Kabelgarnituren:
- Innenraum- und Freiluft-Endverschlüsse jeglicher Bauart, einschließlich Anschlußkästen;
- Verbindungsmuffen und Abzweigmuffen jeglicher Bauart, geeignet zur Verlegung in Erde oder in Luft;
- geschirmte oder ungeschirmte steck- oder schraubbare Kabelanschlüsse, deren Durchführungskonturen mit den in den Normen EN 50180 und EN 50181 beschriebenen übereinstimmen.

Anwendungsbereich von Typprüfungen
Eine Typprüfung gilt für einen Garniturentyp für den Querschnittsbereich von 95 mm^2 bis 300 mm^2 als bestanden, wenn die entsprechenden Prüfungen dieser Norm auf einem Kabelquerschnitt erfolgreich abgeschlossen wurde.
Eine Erweiterung des Anwendungsbereichs der Typprüfung desselben Garniturentyps für Kabel mit größerem oder kleinerem Leiterquerschnitt kann dadurch erreicht werden, daß die zusätzliche Prüfreihe an einem Kabel mit entsprechendem Leiterquerschnitt erfolgreich abgeschlossen wird.
Eine Typprüfung gilt unabhängig vom Leitermaterial des Kabels. Sie darf an Kabeln mit Kupfer- oder Aluminium-Leitern durchgeführt werden.

Prüfverfahren
Diese sind in HD 628 (VDE 0278 Teil 628) beschrieben.

Prüfreihen
Die Prüfreihen für die verschiedenen Typen von Garnituren sind z. B. in
Tabelle I beschrieben.

Prüfergebnisse
Alle Prüflinge müssen die Prüfanforderungen der entsprechenden Prüfreihe bestehen.
Falls einer der Prüflinge nicht den Anforderungen entspricht, ist dieser zu demontieren und zu untersuchen. Das Ergebnis ist im Prüfbericht festzuhalten.
Die Untersuchung dient nur zur Information und muß im Prüfbericht festgehalten werden.
Zur Identifizierung der Eigenschaftscharakteristik der Hauptkomponenten einer Garnitur muß HD 631 herangezogen werden.

Tabelle I Innenraum-Endverschlüsse für Kunststoffkabel
(einschließlich geschützter Endverschlüsse)

Lfd. Nr.	Prüfung	Prüfreihe			Prüfanforderungen
		A1	A2	A3	
1	Gleichspannung	X	X		15 min bei 6,0 U_0
2	Wechselspannung	X	X		5 min bei 4,5 U_0
3	Teilentladung bei Umgebungstemperatur	X			VPE/EPR: maximal 10 pC bei 1,73 U_0 PVC: maximal 20 pC bei 1,73 U_0
4	Stoßspannung bei erhöhter Temperatur	X			zehn Stöße bei jeder Polarität
5	Elektrische Heizzyklen in Luft	X			drei Zyklen bei 2,5 U_0
6	Teilentladung bei Umgebungstemperatur und erhöhter Temperatur	X			VPE/EPR: maximal 10 pC bei 1,73 U_0 PVC: maximal 20 pC bei 1,73 U_0

(fortgesetzt)

Tabelle I (Fortsetzung)

Lfd. Nr.	Prüfung	Prüfreihe A1	A2	A3	Prüfanforderungen
7	Elektrische Heizzyklen in Luft	X			123 Zyklen bei 2,5 U_0
8	Teilentladung bei Umgebungstemperatur und erhöhter Temperatur	X			VPE/EPR: maximal 10 pC bei 1,73 U_0 PVC: maximal 20 pC bei 1,73 U_0
9	Thermischer Kurzschluß (Schirm) [1])		X		zwei Kurzschlüsse bei I_{sc}
10	Thermischer Kurzschluß (Leiter)		X		zwei Kurzschlüsse zur Erhöhung der Leitertemperatur auf θ_{sc} des Kabels
11	Dynamischer Kurzschluß		X		ein Kurzschluß bei I_d
12	Stoßspannung bei Umgebungstemperatur	X	X		zehn Stöße bei jeder Polarität
13	Wechselspannung	X	X		15 min bei 2,5 U_0
14	Feuchtigkeit [2])			X	Dauer 300 h bei 1,25 U_0
15	Untersuchung	X	X	X	nur zur Information

1) Diese Prüfungen sind nur für Kabelgarnituren erforderlich, die mit einer Verbindung oder einem Adapter zum Kabelschirm ausgestattet sind.
2) Für Endverschlüsse mit Porzellanisolatoren nicht erforderlich.

Änderung

Gegenüber DIN VDE 0278-2 (VDE 0278 Teil 2):1991-02, DIN VDE 0278-4 (VDE 0278 Teil 4):1991-02, DIN VDE 0278-5 (VDE 0278 Teil 5):1991-02 und DIN VDE 0278-6 (VDE 0278 Teil 6):1991-02 wurde folgende Änderung vorgenommen:
- Redaktionell wurde die Form des HD übernommen.

DIN VDE 0282-12 (VDE 0282 Teil 12):1997-4   April 1997

Gummi-isolierte Leitungen mit Nennspannungen bis 450/750 V

Teil 12: Wärmebeständige Schlauchleitungen mit EPR-Isolierhülle
Deutsche Fassung HD 22.12 S1:1996

3 + 21 Seiten HD, 10 Tabellen, 2 Anhänge   Preisgruppe 17 K

Dieser Teil 12 des HD (VDE-Bestimmung) ist die Bauart-Norm für wärmebeständige Gummischlauchleitungen mit Isolierhülle aus EPR oder einem gleichwertigen synthetischen Elastomer und einem Mantel aus EPR oder CSP oder einem gleichwertigen synthetischen Elastomer mit Nennspannungen bis einschließlich 450/750 V für eine höchste Temperatur am Leiter von 90 °C. Alle Leitungen müssen mit den entsprechenden Anforderungen des Teils 1 dieses HD und den besonderen Anforderungen dieser Bauart-Norm übereinstimmen.

Prüfungen
Die Übereinstimmung mit den Anforderungen muß durch Besichtigung und die festgelegten Prüfungen festgestellt werden.

Hinweise für die Verwendung
Siehe HD 516 (VDE 0298 Teil 300)

Mittlere wärmebeständige Schlauchleitung aus EPR oder gleichwertigem synthetischen Elastomer für eine höchste Temperatur am Leiter von 90 °C

Bauartkurzzeichen: H05BB-F

Nennspannung: U_0/U 300/500 V

Leiter
Anzahl der Leiter: 2, 3, 4 oder 5
Die Leiter müssen den Anforderungen des HD 383 für Leiter der Klasse 5 entsprechen. Die Drähte dürfen blank oder verzinnt sein.

Trennschicht
Eine Trennschicht aus einem geeigneten Werkstoff darf aufgebracht sein.

Isolierhülle
Die Isolierhülle über jedem Leiter muß aus einer Gummimischung EI 7 bestehen. Die Isolierhülle muß extrudiert sein. Die Wanddicke der Isolierhülle muß mit den Werten nach einer Tabelle übereinstimmen.

Aderanordnung und Zwickelfüllung, falls vorhanden
Die Adern müssen verseilt sein. Ein Kerneinlauf darf verwendet werden.

Mantel
Der Mantel muß aus einer Gummimischung EM 6 bestehen, der über den Adern aufgebracht wird. Die Wanddicke des Mantels muß mit den festgelegten Werten einer Tabelle übereinstimmen. Der Mantel muß in einer Schicht extrudiert und so aufgebracht sein, daß er die äußeren Verseilzwickel ausfüllt. Der Mantel muß sich, ohne die Adern zu beschädigen, entfernen lassen.
Die Mindestanforderung ist für EM 6 in Tabelle 2 des Teils 1 aufgeführt.

Außendurchmesser
Die Mittelwerte der Außendurchmesser müssen innerhalb der in einer Tabelle angegebenen Mindest- und Höchstmaße liegen.

Äußere Kennzeichnung
Zur Unterscheidung von Leitungen mit normalem EPR oder äquivalentem Werkstoff bis 60 °C ist mindestens die Kennzeichnung BB auf den Mantel durch Bedruckung oder erhabene Prägung bzw. Tiefprägung aufzubringen. Die Kennzeichnung muß fortlaufend sein und mit Teil 1 übereinstimmen.

Schwere wärmebeständige Schlauchleitung aus EPR oder gleichwertigem synthetischen Elastomer für eine höchste Temperatur am Leiter von 90 °C

Kurzzeichen: H07BB-F

Nennspannung: U_0/U 450/750 V

Leiter
Anzahl der Leiter: 1, 2, 3, 4 oder 5, sonst wie oben.

Trennschicht (wie oben)

Isolierhülle (wie oben)

Gummiertes Gewebeband
Für Adern mit einem Leiternennquerschnitt größer als 4 mm^2 darf über der Ader ein gummiertes Gewebeband aufgebracht werden.
Das Band muß auf der Isolierhülle so aufgebracht werden, daß es entfernbar ist, ohne diese zu beschädigen.

Aderanordnung und Kerneinlage, sofern vorhanden
Bei Adern mit großen Leiternennquerschnitten darf vor dem Aufbringen des Mantels über den verseilten Adern ein Gewebeband aufgebracht werden, dabei ist sicherzustellen, daß die fertigen Leitungen keine wesentlichen Hohlräume in den äußeren Verseilzwickeln aufweisen. Sonst wie oben.

Mantel
Die Adern müssen mit einem Mantel der Gummimischung des Typs EM 6 bedeckt sein.

Außendurchmesser (wie oben)

Äußere Kennzeichnung (wie oben)

Mittlere wärmebeständige Schlauchleitung mit Isolierhülle aus EPR oder gleichwertigem synthetischen Elastomer und mit Mantel aus CSP oder gleichwertigem synthetischen Elastomer für eine höchste Temperatur am Leiter von 90 °C

Kurzzeichen: H05BN4-F

Nennspannung: U_0/U 300/500 V

Leiter
Anzahl der Leiter: 2 oder 3, sonst wie oben.

Trennschicht (wie oben)

Isolierhülle (wie oben)

Aderanordnung und Kerneinlage, sofern vorhanden (wie oben)

Mantel
Der über den Adern angeordnete Mantel muß aus einer Gummimischung des Typs EM 7 bestehen, sonst wie oben.

Außendurchmesser (wie oben)

Äußere Kennzeichnung
Zur Unterscheidung von Leitungen mit normalem EPR oder äquivalentem Werkstoff bis 60 °C und einem Mantel aus Polychloroprene oder einem äquivalenten Werkstoff ist zumindest das Kennzeichen BN4 auf dem Mantel durch Aufdruck, Einprägung oder erhabene Prägung aufzubringen. Die Kennzeichnung muß fortlaufend sein und mit Teil 1 übereinstimmen.

Schwere wärmebeständige Schlauchleitung mit Isolierhülle aus EPR oder gleichwertigem synthetischen Elastomer und mit Mantel aus CSP oder gleichwertigem synthetischen Elastomer für eine höchste Temperatur am Leiter von 90 °C

Kurzzeichen: H07BN4-F

Nennspannung: U_0/U 450/750 V

Leiter
Anzahl der Leiter: 1, 2, 3, 4 oder 5, sonst wie oben.

Trennschicht (wie oben)

Isolierhülle
Die Isolierhülle über jedem Leiter muß aus einer Gummimischung des Typs EI 7 bestehen, sonst wie oben.

Gummiertes Gewebeband
Über jeder Ader darf ein gummiertes Gewebeband aufgebracht sein, wenn der Leiternennquerschnitt größer als 4 mm^2 ist. Das Band muß so auf der Isolierhülle aufgebracht sein, daß es, ohne die Isolierhülle zu beschädigen, entfernt werden kann.

Aderanordnung und Kerneinlage, sofern vorhanden
Bei Leitungen mit großen Leiterquerschnitten darf über den verseilten Adern ein Textilband aufgebracht sein unter der Voraussetzung, daß die fertigen Leitungen keine großen Hohlräume in den Außenzwickeln zwischen den Adern haben, sonst wie oben.

Mantel
Die Adern müssen mit einem Mantel der Gummimischung des Typs EM 7 bedeckt sein.

Außendurchmesser (wie oben)

Äußere Kennzeichnung
Zur Unterscheidung von Leitungen mit normalem EPR oder äquivalentem Werkstoff bis 60 °C und einem Mantel aus Polychloroprene oder einem äquivalenten Werkstoff ist zumindest das Kennzeichen BN4 auf dem Mantel durch Aufdruck, Einprägung oder erhabene Prägung aufzubringen.
Die Kennzeichnung muß fortlaufend sein und mit Teil 1 übereinstimmen.

Schwere wärmebeständige Schlauchleitung mit einer Isolierhülle aus EPR oder einem gleichwertigen synthetischen Elastomer und einem Mantel aus CSP oder einem gleichwertigen synthetischen Elastomer mit mehr als fünf Adern (vieladrige Leitungen)

Kurzzeichen: H07BN4-F

Nennspannung: U_0/U 450/750 V

Leiter
6 bis 36 Leiter von 1,5 mm^2 oder 2,5 mm^2 Nennquerschnitt
6 bis 18 Leiter von 4 mm^2 Nennquerschnitt
Vorzugs-Aderzahlen 6, 12, 18, 24 und 36

Die Leiter müssen den Anforderungen der Klasse 5 und HD 383 (VDE 0295) genügen. Die Drähte dürfen blank oder verzinnt sein.

Trennschicht (wie oben)

Isolierhülle
Die Isolierhülle über jedem Leiter muß extrudiert sein und aus einer Gummimischung des Typs EI 7 bestehen, sonst wie oben.

Aderkennzeichnung
Die Aderkennzeichnung muß entweder durch Ziffern oder durch Farbkennzeichnung (Zähl- und Richtungsader) erfolgen. Enthält die Leitung einen Schutzleiter, so ist dieser stets grüngelb zu kennzeichnen und in die Außenlage zu legen.

Anordnung der Adern und Kerneinlage, sofern vorhanden
Die Adern müssen miteinander verseilt sein. Eine zentral angeordnete Ader ist nicht zulässig. Ein Schutzleiter, sofern vorhanden, muß in die Außenlage gelegt sein. Eine Kerneinlage ist zulässig.
Bei Leitungen mit 6, 18 und 36 Adern sowie bei Leitungen mit 7 und 19 Adern, die nicht als Vorzugs-Aderzahlen gelten, ist eine Kerneinlage vorgeschrieben.

Mantel
Der Verseilverband muß mit einem Mantel bedeckt sein. Der Mantel muß entweder in einer Lage aufgebracht sein und aus der Gummimischung des Typs EM 7 bestehen oder in zwei Lagen, wobei die innere Lage aus einer Gummimischung des Typs EM 6 oder EM 7 und die äußere Lage aus einer Gummimischung des Typs EM 7 bestehen muß. Zwischen den beiden Lagen darf ein Band aufgebracht sein.

Außendurchmesser (wie oben)

Äußere Kennzeichnung
Zur Unterscheidung von Leitungen mit normalem EPR oder äquivalentem Werkstoff bis 60 °C und einem Mantel aus Polychloroprene oder einem äquivalenten Werkstoff ist zumindest das Kennzeichen BN4 auf dem Mantel durch Aufdruck, Einprägung oder erhabene Prägung aufzubringen.
Die Kennzeichnung muß fortlaufend sein und mit Teil 1 übereinstimmen.

1.3 Isolierstoffe
Gruppe 3 des VDE-Vorschriftenwerks

DIN IEC 1340-4-1 (VDE 0303 Teil 83):1997-04   April 1997

Elektrostatik

Teil 4: Festgelegte Untersuchungsverfahren für besondere Anwendungen
Hauptabschnitt 1: Elektrostatisches Verhalten von Bodenbelägen und
von verlegten Fußböden
(IEC 1340-4-1:1995)

13 Seiten, 7 Bilder, 3 Tabellen, 1 Anhang   Preisgruppe 11 K

Dieser Hauptabschnitt der IEC 1340-4 (VDE-Bestimmung) legt Prüfverfahren, Messungen des Widerstands und Messungen der Aufladefähigkeit zur Kennzeichnung des elektrostatischen Verhaltens von Bodenbelägen und verlegten Fußböden fest. Aufgrund der unterschiedlichen Arten von Fußböden, die für die vielfältigen Anwendungsfälle erforderlich sind, ist es nicht immer möglich, das elektrostatische Verhalten durch Messungen der Widerstände vollständig zu charakterisieren; deshalb kann sich eine Messung der Aufladefähigkeit als notwendig erweisen.
Die in dieser Norm beschriebenen Verfahren sind für Prüfungen an allen Bodenbelägen und verlegten Fußböden geeignet. Untersuchungen von Bodenbelägen werden im Laboratorium unter überwachten Umgebungsbedingungen und nach der Konditionierung durchgeführt. An verlegten Fußböden werden die Messungen am Verlegeort unter nicht geregelten Umgebungsbedingungen durchgeführt.
Die Untersuchungen sind insbesondere für Werkstoffe geeignet, die zur Begrenzung der statischen Elektrizität verwendet werden, aber die Messungen können ebenso an Werkstoffen mit höherer Leit- oder Isolierfähigkeit durchgeführt werden.

Klassifizierung von Fußböden
Diese Klassifizierung beruht auf den geeigneten Verfahren, die in den Produktnormen festgelegt sind.
Das Prinzip der Klassifizierung wird in der **Tabelle I** definiert.

Tabelle I   Elektrostatische Klassifizierung von Fußböden

Art der Messung	entsprechender Wert	Klassifizierung
Widerstand	$R_X \leq 10^6 \, \Omega$	ECF
Widerstand	$10^6 \, \Omega < R_X \leq 10^9 \, \Omega$	DIF
Aufladbarkeit	$V \leq 2 \, \text{kV}$	ASF

Widerstandsmessungen

Der unbekannte Widerstand wird nachstehend mit R_S, R_V, R_G oder R_E bezeichnet. Die Anzahl der Meßstellen hängt von der Größe des zu untersuchenden Bereichs ab. Der Mittelwert und die Werte des kleinsten und des größten gemessenen Widerstands müssen im Untersuchungsbericht angegeben werden.

Messung des Oberflächenwiderstands R_S

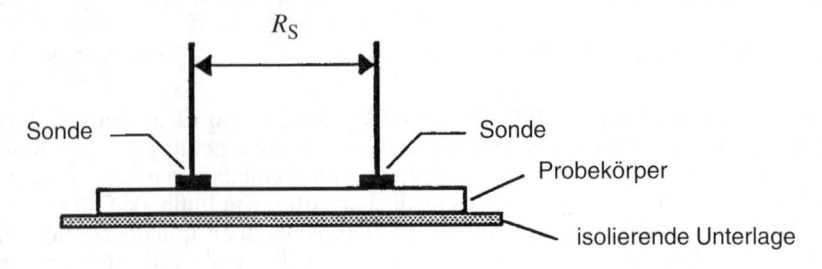

Sonde — Sonde
Probekörper
isolierende Unterlage

Messung des Volumenwiderstands R_V

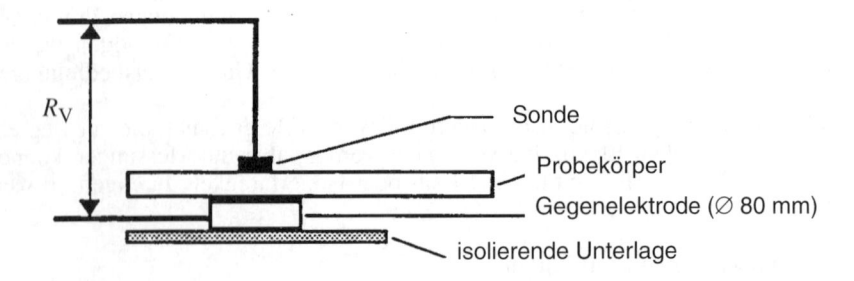

R_V
Sonde
Probekörper
Gegenelektrode (⌀ 80 mm)
isolierende Unterlage

Messung des Widerstands R_G gegen einen erdungsfähigen Punkt

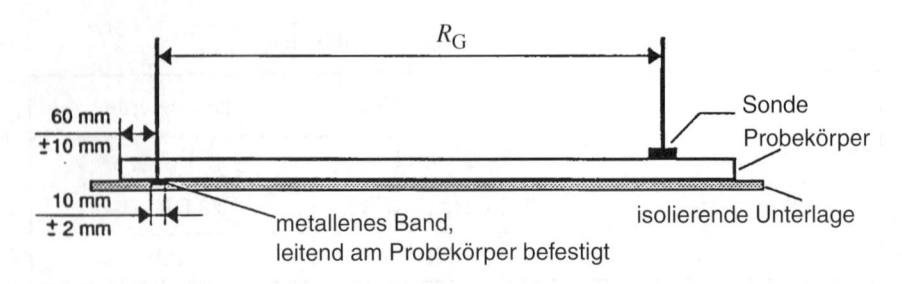

R_G

60 mm
±10 mm

10 mm
± 2 mm

metallenes Band, leitend am Probekörper befestigt

Sonde
Probekörper
isolierende Unterlage

Anordnung zum Messen verlegter Fußböden unter ungeregelten Umgebungsbedingungen

Anzahl und Zwischenraum der Meßstellen sollten entsprechend der gegebenen Fläche gewählt werden. Üblicherweise werden Messungen von je 2 m^2 oder 4 m^2 zufriedenstellend sein. Der kleinste erlaubte Abstand zwischen einem beliebigen Punkt der Elektrode und der Bereichskante ist 100 mm.

Messung des Oberflächenwiderstands R_S

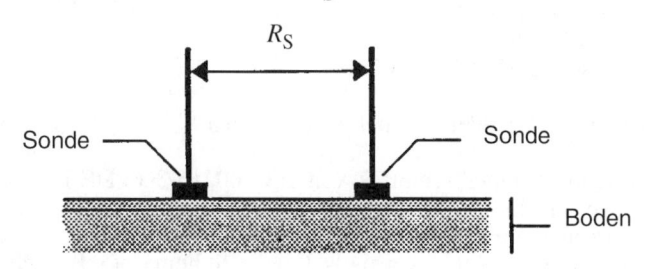

Messung des Widerstands R_G zu einem erdungsfähigen Punkt (wenn zugänglich)

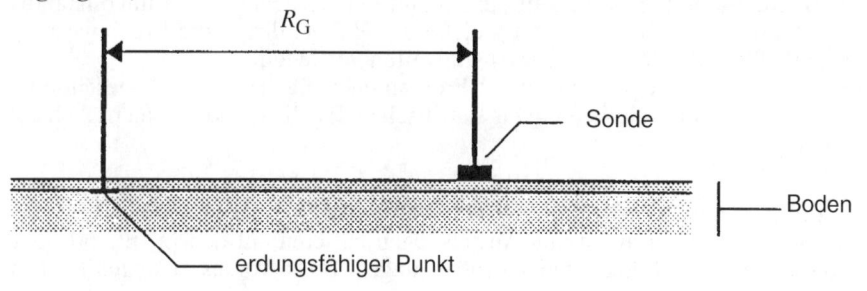

Messung des Widerstands R_E zur Schutzerde (PE)

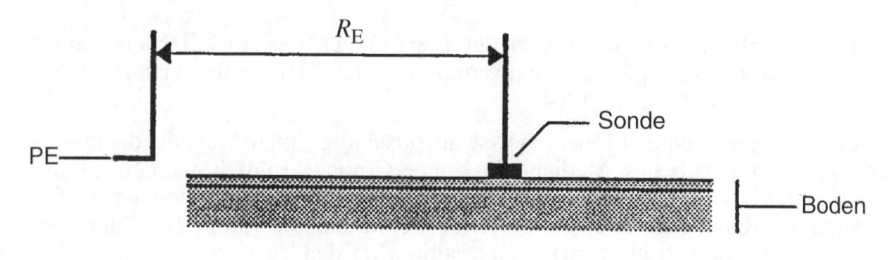

DIN EN 60216-3-2 (**VDE 0304 Teil 23-3-2**):1997-12 Dezember 1997

Leitlinie zur Bestimmung thermischer Langzeiteigenschaften von Elektroisolierstoffen

Teil 3: Vorschriften zur Berechnung thermischer Langzeitkennwerte
Hauptabschnitt 2: Berechnung für unvollständige Schwellenwertprüfergebnisse bis zu und einschließlich des Medians
für die Ausfallzeit (gleiche Prüfgruppen)
(IEC 60216-3-2:1993)
Deutsche Fassung EN 60216-3-2:1995

3 + 28 Seiten EN, 2 Bilder, 4 Tabellen, 8 Anhänge Preisgruppe 21 K

Der vorliegende Hauptabschnitt 2 von IEC 60216-3 (VDE-Bestimmung) vermittelt Anweisungen für die Berechnung thermischer Langzeitkennwerte aus Prüfergebnissen, die nach IEC 60216-1 und IEC 60216-2 erhalten werden. Hauptabschnitt 1 enthält das grundsätzliche Schema des Berechnungsablaufes für vollständige, normalverteilte Prüfergebnisse nach den statistischen Grundsätzen, wie sie in IEC 60493-1 aufgestellt wurden und auf die hinsichtlich der Einzelheiten des mathematischen Hintergrundes Bezug zu nehmen ist. Hauptabschnitt 3 vermittelt den Ablauf der Berechnung bei unvollständigen Meßreihen an Gruppen von gleicher Größe, bei denen die Ergebnisse bis einschließlich des Medians der Ausfallzeiten vorliegen.
Ein Berechnungsbeispiel, ein in der Programmiersprache „BASIC" geschriebenes Programm und die benötigten statistischen Tabellen sind in einem Anhang beigefügt.

Grundsätze der Berechnung
Die Berechnungsverfahren und Anweisungen basieren auf den in IEC 60493-1 aufgestellten Grundsätzen und Voraussetzungen. Diese Voraussetzungen können in einer einfachen Form wie folgt ausgedrückt werden:
1) Die Beziehung zwischen dem Mittelwert der Logarithmen der Zeit bis zum Erreichen eines vorgegebenen Grenzwerts („Ausfallzeit") und der reziproken thermodynamischen (absoluten) Warmlagerungstemperatur ist linear.
2) Die Werte der Abweichungen der Logarithmen der Ausfallzeiten von der linearen Beziehung sind normalverteilt mit einer Varianz, die unabhängig von der Lagerungstemperatur ist.

Sofern die verfügbaren Meßergebnisse unvollständig sind dahingehend, daß Ausfallzeiten oberhalb des Medians in keiner Gruppe ermittelt wurden, können Schätzwerte für den Mittelwert und für die Varianz der Logarithmen der Ausfallzeiten innerhalb jeder Gruppe, sowie für die Varianz der Mittelwerte, durch ein einfaches mathematisches Verfahren bestimmt werden.

Ausgangswerte für die Berechnung
Die Meßergebnisse werden als Werte für die Temperatur (ϑ in °C) und die Ausfallzeit (in Stunden t) ermittelt. Jeder Wert wird in eine x- oder y-Größe umgewandelt.

Statistische Überprüfungen
Drei Arten von Überprüfungen werden in das Berechnungsverfahren einbezogen:
a) Prüfung auf Gleichheit der Varianzen (Bartlett's χ^2-Test).
b) Prüfung auf Linearität (F-Test).
c) Prüfung der Streuung (Vertrauensintervall).
Die Prüfungen b) und c) lassen gegebenenfalls Abweichungen vom idealen Verhalten erkennen, die zwar vom statistischen Standpunkt kennzeichnend, aber doch zu gering sind, um ernsthafte praktische Konsequenzen zu erfordern. Verfahren, die diesen Umständen Rechnung tragen, sind in dem Berechnungsgang enthalten.

Die interne Genauigkeit der Berechnungen
Zahlreiche Berechnungsschritte beinhalten eine Aufsummierung der Differenzen von Zahlen oder von Quadraten dieser Differenzen, wobei die Differenzen selbst klein im Vergleich zu den Zahlen sein können. Unter diesen Umständen ist es erforderlich, die Berechnungen mit einer internen Genauigkeit von mindestens sechs Ziffernstellen durchzuführen, damit das Ergebnis auf drei Ziffernstellen zuverlässig wird. Im Hinblick auf die sich wiederholende und umfangreiche Art der Berechnungen wird nachdrücklich empfohlen, diese mit Hilfe eines programmierbaren Rechners oder mit einem Kleincomputer auszuführen, wobei eine interne Genauigkeit von zehn oder zwölf Ziffernstellen leicht erreichbar ist.

DIN EN 60819-1 (VDE 0309 Teil 1):1997-12   Dezember 1997

Vliesstoffe auf Kunststoffaserbasis für elektrotechnische Zwecke

Teil 1: Begriffe und allgemeine Anforderungen
(IEC 60819-1:1995 + A1:1996)
Deutsche Fassung EN 60819-1:1995 + A1:1996

3 + 4 Seiten EN, 1 Tabelle, 1 Anhang   Preisgruppe 7 K

Dieser Teil der IEC 60819 (VDE-Bestimmung) enthält die Definitionen und die allgemeinen Anforderungen für Vliesstoffe auf Kunststoffaserbasis.

Definitionen

Aramid-Papier (aromatisches Polyamid): Im Naßverfahren hergestelltes Faservliesstoff-Papier, in dem die Fasern aus aromatischem synthetischem Polyamid bestehen, wovon mindestens 85 % der Amid-Bindungen direkt an zwei aromatische Ringe gebunden sind. Aramid-Papier darf Werkstoffe mit oder ohne Zusatz eines geeigneten organischen und/oder anorganischen Füllstoffs und/oder Bindemittels enthalten.

Polyethylen-Papier: Im Naßverfahren hergestelltes Faservliesstoff-Papier, das aus besonders behandelten Polyethylen-Fasern (PE) hergestellt ist, mit oder ohne Zusatz von geeigneten organischen und/oder anorganischen Füllstoffen und/oder Bindemitteln.

Polypropylen-Papier: Im Naßverfahren hergestelltes Faservliesstoff-Papier, das aus besonders behandelten Polypropylen-Fasern (PP) hergestellt ist, mit oder ohne Zusatz von geeigneten organischen und/oder anorganischen Füllstoffen und/oder Bindemitteln.

Glas-Papier: Im Naßverfahren hergestelltes Faservliesstoff-Papier, das aus Glas-Mikrofasern mit oder ohne Zusatz von geeigneten organischen und/oder anorganischen Füllstoffen und/oder Bindemitteln hergestellt ist. Bei schwacher Faserbindung kann durch Säurebehandlung, die zu leichtem Gelieren führt und als Bindemittel wirkt, oder durch den Zusatz eines anorganischen Bindemittels Abhilfe geschaffen werden.

Keramik-Papier: Im Naßverfahren hergestelltes Faservliesstoff-Papier, das aus Keramik-Fasern hergestellt ist, z. B. Aluminiumsilicat-Papier, das etwa zu 51 % aus Tonerde (Al_2O_3) und zu 47 % aus Kieselsäure (SiO_2) besteht. Keramik-Papier kann mit oder ohne Zusatz von geeigneten organischen und/oder anorganischen Füllstoffen und/oder Bindemitteln modifiziert werden.

Poly(ethylenterephthalat)-Papier: Im Naßverfahren hergestelltes Faservliesstoff-Papier, das aus speziellen Poly(ethylenterephthalat)-Fasern (PET) mit oder

ohne Zusatz von geeigneten organischen und/oder anorganischen Füllstoffen und/oder Bindemitteln hergestellt ist.
Anmerkung: Poly(ethylenterephthalat)-Papier wird fälschlicherweise bisweilen als PETP-Papier bezeichnet.

gefülltes Glas-Papier: Papier, in dem mindestens 65 % des Rohmaterials aus Glasfasern und anorganischen Füllstoffen (wie Aluminiumsilicaten) zusammengesetzt ist, mit oder ohne Zusatz von anderen Fasern und/oder Bindemitteln.

anorganisches/organisches Hybrid-Papier: Papier, das aus organischen Fasern wie Poly(ethylenterephthalat)-Fasern und anorganischen Füllstoffen (wie Aluminiumsilicaten) zusammengesetzt ist, mit oder ohne Zusatz von anderen Fasern und/oder Bindemitteln.

Allgemeine Anforderungen
Das Material ein und derselben Lieferung muß so einheitlich wie möglich beschaffen sein, und die Oberfläche des Papiers muß frei von Fehlern sein, die für seine Verwendung von Nachteil sein können.

Lieferbedingungen
Das Papier muß in einer Verpackung geliefert werden, die einen angemessenen Schutz während des Transportes, der Handhabung und Lagerung sicherstellt.

DIN EN 60763-1 (VDE 0314 Teil 1):1997-09   September 1997

Bestimmung für Blockspan

Teil 1: Begriffe, Einteilung und allgemeine Anforderungen
(IEC 763-1:1983)
Deutsche Fassung EN 60763-1:1996

2 + 5 Seiten EN, 2 Anhänge   Preisgruppe 7 K

Die vorliegende Norm (VDE-Bestimmung) enthält die Begriffe, die für das Verständnis aller drei Teile erforderlich sind, die Typeinteilung der Werkstoffe und die allgemeinen Anforderungen, die für alle Werkstoffe dieser Norm gelten.

Begriffe

Tafelpreßspan
Tafelpreßspan wird üblicherweise ausschließlich aus Zellstoff pflanzlicher Herkunft und hoher chemischer Reinheit auf einer Wickelpappenmaschine hergestellt. Er ist durch seine relativ hohe Dichte, gleichmäßige Dicke, Oberflächenglätte, hohe mechanische Festigkeit, Flexibilität und elektrische Isoliereigenschaften gekennzeichnet. Für bestimmte Zwecke kann seine Oberfläche auch strukturiert sein.

Blockspan
Preßspan, der aus Tafelpreßspan aufgebaut ist, wobei die Tafeln mit einem Kleber verbunden sind.

Einteilung
Aufgrund der Stoffzusammensetzung und Eigenschaften umfaßt diese Norm die in **Tabelle 1** aufgeführten Typen von Blockspan. Die Bezeichnung der Typen entspricht der von IEC 641-1 „Bestimmung für Tafel- und Rollenpreßspan für elektrotechnische Anwendungen – Teil 1: Begriffe und allgemeine Anforderungen" für unverklebten Preßspan mit dem Zusatz „L" für die Verklebung (z. B. LB0.1). Zu der Beschreibung der Typen sind einige Beispiele bekannter Anwendungen angeführt, ohne daß dies eine Einschränkung ihrer möglichen Anwendung bedeutet.

Allgemeine Anforderungen

Zusammensetzung
Die einzelnen Tafeln, aus denen der Blockspan aufgebaut ist, müssen allen Anforderungen nach IEC 641-1 für den zugehörigen Tafelpreßspantyp entspre-

chen, wovon allerdings die Anforderungen für die Dicke ausgenommen sind. Der Blockspan muß durch Aufeinanderlegen solcher Tafeln in einer Richtung und ihr Verkleben mit einem geeigneten Kleber hergestellt werden; der Kleber darf nicht ohne vorherige Benachrichtigung des Käufers geändert werden.

Oberfläche
Preßspäne müssen entweder eine kalandrierte Oberfläche oder eine strukturierte Oberfläche haben.

Verarbeitbarkeit
Der Preßspan muß sich mit Werkzeugen bearbeiten lassen, die nach Empfehlung des Herstellers für den Werkstoff geeignet sind.

Tabelle 1 Einteilung

	Typ	Unterteilung	Anwendungsbeispiel
LB0	kalandrierter Preßspan von besonders hoher chemischer Reinheit	LB0.1 100 % Sulfatzellstoff LB0.2 100 % Baumwolle	Elektrische Betriebsmittel, für die eine besonders hohe chemische Reinheit gefordert wird
LB2	kalandrierter Preßspan, gekennzeichnet durch hohe chemische Reinheit	LB2.1 100 % Sulfatzellstoff LB2.2 100 % Baumwolle LB2.3 Mischung aus Sulfatzellstoff und Baumwolle LB2.4 Mischung aus Baumwolle und Jute	Transformatoren
LB3	heißgepreßter Preßspan; ein sehr harter und steifer Preßspan, gekennzeichnet durch hohe Reinheit und mechanische Festigkeit; seine Oberfläche trägt eine Preßtuchmarkierung.	LB3.1 100 % Sulfatzellstoff LB3.2 100 % Baumwolle LB3.3 Mischung aus Sulfatzellstoff und Baumwolle LB3.4 Mischung aus Baumwolle und Jute	Transformatoren
		(fortgesetzt)	

Tabelle 1 (Fortsetzung)

Typ		Unterteilung	Anwendungsbeispiel
LB4	leicht kalandrierter Preßspan, gekennzeichnet durch hohe Reinheit und hohes Ölaufnahmevermögen	LB4.1 100 % Sulfatzellstoff LB4.2 100 % Baumwolle LB4.3 Mischung aus Sulfatzellstoff und Baumwolle LB4.4 Mischung aus Baumwolle und Jute	Transformatoren und ölgefüllte Betriebsmittel
LB5	Preßspan von hoher Reinheit und hohem Ölaufnahmevermögen	LB5.1 100 % Sulfatzellstoff LB5.2 100 % Baumwolle LB5.3 Mischung aus Sulfatzellstoff und Baumwolle	Transformatoren und ölgefüllte Betriebsmittel
LB6	stark kalandrierter Preßspan, von geringer Porosität, üblicherweise geleimt	LB6.1 100 % Sulfatzellstoff LB6.2 100 % Baumwolle LB6.3 Mischung aus Sulfatzellstoff und Baumwolle LB6.4 Mischung aus Baumwolle und Jute	Motoren und allgemeine elektrische Betriebsmittel
LB7	stark kalandrierter Preßspan, von geringer Porosität, üblicherweise gefüllt	LB7.1 100 % Sulfatzellstoff	allgemeine elektrische Betriebsmittel

Erläuterungen
Diese Norm gehört zu einer Reihe, die Blockspan behandelt.
Diese Reihe besteht aus folgenden drei Teilen:
Teil 1: Begriffe, Einteilung und allgemeine Anforderungen,
Teil 2: Prüfverfahren,
Teil 3: Anforderungen für einzelne Werkstoffe.

DIN EN 60763-2 (VDE 0314 Teil 2):1997-09   September 1997

Bestimmung für Blockspan
Teil 2: Prüfverfahren
(IEC 763-2:1991)
Deutsche Fassung EN 60763-2:1996

3 + 14 Seiten EN, 4 Bilder, 1 Tabelle, 2 Anhänge   Preisgruppe 12 K

Dieser Teil der IEC 763 (VDE-Bestimmung) enthält folgende Prüfverfahren, die für die Blockspantypen nach Teil 1 dieser Reihe der Normen anzuwenden sind.

Konditionierung der Probekörper

Trocknen der Probekörper

Maße
Dicke
Ebenheit

Mechanische Prüfungen
Biegefestigkeit und Kraft für die Standarddurchbiegung
Elastizitätsmodul aus dem Biegeversuch
Druckfestigkeit
Zusammendrückbarkeit
Schlagzähigkeit
Scherfestigkeit
Zugfestigkeit
Lagenfestigkeit

Elektrische Prüfungen
Durchschlagfestigkeit in Öl

Thermische Prüfungen
Thermisches Langzeitverhalten

Physikalische und chemische Prüfungen
Rohdichte
Wasseraufnahme
Feuchtigkeitsgehalt
Schrumpfung nach Trocknung in Luft
Ölaufnahme
Aschegehalt
Beeinflussung von flüssigen Isolierstoffen
Leitfähigkeit des wäßrigen Auszugs
pH-Wert des wäßrigen Auszugs
Leitfähigkeit des Auszugs unter Verwendung von Trichlorethylen

DIN EN 60763-3-1 (VDE 0314 Teil 3-1):1997-09 September 1997

Bestimmung für Blockspan

Teil 3: Bestimmungen für einzelne Werkstoffe
Blatt 1: Bestimmungen für heißgepreßten Blockspan,
Typen LB 3.1.1, 3.1.2, 3.3.1 und 3.3.2
(IEC 763-3-1:1992)
Deutsche Fassung EN 60763-3-1:1996

2 + 5 Seiten EN, 1 Tabelle, 2 Anhänge   Preisgruppe 7 K

Das vorliegende Blatt der IEC 763-3 (VDE-Bestimmung) enthält die Anforderungen für heißgepreßten Blockspan aus 100 % Sulfatzellstoff oder einer Mischung aus Sulfatzellstoff und Baumwolle.

Bezeichnung
LB 3.1.1 – Heißgepreßter Blockspan, hergestellt aus 100 % Sulfatzellstoff, mit Caseinleim verklebt.
LB 3.1.2 – Heißgepreßter Blockspan, hergestellt aus 100 % Sulfatzellstoff, mit einem nicht-wäßrigen Kleber verklebt.
LB 3.3.1 – Heißgepreßter Blockspan, hergestellt aus einer Mischung von Sulfatzellstoff und Baumwolle, mit Caseinleim verklebt.
LB 3.3.2 – Heißgepreßter Blockspan, hergestellt aus einer Mischung aus Sulfatzellstoff und Baumwolle, mit einem nicht-wäßrigen Kleber verklebt.

Anforderungen
Die Werkstoffe müssen sowohl den allgemeinen Anforderungen nach IEC 763-1 als auch den besonderen Anforderungen der **Tabelle 1** für den zugehörigen Typ entsprechen, wenn sie nach den in IEC 763-2 festgelegten Verfahren geprüft wurden.

Tabelle 1

Typ			LB 3.1.1	LB 3.1.2	LB 3.3.1	LB 3.3.2
Kleber			Casein	nicht-wäßrig	Casein	nicht-wäßrig
Eigenschaft	Einheit	max. oder min.				
Dickenabweichung:						
≤ 12 mm	%	max.	5,0	5,0	5,0	5,0
> 12 mm	%	max.	4,0	4,0	4,0	4,0
Rohdichte	g/cm^3	Bereich	1,15 bis 1,30	1,15 bis 1,35	1,15 bis 1,30	1,15 bis 1,30
Zusammendrückbarkeit:						
Zusammendrückbarkeit C	%	max.	3,5	3,0	3,5	3,0
reversibler Anteil der Zusammendrückbarkeit C_{rev}	%	min	60	60	60	60
Schrumpfung:						
Maschinenrichtung	%	max.	0,5	0,4	0,5	0,4
senkrecht zur Maschinenrichtung	%		0,7	0,6	0,7	0,6
Dicke	%		6,0	4,0	6,0	4,0
Feuchtigkeitsgehalt	%	max.	8,0	5,0	8,0	5,0
Leitfähigkeit des wäßrigen Auszugs	mS/m	max.	15,0	10,0	15,0	10,0
pH-Wert des wäßrigen Auszugs		Bereich	6,0 bis 10,0	5,0 bis 8,0	6,0 bis 10,0	5,0 bis 8,0
Ölaufnahme	%	min.	6,0	5,0	8,0	7,0
Durchschlagfestigkeit in Öl parallel zur Schichtrichtung	kV/mm	min.	8,0	8,0	8,0	8,0

(fortgesetzt)

Tabelle 1 (Fortsetzung)

Typ			LB 3.1.1	LB 3.1.2	LB 3.3.1	LB 3.3.2
Kleber			Casein	nicht-wäßrig	Casein	nicht-wäßrig
Eigenschaft	Einheit	max. oder min.				
Biegefestigkeit:						
senkrecht zur Schichtrichtung in Maschinenrichtung	MPa	min.	85	100	70	100
senkrecht zur Maschinenrichtung	MPa	min.	75	85	50	85
parallel zur Schichtrichtung			Werte in Vorbereitung	Werte in Vorbereitung	Werte in Vorbereitung	Werte in Vorbereitung

DIN EN 60626-1 (VDE 0316 Teil 1):1997-07   Juli 1997

Flexible Mehrschichtisolierstoffe zur elektrische Isolation
Teil 1: Definitionen und allgemeine Anforderungen
(IEC 626-1:1995 + A1:1996)
Deutsche Fassung EN 60626-1:1995 + A1:1996

3 + 7 Seiten EN, 1 Tabelle, 2 Anhänge   Preisgruppe 8 K

Dieser Teil der IEC 626 (VDE-Bestimmung) enthält die Definitionen, auf die Bezug genommen wird, und die Anforderungen, die von flexiblen Mehrschichtisolierstoffen zur elektrischen Isolation zu erfüllen sind. Nicht unter diese Norm fallen Werkstoffe auf der Basis von Glimmerpapier.

Bezeichnung
Die einzelnen Typen der flexiblen Mehrschichtisolierstoffe können durch Verwendung entsprechender Kombinationen von Kurzzeichen für die Form und die Herkunft der Hauptkomponenten bezeichnet werden, wobei die Kurzzeichen durch einen Bindestrich getrennt werden.

Beispiele: F – Pl,
             C – G

Die gängigen, hierbei verwendeten Materialien sind in **Tabelle 1** enthalten.

Tabelle 1   Handelsübliche flexible Materialien

Form der Komponente	Kurz-zeichen	Art der Komponente	Kurz-zeichen
Folie	F	Celluloseacetat Cellulosetriacetat Poly(ethylenterephthalat) Polycarbonat Polyimid Polypropylen	CA CTA PET PC PI PP
Papier und Vliesstoff und Matten	P	Zellulosepapier oder Rollenpreßspan (aromatisches) Polyamid-Papier Poly(ethylenterephthalat) gefülltes Glaspapier anorganisches/organisches Mischpapier	C PAa PET FG H
(fortgesetzt)			

Tabelle 1 (Fortsetzung)

Form der Komponente	Kurz-zeichen	Art der Komponente	Kurz-zeichen
Gewebe	C	Baumwolle oder Viskose Glas Poly(ethylenterephthalat)	C G PET
Klebstoff	A	thermoplastisch wärmehärtend	Tp Ts

Allgemeine Anforderungen
Das Material kann in gleich lang geschnittenen Bogen oder in Rollen, wie in IEC 626-3 festgelegt, geliefert werden.
Das Material innerhalb einer Sendung muß gleichartig sein und Eigenschaften entsprechend den Grenzwerten dieser Norm aufweisen, die für alle Bogen oder die ganze Rollenlänge gleichmäßig sind. Die Oberfläche muß gleichförmig und möglichst frei von Fehlstellen wie Blasen, Löchern, Falten und Rissen sein.
Wenn das Material in Rollen geliefert wird, muß es ohne Beschädigung abgerollt werden können.
Der flexible Mehrschichtisolierstoff muß frei von leitenden Teilchen und anderen unerwünschten Einschlüssen sein.
Material, das in gleich lang geschnittenen Bogen geliefert wird, muß möglichst frei von Verwerfungen sein.

Abmessungen
Die Dicke und deren Grenzabmaße sind in IEC 626-3 behandelt. Andere Maße und die Grenzabmaße sind zwischen Käufer und Lieferer zu vereinbaren.

Klebstellen
Für Material in Rollenform müssen die zulässige Anzahl von Verbindungsstellen, die Einzelheiten bezüglich ihres Aufbaus und der Kennzeichnung zwischen Käufer und Lieferer vereinbart werden.

Lieferbedingungen
Material in Rollenform muß auf einer Papphülse oder einem anderen geeigneten Kern geliefert werden. Der innere Durchmesser ist zwischen Verbraucher und Lieferer zu vereinbaren; Vorzugsmaße sind 55 mm, 76 mm oder 150 mm. Material in Bogenform muß in Stapeln geliefert werden.

Änderungen
Gegenüber DIN 7739-1:1965-07 und DIN 7739-2:1967-07 (Anforderungen, Typen) bzw. den sachlich hiermit übereinstimmenden Normen DIN VDE 0316

(VDE 0316):1967-07 und DIN VDE 0316a (VDE 0316a):1967-07 wurden folgende Änderungen vorgenommen:
a) Die internationalen Festlegungen der IEC 626 wurden unverändert übernommen.
b) Die Typ-Bezeichnungen wurden dementsprechend geändert.
c) Die Anforderungen für die verschiedenen Typen sind in Einzelblättern im Teil 3 für die verschiedenen Werkstoffe aufgeteilt.

Erläuterungen

Diese Internationale Norm gehört zu einer Reihe von Normen, die sich mit flexiblen Mehrschichtisolierstoffen befaßt, die aus zwei oder mehr verschiedenen, miteinander verklebten Isolierstoffen bestehen. Die Komponenten der Mehrschichtisolierstoffe sind Kunststoffolien und/oder Fasermaterialien wie Papier, Filament-Gewebe oder -Nonwoven, die imprägniert oder nicht imprägniert sind.

Die Norm besteht aus folgenden drei Teilen:
Teil 1: Definitionen und allgemeine Anforderungen (IEC 626-1),
Teil 2: Prüfverfahren (IEC 626-2),
Teil 3: Bestimmungen für einzelne Materialien (IEC 626-3).

DIN EN 60626-2 (VDE 0316 Teil 2):1997-07 Juli 1997

Flexible Mehrschichtisolierstoffe zur elektrischen Isolation
Teil 2: Prüfverfahren
(IEC 626-2:1995)
Deutsche Fassung EN 60626-2:1995

3 + 13 Seiten EN, 6 Bilder, 2 Anhänge Preisgruppe 13 K

Diese Internationale Norm (VDE-Bestimmung) legt die Prüfverfahren für flexible Mehrschichtisolierstoffe zur elektrischen Isolation fest.

Dicke
Prüfgerät: Es ist eine Bügelmeßschraube mit einem Meßspindeldurchmesser von 6 mm bis 8 mm zu verwenden. Die Meßflächen dürfen keine größeren Ebenheitsabweichungen als 0,001 mm haben, und die Parallelitätsabweichung darf nicht mehr als 0,003 mm sein. Die Schraube muß eine Steigung von 0,5 mm und eine Einteilung in 50 Skalenteile von 0,01 mm haben, die eine Ablesung mit einer Meßunsicherheit von 0,002 mm gestattet.

Zugfestigkeit und Dehnung
Prüfgerät: Es darf entweder eine Prüfmaschine mit konstanter Kraftänderung oder eine Prüfmaschine mit konstanter Traversenwegänderung benutzt werden. Zu bevorzugen sind Maschinen mit Kraftantrieb und einer Fehlergrenze von 1 % für den angezeigten Wert, der in der Norm gefordert wird.
Probekörper: Es werden fünf Probekörper benötigt. Die Länge der Probekörper ist so zu wählen, daß eine freie Länge von 200 mm zwischen den Klemmen der Prüfmaschine möglich ist. Für Bahnen beträgt die Probekörperbreite 15 mm, wobei jeweils fünf Probekörper aus der Längs- und fünf Probekörper aus der Querrichtung der Bahn zu schneiden sind. Bei gewebehaltigen Materialien sind die Probekörper so zu schneiden, daß niemals zwei in gleicher Richtung geschnittene Probekörper dieselben Kettfäden enthalten.

Ergebnis
Zugfestigkeit: Von fünf Bruchkraftmessungen ist der Median zu ermitteln und die Zugfestigkeit des Materials, die in Newton je 10 mm Breite angegeben wird, zu errechnen.
Bruchdehnung: Von fünf Werten der Bruchdehnung derjenigen Komponente, die als erste bricht, ist der Median zu ermitteln und in Prozent bezogen auf die Einspannlänge anzugeben.

Kanteneinreißkraft
Prüfgerät: Zu verwenden ist ein Kanteneinreißbügel, angepaßt an die Zugprüf-

maschine. Dieser Kanteneinreißbügel besteht aus einer dünnen Stahlplatte in Form eines Querjochs, der an seinen Enden von einem Bügel gehalten wird. Ergebnis: Der Median ist für jede der beiden Hauptmaterialrichtungen in Newton anzugeben, ferner die Dicke des verwendeten Querjochs, die Abzugsgeschwindigkeit, die Breite und Dicke der Probekörper.

Verhalten bei erhöhter Temperatur
Ein Probekörper von 100 cm^2 ist für die Dauer von mindestens 10, aber nicht mehr als 11 min einer Temperatur auszusetzen, die zwischen Käufer und Lieferer zu vereinbaren ist. Im Streitfall muß hierfür ein Wärmeschrank nach IEC 216-4-1 verwendet werden. Blasenbildung, Delaminierung oder andere Auswirkungen werden als Versagen bewertet.

Steifigkeit
Das Prüfgerät besteht im wesentlichen aus:
a) einer ebenen Stahlplatte mit einer (5 ± 0,05) mm breiten Nut. Die oberen Kanten dieser Platte, die die Nut bilden, sind mit einem Radius von (0,5 ± 0,05) mm gerundet. Die Grundplatte und die gerundeten Kanten müssen glatt sein (mittlere Rauhtiefe 0,25 µm bis 1,0 µm);
b) einem Stempel aus Blech, der so befestigt ist, daß er symmetrisch in die Nut der Grundplatte geführt wird;
c) einer Kraftmeßdose, die mit dem Stempel oder der Grundplatte verbunden ist und die Höchstkraft anzeigt, die nötig ist, um den symmetrisch über der Nut gelagerten Probekörper durch den Stempel in die Nut hineinzudrücken.
Probekörper: Es sind zehn Probekörper mit den Maßen 200 mm × 10 mm aus dem Material zu schneiden, fünf davon in Längs- und fünf in Querrichtung. Es dürfen auch kürzere Probekörper, jedoch mindestens 100 mm × 10 mm, verwendet werden, um bei höheren Steifigkeitswerten eine Anpassung an den jeweiligen Meßbereich zu erreichen.
Ergebnis: Das Ergebnis wird in Newton angegeben. Falls kürzere Probekörper verwendet werden, wird die Kraft auf die Länge von 200 mm umgerechnet. Als Steifigkeit ist der Median aus 15 Messungen in der jeweiligen Probekörperrichtung anzugeben.

Durchschlagfestigkeit
Die Prüfung erfolgt nach IEC 243-1.

Änderungen und Erläuterungen:
siehe DIN EN 60626-1 (VDE 0316 Teil 1) 1997-07.

DIN EN 60626-3 (VDE 0316 Teil 3):1997-07   Juli 1997

Flexible Mehrschichtisolierstoffe zur elektrischen Isolation

Teil 3: Bestimmungen für einzelne Materialien
(IEC 626-3:1996)
Deutsche Fassung EN 60626-3:1996

6 + 26 Seiten EN, 20 Tabellen, 1 Anhang   Preisgruppe 21 K

Der vorliegende Teil 3 der IEC 626 (VDE-Bestimmung) legt die Maß- und Gebrauchsanforderungen für die einzelnen flexiblen Mehrschichtisolierstoffe fest. Dieser Teil ist in Gruppen mit Blättern gegliedert. Die Blätter sind nach **Tabelle 1,** die eine Gesamtübersicht mit der Bezeichnung aller zu dieser Norm gehörenden Anforderungsblätter enthält, numeriert.

Anforderungen
Um die allgemeinen Anforderungen nach IEC 626-1 zu erfüllen, muß jedes flexible Mehrschichtlaminat noch zusätzlich den Anforderungen genügen, die im entsprechenden Blatt von Teil 3 für seinen Typ dargestellt sind.

Bezeichnungen
Tabelle 1 enthält die Materialbezeichnungen und den Materialaufbau für jedes Blatt. Das Material, das dieser Norm entspricht, muß durch eine Bezeichnung gekennzeichnet sein, die die IEC-Normnummer, die Materialbezeichnung nach IEC 626-1 und die Nenndicke enthält. Zum Beispiel:
IEC 626-3, Blatt 112, P-C/F-PET/P-C, 0,15 mm.

Thermische Klassifizierung
Die Betriebserfahrung hat Informationen hinsichtlich der thermischen Eignung von flexiblen Mehrschichtisolierstoffen in elektrischen Isoliersystemen erbracht. Diese Information ist in jedem einzelnen Blatt enthalten. Die in diesen Blättern enthaltene Information zur thermischen Klassifizierung ist allerdings nicht als Anforderung zu betrachten.

Tabelle 1 Zuordnung der Blätter nach IEC 626-3

Blatt-Nr.	Zusammensetzung des flexiblen Laminats	verfügbare Blätter
100 bis 149	Papier oder Preßspan mit Sulfatzellstoffasern	
100 bis 109	Zweifach-Material mit PET-Folie	100, 101, 102
110 bis 119	Dreifach-Material mit PET-Folie	110 bis 115
120 bis 149	andere	
150 bis 199	Papier oder Preßspan mit Baumwollfasern	
150 bis 159	Zweifach-Material mit PET-Folie	
160 bis 169	Dreifach-Material mit PET-Folie	
170 bis 199	andere	
200 bis 249	Papier oder Preßspan sowohl mit Baumwoll- als auch Sulfatzellstoffasern	
200 bis 209	Zweifach-Material mit PET-Folie	
210 bis 219	Dreifach-Material mit PET-Folie	
220 bis 249	andere	
250 bis 299	Papier oder Preßspan mit anderen Zellulosefasern oder Mischungen von zellulosehaltigen und zellulosefreien Fasern	
300 bis 399	Im Naßverfahren hergestelltes Papier mit organischen, zellulosefreien Fasern	
300 bis 309	Zweifach-Material aus kalandriertem Aramid mit PET-Folie	302, 303
310 bis 319	Dreifach-Material aus kalandriertem Aramid mit PET-Folie	312, 313, 320

(fortgesetzt)

Tabelle 1 (Fortsetzung)

Blatt-Nr.	Zusammensetzung des flexiblen Laminats	verfügbare Blätter
320 bis 329	Dreifach-Material aus unkalandriertem Aramid mit PET-Folie	320
330 bis 339	Dreifach-Material aus kalandriertem Aramid mit PI-Folie	330
340 bis 399	andere	
400 bis 499	Im Naßverfahren hergestelltes Papier mit organischen Fasern	
400 bis 459	Glas	
460 bis 499	andere	
500 bis 599	im Trockenverfahren hergestelltes Vlies mit organischen Fasern	
500 bis 519	Fasern aus 100 % PET	502, 503, 505
520 bis 539	Fasern aus 100 % Aramid	
540 bis 599	andere	
600 bis 999	anderer Aufbau	
Anmerkung: Zur Zeit sind noch nicht alle in dieser Tabelle genannten Anforderungsblätter verfügbar.		

Änderungen und Erläuterungen:
siehe DIN EN 60626-1 (VDE 0316 Teil 1):1997-07.

DIN EN 60893-3-1/A1 (VDE 0318 Teil 3-1/A1):1998-02   Februar 1998

Bestimmung für Tafeln aus technischen Schichtpreßstoffen auf der Basis wärmehärtbarer Harze für elektrotechnische Zwecke

Teil 3: Bestimmungen für einzelne Werkstoffe
Blatt 1: Typen der Tafeln aus technischen Schichtpreßstoffen
(IEC 60893-3-1:1992/A1:1996)
Deutsche Fassung EN 60893-3-1:1994/A1:1997

2 + 2 Seiten EN   Preisgruppe 1 K

Die Abschnitte dieser **Änderung** ergänzen oder ersetzen die entsprechenden Abschnitte in DIN EN 60893-3-1 (VDE 0318 Teil 3-1):1996-03.

Tabelle 1   Typen der Tafeln aus technischen Schichtpreßstoffen
In dieser Tabelle ist unter Typ EP GC 205 der folgende neue Text zu ergänzen:

EP	GC	306	Ähnlich Typ EP GC 203, aber mit verbessertem Verhalten gegen Kriechwegbildung.
EP	GC	307	Ähnlich Typ EP GC 205, aber mit verbessertem Verhalten gegen Kriechwegbildung.
EP	GC	308	Ähnlich Typ EP GC 203, aber mit verbessertem thermischen Langzeitverhalten.
EP	CC	301	Mechanische und elektrische Anwendungen. Feingewebe mit guter Beständigkeit gegen Kriechwegbildung, gute Gebrauchseigenschaften und chemische Beständigkeit.

Unter Typ EP GM 204 ist zu ergänzen:

EP	GM	305	Ähnlich Typ EP GM 203, aber mit verbessertem thermischen Langzeitverhalten.
EP	GM	306	Ähnlich Typ EP GM 305, aber mit verbessertem Verhalten gegen Kriechwegbildung.

In derselben Tabelle ist unter Typ EP PC 301 der alte Text durch folgenden neuen Text zu ersetzen:
Elektrische und mechanische Anwendungen (Grobgewebe). Gute Beständigkeit gegenüber SF_6.

DIN EN 60371-2 (VDE 0332 Teil 2):1997-04   April 1997

Bestimmung für Glimmererzeugnisse für elektrotechnische Zwecke

Teil 2: Prüfverfahren
(IEC 371-2:1987 + A1:1994)
Deutsche Fassung EN 60371-2:1997

4 + 19 Seiten EN, 6 Bilder, 2 Tabellen   Preisgruppe 16 K

Dieser Teil (VDE-Bestimmung) legt die Prüfverfahren fest, die für Spaltglimmer und Glimmerpapier und daraus hergestellte Materialien gelten.

Prüfungen:
Die Prüfungen sind bei Umgebungstemperatur (15 °C bis 35 °C) durchzuführen, wenn keine Prüftemperatur bei dem Verfahren selbst oder in den Bestimmungen für die einzelnen Materialien festgelegt ist.

Dicke
Dichte
Rohdichte
Zusammensetzung
Zugfestigkeit und Bruchdehnung
Biegefestigkeit und E-Modul beim Biegen
Falzung
Steifigkeit
Beständigkeit gegen Ausschwitzen und Verschieben
Elastische Zusammendrückbarkeit und plastische Verformung
Harzfluß und Verfestigung
Gelierzeit
Durchschlagfestigkeit
Verlustfaktor in Abhängigkeit von der Temperatur bei Frequenzen
    zwischen 48 Hz und 62 Hz
Verlustfaktor in Abhängigkeit von der Spannung
    bei 48 Hz bis 62 Hz
Ermittlung von Fehlstellen und leitfähigen Einschlüssen
Penetration
Thermisches Langzeitverhalten

Änderungen
Gegenüber VDE 0332:1968-11, VDE 0332a:1971-09 und DIN 57332-5 (VDE 0332 Teil 5):1981-07 wurden folgende Änderungen vorgenommen:
Alle Festlegungen der Internationalen Normen der Reihe IEC 371 wurden unverändert übernommen.

Erläuterungen

Diese Norm gehört zu einer Reihe von Normen, die Isoliermaterialien für die Anwendung in elektrischen Geräten behandelt, die aus Spaltglimmer oder aus Glimmerpapier, mit oder ohne Trägermaterial, aufgebaut sind, und mit Glimmerpapier im Rohzustand.

Diese Reihe besteht aus folgenden drei Teilen:
Teil 1:   Begriffe und allgemeine Anforderungen
Teil 2:   Prüfverfahren
Teil 3:   Bestimmungen für einzelne Materialien

DIN EN 61068-1 (VDE 0337 Teil 1):1998-02   Februar 1998

Bestimmung für gewebte Bänder aus Polyesterfilamenten
Teil 1: Definitionen, Bezeichnung und allgemeine Anforderungen
(IEC 61068-1:1991)
Deutsche Fassung EN 61068-1:1997

3 + 5 Seiten EN, 1 Bild, 2 Tabellen, 1 Anhang   Preisgruppe 7 K

Dieser Teil der IEC 61068 (VDE-Bestimmung) enthält Anforderungen für Bänder, die auf schützenlosen Webmaschinen aus Polyesterfilamentgarnen/-zwirnen hergestellt wurden.
Die Norm gilt für Nenndicken von 0,13 mm bis 0,25 mm und Nennbreiten von 15 mm, 20 mm und 25 mm. Es werden die genormten Kombinationen von Nenndicke und Nennbreite festgelegt, und es ist eine zusätzliche Kennzeichnung für solche Bänder vorgesehen, die in nicht-normgerechten Breiten geliefert werden, ansonsten aber der Mehrzahl der Anforderungen dieses Teils entsprechen.
Dieser Teil legt die Definitionen, eine Bezeichnung und die allgemeinen Anforderungen fest.
Die anderen Teile der IEC 61068 sind:
• Teil 2: Prüfverfahren,
• Teil 3: Bestimmungen für einzelne Materialien.

Bezeichnung
Die Bänder werden nach folgenden Definitionen in zwei Typen eingeteilt:
Typ 1: Aus Polyesterfilamentgarnen gewebte Bänder, die so hergestellt sind, daß ein Band mit hoher Schrumpfung entsteht.
Typ 2: Aus Polyesterfilamentgarnen gewebte Bänder, die so hergestellt sind, daß ein Band mit niedriger Schrumpfung entsteht.

Allgemeine Anforderungen

Aufbau
Die verwendeten Garne müssen Filamente aus Polyethylenterephthalat-(PET-)Fasern sein; die für den Typ 2 benutzten Garne müssen thermisch vorfixiert sein.
Die Bänder müssen Leinwandbindung aufweisen.
Die Schußfäden müssen an oder nahe der dem Schußeintrag gegenüberliegenden Webkante verhakt sein, um ein Ausfasern der Kante bei der Handhabung der Bänder zu vermeiden.
Wird ein Bindefaden verwendet, dann ist eine Verkreuzungsmethode anzuwenden, bei der der Faden sich nicht aus dem Bandverbund herauszupfen läßt.
Bänder sind ihrem Typ entsprechend wie folgt zu kennzeichnen:
Typ 1: Ein einzelner, schwarzer Kettfaden ist so einzuweben, daß er die Mittellinie des Bandes anzeigt.
Typ 2: Ein einzelner, schwarzer Kettfaden mit einem orangefarbenen Faden an jeder Seite ist so einzuweben, daß er die Mittellinie des Bandes anzeigt.

DIN EN 61068-2 (VDE 0337 Teil 2):1998-02　　　　　　　　Februar 1998

Bestimmung für gewebte Bänder aus Polyesterfilamenten
Teil 2: Prüfverfahren
(IEC 61068-2:1991)
Deutsche Fassung EN 61068-2:1997

2 + 5 Seiten EN, 1 Anhang　　　　　　　　　　　　　　Preisgruppe 7 K

Dieser Teil der IEC 61068 (VDE-Bestimmung) enthält Anforderungen für Bänder, die auf schützenlosen Webmaschinen aus Polyesterfilamentgarnen/-zwirnen hergestellt wurden.
Dieser Teil enthält Prüfverfahren, um die Übereinstimmung mit den allgemeinen Anforderungen nach Teil 1 und mit den besonderen Anforderungen nach Teil 3 nachzuweisen.

Bestimmung der Anzahl von Kettfäden
Die Kettfäden müssen unter normalen Raumbedingungen über die volle Bandbreite gezählt werden; die ermittelte Zahl wird durch die Nennbreite geteilt, wodurch sich die Anzahl der Kettfäden/10 mm Nennbreite ergibt.

Bestimmung der Anzahl von Schußeinträgen
Die Schußeinträge müssen unter normalen Raumbedingungen über eine Bandlänge von mindestens 20 mm gezählt werden; der Mittelwert muß aus mindestens drei Einzelergebnissen, die an drei verschiedenen Stellen längs des Bandes durchgeführt wurden, berechnet werden.
Anmerkung: Bei den meisten Aufbauarten von Geweben entsprechen jeweils zwei Fäden einem Schußeintrag (siehe die Definition des Begriffes „Schußeintrag" im Teil 1).

Bestimmung der Dicke
Im allgemeinen ist die Dicke nach dem Verfahren nach ISO 5084 zu bestimmen.

Bestimmung der Breite
Es sind wahllos fünf Bandrollen zu entnehmen. Die Prüfung ist unter den üblichen Raumbedingungen durchzuführen.
Das Band ist abzuwickeln und auf eine glatte Oberfläche flach aufzulegen. Dabei ist das Band gerade so weit glattzuziehen, daß es flach und faltenfrei aufliegt.
Mit Hilfe eines Stahllineals mit Millimeter-Einteilung ist die Breite des Bandes zu messen.
An jeder der fünf entnommenen Rollen sind zwei wahllos verteilte Messungen durchzuführen.
Der Median aus den zehn Messungen gilt als die Breite des Bandes.

Bestimmung der Schrumpfung
Von jeder der fünf wahllos entnommenen Rollen ist eine Probe abzuschneiden, die lang genug sein muß, um auf ihr einen Abstand von 500 mm zu markieren. Die Probe wird flach auf eine glatte Oberfläche gelegt; dabei ist das Band gerade so weit glattzuziehen, daß es flach und faltenfrei aufliegt.
Anschließend sind die Proben in einen Wärmeschrank mit einer Temperatur von 155 °C ± 5 °C zu bringen. Die Proben müssen locker aufgewickelt sein, damit die Luft ungehindert zirkulieren kann. Nach 60 min ± 10 min Lagerung bei einer Temperatur von 155 °C sind sie dem Wärmeschrank wieder zu entnehmen und 1 h bei einer Temperatur von 15 °C bis 35 °C abzukühlen.
Der Median aus den zehn Messungen vor und nach dem Erhitzen ist festzustellen und das Ergebnis in Prozent auszudrücken.

Bestimmung der Zugfestigkeit
Im allgemeinen ist die Zugfestigkeit nach ISO 5081 zu bestimmen.

Thermische Kraftentwicklung bei Erwärmung auf 150 °C
Prüfverfahren zur Bestimmung der Höchstkraft, die ein schrumpfbares Band entwickelt, wenn es auf 150 °C erwärmt wird. Ungefähr 150 mm Bandlänge.
Prüfgerät: Zugprüfmaschine mit einer Wärmekammer.
Die Probe ist in dem Prüfgerät mit geeigneten Einspannklemmen, die einen Abstand von 100 mm besitzen, zu befestigen. Die Einspannklemmen müssen sich in einer Wärmekammer befinden. Üblicherweise wird eine Zugkraft von 5 % der geschätzten Reißkraft angelegt. Dann ist die Temperatur in der Wärmekammer in 10 min bis 15 min von Raumtemperatur bis auf 155 °C ± 5 °C zu steigern. Die dabei von der Probe entwickelte Höchstkraft ist anzugeben.
Der Median der drei Messungen ist anzugeben.

DIN EN 61068-3-1 (**VDE 0337 Teil 3-1**):1998-02   Februar 1998

Gewebte Bänder aus Polyesterfilamenten

Teil 3: Bestimmungen für einzelne Materialien
Blatt 1: Auf herkömmlichen oder schützenlosen Webmaschinen gewebte Bänder
(IEC 61068-3-1:1995)
Deutsche Fassung EN 61068-3-1:1995

2 + 5 Seiten EN, 1 Tabelle, 2 Anhänge   Preisgruppe 5 K

Dieses Blatt der IEC 61068-3 (VDE-Bestimmung) enthält die Anforderungen für auf herkömmlichen oder schützenlosen Webmaschinen aus Endlosfilament-Polyesterfasern gewebte Bänder.
Dieses Blatt enthält die wesentlichen Anforderungen für die Kettfäden, die Zahl der Schußeinträge, die Schrumpfung (in Länge und Breite) sowie die Zugfestigkeit für die Bandtypen 1, 2 und 3.

Anforderungen
Zusätzlich zu der Übereinstimmung mit den allgemeinen Anforderungen nach IEC 61068-1 müssen die Bänder die entsprechenden für ihren Typ in **Tabelle 1** genannten besonderen Anforderungen erfüllen.

Tabelle 1 Besondere Anforderungen für Bänder der Typen 1, 2 und 3[1])*)

Eigenschaft (Einheiten)	Nenndicke mm	Anforderungen Typ 1	Typ 2	Typ 3*)
Kettfäden (Fäden/cm)	0,13 0,20 0,25	20 20 20	30 30 30	24 24 24
Schußfäden (Schußfäden/cm)	0,13 0,20 0,25	12 12 12	15 15 15	15 15 15
Schrumpfung in der Länge (%)	0,13 0,20 0,25	> 12 > 12 > 12	< 5 < 5 < 5	< 5 < 5 < 5
Schrumpfung in der Breite (%)	0,13 0,20 0,25	NR NR NR	< 5 oder 1 mm, je nachdem, was größer ist	< 5 oder 1 mm, je nachdem, was größer ist
Zugfestigkeit (N/mm)	0,13 0,20 0,20	≥ 25 ≥ 40 ≥ 60	≥ 15 ≥ 35 ≥ 50	≥ 15 ≥ 35 ≥ 50
Kraft/10 mm Bandbreite, die bei Erwärmung auf 150 °C entwickelt wird (N)	0,13 0,20 0,25	≥ 15 ≥ 20 ≥ 25	NA NA NA	NA NA NA

Anmerkungen:
NR keine Anforderung
NA nicht anwendbar
1) Typ 1: Gewebte Bänder aus Polyestergarn, um ein Band mit hoher Schrumpfung herzustellen.
Typen 2 und 3: Gewebte Bänder mit thermisch vorfixiertem Garn, um ein Band mit niedriger Schrumpfung herzustellen.
*) Nationale Fußnote:
Typ 3 ist in Teil 1 nicht definiert.
Unterschied: Gleiche Schrumpfung und Zugfestigkeit wie Typ 2 bei geringerer Anzahl von Kettfäden/cm Bandbreite.

DIN EN 61067-1 (VDE 0338 Teil 1):1998-02   Februar 1998

Bestimmung für gewebte Bänder aus Textilglas oder Textilglas und Polyesterfilamenten
Teil 1: Definitionen, Klassifikation und allgemeine Anforderungen
(IEC 61067-1:1991)
Deutsche Fassung EN 61067-1:1997

2 + 6 Seiten EN, 1 Bild, 2 Tabellen, 2 Anhänge   Preisgruppe 5 K

Dieser Teil der IEC 61067 (VDE-Bestimmung) enthält die Anforderungen für gewebte Bänder, die auf herkömmlichen oder auf schützenlosen Webmaschinen entweder aus Glasfilamentgarnen/-zwirnen oder einer Kombination von Glas- und Polyesterfilamentgarnen/-zwirnen hergestellt wurden.
Die Norm gilt für folgende Nennmaße:
Breite: 10 mm bis 50 mm,
Dicke: 0,05 mm bis 0,40 mm.

Klassifizierung
Die Bänder werden nach folgenden Definitionen in drei Typen eingeteilt:
Typ 1: Bänder, die auf Webstühlen mit Schützen aus Glasfilamentgarnen/-zwirnen sowohl in Kett- als auch in Schußfadenrichtung gewebt sind.
Typ 2: Bänder, die auf schützenlosen Webstühlen aus Glasfilamentgarnen/-zwirnen sowohl in Kett- als auch in Schußfadenrichtung gewebt sind.
Typ 3: Bänder, die auf schützenlosen Webstühlen aus Glasfilamentgarnen/-zwirnen in der Kettfadenrichtung und aus Polyesterfilamentgarnen/-zwirnen in Schußfadenrichtung gewebt sind.

Allgemeine Anforderungen
Es sind Textilglasgarne aus Glasfilamenten zu verwenden, die maximal 0,1 % Alkali, umgerechnet auf Natriumoxid, enthalten.
Die Polyestergarne müssen aus Polyethylenterephthalat-(PET-)Filamenten bestehen und thermisch vorfixiert sein.
Die Bänder müssen gewebt und dürfen nicht kalandriert sein. Bei Bändern des Typs 1 muß eine Bindung mit echten, gleichmäßigen Webkanten vorliegen.
Bei den Bändern der Typen 2 und 3 müssen die Schußfäden an oder nahe der dem Schußeintrag gegenüberliegenden Webkante verhakt sein, um ein Ausfasern der Kante bei der Handhabung zu vermeiden. Wird ein Bindefaden, der aus organischem Werkstoff sein kann, verwendet, dann ist eine Verkreuzungsmethode anzuwenden, bei der der Faden sich nicht aus dem Bandverbund herauszupfen läßt.
Die Bänder sind nach dem Typ und der Nenndicke wie folgt zu kennzeichnen:
Typ 1: Ein einzelner, farbiger Glaskettfaden ist so einzuweben, daß er die Mittellinie des Bandes anzeigt.

Typ 2: Zwei farbige, nahe aneinander liegende Glaskettfäden sind so einzuweben, daß sie die Mittellinie des Bandes anzeigen.
Typ 3: Drei farbige, nahe aneinander liegende Glaskettfäden sind so einzuweben, daß sie die Mittellinie des Bandes anzeigen.

Erläuterungen
Diese Norm besteht aus folgenden drei Teilen:
Teil 1: Definitionen, Klassifikation und allgemeine Anforderungen,
Teil 2: Prüfverfahren,
Teil 3: Bestimmungen für einzelne Materialien.

Speziell zum hier verwendeten englischen Begriff „fibres" ist zu bemerken, daß es in Deutschland keinen Sammelbegriff für Filamentgarne und Filamentzwirne gibt. Es wird hierfür daher die Schreibweise Filamentgarne/-zwirne eingeführt.

Hinweis zum Umgang mit Chemikalien:
Der Umgang mit den in dieser Norm genannten Chemikalien muß mit entsprechender Sorgfalt erfolgen, und es sind in Deutschland bei der Entsorgung die diesbezüglichen Verordnungen zu beachten. Es wird daher in diesem Zusammenhang darauf hingewiesen, daß neben irgendwelchen Empfehlungen in anderen internationalen Normen die jeweils relevanten national bzw. regional gültigen Rechtsvorschriften zu beachten sind.

DIN EN 61067-2 (VDE 0338 Teil 2):1998-02   Februar 1998

Bestimmung für gewebte Bänder aus Textilglas oder Textilglas und Polyesterfilamenten

Teil 2: Prüfverfahren
(IEC 61067-2:1992)
Deutsche Fassung EN 61067-2:1997

2 + 8 Seiten EN, 1 Tabelle, 2 Anhänge   Preisgruppe 7 K

Diese Internationale Norm (VDE-Bestimmung) enthält die Anforderungen für gewebte Bänder, die auf herkömmlichen oder auf schützenlosen Webmaschinen entweder aus Glasfilamentgarnen/-zwirnen oder einer Kombination von Glas- und Polyesterfilamentgarnen/-zwirnen hergestellt wurden.
Dieser Teil der IEC 61067 enthält Prüfverfahren, um die Übereinstimmung mit den allgemeinen Anforderungen nach Teil 1 und mit den speziellen Anforderungen nach Teil 3 nachzuweisen.

Bestimmung der Anzahl von Kettfäden
Die Einzelkettfäden müssen unter normalen Raumbedingungen über die volle Bandbreite gezählt werden; die ermittelte Zahl wird durch die Nennbreite geteilt, wodurch sich die Anzahl der Kettfäden je 10 mm Nennbreite ergibt.

Bestimmung der Anzahl von Schußeinträgen
Die Schußeinträge müssen unter normalen Raumbedingungen über eine Bandlänge von mindestens 20 mm gezählt werden; der Mittelwert muß aus mindestens drei Einzelergebnissen, die an drei verschiedenen Stellen längs des Bandes durchgeführt wurden, berechnet werden.

Bestimmung der Dicke
Im allgemeinen ist die Dicke nach dem Verfahren nach ISO 5084 zu bestimmen.

Bestimmung der Breite
Es sind wahllos fünf Bandrollen zu entnehmen. Die Prüfung ist unter den üblichen Raumbedingungen wie in IEC 60212 durchzuführen.
Das Band ist abzuwickeln und auf eine glatte Oberfläche flach aufzulegen. Dabei ist das Band gerade so weit glattzuziehen, daß es flach und faltenfrei aufliegt.
Mit Hilfe eines Stahllineals mit Millimeter-Einteilung ist die Breite des Bandes zu messen.
An jeder der fünf ausgewählten Rollen werden Einzelstücke entnommen und daran zwei wahllose Messungen vorgenommen.
Der Mittelwert der beiden Messungen an jeder Rolle gilt als Ergebnis für die jeweilige Rolle.
Der Median der fünf Messungen gilt als Ergebnis der Breite des Bandes.

Bestimmung des Glühverlustes (Glas-Anteil)
Beachte die üblichen Vorsichtsmaßnahmen, um Verluste an der Probenmasse zu vermeiden.
Proben: Wenigstens 5 g der Masse des Bandes werden verwendet.
Die Probe ist in einem Wärmeschrank 1 h bei 80 °C ± 2 K zu trocknen. Dann wird die Probe in einem Exsikkator auf Raumtemperatur abgekühlt; sie ist herauszunehmen, und unmittelbar danach ist ihre Masse auf 1 mg zu bestimmen.
Die Probe wird in einen geeigneten Veraschungstiegel überführt; dieser wird für 2 h in einen Muffelofen bei einer Temperatur von 625 °C ± 20 K gestellt, um die organischen Anteile zu entfernen.
Nach dem Herausnehmen aus dem Ofen wird der Tiegel sofort in den Exsikkator gestellt. Sobald er sich abgekühlt hat, ist die Probe dem Tiegel zu entnehmen und ihre Masse umgehend auf 1 mg zu bestimmen.

Bestimmung der Zugfestigkeit
Im allgemeinen ist die Zugfestigkeit nach ISO 5081 zu bestimmen.

Bestimmung der elektrischen Leitfähigkeit eines wäßrigen Auszugs
Es ist eine Bandprobe von 7 g zu verwenden.
Die Bestimmung wird mit dem Band im Anlieferungszustand durchgeführt. An jedem der drei Auszüge ist eine Messung durchzuführen. Zunächst wird ein Blindversuch mit Wasser gemacht, das in dem zu benutzenden Kolben für 60 min ± 5 min gekocht wird. Ist die Leitfähigkeit des Wassers ≤ 200 µS/m, kann der Kolben benutzt werden. Ist die Leitfähigkeit größer als dieser Wert, dann muß der Kolben erneut mit einem frischen Wasseranteil ausgekocht werden. Übersteigt die Leitfähigkeit des zweiten Versuches den Wert 200 µS/m, dann muß ein neuer Kolben verwendet werden.
Die Prüfung am Band ist anschließend wie folgt durchzuführen:
Eine Probe ist in etwa 20 mm × 3 mm Stücke zu zerschneiden. Fülle 5 g in den 250-ml-Glaskolben mit Rückflußkühler ein und füge 100 ml Wasser hinzu, das eine Leitfähigkeit ≤ 200 µS/m aufweist. Das Wasser ist 60 min ± 5 min schwach zu kochen und dann im Kolben auf Raumtemperatur abkühlen zu lassen. Es ist notwendig, Vorsichtsmaßnahmen gegen die Absorption von Kohlendioxid aus der Luft zu treffen.
Der Auszug ist dann in den Meßbehälter umzugießen, um dort die Leitfähigkeit sofort zu bestimmen. Der Meßbehälter ist zweimal mit dem Auszug auszuspülen.
Die Messung der Leitfähigkeit ist bei 23 °C ± 0,5 K durchzuführen.

DIN EN 61067-3-1 (VDE 0338 Teil 3-1):1998-02 Februar 1998

Gewebte Bänder aus Textilglas oder Textilglas und Polyesterfilamenten

Teil 3: Bestimmungen für einzelne Materialien
Blatt 1: Bänder vom Typ 1, 2 und 3
(IEC 61067-3-1:1995)
Deutsche Fassung EN 61067-3-1:1995

2 + 6 Seiten EN, 6 Tabellen, 2 Anhänge Preisgruppe 8 K

Diese Internationale Norm (VDE-Bestimmung) enthält die Anforderungen für Bänder, die aus Textilglas oder Textilglas und Polyesterfilamenten hergestellt sind.

Anforderungen
Zusätzlich zu der Übereinstimmung mit den allgemeinen Anforderungen nach IEC 61067-1 müssen die Bänder die entsprechenden für ihren Typ genannten besonderen Anforderungen dieser Norm erfüllen.

Bänder des Typs 1
Diese Bänder werden auf herkömmlichen Webmaschinen mit Glasfasern gewebt. Die besonderen Anforderungen für diese Konstruktionsart und die Zugfestigkeit in Kettfadenrichtung sind in einer Tabelle angegeben.
Zusätzliche Anforderungen für Bänder des Typs 1 sind in **Tabelle I** angegeben.

Tabelle I Bänder des Typs 1

Eigenschaft	Anforderung
Glührückstand (Glasgehalt)	> 97,5 %
Auswirkung der Wärme in Luft	> 50 % [1])
elektrische Leitfähigkeit des wäßrigen Auszugs	< 15 mS/m
1) Verringerung der Zugfestigkeit.	

Bänder des Typs 2
Diese Bänder werden auf schützenlosen Webstühlen mit Glasfasern gewebt. Die besonderen Anforderungen für die Zugfestigkeit in Kettrichtung für Bänder des Typs 2 sind in einer Tabelle angegeben.
Zusätzliche Anforderungen für Bänder des Typs 2 sind in **Tabelle II** angegeben.

Tabelle II Bänder des Typs 2

Eigenschaft	Anforderung
Kettfäden	Nenndicke in mm < 0,13 > 25 Fäden/cm ≥ 0,13 > 20 Fäden/cm
Schußfäden	Nenndicke in mm < 0,13 > 14 Schußfäden/cm ≥ 0,13 > 10 Schußfäden/cm
Glührückstand (Glasgehalt)	> 97,5 %
Auswirkung der Wärmeeinwirkung in Luft	> 50 % [1])
elektrische Leitfähigkeit des wäßrigen Auszugs	< 15 mS/m
1) Verringerung der Zugfestigkeit.	

Bänder des Typs 3
Diese Bänder werden auf schützenlosen Webmaschinen gewebt mit Glasfasern als Kettfaden und Polyesterfasern als Schußfaden.
Die besonderen Anforderungen für die Zugfestigkeit in Kettfadenrichtung für Bänder des Typs 3 sind in einer Tabelle angegeben.
Zusätzliche Anforderungen für Bänder des Typs 3 sind in **Tabelle III** angegeben.

Tabelle III Bänder des Typs 3

Eigenschaft	Anforderung
Kettfäden	Nenndicke in mm < 0,13 > 25 Fäden/cm ≥ 0,13 > 20 Fäden/cm
Schußfäden	Nenndicke in mm < 0,13 > 14 Schußfäden/cm ≥ 0,13 > 10 Schußfäden/cm
Auswirkung der Wärmeeinwirkung in Luft	< 5 % [1])
elektrische Leitfähigkeit des wäßrigen Auszugs	< 15 mS/m
1) Grenzwert des Verlustes in der Breite.	

Beiblatt 1 zu DIN EN 60454 (**Beiblatt 1 zu VDE 0340**):1997-05   Mai 1997

Selbstklebende Isolierbänder
für elektrotechnische Anwendungen
Verzeichnis einschlägiger Normen
(Stand: März 1997)

5 Seiten, 2 Tabellen, 1 Anhang   Preisgruppe 5 K

Dieses Beiblatt enthält Informationen zu den Normen der Reihen DIN EN 60454 (VDE 0340), jedoch keine zusätzlich genormten Festlegungen.

Es besteht aus zwei Tabellen:
- Tabelle 1: Stand der Revision der Reihe IEC 454 (März 1997),
- Tabelle 2: Vergleich Bandtypenzuordnung nach VDE „alt" und IEC 454 „neu".

Zwischen den „alten" Bandtypen nach DIN 40633-1 (VDE 0340 Teil 1):1975-05 und den von IEC geplanten Typen besteht der in einer Tabelle dargestellte Zusammenhang.

DIN EN 60454-1 (VDE 0340 Teil 1):1997-05 Mai 1997

Bestimmungen für selbstklebende Isolierbänder für elektrotechnische Anwendungen

Teil 1: Allgemeine Anforderungen
(IEC 454-1:1992)
Deutsche Fassung EN 60454-1:1994

2 + 6 Seiten EN, 2 Tabellen, 2 Anhänge   Preisgruppe 7 K

Dieser Teil der IEC 454 (VDE 0340) gehört zu einer Reihe, die sich mit den charakteristischen Eigenschaften von selbstklebenden Isolierbändern für elektrotechnische Anwendungen befaßt.
Die Norm besteht aus drei Teilen:
Teil 1: Allgemeine Anforderungen (IEC 454-1),
Teil 2: Prüfverfahren (IEC 454-2),
Teil 3: Anforderungen für einzelne Materialien (IEC 454-3).
Dieser Teil der IEC 454 (VDE-Bestimmung) legt die allgemeinen Anforderungen für selbstklebende Isolierbänder für elektrotechnische Anwendungen fest.

Selbstklebende Bänder
Kategorie von Bändern, die ein- oder beidseitig mit einem bei Raumtemperatur dauerhaft selbsthaftenden Klebstoff beschichtet sind. Sie benötigen keinerlei Aktivierung durch Wasser, Lösemittel oder Wärme, um mit Finger- oder Handdruck dauerhaft auf einer Vielzahl von verschiedenen Oberflächen zu haften.

Einteilung und Bezeichnung
Das Band muß folgendermaßen klassifiziert werden:
a) Art und Beschaffenheit des Trägermaterials;
b) Temperaturindex des Selbstklebebands;
c) Beschaffenheit des Klebstoffs;
d) Das Hinzufügen von „2" am Ende der Bezeichnung besagt, daß das Band beidseitig mit Klebstoff beschichtet ist.
Die einzelnen Bandtypen können durch Verwendung der Kurzzeichen für die Art und Beschaffenheit des Trägermaterials nach **Tabelle 1,** gefolgt von den Zahlen für den Temperaturindex, und den Kurzzeichen für den Klebstoff nach **Tabelle 2** gekennzeichnet werden.

Tabelle 1 Einteilung und Kennzeichnung des Trägermaterials

Form des Trägermaterials	Kurzzeichen	Art des Trägermaterials	Kurzzeichen
Gewebe	C	Baumwolle oder Viskose	C
		Baumwolle oder Viskose, behandelt	Ct
		Zelluloseacetat	CA
		Glasgewebe	G
		Glasgewebe, behandelt	Gt
		Baumwolle oder Viskose, beschichtet	Cs
Faservliesstoff oder Papier	P	Zellulosepapier	C
		Zellulosepapier, gekreppt	Cc
		Polyamid-(Aromatik-)Papier	PAa
		Polyesterfasermatte	PET
Kunststoffe, Folien oder Blattware	F	Polyethylen	PE
		Polypropylen	PP
		Poly(vinylchlorid)	PVC
		Poly(vinylchlorid), weichmacherfrei	PVCp
		Zelluloseacetat	CA
		Poly(ethylenterephthalat) (Polyester)	PET
		Poly(tetrafluorethylen)	PTFE
		Polyvinylfluorid	PVF
		Polycarbonat	PC
		Polyimid	PI
		Zelluloseacetobutyrat	CAB
		Epoxid	EP
Werkstoffverbunde, mehrlagige Erzeugnisse	M	Kombinationen der unter C, P und F aufgeführten Komponenten	

Tabelle 2 Kennzeichnung der Klebstoffe

Klebstoffe müssen sowohl durch die Polymertypen als auch die Eigenschaften gekennzeichnet werden.
Polymertyp   Eigenschaften   R = Kautschuk   Tp = thermoplastisch*)   A = Acrylate   Tc = warmhärtend**)   S = Silikon   Tx = vernetzt***)   O = andere
*)   **thermoplastisch:** Fähig, in einem für den Kunststoff charakteristischen Temperaturbereich wiederholbar durch Erwärmung erweicht und durch Abkühlung verfestigt zu werden und, im erweichten Zustand, wiederholbar durch Materialfluß in Formteile durch Gießen, Extrudieren oder Verformen gebracht zu werden (ISO 472).   **) **warmhärtend:** Fähig, in ein stofflich nicht erweichbares und unlösliches Produkt umgesetzt zu werden, wenn durch Wärme oder andere Maßnahmen wie Strahlung, Katalysatoren usw. vernetzt wird (ISO 472).   ***) **vernetzt:** Verbesserte Lösemittelbeständigkeit und erhöhte Erweichungstemperatur gegenüber dem thermoplastischen Typ (Tp) ohne nachträgliche Wärmebehandlung. Allerdings kann Wärmebehandlung die Lösemittelbeständigkeit noch weiter erhöhen.

Bezeichnungsbeispiele:

Kurzzeichen	Beschreibung		Kurzzeichen	Beschreibung	
P-Cc/90/R-Tp	P	Faservliesstoff oder Papier	F-PET/130/A-Tx	F	Kunststoffolie
	Cc	Kreppapier		PET	Poly(ethylenterephthalat)
	90	Temperaturindex		130	Temperaturindex
	R	Kautschukklebersystem		A	Acrylatkleber
	Tp	thermoplastischer Klebstoff		Tx	vernetzter Klebstoff

Änderung
Gegenüber DIN 40633-1 (VDE 0340 Teil 1):1975-05, DIN 40633-2:1967-07 bzw. DIN VDE 0340-2 (VDE 0340 Teil 2):1967-07 und DIN 40633-3:1970-07 bzw. DIN VDE 0340-3 (VDE 0340 Teil 3):1970-08 wurde folgende Änderung vorgenommen:
Die internationalen Festlegungen der IEC 454 wurden unverändert übernommen.

DIN EN 60454-2 (VDE 0340 Teil 2):1997-05   Mai 1997

Bestimmung für selbstklebende Bänder für elektrotechnische Anwendungen

Teil 2: Prüfverfahren
(IEC 454-2:1994)
Deutsche Fassung EN 60454-2:1995

4 + 28 Seiten EN, 11 Bilder, 1 Tabelle, 3 Anhänge   Preisgruppe 19 K

Dieser Teil der IEC 454 (VDE-Bestimmung) legt die folgenden Prüfverfahren für selbstklebende Bänder für elektrotechnische Anwendungen fest.

Konditionierung und Herstellung der Prüflinge
Bestimmung der Dicke
Bestimmung der Breite
Bestimmung der Länge der Rolle
Korrosionsbezogene Eigenschaften
Reißfestigkeit und Bruchdehnung
Eigenschaften bei niedrigen Temperaturen
Eindringwiderstand bei erhöhten Temperaturen
Klebkraft
Klebkraft von der Bandrückseite bei niedrigen Temperaturen
Scherkraft zur Rückseite nach Lagerung in Flüssigkeit
Härtungseigenschaften wärmehärtender Bänder
Flagging
Wasserdampfdurchlässigkeit
Durchschlagfestigkeit
Durchschlagfestigkeit nach Konditionierung im feuchten Klima
Widerstand gegen Flammausbreitung
Flammprüfung
Thermisches Langzeitverhalten

Änderungen
Siehe DIN EN 60454-1 (VDE 0340 Teil 1):1997-05.

DIN EN 60454-3-10 (VDE 0340 Teil 3-10):1997-05   Mai 1997

Selbstklebende Bänder für elektrotechnische Anwendungen
Teil 3: Bestimmungen für einzelne Materialien
Blatt 10: Anforderungen für Zelluloseacetat-butyrat-Bänder mit
wärmehärtendem Kautschuk-Klebstoff
(IEC 454-3-10:1995)
Deutsche Fassung EN 60454-3-10:1995

2 + 6 Seiten EN, 1 Tabelle, 2 Anhänge   Preisgruppe 7 K

Dieses Blatt der IEC 454-3 (VDE-Bestimmung) enthält die Anforderungen für selbstklebende Bänder, die aus Zelluloseacetat-butyrat-Folien mit wärmehärtender Klebstoffschicht hergestellt werden.
Bandtypen, die dieser Norm entsprechen, erfüllen festgelegte Anforderungen. Allerdings sollte der Verbraucher bei der Auswahl eines Bandtyps für eine spezielle Anwendung die tatsächlichen Anforderungen berücksichtigen, die für diesen Anwendungsfall notwendig sind und nicht nur durch diese Norm erfaßt werden.

Anforderungen
Die physikalischen und elektrischen Eigenschaften der Erzeugnisse, die nach dieser Norm geliefert werden, müssen im Bereich der in **Tabelle 1** genannten Grenzen liegen.
Wenn es vom Käufer gefordert wird, muß der Hersteller für das thermische Langzeitverhalten den Nachweis erbringen, daß das Erzeugnis, wenn es nach IEC 454-2 geprüft wird, einen Temperaturindex nicht kleiner als 120 hat. Die Lagerungstemperaturen sind: 130 °C, 140 °C und 160 °C.
Es ist folgendes Grenzwertkriterium zu verwenden:
- für die Durchschlagspannung: 2,0 kV (Metallfolien-Elektrode)

Tabelle 1

Eigenschaften	Einheiten	Anforderungen
Dicke	mm	Nennwert nach Vorgabe durch den Hersteller ± 0,01 mm oder ± 15 %, je nachdem, welcher Wert größer ist.
Breite	mm	IEC 454-1
Länge	m	IEC 454-1
Elektrolytische Korrosion Isolationswiderstand nach 24 h bei (23 ± 2) °C und (93 ± 2) % relative Luftfeuchte oder Sichtprüfung	Ω/25 mm Breite	mindestens 1×10^9 Der Grad darf nicht schlechter sein als A 1,4 (siehe IEC 426)
Reißfestigkeit	N/10 mm Breite	mindestens 300 je mm Banddicke
Bruchdehnung	%	mindestens 6
Klebkraft auf Stahl	N/10 mm Breite	mindestens 2,5
Klebkraft zur Bandrückseite	N/10 mm Breite	mindestens 1,5
Scherkraft zur Rückseite nach Lagerung in Flüssigkeit 25 % Xylol; 75 % Heptan	N	mindestens 0,5
Trennkraft nach Temperatureinwirkung		drei Prüfungen müssen bestanden werden
Flagging	mm	maximal 2
Durchschlagfestigkeit bei Raumtemperatur • nach Konditionierung im feuchten Klima	kV/mm	mindestens 50 mindestens 20
thermisches Langzeitverhalten		siehe Text

Änderungen
Siehe DIN EN 60454-1 (VDE 0340 Teil 1):1997-05.

DIN EN 60454-13 (VDE 0340 Teil 3-13):1997-05 Mai 1997

Selbstklebende Bänder für elektrotechnische Anwendungen

Teil 3: Bestimmungen für einzelne Materialien
Blatt 13: Anforderungen für Bänder mit Trägern aus
Zellwoll-Baumwoll-Mischgewebe, die auf der einen Seite
mit einem thermoplastischen Material versehen sind
und auf der anderen mit wärmehärtendem Kautschuk-Klebstoff
(IEC 454-3-13:1995)
Deutsche Fassung EN 60454-3-13:1995

2 + 6 Seiten EN, 1 Tabelle, 2 Anhänge   Preisgruppe 7 K

Dieses Blatt der IEC 454-3 (VDE-Bestimmung) enthält die Anforderungen für Bänder mit Trägern aus Zellulose-Baumwoll-Mischgewebe, die auf der einen Seite mit einer Kunststoffschicht und auf der anderen Seite mit einem wärmehärtenden Kautschuk-Klebstoff versehen sind.
Bandtypen, die dieser Norm entsprechen, erfüllen festgelegte Anforderungen. Allerdings sollte der Verbraucher bei der Auswahl eines Bandtyps für eine spezielle Anwendung die tatsächlichen Anforderungen berücksichtigen, die für diesen Anwendungsfall notwendig sind und nicht nur durch diese Norm erfaßt werden.

Anforderungen
Die physikalischen und elektrischen Eigenschaften der Erzeugnisse, die nach dieser Norm geliefert werden, müssen im Bereich der in **Tabelle 1** genannten Grenzen liegen.
Falls vom Käufer gefordert, muß der Hersteller für das thermische Langzeitverhalten den Nachweis erbringen, daß das Erzeugnis, wenn es nach IEC 454-2 geprüft wird, einen Temperaturindex nicht kleiner als 105 hat. Die Lagerungstemperaturen sind: 120 °C, 130 °C und 140 °C.
Es sind folgende Grenzwertkriterien zu verwenden:
• für die Durchschlagspannung: 1,0 kV (zur Prüfung der Durchschlagspannung muß eine Metallfolien-Elektrode verwendet werden) und
• für den Masseverlust: 20 %.

Tabelle 1

Eigenschaften	Einheiten	Anforderungen
Dicke	mm	Nennwert 0,25 mm bis 0,35 mm, Grenzabweichung ± 0,03 mm oder ± 15 %, je nachdem, welcher Wert größer ist.
Breite	mm	IEC 454-1
Länge	m	IEC 454-1
Elektrolytische Korrosion Isolationswiderstand nach 24 h bei (23 ± 2) °C und (93 ± 2) % relative Luftfeuchte oder	Ω/25 mm Breite	mindestens 1×10^5
Sichtprüfung		Der Grad darf nicht schlechter sein als B4 (siehe IEC 426)
Reißfestigkeit	N/10 mm Breite	mindestens 80 je mm Banddicke
Klebkraft auf Stahl	N/10 mm Breite	mindestens 2,6
Klebkraft zur Bandrückseite	N/10 mm Breite	mindestens 2,5
Scherkraft zur Rückseite nach Lagerung in Flüssigkeit 25 % Xylol; 75 % Heptan	N	mindestens 30
Trennkraft nach Temperatureinwirkung		drei Prüfungen müssen bestanden werden
Flagging	mm	maximal 1
Durchschlagfestigkeit bei Raumtemperatur		mindestens 10
• nach Konditionierung im feuchten Klima	kV/mm	mindestens 3
thermisches Langzeitverhalten		siehe Text

Änderungen
Siehe DIN EN 60454-1 (VDE 0340 Teil 1):1997-05.

DIN IEC 1033 (VDE 0362 Teil 1):1997-10   Oktober 1997

Prüfverfahren zur Bestimmung der Verbackungsfestigkeit von Imprägniermitteln auf einem Lackdraht-Substrat
(IEC 1033:1991)

14 Seiten, 9 Bilder, 1 Anhang   Preisgruppe 12 K

Diese Norm (VDE-Bestimmung) beschreibt drei Prüfverfahren zum Ermitteln der Verbackungsfestigkeit von Imprägniermitteln wie lösemittelhaltigen Tränklacken und lösemittelfreien Harzen auf einem Lackdraht-Substrat. Die Verbakkungsfestigkeit kann abhängen von der Härtung, von der Prüftemperatur, von der thermischen Alterung und, bei gegebenem Imprägniermittel, von der Art des ausgewählten Lackdrahts.
Diese drei Prüfverfahren erfassen den allgemein gültigen Stand der Technik hinsichtlich der Prüfung der Verbackungsfestigkeit. Für eine bestimmte Werkstoffgruppe kann eines dieser Prüfverfahren als Referenzverfahren entsprechend einer Anforderung im betreffenden Anforderungsblatt festgelegt werden.

Verfahren A: Prüfung mit dem Drillstab
Bei dieser Prüfung wird eine verdrillte Spule aus einem lackisolierten Wickeldraht von 0,315 mm Durchmesser imprägniert und gehärtet. Die größte Kraft, die zum Bruch der Spule führt, ist ein Maß für die Verbackungsfestigkeit.
Der Probekörper wird in das Prüfgerät gelegt, und die Vorschubgeschwindigkeit wird so gewählt, daß die maximale Kraft nach etwa 1 min erreicht wird.
Für Prüfungen bei erhöhten Temperaturen darf eine Heizkammer vorgesehen werden, die mit dem Prüfgerät verbunden ist. Vor Beginn der Prüfung muß der Probekörper lange genug in der Heizkammer bei der Prüftemperatur gelagert werden, um sicherzustellen, daß er diese Temperatur angenommen hat. Darüber hinausgehendes Warmlagern kann die Eigenschaft des Probekörpers beeinflussen.
Das Prüfergebnis der Verbackungsfestigkeit ist der Median der fünf Einzelwerte in Newton.

Verfahren B: Prüfung mit der Drahtwendel
Bei dieser Prüfung wird eine Drahtwendel aus einem Draht von 1 mm Nenndurchmesser imprägniert und gehärtet. Die Kraft, die zum Bruch der Wendel führt, ist ein Maß für die Verbackungsfestigkeit.
Der Probekörper wird in das Prüfgerät gelegt, und die Vorschubgeschwindigkeit wird so gewählt, daß die maximale Kraft nach etwa einer Minute erreicht wird.
Für Prüfungen bei erhöhten Temperaturen ist eine Heizkammer vorgesehen, die mit dem Prüfgerät verbunden ist. Vor Beginn der Prüfung ist der Probekörper bei der Prüftemperatur lange genug in der Heizkammer zu lagern, um sicherzustellen, daß er diese Temperatur angenommen hat.

Das Prüfergebnis der Verbackungsfestigkeit ist der Median der fünf Einzelwerte in Newton.

Verfahren C: Prüfung mit dem Drahtbündel
Bei dieser Prüfung wird ein Drahtbündel aus Draht von 2 mm Nenndurchmesser imprägniert und gehärtet. Die Kraft, die erforderlich ist, um den zentralen Draht aus dem Bündel herauszuziehen, ist ein Maß für die Verbackungsfestigkeit.
Der Probekörper wird in einer Zerreißmaschine mittels einer besonderen Aufnahmevorrichtung auseinandergezogen, die es gestattet, den vorstehenden Draht in der Meßklemme und das Drahtbündel in der Halterung aufzunehmen, die in der gegenüberliegenden Klemme an der Zerreißmaschine befestigt ist. Probekörper nach einer anderen Vorgehensweise werden mit beiden Enden in die Klemmen der Zerreißmaschine gespannt und auseinandergezogen. Nach sorgfältiger Befestigung des Probekörpers wird die Vorschubgeschwindigkeit so gewählt, daß die maximale Kraft nach etwa 1 min erreicht wird.
Für Prüfungen bei erhöhten Temperaturen ist eine Heizkammer vorgesehen, die mit dem Prüfgerät verbunden ist. Vor Beginn der Prüfung ist der Probekörper lange genug bei der Prüftemperatur in der Heizkammer zu lagern, um sicherzustellen, daß er diese Temperatur angenommen hat.
Das Prüfergebnis der Verbackungsfestigkeit ist der Median der fünf Einzelwerte in Newton.

DIN IEC 60970 (VDE 0370 Teil 14):1998-01   Januar 1998

Verfahren zur Bestimmung der Anzahl und Größen von Teilchen in Isolierflüssigkeiten
(IEC 60970:1989)

15 Seiten, 3 Anhänge   Preisgruppe 11 K

Diese Norm (VDE-Bestimmung) beschreibt Probenahmeverfahren und Methoden zur Bestimmung der Teilchenkonzentration und der Teilchengrößenverteilung. Es werden drei Verfahren empfohlen: Bei dem ersten wird ein automatischer Teilchengrößenanalysator verwendet, der nach dem Prinzip der Lichtstrahlunterbrechung arbeitet, bei den anderen beiden ein Mikroskop, wobei die Teilchen auf einer Filtermembrane im ein- oder durchfallenden Licht gezählt werden. Die letzten zwei Verfahren sind in ISO/DIS 4407 und ISO/DIS 4408 beschrieben. Alle Verfahren sind auf neue und in Betrieb befindliche Flüssigkeiten anwendbar.

Zweck
Es ist bekannt, daß die Durchschlagfestigkeit von Isolierflüssigkeiten durch Teilchenverunreinigungen beeinträchtigt wird. Deshalb findet sich in den Normen für Isolierflüssigkeiten seit langem die Vorschrift, daß die Flüssigkeit klar und frei von sichtbaren Teilchenverunreinigungen sein muß. Für deren quantitative Bestimmung gab es bisher kein genormtes Verfahren; die in der Praxis angewandten Verfahren unterscheiden sich deshalb stark. Die vorliegende Norm schlägt vereinheitlichte Verfahren zur Durchführung der Prüfung vor.
Die Filtration von Isolierflüssigkeiten ist ein in der Elektrotechnik eingeführtes Verfahren. Die hier beschriebenen Prüfverfahren können dazu dienen, die Wirksamkeit des Filtrationssystems zu beurteilen. Die Ergebnisse der Messungen hängen von dem angewandten Verfahren ab. Bei automatischen Teilchenzählgeräten hängt der Meßwert vom Kalibrierverfahren und insbesondere vom Kalibrierstandard ab (A.C.F.T.D. oder Latex-Standards). Es ist deshalb wichtig, daß im Analysenbericht sowohl das Prüf- als auch das Kalibrierverfahren angeführt sind.

Teilchenarten und deren Identifikation
Die in Isolierflüssigkeiten zu findenden Teilchen können Metallbearbeitungsrückstände, wie z. B. Eisen-, Kupfer-, Messing- und Aluminiumteilchen, Schweißschlacke und Sandstrahlmaterial, sein. Metallteilchen können auch als Metallabrieb von Pumpen stammen. Andere Arten von Teilchenverunreinigungen sind Schlamm aus Ölalterung oder Ruß aus Entladungen, ferner Zellulosefasern, Sand, Staub und Harz-, Plastik- oder Gummiteilchen.

Verfahren A

Bestimmung der Anzahl und Größen von Teilchen in Isolierflüssigkeiten mittels eines automatischen Teilchenzählers

Die Probe wird geschüttelt, um die Teilchen zu suspendieren, und dann mit angemessenem Durchfluß durch die Sensoreinheit des Teilchenzählers geschickt. Wenn das vorgeschriebene Flüssigkeitsvolumen den Sensor passiert hat, wird die Zählung beendet und das Ergebnis ausgegeben.

Verfahren B

Bestimmung der Anzahl und Größen von Teilchen in Isolierflüssigkeiten mittels Mikroskop

Ein bekanntes Volumen der Isolierflüssigkeit wird unter Vakuum durch ein Membranfilter filtriert, wobei sich die festen Verunreinigungen auf der Filteroberfläche ansammeln. Die Membrane wird dann zwischen zwei Objektträgern plaziert, in ein- oder durchfallendem Licht mikroskopiert, und Anzahl und Größen der Teilchen werden bestimmt.

Die Bestimmung der Anzahl und Größen von Teilchen mittels Mikroskopie in **durchfallendem** Licht wird nach dem in ISO/DIS 4407 beschriebenen Verfahren ausgeführt.

Die Bestimmung der Anzahl und Größen von Teilchen mittels Mikroskopie in **einfallendem** Licht wird nach dem in ISO/DIS 4408 beschriebenen Verfahren ausgeführt.

DIN EN 61619 (VDE 0371 Teil 8):1998-02 Februar 1998

Isolierflüssigkeiten

Verunreinigung durch polychlorierte Biphenyle (PCBs)

**Verfahren zur Bestimmung mittels Kapillar-Gaschromatographie
(IEC 61619:1997)
Deutsche Fassung EN 61619:1997**

2 + 28 Seiten EN, 4 Bilder, 6 Tabellen, 5 Anhänge, 7 Literaturquellen

Preisgruppe 20 K

Diese Europäische Norm (VDE-Bestimmung) beschreibt eine Methode für die Bestimmung der Konzentration von Polychlorbiphenylen (PCB) in nicht halogenierten Isolierflüssigkeiten mittels hochauflösender Kapillar-Gaschromatographie unter Verwendung eines Elektroneneinfangdetektors (ECD).
Die Methode liefert den Gesamt-PCB-Gehalt. Sie ist besonders nützlich, wenn eine detaillierte Analyse der PCB-Congenere erforderlich ist. Andere Methoden, wie z. B. die nach IEC 60997, können verwendet werden, wenn eine weniger genaue Analyse ausreichend ist.
Die Methode ist anwendbar auf neue, regenerierte (entchlorte und chemisch und/oder physikalisch behandelte) oder gebrauchte Isolierflüssigkeiten, die mit PCB verunreinigt sind.

Definitionen

Polychlorbiphenyl (PCB)
Ein mit ein bis zehn Chloratomen substituiertes Biphenyl.

Congenere
Alle Chlorderivate des Biphenyls, unabhängig von der Zahl der Chloratome, werden als Congenere bezeichnet.
Anmerkung: Es gibt 209 mögliche PCB-Congenere. Sie sind in einer Tabelle aufgelistet.

Grundlage des Verfahrens
Die PCB-Congenere werden durch temperaturprogrammierte Gaschromatographie bestimmt. Der Gaschromatograph ist mit einer hochauflösenden Kapillartrennsäule ausgerüstet, um die PCB in einzelne oder in kleine Gruppen überlappender Congenere zu trennen.
Die Empfindlichkeit des ECD kann durch die Gegenwart von Mineralöl verringert werden. Um diesen Effekt auf ein Minimum zu reduzieren, wird bei der vorliegenden Methode die Probe auf ein Hundertstel verdünnt.
Um die Berechnung der experimentellen relativen Retentionszeiten (ERRT) zu ermöglichen – die zur Identifizierung einzelner oder kleiner Gruppen unaufgelö-

ster Congenere mit einer Datenliste von Peak-ERRT verglichen werden –, werden Referenz-Verbindungen herangezogen. Für die quantitative Bestimmung wird ein innerer Standard hinzugefügt.
Relative Responsefaktoren (RRF) aus der Literatur, korrigiert mittels experimenteller, an Referenz-Verbindungen gewonnener Responsefaktoren (ERRF), werden auf die identifizierten Peaks zur Quantifizierung des einzelnen (oder Gruppen von) Congeneren angewandt; die erhaltenen Werte werden zum Gesamt-PCB-Gehalt aufaddiert.

Probe
Die Probenahme muß in Übereinstimmung mit den in IEC 60475 beschriebenen Verfahren ausgeführt werden.
Um das Verunreinigen von Proben durch Verschleppen von Verunreinigungen zu vermeiden, wird empfohlen, nur Hilfsmittel (Schläuche, Anschlußstücke, Korken, Verbindungen usw.) zur einmaligen Verwendung zu benutzen, die die Messungen nicht beeinträchtigen.

Datenverarbeitungssystem
Das System sollte nach den Anleitungen des Herstellers betriebsbereit gemacht werden. Die meisten Systeme erfordern die Bestimmung eines Minimums zweier Referenzpunkte einschließlich des inneren Standards.
Die Methode benötigt Datensätze, die experimentelle Daten (ERRT) und Daten aus der Literatur enthalten. Für jeden Peak, bestehend aus einzelnen oder zusamenluierenden Congeneren, sind die folgenden Daten in der Reihenfolge ansteigender ERRT zu speichern:
• Experimentelle relative Retentionszeiten (ERRT);
• Congeneren-Nummern;
• Relative Responsefaktoren (RRF).
Es ist möglich, daß unter einem Peak mehr als ein Congener eluiert; das Programm sollte Peaks zusammenfassen, falls sie innerhalb eines Fensters von ± 0,0015 des RRT fallen. Entnehme die RRT der einzelnen Congeneren und die Elutions-Reihenfolge einer Tabelle.

Prüfungen der Funktionstüchtigkeit
Bei anfänglicher Anwendung dieser Methode, ferner nach größeren Reparaturen und nach Austausch kritischer Gerätekomponenten (insbesondere des ECD und von Trennsäulen) sollte jedes Laboratorium, das diese Methode benutzt, ein Programm zur Kontrolle der Funktionstüchtigkeit ausführen. Es sollte die Kontrolle der Empfindlichkeit, der Auflösung und des linearen Bereichs umfassen. Es wird empfohlen, die Funktionstüchtigkeit routinemäßig in geeigneten Zeitabständen zu überwachen.

Sicherheitsvorkehrungen
Beachte die normalen Laborsicherheitsvorschriften, trage Handschuhe, die beständig sind gegen Mineralöl und Lösemittel aus leichten Kohlenwasserstof-

fen. Verwende am Arbeitsplatz nur kleine Mengen entflammbarer Lösemittel. Verarbeite größere Mengen im Abzug.
Der gebührende Umgang mit den PCBs und den mit PCB verunreinigten Geräten sowie deren Entsorgung ist nach den örtlichen Vorschriften sicherzustellen.

Nachweisgrenze
Die Nachweisgrenze hängt von mehreren Faktoren ab, so vom Einspritzvolumen, von der Einspritztechnik, vom Zustand des Detektors usw. Die Nachweisgrenze für einen einzelnen Peak liegt bei etwa 0,1 mg/kg. Es ist festgestellt worden, daß Angaben über den Gesamt-PCB-Gehalt nur bei Werten über 2 mg/kg zuverlässig sind.

Präzision

Wiederholgrenze
Zwei Ergebnisse, die vom selben Prüfer erzielt wurden, sollten als fragwürdig angesehen werden – mit einem Vertrauenslevel von 95 % –, wenn sie sich um mehr als $2 + 0,1\ x$ unterscheiden (wobei x der Mittelwert der beiden Ergebnisse ist).

Vergleichsgrenze
Führen zwei Laboratorien an einer identischen Probe Bestimmungen aus, so muß ein jedes zwei Ergebnisse liefern und ihren Mittelwert angeben.
Die beiden Mittelwerte sollten als fragwürdig angesehen werden – mit einem Vertrauenslevel von 95 % –, wenn sie sich um mehr als $2 + 0,25\ x$ unterscheiden (wobei x der Mittelwert beider Mittelwerte ist).

Erläuterungen

Hinweis zum Umgang mit Chemikalien:
Der Umgang mit den in dieser Norm genannten Chemikalien muß mit entsprechender Sorgfalt erfolgen, und es sind in Deutschland bei der Entsorgung die diesbezüglichen Verordnungen zu beachten. Es wird daher in diesem Zusammenhang darauf hingewiesen, daß neben irgendwelchen Empfehlungen in anderen internationalen Normen die jeweils relevanten national bzw. regional gültigen Rechtsvorschriften zu beachten sind.

1.4 Messen · Steuern · Regeln
Gruppe 4 des VDE-Vorschriftenwerks

DIN EN 61010-2-042 (**VDE 0411 Teil 2-042**):1997-10   Oktober 1997

Sicherheitsbestimmungen
für elektrische Meß-, Steuer-, Regel- und Laborgeräte

Teil 2-042: Besondere Anforderungen an Autoklaven und Sterilisatoren bei Verwendung toxischer Gase zur Behandlung medizinischer Materialien und für Laboranwendungen
(IEC 61010-2-042 : 1997)
Deutsche Fassung EN 61010-2-042 : 1997

3 + 19 Seiten EN, 4 Anhänge   Preisgruppe 14 K

Die vorliegende Norm (VDE-Bestimmung) gilt für Autoklaven und Sterilisatoren, einschließlich solcher mit einem automatischen Lade- und Entladesystem, die einen Druckbehälter haben, mit toxischen Gasen arbeiten und für die Behandlung medizinischen Materials sowie für Laborprozesse, z. B. für Sterilisationsvorgänge, vorgesehen sind.

Die Abschnitte dieser Norm ergänzen oder ersetzen die entsprechenden Abschnitte in DIN EN 61010-1 (VDE 0411 Teil 1).

Autoklav: Gerät, das einen Druckbehälter oder Vakuumbehälter enthält, um eine Ladung einer vorgeschriebenen Kombination von Behandlungen, z. B. Sterilisation, auszusetzen.

Sterilisator: Gerät, das konstruiert ist, eine Ladung bis zu einem festgelegten Grad von vermehrungsfähigen Mikroorganismen zu befreien.

Anmerkung: In der Praxis kann ein solch absoluter Zustand nicht erreicht werden, so daß die Sterilität in Wahrscheinlichkeitsgrößen angegeben wird.

Warnhinweise

Bei Autoklaven, die mit einer verriegelbaren Vorrichtung zur Verhinderung des Türschließens ausgerüstet sind, muß der Benutzer mittels Warnhinweis davon in Kenntnis gesetzt werden, daß vor dem Betreten der Kammer die Vorrichtung zu verriegeln und der Schlüssel oder andere Hilfsmittel zur Verriegelung der Vorrichtung während des Aufenthalts in der Kammer ständig bei sich zu tragen ist.

Durch dauerhafte und gut sichtbare Warnhinweise an einem Punkt des Geräts, der für den Benutzer gut sichtbar ist, müssen gefährliche Eigenschaften des verwendeten Sterilisiergases, z. B. Entzündlichkeit und Toxizität (Giftigkeit), angegeben werden und, falls es räumlich möglich ist, Hinweise zur Vorsorge gegen Gefährdungen gegeben werden. Der Benutzer ist zur näheren Information auf die Betriebsanleitung zu verweisen.

Schutz gegen mechanische Gefährdung

Türschließmechanismus
Ein Einzelfehler in einem Türschließmechanismus darf zu keiner Gefahr führen.
Verschleiß an Gewindeteilen des Türschließmechanismus darf nicht zu einem Ausfall führen.
Anmerkung: Geeignete Gewinde sind in ISO 2901, 2902, 2903 und 2904 angegeben.
Prüfung durch Fehleranalyse an den Türschließmechanismen.

Kraftbetätigte Türen
Autoklaven sind mit mindestens einer leicht zugängigen und auffällig angeordneten Abschaltvorrichtung für jede Tür auszustatten. Die Vorrichtungen dürfen sich nicht selbst zurückstellen. Wenn eine der Vorrichtungen betätigt wird:
a) darf irgendeine Restbewegung der Tür zu keiner Gefahr führen;
b) müssen alle sonstigen, der Sicherheit dienenden Zubehörteile in einen sicheren Zustand zurückkehren, z. B. Ventile und Dichtungen, die zur Steuerung/Regelung von Sterilisiergas, Dampf, Flüssigkeiten und kontaminierten Materialien verwendet werden;
c) muß die Verwendung eines Schlüssels, Codes oder Spezialwerkzeugs für die Rückstellung der Abschaltvorrichtung zur Wiedereinschaltung des Steuer-/Regelsystems erforderlich sein; eine solche Rückstellung darf zu keiner Gefahr führen.

Türverriegelungen
a) Wenn der Zugang zur Kammer eine Gefährdung bewirken kann, muß dies durch Verriegelungen verhindert werden.
Bei Einwirkung einer Kraft (ohne Verwendung eines Werkzeugs) von 1000 N ± 100 N auf den Türfreigabemechanismus während eines Arbeitszyklus darf der Zugang zur Kammer nicht möglich werden.
Prüfung durch Starten eines Arbeitszyklus und Einwirkung einer Kraft von 1000 N ± 100 N auf die Tür oder die Türverschlußeinrichtung.

Giftige und gesundheitsschädigende Gase
Teile der Einrichtung dürfen nicht mit dem Sterilisier- oder Trägergas reagieren und dadurch eine Verschlechterung der Materialeigenschaften hervorrufen, was eine Freisetzung von Sterilisiergas in Mengen verursachen würde, die die Langzeit- und Kurzzeit-Belastungsgrenzwerte überschreiten.

Explosion und Implosion
Die Teile der Einrichtung müssen aus Materialien bestehen, die bei Betriebsbedingungen nicht mit dem Sterilisier- oder Trägergas in einer Weise reagieren, die eine Druckänderung (entweder durch Entzündung oder exotherme Reaktion) verursacht, wodurch eine Explosion oder Implosion hervorgerufen werden könnte.

Anmerkung 1: Bei der Auswahl von Materialien für druckfeste Teile und ihre Einbauten sollten Auswirkungen durch Bildung galvanischer Elemente sowie die verschiedenen Ausdehnungskoeffizienten der in Berührung kommenden Materialien berücksichtigt werden.

Anmerkung 2: Enthält das Sterilisiergas Azetylen, sind Kupfer oder Kupferlegierungen mit einem Anteil von mehr als 65 % nicht geeignet.

Bauelemente
Der von einem Motor aufgenommene Strom darf, wenn der Motor bei voller Stromversorgungsspannung angehalten wird, keine Gefährdung hervorrufen. Ein hoher Überlaststrom, der durch Fehlen eines Außenleiters am Drehstrommotor hervorgerufen wird, darf keine Gefährdung hervorrufen, selbst wenn der Motor nicht anläuft.

Mikroprozessoren
Der Ausfall eines Mikroprozessors in einem Sicherheitssystem darf zu keiner Gefahrenquelle führen.

Anmerkung 1: Das kann durch Redundanz erreicht werden.

Anmerkung 2: Richtlinien über sicherheitsrelevante Steuer-/Regelsysteme und andere, durch Software gesteuerte Einrichtungen, sind in IEC 61508 gegeben.

Prüfung durch Untersuchung der betreffenden Schaltung und, falls notwendig, durch Nachbildung eines Fehlers.

DIN EN 61010-2-043 (VDE 0411 Teil 2-043):1998-02   Februar 1998

Sicherheitsbestimmungen
für elektrische Meß-, Steuer-, Regel- und Laborgeräte

Teil 2-043: Besondere Anforderungen an Sterilisatoren bei Verwendung trockener Hitze durch heiße Luft oder heiße inerte Gase zur Behandlung medizinischer Materialien und für Laboranwendungen
(IEC 61010-2-043:1997)
Deutsche Fassung EN 61010-2-043:1997

3 + 12 Seiten EN, 3 Anhänge   Preisgruppe 11 K

Die vorliegende Norm (VDE-Bestimmung) gilt für Sterilisatoren, einschließlich solcher mit einem automatischen Lade- und Entladesystem, die eine oder mehrere Kammern haben und bei atmosphärischem Druck mit heißer Luft oder heißem inerten Gas arbeiten und für die Behandlung medizinischen Materials sowie für Laborprozesse vorgesehen sind.

Die Abschnitte dieser Norm ergänzen oder ersetzen die entsprechenden Abschnitte in DIN EN 61010-1 (VDE 0411 Teil 1).

Wartung
Es müssen Anweisungen an den Betreiber im Hinblick auf vorbeugende Instandhaltung und Besichtigungen gegeben sein, die aus Sicherheitsgründen erforderlich sind. Sie müssen Angaben über jegliche Instandhaltung enthalten, die an Gewindeteilen erforderlich ist, bei denen ein Ausfall zu einer Gefahrenquelle führen könnte, sowie Einzelheiten zu eingebauten Sicherheitsvorrichtungen mit ihren Einstellungen und Austauschverfahren.

Schutz gegen gefährliche Körperströme
Asbestprodukte dürfen nicht verwendet werden.

Zulässige Grenzwerte für berührbare Teile
Schreiben die Errichtungsanleitungen einen Austrocknungsprozeß vor, ist er vor den Messungen durchzuführen. Dem Austrocknen folgt eine Ruhezeit von 2 h bei ausgeschaltetem Gerät, bevor die Messungen stattfinden. Besteht die Annahme, daß die zulässigen Grenzwerte bei der maximalen Betriebstemperatur überschritten werden könnten, werden die entsprechenden Messungen bei der maximalen Betriebstemperatur wiederholt, und die höheren Meßwerte gelten.

Verbindung zu Anschlüssen mit nichtabnehmbaren Netzleitungen
Wo flexible Kabel oder Leitungen an Anschlußblöcke angeschlossen werden sollen, dürfen die Kabel- oder Leitungsenden zum Herstellen einer richtigen Verbindung keine besondere Vorbereitung der Leiter erfordern, und sie müssen so konstruiert und angeordnet sein, daß der Leiter nicht beschädigt wird und nicht herausrutschen kann, wenn die Klemmschrauben oder Muttern festgezogen werden.

Schutz gegen mechanische Gefährdung

Türschließmechanismus
Ein Einzelfehler in einem Türschließmechanismus darf zu keiner Gefährdung führen.
Prüfung durch Fehleranalyse an den Türschließmechanismen.

Kraftbetätigte Türen
Abschaltvorrichtung
Sterilisatoren sind mit mindestens einer leicht zugängigen und auffällig angeordneten Abschaltvorrichtung für jede Tür auszustatten. Die Vorrichtungen dürfen sich nicht selbst zurückstellen. Wenn eine der Vorrichtungen betätigt wird,
a) darf irgendeine Restbewegung der Tür zu keiner Gefährdung führen;
b) müssen alle sonstigen, der Sicherheit dienenden Zubehörteile in einen sicheren Zustand zurückkehren;
c) muß die Verwendung eines Schlüssels, Codes oder Spezialwerkzeugs erforderlich sein, um die Abschaltvorrichtung zurückzustellen, damit der bestimmungsgemäße Betrieb des Steuerungs-/Regelungssystems wiederhergestellt wird; eine solche Rückstellung darf zu keiner Gefährdung führen.

Verhinderung des Türschließens
Wenn die Kammer groß genug ist, daß ein Benutzer hineinpaßt, auch mit etwas Mühe, um z. B. einen Teil der Ladung zu entfernen, der in die Kammer gefallen ist, muß der Sterilisator mit einer Vorrichtung ausgerüstet sein, die das Schließen der Tür verhindert. Für den Benutzer muß ein bestimmter Schlüssel oder ein anderes gleichwertiges Hilfsmittel vorgesehen sein, um damit die Schließvorrichtung abzuschließen. Die Betriebsanleitung des Herstellers muß klarstellen, daß dieses Hilfsmittel von der in der Kammer befindlichen Person an sich genommen werden muß.

Bauelemente

Motortemperaturen
Der von einem Motor aufgenommene Strom darf, wenn der Motor bei voller Versorgungsspannung angehalten wird, keine Gefährdung hervorrufen. Ein hoher Überlaststrom, der durch den Verlust einer Versorgungsphase zum Drehstrommotor hervorgerufen wird, darf zu keiner Gefahrenquelle führen, selbst wenn der Motor nicht anläuft.

Sichtbarkeit und Ablesbarkeit von Meß- und Anzeigegeräten
Meßgeräte und Anzeigegeräte, ob analog oder digital, deren Funktion mit der Sicherheit zusammenhängt, sind dort anzuordnen, wo sie von einem Benutzer leicht zu sehen sind.
Sie müssen bei einer Außenbeleuchtung von 215 Lux ± 15 Lux aus einer Entfernung von 1 m ablesbar sein (bei üblichem oder korrigiertem Sehvermögen), ausgenommen sind Arbeitszykluszähler.

DIN EN 61036 (VDE 0418 Teil 7):1997-05　　　　　　　　　　　Mai 1997

Elektronische Wechselstrom-Wirkverbrauchszähler

(Genauigkeitsklassen 1 und 2)
(IEC 1036:1996)
Deutsche Fassung EN 61036 :1996

4 + 40 Seiten EN, 13 Bilder, 21 Tabellen, 8 Anhänge　　　　Preisgruppe 27 K

Diese Internationale Norm (VDE-Bestimmung) gilt nur für neu hergestellte elektronische Zähler der Genauigkeitsklassen 1 und 2 zur Messung von Wirkarbeit bei Wechselstrom im Frequenzbereich von 45 Hz bis 65 Hz und nur für deren Typprüfung.
Sie gilt nur für elektronische Zähler, die im Hausinnern oder außerhalb von Häusern angewendet werden und deren Meß- und Anzeigeteile zusammen in einem Gehäuse untergebracht sind. Sie gilt ferner für Funktionskontrollen und Prüfausgänge.

Genormte elektrische Werte nach Tabelle 1 und Tabelle 2

Tabelle 1　　Genormte Nennspannungen

Zähler für	Normwerte V	Ausnahmewerte V
direkten Anschluß (U_n)	120-230-277-400-480 (IEC 38)	100-127-200-220-240-380-415
Anschluß über Spannungswandler (U_b)	57,7-63,5-100-110-115-120-200 (IEC 186)	173-190-220

Tabelle 2　　Genormte Nennströme

Zähler für	Normwerte A	Ausnahmewerte A
direkten Anschluß (I_n)	5-10-15-20-30-40-50	80
Anschluß über Stromwandler (I_b)	1-2-5 (IEC 185)	2,5

Allgemeine mechanische Anforderungen
Zähler müssen aufgrund ihrer konstruktiven Gestaltung und Herstellung so beschaffen sein, daß bei festgelegten Betriebs- und bestimmungsgemäßen Einsatzbedingungen keine Gefährdungen auftreten können. Im besonderen muß sichergestellt sein:
- Schutz von Personen gegen elektrischen Schlag;
- Schutz von Personen gegen Auswirkungen erhöhter Temperatur;
- Schutz gegen die Ausbreitung von Feuer;
- Schutz gegen das Eindringen von Festkörpern, Staub und Wasser.

Alle unter den bestimmungsgemäßen Einsatzbedingungen der Korrosion ausgesetzten Teile müssen wirksam geschützt sein. Die Schutzschichten müssen so widerstandsfähig sein, daß sie weder bei normaler Behandlung noch unter den bestimmungsgemäßen Einsatzbedingungen durch atmosphärische Einwirkungen beschädigt werden können. Zähler für Freiluftmontage müssen der Sonnenstrahlung standhalten.

Leistungsaufnahme
Die von jedem Spannungspfad des Zählers bei Nennspannung, Nenntemperatur und Nennfrequenz aufgenommene Wirk- und Scheinleistung darf 2 W und 10 VA nicht überschreiten.
Die von jedem Strompfad eines direkt angeschlossenen Zählers bei Nennstrom, Nennfrequenz und Nenntemperatur in Anspruch genommene Scheinleistung darf die in **Tabelle 3** angegebenen Werte nicht überschreiten.
Die von jedem Strompfad eines über Stromwandler angeschlossenen Zählers aufgenommene Scheinleistung darf bei einem Strom entsprechend der sekundären Nennstromstärke des Stromwandlers und bei Nenntemperatur und Nennfrequenz die in Tabelle 3 gezeigten Werte nicht überschreiten.

Tabelle 3: Leistungsaufnahme der Strompfade

Zähler	Genauigkeitsklasse des Zählers	
	1	2
Einphasen und Mehrphasen	4,0 VA	2,5 VA

Einfluß der Versorgungsspannung

bei festgelegtem Betriebsbereich	von 0,9 U_n bis 1,1 U_n
bei Grenzbereich für den Betrieb	von 0,0 U_n bis 1,15 U_n

Elektromagnetische Verträglichkeit (EMV)

Störfestigkeit
Der Zähler muß so ausgelegt sein, daß netzgebundene oder eingestrahlte elektromagnetische Störungen und ebenso elektrostatische Entladungen den Zähler nicht beschädigen oder nennenswert beeinflussen.
Anmerkung: Zu beachtende Störungen sind:
- elektrostatische Entladungen;
- elektromagnetische Hochfrequenzfelder;
- schnelle transiente Störgrößen.

Für die Prüfung siehe Anhang, Nr. 4.2 bis 4.4.

Funk-Entstörung
Der Zähler darf keine leitungsgebundenen oder abgestrahlten Störungen erzeugen, die andere Einrichtungen stören könnten.

Prüfung
Die Typprüfung, nach Anhang, muß an einem oder mehreren vom Hersteller ausgewählten Zählern durchgeführt werden, um die kennzeichnenden Eigenschaften festzustellen und die Übereinstimmung mit den Anforderungen dieser Norm zu bestätigen.
Werden nach der Typprüfung Änderungen vorgenommen, die nur einen Teil des Zählers betreffen, so genügt die Durchführung derjenigen Prüfungen, die sich auf die geänderten Eigenschaften beziehen.

Anhang

Prüfungsplan

Nr.	Prüfung
1	Prüfung der Isolationsfestigkeit
1.1	Stoßspannungsprüfung
1.2	Wechselspannungsprüfung
2	Prüfungen auf Einhalten der Genauigkeitsanforderungen
2.1	Prüfung der Zählerkonstante
2.2	Prüfung des Anlaufs
2.3	Prüfung des Leerlaufs
2.4	Prüfung des Einflusses der Umgebungstemperatur
2.5	Prüfung bei Einwirken der Einflußgrößen
	(fortgesetzt)

Prüfungsplan (Fortsetzung)

Nr.	Prüfung
3	Prüfung der elektrischen Anforderungen
3.1	Prüfung der Leistungsaufnahme
3.2	Prüfungen des Einflusses der Versorgungsspannung
3.3	Prüfung der Auswirkung von kurzzeitigem Überstrom
3.4	Prüfung des Einflusses der Eigenerwärmung
3.5	Prüfung der Erwärmung
3.6	Prüfung auf Erdschlußfestigkeit
4	Prüfung der elektromagnetischen Verträglichkeit
4.1	Messung der Funkstörung nach CISPR 22
4.2	Prüfung mit schnellen transienten Störgrößen nach IEC 1000-4-4
4.3	Prüfung der Störfestigkeit gegen elektromagnetische Hochfrequenzfelder nach IEC 1000-4-3
4.4	Prüfung der Störfestigkeit gegen elektrostatische Entladungen nach IEC 1000-4-2
5	Prüfung der klimatischen Einflüsse
5.1	Prüfung bei trockener Wärme
5.2	Prüfung bei Kälte
5.3	Prüfung bei feuchter Wärme, zyklisch
5.4	Prüfung bei Sonneneinstrahlung
6	Prüfung der mechanischen Anforderungen
6.1	Vibrationsprüfung
6.2	Stoßprüfung
6.3	Federhammerprüfung
6.4	Prüfung des Schutzes gegen Eindringen von Staub und Wasser
6.5	Prüfung der Beständigkeit gegen Hitze und Feuer

Änderung

Gegenüber DIN EN 61036 (VDE 0418 Teil 7):1994-01 wurde folgende Änderung übernommen:
- EN 61036:1996-10 wurde übernommen.

DIN EN 61083-2 (VDE 0432 Teil 8):1998-01　　　　　　　　　Januar 1998

Digitalrecorder für Stoßspannungs- und Stoßstromprüfungen

Teil 2: Prüfung von Software zur Bestimmung der Parameter von Stoßspannungen
(IEC 61083-2:1996)
Deutsche Fassung EN 61083-2:1997

3 + 22 Seiten EN, 17 Bilder, 3 Tabellen, 5 Anhänge　　　　　Preisgruppe 18 K

Dieser Teil der IEC 61083 (VDE-Bestimmung) gilt für die Verarbeitung von Daten, die auf Digitalrecorder aufgezeichnet sind, die für Messungen bei Prüfungen mit Stoßspannungen und Stoßströmen nach IEC 60060 eingesetzt werden. Darin werden die Prüfverfahren zum Nachweis der Richtigkeit der Software, mit der die aufgezeichneten Stoßspannungen und Kalibriersignale ausgewertet und ausgelesen werden, festgelegt.
Dieser Teil
- definiert die besonderen Begriffe der digitalen Datenverarbeitung;
- gibt die notwendigen Prüfungen an, mit denen die Übereinstimmung der Software mit den Anforderungen nach IEC 60060-1 und IEC 61083-1 nachgewiesen wird;
- legt die Grenzwerte der Parameter der Prüfimpulse fest;
- stellt die Anforderungen für die Identifikationsakte zusammen.

Prüfdatengenerator (TDG)
Der Prüfdatengenerator (TDG) ist ein Rechenprogramm, das Referenzimpulse mit festgelegten Parametern erzeugt. Der TDG ist fester Bestandteil dieser Norm und als Software auf Diskette verfügbar. Das Menü-geführte Programm kann ohne zusätzliche Informationen eingesetzt werden, jedoch sind Bedienungsanweisungen angegeben.
Die Referenzimpulse sind drei Quellen entnommen:
- analytisch bestimmte Impulse ohne überlagertes Rauschen;
- dieselben analytisch bestimmten Impulse mit überlagertem Rauschen;
- unter üblichen Prüfbedingungen aufgezeichnete Stoßspannungen.

Richtigkeitsprüfung der Software
Die Richtigkeit der Software kann durch die Auswertung eines oder mehrerer Sätze der folgenden Parameter nachgewiesen werden:
- Scheitelwert der Spannung bzw. des Stroms,
- Stirnzeit,
- Rückenhalbwertzeit,
- Abschneidezeit,
- Scheitelzeit,

- Überschwingen und Dauer des Überschwingens,
- Amplitude und Frequenz von Oszillationen.

Jeder Parameter, für den die Richtigkeit der Software geprüft wird, soll für alle Referenzimpulse in jeder ausgewählten Impulsgruppe ausgewertet werden, z. B. in der Gruppe LI (Referenzimpulse 1 und 6).
Die Einstellungen des TDG sind vom Anwender so zu wählen, daß sie denen des oder der mit der Software verwendeten Digitalrecorder entsprechen. Die mit dem TDG erzeugten Daten simulieren dann die Ausgabedaten dieses Digitalrecorders, wenn er den gewählten Referenzimpuls aufzeichnen würde. Die vorgeschriebenen, von der geprüften Software einzuhaltenden Grenzwerte sind in einer Tabelle zusammengestellt.

Identifikationsakte
Die Parametersätze und Gruppen der Referenzimpulse, für die die Software die Prüfung bestanden hat, sind in der Identifikationsakte anzugeben (siehe IEC 60060-2).
Die Identifikationsakte muß enthalten:
- Name der Software, Nummer der Version, Ausgabedatum und Programmlänge,
- Digitalrecorder, für den die Software entworfen wurde (sofern angebbar),
- die gewählten Einstellungen des TDG,
- Liste der Impulsgruppen, für die die Prüfung durchgeführt wurde,
- Liste der Parameter, für die die Software geprüft wurde und bestanden hat.

Kontrollprüfung
Eine Kontrollprüfung soll für die Software durchgeführt werden, die vom Anwender leicht verändert werden kann (z. B. die vom Anwender selbst entwickelte Software einschließlich der Software mit kommerziell entwickelten Teilen). Bei dieser Prüfung wird die Software zur Ermittlung der Parameter eines einzigen repräsentativen Referenzimpulses verwendet.
Der Nachweis, daß die verwendete Software dieselbe wie die geprüfte Version ist (und für die die Ergebnisse in der Identifikationsakte angegeben sind), ist ausreichend für die nicht so ohne weiteres veränderbare Software (wie die als kompilierter Code zum Verkauf entwickelte Software) und für Firmware.

DIN EN 60255-1-00 (VDE 0435 Teil 201):1997-09 September 1997

Elektrische Schaltrelais

(IEC 255-1-00:1975)
Deutsche Fassung EN 60255-1-00:1997

2 + 22 Seiten EN, 3 Bilder, 6 Tabellen, 3 Anhänge   Preisgruppe 16 K

Diese Norm (VDE-Bestimmung) gilt für elektrische Schaltrelais. Sie gilt nur für Relais, deren Ausgangskreis mit Relaiskontakten versehen ist, und nur für deren Neuzustand.
Für derartige Relais, deren Eingangskreis elektronische Einrichtungen (z. B. Verstärker, Gleichrichter) enthalten, soll diese Norm, falls notwendig, durch spezielle Ergänzungen erweitert werden.
Diese Norm gilt für Relais für die vielfältigen in der IEC behandelten elektrotechnischen Anwendungen. Bei besonderen Anwendungen (Schiffahrt, Luft- und Raumfahrt, in explosionsgefährdeter Umgebung usw.) kann sie durch weitere Normen ergänzt werden.
Sie erhebt nicht den Anspruch, Anforderungen an Relais im Fernsprechwesen und in der Telegrafie zu behandeln. Hierfür und für ähnliche Ausführungen von Relais werden weitere Normen beraten.

Zweck
Diese Norm gibt für Schaltrelais an:
(1)   verwendete Benennungen und Definitionen
(2)   empfohlene Kennwerte
(3)   zulässige Höchsttemperaturen
(4)   Genauigkeitsangaben für Zeitrelais
(5)   mechanische und elektrische Anforderungen an Relais
(6)   anzuwendende Prüfverfahren
(7)   Kennwerte und Aufschriften

Empfohlene Werte
Empfohlene Spulen-Nennspannungen für Relais
Die empfohlenen Werte gelten sowohl für Erregungsgrößen als auch für Versorgungsgrößen. Die Nennspannung ist aus den nachstehenden Werten auszuwählen, wenn nichts anderes in nationalen Normen festgelegt ist:
Wechselspannung (Effektivwert):
6, 12, **24,** 42, **48, 100/√3, 110/√3,** 120/√3, **100,
110, 115,** 120, **127, 200, 220, 240, 380, 415, 500** V;
Gleichspannung:
6, **12, 24, 28, 48, 60, 110, 125, 220,** 250, 440, 600 V.
Anmerkung: Die halbfett gesetzten Werte sind Vorzugswerte. Es besteht die Hoffnung, daß die nationalen Komitees diese Werte ihren Normen zugrunde legen.

Ansprechen
Das Relais muß bei Erregung mit dem unteren Grenzwert des Arbeitsbereichs und im betriebswarmen Zustand gemäß seiner Ansprechklasse nach Erreichen der entsprechend seiner Einschaltdauer höchstzulässigen Spulentemperatur ansprechen und den Anforderungen entsprechen.

Rückfallen
Der Rückfallwert darf, unabhängig von der Polung, nicht geringer als 5 % des Bemessungswerts sein.
Jeder andere als der genannte Wert ist erlaubt, vorausgesetzt, er wird vom Hersteller angegeben oder in nationalen Normen festgelegt.

Einflußgrößen
Die empfohlenen Bezugswerte für Einflußgrößen und die zugehörigen Toleranzen sind in **Tabellen 1** und **2** angegeben.

Tabelle 1 Empfohlene Bezugswerte und zulässige Abweichungen der Einflußgrößen

Einflußgröße	Bezugswert	zulässige Abweichung bei den Prüfungen
Umgebungstemperatur	20 °C	± 2 °C
Luftdruck	960 mbar	± 100 mbar
relative Luftfeuchte	65 %	+ 10 % − 20 %
magnetische Fremdinduktion	0	$5 \cdot 10^{-4}$ in beliebiger Richtung
Lage	nach Herstellerangabe	2° in beliebiger Richtung
Frequenz	16 $^2/_3$ Hz, 50 Hz, 60 Hz oder 400 Hz nach Herstellerangabe	± 2 %
Schwingungsform	sinusförmig	Klirrfaktor 5 %
Welligkeit bei Gleichstrom (eingeschwungener Zustand)	0	3 %
Gleichstromanteil bei Wechselstrom (eingeschwungener Zustand)	0	2 % des Scheitelwerts
(fortgesetzt)		

Tabelle 1 (Fortsetzung)

Einflußgröße	Bezugswert	zulässige Abweichung bei den Prüfungen
aperiodische vorübergehende Anteile, für Überstrom-Zeitrelais	0	in Bearbeitung
Erregungsgröße(n) und Versorgungsgröße(n), sofern sie als Einflußgrößen bei Zeitabweichungen betrachtet (und entsprechend der Einschaltdauer des Relais angelegt) werden	gleich den entsprechenden Nennwerten und bei zutreffender Einschaltdauer	nach Herstellerangabe
Schocks und Schwingungen	0	in Bearbeitung
Industrieabgase und sonstige	in Bearbeitung	in Bearbeitung
Einstellwert, falls zutreffend	oberer Grenzwert des Einstellbereichs	nach Herstellerangabe

Tabelle 2 Empfohlene Nenngebrauchsbedingungen

Einflußgröße	Nenngebrauchsbereich
Umgebungstemperatur	–5 °C bis +40 °C (Vorzugsbereich)
Luftdruck	700 mbar bis 1100 mbar (Vorzugsbereich)
relative Luftfeuchtigkeit	nach Herstellerangabe, innerhalb des Relaisgehäuses dürfen weder Betauung noch Eisbildung auftreten
magnetische Fremdinduktion	nach Herstellerangabe, sonst vorzugsweise $15 \cdot 10^{-4}$ T in beliebiger Richtung
Lage	5° in beliebiger Richtung gegenüber Referenzlage
(fortgesetzt)	

Tabelle 2 (Fortsetzung)

Einflußgröße	Nenngebrauchsbereich
Frequenz	Referenzwert $^{+10\%}_{-6\%}$ oder nach Herstellerangabe
Schwingungsform	in Bearbeitung
Welligkeit bei Gleichstrom (eingeschwungener Zustand)	$\leq 6\%$
Gleichstromanteil bei Wechselstrom (eingeschwungener Zustand)	in Bearbeitung
aperiodische vorübergehende Anteile, für Überstrom-Zeitrelais	in Bearbeitung
Erregungsgröße	Arbeitsbereich
Versorgungsgröße	Arbeitsbereich
Schocks und Schwingungen	in Bearbeitung
Industrieabgase und sonstige	in Bearbeitung
Sofern sie als Einflußgrößen bei Zeitabweichungen betrachtet und entsprechend der Einschaltdauer des Relais angelegt werden.	

Mechanische Lebensdauer
Zur Erleichterung von Prüfungen der mechanischen Lebensdauer dürfen die Relaiskontakte eine kleine, nach Strom und Spannung vom Hersteller angegebene Last (z. B. für Schaltspiel-Zähler) führen.
Die Prüfbedingungen sind folgende:
a) das Relais ist nach seiner üblichen Verwendung montiert;
b) die Nennwerte von Erregungsgröße(n) und Versorgungsgröße(n) sind angelegt;
c) Bezugsbedingungen für die Einflußgrößen, mit Ausnahme des Einstellwerts der Verzögerung (siehe Buchstabe e);
d) Schalthäufigkeit und Einschaltdauer nach Herstellerangabe;
e) für einstellbare Zeitrelais: derjenige Einstellwert der Verzögerung, der die schwierigste mechanische Beanspruchung ergibt.
Während der gesamten mechanischen Lebensdauerprüfung muß das Relais die Anforderungen für das Rückfallen erfüllen.

Beim Abschluß der Prüfung
- muß die mechanische Beschaffenheit des Relais noch dessen bestimmungsgemäße Funktion ermöglichen, und zwar über den gesamten Einstellbereich und mindestens je einmal bei den höchsten und einmal den niedrigsten Werten der Erregungsgröße(n) und Versorgungsgröße(n) innerhalb deren Arbeitsbereiche. Bei der letzteren Prüfung sind die Relaiskontakte mit dem größtzulässigen Strom nach Herstellerangabe zu belasten;
- darf die absolute Abweichung bei keiner Messung mit der vorgegebenen statistischen Sicherheit die Vertrauensgrenze der Grundabweichung überschreiten;
- sollte die Spannungsfestigkeit nicht unter dem 0,75fachen der Prüfspannung für das neue Relais liegen.

Anmerkung: Jegliche vom Hersteller vorgeschriebene Wartung und jeglicher Austausch von Teilen sind während der Prüfung zugelassen. Andere Teile dürfen nicht ausgetauscht werden.

Änderung

Gegenüber DIN IEC 255-1-00 (VDE 0435 Teil 201):1983-05 wurde folgende Änderung vorgenommen:
- Es wurde die Deutsche Fassung der EN 60255-1-00 übernommen.

DIN EN 61812-1 (VDE 0435 Teil 2021):1997-07   Juli 1997

Relais mit festgelegtem Zeitverhalten (Zeitrelais) für industrielle Anwendungen
Teil 1: Anforderungen und Prüfungen
(IEC 1812-1:1996)
Deutsche Fassung EN 61812-1:1996

4 + 21 Seiten EN, 11 Tabellen, 2 Anhänge   Preisgruppe 17 K

Dieser Teil der IEC 1812 (VDE-Bestimmung) gilt für Relais mit festgelegtem Zeitverhalten (Zeitrelais), z. B. Zeitverzögerungsrelais, entsprechend den Begriffsbestimmungen nach IEC 50(446), für den Einsatz in industriellen Anwendungen (wie Regelungstechnik, Automation, Signal- und Industrieanlagen).
Der Begriff „Relais" in dieser Norm umfaßt alle Formen von Relais mit festgelegtem Zeitverhalten – außer Meßrelais.
Je nach Einsatzgebiet dieser Relais (z. B. für Energieerzeugung, -umwandlung und -verteilung) können noch weitere Normen anwendbar sein.

Anforderung an Ein- und Ausgangskreise
Die in dieser Norm angegebenen Zahlenwerte sind entweder empfohlene Standardwerte oder typische übliche Werte für elektronische und elektromechanische Zeitrelais nach derzeitigem Stand der Technik. Zu den entsprechenden tatsächlichen Werten sollte vom Hersteller für jedes einzelne Produkt bestätigt werden, ob sie dieser Norm entsprechen, oder ausdrücklich vermerkt werden, wenn sie von dieser Norm abweichen.

Mechanische Lebensdauer
Die mechanische Lebensdauer wird bestimmt durch die Verschleißfestigkeit von Relais. Sie wird durch die Anzahl der vom Hersteller angegebenen Schaltspiele ohne Last beschrieben, die das Relais ohne Wartung, Reparatur oder Ersatz von Teilen ausführen kann.
Am Ende der Prüfungen
- soll die mechanische Beschaffenheit des Relais noch ausreichend sein, daß es seine vorgegebene Funktion über den gesamten Einstellbereich mindestens einmal beim Höchstwert und einmal beim Kleinstwert des Betriebsbereichs der Eingangs- und Hilfserregungsgrößen ausführen kann. Während letzterer Prüfungen sollen die Kontaktkreise den maximalen vom Hersteller angegebenen Strom führen;
- soll das Isolationsniveau nicht unter dem 0,75fachen des für das Relais im Neuzustand angegebenen Wertes für die Spannungsprüfung liegen.

Vorzugswerte der mechanischen Lebensdauer siehe **Tabelle I.**

Elektrische Lebensdauer
Die elektrische Lebensdauer kennzeichnet die Widerstandsfähigkeit von Relais gegen elektrischen Verschleiß. Sie wird durch die Anzahl der Schaltspiele unter Last beschrieben. Die elektrische Lebensdauer gilt für das gesamte Relais. Für die Aussagekraft der Angabe der elektrischen Lebensdauer gilt das für die mechanische Lebensdauer Gesagte.
Vorzugswerte der elektrischen Lebensdauer siehe Tabelle I.

Tabelle I   Vorzugswerte für die mechanische und elektrische Lebensdauer

Schaltspiele · 10^6
0,03
0,1
0,2
0,3
0,5
1
3
10
20
30

Isolierung
Die Isolierung der Stromkreise eines Relais gegen berührbare Flächen ist nach der höchsten Bemessungsspannung des jeweiligen geprüften Stromkreises auszuführen (siehe IEC 664-1).
Die Isolierung zwischen Stromkreisen eines Relais muß entsprechend der höchsten Bemessungsspannung und Überspannungskategorie (siehe IEC 664-1) sowie eines angemessenen Verschmutzungsgrads ausgeführt sein.
Die Bemessungsspannung muß hinsichtlich der Isolationsfestigkeit den Luft- und Kriechstrecken entsprechen.
Die zum Zwecke der Isolation verwendeten Werkstoffe müssen ausreichende elektrische, thermische und mechanische Festigkeit aufweisen.
Zum Erzielen ausreichender Spannungsfestigkeit müssen die geforderten Luft- und Kriechstrecken eingehalten und die Spannungsprüfung mit Netzfrequenz oder die Stoßspannungsprüfung nach **Tabelle II** bestanden werden.

EMV-Störfestigkeit
Diese Prüfanforderungen wurden so ausgewählt, daß bei Zeitrelais, die für eine Verwendung im Industriebereich vorgesehen sind, eine angemessene Störfestigkeit gegen elektromagnetische Störungen sichergestellt ist. Für jede Prüfung ist vom Hersteller die jeweilige Prüfschärfe anzugeben.

Tabelle II Spannungsprüfungen

Bemessungsspannung (Wechsel- oder Gleichspannung) V	Spannungsprüfung (Wechselspannung, Effektivwert) V	Stoßspannungsprüfung V
bis 50	1000	910
bis 100	2000	1750
bis 150	2000	2950
bis 300	2000	4800
bis 600	2500	7300

EMV-Störaussendung
Der Hersteller muß die Störgrenzen nach CISPR 11, Gruppe 1, Klasse A, oder CISPR 22, Klasse A, einhalten.

Anforderungen an den Zeitkreis
Der konstruktive Aufbau des Zeitkreises bestimmt die Relaisfunktion.
Das festgelegte Zeitverhalten kann dauerhaft festgelegt oder einstellbar sein.
Für den Einstellbereich der Zeitverzögerung (entspricht IEV 446-17-16) werden die Nennwerte nach einer Tabelle als Bereichsendwerte empfohlen.
Die Einstellgenauigkeit wird angegeben:
• bei Geräten mit analoger Zeiteinstellung in Prozent vom Skalenendwert,
• bei Geräten mit digitaler Zeiteinstellung in Prozent vom Einstellwert oder in Absolutwerten.

Mechanische Festigkeit
Teile und Verbindungen müssen genügend mechanische Festigkeit haben und zuverlässig befestigt sein. Einstellglieder dürfen sich durch betriebsmäßige Erschütterungen nicht verstellen und müssen erforderlichenfalls gesichert sein.
Innere Verbindungsleitungen müssen so beschaffen sein, daß sie durch scharfe Kanten oder dergleichen nicht beschädigt werden.

Prüfungen
Durch die Prüfungen ist nachzuweisen, daß die festgelegten Anforderungen eingehalten sind.
Die Typprüfung ist an repräsentativen Stichproben jeder Typenreihe durchzuführen.
Unter dem Begriff Typenreihe sind Relais mit im wesentlichen gleichem Aufbau, gleicher elektrischer Schaltung und gleichem Gehäuse zu verstehen.
Tabelle III gibt eine Übersicht über die Typ-, Stück- und Stichprobenprüfungen.
Die Stückprüfung ist als Endprüfung an jedem Relais durchzuführen.

Tabelle III Übersicht über Prüfungen

Prüfung	Typprüfung	Stück- oder Stichprobenprüfung
mechanische Festigkeit, Schwingen und Schocken	×	
Berührungsschutz	×	
Spannungsfestigkeit	×	×
Luft- und Kriechstrecken	×	
Temperaturbeständigkeit	×	
Ein- und Ausschaltvermögen	×	
bedingter Kurzschlußstrom	×	
Grenzdauerstrom	×	
Funktion	×	×
Einflußeffekte auf das Zeitverhalten	×	
mechanische Lebensdauer	×	
elektrische Lebensdauer	×	
EMV	×	
relative Luftfeuchte	×	
Kennzeichnung	×	×
Sonstiges	×	
Nennleistung (Leistungsaufnahme)	×	

Änderung
Gegenüber DIN VDE 0435 Teil 2021:1986-09 wurde folgende Änderung vorgenommen:
- Internationale Festlegungen übernommen.

DIN EN 60255-22-2 (VDE 0435 Teil 3022):1997-05   Mai 1997

Elektrische Relais

Teil 22: Prüfung der elektrischen Störfestigkeit von Meßrelais
und Schutzeinrichtungen
Hauptabschnitt 2: Prüfung mit elektrostatischer Entladung
(IEC 255-22-2:1996)
Deutsche Fassung EN 60255-22-2:1996

2 + 13 Seiten EN, 3 Bilder, 2 Tabellen, 4 Anhänge   Preisgruppe 12 K

Dieser Hauptabschnitt der IEC 255-22 (VDE-Bestimmung) beruht auf IEC 1000-4-2 und bezieht sich – soweit anwendbar – auf diese Norm.
Dieser Hauptabschnitt legt allgemeine Anforderungen für elektrostatische Entladungsprüfungen für statische Meßrelais und Schutzeinrichtungen mit oder ohne Ausgangskontakte fest.
Zweck der Prüfungen ist die Bestätigung, daß das geprüfte Gerät keine Fehlfunktion ausführt, wenn es erregt ist und elektrostatischen Entladungen ausgesetzt wird.
Die Anforderungen gelten nur für Relais und Schutzeinrichtungen im Neuzustand.
Die in dieser Norm festgelegten Prüfungen sind Typprüfungen.
Zweck dieser Norm ist die Festlegung von:
a) Definition der verwendeten Begriffe;
b) Prüfschärfeklassen;
c) Prüfbedingungen;
d) Prüfverfahren;
e) Annahmekriterien.

Prüfung mit elektrostatischer Entladung

Arten der Prüfung
IEC 1000-4-2 gibt folgende zwei Prüfverfahren und zwei Anwendungen an:
- Prüfverfahren: a) Kontaktentladung;
                   b) Luftentladung;
- Anwendungen: a) direkt;
                   b) indirekt.
Die Prüfungen sind wie folgt anzuwenden:
- die direkte Anwendung ist zu verwenden;
- die Kontaktentladung ist das bevorzugte Prüfverfahren;
- die Luftentladung ist nur anzuwenden, wenn die zugänglichen Oberflächen des Prüflings nicht leitfähig sind;
- die indirekte Anwendung ist für statische Meßrelais und Schutzeinrichtungen unzulässig.

Prüfschärfeklassen

Um verschiedene Umgebungsbedingungen zu erfassen, enthält diese Norm unterschiedliche Prüfschärfeklassen.
Die Prüfschärfeklasse ist aus der **Tabelle 1** auszuwählen. In dieser Norm wird die Prüfschärfe durch die Ladespannung des Ladekondensators im Prüfgenerator ausgedrückt.

Tabelle 1   Prüfschärfeklassen

Klasse	Prüfspannung (± 5 %)	
	Kontaktentladung	Luftentladung
0	–	–
1	2 kV	2 kV
2	4 kV	4 kV
3	6 kV	8 kV
4	8 kV	15 kV

Klasse 3 ist die normale Prüfschärfeklasse für Schutzeinrichtungen.
Für eine Umgebung entsprechend einer gegebenen Prüfschärfeklasse, z. B. Klasse 3, dürfen Hersteller eine niedrigere Prüfschärfeklasse angeben, z. B. Klasse 2, wo die Abdeckungen des Relais oder der Schutzeinrichtung geöffnet oder entfernt werden, z. B. für das Ändern von Einstellungen.

Prüfaufbau

Der Prüfaufbau besteht aus dem Prüfgenerator, dem zu prüfenden Gerät und den Zusatzgeräten, die für die Ausführung der direkten Entladung auf das zu prüfende Gerät notwendig sind. Dabei werden die folgenden Verfahren unterschieden:
a) Kontaktentladung auf leitende Oberflächen;
b) Luftentladung auf isolierte Oberflächen.
Alle Prüfungen sind in einem Prüflabor unter angegebenen Bezugs-Umgebungsbedingungen durchzuführen.

Prüfverfahren

Die Prüfungen sind mit dem Gerät unter den in dem zutreffenden Abschnitt der IEC 255-6 angegebenen Bezugsbedingungen durchzuführen.
Die Prüfungen sind bei den Nennwerten der Hilfserregungsgrößen und Belastungen der zutreffenden Kreise durchzuführen.

Der Wert der Eingangserregungsgrößen muß so dicht wie möglich beim Arbeitspunkt liegen, aber nicht näher als die Grenzabweichung, die durch die elektrostatische Entladung verursacht wird.
Die Kontaktentladung (bevorzugtes Verfahren) muß bei leitenden Oberflächen des Prüflings angewendet werden.
Die Luftentladung ist nur anzuwenden, wenn die zugänglichen Oberflächen nichtleitend sind.
Die Prüfspannung des Generators ist auf den sich aus der gewählten Prüfschärfeklasse ergebenden Wert einzustellen.
Bei den Luftentladungen muß die Spitze der Entladeelektrode an das zu prüfende Gerät so schnell wie möglich herangeführt werden und dieses berühren, ohne mechanischen Schaden anzurichten. Nach jeder Entladung muß die Entladeelektrode wieder vom zu prüfenden Gerät entfernt werden, und der Generator wird dann für eine erneute Einzelentladung vorbereitet. Dieses Vorgehen wird so lange wiederholt, bis alle Entladungen abgeschlossen sind.

Annahmekriterien
Während der Prüfung darf keine Fehlfunktion eintreten. Vorübergehende falsche Informationen durch Anzeigeeinrichtungen, wie z. B. durch Leuchtdioden usw., sind zugelassen.
Nach der Prüfung muß das Relais weiterhin seine bestimmungsgemäße Funktion erfüllen.

Änderung
Gegenüber DIN IEC 255-22-2:1991-05 wurde folgende Änderung vorgenommen:
- Inhalt an IEC 1000-4-2 angepaßt.

DIN EN 61466-1 (VDE 0441 Teil 4):1997-10   Oktober 1997

Verbund-Kettenisolatoren für Freileitungen mit einer Nennspannung über 1 kV

Teil 1: Genormte Festigkeitsklassen und Endarmaturen
(IEC 61466-1:1997)
Deutsche Fassung EN 61466-1:1997

2 + 19 Seiten EN, 12 Bilder, 11 Tabellen   Preisgruppe 16 K

Dieser Teil der IEC 1466 (VDE-Bestimmung) gilt für Verbund-Kettenisolatoren für Wechselspannungs-Freileitungen mit einer Nennspannung über 1 kV und einer Frequenz bis 100 Hz.
Sie gilt auch für Isolatoren ähnlicher Ausführung, die in Schaltanlagen oder für elektrische Fahrleitungen verwendet werden.
Diese Norm gilt für Verbund-Kettenisolatoren, die entweder mit Verbindungen durch Klöppel, Pfanne, Gabel, Lasche, Y-Lasche oder Öse oder einer Kombination derselben ausgerüstet sind.
Zweck dieser Norm ist es, die festgelegten Werte für die mechanischen Eigenschaften von Verbund-Kettenisolatoren vorzuschreiben und die Hauptmaße der Verbindungen zu definieren, die bei Verbund-Kettenisolatoren anzuwenden sind, um den Zusammenbau von Isolatoren oder Armaturen, die von verschiedenen Herstellern geliefert werden, und die Austauschbarkeit bei bestehenden Anlagen, sofern durchführbar, zu ermöglichen.
Sie definiert auch ein genormtes Bezeichnungssystem für Verbund-Kettenisolatoren.

Mechanische Kenngrößen und Maße
Verbund-Kettenisolatoren sind durch folgende festgelegte Kenngrößen genormt:
• festgelegte mechanische Kraft *(SML);*
• Normverbindungen.
Die Maße gelten für das Fertigprodukt nach Oberflächenbehandlung.

Isolatorbezeichnung
Isolatoren werden entsprechend **Tabelle 1** mit den Buchstaben CS bezeichnet, gefolgt von einer Zahl, die die festgelegte mechanische Kraft *(SML)* in kN angibt. Die darauffolgenden Buchstaben B, S, T, C, Y und E oder eine Kombination derselben legen eine Klöppel-, Pfanne-, Lasche-, Gabel-, Y-Gabel- oder Ösenverbindung fest, siehe **Bild 1.** Wenn eine Kombination von Verbindungen verwendet wird, muß der erste Buchstabe immer die Verbindung am oberen Ende des Isolators angeben. Das obere Ende des Isolators ist in bezug auf die Neigung der Schirme definiert. Im Falle von symmetrischen Schirmprofilen ist jede Reihenfolge der Buchstaben annehmbar.

Tabelle 1 Isolatorbezeichnung

Kurzzeichen	festgelegte mechanische Kraft (*SML*)	Klöppel und Pfanne Nenngröße nach	Gabel und Lasche Nenngröße nach
	kN	IEC 120	IEC 471
CS 40	40	11	–
CS 70	70	16	13L
CS 100	100	16	16L
CS 120	120	16	16L
CS 160	160	20	19L
CS 210	210	20	(19L) 22L
CS 300	300	24	25L
CS 400	400	28	28L
CS 530	530	32	32L

Beispiele möglicher Bezeichnungen:
CS 120 S16 B16 bezeichnet einen Verbundisolator mit einer *SML* von 120 kN, am oberen Ende mit einer Pfannenverbindung Nenngröße 16 nach IEC 120 und am anderen Ende mit einer Klöppelverbindung Nenngröße 16 nach IEC 120.

Kennzeichnung
Jeder Isolator muß deutlich und dauerhaft mit dem Namen oder Warenzeichen des Herstellers, dem Herstellungsjahr, der festgelegten mechanischen Kraft *(SML)* und einer Angabe gekennzeichnet sein, die die Identifikation aller Einzelteile mit Sicherheit ermöglicht.

Verbundisolatoren
Die Werte der festgelegten mechanischen Kräfte *(SML)* für Verbund-Kettenisolatoren mit den zugehörigen Verbindungs-Nenngrößen sind in Tabelle 1 angegeben.
Bild 1 zeigt die unterschiedlichen Kennbuchstaben der Verbindungen, die bei jeder Kombination anzuwenden sind.

B   S   T   C   Y   E

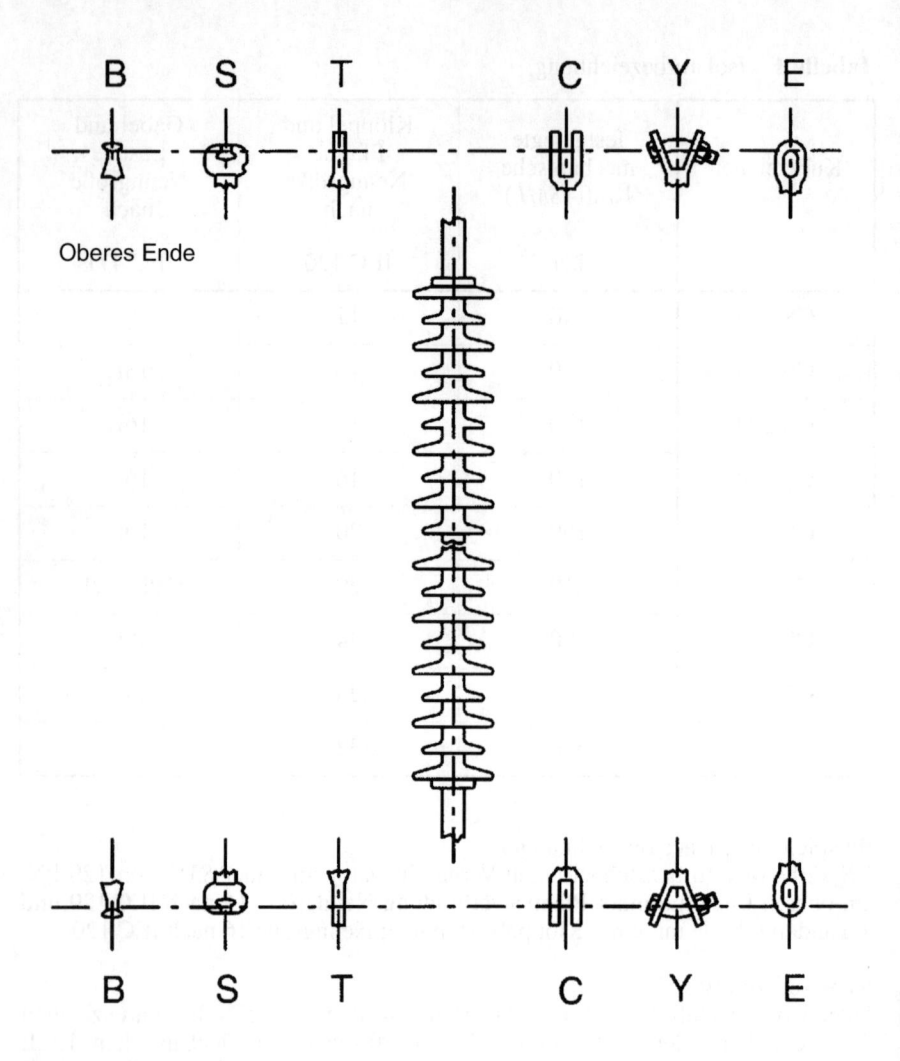

Oberes Ende

B   S   T   C   Y   E

Bild 1 Kennbuchstaben von Verbindungen

DIN EN 60383-1 (VDE 0446 Teil 1):1997-05   Mai 1997

Isolatoren für Freileitungen mit einer Nennspannung über 1 kV

**Teil 1: Keramik- oder Glas-Isolatoren für Wechselspannungssysteme
Begriffe, Prüfverfahren und Annahmekriterien
(IEC 383-1:1993)
Deutsche Fassung EN 60383-1:1996**

3 + 43 Seiten EN, 7 Bilder, 7 Tabellen, 6 Anhänge   Preisgruppe 27 K

Dieser Teil der IEC 383 (VDE-Bestimmung) gilt für Isolatoren aus keramischem Werkstoff oder Glas zur Verwendung in Wechselspannungs-Freileitungen und -Fahrleitungen mit einer Nennspannung über 1 kV und einer Frequenz nicht größer als 100 Hz.
Er gilt auch für Isolatoren zur Verwendung in Gleichspannungs-Freileitungen elektrischer Fahrleitungen.
Dieser Teil gilt für Kettenisolatoren, starr montierte Freileitungsisolatoren sowie für Isolatoren ähnlicher Bauart, wenn diese in Unterstationen verwendet werden.

Der Zweck dieses Teils besteht darin:

- die verwendeten Benennungen zu definieren;
- die Isolator-Kennwerte zu definieren sowie die Bedingungen vorzuschreiben, unter denen die festgelegten Werte dieser Kennwerte nachgewiesen werden müssen;
- die Prüfverfahren vorzuschreiben;
- die Annahmekriterien vorzuschreiben.

Dieser Teil enthält keine Anforderungen, die die Auswahl von Isolatoren für spezifische Betriebsbedingungen behandeln.

Isolatorklassen
Freileitungs-Kettenisolatoren werden entsprechend ihrer Konstruktion in zwei Klassen unterteilt:
Klasse A: ein Isolator oder ein Kettenisolator, bei dem die Länge des kürzesten Durchschlagwegs durch festen Isolierstoff mindestens die Hälfte der Schlagweite beträgt. Ein Beispiel für einen Isolator der Klasse A ist ein Langstabisolator mit äußeren Armaturen.
Klasse B: ein Isolator oder ein Kettenisolator, bei dem die Länge des kürzesten Durchschlagwegs durch festen Isolierstoff weniger als die Hälfte der Schlagweite beträgt. Ein Beispiel für einen Isolator der Klasse B ist ein Kappenisolator.

Isolatortypen
Für die Zwecke dieses Teils der IEC 383 werden Freileitungsisolatoren in die vier folgenden Bauarten unterteilt:
- Stützenisolatoren;
- Freileitungsstützer;
- Kettenisolatoren, unterteilt in zwei Bauformen:
  - Kappenisolatoren,
  - Langstabisolatoren;
- Isolatoren für Fahrleitungen.

Isolierstoffe
Isolierstoffe für Freileitungsisolatoren, die durch diesen Teil erfaßt werden, sind:
- keramischer Werkstoff, Porzellan;
- nicht vorgespanntes Glas, das ist Glas, bei dem die mechanischen Vorspannungen durch Wärmebehandlung herabgesetzt worden sind;
- vorgespanntes Glas, das ist Glas, bei dem beabsichtigte mechanische Vorspannungen durch Wärmebehandlung induziert worden sind.

Einteilung von Prüfungen (Tabelle I)
Die Prüfungen sind wie folgt in drei Gruppen eingeteilt:

Typprüfungen
Typprüfungen sind vorgesehen, um die wichtigsten Kennwerte eines Isolators nachzuweisen, die in der Hauptsache von dessen Konstruktion abhängen. Sie werden üblicherweise an einer geringen Anzahl von Isolatoren und nur einmal für eine neue Konstruktion oder einen Herstellungsprozeß eines Isolators durchgeführt und anschließend nur dann wiederholt, wenn sich die Konstruktion oder der Herstellungsprozeß verändert. Wenn die Änderung nur bestimmte Kennwerte betrifft, braucht (brauchen) nur die Prüfung(en) wiederholt zu werden, die für diese Kennwerte von Belang sind. Darüber hinaus ist es nicht erforderlich, die elektrischen, mechanischen und thermisch-mechanischen Typprüfungen an einer neuen Isolatorkonstruktion durchzuführen, wenn ein gültiges Prüfzertifikat für einen Isolator gleichwertiger Konstruktion und mit gleichem Herstellungsprozeß vorliegt. Die Bedeutung der gleichwertigen Konstruktion ist in den einschlägigen Abschnitten angegeben, sofern anwendbar. Die Ergebnisse von Typprüfungen werden entweder durch vom Abnehmer anerkannte Prüfzertifikate oder durch solche Prüfzertifikate, die von einer qualifizierten Organisation bestätigt sind, zertifiziert.
Für mechanische Prüfungen muß das Zertifikat eine Gültigkeit von zehn Jahren haben, gerechnet vom Ausstellungsdatum.
Für die Gültigkeit von Zertifikaten elektrischer Typprüfungen gibt es keine zeitliche Begrenzung.

Tabelle I Übersicht über Prüfungen an Kettenisolatoren (Klappen-, Langstab-)

Typprüfungen	Nachweis der Maße
	Steh-Blitzstoßspannungsprüfung, trocken
	Steh-Wechselspannungsprüfung, unter Regen
	Prüfung der elektromechanischen Bruchkraft
	Prüfung der mechanischen Bruchkraft
	thermisch-mechanische Funktionsprüfung
Stichprobenprüfungen	Nachweis der Maße
	Prüfung der Abweichungen
	Prüfung des Sicherungssystems
	Temperaturwechselprüfung
	Prüfung der elektromechanischen Bruchkraft
	Prüfung der mechanischen Bruchkraft
	Wärmeschockprüfung
	Steh-Durchschlagprüfung
	Porositätsprüfung
	Verzinkungsprüfung
Stückprüfungen	Sichtprüfung als Stückprüfung
	mechanische Stückprüfung
	elektrische Stückprüfung

Stichprobenprüfungen
Stichprobenprüfungen werden durchgeführt, um die Kennwerte eines Isolators, die sich bedingt durch den Herstellungsprozeß und die Werkstoffqualität der Isolatorbauelemente ändern können, nachzuweisen. Stichprobenprüfungen werden als Annahmeprüfungen an einer Stichprobe von Isolatoren durchgeführt, die zufällig aus einer Abnahmemenge entnommen wird, die die Anforderungen der entsprechenden Stückprüfungen erfüllt hat.

Stückprüfungen
Stückprüfungen sind vorgesehen, um fehlerbehaftete Stücke auszusondern, und werden während des Herstellungsprozesses durchgeführt. Stückprüfungen werden an jedem Isolator durchgeführt.

Qualitätssicherung
Um die Qualität der Isolatoren während des Herstellungsprozesses nachzuweisen, kann, nach Vereinbarung zwischen Käufer und Hersteller, ein Qualitätssicherungsprogramm verwendet werden, das den Anforderungen dieses Teiles der Norm gerecht wird.

Auswahl von Isolatoren für Typprüfungen
Die Anzahl der bei jeder Prüfung zu prüfenden Isolatoren muß aus einer Abnahmemenge von Isolatoren entnommen werden, die allen Anforderungen der einschlägigen Stichproben- und Stückprüfungen nach Tabelle 1 entsprechen.

Auswahlregeln und Verfahren für Stichprobenprüfungen
Für die Stichprobenprüfungen werden nach **Tabelle II** zwei Stichproben, E_1 und E_2, verwendet. Die Mengen für diese Stichproben sind in nachstehender Tabelle angegeben. Wenn es sich um mehr als 10 000 Isolatoren handelt, müssen diese in eine gleiche Anzahl von Abnahmemengen unterteilt werden, die zwischen 2000 und 10000 Isolatoren umfassen. Die Ergebnisse der Prüfungen müssen für jede Abnahmemenge gesondert bewertet werden.

Tabelle II Stichproben

Abnahmemenge (N)	Stichprobenumfang	
	E_1	E_2
$N \leq 300$	je nach Vereinbarung	
$300 < N \leq 2000$	4	3
$2000 < N \leq 5000$	8	4
$5000 < N \leq 10000$	12	6

Änderung
Gegenüber DIN VDE 0446-1 (VDE 0446 Teil 1):1982-04 wurde folgende Änderung vorgenommen:
• EN 60383-1 übernommen.

DIN EN 50102 (VDE 0470 Teil 100):1997-09　　　　　September 1997

Schutzarten durch Gehäuse für elektrische Betriebsmittel (Ausrüstung) gegen äußere mechanische Beanspruchungen (IK-Code)

Deutsche Fassung EN 50102:1995

2 + 10 Seiten EN, 6 Bilder, 2 Tabellen, 2 Anhänge　　　　　Preisgruppe 10 K

Die vorliegende Norm (VDE-Bestimmung) bezieht sich auf die Klassifizierung der Schutzgrade gegen äußere mechanische Beanspruchungen, die durch Gehäuse realisiert werden, wenn die Bemessungsspannung der geschützten Betriebsmittel nicht höher als 72,5 kV ist.

Die vorliegende Norm ist nur auf Gehäuse von Betriebsmitteln anwendbar, deren spezielle Norm Schutzgrade für das Gehäuse gegen äußere mechanische Beanspruchungen (in der vorliegenden Norm mit Beanspruchung oder Beanspruchungen bezeichnet) vorsieht.

Der Zweck der vorliegenden Norm ist es, folgendes anzugeben:
a) die Definitionen für Schutzgrade, die durch Gehäuse für elektrische Betriebsmittel realisiert werden, was den Schutz des Betriebsmittels innerhalb des Gehäuses gegen schädliche Auswirkungen mechanischer Beanspruchungen betrifft;
b) die Bezeichnungen für diese Schutzgrade;
c) die Anforderungen für jede Bezeichnung;
d) die zum Nachweis, daß das Gehäuse die Forderungen der vorliegenden Norm erfüllt, durchzuführenden Prüfungen.

Es verbleibt in der Verantwortlichkeit der einzelnen Technischen Komitees, über den Umfang und die Art und Weise, in der die Klassifizierung in ihren Normen angewandt wird, zu entscheiden und den Begriff „Gehäuse" so zu definieren, wie er für ihre Betriebsmittel zutreffend ist. Es wird jedoch empfohlen, daß die Prüfungen für eine gegebene Klassifizierung nicht von den in der vorliegenden Norm vorgeschriebenen abweichen. Soweit erforderlich, können in die betreffende Produktnorm ergänzende Forderungen eingefügt werden.
Die vorliegende Norm gilt nur für Gehäuse, die unter allen anderen Gesichtspunkten für den beabsichtigten Einsatz, wie er in der betreffenden Produktnorm vorgeschrieben ist, geeignet sind, und die im Hinblick auf Material und handwerkliche Ausführung sicherstellen, daß die zugesicherten Schutzgrade unter normalen Einsatzbedingungen aufrechterhalten werden.
Die vorliegende Norm gilt auch für Leergehäuse, vorausgesetzt, daß die allgemeinen Prüfanforderungen erfüllt werden und der ausgewählte Schutzgrad für den Typ des Betriebsmittels geeignet ist.

Schutzgrad gegen mechanische Beanspruchungen
Umfang (Niveau) des Schutzes des Betriebsmittels gegen schädliche mechanische Beanspruchungen, der durch ein Gehäuse realisiert und durch genormte Prüfmethoden nachgewiesen wird.

IK-Code
Codierungssystem, das den Schutzgrad durch ein Gehäuse gegen schädliche mechanische Beanspruchungen angibt.

Bezeichnungen
Der durch ein Gehäuse realisierte Schutzgrad gegen Beanspruchungen wird durch den IK-Code in der folgenden Weise angegeben:

Aufbau des IK-Codes

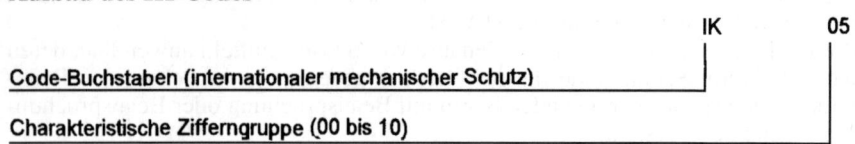

IK   05

Code-Buchstaben (internationaler mechanischer Schutz)

Charakteristische Zifferngruppe (00 bis 10)

Charakteristische Zifferngruppen des IK-Codes und ihre Bedeutungen
Jede charakteristische Zifferngruppe repräsentiert einen Beanspruchungsenergiewert, wie in **Tabelle 1** gezeigt wird.

Tabelle 1   Beziehung zwischen IK-Code und Beanspruchungsenergie

IK-Code	IK00	IK01	IK02	IK03	IK04	IK05	IK06	IK07	IK08	IK09	IK10
Beanspruchungsenergie in Joule	*)	0,15	0,2	0,35	0,5	0,7	1	2	5	10	20
*) Nicht nach der vorliegenden Norm geschützt.											

Anmerkung 1: Wenn eine höhere Beanspruchungsenergie erforderlich ist, wird der Wert 50 Joule empfohlen.
Anmerkung 2: Es ist eine aus zwei Ziffern bestehende charakteristische Zifferngruppe gewählt worden, um eine Verwechslung mit früheren nationalen Normen, in denen eine einzelne Ziffer für eine spezifische Beanspruchungsenergie verwendet wurde, zu vermeiden.

Anwendung des IK-Codes
Im allgemeinen gilt der Schutzgrad für das vollständige Gehäuse. Wenn Gehäuseteile unterschiedliche Schutzgrade aufweisen, so sind diese getrennt zu bezeichnen.

DIN EN 60695-2-1/0 (VDE 0471 Teil 2-1/0):1997-04 April 1997

Prüfungen zur Beurteilung der Brandgefahr

Teil 2: Prüfverfahren – Hauptabschnitt 1
Blatt 0: Prüfungen mit dem Glühdraht – Allgemeines
(IEC 695-2-1/0:1994)
Deutsche Fassung EN 60695-2-1/0:1996

2 + 9 Seiten EN, 3 Bilder, 2 Anhänge   Preisgruppe 10 K

Dieses Blatt der internationalen Norm IEC 695-2-1 (VDE-Bestimmung) legt die Prüfung mit dem Glühdraht fest, die die Wirkung thermischer Beanspruchung nachbildet, die durch Wärmequellen wie glühende Teile und kurzzeitig überlastete Widerstände erzeugt werden kann, um durch eine Nachbildungstechnik die Brandgefahr zu beurteilen.
Die in dieser Norm beschriebene Prüfung ist in erster Linie auf elektrotechnische Betriebsmittel, ihre Baugruppen und Bauelemente anwendbar, darf aber auch für feste elektrische Isolierstoffe und andere feste brennbare Werkstoffe verwendet werden.

Beschreibung der Prüfung
Diese Norm legt die Prüfung mit dem Glühdraht als eine Brandprüfung fest, die eine Zündquelle ohne Flamme verwendet.
Der Glühdraht besteht aus einer festgelegten Schleife aus Widerstandsdraht, der elektrisch auf eine festgelegte Temperatur aufgeheizt wird. Der Glühdraht wird dann während der Prüfung mit dem Prüfling in Berührung gebracht.
Eine detaillierte Beschreibung jeder Prüfung wird in dem betreffenden Blatt von IEC 695-2-1 gegeben.

Beschreibung der Prüfeinrichtung
Der Glühdraht besteht aus einer festgelegten Schleife eines Nickel-Chrom-Drahts (NiCr 80 20) mit einem Durchmesser von 4 mm; bei der Herstellung der Schleife muß die Bildung feiner Risse an der Spitze sorgfältig vermieden werden.

Schärfegrade
Die Temperatur der Spitze des Glühdrahts und seine Einwirkdauer auf den Prüfling müssen festgelegt sein. Einzelheiten sind in den Blättern 1, 2 und 3 von IEC 695-2-1 enthalten.

Kalibrierung und Nachprüfung des Temperaturmeßsystems
Die Kalibrierung des Temperaturmeßsystems muß bei der Temperatur von 960 °C ausgeführt werden, indem als Normverfahren eine Silberfolie verwendet wird, mit einem Silbergehalt von 99,8 %, einer Fläche von etwa 2 mm^2 und einer

Dicke von 0,06 mm, die auf die Oberfläche der Spitze des Glühdrahts gelegt wird.
Der Glühdraht wird aufgeheizt, und die Temperatur von 960 °C ist erreicht, wenn die Folie schmilzt.
Es ist erforderlich, die fortwährend richtige Arbeitsweise des Systems zur Messung der Temperatur an der Spitze des Glühdrahts periodisch zu überprüfen.

Durchführung der Prüfung
Warnung: Es müssen Vorsichtsmaßnahmen zum Schutz der Gesundheit des Prüfpersonals getroffen werden gegen:
- Explosions- und Brandgefahren;
- Einatmen von Rauch und/oder giftigen Produkten;
- giftige Rückstände.

Der Prüfling wird so befestigt, daß Wärmeverluste über die Halterungs- oder Befestigungsmittel unbedeutend sind.
Der Prüfling ist so anzuordnen, daß
- die Oberfläche, die mit der Spitze des Glühdrahts in Berührung kommt, senkrecht angeordnet ist;
- die Spitze des Glühdrahts auf den Teil der Oberfläche des Prüflings einwirkt, an dem thermische Beanspruchungen während des üblichen Gebrauchs wahrscheinlich auftreten.

Der Glühdraht wird elektrisch auf die festgelegte Temperatur aufgeheizt, die mit dem kalibrierten Thermoelement gemessen wird. Es muß sorgfältig darauf geachtet werden, daß gesichert ist, daß vor Beginn der Messung diese Temperatur und der Heizstrom während einer Zeitspanne von mindestens 60 s konstant sind und daß die Wärmestrahlung während dieser Zeit oder während der Kalibrierung den Prüfling nicht beeinflußt, indem ein angemessener Abstand eingehalten oder ein geeigneter Schutzschirm verwendet wird.
Die Spitze des Glühdrahts wird dann für die festgelegte Zeitspanne mit dem Prüfling in Berührung gebracht. Der Heizstrom wird während dieser Zeitspanne konstant gehalten. Nach dieser Einwirkdauer werden Glühdraht und Prüfling langsam voneinander getrennt, wobei jede weitere Erwärmung des Prüflings und jede das Prüfergebnis beeinflussende Luftbewegung zu vermeiden sind.
Die Eindringtiefe der Spitze des Glühdrahts in den Prüfling, gegen den er gepreßt wird, muß mechanisch auf 7 mm begrenzt werden.
Wenn ein Prüfling die Prüfung besteht, weil der brennende Werkstoff des Prüflings mit dem Glühdraht herausgezogen wird, muß dies im Prüfbericht angegeben werden.

Beobachtungen und Messungen
Einzelheiten sind in den Blättern 1, 2 und 3 von IEC 695-2-1 festgelegt.

Auswertung der Prüfergebnisse
Einzelheiten sind in den Blättern 1, 2 und 3 von IEC 695-2-1 festgelegt.

Änderungen

Gegenüber DIN IEC 695-2-1 (VDE 0471 Teil 2-1):1984-03 wurden folgende Änderungen vorgenommen:
- EN 60695-2-1/0:1996 (IEC 695-2-1/0:1994) übernommen,
- IEC hat die für die Glühdrahtprüfung relevanten Festlegungen aus IEC 695-2-1, IEC 707 und IEC 821 zusammengefaßt, neu gegliedert und neu herausgegeben in IEC 695-2-1, Blätter 0 bis 3.

DIN EN 60695-2-1/1 (**VDE 0471 Teil 2-1/1**):1997-04 April 1997

Prüfungen zur Beurteilung der Brandgefahr
Teil 2: Prüfverfahren – Hauptabschnitt 1
Blatt 1: Prüfungen mit dem Glühdraht am Enderzeugnis und Anleitung
(IEC 695-2-1/1:1994)
Deutsche Fassung EN 60695-2-1/1:1996

2 + 7 Seiten EN, 1 Tabelle, 3 Anhänge   Preisgruppe 7 K

Dieses Blatt von IEC 695-2-1 (VDE-Bestimmung) legt die Einzelheiten für die Prüfung mit dem Glühdraht fest, wenn sie als Prüfung zur Beurteilung der Brandgefahr an Fertigteilen ausgeführt wird.
Fertigteile im Sinne dieser Norm sind elektrotechnische Betriebsmittel, ihre Baugruppen und Bauteile.

Beschreibung der Prüfung
Der Prüfling sollte möglichst ein vollständiges Betriebsmittel, eine Baugruppe oder ein Bauelement sein. Der Prüfling muß so ausgewählt werden, daß sich die Bedingungen für die Prüfung nicht bedeutend hinsichtlich der Form, der Belüftung, der Wirkung der thermischen Beanspruchung und möglicherweise dem Entstehen von Flammen im Prüfling oder dem Herabfallen brennender oder glühender Teile in die Nähe des Prüflings von denen unterscheiden, die im üblichen Gebrauch auftreten.
Die Prüfung wird angewendet, um sicherzustellen, daß
- eine festgelegte Schleife aus Widerstandsdraht, die elektrisch auf die für das betreffende Betriebsmittel festgelegte Temperatur aufgeheizt wird, unter bestimmten Bedingungen keine Entzündung von Teilen bewirkt oder
- ein Teil, das durch den elektrisch aufgeheizten Prüfdraht unter bestimmten Bedingungen entzündet wird, eine begrenzte Brenndauer besitzt, ohne durch Flammen oder vom Prüfling herabfallende brennende oder glühende Teile das Feuer auszubreiten.

Wenn vom Prüfling während der Einwirkung des Glühdrahts Flammen ausgehen, die eine Brandgefahr darstellen, kann dieses weitere Prüfungen mit anderen Zündquellen erfordern, wie:
- ein Heizelement, das eine schlechte Verbindung als eine Alternative zum Glühdraht nachbildet, oder
- die Nadelflamme, die bei solchen Teilen angewendet wird, die durch diese erzeugten Flammen erfaßt werden.

Beschreibung der Prüfeinrichtung
Die Prüfeinrichtung ist in IEC 695-2-1/0 beschrieben.
Wenn der Prüfling eine Baugruppe oder ein Bauelement des Betriebsmittels ist und getrennt geprüft wird, muß eine Unterlage verwendet werden.

Schärfegrade
Die Temperatur der Spitze des Glühdrahts und seine Einwirkdauer auf den Prüfling sind folgende:

bevorzugte Prüftemperaturen °C	Grenzabweichungen K
550, 650, 750	± 10
850, 960	± 15
Die bevorzugte Einwirkdauer beträgt: $t_a = (30 \pm 1)$ s	

Falls in der betreffenden Einzelbestimmung gefordert, dürfen andere Schärfegrade verwendet werden.

Kalibrierung und Nachprüfung des Temperaturmeßsystems
Die Kalibrierung und Nachprüfung des Temperaturmeßsystems ist in IEC 695-2-1/0 festgelegt.

Durchführung der Prüfung
Der **Warnvermerk** in IEC 695-2-1/0 ist zu beachten.
Die Durchführung der Prüfung muß nach IEC 695-2-1/0 mit den folgenden Ausnahmen erfolgen:
Der Prüfling muß so angeordnet werden, daß
- die Spitze des Glühdrahts auf den Teil der Oberfläche des Prüflings einwirkt, der wahrscheinlich der thermischen Beanspruchung im üblichen Gebrauch ausgesetzt ist.

In Fällen, in denen die Flächen, die der Einwirkung der thermischen Beanspruchung während des bestimmungsgemäßen Gebrauchs des Betriebsmittels ausgesetzt sind, nicht ausführlich angegeben sind, muß die Spitze des Glühdrahts an der Stelle einwirken, wo das Teil am dünnsten ist, jedoch vorzugsweise nicht weniger als 15 mm von der Oberkante des Prüflings entfernt.
Die Spitze des Glühdrahts wird für (30 ± 1)s mit dem Prüfling in Berührung gebracht.

Beobachtungen und Messungen
Während der Einwirkung des Glühdrahts und während einer weiteren Dauer von 30 s müssen der Prüfling, die den Prüfling umgebenden Teile und die unter ihm angeordnete Unterlage beobachtet und folgendes im Prüfbericht festgehalten werden:
a) Die Dauer vom Beginn des Einwirkens der Spitze bis zu dem Zeitpunkt, an dem sich der Prüfling oder die unter ihm angeordnete Unterlage entzündet.
b) Die Dauer vom Beginn des Einwirkens (t_e) der Spitze bis zu dem Zeitpunkt, an dem die Flammen während oder nach der Einwirkdauer erlöschen.

c) Die größte Höhe jeder Flamme, aufgerundet auf jeweils 5 mm, wobei jedoch eine hohe Flamme, die beim Beginn der Entzündung in etwa der ersten Sekunde entstehen kann, außer acht gelassen wird.
d) Der Grad des Eindringens der Spitze und der Verformung des Prüflings.
e) Alle versengten Stellen auf dem Fichtenholzbrett, wenn es verwendet wird.

Auswertung der Prüfergebnisse
Wenn in der betreffenden Einzelbestimmung nicht anders festgelegt, hat der Prüfling die Prüfung mit dem Glühdraht bestanden, wenn eine der beiden folgenden Bedingungen erfüllt wird:
a) wenn keine Flamme oder kein Glühvorgang entsteht;
b) wenn Flammen oder Glühvorgänge des Prüflings, seiner Umgebung und der Unterlage innerhalb von 30 s nach Entfernen des Glühdrahts erlöschen, d. h. daß $t_e \leq t_a + 30$ s ist und wenn die ihn umgebenden Teile und die Unterlage nicht vollständig verbrannt sind.
Wenn eine Unterlage aus Seidenpapier verwendet wird, darf es zu keiner Entzündung des Seidenpapiers kommen.

Änderung
Siehe DIN EN 60695-2-1/0 (VDE 0471 Teil 2-1/0):1997-04.

DIN EN 60695-2-1/2 (VDE 0471 Teil 2-1/2):1997-04   April 1997

Prüfungen zur Beurteilung der Brandgefahr

Teil 2: Prüfverfahren – Hauptabschnitt 1
Blatt 2: Prüfung mit dem Glühdraht zur Entflammbarkeit von Werkstoffen
(IEC 695-2-1/2:1994)
Deutsche Fassung EN 60695-2-1/2:1996

2 + 6 Seiten EN, 1 Tabelle, 2 Anhänge   Preisgruppe 7 K

Anwendungsbereich
Dieses Blatt von IEC 695-2-1 (VDE-Bestimmung) legt die Einzelheiten für die Prüfung mit dem Glühdraht fest, wenn sie als Entflammbarkeitsprüfung an Prüflingen aus festen elektrischen Isolierstoffen oder anderen festen entzündbaren Werkstoffen ausgeführt wird.
Die Prüfergebnisse ermöglichen einen relativen Vergleich verschiedener Werkstoffe hinsichtlich ihrer Fähigkeit, Flammen nach Entfernen des erhitzten Glühdrahts zum Erlöschen zu bringen, sowie ihrer Fähigkeit, keine brennenden oder glühenden Teile zu erzeugen, die zu einer Feuerausbreitung auf einer unter ihnen angeordneten Unterlage aus Seidenpapier führen kann.

Entflammbarkeit: Die Eigenschaft eines Werkstoffs oder Produkts, unter festgelegten Prüfbedingungen mit Flammenbildung brennen zu können (siehe IEC 695-4).
Glühdrahtentflammbarkeitszahl (GWFI): Die höchste Prüftemperatur, bei der während drei aufeinanderfolgender Prüfungen Flammen oder Glühvorgänge des Prüflings innerhalb von 30 s nach Entfernen des Glühdrahts erlöschen ohne Entzündung der festgelegten Unterlage durch brennende Tropfen oder Teile.

Beschreibung der Prüfung
Die Prüfung wird durchgeführt an Prüflingen mit einem ausreichend großen ebenen Teil mit festen Maßen, das in einer senkrechten Lage gehalten wird.
Die Prüflinge können durch Formpressen, Spritzpressen, Spritzgießen, Gießen hergestellt oder aus Platten oder Teilen mit ausreichend großen ebenen Bereichen geschnitten werden.
Die Maße des ebenen Bereichs des Prüflings müssen betragen:
Länge   ≥ 60 mm
Breite (innerhalb der Klemmvorrichtungen)   ≥ 60 mm
Dicke   (3,0 ± 0,2) mm
Um die Entflammbarkeit nach dieser Prüfung beurteilen zu können, reicht im allgemeinen ein Satz von zehn Prüflingen aus.
Der Prüfling wird so angeordnet, daß seine freie ebene Oberfläche senkrecht steht. Um die Möglichkeit der Feuerausbreitung durch von dem Prüfling herabfallende brennende oder glühende Teile zu beurteilen, wird unter dem Prüfling

eine festgelegte Unterlage angeordnet. Die Spitze des elektrisch aufgeheizten Glühdrahtes wird in Berührung mit dem freien, ebenen Oberflächenbereich des Prüflings gebracht. Die GWFI des zu prüfenden Werkstoffs wird durch wiederholte Prüfungen mit verschiedenen Prüftemperaturen des Glühdrahts festgestellt, wobei jedesmal ein neuer Prüfling verwendet wird.

Beschreibung der Prüfeinrichtung
Die Prüfeinrichtung ist in IEC 695-2-1/0 (VDE 0471 Teil 2-1/0) beschrieben.

Schärfegrade
Die Temperatur der Spitze des Glühdrahts und seine Einwirkdauer auf den Prüfling müssen aus der folgenden Tabelle ausgewählt werden:

bevorzugte Prüftemperaturen °C	Grenzabweichungen K
550, 600, 650, 700, 750	± 10
800, 850, 900, 960	± 15
Die Einwirkdauer beträgt: $t_a = (30 \pm 1)$ s	

Kalibrierung und Nachprüfung des Temperaturmeßsystems
Die Kalibrierung und Nachprüfung des Temperaturmeßsystems ist in IEC 695-2-1/0 festgelegt.

Durchführung der Prüfung
Siehe **Warnvermerk** in IEC 695-2-1/0 (VDE 0471 Teil 2-1/0).
Der Prüfling muß so angeordnet werden, daß
- der ebene Bereich der Oberfläche senkrecht steht;
- die Spitze des Glühdrahts auf die Mitte des ebenen Bereichs der Oberfläche einwirkt.

Der Glühdraht wird elektrisch auf eine der Prüftemperaturen aufgeheizt, die als gerade hoch genug angesehen wird, um eine **Entflammung** herbeizuführen, und die Temperatur wird mit einem kalibrierten Thermoelement gemessen. Es muß sorgfältig darauf geachtet werden, daß vor Beginn der Prüfung diese Temperatur und der Heizstrom über eine Zeitspanne von mindestens 60 s konstant bleiben und die Wärmestrahlung den Prüfling während dieser Zeitspanne oder während der Kalibrierung durch Einhaltung eines ausreichenden Abstands oder Verwendung eines geeigneten Schutzschirms nicht beeinflußt.

Beobachtungen und Messungen
Während der Einwirkung des Glühdrahts und während einer weiteren Zeitspanne von 30 s müssen der Prüfling und die unter ihm angeordnete Unterlage beobachtet und folgendes im Prüfbericht festgehalten werden:

a) Die Dauer vom Beginn des Einwirkens der Spitze bis zu dem Zeitpunkt, an dem sich der Prüfling oder die unter ihm angeordnete Unterlage entzünden.
b) Die Dauer vom Beginn des Einwirkens der Spitze bis zu dem Zeitpunkt, an dem die Flammen während oder nach der Einwirkdauer erlöschen.

Auswertung der Prüfergebnisse
Der Prüfling hat die Prüfung erfolgreich bestanden, wenn die beiden folgenden Bedingungen erfüllt wurden:
a) die Flammen oder der Glühvorgang am Prüfling erlöschen innerhalb von 30 s nach Entfernen des Glühdrahts, und
b) es gibt keine Entzündung des unter dem Prüfling angeordneten Seidenpapiers.
Wenn diese beiden Bedingungen erfüllt werden, muß die Prüfung mit einem neuen Prüfling bei einer höheren Prüftemperatur nach einer Tabelle wiederholt werden.

Änderung
Siehe DIN EN 60695-2-1/0 (VDE 0471 Teil 2-1/0):1997-04.

DIN EN 60695-2-1/3 (VDE 0471 Teil 2-1/3):1997-04   April 1997

Prüfungen zur Beurteilung der Brandgefahr
Teil 2: Prüfverfahren – Hauptabschnitt 1
Blatt 3: Prüfung mit dem Glühdraht zur Entzündbarkeit
von Werkstoffen
(IEC 695-2-1/3:1994)
Deutsche Fassung EN 60695-2-1/3:1996

2 + 6 Seiten EN, 1 Tabelle, 2 Anhänge   Preisgruppe 7 K

Dieses Blatt von IEC 695-2-1 (VDE-Bestimmung) legt die Einzelheiten für die Prüfung mit dem Glühdraht fest, wenn sie als Entzündbarkeitsprüfung an Prüflingen aus festen elektrischen Isolierstoffen oder anderen festen, entzündbaren Werkstoffen ausgeführt wird.
Die Prüfergebnisse ermöglichen einen relativen Vergleich verschiedener Werkstoffe hinsichtlich der Temperatur, bei der sich der Prüfling während der Einwirkung des elektrisch erhitzten Glühdrahts als Zündquelle entzündet.

Entzündbarkeit: Messung der Zündfähigkeit eines Werkstoffs durch eine äußere Wärmequelle unter festgelegten Prüfbedingungen (siehe 2.57 von IEC 695-4).
Glühdrahtentzündungstemperatur (GWIT): Die Temperatur, die um 25 K höher ist als die höchste Temperatur der Spitze des Glühdrahts und die bei drei aufeinanderfolgenden Prüfungen keine Entzündung verursacht.

Beschreibung der Prüfung
Die Prüfung wird durchgeführt an Prüflingen mit einem ausreichend großen ebenen Teil mit festen Maßen, der in einer senkrechten Lage gehalten wird.
Die Prüflinge können durch Formpressen, Spritzpressen, Spritzgießen, Gießen hergestellt oder aus Platten oder Teilen mit ausreichend großen ebenen Bereichen geschnitten werden.
Die Maße des ebenen Bereichs der Prüflinge müssen betragen:
Länge   ≥ 60 mm
Breite (innerhalb der Klemmenvorrichtungen)   ≥ 60 mm
Dicke   (3,0 ± 0,2) mm
Die Prüflinge dürfen eine beliebige Form besitzen, vorausgesetzt, eine Mindestprüffläche mit einem Durchmesser von 60 mm ist vorhanden.
Um die Entzündbarkeit nach dieser Prüfung beurteilen zu können, reicht im allgemeinen ein Satz von zehn Prüflingen.
Der Prüfling wird so angeordnet, daß seine freie ebene Oberfläche senkrecht steht. Die Spitze des elektrisch aufgeheizten Glühdrahts wird in Berührung mit dem freien, ebenen Oberflächenbereich des Prüflings gebracht. Die GWIT des zu prüfenden Werkstoffs wird durch wiederholte Prüfungen mit verschiedenen Prüf-

temperaturen des Glühdrahts festgestellt, wobei jedesmal ein neuer Prüfling verwendet wird.

Beschreibung der Prüfeinrichtung
Die Prüfeinrichtung ist in IEC 695-2-1/0 (VDE 0471 Teil 2-1/0) beschrieben.

Schärfegrade
Die Temperaturen der Spitze des Glühdrahts und seine Einwirkdauer auf den Prüfling müssen aus der folgenden Tabelle ausgewählt werden:

bevorzugte Prüftemperaturen °C	Grenzabweichungen K
500, 550, 600, 650, 700, 750	± 10
800, 850, 900, 960	± 15
Die Einwirkdauer beträgt: $t_a = (30 \pm 1)$ s	

Kalibrierung und Nachprüfung des Temperaturmeßsystems
Die Kalibrierung und Nachprüfung des Temperaturmeßsystems ist in IEC 695-2-1/0 festgelegt.

Durchführung der Prüfung
Siehe **Warnvermerk** in IEC 695-2-1/0 (VDE 0471 Teil 2-1/0).
Der Prüfling muß so angeordnet werden, daß
- der ebene Bereich der Oberfläche senkrecht steht;
- die Spitze des Glühdrahts auf die Mitte des ebenen Bereichs der Oberfläche einwirkt.

Der Glühdraht wird elektrisch auf eine der Prüftemperaturen aufgeheizt, die als gerade ausreichend hoch genug angesehen wird, um eine **Entzündung** herbeizuführen, und die Temperatur wird mit einem kalibrierten Thermoelement gemessen. Es muß sorgfältig darauf geachtet werden, daß vor Beginn der Messung diese Temperatur und der Heizstrom über eine Zeitspanne von mindestens 60 s konstant bleiben und die Wärmestrahlung den Prüfling während dieser Zeit oder während der Kalibrierung durch Einhaltung eines ausreichenden Abstands oder Verwendung eines geeigneten Schutzschirms nicht beeinflußt.
Wenn eine Entzündung während der Zeit der Einwirkung des Glühdrahts auftritt, ist die Prüfung mit einem neuen Prüfling bei einer Prüftemperatur zu wiederholen, die vorzugsweise 50 K niedriger ist als diejenige, die während der ersten Prüfung verwendet wurde.
Sollte die Entzündung während der Zeit der Einwirkung des Glühdrahts nicht auftreten, ist die Prüfung mit einem neuen Prüfling bei einer Prüftemperatur zu wiederholen, die vorzugsweise 50 K höher ist als diejenige, die während der ersten Prüfung verwendet wurde.

Die Prüfung ist jedesmal mit einem neuen Prüfling zu wiederholen, und der Abstand der Prüftemperaturen bei der letzten Näherung ist auf 25 K zu verringern, um die höchste Prüftemperatur zu ermitteln, die während drei aufeinanderfolgender Prüfungen keine Entzündung hervorruft.

Beobachtungen und Messungen
Während der Einwirkung des Glühdrahts und während einer weiteren Zeitspanne von 30 s muß der Prüfling beobachtet werden. Die Zeit der Entzündung (t_i) als die Zeitspanne vom Beginn der Einwirkung der Spitze bis zu dem Zeitpunkt, an dem sich der Prüfling entzündet, muß im Prüfbericht angegeben werden.
Sollte eine Unterlage aus Seidenpapier unterhalb des Prüflings angeordnet sein, ist weder die Entzündung des Seidenpapiers noch das Ansengen des Fichtenholzbretts durch brennende oder glühende Teile, die vom Glühdraht nach seinem Entfernen von dem Prüfling herabfallen, ein Kriterium für das Nichtbestehen der Prüfung.

Auswertung der Prüfergebnisse
Es muß die Entzündung des Prüflings während der Einwirkdauer des Glühdrahts bestimmt werden. Die Prüftemperatur, die 25 K höher als die höchste Temperatur der Spitze des Glühdrahts ist, die keine Entzündung während drei aufeinanderfolgender Prüfungen verursacht, muß als die GWIT in dem Prüfbericht vermerkt werden.

Änderung
Siehe DIN EN 60695-2-1/0 (VDE 0471 Teil 2-1/0):1997-04.

Beiblatt 1 zu DIN VDE 0472 (**Beiblatt 1 zu VDE 0472**):1997-06   Juni 1997

Prüfung an Kabeln und isolierten Leitungen
Verzeichnis der Normen der Reihe DIN VDE 0472

16 Seiten, 1 Tabelle   Preisgruppe 13 K

Dieses Beiblatt enthält Informationen zu DIN VDE 0472 (VDE 0472), jedoch keine zusätzlich genormten Festlegungen.

Änderungen
Gegenüber der Ausgabe Juni 1992 wurden folgende Änderungen vorgenommen:
a) Inzwischen erschienene Entwürfe und Normen aufgenommen; Bezüge zu internationalen und regionalen Normen überarbeitet.
b) Zielsetzung des Beiblatts geändert.

Erläuterungen
Durch die voranschreitende Harmonisierung auf dem gesamten Kabel- und Leitungssektor entsteht eine neue Normenstruktur. Dies hat auch Auswirkungen auf die Prüfnormen, die bislang in der Normenreihe DIN VDE 0472 zusammengefaßt waren.
Gemeinsame Prüfverfahren für mechanische/thermische Eigenschaften für Starkstrom- und Nachrichtenkabel und -leitungen wurden harmonisiert in den Europäischen Normen der Reihe EN 60811. Die EN 60811 ist identisch mit dem bisherigen Harmonisierungsdokument HD 505. Beide sind identisch mit IEC 811. Bei harmonisierten Normen, in denen auf HD 505 verwiesen wird, kann jetzt auf EN 60811 zurückgegriffen werden.
Gemeinsame Prüfverfahren für das Brandverhalten von Kabeln und Leitungen werden zur Zeit bei IEC und CENELEC überarbeitet und werden Europäische Normen. Die damit verbundene unveränderte Übernahme in das Deutsche Normenwerk wird unter der VDE-Klassifikationsnummer 0482 erfolgen.
Andere Prüfverfahren werden durch die Harmonisierung in die jeweiligen Kabel- oder Leitungsnormen integriert.
Dieses Beiblatt soll nun dem Anwender der Normenreihe DIN VDE 0472 eine Hilfe dahingehend geben, festzustellen, in welchen Normen harmonisierte Prüfverfahren übernommen wurden oder werden. Diese Teile müssen zur Vermeidung einer Doppelnormung zurückgezogen werden.

DIN IEC 1226 (**VDE 0491 Teil 1**):1997-07   Juli 1997

Kernkraftwerke

Sicherheitsleittechnik
Kategorisierung
(IEC 1226:1993)

22 Seiten, 1 Bild, 1 Tabelle, 1 Anhang   Preisgruppe 14 K

Diese Internationale Norm (VDE-Bestimmung) beschreibt ein Verfahren zur Einteilung der Informations- und Betätigungsfunktionen für Kernkraftwerke und damit der leittechnischen Systeme und Einrichtungen oder Geräte, die diese Funktionen ausführen, in Kategorien, die die sicherheitstechnische Bedeutung der FSE (Funktionen, Systeme und Einrichtungen) bestimmen. Die sich daraus ergebende Kategorisierung bestimmt dann anzuwendende Auslegungskriterien. Die Auslegungskriterien sind die Qualitätsmaßstäbe, über die die Angemessenheit jeder FSE in bezug auf deren Bedeutung für die Sicherheit der Anlage sichergestellt wird. Die Auslegungskriterien beziehen sich in dieser Norm auf Funktionalität, Zuverlässigkeit, Leistungsfähigkeit, Beständigkeit gegen Umwelteinflüsse und Qualitätssicherung.
Diese Norm gilt für alle Informations- und Betätigungsfunktionen sowie die leittechnischen Systeme und Einrichtungen, die diese Funktionen ausführen. Die betrachteten Funktionen, Systeme und Einrichtungen führen automatisierte Schutzfunktionen, Funktionen der Prozeßsteuerung und -regelung aus und stellen Informationen für das Betriebspersonal zur Verfügung. Sie halten die Betriebsparameter des Kernkraftwerks innerhalb der Grenzen für den sicheren Anlagenbetrieb und bieten automatische Funktionen oder ermöglichen Handmaßnahmen, die Störfälle zu beherrschen, oder die Abgabe radioaktiver Stoffe in die Anlage oder in die Umwelt vermeiden oder zu minimieren. Die FSE, die diese Aufgaben erfüllen, schützen Gesundheit und Sicherheit des Kraftwerkspersonals und der Öffentlichkeit.
Diese Norm ergänzt die Sicherheitsleitlinien und Vorschriften der Internationalen Atom-Energie-Behörde (IAEA), jedoch werden diese hierdurch weder ersetzt noch abgelöst. Diese Norm folgt den allgemeinen Prinzipien nach IAEA 50-C-D (Rev.1), 50-SG-D3, 50-SG-D8 und 50-SG-D11. Sie definiert ein strukturiertes Verfahren, um die Anleitungen aus diesen Vorschriften und Regeln auf leittechnische FSE von Kernkraftwerken anzuwenden.

Anforderungen
Leittechnische FSE von Kernkraftwerken sind entsprechend ihrer sicherheitstechnischen Bedeutung in Kategorien einzuteilen. Die zu diesen Kategorien gehörenden Kriterien zur Auslegung und Entwicklung, Fertigung, Montage, Inbetriebsetzung sowie zur Instandhaltung und zu Prüfmaßnahmen während des Betriebs sind auf die FSE während jeder der genannten Phasen anzuwenden.

Beschreibung der Kategorien

Kategorie A
Kategorie A bezeichnet diejenigen FSE, die eine Hauptrolle zum Erlangen oder zur Aufrechterhaltung der Sicherheit eines Kernkraftwerks spielen. Diese FSE verhindern, daß AVE (anzunehmende versagensauslösende Ereignisse) zu „bedeutsamen Ereignisabläufen" führen, oder sie mindern die Auswirkungen von AVE. FSE der Kategorie A dürfen automatisch oder manuell durchgeführt werden, soweit derartige Aktionen innerhalb der Fähigkeiten des Bedienungspersonals liegen. Kategorie A bezeichnet auch diejenigen FSE, deren Versagen direkt einen „bedeutsamen Ereignisablauf" verursacht. An FSE der Kategorie A werden hohe Verfügbarkeitsanforderungen gestellt. Diese FSE dürfen in ihrer Funktionalität eingeschränkt werden, so daß ihre Verfügbarkeit zuverlässig erreicht werden kann.

Kategorie B
Kategorie B bezeichnet FSE, die eine zu den FSE der Kategorie A ergänzende Rolle zum Erlangen oder zur Aufrechterhaltung der Sicherheit eines Kernkraftwerks spielen. Durch den Betrieb einer FSE der Kategorie B kann die Notwendigkeit zur Anregung einer FSE der Kategorie A vermieden werden. FSE der Kategorie B können die Ausführung von FSE der Kategorie A verbessern oder darin ergänzen, ein AVE so abzuschwächen, daß Schäden an der Anlage oder an Einrichtungen oder Aktivitätsfreisetzungen vermieden oder minimiert werden können.

Kategorie C
Kategorie C bezeichnet FSE, die eine unterstützende oder indirekte Rolle zum Erlangen oder zur Aufrechterhaltung der Sicherheit eines Kernkraftwerks spielen. Kategorie C umfaßt FSE, die eine gewisse sicherheitstechnische Bedeutung haben, aber nicht der Kategorie A oder B angehören. Sie können Teil der umfassenden Reaktionsmaßnahmen auf einen Störfall sein, dürfen jedoch nicht direkt in die Minderung der physikalischen Auswirkungen eines Störfalls eingebunden sein.

Anforderungen zur Sicherstellung der Funktionalität
Die grundlegende Anforderung zur Sicherstellung der Funktionalität ist das Vorhandensein von klaren, umfassenden und eindeutigen funktionalen Anforderungen und Auslegungs- und Entwicklungsspezifikationen, gegen die die Systeme und Einrichtungen während Auslegung und Entwicklung, Fertigung, Montage und Betrieb zu prüfen sind und die als Referenz für spätere Änderungen heranzuziehen sind.

Anforderungen zur Sicherstellung der Zuverlässigkeit
Die Zuverlässigkeit, die von jeder FSE der Kategorien A, B und C verlangt wird, ist entweder durch eine quantitative probabilistische Analyse des Kernkraftwerks oder durch eine qualitative ingenieurmäßige Bewertung zu bestimmen und in die Spezifikation mit aufzunehmen. Diese Analysen sind in

strukturierter Weise nach einem Satz anerkannter Verfahren durchzuführen und zu dokumentieren.
Obwohl die Anforderungen an die Zuverlässigkeit für verschiedene Kategorien identisch sein können, wird die Nachweistiefe bezüglich der Einhaltung der angegebenen Zuverlässigkeitswerte für die drei Kategorien unterschiedlich sein, wobei für die Kategorie A die höchste Nachweistiefe erforderlich ist.

Anforderungen zur Sicherstellung der Leistungsfähigkeit
Die grundlegenden Anforderungen zur Sicherstellung der Leistungsfähigkeit sind:
a) Anforderungen an die Leistungsfähigkeit sind festzulegen.
b) Ein Qualitätssicherungsprogramm entsprechend IAEA 50-C-QA ist aufzustellen. Dieses hat zu fordern, daß Spezifikationen zur Leistungsfähigkeit und zu Prüfmaßnahmen erstellt und verifiziert werden.
c) Prüfungen der Komponenten, Module, Teilsysteme und FSE sind während Fertigung, Zusammenschaltung und Montage auf der Anlage nach dem Qualitätssicherungsplan durchzuführen, um die der Kategorie der FSE angemessene Leistungsfähigkeit zu zeigen.
d) On-line- und/oder wiederkehrende Prüfungen sind während des Betriebs durchzuführen, um zu zeigen, daß die Leistungsfähigkeit erhalten bleibt. Die Prüfungen sind so auszulegen, daß Fehler in den Einrichtungen entdeckt werden. Alle festgestellten Mängel sind entsprechend einer Verfahrensanweisung zur Durchführung von Änderungsmaßnahmen zu beheben. Geeignete Aufzeichnungen über diese Korrekturen sind aufzubewahren.
e) Werden Rechner eingesetzt, ist ein der Kategorie der FSE angemessenes Qualitätssicherungsprogramm für den gesamten Software-Lebenszyklus einzurichten.

Anforderungen zur Sicherstellung der Beständigkeit gegen Umwelteinflüsse
Es ist sicherzustellen, daß die Systeme und Einrichtungen nicht aufgrund von Umgebungsbedingungen, denen sie während oder nach einem AVE ausgesetzt sein könnten, versagen. Dieser Nachweis darf durch formale Qualifizierung der Einrichtungen oder durch andere Mittel erbracht werden.

Anforderungen an die Qualitätssicherung/Qualitätssteuerung
Die Ziele der Qualitätssteuerung sind Konfigurationsmanagement, Änderungsmanagement und Nachvollziehbarkeit. Die Auslegung und Entwicklung sind zur Unterstützung der Fertigungs-, Montage-, Inbetriebsetzungs- und Betriebsphase eines Kernkraftwerks in ausreichendem Detaillierungsgrad zu dokumentieren. Angemessene Sorgfalt ist der Bereitstellung von Unterlagen zu schenken, um zukünftige Änderungen der Auslegung zu ermöglichen.
Zusätzlich sind spezielle Qualitätssicherungsverfahren und Prüfungen für Entwicklungen durchzuführen, die der relativen Neuartigkeit oder Komplexität der Neuentwicklung oder der Änderung entsprechen. Diese Entwicklungsaktivitäten sollten entsprechend der Bedeutung für die Sicherheit der FSE in geeigneter Weise dokumentiert werden.

1.5 Maschinen · Umformer
Gruppe 5 des VDE-Vorschriftenwerks

DIN EN 60086-4 (VDE 0509 Teil 4):1997-08   August 1997

Primärbatterien
Teil 4: Sicherheitsnorm für Lithium-Batterien
(IEC 86-4:1996)
Deutsche Fassung EN 60086-4:1996

2 + 18 Seiten EN, 3 Bilder, 2 Tabellen, 4 Anhänge   Preisgruppe 14 K

Dieser Teil der IEC 86 (VDE-Bestimmung) legt Leistungsanforderungen an primäre Lithium-Batterien fest, um ihre sichere Anwendung bei normalem Einsatz und vorhersehbarer Fehlanwendung sicherzustellen.

Primärzelle
Elektrische Energiequelle, die chemische Energie direkt umwandelt und die zum Aufladen durch eine andere elektrische Quelle nicht geeignet ist.

Batterie
Eine oder mehrere Primärzellen mit Gehäuse, Kontakten (Anschlußpolen) und Kennzeichnung.

Sicherheitsanforderungen
Prüfgegenstände und Anforderungen sind in **Tabelle 1** genannt.

Entnahme von Stichproben
N = 10 Zellen/Batterie je Prüfung
- Prüfmuster werden wahllos aus jedem fertiggestellten Musterlos entnommen.
- Jede Konstruktionsänderung erfordert zehn weitere Muster je Prüfung.

Ergebnisse
Es sind keine Fehler zulässig.

Tabelle 1: Prüfverfahren und Anforderungen für Sicherheitsbewertungsprüfungen

Prüfungen		Anforderungen*)	
		Con	Ind
(1) elektrische Prüfung	Entladung	NL, NV, NE, NF	
(2) mechanische Prüfung	a) Erschütterungen	NW; ND; NL; NV; NE; NF	
	b) Stoß	NW, ND, NL, NV, NE, NF	
(3) klimatische Prüfungen	a) Temperaturschock	NL, NV, NE, NF	
	b) hohe Temperatur 75 °C, 48 Stunden	ND, NL, NV, NE, NF	
	c) Höhensimulation 11,6 kPa für 6 Stunden bei 20 °C	NW, ND, NL, NV, NE, NF	
*) Abkürzungen NW: kein Gewichtsverlust NF: kein Brand NE: keine Explosion Ind: Industriebatterien Con: Endverbraucher-Batterien NL: keine Undichtheit ND: keine Formänderung NV: kein Abblasen			

DIN EN 60034-1/A2 (VDE 0530 Teil 1/A2):1998-02   Februar 1998

Drehende elektrische Maschinen
Teil 1: Bemessung und Betriebsverhalten
(IEC 60034-1:1994/A2:1997)
Deutsche Fassung EN 60034-1/A2:1997

3 + 6 Seiten EN, 2 Tabellen, 2 Anhänge   Preisgruppe 8 K

Die Abschnitte dieser **Änderung** ergänzen oder ersetzen die entsprechenden Abschnitte in DIN EN 60034-1 (VDE 0530 Teil 1):1995-01.

Elektromagnetische Verträglichkeit (EMV)
Die folgenden Anforderungen beziehen sich auf drehende elektrische Maschinen, deren Bemessungsspannungen 1000 V bei Wechselspannung oder 1500 V bei Gleichspannung nicht überschreiten und die für einen Betrieb im Rahmen der nachfolgend festgelegten Bedingungen vorgesehen sind.
Elektronische Betriebsmittel, die in die elektrische Maschine eingebaut und wichtig für ihre Betriebsweise sind (z. B. drehende Erregereinrichtungen), sind Bestandteil der Maschine.
Anforderungen, die sich auf das endgültige Antriebssystem und seine Betriebsmittel beziehen, z. B. Geräte der Leistungs- und Steuerungselektronik, gekuppelte Maschinen, Überwachungseinrichtungen usw., liegen außerhalb des Anwendungsbereiches dieser Norm, unabhängig davon, ob sie innerhalb oder außerhalb der Maschine angeordnet sind.
Die Grenzwerte sind für die Bedingungen des eingeschwungenen Zustandes festgesetzt. Ausgleichsvorgänge (wie etwa das Anfahren) werden nicht erfaßt.

Grenzwerte der Störfestigkeit
Die Störfestigkeits-Grenzwerte von Wechselstrom- und Gleichstrommaschinen im Hinblick auf Schwankungen und Oberschwingungen der Versorgungsspannung und die Grenzwerte von Mehrphasen-Wechselstrommaschinen im Hinblick auf die Unsymmetrie des mit der Maschine verbundenen Systems sind festgelegt.

Grenzwerte der Emission
Anmerkung: Die Grenzwerte der folgenden Tabellen sind CISPR 11 oder CISPR 12 entnommen.

Induktionsmaschinen
Wenn Induktionsmaschinen bestimmungsgemäß und normgerecht verbunden sind, erzeugen sie keine abgestrahlten Störungen oberhalb der Grenzwerte in:
• **Tabelle I** für Maschinen mit Käfigläufern oder mit Schleifringläufern mit Kurzschluß-Bürsten-Abhebevorrichtung oder

- **Tabelle II** für Maschinen mit Schleifringläufern mit dauernd aufliegenden Bürsten.
Leitungsgebundenen Emissionen ist eigen, daß sie unterhalb der Grenzwerte von Tabelle I liegen.

Synchronmaschinen
Wenn Synchronmaschinen bestimmungsgemäß und normgerecht verbunden sind, strahlen sie keine Störungen oberhalb der Grenzwerte von Tabelle I bei bürstenloser Erregung oder von Tabelle II bei Schleifringerregung ab.
Leitungsgebundenen Emissionen höherer Frequenz ist eigen, daß sie weit unterhalb der Grenzwerte von Tabelle I liegen.

Tabelle I Grenzwerte der elektromagnetischen Störungen von bürstenlos betriebenen Maschinen

	Frequenzbereich	Grenzwerte
abgestrahlte Störungen	30 MHz bis 230 MHz	30 dB (µV/m) Quasi-Scheitelwert, gemessen in einer Entfernung von 10 m^1)
	230 MHz bis 1000 MHz	37 dB (µV/m) Quasi-Scheitelwert, gemessen in einer Entfernung von 10 m^1)
leitungsgebundene Störungen an den Wechselstrom-Anschlußklemmen	0,15 MHz bis 0,5 MHz (Grenzwerte nehmen linear mit dem Logarithmus der Frequenz ab)	66 bis 56 dB (µV) Quasi-Scheitelwert, 56 bis 46 dB (µV) Mittelwert
	0,5 MHz bis 5 MHz	56 dB (µV) Quasi-Scheitelwert, 46 dB (µV) Mittelwert
	5 MHz bis 30 MHz	60 dB (µV) Quasi-Scheitelwert, 50 dB (µV) Mittelwert

1) Darf in 3 m Abstand gemessen werden unter Verwendung von um 10 dB erhöhten Grenzwerten.

Kommutatormaschinen
Gleichstrommaschinen bei Speisung mit glatter Gleichspannung und Wechselstromkommutatormaschinen, die bestimmungsgemäß und normgerecht verbunden sind, dürfen keine Störungen oberhalb der Grenzwerte von Tabelle II abstrahlen.

Leitungsgebundene Emissionen von Wechselstromkommutatormaschinen müssen unterhalb der Grenzwerte von Tabelle II liegen. Leitungsgebundene Emissionen von Gleichstrommaschinen sind in diesem Zusammenhang ohne Bedeutung, da diese Maschinen nicht unmittelbar mit einer Wechselstromversorgung verbunden sind.

Tabelle II Grenzwerte elektromagnetischer Störungen von Maschinen, die mit Bürsten betrieben werden

	Frequenzbereich	Grenzwerte
abgestrahlte Störungen	30 MHz bis 230 MHz	30 dB (µV/m) Quasi-Scheitelwert, gemessen in einer Entfernung von 30 m[1])
	230 MHz bis 1000 MHz	37 dB (µV/m) Quasi-Scheitelwert, gemessen in einer Entfernung von 30 m[1])
leitungsgebundene Störungen an den Wechselstrom-Anschlußklemmen	0,15 MHz bis 0,50 MHz	79 dB (µV) Quasi-Scheitelwert, 66 dB (µV) Mittelwert
	0,50 MHz bis 30 MHz	73 dB (µV) Quasi-Scheitelwert, 60 dB (µV) Mittelwert
1) Darf in 10 m Abstand gemessen werden unter Verwendung von um 10 dB erhöhten Grenzwerten oder in 3 m Abstand unter Verwendung von um 20 dB erhöhten Grenzwerten.		

Prüfungen

Prüfungen der Störfestigkeit
Prüfungen der Störfestigkeit zum Nachweis der Übereinstimmung mit dieser Norm werden nicht gefordert.

Prüfungen der Emission
Für Synchronmaschinen mit Leistungen von 300 kW (oder kVA) oder darüber müssen Typprüfungen für die leitungsgebundene niederfrequente Emission zum Nachweis der Übereinstimmung durchgeführt werden.
Für Wechselstromkommutatormaschinen müssen Typprüfungen bei Belastung für die leitungsgebundene und die abgestrahlte Emission zum Nachweis der Übereinstimmung durchgeführt werden.
Für Gleichstrommaschinen müssen Typprüfungen bei Belastung für die abgestrahlte Emission zum Nachweis der Übereinstimmung durchgeführt werden.
Die Prüfungen müssen in Übereinstimmung mit CISPR 11, CISPR 14 und CISPR 16, soweit jeweils zutreffend, durchgeführt werden.

Zum Nachweis der Übereinstimmung mit diesem Abschnitt werden keine anderen Prüfungen gefordert.

Sicherheit
Drehende Maschinen nach dieser Norm müssen die Anforderungen von IEC 60204-1 erfüllen, sofern in dieser Norm nichts anderes festgelegt ist. Sie müssen, zugeschnitten auf ihre Verwendung, in Einklang mit den international anerkannten besten Entwurfsverfahren bemessen und konstruiert sein.

DIN EN 60034-3 (VDE 0530 Teil 3):1997-07 Juli 1997

Drehende elektrische Maschinen
Teil 3: Besondere Anforderungen an Dreiphasen-Turbogeneratoren
(IEC 34-3:1988)
Deutsche Fassung EN 60034-3:1995

2 + 17 Seiten EN, 3 Bilder, 2 Anhänge   Preisgruppe 14 K

Diese Norm (VDE-Bestimmung) gilt für Dreiphasen-Turbogeneratoren mit Bemessungsleistungen von 10 MVA und darüber.
Einzelne Festlegungen können gegebenenfalls auch auf Synchronmotoren oder Phasenschieber angewendet werden.
Diese Norm ergänzt die grundlegenden Anforderungen an drehende elektrische Maschinen nach IEC 34-1 (VDE 0530 Teil 1).

Allgemeine Festlegungen
Wenn in dieser Norm nichts anderes festgelegt ist, gelten für Turbogeneratoren die grundlegenden Anforderungen für drehende elektrische Maschinen in IEC 34-1. Wenn in der vorliegenden Norm eine „Vereinbarung" angesprochen wird, soll sie stets als Vereinbarung zwischen dem Hersteller und dem Kunden verstanden werden.

Bemessungsspannung
Die Bemessungsspannung muß durch Vereinbarung festgelegt werden.

Bemessungsdrehzahl
Die Bemessungsdrehzahl beträgt 1500 min^{-1} oder 3000 min^{-1} für 50-Hz-Maschinen beziehungsweise 1800 min^{-1} oder 3600 min^{-1} für 60-Hz-Maschinen.

Spannungs- und Frequenzbereich
Die Maschine muß ihre Bemessungsleistung beim zugehörigen Leistungsfaktor dauernd abgeben können in einem Schwankungsbereich von ± 5 % der Bemessungsspannung und von ± 2 % der Bemessungsfrequenz.

Drehsinn
Da Turbogeneratoren nur für einen Drehsinn gebaut werden, der durch die Turbine bestimmt wird, brauchen die Festlegungen von IEC 34-8 nicht angewendet zu werden. Der Drehsinn ist an der Maschine oder auf ihrem Leistungsschild und die zugehörige zeitliche Phasenfolge der Spannungen durch die alphabetische Folge der Klemmenbezeichnung anzugeben, z. B. U1 V1 W1.

Ständerwicklung
Die Ständerwicklung kann entweder für Sternschaltung oder für Dreieckschaltung bemessen sein. Wenn jedoch nicht ausdrücklich anders vermerkt, wird Sternschaltung vorgesehen. Wenn nicht anders vereinbart, müssen in jedem Fall sechs Wicklungsenden herausgeführt werden.

Erregerstrom und Erregerspannung
Die Bemessungswerte von Erregerstrom und -spannung an der Erregerwicklung werden für die Bemessungsbetriebsbedingungen (Scheinleistung, Spannung, Frequenz, Leistungsfaktor und – falls zutreffend – Wasserstoffdruck) benötigt. Die Erregerwicklung hat dabei eine Betriebstemperatur entsprechend derjenigen Primärkühlmitteltemperatur, die sich unter obigen Bedingungen einstellt, wenn das äußere Kühlmittel seine höchste, vertraglich festgelegte Temperatur erreicht.

Isolierung gegen Lagerströme
Es sind geeignete Maßnahmen zur Verhütung schädlicher Lagerströme und zur angemessenen Erdung der Wellen zu treffen. Erforderliche Isolierungen sind vorzugsweise so anzuordnen, daß ihre Funktion während des Betriebs der Maschine überprüft werden kann.

Schleuderdrehzahl
Läufer von Turbogeneratoren sind während 2 min mit der 1,2fachen Bemessungsdrehzahl zu prüfen.

Kritische Drehzahlen
Kritische Drehzahlen der Wellenanordnung des gesamten Turbosatzes dürfen innerhalb des zulässigen Frequenzbereichs keine unbefriedigende Laufgüte verursachen.

Anforderungen an die Überlastbarkeit
Maschinen mit einer Bemessungsleistung bis zu 1200 MVA müssen, ohne Schaden zu nehmen, einen Ständerstrom vom 1,5fachen Bemessungsstrom 30 s lang ertragen können.

Stoßkurzschluß
Die Maschine ist so zu bauen, daß sie einen Stoßkurzschluß – gleich welcher Art – bei Bemessungslast und 1,05facher Bemessungsspannung an ihren Klemmen, ohne Schaden zu nehmen, aushält, vorausgesetzt, daß der größte Außenleiterstrom durch äußere Mittel auf einen Wert begrenzt wird, der nicht über dem höchsten Leiterstrom beim dreipoligen Kurzschluß liegt.

Luftgekühlte Turbogeneratoren
Dieser Hauptabschnitt betrifft Maschinen, deren aktive Teile direkt, indirekt oder mittels einer Kombination beider Methoden durch Luft gekühlt werden.

Leistungsfaktor
Genormte Bemessungsleistungsfaktoren an den Maschinenklemmen sind 0,8 und 0,85 (übererregt).

Maschinenkühlung
Das Kühlsystem ist vorzugsweise als Kreislaufsystem auszuführen. Wenn ein offenes Kühlsystem festgelegt oder vereinbart wurde, muß dafür gesorgt werden, daß eine Verschmutzung der Kühlungswege vermieden wird, um so eine Überhitzung zu vermeiden. Schleifringe müssen getrennt belüftet werden, um Verschmutzungen von Generator und Erregermaschine im Bürstenstaub auszuschließen.

Wasserstoff- oder flüssigkeitsgekühlte Turbogeneratoren
Dieser Hauptabschnitt betrifft Maschinen, deren aktive Teile direkt oder indirekt durch Wasserstoffgas oder eine Flüssigkeit oder mittels einer Kombination dieser Methoden gekühlt werden. In einigen Fällen werden auch andere Kühlgase als Wasserstoff verwendet. Die Festlegungen gelten dann, soweit sie durch die Art der Kühlmittel nicht beeinflußt werden.

Wasserstoffdruck im Gehäuse
Der Hersteller muß (z. B. auf dem Leistungsschild) angeben, bei welchem Wasserstoffdruck die Maschine ihre Bemessungsleistung abgibt.

Leistungsfaktor
Genormte Bemessungsleistungsfaktoren an den Maschinenklemmen sind 0,85 und 0,9 (übererregt).

Maschinengehäuse und Abschlußteile
Das komplette Maschinengehäuse und alle zum Abschluß dienenden Teile für Wasserstoff als Kühlmittel (z. B. Deckel über Kühlern) sind so bemessen, daß sie einer inneren Explosion eines explosionsfähigen Gemisches mit anfänglichem Atmosphärendruck ohne Gefahr für das Kraftwerkpersonal standhalten. Auf Verlangen des Betreibers zum Zeitpunkt der Bestellung muß eine hydrostatische Druckprüfung zum Nachweis der Festigkeit des Gehäuses und der zum Abschluß dienenden Teile durchgeführt werden. Als geeignete Prüfung gilt eine Druckprobe mit 8 bar (800 kPa) Überdruck 15 min lang.

Höhe des Aufstellungsorts
Maschinen nach dieser Norm sind geeignet für den Betrieb mit ihrem Bemessungsgasdruck an Aufstellungsorten bis zu einer Höhe von 1000 m über NN.

Turbogeneratoren mit Antrieb durch Gasturbinen
Dieser Hauptabschnitt betrifft Turbogeneratoren, die durch Gasturbinen angetrieben werden, mit offenem Kühlkreis und Luftkühlung oder mit geschlossenem

Kühlkreis und Luft- oder Wasserstoffkühlung. Das äußere Kühlmittel ist dann Wasser oder die Umgebungsluft.

Temperatur des primären Kühlmittels
Bei luftgekühlten Generatoren mit offenem Kühlkreis ist die Temperatur des primären Kühlmittels gleich der Temperatur der Luft beim Eintritt in die Maschine. Dies ist im allgemeinen auch die Temperatur der Umgebungsluft. Der zu erwartende Bereich dieser Temperatur ist vom Betreiber festzulegen; er wird üblicherweise zwischen −5 °C und +40 °C liegen.

Bemessungsleistung
Die Bemessungsleistung des Generators ist die bei Bemessungsfrequenz, Bemessungsspannung und Bemessungsleistungsfaktor sowie gegebenenfalls beim Bemessungsdruck des Wasserstoffs dauernd an den Klemmen verfügbare Scheinleistung; dies gilt am Aufstellungsort bei einer Temperatur des primären Kühlmittels von 40 °C, wenn nicht anders zwischen Käufer und Hersteller vereinbart.

Betrieb als Synchronphasenschieber
Auf Verlangen des Betreibers sind Vorkehrungen zu treffen, um die Maschine von der Turbine abgekuppelt als Synchronphasenschieber zu betreiben. Die Grund- und Spitzenleistungen im Phasenschieberbetrieb − untererregt und übererregt − müssen vereinbart werden.

Änderung
Gegenüber DIN VDE 0530-3 (VDE 0530 Teil 3):1991-04 wurde folgende Änderung vorgenommen:
- Übernahme der EN 60034-3:1995-09.

Bbl 1 zu DIN EN 60034-3 (**Bbl 1 zu VDE 0530 Teil 3**):1997-07   Juli 1997

Drehende elektrische Maschinen

Teil 3: Besondere Anforderungen an Dreiphasen-Turbogeneratoren
Leitfaden für die Errichtung und den Betrieb von Turbogeneratoren
mit Wasserstoff als Kühlmittel
(IEC 842:1988)

9 Seiten, 1 Bild, 2 Anhänge   Preisgruppe 8 K

Dieser Leitfaden (VDE-Beiblatt) betrifft:
1) Wasserstoffgekühlte Turbogeneratoren, auch dann, wenn sie zeitweilig oder ausschließlich als Blindleistungsmaschinen betrieben werden;
2) Erregermaschinen, die unmittelbar oder über ein Getriebe mit den Turbogeneratoren nach 1) gekuppelt sind;
3) Hilfseinrichtungen, die für den Betrieb der Maschinen nach 1) notwendig sind;
4) Räume der zugehörigen Gebäude, in denen sich Wasserstoff-Luft-Gemische bilden können.
5)

Übliche Betriebszustände
Zum üblichen Betrieb gehören:
1) Das Füllen der Maschine mit Wasserstoff;
2) der Betrieb der mit Wasserstoff gefüllten Maschine;
3) das Anfahren, Abfahren und der Stillstand der Maschine mit Wasserstoff-Füllung;
4) das Entleeren und Spülen der Maschine.

Schutzmaßnahmen für Schleifringe und angebaute Erregermaschinen
Wenn die Erregermaschinen und die Schleifringe unter einer Abdeckhaube untergebracht sind, in die Wasserstoff eindringen kann, muß die Ansammlung eines explosionsfähigen Wasserstoff-Luft-Gemisches in gefahrdrohender Menge verhindert werden, z. B. durch Aufrechterhaltung einer ausreichenden Lüftung der Erregerhaube.

Ausführung der Hilfseinrichtungen
Entgasungsbehälter der Wasserstoff- und Dichtölanlage müssen für einen Prüfüberdruck vom 1,5fachen des Betriebsdrucks oder von 8 bar – es gilt jeweils der höhere Wert von beiden – bemessen sein.
Sprödbrüchiges oder möglicherweise poröses Material, wie beispielsweise Gußeisen, darf für Anlagenteile, die Wasserstoff oder Dichtöl führen, nicht verwendet werden.

Betrieb der Maschine und ihrer Hilfseinrichtungen
In der näheren Umgebung der Maschine und ihrer Hilfseinrichtungen sind offene Flammen, Schweißen, Rauchen oder andere denkbare Zündquellen nicht gestattet.
Es muß dafür gesorgt werden, daß sich in der Maschine kein explosionsfähiges Wasserstoff-Luft-Gemisch bilden kann.

Erläuterungen
Der Leitfaden sollte in Zusammenhang mit IEC 34-3 verwendet werden.
Der Leitfaden gibt Anleitungen für eine Reihe von Konstruktionsmerkmalen und betrieblichen Abläufen, die dem Zweck dienen, das Auftreten oder die Zündung eines explosionsfähigen Wasserstoff-Luft-Gemisches zu vermeiden, und zwar in der Maschine selbst wie auch in der Umgebung der Maschine und ihrer Hilfseinrichtungen. Der Leitfaden kann keine vollständige Baubeschreibung oder praktische Anleitung für sichere Auslegung und Betrieb solcher Einrichtungen enthalten. Vielmehr obliegt die Verantwortung für eine sichere Konstruktion der Maschine und ihrer Hilfseinrichtungen in erster Linie dem Hersteller; die Verantwortung für eine sichere Auslegung anderer Teile der Gesamtanlage muß zwischen den jeweils Beteiligten vereinbart werden.

DIN EN 60034-14 (**VDE 0530 Teil 14**):1997-09   September 1997

Drehende elektrische Maschinen

Teil 14: Mechanische Schwingungen von bestimmten Maschinen
mit einer Achshöhe von 56 mm und höher
Messung, Bewertung und Grenzwerte der Schwingstärke
(IEC 34-14:1996)
Deutsche Fassung EN 60034-14:1996

3 + 12 Seiten EN, 5 Bilder, 2 Tabellen   Preisgruppe 11 K

Dieser Teil von IEC 34 (VDE-Bestimmung) beschreibt die Verfahren und die Grenzwerte für Schwingungsmessungen an bestimmten elektrischen Maschinen unter festgelegten Bedingungen, wenn diese mit keiner belastenden oder antreibenden Maschine gekuppelt sind.
Er gilt für Gleichstrom- und Dreiphasen-Wechselstrommaschinen mit einer Achshöhe von 56 mm und höher und einer Bemessungsleistung bis 50 MW, bei Nenndrehzahlen von 600 min^{-1} bis zu und einschließlich 3600 min^{-1}.
Für vertikale Maschinen und über Flansche montierte Maschinen ist diese Norm nur anwendbar, wenn diese Maschinen im Zustand der „freien Aufstellung" gemessen werden.

Meßgrößen
Die Meßgrößen sind die Schwinggeschwindigkeit an den Lagern der Maschine und der relative Schwingweg der Welle innerhalb oder in der Nähe der Maschinenlager.

Meßgeräte
Meßgeräte für Schwingstärkemessungen müssen den Anforderungen in ISO 2954 entsprechen.
Meßgeräte für relative Wellenschwingungsmessungen müssen den Anforderungen in ISO/DIS 10817-1 entsprechen.

Maschinenaufstellung
Die Schwingung einer elektrischen Maschine ist stark abhängig von ihrer Aufstellung. Um den Auswucht- und Schwingungszustand einer drehenden elektrischen Maschine beurteilen zu können, ist es erforderlich, Messungen an der Maschine allein unter angepaßten Prüfbedingungen durchzuführen, um reproduzierbare Prüfungen möglich zu machen und um vergleichbare Meßwerte zu erhalten.

Grenzwerte der Schwingstärke
Die Grenzwerte der Schwingstärke für Gleichstrom- und Drehstrommaschinen mit Achshöhen 56 mm und höher und für die zwei beschriebenen Maschinenauf-

stellungen sind in **Tabelle 1** zusammengestellt. Sie enthält Werte für drei Schwingstärkestufen: N (normal), R (reduziert) und S (spezial).

Tabelle 1: Grenzwerte der Schwingstärke in mm/s Effektivwert für die Achshöhe H in mm

Schwing-stärkestufe	Nenn-drehzahl min^{-1}	Maschine, gemessen in freier Aufhängung				starre Aufstellung
		$56 < H$ ≤ 132	$132 < H$ ≤ 225	$225 < H$ ≤ 400	$H > 400$	$H > 400$
N	600 bis 3600	1,8	2,8	3,5	3,5	2,8
R	600 bis 1800	0,71	1,12	1,8	2,8	1,8
R	> 1800 bis 3600	1,12	1,8	2,8	2,8	1,8
S	600 bis 1800	0,45	0,71	1,12	–	–
S	> 1800 bis 3600	0,71	1,12	1,8	–	–

Änderung

Gegenüber DIN VDE 0530-14 (VDE 0530 Teil 14):1993-02 wurde folgende Änderung vorgenommen:
• Übernahme der EN 60034-14.

DIN EN 60034-16-1 (VDE 0530 Teil 16):1997-07   Juli 1997

Drehende elektrische Maschinen

Teil 16: Erregersysteme für Synchronmaschinen;
Kapitel 1: Begriffe
(IEC 34-16-1:1991 + Corrigendum 1992)
Deutsche Fassung EN 60034-16-1:1995

2 + 6 Seiten EN, 2 Bilder   Preisgruppe 7 K

Diese Norm (VDE-Bestimmung) definiert 32 Begriffe, die auf die Erregersysteme von synchron drehenden elektrischen Maschinen anwendbar sind.

Allgemeines

Erregersystem

Erreger

Regelung der Erregung

Klemmen der Erregerwicklung

Ausgangsklemmen des Erregersystems

Bemessungswert des Erregerstroms I_{fN}

Bemessungswert der Erregerspannung U_{fN}

Leerlauf-Erregerstrom I_{f0}

Leerlauf-Erregerspannung U_{f0}

Luftspalt-Erregerstrom I_{fg}

Luftspalt-Erregerspannung U_{fg}

Erregersystem-Bemessungsstrom I_{EN}

Erregersystem-Bemessungsspannung U_{EN}

Erregersystem-Deckenstrom I_p

Erregersystem-Deckenspannung U_p

Leerlauf-Deckenspannung U_{p0} des Erregersystems

Last-Deckenspannung U_{pL} des Erregersystems

Nennwert der Erregungsgeschwindigkeit v_E des Erregersystems

Erregerkategorien

Drehende Erreger

Gleichstromerreger

Wechselstromerreger

Wechselstromerreger mit stationären Gleichrichtern

Wechselstromerreger mit sich drehenden Gleichrichtern (bürstenloser Erreger)

Statische Erreger

Spannungsgespeister statischer Erreger

Kompoundiert gespeister statischer Erreger

Regelfunktionen

Spannungsregler

Einrichtung zur Laststrom-Kompensation

Einrichtung zur Übererregungs-Begrenzung

Einrichtung zur Untererregungs-Begrenzung

Einrichtung zur *U/f*-Begrenzung

Einrichtung zur Netzstabilisierung

Änderung

Gegenüber DIN VDE 0530-16 (VDE 0530 Teil 16):1992-09 wurde folgende Änderung vorgenommen:
- Übernahme der EN 60034-16-1:1995-11.

DIN EN 60034-22 (VDE 0530 Teil 22):1998-01   Januar 1998

Drehende elektrische Maschinen

Teil 22: Wechselstromgeneratoren für Stromerzeugungsaggregate
mit Hubkolben-Verbrennungsmotoren
(IEC 60034-22:1996)
Deutsche Fassung EN 60034-22:1997

2 + 16 Seiten EN, 3 Bilder, 1 Tabelle, 2 Anhänge   Preisgruppe 14 K

Dieser Teil der IEC 60034 (VDE-Bestimmung) beschreibt die prinzipielle Charakteristik von Wechselstromgeneratoren mit Spannungsreglern bei Betrieb an Hubkolben-Verbrennungskraftmaschinen unter Beachtung der Erfordernisse nach IEC 60034-1. Sie behandelt die Verwendung solcher Generatoren für Land und Marine, aber nicht Generatoren für Luftfahrt, Landfahrzeuge und Lokomotiven.

Leistung
Die Generator-Leistungsklasse muß nach IEC 60034-1 spezifiziert werden. Im Fall von Stromerzeugungsaggregaten für Hubkolben-Verbrennungsmotoren sind Dauerbetrieb (Betriebsart S1) oder Betrieb mit diskreten konstanten Lasten (Betriebsart S10) anwendbar.
In dieser Norm wird die maximale Dauerleistung, die auf Betriebsart S1 basiert, Basis-Dauerleistung (BR) genannt.
Zusätzlich zu Betriebsart S10 gibt es eine Spitzendauerleistung (PR), bei der die zulässige Generatortemperatur um einen spezifischen Wert nach der Wärmeklasse ansteigt.

Grenzen für Temperatur und Temperaturerhöhung

Dauerleistung
Der Generator muß in der Lage sein, seine Dauerleistung (BR) über den gesamten Betriebsbereich zu liefern (min. bis max. Kühlmitteltemperaturen), mit Absolutumgebungstemperaturen und der Temperaturerhöhung, die in IEC 60034-1 spezifiziert ist, die in der Summe 40 °C nicht überschreiten dürfen.

Spitzendauerleistung
Bei der Generatorspitzenleistung (PR) können die Gesamttemperaturen um die folgenden Werte erhöht werden:

Wärmeklasse nach IEC 60085	Leistung < 5 MVA	Leistung ≥ 5 MVA
A oder E	15 K	10 K
B oder F	20 K	15 K
H	25 K	20 K

Parallelbetrieb
Bei Parallelbetrieb mit anderen Aggregaten oder mit dem Netz muß die Möglichkeit bestehen, stabilen Betrieb und gleichmäßige Blindleistungsaufteilung zu garantieren.
Dies wird meistens durch Beeinflussung des automatischen Spannungsreglers mit einer zusätzlichen Blindstromkomponente bewirkt, und dies führt zu einer Spannungsabsenkung infolge der Blindleistungsbelastung.
Der Grad der Blindstromkompensations-(QCC-)Spannungsabsenkung ist die Differenz zwischen Leerlaufspannung und der Spannung bei induktivem Bemessungsstrom-Leistungsfaktor Null bei Inselbetrieb, ausgedrückt in Prozent der Bemessungsspannung.

Funk-Entstörung
Grenzwerte der Funk-Entstörung für dauernde und kurzzeitige Störungen müssen mit CISPR 14 und CISPR 15 übereinstimmen.
Der Funkstörgrad gilt für Störspannung, Störleistung und Störfeldstärke. Er wird durch Übereinkunft zwischen Käufer und Hersteller festgelegt.

Asynchrongeneratoren mit Erregereinrichtung
Asynchrongeneratoren benötigen für die Spannungserzeugung Blindleistung. Bei Inselbetrieb ist eine spezielle Einrichtung für die Erzeugung der Erregung erforderlich. Diese Einrichtung muß ebenfalls die Blindleistung der angeschlossenen Last liefern.

DIN EN 60551/A1 (VDE 0532 Teil 7/A1):1998-02 Februar 1998

Bestimmung der Geräuschpegel von Transformatoren und Drosselspulen

(IEC 60551:1987/A1:1995, modifiziert)
Deutsche Fassung EN 60551/A1:1997

2 + 10 Seiten EN, 4 Anhänge					Preisgruppe 9 K

Die Abschnitte dieser Änderung ergänzen oder ersetzen die entsprechenden Abschnitte in DIN EN 60551 (VDE 0532 Teil 7):1993-11.
Die Standardmessung nach dieser Norm (VDE-Bestimmung) verwendet als Meßgröße den A-bewerteten Schalldruckpegel. Bei erschwerten Meßbedingungen sind Schallintensitätsmessungen von Vorteil.
Wegen geringer Abweichungen bei der Bestimmung der Schalleistungspegelwerte in Abhängigkeit von der Art der Messung (Schalldruck oder Schallintensität) ist die Meßmethode zwischen Hersteller und Käufer bereits zum Zeitpunkt der Bestellung zu vereinbaren. Die Anwendung der Schallintensitätsmessung ist in einem Anhang beschrieben.
Transformatoren werden nach dieser Norm im Leerlauf gemessen. Bei Transformatoren mit sehr niedrigem Leerlaufgeräusch, z. B. im Falle einer Auslegung mit extrem niedriger Induktion, können auch Lastgeräusche den Schallpegel beeinflussen. Ein weiterer Anhang legt die Meßbedingungen zur Bestimmung der Lastgeräusche fest.

Bestimmung des Schalleistungspegels unter Verwendung der Schallintensität
Der Schalleistungspegel kann aus den Messungen der Schallintensität berechnet werden; dieser Anhang beschreibt ein Verfahren zum Bestimmen der Schallintensitätskomponente senkrecht zur Meßfläche von Transformatoren oder Drosselspulen und deren zugehöriger Kühlausrüstung.
Das Schallintensitätsmeßverfahren hat gegenüber dem Schalldruckmeßverfahren folgende Vorteile:
• Die Bestimmung der richtigen Schalleistung ist möglich ohne Rücksicht darauf, ob die Meßfläche innerhalb oder außerhalb des Nahfeldes liegt.
• Die Bestimmung der richtigen Schalleistung ist auch bei Vorhandensein von Umgebungsgeräuschen möglich, bei denen das Schalldruckmeßverfahren zu derartig falschen Ergebnissen führt, daß diese nicht mehr durch diese Norm zugelassen sind.

Schallintensitätspegel-Messungen für den Transformator
Zur Messung der Schallintensität können zwei Verfahren angewendet werden:
• Verfahren I:	Messung A-bewerteter Schallintensitätspegel;
• Verfahren II:	Schmalband-Intensitätsmessung.

Die Wahl des Verfahrens muß zwischen Anwender und Hersteller vereinbart werden.
Das Meßverfahren mit Schmalband-Frequenzanalyse darf nur angewendet werden, wenn die Kühleinrichtung des Transformators nicht in Betrieb ist.
Für Schmalband-Schallintensitätsmessungen muß die Bandbreite der Meßeinrichtung $\Delta f \leq 5$ Hz betragen.
Bei Anwendung von Verfahren II wird der A-bewertete Schallintensitätspegel des Transformators durch Addition der Pegel berechnet, die bei Frequenzen gleich der 2fachen Netzfrequenz und deren Vielfachen gemessen wurden.

Bestimmung des Lastgeräuschpegels, verursacht durch den Laststrom
Im Gegensatz zum Leerlaufgeräusch, dessen Ursache die Magnetostriction des Transformatorkernes ist, wird das Laststromgeräusch des Transformators durch elektromagnetische Kräfte als Folge der Streufelder der Wicklungen hervorgerufen und ist dem Quadrat des Stroms proportional. Wesentliche Schallquellen für dieses Geräusch sind die Schwingungen der Kesselwände, der magnetischen Abschirmungen und der Wicklungen.
Wie durch praktische Untersuchungen festgestellt wurde, kann die Größe des Laststromgeräusches nach der gleichen Vorschrift ermittelt werden wie das Leerlaufgeräusch.
Um abzuschätzen, ob eine Geräuschmessung bei Laststrom von Bedeutung ist, kann die Größe des bei Laststrom zu erwartenden Schalleistungspegels mit folgender Gleichung annähernd bestimmt werden:

$$L_{WA, IN} \approx 42 + 18\log_{10}\frac{S_N}{S_0}$$

Hierin bedeuten:
$L_{WA, IN}$ A-bewerteter Schalleistungspegel des Transformators bei Bemessungsstrom, Bemessungsfrequenz und Kurzschlußspannung in dB;
S_N Bemessungsleistung in MVA;
S_0 Bezugsleistung 1 MVA.

Bei Spartransformatoren ist die gleichwertige Bemessungsleistung S_t für S_N einzusetzen (Typenleistung).

DIN EN 60076-1 (VDE 0532 Teil 101):1997-12   Dezember 1997

Leistungstransformatoren

Teil 1: Allgemeines
(IEC 60076-1:1993, modifiziert)
Deutsche Fassung EN 60076-1:1997

3 + 37 Seiten EN, 9 Bilder, 3 Tabellen, 8 Anhänge   Preisgruppe 24 K

Dieser Teil der Internationalen Norm IEC 60076 (VDE-Bestimmung) gilt für Drehstrom- und Einphasentransformatoren (einschließlich Spartransformatoren) mit Ausnahme gewisser Kategorien von Klein- und Sondertransformatoren wie:
- Einphasentransformatoren mit Bemessungsleistungen unter 1 kVA und Drehstromtransformatoren unter 5 kVA;
- Meßwandler;
- Transformatoren für statische Stromrichter;
- Fahrzeugtransformatoren;
- Anlaßtransformatoren;
- Prüftransformatoren;
- Schweißtransformatoren.

Sofern keine IEC-Normen für solche Kategorien von Transformatoren bestehen, kann dieser Teil von IEC 60076 entweder vollständig oder teilweise Anwendung finden.
Für diejenigen Kategorien von Transformatoren und Drosselspulen, für die eigene Normen vorhanden sind, findet diese Norm nur insoweit Anwendung, als in den anderen Normen hierauf Bezug genommen wird.

Bemessungsdaten

Bemessungsleistung
Jeder Wicklung eines Transformators wird eine Bemessungsleistung zugeordnet, die auf dem Leistungsschild anzugeben ist. Die Bemessungsleistung bezieht sich auf den Dauerbetrieb. Sie ist der Bezugswert für die verbindlich angegebenen Werte und Prüfungen der Kurzschlußverluste und Übertemperaturen.

Vorzugswerte für die Bemessungsleistung
Bei Transformatoren bis 10 MVA sollten die Werte der Bemessungsleistung vorzugsweise der Reihe R10 nach ISO 3 (1973), „Normzahlen, Normzahlreihen", entnommen werden:
(... 100, 125, 160, 200, 250, 315, 400, 500, 630, 800, 1000 usw.).

Anforderungen an Transformatoren mit einer angezapften Wicklung
Bei einem Mehrwicklungstransformator beziehen sich die Aussagen auf die Kombination der Wicklung mit Anzapfungen mit einer der Wicklungen ohne Anzapfungen.
Bei Spartransformatoren werden die Anzapfungen manchmal am geerdeten

sternpunktseitigen Wicklungsende angeordnet. Dies bedeutet, daß sich die effektive Windungszahl gleichzeitig in beiden Wicklungen ändert. Bei solchen Transformatoren sind die Einzelheiten über die Anzapfungen zu vereinbaren. Die Anforderungen dieses Abschnitts sollten, soweit anwendbar, benutzt werden. Falls nicht anders festgelegt, befindet sich die Hauptanzapfung in der Mitte des Anzapfungsbereichs. Andere Anzapfungen werden durch ihre Anzapfungsfaktoren gekennzeichnet. Die Anzahl der Anzapfungen und der Änderungsbereich der Übersetzung des Transformators kann in Form einer Kurzangabe durch Abweichungen des prozentualen Anzapfungsfaktors vom Wert 100 ausgedrückt werden.

Anzapfungsspannung – Anzapfungsstrom. Genormte Kategorien der Änderung der Anzapfungsspannung. Anzapfung mit höchster Spannung
Die Kurzbezeichnung des Anzapfungsbereichs und der Anzapfungsstufen gibt den Änderungsbereich der Transformator-Übersetzung an. Jedoch sind dadurch allein die zugeordneten Werte der Anzapfungsgrößen nicht vollständig bestimmt; eine zusätzliche Information ist notwendig. Diese kann entweder in tabellarischer Form durch Angabe von Anzapfungsleistung, Anzapfungsspannung und Anzapfungsstrom für jede einzelne Anzapfung erfolgen oder als Text, der die „Kategorie der Spannungsänderung" sowie die möglichen Grenzen des Bereichs angibt, innerhalb dessen die Anzapfungen „Anzapfungen mit voller Leistung" sind.

Festlegung der Kurzschlußimpedanz
Falls nicht anders festgelegt, bezieht sich die Kurzschlußimpedanz eines Wicklungspaares auf die Hauptanzapfung. Bei Transformatoren mit einer angezapften Wicklung, deren Anzapfungsbereich größer als ± 5 % ist, sind die Impedanzwerte auch für die beiden äußersten Anzapfungen anzugeben. An solchen Transformatoren sind diese drei Impedanzwerte auch während der Kurzschlußmessung zu ermitteln.
Wenn Impedanzwerte für verschiedene Anzapfungen angegeben werden und insbesondere, wenn die Bemessungsleistungswerte der Wicklungen eines Paares verschieden sind, wird empfohlen, die Impedanzwerte besser in Ohm je Strang – bezogen auf eine der beiden Wicklungen – anzugeben als in Form von Prozentwerten. Prozentwerte können wegen unterschiedlicher Gepflogenheiten bezüglich der Bezugswerte zu Mißverständnissen führen. Wenn Prozentwerte angegeben werden, wird empfohlen, dabei stets auch die zugehörigen Werte der Bezugsleistung und -spannung ausdrücklich zu nennen.

Schaltungen und Schaltgruppen für Drehstromtransformatoren
Die Stern-, Dreieck- oder Zickzackschaltung der zusammengehörenden Wicklungsstränge eines Drehstromtransformators oder der Wicklungen gleicher Spannung von Einphasentransformatoren für eine Drehstrombank wird durch die Großbuchstaben Y, D oder Z für die Oberspannungswicklung (OS) und Kleinbuchstaben y, d oder z für die Mittel- (MS) und Unterspannungswicklung (US) angegeben. Bei herausgeführtem Sternpunkt einer in Stern oder Zickzack geschalteten Wicklung lautet die Kennzeichnung YN (yn) bzw. ZN (zn).

Bei einem Drehstromtransformator mit offenen Wicklungen (die nicht im Transformator zusammengeschaltet sind, sondern bei denen beide Enden jedes Wicklungsstrangs zu Anschlüssen herausgeführt sind) lautet die Angabe III (HV) bzw. iii (Mittelspannungs- oder Niedrigspannungswicklungen).
Bei einem in Sparschaltung verbundenen Wicklungspaar wird der Buchstabe für die Wicklung mit der niedrigeren Spannung durch „auto" oder „a" ersetzt. Beispiele: „YNauto" oder „YNa" oder „YNaO", „ZNa11".
Die Buchstabensymbole für die verschiedenen Wicklungen eines Transformators werden in der Reihenfolge niedriger werdender Bemessungsspannungen angegeben. Unmittelbar hinter dem Schaltungsbuchstaben für jede Mittelspannungs- und Unterspannungswicklung folgt die „Stundenzahl" ihrer Phasendrehung. Nachstehend sind in **Bild I** drei Beispiele gezeigt und erläutert.
Das Vorhandensein einer Ausgleichwicklung (einer in Dreieck geschalteten Wicklung, die nicht für eine äußere Drehstrombelastung herausgeführt ist) wird hinter den Symbolen der belastbaren Wicklungen mit dem Symbol „+d" gekennzeichnet.
Bei einem Transformator, für den eine Änderungsmöglichkeit der Wicklungsschaltung festgelegt ist (z. B. Reihen-Parallelschaltung, Y-D-Schaltung), werden beide Schaltungen, die mit den entsprechenden Bemessungsspannungen verbunden sind, dargestellt, wie in den folgenden Beispielen angegeben ist:

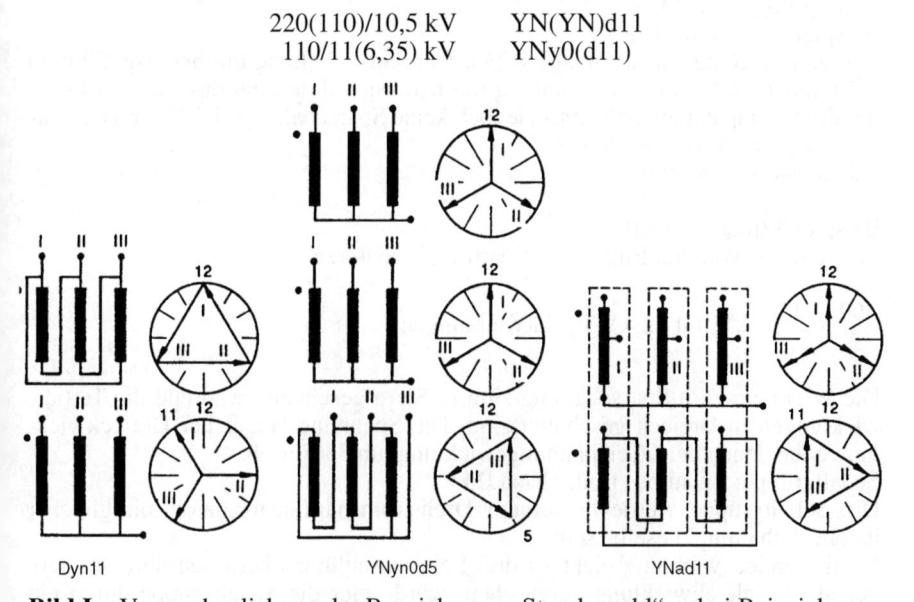

220(110)/10,5 kV   YN(YN)d11
110/11(6,35) kV   YNy0(d11)

Bild I Veranschaulichung der Bezeichnung „Stundenzahl" – drei Beispiele

Beispiele für allgemein gebräuchliche Schaltungen mit Schaltgruppen sind in **Bild II** und **Bild III** dargestellt.

Schaltbilder mit Anschlußbezeichnungen sowie Angaben von Einbaustromwandlern, falls verwendet, können auf dem Leistungsschild zusammen mit Textinformationen dargestellt werden.
Für die Angabe gelten folgende Vereinbarungen:
Das obere Schaltbild stellt die Oberspannungswicklung und das untere Schaltbild die Unterspannungswicklung dar. (Die Richtungen der induzierten Spannungen sind angegeben.)
Das Spannungszeigerdiagramm der Hochspannungswicklung weist mit der Phase I auf die Stundenzahl 12. Der Zeiger I der Unterspannungswicklung hat die Richtung der induzierten Spannung, die sich aus der gezeigten Schaltung ergibt.
Die Drehrichtung des Zeigerdiagramms verläuft im Gegenuhrzeigersinn entsprechend der richtigen Phasenfolge I-II-III.

Beispiel 1 (linkes Bild)
Ein Verteilungstransformator mit einer 20-kV-Oberspannungswicklung in Dreieckschaltung und einer Unterspannungswicklung für 400 V in Sternschaltung mit herausgeführtem Sternpunkt. Die Spannungszeiger der Unterspannungswicklung eilen denen der Oberspannungswicklung um 330° nach.

Schaltgruppe: Dyn11
Beispiel 2 (mittleres Bild)
Ein Dreiwicklungstransformator: 123 kV in Sternschaltung mit herausgeführtem Sternpunkt. 36 kV in Sternschaltung mit herausgeführtem Sternpunkt – in Phase mit der Oberspannungswicklung, jedoch keine Sparschaltung. 7,2 kV in Dreieckschaltung, um 150° nacheilend.
Schaltgruppe: YNyn0d5

Beispiel 3 (rechtes Bild)
Eine Gruppe von drei Einphasen-Spartransformatoren

$\dfrac{400}{\sqrt{3}} \bigg/ \dfrac{130}{\sqrt{3}}$ kV mit 22-kV-Tertiärwicklungen.

Die Wicklungen in Sparschaltung sind in Stern geschaltet, während die Tertiärwicklungen in Dreieck geschaltet sind. Die Spannungszeiger der Dreieckwicklung eilen denen der Oberspannungswicklung um 330° nach.
Schaltgruppe: YNautod11 oder YNad11
Die Schaltgruppe würde bei einem Drehstromspartransformator mit gleicher innerer Schaltung dieselbe sein.
Ist die Dreieckwicklung nicht zu drei Leiteranschlüssen herausgeführt, sondern nur als Ausgleichwicklung vorgesehen, würde dies die Schaltgruppe durch ein Pluszeichen anzeigen. Für die Ausgleichwicklung findet dann keine Kennzeichnung der Phasendrehung Anwendung.
Schaltgruppe: YNauto+d

Allgemeine Bestimmungen für Stück-, Typ- und Sonderprüfungen
Transformatoren sind nachstehenden Prüfungen zu unterziehen.
Prüfungen sind bei Umgebungstemperaturen zwischen 10 °C und 40 °C durchzuführen sowie bei einer Temperatur des Kühlwassers (falls erforderlich), die ≤ 25 °C ist.
Die Prüfungen sind im Herstellerwerk vorzunehmen, falls nicht anders zwischen Hersteller und Abnehmer vereinbart.

Stückprüfungen
a) Messung des Wicklungswiderstands.
b) Messung der Übersetzung und Nachweis der Phasendrehung.
c) Messung der Kurzschlußimpedanz und der Kurzschlußverluste.
d) Messung der Leerlaufverluste und des Leerlaufstroms.
e) Spannungsprüfungen (IEC 60076-3).
f) Prüfungen an Stufenschaltern, falls vorhanden.

Typprüfungen
a) Erwärmungsprüfung (IEC 60076-2).
b) Spannungsprüfungen (IEC 60076-3).

Sonderprüfungen
a) Spannungsprüfungen (IEC 60076-3).
b) Bestimmung der Kapazitäten der Wicklungen gegen Erde und zwischen den Wicklungen.
c) Bestimmung des Übertragungsverhaltens von transienten Spannungen.
d) Messung der Nullimpedanz(en) von Drehstromtransformatoren.
e) Nachweis der Kurzschlußfestigkeit (IEC 60076-5).
f) Bestimmung der Geräuschpegel (IEC 60551).
g) Messung der Oberschwingungen des Leerlaufstroms.
h) Messung des Eigenverbrauchs der Ventilatoren- und Ölpumpenmotoren.
i) Messung des Isolationswiderstands der Wicklungen gegen Erde und/oder Messung des Verlustfaktors (tan δ) der Kapazitäten des Isoliersystems. (Dieses sind Bezugswerte zum Vergleich bei späteren Messungen am Aufstellungsort des Transformators. Hier werden keine Grenzwerte angegeben.)

(Zu den folgenden Bildern II und III):
Vereinbarte Festlegung über die zeichnerische Darstellung wie für Bild I.
Anmerkung: Es sollte beachtet werden, daß diese vereinbarte Festlegung von den früher in Bild 5 von IEC 60076-4:1976 benutzten Gepflogenheiten abweicht.

Schaltungen für Drehstromtransformatoren

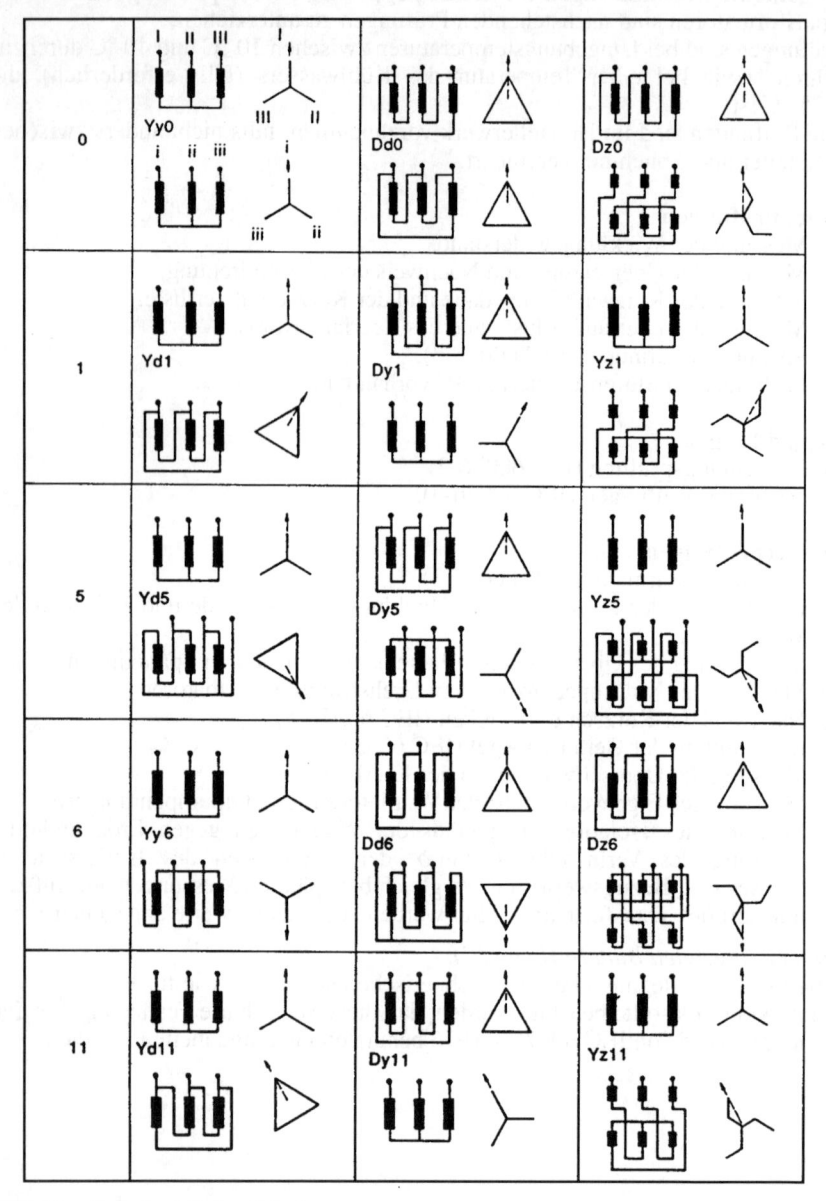

0	Yy0	Dd0	Dz0
1	Yd1	Dy1	Yz1
5	Yd5	Dy5	Yz5
6	Yy6	Dd6	Dz6
11	Yd11	Dy11	Yz11

Bild II   Gebräuchliche Schaltungen

Schaltungen für Drehstromtransformatoren

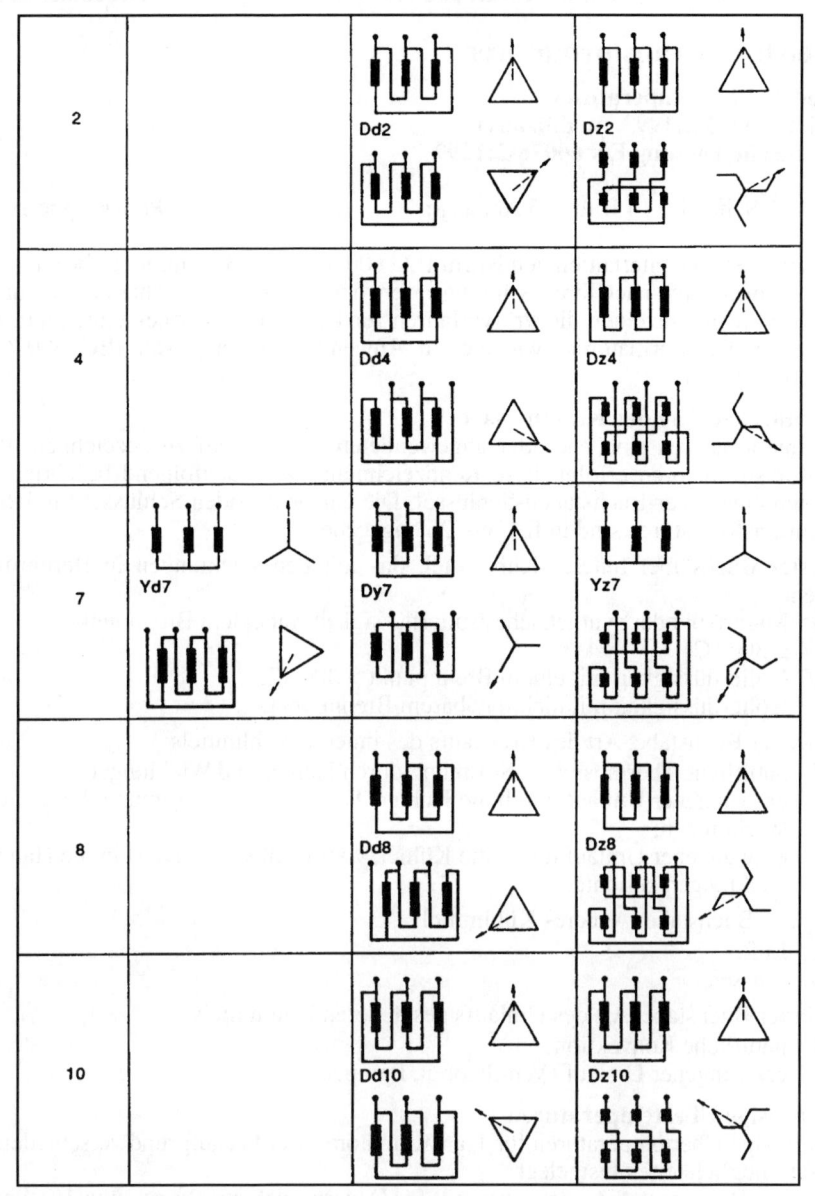

2		Dd2	Dz2
4		Dd4	Dz4
7	Yd7	Dy7	Yz7
8		Dd8	Dz8
10		Dd10	Dz10

Bild III Zusätzliche Schaltungen

DIN EN 60076-2 (VDE 0532 Teil 102):1997-12   Dezember 1997

Leistungstransformatoren
Teil 2: Übertemperaturen
(IEC 60076-2:1993, modifiziert)
Deutsche Fassung EN 60076-2:1997

3 + 21 Seiten EN, 4 Bilder, 5 Anhänge   Preisgruppe 16 K

Dieser Teil der Internationalen Norm IEC 60076 (VDE-Bestimmung) bezeichnet Transformatoren nach ihren Kühlungsarten, definiert zulässige Übertemperaturen und führt im einzelnen die Prüfverfahren für Übertemperaturmessungen auf. Er gilt für Transformatoren, wie sie im Anwendungsbereich von IEC 60076-1 bestimmt sind.

Kennzeichnung der Kühlungsart
Transformatoren sind nach der angewendeten Kühlungsart zu bezeichnen. Für Öltransformatoren erfolgt diese Kennzeichnung, wie nachfolgend beschrieben, durch einen Vier-Buchstaben-Schlüssel. Die entsprechenden Schlüssel für Trokkentransformatoren sind in IEC 60726 angegeben.

Erster Buchstabe: Inneres Kühlmittel, das mit den Wicklungen in Berührung steht:
O   Mineralöl oder synthetische Isolierflüssigkeit mit einem Brennpunkt ≤ 300 °C;
K   Isolierflüssigkeit mit einem Brennpunkt > 300 °C;
L   Isolierflüssigkeit mit nichtmeßbarem Brennpunkt.

Zweiter Buchstabe: Art des Kreislaufs des inneren Kühlmittels:
N   natürliche Thermosiphon-Strömung durch Kühler und Wicklungen;
F   erzwungener Umlauf durch die Kühler, Thermosiphon-Strömung durch die Wicklungen;
D   erzwungener Umlauf durch die Kühler, vom Kühler zumindest in die Hauptwicklungen gerichtet.

Dritter Buchstabe: Äußeres Kühlmittel:
A   Luft;
W   Wasser.

Vierter Buchstabe: Art des Umlaufs des äußeren Kühlmittels:
N   natürliche Konvektion;
F   erzwungener Umlauf (Ventilatoren, Pumpen).

Zulässige Übertemperaturen
Zulässige Übertemperaturen für Transformatoren werden aufgrund verschiedener Wahlmöglichkeiten festgelegt.
• Eine Reihe von Anforderungen gilt für Dauerbetrieb mit Bemessungsleistung.
• Wenn ausdrücklich festgelegt, tritt eine weitere Gruppe von Anforderungen

hinzu, die sich auf bestimmte Belastungsspiele beziehen. Dies ist hauptsächlich auf Großtransformatoren anwendbar, bei denen Notbetriebsbedingungen besondere Aufmerksamkeit erfordern, und sollte nicht regelmäßig bei kleinen und mittleren Normtransformatoren angewendet werden.
In diesem Teil von IEC 60076 wird vorausgesetzt, daß die Betriebstemperaturen der verschiedenen Teile eines Transformators als Summe der Kühlmitteltemperatur (Umgebungsluft oder Kühlwasser) und einer Übertemperatur des Transformatorteils beschrieben werden können.
Die Kühlmitteltemperatur und die Aufstellungshöhe (hinsichtlich der Kühlluftdichte) sind Kennzeichen der Aufstellung. Falls in dieser Beziehung übliche Betriebsbedingungen herrschen, ergeben sich bei normalen Übertemperaturwerten für den Transformator zulässige Betriebstemperaturen.
Die Übertemperaturwerte sind Kennzeichen des Transformators, die Gegenstand von verbindlichen Angaben und Prüfungen unter bestimmten Bedingungen sind. Es gelten die üblichen zulässigen Übertemperaturen, falls nicht die Anfrage und Bestellung „ungewöhnliche Betriebsbedingungen" nennt. In solchen Fällen sind die zulässigen Übertemperaturen näher zu bestimmen.

Erwärmungsmessung
Während der Erwärmungsmessung muß der Transformator mit seinen Schutzeinrichtungen ausgerüstet sein (z. B. Buchholzrelais bei einem Öltransformator). Jede Anzeige während der Prüfung ist zu notieren.

Kühllufttemperatur
Besonders während der letzten Phase der Prüfung, wenn ein Gleichgewichtszustand erreicht ist, sollte Vorsorge getroffen werden, Veränderungen der Kühllufttemperatur möglichst gering zu halten. Schnelle Veränderungen der Aufzeichnungen, die auf Luftwirbel zurückzuführen sind, sollten durch geeignete Maßnahmen verhindert werden, wie z. B. Kühlkörper mit passender Zeitkonstante für die Temperaturfühler. Es sind mindestens drei Fühler vorzusehen. Für die Auswertung der Messung ist der Mittelwert ihrer Ablesungen zu verwenden. Die Ablesungen sollten in regelmäßigen Abständen erfolgen, oder es kann laufend automatisch aufgezeichnet werden.

Kühlwassertemperatur
Vorsorge sollte getroffen werden, Veränderungen der Kühlwassertemperatur während der Prüfdauer möglichst gering zu halten. Die Temperatur wird am Einlaß des Kühlers gemessen. Ablesungen der Temperatur und Kühlwassermenge sollten in regelmäßigen Abständen erfolgen, oder es kann laufend automatisch aufgezeichnet werden.

Prüfverfahren zur Bestimmung der Übertemperatur
Aus praktischen Gründen ist das Standardverfahren zur Bestimmung der stationären Übertemperatur von Öltransformatoren auf dem Prüffeld die gleichwertige Prüfung im Kurzschluß.

In Sonderfällen kann wahlweise vereinbart werden, die Prüfung etwa mit Bemessungsspannung und Bemessungsstrom durch Anschluß einer geeigneten Last durchzuführen. Dies ist hauptsächlich auf Transformatoren mit kleiner Bemessungsleistung anwendbar.

Prüfung des stationären Zustands mit Hilfe des Kurzschlußverfahrens
Während dieser Prüfung wird der Transformator nicht gleichzeitig mit Bemessungsspannung und Bemessungsstrom beansprucht, sondern mit den gerechneten Gesamtverlusten, die vorher durch zwei getrennte Verlustermittlungen, nämlich die der Kurzschlußverluste bei Bezugstemperatur und die der Leerlaufverluste (siehe IEC 60076-1), bestimmt wurden.
Der Zweck der Prüfung ist zweifach:
- Bestimmung der Übertemperatur des Öls oben unter stationären Bedingungen bei Abgabe der Gesamtverluste;
- Bestimmung der mittleren Wicklungsübertemperatur bei Bemessungsstrom unter Berücksichtigung der oben festgestellten Übertemperatur des Öls oben.

Bestimmung der mittleren Wicklungstemperatur
Die mittlere Wicklungstemperatur wird mit Hilfe der Messung des Wicklungswiderstands bestimmt. Bei einem Drehstromtransformator sollte die Messung vorzugsweise dem Mittelschenkel zugeordnet werden. Das Verhältnis der Widerstandswerte R_2 bei der Temperatur θ_2 (°C) und R_1 bei θ_1 wird bestimmt durch:

Kupfer: $\dfrac{R_2}{R_1} = \dfrac{235 + \theta_2}{235 + \theta_1}$ 	Aluminium: $\dfrac{R_2}{R_1} = \dfrac{225 + \theta_2}{225 + \theta_1}$

Änderung
Gegenüber DIN VDE 0532-2 (VDE 0532 Teil 2):1989-01 wurde folgende Änderung vorgenommen:
- Die Norm wurde vollständig überarbeitet, sachlich dem Stand der Technik angepaßt, und die Texte wurden redaktionell verbessert.

DIN VDE 0532-222 (VDE 0532 Teil 222):1997-12   Dezember 1997

Drehstrom-Öl-Verteilungstransformatoren 50 Hz, 50 kVA bis 2500 kVA, mit einer höchsten Spannung für Betriebsmittel bis 36 kV

Teil 2: Verteilungstransformatoren mit Kabelanschlußkästen auf der Ober- und/oder Unterspannungsseite – Hauptabschnitt 2: Kabelanschlußkästen Typ 1 für Verteilungstransformatoren nach HD 428.2.1 S1
Deutsche Fassung HD 428.2.2 S1:1997

2 + 6 Seiten HD, 1 Bild, 1 Tabelle, 1 Anhang   Preisgruppe 8 K

Dieses Schriftstück (VDE-Bestimmung) legt die Anforderungen für Kabelanschlußkästen Typ 1 fest, in denen die Kabeladern abgeschlossen sind. Die Kabelanschlußkästen sind für den Einsatz an Transformatoren geeignet, wie sie in HD 428.2.1 (DIN 42500-21) für Seitenwandanordnung oder Deckelanordnung definiert sind. Die Kabelanschlußkästen sind für den Innenraum- und Freilufteinsatz unter den in HD 428.1 festgelegten Umweltbedingungen geeignet. Wichtige Anforderungen für Konstruktion und Bauweise von Kabelanschlußkästen werden angegeben.

Elektrische Anforderungen und Luftstrecken
Die Gehäuse müssen nach Anbringen an dem Betriebsmittel, für das sie vorgesehen sind, sowohl den in HD 428.1 festgelegten Hochspannungsprüfungen als auch den Prüfungen bei Inbetriebnahme mit angeschlossenen Kabeln standhalten.

Gehäuse für Hochspannung
Die Bemessungsspannung eines Kabelanschlußkastens ist die höchste Spannung, die für das Betriebsmittel vorgesehen ist, verwendete Vorzugswerte sind in einer Tabelle angegeben.
Diese Tabelle gibt die geforderten Mindestluftstrecken zwischen aktiven Metallteilen, zwischen aktiven Metallteilen und Erde sowie die Anforderungen an die Kriechstrecken der Isolatoren an. Die Befestigungsflansche entsprechen den in HD 428.2.1 angegebenen Ausführungen. Kürzere Luftstrecken dürfen vereinbart werden, bedürfen jedoch einer Bestätigung durch Prüfung.

Kabelanschlußkästen für Niederspannung
In allen Kabelanschlußkästen für Niederspannung müssen für den erforderlichen Maximalstrom des Transformators korrekt bemessene Durchführungen oder mehrphasige oder einphasige Stromschienenanschlüsse angebracht werden können. Der Flansch des Kabelanschlußkastens ist in HD 428.2.1 angegeben.
Die Wirkungen elektromagnetisch induzierter Verluste, die durch hohe Ströme verursacht werden, müssen besonders beachtet werden.

Konstruktion
Die Kabelanschlußkästen müssen in sich geschlossen sein. Die Montageplatte für die Durchführung ist bei Kabelanschlußkästen für Hochspannung Bestandteil des Gehäuses. Gußeisen darf nicht verwendet werden.
Der vollisolierte Kabelanschlußkasten ist in geeigneter Weise gegen das Austreten von Öl oder Vergußmasse abgedichtet und ermöglicht deren Wärmeausdehnung.
Bei luftgefüllten Kabelanschlußkästen der Schutzklasse IP54 sind Lüftungsmöglichkeiten vorzusehen. Bei luftgefüllten Kabelanschlußkästen sind Entwässerungen vorzusehen.

Typprüfung
Ein neu entwickeltes Gehäuse muß den folgenden Prüfungen unterzogen werden, wenn kleinere Luftstrecken verwendet werden. Bei den Prüfungen ist es nicht erforderlich, daß die Kabelanschlußkästen mit dem Transformator verbunden sind.

elektrisch
- Bemessungs-Blitzstoßstehspannungsprüfung am Hochspannungs-Kabelanschlußkasten mit betriebsmäßig angeschlossenen Kabeln.
- Kurzzeit-Bemessungs-Stehwechselspannungsprüfung an dem Gehäuse mit betriebsmäßig angeschlossenen Kabeln.

Die Spannungspegel für diese Prüfungen sind die für die höchste Netzspannung in HD 398.3 festgelegten entsprechenden Stoß- und Wechselspannungspegel.

mechanisch
Eine mechanische Prüfung muß an mit Öl und/oder Vergußmasse gefüllten Kabelanschlußkästen durchgeführt werden, indem der Kasten bei Raumtemperatur 15 min einem Druck von 1 bar ausgesetzt wird. Bei Nachlassen des Druckes dürfen keine bleibenden Verformungen auftreten.

DIN V ENV 50184 (VDE V 0544 Teil 50):1998-01   Januar 1998

Gültigkeitserklärung von Lichtbogenschweißausrüstung (BS 7570:1992)

Deutsche Fassung ENV 50184:1996

2 + 37 Seiten ENV, 8 Bilder, 13 Tabellen, 9 Anhänge   Preisgruppe 25 K

Eine Vornorm (VDE-Vornorm) ist das Ergebnis einer Normungsarbeit, das wegen bestimmter Vorbehalte zum Inhalt oder wegen des gegenüber einer Norm abweichenden Aufstellungsverfahrens vom DIN noch nicht als Norm herausgegeben wird. Zu dieser Vornorm wurde kein Entwurf veröffentlicht. Erfahrungen mit dieser Vornorm sind erbeten an die Deutsche Elekrotechnische Kommission im DIN und VDE (DKE), Stresemannallee 15, 60596 Frankfurt am Main.
Diese Britische Norm empfiehlt Validiergrade und Validiermethoden für folgende zwei Klassen von Lichtbogenschweißstromquellen, Einrichtungen und Zubehör:
a) Einrichtungen, die nach der in BS 638-10:1990 festgelegten Genauigkeit gebaut, kalibriert und verwendet werden; diese Klassifizierung wird Grad 1 (Standardgrad) genannt.
b) Einrichtungen, die nach BS 638-10:1990 gebaut sind, aber nach einem höheren Genauigkeitsgrad als in BS 638-10:1990 gefordert kalibriert sind und die für Aufgaben verwendet werden, die eine größere Betriebsgenauigkeit erfordern. Diese Klassifizierung wird Grad 2 (Präzisionsgrad) genannt. Das Anwenden des Grad-2-(Präzisionsgrad-)Validierens oder -Kalibrierens wird in erster Linie durch die Anforderungen des Schweißverfahrens bestimmt und muß von denjenigen, die für die Entwicklung oder Anwendung des Schweißverfahrens verantwortlich sind, festgelegt werden.
Die in dieser Norm behandelten Schweißeinrichtungen umfassen:
1) Schweißstromquellen;
2) Drahtvorschubsysteme;
3) Schweißinstrumentierung.

Validieren
Alle Tätigkeiten zum Nachweis, daß ein Teil einer Schweißeinrichtung oder ein Schweißsystem mit den Betriebsfestlegungen für diese Schweißeinrichtung übereinstimmt.

Validiergenauigkeiten für Einrichtungen nach Grad 1 (Standardgrad)
Es ist bekannt, daß die Wiederholbarkeit von Einrichtungen wichtig ist. Für die Prüfung sollten die gleichen Werte, wie angegeben, verwendet werden, soweit nichts anderes angegeben ist.

Schweißstromquellen
Die Validiergenauigkeit für Grad-1-Schweißstromquellen sollte **Tabelle 1** entsprechen.

Tabelle 1 Validiergenauigkeiten für Grad-1-Schweißstromquellen

Größe	Genauigkeit
Strom	± 10 %
Bemessungswert der Leerlaufspannung	± 5 %
Leerlaufspannung (MIG/MAG/MOG)	± 10 %

Instrumentierung
Schweißeinrichtungen können mit Anzeigegeräten ausgerüstet sein. Die Meßeinrichtungen sollten nach den für Grad-1-Schweißstromquellen in **Tabelle 2** angegebenen Anforderungen validiert werden.

Tabelle 2 Validiergenauigkeiten für Grad-1-Instrumente

Größe	Genauigkeit
Anzeigegeräte nach BS 89-1:1990 und BS 89-2:1990	Klasse 2,5

Validiergenauigkeiten für Einrichtungen nach Grad 2 (Präzisionsgrad)
Es ist bekannt, daß die Wiederholbarkeit von Einrichtungen wichtig ist; deshalb werden Prüfungen für die Wiederholbarkeit angegeben. Für die Prüfung sollte der gleiche Prozentwert verwendet werden, soweit nichts anderes angegeben ist.

Schweißstromquellen
Die Validiergenauigkeit für Grad-2-Schweißstromquellen sollte **Tabelle 3** entsprechen.

Tabelle 3 Validiergenauigkeiten für Grad-2-Schweißstromquellen

Größe	Genauigkeit
Strom	± 2,5 %
Zeit (Pulsweite)	± 5 %
Stromanstieg und -abfall	± 5 %
Bemessungswert der Leerlaufspannung	± 5 %
Leerlaufspannung (MIG/MAG/MOG)	± 5 %

Validier- und Kalibrierhäufigkeit
Schweißeinrichtungen sollten nach den in **Tabelle 4** angegebenen Abständen validiert oder neu kalibriert werden. Liegt ein schriftlicher Nachweis der Wieder-

holbarkeit und Zuverlässigkeit vor, so kann die Validierhäufigkeit verringert werden.
Abhängig von der Empfehlung des Herstellers, den Anforderungen des Anwenders oder bei begründeter Annahme, die Leistungsfähigkeit der Einrichtung könnte sich verändert haben, kann es erforderlich sein, in kürzeren Abständen zu validieren oder neu zu kalibrieren. Grad-2-Einrichtungen sollten nach jeder Reparatur oder jedem Betrieb, der die Kalibrierung beeinflussen könnte, kalibriert werden.

Tabelle 4   Validierhäufigkeit

Grad	Häufigkeit
1 (Standard)	12 Monate
2 (Präzision)	6 Monate

Autorisierte Validierer für Schweißeinrichtungen
Schweißeinrichtungen sollten nach dieser Norm von einer der folgenden Stellen validiert werden:
a) dem Hersteller;
b) dem Anwender;
c) einem anerkannten Instandhalter oder Validierer und Kalibrierer;
d) einer Kalibrierstelle (z. B. British Standard Calibration House);
e) einer Organisation mit nachgewiesener Eignung.
In allen Fällen sollten die für das Validieren der Schweißeinrichtungen verwendeten Einrichtungen nach entsprechenden nationalen Normen nachweisbar kalibriert sein.

Validiertechniken
Es ist bekannt, daß die Hersteller von Schweißeinrichtungen viele besondere Methoden zum Kalibrieren ihrer Schweißeinrichtungen entwickelt haben, die eine genaue Kenntnis über den Bau der Maschine oder Zugang zu ihrem Innern erfordern können. Die in dieser Norm beschriebenen Validiermethoden sollen dem Anwender ermöglichen, ohne die besondere Maschinenkenntnis des Herstellers zu prüfen, ob die Einrichtung für den vorgesehenen Zweck geeignet ist. Die beschriebenen Meßverfahren können jedoch einiges Fachwissen oder besondere Geräte erfordern.
Die Meß- und Validiermethoden wurden entworfen, um soweit wie möglich eine Auswahl an Techniken zu geben, damit der Anwender ein für die Anwendung und/oder die verfügbaren Mittel geeignetes Validierpaket zusammenstellen kann.

DIN EN 50091-1-1 (VDE 0558 Teil 511):1997-07   Juli 1997

Unterbrechungsfreie Stromversorgungssysteme (USV)
Teil 1-1: Allgemeine Anforderungen und Sicherheitsanforderungen für USV außerhalb abgeschlossener Betriebsräume
Deutsche Fassung EN 50091-1-1:1996

3 + 35 Seiten EN, 6 Bilder, 4 Tabellen, 7 Anhänge   Preisgruppe 23 K

Diese Norm (VDE-Bestimmung) gilt für mit Halbleiter-Ventilbauelementen ausgerüstete Zwischenkreis-Wechselstromumrichter-Systeme mit Speichereinrichtungen für elektrische Energie im Gleichstromzwischenkreis.
Eine unterbrechungsfreie Stromversorgung (USV) nach dieser Norm hat in erster Linie die Aufgabe, eine beständige Wechselstromversorgung sicherzustellen. Die USV kann darüber hinaus auch dazu dienen, die Qualität der Wechselstromversorgung zu verbessern, indem besonders spezifizierte Werte eingehalten werden.
Diese Norm gilt für bewegliche, ortsfeste, befestigte und eingebaute USV für Stromversorgungssysteme bis maximal 1000 V AC, soweit diese USV zur Aufstellung in Bereichen vorgesehen sind, zu denen Bedienpersonal Zugang hat. Es werden Anforderungen festgelegt, mit denen die Sicherheit von Bedienpersonal und Laien, die mit den Geräten in Kontakt kommen, sichergestellt wird. Das gleiche gilt für Wartungspersonal, soweit dies ausdrücklich festgelegt ist.
Diese Norm soll die Sicherheit der Betriebsmittel sicherstellen, und zwar sowohl von Einzelgeräten als auch von einem System miteinander verbundener Einheiten, die nach den Herstelleranleitungen aufgestellt, betrieben und gewartet werden.
Die Abschnitte dieser Norm ergänzen oder ersetzen die entsprechenden Abschnitte in DIN EN 60950 (VDE 0805).

Allgemeine Anforderungen
USV müssen so bemessen und ausgeführt sein, daß unter Bedingungen des bestimmungsgemäßen Betriebs und im Fehlerfall Schutz gegen elektrischen Schlag und andere Gefahren gegeben ist. Weiterhin muß Schutz gegen gefährliche Brände gegeben sein, deren Ursprung innerhalb der USV oder angeschlossener Verbraucher im Anwendungsbereich dieser Norm liegt.

Anschlüsse an den Versorgungsstromkreis
Falls ein Neutralleiter vorhanden ist, muß er vom Schutzleiter und vom Körper im gesamten Gerät wie ein Außenleiter isoliert sein. Bauteile, die zwischen Neutralleiter und Schutzleiter geschaltet sind, müssen abhängig vom Stromversorgungssystem für die jeweils zutreffende Betriebsspannung ausgelegt werden. Falls der Ausgangs-Neutralleiter vom Eingangs-Neutralleiter isoliert verlegt wird, muß das für die Installation verantwortliche Montagepersonal diesen Aus-

gangs-Neutralleiter mit dem Schutzleiter verbinden, sofern die örtlichen Installationsvorschriften dieses gestatten und sofern dies in den Montage-Anleitungen so festgelegt ist.

Schutz gegen gefährliche Körperströme und Energiegefahr
Nach dieser Norm gelten für unter Spannung stehende Teile zum Schutz gegen gefährliche Körperströme zwei Gruppen von Anforderungen.
Die beiden Gruppen der Anforderungen beruhen auf folgenden Grundsätzen:
1) Der Benutzer darf Zugang haben zu:
   - blanken Teilen in SELV-Kreisen;
   - blanken Teilen in Stromkreisen mit Strombegrenzung;
   - der Isolierung von Leitungen, die üblicherweise unter Kleinspannung (ELV) stehen.
2) Der Benutzer muß geschützt sein vor dem Zugang zu:
   - blanken Teilen oder Stromkreisen, die bei bestimmungsgemäßem Betrieb unter Kleinspannung (ELV) oder gefährlicher Spannung stehen;
   - Betriebs- oder Basisisolierung solcher Teile;
   - nicht mit dem Schutzleiter verbundenen leitfähigen Teilen, die von Teilen mit Kleinspannung (ELV) oder gefährlicher Spannung nur durch Betriebs- oder Basisisolierung getrennt sind.

Wo die Isolierung innerer Leitungen mit Kleinspannung (ELV) vom Benutzer berührt werden kann,
- dürfen diese weder Beschädigungen noch Überbeanspruchungen ausgesetzt sein noch vom Benutzer bei bestimmungsgemäßem Gebrauch angefaßt werden können;
- müssen diese so geführt und befestigt sein, daß sie keine nicht mit dem Schutzleiter verbundenen zugänglichen Metallteile berühren;
- müssen diese eine Dicke der Isolierung von mindestens 0,17 mm bei Spannungen über 50 V Effektivwert (71 V Scheitelwert oder Gleichspannung) bis 250 V Effektivwert (350 V Scheitelwert oder Gleichspannung) und mindestens 0,31 mm bei Spannungen über 250 V Effektivwert (350 V Scheitelwert oder Gleichspannung) haben, wobei man sich auf jene Höchstwerte zu beziehen hat, die im Falle eines Fehlers der Basisisolierung an der Isolierung auftreten.

Isolierung
Für die Ermittlung der Betriebsspannung:
- muß die Bandbreite des Meßgeräts ausreichen, um alle Anteile der zu messenden Geräte zu erfassen, nämlich den Gleichanteil sowie die Anteile mit Versorgungsfrequenz und mit Hochfrequenz;
- muß, wenn der Effektivwert zugrunde gelegt wird, dafür gesorgt werden, daß die Meßgeräte den echten Effektivwert sowohl bei nichtsinusförmigen als auch bei sinusförmigen Schwingungsformen anzeigen;
- muß, wenn der Gleichspannungswert zugrunde gelegt wird, der Scheitelwert einer etwa überlagerten Wechselspannung einbezogen werden;

- sind nicht wiederholbare transiente Überspannungen (z. B. hervorgerufen durch atmosphärische Störungen) nicht zu berücksichtigen;
- darf die Spannung eines ELV- oder SELV-Kreises zur Ermittlung der Betriebsspannung für Luftstrecken und Prüfungen der Spannungsfestigkeit vernachlässigt werden. Jedoch muß sie zur Ermittlung der Betriebsspannung für Kriechstrecken berücksichtigt werden;
- ist anzunehmen, daß eine Transformatorwicklung oder ein anderes Teil ohne Bezug zur Erde (d. h. nicht mit dem Stromkreis verbunden, der ein auf Erde bezogenes Potential hat) an der Stelle mit dem Schutzleiter verbunden ist, die die höchste Betriebsspannung hervorruft;
- ist bei Verwendung von doppelter Isolierung die Betriebsspannung an der Basisisolierung dadurch zu ermitteln, daß ein Kurzschluß über der zusätzlichen Isolierung angenommen wird und umgekehrt. Für die Isolierung zwischen Transformatorwicklungen muß ein Kurzschluß an der Stelle angenommen werden, wo er an der anderen Isolierung die höchste Betriebsspannung erzeugt;
- ist für die Isolierung zwischen zwei Wicklungen eines Transformators die höchste Spannung zwischen zwei beliebigen Punkten in den beiden Wicklungen zugrunde zu legen, wobei äußere Spannungen, die mit den Wicklungen verbunden sein können, zu berücksichtigen sind;
- ist für die Isolierung zwischen einer Transformatorwicklung und einem anderen Teil die höchste Spannung zwischen jedem Punkt der Wicklung und dem anderen Teil zugrunde zu legen;
- sind die Nennspannungen des Versorgungsstromkreises zugrunde zu legen.

Trennung von Wechsel- und Gleichstrom-Versorgungsstromkreisen
Es müssen Trennvorrichtungen vorgesehen sein, um das Gerät bei Instandhaltungsarbeiten durch Elektrofachkräfte von der Wechselstromversorgung zu trennen.
Bei Geräten für Drehstrom muß die Trennvorrichtung gleichzeitig alle Außenleiter sowie, bei Geräten zum Anschluß an IT-Systeme, auch den Neutralleiter unterbrechen.
Wenn eine Trennvorrichtung den Neutralleiter unterbricht, muß sie gleichzeitig alle Außenleiter unterbrechen.

Schutz des Personals, Sicherheitsverriegelungen
Teile mit gefährlicher Spannung oder Energie und Abdeckungen sind so anzuordnen, daß beim Abnehmen und Anbringen von Abdeckungen die Gefahren eines elektrischen Schlags oder durch hohen Strom verringert werden.
Teile mit gefährlicher Spannung oder Energie und bewegliche Teile, die Verletzungsgefahren mit sich bringen können, müssen geschützt oder gekapselt sein, um die Wahrscheinlichkeit eines unbeabsichtigten Berührens durch Instandhaltungspersonal zu vermindern, das Regeleinrichtungen oder ähnliches einstellt oder rückstellt oder das mechanische Arbeiten unter Betrieb der Anlage durchführt (wie

Abschmieren eines Motors, Einstellen einer Überwachung mit oder ohne Einstellanzeigen, Rückstellen eines Auslöseglieds oder Betätigen eines Handschalters). Teile mit gefährlicher Spannung oder Energie auf der Rückseite einer Tür müssen mit einer Schutzvorrichtung versehen oder isoliert sein, um die Wahrscheinlichkeit eines unbeabsichtigten Kontakts mit derartigen Teilen durch Instandhaltungspersonal zu vermindern.

Schutz der Verbraucherlast
USV-Geräte müssen so gebaut sein, daß die Möglichkeit von überhöhten Wechsel- oder Gleichspannungen an der Verbraucherlast zwischen beliebigen Außenleitern oder zwischen einem beliebigen Außenleiter und Schutzleiter ausgeschlossen ist.
Stationäre Änderungen der Ausgangsspannungen dürfen die Toleranzwerte der Eingangsspannung nicht überschreiten. Diese Anforderung gilt auch bei Änderungen der USV-Betriebsart und während beliebiger Fehlerzustände.

Konstruktive Anforderungen
Rahmen oder Grundplatte eines Geräts dürfen im bestimmungsgemäßen Gebrauch keinen (Betriebs-)Strom führen.
Ein Bauteil, wie eine Skala oder ein Typschild, das als wirksames Teil eines Gehäuses dient, muß den Anforderungen an Gehäuse entsprechen.
Einzelne Module eines modular aufgebauten Geräts können offen ausgeführt sein – sie dürfen entweder ohne Gehäuse oder nur mit einem teilweisen Gehäuse geliefert werden – unter der Voraussetzung, daß nach dem Zusammenbau auf der Baustelle das endgültige Gehäuse den Anforderungen entspricht. Die Kennzeichnung der Module und der elektrischen Verbindungen zwischen den Modulen muß die Anforderungen erfüllen.

Bestimmungswidriger Betrieb und Fehlerbedingungen
Für Bauteile und Stromkreise wird die bestimmungsgemäße Ausführung durch Nachbildung der folgenden Bedingungen nachgewiesen:
- Fehler beliebiger Betriebsmittel in Primärstromkreisen;
- Fehler in beliebigen Betriebsmitteln, deren Ausfall eine zusätzliche oder verstärkte Isolierung beeinträchtigen könnte;
- Fehler, die ihre Ursache in einem Anschluß ungünstigster Belastungen an diejenigen Ausgänge der Geräte haben, die Leistung oder Signale abgeben, abgesehen von Ausgängen mit Netzversorgung.

Wenn Mehrfachausgänge an denselben internen Stromkreis angeschlossen sind, genügt die Überprüfung eines der Ausgänge.

Anhang (informativ)

A-Abweichungen
A-Abweichungen sind nationale Abweichungen aufgrund von Verordnungen, deren Änderung gegenwärtig außerhalb der Zuständigkeit der CENELEC-Mitglieder liegt.

Diese Europäische Norm fällt unter die Richtlinie 73/23/EWG.
A-Abweichungen sind anstelle der entsprechenden Abschnitte der Europäischen Norm in einem EFTA-Land so lange gültig, bis sie aufgehoben werden.

Frankreich (Dekret vom November 1988 zum Schutz von Beschäftigten)
Bei dreiphasigen Geräten muß die Abschalteinrichtung alle aktiven Leiter gleichzeitig unterbrechen.
In TN-C-Systemen darf der PEN-Leiter nicht abgetrennt oder abgeschaltet werden.
In TN-S-Systemen braucht der Neutralleiter dann nicht abgetrennt oder abgeschaltet zu werden, wenn die System-Bedingungen so sind, daß der Neutralleiter mit Sicherheit als zuverlässig geerdet angesehen werden kann.

Anmerkung: Der Neutralleiter wird in Frankreich, Italien und Norwegen nicht als zuverlässig geerdet aufgefaßt.

Änderung
Gegenüber DIN EN 50091-1 (VDE 0558 Teil 510):1994-03 wurde folgende Änderung vorgenommen:
• EN 50091-1-1:1996 übernommen.

DIN EN 61270-1 (VDE 0560 Teil 22):1997-12   Dezember 1997

Kondensatoren für Mikrowellenkochgeräte

Teil 1: Allgemeines
(IEC 61270-1:1996)
Deutsche Fassung EN 61270-1:1996

2 + 16 Seiten EN, 1 Bild, 7 Tabellen, 3 Anhänge   Preisgruppe 13 K

Dieser Teil der IEC 61270 (VDE-Bestimmung) gilt für Kondensatoren für Mikrowellengeräte, die mit Bemessungswechselspannungen bis zu 3000 V und einer überlagerten Gleichspannung bis zum 0,8 · $\sqrt{2}$fachen Wert der Bemessungswechselspannung arbeiten.
Diese Norm bezieht sich besonders auf nichtselbstheilende Kondensatoren mit Metallgehäuse und einer oberen maximalen Bemessungstemperatur bis zu 100 °C mit Belägen aus Metallfolie und mit einem Dielektrikum aus Papier und/oder Kunststoff, das mit einem geeigneten Öl getränkt ist.
Der Zweck dieser Norm ist:
a) einheitliche Regeln bezüglich der Funktion, der Prüfung und der Bemessung zu formulieren;
b) genaue Sicherheitsregeln zu formulieren.

Kondensator für Mikrowellengeräte: Ein Leistungskondensator, der in den Hauptstromversorgungskreis des Magnetrons eines Mikrowellengerätes, der mit einem 50-Hz- oder 60-Hz-Netz betrieben wird, eingeschaltet ist. Der Kondensator ist ein Bauelement der Schaltung zur Stabilisierung des Magnetronstroms.

Betriebsbedingungen
Diese Norm gibt Anforderungen für Kondensatoren an, die für die Verwendung unter folgenden Bedingungen vorgesehen sind:

Höhenlage
Nicht über 2000 m N.N.

Verschmutzung
Kondensatoren, die in den Anwendungsbereich dieser Norm einbezogen sind, sind für einen Betrieb in leicht verschmutzter Atmosphäre bestimmt.

Betriebstemperatur
Zwischen –10 °C und +100 °C; die bevorzugten mindest- und höchstzulässigen Betriebstemperaturen für Kondensatoren sind folgende:
• Mindest-Temperatur: –10 °C;
• Höchst-Temperaturen: +60 °C; +70 °C; +85 °C; +100 °C.
Kondensatoren müssen ohne nachteilige Auswirkungen auf ihre Qualität für einen Transport und eine Lagerung bei Temperaturen bis zu –25 °C geeignet sein.

Prüfschärfe für Feuchte Wärme
Die Vorzugsprüfschärfe ist 21 Tage, entsprechend IEC 60068-2-3. Es ist eine geringere Prüfschärfe nicht zulässig.

Sicherheit und Bau
Kondensatoren müssen so gebaut sein, daß bei normalen Transportbedingungen keine äußere Beschädigung verursacht werden kann.
Kondensatoren für Mikrowellengeräte enthalten im allgemeinen keine inneren Sicherungen. Das führt bei einem inneren Durchschlag normalerweise zu einem niederohmigen Kurzschluß. Wenn die Gerätesicherung bei einem Kurzschluß des Kondensators in der Lage ist, den Stromkreis innerhalb von 3 Sekunden zu unterbrechen, werden ein Zerreißen des Gehäuses oder ein Brand verhindert.
Der Einbau solch einer Sicherung muß entsprechend IEC 60335-2-25 erfolgen.

Arten von Prüfungen
Es sind zwei Arten von Prüfungen angegeben:
a) Typprüfungen;
b) Stückprüfungen.

Typprüfung
Typprüfungen sind dazu vorgesehen, den guten Zustand der Ausführung des Kondensators und seine Eignung für den Betrieb unter den in dieser Norm beschriebenen Bedingungen zu prüfen.
Typprüfungen müssen vom Hersteller und/oder von einer Prüfstelle ausgeführt worden sein, falls die Notwendigkeit einer Zulassung besteht.
Typprüfungen müssen unter Aufsicht einer zuständigen Stelle durchgeführt werden, die ein zertifiziertes Protokoll und/oder eine Betriebserlaubnis ausstellt.
Die Stichproben von jeder für die Typprüfung ausgewählten Bauform müssen, wie in **Tabelle I** angegeben, in drei Gruppen eingeteilt werden.
Die Kondensatoren, die die Stichprobe bilden, müssen erfolgreich die angegebenen Stückprüfungen durchlaufen haben.
Jede Prüfgruppe muß so genau wie möglich die gleiche Anzahl von Kondensatoren des höchsten und des niedrigsten Kapazitätwerts enthalten.

Bereich der Qualifizierung
Eine Typprüfung an einer Stichprobe, die aus einer einzelnen Bauform besteht, qualifiziert nur die geprüfte Bauform. Wenn die Typprüfung an zwei Bauformen desselben Typs und mit unterschiedlichen Bemessungswerten der Kapazität, die unter den Regeln ausgewählt werden, ausgeführt wird, ist die Qualifizierung für alle Bauformen desselben Typs gültig, die Bemessungskapazitäten zwischen den beiden geprüften Werten haben.
Die Qualifizierungsprüfungen, die erfolgreich an einer Kondensatorbauform mit bestimmten Kapazitätstoleranzen ausgeführt werden, sind auch für Kondensatoren derselben Bauform mit unterschiedlichen Kapazitätstoleranzen gültig.

Prüfungen an Kondensatoren mit mehreren Bemessungsdaten
Wenn ein Kondensator dafür ausgelegt ist, unter zwei oder mehr unterschiedlichen Bedingungen zu arbeiten (Bemessungsspannungen, Temperaturen, Anwendungsklassen usw.), muß er alle Prüfbedingungen erfüllen, die den Aufschriften entsprechen.
Wenn die Spannung der einzige unterschiedliche Parameter ist, müssen Spannungsprüfungen nur bei der höchsten Prüfspannung ausgeführt werden.

Tabelle I Ablauf der Typprüfung

Gruppe	Prüfungen[1][2][3]	Anzahl der zu prüfenden Stichproben	Anzahl der erlaubten Ausfälle in der ersten Prüfung	Anzahl der erlaubten Ausfälle in der Nachprüfung
1	Sichtprüfung			
	Kontrolle der Aufschriften			
	Kontrolle des Aufbaus			
	Kapazitätsmessung			
	Temperaturabhängigkeit der Kapazität			
	Spannungsprüfung Belag gegen Belag	10	1	0
	Spannungsprüfung Belag gegen Gehäuse			
	Spannungsprüfung Element gegen Element (falls anwendbar)			
	Kapazitätsmessung			
	Mechanische Prüfungen*) und Klimaprüfungen			
2	Klimaprüfung*)	10	1	0
3	Dauerprüfung*)	10	1	0

1) Die Prüfergebnisse sind positiv bei 0 Ausfällen; eine wiederholte Prüfung ist mit einem Ausfall zugelassen. Bei zwei oder mehr Ausfällen ist für alle Typprüfungen eine neue Stichprobenentnahme notwendig.
2) Die angegebenen Prüfungen sind mit Ausnahme der Prüfungen*) zerstörungsfrei.
3) Ein Kondensator, der in mehr als einer Prüfung ausfällt, wird nur einmal als fehlerhafter Kondensator gezählt.

Stückprüfungen
Kondensatoren müssen den folgenden Prüfungen in der angegebenen Reihenfolge unterzogen werden:
a) Spannungsprüfung Belag gegen Belag;
b) Spannungsprüfung Belag gegen Gehäuse;
c) Sichtprüfung;
d) Kapazitätsmessung;
e) Prüfung der inneren Entladeeinrichtung, falls vorhanden.

Umweltschutz
Kondensatoren können umweltverschmutzende und brennbare Stoffe enthalten und müssen deshalb als mögliche Gefahr für die Umwelt angesehen werden.
Aus diesem Grund muß man bei ihrer Verwendung vorsichtig sein, um jedes mögliche Risiko für Menschen, Tiere und Sachen zu vermeiden.
Die Verwendung von PCB ist verboten.

Änderung
Gegenüber DIN VDE 0560-22:1986-11 wurde folgende Änderung vorgenommen:
• EN 61270-1:1996 übernommen.

DIN EN 60931-3 (VDE 0560 Teil 45):1997-08   August 1997

Nichtselbstheilende Leistungs-Parallelkondensatoren für Wechselstromanlagen mit einer Nennspannung bis 1 kV

Teil 3: Eingebaute Sicherungen
(IEC 931-3:1996)   Deutsche Fassung EN 60931-3:1996

2 + 9 Seiten EN, 3 Anhänge   Preisgruppe 9 K

Dieser Teil der IEC 931 (VDE-Bestimmung) gilt für eingebaute Sicherungen, die dafür vorgesehen sind, fehlerhafte Kondensatorelemente oder Kondensatoreinheiten zu trennen, damit die übrigen Teile der Kondensatoreinheit und der Kondensatorbatterie, an die die Kondensatoreinheit angeschlossen ist, weiter betrieben werden können. Derartige Sicherungen sind kein Ersatz für eine Schalteinrichtung, wie z. B. für einen Leistungsschalter, oder eine äußere Schutzeinrichtung der Kondensatorbatterie oder einen Teil der Batterie.
Der Zweck dieses Teils der IEC 931 ist es, Anforderungen im Hinblick auf Betriebsverhalten und Prüfung festzulegen und eine Anleitung zur Koordinierung des Schutzes mit Sicherungen zu schaffen.

Anforderungen an das Betriebsverhalten
Die Sicherung wird mit dem (den) Element(en) in Reihe geschaltet, für deren Trennung die Sicherung vorgesehen ist, wenn das (die) Element(e) fehlerhaft wird (werden). Der Strom- und Spannungsbereich für die Sicherung ist deshalb vom Kondensatoraufbau abhängig und in manchen Fällen auch von der Kondensatorbatterie, an die die Sicherung angeschlossen ist.
Die Anforderungen gelten für eine Kondensatorbatterie oder einen Kondensator, die bzw. der mit rückzündungsfreien Leistungsschaltern geschaltet wird. Wenn die Leistungsschalter nicht rückzündungsfrei sind, müssen andere Anforderungen zwischen Hersteller und Käufer vereinbart werden.
Das Ansprechen einer eingebauten Sicherung wird im allgemeinen von einem der beiden oder beiden folgenden Faktoren bestimmt:
• der Entladungsenergie aus den Elementen oder Einheiten, die parallel zu dem fehlerhaften Element oder der fehlerhaften Einheit geschaltet sind;
• dem betriebsfrequenten Fehlerstrom.

Festigkeitsanforderungen
Nach dem Ansprechen muß die Sicherungsbaugruppe die volle Spannung des Kondensatorelements oder die volle Spannung zwischen den Anschlußklemmen des abgeschalteten Kondensators aushalten, plus einer Unsymmetriespannung infolge des Sicherungsdurchbrennens sowie Kurzzeit-Einschwingüberspannungen, die bei einem in Betrieb befindlichen Kondensator gewöhnlich zu erwarten sind.
Die Sicherungen müssen während der gesamten Kondensator-Betriebslebens-

dauer zum ununterbrochenen Führen eines Stroms geeignet sein, der gleich oder größer ist als der höchstzulässige Strom der Kondensatoreinheit, dividiert durch die Anzahl der parallelen sicherungsgeschützten Strompfade.

Die Sicherungen müssen so ausgelegt sein, daß sie die durch Schalthandlungen bedingten Einschaltstromstöße aushalten, die während der Betriebslebensdauer des Kondensators zu erwarten sind.

Die mit den unbeschädigten Elementen verbundenen Sicherungen müssen geeignet sein, um die Ausschaltströme führen zu können, die aus dem Durchschlag von Elementen entstehen.

Die Sicherungen müssen so ausgelegt sein, daß sie die Ströme führen können, die sich aus Kurzschlüssen an der Kondensatorbatterie außerhalb der Einheit(en) ergeben.

Prüfungen

Die Sicherungen müssen so ausgelegt sein, daß sie alle nach IEC 931-1 durchgeführten Stückprüfungen der Kondensatoreinheit aushalten.

Die Sicherungen müssen so ausgelegt sein, daß sie alle nach IEC 931-1 durchgeführten Typprüfungen der Kondensatoreinheiten aushalten.

DIN EN 60831-1 (VDE 0560 Teil 46):1997-12 Dezember 1997

Selbstheilende Leistungs-Parallelkondensatoren für Wechselstromanlagen mit einer Nennspannung bis 1 kV

Teil 1: Allgemeines, Leistungsanforderungen, Prüfung und Bemessung, Sicherheitsanforderungen – Anleitung für Errichtung und Betrieb
(IEC 60831-1:1996)
Deutsche Fassung EN 60831-1:1996

3 + 25 Seiten EN, 1 Bild, 3 Tabellen, 4 Anhänge　　　　　　Preisgruppe 17 K

Dieser Teil der IEC 60831 (VDE-Bestimmung) gilt für Kondensatoreinheiten und Kondensatorbatterien, die insbesondere zur Verbesserung des Leistungsfaktors von Wechselspannungsnetzen bis 1000 V Nennspannung und Frequenzen von 15 Hz bis 60 Hz eingesetzt werden. Dieser Teil der IEC 60831 ist auch anwendbar auf Kondensatoren in Leistungs-Filterkreisen.
Der vorliegende Teil dieser Norm hat zum Ziel,
a) Festlegung von Anforderungen, Prüfung und Bemessung der Kondensatoren,
b) Festlegung spezieller Sicherheitsbestimmungen,
c) Anleitung für Errichtung und Betrieb
zu geben.

Einteilung der Prüfungen

Die Prüfungen sind wie folgt eingeteilt:

Stückprüfungen
a) Kapazitätsmessung und Leistungsberechnung
b) Messung des Verlustfaktors (tan δ)
c) Spannungsprüfung zwischen den Anschlüssen
d) Spannungsprüfung zwischen Anschlüssen und Gehäuse
e) Prüfung der inneren Entladevorrichtung
f) Dichtheitsprüfung
Stückprüfungen sind vom Hersteller an jedem Kondensator vor Auslieferung durchzuführen. Auf Anforderung ist dem Anwender ein Prüfzeugnis mit den einzelnen Prüfergebnissen auszustellen.
Die angegebene Prüffolge ist nicht zwingend.

Typprüfungen (Bauartprüfungen)
a) Prüfung des Wärmegleichgewichts
b) Messung des Verlustfaktors (tan δ) bei erhöhter Temperatur
c) Spannungsprüfung zwischen den Anschlüssen
d) Spannungsprüfung zwischen den Anschlüssen und Gehäuse
e) Blitzstoßspannungsprüfung zwischen Anschlüssen und Gehäuse

f) Stoßentladeprüfung
g) Alterungsprüfung
h) Selbstheilprüfung
i) Zerstörungsprüfung

Typprüfungen werden durchgeführt, um sicherzustellen, daß der Kondensator mit den in dieser Norm festgelegten Daten und Betriebsanforderungen übereinstimmt im Hinblick auf Aufbau, Maße, Werkstoff und Ausführung.

Kapazitätsmessungen
Die Kapazität muß bei der vom Hersteller gewählten Spannung und Frequenz gemessen werden. Das angewandte Verfahren darf keine Fehler durch Oberschwingungen oder äußeres Zubehör der Kondensatoren ergeben, die sich als Blindwiderstände und Sperrkreise im Meßkreis befinden. Die Genauigkeit des Meßverfahrens und das Verhältnis zu den bei Bemessungsspannung und Bemessungsfrequenz gemessenen Werten muß gegeben sein.
Die Kapazitätsmessung muß nach der Spannungsprüfung zwischen den Anschlüssen durchgeführt werden.
Bei Kondensatoren, die für die Prüfung des Wärmegleichgewichts, die Alterungsprüfung und die Selbstheilprüfung vorgesehen sind, ist die Messung bei 0,9- bis 1,1facher Bemessungsspannung und bei 0,8- bis 1,2facher Bemessungsfrequenz vor diesen Prüfungen durchzuführen, an anderen Kondensatoren kann diese Messung auf Wunsch des Anwenders in Übereinkunft mit dem Hersteller durchgeführt werden.

Messung des Verlustfaktors (tan δ)
Die Kondensatorverluste (oder tan δ) sind bei der vom Hersteller gewählten Spannung und Frequenz zu messen. Das angewandte Verfahren darf keine Fehler einschließen, die sich durch Oberschwingungen und äußeres Zubehör der Kondensatoren ergeben, die sich als Blindwiderstände und Sperrkreise im Meßkreis bemerkbar machen können. Die Genauigkeit des Meßverfahrens und das Verhältnis zu den bei Bemessungsspannung und Bemessungsfrequenz gemessenen Werten muß gegeben sein.
Die Messung der Kondensatorverluste muß nach der Spannungsprüfung zwischen den Anschlüssen durchgeführt werden.

Prüfung der inneren Entladevorrichtung
Der Widerstand der inneren Entladevorrichtung muß – wenn vorhanden – entweder durch eine Widerstandsmessung oder durch Ermittlung der Selbstentladezeit bestimmt werden.
Die Auswahl des Verfahrens bleibt dem Hersteller überlassen.

Dichtheitsprüfung
Die Einheit (in unlackiertem Zustand) muß einer Prüfung so unterzogen werden, daß sie genau jede Undichtigkeit des Behälters und der Durchführung(en) aufzeigt. Das Prüfverfahren ist dem Hersteller überlassen; er muß die angewendete Prüfung beschreiben.

Entladevorrichtungen
Jede Kondensatoreinheit und/oder Batterie muß mit Hilfsmitteln ausgerüstet sein, die jede Einheit innerhalb von 3 min vom ursprünglichen Scheitelwert vom $\sqrt{2}$fachen der Bemessungsspannung U_N auf 75 V oder weniger entladen. Es darf kein Schalter, Sicherung oder irgendeine andere Trenneinrichtung zwischen Kondensatoreinheit und/oder Batterie und der Entladevorrichtung vorhanden sein.
Eine Entladevorrichtung ersetzt nicht das Kurzschließen der Kondensatoranschlüsse untereinander und gegen Erde vor deren Berührung.

Gehäuseanschlüsse
Kondensatoren in Metallgehäusen müssen einen Gehäuseanschluß für eine Erdungsleitung zum Führen des Kurzschlußstroms haben.

Schutz der Umgebung
Wenn Kondensatoren mit Stoffen imprägniert sind, die nicht in die Umgebung gelangen dürfen, müssen notwendige Vorkehrungen getroffen werden. In einigen Ländern bestehen in dieser Hinsicht gesetzliche Vorschriften. Die Einheiten und die Batterie müssen entsprechend beschriftet sein, wenn dies gefordert ist.

Weitere Sicherheitsanforderungen
Der Anwender muß zum Zeitpunkt der Anfrage alle besonderen Anforderungen hinsichtlich der Sicherheitsvorschriften angeben, die für das Land zutreffen, in dem der Kondensator aufgestellt werden soll.

Anleitung für Errichtung und Betrieb
Im Unterschied zu den meisten elektrischen Geräten arbeiten Leistungskondensatoren, wenn sie an Spannung gelegt werden, dauernd bei Vollast oder bei Belastungen, die sich von diesem Wert nur als Folge von Spannungs- und Frequenzschwankungen unterscheiden.
Überlastungen und Überhitzung verkürzen die Lebensdauer des Kondensators, daher sollten die Betriebsbedingungen (z. B. Temperatur, Spannung und Strom) streng kontrolliert werden.
Es sollte beachtet werden, daß die Einfügung von großen Kapazitäten in ein Verteilungsnetz unbefriedigende Betriebsbedingungen erzeugen kann (z. B. Verstärkung von Oberschwingungen, Selbsterregung von Maschinen, Überspannungen durch Schaltvorgänge, unbefriedigende Funktion von Tonfrequenz-Rundsteueranlagen).

Elektromagnetische Verträglichkeit (EMV)

Emission
Unter normalen Betriebsbedingungen erzeugen Leistungskondensatoren nach dieser Norm keine elektromagnetischen Störungen. Deshalb werden die Anfor-

derungen für elektromagnetische Emissionen als erfüllt angesehen, und ein Prüfungsnachweis ist nicht erforderlich.

Störfestigkeit

Leistungskondensatoren sind für eine EMV-Umgebung in Wohn- und Gewerbegebieten sowie an Standorten der Kleinindustrie (die direkt aus dem öffentlichen Netz bei Niederspannung gespeist werden) und in Industriegebieten (die zu einem nichtöffentlichen Niederspannungsindustrienetz gehören) vorgesehen.

Unter normalen Bedingungen gelten die folgenden Störfestigkeits- und Prüfungsanforderungen als angemessen:

(1) Niederfrequenzstörungen
Kondensatoren müssen für Dauerbetrieb bei Vorhandensein von Oberschwingungen und Zwischenharmonischen innerhalb der in den Punkten 2 und 3 von IEC 61000-2-2 geforderten Grenzen geeignet sein.

(2) Leitungsgeführte vorübergehende Abweichungen und Hochfrequenzstörungen
Die hohe Kapazität von Leistungskondensatoren nimmt leitungsgeführte vorübergehende Abweichungen und Hochfrequenzstörungen ohne schädliche Einwirkungen auf. Ein Schärfegrad, der den Schärfegrad 3 nach IEC 61000-4-1 nicht überschreitet, gilt als erfüllt, und ein Prüfungsnachweis ist nicht erforderlich.

(3) Elektrostatische Entladungen
Leistungskondensatoren sind gegen elektrostatische Entladungen nicht empfindlich. Ein Schärfegrad, der den Schärfegrad 3 nach IEC 61000-4-1 nicht überschreitet, gilt als erfüllt, und ein Prüfungsnachweis ist nicht erforderlich.

(4) Magnetische Störungen
Leistungskondensatoren sind gegen magnetische Störungen nicht empfindlich. Ein Schärfegrad, der den Schärfegrad 3 nach IEC 61000-4-1 nicht überschreitet, gilt als erfüllt, und ein Prüfungsnachweis ist nicht erforderlich.

(5) Elektromagnetische Störungen
Leistungskondensatoren sind gegen elektromagnetische Störungen nicht empfindlich. Ein Schärfegrad, der den Schärfegrad 3 nach IEC 61000-4-1 nicht überschreitet, gilt als erfüllt, und ein Prüfungsnachweis ist nicht erforderlich.

Änderung

Gegenüber der Ausgabe März 1995 wurde folgende Änderung vorgenommen:
- Festlegungen der EN 60831-1:1996 übernommen.

DIN EN 60831-2 (VDE 0560 Teil 47):1997-09   September 1997

Selbstheilende Leistungs-Parallelkondensatoren für Wechselstromanlagen mit einer Nennspannung bis 1 kV

Teil 2: Alterungsprüfung, Selbstheilprüfung und Zerstörungsprüfung
(IEC 831-2:1995)
Deutsche Fassung EN 60831-2:1996

2 + 8 Seiten EN, 2 Bilder, 3 Anhänge   Preisgruppe 8 K

Dieser Teil der IEC 831 (VDE-Bestimmung) gilt für Kondensatoren nach IEC 831-1 und enthält Festlegungen für die Alterungsprüfung, Selbstheil- und Zerstörungsprüfung dieser Kondensatoren.

Alterungsprüfung
Die Gehäusetemperatur während der Alterungsprüfung muß dem höchstzulässigen 24stündigen Mittelwert entsprechen zuzüglich der Differenz zwischen der gemessenen Gehäusetemperatur und der Kühllufttemperatur, wie sie am Ende der Prüfung des Wärmegleichgewichts an einer identischen Einheit ermittelt wurde.

Prüfablauf
Vor der Prüfung ist die Kapazität zu messen.

Der Prüfablauf hat die drei folgenden Teile:
a) Der Kondensator ist für 750 h an eine Spannung von 1,25 U_N anzulegen.
b) Der Kondensator ist dann 1000 Entladezyklen der folgenden Art zu unterziehen:
 • Aufladen des Kondensators auf eine Gleichspannung von 2 U_N;
 • Entladen des Kondensators über eine Induktivität.
Die Leitungen des äußeren Stromkreises und der Induktivität müssen einen Querschnitt haben, der dem maximal zulässigen Strom entspricht.
Jeder Zyklus muß mindestens 30 s dauern.
c) Wiederholung von Teil a).

Während des gesamten Prüfablaufs ist die Gehäusetemperatur auf dem angegebenen Wert zu halten.
Bei Dreiphaseneinheiten müssen der erste und dritte Teil der Prüfungen, a) und c), mit einer Spannung von 1,25 U_N an allen Strängen durchgeführt werden. Dies kann durch eine mehrphasige Versorgung oder durch eine einphasige Versorgung bei Veränderung der inneren Kondensatorverbindungen erreicht werden. Der zweite Teil, b), des Prüfablaufs muß jedoch nur an zwei Strängen durchgeführt werden. Bei Sternschaltung wird eine Änderung der inneren Verbindung nötig, oder es sollte die Ladespannung von 2 U_N auf 2,31 U_N erhöht werden.

Prüfanforderungen
Während der Prüfung dürfen kein bleibender Durchschlag, Überschlag und keine Unterbrechung auftreten.
Nach Prüfende soll der Kondensator unbeeinflußt auf Raumtemperatur abkühlen, danach wird die Kapazität unter den gleichen Bedingungen wie vor der Prüfung gemessen.
Die maximal zulässige Änderung der Kapazität gegenüber den Anfangswerten darf 3 % im Mittel über alle Stränge und 5 % an einem Strang nicht überschreiten.
Eine Wechselspannungsprüfung zwischen Anschlüssen und Gehäuse ist durchzuführen.
Die Dichtheitsprüfung nach IEC 831-1 ist zu wiederholen.

Selbstheilprüfung
Diese Prüfung kann an einer kompletten Einheit, in einem einzelnen Element oder einer Gruppe von Elementen als Teil der Einheit durchgeführt werden, vorausgesetzt, jedes zu prüfende Element ist mit den in der Einheit verwendeten identisch, und die Bedingungen sind ähnlich denen, die in der Einheit vorliegen. Diese Auswahl bleibt dem Hersteller überlassen.
Der Kondensator ist für 10 s an eine Wechselspannung von 2,15 U_N zu legen.
Wenn in dieser Zeit weniger als fünf Durchschläge auftreten, wird die Spannung langsam erhöht, bis von Prüfbeginn an fünf Durchschläge erfolgt sind oder bis die Spannung 3,5 U_N erreicht hat.
Wenn weniger als fünf Durchschläge mit Erreichen einer Spannung von 3,5 U_N aufgetreten sind, kann die Prüfung fortgesetzt werden, bis fünf Durchschläge aufgetreten sind, oder unterbrochen werden und an einer anderen gleichen Einheit (bzw. Element) wiederholt werden, je nach Wahl des Herstellers.
Vor und nach der Prüfung ist die Kapazität zu messen, und sie darf sich nicht merklich ändern.

Zerstörungsprüfung
Die Prüfung muß an einer Kondensatoreinheit durchgeführt werden. Wenn nötig, müssen die Entladewiderstände abgeklemmt werden, um ihre Überlastung zu vermeiden.
Das Prüfprinzip besteht darin, in den Elementen durch Gleichspannung Durchschläge zu erzeugen und nachfolgend das Verhalten des Kondensators bei Wechselspannung zu überprüfen.
Der Kondensator ist in einen geeigneten Umluftofen einzubauen, dessen Temperatur der maximalen Umgebungstemperatur der entsprechenden Kondensatortemperaturklasse entspricht.
Nach Abschluß der Prüfung muß das Gehäuse jedes Kondensators intakt sein. Das bestimmungsgemäße Ansprechen eines Ventils, kleinere Gehäuseschäden (z. B. Risse) sind zulässig, wenn die folgenden Bedingungen eingehalten werden:
a) Austretende Flüssigkeit darf die äußere Oberfläche benetzen, aber nicht abtropfen.

b) Das Kondensatorgehäuse darf verformt und beschädigt, aber nicht geborsten sein.
c) Es dürfen keine Flammen und/oder brennenden Teile und/oder eine zu große Menge an Gas oder Rauch aus den Öffnungen treten. Dies kann durch Umhüllen des Kondensators mit Gaze vor der Prüfung kontrolliert werden. Brennen oder Verkohlen der Gaze wird dann als Ausfall gewertet.
d) Die Spannungsprüfung zwischen Anschlüssen und Gehäuse mit 1500 V für 10 s muß bestanden werden.

Änderung

Gegenüber DIN EN 60831-2 (VDE 0560 Teil 47):1995-03 wurde folgende Änderung vorgenommen:
- Festlegungen der EN 60831-2:1996 übernommen.

DIN EN 60931-1 (VDE 0560 Teil 48):1997-12   Dezember 1997

Nichtselbstheilende Leistungs-Parallelkondensatoren für Wechselstromanlagen mit einer Nennspannung bis 1 kV

Teil 1: Allgemeines, Leistungsanforderungen, Prüfung und Bemessung, Sicherheitsanforderungen – Anleitung für Errichtung und Betrieb
(IEC 60931-1:1996)
Deutsche Fassung EN 60931-1:1996

4 + 26 Seiten EN, 1 Bild, 2 Tabellen, 4 Anhänge   Preisgruppe 19 K

Dieser Teil der IEC 60931 (VDE-Bestimmung) gilt für Kondensatoreinheiten und Kondensatorbatterien, die insbesondere zur Verbesserung des Leistungsfaktors von Wechselspannungsnetzen bis 1000 V Nennspannung und Frequenzen von 15 Hz bis 60 Hz eingesetzt werden. Dieser Teil der IEC 60931 gilt auch für Kondensatoren in Leistungs-Filterkreisen.
Der vorliegende Teil dieser Norm hat zum Ziel,
a) Festlegung von Anforderungen, Prüfung und Bemessung der Kondensatoren,
b) Festlegung spezieller Sicherheitsbestimmungen,
c) Anleitung für Errichtung und Betrieb
zu geben.

Einteilung der Prüfungen
Die Prüfungen sind wie folgt eingeteilt:

Stückprüfungen
a) Kapazitätsmessung und Leistungsberechnung
b) Messung des Verlustfaktors (tan δ)
c) Spannungsprüfung zwischen den Anschlüssen
d) Spannungsprüfung zwischen Anschlüssen und Gehäuse
e) Prüfung der inneren Entladevorrichtung
f) Dichtheitsprüfung

Stückprüfungen sind vom Hersteller an jedem Kondensator vor Auslieferung durchzuführen. Auf Anforderung ist dem Anwender ein Prüfzeugnis mit den einzelnen Prüfergebnissen auszustellen.
Die angegebene Prüffolge ist nicht zwingend.

Typprüfungen (Bauartprüfungen)
a) Prüfung des Wärmegleichgewichts
b) Messung des Verlustfaktors (tan δ) bei erhöhter Temperatur
c) Spannungsprüfung zwischen den Anschlüssen
d) Spannungsprüfung zwischen den Anschlüssen und Gehäuse
e) Blitzstoßspannungsprüfung zwischen Anschlüssen und Gehäuse
f) Stoßentladeprüfung
g) Alterungsprüfung
h) Selbstheilprüfung (nicht anwendbar)

i) Zerstörungsprüfung
j) Abschaltprüfung an inneren Sicherungen (siehe IEC 60931-3)
Typprüfungen werden durchgeführt, um sicherzustellen, daß der Kondensator mit den in dieser Norm festgelegten Daten und Betriebsanforderungen übereinstimmt im Hinblick auf Aufbau, Maße, Werkstoff und Ausführung.

Kapazitätsmessungen
Die Kapazität muß bei der vom Hersteller gewählten Spannung und Frequenz gemessen werden. Das angewandte Verfahren darf keine Fehler durch Oberschwingungen oder äußeres Zubehör der Kondensatoren ergeben, die sich als Blindwiderstände und Sperrkreise im Meßkreis befinden. Die Genauigkeit des Meßverfahrens und das Verhältnis zu den bei Bemessungsspannung und Bemessungsfrequenz gemessenen Werten muß gegeben sein.
Die Kapazitätsmessung muß nach der Spannungsprüfung zwischen den Anschlüssen durchgeführt werden.
Bei Kondensatoren, die für die Prüfung des Wärmegleichgewichts und die Alterungsprüfung vorgesehen sind, ist die Messung bei 0,9- bis 1,1facher Bemessungsspannung und bei 0,8- bis 1,2facher Bemessungsfrequenz vor diesen Prüfungen durchzuführen, an anderen Kondensatoren kann diese Messung auf Wunsch des Anwenders in Übereinkunft mit dem Hersteller durchgeführt werden.

Messung des Verlustfaktors (tan δ)
Die Kondensatorverluste (oder tan δ) sind bei der vom Hersteller gewählten Spannung und Frequenz zu messen. Das angewandte Verfahren darf keine Fehler einschließen, die sich durch Oberschwingungen und äußeres Zubehör der Kondensatoren ergeben, die sich als Blindwiderstände und Sperrkreise im Meßkreis bemerkbar machen können. Die Genauigkeit des Meßverfahrens und das Verhältnis zu den bei Bemessungsspannung und Bemessungsfrequenz gemessenen Werten muß gegeben sein.
Die Messung der Kondensatorverluste muß nach der Spannungsprüfung zwischen den Anschlüssen durchgeführt werden.

Prüfung der inneren Entladevorrichtung
Der Widerstand der inneren Entladevorrichtung muß – wenn vorhanden – entweder durch eine Widerstandsmessung oder durch Ermittlung der Selbstentladezeit bestimmt werden. Die Auswahl des Verfahrens bleibt dem Hersteller überlassen.

Dichtheitsprüfung
Die Einheit (in unlackiertem Zustand) muß einer Prüfung so unterzogen werden, daß sie genau jede Undichtigkeit des Behälters und der Durchführung(en) aufzeigt. Das Prüfverfahren ist dem Hersteller überlassen, er muß die angewendete Prüfung beschreiben.

Entladevorrichtungen
Jede Kondensatoreinheit und/oder Batterie muß mit Hilfsmitteln ausgerüstet sein, die jede Einheit innerhalb von 3 min vom ursprünglichen Scheitelwert vom $\sqrt{2}$fachen der Bemessungsspannung U_N auf 75 V oder weniger entladen.

Es darf kein Schalter, keine Sicherung oder irgendeine andere Trenneinrichtung zwischen Kondensatoreinheit und/oder Batterie und der Entladevorrichtung vorhanden sein.
Eine Entladevorrichtung ersetzt nicht das Kurzschließen der Kondensatoranschlüsse untereinander und gegen Erde vor deren Berührung.

Gehäuseanschlüsse
Kondensatoren in Metallgehäusen müssen einen Gehäuseanschluß für eine Erdungsleitung zum Führen des Kurzschlußstroms haben.

Schutz der Umgebung
Wenn Kondensatoren mit Stoffen imprägniert sind, die nicht in die Umgebung gelangen dürfen, müssen notwendige Vorkehrungen getroffen werden. In einigen Ländern bestehen in dieser Hinsicht gesetzliche Vorschriften. Die Einheiten und die Batterie müssen entsprechend beschriftet sein, wenn dies gefordert ist.

Weitere Sicherheitsanforderungen
Der Anwender muß zum Zeitpunkt der Anfrage alle besonderen Anforderungen hinsichtlich der Sicherheitsvorschriften angeben, die für das Land zutreffen, in dem der Kondensator aufgestellt werden soll.

Anleitung für Errichtung und Betrieb
Im Unterschied zu den meisten elektrischen Geräten arbeiten Leistungskondensatoren, wenn sie an Spannung gelegt werden, dauernd bei Vollast oder bei Belastungen, die sich von diesem Wert nur als Folge von Spannungs- und Frequenzschwankungen unterscheiden.
Überlastungen und Überhitzung verkürzen die Lebensdauer des Kondensators, daher sollten die Betriebsbedingungen (z. B. Temperatur, Spannung und Strom) streng kontrolliert werden.
Es sollte beachtet werden, daß die Einfügung von großen Kapazitäten in ein Verteilungsnetz unbefriedigende Betriebsbedingungen erzeugen kann (z. B. Verstärkung von Oberschwingungen, Selbsterregung von Maschinen, Überspannungen durch Schaltvorgänge, unbefriedigende Funktion von Tonfrequenz-Rundsteueranlagen).
Wegen der unterschiedlichen Kondensatorarten und der vielen Einflußfaktoren ist es nicht in allen Fällen möglich, Errichtung und Betrieb durch einfache Regeln zu erfassen. Es müssen die Anweisungen der Hersteller und der örtlichen Elektrizitätsversorgungsunternehmen beachtet werden, insbesondere wenn sie den Betrieb von Kondensatoren während Schwachlastzeiten des Netzes betreffen.

Elektromagnetische Verträglichkeit (EMV)
Gleichlautend mit DIN EN 60831-1 (VDE 0560 Teil 46):1997-12.

Änderung
Gegenüber der Ausgabe März 1995 wurde folgende Änderung vorgenommen:
- Festlegungen der EN 60931-1 vom Oktober 1996 übernommen.

DIN EN 60931-2 (VDE 0560 Teil 49):1997-08   August 1997

Nichtselbstheilende Leistungs-Parallelkondensatoren für Wechselstromanlagen mit einer Nennspannung bis 1 kV

Teil 2: Alterungs- und Zerstörungsprüfung
(IEC 931-2:1995)   Deutsche Fassung EN 60931-2:1996

2 + 8 Seiten EN, 1 Bild, 2 Anhänge   Preisgruppe 8 K

Dieser Teil von IEC 931 (VDE-Bestimmung) gilt für Kondensatoren nach IEC 931-1 (VDE 0560 Teil 48) und enthält Festlegungen für die Alterungs- und Zerstörungsprüfung dieser Kondensatoren.

Alterungsprüfung
Die Gehäusetemperatur während der Alterungsprüfung muß dem höchstzulässigen 24stündigen Mittelwert entsprechen, zuzüglich der Differenz zwischen der gemessenen Gehäusetemperatur und der Kühllufttemperatur, wie sie am Ende der Prüfung des Wärmegleichgewichts an einer identischen Einheit ermittelt wurde.
Vor der Prüfung ist die Kapazität zu messen.

Der Prüfablauf hat die drei folgenden Teile:
a) Der Kondensator ist für 750 h an eine Spannung von 1,25 U_N anzulegen.
b) Der Kondensator ist dann 1000 Entladezyklen der folgenden Art zu unterziehen:
   - Aufladen des Kondensators auf eine Gleichspannung von 2 U_N;
   - Entladen des Kondensators über eine Induktivität von

$$L = \frac{1000}{C} \pm 20\% \text{ in } \mu H.$$

Dabei ist C die gemessene Kapazität in µF.
Die Leitungen des äußeren Stromkreises und der Induktivität müssen einen Querschnitt haben, der dem maximal zulässigen Strom entspricht.
Jeder Zyklus muß mindestens 30 s dauern.
c) Wiederholung von a).

Während des gesamten Prüfablaufs ist die Gehäusetemperatur auf dem angegebenen Wert zu halten.
Bei Dreiphaseneinheiten müssen der erste und dritte Teil der Prüfungen, a) und c), mit einer Spannung von 1,25 U_N an allen Strängen durchgeführt werden. Dies kann durch eine mehrphasige Versorgung oder durch eine einphasige Versorgung bei Veränderung der inneren Kondensatorverbindungen erreicht werden. Der zweite Teil, b), des Prüfablaufs muß jedoch nur an zwei Strängen durchgeführt werden. Bei Sternschaltung wird eine Änderung der inneren Verbindung nötig, oder es sollte die Ladespannung von 2 U_N auf 2,31 U_N erhöht werden.

Prüfanforderungen
Während der Prüfung dürfen kein bleibender Durchschlag, Überschlag und keine Unterbrechung auftreten.
Nach Prüfende soll der Kondensator unbeeinflußt auf Raumtemperatur abkühlen, danach wird die Kapazität unter den gleichen Bedingungen wie vor der Prüfung gemessen.
Die maximal zulässige Änderung der Kapazität gegenüber den Anfangswerten darf 3 % im Mittel über alle Stränge und 5 % an einem Strang nicht überschreiten.
Eine Wechselspannungsprüfung zwischen Anschlüssen und Gehäuse ist durchzuführen.
Die Dichtheitsprüfung nach IEC 931-1 ist zu wiederholen.

Zerstörungsprüfung
Diese Prüfung wird durchgeführt, um das Verhalten des Kondensators an seinem Lebensende zu beurteilen.
Wenn der Kondensator durch innere Sicherungen geschützt ist, müssen diese Sicherungen IEC 593 entsprechen.
Wenn keine Sicherungen vorgesehen sind, wird die Zerstörungsprüfung nach folgendem Verfahren durchgeführt:
Die Prüfung muß an einer Kondensatoreinheit durchgeführt werden. Wenn nötig, müssen die Entladewiderstände abgeklemmt werden, um ihre Überlastung zu vermeiden.

Prüfanforderungen
Nach Abschluß der Prüfung muß das Gehäuse jedes Kondensators intakt sein. Das bestimmungsgemäße Ansprechen eines Ventils, kleinere Gehäuseschäden (z. B. Risse) sind zulässig, wenn die folgenden Bedingungen eingehalten werden:
a) Austretende Flüssigkeit darf die äußere Oberfläche benetzen, aber nicht abtropfen.
b) Das Kondensatorgehäuse darf verformt und beschädigt, aber nicht geborsten sein.
c) Es dürfen keine Flammen und/oder brennenden Teile aus den Öffnungen treten.
Dies kann durch Umhüllen des Kondensators mit Gaze vor der Prüfung kontrolliert werden. Brennen oder Verkohlen der Gaze wird dann als Ausfall gewertet.
d) Die Spannungsprüfung zwischen Anschlüssen und Gehäuse mit 1500 V für 10 s muß bestanden werden.
Anmerkung: Übermäßiges Auftreten von Rauch während der Prüfung könnte gefährlich sein.

Änderung
Gegenüber DIN EN 60931-2 (VDE 0560 Teil 49):1995-03 wurde folgende Änderung vorgenommen:
• Festlegungen der EN 60931-2:1996 übernommen.

DIN EN 61071-1 (VDE 0560 Teil 120):1997-08   August 1997

Kondensatoren der Leistungselektronik

Teil 1: Allgemeines
(IEC 1071-1:1991, modifiziert)
Deutsche Fassung EN 61071-1:1996

3 + 24 Seiten EN, 6 Bilder, 4 Tabellen, 5 Anhänge   Preisgruppe 18 K

Dieser Teil der IEC 1071 (VDE-Bestimmung) gilt für Kondensatoren, die für den Einsatz in Einrichtungen der Leistungselektronik vorgesehen sind, besonders für:
- Halbleiter-Schalt- und Schutzeinrichtungen;
- Filterzwecke und Energiespeicherung.

Die Bemessungsspannung von Kondensatoren, für die dieser Teil gilt, ist auf 10 000 V begrenzt.
Die Betriebsfrequenz des Netzes, in dem die Kondensatoren eingesetzt werden, liegt üblicherweise unter 1000 Hz, während Impulsfrequenzen einige 1000 Hz, in manchen Fällen mehr als 10 000 Hz, erreichen können.
Es wird zwischen Wechselstrom- und Gleichstromkondensatoren unterschieden. Sie sind als Bauelemente angesehen, die in einem Gehäuse eingebaut sind.
Kondensatoren im Anwendungsbereich des vorliegenden Teils der Norm schließen jene Kondensatoren ein, die für den Einsatz in Einrichtungen der Leistungselektronik vorgesehen sind, wie z. B. Halbleiter-Stromrichter nach IEC 146 oder IEC 411.
Es ist der Zweck der Norm:
a) einheitliche Regeln für das Betriebsverhalten, die Prüfung und Bemessung zu formulieren;
b) bestimmte Sicherheitsregeln festzulegen;
c) eine Anleitung für den Einbau und den Betrieb zu geben.

Prüfungen
Die Prüfungen werden eingeteilt nach:
Stückprüfungen
a) äußere Besichtigung;
b) Spannungsprüfung zwischen den Anschlußklemmen;
c) Spannungsprüfung zwischen Anschlußklemmen und Gehäuse;
d) Kapazitäts- und tan δ-Messung;
e) Prüfung der inneren Entladungselemente;
f) Dichtheitsprüfung.
Stückprüfungen müssen vom Hersteller vor der Auslieferung an jedem Kondensator durchgeführt werden.
Auf Anforderung des Käufers muß ein Zertifikat mit den Ergebnissen der Prüfungen mitgeliefert werden.
Die Reihenfolge der Prüfungen ist wie angegeben.

Typprüfungen
Wenn es nicht anders festgelegt ist, muß jeder Kondensatorprüfling, der für Typprüfungen vorgesehen ist, die Anwendung aller Stückprüfungen mit Erfolg bestanden haben.
Typprüfungen sind:
a) mechanische Prüfungen;
b) Spannungsprüfung zwischen den Anschlußklemmen;
c) Spannungsprüfung zwischen Anschlußklemmen und Gehäuse;
d) Stoßentladungsprüfung;
e) Prüfung der Selbstheilungseigenschaften;
f) Klimaprüfungen;
g) Messung des Verlustwinkels (tan δ) des Kondensators;
h) Prüfung der thermischen Stabilität;
i) Prüfung der inneren Entladungselemente;
j) Messung der Resonanzfrequenz;
k) Lebensdauerprüfung zwischen den Anschlußklemmen;
l) Abschaltprüfung an Sicherungen;
m) Zerstörungsprüfung.
Typprüfungen sind vorgesehen, um die Fehlerfreiheit der Bauart des Kondensators und seine Eignung für den Betrieb unter den Bedingungen zu prüfen, die in diesem Teil der IEC 1071 detailliert angegeben werden.
Die Typprüfungen müssen vom Hersteller durchgeführt werden, und der Käufer muß, auf sein Ersuchen, ein Zertifikat geliefert bekommen, das die Ergebnisse der Prüfungen im einzelnen enthält.

Sicherheitsanforderungen

Entladungselemente
Bestimmte Kondensatoren der Leistungselektronik sind für den Einsatz von Entladungswiderständen nicht geeignet. Falls es vom Käufer gefordert wird, muß jede Kondensatoreinheit oder -batterie mit Hilfsmitteln für die Entladung jedes Elements in 3 min von der Anfangsgleichspannung U_N auf 75 V oder weniger ausgerüstet werden. Bei Kondensatoren mit $U_N \geq 1000$ V muß die Entladungszeit 10 min sein.
Es dürfen kein Schalter, keine Schmelzsicherung oder anderes Trennelement zwischen der Kondensatoreinheit und dem Entladungselement vorhanden sein.
Ein Entladeelement ist kein Ersatz zum Kurzschließen der Anschlußklemmen des Kondensators untereinander oder nach Erde vor der Verarbeitung.

Gehäuseanschlüsse
Um das Potential des Metallgehäuses des Kondensators festlegen zu können und zu ermöglichen, daß der Fehlerstrom im Falle eines Durchschlags zum Gehäuse abgeleitet werden kann, muß das Gehäuse mit einem Anschluß, der den Fehlerstrom übertragen kann, oder einer unlackierten korrosionsfreien Metallfläche, die für eine Anschlußklemme geeignet ist, versehen werden.

Umweltschutz

Wenn Kondensatoren mit Stoffen imprägniert sind, die nicht in der Umwelt verbreitet werden dürfen, müssen Vorsichtsmaßnahmen ergriffen werden. In manchen Ländern gibt es in dieser Hinsicht gesetzliche Anforderungen. Der Käufer muß alle Sonderanforderungen für die Etikettierung festlegen, die in dem Land der Installation gelten.

Anleitung für Installation und Betrieb

Überbeanspruchung und Überhitzung verkürzen die Lebensdauer eines Kondensators, und daher sollten die Betriebsbedingungen (d. h. Temperatur, Spannung, Strom und Kühlung) konsequent überwacht werden.

Wegen der verschiedenen Kondensatortypen und vielen damit verbundenen Faktoren ist es nicht möglich, den Einbau und den Betrieb in allen möglichen Fällen mit einfachen Regeln zusammenzufassen.

Die folgenden Informationen werden in bezug auf die wichtigsten, zu beachtenden Punkte angegeben. Außerdem müssen die Anweisungen des Herstellers und der Stromversorgungsunternehmen befolgt werden.

Es gibt sieben Hauptanwendungen:
1) innerer Überspannungsschutz: mit sinusförmigen Teilspannungen belastete Dämpfungskondensatoren; beide Spannungen dürfen mit einem bestimmten Betrag um die überlagerte Gleichspannung schwanken;
2) Gleichstrom-Oberschwingungsfilter: Kondensatoren, die im allgemeinen mit einer Gleichspannung belastet werden, der eine nichtsinusförmige Wechselspannung überlagert ist;
3) Schaltstromkreise: Kommutierungskondensatoren, die im allgemeinen mit trapezförmigen Spannungen belastet werden;
4) äußerer Wechselstrom-Überspannungsschutz;
5) äußerer Gleichstrom-Überspannungsschutz;
6) inneres Wechselstrom-Oberschwingungsfilter;
7) Gleichstromenergiespeicherung: Stützkondensatoren. Im allgemeinen mit Gleichspannung gespeist und periodisch mit hohen Spitzenströmen ge- und entladen.

Magnetische Verluste und Wirbelströme

Die starken Magnetfelder der Leiter in der Leistungselektronik können eine wechselnde Magnetisierung von magnetisierbaren Gehäusen und Wirbelströme in jedem metallenen Teil induzieren und dadurch Wärme erzeugen.

Daher ist es erforderlich, die Kondensatoren erstens in einem sicheren Abstand zu Starkstromleitern anzuordnen und zweitens so weit wie möglich den Einsatz von magnetisierbaren Werkstoffen zu vermeiden.

Änderung

Gegenüber DIN VDE 0560-12 (VDE 0560 Teil 12):1990-10 wurde nachfolgende Änderung vorgenommen:
• Festlegungen der EN 61071-1:1996 übernommen.

DIN EN 61071-2 (VDE 0560 Teil 121):1997-09   September 1997

Kondensatoren der Leistungselektronik
Teil 2: Anforderungen an Ausschaltprüfungen von Sicherungen,
Zerstörungsprüfung, Selbstheilungsprüfung und Lebensdauerprüfung
(IEC 1071-2:1994);
Deutsche Fassung EN 61071-2:1996

2 + 13 Seiten EN, 4 Bilder, 6 Anhänge   Preisgruppe 11 K

Der vorliegende Bericht (VDE-Bestimmung) bezieht sich auf Leistungskondensatoren für den Einsatz in der Elektronik nach IEC 1071-1 und enthält die Anforderungen an
- Ausschaltprüfung von Sicherungen,
- Zerstörungsprüfung,
- Prüfung der Selbstheilungseigenschaften,
- Lebensdauerprüfung

für diese Kondensatoren.

Klassifizierung von Prüfungen
Die Kondensatoreinheiten müssen alle in IEC 1071-1 (VDE 0560 Teil 120) festgelegten Stückprüfungen bestanden haben.

Die Typprüfungen umfassen:
- Ausschaltprüfung von Sicherungen;
- Zerstörungsprüfung;
- Selbstheilungsprüfung;
- Lebensdauerprüfung.

Ausschaltprüfung von Sicherungen
Diese Prüfung bezieht sich auf nicht selbstheilende Kondensatoren, die mit inneren Stromsicherungen ausgerüstet sind.
Die Sicherung ist mit dem (den) Kondensatorelement(en) in Reihe geschaltet, das (die) sie abtrennen soll, wenn das (die) Kondensatorelement(e) fehlerhaft wird (werden). Der Strom- und Spannungsbereich der Sicherung hängt daher von der Kondensatorausführung und in einigen Fällen auch von der Kondensatorbank, deren Bestandteil der Kondensator ist, ab.
Die Arbeitsweise einer inneren Sicherung wird im allgemeinen durch einen der beiden folgenden Faktoren oder durch beide bestimmt:
- die Entladungsenergie von Kondensatorelementen oder -einheiten, die zu dem fehlerhaften Element oder der fehlerhaften Einheit parallelgeschaltet sind;
- den möglichen Fehlerstrom.

Zerstörungsprüfung
Diese Prüfung wird durchgeführt, um das Verhalten des Kondensators am Ende seiner Lebensdauer zu bestimmen.
Diese Prüfung muß auf alle selbstheilenden Kondensatoren angewandt werden. Solche Kondensatoren müssen durch das Zeichen SH oder wahlweise durch das Zeichen ⌐|⌐ gekennzeichnet werden. Die Prüfung muß auch auf nicht selbstheilende Kondensatoren ohne innere Sicherungen angewendet werden.
Die durch innere Sicherungen geschützten nicht selbstheilenden Kondensatoren sollten die Ausschaltprüfung von Sicherungen bestanden haben. Diese Kondensatorbauform ist traditionell und über einen langen Zeitraum erfolgreich durch innere Sicherungen geschützt worden, und aus diesem Grund wird die Prüfung der inneren Sicherung als äquivalent betrachtet.

Selbstheilungsprüfung
Diese Prüfung muß an einer kompletten Einheit bei Raumtemperatur durchgeführt werden.
Der Kondensator muß einer Spannungsprüfung unterworfen werden.
Die angelegte Spannung ist Wechselspannung für Wechselspannungskondensatoren und Gleichspannung für Gleichspannungskondensatoren.
Wenn während dieses Zeitraums weniger als fünf Durchschläge auftreten, dann muß die Spannung langsam erhöht werden, bis von Beginn der Prüfung an fünf Durchschläge erfolgt sind oder bis die Spannung das 3,5fache der Bemessungsspannung erreicht hat.
Wenn weniger als fünf Durchschläge aufgetreten sind, wenn die Spannung 3,5 U_N erreicht hat, darf die Prüfung nach Wahl des Herstellers entweder fortgesetzt werden, bis fünf Durchschläge aufgetreten sind, indem die Spannung und/oder die Temperatur erhöht werden, oder sie wird unterbrochen und mit einer anderen identischen Einheit wiederholt.
Vor und nach der Prüfung muß die Kapazität gemessen werden, es darf keine merkliche Änderung ihres Werts eingetreten sein.

Lebensdauerprüfung
Die Lebensdauerprüfung wird durchgeführt, um festzustellen, daß wiederholte Überspannungs- und Überstrombeanspruchungen nicht die anfänglichen Daten des Kondensators über festgelegte Werte hinaus verändern.
Die Lebensdauerprüfung muß an mindestens zwei kompletten Einheiten oder Kondensatormodellen durchgeführt werden.

DIN EN 60871-4 (VDE 0560 Teil 440):1997-08   August 1997

Parallelkondensatoren für Wechselspannungs-Starkstromanlagen mit einer Nennspannung über 1 kV

Teil 4: Eingebaute Sicherungen
(IEC 871-4:1996);
Deutsche Fassung EN 60871-4:1996

2 + 8 Seiten EN, 4 Anhänge   Preisgruppe 8 K

Dieser Teil der IEC 871 (VDE-Bestimmung) gilt für eingebaute Sicherungen, die vorgesehen sind, fehlerhafte Kondensatorelemente abzutrennen, damit die übrigen Teile der Kondensatoreinheit und der Batterie, an die die Kondensatoreinheit angeschlossen ist, in Betrieb bleiben können. Solche Sicherungen sind kein Ersatz für ein Schaltgerät, wie z. B. einen Leistungsschalter, oder einen äußeren Schutz der Kondensatorbatterie oder irgendeinen Teil davon.
Der Zweck der vorliegenden Norm ist, Anforderungen im Hinblick auf Leistung und Prüfung zu formulieren und eine Anleitung zur Koordinierung des Schutzes mit Sicherungen zu geben.

Leistungsanforderungen
Die Sicherung wird in Reihe mit dem (den) Element(en) geschaltet, das (die) sie im Fehlerfall abzutrennen hat. Der Strom- und Spannungsbereich für die Sicherung ist deshalb von der Kondensatorausführung abhängig und in manchen Fällen auch von der Batterie, an die die Sicherung angeschlossen ist.
Die Anforderungen gelten für eine(n) von einem rückzündungsfreien Leistungsschalter geschaltete(n) Batterie oder Kondensator. Wenn die Leistungsschalter nicht rückzündungsfrei sind, müssen andere Anforderungen zwischen Hersteller und Käufer vereinbart werden.
Das Ansprechen einer eingebauten Sicherung wird im allgemeinen von einem oder beiden der zwei folgenden Faktoren bestimmt:
• der Entladungsenergie von Elementen oder Einheiten, die mit der (dem) fehlerhaften Einheit oder Element parallelgeschaltet sind;
• dem betriebsfrequenten Fehlerstrom.
Typprüfungen werden als gültig erachtet, wenn sie an einem oder mehreren Kondensatoren durchgeführt werden, dessen (deren) Ausführung mit dem des angebotenen Kondensators identisch ist, oder wenn die Ausführung nicht in einer Weise abweicht, die mit den Typprüfungen zu kontrollierenden Eigenschaften beeinträchtigen könnte.

Unterbrechungsprüfung an Sicherungen
Die Unterbrechungsprüfung an Sicherungen muß bei dem unteren Spannungsgrenzwert von $0.9 \cdot U_N$ und dem oberen Spannungsgrenzwert von $2.2 \cdot U_N$ durchgeführt werden.

Nach der Prüfung muß die Kapazität zur Überprüfung gemessen werden, ob die Sicherungen durchgebrannt sind. Es ist ein Meßverfahren zu verwenden, das ausreichend empfindlich ist, um die von einer durchgebrannten Sicherung bewirkte Kapazitätsänderung nachzuweisen.
Vor dem Öffnen darf keine wesentliche Verformung des Gehäuses ersichtlich sein.
Nach dem Öffnen des Gehäuses muß eine Überprüfung durchgeführt werden, um sicherzustellen, daß
a) keine wesentliche Verformung fehlerfreier Sicherungen festzustellen ist;
b) nicht mehr als eine weitere Sicherung (oder ein Zehntel der von Sicherungen geschützten direkt parallelgeschalteten Elemente) beschädigt wurde.

DIN EN 137000 (VDE 0560 Teil 800):1998-03   März 1998

Fachgrundspezifikation:

Aluminium-Elektrolyt-Wechselspannungskondensatoren mit flüssigem Elektrolyten zum Betrieb mit Motoren

Deutsche Fassung EN 137000:1995

3 + 27 Seiten EN, 3 Bilder, 5 Tabellen, 3 Anhänge   Preisgruppe 19 K

Diese Spezifikation (VDE-Bestimmung) gilt für Aluminium-Wechselspannungs-Elektrolytfestkondensatoren, die vorgesehen sind:
- für den Anschluß an Wicklungen von einphasigen Asynchronmotoren bei einer Frequenz bis zu einschließlich 100 Hz.
- für den möglichen Anschluß an Drehstrom-Asynchronmotoren, so daß die Motoren aus einem Einphasensystem versorgt werden dürfen.

Diese Spezifikation gilt nicht für Störschutzkondensatoren, die von EN 132400 erfaßt werden. Sie gilt auch nicht für Kondensatoren für den Einsatz in elektronischen Betriebsmitteln, die von EN 130000 erfaßt werden.
Sie erstellt Normbegriffe, Inspektionsverfahren, Prüfverfahren für die Verwendung in Rahmen- und Bauartspezifikationen innerhalb des CECC-Systems sowie Richtlinien für Sicherheitsregeln und für den Einbau und Betrieb.

Gütebestätigungsverfahren

Ehe Kondensatoren nach den Verfahrensweisen dieses Hauptabschnittes anerkannt werden, muß der Hersteller für seine Organisation eine Anerkennung nach CECC 00 114, Teil I, erlangt haben.
Es gibt zwei Verfahren für die Anerkennung von Kondensatoren mit Gütebestätigung. Das sind die Bauartanerkennung nach CECC 00 114, Teil II, und die Befähigungsanerkennung nach CECC 00 114, Teil III. In jeder Unterfamilie von Kondensatoren sind getrennte Rahmenspezifikationen für Bauartanerkennung und für Befähigungsanerkennung nötig.

Anwendungsbereich der Bauartanerkennung

Bauartanerkennungen sind angemessen, wenn Kondensatoren in einem vorgegebenen Bereich nach vergleichbaren Bauunterlagen mit vergleichbaren Verfahren hergestellt werden und einer veröffentlichten Bauartspezifikation entsprechen.
Der Prüfablauf, der für die zutreffenden Bestätigungsstufen und Anforderungsstufen in der Bauartspezifikation festgelegt ist, gilt unmittelbar für den anzuerkennenden Kondensatorbereich, wie in der betreffenden Rahmenspezifikation vorgeschrieben.

Anwendungsbereich der Befähigungsanerkennung

Eine Befähigungsanerkennung ist angemessen, wenn Kondensatoren nach einheitlichen Konstruktionsregeln mit einheitlichen Verfahrensschritten hergestellt werden. Sie ist insbesondere dann angemessen, wenn Kondensatoren für Sonderanforderungen eines Anwenders hergestellt werden.

Gütekonformitätskontrolle
Der zur Rahmenspezifikation gehörende Vordruck (die Vordrucke) für Bauartspezifikation muß den Prüfplan für die Gütekonformitätskontrollen festlegen. Für die losweise und die periodisch durchzuführenden Kontrollen muß er auch die Einteilung der Prüfgruppen, die Stichprobenentnahme und die Häufigkeit vorschreiben.
Die Regeln für den Übergang zu reduzierter Kontrolle in Prüfgruppe C nach CECC 00 114, Teil II, dürfen bei allen Untergruppen außer für Dauerprüfungen verwendet werden.
Die Prüfniveaus und annehmbaren Qualitätsgrenzlagen (AQL) sind aus der IEC 60410 zu wählen.
Wenn nötig, darf mehr als ein Prüfplan festgelegt werden.

Bestätigte Prüfberichte freigegebener Lose
Wenn in der Bauartspezifikation bestätigte Prüfberichte vorgeschrieben sind und von einem Kunden verlangt werden, müssen sie mindestens die folgenden Angaben enthalten:
- Attributive Bewertung (das heißt Anzahl der geprüften Bauelemente und Anzahl der fehlerhaften Bauelemente) zu den Prüfungen in den Untergruppen für die periodischen Kontrollen ohne Angabe der Kennwerte, die zur Zurückweisung führten.
- Meßwerte der Änderung der Kapazität, des Verlustfaktors (oder des äquivalenten Serienwiderstandes) und des Isolationswiderstandes nach der Dauerprüfung, wie in der Rahmenspezifikation verlangt.

Prüf- und Meßverfahren
Die Rahmenspezifikation und/oder der Vordruck für Bauartspezifikationen müssen Tabellen enthalten, die zeigen, welche Prüfungen durchzuführen sind, welche Messungen vor und nach jeder Prüfung oder Gruppe von Prüfungen zu machen sind und in welcher Reihenfolge sie auszuführen sind. Die Schritte der Prüfungen sind in der angegebenen Reihenfolge auszuführen. Bei den Anfangs- und Endmessungen müssen die Meßbedingungen jeweils gleich sein.
Wenn nationale Spezifikationen innerhalb des Gütebestätigungssystems andere als die in den obengenannten Schriftstücken festgelegten Verfahren verwenden, sind diese vollständig zu beschreiben.
Grenzwerte in sämtlichen dieser Fachgrundspezifikation zugeordneten Spezifikationen sind absolute Grenzwerte. Meßunsicherheiten werden grundsätzlich nach ECQAC 1220 – ECQAC Policy on Uncertainty of Measurement – berücksichtigt.

DIN EN 137100 (VDE 0560 Teil 810):1998-03   März 1998

Rahmenspezifikation:
Aluminium-Elektrolyt-Wechselspannungskondensatoren mit flüssigem Elektrolyten zur Verwendung im Motoranlaßbetrieb
Bauartanerkennung

Deutsche Fassung EN 137100:1995

2 + 24 Seiten EN, 6 Tabellen, 5 Anhänge   Preisgruppe 17 K

Diese Spezifikation (VDE-Bestimmung) gilt für Aluminium-Elektrolytkondensatoren mit flüssigem Elektrolyten vorzugsweise zum Zwecke des Anlassens von Wechselstrommotoren. Sie umfaßt Kondensatoren für den Anschluß an die Wicklungen von einphasigen Asynchronmotoren bei einer Frequenz bis zu einschließlich 100 Hz mit Bemessungsspannungen bis zu einschließlich 500 V.
Diese Spezifikation schreibt bevorzugte Bemessungswerte und Eigenschaften vor, wählt aus der Spezifikation EN 137000 die geeigneten Gütebestätigungs-, Prüf- und Meßverfahren aus und gibt allgemeine Anforderungen für diese Kondensatorbauart an.

Gütebestätigungsverfahren
Die primäre Fabrikationsstufe ist das Wickeln des Kondensatorelements oder ein entsprechender Arbeitsgang.
Kondensatoren können als strukturell ähnlich bezeichnet werden, wenn sie nach gleichartigen Herstellverfahren und aus denselben Materialien hergestellt werden, auch wenn sie verschiedene Gehäusegrößen, Kapazitäts- und Spannungswerte haben dürfen. Die strukturelle Ähnlichkeit darf bei der Stichprobenauswahl von Kondensatoren für die Prüfungen bei der Gütekonformitätskontrolle ausgenutzt werden.
Die nach EN 137000 geforderten Informationen sind zur Verfügung zu stellen, wenn es der Kunde verlangt und es die Bauartspezifikation vorschreibt. Für folgende Größen sind die nach der Dauerspannungsprüfung festgestellten Änderungen anzugeben: Kapazitätsänderung, tan δ und Isolationswiderstand.

Bauartanerkennung
Die Verfahren für Bauartanerkennungsprüfungen sind in EN 137000 angegeben. Der nach dem Verfahren der losweisen und periodischen Prüfungen anzuwendende Prüfplan ist in dieser Spezifikation beschrieben.

Stichproben
Das Verfahren mit fester Stichprobengröße wird in EN 137000 beschrieben. Die Stichprobe muß repräsentativ für die Serie von Kondensatoren sein, für die die Bauartanerkennung beantragt wird. Es muß jedoch nicht notwendigerweise die vollständige Serie sein, die von der Bauartspezifikation erfaßt wird.

Prüfungen
Für die Anerkennung von Kondensatoren nach einer Bauartspezifikation werden alle in **Anhang A1** enthaltenen Prüfungen verlangt. Die Prüfungen jeder Gruppe sind in der angegebenen Reihenfolge durchzuführen.
Die gesamte Stichprobe ist zunächst den Prüfungen der Gruppe „0" zu unterziehen und danach auf die anderen Gruppen aufzuteilen.
Prüflinge, die während der Prüfungen der Gruppe „0" als nicht-konforme Bauelemente gewertet werden, dürfen nicht für die anderen Gruppen verwendet werden.
Als „ein nicht-konformes Bauelement" wird gewertet, wenn ein Prüfling entweder alle oder einen Teil der Prüfungen einer Gruppe nicht bestanden hat.
Die Anerkennung wird erteilt, wenn die Anzahl der nicht-konformen Bauelemente die zulässige Anzahl an nicht-konformen Bauelementen je Gruppe oder Untergruppe und die Gesamtzahl der zulässigen nicht-konformen Bauelemente nicht überschreitet.
Im Prüfplan mit fester Stichprobengröße müssen die Prüfbedingungen und die Anforderungen die gleichen sein wie die in der Bauartspezifikation für die Gütekonformitätskontrollen.

Anhang A1 (normativ)

Prüfplan für die Bauartanerkennung
Gütebestätigungsstufe E

Gruppe	Prüfung[1])	je Wert[3])			für zwei zu prüfende Werte[3])		für vier zu prüfende Werte[3])		
		n	$2n$	c	c gesamt		$4n$	c	c gesamt
0	Dichtheit				XXXXX				XXXXX
	Sichtkontrolle				XXXXX				XXXXX
	Maße				XXXXX				XXXXX
	Kapazität				XXXXX				XXXXX
	Verlustfaktor	26	52	1	XXXXX		104	1	XXXXX
	Spannungsfestigkeit:				XXXXX				XXXXX
	zwischen den Anschlüssen				XXXXX				XXXXX
	zwischen Anschlüssen und Gehäuse				XXXXX				XXXXX
	Ersatzprüflinge	2	4		XXXXX		8		XXXXX
1A	Mechanische Widerstandsfähigkeit der Anschlüsse	2	4	1			8	1	
	Lötwärmebeständigkeit[4])				1				2^{5})
	Lötbarkeit[4])								
1B	Rascher Temperaturwechsel	4	8	1			16	1	
	Schwingen								
2	Feuchte Wärme, konstant	5	10	1			20	1	
3	Dauerspannungsprüfung	10	20	1	2^{5})		40	2	3^{5})
4	Durchschlagfestigkeit	5	10	1			20	1	
5	Überdruckabbau[2])	6	12	0			24	0	

1) Bleibt frei
2) Die Prüfung sollte an Kondensatoren durchgeführt werden, die die Prüfungen der Gruppen 3 und 4 bestanden haben.
3) Kombination aus Gehäusegrößen von Kondensatoren.
4) Nicht anwendbar für Kondensatoren mit Anschlüssen, die nicht zur Lötverbindung vorgesehen sind.
5) Nicht mehr als ein nicht-konformes Bauelement je Wert ist erlaubt.

DIN EN 137101 (VDE 0560 Teil 811):1998-03 März 1998

Vordruck für Bauartspezifikation:

Aluminium-Elektrolyt-Wechselspannungskondensatoren mit flüssigem Elektrolyten zur Verwendung im Motoranlaßbetrieb

Bauartanerkennung

Deutsche Fassung EN 137101:1995

2 + 10 Seiten EN, 4 Tabellen, 1 Anhang   Preisgruppe 10 K

Vordruck für Bauartspezifikation
Ein Vordruck für Bauartspezifikation (VDE-Bestimmung) ist ein ergänzendes Schriftstück zu der Rahmenspezifikation und enthält Anforderungen an Form und Aussehen und Mindestinhalte der Bauartspezifikation. Bei der Erstellung der Bauartspezifikation muß der Inhalt der Rahmenspezifikation berücksichtigt werden.

Zuordnung von Bauartspezifikation(en) und Bauelement(en)
Die erste Seite der Bauartspezifikation sollte die nachstehend empfohlene Gestaltung haben. Die in eckigen Klammern stehenden Zahlen entsprechen den folgenden Angaben, die an den entsprechenden Stellen einzusetzen sind.
[1] Der Name der nationalen Normungsorganisation, unter deren Vollmacht die Bauartspezifikation veröffentlicht wird, und, falls zutreffend, die Institution, bei der sie erhältlich ist.
[2] Das CECC-Zeichen und die vom CECC-Generalsekretariat zugeordnete Nummer.
[3] Nummer und Ausgabenummer der CECC-Fachgrund- und -Rahmenspezifikationen, soweit zutreffend; ebenso Verweis auf nationale Bezeichnungen, falls hiervon abweichend.
[4] Falls abweichend von der CECC-Nummer, die nationale Nummer der Bauartspezifikation, ihr Ausgabedatum und gegebenenfalls Änderungsnummern sowie sämtliche Zusatzinformationen, die das nationale System verlangt.
[5] Eine kurze Beschreibung des Bauelements oder des Bauelementebereichs.
[6] Angaben zu typischen Konstruktionsmerkmalen (wenn zutreffend).
Bezüglich [5] und [6] sollten sich die anzugebenden Texte einer zur Registrierung vorgesehenen Bauartspezifikation zur Übernahme in CECC 00 200 (Verzeichnis der Anerkennungen) und CECC 00 300 (Liste der CECC-Spezifikationen und zugehörigen Bauartspezifikationen) eignen.
[7] Umrißzeichnung mit den für Austauschbarkeit wichtigen Hauptmaßen und/oder Verweis auf das entsprechende nationale oder internationale

Schriftstück für Umrißzeichnungen. Diese Zeichnung kann nur in einem Anhang zur Bauartspezifikation enthalten sein; [7] sollte aber stets eine Darstellung der allgemeinen äußeren Gestalt des Bauelements enthalten.
[8] Die Gütebestätigungsstufe(n), für die die Bauartspezifikation gilt.
[9] Bezugswerte zu den wichtigsten Eigenschaften des Bauelements, um einen Vergleich zwischen den unterschiedlichen Bauelementearten zu ermöglichen, die für identische oder ähnliche Anwendungen vorgesehen sind.

	[1] CECC 137101-xxx	[2]
Bauelemente der Elektronik mit Gütebestätigung – Bauartspezifikation nach:	[3]	[4]
Umrißzeichnung und Maße (europäische Darstellung) (Weitere Darstellungen sind innerhalb der gegebenen Maße erlaubt)	[7]	[5] Bauartspezifikation für Aluminium-Wechselspannungs-Elektrolytfestkondensatoren mit flüssigem Elektrolyten für Motoranlasser [6] Konstruktionsmerkmale (Beispiele): zylindrisch/rechteckig metallisches/nichtmetallisches Gehäuse isoliertes/nichtisoliertes Gehäuse Lötanschlüsse/Schraubanschlüsse
Bezugswerte:	[9]	[8] Gütebestätigungsstufe: E

DIN EN 132421 (**VDE 0565 Teil 1-3**):1997-12   Dezember 1997

Vordruck für Bauartspezifikation:

Kondensatoren zur Unterdrückung elektromagnetischer Störungen
Kondensatoren, für die Sicherheitsprüfungen vorgeschrieben sind (nur Sicherheitsprüfungen)

Deutsche Fassung EN 132421:1997

2 + 10 Seiten EN, 1 Tabelle, 3 Anhänge   Preisgruppe 10 K

Vordruck für Bauartspezifikationen (VDE-Bestimmung)
Dieser Vordruck für Bauartspezifikationen liefert die Grundlage für ein einheitliches Verfahren zur Erlangung eines europäischen Sicherheitszeichens. Er setzt den Prüfplan zur Bauartzulassung für Sicherheitsprüfungen aus EN 132400 um und verlangt eine Aufbaubeschreibung für sicherheitsrelevante Eigenschaften. Ferner schreibt er Konformitätskontrollen vor, die an jedem Los vor dessen Auslieferung durchzuführen sind, sowie die erneute Anerkennung der Bauart abhängig von Änderungen des erklärten Aufbaus.
Im Vergleich zu EN 132401 beschränkt sich diese Spezifikation auf Sicherheitsprüfungen.
Die Anwendung von EN 132401 ist eher angezeigt bei Bauelementen in Großserienfertigung, wohingegen diese Spezifikation in solchen Fällen erforderlich werden kann, wo die Prüfungen zur Bauartzulassung und erneuter Anerkennung wesentlich zu den Kosten des Produkts beitragen.
Ein Vordruck zu Bauartspezifikationen ist ein Ergänzungsschriftstück zur Rahmenspezifikation und enthält Vorgaben zu Form und Mindestinhalt von Bauartspezifikationen. Bei der Erstellung von Bauartspezifikationen ist die Rahmenspezifikation zu berücksichtigen.

Angaben zur Bauartspezifikation und zum Bauelement
Die erste Seite der Bauartspezifikation ist entsprechend dem Vordruck für Bauartspezifikationen zu gestalten. Die Ziffern in Klammern entsprechen folgenden Angaben, die an den entsprechenden Stellen einzusetzen sind.
[1] Name des Herstellers.
[2] Nummer und Ausgabenummer der CECC/EN-Fachgrund- und Rahmenspezifikation, wie zutreffend.
[3] Kurze Beschreibung des Bauelementes oder des Bauelementebereichs.
[4] Kurze Beschreibung des Bauelementes oder des Bauelementebereichs.
[5] Angaben zu typischen Konstruktionsmerkmalen (wenn zutreffend).
[6] Umrißzeichnungen mit den Hauptmaßen, die für die Austauschbarkeit von Bedeutung sind und/oder Bezugnahme auf nationale oder internationale Festlegungen für Maße. Wahlweise darf diese Zeichnung in einem Anhang

zur Bauartspezifikation enthalten sein. [6] sollte jedoch immer eine Umrißdarstellung des Bauelementes enthalten.
[7] Kondensatorklassen und -unterklassen.
[8] Bezugswerte zu den wichtigsten Eigenschaften, um verschiedene Ausführungen des Bauelementes vergleichen zu können, die für die gleiche oder eine ähnliche Verwendung vorgesehen sind.

Aufbaubeschreibung
(Zwischen Hersteller und Zertifizierungsinstitut vertraulich zu behandeln)

Der Zweck dieser Beschreibung liegt darin, wesentliche Angaben und den grundsätzlichen Aufbau der Kondensatoren, für die die Zulassung ersucht wird, festzuschreiben. Das ausgefüllte Formblatt ist beim Zertifizierungsinstitut vor Beginn der Prüfungen einzureichen. Seine Weitergabe an Dritte ist dem Hersteller vorbehalten.

Änderungen gegenüber der Aufbaubeschreibung sind nur nach schriftlicher Benachrichtigung des Zertifizierungsinstituts gestattet.

In derartigen Fällen entscheidet das Zertifizierungsinstitut über notwendige Schritte. Es kann erforderlich werden, die gesamte Zulassungsprüfung zu wiederholen.

Registriernummer:
(Zu vergeben vom Zertifizierungsinstitut)

Antragsteller; Hersteller; Herstellort:

Bauformbezeichnung; Klasse/Unterklasse; Schaltplan:

Dielektrikum; Material; Dicke; Dichte (nur bei Papier); Lagenzahl:

Elektrode(n); Material; Art der Erzeugung (z. B. Folie, aufgedampft, ...):

Kondensatorelement, Anordnung der einzelnen Lagen; Imprägnierung:
(falls zutreffend); **Umhüllung;** Material(ien) für Gehäuse, Vergußmassen usw.
(wie zutreffend); Material für äußere Umhüllung (falls zutreffend):

Umrißmaße (in mm):

DIN EN 133000 (VDE 0565 Teil 3):1997-11   November 1997

Fachgrundspezifikation:
Passive Filter für die Unterdrückung von elektromagnetischen Störungen
Deutsche Fassung EN 133000:1997

4 + 22 Seiten EN, 4 Bilder, 6 Tabellen, 1 Anhang   Preisgruppe 17 K

Diese Spezifikation (VDE-Bestimmung) gilt für passive Filter zur Unterdrükkung von elektromagnetischen Störungen zum Einsatz in oder verbunden mit elektronischen oder elektrischen Geräten oder Maschinen.
Sowohl Ein- als auch Mehrleiter-Filter in einem Gehäuse sind im Anwendungsbereich dieser Spezifikation eingeschlossen.
Filter, aufgebaut aus kapazitiven Elementen, bei denen die Induktivitäten Bestandteil der Konstruktion des Filters sind, sind im Anwendungsbereich dieser Spezifikation eingeschlossen. Ebenso sind Filter, aufgebaut aus induktiven Elementen, bei denen die Kapazitäten Bestandteil der Konstruktion sind, im Anwendungsbereich dieser Spezifikation eingeschlossen. Der Hersteller muß angeben, ob sein Bauelement zur Verwendung als Kondensator, als Drosselspule oder als Filter bestimmt ist.
Filter innerhalb des Anwendungsbereichs dieser Spezifikation werden weiterhin unterschieden in solche, für die Sicherheitsprüfungen erforderlich sind (d. h., die an Netzspannung betrieben werden), und solche, für die diese Prüfungen nicht erforderlich sind. Getrennte Rahmenspezifikationen enthalten die Anforderungen für diese zwei allgemeinen Einsatzbereiche.
Diese Fachgrundspezifikation legt Grundbegriffe, Kontrollverfahren und Prüfverfahren für den Gebrauch in Rahmenspezifikationen und Bauartspezifikationen innerhalb des CECC-Systems für elektronische Bauelemente fest.

Qualitätsbewertungsverfahren
Ehe Filter nach den Verfahren dieses Hauptabschnitts anerkannt werden, muß der Hersteller für seine Organisation eine Anerkennung nach EN 100114-1 erlangt haben.
Es gibt zwei Verfahren für die Anerkennung von Filtern mit Qualitätsbewertung. Das sind die Bauartanerkennung nach EN 100114-2 und die Anerkennung der Befähigung nach CECC 00 114-3. In jeder Unterfamilie von Filtern sind getrennte Rahmenspezifikationen für Bauartanerkennungen und für Befähigungsanerkennungen nötig. Deshalb ist eine Anerkennung der Befähigung erst möglich, wenn eine entsprechende Rahmenspezifikation veröffentlicht ist.

Anwendungsbereich der Bauartanerkennung
Bauartanerkennungen sind angemessen, wenn Filter in einem vorgegebenen Bereich nach vergleichbaren Bauunterlagen mit vergleichbaren Verfahren hergestellt werden und einer veröffentlichten Bauartspezifikation entsprechen.
Der Prüfablauf, der für die zutreffenden Bewertungsstufen und Anforderungsstufen in der Bauartspezifikation festgelegt ist, gilt unmittelbar für den anzuerkennenden Filterbereich, wie in der betreffenden Rahmenspezifikation vorgeschrieben.

Anwendungsbereich der Befähigungsanerkennung
Eine Befähigungsanerkennung ist angemessen, wenn Filter nach einheitlichen Konstruktionsregeln mit einheitlichen Verfahrensschritten hergestellt werden. Sie ist insbesondere dann angemessen, wenn Filter für Sonderanforderungen eines Anwenders hergestellt werden.

Einzelne Verfahren
Primäre Fabrikationsstufe
Untervergabe
Strukturell ähnliche Filter
Verfahren der Bauartanerkennung
Verfahren für die Anerkennung einer Befähigung
Nacharbeit und Reparaturen
Freigabe zur Lieferung
Bestätigte Prüfberichte
Verzögerte Auslieferung
Wahlweise anwendbare Prüfverfahren
Ungeprüfte Parameter

Prüfungen und Meßverfahren
Die Rahmenspezifikation und/oder der Vordruck für die Bauartspezifikation müssen Tabellen enthalten, in denen die Prüfungen, die Anfangs- und Endmessungen zu den einzelnen Prüfungen oder Untergruppen von Prüfungen und die Reihenfolge der Prüfungen aufgeführt sind. Die einzelnen Prüfschritte sind in der vorgeschriebenen Reihenfolge auszuführen. Anfangs- und Endmessungen sind unter jeweils gleichen Bedingungen durchzuführen.
Wenn nationale Spezifikationen innerhalb des Qualitätsbewertungssystems andere als in den oben genannten Schriftstücken festgelegte Prüfverfahren enthalten, müssen diese vollständig beschrieben werden.

Einzelne Prüfungen und Meßverfahren
Normalklima
Trocknung
Sichtkontrolle und Prüfungen der Abmessungen
Isolationswiderstand
Spannungsprüfung

Einfügungsdämpfung
Widerstand
Mechanische Widerstandsfestigkeit der Anschlüsse
Lötwärmebeständigkeit
Lötbarkeit
Rascher Temperaturwechsel
Schwingen
Dauerschocken
Schocken
Dichtheit
Reihenfolge von klimatischen Prüfungen
Feuchte Wärme, konstant
Temperaturerhöhung
Überlaststrom
Dauerspannung
Lade- und Entladeprüfung
Passive Entflammbarkeit
Aktive Entflammbarkeit
Lösungsmittelbeständigkeit der Beschriftung
Lösungsmittelbeständigkeit des Bauelements

1.6 Installationsmaterial · Schaltgeräte
Gruppe 6 des VDE-Vorschriftenwerks

DIN VDE 0603-02 (**VDE 0603 Teil 2**):1998-03   März 1998

Installationskleinverteiler und Zählerplätze AC 400 V
Hauptleitungsabzweigklemmen

12 Seiten, 1 Bild, 6 Tabellen   Preisgruppe 10 K

Diese Norm (VDE-Bestimmung) gilt für Hauptleitungsabzweigklemmen für Kupferleiter bis 70 mm^2 Bemessungs-Anschlußvermögen zur Verwendung in Zählerplätzen und Hauptleitungsabzweigkästen.
Hauptleitungsabzweigklemme: Einrichtung zum Verbinden und/oder Abzweigen von Leitern, z. B. zwischen Hausanschluß und Zähleranlagen, zur lagefixierten Verwendung. Sie enthält eine oder mehrere Klemmen mit Klemmstellen.

Einteilung
Hauptleitungsabzweigklemmen werden eingeteilt in:
- **Hauptleitungsabzweigklemme Ausführung A**
  Ohne Schutz gegen direktes Berühren, mit Klemmstellen.
- **Hauptleitungsabzweigklemme Ausführung B**
  Frontseitig fingersicher, mit Klemmstellen.
- **Hauptleitungsabzweigklemme Ausführung C**
  Allseitig fingersicher, auch bei nicht angeschlossenen Leitern, mit Klemmstellen.

Anforderungen
Hauptleitungsabzweigklemmen müssen so gebaut und bemessen sein, daß sie im bestimmungsgemäßen Gebrauch zuverlässig sind und keine Gefahr für Personen oder Sachen darstellen.
Sie müssen den elektrischen, thermischen und mechanischen Beanspruchungen im bestimmungsgemäßen Gebrauch standhalten.
Die Erfüllung der Anforderungen wird durch das Bestehen der vorgesehenen Prüfungen nachgewiesen.

Klemmstellen
Alle Teile der Klemmstelle, die zur Aufrechterhaltung der Kontaktkraft und der Stromleitung dienen, müssen aus Metall sein, ausreichende mechanische Festigkeit haben, widerstandsfähig gegen Korrosion und so gebaut sein, daß die für eine sichere Klemmung erforderliche Kontaktkraft dauerhaft aufrechterhalten wird. Die Klemmstellen müssen so beschaffen sein, daß sie den bei bestimmungsgemäßem Gebrauch zu erwartenden mechanischen, elektrischen und thermischen Beanspruchungen bei bestimmungsgemäßer Strombelastung standhalten.

Hauptleitungsabzweigklemmen Ausführungen A und B
Diese Hauptleitungsabzweigklemmen müssen getrennte Klemmstellen für eine

Hauptleitung und für jede Abzweigleitung haben, wobei die Klemmstelle für die Hauptleitung sowohl für das Klemmen zweier Leiter als auch für das Klemmen ungeschnittener Leiter eingerichtet sein muß.

Hauptleitungsabzweigklemmen Ausführung C
Diese Hauptleitungsabzweigklemmen müssen getrennte Klemmstellen für zwei Hauptleitungen (Zu- und Abgang) und für jede Abzweigleitung haben.

Prüfungen
Zum Nachweis der ordnungsgemäßen Beschaffenheit von Hauptleitungsabzweigklemmen im Sinne dieser Norm sind nachstehende Prüfungen durchzuführen.
Die folgenden Prüfungen sind Typprüfungen und an drei bzw. sechs Prüflingen in der Reihenfolge der Abschnitte vorzunehmen. Die Prüfung gilt als nicht bestanden, wenn mehr als ein Prüfling versagt. Falls eine Prüfung nicht bestanden wird, wird die Prüfung an drei weiteren Prüflingen wiederholt, von denen keiner versagen darf.
Nach den Prüfungen darf die Sicherheit nicht beeinträchtigt sein, z. B. der Berührungsschutz muß sichergestellt sein, und es dürfen sich keine Teile gelockert haben. Kriech- und Luftstrecken müssen eingehalten und Leitungen unbeschädigt sein.
Wenn nichts anderes angegeben wird, sind die Prüfungen bei 20 °C ±5 °C durchzuführen.
- Prüfung der Isolierteile auf Wärmesicherheit
- Prüfung der Isolierteile auf Wärmebeständigkeit
- Prüfung der Isolierteile auf Feuerbeständigkeit
- Prüfung des Korrosionsschutzes von Stahlteilen
- Prüfung der Isolierung
- Prüfung des Schutzes gegen den Zugang zu gefährlichen Teilen
- Prüfung der Aufschriften
- Prüfung auf Spannungsrißkorrosion
- Prüfung der Klemmstellen
- Drehmomentprüfung
- Prüfung auf Leiterbeschädigung und Lockerung
- Zugprüfung
- Erwärmungsprüfung
- Elektrische Lastwechselprüfung
- Prüfung auf Beanspruchung durch Biegen der angeschlossenen Leiter

DIN EN 60947-7-1/A11 (**VDE 0611 Teil 1/A11**):1997-12 Dezember 1997

Niederspannungs-Schaltgeräte

Teil 7: Hilfseinrichtungen
Hauptabschnitt 1: Reihenklemmen für Kupferleiter
Änderung 11
Deutsche Fassung EN 60947-7-1/A11:1997

2 + 2 Seiten EN, 1 Anhang   Preisgruppe 2 K

Die Abschnitte dieser **Änderung** ergänzen die entsprechenden Abschnitte in DIN VDE 0611-1 (VDE 0611 Teil 1):1992-08.

Prüfungen

EMV-Prüfungen
Es ist keine Prüfung erforderlich.

DIN EN 60238/A1 (VDE 0616 Teil 1/A1):1998-01   Januar 1998

Lampenfassungen mit Edisongewinde
(IEC 60238:1996/A1:1997)
Deutsche Fassung EN 60238:1996/A1:1997

2 + 5 Seiten EN, 1 Tabelle, 2 Anhänge   Preisgruppe 8 K

Die Abschnitte dieser **Änderung** ergänzen oder ersetzen die entsprechenden Abschnitte in DIN EN 60238 (VDE 0616 Teil 1):1997-03.

Mechanische Festigkeit
Die mechanische Festigkeit von Isolierstoffmänteln mit oder ohne leitende Oberfläche und von Ringen aus Isolierstoff, die zwischen der Edison-Gewindehülse und den äußeren Teilen von Metallfassungen angeordnet sind, wird mit dem in IEC 60068-2-62 beschriebenen Pendelschlaggerät geprüft, wobei folgende Einzelheiten zu beachten sind:

Befestigungsart:
Der Prüfling muß so gegen den Träger gehalten werden, daß seine Achse waagerecht und parallel zum Träger liegt und seine Außenkante den Träger berührt.
Anmerkung: Bei Lampenfassungen, die von der zylindrischen Form abweichen, kann der Zustand des Liegens parallel zum Träger durch entsprechende Kiefernholzkeile erreicht werden.

Fallhöhe:
Das Schlagelement muß aus einer Höhe, wie in der **Tabelle I** angegeben, fallen.

Tabelle I

Werkstoff	Fallhöhe mm
Keramikteile	100 ± 1
Teile aus anderen Werkstoffen	150 ± 1,5

Anzahl der Schläge:
Vier Schläge müssen auf Punkte ausgeführt werden, die gleichmäßig auf dem Umfang der Außenkante des Mantels und des Rings verteilt sind.
Bei Isolierstoff-Fassungen muß gegen die Außenkante des Mantels geschlagen werden. Bei Metallfassungen muß gegen den Mantel in dem Bereich geschlagen werden, in dem sich der Isolierring zwischen der Gewindehülse und dem Außenteil befindet. Bei Kerzenschaftfassungen muß ein Schlag an zwei um 90° am

Umfang versetzten Stellen ausgeführt werden. Die Schläge müssen in einem Abstand von 5 mm vom Außenrand der Lampenfassung ausgeführt werden.

Annahme- und Ablehnungskriterien:
Nach der Prüfung darf der Prüfling keine ernsthafte Beschädigung im Sinne dieser Norm aufweisen.

DIN EN 60400 (VDE 0616 Teil 3):1997-06   Juni 1997

Lampenfassungen für röhrenförmige Leuchtstofflampen und Starterfassungen
(IEC 400:1996, modifiziert)
Deutsche Fassung EN 60400:1996

4 + 62 Seiten EN, 43 Bilder, 4 Tabellen, 5 Anhänge   Preisgruppe 38 K

Diese Norm (VDE-Bestimmung) enthält technische und maßliche Anforderungen an Lampenfassungen für röhrenförmige Leuchtstofflampen und an Starterfassungen sowie die zur Feststellung der Sicherheit und des Sitzes der Lampen in den Lampenfassungen und der Starter in den Starterfassungen anzuwendenden Prüfverfahren.
Sie umfaßt unabhängige Lampenfassungen und Einbau-Lampenfassungen für röhrenförmige Leuchtstofflampen mit Sockeln sowie unabhängige Starterfassungen und Einbau-Starterfassungen für Starter nach IEC 155 (VDE 0712 Teil 101) zur Verwendung in Wechselstromkreisen, deren Betriebsspannung 1000 V Effektivwert nicht überschreitet.
Sie umfaßt auch Lampenfassungen für einseitig gesockelte Leuchtstofflampen, die mit einem Mantel und Fassungsdom ähnlich einer Lampenfassung mit Edisongewinde versehen sind (z. B. für G23 und G24 gesockelte Lampen).
Lampenfassungen mit einem Außengewinde für Schirmträgerringe müssen der neuesten Ausgabe der IEC 399 (DIN EN 60399) entsprechen.
Soweit anwendbar, umfaßt diese Norm auch Kombinationen von Lampen- und Starterfassungen sowie Fassungen oder Kombinationen, die ganz oder teilweise Bestandteil der Leuchte sind. Sie ist sinngemäß ebenfalls anwendbar für andere Fassungen als die Arten, die oben ausdrücklich erwähnt sind, sowie für Lampen-Anschlußelemente.
Wo in dieser Norm „Fassungen" steht, sind beide – Lampenfassungen und Starterfassungen – gemeint.

Allgemeine Anforderung

Fassungen müssen so gebaut und bemessen sein, daß bei ihrem bestimmungsgemäßen Gebrauch ihre Wirkungsweise zuverlässig ist und keine Gefahr für den Benutzer oder die Umgebung mit sich bringt.
Im allgemeinen wird die Erfüllung der Prüfungen dadurch überprüft, daß sämtliche vorgeschriebenen Prüfungen durchgeführt werden.
Zusätzlich muß die Umhüllung von unabhängigen Fassungen mit den zugehörigen Anforderungen nach IEC 598-1 (VDE 0711 Teil 1) übereinstimmen, einschließlich derjenigen bezüglich Einteilung und Aufschriften.

Schutz gegen elektrischen Schlag

Fassungen müssen so gebaut sein, daß ihre aktiven Teile nicht berührbar sind, wenn die Fassung eingebaut oder wie im bestimmungsgemäßen Gebrauch instal-

liert und verdrahtet ist sowie mit der dazugehörigen Lampe und/oder dem dazugehörigen Starter bestückt wurde.
Prüfung: Bei umhüllten Fassungen mittels Prüffinger. Dieser Prüffinger muß in jeder möglichen Stellung mit einer Kraft, die 10 N nicht überschreitet, angelegt werden. Um zu erkennen, ob das Berühren von aktiven Teilen möglich ist, wird ein elektrischer Kontaktanzeiger verwendet. Es wird eine Spannung von mindestens 40 V empfohlen.

Klemmen
Fassungen müssen mindestens mit einem der folgenden Anschlußmittel versehen sein:
- Schraubklemmen;
- schraubenlose Klemmen;
- Flachstecker oder Stifte für Steckverbindungen;
- Zapfen für Wickelverbindungen;
- Lötösen;
- Anschlußleitungen (freie Leitungsenden).

Aufbau
Holz, Baumwolle, Seide, Papier und ähnliche hygroskopische Werkstoffe dürfen nicht als Isolierung verwendet werden, es sei denn, daß sie in geeigneter Weise imprägniert sind.
Fassungen müssen so gebaut sein, daß eine dazugehörige Lampe oder ein dazugehöriger Starter leicht eingesetzt und herausgenommen werden und sich nicht durch Erschütterung oder Temperaturänderung lockern kann.
Vorrichtungen zur Befestigung von Fassungen müssen so gebaut sein, daß das befestigte Teil der Fassung nicht gedreht werden kann.

Schutz gegen Staub und Wasser
Falls Fassungen mit einer IP-Kennzeichnung ausgestattet sind, muß die Abdeckung den Schutzgrad gegen das Eindringen von Staub und Wasser in Übereinstimmung mit der Einteilung der Fassungen nach dem Einbau sicherstellen.

Isolationswiderstand und Spannungsfestigkeit
Die Isolierung und die Spannungsfestigkeit der Fassung müssen ausreichend sein:
- zwischen den aktiven Teilen verschiedener Polarität;
- zwischen aktiven Teilen und äußeren Metallteilen einschließlich Befestigungsschrauben.

Prüfung: Messung des Isolationswiderstands und Spannungsprüfung im Feuchtraum oder in dem Raum, in dem die Fassung auf die vorgeschriebene Temperatur gebracht wurde.

Arbeitsweise
Fassungen müssen so gebaut sein, daß bei lang dauerndem bestimmungsgemäßen Gebrauch jeder elektrische oder mechanische Fehler verhütet wird, der die

Übereinstimmung mit dieser Norm beeinträchtigt. Die Isolierung darf nicht geschädigt werden, und Verbindungen dürfen sich nicht durch Wärme, Schwingungen usw. lockern.
Prüfung: Ein handelsüblicher zugehöriger Lampensockel oder Starter, dessen Kontakte überbrückt sind, muß 30mal in die Fassung eingesetzt und 30mal aus der Fassung herausgenommen werden, dieses etwa 30mal je min. Die Fassung muß an ein Wechselstromnetz entsprechend der Bemessungsspannung der Fassung angeschlossen und der Strom auf den Bemessungsstrom bei einem Leistungsfaktor von annähernd 0,6 induktiv eingestellt sein.
Nach der Prüfung darf die Fassung keine Beschädigung im Sinne dieser Norm aufweisen.

Mechanische Festigkeit
Fassungen müssen eine ausreichende mechanische Festigkeit haben.
Prüfung:
Anmerkung: Die mechanische Festigkeit von Lampenfassungen zur Verwendung in Leuchten oder anderen Geräten kann auch mit dem Federhammer geprüft werden. In IEC 598-1 variiert die anzuwendende Schlagenergie zwischen 0,2 Nm und 0,7 Nm, abhängig vom Werkstoff des Bauteils und von der Leuchtenart.
Lampenfassungen, die ausschließlich für den Einbau in Leuchten oder zugehörige Abdeckungen gebaut sind, müssen der folgenden Prüfung unterzogen werden:
Auf den Prüfling werden Schläge mittels des Pendelschlag-Prüfgeräts ausgeführt.

Beständigkeit gegen Spannungsriß-Korrosion und Rosten
Kontakte und andere Teile aus gewalztem Blech aus Kupfer oder Kupferlegierungen, die im Fehlerfall die Sicherheit der Fassung beeinträchtigen, dürfen nicht durch übermäßige Restspannungen beschädigt werden. Eiserne Teile, deren Rosten die Sicherheit der Fassung gefährden könnte, müssen ausreichend rostgeschützt sein.

Änderung
Gegenüber DIN EN 60400 (VDE 0616 Teil 3):1995-11 wurde folgende Änderung vorgenommen:
• Übernahme der EN 60400:1996.

DIN EN 60400/A1 (VDE 0616 Teil 3/A1):1997-11   November 1997

Lampenfassungen für röhrenförmige Leuchtstofflampen und Starterfassungen

(IEC 60400:1996/A1:1997)
Deutsche Fassung EN 60400:1996/A1:1997

2 + 10 Seiten EN, 4 Bilder, 2 Anhänge   Preisgruppe 10 K

Die Abschnitte dieser **Änderung** ergänzen oder ersetzen die entsprechenden Abschnitte in DIN EN 60400 (VDE 0616 Teil 3):1997-06.

Mechanische Festigkeit
Die mechanische Festigkeit von Lampenfassungen, die ausschließlich für den Einbau in Leuchten oder zugehörigen Abdeckungen gebaut sind, wird mit dem in IEC 60068-2-62 beschriebenen Pendelschlaggerät geprüft, wobei folgende Einzelheiten zu beachten sind:
a) Befestigungsart
Der Prüfling muß wie im bestimmungsgemäßen Gebrauch auf eine Blechkonsole nach IEC 60068-2-62 montiert werden. Die Blechdicke der Konsole muß den Angaben des Fassungsherstellers entsprechen.
Lampenfassungen, die wegen ihrer Bauweise nicht auf dieser Blechkonsole befestigt werden können, müssen auf einem geeigneten Träger entsprechend der Leuchte, für die sie konstruiert sind, montiert werden.
b) Fallhöhe
Das Schlagelement muß aus einer der folgenden Höhen fallen:
• (100 ± 1) mm für Lampenfassungen G5 und Einbau-Lampenfassungen, die für den Gebrauch in einer Leuchte bestimmt sind, die ausreichenden Schutz bietet.
• (150 ± 1,5) mm für Einbau-Lampenfassungen, die für den Gebrauch in einer Leuchte bestimmt sind, die keinen ausreichenden Schutz bietet.
c) Anzahl der Schläge
Drei Schläge müssen auf die schwächste Stelle ausgeführt werden, wobei Isoliermaterial, das aktive Teile abdeckt, und Isoliermaterial-Buchsen – falls vorhanden – besonders zu beachten sind.
Auf die Aufnahmevertiefung einer Starterfassung dürfen keine Schläge ausgeführt werden.
d) Vorbehandlung
Leitungsführungen müssen offengelassen, ausbrechbare Wandteile geöffnet und die Befestigungsschrauben für die Abdeckung und ähnliche Schrauben mit einem Drehmoment gleich zwei Drittel des angegebenen Drehmoments festgezogen werden.
e) Anfangsmessungen
Nicht zutreffend.

f) Lage und Schlagpunkte
Siehe c).
g) Betriebsart und Funktionsüberwachung
Der Prüfling darf während des Schlags nicht betrieben werden.
h) Annahme- und Ablehnungskriterien
Nach der Prüfung darf der Prüfling keine ernsthafte Beschädigung im Sinne dieser Norm aufweisen, insbesondere daß:
1) aktive Teile nicht berührbar geworden sind und die Fassung sich nicht von ihrer Befestigung gelöst hat.

Beschädigungen an der äußeren Oberfläche, kleine Beulen, die die Kriech- und Luftstrecken nicht unter die geforderten Werte herabsetzen, und kleine Ausbrüche, die den Schutz gegen elektrischen Schlag, Staub oder das Eindringen von Feuchtigkeit nicht nachteilig beeinflussen, bleiben unbeachtet.

2) Nicht mit dem bloßen Auge erkennbare Risse und Oberflächenrisse in faserverstärkten Formmasseteilen und dergleichen werden nicht beanstandet.

Risse oder Löcher in der äußeren Oberfläche eines Fassungsteils werden nicht beanstandet, wenn die Lampenfassung dieser Norm entspricht, auch wenn dieses Teil weggelassen wird.

i) Abschließende Messungen
Siehe h).

Anmerkung 1: Einbau-Starterfassungen werden nicht geprüft, weil sie üblicherweise in einer geschützten Lage verwendet werden.

Anmerkung 2: Die mechanische Festigkeit von Lampenfassungen zur Verwendung in Leuchten oder anderen Geräten darf mit dem in IEC 60068-2-63 beschriebenen Federhammer geprüft werden. In IEC 60598-1 variiert die Prüf-Schlagenergie zwischen 0,2 Nm und 0,7 Nm, je nach dem Werkstoff des Teils und der Leuchtenart.

DIN EN 60838-2-1 (**VDE 0616 Teil 4**):1997-06   Juni 1997

Sonderfassungen

Teil 2: Besondere Anforderungen
Hauptabschnitt 1: Lampenfassungen S14
(IEC 838-2-1:1994)
Deutsche Fassung EN 60838-2-1:1996

4 + 8 Seiten EN, 2 Anhänge   Preisgruppe 10 K

Dieser Hauptabschnitt der IEC 838-2 (VDE-Bestimmung) gilt für Lampenfassungen S14 für den Einbau sowie für unabhängige Fassungen zum Gebrauch mit linienförmigen Glühlampen für allgemeine Beleuchtungszwecke. Unabhängige Lampenfassungen werden auch als Leuchte geprüft.
Die Abschnitte dieser Norm ergänzen oder ersetzen die entsprechenden Abschnitte in DIN EN 60838-1 (VDE 0616 Teil 5).

Allgemeine Anforderungen
Es gelten die Anforderungen nach IEC 838-1 mit den folgenden Zusätzen:
Unabhängige Lampenfassungen, die nicht ausschließlich für den Einbau bestimmt sind, müssen den Anforderungen nach den folgenden Abschnitten der IEC 598-1 entsprechen, wenn diese Anforderungen nicht bereits durch diejenigen dieser Norm abgedeckt sind:
• Einteilung der Leuchten;
• Aufschriften;
• Aufbau (falls zutreffend);
• Schutz gegen elektrischen Schlag;
• Beständigkeit gegen Staub, feste Fremdkörper und Wasser;
• Isolationswiderstand und Spannungsfestigkeit (für Klasse II);
• Prüfung der Erwärmung.

Schutz gegen elektrischen Schlag
Für Lampenfassungen S14 gelten die Anforderungen
• mit eingesetzter Lampe und
• während des Einsetzens und Herausnehmens der Lampe.
Anmerkung: Lampenfassungen S14s werden nicht als Lampenfassungen für zweiseitig gesockelte Lampen betrachtet.

Lampenfassungen mit Schalter
Schalter sind nur in abgedeckten Lampenfassungen erlaubt.

Änderung
Gegenüber DIN VDE 0616-4 (VDE 0616 Teil 4):1989-02 wurde folgende Änderung vorgenommen.
• Übernahme der EN 60838-2-1:1996.

DIN EN 60838-1/A1 (**VDE 0616 Teil 5/A1**):1997-11   November 1997

Sonderfassungen

**Teil 1: Allgemeine Anforderungen und Prüfungen
(IEC 60838-1:1993/A1:1996)
Deutsche Fassung EN 60838-1:1994/A1:1997**

2 + 2 Seiten EN   Preisgruppe 2 K

Die Abschnitte dieser **Änderung** ersetzen die entsprechenden Abschnitte in DIN EN 60838-1 (VDE 0616 Teil 5):1995-06.

Dauerhaftigkeit
Nach der Prüfung der Dauerhaftigkeit wird der Widerstand der Lampenfassungskontakte und -verbindungen wie folgt gemessen:
- Ein Prüfsockel oder eine Lampennachbildung wird in die Fassung eingesetzt und ein Strom entsprechend dem Bemessungsstrom der Fassung für eine Zeit eingestellt, wie sie gerade für die Messung des Widerstands erforderlich ist.

Das zu prüfende Teil muß sich 1 h im Wärmeschrank befinden, bevor die Prüflast aufgebracht wird.

DIN EN 61242 (VDE 0620 Teil 300):1997-09   September 1997

Elektrisches Installationsmaterial

Leitungsroller für den Hausgebrauch und ähnliche Zwecke

(IEC 1242:1995, modifiziert)
Deutsche Fassung EN 61242:1997

3 + 35 Seiten EN, 6 Bilder, 8 Tabellen, 6 Anhänge   Preisgruppe 23 K

Diese Norm (VDE-Bestimmung) gilt für Leitungsroller nur für Wechselstrom mit einer nicht abnehmbaren flexiblen Leitung mit einer Bemessungsspannung über 50 V und bis 250 V bei Leitungsrollern für Einphasen-Wechselstrom und über 50 V und bis 440 V für alle übrigen Leitungsroller sowie einem Bemessungsstrom bis 16 A. Sie sind für den Hausgebrauch, im Handel und für leichte Industrieanwendungen und ähnliche Zwecke, entweder in Innenräumen oder im Freien, mit besonderem Bezug auf die Sicherheit bei bestimmungsgemäßem Gebrauch vorgesehen.

Leitungsroller: Gerät mit einer flexiblen Leitung, die fest mit einem Wickelkörper verbunden ist, und das so aufgebaut ist, daß die flexible Leitung auf den Wickelkörper gewickelt werden kann.

Allgemeine Anforderungen

Leitungsroller müssen so bemessen und aufgebaut sein, daß ihr Betriebsverhalten bei bestimmungsgemäßem Gebrauch zuverlässig und ohne Gefahr für den Anwender und die Umgebung ist.
Im allgemeinen wird die Übereinstimmung durch Ausführen aller festgelegten Prüfungen nachgewiesen.

Schutz gegen elektrischen Schlag

Leitungsroller müssen so konstruiert sein, daß aktive Teile nicht zugänglich sind, wenn der Leitungsroller bestimmungsgemäß benutzt wird und wenn Teile, die ohne Werkzeug entfernt werden können, entfernt wurden.

Klemmen und Anschlüsse

Leitungsroller mit nicht austauschbaren Leitungen müssen mit Anschlüssen versehen sein, die Löt-, Schweiß-, Crimp- oder gleich wirksame nicht wiederverwendbare Dauer-Verbindungen sein müssen.

Flexible Leitungen und ihr Anschluß

Leitungsroller müssen mit einer flexiblen Leitung ausgerüstet sein, die HD 21 oder HD 22 entspricht und die nicht leichter ist als eine normal schwere flexible Leitung mit Gummimantel, Typenbezeichnung H05RR-F, oder eine leichte flexible Leitung mit PVC-Mantel, Typenbezeichnung H03VV-F oder H03VVH2-F.

Aufbau
Leitungsroller müssen so gebaut sein, daß die Oberfläche, auf die die flexible Leitung gewickelt wird, einen Durchmesser von mindestens dem achtfachen des größten Durchmessers der runden flexiblen Leitung oder von mindestens dem achtfachen des Mittelwerts aus den größten niedrigen und hohen Maßen einer flachen flexiblen Leitung besitzen muß, wie sie in HD 21 oder HD 22 angegeben sind.

Bauteile
Bauteile, die in Leitungsroller eingebaut oder integriert sind, wie flexible Leitungen, Stecker und Steckdosen, Überstromauslöser, Thermoauslöser, Sicherheitstransformatoren, Motoren, Schalter, Sicherungen, FI-Schutzschalter, Lampenfassungen und Verbindungsmaterialien, müssen den zutreffenden Normen, soweit sie angemessen sind, entsprechen.
Bauteile müssen für die Bedingungen passen, die in dem Leitungsroller auftreten.

Alterungsbeständigkeit
Leitungsroller müssen so gebaut sein und aus solch einem Werkstoff bestehen, daß sie ausreichend alterungsbeständig sind.

Beständigkeit gegen schädliches Eindringen von Wasser
Die Gehäuse von spritzwasser- und strahlwassergeschützten Leitungsrollern müssen den Schutzgrad gegen Eindringen von Wasser nach der Einteilung der Leitungsroller gewährleisten.

Isolationswiderstand und Spannungsfestigkeit
Der Isolationswiderstand und die Spannungsfestigkeit von Leitungsrollern müssen ausreichend sein.

Bestimmungsgemäßer Betrieb
Leitungsroller müssen den mechanischen, elektrischen und thermischen Beanspruchungen bei bestimmungsgemäßem Gebrauch ohne übermäßige Abnutzung oder andere schädliche Wirkungen standhalten.

Erwärmung bei bestimmungsgemäßem Gebrauch
Leitungsroller dürfen keine solchen übermäßigen Temperaturen bei bestimmungsgemäßem Gebrauch erreichen, daß sie eine Gefahr für Personen oder die Umgebung darstellen.

Erwärmung bei Überlastbedingungen
Leitungsroller müssen so gebaut sein, daß keine Gefahr eines Brandes oder elektrischen Schlages als Ergebnis einer abnormen elektrischen Belastung entsteht.

Mechanische Festigkeit
Leitungsroller müssen eine ausreichende mechanische Festigkeit besitzen und so

gebaut sein, daß sie einer rauhen Behandlung widerstehen, wie sie im bestimmungsgemäßen Gebrauch erwartet wird.

Wärmebeständigkeit
Leitungsroller müssen ausreichende Wärmebeständigkeit haben.

Rostbeständigkeit
Eisenteile müssen ausreichend gegen Rost geschützt sein.

Elektromagnetische Verträglichkeit

Störfestigkeit
Leitungsroller sind nicht für elektromagnetische Störungen empfindlich, und daher sind keine Störfestigkeitsprüfungen notwendig.
Elektronische Bauteile in Leitungsrollern, falls vorhanden, müssen den entsprechenden Anforderungen an die elektromagnetische Verträglichkeit entsprechen.
Anmerkung: Glimmlampen (z. B. Glimmanzeigelampen und dergleichen) werden in diesem Zusammenhang nicht als elektronische Bauteile angesehen.

Störaussendung
Leitungsroller erzeugen keine nicht tolerierbaren elektromagnetischen Strahlungen, so daß keine Störaussendungsprüfungen erforderlich sind.
Elektronische Bauteile in Leitungsrollern, falls vorhanden, müssen den entsprechenden Anforderungen an die elektromagnetische Verträglichkeit entsprechen.

Anhang
A-Abweichung: Nationale Abweichung, die auf Vorschriften beruht, deren Veränderung zum gegenwärtigen Zeitpunkt außerhalb der Kompetenz des CENELEC-Mitglieds liegt.
Diese Europäische Norm fällt unter die Richtlinie 73/23/EWG.

Belgien
(Artikel 10 der ministeriellen Verordnung vom 16. März 1993 über Leitungsroller mit bewegbaren Steckdosen oder Mehrfachsteckdosen mit oder ohne Aufwickler (moniteur belge du 4.05.1993))
Leitungsroller ohne Schutz gegen schädliches Eindringen von Wasser müssen folgende Information haben:
„Nicht in feuchter Umgebung verwenden."

Änderungen
Gegenüber DIN VDE 0620 (VDE 0620):1992-05 wurden folgende Änderungen vorgenommen:
- EN 61242 wurde übernommen. Leitungsroller wurden aus dem Anwendungsbereich der DIN VDE 0620 (VDE 0620) gestrichen.

DIN EN 60320-1 (VDE 0625 Teil 1):1997-07　　　　　　　　　　Juli 1997

Gerätesteckvorrichtungen für den Hausgebrauch und ähnliche allgemeine Zwecke

Teil 1: Allgemeine Anforderungen
(IEC 320-1:1994, modifiziert + A1:1995)
Deutsche Fassung EN 60320-1:1996 + A1:1996

3 + 99 Seiten EN, 47 Bilder, 9 Tabellen, 3 Anhänge, 27 Normblätter

Preisgruppe 51 K

Dieser Teil der EN 60320 (VDE-Bestimmung) gilt für zweipolige Gerätesteckvorrichtungen nur für Wechselstrom, mit oder ohne Schutzkontakt, mit einer Bemessungsspannung bis 250 V und einem Bemessungsstrom nicht über 16 A für den Hausgebrauch und ähnliche allgemeine Zwecke, die zum Anschluß einer flexiblen Leitung mit elektrischen Geräten oder anderen elektrischen Einrichtungen für einen Netzanschluß von 50 Hz oder 60 Hz dienen.
Anmerkung: Die Anforderungen an Gerätesteckdosen basieren darauf, daß die Temperatur der Stifte der entsprechenden Gerätestecker nicht höher ist als:
　70 °C für Gerätesteckdosen für kalte Bedingungen,
　120 °C für Gerätesteckdosen für warme Bedingungen,
　155 °C für Gerätesteckdosen für heiße Bedingungen.

Allgemeine Anforderungen
Gerätesteckvorrichtungen müssen so ausgelegt und gebaut sein, daß ihre Wirkungsweise im bestimmungsgemäßen Gebrauch zuverlässig und für den Benutzer oder die Umgebung gefahrlos ist.
Im allgemeinen erfolgt die Überprüfung, indem alle festgelegten Prüfungen durchgeführt werden.

Norm-Bemessungswerte
Als Norm-Bemessungsspannung gilt 250 V.
Als Norm-Bemessungsströme gelten 0,2 A, 2,5 A, 6 A, 10 A und 16 A.

Maße und Kompatibilität
Gerätesteckvorrichtungen müssen den Normblättern nach **Bild 1** entsprechen.

Bild 1 Übersicht von Gerätesteckvorrichtungen

Nenn-strom	Geräte-klasse	größte Stift-tempera-tur des Geräte-steckers	Gerätesteckvorrichtung			flexibler Leitungstyp			Stecker
			Normblatt-Nummer für		wieder-anschließ-bare Konstruk-tionen zulässig	leichteste Ausführung zulässig	kleinster Quer-schnitt	Normblatt der IEC 83
			Gerätestecker	Gerätesteckdose				
A							mm²	
0,2	II	70 °C	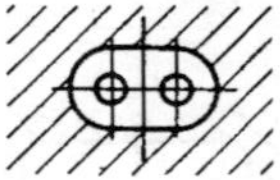 C2	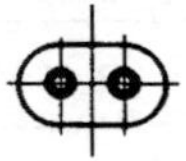 C1	nein	H03VH-Y	−¹)	A 1-15 B C 5
2,5	I	70 °C	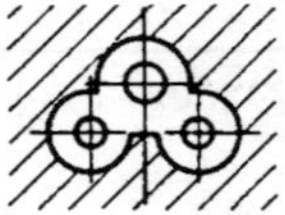 C6	 C5	nein	H03VV-F	0,75	A 5-15 B 2 C 2b C 3b C 4
2,5	II	70 °C	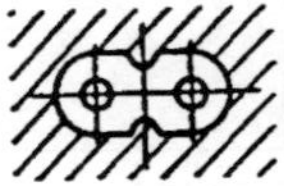 C8	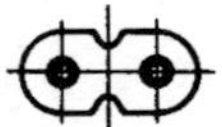 C7	nein	H03VV-F oder H03VVH2-F	0,75²)	A 1-15 B 2 C 5 C 6

(fortgesetzt)

Bild 1 (Fortsetzung) Übersicht von Gerätesteckvorrichtungen

Nennstrom	Geräteklasse	größte Stifttemperatur des Gerätesteckers	Gerätesteckvorrichtung Normblatt-Nummer für		flexibler Leitungstyp			Stecker
			Gerätestecker	Gerätesteckdose	wiederanschließbare Konstruktionen zulässig	leichteste Ausführung zulässig	kleinster Querschnitt	Normblatt der IEC 83
A							mm²	
6	II	70 °C	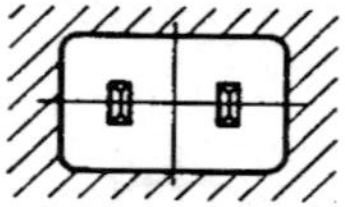 C10	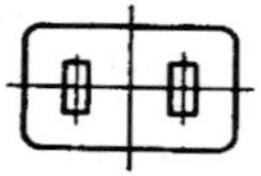 C9	nein	H03VV-F oder H03VVH2-F	0,75	A 1-15 B 2 C 6
10	I	70 °C	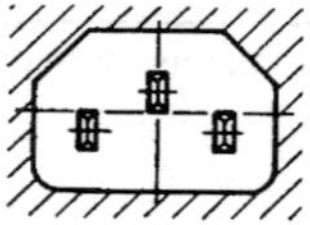 C14	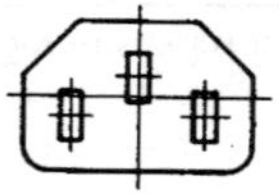 C13	ja	H05VV-F oder H05RR-F	0,75³⁾	A 5-15 B 2 C 2b C 3b C 4
10	I	120°C	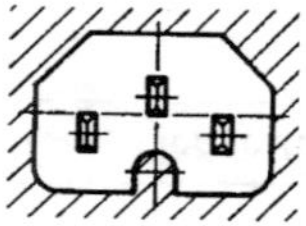 C16	 C15	ja	H05RR-F oder H03RT-F	0,75³⁾	A 5-15 B 2 C 2b C 3b C 4

(fortgesetzt)

Bild 1 (Fortsetzung) Übersicht von Gerätesteckvorrichtungen

Nenn-strom	Geräte-klasse	größte Stift-tempe-ratur des Geräte-steckers	Gerätesteckvorrichtung		flexibler Leitungstyp			Stecker
			Normblatt-Nummer für		wieder-anschließ-bare Konstruk-tionen zulässig	leichteste Ausführung zulässig	kleinster Quer-schnitt	Normblatt der IEC 83
A			Gerätestecker	Gerätesteckdose			mm^2	
10	I	155 °C	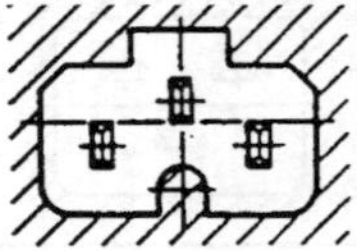 C16A	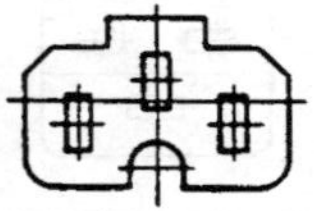 C15A	ja	H05RR-F oder H03RT-F	$0{,}75^3)$	A 5-15 B 2 C 2b C 3b C 4
10	II	70 °C	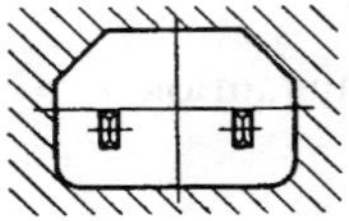 C18	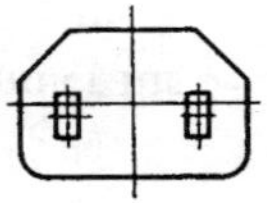 C17	nein	H05VV-F, H05VVH2-F oder H05RR-F	$0{,}75^3)$	A 1-15 B 2 C 6

(fortgesetzt)

Bild 1 (Fortsetzung) Übersicht von Gerätesteckvorrichtungen

Nenn-strom	Geräte-klasse	größte Stift-tempera-tur des Geräte-steckers	Gerätesteckvorrichtung Normblatt-Nummer für		flexibler Leitungstyp			Stecker
			Gerätestecker	Gerätesteckdose	wiederan-schließbare Konstruk-tionen zulässig	leichteste Ausführung zulässig	kleinster Quer-schnitt	Normblatt der IEC 83
A							mm²	
16	I	70 °C	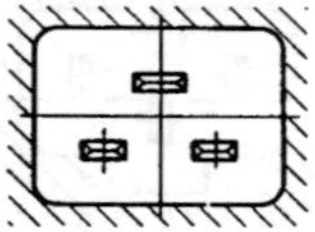 C20	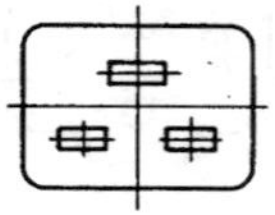 C19	ja	H05VV-F oder H05RR-F	1³)	A 5-15 B 2 C 2b C 3b C 4
16	I	155 °C	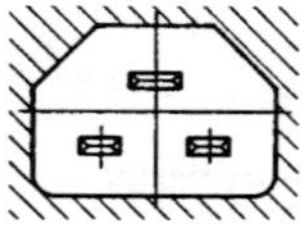 C22	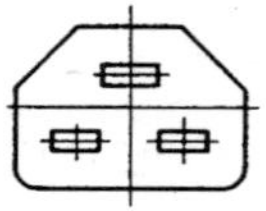 C21	ja	H05RR-F oder H03RT-F	1³)	A 5-15 B 2 C 2b C 3b C 4
16	II	70 °C	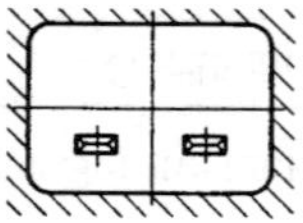 C24	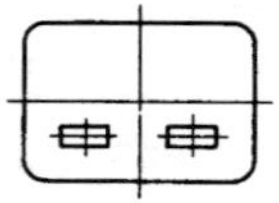 C23	nein	H05VV-F oder H05RR-F	1³)	A 1-15 B 2 C 6

1) Nur für kleine Handgeräte mit Längen nicht mehr als 2 m, wenn es durch die entsprechende Gerätenorm erlaubt ist.
2) 0,5 mm² ist für Längen bis 2 m zulässig.
3) Wenn die Leitungslänge 2 m übersteigt, muß der Nennquerschnitt sein:
- 1 mm² für 10-A-Gerätesteckdosen, 1,5 mm² für 16-A-Gerätesteckdosen.

Schutz gegen elektrischen Schlag
Gerätesteckvorrichtungen müssen so gebaut sein, daß spannungführende Teile von Gerätesteckern nicht berührbar sind, wenn die Gerätesteckdose teilweise oder vollständig im Eingriff ist.
Gerätesteckdosen müssen so gebaut sein, daß spannungführende Teile und der Schutzkontakt und mit ihm verbundene Metallteile nicht berührbar sind, wenn die Gerätesteckdose ordnungsgemäß zusammengebaut und wie im bestimmungsgemäßen Gebrauch mit einer Leitung versehen ist.

Schutzleiteranschluß
Gerätesteckvorrichtungen mit Schutzkontakt müssen so gebaut sein, daß beim Einführen der Gerätesteckdose die Schutzkontaktverbindung hergestellt ist, bevor die stromführenden Kontakte spannungführend werden.
Beim Abziehen einer Gerätesteckdose müssen sich die stromführenden Kontakte trennen, bevor die Schutzkontaktverbindung unterbrochen wird.

Aufbau
Gerätesteckvorrichtungen müssen so gebaut sein, daß keine Gefahr einer zufälligen Berührung zwischen dem Schutzkontakt des Gerätesteckers und den stromführenden Kontakten der Gerätesteckdose besteht.
Anmerkung: Bei Übereinstimmung mit den Normblättern gilt diese Anforderung als erfüllt.

Isolationswiderstand und Spannungsfestigkeit
Der Isolationswiderstand und die Spannungsfestigkeit von Gerätesteckvorrichtungen müssen ausreichend sein. Der Isolationswiderstand wird mit Gleichspannung von annähernd 500 V ermittelt, wobei jede Messung 1 min nach Anlegen der Spannung durchgeführt wird. Er darf nicht kleiner als 5 MΩ sein.
Eine praktisch sinusförmige Wechselspannung mit der Frequenz 50 Hz bis 60 Hz wird 1 min zwischen den bestimmten Teilen angelegt.
Für Gerätestecker der Schutzklasse I und für Gerätesteckdosen beträgt die Prüfspannung 2000 V. Für Gerätestecker der Schutzklasse II beträgt die Prüfspannung 4000 V, ausgenommen zwischen spannungführenden Teilen verschiedener Polarität, bei denen die Prüfspannung 2000 V beträgt.
Während der Prüfung darf weder ein Überschlag noch ein Durchschlag auftreten.

Zum Einführen und Abziehen der Gerätesteckdose erforderliche Kräfte
Gerätesteckvorrichtungen müssen so beschaffen sein, daß ein leichtes Einführen und Herausziehen der Gerätesteckdose möglich ist, diese sich jedoch im bestimmungsgemäßen Gebrauch nicht aus dem Gerätestecker löst. Dieses Merkmal darf sich bei bestimmungsgemäßem Gebrauch nicht unzulässig verändern.

Kontaktbeschaffenheit
Kontakte und Stifte von Gerätesteckvorrichtungen müssen Schleifkontakte sein. Die Kontakte der Gerätesteckdosen müssen ausreichend Kontaktdruck aufweisen

und dürfen im bestimmungsgemäßen Gebrauch nicht unwirksam werden. Der Kontaktdruck zwischen den Kontakten und den Stiften darf nicht von der Elastizität des Isolierstoffs abhängig sein, auf dem sie montiert sind.

Wärmebeständigkeit von Gerätesteckvorrichtungen für warme und heiße Bedingungen
Gerätesteckvorrichtungen für warme und heiße Bedingungen müssen der Erwärmung standhalten, der sie im bestimmungsgemäßen Gebrauch durch ein Gerät oder eine andere Einrichtung ausgesetzt sind.
Gerätesteckdosen für warme und heiße Bedingungen müssen so gebaut sein, daß die Isolierung des Leiters der flexiblen Leitung keiner übermäßigen Erwärmung ausgesetzt ist.

Schaltleistung
Gerätesteckvorrichtungen müssen eine ausreichende Schaltleistung haben.

Verhalten im bestimmungsgemäßen Gebrauch
Gerätesteckvorrichtungen müssen den bei ihrem bestimmungsgemäßen Gebrauch auftretenden mechanischen, elektrischen und thermischen Beanspruchungen standhalten, ohne daß übermäßige Abnutzung oder andere schädliche Auswirkungen auftreten.

Temperaturerhöhung
Kontakte und sonstige stromführende Teile müssen derart beschaffen sein, daß übermäßige Erwärmung infolge des Stromdurchgangs vermieden wird.

Mechanische Festigkeit
Gerätesteckvorrichtungen müssen ausreichende mechanische Festigkeit haben.

Wärmebeständigkeit und Alterung
Gerätesteckvorrichtungen müssen ausreichend wärmebeständig sein.

Schrauben, stromführende Teile und Verbindungen
Elektrische oder mechanische Verbindungen müssen den mechanischen Beanspruchungen im bestimmungsgemäßen Gebrauch gewachsen sein.
Schrauben und Muttern, die Kontaktdruck vermitteln und betätigt werden, wenn eine Gerätesteckvorrichtung während des Einbaus verbunden und montiert wird und/oder von denen anzunehmen ist, daß sie während der Lebenszeit der Gerätesteckvorrichtung betätigt werden, müssen in ein Metallgewinde eingreifen.

Kriech- und Luftstrecken und Abstände durch die Isolierung
Kriech- und Luftstrecken und Abstände durch die Isolierung von Gerätesteckdosen und Gerätesteckern, mit Ausnahme derjenigen, die im Gerät eingebaut sind oder die mit dem Gerät eine bauliche Einheit bilden, dürfen die in einer Tabelle aufgeführten Werte nicht unterschreiten.

**Wärme- und Feuerbeständigkeit und Kriechstromfestigkeit
von Isolierstoffen**
Isolierstoffteile, die Wärmebeanspruchungen ausgesetzt sind und deren Abnutzung die Sicherheit der Gerätesteckvorrichtung nachteilig beeinflussen würde, dürfen nicht durch Erwärmung und Feuer, die innerhalb der Gerätesteckvorrichtung entstehen, in unzulässiger Weise beeinträchtigt werden.

Rostschutz
Eisenteile müssen ausreichend gegen Rosten geschützt sein.

EMV-Anforderungen
Störfestigkeit bei Steckvorrichtungen, in die keine elektronischen Bauteile eingebaut sind:
Diese Steckvorrichtungen sind gegen übliche elektromagnetische Störungen nicht empfindlich, und es werden daher keine Störfestigkeitsprüfungen verlangt.
Störaussendung bei Steckvorrichtungen, in die keine elektronischen Bauelemente eingebaut sind:
Diese Steckvorrichtungen erzeugen keine elektromagnetischen Störungen; demzufolge sind Störaussendungsprüfungen nicht notwendig.
Anmerkung: Diese Steckvorrichtungen dürfen elektromagnetische Störungen nur bei den gelegentlichen Arbeitsgängen des Einführens und Herausziehens der Steckvorrichtung hervorrufen. Die Frequenz, Höhe und die Folgen dieser Störaussendungen werden als Teil der üblichen elektromagnetischen Umgebung angesehen.

Änderungen
Gegenüber DIN VDE 0625-1 (VDE 0625 Teil 1):1987-11, DIN VDE 0625-1/A1 (VDE 0625 Teil 1/A1):1988-01, DIN EN 60320-1/A1 (VDE 0625 Teil 1/A2):1993-03, DIN EN 60320-1/A11 (VDE 0625 Teil 1/A8):1995-05 wurden folgende Änderungen vorgenommen:
- Festlegungen der EN 60320-1 vom April 1996 und A1 vom September 1996 übernommen.

DIN EN 60730-1/A1 (VDE 0631 Teil 1/A1):1997-10   Oktober 1997

Automatische elektrische Regel- und Steuergeräte für den Hausgebrauch und ähnliche Anwendungen

Teil 1: Allgemeine Anforderungen
Änderung 1
(IEC 60730-1:1993/A1:1994, modifiziert)
Deutsche Fassung EN 60730-1:1995/A1:1997

2 + 8 Seiten EN, 1 Bild, 1 Tabelle, 2 Anhänge   Preisgruppe 9 K

Die Abschnitte dieser **Änderung** ergänzen oder ersetzen die entsprechenden Abschnitte in DIN EN 60730-1 (VDE 0631 Teil 1):1996-01.

Allgemeine Anforderungen
Regel- und Steuergeräte sind so zu konstruieren und zu bauen, daß bei bestimmungsgemäßem Gebrauch ihre Funktion derart ist, daß sie keine Gefährdung von Personen oder eine Beschädigung der Umgebung hervorrufen, auch im Falle von unachtsamem Gebrauch, wie er bei bestimmungsgemäßem Gebrauch vorkommen kann.

Schutz gegen elektrischen Schlag
Jede Textstelle, in der „aktives Teil" oder „blankes aktives Teil" steht, ist durch „gefährliches aktives Teil" zu ersetzen.
Ein aktives Teil ist als gefährlich anzusehen, wenn vorgesehen ist, daß es manchmal an eine Spannungsquelle angeschlossen wird, die keine Schutzkleinspannung abgibt, und wenn das Teil von der Spannungsquelle nicht durch eine Schutzimpedanz getrennt ist, und wenn es sich nicht um einen PEN-Leiter handelt.

Aufbau
Nichtabnehmbare Teile, die den erforderlichen Schutzgrad gegen elektrischen Schlag, Feuchtigkeit oder Berührung von sich bewegenden Teilen aufweisen, müssen auf zuverlässige Weise befestigt sein und die mechanische Beanspruchung aushalten, die bei bestimmungsgemäßem Gebrauch auftritt.
Rastvorrichtungen, die zum Befestigen von nicht abnehmbaren Teilen verwendet werden, müssen eine deutlich erkennbare Verriegelungsstellung haben. Die Befestigungseigenschaften von Rastvorrichtungen, die in Teilen verwendet werden, die wahrscheinlich zum Einbau oder während der Wartung entfernt werden, dürfen sich nicht verschlechtern.

Gewindeteile und Verbindungen
Diese Anforderung gilt nicht für Teile, die als Abdeckung, um den Zugang zu Einstellvorrichtungen einzuschränken, oder als Einstellvorrichtung verwendet werden, z. B. als Durchfluß- oder Druckregler in Gas-Regel- und Steuergeräten.

DIN EN 60730-2-1 (**VDE 0631 Teil 2-1**):1997-07   Juli 1997

Automatische elektrische Regel- und Steuergeräte für den Hausgebrauch und ähnliche Anwendungen

Teil 2: Besondere Anforderungen an Regel- und Steuergeräte
für elektrische Haushaltgeräte
(IEC 730-2-1:1989, modifiziert)
Deutsche Fassung EN 60730-2-1:1997

3 + 10 Seiten EN, 2 Tabellen, 3 Anhänge   Preisgruppe 11 K

Diese Norm (VDE-Bestimmung) ist anwendbar auf automatische elektrische Regel- und Steuergeräte (RS), die dazu bestimmt sind, in elektrische Haushaltgeräte im Anwendungsbereich der EN 60335-1 und ihrer Teile 2 eingebaut zu werden, oder mit ihnen in Zusammenhang stehen, es sei denn, daß es ein spezifischer Teil 2 der EN 60730 anders bestimmt.
Diese Norm gilt für die zugehörige Sicherheit, für die Betriebswerte, -zeiten und -abläufe, sofern solche mit der Sicherheit der Betriebsmittel verbunden sind und für die Prüfung automatischer elektrischer RS, die in oder in Verbindung mit Hausgeräten oder ähnlichen Betriebsmitteln verwendet werden.
Anmerkung: Innerhalb dieser Norm wird unter dem Wort „Betriebsmittel" jeweils „Gerät und Betriebsmittel" verstanden.
Diese Norm gilt für automatische elektrische RS, die mechanisch oder elektrisch betrieben werden und auf Größen wie Temperatur, Druck, Zeitablauf, Feuchtigkeit, Licht, elektrostatische Effekte, Durchfluß oder Flüssigkeitsstand, Strom, Spannung oder Beschleunigung ansprechen oder diese regeln und steuern.
Diese Norm gilt für Anlaß-Relais, die eine besondere Art von automatischen elektrischen RS zum Schalten der Anlaßwicklung eines Motors darstellen. Solche RS dürfen im Motor eingebaut oder von ihm getrennt sein.
Diese Norm gilt für manuell betätigte RS, die elektrisch und/oder mechanisch mit automatischen RS eine Einheit bilden.
Diese Norm gilt für RS mit einer Nennspannung bis 660 V und einem Nennstrom bis 63 A.
Die Norm gilt auch für RS, die elektronische Teile enthalten.
Die Abschnitte dieser Norm ergänzen oder ersetzen die entsprechenden Abschnitte in DIN EN 60730-1 (VDE 0631 Teil 1).

Erwärmung
Falls die höchste zulässige Temperatur einer Wicklung oder eines Kernpakets den angegebenen Wert überschreitet, müssen sechs weitere Prüflinge den folgenden Prüfungen unterworfen werden:
Bewegliche Teile, soweit vorhanden, werden festgesetzt, und jede Wicklung wird einzeln mit einem Strom beaufschlagt, wobei dieser Strom so bemessen ist, daß die Temperatur der betreffenden Wicklung gleich der höchsten Temperatur ist,

355

die nach den geforderten Bedingungen gemessen wurde. Diese Temperatur wird um einen beliebigen Wert aus einer Tabelle erhöht. Die Gesamtzeit, während der der Stromfluß erfolgt, ist in der Tabelle für die entsprechende Temperaturerhöhung angegeben.

Dauerhaftigkeit
Es gelten zusätzliche Anforderungen für:
- Temperaturregler
- Betriebs-Temperatur-Begrenzer
- Schutz-Temperatur-Begrenzer
- Energie-Regler
- Zeitsteuergerät
- Schaltuhren
- Manuell betätigte RS
- Fühler-RS (keine Temperatur-Fühler-RS)

Änderung
Gegenüber DIN EN 60730-2-1 (VDE 0631 Teil 2-1):1993-06, DIN EN 60730-2-1/A12 (VDE 0631 Teil 2-1/A12):1994-02 und DIN EN 60730-2-1/A13 (VDE 0631 Teil 2-1/A13):1996-06 wurde folgende Änderung vorgenommen:
- EN 60730-2-1:1997 übernommen.

DIN EN 60730-2-2/A1 (VDE 0631 Teil 2-2/A1):1997-08   August 1997

Automatische elektrische Regel- und Steuergeräte für den Hausgebrauch und ähnliche Anwendungen

Teil 2: Besondere Anforderungen an thermisch
wirkende Motorschutzeinrichtungen
Änderung 1
(IEC 730-2-2:1990/A1:1995)
Deutsche Fassung EN 60730-2-2:1991/A1:1997

2 + 2 Seiten EN   Preisgruppe 2 K

Die Abschnitte dieser **Änderung** ergänzen oder ersetzen die entsprechenden Abschnitte in DIN EN 60730-2-2 (VDE 0631 Teil 2-2):1993-03.

Anwendungsbereich
Diese Norm gilt für thermisch wirkende Motorschutzeinrichtungen unter Verwendung von NTC- oder PTC-Thermistoren, für die zusätzliche Anforderungen in einem Anhang enthalten sind.
Anmerkung: Bezüglich Anforderungen an Thermistoren siehe IEC 730-1.
Thermisch wirkende Motorschutzeinrichtungen für Betriebsmittel, die nicht für den üblichen Hausgebrauch vorgesehen sind, jedoch trotzdem von der Öffentlichkeit benutzt werden können, wie Betriebsmittel, die für den Gebrauch durch Laien in Läden, in der Leichtindustrie und in der Landwirtschaft vorgesehen sind, fallen auch unter den Anwendungsbereich dieser Norm.
Diese Norm gilt nicht für thermisch wirkende Motorschutzeinrichtungen, die ausschließlich für industrielle Anwendungen konstruiert sind.

DIN EN 60730-2-2/A2 (VDE 0631 Teil 2-2/A2):1998-02   Februar 1998

Automatische elektrische Regel- und Steuergeräte für den Hausgebrauch und ähnliche Anwendungen

Teil 2: Besondere Anforderungen an thermisch wirkende Motorschutzeinrichtungen
Änderung 2
(IEC 60730-2-2:1990/A2:1997)
Deutsche Fassung EN 60730-2-2:1991/A2:1997

2 + 5 Seiten EN, 1 Bild, 2 Tabellen, 2 Anhänge   Preisgruppe 8 K

Die Abschnitte dieser **Änderung** ergänzen oder ersetzen die entsprechenden Abschnitte in DIN EN 60730-2-2 (VDE 0631 Teil 2-2):1993-06.

Dauerhaftigkeit

Begrenzter Kurzschluß
Eine Schutzeinrichtung darf keine Feuergefahr hervorrufen, wenn sie der begrenzten Kurzschluß-Prüfung unterworfen wird.
Es müssen drei Prüflinge der Prüfung unterworfen werden.
Die Prüfschaltung muß eine Reihensicherung nach IEC 60269-3 enthalten. Die Sicherung muß mindestens 16 A haben. Die Schaltung muß so eingestellt sein, daß der unbeeinflußte Strom, der aus einer Tabelle ausgewählt wurde, bei der angegebenen maximalen Spannung, und ohne daß die Schutzeinrichtung in der Schaltung angeschlossen ist, erreicht wird. Der Leistungsfaktor darf nicht weniger als 0,9 betragen.
Die Schutzeinrichtung wird ohne weitere Schaltungseinstellung durch zwei 1 m lange Kupferdrähte in der Schaltung angeschlossen. Wenn die Schutzeinrichtung innerhalb des Gerätes geprüft wird, wird die Watte um das Gehäuse des Gerätes gewickelt.
Wenn die Schutzeinrichtung allein geprüft wird, muß die Watte während der Prüfung um diese gewickelt sein.
Jede manuell rückstellbare Schutzeinrichtung muß einer Prüfung unterworfen werden, bei der der Kurzschluß an der Schutzeinrichtung geschlossen ist.
Wenn die Schutzeinrichtung während der Prüfung ein Schaltspiel ausführt und die Watte nicht entzündet ist, muß die Prüfung fortgesetzt werden, bis die Schutzeinrichtung die Schaltung dauernd öffnet oder die Reihensicherung öffnet.
Die Schutzeinrichtung gilt als den Anforderungen entsprechend, vorausgesetzt, es gibt keine Entzündung der Watte.
Nach der Prüfung dürfen berührbare Metallteile nicht unter Spannung stehen.

DIN EN 60730-2-5/A1 (VDE 0631 Teil 2-5/A1):1997-06　　　　　Juni 1997

Automatische elektrische Regel- und Steuergeräte für den Hausgebrauch und ähnliche Anwendungen

Teil 2: Besondere Anforderungen an automatische elektrische Brenner-Steuerungs- und Überwachungssysteme
Änderung 1
(IEC 730-2-5:1993/A1:1996)
Deutsche Fassung EN 60730-2-5:1995/A1:1996

2 + 5 Seiten EN, 1 Tabelle, 1 Anhang　　　　　　　　　　　　　　Preisgruppe 8 K

Die Abschnitte dieser **Änderung** ergänzen oder ersetzen die entsprechenden Abschnitte in DIN EN 60730-2-5 (VDE 0631 Teil 2-5):1995-12.

Definitionen
Feuerungsautomat für Mehrfachversuche *(multitry burner control system):* System, das während seiner angegebenen Betriebsfolge mehr als einen Ventilöffnungszeitraum erlaubt.
Ventilöffnungszeitraum *(valve opening period):* Für Feuerungsautomaten für Mehrfachversuche der Zeitraum zwischen dem Signal zur Einschaltung der Brennstoff-Zufuhreinrichtungen und dem Signal zur Ausschaltung der Brennstoff-Zufuhreinrichtungen, falls ein Nachweis der überwachten Brennerflamme nicht erbracht wird.
Ventilfolgezeitraum *(valve sequence period):* Für Feuerungsautomaten für Mehrfachversuche die Summe der Ventilöffnungszeiten vor der Störstellung, falls ein Nachweis der überwachten Brennerflamme nicht erbracht wird.

Unsachgemäßer Betrieb
Systeme für intermittierenden Betrieb/Systeme ohne Selbstprüfeigenschaft

Erstfehler
Ein Fehler in einem Bauelement oder ein Fehler in Verbindung mit einem anderen aus dem Erstfehler entstehenden Fehler muß zu folgenden Ergebnissen führen: entweder
a) das System führt zur Sicherheitsabschaltung (Klemmen für die Brennstoff-Zufuhreinrichtung sind abgeschaltet), und es verbleibt in diesem Zustand, solange der Fehler erscheint, oder
b) das System führt zur Störstellung, vorausgesetzt, die nachfolgende Rückstellung aus der Störstellung unter dem gleichen Fehlerzustand führt zur Störstellung, oder
c) das System arbeitet weiter, wobei der Fehler während der nächsten Startfolge festgestellt wird und das Ergebnis a) oder b) ist, oder
d) das System bleibt funktionsfähig.

Zweitfehler
Wenn der Erstfehler bei Bewertung nach den Prüfbedingungen und Kriterien dazu führt, daß das System funktionsfähig bleibt, muß jeder weitere zusammen mit dem Erstfehler betrachtete unabhängige Fehler entweder zu a), b), c) oder d) führen. Bei der Beurteilung muß der zweite Fehler nur bewertet werden, wenn eine Startfolge zwischen dem ersten und dem zweiten Fehler durchgeführt worden ist. Ein dritter unabhängiger Fehler wird nicht betrachtet.

DIN EN 60730-2-6/A1 (VDE 0631 Teil 2-6/A1):1997-10   Oktober 1997

Automatische elektrische Regel- und Steuergeräte für den Hausgebrauch und ähnliche Anwendungen

Teil 2: Besondere Anforderungen an automatische elektrische Druck-Regel- und Steuergeräte, einschließlich mechanischer Anforderungen
(IEC 60730-2-6:1991/A1:1994, modifiziert);
Deutsche Fassung EN 60730-2-6:1995/A1:1997

2 + 8 Seiten EN, 3 Tabellen, 3 Anhänge   Preisgruppe 9 K

Die Abschnitte dieser **Änderung** ergänzen oder ersetzen die entsprechenden Abschnitte in DIN EN 60730-2-6 (VDE 0631 Teil 2-6):1995-10.

Automatische elektrische Druck-Regel- und Steuergeräte für Betriebsmittel, die nicht für den üblichen Hausgebrauch vorgesehen sind, jedoch trotzdem von der Öffentlichkeit benutzt werden können, wie Betriebsmittel, die für den Gebrauch durch Laien in Läden, in der Leichtindustrie und in der Landwirtschaft vorgesehen sind, fallen auch unter den Anwendungsbereich dieser Norm.

Aufbau
Wenn der Ausfall eines Teils des RS den ungeschützten Austritt einer gefährlichen Flüssigkeit zuläßt, dann muß dieses Teil aus einem Material bestehen, das einen Schmelzpunkt (Erstarrungstemperatur) von nicht weniger als 510 °C und eine Zugfestigkeit von nicht weniger als 68 MPa bei 204 °C hat.

Anhang H
Anforderungen an elektronische RS

Betrieb mit netzseitigen, magnetischen und elektromagnetischen Störgrößen
Nach jeder Prüfung muß (müssen) eine (oder mehrere) der folgenden Kriterien gelten.
Das RS muß im momentanen Zustand bleiben, und danach muß es in den bestimmten Grenzwerten, falls anwendbar, weiterarbeiten. Das RS muß den angegebenen Zustand einnehmen, und danach muß es funktionieren. Das RS muß den angegebenen Zustand so einnehmen, daß es weder von Hand noch selbsttätig zurückgestellt werden kann. Die Ausgangskurvenform muß im üblichen Betrieb sinusförmig sein. Das RS muß in dem angegebenen Zustand bleiben. Ein nicht selbsttätig zurückstellendes RS muß so ausgeführt sein, daß es nur von Hand zurückgestellt werden kann. Nachdem der zur Auslösung führende Druck nicht mehr anliegt, muß es funktionieren oder in dem angegebenen Zustand verweilen. Das RS darf in seinen Ausgangszustand zurückgehen und muß danach ansprechen. Die Ausgangswerte und Funktionen müssen den angegebenen Anforderungen entsprechen.

DIN EN 60730-2-7/A1 (VDE 0631 Teil 2-7/A1):1997-08   August 1997

Automatische elektrische Regel- und Steuergeräte für den Hausgebrauch und ähnliche Anwendungen

Teil 2: Besondere Anforderungen an Zeitsteuergeräte, Schaltuhren
Änderung 1
(IEC 730-2-7:1990/A1:1994, modifiziert)
Deutsche Fassung EN 60730-2-7:1991/A1:1997

2 + 5 Seiten EN, 2 Anhänge   Preisgruppe 5 K

Die Abschnitte dieser **Änderung** ergänzen oder ersetzen die entsprechenden Abschnitte in DIN EN 60730-2-7 (VDE 0631 Teil 2-7):1993-06.

Anwendungsbereich
Diese Norm gilt auch für einzelne Zeitsteuergeräte, die als Teil einer Regel- und Steueranlage verwendet werden, oder für Zeitsteuergeräte, die mechanisch in multifunktionelle Regel- und Steuergeräte (RS) mit nicht-elektrischen Ausgängen integriert sind.
Zeitsteuergeräte für Betriebsmittel, die nicht für den üblichen Hausgebrauch vorgesehen sind, jedoch trotzdem von der Öffentlichkeit benutzt werden können, wie Betriebsmittel, die für den Gebrauch durch Laien in Läden, in der Leichtindustrie und in der Landwirtschaft vorgesehen sind, fallen auch unter den Anwendungsbereich dieser Norm.
In der Anmerkung ist IEC 328 durch IEC 1058-1 zu ersetzen.
Diese Norm gilt auch für Zeitschalter, die elektronische Bauelemente enthalten, wobei die Anforderungen an diese in einem Anhang aufgeführt sind.

DIN EN 60730-2-8/A1 (VDE 0631 Teil 2-8/A1):1997-10   Oktober 1997

Automatische elektrische Regel- und Steuergeräte für den Hausgebrauch und ähnliche Anwendungen

Teil 2: Besondere Anforderungen an elektrisch betriebene Wasserventile einschließlich mechanischer Anforderungen
(IEC 60730-2-8:1992/A1:1994, modifiziert);
Deutsche Fassung EN 60730-2-8:1995/A1:1997

2 + 5 Seiten EN, 1 Tabelle, 1 Anhang   Preisgruppe 7 K

Die Abschnitte dieser **Änderung** ergänzen oder ersetzen die entsprechenden Abschnitte in DIN EN 60730-2-8 (VDE 0631 Teil 2-8):1995-10.

Aufschriften oder Angaben

	Aufschriften oder Angaben	Form
39	Wirkungsweise nach Typ 1 oder Typ 2 (für Wasserventile mit Schaltgeräten)[1]	D
40	Zusätzliche Eigenschaften für die Wirkungsweise nach Typ 1 oder Typ 2 (für Wasserventile mit Schaltgeräten)[1]	D
41	Herstellabweichung und Prüfbedingung für die Abweichung (für Ventile mit Schalteinrichtungen)	X
42	Abwanderung (für Ventile mit Schalteinrichtungen)	X
1) Ein Wasserventil hat eine Wirkungsweise nach Typ 1.		

Unsachgemäßer Betrieb
Überspannungs- und Unterspannungsprüfung
Das RS wird folgenden Prüfungen bei T_{max}, maximaler Wassertemperatur und maximalem Betätigungs-Differenzdruck unterworfen.

Anhang H
Anforderungen an elektronische RS

Betrieb mit netzseitigen, magnetischen und elektromagnetischen Störgrößen
Anmerkung: Elektrisch betriebene Wasserventile haben eine Wirkungsweise nach Typ 1.

Prüfungsablauf
Das Ventil wird fünf Prüfungen unterworfen.

Änderung
Gegenüber DIN 57730-2ZB (VDE 0730 Teil 2ZB) wurde folgende Änderung vorgenommen:
- DIN 57730-2ZB (VDE 0730 Teil 2ZB) eingearbeitet in DIN EN 60730-2-8/A1 (VDE 0631 Teil 2-8/A1).

DIN EN 60730-2-8/A2 (VDE 0631 Teil 2-8/A2):1998-02   Februar 1998

Automatische elektrische Regel- und Steuergeräte für den Hausgebrauch und ähnliche Anwendungen

Teil 2: Besondere Anforderungen an elektrisch betriebene Wasserventile einschließlich mechanischer Anforderungen
Änderung 2
(IEC 60730-2-8:1992/A2:1997)
Deutsche Fassung EN 60730-2-8:1995/A2:1997

2 + 3 Seiten EN, 1 Anhang   Preisgruppe 5 K

Die Abschnitte dieser **Änderung** ergänzen oder ersetzen die entsprechenden Abschnitte in DIN EN 60730-2-8 (VDE 0631 Teil 2-8):1995-10.

Die Änderungen betreffen 16 Positionen bei
- Aufschriften oder Angaben,
- Erwärmung,
- Elektronische Regel- und Steuergeräte.

Berichtigung 1 zu DIN EN 60730-2-9 Juli 1997
(Berichtigung 1 zu VDE 0631 Teil 2-9)

Berichtigungen zu DIN EN 60730-2-9 (VDE 0631 Teil 2-9):1995-11

Automatische Regel- und Steuergeräte für den Hausgebrauch und ähnliche Anwendungen
Teil 2: Besondere Anforderungen an temperaturabhängige Regel- und Steuergeräte
(IEC 730-2-9:1992, modifiziert)
Deutsche Fassung EN 60730-2-9:1995

1 Seite Preisgruppe 0 K

Es wird empfohlen, auf der betreffenden Norm einen Hinweis auf diese Berichtigung zu machen, die zwei Abschnitte, eine Tabelle und einen Anhang betrifft.

DIN EN 60730-2-9/A2 (VDE 0631 Teil 2-9/A2):1997-10   Oktober 1997

Automatische elektrische Regel- und Steuergeräte für den Hausgebrauch und ähnliche Anwendungen

Teil 2: Besondere Anforderungen an
temperaturabhängige Regel- und Steuergeräte
(IEC 60730-2-9:1992/A2:1994, modifiziert);
Deutsche Fassung EN 60730-2-9:1995/A2:1997

2 + 4 Seiten EN, 1 Bild   Preisgruppe 5 K

Die Abschnitte dieser **Änderung** ergänzen oder ersetzen die entsprechenden Abschnitte in DIN EN 60730-2-9 (VDE 0631 Teil 2-9):1995-11.

Diese Norm (VDE-Bestimmung) gilt für automatische elektrische RS, die NTC- oder PTC-Thermistoren verwenden.
Automatische elektrische Regel- und Steuergeräte für Betriebsmittel, die nicht für den üblichen Hausgebrauch vorgesehen sind, jedoch trotzdem von der Öffentlichkeit benutzt werden können, wie Betriebsmittel, die für den Gebrauch durch Laien in Läden, in der Leichtindustrie und in der Landwirtschaft vorgesehen sind, fallen auch unter den Anwendungsbereich dieser Norm.

Dauerhaftigkeit
Prüfung der Wirkungsweise Typ 2.P durch Temperaturwechsel
Temperaturabhängige RS der Wirkungsweise Typ 2.P werden wie folgt geprüft:
Nach den entsprechenden Prüfungen und der Auswertung wird das RS einer Prüfung von 50 000 Temperaturwechseln unterworfen bei einer Temperatur, die zwischen 50 % und 90 % der aufgezeichneten Abschalttemperatur gehalten wird. Während dieser Prüfung wird der Schaltkopf auf (20 ± 5) °C gehalten.

Zwei-Bad-Verfahren
Die beiden Bäder werden mit synthetischem Öl, Wasser oder Luft (zwei Kammern) gefüllt. Das erste Bad wird bei einer Temperatur gleich 90 % der aufgezeichneten Abschalttemperatur (°C) gehalten. Das zweite Bad wird bei einer Temperatur gleich 50 % der aufgezeichneten Abschalttemperatur gehalten.
Anmerkung: Wenn ein anderes Medium verwendet wird, muß für den Zeitfaktor im folgenden Abschnitt ein entsprechender Umrechnungsfaktor verwendet werden.
Der Temperaturfühler wird in das erste Bad während eines Zeitraums von mindestens dem fünffachen Zeitfaktor getaucht. Der Temperaturfühler wird dann für die Dauer des gleichen Zeitraums in das zweite Bad getaucht.

DIN EN 60730-2-9/A11 (VDE 0631 Teil 2-9/A11):1997-07   Juli 1997

Automatische elektrische Regel- und Steuergeräte für den Hausgebrauch und ähnliche Anwendungen

Teil 2: Besondere Anforderungen an
temperaturabhängige Regel- und Steuergeräte
– Änderung 11 –
Deutsche Fassung EN 60730-2-9:1995/A11:1997

2 + 2 Seiten EN, 1 Tabelle   Preisgruppe 2 K

Die Abschnitte dieser **Änderung** ergänzen oder ersetzen die entsprechenden Abschnitte in DIN EN 60730-2-9 (VDE 0631 Teil 2-9).

Definitionen
Spannungsunterstützter Schutz-Temperatur-Begrenzer (voltage maintained thermal cut-out): Schutz-Temperatur-Begrenzer, der in seinen Betriebsbedingungen durch die Spannung gehalten wird, die während der ganzen Bedingung ansteht.

Einteilung
Eine Wirkungsweise, die unter elektrisch belasteten Bedingungen nicht zurückgesetzt werden kann (Typ 1X oder 2X).

Aufschriften oder Angaben
Ergänzung einer Tabelle und weitere Punkte.

Erwärmung
Für einen spannungsunterstützten Schutz-Temperatur-Begrenzer ist die Erwärmungsprüfung abgeschlossen, nachdem die Temperatur des Fühlerelements erhöht wurde, bis die Kontakte öffnen. Zu diesem Zeitpunkt wird die Umgebungstemperatur um das Fühlerelement auf T_{max1} reduziert in der Zeit t_1, dabei wird eine lineare Zeitkonstante angenommen. Die Prüfung ist damit durchgeführt.

DIN EN 60730-2-11/A1 (VDE 0631 Teil 2-11/A1):1997-10 Oktober 1997

Automatische elektrische Regel- und Steuergeräte für den Hausgebrauch und ähnliche Anwendungen

Teil 2: Besondere Anforderungen an Energieregler
Änderung 1
(IEC 60730-2-11:1993/ A1:1994, modifiziert);
Deutsche Fassung EN 60730-2-11:1993/A1:1997

2 + 4 Seiten EN, 1 Anhang   Preisgruppe 5 K

Die Abschnitte dieser **Änderung** ergänzen oder ersetzen die entsprechenden Abschnitte in DIN EN 60730-2-11 (VDE 0631 Teil 2-11):1994-04.

Diese Norm (VDE-Bestimmung) gilt auch für automatische elektrische Regel- und Steuergeräte (RS), die NTC- oder PTC-Thermistoren enthalten.
Energieregler für Betriebsmittel, die nicht für den üblichen Hausgebrauch vorgesehen sind, jedoch trotzdem von der Öffentlichkeit benutzt werden können, wie Betriebsmittel, die für den Gebrauch durch Laien in Läden, in der Leichtindustrie und in der Landwirtschaft vorgesehen sind, fallen auch unter den Anwendungsbereich dieser Norm.

Anhang H
Anforderungen an elektronische RS

Betrieb mit netzseitigen, magnetischen und elektromagnetischen Störgrößen
Die Prüfungen werden bei der höchsten Einstellung des Energiereglers, seiner niedrigsten und, falls vorhanden, in der Aus-Stellung durchgeführt.

Prüfung mit elektrostatischer Entladung
An allen berührbaren Oberflächen werden fünf Entladungen durchgeführt. Jeweils zwei Entladungen werden in der höchsten und in der niedrigsten Energiereglerstellung angelegt. Eine wird in der Aus-Stellung des Energiereglers angelegt. Berührbare Teile sind auch solche, die nach Entfernung abnehmbarer Teile, wie in IEC 60730-1 beschrieben, berührbar sind.
Die Prüfmethode nach IEC 60801-2 beschreibt eine Entladung in Luft, bevor Kontakt vorkommt.

Prüfung mit ausgestrahltem elektromagnetischen Feld
Der Energieregler wird drei Durchläufen des Frequenzbereichs vom Minimum bis zum Maximum, entsprechend dem angegebenen Schärfegrad, unterworfen. Je ein Durchlauf erfolgt in der höchsten und in der niedrigsten und in der Aus-Stellung des Energiereglers.

DIN EN 60669-1/A2 (VDE 0632 Teil 1/A2):1997-04 April 1997

Schalter für Haushalt und ähnliche ortsfeste elektrische Installationen

Teil 1: Allgemeine Anforderungen
Änderung 2
(IEC 669-1:1993/A1:1994 + A2:1995, modifiziert)
Deutsche Fassung EN 60669-1:1995/A2:1996

2 + 6 Seiten EN, 1 Bild, 1 Tabelle, 2 Anhänge   Preisgruppe 8 K

Die Abschnitte dieser **Änderung** ergänzen oder ersetzen die folgenden Abschnitte in DIN EN 60669-1 (VDE 0632 Teil 1):1996-04:
- Allgemeines über Prüfungen
- Einteilung
- Aufschriften
- Anschlußklemmen
- Isolationswiderstand und Spannungsfestigkeit
- Kriechstrecken, Luftstrecken und Abstände durch Vergußmasse
- Beständigkeit gegen übermäßige Wärme, Feuer und Kriechstromfestigkeit von Isoliermaterial

EMV-Anforderungen
Störfestigkeit: Schalter innerhalb des Anwendungsbereichs dieser Norm sind gegenüber elektromagnetischen Störungen unempfindlich, und deshalb sind Störfestigkeitsprüfungen nicht erforderlich.
Störaussendung: Elektromagnetische Störungen können nur während der Schaltvorgänge erzeugt werden. Da diese Störungen nicht fortwährend sind, sind Störaussendungsprüfungen nicht erforderlich.

DIN EN 60669-2-1/A11 (VDE 0632 Teil 2-1/A11):1998-02   Februar 1998

Schalter für Haushalt und ähnliche ortsfeste elektrische Installationen

Teil 2: Besondere Anforderungen
Hauptabschnitt 1: Elektronische Schalter
Änderung 11
Deutsche Fassung EN 60669-2-1:1996/A11:1997

2 + 3 Seiten EN, 1 Anhang   Preisgruppe 5 K

Die Abschnitte dieser **Änderung** ergänzen oder ersetzen die entsprechenden Abschnitte in DIN EN 60669-2-1 (VDE 0632 Teil 2-1):1997-02.

Anforderungen an die elektromagnetische Verträglichkeit
Bei elektronischen Schaltern, die vorgesehen sind, eine Last über einen Transformator zu steuern, muß der Hersteller alle Einzelheiten bezüglich der Last angeben.

Störfestigkeit
Für den Zweck dieser Prüfung wird der elektronische Schalter auf den gemessenen oder berechneten Ausgangswert P_0 eingestellt. Eine Abweichung von weniger als ± 10 % wird nicht als Änderung des Einstellwertes betrachtet.
Die Prüfung wird nach EN 61000-4-2 durchgeführt. Es wird eine positive und eine negative Entladung von beiden Arten (Luft/Kontakt), soweit notwendig, auf zehn vom Hersteller ausgewählte Punkte ausgeübt.

Emission
Elektronische Schalter müssen so gebaut sein, daß sie durch niederfrequente Strahlung keine unzulässigen Störungen im Versorgungsnetz erzeugen. Diese Anforderungen gelten als erfüllt, wenn der elektronische Schalter EN 61000-3-2 und EN 61000-3-3 entspricht.
Die Anforderung gilt als erfüllt, wenn der elektronische Schalter bei hochfrequenter Strahlung den Anforderungen von EN 55014 oder, falls zutreffend, EN 55015 entspricht.

DIN EN 60669-2-2 (VDE 0632 Teil 2-2):1997-10   Oktober 1997

Schalter für Haushalt und ähnliche ortsfeste elektrische Installationen

Teil 2: Besondere Anforderungen
Hauptabschnitt 2: Fernschalter
(IEC 60669-2-2:1996)
Deutsche Fassung EN 60669-2-2:1996

2 + 10 Seiten EN, 2 Tabellen, 2 Anhänge   Preisgruppe 10 K

Die vorliegende Norm (VDE-Bestimmung) gilt für Schalter mit elektromagnetischer Fernbedienung (nachfolgend als Fernschalter bezeichnet) mit einer Bemessungsspannung nicht über 440 V und einem Bemessungsstrom nicht über 63 A, die für die Verwendung im Haushalt und in ähnlichen ortsfesten elektrischen Installationen, entweder in Innenräumen oder im Freien, bestimmt sind.
Die Abschnitte dieser Norm ergänzen oder ersetzen die entsprechenden Abschnitte in DIN EN 60669-1 (VDE 0632 Teil 1).

Fernschalter
Mit einer Spule versehener Schalter, der durch Impulse betätigt wird oder ständig durch einen Steuerstromkreis erregt werden kann.

Allgemeine Anforderungen
Die Anbringung des Fernschalters in einem Winkel, der nicht mehr als 5° von der angegebenen Gebrauchslage abweicht, darf zu keiner Beeinträchtigung bei der Betätigung des Fernschalters führen.

Bestimmungsgemäßer Betrieb
Besitzen Fernschalter eine eingebaute Handbetätigung, die direkt auf den Schaltstromkreis einwirkt, so werden 10 % der in einer Tabelle aufgeführten Stellungswechsel von Hand bzw. auf ähnliche Weise durchgeführt. Bei den verbleibenden 90 % der Stellungswechsel wird der Steuerstromkreis versorgt.
Während der Prüfung des bestimmungsgemäßen Betriebs darf bei bis zu 1 % der Stellungswechsel Schaltversagen auftreten. Es dürfen jedoch nicht mehr als drei aufeinander folgende Schaltversager auftreten.
Fernschalter, die durch Impulse erregt werden, müssen ordnungsgemäß arbeiten, wenn die Steuerspannung zwischen dem 0,9- und dem 1,1fachen des Bemessungswerts schwankt mit einer Steuerimpulsdauer, die den Angaben des Herstellers entspricht.
Prüfung: An jedem der drei Prüflinge werden ohne Last 20 Stellungswechsel beim 0,9fachen und 20 Stellungswechsel beim 1,1fachen der Bemessungs-Steuerspannung durchgeführt.
Der Fernschalter muß zufriedenstellend arbeiten.

Fernschalter, die ständig erregt werden, müssen bei jedem Wert, der zwischen 85 % und 110 % ihrer Bemessungs-Steuerspannung liegt, zufriedenstellend arbeiten. Falls ein Wertebereich angegeben ist, so muß 85 % für den unteren Wert und 110 % für den oberen Wert gelten.
Die Grenzwerte, zwischen denen ständig erregte Fernschalter abfallen oder vollständig öffnen müssen, liegen zwischen 75 % und 20 % ihrer Bemessungs-Steuerspannung. Falls ein Wertebereich angegeben ist, so muß 20 % für den oberen Wert und 75 % für den unteren Wert gelten.
Grenzwerte für das Schließen sind anwendbar, sobald die Spulen eine stationäre Temperatur erreicht haben, die den Bedingungen des stationären Zustands bei 100 % der Bemessungs-Steuerspannung bei einer Umgebungstemperatur von + 40 °C entspricht.
Grenzwerte für den Abfall sind anwendbar, wenn die Temperatur des Spulenstromkreises − 5 °C beträgt. Dies kann durch Berechnung mit den bei bestimmungsgemäßer Umgebungstemperatur erhaltenen Werten überprüft werden.
Prüfung: An drei getrennten Prüflingen wird je eine Prüfung für die oben genannten Grenzwerte durchgeführt.
Der Fernschalter muß zufriedenstellend arbeiten.

Gestörter Betrieb des Steuerstromkreises
Fernschalter müssen so gebaut sein, daß ihr Verhalten bei gestörtem Betrieb des Steuerstromkreises (d. h. bei festgeklemmtem Taster) für den Benutzer und die Umgebung keine Gefahr darstellt.
Die Fernschalter werden, wie im bestimmungsgemäßen Gebrauch, auf einer matt schwarz gestrichenen Fichtensperrholz-Unterlage mit einer Dicke von etwa 20 mm angebracht.
Der Steuerstromkreis wird bei einer Bemessungsspannung ständig erregt, wobei der Schaltstromkreis 1 h mit Bemessungsstrom (bei Bemessungsspannung) belastet wird.
Unmittelbar nach dieser Prüfung muß der Fernschalter noch funktionsfähig sein und folgende Bedingungen erfüllen:
- die Temperaturerhöhung darf bei Teilen des Fernschalter-Gehäuses, die mit dem Normprüffinger berührbar sind, 150 K nicht überschreiten;
- die Temperaturerhöhung der Sperrholzunterlage darf 100 K nicht überschreiten;
- aus dem Fernschalter dürfen weder Flammen noch geschmolzenes Material noch glühende Teile oder brennende Tropfen des Isolierstoffs austreten.

Nach dem Abkühlen auf Umgebungstemperatur:
- der Fernschalter muß einer Spannungssprüfung zwischen den Schalt- und Steuerstromkreisen standhalten, wobei die Prüfspannungen auf 75 % der in IEC 60669-1 angegebenen Werte reduziert werden;
- der Fernschalter muß weiterhin den Anforderungen entsprechen.

Die Fernschalter-Spule wird daraufhin 1 h intermittierend mit einer Spannung gleich der Bemessungs-Steuerspannung erregt.

DIN EN 60669-2-3 (VDE 0632 Teil 2-3):1997-04   April 1997

Schalter für Haushalt und ähnliche ortsfeste elektrische Installationen

Teil 2: Besondere Anforderungen
Hauptabschnitt 3: Zeitschalter
(IEC 669-2-3:1984)
Deutsche Fassung EN 60669-2-3:1996

2 + 10 Seiten EN, 1 Tabelle, 3 Anhänge   Preisgruppe 10 K

Die vorliegende Norm (VDE-Bestimmung) gilt für Schalter mit Zeitverzögerungseinrichtung (nachstehend als Zeitschalter bezeichnet) mit einer Bemessungsspannung nicht über 440 V und einem Bemessungsstrom nicht über 63 A, die für die Verwendung im Haushalt und in ähnlichen ortsfesten elektrischen Installationen, entweder in Innenräumen oder im Freien, bestimmt sind und von Hand und/oder fernbedient betätigt werden und mit einer mechanisch, thermisch, pneumatisch, hydraulisch oder elektrisch betriebenen Zeitverzögerungseinrichtung oder irgendeiner Kombination von diesen versehen sind.
Die Abschnitte dieser Norm ergänzen oder ersetzen die entsprechenden Abschnitte in DIN EN 60669-1 (VDE 0632 Teil 1).

Bemessungswerte
Bevorzugte Bemessungsspannungen sind:
- a. c.: 6 V, 8 V, 12 V, 24 V, 42 V, 48 V, 110 V, 130 V, 220 V, 230 V und 240 V;
- d. c.: 12 V, 24 V, 48 V, 60 V, 110 V und 220 V.

Bevorzugte Bemessungsströme sind:
- 4 A, 6 A, 10 A, 16 A, 25 A, 32 A, 40 A und 63 A.

Bevorzugte Bemessungs-Steuerspannungen sind:
- a. c.: 6 V, 8 V, 12 V, 24 V, 42 V, 48 V, 110 V, 130 V, 220 V, 230 V und 240 V;
- d. c.: 12 V, 24 V, 48 V, 60 V, 110 V und 220 V.

Einteilung
Nach den möglichen Anschlüssen: Schaltungsnummer
- einpolige Schalter   1
- zweipolige Schalter   2
- dreipolige Schalter   3
- dreipolige Schalter mit geschaltetem Neutralleiter   03
- Wechselschalter   6

Temperaturerhöhung
Zeitschalter werden auf die längste Verzögerungszeit nach Herstellerangaben eingestellt. Während der Prüfung wird nach dem Ende jeder Verzögerungszeit der Zeitschalter innerhalb von (2 ± 0,5) s erneut eingeschaltet.
Elektrisch betätigte Zeitschalter werden durch den Steuerstromkreis betätigt.

Schaltvermögen
Zeitschalter werden bei der 1,1fachen Bemessungsspannung und 1,1fachen Bemessungs-Steuerspannung sowie bei 1,25fachem Bemessungsstrom geprüft. Es werden 200 Betätigungen wie folgt durchgeführt:
- Falls sie einstellbar sind, werden sie auf die kürzeste Verzögerungszeit, jedoch auf nicht weniger als 50 s, eingestellt.
- Falls die längste einstellbare Verzögerung kürzer als 50 s ist, wird der Zeitschalter auf die längstmögliche Verzögerungszeit eingestellt.

Bestimmungsgemäßer Betrieb
Schalter müssen den mechanischen, elektrischen und thermischen Belastungen des bestimmungsgemäßen Gebrauchs standhalten, ohne übermäßigen Verschleiß oder andere Beeinträchtigungen aufzuweisen.

Elektromagnetische Verträglichkeit (EMV)
Dieser Abschnitt von Teil 1 gilt.

Gestörter Betrieb des Steuerstromkreises
Zeitschalter müssen so gebaut sein, daß ihr Verhalten bei gestörtem Betrieb des Steuerstromkreises (d. h. bei festgeklemmtem Taster) für den Benutzer und die Umgebung keine Gefahr darstellt.
Die Zeitschalter werden, wie im bestimmungsgemäßen Gebrauch, auf einer matt schwarz gestrichenen Fichtensperrholzunterlage mit einer Dicke von etwa 20 mm angebracht.
Der Steuerstromkreis wird bei Bemessungsspannung ständig erregt, wobei der Schaltstromkreis sechs Stunden mit Bemessungsstrom (bei Bemessungsspannung) belastet wird. Einstellbare Zeitschalter werden auf die kürzeste Verzögerungszeit eingestellt.

DIN EN 60269-1/A2 (**VDE 0636 Teil 10/A2**):1997-07 Juli 1997

Niederspannungssicherungen

**Teil 1: Allgemeine Festlegungen
(IEC 269-1:1986/A2:1995, modifiziert)
Deutsche Fassung EN 60269-1:1989/A2:1997**

2 + 4 Seiten EN, 2 Anhänge

Preisgruppe 5 K

Die Abschnitte dieser **Änderung** betreffen:
- Wortlaut von Überschriften,
- Bemessungsspannung,
- Ausschaltvermögen,
- Kalibrierung des Prüfkreises.

DIN EN 60269-2/A1 (VDE 0636 Teil 20/A1):1997-07   Juli 1997

Niederspannungssicherungen

Teil 2: Zusätzliche Anforderungen an Sicherungen
zum Gebrauch durch Elektrofachkräfte
bzw. elektrotechnisch unterwiesene Personen
(Sicherungen überwiegend für den industriellen Gebrauch)
(IEC 269-2:1986/A1:1995, modifiziert)
Deutsche Fassung EN 60269-2:1995/A1:1997

3 + 2 Seiten EN, 1 Anhang   Preisgruppe 5 K

Die Abschnitte dieser **Änderung** ersetzen die entsprechenden Abschnitte in DIN EN 60269-2 (VDE 0636 Teil 20):1995-12.

Grenzen der Zeit-Strom-Kennlinien
Die Ergänzung ist zu **streichen**.

I^2t-Kennlinien
Die Ergänzung ist zu **streichen**.

Bemessungsausschaltvermögen
Der Wert „660 V" ist durch „690 V" sowohl in Tabelle B als auch in der Anmerkung zu ersetzen.

I^2t-Kennlinien
In Tabelle C ist der Wert „660" durch „690" zu ersetzen.

DIN EN 60269-4 (VDE 0636 Teil 40):1997-04 April 1997

Niederspannungssicherungen
Teil 4: Zusätzliche Anforderungen an Sicherungseinsätze
zum Schutz von Halbleiter-Bauelementen
(IEC 269-4 : 1986)
Deutsche Fassung EN 60269-4 : 1996

4 + 25 Seiten EN, 3 Bilder, 5 Tabellen, 4 Anhänge   Preisgruppe 19 K

Diese zusätzlichen Anforderungen (VDE-Bestimmung) gelten für Sicherungseinsätze zum Gebrauch in Geräten mit Halbleiter-Bauelementen für Stromkreise mit Nennspannungen bis 1000 V Wechselspannung oder Stromkreise mit Nennspannungen bis 1500 V Gleichspannung und ferner – soweit sie anwendbar sind – für Stromkreise mit höheren Nennspannungen.
Anmerkung: Diese Sicherungseinsätze werden allgemein als Halbleiterschutz-Sicherungseinsätze bezeichnet.
Die Abschnitte dieser Norm ergänzen oder ersetzen die entsprechenden Abschnitte in DIN EN 60296-1 (VDE 0636 Teil 10).

Zweck
Zweck dieser zusätzlichen Anforderungen ist, die Kenngrößen von Halbleiterschutz-Sicherungseinsätzen so festzulegen, daß sie durch Sicherungseinsätze mit den gleichen Kenngrößen ersetzt werden können, vorausgesetzt, daß ihre Abmessungen gleich sind. Zu diesem Zweck behandelt diese Norm besonders Kenngrößen von Sicherungen:
• Bemessungswerte;
• Erwärmung im bestimmungsgemäßen Betrieb;
• Leistungsabgabe;
• Zeit-Strom-Kennlinien;
• Ausschaltvermögen;
• Durchlaßstrom-Kennlinien und I^2t-Kennlinien;
• Grenzwerte der Lichtbogenspannung;
Typprüfungen zum Nachweis der Kenngrößen von Sicherungen.
Die Aufschriften auf Sicherungen.
Verfügbarkeit und Darstellung der technischen Daten.

Betriebsbedingungen
Bei Wechselstrom bezieht sich die **Bemessungsspannung** eines Sicherungseinsatzes auf die anstehende Spannung. Sie basiert auf dem Effektivwert einer sinusförmigen Wechselspannung; es wird ferner angenommen, daß die anstehende Spannung denselben Wert während des Ausschaltens des Sicherungseinsatzes beibehält. Alle Prüfungen zum Nachweis der Bemessungswerte beruhen auf dieser Voraussetzung.

Der **Bemessungsstrom** eines Halbleiterschutz-Sicherungseinsatzes basiert auf dem Effektivwert eines sinusförmigen Wechselstroms bei Bemessungsfrequenz. Bei Gleichstrom wird angenommen, daß der Effektivwert des Stroms den Effektivwert eines sinusförmigen Wechselstroms bei Bemessungsfrequenz nicht überschreitet.

Frequenz und Zeitkonstante
Die **Bemessungsfrequenz** bezieht sich auf die Frequenz des sinusförmigen Stroms und der sinusförmigen Spannung, die die Grundlage der Typprüfungen bilden.
Bei Gleichspannung wird davon ausgegangen, daß die **Zeitkonstanten,** die in der Praxis auftreten, denen einer Tabelle entsprechen.

Kenngrößen von Sicherungen
a) Bemessungsspannung
b) Bemessungsstrom
c) Stromart und Frequenz
d) Bemessungsleistungsabgabe
e) Zeit-Strom-Kennlinien
f) Ausschaltbereich
g) Bemessungsausschaltvermögen
h) Durchlaßstrom-Kennlinien
i) I^2t-Kennlinien
k Abmessungen oder Baugröße
l Grenzwerte der Lichtbogenspannung
Für Bemessungswechselspannungen bis 660 V und Gleichspannungen bis 750 V gilt IEC 269-1; bei höheren Spannungen sind die Werte aus der Reihe R 5 auszuwählen oder, wenn nicht möglich, aus der Reihe R 10 nach ISO 3.
Die Bemessungsfrequenz ist die Frequenz, auf die sich die Betriebsdaten beziehen.

Prüfung von Sicherungseinsätzen
Die vollständigen Prüfungen von Sicherungseinsätzen sind in **Tabelle I** aufgeführt. Der Innenwiderstand von allen Sicherungseinsätzen muß bestimmt und in den Prüfbericht aufgenommen werden.

Tabelle I Aufstellung der vollständigen Prüfungen

Prüfung	Anzahl der zu prüfenden Sicherungseinsätze
Erwärmung und Leistungsabgabe	1
Prüfung des Bemessungsstroms	1
Bei Wechselstrom:	
Ausschaltvermögen[1]) Prüfung der Ausschaltkennlinien[2])	1 bzw. 3
Überprüfung der Überlastbarkeit[3])	1
Bei Gleichstrom:	
Ausschaltvermögen und Ausschaltkennlinien	1 bzw. 3

1) Gilt für Schmelz-I^2t-Kennlinien, wenn die Umgebungstemperatur (20 ± 5) °C beträgt.
2) Die Prüfungen gelten für Durchlaßstrom-, I^2t- und Schmelz-I^2t-Kennlinien.
3) Die Anzahl der Punkte, an denen die Überlastbarkeit überprüft wird, sollte im Ermessen des Herstellers liegen.

Änderung
Gegenüber DIN 57636-23 (VDE 0636 Teil 23):1984-12 und DIN VDE 0636-33 (VDE 0636 Teil 33):1986-01 wurde folgende Änderung vorgenommen:
- Übernahme der EN 60269-4:1996

Erläuterungen
Die Publikation IEC 269-4, 3. Ausgabe 1986, wurde unverändert in die vorliegende DIN EN 60269-4 übernommen. Die 3. Ausgabe von 1986 ist inhaltlich in voller Übereinstimmung mit der zweiten Ausgabe von 1980. Durch die Überarbeitung der übergeordneten IEC 269-1:1986 wurde jedoch eine redaktionelle Anpassung vor allem in der Abschnitts-Numerierung erforderlich.
Unter die in IEC 269-4 getroffenen Festlegungen fallen Halbleiterschutz-Sicherungen in DIN-Abmessungen und Sonderbauformen. Gemeint sind sowohl die NH-Sicherungen nach DIN 57636-23 (VDE 0636 Teil 23):1984-12 als auch solche in D-Bauform nach DIN VDE 0636-33 (VDE 0636 Teil 33):1986-01. Zwischen beiden DIN-VDE-Normen und IEC 269-4 besteht inhaltlich eine weitgehende Übereinstimmung, in der Gliederung sind sie jedoch gänzlich unterschiedlich.

DIN EN 60269-4/A1 (VDE 0636 Teil 40/A1):1997-10   Oktober 1997

Niederspannungssicherungen

Teil 4: Zusätzliche Anforderungen an Sicherungseinsätze
zum Schutz von Halbleiter-Bauelementen
(IEC 269-4:1986/A1:1995)
Deutsche Fassung EN 60269-4:1996/A1:1997

2 + 3 Seiten EN, 1 Tabelle   Preisgruppe 5 K

Die Abschnitte dieser **Änderung** ergänzen oder ersetzen die entsprechenden Abschnitte in DIN EN 60269-4 (VDE 0636 Teil 40):1997-04.

Funktionsfähigkeit etwaiger Anzeige- und Schlagvorrichtungen
Die richtige Funktion von Anzeigevorrichtungen wird im Zusammenhang mit der Prüfung des Ausschaltvermögens überprüft.
Bei der Überprüfung der Funktion einer etwaigen Schlagvorrichtung wird ein zusätzlicher Prüfling geprüft:
• bei einem Strom I_{2a} und
• bei einer wiederkehrenden Spannung von 20 V.
Der Wert der Wiederkehrspannung kann um 10 % überschritten werden.
Die Schlagvorrichtung muß während aller Prüfungen funktionieren.
Falls jedoch bei einer dieser Prüfungen die Anzeigevorrichtung oder die Schlagvorrichtung ausfällt, muß die Prüfung deshalb nicht als negativ angesehen werden, wenn der Hersteller den Nachweis erbringen kann, daß ein solcher Ausfall für den Sicherungstyp nicht typisch ist, sondern auf einen Fehler des einzelnen Prüflings zurückzuführen ist. Wenn ein solcher Ausfall auftritt, muß das Zweifache der Anzahl von Prüflingen bei der besonderen Prüfbedingung ohne weiteren Ausfall geprüft werden.

DIN VDE 0636-301 (VDE 0636 Teil 301):1998-01　　　　　　Januar 1998

Niederspannungssicherungen (D-System)

Teil 3-1: Zusätzliche Anforderungen an Sicherungen
zum Gebrauch durch Laien
(Sicherungen überwiegend für Hausinstallationen
und ähnliche Anwendungen)
Hauptabschnitte I bis IV (IEC 60269-3-1:1994 + A1:1995, modifiziert)
Deutsche Fassung HD 630.3.1 S2:1997

5 + 42 Seiten HD, 22 Bilder, 15 Tabellen, 3 Anhänge　　　　Preisgruppe 28 K

Die folgenden zusätzlichen Anforderungen (VDE-Bestimmung) gelten für D-Sicherungen mit Bemessungsströmen bis 100 A und Bemessungsspannungen bis 500 V Gleich- und Wechselstrom.

Kenngrößen der Sicherungen

Bemessungsspannung
Bei Wechselstrom betragen die genormten Werte der Bemessungsspannung 400 V für die Baugrößen DO1, DO2 und DO3 und 500 V für die Baugrößen DII, DIII und DIV.
Bei Gleichstrom betragen die Bemessungsspannungen 250 V für die DO1-, DO2- und DO3-Sicherungen und 500 V für die DII-, DIII- und DIV-Sicherungen.

Bemessungsstrom des Sicherungseinsatzes
Die Bemessungsströme der Sicherungseinsätze sind in einer Tabelle aufgeführt.

Bemessungsstrom des Sicherungshalters
Die Bemessungsströme der Sicherungsschraubkappen und der Sicherungsunterteile sind in Tabellen aufgeführt.

Bemessungs-Leistungsabgabe eines Sicherungseinsatzes und Bemessungs-Leistungsaufnahme eines Sicherungshalters
Die Höchstwerte der Leistungsabgabe von D-Sicherungseinsätzen sind in einer Tabelle genannt.

Grenzen der Zeit/Strom-Kennlinien
Zusätzlich zu den sich aus den Toren und den konventionellen Zeiten und Strömen ergebenden Grenzen der Schmelzzeit sind Zeit/Strom-Bereiche aufgeführt. Die vom Hersteller angegebenen Grenzabweichungen der Zeit/Strom-Kennlinien dürfen hinsichtlich des Stroms ± 10 % nicht überschreiten.

Bemessungsausschaltvermögen
- mindestens 50 kA für Wechselstrom,
- mindestens 8 kA für Gleichstrom.

Anmerkung: D-Sicherungen werden häufig in Wechselstromanlagen mit Kurzschlußströmen von mehr als 20 kA wie auch in Gleichstromanlagen verwendet. Aus diesem Grund müssen alle Sicherungen den Anforderungen von diesem Abschnitt genügen.

Aufschriften
Sicherungseinsätze und Sicherungshalter, die den Anforderungen und Prüfungen dieser Norm genügen, können mit der Aufschrift „60269-3-1" versehen werden. Für Geräte, die dieser Norm entsprechen, können durch nationale Prüfungsorganisationen nationale Zulassungen erteilt werden. Solche nationalen Zulassungen können auf den jeweils wichtigen Teilen der Sicherung durch eine Aufschrift zur Kenntnis gebracht werden. Die Aufschrift muß dauerhaft sein. Diese Dauerhaftigkeit muß durch geeignete Prüfungen nachgewiesen werden.

Anforderungen an den Aufbau
Von den in dieser Norm festgelegten Abmessungen darf nur dann abgewichen werden, wenn sich daraus ein technischer Vorteil ergibt und sich entsprechend dieser Norm keine nachteiligen Auswirkungen für den Gebrauch und die Sicherheit der Sicherungen, insbesondere hinsichtlich ihrer Austauschbarkeit und ihrer Unverwechselbarkeit, ergeben. Sicherungen, die solche Abweichungen aufweisen, müssen dennoch alle übrigen Anforderungen dieser Norm erfüllen, insoweit deren Anwendung angemessen ist.

Prüfungen
Folgende zusätzliche Prüfungen sind entsprechend **Tabelle I** und **Tabelle II** durchzuführen:

Tabelle I Überblick über die Prüfungen von Sicherungseinsätzen

Prüfung	Anzahl der Prüflinge				
	3	4	1	1	2	1
Prüfung des Bemessungsstroms	x					
Prüfung der Selektivität		x				
Mechanische Festigkeit			x	x		
Wärmelagerungsbeständigkeit					x	x
Abmessungen und Unverwechselbarkeit	x	x				

Tabelle II Überblick über die Prüfungen an Sicherungsunterteilen, Sicherungsschraubkappen und Paßeinsätzen

Prüfung	Anzahl der Prüflinge										
	Sicherungsunterteile				Sicherungsschraubkappen					Paßeinsätze	
	1	1	3	1	1	1	1	3	1	1	1
Prüfung der Wärmebeständigkeit	x				x						
Mechanische Festigkeit	x					x	x			x	x
Wärmelagerungsbeständigkeit		x	x					x	x		
Abmessungen und Unverwechselbarkeit										x	x

Änderung

Gegenüber DIN VDE 0636-301 (VDE 0636 Teil 301):1997-03, DIN 49362:1984-01 sowie DIN 57636-31 (VDE 0636 Teil 31):1983-12 und DIN 57636-41 (VDE 0636 Teil 41):1983-12 wurde folgende Änderung vorgenommen:
- Europäische Festlegungen des HD 630.3.1 S2 übernommen.

DIN EN 60947-2/A11 (VDE 0660 Teil 101/A11):1997-11   November 1997

Niederspannungsschaltgeräte
Teil 2: Leistungsschalter
Deutsche Fassung EN 60947-2/A11:1997

3 + 9 Seiten EN, 1 Bild, 1 Tabelle, 6 Anhänge   Preisgruppe 10 K

Die Abschnitte dieser **Änderung** ergänzen oder ersetzen die entsprechenden Absätze in DIN EN 60947-2 (VDE 0660 Teil 101):1992-02.

Elektromagnetische Verträglichkeit (EMV)
Es gilt IEC 60947-1. Sowohl die in IEC 60947-1 definierte Umweltbedingung 1 als auch die Umweltbedingung 2 können für Leistungsschalter dieser Spezifikation angewendet werden.

Störfestigkeit
Leistungsschalter müssen über eine ausreichende Festigkeit gegen elektromagnetische Störungen verfügen.

Leistungsschalter, die keine elektronischen Schaltkreise enthalten
Es gilt IEC 60947-1.

Leistungsschalter, die elektronische Schaltkreise enthalten
In einem Anhang sind die Anforderungen an die Störfestigkeit und Prüfungen für Leistungsschalter mit elektronischem Überstromschutz enthalten.
In allen anderen Fällen (außer bei CBRs) gilt IEC 60947-1. Prüfungen sind in Übereinstimmung mit dieser Norm durchzuführen.

Leistungsschalter mit zugeordnetem Fehlerstromschutz (CBRs)
In einem Anhang sind die Anforderungen an die Störfestigkeit und die Prüfungen für CBRs enthalten.

Störaussendung

Leistungsschalter, die keine elektronischen Schaltkreise enthalten
Es gilt IEC 60947-1.

Leistungsschalter, die elektronische Schaltkreise enthalten
Es gilt IEC 60947-1 mit folgender Ergänzung:
Leistungsschalter mit elektronischen Schaltkreisen und ohne Oszillatoren, die über eine längere Zeitspanne wirksam sind
Diese Leistungsschalter erzeugen keine Dauerstörung, sondern nur eine vorübergehende Störung beim Schalten. Die Häufigkeit und die Folgen dieser vorübergehenden Störungen werden vorläufig als Teil der betriebsgemäßen elektromagneti-

schen Umweltbedingung für Niederspannungsanlagen gesehen, so daß derzeit keine Messungen notwendig sind.

Leistungsschalter, die elektronische Schaltkreise mit Oszillatoren enthalten, die über eine längere Zeitspanne wirksam sind
In einem Anhang sind die Anforderungen an die Störaussendung und Prüfungen für die CBRs dargestellt.
In einem Anhang sind die Anforderungen an die Störaussendung und die Prüfungen für Leistungsschalter mit elektronischem Überstromschutz dargestellt.

Erläuterung
IEC hat 1997 die Benummerung der IEC-Publikationen geändert. Zu den bisher verwendeten Normnummern werden jeweils 60 000 addiert. So ist zum Beispiel aus IEC 68 nun IEC 60068 geworden.

DIN EN 60947-4-1/A2 (VDE 0660 Teil 102/A2):1997-11   November 1997

Niederspannungsschaltgeräte

Teil 4: Schütze und Motorstarter
Hauptabschnitt 1: Elektromechanische Schütze und Motorstarter
(IEC 60947-4-1:1990/A2:1996)
Deutsche Fassung EN 60947-4-1/A2:1997

3 + 8 Seiten EN, 4 Tabellen, 2 Anhänge   Preisgruppe 9 K

Die Abschnitte dieser **Änderung** ergänzen oder ersetzen die entsprechenden Abschnitte in DIN VDE 0660-102 (VDE 0660 Teil 102):1992-07.

Elektromagnetische Verträglichkeit (EMV)
Betriebsfrequente Magnetfeldprüfungen sind nicht erforderlich, weil die Einrichtungen solchen Feldern natürlich unterzogen werden. Die Störfestigkeit wird durch die erfolgreiche Beendigung der Prüfungen des Betriebsverhaltens nachgewiesen.
Diese Betriebsmittel reagieren von Natur aus auf Spannungseinbrüche und kurzzeitige Unterbrechungen der Steuerspannung; sie müssen innerhalb der festgelegten Grenzwerte reagieren, dieses wird nachgewiesen durch Prüfungen der Betätigungsgrenzen.

Störfestigkeit
Die Prüfergebnisse werden angegeben unter Anwendung der Verhaltenskriterien von IEC 61000-4. Aus Zweckmäßigkeitsgründen sind die Verhaltenskriterien in dieser Norm angegeben und in **Tabelle I** ausführlicher beschrieben.

Verhaltenskriterien	Prüfergebnis
1	Übliches Verhalten innerhalb der angegebenen Grenzen.
2	Vorübergehende Verschlechterung oder Verlust der Funktionsfähigkeit, die selbstheilend ist.
3	Vorübergehende Verschlechterung oder Verlust der Funktionsfähigkeit, die einen Eingriff des Bedienpersonals oder einen Systemreset erforderlich machen. Übliche Funktionen müssen durch einfache Eingriffe wiederhergestellt werden können, z. B. durch manuellen Reset oder Neustart. Komponenten dürfen nicht beschädigt sein.

Tabelle I Spezielle Annahmekriterien für Störfestigkeitsprüfungen

Merkmal	Annahmekriterien		
	1	2	3
Funktion der Haupt- und Steuerstromkreise	keine Störung	zeitweise Störung, die kein Auslösen verursacht	Auslösen des Überlastrelais
		unbeabsichtigtes Trennen oder Schließen der Kontakte wird nicht akzeptiert	unbeabsichtigtes Trennen oder Schließen der Kontakte
		selbstheilend	nicht selbstheilend
Funktion der Anzeigen und Hilfsstromkreise	keine Änderungen im sichtbaren Informationsgehalt der Anzeigen	zeitweise sichtbare Änderungen, z. B. ungewollte LED-Beleuchtung	andauernder Verlust an Informationsgehalt der Anzeigen
	nur geringfügige Schwankungen in der Lichtintensität der LEDs oder geringfügige Bewegungen der Buchstaben	keine Störung der Hilfskontakte	Störung der Hilfskontakte

Störaussendung
Der Schärfegrad für Umgebung 1 deckt die für die Umgebung 2 geforderten Schärfegrade ab.
Die durch diese Norm erfaßten Einrichtungen erzeugen keine bedeutenden Oberschwingungpegel, deshalb sind keine Oberschwingungprüfungen erforderlich.

Betriebsmittel, die keine elektronischen Schaltkreise enthalten
Es gilt Teil 1 mit folgender Ergänzung:
Betriebsmittel, die nur Bauelemente, wie z. B. Dioden, Varistoren, Widerstände oder Kondensatoren, enthalten, erfordern keine Prüfung (z. B. in Überspannungsschutzeinrichtungen).

Betriebsmittel, die elektronische Schaltkreise enthalten
Es gilt Teil 1 mit folgender Ergänzung:
Prüfungen der gestrahlten Hochfrequenz-Störaussendungen sind nur für Betriebsmittel erforderlich, die Stromkreise mit einer Schaltgrundfrequenz grö-

ßer als 9 kHz enthalten, z. B. abgeschnittene Versorgungs- oder Hochfrequenz-Taktgeber von Mikroprozessoren.

EMV-Prüfungen
Mit Einverständnis des Herstellers dürfen mehr als eine EMV-Prüfung oder alle EMV-Prüfungen an ein und demselben Prüfling durchgeführt werden, der anfangs neu sein darf oder die Prüffolgen schon bestanden hat. Die Einhaltung der Reihenfolge der EMV-Prüfungen kann zweckmäßig sein.
Der Prüfbericht muß jede besondere Maßnahme enthalten, die zur Erreichung der Übereinstimmung ergriffen wurde, z. B. die Verwendung abgeschirmter oder besonderer Kabel. Falls mit dem Schütz oder Starter Hilfseinrichtungen verwendet werden, um den Anforderungen an Störfestigkeit bzw. Störaussendung zu entsprechen, müssen diese im Bericht enthalten sein.
Der Prüfling muß sich in der offenen oder geschlossenen Stellung befinden, je nachdem, welche Stellung ungünstiger ist, und mit der Bemessungssteuerversorgung betätigt werden.

Störfestigkeit
Die Prüfungen nach **Tabelle II** sind erforderlich. Wenn bei den EMV-Prüfungen Leiter an den Prüfling anzuschließen sind, sind Querschnitt und Leitertyp freigestellt, müssen jedoch den Angaben in den technischen Unterlagen des Herstellers entsprechen.

Tabelle II Prüfungen der EMV-Störfestigkeit

Art der Prüfung	erforderlicher Schärfegrad
1,2/50 μs bis 8/20 μs Stoßspannung IEC 61000-4-5	2 kV Leiter gegen Erde 1 kV Leiter gegen Leiter
schnelle transiente Bursts IEC 61000-4-4	2 kV
elektromagnetisches Feld IEC 61000-4-3	10 V/m
elektrostatische Entladungen IEC 61000-4-2	4 kV Kontaktentladung 8 kV Luftentladungen

Störaussendung
Bei Betriebsmitteln, die für Umweltbedingung 2 konzipiert sind, muß an den Anwender eine entsprechende Warnung gerichtet werden (z. B. in der Betriebsanleitung), in der vermerkt wird, daß der Gebrauch dieser Betriebsmittel unter Umgebungsbedingung 1 Funkstörungen verursachen kann, so daß es für den Anwender erforderlich sein kann, zusätzliche Entstörverfahren einzusetzen.

Prüfungen der leitungsgebundenen Hochfrequenz-Störaussendung
Um die Prüfung zu bestehen, dürfen die Betriebsmittel die in **Tabelle III** angegebenen Pegel nicht überschreiten.

Tabelle III   Prüfgrenzen der leitungsgebundenen Hochfrequenz-Störaussendung

Frequenzband MHz	Umgebung 2	Umgebung 1
0,15 bis 0,5	79 dB (µV) Quasi-Scheitelpunkt 66 dB (µV) Durchschnitt	66 dB (µV) bis 56 dB (µV) Quasi-Scheitelpunkt 56 dB (µV) bis 46 dB (µV) Durchschnitt (Abnahme mit dem Logarithmus der Frequenz)
0,5 bis 5,0	73 dB (µV) Quasi-Scheitelpunkt 60 dB (µV) Durchschnitt	56 dB (µV) Quasi-Scheitelpunkt 46 dB (µV) Durchschnitt
5 bis 30	73 dB (µV) Quasi-Scheitelpunkt 60 dB (µV) Durchschnitt	60 dB (µV) Quasi-Scheitelpunkt 50 dB (µV) Durchschnitt

Prüfungen der gestrahlten hochfrequenten Störaussendung
Um die Prüfung zu bestehen, dürfen die Betriebsmittel die in **Tabelle IV** angegebenen Pegel nicht überschreiten.

Tabelle IV   Prüfgrenzen der gestrahlten Hochfrequenz-Störaussendung

Frequenzband MHz	Umgebung 2*)	Umgebung 1
30 bis 230	30 dB (µV/m) Quasi-Scheitelpunkt bei 30 m	30 dB (µV/m) Quasi-Scheitelpunkt bei 10 m
230 bis 1000	37 dB (µV/m) Quasi-Scheitelpunkt bei 30 m	37 dB (µV/m) Quasi-Scheitelpunkt bei 10 m
*) Diese Prüfungen dürfen bei 10 m Entfernung mit einem um 10 dB erhöhten Grenzwert durchgeführt werden.		

DIN EN 60947-3/A2 (VDE 0660 Teil 107/A2):1997-11   November 1997

Niederspannungsschaltgeräte

Teil 3: Lastschalter, Trennschalter, Lasttrennschalter
und Schalter-Sicherungs-Einheiten
(IEC 60947-3:1990/A2:1997)
Deutsche Fassung EN 60947-3/A2:1997

3 + 5 Seiten EN, 1 Tabelle, 1 Anhang   Preisgruppe 8 K

Die Abschnitte dieser **Änderung** ergänzen oder ersetzen die entsprechenden Abschnitte DIN VDE 0660-107 (VDE 0660 Teil 107):1992-12.

Anwendungsbereich
„Hilfsstromschalter, die an Geräte nach dieser Norm angebaut werden, müssen die Anforderungen nach IEC 60947-5-1 erfüllen."

Zusätzliche Anforderungen an Geräte mit Vorkehrungen für die elektrische Verriegelung mit Schützen oder Leistungsschaltern
Wenn Geräte mit Trennfunktion einen Hilfsstromschalter für die elektrische Verriegelung mit Schützen oder Leistungsschaltern enthalten und für die Verwendung in Motorstromkreisen vorgesehen sind, müssen folgende Anforderungen erfüllt werden, es sei denn, die Geräte sind für die Gebrauchskategorie AC 23 bestimmt.
Ein Hilfsstromschalter muß, wie vom Hersteller angegeben, nach IEC 60947-5-1 bemessen sein.
Die Zeitspanne zwischen dem Öffnen der Kontakte des Hilfsstromschalters und der Hauptstromkontakte muß ausreichend sicherstellen, daß die zugeordneten Schütze oder Leistungsschalter den Strom vor Öffnen der Hauptstromkontakte des Geräts unterbrechen.
Wenn in den Herstellerunterlagen nicht anders festgelegt, muß die Zeitspanne mindestens 20 ms betragen, wenn das Gerät nach den Angaben des Herstellers betätigt wird.
Die Übereinstimmung muß durch Messen der Zeitspanne zwischen dem Augenblick des Öffnens des Hilfsstromschalters und dem Augenblick des Öffnens der Hauptstromkontakte ohne Last nachgewiesen werden, wenn das Gerät nach den Angaben des Herstellers betätigt wird.
Während des Schließvorgangs müssen die Kontakte des Hilfsstromschalters nach oder zeitgleich mit den Kontakten der Hauptstromkontakte schließen.
Eine geeignete Öffnungszeitspanne darf auch durch eine Schalterzwischenstellung (zwischen Ein- und Aus-Stellung) erreicht werden, bei der der (die) Verriegelungskontakt(e) geöffnet ist (sind) und die Hauptstromkontakte noch geschlossen sind.

Zusätzliche Anforderungen an Geräte mit Einrichtungen zum Verschließen der Offenstellung

Die Einrichtungen zum Verschließen müssen so ausgeführt sein, daß sie mit den angebrachten, geeigneten Vorhängeschlössern nicht entfernt werden können. Wenn das Gerät durch ein einzelnes Vorhängeschloß verschlossen ist, darf es nicht möglich sein, durch Betätigen des Bedienteils die Luftstrecke zwischen den offenen Kontakten so zu vermindern, daß es nicht länger mit den Anforderungen nach Teil 1 übereinstimmt.

Eine Alternative sind Einrichtungen zum Verschließen, die so ausgeführt sein müssen, daß das Betätigen des Bedienteils ausgeschlossen ist.

Um das Verschließen nachzubilden, muß die Übereinstimmung mit den Anforderungen, das Bedienteil zu verschließen, nachgewiesen werden durch Verwendung eines Vorhängeschlosses, das vom Hersteller festgelegt ist, oder durch eine gleichartige Meßlehre, die unter ungünstigsten Umständen mißt. Die Kraft F muß am Bedienteil angreifen, um das Gerät von der Aus-Stellung in die Ein-Stellung zu bringen. Während der Einwirkung der Kraft F muß das Gerät mit einer Prüfspannung über die offenen Kontakte beaufschlagt werden. Das Gerät muß der Prüfspannung nach Teil 1 standhalten.

Erläuterung

IEC hat 1997 die Benummerung der IEC-Publikationen geändert. Zu den bisher verwendeten Normnummern werden jeweils 60 000 addiert. So ist zum Beispiel aus IEC 68 nun 60068 geworden.

DIN EN 60947-6-1/A11 (**VDE 0660 Teil 114/A11**):1997-11 November 1997

Niederspannungsschaltgeräte

Teil 6: Mehrfunktionsschaltgeräte
Hauptabschnitt 1: Automatische Netzumschalter
Deutsche Fassung EN 60947-6-1/A11:1997

4 + 7 Seiten EN, 3 Tabellen, 2 Anhänge   Preisgruppe 10 K

Die Abschnitte dieser **Änderung** ergänzen oder ersetzen die entsprechenden Abschnitte in DIN VDE 0660-114 (VDE 0660 Teil 114):1992-07.

Elektromagnetische Verträglichkeit (EMV)
Die Umgebungsbedingungen 1 oder 2 müssen in den Unterlagen des Herstellers aufgeführt sein.
Bei allen Störfestigkeits- und Störaussendungsprüfungen handelt es sich um Typprüfungen, die unter repräsentativen Bedingungen, sowohl Betriebs- als auch Umgebungsbedingungen, durchzuführen sind. Das gilt auch für vom Hersteller festgelegte Maßnahmen, wie z. B. Gehäuse, Schaltungen.

Störfestigkeit
Die Prüfergebnisse werden nach den in IEC 61000-4-1 festgelegten Verhaltenskriterien wie nachstehend aufgeführt festgelegt:
1. Bestimmungsgemäßes Betriebsverhalten innerhalb der festgelegten Grenzen.
2. Zeitlich begrenzte Minderung oder Ausfall der Funktion oder des bestimmungsgemäßen Betriebsverhaltens wird vom Gerät selbst wieder behoben.
3. Zeitlich begrenzte Minderung oder Ausfall der Funktion oder des bestimmungsgemäßen Betriebsverhaltens, wodurch ein Eingriff der Bedienperson oder die Rücksetzung des Systems erforderlich ist. Bestimmungsgemäße Funktionen müssen durch einen einfachen Eingriff, wie z. B. manuelle Rücksetzung oder Neustart, wiederherzustellen sein. Es darf kein Bauteil beschädigt sein.
Beispiel für Kriterium 2: ungewolltes LED-Aufleuchten.
Beispiel für Kriterium 3: Auslösen des Überlastrelais.
Betriebsfrequente Magnetfeld-Prüfungen sind nicht erforderlich, da diese Geräte üblicherweise magnetischen Feldern ausgesetzt sind. Die Störfestigkeit ergibt sich aus den Ergebnissen der erfolgreichen Durchführung der Prüfungen zum Betriebsverhalten.

Bei Betriebsmitteln, die nur Bauteile, wie z. B. Dioden, Varistoren, Widerstände oder Kondensatoren, enthalten, ist keine Prüfung erforderlich.
Bei Betriebsmitteln, die elektronische Schaltkreise enthalten, gelten die aufgeführten Verhaltenskriterien. Die entsprechenden Prüfungen sind in **Tabelle I** ausführlicher dargestellt.

Störaussendung
Die für Umgebung 1 erforderlichen Schärfegrade gelten auch für Umgebung 2. Bei Betriebsmitteln, die nur Bauteile, wie z. B. Dioden, Varistoren, Widerstände oder Kondensatoren, enthalten, ist keine Prüfung erforderlich (z. B. Stoßspannungs-Schutzeinrichtungen).
Die Häufigkeit und die Höhe dieser Störaussendungen sind vorläufig, bis weitere Erkenntnisse gewonnen werden, als Teil der üblichen elektromagnetischen Umgebung von Niederspannungsschaltgeräten zu betrachten.
Gestrahlte hochfrequente Störaussendungsprüfungen sind nur bei Betriebsmitteln erforderlich, die elektronische Schaltkreise mit einer Grundschaltfrequenz größer als 9 kHz, wie z. B. Schaltnetzteile oder Schaltkreise mit Mikroprozessoren mit hoher Taktfrequenz, enthalten.

EMV-Prüfungen
Mit Einverständnis des Herstellers dürfen an einem einzigen Prüfling, der neuwertig ist oder der die aufgeführten Prüffolgen bestanden hat, mehr als eine EMV-Prüfung oder alle EMV-Prüfungen durchgeführt werden. Die Reihenfolge der EMV-Prüfungen ist beliebig.
Wenn keine anderen Festlegungen in dieser Spezifikation aufgeführt oder vom Hersteller angegeben sind, gilt Verhaltenskriterium 2, das im Prüfbericht aufgeführt werden muß.
Der Prüfbericht muß ebenfalls besondere Maßnahmen enthalten, die ergriffen wurden, um den Anforderungen zu entsprechen, wie z. B. die Verwendung von geschirmten Kabeln oder Kabel-Sonderausführungen. Werden zusammen mit dem Betriebsmittel Hilfseinrichtungen verwendet, um den Anforderungen der Störfestigkeit oder der Störaussendung zu entsprechen, müssen sie im Prüfbericht aufgeführt werden.
Der Prüfling muß sich in offener oder geschlossener Stellung befinden, je nachdem, was ungünstiger ist, und muß mit der Bemessungssteuerspeisespannung U_s oder gegebenenfalls mit seinem Bemessungsstrom betrieben werden.

Störfestigkeit
Die in Tabelle I aufgeführten Prüfungen sind erforderlich. Wenn während der EMV-Prüfung Leiter an den Prüfling angeschlossen werden müssen, sind der Querschnitt und der Leitertyp beliebig wählbar, sie müssen allerdings mit den Anweisungen des Herstellers übereinstimmen.

Tabelle I EMV-Störfestigkeitsprüfungen

Art der Prüfung	erforderliche Prüfstufe[1])
1,2/50 µs Stoßspannung IEC 61000-4-5	2 kV (CM)*) 1 kV (DM)*)
schnelle transiente Störgrößen (Bursts) IEC 61000-4-4	2 kV
elektromagnetisches Feld IEC 61000-4-3	10 V/m
elektrostatische Entladungen IEC 61000-4-2	8 kV/Luftentladung 4 kV/Kontaktentladung

[1]) Dies entspricht Schärfegrad 3 nach IEC 61000-4-1.
*) CM: Gleichtaktbetrieb
  DM: Gegentaktbetrieb

Störaussendung
Bei Geräten, die für Umgebung 2 konzipiert sind, muß an den Anwender eine entsprechende Warnung gerichtet werden (z. B. in der Betriebsanleitung), in der vermerkt wird, daß der Gebrauch dieses Geräts unter Umgebung 1 Funkstörungen verursachen kann, so daß es für den Anwender erforderlich sein kann, zusätzliche Entstörverfahren einzusetzen.

Leitungsgeführte hochfrequente Störaussendungsprüfungen
Damit die Prüfungen bestanden werden, darf das Gerät die in **Tabelle II** angegebenen Werte nicht überschreiten.

Tabelle II Leitungsgeführte hochfrequente Störaussendungs-Prüfungsgrenzwerte

Frequenzband MHz	Umgebung 1	Umgebung 2
0,15 bis 0,5	79 dB (µV) Quasispitzenwert	66 dB (µV) bis 56 dB (µV) Quasispitzenwert
	66 dB (µV) Mittelwert	56 dB (µV) bis 46 dB (µV) Mittelwert (Abnahme erfolgt mit dem Logarithmus der Frequenz)
0,5 bis 5,0	73 dB (µV) Quasispitzenwert	56 dB (µV) Quasispitzenwert
	60 dB (µV) Mittelwert	46 dB (µV) Mittelwert
5 bis 30	73 dB (µV) Quasispitzenwert	60 dB (µV) Quasispitzenwert
	60 dB (µV) Quasispitzenwert	50 dB (µV) Mittelwert

Prüfungen der gestrahlten hochfrequenten Störaussendungen
Damit die Prüfungen bestanden werden, darf das Gerät die in **Tabelle III** angegebenen Werte nicht überschreiten.

Tabelle III Prüfgrenzen der gestrahlten Störaussendung

Dauerfrequenz MHz	Umgebung 2	Umgebung 1
30 bis 23	30 dB (µV/m) Quasispitzenwert bei 30 m*)	30 dB (µV/m) Quasispitzenwert bei 10 m
230 bis 1000	37 dB (µV/m) Quasispitzenwert bei 30 m*)	37 dB (µV/m) Quasispitzenwert bei 10 m
*) Diese Prüfungen dürfen mit einem Abstand von 10 m mit einem um 10 dB erhöhten Grenzwert durchgeführt werden.		

Erläuterung
IEC hat 1997 die Benummerung der IEC-Publikationen geändert. Zu den bisher verwendeten Normnummern werden jeweils 60 000 addiert. So ist zum Beispiel aus IEC 68 nun IEC 60068 geworden.

DIN EN 60947-6-2/A11 (VDE 0660 Teil 115/A11):1997-11   November 1997

Niederspannungsschaltgeräte

Teil 6: Mehrfunktionsschaltgeräte
Hauptabschnitt 2: Steuer- und Schutz-Schaltgeräte (CPS)
Deutsche Fassung EN 60947-6-2/A11:1997

4 + 15 Seiten EN, 8 Bilder, 4 Tabellen, 2 Anhänge   Preisgruppe 14 K

Die Abschnitte dieser **Änderung** ergänzen oder ersetzen die entsprechenden Abschnitte in DIN EN 60947-6-2 (VDE 0660 Teil 115):1993-09.

Elektromagnetische Verträglichkeit (EMV)
Die Umgebungsbedingungen 1 oder 2 müssen in den Unterlagen des Herstellers aufgeführt sein.
Bei allen Störfestigkeits- und Störaussendungsprüfungen handelt es sich um Typprüfungen, die unter repräsentativen Bedingungen, sowohl Betriebs- als auch Umgebungsbedingungen, durchzuführen sind. Das gilt auch für vom Hersteller festgelegte Maßnahmen, wie z. B. Gehäuse, Schaltungen.

Störfestigkeit
Die Prüfergebnisse werden nach den in IEC 61000-4-1 festgelegten Verhaltenskriterien wie nachstehend aufgeführt festgelegt:
1. Bestimmungsgemäßes Betriebsverhalten innerhalb der festgelegten Grenzen.
2. Zeitlich begrenzte Minderung oder Ausfall der Funktion oder des bestimmungsgemäßen Betriebsverhaltens wird vom Gerät selbst wieder behoben.
3. Zeitlich begrenzte Minderung oder Ausfall der Funktion oder des bestimmungsgemäßen Betriebsverhaltens, wodurch ein Eingriff der Bedienperson oder die Rücksetzung des Systems erforderlich ist. Bestimmungsgemäße Funktionen müssen durch einen einfachen Eingriff, wie z. B. manuelle Rücksetzung oder Neustart, wiederherzustellen sein. Es darf kein Bauteil beschädigt sein.
Beispiel für Kriterium 2: ungewolltes LED-Aufleuchten.
Beispiel für Kriterium 3: Auslösen des Überlastrelais.
Betriebsfrequente Magnetfeld-Prüfungen sind nicht erforderlich, da diese Geräte üblicherweise magnetischen Feldern ausgesetzt sind. Die Störfestigkeit ergibt sich aus den Ergebnissen der erfolgreichen Durchführung der Prüfungen zum Betriebsverhalten.

Bei Betriebsmitteln, die nur Bauteile, wie z. B. Dioden, Varistoren, Widerstände oder Kondensatoren, enthalten, ist keine Prüfung erforderlich.
Bei Betriebsmitteln, die elektronische Schaltkreise enthalten, gelten die aufgeführten Verhaltenskriterien. Die entsprechenden Prüfungen sind in **Tabelle I** ausführlicher dargestellt.

Störaussendung
Die für Umgebung 1 erforderlichen Schärfegrade gelten auch für Umgebung 2.
Bei Betriebsmitteln, die nur Bauteile, wie z. B. Dioden, Varistoren, Widerstände oder Kondensatoren, enthalten, ist keine Prüfung erforderlich (z. B. Stoßspannungs-Schutzeinrichtungen).
Die Häufigkeit und die Höhe dieser Störaussendungen sind vorläufig, bis weitere Erkenntnisse gewonnen werden, als Teil der üblichen elektromagnetischen Umgebung von Niederspannungsschaltgeräten zu betrachten.
Hochfrequente Störaussendungsprüfungen sind nur bei Betriebsmitteln erforderlich, die elektronische Schaltkreise mit einer Grundschaltfrequenz größer als 9 kHz, wie z. B. Schaltnetzteile oder Schaltkreise mit Mikroprozessoren mit hoher Takt-Frequenz, enthalten.

EMV-Prüfungen
Mit Einverständnis des Herstellers dürfen an einem einzigen Prüfling, der neuwertig ist oder der die aufgeführten Prüffolgen bestanden hat, mehr als eine EMV-Prüfung oder alle EMV-Prüfungen durchgeführt werden. Die Reihenfolge der EMV-Prüfungen ist beliebig.
Wenn keine anderen Festlegungen in dieser Spezifikation aufgeführt oder vom Hersteller angegeben sind, gilt Verhaltenskriterium 2, das im Prüfbericht aufgeführt werden muß.
Der Prüfbericht muß ebenfalls besondere Maßnahmen enthalten, die ergriffen wurden, um den Anforderungen zu entsprechen, wie z. B. die Verwendung von geschirmten Kabeln oder Kabel-Sonderausführungen. Werden zusammen mit dem Betriebsmittel Hilfseinrichtungen verwendet, um den Anforderungen der Störfestigkeit oder der Störaussendung zu entsprechen, müssen sie im Prüfbericht aufgeführt werden.
Der Prüfling muß sich in offener oder geschlossener Stellung befinden, je nachdem, was ungünstiger ist, und muß mit der Bemessungssteuerspeisespannung U_s oder gegebenenfalls mit seinem Bemessungsstrom betrieben werden.

Störfestigkeit
Die in Tabelle I aufgeführten Prüfungen sind erforderlich.
Wenn während der EMV-Prüfung Leiter an den Prüfling angeschlossen werden müssen, sind Querschnitt und Leitertyp beliebig wählbar, sie müssen allerdings mit den Anweisungen des Herstellers übereinstimmen.

Tabelle I EMV-Störfestigkeitsprüfungen

Art der Prüfung	Prüfstufe	
	„üblicher" Prüfschärfegrad[1]	„erhöhter" Prüfschärfegrad[2]
1,2/50 µs Stoßspannung IEC 61000-4-5	2 kV (CM)*) 1 kV (DM)*)	4 kV/2 kA ($U_{imp} \leq 4$ kV) (CM)*) + (DM)*) 6 kV/3 kA ($U_{imp} > 4$ kV) (CM)*) + (DM)*)
schnelle transiente Störgrößen (Bursts) IEC 61000-4-4	2 kV	4 kV
elektromagnetisches Feld IEC 61000-4-3	10 V/m	10 V/m
elektrostatische Entladungen IEC 61000-4-2	4 kV/Kontaktentladung 8 kV/Luftentladung	8 kV/Kontaktentladung 15 kV/Luftentladung

1) Dies entspricht Schärfegrad 3 nach IEC 61000-4-1
2) Falls erforderlich
*) CM: Gleichtaktbetrieb
　　DM: Gegentaktbetrieb

Störaussendung
Bei Geräten, die für Umgebung 2 konzipiert sind, muß an den Anwender eine entsprechende Warnung gerichtet werden (z. B. in der Betriebsanleitung), in der vermerkt wird, daß der Gebrauch dieses Geräts unter Umgebung 1 Funkstörungen verursachen kann, so daß es für den Anwender erforderlich sein kann, zusätzliche Entstörverfahren einzusetzen.

Leitungsgeführte hochfrequente Störaussendungsprüfungen
Damit die Prüfungen bestanden werden, darf das Gerät die in **Tabelle II** angegebenen Werte nicht überschreiten.

Tabelle II Leitungsgeführte hochfrequente Störaussendungsprüfungsgrenzwerte

Frequenzband MHz	Umgebung 1	Umgebung 2
0,15 bis 0,5	79 dB (µV) Quasispitzenwert 66 dB (µV) Mittelwert	66 dB bis 56 dB (µV) Quasispitzenwert 56 dB bis 46 dB (µV) Mittelwert (Abnahme erfolgt mit dem Logarithmus der Frequenz)
0,5 bis 5,0	73 dB (µV) Quasispitzenwert 60 dB (µV) Mittelwert	56 dB (µV) Quasispitzenwert 46 dB (µV) Mittelwert
5 bis 30	73 dB (µV) Quasispitzenwert 60 dB (µV) Mittelwert	60 dB (µV) Quasispitzenwert 50 dB (µV) Mittelwert

Prüfungen der gestrahlten hochfrequenten Störaussendungen
Damit die Prüfungen bestanden werden, darf das Gerät die in **Tabelle III** angegebenen Werte nicht überschreiten.

Tabelle III Prüfgrenzen der gestrahlten Störaussendung

Dauerfrequenz MHz	Umgebung 2	Umgebung 1
30 bis 230	30 dB (µV/m) Quasispitzenwert bei 30 m*)	30 dB (µV/m) Quasispitzenwert bei 10 m
23 bis 1000	37 dB (µV/m) Quasispitzenwert bei 30 m*)	37 dB (µV/m) Quasispitzenwert bei 10 m
*) Diese Prüfungen dürfen in einem Abstand von 10 m mit Grenzwerten, die um 10 dB erhöht sind, durchgeführt werden.		

DIN EN 60947-4-2 (VDE 0660 Teil 117):1997-05   Mai 1997

Niederspannungsschaltgeräte

Teil 4: Schütze und Motorstarter
Hauptabschnitt 2: Halbleiter-Motor-Steuergeräte
und -Starter für Wechselspannung
(IEC 947-4-2 : 1995, modifiziert)
Deutsche Fassung EN 60947-4-2 : 1996

4 + 54 Seiten EN, 18 Bilder, 20 Tabellen, 10 Anhänge   Preisgruppe 34 K

Diese Norm (VDE-Bestimmung) gilt für Steuergeräte und Starter, die ein in Reihe geschaltetes, mechanisches Schaltgerät enthalten können und die zum Anschluß an Stromkreise mit Bemessungsspannungen bis 1000 V Wechselspannung vorgesehen sind.
Diese Norm beschreibt Steuergeräte und Starter, die zum Gebrauch mit oder ohne Überbrückungsschaltgerät vorgesehen sind.
Halbleiter-Motor-Steuergeräte und -Starter, die dieser Norm entsprechen, müssen üblicherweise keine Kurzschlußströme abschalten können. Deshalb muß ein geeigneter Kurzschlußschutz ein Teil der Anlage, aber nicht unbedingt ein Teil des Steuergeräts oder Starters sein.
In diesem Sinn enthält diese Norm Anforderungen an Steuergerät und Starter für Wechselspannung mit zugehörigen, aber getrennt angeordneten Kurzschlußschutzeinrichtungen.
Die Abschnitte dieser Norm ergänzen oder ersetzen die entsprechenden Abschnitte in DIN EN 60947-1 (VDE 0660 Teil 100).
Zweck dieser Norm ist die Festlegung von
- Merkmalen der Steuergeräte und Starter und der zugehörigen Einrichtungen;
- Bedingungen, denen Steuergeräte und Starter genügen müssen in bezug auf:
  a) Betätigung und Verhalten,
  b) Isolationseigenschaften,
  c) Schutzart durch Gehäuse, soweit vorhanden,
  d) deren Ausführung;
- Prüfungen zum Nachweis, daß diese Bedingungen erfüllt wurden, und die Prüfverfahren für diese Prüfungen;
- Informationen, die mit dem Gerät zu liefern oder die in den Herstellerunterlagen anzugeben sind.

Zusammenstellung der kennzeichnenden Merkmale
Die kennzeichnenden Merkmale von Steuergeräten und -startern für Wechselspannung müssen, soweit zutreffend, wie folgt festgelegt werden:
- Art des Geräts;
- Bemessungs- und Grenzwerte für Hauptstromkreise;
- Gebrauchskategorie;

- Steuerstromkreise;
- Hilfsstromkreise;
- Arten und kennzeichnende Merkmale von Relais und Auslösern;
- Zuordnung von Kurzschlußschutzeinrichtungen;
- Schaltüberspannungen.

Gebrauchskategorie
Für Steuergerät und Starter gelten die in **Tabelle I** aufgeführten Gebrauchskategorien. Jede andere Anwendung muß zwischen Hersteller und Anwender vereinbart werden, aber Angaben im Herstellerkatalog oder im Angebot des Herstellers gelten als Vereinbarung.

Tabelle I   Gebrauchskategorien

Gebrauchs-kategorie	typische Anwendung
AC-52a	Steuern der Statorwicklung eines Schleifringläufermotors
AC-52b	Steuern der Statorwicklung eines Schleifringläufermotors, wobei das Steuergerät während des Laufs überbrückt ist
AC-53a	Steuern eines Käfigläufermotors
AC-53b	Steuern eines Käfigläufermotors, wobei das Steuergerät während des Laufs überbrückt ist
AC-58a	Steuern eines hermetisch gekapselten Kühlkompressormotors mit automatischer Rückstellung der Überlastauslösungen
AC-58b	Steuern eines hermetisch gekapselten Kühlkompressormotors, wobei das Halbleiter-Steuergerät während des Laufs überbrückt ist und mit automatischer Rückstellung der Überlastauslösung

Prüfungen

Typprüfungen
Typprüfungen sollen die Übereinstimmung der Ausführung von Halbleiter-Steuergeräten und -startern aller Gerätevarianten mit dieser Norm nachweisen. Sie umfassen den Nachweis von:
a)   Erwärmungsgrenzen;
b)   Isolationseigenschaften;
c)   Funktionsfähigkeit;
d)   Betätigung und Betätigungsgrenzen;
e)   Bemessungsein- und -ausschaltvermögen und konventionelles Betriebsverhalten der in Reihe liegenden mechanischen Schaltgeräte von Hybridgeräten;

f) Verhalten unter Kurzschlußbedingungen;
g) mechanische Eigenschaften der Anschlüsse;
h) Schutzarten von Steuergeräten und Startern im Gehäuse;
i) EMV-Prüfungen.

Stückprüfungen
Stückprüfungen für Steuergeräte und Starter umfassen:
• Betätigung und Betätigungsgrenzen;
• Isolationsprüfungen.
Die Prüffolgen lauten wie folgt:
a) Prüffolge I
  (i) Nachweis der Erwärmung
  (ii) Nachweis der Isolationseigenschaften
b) Prüffolge II: Nachweis der Funktionsfähigkeit
  (i) Prüfung der thermischen Stabilität
  (ii) Prüfung der Überlastfestigkeit
  (iii) Prüfung der Sperr- und Leitfähigkeit einschließlich des Nachweises der Betätigung und der Betätigungsgrenzen
c) Prüffolge III: Verhalten bei Kurzschlußbedingungen
d) Prüffolge IV
  (i) Nachweis der mechanischen Eigenschaften von Anschlüssen
  (ii) Nachweis der Schutzarten von Geräten im Gehäuse
e) Prüffolge V: EMV-Prüfungen

EMV-Prüfungen
Alle Störaussendungs- und Störfestigkeitsprüfungen sind Typprüfungen, die unter repräsentativen Betriebs- und Umgebungsbedingungen durchgeführt werden müssen. Die vom Hersteller empfohlenen Verdrahtungsarten einschließlich der vom Hersteller festgelegten Gehäuse müssen benutzt werden.
Alle Prüfungen müssen im eingeschwungenen Zustand durchgeführt werden. Für die Prüfungen wird ein Motor benötigt. Der Motor und seine Zuleitungen werden als Hilfsausrüstung betrachtet, die für die Durchführung der Prüfungen erforderlich ist, aber sie sind nicht Teil der zu prüfenden Betriebsmittel. Mit Ausnahme der Prüfung der Oberschwingungsstöraussendungen ist es nicht erforderlich, den Motor zu belasten. Wenn der in irgendeiner Prüfung eingesetzte Motor von kleinerer Leistung ist als der vorgesehene Leistungsbereich des Steuergeräts oder Starters, muß dies im Prüfbericht vermerkt werden. Prüfungen am Leistungsausgang sind nicht erforderlich. Wenn vom Hersteller nicht anders festgelegt, muß die Länge der Leitungen zum Motor 3 m betragen.

Prüfung leitungsgeführter Hochfrequenz-Störaussendung
Beschreibungen dieser Prüfung, Prüfverfahren und der Prüfaufbau sind in CISPR 11 (VDE 0875 Teil 11) angegeben.
Es ist ausreichend, zwei repräsentative Prüflinge von einer Anzahl von Steuergeräten oder Startern mit verschiedenen Leistungsbemessungswerten zu prü-

fen, die den höchsten und niedrigsten Leistungsbemessungswert dieser Anzahl darstellen.
Die Aussendung darf die in einer Tabelle angegebenen Werte nicht überschreiten.

Prüfung der gestrahlten hochfrequenten Störaussendung
Beschreibungen der Prüfungen, Prüfverfahren und der Prüfaufbau sind in CISPR 11 angegeben.
Es ist ausreichend, einen einzelnen repräsentativen Prüfling aus einer Anzahl von Steuergeräten oder Startern mit verschiedenen Leistungsbemessungswerten zu prüfen.
Die Aussendung darf die in einer Tabelle angegebenen Werte nicht überschreiten.

EMV-Störfestigkeitsprüfungen
Wenn eine Anzahl von Steuergeräten oder Startern eine ähnlich aufgebaute Steuerelektronik innerhalb ähnlicher Rahmenformate enthalten, ist es zulässig, nur einen einzelnen repräsentativen Prüfling des Steuergeräts oder Starters, wie vom Hersteller angegeben, zu prüfen.

Elektrostatische Entladung
Steuergeräte oder Starter müssen entsprechend den in von IEC 801-2 angeführten Verfahren geprüft werden. Für die Prüfwerte müssen für die Kontaktentladung 4 kV und für die Luftentladung 8 kV verwendet werden, mit zehn positiven und zehn negativen Impulsen, die an jedem ausgewählten Punkt angelegt werden; die Zeitspanne zwischen jeder aufeinanderfolgenden Einzelentladung muß 1 s betragen. Prüfungen an Leistungsanschlüssen sind nicht erforderlich. Verbindungen zu allen Anschlüssen müssen nicht hergestellt werden.

Hochfrequentes elektromagnetisches Feld
Hochfrequente elektromagnetische Feldprüfungen werden in zwei Frequenzbereiche eingeteilt: 0,15 MHz bis 80 MHz und 80 MHz bis 1000 MHz. Für den Bereich 0,15 MHz bis 80 MHz sind die Prüfverfahren in IEC 1000-4-6 angegeben. Die Prüfschärfe muß 140 dBµV (Schärfegrad 3) betragen.

Schnelle Transienten (5/50 ns)
Steuergerät oder Starter müssen nach dem Verfahren von IEC 801-4 geprüft werden.
Der Prüfwert für Wechselstromnetzanschlüsse beträgt 2,0 kV/5,0 kHz und muß über ein Kopplungs-/Entkopplungsnetzwerk eingekoppelt werden. Die Prüfspannung muß für 1 min angelegt werden.

Stoßspannungen (1,2/50 µs bis 8/20 µs)
Steuergerät oder Starter müssen nach dem Verfahren von IEC 1000-4-5 geprüft werden.
Der Prüfwert für die Hauptanschlüsse muß 2 kV Leiter – Erde und 1 kV Leiter – Leiter betragen.

DIN EN 60947-4-2/A1 (VDE 0660 Teil 117/A1):1998-03 März 1998

Niederspannungsschaltgeräte

Teil 4: Schütze und Motorstarter
Hauptabschnitt 2: Halbleiter-Motor-Steuergeräte und -Starter
für Wechselspannung
(IEC 60947-4-2:1995/A1:1997)
Deutsche Fassung EN 60947-4-2/A1:1997

2 + 6 Seiten EN, 2 Anhänge   Preisgruppe 9 K

Die Abschnitte dieser **Änderung** ergänzen oder ersetzen die entsprechenden Abschnitte in DIN EN 60947-4-2 (VDE 0660 Teil 117):1997-05.

Zuordnung von Kurzschlußschutzeinrichtungen (SCPD)
Der bedingte Bemessungskurzschlußstrom von Steuergeräten und Startern, die von Kurzschlußschutzeinrichtungen (SCPD) geschützt werden, muß durch Kurzschlußprüfungen nachgewiesen werden.
Die SCPD muß für jeden Bemessungsbetriebsstrom, jede Bemessungsbetriebsspannung und die entsprechende Gebrauchskategorie bemessen sein.
Zwei Zuordnungsarten „1" oder „2" sind zulässig. Die Prüfbedingungen für die beiden Zuordnungsarten sind unten festgelegt.
Bei Zuordnungsart „1" darf das Gerät im Kurzschlußfall Personen und Anlage nicht gefährden und braucht für den weiteren Betrieb ohne Reparatur und Teilerneuerung nicht geeignet zu sein.
Bei Zuordnungsart „2" darf das Gerät im Kurzschlußfall Personen und Anlage nicht gefährden und muß für den weiteren Gebrauch geeignet sein. Für Hybrid-Steuergeräte und -Starter ist die Gefahr der Kontaktverschweißung gegeben. In diesem Fall muß der Hersteller Wartungsanweisungen geben.

Allgemeine Bedingungen für Kurzschlußprüfungen
Die allgemeinen Bedingungen für Kurzschlußprüfungen lauten wie folgt:
- „O"-Betätigung: der Kurzschlußstrom wird an das Steuergerät oder an den Starter angelegt, der bereits im vollausgesteuerten Zustand durch einen Strom aufrechterhalten wird, der mindestens dem Mindestlaststrom entspricht;
- „CO"-Betätigung für Geräte zum direkten Einschalten.

Bedingter Kurzschlußstrom von Steuergeräten und Startern
Das Steuergerät oder der Starter und die zugehörige SCPD müssen, wie unten angegeben, geprüft werden.
Die Prüfungen müssen unter den Bedingungen ausgeführt werden, die dem höchsten Bemessungsstrom I_e und der höchsten Bemessungsspannung U_e für Gebrauchskategorie AC-53a entsprechen.
Wenn das gleiche Halbleiterbauelement für mehrere Bemessungswerte verwen-

det wird, muß die Prüfung unter den Bedingungen durchgeführt werden, die dem höchsten Bemessungsstrom I_e entsprechen.

Prüfung mit dem bedingten Bemessungskurzschlußstrom I_q
Der Prüfkreis muß auf den unbeeinflußten Kurzschlußstrom I_q, der dem bedingten Bemessungskurzschlußstrom entspricht, eingestellt werden.
Wenn die SCPD eine Sicherung ist und der Prüfstrom im Strombegrenzungsbereich der Sicherung liegt, muß, wenn möglich, die Sicherung so ausgewählt werden, daß der höchste Wert des Abschaltstroms I_c (IEC 60269-1) und die höchsten I^2t-Durchlaßwerte auftreten können.
Ausgenommen bei Steuergeräten oder Startern zum direkten Einschalten muß eine Ausschaltung der SCPD mit dem Steuergerät oder Starter im vollausgesteuerten Zustand und geschlossener SCPD ausgeführt werden; der Kurzschlußstrom muß durch ein eigenes Schaltgerät eingeschaltet werden.

DIN EN 60947-5-1/A1 (VDE 0660 Teil 200/A1):1997-11   November 1997

Niederspannungsschaltgeräte

Teil 5: Steuergeräte und Schaltelemente
Hauptabschnitt 1: Elektromechanische Steuergeräte
(IEC 60947-5-1:1990/A1:1994)
Deutsche Fassung EN 60947-5-1/A1:1997

3 + 16 Seiten EN, 5 Bilder, 6 Tabellen, 5 Anhänge   Preisgruppe 14 K

Die Abschnitte dieser **Änderung** ergänzen oder ersetzen die entsprechenden Abschnitte in DIN VDE 0660-200 (VDE 0660 Teil 200):1992-07.
Diese Änderung betrifft 12 Positionen und drei normative Anhänge.

Anhang F   (normativ)

Schutzisolierte Steuergeräte, isoliert durch Vergußkapselung (Schutzklasse II)

Anforderungen und Prüfungen
Dieser Anhang legt Bauanforderungen und Prüfungen für schutzisolierte Steuergeräte oder Teile davon fest, in denen die Isolation der Schutzklasse II nach IEC 60536 durch Vergußkapselung erreicht wird.
Alle Teile, die nicht vergossen sind, müssen den festgelegten Anforderungen für doppelte Isolation in bezug auf Luft- und Kriechstrecken entsprechen.

Anhang G   (normativ)

Zusätzliche Anforderungen an Steuergeräte mit integrierten Anschlußkabeln
Dieser Anhang beschreibt zusätzliche Anforderungen, die auf Steuergeräte mit integrierten Anschlußkabeln für die elektrische Verbindung mit anderen Geräten und/oder zur Stromversorgung anzuwenden sind.
Dieses integrierte Anschlußkabel von Steuergeräten ist nicht dafür vorgesehen, vom Anwender ausgewechselt zu werden. Dieser Anhang beschreibt die Konstruktion und das Betriebsverhalten des Kabels, der Kabelverankerung und der Kabeleinführungsabdichtung.

Anhang H   (normativ)

Zusätzliche Anforderungen an Halbleiterschaltelemente für Steuergeräte
Dieser Anhang gilt für Steuergeräte mit Halbleiterschaltelementen für die Steuerung, Signalisierung, Verriegelung usw. bei Schaltgeräten. Diese Einrichtungen müssen auch den diesbezüglichen Anforderungen in Hauptabschnitt 1 (IEC 60947-5-1) entsprechen.

Zweck dieses Anhangs ist die Festlegung zusätzlicher Anforderungen für Halbleiterschaltelemente.

Elektromagnetische Verträglichkeit (EMV)
Die betrieblichen kennzeichnenden Merkmale des Schaltelements müssen bis einschließlich dem vom Hersteller festgelegten Schärfegrad genau eingehalten werden.

Elektromagnetische Entladungsfestigkeit (ESD) nach IEC 60802-1 und Tabelle H.1

Tabelle H.1   ESD – Prüfschärfen

Schärfegrad	Prüfspannung ± 10 %
1	2 kV
2	4 kV
3	8 kV
4	15 kV
X	freie Vereinbarung

Störstrahlungsfestigkeit nach IEC 60801-3 und Tabelle H.2

Tabelle H.2   Prüfschärfen für Störstrahlung

Schärfegrad	Prüffeldstärke (V/m) ± 10 %
1	1
2	3
3	10
X	freie Vereinbarung

Schnelle Transientenfestigkeit nach IEC 60801-4 und Tabelle H.3

Tabelle H.3 Prüfschärfen für schnelle Transientenfestigkeit

Schärfegrad	Prüfspannung ± 10 % bei abgeschaltetem (gesperrtem) Ausgang	
	auf der Speisespannung	auf dem I/O-(Eingang/Ausgang) Signal-, Daten- und Steuerleitungen
1	0,5 kV	0,25 kV
2	1 kV	0,5 kV
3	2 kV	1 kV
4	4 kV	2 kV
X	freie Vereinbarung	freie Vereinbarung

Stoßspannungsfestigkeit nach Tabelle H.4

Tabelle H.4 Prüfschärfen für Stoßspannungsfestigkeit

Schärfegrad	Prüfspannung ± 10 %
0	0,0 kV
1	0,5 kV
2	1 kV
3	2,5 kV
4	5 kV

Nachweis der elektromagnetischen Verträglichkeit (EMV)
Die folgenden Prüfungen müssen unter den nachstehenden allgemeinen Bedingungen durchgeführt werden:
Das Schaltelement wird in freier Luft angeordnet mit einer Last nach der Bemessungsbetriebsspannung (U_e) (oder dem Höchstwert der Spannung des Spannungsbereichs).
Die Anschlußleitungen müssen 2 m lang sein.
Die Prüfung muß durchgeführt werden, wenn:
a) das Schaltelement im Ein-Zustand ist;
b) das Schaltelement im Aus-Zustand ist.
Während der Prüfung darf sich der Ausgangszustand nicht ändern.

DIN EN 60947-5-1/A2 (VDE 0660 Teil 200/A2):1998-02   Februar 1998

Niederspannungsschaltgeräte

Teil 5: Steuergeräte und Schaltelemente
Hauptabschnitt 1: Elektromechanische Steuergeräte
(IEC 60947-5-1:1990/A2:1996)
Deutsche Fassung EN 60947-5-1/A2:1997

2 + 10 Seiten EN, 3 Bilder, 3 Anhänge   Preisgruppe 10 K

Die Abschnitte dieser Änderung ergänzen oder ersetzen die entsprechenden Abschnitte in DIN VDE 0660-200 (VDE 0660 Teil 200):1992-07.

Prüffolgen
Die Art und Reihenfolge der Prüfungen an repräsentativen Prüflingen ist wie folgt:

Prüffolge I (Prüfling 1)
- Prüfung 1 – Betriebsgrenzen von Hilfsschützen, falls anwendbar
- Prüfung 2 – Erwärmung
- Prüfung 3 – Isolationseigenschaften
- Prüfung 4 – Mechanische Eigenschaften der Anschlüsse

Prüffolge II (Prüfling 2)
- Prüfung 1 – Ein- und Ausschaltvermögen der Schaltelemente unter üblichen Bedingungen
- Prüfung 2 – Isolationsnachweis

Prüffolge III (Prüfling 3)
- Prüfung 1 – Ein- und Ausschaltvermögen der Schaltelemente unter unüblichen Bedingungen
- Prüfung 2 – Isolationsnachweis

Prüffolge IV (Prüfling 4)
- Prüfung 1 – Verhalten bei bedingtem Kurzschlußstrom
- Prüfung 2 – Isolationsnachweis

Prüffolge V (Prüfling 5)
- Prüfung 1 – Schutzart von Steuergeräten im Gehäuse
- Prüfung 2 – Nachweis der Betätigungskraft oder des Momentes

Prüffolge VI (Prüfling 6)
- Prüfung 1 – Messungen der Luft- und Kriechstrecken, falls anwendbar
- Prüfung 2 – Nachweis der Rotationsbegrenzung eines Drehschalters

Bei keiner der obigen Prüfungen darf ein Prüfling ausfallen.

Mehr als eine oder alle Prüffolgen dürfen auf Wunsch des Herstellers an einem Prüfling ausgeführt werden. Die Prüfungen müssen jedoch in der für jeden Prüfling oben angegebenen Reihenfolge durchgeführt werden.
Anmerkung: Für schutzisolierte Steuergeräte, die durch Vergußkapselung (Schutzklasse II) isoliert sind, sind zusätzliche Prüflinge erforderlich.

DIN EN 60947-5-1/A12 (VDE 0660 Teil 200/A12):1997-11   November 1997

Niederspannungsschaltgeräte

Teil 5: Steuergeräte und Schaltelemente
Hauptabschnitt 1: Elektromechanische Steuergeräte
Deutsche Fassung EN 60947-5-1/A12:1997

3 + 4 Seiten EN, 1 Tabelle, 2 Anhänge   Preisgruppe 8 K

Die Abschnitte dieser **Änderung** ergänzen oder ersetzen die entsprechenden Abschnitte in DIN VDE 0660-200 (VDE 0660 Teil 200):1992-07.

Elektromagnetische Verträglichkeit (EMV)

Störfestigkeit
Steuergeräte, die keine elektronischen Schaltungen enthalten, sind unempfindlich gegenüber elektromagnetischen Störungen unter üblichen Betriebsbedingungen, daher sind keine Prüfungen erforderlich.
Steuergeräte mit elektronischen Schaltungen müssen eine ausreichende Störfestigkeit gegen elektromagnetische Störungen haben.
Anmerkung: Ein einfacher Gleichrichter ist unter üblichen Betriebsbedingungen unempfindlich gegen elektromagnetische Störungen und benötigt daher keine Prüfung zum Nachweis der Störfestigkeit.

Störaussendung
Bei Steuergeräten, die keine elektronischen Schaltungen enthalten, können elektromagnetische Störungen nur während gelegentlicher Schaltvorgänge entstehen. Die Dauer dieser Störungen liegt im Bereich von Millisekunden.
Die Häufigkeit, der Pegel und die Auswirkungen dieser Störaussendung werden als Teil der üblichen elektromagnetischen Umgebungsbedingungen für Niederspannungsinstallationen betrachtet.
Deshalb wird davon ausgegangen, daß die Anforderungen für die elektromagnetische Störaussendung erfüllt werden, weshalb keine Überprüfung notwendig ist.
Steuergeräte mit elektronischen Schaltungen (z. B. Schaltnetzteile, Schaltungen mit Mikroprozessoren mit Hochfrequenztakt) können dauernde elektromagnetische Störungen erzeugen.
Die Störaussendung muß die Anforderungen für Klasse A Gruppe 1 von EN 55011 (identisch mit denen von EN 50081-2) erfüllen.
Die Messungen müssen in der dem üblichen Gebrauch entsprechenden Betriebsart einschließlich der Erdungsbedingungen vorgenommen werden, bei der im untersuchten Frequenzbereich, der mit den üblichen Einsatzfällen übereinstimmen muß, die höchste Störaussendung erreicht wird.
Tabelle I zeigt die Grenzwerte für Steuergeräte.

Tabelle I Störaussendungsgrenzwerte für Steuergeräte

Anschluß	Frequenzbereich MHz	Grenzwerte	Grundnorm
Gehäuse [1]	30 bis 230 230 bis 1000	30 dB (µV/m) Quasispitzenwert, gemessen in 30 m Entfernung [2] 37 dB (µV/m) Quasispitzenwert, gemessen in 30 m Entfernung [2]	EN 55011
Netz-Wechselstrom	0,15 bis 0,50 0,50 bis 5 5 bis 30	79 dB (µV) Quasispitzenwert 66 dB (µV) Mittelwert 73 dB (µV) Quasispitzenwert 60 dB (µV) Mittelwert 73 dB (µV) Quasispitzenwert 60 dB (µV) Mittelwert	Klasse A Gruppe 1

1) Nur anzuwenden für Steuergeräte, die Teile enthalten, die bei Frequenzen größer als 9 kHz arbeiten, z. B. Mikroprozessoren.
2) Darf auch in einem Abstand von 10 m gemessen werden, wenn die Grenzwerte um 10 dB erhöht werden, bzw. bei 3 m Abstand, wenn die Grenzwerte um 20 dB erhöht werden.

Diese Grenzwerte gelten ausschließlich für Steuergeräte, die in industrieller Umgebung eingesetzt werden. Wenn sie in Haushaltumgebung eingesetzt werden sollen, muß in der Betriebsanweisung folgender Warnvermerk angebracht sein.

Warnung:
Dies ist ein Produkt der Klasse A. In Haushaltumgebung kann dieses Gerät Rundfunkstörungen verursachen, weshalb der Anwender gegebenenfalls geeignete Maßnahmen ergreifen muß.

Prüfungen der EMV
Während der Prüfungen gilt das Bewertungskriterium B, was bedeutet:
- Unvorhergesehenes Öffnen oder Schließen von Kontakten darf nicht erfolgen.
- Jede andere vorübergehende unübliche Operation, einschließlich vorübergehender sichtbarer Veränderungen (z. B. ungewolltes LED-Aufleuchten) ist zulässig, wenn eine solche Operation nicht zum Auslösen führt und von selbst wieder rückgängig gemacht wird.

DIN EN 60947-5-2 (VDE 0660 Teil 208):1997-12 Dezember 1997

Niederspannungsschaltgeräte

Teil 5: Steuergeräte und Schaltelemente
Hauptabschnitt 2: Näherungsschalter
(IEC 60947-5-2:1992 + A1:1994 + A2:1995, modifiziert)
Deutsche Fassung EN 60947-5-2:1997

4 + 71 Seiten EN, 44 Bilder, 21 Tabellen, 7 Anhänge, 10 Anforderungsblätter
Preisgruppe 43 K

Diese Norm (VDE-Bestimmung) gilt für induktive und kapazitive Näherungsschalter, die die Anwesenheit von Objekten aus Metall und/oder nichtmetallenen Objekten erfassen, für Ultraschallnäherungsschalter, die die Anwesenheit von schallreflektierenden Objekten erfassen, und für fotoelektrische Näherungsschalter, die die Anwesenheit von Gegenständen erfassen. Diese Näherungsschalter bilden eine Einheit, enthalten Halbleiterschaltelemente und sind für den Einsatz in Stromkreisen vorgesehen, deren Bemessungsspannung AC 250 V 50/60 Hz oder DC 300 V nicht überschreitet.
Der Zweck dieser Norm für Näherungsschalter ist die Festlegung von:
- Begriffen;
- Einteilung;
- kennzeichnenden Merkmalen;
- Produktinformationen;
- üblichen Betriebs-, Einbau- und Transportbedingungen;
- Anforderungen an den Bau und das Verhalten;
- Prüfungen zum Nachweis der Bemessungsmerkmale.

Einteilung
Näherungsschalter werden nach unterschiedlichen kennzeichnenden Merkmalen eingeteilt, siehe **Tabelle I**.

Tabelle I Einteilung von Näherungsschaltern

1. Stelle/ 1 Zeichen	2. Stelle/ 1 Zeichen	3. Stelle/ 3 Zeichen	4. Stelle/ 1 Zeichen	5. Stelle/ 1 Zeichen	6. Stelle/ 1 Zeichen
Erfassungsart	mechanische Einbaubedingung	Bauform und Größe	Schaltelementfunktion (Ausgang)	Ausgangsart	Anschlußart
I induktiv C kapazitiv U Ultraschall D fotoelektrisch diffus reflektiertes Lichtbündel R fotoelektrisch reflektiertes Lichtbündel T fotoelektrisch direktes Lichtbündel	1 bündig 2 nicht bündig einbaubar 3 nicht festgelegt	Form (ein Großbuchstabe) A zylindrische Gewindehülse B glatte zylindrische Hülse C rechteckig, mit quadratischem Querschnitt D rechteckig, mit rechteckigem Querschnitt Größe (zwei Ziffern) für Durchmesser oder Seitenlänge	A Schließer B Öffner C Wechsler P programmierbar durch Anwender S andere	P PNP-Ausgang, 3 oder 4 Anschlüsse DC N NPN-Ausgang, 3 oder 4 Anschlüsse DC D 2 Anschlüsse DC F 2 Anschlüsse AC U 2 Anschlüsse AC oder DC S andere	1 integrierte Anschlußleitung 2 Steckanschluß 3 Schraubenanschluß 9 andere

Beispiel:

U	3	A 30	A	D	2
Ultraschall	nicht festgelegt	zylindrisches Gewinde M 30	Schließer	2 Anschlüsse DC	Steckanschluß

415

Produktinformation
Folgende Angaben müssen vom Hersteller gemacht werden:

Angaben zur Identifizierung
a) Name des Herstellers oder Ursprungszeichen;
b) Typbezeichnung oder andere Bezeichnung, um den Näherungsschalter zu bestimmen und um entsprechende Informationen vom Hersteller oder aus dessen Katalog zu erhalten (siehe Tabelle I);
c) Bezugnahme auf diese Norm, wenn der Hersteller die Übereinstimmung mit ihr in Anspruch nimmt.

Grundlegende Bemessungswerte
d) Bemessungsbetriebsspannung(en);
e) Gebrauchskategorie und Bemessungsbetriebsströme bei den Bemessungsbetriebsspannungen und Bemessungsfrequenz(en) oder bei Gleichspannung DC;
f) Bemessungsisolationsspannung;
g) Bemessungsstoßspannungsfestigkeit;
h) Schutzart;
i) Verschmutzungsgrad;
j) Art und höchste Bemessung der Kurzschlußschutzeinrichtung;
k) bedingter Bemessungskurzschlußstrom;
l) elektromagnetische Verträglichkeit (EMV);
m) Schaltabstände;
n) Wiederholgenauigkeit;
o) Hysterese;
p) Schaltfrequenz;
r) kleinster Betriebsstrom;
s) Reststrom;
t) Leerlaufstrom;
u) Spannungsfall;
v) Schaltelementfunktion;
w) bündig einbaubar oder nicht bündig einbaubar;
x) mechanische Abmessungen;
y) Faktor der Strahlungsleistung.

Elektromagnetische Verträglichkeit (EMV)
Die kennzeichnenden Betätigungsmerkmale eines Näherungsschalters müssen in allen Bereichen der elektromagnetischen Beeinflussung (EMI) bis zum vom Hersteller angegebenen höchsten Pegel erhalten bleiben.
Der zu prüfende Näherungsschalter muß alle wichtigen baulichen Details derjenigen Geräte enthalten, die er repräsentiert, und sein Zustand muß neu und sauber sein.
Wartung oder Ersatz von Teilen während oder nach dem Prüfzyklus ist nicht erlaubt.

Hochfrequenzbeeinflussungsfestigkeit nach IEC 61000-4-3
Die Mindestprüffeldstärke muß 3 V/m betragen.
Frequenzband 80 MHz bis 1000 MHz.

Elektrostatische Entladungsfestigkeit (ESD) nach IEC 61000-4-2
Bei Näherungsschaltern mit Metallgehäuse muß die Prüfspannung nach der „Direkt-Kontakt-Entladungs-Methode" angelegt werden.
Die Mindestprüfspannung muß 4 kV betragen.
Bei Näherungsschaltern mit Kunststoffgehäuse muß die Prüfspannung nach der „Luftentladungs-Methode" angelegt werden.
Die Mindestprüfspannung muß 8 kV betragen.

Schnelle Transientenfestigkeit nach IEC 61000-4-4
Die Mindestprüfspannung muß 1 kV betragen.
Für Anwendungen in der Prozeßindustrie und bei Kabellängen von mehr als 2 m muß die Mindestprüfspannung 2 kV betragen.

Stoßspannungsfestigkeit
Für Näherungsschalter ist die Prüfung der Stoßspannungsfestigkeit nicht notwendig. Die Betriebsumgebung dieser Geräte ist üblicherweise gut geschützt gegen Stoßspannungen, verursacht durch Blitzschlag.

Festigkeit gegen leitungsgeführte HF-Magnetfelder
Vorläufig und bis weitere Erkenntnisse gewonnen werden, sind keine Prüfungen notwendig.

Festigkeit gegen Spannungseinbrüche
Vorläufig und bis weitere Erkenntnisse gewonnen werden, sind keine Prüfungen notwendig.

Anforderungen an die Störaussendung
Die Messungen müssen in der dem üblichen Gebrauch entsprechenden Betriebsart einschließlich der Erdungsbedingungen vorgenommen werden, bei der im untersuchten Frequenzbereich, der mit den üblichen Einsatzfällen übereinstimmen muß, die höchste Störaussendung erreicht wird.
Jede Messung muß unter festgelegten und reproduzierbaren Bedingungen durchgeführt werden.
Die Beschreibung der Prüfungen, die Prüfmethoden sowie die Prüfaufbauten sind in der in **Tabelle II** angegebenen Norm festgelegt. Der Inhalt dieser Norm wird hier nicht wiedergegeben, jedoch werden in diesem Abschnitt zusätzliche Informationen oder Änderungen, die für die praktische Ausführung der Prüfungen notwendig sind, angegeben.
Näherungsschalter, die für den direkten Anschluß an öffentliche Netze vorgesehen sind, fallen unter den Anwendungsbereich der IEC 61000-3-2 und IEC 61000-3-3, betreffen niederfrequente Störaussendung und müssen dieser Norm auch entsprechen.

Grenzen der Störaussendung
Tabelle II zeigt die Grenzwerte für Näherungsschalter, eingesetzt unter üblichen Betriebsbedingungen.

Tabelle II Störaussendungsgrenzwerte für Näherungsschalter

Anschluß	Frequenzbereich	Grenzwerte	Grundnorm
Gehäuse	30 MHz bis 230 MHz	40 dB (µV/m) Quasispitzenwert gemessen in 10 m Entfernung	EN 55011
	230 MHz bis 1000 MHz	47 dB (µV/m) Quasispitzenwert gemessen in 10 m Entfernung	
Netz-Wechselstrom	0,15 MHz bis 0,50 MHz	79 dB (µV) Quasispitzenwert 66 dB Mittelwert	EN 55011
	0,50 MHz bis 30 MHz	73 dB (µV) Quasispitzenwert 60 dB Mittelwert	

Diese Grenzwerte gelten ausschließlich für Näherungsschalter, die in industrieller Umgebung eingesetzt werden. Wenn sie in Haushaltsumgebung eingesetzt werden sollen, muß in der Betriebsanweisung folgender Warnvermerk angebracht sein:

> **WARNUNG:**
>
> Dies ist ein Produkt der Klasse A. In Haushaltsumgebung kann dieses Gerät Rundfunkstörungen verursachen, weshalb der Anwender gegebenenfalls geeignete Maßnahmen ergreifen muß.

Änderungen
Gegenüber
DIN VDE 0660-208 (VDE 0660 Teil 208):1986-08,
DIN EN 50008:1988-01,
DIN EN 50010:1988-01,
DIN EN 50025:1988-01,
DIN EN 50026:1988-01,
DIN EN 50032:1982-04,
DIN EN 50036:1988-01,
DIN EN 50037:1988-01,
DIN EN 50038:1988-01,
DIN EN 50040:1988-01 und
DIN EN 50044:1983-02
wurden folgende Änderungen vorgenommen:
a) Anwendungsbereich der genannten Normen zusammengefaßt und um kapazitive, fotoelektrische und Ultraschallnäherungsschalter erweitert;
b) Text der Deutschen Fassung der EN 60947-5-2:1997 übernommen;
c) Norm redaktionell vollständig überarbeitet.

DIN EN 60439-1/A2 (VDE 0660 Teil 500/A2):1997-09   September 1997

Niederspannungs-Schaltgerätekombinationen

Teil 1: Typgeprüfte und partiell typgeprüfte Kombinationen
(IEC 439-1/A2:1996)
Deutsche Fassung EN 60439-1/A2:1997

2 + 5 Seiten EN, 2 Bilder, 1 Tabelle   Preisgruppe 8 K

Die Abschnitte dieser **Änderung** ergänzen oder ersetzen die entsprechenden Abschnitte in DIN EN 60439-1 (VDE 0660 Teil 500):1994-04.

Innere Unterteilung von Schaltgerätekombinationen durch Abdeckungen oder Trennwände
Eine oder mehrere der nachstehenden Bedingungen können durch innere Unterteilungen von Schaltgerätekombinationen durch Trennwände oder Abdeckungen (aus Metall oder nicht aus Metall) in getrennte Abteile oder umhüllte geschützte Räume erreicht werden:
- Schutz gegen Berühren gefährlicher Teile in den benachbarten Funktionseinheiten. Die Schutzart muß mindestens IPXXB sein.
- Schutz gegen das Eindringen fester Fremdkörper aus einer Funktionseinheit der Schaltgerätekombination in eine benachbarte. Die Schutzart muß mindestens IP2X sein.

Wenn vom Hersteller nicht anders festgelegt, müssen beide Anforderungen erfüllt werden.
Anmerkung: Die Schutzart IP2X deckt auch Schutzart IPXXB ab.
Typische Formen der inneren Unterteilung durch Abdeckungen oder Trennwände sind die folgenden:

Hauptmerkmal	weitere Merkmale	Form
keine innere Unterteilung		Form 1
innere Unterteilung zwischen Sammelschienen und Funktionseinheiten	Anschlüsse für äußere Leiter, nicht von den Sammelschienen getrennt	Form 2a
	Anschlüsse für äußere Leiter, von den Sammelschienen getrennt	Form 2b
innere Unterteilung zwischen Sammelschienen und Funktionseinheiten untereinander Unterteilung der Anschlüsse für äußere Leiter von den Funktionseinheiten, aber nicht untereinander	Anschlüsse für äußere Leiter, nicht von den Sammelschienen getrennt	Form 3a
	Anschlüsse für äußere Leiter, von den Sammelschienen getrennt	Form 3b
innere Unterteilung zwischen Sammelschienen und Funktionseinheiten untereinander, einschließlich der Anschlüsse für äußere Leiter, die ein integraler Bestandteil der Funktionseinheit sind	Anschlüsse für äußere Leiter im gleichen Abteil wie die zugeordnete Funktionseinheit	Form 4a
	Anschlüsse für äußere Leiter, die nicht im gleichen Abteil sind wie die zugeordnete Funktionseinheit, die aber im gesonderten, eigenen umhüllten geschützten Raum oder Abteil sind	Form 4 b

Beiblatt 2 zu DIN EN 60439-1 (**Beiblatt 2 zu VDE 0660 Teil 500**):1997-10
Oktober 1997

Niederspannungs-Schaltgerätekombinationen

Teil 1: Typgeprüfte und partiell typgeprüfte Kombinationen
Technischer Bericht: Verfahren für die Prüfung unter Störlichtbogenbedingungen
(IEC 1641:1996)

2 + 7 Seiten, 1 Bild, 1 Tabelle   Preisgruppe 8 K

Dieser Technische Fachbericht (VDE-Beiblatt) gilt für Niederspannungs-Schaltgerätekombinationen in geschlossener Bauform nach IEC 439-1. Diese Prüfung ist Gegenstand einer Vereinbarung zwischen Anwender und Hersteller. Sie ist nicht als Typprüfung vorgesehen.

Prüfanordnung
Die Prüfung sollte an repräsentativen Prüflingen durchgeführt werden.
Folgende Punkte müssen beachtet werden:
• Die Prüfung sollte an einem Prüfling durchgeführt werden, an dem vorher noch keine Lichtbogenprüfung gemacht wurde, oder an einem entsprechend gereinigten und wieder hergerichteten Prüfling.
• Die Aufstellungsbedingungen sollten so gut wie möglich den üblichen Betriebsbedingungen entsprechen. Die Nachbildung eines Aufstellungsraums für die Schaltgerätekombination ist im allgemeinen nicht erforderlich.
• Der Prüfling sollte vollständig bestückt sein. Attrappen innerer Komponenten sind zulässig, sofern sie das gleiche Volumen besitzen und das Ergebnis der Prüfung nicht verfälschen.
• Die vorgesehenen Schutzmaßnahmen für den Personenschutz müssen wirksam sein.
Die Lichtbogenprüfung muß dreiphasig in Übereinstimmung mit den Betriebsbedingungen ausgeführt werden.

Durchführung der Prüfung
Einspeisestromkreis
Der Prüfling sollte wie im bestimmungsgemäßen Betrieb angeschlossen und eingespeist werden. Wenn die Einspeisung aus mehr als einer Richtung möglich ist, ist diejenige Einspeiserichtung zu wählen, bei der die höchsten Beanspruchungen zu erwarten sind.

Zündung des Lichtbogens
Der Störlichtbogen muß ohne Erdverbindung zwischen den Außenleitern durch einen blanken Kupferdraht gezündet werden, der die benachbarten Leiter auf dem kürzesten Wege verbindet und alle drei Leiter einschließt.

Wiederholung der Prüfung
Wenn bei der Prüfung der Lichtbogen in der ersten Hälfte der angesetzten Prüfdauer erlischt, ohne wieder neu zu zünden, muß die Prüfung mit einer Zündung an der gleichen Stelle wie bei der ersten Prüfung wiederholt werden. Eine weitere Wiederholung ist nicht gefordert.

Indikatoren (zur Erfassung der Wärmewirkung von Gasen)
Als Indikatoren dienen Stücke aus schwarzem Baumwolltuch, die so angeordnet werden, daß ihre Schnittkanten nicht zum Prüfling gerichtet sind. Es ist darauf zu achten, daß die Indikatoren sich nicht gegenseitig entzünden können. Dies kann erreicht werden z. B. durch Verwendung eines Einspannrahmens aus Stahlblech. Die Indikatorabmessungen sollten etwa 150 mm × 150 mm betragen. Als Stoff für die Indikatoren ist schwarzer Cretonne (Baumwolltuch mit etwa 150 g/m^2) zu verwenden.

DIN VDE 0660-507 (VDE 0660 Teil 507):1997-11   November 1997

Niederspannungs-Schaltgerätekombinationen
Verfahren zur Ermittlung der Erwärmung von partiell typgeprüften Niederspannungs-Schaltgerätekombinationen (PTSK) durch Extrapolation (IEC 890:1987 + Corrigendum 1988 + A1:1995)
Deutsche Fassung HD 528 S2:1997

2 + 24 Seiten HD, 14 Bilder, 5 Tabellen, 4 Anhänge   Preisgruppe 17 K

Die in diesem Fachbericht (VDE-Bestimmung) festgelegten Faktoren und Koeffizienten wurden durch die Messungen an einer Vielzahl von Schaltgerätekombinationen abgeleitet und durch den Vergleich mit Prüfergebnissen bestätigt. Das in diesem Fachbericht beschriebene Verfahren ist deshalb ein geeignetes Verfahren und darf für partiell typgeprüfte Niederspannungs-Schaltgerätekombinationen (PTSK) angewendet werden, um die Einhaltung der Anforderungen nach IEC 60439-1 nachzuweisen.

Anwendungsbedingungen
Dieses Rechenverfahren ist nur anwendbar, wenn die folgenden Bedingungen erfüllt sind:
- die Verlustleistungen sind im Gehäuse annähernd gleichmäßig verteilt;
- die eingebauten Betriebsmittel sind so angeordnet, daß die Luftzirkulation nur wenig behindert wird;
- die eingebauten Betriebsmittel sind für Gleichspannung oder Wechselspannung bis einschließlich 60 Hz und einen Höchstwert der Einspeisungsstromstärke von 3150 A bestimmt;
- Leiter für hohe Ströme und Konstruktionsteile sind so angeordnet, daß Wirbelstromverluste vernachlässigbar sind;
- bei Gehäusen mit Lüftungsöffnungen ist der Querschnitt der Luftaustrittsöffnungen mindestens 1,1mal so groß wie der Querschnitt der Lufteintrittsöffnungen;
- in einer PTSK oder in einem durch Trennwände unterteilten Feld sind nicht mehr als drei waagrechte Trennwände vorhanden;
- soweit Gehäuse mit äußeren Lüftungsöffnungen Abteile enthalten, muß die Fläche der Lüftungsöffnungen in allen waagrechten Trennwänden mindestens 50 % des waagrechten Querschnitts des Abteils betragen.

Rechenverfahren
Die folgenden Angaben werden für die Berechnung der Übertemperatur der Luft in einem Gehäuse benötigt.
- Abmessungen des Gehäuses; Höhe/Breite/Tiefe;
- Aufstellungsart des Gehäuses;
- Bauart des Gehäuses, z. B. allseitig geschlossen oder mit Lüftungsöffnungen;

- Anzahl der waagrechten Trennwände im Innern;
- wirksame Verlustleistung der Betriebsmittel im Gehäuse;
- wirksame Verlustleistung (P_n) von Leitern nach einem Anhang.

Für Gehäuse wird die Übertemperatur der Luft im Innern der Gehäuse nach den Formeln errechnet.

Die zugehörigen Faktoren und Exponenten (Kennwerte) sowie Formelzeichen, Einheiten und Bezeichnungen sind einer Tabelle zu entnehmen.

Bei mehrfeldigen PTSK mit senkrechten Trennwänden müssen die Übertemperaturen der Luft in den Gehäusen für jedes Einzelfeld getrennt ermittelt werden.

Wenn Gehäuse ohne senkrechte Trennwände oder einzelne Felder eine wirksame Kühlfläche von mehr als 11,5 m^2 oder eine größere Breite als etwa 1,5 m haben, sollten sie für die Berechnung in fiktive Felder unterteilt werden, deren Abmessungen den vorgenannten Werten etwa entsprechen.

Änderung

Gegenüber der Ausgabe April 1991 wurde folgende Änderung vorgenommen:
- Einarbeitung der Änderung A1:1995 (Corrigendum 1988 betrifft nur die englische und französische Fassung).

Erläuterungen

In IEC 60439-1 ist unter den Typprüfungen eine Erwärmungsprüfung festgelegt. Für bestimmte Ausführungen von Kombinationen, für die die Erwärmungsprüfung entweder nicht durchführbar oder aus wirtschaftlichen Gründen nicht zu vertreten ist, darf die Erwärmung durch Extrapolation aus Daten errechnet werden, die bei der Prüfung von anderen Kombinationen ermittelt wurden. Diese Kombinationen werden dann als partiell typgeprüfte Schaltgerätekombinationen (PTSK) bezeichnet.

DIN EN 60129 (VDE 0670 Teil 2):1998-03   März 1998

Wechselstromtrennschalter und Erdungsschalter
(IEC 60129:1984 + A1:1992 + A2:1996)
Deutsche Fassung EN 60129:1994 + A1:1994 + A2:1996

4 + 42 Seiten EN, 10 Bilder, 8 Tabellen, 2 Anhänge   Preisgruppe 27 K

Diese Norm (VDE-Bestimmung) gilt für Wechselstromtrennschalter und Erdungsschalter für Innenraum- und Freiluftaufstellung, für Spannungen über 1 kV und für Betriebsfrequenzen bis einschließlich 60 Hz.
Diese Norm gilt auch für die Antriebe dieser Trennschalter und Erdungsschalter und ihrer Hilfseinrichtungen.
Diese Norm behandelt nicht zusätzliche Anforderungen für Trennschalter und Erdungsschalter in gekapselten Schaltanlagen nach IEC 60298, IEC 60466 und IEC 60517.
Die Abschnitte dieser Norm ergänzen oder ersetzen die entsprechenden Abschnitte in EN 60694:1996.

Einstufung
Nach IEC 60694 mit folgenden Ergänzungen:
- Bemessungs-Kurzschlußeinschaltstrom (nur für Erdungsschalter),
- Bemessungs-Kontaktbereich,
- Bemessungsklemmenzug,
- Bemessungswerte der größten erforderlichen Kraft für Handbetrieb (in Beratung).

Bemessungs-Kurzschlußeinschaltstrom
Erdungsschalter, für die ein Bemessungs-Kurzschlußeinschaltstrom angegeben ist, müssen bei jeder angelegten Spannung bis einschließlich Bemessungsspannung jeden Strom bis einschließlich Bemessungs-Kurzschlußeinschaltstrom einschalten können.
Wenn ein Erdungsschalter einen Bemessungs-Kurzschlußeinschaltstrom hat, muß dieser gleich dem Bemessungs-Stoßstrom sein.

Bemessungs-Kontaktbereich
Geteilte Trennschalter und Erdungsschalter müssen in den Grenzen ihres Bemessungs-Kontaktbereichs arbeiten können.
Der Hersteller hat die Werte der höchsten und niedrigsten mechanischen Gegenkräfte und die Methode, wie das „feste" Schaltstück fixiert wird, anzugeben, falls diese Kräfte für die befriedigende Funktion des Trennschalters von Bedeutung sind.
Beispiele von Bemessungs-Kontaktbereichen für Einsäulentrennschalter und Erdungsschalter, die „feste" Schaltstücke haben, die von flexiblen Leitern getragen werden, sind angegeben.

Verhalten von Erdungsschaltern beim Einschalten von Kurzschlußströmen
Erdungsschalter mit einem angegebenen Bemessungs-Kurzschlußeinschaltstrom müssen beim Einschalten auf Kurzschluß die folgenden Bedingungen für ihr Verhalten erfüllen:
a) Während des Vorgangs darf der Erdungsschalter weder Anzeichen übermäßiger Beanspruchung zeigen noch den Bedienenden gefährden.
Von flüssigkeitsgefüllten Erdungsschaltern darf kein Auswurf von Flammen erfolgen, und die erzeugten Gase müssen zusammen mit der von ihnen mitgeführten Flüssigkeit so entweichen können, daß sie keinen elektrischen Überschlag verursachen.
Bei anderen Typen von Erdungsschaltern dürfen Flammen oder metallische Partikel, welche den Isolationspegel des Erdungsschalters gefährden können, nicht über vom Hersteller festgelegte Grenzen hinausgeschleudert werden.
b) Nach den Schaltfolgen müssen die mechanischen Teile und Isolatoren des Erdungsschalters praktisch in dem gleichen Zustand sein wie zuvor. Das Kurzschlußeinschaltvermögen darf wesentlich beeinträchtigt sein.
c) Nach den Schaltfolgen kann es nötig sein, Inspektions- und Instandsetzungsarbeiten an dem Erdungsschalter durchzuführen, um ihn in den vom Hersteller angegebenen Zustand zurückzuversetzen, bevor er wieder in Betrieb genommen wird. Zum Beispiel kann das Folgende notwendig sein:
– Instandsetzung oder Austausch der Lichtbogenschaltstücke oder anderer festgelegter Verschleißteile;
– Erneuerung oder Filtrierung des Öls oder anderer Isolierflüssigkeit in flüssigkeitsgefüllten Erdungsschaltern und Einfüllen der notwendigen Menge des Mediums, um den normalen Stand wiederherzustellen;
– Entfernen von durch die Zersetzung des flüssigen Isoliermittels verursachten Ablagerungen an den Isolatoren.

Typprüfungen
Nach IEC 60694 mit den folgenden Ergänzungen:
• Prüfungen zum Nachweis des Kurzschluß-Einschaltvermögens von Erdungsschaltern;
• Prüfungen der mechanischen Funktion und Widerstandsfähigkeit;
• Prüfungen zum Nachweis der Funktionstüchtigkeit unter Vereisung (nur auf besonderer Anforderung des Betreibers);
• Prüfungen zum Nachweis der Funktionstüchtigkeit bei der niedrigsten und höchsten Umgebungstemperatur.
Typprüfungen, die an einem Trennschaltertyp durchgeführt wurden, dürfen zum Nachweis des Verhaltens eines anderen Typs bei abweichendem Bemessungsstrom oder abweichender Bemessungsspannung, jedoch mit ähnlichen Bauteilen, verwendet werden.

Prüfungen zum Nachweis des Kurzschluß-Einschaltvermögens von Erdungsschaltern
Erdungsschalter mit einem Bemessungs-Kurzschlußeinschaltstrom müssen ent-

sprechend ihrer Bemessungsspannung einer Einschalt-Prüffolge nach IEC 60265-1 oder IEC 60265-2 unterzogen werden.
Erdungsschalter der Klasse B mit Bemessungsspannungen unter 52 kV und einem Bemessungs-Kurzschlußeinschaltstrom sind einer Einschalt-Prüffolge entsprechend der Prüfschaltfolge 5 nach IEC 60265-1 mit der Änderung zu unterziehen, daß die Anzahl der Einschaltungen auf fünf erhöht wird.

Prüfung der mechanischen Funktion und Widerstandsfähigkeit
Wenn nicht anders festgelegt, sind die Prüfungen bei der Umgebungstemperatur des Prüfraums durchzuführen.
Die Versorgungsspannung für den Antrieb muß bei vollem Stromfluß an den Anschlußklemmen gemessen werden. Hilfseinrichtungen, welche einen Teil des Antriebs bilden, sind in die Prüfung einzuschließen. Eine absichtliche Erhöhung der Impedanz (z. B. zur Spannungsregelung) zwischen der Spannungsquelle und den Anschlußklemmen des Antriebs ist nicht zulässig.

Schalten unter schwerer Vereisung
Eisbildung kann Schwierigkeiten beim Betrieb elektrischer Netze verursachen. Unter gewissen atmosphärischen Bedingungen kann eine Eisschicht zu einer Dicke anwachsen, die gelegentlich die Betätigung von Freiluft-Schaltgeräten erschwert.
Die Natur erzeugt Eisschichten, die in zwei allgemeine Gruppen eingeteilt werden können:
a) Klareis, das im allgemeinen durch Regen entsteht, bei Lufttemperaturen etwas unterhalb des Gefrierpunkts von Wasser;
b) Rauhreif, gekennzeichnet durch weißes Aussehen, der durch Kondensation von Luftfeuchtigkeit auf kalten Oberflächen entsteht.

Auswahl von Schaltgeräten für den Betrieb
Ein Trennschalter oder Erdungsschalter, der für eine bestimmte Beanspruchung im Betrieb geeignet sein soll, wird unter Berücksichtigung der einzelnen im Normalbetrieb und im Störungsfall verlangten Bemessungswerte ausgewählt. Koordinationstabellen für die Bemessungswerte von Trennschaltern und Erdungsschaltern sind in dieser Norm enthalten.
Es ist wünschenswert, daß die Bemessungswerte eines Trennschalters oder Erdungsschalters aus diesen Tabellen unter Berücksichtigung der Daten des Netzes und seines voraussichtlichen Ausbaus ausgewählt werden.
Eine vollständige Liste der Bemessungsgrößen ist in dieser Norm enthalten.
Andere Einflußgrößen, die bei der Auswahl eines Trennschalters oder Erdungsschalters berücksichtigt werden müssen, sind z. B.:
- örtliche atmosphärische und klimatische Bedingungen,
- Einsatz in großer Höhe.

Die Beanspruchung, die der Trennschalter oder Erdungsschalter im Fehlerfall beherrschen muß, sollte durch die Berechnung der Fehlerströme für den Einbauort im Netz nach einer anerkannten Berechnungsmethode ermittelt werden.

Bei der Auswahl eines Trennschalters oder Erdungsschalters sollte die wahrscheinliche zukünftige Entwicklung des gesamten Netzes angemessen berücksichtigt werden, so daß der Trennschalter oder Erdungsschalter nicht nur für die augenblicklichen Bedürfnisse, sondern auch für die zukünftigen Anforderungen geeignet ist.

Änderung

Gegenüber DIN VDE 0670-2 (VDE 0670 Teil 2):1991-10 wurde folgende Änderung durchgeführt:
- EN 60129:1994 + A1:1994 + A2:1996 übernommen.

DIN EN 60282-1 (VDE 0670 Teil 4):1998-02   Februar 1998

Hochspannungssicherungen

**Teil 1: Strombegrenzende Sicherungen
(IEC 60282-1:1994 + A1:1996)
Deutsche Fassung EN 60282-1:1996 + A1:1996**

4 + 68 Seiten EN, 19 Bilder, 13 Tabellen, 30 Datenblätter   Preisgruppe 41 K

Diese Norm (VDE-Bestimmung) gilt für alle Arten von strombegrenzenden Hochspannungssicherungen für Innen- und Freiluft-Wechselstromanlagen von 50 Hz und 60 Hz für Bemessungsspannungen über 1 kV.
Einige Sicherungen sind mit Sicherungseinsätzen ausgestattet, die mit einem Kennmelder oder einem Schlagstift versehen sind. Diese Sicherungen gehören zum Anwendungsbereich dieser Norm, die einwandfreie Arbeitsweise des Schlagstiftes in Verbindung mit der Auslösevorrichtung des Schaltgerätes gehört jedoch nicht zum Anwendungsbereich dieser Norm; siehe IEC 60420.

Normalbetriebsbedingungen
Sicherungen, die dieser Norm entsprechen, sind für den Einsatz unter folgenden Bedingungen bestimmt:
a) Die Temperatur der umgebenden Luft beträgt höchstens 40 °C, und ihr über eine Zeitspanne von 24 h gemessener Durchschnittswert beträgt nicht mehr als 35 °C. Die niedrigste Temperatur der umgebenden Luft beträgt −25 °C. Es ist zu beachten, daß sich bei niedrigen Umgebungstemperaturen die Zeit/Strom-Kennlinien merklich ändern können.
b) Die Höhenlage überschreitet nicht 1000 m (3300 ft).
c) Die Umgebungsluft ist nicht wesentlich verunreinigt durch Staub, Rauch, korrodierende oder entzündliche Gase, Dämpfe oder Salz.
d) Die Bedingungen für die Luftfeuchte sind in Vorbereitung. Vorläufig können folgende Richtwerte angewendet werden:
 − Der Durchschnittswert der relativen Luftfeuchte, gemessen über 24 Stunden, beträgt höchstens 95 %.
 − Der Durchschnittswert des Dampfdruckes über 24 Stunden beträgt höchstens 22 mbar.
 − Der Durchschnittswert der relativen Luftfeuchte über einen Monat beträgt höchstens 90 %.
 − Der Durchschnittswert des Dampfdruckes über einen Monat beträgt höchstens 18 mbar.
Unter diesen Bedingungen kann gelegentlich Kondensation auftreten.
e) Erschütterungen, die nicht durch die Sicherungen verursacht werden, und Erdbeben sind vernachlässigbar.
Zusätzlich bei Freilufteinsatz:
f) Mit Kondensation, Regen und schnellen Temperaturänderungen ist zu rechnen.

g) Der Winddruck beträgt höchstens 700 Pa (entsprechend einer Windgeschwindigkeit von 34 m/s).
h) Die aufgrund von Sonneneinstrahlung zustande kommende Temperatur überschreitet nicht diejenige eines äquivalenten schwarzen Körpers von 80 °C.

Bedingungen für die Durchführung der Prüfungen
Typprüfungen werden durchgeführt, um nachzuweisen, daß ein Sicherungstyp oder ein bestimmtes Sicherungsmodell den festgelegten Kennwerten entspricht und unter Normalbedingungen oder unter festgelegten Sonderbedingungen befriedigend arbeitet. Die an Einzelstücken durchgeführten Prüfungen dienen dem Nachweis, daß alle Sicherungen des gleichen Typs die festgelegten Kennwerte erfüllen.
Nur wenn durch konstruktive Änderungen Kennwerte verändert werden, sind die entsprechenden Prüfungen zu wiederholen.
Prüfungen, die an Sicherungseinsätzen mit Schlagstift durchgeführt wurden, sind auch gültig für Sicherungseinsätze ohne Schlagstift.
Zur Erleichterung der Durchführung der Prüfung und mit vorheriger Zustimmung des Herstellers können die für die Prüfungen vorgeschriebenen Werte, insbesondere die Toleranzen, so geändert werden, daß die Prüfbedingungen härter werden. Wo keine Toleranz festgelegt ist, sind die Typprüfungen bei Werten durchzuführen, die nicht weniger hart sind als die festgelegten Werte; die oberen Grenzen bedürfen der Zustimmung des Herstellers.
Die in der vorliegenden Norm festgelegten Prüfungen sind grundsätzlich Typprüfungen; Methoden zur Probennahme für Abnahmeprüfungen werden nicht angegeben.
Die nach Entwicklung eines Typs oder nach einer Änderung, die Kennwerte beeinflußt, durchzuführenden Typprüfungen sind folgende:
• dielektrische Prüfungen,
• Erwärmungsprüfungen und Messung der Leistungsabgabe,
• Ausschaltprüfungen,
• Prüfungen zum Nachweis der Zeit-Strom-Kennlinie,
• Öldichtheitsprüfungen (nur bei Sicherungen, die zur Anwendung in Öl bestimmt sind),
• Prüfungen von Schlagstiften.
Vor Durchführung der Prüfungen, mit Ausnahme der dielektrischen und Öldichtheitsprüfungen, ist der Widerstand jedes Sicherungseinsatzes zu messen mit einem Strom, der 10 % des Bemessungsstroms nicht übersteigt. Der Widerstandswert ist zusammen mit der Umgebungstemperatur bei der Messung anzugeben.

Anwendungshinweise
Eine Sicherung in einem Stromkreis soll innerhalb der Grenzen ihrer Bemessungswerte den Kreis und die mit ihm verbundenen Anlagenteile vor Schäden schützen. Wie gut diese Sicherung ihre Aufgabe erfüllt, hängt nicht nur von der Genauigkeit, mit der sie gefertigt wurde, ab, sondern auch davon, ob sie richtig

eingesetzt wurde und welche Beachtung man ihr schenkt, wenn sie angeschlossen ist. Wenn sie nicht richtig eingesetzt und gewartet wird, können nicht unbeträchtliche Schäden an teuren Anlagenteilen entstehen.
Hochspannungs-Sicherungseinsätze sollten mit mindestens der gleichen Sorgfalt behandelt werden wie jedes ähnliche hochwertige Gerät (z. B. ein Relais). Sicherungseinsätze sollten bis zum bestimmungsgemäßen Gebrauch in ihrer schützenden Verpackung belassen werden. Jeder Sicherungseinsatz, der einem Fall oder schweren Stößen ausgesetzt wurde, sollte vor Gebrauch geprüft werden. Die Prüfung sollte eine Sichtprüfung auf Beschädigung des Sicherungskörpers und der Metallteile sowie eine Messung des Widerstandes umfassen. Der Nennwert des Widerstandes ist gewöhnlich beim Sicherungshersteller zu erfahren.
Ist der Sicherungseinsatz unter normalen Einbau- und Betriebsbedingungen starken mechanischen Beanspruchungen ausgesetzt, z. B. Stößen, Schwingungen usw., in einer oder mehreren Richtungen, sollte nachgewiesen werden, daß der Sicherungseinsatz diesen Beanspruchungen ohne Schaden oder Beeinträchtigungen standhalten kann. Praktische Prüfungen zum Nachweis der mechanischen Festigkeit der Sicherungseinsätze können im Einvernehmen zwischen dem Anwender und den Herstellern der Sicherungen und der Schaltanlage durchgeführt werden. Betreffend Sicherungs-Lastschalter-Kombinationen wird auf IEC 60420 verwiesen.
Es kann nicht nachdrücklich genug darauf hingewiesen werden, daß vorgeschriebene Sicherheitsregeln in jedem Fall eingehalten werden sollten, wenn Sicherungen in der Nähe von spannungführenden Geräten oder Leitern montiert oder gewartet werden.

Entsorgung
Der Hersteller ist verpflichtet, Informationen zur umweltverträglichen Entsorgung zur Verfügung zu stellen.
Der Anwender ist für die Beachtung und Einhaltung aller für die Entsorgung zutreffenden Vorschriften verantwortlich.

Änderung
Gegenüber DIN VDE 0670-4 (VDE 0670 Teil 4):1990-07 wurde folgende Änderung vorgenommen:
- EN 60282-1:1996 + A1:1996 übernommen.

DIN EN 60427/A2 (**VDE 0670 Teil 108/A1**):1998-01   Januar 1998

Synthetische Prüfung von Hochspannungs-Wechselstrom-Leistungsschaltern

(IEC 60427:1989/A2:1995)
Deutsche Fassung EN 60427:1992/A2:1995

2 + 3 Seiten EN, 1 Anhang   Preisgruppe 5 K

Die Abschnitte dieser **Änderung** ergänzen oder ersetzen die entsprechenden Abschnitte in DIN EN 60427 (VDE 0670 Teil 108):1996-03.

Andere synthetische Prüfverfahren
Synthetische Verfahren für dreipolige Ausschaltprüfungen sind in IEC 61633 enthalten.

Anhang – Spezielle Verfahren für die Prüfung von Leistungsschaltern mit Parallel-Ausschaltwiderständen – enthält ein verfügbares Verfahren für die Prüfung von Leistungsschaltern mit Parallel-Ausschaltwiderständen.

Anordnung des Leistungsschalters bei den Prüfungen
Synthetische Prüfverfahren für dreiphasige Prüfungen siehe IEC 61633.

Anhang – Synthetische Prüfverfahren für dreiphasige Prüfungen
Anhang zurückziehen.

DIN EN 61129/A1 (VDE 0670 Teil 212/A1):1998-01   Januar 1998

Wechselstrom-Erdungsschalter
Schalten eingekoppelter Ströme

(IEC 61129:1992/A1:1994)
Deutsche Fassung EN 61129:1994/A1:1995

2 + 2 Seiten EN, 1 Anhang   Preisgruppe 2 K

Die Abschnitte dieser **Änderung** ersetzen die entsprechenden Abschnitte in DIN EN 61129 (VDE 0670 Teil 212):1995-02.

Prüfkreis für Ein- und Ausschaltprüfungen kapazitiv eingekoppelter Ströme
Es darf ein ohmscher Widerstand (R), der 10 % der kapazitiven Reaktanz

$$\left[\frac{1}{\left(\overline{\omega}(C_1 + C_2)\right)} = \frac{1}{\left(\overline{\omega} C_1'\right)} \right],$$

vom Erdungsschalter aus gesehen, nicht überschreitet, in die Kreise eingefügt werden.

Zustand des Erdungsschalters nach den Prüfungen
Sichtprüfung und Leerschaltung des Erdungsschalters nach den Prüfungen sind üblicherweise ausreichend für den Nachweis, daß die oben genannten Forderungen erfüllt sind. Im Zweifelsfall kann es erforderlich sein, zur Bestätigung die entsprechenden Prüfungen durchzuführen.
Wenn die Isoliereigenschaften über die offene Schaltstrecke des Erdungsschalters angezweifelt werden, ist eine Zustandskontrolle nach IEC 60694 als Nachweis der Isoliereigenschaften anzusehen.

C_1'

DIN EN 61330 (VDE 0670 Teil 611):1997-08   August 1997
Fabrikfertige Stationen
für Hochspannung/Niederspannung

(IEC 1330:1995)
Deutsche Fassung EN 61330:1996

4 + 35 Seiten EN, 7 Bilder, 2 Tabellen, 6 Anhänge   Preisgruppe 24 K

Diese internationale Norm (VDE-Bestimmung) beschreibt die Betriebsbedingungen, Bemessungswerte, allgemeine Konstruktionsanforderungen und Prüfverfahren für fabrikfertige Stationen für Wechselstrom bei Nennspannungen über 1 kV bis einschließlich 52 kV, Betriebsfrequenzen bis einschließlich 60 Hz und für Transformatoren mit einer maximalen Leistung von 1600 kVA. Diese fabrikfertigen Stationen sind von innen oder von außen bedienbar, mit Kabeln angeschlossen und für Freiluftaufstellung an öffentlich zugänglichen Orten geeignet. Fabrikfertige Stationen können unterirdisch, teilweise unterirdisch oder oberirdisch aufgestellt sein.

Einstufung
Zur Bemessung einer fabrikfertigen Station dienen:
a) Bemessungsspannungen
b) Bemessungsisolationspegel
c) Bemessungsfrequenz und Anzahl der Leiter
d) Bemessungsbetriebsströme für die Hauptstromkreise
e) Bemessungskurzzeitströme für Haupt- und Erdungsstromkreise
f) Bemessungsstoßströme, wenn zutreffend, für Haupt- und Erdungsstromkreise
g) Bemessungskurzschlußdauer
h) Bemessungsspannung der Ein- und Ausschaltvorrichtungen
i) Bemessungsfrequenz der Ein- und Ausschaltvorrichtungen
j) maximale Nennleistung der fabrikfertigen Station
k) Transformatorbemessungsleistung
l) Transformatorbemessungsverluste
m) Gehäuseklasse

Bau und Konstruktion
Fabrikfertige Stationen müssen so gebaut sein, daß der normale Betrieb, die Kontrolle und die Wartung sicher ausgeführt werden können.

Erdung
Jedes Bauteil der fabrikfertigen Station muß an eine Erdungsleitung angeschlossen werden. Besteht diese aus Kupfer, dann darf die Stromdichte in der Erdungsleitung 200 A/mm^2 für eine Bemessungskurzschlußdauer von 1 s und 125 A/mm^2 für eine

Bemessungskurzschlußdauer von 3 s nicht überschreiten; der Leiterquerschnitt muß jedoch mindestens 30 mm^2 betragen. Diese Erdungsleitung ist mit einer ausreichenden, für den Anschluß an das Erdungssystem der Anlage bestimmten Klemme zu versehen.
Der Stromübergang ist im Erdungsstromkreis unter Berücksichtigung der thermischen und mechanischen Beanspruchung durch den zu erwartenden Strom sicherzustellen. Der Höchstwert des Erdfehlerstroms hängt von der Art der Erdung des Netzsternpunkts ab und ist vom Betreiber anzugeben.
Bauteile, die an die Erdungsanlage angeschlossen werden müssen:
- das Gehäuse der fabrikfertigen Station, wenn es metallisch ist;
- die Kapselung der Hochspannungsanlage an den dafür vorgesehenen Anschlußpunkten, falls sie metallisch ist;
- die Metallabschirmungen und die Armierung der Hochspannungskabel;
- der Transformatorkessel oder der Metallrahmen von Trockentransformatoren;
- der Rahmen und/oder das Gehäuse (wenn metallisch) der Niederspannungsschaltanlage;
- die Erdungsverbindungen von Kontroll- und Fernwirkeinrichtungen.

Schutzgrad
Der Schutz von Personen gegen Annähern an gefährliche Teile und der Schutz der Einrichtungen gegen Eindringen von festen, fremden Gegenständen und gegen Eindringen von Wasser ist notwendig.
Der minimale Schutzgrad des Gehäuses einer fabrikfertigen Station muß IP23D in Übereinstimmung mit IEC 529 sein. Ein höherer Schutzgrad kann in Übereinstimmung mit IEC 529 festgelegt werden.

Gehäuse
Teile des Gehäuses, welche aus nicht leitendem Material bestehen, müssen die folgenden Anforderungen erfüllen:
a) Die Isolation zwischen nicht geschirmten aktiven Teilen der Verbindungen zwischen der Hochspannungsschaltanlage und dem Transformator und der zugänglichen Oberfläche des Gehäuses muß der Prüfspannung standhalten.
b) Die Isolation zwischen nicht geschirmten aktiven Teilen der Verbindungen zwischen der Hochspannungsschaltanlage und dem Transformator und der Innenfläche von isolierten Teilen des Gehäuses muß mindestens 150 % der Bemessungsspannung der fabrikfertigen Station standhalten.
c) Wo nicht geschirmte Hochspannungsverbindungen verwendet werden, soll das nicht leitende Material, abgesehen von der mechanischen Festigkeit, den Prüfspannungen standhalten. Um die entsprechenden Anforderungen zu erfüllen, sollten die in IEC 243-1 festgelegten Prüfverfahren angewandt werden.

Feuerverhalten
Die Materialien, die für die Konstruktion eines Gehäuses einer fabrikfertigen Station verwendet werden, müssen eine Mindestbeständigkeit gegen ein von innen oder außen auftretendes Feuer aufweisen.

Die Materialien müssen entweder nicht entflammbar sein, oder, wenn sie synthetisch sind, sie müssen ISO 1210 entsprechen.

Geräuschemission
Der Geräuschpegel einer fabrikfertigen Station muß zwischen dem Hersteller und Betreiber vereinbart werden. Diese Vereinbarung muß die örtlichen Anforderungen erfüllen. Nach Vereinbarung zwischen Hersteller und Betreiber ist eine Prüfung auszuführen, bei der die Auswirkung des Gehäuses auf das vom Transformator ausgestrahlte Geräusch festgestellt wird.

Typprüfungen
Grundsätzlich müssen alle Typprüfungen an einer kompletten fabrikfertigen Station durchgeführt werden. Die Typprüfungen müssen an einer repräsentativen Anordnung der Bauteile einer fabrikfertigen Station erfolgen. Wegen der Vielfalt der Typen, Bemessungswerte und möglichen Kombinationen sind Typprüfungen aller Varianten einer fabrikfertigen Station praktisch undurchführbar. Das Verhalten einer bestimmten Anordnung darf aus Prüfdaten vergleichbarer Anordnungen abgeleitet werden. Die Bauteile einer fabrikfertigen Station müssen nach den einschlägigen Normen geprüft werden.

Die Typprüfungen umfassen folgendes:
Normale Typprüfungen:
a) Prüfungen zum Nachweis des Isolationspegels der fabrikfertigen Station
b) Prüfungen zum Nachweis der Erwärmung der Hauptbauteile in einer fabrikfertigen Station
c) Prüfungen zum Nachweis der Fähigkeit der Erdungsstromkreise, die Bemessungsstoßströme und Bemessungskurzzeitströme auszuhalten
d) Funktionsprüfungen zum Nachweis des zufriedenstellenden Betriebs der Anordnung
e) Prüfungen zum Nachweis des Schutzgrads
f) Prüfungen zum Nachweis der Widerstandsfähigkeit des Gehäuses einer fabrikfertigen Station gegen mechanische Beanspruchung
Spezielle Typprüfungen (Gegenstand einer Vereinbarung zwischen Hersteller und Betreiber):
g) Prüfungen zur Beurteilung der Auswirkung eines inneren Fehlers
h) Prüfungen zum Nachweis des Geräuschpegels einer fabrikfertigen Station

Erwärmungsprüfungen
Der Zweck dieser Prüfung ist die Kontrolle der richtigen Bemessung des Gehäuses der fabrikfertigen Station und der Nachweis, daß die Lebenserwartung der Stationsbauteile nicht vermindert wird. Bei der Prüfung sind die Erwärmung der Flüssigkeit und der Wicklungen (bei Trockentransformatoren nur der Wicklungen) des Transformators und die Erwärmung der Niederspannungseinrichtung zu messen. Die Prüfung muß nachweisen, daß die Temperaturerhöhung des Transformators in dem Gehäuse nicht die gemessenen Werte für denselben Transfor-

mator außerhalb des Gehäuses um mehr überschreitet, als die Temperaturklasse des Gehäuses angibt, z. B. 10 K, 20 K oder 30 K.
Die Messung der Erwärmung der Hochspannungsbauteile ist nicht notwendig, da die Bemessung des Transformators für eine Gehäuseklasse praktisch auch die Bemessung für die Hochspannungskreise vorgibt.

Kurzzeitstrom- und Stoßstromprüfungen der Erdungsstromkreise
Erdungsleitungen einschließlich der Anschlüsse für die Verbindung zur Erdungsanlage und der Erdungsanschlüsse zu den Bauteilen müssen für einen Kurzzeitstrom nicht kleiner als 6 kA für 1 s bemessen sein. Falls der Kurzzeitstrom größer als 6 kA oder die Dauer länger als 1 s ist, ist die Festigkeit bei Beanspruchung durch den Bemessungskurzzeitstrom und den Bemessungsstoßstrom entsprechend der Sternpunkterdung des Netzes durch eine Prüfung nachzuweisen.
Nach der Prüfung ist eine gewisse Verformung des Erdungsleiters und der Verbindungen zu den Bauteilen zulässig, die durchgehende Verbindung der Erdungsstromkreise muß jedoch erhalten bleiben.

Funktionsprüfungen
Es muß nachgewiesen werden, daß alle notwendigen Inbetriebnahme-, Funktions- und Instandhaltungsarbeiten an der fabrikfertigen Station durchgeführt werden können.
Eine typische Auflistung solcher Arbeiten könnte enthalten:
- die Funktion der Schaltanlage;
- die mechanische Funktion der Türen der fabrikfertigen Station;
- die Befestigung von Isolierabdeckungen;
- Kontrolle der Temperatur und des Ölstands des Transformators;
- Spannungsprüfung;
- Anbringen von Erdungsgarnituren;
- Kabelprüfung;
- Ersatz von Sicherungen.

Falls Verriegelungen zwischen den verschiedenen Bauteilen vorhanden sind, muß deren Funktion geprüft werden.

Hinweise für Transport, Aufstellung, Betrieb und Instandhaltung
Es ist wichtig, daß sowohl der Transport, die Lagerung und die Aufstellung der fabrikfertigen Station oder ihrer Transporteinheiten als auch der Betrieb und die Instandhaltung gemäß den vom Hersteller gemachten Anweisungen vorgenommen werden.
Deshalb sollte der Hersteller Anweisungen für den Transport, die Lagerung, die Aufstellung, den Betrieb und die Instandhaltung von fabrikfertigen Stationen geben. Die Anweisungen für den Transport und die Lagerung sollten in angemessener Zeit vor der Auslieferung, die Anweisung für die Aufstellung und Instandhaltung spätestens bei der Lieferung zur Verfügung stehen.

DIN EN 50187 (VDE 0670 Teil 811):1997-05 Mai 1997

Gasgefüllte Schotträume für Wechselstrom-Schaltgeräte und -Schaltanlagen mit Bemessungsspannungen über 1 kV bis einschließlich 52 kV

Deutsche Fassung EN 50187:1996

3 + 8 Seiten EN, 2 Anhänge   Preisgruppe 10 K

Diese Norm (VDE-Bestimmung) gilt für Schotträume mit einem Druck von höchstens 3 bar (Überdruck) sowie einem Druckinhaltsprodukt von nicht mehr als 2 000 bar · l, die durch inerte Gase wie Schwefelhexafluorid oder Stickstoff oder eine Mischung ähnlicher Gase druckbeaufschlagt werden, und zwar für Wechselstrom-Schaltgeräte und -Schaltanlagen mit Bemessungsspannungen über 1 kV bis 52 kV für Innenraum- und Freiluftaufstellung, wobei das Gas hauptsächlich wegen seiner dielektrischen Eigenschaften und/oder seines Lichtbogenlöschvermögens verwendet wird.
Die Schotträume enthalten Teile elektrischer Betriebsmittel, die nicht notwendigerweise auf die folgenden Beispiele beschränkt sind:
Leistungsschalter
Lasttrennschalter
Trennschalter
Erdungsschalter
Stromwandler
Spannungswandler
Sammelschienen und Verbindungen
Kabelendverschlüsse
Gasgefüllte Schotträume mit einem Konstruktionsdruck von mehr als 3 bar oder einem Druckinhaltsprodukt von mehr als 2000 bar · l sind entsprechend einer oder einer Kombination der folgenden Normen zu konstruieren, herzustellen und zu prüfen:
EN 50052, EN 50064, EN 50068 und /oder EN 50069.

Qualitätssicherung
Die Verantwortung für die Erlangung und Aufrechterhaltung einer gleichbleibenden, angemessenen Qualität des Produkts liegt beim Schaltgerätehersteller.
Ausreichende Überprüfungen müssen beim Hersteller der Schotträume durchgeführt werden, damit sichergestellt ist, daß Werkstoffe, Fertigung und Prüfungen in jeder Hinsicht mit den Anforderungen dieser Norm und ISO 6213 übereinstimmen.
Kontrollen durch Beauftragte des Betreibers entbinden den Schaltgerätehersteller nicht von seiner Verantwortung, Maßnahmen zur Qualitätssicherung in der Weise durchzuführen, daß Anforderungen und Zweck dieser Norm erfüllt werden.
Anmerkung: Die Reihe der Normen EN ISO 9000 für Qualitätssicherungssysteme sollte herangezogen werden.

Konstruktion
Die Regeln für die Konstruktion von Schotträumen für gasisolierte Schaltgeräte und Schaltanlagen, die in dieser Norm festgelegt werden, berücksichtigen, daß diese Schotträume besonderen Betriebsbedingungen unterliegen, durch die sie sich von Druckluftbehältern und ähnlichen Speichern unterscheiden.

Korrosionszuschlag
Die Schotträume sind im Betrieb mit einem nicht korrodierend wirkenden, sorgfältig getrockneten Gas gefüllt. Deswegen ist kein Zuschlag für innere Korrosion erforderlich.

Konstruktionsbetrachtungen
Die Gestaltung eines Schottraums kann mehr von elektrischen als von mechanischen Gegebenheiten bestimmt sein. Diese Einschränkung kann zu einer Gestaltung des Schottraums führen, die einen nicht vertretbaren Rechenaufwand erfordert oder deren Berechnung unmöglich ist.
Für einen solchen Schottraum oder für einen Schottraum, der nicht berechnet wurde, ist ein Nachweis der Bemessung erforderlich.

Überwachung und Prüfung
Jeder Schottraum ist während der Fertigung zu überwachen. Ausreichende Prüfungen müssen sicherstellen, daß die Werkstoffe, die Herstellung und die Prüfung in jeder Hinsicht den Anforderungen dieser Norm genügen.

Druckentlastungseinrichtungen
Falls notwendig, müssen die Schotträume im Anwendungsbereich dieser Norm mit Schutzeinrichtungen versehen werden. Typische Beispiele dafür sind:
a) Berstplatten;
b) selbstschließende Ventile;
c) nicht selbstschließende Einrichtungen;
d) integrierte Druckentlastungseinrichtungen.
Die Schutzeinrichtungen müssen so konstruiert, angeordnet und befestigt werden, daß sie für eine Prüfung und Reparatur zugänglich sind. Gegen zufällige Beschädigungen müssen sie geschützt sein.

Bescheinigung
Der Hersteller muß eine Akte aller Daten führen, die mit der Fertigung der Schotträume in Zusammenhang stehen. Die Akte muß Zeichnungen, Werkstoffbescheinigungen, Schweißerprüfberichte, Berichte über Nachweise der Bemessung usw. enthalten.

Anhang
A-Abweichung: Nationale Eigenschaft, die auf Vorschriften beruht, deren Veränderung zum gegenwärtigen Zeitpunkt außerhalb der Kompetenz des CENELEC-Mitglieds liegt.

Diese Europäische Norm fällt unter die Richtlinien 89/106/EWG und 93/38/EWG.
Anmerkung (aus CEN/CENELEC-Geschäftsordnung Teil 2, 3.1.9): Falls Normen unter eine EG-Richtlinie fallen, ist es die Auffassung der EG-Kommission (Amtsblatt Nr. C 59, 1982-03-09), daß die Entscheidung des Europäischen Gerichtshofs im Fall 815/79 Cremonini/Vrankovich (Berichte des EUGH 1980, Seite 3583) zur Wirkung hat, daß die Befolgung von A-Abweichungen nicht mehr zwingend ist und daß der freie Warenaustausch mit Produkten nach einer solchen Norm nicht behindert werden darf, außer unter Inanspruchnahme des Schutzklauselverfahrens in der betreffenden Richtlinie.

A-Abweichungen in einem EFTA-Land **gelten anstelle** der betreffenden Festlegungen der Europäischen Norm in diesem Land so lange, bis sie zurückgezogen sind.

Abweichung

Italien (Ministerialerlaß vom 01. Dezember 1980 und 10. September 1981, veröffentlicht in der Gazzetta Ufficiale Nr. 285 am 16. Oktober 1981)
Gasgefüllte Schotträume mit einem Konstruktionsdruck über 0,5 bar (Überdruck) oder einem Volumen über 2000 Liter müssen nach den italienischen Vorschriften für Druckkessel für elektrische Anlagen konstruiert werden.

DIN EN 60168/A1 (VDE 0674 Teil 1/A1):1998-01   Januar 1998

Prüfungen an Innenraum- und Freiluft-Stützisolatoren aus keramischem Werkstoff oder Glas für Systeme mit Nennspannungen über 1 kV

Änderung 1
(IEC 60168/A1:1997)
Deutsche Fassung EN 60168/A1:1997

2 + 8 Seiten EN, 3 Bilder, 1 Tabelle, 4 Anhänge   Preisgruppe 9 K

Die Abschnitte dieser **Änderung** ergänzen oder ersetzen die entsprechenden Abschnitte in DIN EN 60168 (VDE 0674 Teil 1):1995-11.

Typprüfungen
Typprüfungen müssen an Isolatoren durchgeführt werden, die allen Anforderungen der Stück- und Stichprobenprüfungen, außer der mechanischen Stichprobenprüfung, entsprechen.
Üblicherweise muß nur ein Stützisolator jeder Prüfung unterzogen werden. Die Prüfung muß an einem Isolator durchgeführt werden, der allen Anforderungen der Stück- und Stichprobenprüfungen, außer der mechanischen Stichprobenprüfung, entspricht. Isolatoren, an denen Typprüfungen durchgeführt wurden, die deren mechanische und/oder elektrische Kennwerte beeinträchtigt haben könnten, dürfen im Betrieb nicht eingesetzt werden.

Elektrische Typprüfungen
Die an einem Stützisolator „elektrisch äquivalenter Bauart" bei den elektrischen Typprüfungen erhaltenen Ergebnisse müssen für alle durch ihn vertretenen Stützisolatoren gelten. Das sind Isolatoren, die aus denselben Werkstoffen hergestellt wurden und die, verglichen mit dem Stützisolator „elektrisch äquivalenter Bauart", folgende Kennwerte besitzen:
a) der Überschlagsweg ist gleich oder größer;
b) der Nenn-Strunkdurchmesser ist gleich oder kleiner;
c) die Anzahl und die ungefähre Lage der Metallarmaturen ist gleich;
d) der Nenn-Schirmabstand ist innerhalb von ± 5 % gleich;
e) die Nenn-Schirmausladung ist innerhalb von ± 10 % gleich;
f) das Schirmprofil ist gleich.

Typprüfungen hinsichtlich der mechanischen Bruchkraft
Die in den Typprüfungen auf mechanische Bruchkraft an einem Stützisolator „mechanisch äquivalenter Bauart" erzielten Ergebnisse müssen für alle von ihm repräsentierten Stützisolatoren gelten. Dieses sind Isolatoren, die in derselben Fabrik, aus denselben Werkstoffen und in demselben Herstellungsprozeß herge-

stellt wurden und die, verglichen mit dem Stützisolator „mechanisch äquivalenter Bauart", folgende Kennwerte aufweisen:
a) der Nenn-Strunkdurchmesser ist gleich;
b) die Bauart der Verbindung zwischen Isolierkörper und Metallarmaturen ist gleich;
c) die Form und Größe der Einzelteile der Metallarmaturen, die mit den Isolierkörpern verbunden sind, ist gleich;
d) die Nenn-Höhe weicht um nicht mehr als ± 20 % ab.

DIN EN 60099-5 (VDE 0675 Teil 5):1997-08   August 1997

Überspannungsableiter

Teil 5: Anleitung für die Auswahl und die Anwendung
(IEC 99-5:1996, modifiziert)
Deutsche Fassung EN 60099-5:1996

3 + 36 Seiten EN, 7 Bilder, 9 Tabellen, 5 Anhänge, 4 Literaturquellen

Preisgruppe 24 K

Dieser Teil von IEC 99 (VDE-Bestimmung) gibt Empfehlungen zur Auswahl und Anwendung von Überspannungsableitern, die in Drehstromnetzen mit Nennspannungen über 1 kV eingesetzt werden. Er gilt für Funkenstreckenableiter nach IEC 99-1 und für funkenstreckenlose Metalloxidableiter nach IEC 99-4.

Allgemeine Regeln zur Anwendung von Überspannungsableitern
Die IEC 77-1 legt Bemessungsspannungen für zwei Bereiche der höchsten Spannungen für Betriebsmittel fest:
• Bereich I: über 1 kV bis 245 kV;
• Bereich II: über 245 kV.
Im Bereich I werden die Betriebsmittel in Netzen mit Freileitungen hauptsächlich durch indirekte und direkte Blitzeinschläge in die angeschlossenen Freileitungen gefährdet. In reinen Kabelnetzen können Überspannungen nur durch Fehler oder Schalthandlungen entstehen. In Netzen des Bereichs II werden zusätzlich Schaltüberspannungen bedeutend, und zwar um so mehr, je höher die Netzspannung ist. Überspannungen können Überschläge und Schäden an Betriebsmitteln verursachen und dadurch die Stromversorgung von Kunden gefährden. Dies muß durch eine geeignete Koordination der Schutzkennwerte des Ableiters mit den Festigkeitswerten der Isolation verhindert werden.
Es wird daher empfohlen, Überspannungsableiter immer dann einzusetzen, wenn Blitz- oder hohe Schaltüberspannungen zu erwarten sind, die die Betriebsmittel gefährden können.

Allgemeines Verfahren zur Auswahl von Überspannungsableitern
Das nachstehend angegebene iterative Verfahren zur Auswahl von Überspannungsableitern wird empfohlen.
• Bestimmung der Ableiter-Dauerspannung unter Berücksichtigung der höchsten Betriebsspannung des Netzes;
• Bestimmung der Bemessungsspannung des Ableiters unter Berücksichtigung der zeitweiligen Überspannungen;
• Abschätzung der Höhe und der Wahrscheinlichkeit der durch den Ableiter fließenden Entladungsströme und Ermittlung der Leitungsentladungsanforderungen. Auswahl des Nenn-Ableitstoßstroms, des Wertes für den Hochstoßstrom und der Leitungsentladungsklasse des Ableiters;

- Auswahl der Ableiter-Druckentlastungsklasse entsprechend dem zu erwartenden Fehlerstrom durch den Ableiter;
- Auswahl eines Überspannungsableiters, der die vorstehend genannten Anforderungen erfüllt;
- Bestimmung der Schutzkennwerte des Ableiters für Blitz- und Schaltüberspannungen;
- Einbau des Überspannungsableiters so nahe wie möglich am zu schützenden Betriebsmittel;
- Ermittlung der Bemessungs-Schaltstoßspannung des zu schützenden Betriebsmittels unter Berücksichtigung der repräsentativen, langsam ansteigenden Überspannungen und der Netzgegebenheiten;
- Ermittlung der Bemessungs-Blitzstoßspannung unter Berücksichtigung;
  - der auftretenden repräsentativen Blitzüberspannung, die sich aus dem Verhalten der Freileitung, an die der Ableiter angeschlossen ist, und eines akzeptablen Fehlerrisikos des zu schützenden Betriebsmittels ergibt;
  - der Auslegung der Schaltanlage;
  - der Leitungsanschlußlänge zwischen Ableiter und zu schützendem Betriebsmittel;
- Bestimmung der Isolationspegel der betreffenden Betriebsmittel nach IEC 71-1;
- werden niedrigere Bemessungsstoßspannungen des Betriebsmittels gewünscht, so sollte untersucht werden, ob ein Ableiter mit niedrigerer Dauerspannung, niedrigerer Bemessungs- bzw. Löschspannung, höherem Nenn-Ableitstoßstrom, höherer Leitungsentladungsklasse oder mit einer anderen Auslegung eingesetzt werden oder ob die Leitungslänge zwischen Ableiter und zu schützendem Betriebsmittel verringert werden kann.

Funkenstreckenableiter nach IEC 99-1
Grundlegende Kennwerte von Funkenstreckenableitern sind Löschspannung, Ansprechspannungen, Nenn-Ableitstoßstrom und Restspannungen bei Stoßströmen.
Das Schutzvermögen ist gekennzeichnet durch die Stirn-Ansprech-Stoßspannung, die Ansprech-Blitzstoßspannung, falls erforderlich, die Ansprech-Schaltstoßspannung, die Restspannung bei Nenn-Ableitstoßstrom und, falls erforderlich, die Restspannungen bei Schaltstoßströmen. Für eine vorgegebene Löschspannung gibt es verschiedene Ableiterausführungen und damit auch unterschiedliche Schutzpegel.
Ebenfalls zu berücksichtigende Ableitereigenschaften sind die Dauerspannung, die Leitungsentladungsklasse, die Druckentlastungsklasse, die Spannungsfestigkeit unter Fremdschicht, die Spannungsfestigkeit beim Abspritzen und besondere mechanische Eigenschaften.

Auswahl von Funkenstreckenableitern Leiter – Erde
Es ist üblich, einen Überspannungsableiter so auszuwählen, daß er den zeitweiligen Überspannungen standhält, die beim Erdschluß in den nicht vom Erdfehler betroffenen Leitern entstehen, wenn gleichzeitig ein Ableiter in diesen Leitern

anspricht. Auch andere Ursachen für zeitweilige Überspannungen sollten bei der Wahl der Höhe der Löschspannung eines Ableiters bedacht werden, und die Höhe der Löschspannung sollte entsprechend der höchsten, bei den verschiedenen Vorgängen auftretenden zeitweiligen Überspannung gewählt werden. In einigen Fällen kann es erforderlich sein, auch die zeitweiligen Überspannungen zu berücksichtigen, die durch das gleichzeitige Auftreten verschiedener Ursachen entstehen, wie z. B. ein Lastabwurf mit gleichzeitigem Erdschluß, wobei die Wahrscheinlichkeit des Auftretens solcher Ereignisse zu berücksichtigen ist.

Metalloxidableiter ohne Funkenstrecken nach IEC 99-4
Grundlegende Kennwerte von Metalloxidableitern sind Dauerspannung, Bemessungsspannung, Nenn-Ableitstoßstrom und die Restspannungen bei Nenn-Ableitstoßstrom, Schaltstoßstrom und Steilstoßstrom.
Für eine vorgegebene Kombination von Dauer- und Bemessungsspannung gibt es verschiedene Ableiterausführungen und somit auch unterschiedliche Schutzpegel. Ebenfalls zu berücksichtigende Ableitereigenschaften sind die Leitungsentladungsklasse, die Druckentlastungsklasse, die Spannungsfestigkeit unter Fremdschicht, die Spannungsfestigkeit beim Abspritzen und besondere mechanische Eigenschaften.

Auswahl von funkenstreckenlosen Metalloxidableitern Leiter – Erde
Der Scheitelwert der Dauerspannung des Überspannungsableiters sollte immer höher als der Scheitelwert der Betriebsspannung sein.
Der Scheitelwert der Betriebsspannung wird durch die betriebsfrequente Spannung bestimmt, die der höchsten Spannung im Netz entspricht, wobei mögliche Oberschwingungen der Spannung zu berücksichtigen sind. In normalen Netzen kann die Erhöhung des Spannungsscheitelwerts durch Oberschwingungen mit einem Sicherheitszuschlag von 5 % auf die betriebsfrequente Spannung berücksichtigt werden.

Anwendung von Überspannungsableitern
Das Prinzip der Isolationskoordination nach IEC 71-1 und IEC 71-2 erfordert die Bestimmung der Bemessungsspannungen in vier Schritten:
a) repräsentative Überspannung am Betriebsmittel;
b) Koordinationsstehspannung des Betriebsmittels während seiner betrieblichen Lebensdauer;
c) erforderliche Stehspannung des Betriebsmittels bei genormten Prüfbedingungen. Sie kann sich von der Koordinationsstehspannung aufgrund von Isolationsalterung oder Streuung in der Herstellung unterscheiden. Diese Unterschiede werden durch einen Sicherheitsfaktor von 1,15 berücksichtigt. Bei Betrieb in Höhen bis 1000 m deckt dieser Faktor auch die für die äußere Isolierung nötige atmosphärische Korrektur ab.
d) Bemessungsstehspannung des Betriebsmittels. Hier werden die möglicherweise unterschiedlichen Werte der erforderlichen Stehspannung und der Bemessungsspannung und die Auswahl der Bemessungsspannung aus den Tabellen der genormten Werte berücksichtigt.

Überspannungsableiter an Transformator-Sternpunkten
Eine der häufigsten Sonderanwendungen von Ableitern ist der Schutz von Transformator-Sternpunkten. Jeder nicht geerdete Sternpunkt, der über eine Durchführung zugänglich ist, sollte durch einen Ableiter gegen Blitz- und Schaltüberspannungen geschützt werden. Eine Gefahr für die Sternpunktisolation ist bei auf allen drei Leitern einlaufenden Blitzüberspannungen oder bei Schaltüberspannungen aufgrund unsymmetrischer Fehler in den Netzen gegeben. In Netzen mit Erdschlußkompensation können hohe Schaltüberspannungen am Transformator-Sternpunkt und über die Wicklung dann auftreten, wenn zweipolige Fehler mit Erdberührung abgeschaltet werden und das mit dem Transformator noch verbundene Teilnetz niedrige Erdkapazitäten besitzt.
Das Energieaufnahmevermögen von Sternpunktableitern sollte für Leitungsentladungen mindestens dem der Leiter-Erde-Ableiter entsprechen oder größer sein.

Überspannungsableiter zwischen den Leitern
Zwischen den Eingangsklemmen von Transformatoren oder Drosselspulen können beträchtliche Überspannungen auftreten, wenn eine Drosselspule oder ein induktiv belasteter Transformator abgeschaltet wird. Die Spannungsfestigkeit der Drosselspule oder des Transformators zwischen den Leitern kann dabei überschritten werden, ohne daß die Ableiter Leiter – Erde begrenzen. Wenn derartige Schaltvorgänge zu erwarten sind, sollten Ableiter zwischen den Leitern zusätzlich zu den Ableitern Leiter – Erde eingesetzt werden. Die Ableiter Leiter – Leiter sollten eine Dauerspannung haben, die gleich dem 1,05fachen der höchsten Netzspannung ist oder darüber liegt. Bei Metalloxidableitern sind zeitweilige Überspannungen bis zum 1,25fachen der höchsten Netzspannung abgedeckt. Sollten die zeitweiligen Überspannungen höher sein, muß ein entsprechend hoher Wert für die Bemessungsspannung angegeben werden. Bei Funkenstreckenableitern ist die Auswahl der Löschspannung entsprechend der zeitweiligen Überspannungen vorzunehmen.

Überwachung
In Netzen mit höchsten Spannungen von 72,5 kV und höher werden zur Überwachung des Arbeitens der Ableiter oder zu einer möglichen Alterung im Betrieb verschiedene Verfahren eingesetzt. Wenn Ansprechzähler oder Kontrollfunkenstrecken eingesetzt werden, müssen der Ableiterfuß und der Leiter zwischen dem Ableiterfuß und dem Überwachungsinstrument wegen der Spannungsfälle über dem Überwachungsinstrument und an der Zuleitung gegen Erde isoliert werden, besonders wenn das Gerät nicht direkt am Ableiterfuß montiert wird. Die Zuleitung sollte die Erdverbindung des Ableiters nicht erheblich verlängern, und ihr Querschnitt sollte nicht kleiner sein als der der anderen Erdleitungen.
Im Bereich I bis 72,5 kV ist zur Bestimmung des Zustands eines Ableitertyps die Überprüfung einiger dem Betrieb entnommener Ableiter üblich.

Änderungen

Gegenüber DIN 57675-2 (VDE 0675 Teil 2):1975-08 wurden folgende Änderungen vorgenommen:
- Die neue Norm behandelt neben den Funkenstreckenableitern auch Metalloxidableiter ohne Funkenstrecken.
- Die Grundsätze zur Auswahl der Überspannungsableiter wurden den seit 1975 in vielen Punkten erweiterten Kenntnissen der Netzzusammenhänge und der Verfahren zur Isolationskoordination angepaßt.
- Die aufgeführten Kennwerte der Überspannungsableiter wurden entsprechend dem heutigen Stand der Technik abgeändert.

DIN EN 60832 (VDE 0682 Teil 211):1998-01 Januar 1998

Isolierende Arbeitsstangen und zugehörige Arbeitsköpfe zum Arbeiten unter Spannung

(IEC 60832:1988, modifiziert)
Deutsche Fassung EN 60832:1996

3 + 54 Seiten EN, 51 Bilder, 14 Tabellen, 7 Anhänge   Preisgruppe 34 K

In drei Kapiteln befaßt sich diese Norm (VDE-Bestimmung) mit Arbeitsstangen und zugehörigen Arbeitsköpfen zum Arbeiten unter Spannung über 1 kV.
Kapitel I behandelt Anforderungen an Arbeitsstangen mit festmontierten Kupplungsteilen und die elektrischen und mechanischen Prüfungen dafür.
Kapitel II behandelt Anforderungen an die Arbeitsköpfe, die an Arbeitsstangen nach Kapitel I an- und abmontiert werden, und die Prüfungen dafür.
Kapitel III behandelt besondere Anforderungen, die an Arbeitsstangen und zugehörige Arbeitsköpfe zu stellen sind.
Arbeitsstangen, die Gegenstand dieser Norm sind, müssen aus isolierenden Rohren oder Stäben entsprechend IEC 855 hergestellt werden.

Definitionen spezieller Ausdrücke in dieser Norm

MIDCT
„Prüfung auf Nebenfehler"
Ansatz mechanischer Belastungen nach dieser Norm zum Nachweis, daß kein Nebenfehler auftritt.

MADCT
„Prüfung auf Hauptfehler"
Ansatz mechanischer Belastung nach dieser Norm zum Nachweis, daß kein Hauptfehler oder kritischer Fehler auftritt.

Formelzeichen (jeweils vom Hersteller für ein Gerät und einen Test angegeben)
T_N „Nennmoment"
F_{TN} „Nennzugkraft"
F_{CN} „Nenndruckkraft"
F_{BN} „Nennbiegekraft"

Arbeitsstangen mit festmontierten Kupplungsteilen

Technische Merkmale

Allgemeines
Die Ausrüstung soll so leicht und klein wie möglich sein, um eine einfache Handhabung zu ermöglichen.

Isolation
Die Isolation muß durch die richtige Länge von Rohr oder Stab entsprechend IEC 855 (siehe DIN 48698 Teil 1) erreicht werden.

Maße
Für jeden Gerätetyp muß der Hersteller Bemessungsangaben machen oder die Einsatzbereiche aufzeigen, bezogen auf die speziellen Funktionen des Gerätes.

Mechanische Merkmale
Für jeden Gerätetyp muß der Hersteller Nennwerte entsprechend **Tabelle A** angeben.

Tabelle A Handstangen*)

Gerätefamilie \ Merkmale	F_{BN}	F_{TN}	T_N	weitere spezielle Merkmale
Wickelbund-Handstange				Zugfestigkeit des Bindedrahtwicklers und des Drehhakens
Allesgreifer-Handstange	x	x	x	
Verlängerung für Allesgreifer-Handstange	x		x	Zugfestigkeit der Verbindungsklammer
Universal-Handstange		x	x	Torsionsfestigkeit der Flügelschrauben
Seilhalte-Handstange		x	x	Haltefähigkeit
Handstange mit Zange für Kleinteile	x	x	x	Haltefähigkeit; Torsionsfestigkeit der Haltestange, Torsionsfestigkeit der Antriebsstange
Handstange mit Drahtschneider				Schneidfähigkeit
Handstange mit schwenkbarem Kupplungsteil			x	
Handstange mit kardanischem Kupplungsteil			x	
verlängerbare Universal-Handstange	x	x	x	Torsionsfestigkeit der Flügelschrauben
Meßstange				Torsionsfestigkeit der Flügelschrauben

*) Für die Handstange mit Öler und für die Handstange für Zangenstrommesser sind keine mechanischen Prüfungen erforderlich, sondern nur die Sichtprüfung und die Prüfung der Maße.

Typprüfungen
Zum Nachweis, daß ein Gerät dieser Norm entspricht, muß der Hersteller nachweisen, daß von jedem Gerätetyp mindestens 3 Stück die nachfolgenden Prüfungen bestanden haben. Druck- und Biegeprüfungen müssen an kompletten Geräten durchgeführt werden.
Sofern verschiedene Gerätetypen nur bei wenigen Merkmalen Unterschiede aufweisen, können Prüfungen, sofern sie nicht durch diese Merkmale beeinflußt werden, an nur einem Gerätetyp durchgeführt und die Ergebnisse auf die anderen Gerätetypen übertragen werden.
Zugprüfungen müssen nicht wiederholt werden, wenn sich die Gerätetypen nur durch die Länge des isolierenden Rohrs unterscheiden.
Die Prüfungen nach **Tabelle B** müssen in der vorgeschriebenen Reihenfolge durchgeführt werden.
Anmerkung: Einige Spalten der Tabelle B für bestimmte Geräte sind nochmals in Zwischenspalten entsprechend der Anzahl mechanischer Zerstörungsversuche für diese Geräte unterteilt. Die Zwischenspalten geben die Prüfreihenfolge an. Jede zusätzliche Prüfung, die der Anwender verlangt, sollte als Abnahmeprüfung gelten.

Tabelle B Typprüfungen von Handstangen.
Die erste Prüfung ist an jedem Gerät die Sichtprüfung.*)

Gerätefamilie / Typprüfung**)		Wickelbund-Handstange	Allesgreifer-Handstange			Verlängerung für Allesgreifer-Handstange	Universal-Handstange	
Prüfung der Maße		2	2			2	2	
Torsionsprüfung	MIDCT MADCT			2 3			2 4	4 6
Biegeprüfung	MIDCT MADCT		4 5			3 4		
Zugprüfung	MIDCT MADCT			2 4				2 3
Fuchsinprüfung		5	6	4 5	5	4	5 7	4
elektrische Prüfung		4			3		3 5	
weitere spezielle Prüfungen		Zugprüfung von Bindedrahtwickler und Drehhaken 3	Prüfung der Antriebsstange auf Funktion 3			Festigkeitsprüfung Zugprüfung MIDCT 2 MADCT 3	Torsionsprüfung der Flügelschrauben 3	

*) Siehe Anmerkung vor der Tabelle B.
**) Nahezu dieselben Prüfungen sind für die übrigen Handstangen nach Tabelle A festgelegt.

Gemeinsame technische Merkmale der Arbeitsköpfe
Auf Scherung beanspruchte Schraubenbolzen dürfen ihr Gewinde nicht in der Scherebene zwischen miteinander verbundenen Teilen haben, es sei denn, daß der Bolzendurchmesser der Belastung entsprechende Sicherheitsfaktoren beinhaltet.
- Kupplungsteile von Arbeitsköpfen, die auf Zug oder Druck beansprucht werden, sollten möglichst so gebaut sein, daß die Last in der Achse der Handstange wirkt.
- Die Art der Befestigung des Kupplungsteiles muß sicherstellen, daß sich das Kupplungsteil nicht unbeabsichtigt lösen kann.
- Die Art der Befestigung des Kupplungsteiles muß eine Einstellung des Winkels zwischen Handstange und Arbeitskopf in 30°-Schritten ermöglichen.

Nur Sichtprüfungen und Prüfungen der Maße werden gefordert bei:
- Ölkanne;
- Knarre;
- Ösenhalter;
- Isolatorenhalter;
- Klöppelpfannengabel;
- Arbeitskopf mit Doppelzinken;
- Splintsetzer;
- Klöppelhalter;
- Hammer;
- justierbare Sicherungszange;
- Greifzange für Isolatorkappe;
- Spiralhaken;
- Astsäge;
- Schraubendreher;
- Schleifbügel;
- Spiegel.

Qualitätssicherungsplan und Abnahmeprüfungen
Um die Auslieferung von Produkten nach dieser Norm sicherzustellen, muß der Hersteller einen anerkannten Qualitätssicherungsplan anwenden, der den Festlegungen der Normenreihe ISO 9000 entspricht.
Der Qualitätssicherungsplan muß sicherstellen, daß das Produkt den in dieser Norm enthaltenen Anforderungen entspricht.
Fehlt ein wie oben angegebener anerkannter Qualitätssicherungsplan, sind die Stichprobenprüfungen durchzuführen.

Änderung
Gegenüber DIN VDE 0682-211 (VDE 0682 Teil 211):1992-11 wurde folgende wesentliche Änderung vorgenommen:
- Um Qualitätssicherungsplan und Abnahmeprüfungen ergänzt.

DIN EN 60895 (VDE 0682 Teil 304):1998-02   Februar 1998

Schirmende Kleidung zum Arbeiten an unter Spannung stehenden Teilen für eine Nennspannung bis AC 800 kV

(IEC 60895:1987, modifiziert)
Deutsche Fassung EN 60895:1996

2 + 29 Seiten EN, 28 Bilder, 2 Tabellen, 7 Anhänge   Preisgruppe 20 K

Diese Norm (VDE-Bestimmung) gilt für schirmende Kleidung, die von Elektrofachkräften bei Arbeiten an unter Spannung stehenden Teilen (insbesondere bei Arbeiten mit bloßen Händen an Teilen) bis zu einer Nennspannung von AC 800 kV getragen wird.
Sie gilt für den Anzug, Handschuhe, Kapuzen, Socken und Schuhe.

Technische Anforderungen
Das verwendete Material muß folgende Eigenschaften aufweisen:

Entflammbarkeit
Das Material muß so beschaffen sein, daß es die Ausbreitung einer Flamme verhindert, wenn es mit einer Flamme oder mit Feuer in Berührung kommt (z. B. mit einem elektrischen Lichtbogen).

Verschleißfestigkeit
Die schirmende Kleidung muß gegen Abrieb und Zerreißen beständig sein.
Da es schwierig ist, zur Prüfung dieser Eigenschaften Sonderprüfungen zu erarbeiten und durchzuführen, sind Tragefreundlichkeit und Lebensdauer der Kleidung die einzigen Eigenschaften, die es zu berücksichtigen gilt.

Elektrischer Widerstand
Diese Kenngröße kann als grundlegend angesehen werden, durch die die Stromtragfähigkeit und das Verhalten bei Funkenentladungen bestimmt sind.
Für die Elektrofachkraft bedeutet folglich der richtige elektrische Widerstandswert einen niedrigen Potentialunterschied zwischen zwei Stellen der Kleidung, die mit der Haut in Berührung stehen, und somit auch ein Element für angenehmes Tragen.

Stromtragfähigkeit
Während sich die Elektrofachkraft (von der Metallkonstruktion des Mastes oder vom Erdboden aus in einer Hebebühne) zu ihrer Arbeitsstelle begibt und in dem Augenblick, wo sie sich an den unter Spannung stehenden Leiter anschließt, fließen durch ihre Kleidung kapazitive Ströme. Diese können erheblich sein, und es ist unbedingt notwendig, daß der Anzug imstande ist, diese Ströme ohne Schaden zu führen (Erwärmung, Verbrennung usw.).

Schirmungsmaß
Das Material muß ein Schirmungsmaß von mehr als 40 dB haben. Das Schirmungsmaß eines schirmenden Stoffes ist bestimmt durch das Verhältnis der von einem Körper ohne Abschirmung aufgenommenen Energie zu der vom gleichen – durch einen schirmenden Stoff geschützten – Körper aufgenommenen Energie. Das Verhältnis von zwei unter diesen Bedingungen gemessenen Spannungen wird zur Berechnung des Schirmungsmaßes des schirmenden Stoffes verwendet.

Reinigungsforderungen
Um sicherzustellen, daß die Schirmwirkung und die flammwidrigen Eigenschaften der Kleidung sich durch wiederholtes Reinigen nicht übermäßig verschlechtern, wird die Kleidung zehn Wasch-Trocknungsgängen und/oder zehn Chemischreinigungsgängen unterzogen. Die Schirmwirkung und flammwidrige Eigenschaften müssen nach den Reinigungsprüfungen immer noch den Anforderungen dieser Bestimmung entsprechen.

Schutz gegen Funkenentladung
Um die Einwirkung von Funkenentladungen auf die Elektrofachkraft auszuschließen, darf der Abstand zwischen zwei leitfähigen, benachbarten Komponenten im Stoff (ausgenommen Gesichtsschutzschirm) beim Tragen unter normalen Bedingungen einschließlich Dehnung, z. B. an den Knien oder Ellbogen, 5 mm nicht überschreiten.

Handschuhe und Socken
Der Widerstand von Handschuhen und Socken muß so gering sein, daß der zu erwartende Maximalstrom, der an ihnen abfließen kann, vom Benutzer nicht wahrgenommen wird. Dieser Widerstand darf beim Messen mit den vorgeschriebenen Elektroden einen Höchstwert von 100 Ω für Handschuhe und 10 Ω für Socken aufweisen.

Schuhe
Der Widerstand von Schuhen muß, wenn die Schuhe allein ohne die Kleidung getragen werden, so gering sein, daß der Spannungsfall an den Schuhen, verursacht durch den bei der höchsten angenommenen Feldstärke in einer Person induzierten Strom, nicht zu unangenehmen Entladungen führt. Der Widerstand darf beim Messen mit den vorgeschriebenen Elektroden einen Höchstwert von 500 Ω ergeben. Wenn schirmende Socken benutzt werden, dürfen die Schuhe in normaler Ausführung ohne besondere leitende Eigenschaften sein.

Kapuze und Gesichtsschutzschirm
Für die Abschirmwirkung ist eine schirmende Kapuze erforderlich. Sie kann besonders für hohe Spannungen durch einen schirmenden Gesichtsschutzschirm vervollständigt werden. Andernfalls müssen Schutzklappen, ein schirmendes Visier und die Form der Kapuze einen Schutz des Gesichts sicher-

stellen. Es muß zwischen der Kapuze, dem Gesichtsschutzschirm und dem Anzug eine Verbindung bestehen.

Kleidung (vollständige Kombination)
Zusätzliche Prüfungen nach **Bild 1** müssen an der vollständigen Kombination zur Bestätigung der tatsächlichen Werte des Schirmungsmaßes und des Widerstands durchgeführt werden, um Herstellungsfehler aufzudecken.

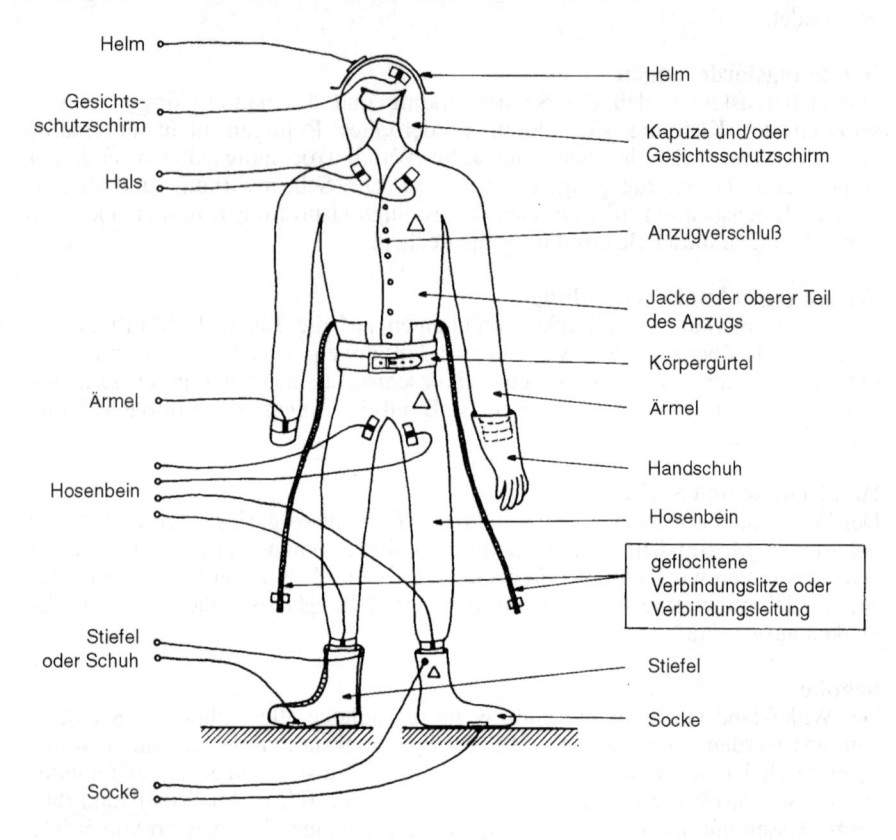

Bild 1 Meßstellen an der schirmenden Kombination (typische Kombinationsausführung)

Die schirmende Kleidung muß durch Zusammenfügen ihrer verschiedenen Einzelteile einen elektrisch durchgehenden Schutz bieten, der den Benutzer völlig umgibt, eventuell mit Aussparung des Gesichts. Dieses kann jedoch durch einen Gesichtsschutz geschützt werden, der mit dem Anzug selbst elektrisch leitend verbunden ist.

Werden zum Zusammenfügen des kompletten Anzugs Druckknöpfe, Reißverschlüsse, Haken und Ösen oder ein anderes Verfahren verwendet, ist darauf zu achten, daß die elektrische Leitfähigkeit des Anzugs nicht beeinträchtigt wird.
Die schirmende Kleidung (vollständige Kombination) ist mit dem Leiter oder dem leitfähigen Teil elektrisch zu verbinden, an dem die Arbeit unter Spannung durchzuführen ist. Diese Verbindung wird mit Hilfe einer leitfähigen Litze hergestellt, die mit einem Ende an der Kleidung befestigt ist, während das andere Ende der Litze mit einer Spezialklemme zu versehen ist.

1.7 Gebrauchsgeräte · Arbeitsgeräte
Gruppe 7 des VDE-Vorschriftenwerks

DIN EN 60335-1/A1 (VDE 0700 Teil 1/A1):1997-08   August 1997

Sicherheit elektrischer Geräte für den Hausgebrauch und ähnliche Zwecke

Teil 1: Allgemeine Anforderungen
(IEC 335-1:1991/A1:1994, mod.)
Deutsche Fassung EN 60335-1/A1:1996

3 + 5 Seiten EN, 3 Anhänge   Preisgruppe 8 K

Die Abschnitte dieser **Änderung** betreffen:

Allgemeine Prüfbedingungen

Netzanschluß und äußere Leitungen

Anhang B (normativ)
Geräte, die von wiederaufladbaren Batterien gespeist werden

Änderungen
Gegenüber DIN EN 60335-1 (VDE 0700 Teil 1):1995-10 wurden folgende Änderungen vorgenommen:
• IEC 335-1:1991/A1:1994 übernommen;
• EN 60335-1/A1:1996 eingearbeitet.

DIN EN 60335-1/A12 (**VDE 0700 Teil 1/A12**):1997-08 August 1997

Sicherheit elektrischer Geräte für den Hausgebrauch und ähnliche Zwecke
Teil 1: Allgemeine Anforderungen
Deutsche Fassung EN 60335-1/A12:1996

2 + 4 Seiten EN, 3 Anhänge Preisgruppe 5 K

Die Abschnitte dieser **Änderung** betreffen:

Allgemeines

Terminologie
Kondensatoren der Klasse X werden wie Kondensatoren der Klasse X2 geprüft.

Aufschriften

Qualitätsbeurteilungsverfahren
Prüfungen

Prüf- und Meßverfahren
Sichtprüfung und Überprüfung der Maße

DIN EN 60335-2-7 (VDE 0700 Teil 7):1997-11   November 1997

Sicherheit elektrischer Geräte für den Hausgebrauch und ähnliche Zwecke

Teil 2: Besondere Anforderungen für Waschmaschinen
(IEC 335-2-7:1993, modifiziert)
Deutsche Fassung EN 60335-2-7:1997

3 + 15 Seiten EN, 5 Anhänge   Preisgruppe 13 K

Diese Norm (VDE-Bestimmung) behandelt die Sicherheit elektrischer Waschmaschinen für den Hausgebrauch und ähnliche Zwecke, zum Waschen von Kleidung und Textilien, deren Bemessungsspannung nicht mehr als 250 V für Einphasengeräte und 480 V für andere Geräte beträgt.
Nicht für den normalen Hausgebrauch bestimmte Geräte, die aber dennoch zu einer Gefahrenquelle für die Allgemeinheit werden können, wie z. B. Geräte, die von Laien in Läden, für gewerbliche Zwecke und in der Landwirtschaft verwendet werden, fallen in den Anwendungsbereich dieser Norm.
Soweit anwendbar, behandelt diese Norm die allgemeinen Gefahren, die von Geräten ausgehen, mit denen alle Personen im Haus und dessen Umgebung umgehen.
Die Abschnitte dieser Norm ergänzen oder ersetzen die entsprechenden Abschnitte in DIN EN 60335-1 (VDE 0700 Teil 1).

Erwärmung
Die Geräte werden aufgestellt, wie für motorbetriebene Geräte festgelegt, es sei denn, sie haben ein Heizelement zum Trocknen.
Waschmaschinen mit einer Programm-Steuerung werden für drei Betriebsspiele mit dem Programm, das die höchsten Temperaturerhöhungen bringt, betrieben. Zwischen den Betriebsspielen wird eine Pause von 4 min eingelegt.

Ableitstrom und Spannungsfestigkeit bei Betriebstemperatur
Anstelle des zulässigen Ableitstroms für ortsfeste Geräte der Schutzklasse I gilt folgendes:
Bei ortsfesten Geräten der Schutzklasse I darf der Ableitstrom 3,5 mA oder 1 mA je kW Bemessungsaufnahme, je nachdem, was größer ist, jedoch maximal 5 mA, nicht überschreiten.

Feuchtigkeitsbeständigkeit
Magnetventile und ähnliche Bauteile, die in äußeren, für den direkten Anschluß an die Wasserversorgung vorgesehenen Schläuchen enthalten sind, werden der für IPX7-Geräte festgelegten Prüfung unterzogen.
Die Geräte müssen so gebaut sein, daß ein Überlaufen von Flüssigkeit im sachgemäßen Gebrauch nicht ihre elektrische Isolierung beeinträchtigt, auch nicht bei einem Fehler am Einlaßventil.

Prüfung: Geräte der Anbringungsart X, außer solchen mit einer besonders zugerichteten Leitung, werden mit der leichtesten zulässigen flexiblen Leitung mit dem kleinsten festgelegten Querschnitt ausgestattet.
Das Gerät wird unter Normalbetrieb und an Bemessungsspannung betrieben. Jede Betriebsart oder jeder Fehler, der im sachgemäßen Gebrauch vorkommen kann, wird angewandt.
Während der Prüfungen dürfen aus dem Gerät keine Flammen oder geschmolzenes Metall austreten, und die Wicklungstemperatur darf die Werte einer Tabelle nicht überschreiten.
Anmerkung: Beispiele für Fehlerbedingungen sind:
- Anhalten der Programm-Steuerung an irgendeiner Stelle;
- Unterbrechen und Wiederanschließen einer oder mehrerer Leiter der Netzzuleitung an jeder Stelle des Programms;
- Unterbrechen oder Kurzschließen von Bauteilen;
- Versagen eines Magnetventils;
- Versagen oder Blockieren des mechanischen Teils eines Wasserstandsschalters. Diese Fehlerbedingung wird nicht angewendet, wenn der Querschnitt des Schlauchs, der die Luftfalle mit Wasser versorgt, größer als 5 cm^2 mit einer kleinsten Weite von 1 cm ist und wenn der Auslaß der Luftfalle mindestens 2 cm oberhalb des höchsten Wasserspiegels liegt. Der Verbindungsschlauch zwischen Luftfalle und Niveauschalter muß so befestigt sein, daß ein Abknicken oder Quetschen unwahrscheinlich ist.

Standfestigkeit und mechanische Sicherheit
Trommelwaschmaschinen, die von oben durch eine Öffnung mit scharnierbefestigtem Deckel beschickt werden, müssen mit einer Verriegelung versehen sein, die den Motor abschaltet, bevor die Deckelöffnung größer als 50 mm ist.
Bei abnehmbarem Deckel oder Schiebedeckel muß der Motor abgeschaltet sein, sobald der Deckel abgenommen oder verschoben wird. Es darf nicht möglich sein, den Motor einzuschalten, wenn der Deckel nicht geschlossen ist.
Die Verriegelung muß so gebaut sein, daß ein unerwarteter Betrieb des Geräts unwahrscheinlich ist, wenn der Deckel nicht geschlossen ist.
Trommelwaschmaschinen, die von vorne beschickt werden, müssen mit einer Verriegelung versehen sein, die den Motor abschaltet, bevor die Türöffnung größer als 50 mm ist.
Die Verriegelung muß so gebaut sein, daß ein unerwarteter Betrieb des Geräts unwahrscheinlich ist, wenn die Tür nicht geschlossen ist.
Bei einem Wasserstand oberhalb der Unterkante der Türöffnung darf es nicht möglich sein, die Tür durch eine einfache Betätigung zu öffnen, während das Gerät in Betrieb ist.

Aufbau
Die Geräte müssen dem Wasserdruck standhalten, der im sachgemäßen Gebrauch zu erwarten ist.
Prüfung: Anschluß des Geräts an eine Wasserversorgung mit einem statischen

Druck vom zweifachen des maximal zulässigen Einlaßwasserdrucks oder 1,2 MPa (12 bar), je nachdem, was größer ist, für eine Dauer von 5 min.
Die Geräte müssen so gebaut sein, daß Textilien nicht in Berührung mit Heizelementen kommen können.

Änderungen
Gegenüber DIN VDE 0700-7 (VDE 0700 Teil 7):1992-03, DIN EN 60335-2-7/A51 (VDE 0700 Teil 7/A1):1995-08 und DIN EN 60335-2-7/A52 (VDE 0700 Teil 7/A2):1995-12 wurden folgende Änderungen durchgeführt:
- IEC 335-2-7, 4. Ausgabe 1993, übernommen,
- EN 60335-2-7:1997 eingearbeitet,
- Anpassung an EN 60335-1:1994 (veröffentlicht als DIN EN 60335-1 (VDE 0700 Teil 1):1995-10).

DIN EN 60335-2-14 (VDE 0700 Teil 14):1997-06   Juni 1997

Sicherheit elektrischer Geräte für den Hausgebrauch und ähnliche Zwecke

Teil 2: Besondere Anforderungen für Küchenmaschinen
(IEC 335-2-14:1994, modifiziert)
Deutsche Fassung EN 60335-2-14:1996

3 + 18 Seiten EN, 2 Bilder, 3 Anhänge   Preisgruppe 15 K

Diese Norm (VDE-Bestimmung) behandelt die Sicherheit elektrischer Küchenmaschinen für den Hausgebrauch und ähnliche Zwecke, deren Bemessungsspannung nicht mehr als 250 V beträgt.
Anmerkung: Beispiele von Geräten, die zum Anwendungsbereich dieser Norm gehören, sind:
- Küchenmaschinen;
- Sahneschläger;
- Quirle für Eierschnee;
- Mixer;
- Passiergeräte und -maschinen;
- Buttermaschinen;
- Speiseeisbereiter, einschließlich solcher zur Verwendung in Kühl- und Gefriergeräten;
- Zitruspressen;
- Entsafter;
- Fleischwölfe;
- Nudelmaschinen;
- Beerenpressen;
- Schneidemaschinen;
- Bohnenschneidemaschinen;
- Kartoffelschälmaschinen;
- Reib- und Schnitzelwerke;
- Messerschärfer;
- Dosenöffner;
- Messer;
- Kompakt-Küchenmaschinen;
- Kaffeemühlen bis zu 500 g Fassungsvermögen;
- Getreidemühlen bis zu drei Liter Fassungsvermögen.

Nicht für den normalen Hausgebrauch bestimmte Geräte, die aber dennoch zu einer Gefahrenquelle für die Allgemeinheit werden können, wie z. B. Geräte, die von Laien in Läden, in gewerblichen Betrieben und in der Landwirtschaft verwendet werden, fallen in den Anwendungsbereich dieser Norm.
Die Abschnitte dieser Norm ergänzen oder ersetzen die entsprechenden Abschnitte in DIN EN 60335-1 (VDE 0700 Teil 1).

Einteilung
Handgeräte müssen nach Schutzklasse II oder III gebaut sein.

Erwärmung
Das Gerät wird für die festgelegte Zeitspanne betrieben. Wenn jedoch diese Zeit die in der Gebrauchsanweisung angegebene überschreitet und wenn die Temperaturerhöhungsgrenzen überschritten werden, wird die Prüfung mit der in der Gebrauchsanweisung angegebenen größten Menge Zutaten wie folgt betrieben:
- die doppelte in der Anweisung angegebene maximale Zeitspanne, für festgelegte Betriebszeiten von nicht mehr als 1 min;
- die maximale in der Anweisung angegebene Zeitspanne plus 1 min, für festgelegte Betriebszeiten von mehr als 1 min, aber nicht mehr als 7 min;
- die maximale in der Anweisung angegebene Zeitspanne, für festgelegte Betriebszeiten von mehr als 7 min.

Wenn es notwendig ist, mehrere Betriebsspiele auszuführen, um diese Zeitspanne zu erreichen, sind die Ruhepausen gleich der Zeit, die benötigt wird, um den Behälter zu leeren oder wieder aufzufüllen.
Geräte mit einem eingebauten Zeitschalter werden für den größten am Zeitschalter einstellbaren Zeitraum betrieben.

Feuchtigkeitsbeständigkeit
Die Geräte werden dann 15 s bei Bemessungsspannung betrieben, wobei die Lösung noch im Behälter ist. Deckel sind in ihrer Gebrauchslage oder entfernt, je nachdem, was ungünstiger ist.
Wasserabflußöffnungen von Kartoffelschälmaschinen werden verstopft.

Unsachgemäßer Betrieb
Küchenmaschinen, Kompakt-Küchenmaschinen, Fleischwölfe, Beerenpressen, Mixer für Speisen und Entsafter für Obst und Gemüse werden 30 s betrieben.
Nudelmaschinen, Kaffeemühlen und Getreidemühlen werden 5 min geprüft.
Buttermaschinen und Speiseeisbereiter werden betrieben, bis der Beharrungszustand erreicht ist.
Kaffeemühlen und Getreidemühlen werden der folgenden Prüfung unterzogen, die an drei zusätzlichen Geräten durchgeführt wird:
Kaffeemühlen werden mit 40 g Kaffeebohnen gefüllt, denen zwei Granitstücke hinzugefügt werden, die durch ein Sieb mit 8 mm Maschenweite hindurchpassen, aber nicht durch ein Sieb mit 7 mm Maschenweite. Getreidemühlen werden im Normalbetrieb betrieben, aber mit zwei Granitstücken, die durch ein Sieb mit 4 mm Maschenweite hindurchpassen, aber nicht durch ein Sieb mit 3 mm Maschenweite. Das Gerät wird bei Bemessungsspannung betrieben, bis der Mahlvorgang beendet ist.
Kaffeemühlen und Getreidemühlen werden bei Bemessungsspannung im Normalbetrieb fünfmal mit Ruhepausen betrieben.

Die Dauer des Betriebs beträgt:
- für Geräte mit eingebautem Zeitschalter, die längste an dem Zeitschalter einstellbare Zeit;
- für andere Geräte,
  - für Kaffeemühlen mit Mahlwerk und für Getreidemühlen 30 s länger als die Zeit, die benötigt wird, um den Auffangbehälter zu füllen, oder die Zeit, die benötigt wird, um den Fülltrichter zu leeren, je nachdem, was kürzer ist,
  - für andere Kaffeemühlen 1 min.

Die Dauer der Ruhepause beträgt:
- 10 s für Geräte mit einem Auffangbehälter;
- 60 s für andere Geräte.

Die Temperatur der Wicklungen darf die angegebenen Werte nicht überschreiten.

Standfestigkeit und mechanische Sicherheit
Abnehmbares Zubehör wird entfernt, und Deckel werden geöffnet, ausgenommen, daß bei
- Entsaftern der Deckel und der Behälter, der die Fruchtreste aufnimmt, sich in ihrer Gebrauchslage befinden;
- Reib- und Schnitzelwerken nur solches Zubehör entfernt wird, das während des Betriebs der Maschine entfernt wird.

Der Prüffinger wird nicht angewandt für:
- Küchenmaschinen;
- Handmixer;
- Passiergeräte und -maschinen;
- Speiseeisbereiter, einschließlich solcher zur Verwendung in Kühl- und Gefriergeräten;
- Zitruspressen;
- Schneidemaschinen;
- Bohnenschneidemaschinen;
- Kartoffelschälmaschinen;
- Messerschärfer;
- Dosenöffner;
- Messer.

Mechanische Festigkeit
Die Prüfung wird auch an abnehmbaren Teilen durchgeführt, die für den Schutz gegen mechanische Gefährdungen notwendig sind.

Aufbau
Jegliche Schalter, die den Motor steuern, müssen auch elektronische Stromkreise abschalten, deren Fehlfunktion die Übereinstimmung mit dieser Norm beeinträchtigen könnte.

Die Geräte müssen so gebaut sein, daß eine Verschmutzung der Nahrungsmittelbehälter durch Schmiermittel verhindert ist.
Die Geräte müssen so gebaut sein, daß das Eindringen von Nahrungsmitteln oder Flüssigkeiten in Stellen, wo sie elektrische oder mechanische Störungen verursachen könnten, verhindert ist.

Änderungen
Gegenüber DIN VDE 0700-14 (VDE 0700 Teil 14):1992-10, DIN EN 60335-2-14/A53 (VDE 0700 Teil 14/A1):1995-09, DIN EN 60335-2-14/A54 (VDE 0700 Teil 14/A2):1996-02 und DIN EN 60335-2-33 (VDE 0700 Teil 33):1993-06 wurden folgende Änderungen durchgeführt:
- IEC 335-2-14, 3. Ausgabe 1994, übernommen;
- EN 60335-2-14:1996 eingearbeitet;
- Besondere Anforderungen für Kaffeemühlen eingearbeitet.

DIN EN 60335-2-16 (VDE 0700 Teil 16):1997-11 November 1997

Sicherheit elektrischer Geräte für den Hausgebrauch und ähnliche Zwecke

Teil 2: Besondere Anforderungen für Zerkleinerer von Nahrungsmittelabfällen
(IEC 335-2-16:1994, modifiziert)
Deutsche Fassung EN 60335-2-16:1996

2 + 9 Seiten EN, 1 Bild, 4 Anhänge　　　　　　　　　　　　　　Preisgruppe 10 K

Diese Norm (VDE-Bestimmung) behandelt die Sicherheit von elektrischen Zerkleinerern von Nahrungsmittelabfällen für den Hausgebrauch und ähnliche Zwecke, deren Bemessungsspannung nicht mehr als 250 V beträgt.
Nicht für den normalen Hausgebrauch bestimmte Geräte, die aber dennoch zu einer Gefahrenquelle für die Allgemeinheit werden können, wie z. B. Geräte, die von Laien in Läden, in gewerblichen Betrieben und in der Landwirtschaft verwendet werden, fallen in den Anwendungsbereich dieser Norm.
Soweit anwendbar, behandelt diese Norm die Gefahren, die üblicherweise von Geräten ausgehen, mit denen alle Personen im Haus und dessen Umgebung umgehen.
Die Abschnitte dieser Norm ergänzen oder ersetzen die entsprechenden Abschnitte in DIN EN 60335-1 (VDE 0700 Teil 1).
Zerkleinerer von Nahrungsmittelabfällen: Gerät, das in den Abfluß einer Spüle eingebaut ist und Nahrungsmittelabfälle so zerkleinert, daß sie mittels Wasser in das Abflußsystem abgeführt werden können.

Einteilung
Zerkleinerer von Nahrungsmittelabfällen müssen der Schutzklasse I, der Schutzklasse II oder der Schutzklasse III entsprechen.

Erwärmung
Zerkleinerer von Nahrungsmittelabfällen für kontinuierliche Beschickung werden 4 min lang betrieben.
Zerkleinerer von Nahrungsmittelabfällen für schubweise Beschickung werden mit zwei Betriebsspielen von je 2 min und einer dazwischen liegenden Ruhepause von 30 s betrieben, während der sie abgeschaltet werden.

Feuchtigkeitsbeständigkeit
Die Geräte müssen so gebaut sein, daß eine Verstopfung des Auslaufs nicht ihre elektrische Isolierung beeinträchtigt.
Prüfung: Der Auslauf des Geräts wird verschlossen und das Spülbecken mit Wasser bis zu einer Tiefe von 20 cm gefüllt, gemessen von der tiefsten Stelle im Spülbecken. Das Gerät wird bei Bemessungsspannung versorgt und betrieben,

bis eine Schutzvorrichtung anspricht, oder 15 min lang, je nachdem, was kürzer ist. Nach einer Ruhepause von 15 min wird die Prüfung wiederholt.
Das Gerät muß dann die Spannungsfestigkeitsprüfung bestehen, und eine Besichtigung muß zeigen, daß keine Spuren von Wasser auf der Isolierung vorhanden sind, die zu einer Verminderung der Kriech- und Luftstrecken unter die festgelegten Werte führen könnten.

Unsachgemäßer Betrieb
Zerkleinerer von Nahrungsmittelabfällen werden ohne Wasser betrieben:
- 30 s bei Geräten für kontinuierliche Beschickung;
- 5 min bei Geräten für schubweise Beschickung.

Standfestigkeit und mechanische Sicherheit
Der Prüffinger wird nicht an der Einlaßöffnung des Geräts angewandt.
Der Zugang zu sich bewegenden Teilen durch die Einlaßöffnung muß verhindert sein, es sei denn, eine Abdeckung ist vorhanden, und der Motor wird automatisch abgeschaltet, wenn die Abdeckung entfernt wird.
Prüfung: Mit dem Prüfdorn, der mit einer Kraft von 50 N in die Einlaßöffnung gedrückt wird. Es darf nicht möglich sein, sich bewegende Teile mit dem Prüfdorn zu berühren.
Außerdem muß der Abstand zwischen der Oberkante der Einlaßöffnung und den sich bewegenden Teilen mindestens 100 mm betragen.

Änderungen
Gegenüber DIN VDE 0700-16 (VDE 0700 Teil 16):1992-12 wurden folgende Änderungen durchgeführt:
- IEC 335-2-16, 4. Ausgabe 1994, übernommen,
- EN 60335-2-16:1996 eingearbeitet,
- Anpassung an IEC 335-1:1991
(veröffentlicht als DIN EN 60335-1 (VDE 0700 Teil 1):1995-10).

DIN EN 60335-2-24/A52 (**VDE 0700 Teil 24/A2**):1997-08   August 1997

Sicherheit elektrischer Geräte für den Hausgebrauch und ähnliche Zwecke

Teil 2: Besondere Anforderungen für Kühl- und Gefriergeräte und Eisbereiter
Deutsche Fassung EN 60335-2-24/A52:1996

3 + 2 Seiten EN, 1 Anhang   Preisgruppe 5 K

Die Abschnitte dieser **Änderung** ersetzen die entsprechenden Aussagen in DIN EN 60335-2-24 (VDE 0700 Teil 24):1995-09.

Allgemeines über Prüfungen
Die Prüfungen des Anlaufs von Motorgeräten, der Leistungs- und Stromaufnahme und der Erwärmung werden durchgeführt bei einer Umgebungstemperatur von:
- (32 ± 1) °C bei Geräten der Klimaklassen SN (erweitert normal) und N (normal);
- (38 ± 1) °C bei Geräten der Klimaklasse ST (subtropisch);
- (43 ± 1) °C bei Geräten der Klimaklasse T (tropisch).

DIN EN 60335-2-24/A53 (VDE 0700 Teil 24/A3):1998-03   März 1998

Sicherheit elektrischer Geräte für den Hausgebrauch und ähnliche Zwecke

Teil 2: Besondere Anforderungen für Kühl- und Gefriergeräte und Eisbereiter
Deutsche Fassung EN 60335-2-24/A53:1997

3 + 8 Seiten EN, 2 Bilder, 1 Tabelle, 1 Anhang   Preisgruppe 10 K

Die Abschnitte dieser **Änderung** ergänzen oder ersetzen die entsprechenden Abschnitte in DIN EN 60335-2-24 (VDE 0700 Teil 24):1995-09.
Dieser Teil von DIN EN 60335 (VDE 0700) befaßt sich mit den Sicherheitsregeln derartiger Geräte einschließlich solcher mit brennbaren Kältemitteln mit maximal 150 g Kältemittelmenge. Er befaßt sich nicht mit Belangen der Konstruktion und dem Betrieb von derartigen Geräten, die von ISO-Normen abgedeckt werden.

Begriffe
Brennbares Kältemittel: Kältemittel entsprechend Brandklasse 2 oder 3 von ANSI/ASHRAE 34.
Für Kältemittelmischungen mit mehr als einer Brandklasse wird zum Zwecke der Definition die ungünstigere Brandklasse angenommen.

Aufschriften und Anweisungen
Geräte nach dem Verdichterprinzip mit brennbaren Kältemitteln müssen auch mit dem Symbol „Achtung, Brandgefahr" gekennzeichnet sein:

.... Achtung, Brandgefahr

Die Form und Farben sind in ISO 3864, Symbol B.3.2, beschrieben.
Die senkrechte Höhe des Dreieckes mit dem Zeichen „Achtung, Brandgefahr" muß mindestens 15 mm betragen.

Für Geräte nach dem Verdichterprinzip mit brennbaren Kältemitteln muß die Gebrauchsanweisung folgendes enthalten:
- Hinweise für die Handhabung, Aufstellung, Reinigung, Reparatur und Entsorgung;
- sinngemäß das Folgende:
  - Warnung – Belüftungsöffnungen der Geräteverkleidung oder des Aufbaues von Einbaumöbeln nicht verschließen.

471

- Warnung – Zum Beschleunigen der Abtauung keine anderen mechanischen Einrichtungen oder sonstige künstlichen Mittel als die vom Hersteller empfohlenen benutzen.

Aufbau

Geräte nach dem Verdichterprinzip mit brennbaren Kältemitteln einschließlich der Schutzverkleidung von verborgenen Kühlsystemen müssen widerstehen:
- dem 3,5fachen Sättigungsdruck des verwendeten Kältemittels bei 70 °C für Bauteile, die bei normalem Betrieb dem Verflüssigungsdruck ausgesetzt sind;
- dem 5fachen Sättigungsdruck des verwendeten Kältemittels bei 20 °C für Bauteile, die bei normalem Betrieb dem Verdampfungsdruck ausgesetzt sind.

Geräte nach dem Verdichterprinzip mit brennbaren Kältemitteln und geschütztem Kältesystem müssen so gebaut sein, daß im Falle einer Undichtheit des Kältesystems Feuer- oder Explosionsgefahren vermieden werden.

Am kritischsten Punkt des Kältesystems wird eine Undichtheit simuliert.
Kritische Punkte sind Verbindungsstellen zwischen Teilen des Kältesystems. Es kann möglich sein, daß mehrere Prüfungen durchgeführt werden müssen, um den kritischsten Punkt des Kältesystems zu finden.
Bei Geräten nach dem Verdichterprinzip mit brennbaren Kältemitteln und ungeschützten Kältesystemen müssen alle elektrischen Einrichtungen im Kühlraum mindestens der IEC 60079-15 für Gruppe IIa-Gase oder dem verwendeten Kältemittel entsprechen – ausgenommen nichtselbsttätig rückstellende Schutzvorrichtungen, die zum Übereinstimmen mit den Anforderungen bei unsachgemäßem Betrieb notwendig sind.
Im Falle einer Undichtheit des Kältesystems darf das austretende Kältemittel – sowohl wenn Türen und Deckel geschlossen bleiben wie auch dann, wenn sie geöffnet werden – nicht Zonen erreichen, in denen elektrische Einrichtungen angeordnet sind, es sei denn, diese Einrichtungen entsprechen mindestens der IEC 60079-15 für Gruppe IIa-Gase oder dem verwendeten Kältemittel – ausgenommen nichtselbsttätig rückstellende Schutzvorrichtungen.
Geräte nach dem Verdichterprinzip mit brennbaren Kältemitteln müssen so gebaut sein, daß keine Feuer- oder Explosionsgefahr dadurch entsteht, daß sich austretendes Kältemittel in Bereichen außerhalb des Kühlfaches sammeln kann, in denen elektrische Bauteile des Geräts untergebracht sind, wobei nichtselbsttätig rückstellende Schutzeinrichtungen ausgenommen sind.

DIN EN 60335-2-26 (VDE 0700 Teil 26):1997-06   Juni 1997

Sicherheit elektrischer Geräte für den Hausgebrauch und ähnliche Zwecke
Teil 2: Besondere Anforderungen für Uhren
(IEC 335-2-26:1994)
Deutsche Fassung EN 60335-2-26:1996

3 + 6 Seiten EN, 1 Anhang   Preisgruppe 9 K

Diese Norm (VDE-Bestimmung) behandelt die Sicherheit von elektrischen Uhren, deren Bemessungsspannung nicht mehr als 250 V beträgt.

Anmerkung: Beispiele von Geräten, die von dieser Norm erfaßt werden:
- Wecker;
- Federwerkuhren mit elektrischem Aufzug;
- Uhren mit anderen eingebauten Antriebsmitteln als Motoren.

Soweit anwendbar, behandelt diese Norm die Gefahren, die üblicherweise von Geräten ausgehen, mit denen alle Personen im Haus und dessen Umgebung umgehen.

Die Abschnitte dieser Norm ergänzen oder ersetzen die entsprechenden Abschnitte in DIN EN 60335-1 (VDE 0700 Teil 1).

Begriffe
Normalbetrieb: Federwerkuhren mit elektrischem Aufzug werden entsprechend der Gebrauchsanweisung betrieben.
Andere Uhren werden mit blockiertem Läufer betrieben.

Unsachgemäßer Betrieb
Uhren mit Kondensatoren oder Widerständen zur Reduzierung der Motorspannung werden mit blockiertem Läufer betrieben. Die Kondensatoren oder Widerstände werden einer nach dem anderen kurzgeschlossen.
Anmerkung: Die Prüfung gilt nur für Federwerkuhren mit elektrischem Aufzug.

Mechanische Festigkeit
Anstelle der festgelegten Schlagkraft ist die Schlagkraft (0,20 ± 0,02) J.
Die Schläge werden nicht gegen Zeigerwellen ausgeführt.
Die Schläge werden gegen Uhrengläser ausgeführt, wenn die Uhr nicht den Anforderungen mit abgenommenem Uhrenglas entspricht.

Aufbau
Anmerkung: Zeiger gelten im sachgemäßen Gebrauch als nicht zu betätigen, es sei denn, sie müssen zur Veränderung der Zeiteinstellung berührt werden.

Netzanschluß und äußere Leitungen
Der Anschluß von IPX0-Uhren an fest verlegte Leitungen darf durchgeführt werden, bevor die Uhr auf ihrer Unterlage befestigt wurde.
Anbringungsart Z ist zugelassen.
Die Netzanschlußleitungen dürfen Zwillingsleitungen der Kennzeichnung 227 IEC 42 entsprechend H03VH-H nach DIN VDE 0281 Teil 5 sein.
Die Verknotung von PVC-isolierten Leitungen in einem einfachen Knoten um einen glatten Stift ist erlaubt.

Änderungen
Gegenüber DIN EN 60335-2-26 (VDE 0700 Teil 26):1993-06 wurden folgende Änderungen vorgenommen:
- IEC 335-2-26, 3. Ausgabe 1994, übernommen;
- EN 60335-2-26:1996 eingearbeitet.

DIN EN 60335-2-27 (VDE 0700 Teil 27):1997-12   Dezember 1997

Sicherheit elektrischer Geräte für den Hausgebrauch und ähnliche Zwecke

Teil 2: Besondere Anforderungen an Hautbehandlungsgeräte mit Ultraviolett- und Infrarotstrahlung
(IEC 60335-2-27:1995)
Deutsche Fassung EN 60335-2-27:1997

3 + 14 Seiten EN, 2 Bilder, 3 Tabellen, 3 Anhänge   Preisgruppe 13 K

Diese Norm (VDE-Bestimmung) behandelt die Sicherheit von Bestrahlungsgeräten für die Behandlung der Haut mit Ultraviolett- oder Infrarotstrahlung für den Hausgebrauch und ähnliche Zwecke, deren Bemessungsspannung nicht mehr als 250 V für einphasige Geräte und 480 V für andere Geräte beträgt.
Geräte, die bestimmungsgemäß nicht für den Hausgebrauch vorgesehen sind, die aber dennoch zu einer Gefahrenquelle für die Allgemeinheit werden können, z. B. Geräte für die Anwendung in Bräunungsstudios, Schönheitssalons und ähnlichen Räumen, gehören auch zum Anwendungsbereich dieser Norm.
Soweit anwendbar, behandelt diese Norm die Gefahren, die üblicherweise von Hausgeräten ausgehen, mit denen alle Personen im Haus und dessen Umgebung umgehen.
Die Abschnitte dieser Norm ergänzen oder ersetzen die entsprechenden Abschnitte in DIN EN 60335-1 (VDE 0700 Teil 1).

Begriffe

Ultraviolettstrahler (UV-Strahler): Strahlungsquelle, die nicht-ionisierende elektromagnetische Strahlung mit Wellenlängen von 400 nm oder darunter liefert. Dabei wird die Wirkung jeder Abschirmungsmittel oder Schutzvorrichtungen, die sie umgeben können, außer acht gelassen.

Gerät des UV-Typs 1: Gerät mit einem UV-Strahler, dessen biologische Wirkung durch Strahlung mit Wellenlängen über 320 nm hervorgerufen wird und das durch eine relativ hohe Bestrahlungsstärke im Bereich von 320 nm bis 400 nm gekennzeichnet ist.

Gerät des UV-Typs 2: Gerät mit einem UV-Strahler, dessen biologische Wirkung durch Strahlung mit Wellenlängen sowohl unter als auch über 320 nm hervorgerufen wird und das durch eine relativ hohe Bestrahlungsstärke im Bereich von 320 nm bis 400 nm gekennzeichnet ist.

Gerät des UV-Typs 3: Gerät mit einem UV-Strahler, dessen biologische Wirkung durch Strahlung mit Wellenlängen sowohl unter als auch über 320 nm hervorgerufen wird und das durch begrenzte Bestrahlungsstärke über das gesamte UV-Strahlungsband gekennzeichnet ist.

Gerät des UV-Typs 4: Gerät mit einem UV-Strahler, dessen biologische Wirkung durch Strahlung mit Wellenlängen hauptsächlich unter 320 nm hervorgerufen wird.

Infrarotstrahler (IR-Strahler): Strahlungsquelle, die Strahlung mit Wellenlängen von 800 nm oder darüber liefert. Dabei wird die Wirkung von Abschirmungsmitteln oder Schutzvorrichtungen, die sie umgeben können, außer acht gelassen.

Einteilung

Entsprechend der Ultraviolettstrahlung müssen die Geräte einem der folgenden Typen zuzuordnen sein:
- UV-Typ 1,
- UV-Typ 2,
- UV-Typ 3,
- UV-Typ 4.

Prüfung: Besichtigung und zutreffende Messungen.
Anmerkung: Geräte des Typs UV-Typ 1 und UV-Typ 2 sind für die Verwendung in Bräunungsstudios, Schönheitssalons und ähnlichen Räumen unter Aufsicht ausgebildeter Personen vorgesehen.
Geräte des UV-Typs 3 dürfen von Laien verwendet werden.
Geräte des UV-Typs 4 sind dazu vorgesehen, nur gemäß medizinischer Verordnung verwendet zu werden.
Geräte, außer solchen, die in einer Höhe von mehr als 1,8 m über dem Fußboden montiert werden, werden mit Bemessungsspannung versorgt und wie bei der Erwärmungsprüfung festgelegt betrieben. Wenn der Beharrungszustand erreicht ist, wird ein Stück trockenen Baumwollflanells mit einer spezifischen Masse zwischen 130 g/m^2 und 165 g/m^2, einer Breite von 100 mm und solcher Länge, daß es die Vorderseite des zu prüfenden Geräts überdeckt, in der ungünstigsten Lage über das Gerät gespannt.
Der Flanell darf innerhalb 10 s nicht beginnen zu schwelen oder zu brennen.

Mechanische Festigkeit

Bei Strahlern einschließlich benachbarten Teilen aus Glas sowie aus dem Gerät herausragenden Linsen wird die Schlagenergie auf (0,35 ± 0,04) J verringert.
Abschirmungen gegen unbeabsichtigte Entzündung brennbarer Stoffe müssen ausreichende mechanische Festigkeit haben.

Aufbau

Blanke Heizelemente müssen so gehalten sein, daß der Heizleiter im Falle eines Bruchs oder Versatzes nicht mit berührbaren Metallteilen in Berührung kommt oder aus dem Gerät fällt.
Prüfung: Besichtigung nach Durchschneiden des Heizleiters an der ungünstigsten Stelle.
Geräte, die mit einem Deckel ausgerüstet sind, der im bestimmungsgemäßen

Betrieb geöffnet sein muß, müssen so gebaut sein, daß sich der Deckel nicht unbeabsichtigt schließt.
Prüfung: Das Gerät wird in jeder im bestimmungsgemäßen Betrieb möglichen Lage auf einer um 15° zur Horizontalen geneigten Fläche aufgestellt.
Während der Prüfung muß der Deckel in der geöffneten Stellung verbleiben.
Abschirmungen, die das zufällige Entzünden von brennbaren Materialien verhindern sollen, müssen sicher mit dem Gerät verbunden sein. Sie dürfen sich nicht ohne Werkzeug vom Gerät entfernen lassen.
Geräte für Wandmontage mittels Schrauben oder dergleichen müssen so gebaut sein, daß die Position derartiger Befestigungselemente offensichtlich ist; es sei denn, das Befestigungsverfahren ist in der Gebrauchsanweisung beschrieben.
Geräte mit Einrichtungen, die aufgehängt sind oder die über einer Person angehoben und abgesenkt werden, müssen eine Sicherheitseinrichtung haben, so daß Personen durch herabfallende Einrichtungen infolge eines Fehlers der Aufhängevorrichtung oder infolge extremer Bewegung der Einrichtung nicht zu Schaden kommen.
Bei UV-Geräten für Ganzkörperbestrahlung müssen die über einer Person verwendeten Strahler ausreichend gegen Beschädigung durch zufällige Berührung geschützt sein.
Prüfung: Besichtigung und die folgende Prüfung:
Ein zylindrischer Stab mit einem Durchmesser von $(100 \pm 0,1)$ mm und einem halbkugelförmigen Ende wird mit einer Kraft von 5 N angewendet.
Es darf nicht möglich sein, den Strahler mit dem Stab zu berühren.
UV-Geräte müssen mit einer Schaltuhr ausgerüstet sein, welche die Ultraviolettstrahlung nach folgenden höchsten einstellbaren Zeiten abschaltet:
- 60 min für Geräte der UV-Typen 1, 2 und 3;
- 30 min für Geräte des UV-Typs 4.

Die Einstell-Skala der Schaltuhr muß zu den im Bestrahlungsprogramm empfohlenen Zeiten passen.

Strahlung, Giftigkeit und ähnliche Gefährdungen
Geräte dürfen keine Gefährdung durch giftige Stoffe oder ähnliches darstellen.
UV-Geräte dürfen keine Strahlung in gefährlichem Maß emittieren, und die wirksame Bestrahlungsstärke muß den in **Tabelle 1** festgelegten Werten entsprechen.

Änderungen
Gegenüber DIN EN 60335-2-27 (VDE 0700 Teil 27):1993-04 und DIN EN 60335-2-27/A51 (VDE 0700 Teil 27/A1):1995-09 wurden folgende Änderungen vorgenommen:
- Anpassung an DIN EN 60335-1 (VDE 0700 Teil 1):1995-10,
- Übernahme von EN 60335-2-27:1997.

Tabelle 1 Grenzen der wirksamen Bestrahlungsstärke

UV-Typ	wirksame Bestrahlungsstärke W/m^2	
	$250 < \lambda \leq 320$ nm	$320 < \lambda \leq 400$ nm
1	< 0,0005	≥ 0,15
2	0,0005 bis 0,15	≥ 0,15
3	< 0,15	< 0,15
4	≥ 0,15	< 0,15
λ ist die Wellenlänge der Strahlung.		

DIN EN 60335-2-28 (VDE 0700 Teil 28):1997-09   September 1997

Sicherheit elektrischer Geräte für den Hausgebrauch und ähnliche Zwecke

Teil 2: Besondere Anforderungen für Nähmaschinen
(IEC 335-2-28:1994, modifiziert)
Deutsche Fassung EN 60335-2-28:1996

2 + 8 Seiten EN, 2 Anhänge   Preisgruppe 9 K

Diese Norm (VDE-Bestimmung) behandelt die Sicherheit von elektrischen Nähmaschinen für den Hausgebrauch und ähnliche Zwecke, deren Bemessungsspannung nicht mehr als 250 V für Einphasengeräte und 480 V für andere Geräte beträgt.
Overlock-Nähmaschinen und Elektro-Ausrüstungen fallen in den Anwendungsbereich dieser Norm.
Geräte, die nicht für den normalen Hausgebrauch bestimmt sind, aber dennoch eine Gefahr für die Öffentlichkeit darstellen können, wie z. B. Nähmaschinen, die zum Gebrauch durch Laien in Läden und in gewerblichen Betrieben vorgesehen sind, fallen in den Anwendungsbereich dieser Norm.
Soweit anwendbar, behandelt diese Norm die Gefahren, die üblicherweise von Geräten ausgehen, mit denen alle Personen im Haus und dessen Umgebung umgehen.

Die Abschnitte dieser Norm ergänzen oder ersetzen die entsprechenden Abschnitte in DIN EN 60335-1 (VDE 0700 Teil 1).

Einteilung
Nähmaschinen für den Hausgebrauch müssen der Schutzklasse II oder III entsprechen.
Elektro-Ausrüstungen und andere Nähmaschinen müssen der Schutzklasse I, II oder III entsprechen.

Erwärmung
Das Gerät wird durch Betätigen der Regel- und Steuereinrichtung des Motors in Betriebsspielen bis zum Beharrungszustand betrieben. Jedes Betriebsspiel umfaßt:
- 2,5 s Betrieb vom Stillstand bis zur Höchstgeschwindigkeit,
- 5,0 s Betrieb bei Höchstgeschwindigkeit und
- 7,5 s ausgeschaltet.

Unsachgemäßer Betrieb
Der festgebremste Zustand wird erreicht durch Blockieren des Läufers, das Gerät wird für 15 s betrieben.

Standfestigkeit und mechanische Sicherheit
Anmerkung: Die Mittel zum Transport der Nähmaschine, wie z. B. Koffer, sind bei der Festsetzung der ungünstigsten Bedingung zu berücksichtigen.
Speichen von Rädern, Schneidklingen von Overlock-Nähmaschinen und die Stelle, wo der Antriebsriemen erstmals das Handrad umschlingt, müssen ausreichend abgedeckt sein.

Änderungen
Gegenüber DIN EN 60335-2-28 (VDE 0700 Teil 28):1993-06 wurden folgende Änderungen durchgeführt:
- IEC 335-2-28, 3. Ausgabe 1994, übernommen,
- EN 60335-2-28:1996 eingearbeitet.

DIN EN 60335-2-29 (VDE 0700 Teil 29):1998-03 März 1998

Sicherheit elektrischer Geräte für den Hausgebrauch und ähnliche Zwecke

Teil 2: Besondere Anforderungen für Batterieladegeräte
(IEC 60335-2-29:1994, modifiziert)
Deutsche Fassung EN 60335-2-29:1996

2 + 10 Seiten EN, 1 Bild, 3 Anhänge　　　　　　　　　　　　Preisgruppe 10 K

Diese Norm (VDE-Bestimmung) behandelt die Sicherheit von Batterieladegeräten für den Hausgebrauch und ähnliche Zwecke, die Sicherheitskleinspannung liefern und deren Bemessungsspannung nicht mehr als 250 V beträgt.
Nicht für den normalen Hausgebrauch bestimmte Batterieladegeräte, die aber dennoch zu einer Gefahrenquelle für die Allgemeinheit werden können, wie z. B. Geräte, die zur Verwendung in Garagen, Läden, gewerblichen Betrieben und in der Landwirtschaft bestimmt sind, fallen in den Anwendungsbereich dieser Norm.
Soweit anwendbar, behandelt diese Norm die Gefahren, die üblicherweise von Geräten ausgehen, mit denen alle Personen im Haus und dessen Umgebung umgehen.
Die Abschnitte dieser Norm ergänzen oder ersetzen die entsprechenden Abschnitte in DIN EN 60335-1 (VDE 0700 Teil 1).

Leistungs- und Stromaufnahme
Die Leerlauf-Ausgangsgleichspannung darf 42,4 V nicht überschreiten.
Prüfung: Messung der Leerlauf-Ausgangsgleichspannung, während das Batterieladegerät mit Bemessungsspannung versorgt wird.
Der arithmetische Mittelwert des Ausgangsstroms darf vom Bemessungs-Ausgangsgleichstrom nicht um mehr als 10 % abweichen.
Prüfung: Das Batterieladegerät wird an die in einem Bild dargestellte Schaltung angeschlossen. Das Batterieladegerät wird mit Bemessungsspannung versorgt, und der Stellwiderstand wird so eingestellt, daß die Bemessungs-Ausgangsgleichspannung erreicht wird. Dann wird der Ausgangsstrom gemessen.

Erwärmung
Batterieladegeräte werden in der Prüfecke so aufgestellt, wie für Wärmegeräte festgelegt.
Batterieladegeräte werden nur mit der 1,06fachen Bemessungsspannung versorgt.
Batterieladegeräte werden bis zum Erreichen des Beharrungszustands betrieben.

Überlastschutz von Transformatoren und zugehörigen Stromkreisen
Die Ausgangsklemmen des Batterieladegeräts werden kurzgeschlossen.

Unsachgemäßer Gebrauch
Batterieladegeräte werden mit Bemessungsspannung und im Normalbetrieb betrieben, wobei alle Regel- und Steuereinrichtungen, die während der Erwärmungsprüfung ansprechen, kurzgeschlossen werden.
Das Batterieladegerät wird an eine vollständig geladene Batterie angeschlossen, und zwar umgekehrt wie im sachgemäßen Gebrauch. Die Batterie entspricht dem Typ und der größten Kapazität, wie in der Gebrauchsanweisung festgelegt; die Kapazität eines Blei-Akkumulators beträgt jedoch 70 Ah. Das Batterieladegerät wird betrieben, während es mit Bemessungsspannung versorgt wird.
Batterieladegeräte in Kombination mit einer Gleichstromverteilertafel werden mit Bemessungsspannung und im Normalbetrieb betrieben, bis der Beharrungszustand erreicht ist. Die Last wird so erhöht, daß der Ausgangsstrom um 10 % ansteigt und bis der Beharrungszustand erneut erreicht wird. Dieser Vorgang wird wiederholt, bis die Schutzvorrichtung anspricht.

Mechanische Festigkeit
Anstelle des festgelegten Wertes beträgt die Schlagenergie $(1,0 \pm 0,05)$ J.
Batterieladegeräte, ausgenommen Einbau-Batterieladegeräte, mit einer Masse bis zu 5 kg werden der folgenden Prüfung unterzogen, die an drei Geräten durchgeführt wird.
Das Batterieladegerät wird aus einer Höhe von 1 m auf einen Betonboden fallen gelassen, wobei jedes Gerät aus einer anderen Lage fallen gelassen wird.
Das Batterieladegerät darf keine Beschädigung aufweisen, die die Übereinstimmung mit dieser Norm beeinträchtigen könnte.

Aufbau
Der Ausgangs-Stromkreis muß über einen Sicherheitstransformator versorgt werden. Es darf keine Verbindung zwischen dem Ausgangs-Stromkreis und anderen berührbaren Metallteilen oder einer Schutzleiterklemme geben. Die Isolierung zwischen Teilen, die mit Sicherheitskleinspannung arbeiten, und aktiven Teilen muß den Anforderungen für doppelte Isolierung oder verstärkte Isolierung entsprechen.
Prüfung: Besichtigung und durch die für doppelte Isolierung oder verstärkte Isolierung festgelegten Prüfungen.
Der Leiter zum Anschluß an den positiven Pol der Batterie muß rot sein, der zum Anschluß an den negativen Pol schwarz.

Änderungen
Gegenüber DIN VDE 0700-29 (VDE 0700 Teil 29):1992-03 und DIN EN 60335-2-29/A2 (VDE 0700 Teil 29/A1):1995-10 wurden folgende Änderungen durchgeführt:
- IEC 60335-2-29, 3. Ausgabe 1994, übernommen.
- EN 60335-2-29:1996 eingearbeitet.
- Bezug auf DIN EN 60335-1 (VDE 0700 Teil 1):1995-10 geändert.

DIN EN 60335-2-30/A52 (**VDE 0700 Teil 30/A52**):1997-08   August 1997

Sicherheit elektrischer Geräte für den Hausgebrauch und ähnliche Zwecke

Teil 2: Besondere Anforderungen für Raumheizgeräte
Deutsche Fassung EN 60335-2-30:1992/A52:1997

2 + 2 Seiten EN, 1 Anhang   Preisgruppe 2 K

Die Aussage dieser **Änderung** ersetzt die entsprechende Aussage in DIN EN 60335-2-30 (VDE 0700 Teil 30):1994-02.

Text der Änderung:
Im Anhang ist die A-Abweichung für Schweden bezüglich des unsachgemäßen Betriebs zu streichen.

DIN EN 60335-2-31 (VDE 0700 Teil 31):1998-01   Januar 1998

Sicherheit elektrischer Geräte für den Hausgebrauch und ähnliche Zwecke
Teil 2: Besondere Anforderungen für Dunstabzugshauben
(IEC 60335-2-31:1995)
Deutsche Fassung EN 60335-2-31:1997

3 + 8 Seiten EN, 2 Anhänge   Preisgruppe 10 K

Diese Norm (VDE-Bestimmung) behandelt die Sicherheit elektrischer Dunstabzugshauben, die zur Anbringung oberhalb von Herden für den Hausgebrauch, Kochmulden und ähnlichen Kochgeräten vorgesehen sind und deren Bemessungsspannung nicht mehr als 250 V beträgt.
Anmerkung: Die Kochgeräte dürfen mit Elektrizität oder anderen Brennstoffen, wie z. B. Gas, versorgt werden.
Nicht für den normalen Hausgebrauch bestimmte Geräte, die aber dennoch zu einer Gefahrenquelle für die Allgemeinheit werden können, wie z. B. Geräte, die von Laien in Läden, in gewerblichen Betrieben und in der Landwirtschaft verwendet werden, fallen in den Anwendungsbereich dieser Norm.
Soweit anwendbar, behandelt diese Norm die Gefahren, die üblicherweise von Geräten ausgehen, mit denen alle Personen im Haus und dessen Umgebung umgehen.
Die Abschnitte dieser Norm ergänzen oder ersetzen die entsprechenden Abschnitte in DIN EN 60335-1 (VDE 0700 Teil 1).

Schutz gegen Zugang zu aktiven Teilen
Nach dem Abnehmen von abnehmbaren Teilen zum Zwecke der Benutzerwartung darf die Basisisolierung berührbar sein, vorausgesetzt, sie ist gleichwertig mit der von Leitungen nach IEC 60227 oder IEC 60245.

Erwärmung
Einbaugeräte werden entsprechend der Montageanweisung eingebaut. Andere Geräte werden an einem senkrechten Träger befestigt.
Das Gerät wird über einer Kochmulde so angebracht, daß der Mindestabstand zwischen seinem untersten Teil und der Oberfläche der Kochmulde entsprechend den Angaben in der Montageanweisung eingehalten wird. Eine senkrechte Seitenwand, die sich bis zur Oberkante der Dunstabzugshaube erstreckt, wird rechtwinklig zum senkrechten Träger im Abstand von 100 mm zu einer Seite der Dunstabzugshaube angebracht. Für den senkrechten Träger, die Seitenwand und den Einbau von Einbaugeräten wird mattschwarz gestrichenes, ungefähr 20 mm dickes Sperrholz verwendet.
Die Kochmulde hat vier Heizelemente, hinten zwei mit je 2 kW, vorn zwei mit je 1,5 kW. Die Heizelemente sind so angebracht, daß ihre Mittelpunkte jeweils in

den Ecken eines Quadrats von etwa 250 mm Seitenlänge liegen, der Mittelpunkt des Quadrats ist 350 mm vom senkrechten Träger entfernt, von vorn gesehen liegt es mittig unter der Dunstabzugshaube.
Auf die Heizelemente werden Kochtöpfe ohne Deckel gestellt, wobei die Heizelemente so betrieben werden, daß das Wasser dauernd heftig kocht. Der Durchmesser der Kochtöpfe entspricht ungefähr dem der Heizelemente.
Das Gerät wird auch bei nicht betriebener Kochmulde geprüft.

Unsachgemäßer Betrieb
Während der Prüfung dürfen die Temperaturen von Motorwicklungen die Werte in einer Tabelle nicht überschreiten. Die Dunstabzugshaube darf nicht so stark verformt werden, daß Teile von ihr abfallen.
Das Gerät wird betrieben über einer Kochmulde, aber ohne Kochtöpfe, und nur die beiden Heizelemente an der Rückseite sind eingeschaltet.

Aufbau
Dunstabzugshauben müssen so gebaut sein, daß sie sicher an einer Wand oder einem anderen Träger befestigt werden können. Konsolen und ähnliche Mittel müssen aus Metall sein, das nicht zum Kriechen oder zur Deformation neigt.
Dunstabzugshauben müssen so gebaut sein, daß Teile, an denen fetthaltige Ablagerungen wahrscheinlich sind, gereinigt werden können.

Wärme- und Feuerbeständigkeit, Kriechstromfestigkeit
Dunstabzugshauben dürfen kein brennbares Material enthalten, das geeignet ist, ein unter der Haube entstandenes Feuer zu vergrößern.

Änderungen
Gegenüber DIN VDE 0700-31 (VDE 0700 Teil 31):1992-03, DIN EN 60335-2-31/A1 (VDE 0700 Teil 31/A1):1993-06 und DIN EN 60335-2-31/A51 (VDE 0700 Teil 31/A2):1996-02 wurden folgende Änderungen durchgeführt:
- IEC 60335-2-31, 3. Ausgabe 1995, übernommen.
- EN 60335-2-31:1997 eingearbeitet.
- Bezug auf Teil 1 jetzt auf 3. Ausgabe der IEC 60335-1 (DIN EN 60335-1 (VDE 0700 Teil 1):1995-10) geändert.

DIN EN 60335-2-34 (VDE 0700 Teil 34):1997-08   August 1997

Sicherheit elektrischer Geräte für den Hausgebrauch und ähnliche Zwecke

Teil 2: Besondere Anforderungen für Motorverdichter
(IEC 335-2-34:1996)
Deutsche Fassung EN 60335-2-34:1996

3 + 17 Seiten EN, 2 Bilder, 3 Tabellen, 3 Anhänge   Preisgruppe 14 K

Diese Norm (VDE-Bestimmung) gilt für gekapselte (hermetische oder halbhermetische) Motorverdichter, deren Verwendung im Haushalt und für ähnliche Zwecke entsprechend den Normen für solche Geräte vorgesehen sind. Sie gilt für Motorverdichter, die separat unter den härtesten Bedingungen, die im Normalbetrieb erwartet werden können, geprüft werden, deren Bemessungsspannung nicht mehr als 250 V für Einphasen-Motorverdichter und 480 V für andere Motorverdichter beträgt.
Anmerkung: Beispiele für Geräte mit Motorverdichtern sind:
- Kühl- und Gefriergeräte und Eisbereiter (IEC 335-2-24);
- Klimageräte, elektrisch betriebene Wärmepumpen und Raumluft-Entfeuchter (IEC 335-2-40);
- Eiscremebereiter (IEC 335-2-57);
- Ausgabegeräte und Warenautomaten (IEC 335-2-75);
- fabrikfertig zusammengestellte Geräte für die Wärmeübertragung zum Kühlen, Klimatisieren oder Heizen oder der Kombination dieser Anwendungen.

Die Abschnitte dieser Norm ergänzen oder ersetzen die entsprechenden Abschnitte in DIN EN 60335-1 (VDE 0700 Teil 1).

Motorverdichter: Gerät, das aus den mechanischen Teilen des Verdichters und dem Motor besteht, die beide von derselben abdichtenden Kapselung ohne Wellendichtung nach außen umgeben sind, in der der Motor in Kältemittel-Atmosphäre mit oder ohne Öl arbeitet. Die Kapselung kann dauerhaft verschlossen sein, wie durch Schweißen oder Löten (hermetischer Motorverdichter), oder durch Dichtungen (halbhermetischer Motorverdichter). Der Anschlußkasten, eine Anschlußkastenabdeckung und andere elektrische Bauteile können eingeschlossen sein. Im folgenden wird der Begriff Motorverdichter sowohl für hermetische als auch für halbhermetische Motorverdichter verwendet.

Unsachgemäßer Betrieb
Der Motorverdichter, das thermische Motorschutzsystem und alle zugehörigen Bauteile, die unter den Bedingungen für den Betrieb mit festgebremsten Läufern arbeiten, werden mit Bemessungsspannung an einen Schaltkreis angeschlossen.
Motorverdichter mit einem thermischen Motorschutzsystem mit Handrückstel-

lung werden mit 50 Zyklen des Schutzsystems betrieben. Es wird so schnell wie möglich rückgestellt.

Motorverdichter mit einem selbsttätig rückstellenden thermischen Motorschutzsystem werden 15 Tage lang oder für mindestens 2000 Betriebsspiele des Überlastschutzes geprüft, je nachdem, was länger dauert.

72 Stunden nach Prüfbeginn mit fest gebremstem Läufer muß der Motorverdichter einer Spannungsfestigkeitsprüfung unterzogen werden.

Während der Prüfung
- muß der thermische Motorschutzschalter schaltfähig sein;
- darf die maximale Temperatur der Kapselung, gemessen mit Thermoelementen, 150 °C nicht überschreiten;
- darf der Fehlerstrom-Schutzschalter nicht ansprechen;
- dürfen aus dem Motorverdichter und den zugehörigen Anlaßrelais und thermischen Motorschutzschalter keine Flammen, Funken oder geschmolzenes Metall austreten.

Nach der Prüfung
- dürfen sich Abdeckungen nicht so verformen, daß sie den Anforderungen nicht mehr entsprechen;
- muß der thermische Motorschutzschalter schaltfähig sein;
- darf die maximale Temperatur der Kapselung, gemessen mit Thermoelementen, 150 °C nicht überschreiten,
- muß der Motorverdichter die folgenden Prüfungen bestehen:
  - die Ableitstromprüfung, mit der angelegten Prüfspannung zwischen den Wicklungen und der Kapselung;
  - die Spannungsfestigkeitsprüfung.

Aufbau

Die Kapselung muß den im sachgemäßen Gebrauch entstehenden Drücken widerstehen.

Prüfung:
Die Kapselung eines hermetischen Motorverdichters, die dem Druck der Hochdruckseite ausgesetzt ist, wird mit folgendem Druck geprüft:

Kältemittel		Druck MPa (bar)	
CCl_2F_2	R12	6,0	(60)
CF_3CH_2F	R134a	6,5	(65)
$CHClF_2$	R22	10,5	(105)
73,8 % Gew.-Ant. CCl_2F_2 + 26,2 % Gew.-Ant. CH_3CHF_2	R500	10,0	(100)
48,8 % Gew.-Ant. $CHClF_2$ + 51,2 % Gew.-Ant. $CClF_2CF_3$	R502	10,5	(105)

Für andere Kältemittel ist der Prüfdruck gleich dem 3,5fachen Sättigungsdruck des Kältemittels bei 70 °C.

Anhang

Prüfungen beim Betrieb von Motorverdichtern bei Überlastbedingungen
Vor den Prüfungen nach diesem Anhang muß festgestellt werden, ob der Motorverdichter ordnungsgemäß arbeitet, und anschließend muß er in einem Ersatzkühlkreislauf bei Bemessungsspannung und unter den entsprechenden Überlastbedingungen für mindestens 2 h betrieben werden.
Der Motorverdichter wird an einen Ersatzkältekreislauf angeschlossen und unter den zutreffenden Bedingungen bei 1,06facher Bemessungsspannung betrieben, bis der Beharrungszustand erreicht ist.
Anschließend wird die Prüfung mit dem 0,94fachen der niedrigsten Bemessungsspannung wiederholt.
Während der Prüfung:
- werden die Temperaturerhöhungen gemessen, die die in einer Tabelle von Teil 1 angegebenen Werte, reduziert um 7 K, nicht überschreiten dürfen;
- darf der thermische Motorschutzschalter nicht ansprechen;
- darf die Temperatur der Kapselung 150 °C nicht überschreiten.

Unmittelbar nach den Prüfungen werden die folgenden Prüfungen durchgeführt, um ein Ansprechen des thermischen Motorschutzschalters zu erreichen.
Der Motorverdichter wird mit dem 0,85fachen der Bemessungsspannung unter den gleichen Bedingungen betrieben, bis der thermische Motorschutzschalter auslöst oder sich der Beharrungszustand einstellt.
Die Prüfung wird mit dem 1,1fachen der Bemessungsspannung wiederholt, bis der thermische Motorschutzschalter auslöst oder sich der Beharrungszustand einstellt.

Änderungen
Gegenüber DIN VDE 0700-34 (VDE 0700 Teil 34):1985-10, Bbl. 1 zu DIN VDE 0700-34 (VDE 0700 Teil 34):1985-10 und DIN IEC 335-2-34/A3 (VDE 0700 Teil 34/A1):1996-07 wurden folgende Änderungen durchgeführt:
- IEC 335-2-34, 2. Ausgabe 1996, übernommen.
- EN 60335-2-34:1996 eingearbeitet.

DIN EN 60335-2-40/A51 (VDE 0700 Teil 40/A1):1997-08   August 1997

Sicherheit elektrischer Geräte für den Hausgebrauch und ähnliche Zwecke

Teil 2: Besondere Anforderungen für elektrisch betriebene Wärmepumpen, Klimageräte und Raumluft-Entfeuchter
Deutsche Fassung EN 60335-2-40/A51:1996

3 + 3 Seiten EN, 1 Anhang   Preisgruppe 5 K

Die Aussage dieser **Änderung** ergänzt den entsprechenden Abschnitt in DIN EN 60335-2-40 (VDE 0700 Teil 40):1994-12.

Feuchtigkeitsbeständigkeit
Die Geräte müssen den Feuchtigkeitsbedingungen, wie sie im sachgemäßen Gebrauch vorkommen können, standhalten.
Prüfung: Feuchtigkeitsprüfung nach diesem Abschnitt und unmittelbar anschließende Prüfung des Ableitstroms und der Spannungsfestigkeit.
Leitungseinführungsöffnungen werden, falls vorhanden, offengelassen; sind Ausbrechöffnungen vorhanden, wird eine von ihnen ausgebrochen.
Elektrische Bauelemente einschließlich abnehmbarer Heizelemente, Abdeckungen und anderer Teile, die ohne Werkzeug abgenommen werden können, werden entfernt und, falls erforderlich, mit dem Hauptteil der Feuchtigkeitsprüfung unterzogen.
Die Feuchtigkeitsprüfung wird in einem Feuchtraum vorgenommen, der Luft mit einer relativen Feuchte von (93 ± 2) % enthält. Die Lufttemperatur wird an allen Stellen, an denen sich Prüflinge befinden können, auf einen passenden Wert t zwischen 20 °C und 30 °C auf 1 K konstant gehalten.
Vor dem Einbringen in den Feuchtraum wird der Prüfling auf eine Temperatur zwischen t und $t + 4$ °C gebracht.
Der Prüfling bleibt im Feuchtraum für:
- 2 Tage (48 h) bei gewöhnlichen Geräten;
- 7 Tage (168 h) bei tropfwassergeschützten, spritzwassergeschützten und wasserdichten Geräten.

Nach dieser Behandlung darf das Gerät keine Schäden im Sinne dieser Norm aufweisen.

DIN EN 60335-2-41 (VDE 0700 Teil 41):1997-04   April 1997

Sicherheit elektrischer Geräte für den Hausgebrauch und ähnliche Zwecke

Teil 2: Besondere Anforderungen für Pumpen für Flüssigkeiten, die eine Temperatur von 35 °C nicht überschreiten
(IEC 335-2-41:1996)
Deutsche Fassung EN 60335-2-41:1996

3 + 9 Seiten EN, 1 Anhang   Preisgruppe 10 K

Diese Norm (VDE-Bestimmung) behandelt die Sicherheit elektrischer Pumpen für Flüssigkeiten, die eine Temperatur von 35 °C nicht überschreiten und die für den Hausgebrauch und ähnliche Zwecke bestimmt sind, deren Bemessungsspannung nicht mehr als 250 V für Einphasengeräte und 480 V für andere Geräte beträgt.
Nicht für den normalen Hausgebrauch bestimmte Geräte, die aber dennoch zu einer Gefahrenquelle für die Allgemeinheit werden können, wie z. B. Geräte, die von Laien in Läden, in gewerblichen Betrieben und in der Landwirtschaft verwendet werden, fallen in den Anwendungsbereich dieser Norm.
Anmerkung: Beispiele für Geräte, die zum Anwendungsbereich dieser Norm gehören, sind:
- Tauchpumpen;
- vertikale Pumpen für Naßaufstellung;
- Schlammpumpen;
- Aquarienpumpen;
- Pumpen für Gartenteiche.

Soweit anwendbar, behandelt diese Norm die Gefahren, die üblicherweise von Geräten ausgehen, mit denen alle Personen im Haus und dessen Umgebung umgehen.

Die Abschnitte dieser Norm ergänzen oder ersetzen die entsprechenden Abschnitte in DIN EN 60335-1 (VDE 0700 Teil 1).

Feuchtigkeitsbeständigkeit
IPX4-Pumpen werden geprüft, indem der Ansaugstutzen mit dem Auslaufstutzen mittels eines mit Wasser gefüllten Rohrs verbunden wird. Die Pumpe wird bei Bemessungsspannung versorgt, und das Rohr wird so angeordnet, daß die Pumpe bei einem Wert zwischen der kleinsten und der größten Förderhöhe arbeitet.
Tauchpumpen werden 24 h in Wasser eingetaucht, das ungefähr 1% NaCl enthält und eine Temperatur von (30 ± 5) °C hat. Der Wasserdruck auf das Gehäuse entspricht dem
- 1,5fachen des Drucks bei maximaler Tauchtiefe, wenn die maximale Betriebstauchtiefe 10 m nicht übersteigt;

- 1,3fachen des Drucks bei maximaler Tauchtiefe oder bei 15 m, je nachdem, was größer ist, wenn die maximale Betriebstauchtiefe 10 m übersteigt.

Vor der Prüfung wird die Temperatur der Pumpe auf innerhalb von 5 K der Wassertemperatur angehoben.

Unsachgemäßer Betrieb
Die Pumpe wird bei Bemessungsspannung versorgt und bei ungefähr dem halben Wert der größten Förderhöhe 5 min betrieben. Danach wird der Pumpeneintritt aus der Flüssigkeit herausgenommen und der Betrieb für 7 h fortgesetzt. Die Pumpe wird dann weitere 5 min bei ungefähr dem halben Wert der größten Förderhöhe betrieben.
Wenn die Pumpe während der Prüfung betriebsunfähig wird, so wird sie vom Netz getrennt und mit Wasser gefüllt.

Mechanische Festigkeit
Anstelle der Schlagenergie von (0,5 ± 0,04) J gilt eine Schlagenergie von (1,0 ± 0,05) J.

Aufbau
Bei Pumpen der Schutzklasse II wird die Dichtung von der Welle entfernt. Die Pumpe wird bei Bemessungsspannung versorgt und 10 min mit der größten Förderhöhe, die erreicht werden kann, betrieben.
Wenn ein statischer Druck auftreten kann, wird die Prüfung bei einem Druck, der der größten Förderhöhe entspricht, wiederholt.

Änderungen
Gegenüber DIN VDE 0700-41 (VDE 0700 Teil 41):1992-06 und DIN EN 60335-2-41/A1 (VDE 0700 Teil 41/A1):1995-08 wurden folgende Änderungen durchgeführt:
- IEC 335-2-41, 2. Ausgabe 1996, übernommen;
- EN 60335-2-41:1996 eingearbeitet;
- Anpassung an die dritte Ausgabe der IEC 335-1 (siehe DIN EN 60335-1 (VDE 0700 Teil 1):1995-10).

DIN EN 60335-2-43 (VDE 0700 Teil 43):1998-03 März 1998

Sicherheit elektrischer Geräte für den Hausgebrauch und ähnliche Zwecke

Teil 2: Besondere Anforderungen für Kleidungs- und Handtuchtrockner
(IEC 60335-2-43:1995)
Deutsche Fassung EN 60335-2-43:1997

2 + 8 Seiten EN, 1 Anhang   Preisgruppe 9 K

Diese Norm (VDE-Bestimmung) behandelt die Sicherheit elektrischer Kleidungstrockner zum Trocknen von Textilien auf Aufhängevorrichtungen, die in einem Warmluftstrom angeordnet sind, und elektrischer Handtuchtrockner für den Hausgebrauch und ähnliche Zwecke, deren Bemessungsspannung nicht mehr als 250 V beträgt.

Nicht für den normalen Hausgebrauch bestimmte Geräte, die aber dennoch zu einer Gefahrenquelle für die Allgemeinheit werden können, wie z. B. Geräte, die von Laien in Läden, in gewerblichen Betrieben und in der Landwirtschaft verwendet werden, fallen in den Anwendungsbereich dieser Norm.

Soweit anwendbar, behandelt diese Norm die Gefahren, die üblicherweise von Geräten ausgehen, mit denen alle Personen im Haus und dessen Umgebung umgehen.

Die Abschnitte dieser Norm ergänzen oder ersetzen die entsprechenden Abschnitte in DIN EN 60335-1 (VDE 0700 Teil 1).

Erwärmung
Wenn die Temperaturerhöhungsgrenzen in Geräten mit eingebauten Motoren, Transformatoren oder elektronischen Stromkreisen überschritten werden und die Leistungsaufnahme geringer ist als die Bemessungsaufnahme, wird die Prüfung wiederholt, wobei das Gerät mit der 1,06fachen Bemessungsspannung versorgt wird.

Kombinierte Geräte werden wie Wärmegeräte betrieben.
Das Gerät wird bis zum Erreichen des Beharrungszustands betrieben.
Die Temperaturerhöhung der Textilien darf 75 K nicht überschreiten.
Die Temperaturerhöhungsgrenzen von Motoren, Transformatoren, Bauteilen von elektronischen Stromkreisen und Teilen, die direkt von ihnen beeinflußt werden, dürfen überschritten werden, wenn das Gerät bei der 1,15fachen Bemessungsaufnahme betrieben wird.

Handtuchtrockner werden bei Bemessungsaufnahme, aber ohne Textilien, betrieben.

Die Temperaturerhöhungen der Oberfläche dürfen die folgenden Werte nicht überschreiten:

Metall- und lackierte Metallflächen   60 K
glasierte Metallflächen   65 K

Glas- und Keramikflächen 70 K
Kunststoffflächen von mehr als 0,3 mm Dicke 85 K

Feuchtigkeitsbeständigkeit
Trockenschränke, in denen elektrische Bauteile unterhalb der Textilien angeordnet sind, müssen so gebaut sein, daß abtropfendes Wasser ihre elektrische Isolierung nicht beeinflußt.

Unsachgemäßer Betrieb
Für jede der Prüfungen werden neue Textilien benutzt.
Bei Geräten mit einer beheizten Fläche, auf der die Textilien aufliegen, werden acht Lagen von Textilien verwendet. Bei Geräten, in denen die Textilien durch einen Warmluftstrom getrocknet werden, werden zwei Lagen von Textilien auf die Schutzabdeckung des Heizelements oder über die Lufteintrittsöffnung, wenn die Heizeinheit oberhalb der Textilien angeordnet ist, gelegt.
Die Prüfung wird bei vollständiger Bedeckung der Schutzabdeckung oder der Lufteintrittsöffnung mit den Textilien vorgenommen und dann mit 80%iger Bedeckung der Fläche der Schutzabdeckung oder der Lufteintrittsöffnung mit den Textilien.
Die Temperaturerhöhung der Textilien darf 150 K nicht überschreiten.
Die Textilien dürfen nicht auffallend versengt sein.

Standfestigkeit und mechanische Sicherheit
Zusammenklappbare wandbefestigte Kleidungstrockner müssen so gebaut sein, daß sie im sachgemäßen Gebrauch nicht zusammenklappen.

Einzelteile
Schutztemperaturbegrenzer, die eingebaut sind, um den Anforderungen bei unsachgemäßem Betrieb zu genügen, müssen nichtselbsttätig rückstellend sein.

Änderungen
Gegenüber DIN VDE 0700-43 (VDE 0700 Teil 43):1992-07 und DIN EN 60335-2-43/A51 (VDE 0700 Teil 43/A1):1995-07 wurden folgende Änderungen durchgeführt:
- Die Übersetzung des Begriffs „towel rails" wurde dem Sprachgebrauch der Praxis angepaßt und in „Handtuchtrockner" geändert.
- IEC 60335-2-43, 2. Ausgabe 1995, übernommen.
- EN 60335-2-43:1997 eingearbeitet.
- Bezug auf Teil 1 von der 1. Ausgabe auf die 2. Ausgabe von EN 60335-1:1994 (veröffentlicht als DIN EN 60335-1 (VDE 0700 Teil 1):1995-10) geändert.

DIN EN 60335-2-47 (VDE 0700 Teil 47):1997-10   Oktober 1997

Sicherheit elektrischer Geräte für den Hausgebrauch und ähnliche Zwecke

Teil 2: Besondere Anforderungen für elektrische Kochkessel für den gewerblichen Gebrauch
(IEC 335-2-47:1995)
Deutsche Fassung EN 60335-2-47:1997

2 + 14 Seiten EN, 1 Bild, 1 Anhang   Preisgruppe 12 K

Diese Norm (VDE-Bestimmung) behandelt die Sicherheit elektrisch betriebener gewerblicher Kochkessel, die nicht für den Hausgebrauch bestimmt sind, deren Bemessungsspannung nicht mehr als 250 V für Einphasengeräte, betrieben zwischen Außenleiter und Nulleiter, und 480 V für andere Geräte beträgt.
Anmerkung: Diese Geräte werden in Küchen verwendet, wie z. B. Restaurants, Kantinen, Krankenhäusern, und in gewerblichen Betrieben, wie z. B. Bäckereien und Fleischereien.
Diese Norm gilt auch für den elektrischen Teil von Geräten, die mit anderen Energiearten betrieben werden.
Soweit praktisch durchführbar, behandelt diese Norm die üblichen Gefährdungen, die durch diese Geräteart hervorgerufen werden.

Die Abschnitte dieser Norm ergänzen oder ersetzen die entsprechenden Abschnitte in DIN EN 60335-1 (VDE 0700 Teil 1).

Erwärmung
Die Geräte werden im Normalbetrieb so betrieben, daß die Gesamtaufnahme des Geräts das 1,15fache der Bemessungsaufnahme beträgt. Falls es nicht möglich ist, alle Heizelemente zur gleichen Zeit einzuschalten, so ist die Prüfung mit jeder der Kombinationen durchzuführen, die die Schalteinrichtung mit jeweils höchster Aufnahme erlaubt.

Ableitstrom und Spannungsfestigkeit bei Betriebstemperatur
Anstelle des zulässigen Ableitstroms für ortsfeste Geräte der Schutzklasse I gilt das Folgende:

- bei Geräten mit Anschlußleitung und Stecker
  1 mA/kW Bemessungsaufnahme des Geräts mit einem Maximum von 10 mA;
- bei anderen Geräten
  1 mA/kW Bemessungsaufnahme des Geräts ohne ein Maximum.

Falls Bauteile der Schutzklasse II oder III im Gerät eingebaut sind, darf der Ableitstrom dieser Teile die Werte laut Angabe im Teil 1 nicht überschreiten.

Feuchtigkeitsbeständigkeit
Zusätzlich werden Geräte nach IPX0, IPX1, IPX2, IPX3 und IPX4 der nachstehenden Spritzwasserprüfung 5 min lang unterworfen:
Während dieser Prüfung wird der Wasserdruck so reguliert, daß das Wasser 150 mm über den Boden der Schale hochspritzt. Die Schale wird für Geräte, die sachgemäß auf dem Fußboden benutzt werden, auf den Fußboden gestellt; bei allen anderen Geräten wird sie auf eine waagrechte Unterlage 50 mm unterhalb der untersten Kante des Geräts gestellt; die Schale wird so herumbewegt, daß das Gerät aus allen Richtungen angespritzt wird. Es ist darauf zu achten, daß das Gerät nicht von dem direkten Strahl getroffen wird.
Geräte, die sachgemäß auf einem Tisch stehen, werden auf eine Unterlage gestellt, deren Abmessungen (15 ± 5) cm größer sind als diejenigen der senkrechten Projektion des Geräts auf der Unterlage.
Die Geräte müssen so gebaut sein, daß ein Überlaufen von Flüssigkeit im sachgemäßen Gebrauch die elektrische Isolierung nicht beeinträchtigt.
Prüfung: Geräte der Anbringungsart X, außer solchen mit einer besonders zugerichteten Leitung, werden mit der leichtesten zulässigen flexiblen Leitung mit dem kleinsten festgelegten Querschnitt ausgestattet. Andere Geräte werden wie angeliefert geprüft.

Ableitstrom und Spannungsfestigkeit
Anstelle des zulässigen Ableitstroms für ortsfeste Geräte der Schutzklasse I gilt das Folgende:
- bei Geräten mit Anschlußleitung und Stecker
  2 mA/kW Bemessungsaufnahme des Geräts mit einem Maximum von 10 mA;
- bei anderen Geräten
  2 mA/kW Bemessungsaufnahme des Geräts ohne ein Maximum.

Unsachgemäßer Betrieb
Eine Regel- und Steuereinrichtung oder eine Schalteinrichtung, bei der verschiedene Einstellungen für verschiedene Funktionen desselben Geräteteils vorgesehen sind, die in verschiedenen Normen abgehandelt werden, wird zusätzlich, ungeachtet der Herstellerangaben, in die Einstellung mit den härtesten Bedingungen gebracht.
Das Gerät wird ohne Wasser im Kessel und mit den Regel- und Steuereinrichtungen auf der höchsten Schaltstufe betrieben.
Doppelwand-Kochkessel mit Druckentlastungseinrichtungen werden betrieben, bis sich der Druck im Doppelmantel stabilisiert hat.
Jede einstellbare Regel- und Steuereinrichtung der Temperatur oder des Drucks innerhalb des Geräts, die für den bestimmungsgemäßen Betrieb voreingestellt, jedoch in dieser Position nicht gesperrt ist, wird in die ungünstigste Stellung gebracht.
Bei Doppelwand-Kochkesseln, bei denen der Wärmeträger möglicherweise durch eine Leckstelle austreten oder durch Verdampfung entweichen oder ent-

leert werden kann, wird die Prüfung auch mit bis zur Füllmarke mit Wasser gefülltem Kessel und leerem Doppelmantel durchgeführt.

Standfestigkeit und mechanische Sicherheit
Abdeckungen, Deckel und Zubehör werden in die ungünstigste Lage gebracht. Kochkessel mit beweglichen Teilen zum Mischen und Rühren, die eine kinetische Energie von mehr als 200 J haben, müssen mit einer Sicherheitsverriegelung ausgerüstet sein, die die beweglichen Teile anhält, sobald der Deckel oder die Schutzvorrichtung um mehr als 50 mm geöffnet wird.
Es darf nicht möglich sein, die Sicherheitsverriegelung durch den Norm-Prüffinger auszulösen.
Alternativ muß das Gerät mit einer Großflächen-Steuereinrichtung, die der Benutzer auch mit dem Bein betätigen kann, ausgerüstet sein, die das Gerät von der Stromversorgung trennt.

Schutzleiteranschluß
Ortsfeste Geräte müssen mit einer Anschlußklemme für die Verbindung mit einem äußeren Potentialausgleichsleiter ausgerüstet sein. Diese Anschlußklemme muß in gut leitender Verbindung mit allen befestigten und frei zugänglichen Metallteilen des Geräts stehen und den Anschluß eines Leiters mit einem Nennquerschnitt bis 10 mm^2 zulassen. Sie muß so angeordnet sein, daß der Anschluß des verbindenden Leiters nach der Aufstellung des Geräts möglich ist.

Änderungen
Gegenüber DIN VDE 0700-47 (VDE 0700 Teil 47):1992-07 und DIN EN 60335-2-47/A52 (VDE 0700 Teil 47/A1):1995-09 wurden folgende Änderungen durchgeführt:
- IEC 335-2-47, 2. Ausgabe 1995, übernommen;
- EN 60335-2-47:1997 eingearbeitet.

DIN EN 60335-2-48 (VDE 0700 Teil 48):1997-10 Oktober 1997

Sicherheit elektrischer Geräte für den Hausgebrauch und ähnliche Zwecke

Teil 2: Besondere Anforderungen für elektrische Strahlungsgrillgeräte und Toaster für den gewerblichen Gebrauch (IEC 335-2-48:1995)
Deutsche Fassung EN 60335-2-48:1997

3 + 12 Seiten EN, 2 Bilder, 1 Anhang   Preisgruppe 12 K

Diese Norm (VDE-Bestimmung) behandelt die Sicherheit elektrisch betriebener gewerblicher Strahlungsgrillgeräte und Toaster, die nicht für den Hausgebrauch bestimmt sind, deren Bemessungsspannung nicht mehr als 250 V für Einphasengeräte, betrieben zwischen einem Außenleiter und Nulleiter, und 480 V für andere Geräte beträgt.
Strahlungsgrillgeräte oder Toaster mit Einrichtungen zur rotierenden oder geradlinigen Bewegung und ähnliche Geräte zum Grillen durch Strahlungswärme, wie z. B. Gyrosgrills, Salamander usw., fallen ebenfalls unter den Anwendungsbereich dieser Norm.
Anmerkung: Diese Geräte werden z. B. in Restaurants, Kantinen, Krankenhäusern und in gewerblichen Betrieben, wie z. B. Bäckereien und Fleischereien, verwendet.
Diese Norm gilt auch für den elektrischen Teil von Geräten, die mit anderen Energiearten betrieben werden.
Soweit anwendbar, behandelt diese Norm die Gefahren, die üblicherweise durch diese Geräteart hervorgerufen werden.
Die Abschnitte dieser Norm ergänzen oder ersetzen die entsprechenden Abschnitte in DIN EN 60335-1 (VDE 0700 Teil 1).

Schutz gegen Zugang zu aktiven Teilen
Heizelemente, jedoch nicht die von Toastern mit Eingabeschlitz, die im bestimmungsgemäßen Gebrauch unbeabsichtigt mit einer Gabel oder ähnlichem spitzen Gegenstand berührt werden können, müssen so geschützt sein, daß deren aktive Teile mit einem solchen Gegenstand nicht berührt werden können.
Prüfung: Ein langer Prüfstift wird ohne merkbare Kraft an allen Stellen, in die er in der Nähe von aktiven Teilen eingeführt werden kann, angewendet.

Erwärmung
Geräte, die zur Befestigung am Boden bestimmt sind, und Geräte mit einer Masse größer als 40 kg, die nicht mit Rollen, Kufen oder ähnlichem ausgestattet sind, werden entsprechend den Anweisungen des Herstellers aufgestellt. Wenn keine Anweisungen gegeben sind, so werden die Geräte als solche betrachtet, die normalerweise auf den Boden gestellt werden.
Die Geräte werden im Normalbetrieb so betrieben, daß die Gesamtaufnahme des

Geräts das 1,15fache der Bemessungsaufnahme beträgt. Falls es nicht möglich ist, alle Heizelemente zur gleichen Zeit einzuschalten, so ist die Prüfung mit jeder der Kombinationen durchzuführen, die die Schalteinrichtung mit jeweils höchster Aufnahme erlaubt.

Ableitstrom und Spannungsfestigkeit bei Betriebstemperatur
Anstelle des zulässigen Ableitstroms für ortsfeste Geräte der Schutzklasse I gilt das Folgende:
* bei Geräten mit Anschlußleitung und Stecker
  1 mA/kW Bemessungsaufnahme des Geräts mit einem Maximum von 10 mA;
* bei anderen Geräten
  1 mA/kW Bemessungsaufnahme des Geräts ohne ein Maximum.

Falls Bauteile der Schutzklasse II oder III im Gerät enthalten sind, darf der Ableitstrom dieser Teile die Werte laut Angabe im Teil 1 nicht überschreiten.

Feuchtigkeitsbeständigkeit
Zusätzlich werden Geräte nach IPX0, IPX1, IPX2, IPX3 und IPX4 der nachstehenden Spritzwasserprüfung 5 min lang unterworfen:
Während dieser Prüfung wird der Wasserdruck so reguliert, daß das Wasser 150 mm über den Boden der Schale hochspritzt. Die Schale wird für Geräte, die sachgemäß auf dem Fußboden benutzt werden, auf den Fußboden gestellt; bei allen anderen Geräten wird sie auf eine waagrechte Unterlage 50 mm unterhalb der untersten Kante des Geräts gestellt; die Schale wird so herumbewegt, daß das Gerät aus allen Richtungen angespritzt wird. Es ist darauf zu achten, daß das Gerät nicht von dem direkten Strahl getroffen wird.
Geräte, die sachgemäß auf einem Tisch stehen, werden auf eine Unterlage gestellt, deren Abmessungen (15 ± 5) cm größer sind als diejenigen der senkrechten Projektion des Geräts auf die Unterlage.

Ableitstrom und Spannungsfestigkeit
Anstelle des zulässigen Ableitstroms für ortsfeste Geräte der Schutzklasse I gilt das Folgende:
* bei Geräten mit Anschlußleitung und Stecker
  2 mA/kW Bemessungsaufnahme des Geräts mit einem Maximum von 10 mA;
* bei anderen Geräten
  2 mA/kW Bemessungsaufnahme des Geräts ohne ein Maximum.

Unsachgemäßer Betrieb
Eine Regel- und Steuereinrichtung oder eine Schalteinrichtung, bei der verschiedene Einstellungen für verschiedene Funktionen desselben Geräteteils vorgesehen sind, die in verschiedenen Normen abgehandelt werden, wird zusätzlich, ungeachtet der Herstellerangaben, in die Einstellung mit den härtesten Bedingungen gebracht.
Türen oder Deckel sind geöffnet oder geschlossen, je nachdem, was die härteren Bedingungen ergibt.

Abnehmbare Rückstrahlbleche, Auffangschalen und ähnliche abnehmbare Teile werden in irgendeiner Lage angeordnet oder herausgenommen, je nachdem, was die härteren Bedingungen ergibt.

Standfestigkeit und mechanische Sicherheit
Abdeckungen, Deckel und Zubehör werden in die ungünstigste Lage gebracht. Geräte, die auf vom Hersteller gelieferten Gestellen montiert werden können, werden unter Verwendung der Gestelle nach Herstellerangaben geprüft.
Teile, die Nahrungsmittel im Gerät bewegen, müssen gegen unvorhergesehene Bewegungen gesichert sein, falls dies eine Gefahr darstellt.

Schutzleiteranschluß
Ortsfeste Geräte müssen mit einer Anschlußklemme für die Verbindung mit einem äußeren Potentialausgleichsleiter ausgerüstet sein. Diese Anschlußklemme muß in gut leitender Verbindung mit allen befestigten und frei zugänglichen Metallteilen des Geräts stehen und den Anschluß eines Leiters mit einem Nennquerschnitt bis 10 mm^2 zulassen. Sie muß so angeordnet sein, daß der Anschluß des verbindenden Leiters nach der Aufstellung des Geräts möglich ist.

Änderungen
Gegenüber DIN VDE 0700-48 (VDE 0700 Teil 48):1992-08 und DIN EN 60335-2-48/A1 (VDE 0700 Teil 48/A1):1995-06 wurden folgende Änderungen durchgeführt:
- IEC 335-2-48, 2. Ausgabe 1995, übernommen;
- EN 60335-2-48:1997 eingearbeitet.

DIN EN 60335-2-49 (VDE 0700 Teil 49):1997-10 Oktober 1997

Sicherheit elektrischer Geräte für den Hausgebrauch und ähnliche Zwecke

Teil 2: Besondere Anforderungen für elektrische Wärmeschränke für den gewerblichen Gebrauch
(IEC 335-2-49:1995)
Deutsche Fassung EN 60335-2-49:1997

3 + 13 Seiten EN, 1 Bild, 2 Anhänge   Preisgruppe 12 K

Diese Norm (VDE-Bestimmung) behandelt die Sicherheit elektrisch betriebener Wärmeschränke, die nicht für den Hausgebrauch bestimmt sind, deren Bemessungsspannung nicht mehr als 250 V für Einphasengeräte, betrieben zwischen einem Außenleiter und Nulleiter, und 480 V für andere Geräte beträgt.
Wärmeschränke mit beheizten Deckplatten, beheizten Schaukästen, beheizten Geschirrspendern und beheizten Borden und Arbeitsplatten fallen ebenfalls unter den Anwendungsbereich dieser Norm.
Anmerkung: Diese Geräte werden z. B. in Restaurants, Kantinen, Krankenhäusern und ähnlichen gewerblichen Betrieben verwendet.
Diese Norm gilt auch für den elektrischen Teil von Geräten, die mit anderen Energiearten betrieben werden.
Soweit anwendbar, behandelt diese Norm die Gefahren, die üblicherweise durch diese Geräteart hervorgerufen werden.

Die Abschnitte dieser Norm ergänzen oder ersetzen die entsprechenden Abschnitte in DIN EN 60335-1 (VDE 0700 Teil 1).

Erwärmung
Geräte, die zur Befestigung am Boden bestimmt sind, und Geräte mit einer Masse größer als 40 kg, die nicht mit Rollen, Kufen oder ähnlichem ausgestattet sind, werden entsprechend den Anweisungen des Herstellers aufgestellt. Wenn keine Anweisungen gegeben sind, werden die Geräte als solche betrachtet, die normalerweise auf den Boden gestellt werden.
Die Geräte werden im Normalbetrieb so betrieben, so daß die Gesamtaufnahme des Geräts das 1,15fache der Bemessungsaufnahme beträgt. Falls es nicht möglich ist, alle Heizelemente zur gleichen Zeit einzuschalten, so ist die Prüfung mit jeder der Kombinationen durchzuführen, die die Schalteinrichtung mit jeweils höchster Aufnahme erlaubt.

Ableitstrom und Spannungsfestigkeit bei Betriebstemperatur
Anstelle des zulässigen Ableitstroms für ortsfeste Geräte der Schutzklasse I gilt das Folgende:

- bei Geräten mit Anschlußleitung und Stecker
1 mA/kW Bemessungsaufnahme des Geräts mit einem Maximum von 10 mA;
- bei anderen Geräten
1 mA/kW Bemessungsaufnahme des Geräts ohne ein Maximum.

Falls Bauteile der Schutzklasse II oder III im Gerät enthalten sind, darf der Ableitstrom dieser Teile die Werte laut Angabe im Teil 1 nicht überschreiten.

Feuchtigkeitsbeständigkeit
Zusätzlich werden Geräte nach IPX0, IPX1, IPX2, IPX3 und IPX4 der nachstehenden Spritzwasserprüfung 5 min lang unterworfen:
Während dieser Prüfung wird der Wasserdruck so reguliert, daß das Wasser 150 mm über den Boden der Schale hochspritzt. Die Schale wird für Geräte, die sachgemäß auf dem Fußboden benutzt werden, auf den Fußboden gestellt; bei allen anderen Geräten wird sie auf eine waagrechte Unterlage 50 mm unterhalb der untersten Kante des Geräts gestellt; die Schale wird so herumbewegt, daß das Gerät aus allen Richtungen angespritzt wird. Es ist darauf zu achten, daß das Gerät nicht von dem direkten Strahl getroffen wird.
Geräte, die sachgemäß auf einem Tisch stehen, werden auf eine Unterlage gestellt, deren Abmessungen (15 ± 5) cm größer sind als diejenigen der senkrechten Projektion des Geräts auf die Unterlage.

Ableitstrom und Spannungsfestigkeit
Anstelle des zulässigen Ableitstroms für ortsfeste Geräte der Schutzklasse I gilt das Folgende:
- bei Geräten mit Anschlußleitung und Stecker
2 mA/kW Bemessungsaufnahme des Geräts mit einem Maximum von 10 mA;
- bei anderen Geräten
2 mA/kW Bemessungsaufnahme des Geräts ohne ein Maximum.

Unsachgemäßer Betrieb
Eine Regel- und Steuereinrichtung oder eine Schalteinrichtung, bei der verschiedene Einstellungen für verschiedene Funktionen desselben Geräteteils vorgesehen sind, die in verschiedenen Normen abgehandelt werden, wird zusätzlich, ungeachtet der Herstellerangaben, in die Einstellung mit den härtesten Bedingungen gebracht.
Ventilatormotoren werden außer Betrieb gesetzt.
Türen oder Deckel sind geöffnet oder geschlossen, je nachdem, was die härtere Bedingung ergibt.
Oberflächen, die Heizelemente enthalten und beheizte Deckplatten, die indirekt durch die Heizelemente des Wärmeschranks beheizt werden, werden mit einer Lage Filz bedeckt, der eine Masse von $(4 \pm 0{,}4)$ kg/m^2 und eine Dicke von 25 mm hat.

Standfestigkeit und mechanische Sicherheit
Geräte mit Türen, Abdeckungen oder Deckeln, Ablagen und anderem Zubehör werden mit geöffneten oder geschlossenen Türen, teilweise oder ganz ausgezoge-

nen Ablagen, mit oder ohne Abdeckungen oder Deckeln oder anderem Zubehör geprüft, je nachdem, was am ungünstigsten ist.
Geräte mit Rädern oder ähnlichen Vorrichtungen werden auch der folgenden Prüfung unterworfen:
Geschirrspender werden so mit Geschirr beladen, daß die Last ein Drittel der vom Hersteller angegebenen entspricht. Die Last wird auf den höchsten nutzbaren Teilen des Geräts plaziert. Das zu benutzende Geschirr ist in IEC 436 festgelegt. Falls vom Hersteller besonderes Geschirr festgelegt wurde, ist dieses zu benutzen.

Schutzleiteranschluß
Ortsfeste Geräte müssen mit einer Anschlußklemme für die Verbindung mit einem äußeren Potentialausgleichsleiter ausgerüstet sein. Diese Anschlußklemme muß in gut leitender Verbindung mit allen frei zugänglichen und befestigten Metallteilen des Geräts stehen und den Anschluß eines Leiters von einem Nennquerschnitt bis 10 mm^2 zulassen. Sie muß so angeordnet sein, daß der Anschluß des verbindenden Leiters nach der Aufstellung des Geräts möglich ist.

Änderungen
Gegenüber DIN VDE 0700-49 (VDE 0700 Teil 49):1992-08 und DIN EN 60335-2-49/A1 (VDE 0700 Teil 49/A1):1995-07 wurden folgende Änderungen durchgeführt:
• IEC 335-2-49, 2. Ausgabe 1995, übernommen;
• EN 60335-2-49:1997 eingearbeitet.

DIN EN 60335-2-50 (VDE 0700 Teil 50):1997-10   Oktober 1997

Sicherheit elektrischer Geräte für den Hausgebrauch und ähnliche Zwecke

Teil 2: Besondere Anforderungen für elektrische Warmhaltegeräte für den gewerblichen Gebrauch
(IEC 335-2-50:1995)
Deutsche Fassung EN 60335-2-50:1997

2 + 14 Seiten EN, 1 Anhang   Preisgruppe 12 K

Diese Norm (VDE-Bestimmung) behandelt die Sicherheit elektrisch betriebener Warmhaltegeräte, die nicht für den Hausgebrauch bestimmt sind, deren Bemessungsspannung nicht mehr als 250 V für Einphasengeräte, betrieben zwischen einem Außenleiter und Nulleiter, und 480 V für andere Geräte beträgt.
Anmerkung: Diese Geräte werden z. B. in Restaurants, Kantinen, Krankenhäusern und ähnlichen gewerblichen Betrieben verwendet.
Diese Norm gilt auch für den elektrischen Teil von Geräten, die mit anderen Energiearten betrieben werden.
Soweit anwendbar, behandelt diese Norm die Gefahren, die üblicherweise durch diese Geräteart hervorgerufen werden.
Die Abschnitte dieser Norm ergänzen oder ersetzen die entsprechenden Abschnitte in DIN EN 60335-1 (VDE 0700 Teil 1).

Erwärmung
Geräte, die zur Befestigung am Boden bestimmt sind, und Geräte mit einer Masse größer als 40 kg, die nicht mit Rollen, Kufen oder ähnlichem ausgestattet sind, werden entsprechend den Anweisungen des Herstellers aufgestellt. Wenn keine Anweisungen gegeben sind, so werden die Geräte als solche betrachtet, die normalerweise auf den Boden gestellt werden.
Die Geräte werden im Normalbetrieb so betrieben, daß die Gesamtaufnahme des Geräts das 1,15fache der Bemessungsaufnahme beträgt. Falls es nicht möglich ist, alle Heizelemente zur gleichen Zeit einzuschalten, so ist die Prüfung mit jeder der Kombinationen durchzuführen, die die Schalteinrichtung mit jeweils höchster Aufnahme erlaubt.

Ableitstrom und Spannungsfestigkeit bei Betriebstemperatur
Anstelle des zulässigen Ableitstroms für ortsfeste Geräte der Schutzklasse I gilt das Folgende:
- bei Geräten mit Anschlußleitung und Stecker
  1 mA/kW Bemessungsaufnahme des Geräts mit einem Maximum von 10 mA;
- bei anderen Geräten
  1 mA/kW Bemessungsaufnahme des Geräts ohne ein Maximum.

Falls Bauteile der Schutzklasse II oder III im Gerät enthalten sind, darf der Ableitstrom dieser Teile die Werte laut Angabe im Teil 1 nicht überschreiten.

Feuchtigkeitsbeständigkeit
Geräte oder abnehmbare elektrische Teile, die zur Reinigung für teilweises oder vollständiges Eintauchen in Wasser bestimmt sind, werden auch den Tauch-Prüfungen unterworfen.
Zusätzlich werden Geräte nach IPX0, IPX1, IPX2, IPX3 und IPX4 der nachstehenden Spritzwasserprüfung 5 min lang unterworfen:
Während dieser Prüfung wird der Wasserdruck so reguliert, daß das Wasser 150 mm über den Boden der Schale hochspritzt. Die Schale wird für Geräte, die sachgemäß auf dem Fußboden benutzt werden, auf den Fußboden gestellt; bei allen anderen Geräten wird sie auf eine waagrechte Unterlage 50 mm unterhalb der untersten Kante des Geräts gestellt; die Schale wird so herumbewegt, daß das Gerät aus allen Richtungen angespritzt wird. Es ist darauf zu achten, daß das Gerät nicht von dem direkten Strahl getroffen wird.
Geräte, die sachgemäß auf einem Tisch stehen, werden auf eine Unterlage gestellt, deren Abmessungen (15 ± 5) cm größer sind als diejenigen der senkrechten Projektion des Geräts auf der Unterlage.

Ableitstrom und Spannungsfestigkeit
Anstelle des zulässigen Ableitstroms für ortsfeste Geräte der Schutzklasse I gilt das Folgende:
- bei Geräten mit Anschlußleitung und Stecker
  2 mA/kW Bemessungsaufnahme des Geräts, mit einem Maximum von 10 mA;
- bei anderen Geräten
  2 mA/kW Bemessungsaufnahme des Geräts ohne ein Maximum.

Unsachgemäßer Betrieb
Eine Regel- und Steuereinrichtung oder eine Schalteinrichtung, bei der verschiedene Einstellungen für verschiedene Funktionen desselben Geräteteils vorgesehen sind, die in verschiedenen Normen abgehandelt werden, wird zusätzlich, ungeachtet der Herstellerangaben, in die Einstellung mit den härtesten Bedingungen gebracht.
Die Geräte werden ohne Wasser und Geräte für automatische Füllung bei geschlossener Wasserzufuhr geprüft.

Standfestigkeit und mechanische Sicherheit
Bewegliche Teile einschließlich Deckel werden in die ungünstigste Lage gebracht.
Anmerkung: Jegliches Überlaufen von Flüssigkeiten bleibt unbeachtet.

Schutzleiteranschluß
Ortsfeste Geräte müssen mit einer Anschlußklemme für die Verbindung mit einem äußeren Potentialausgleichsleiter ausgerüstet sein. Diese Anschlußklemme

muß in gut leitender Verbindung mit allen frei zugänglichen und befestigten Metallteilen des Geräts stehen und den Anschluß eines Leiters von einem Nennquerschnitt bis 10 mm^2 zulassen. Sie muß so angeordnet sein, daß der Anschluß des verbindenden Leiters nach der Aufstellung des Geräts möglich ist.

Änderungen
Gegenüber DIN VDE 0700-50 (VDE 0700 Teil 50):1992-08 und DIN EN 60335-2-50/A1 (VDE 0700 Teil 50/A1):1995-07 wurden folgende Änderungen durchgeführt:
- IEC 335-2-50, 2. Ausgabe 1995, übernommen;
- EN 60335-2-50:1997 eingearbeitet.

DIN EN 60335-2-51 (VDE 0700 Teil 51):1998-03   März 1998

Sicherheit elektrischer Geräte für den Hausgebrauch und ähnliche Zwecke

Teil 2: Besondere Anforderungen für ortsfeste Umwälzpumpen für Heizungs- und Brauchwasseranlagen
(IEC 60335-2-51:1997)
Deutsche Fassung EN 60335-2-51:1997

2 + 7 Seiten EN, 1 Tabelle, 1 Anhang   Preisgruppe 9 K

Diese Norm (VDE-Bestimmung) behandelt die Sicherheit ortsfester elektrischer Umwälzpumpen, die zur Verwendung in Heizungs- und Brauchwasseranlagen mit einer Bemessungsaufnahme bis zu 300 W bestimmt sind und deren Bemessungsspannung nicht mehr als 250 V für Einphasengeräte und 480 V für andere Geräte beträgt.

Nicht für den normalen Hausgebrauch bestimmte Geräte, die aber dennoch zu einer Gefahrenquelle für die Allgemeinheit werden können, wie z. B. Geräte, die von Laien in Läden, in gewerblichen Betrieben und in der Landwirtschaft verwendet werden, fallen in den Anwendungsbereich dieser Norm.

Soweit anwendbar, behandelt diese Norm die Gefahren, die üblicherweise von Geräten ausgehen, mit denen alle Personen im Haus und dessen Umgebung umgehen.

Die Abschnitte dieser Norm ergänzen oder ersetzen die entsprechenden Abschnitte in DIN EN 60335-1 (VDE 0700 Teil 1).

Einteilung

Umwälzpumpen müssen der Schutzklasse I, II oder III entsprechen.
Prüfung: Besichtigung und die entsprechenden Prüfungen.
Umwälzpumpen müssen mindestens IPX2 entsprechen.

Erwärmung

Pumpen werden betrieben, bis der Beharrungszustand erreicht ist.
Die Temperaturerhöhung des äußeren Gehäuses wird nicht gemessen.
Für Pumpen, bei denen Wasser durch den Motor fließt, werden die Temperaturerhöhungsgrenzwerte für Wicklungen um 5 K angehoben. Weiter werden die Temperaturerhöhungsgrenzwerte angehoben um:
- 5 K für Wicklungen mit Isolierungen der Isolierstoffklasse B;
- 10 K für Wicklungen mit Isolierungen der Isolierstoffklasse F oder H.

Unsachgemäßer Betrieb

Die Prüfung wird durchgeführt, indem der Wasserdurchfluß angehalten oder auf 5 l/min verringert wird, je nachdem, was ungünstiger ist.
Die Pumpe wird mit Bemessungsspannung versorgt und bei etwa dem halben

Maximaldruck der Anlage 5 min betrieben, danach wird das Wasser abgelassen und der Betrieb 7 h fortgesetzt. Die Anlage wird erneut mit Wasser gefüllt und die Pumpe wieder 5 min bei etwa dem halben Maximaldruck der Anlage betrieben.
Wenn die Pumpe während der Prüfung betriebsunfähig wird, wird sie vom Netz getrennt und die Anlage mit Wasser gefüllt.

Aufbau
Pumpen müssen dem im sachgemäßen Gebrauch auftretenden Wasserdruck standhalten.
Prüfung: Die Pumpe wird 1 min einem Wasserdruck gleich dem 1,2fachen des maximalen Drucks der Anlage ausgesetzt.
Aus der Pumpe darf kein Wasser austreten.

Einzelteile
Schalter, die nur dazu bestimmt sind, während der Montage der Pumpe bedient zu werden, werden anstelle von 10000 Betriebsspielen nur mit 100 Betriebsspielen geprüft.

Änderungen
Gegenüber DIN VDE 0700-51 (VDE 0700 Teil 51):1992-06 wurden folgende Änderungen durchgeführt:
- IEC 60335-2-51, 2. Ausgabe 1997, übernommen.
- EN 60335-2-51:1997 eingearbeitet.
- Bezug auf Teil 1 von der 1. Ausgabe auf die 2. Ausgabe von EN 60335-1:1994 (veröffentlicht als DIN EN 60335-1 (VDE 0700 Teil 1):1995-10) geändert.

DIN EN 60335-2-52 (VDE 0700 Teil 52):1997-04   April 1997

Sicherheit elektrischer Geräte für den Hausgebrauch und ähnliche Zwecke

Teil 2: Besondere Anforderungen für Mundpflegegeräte
(IEC 335-2-52:1994)
Deutsche Fassung EN 60335-2-52:1996

2 + 7 Seiten EN, 1 Anhang   Preisgruppe 9 K

Diese Norm (VDE-Bestimmung) behandelt die Sicherheit elektrisch betriebener Mundpflegegeräte für den Hausgebrauch und ähnliche Zwecke, deren Bemessungsspannung nicht mehr als 250 V beträgt.
Anmerkung: Beispiele von Geräten, die von dieser Norm erfaßt werden, sind:
- Zahnbürsten;
- Mundduschen.

Soweit anwendbar, behandelt diese Norm die Gefahren, die üblicherweise von Geräten ausgehen, mit denen alle Personen im Haus und dessen Umgebung umgehen.
Die Abschnitte dieser Norm ergänzen oder ersetzen die entsprechenden Abschnitte in DIN EN 60335-1 (VDE 0700 Teil 1).

Einteilung
Die Geräte müssen der Schutzklasse II oder III entsprechen.
In der Hand gehaltene Teile müssen der Schutzklasse-III-Anordnung entsprechen. Die Arbeitsspannung darf 24 V nicht überschreiten.
Geräte der Schutzklasse II müssen IPX7 entsprechen. Jedoch dürfen Teile, die dazu bestimmt sind, befestigt zu werden, und Transformatoren mit Steckerstiften zum Einstecken in Steckdosen IPX4 entsprechen.
Geräte der Schutzklasse III müssen mindestens IPX4 entsprechen. Jedoch dürfen sie, wenn die Bemessungsspannung 24 V nicht überschreitet, IPX0 entsprechen.

Unsachgemäßer Betrieb
Die Prüfung wird mit leerem Wasserbehälter durchgeführt.
Der Schlauch von Mundduschen der Schutzklasse II wird innerhalb des Gerätegehäuses an der kritischsten Stelle durchstochen. Gummischläuche werden mit einer 0,8 mm dicken Nadel durchstochen. Thermoplastschläuche werden mit einer erhitzten 0,5 mm dicken Nadel durchstochen. Es ist darauf zu achten, das Loch nicht zu erweitern.
Anmerkung: Beim Wiederzusammenbau des Geräts dürfen Dichtungsmittel wie z. B. Silikon verwendet werden, um sicherzustellen, daß die Fugen wasserdicht sind.
Das Gerät wird wie bei der Erwärmungsprüfung betrieben, jedoch mit Wasser, das 1 % NaCl enthält.

Während des letzten Betriebsspiels wird der Wasserdruck im Schlauch bis zum Maximum, das durch Blockieren des Wasserauslasses oder durch Einstellen einer Regeleinrichtung erreichbar ist, gesteigert. Der Druck wird auf das Normale reduziert.
Ein Behälter aus Isolierstoff wird mit einer Salzlösung gefüllt, und der in der Hand gehaltene Teil des Geräts wird bis zu einer Tiefe von 100 mm eingetaucht. Während des Eintauchens wird das Gerät ohne Unterbrechung des Wasserflusses bis 30 s, nachdem sich der Behälter geleert hat, betrieben. Während dieser Zeit wird der Ableitstrom zwischen jedem Pol der Zuleitung und einer Metallelektrode mit den Maßen 50 mm × 250 mm, die im Behälter liegt, gemessen.
Der Ableitstrom darf 0,5 mA nicht überschreiten.

Aufbau
Geräte der Schutzklasse II, außer IPX7-Geräte, müssen so gebaut sein, daß Teile, die dazu vorgesehen sind, befestigt zu werden, sicher befestigt werden können.

Netzanschluß und äußere Leitungen
Anbringungsart Z ist zulässig.
IPX7-Geräte dürfen nicht mit der Anbringungsart X ausgerüstet sein.

Änderungen
Gegenüber DIN EN 60335-2-52 (VDE 0700 Teil 52):1993-06 wurden folgende Änderungen durchgeführt:
- IEC 335-2-52, 2. Ausgabe 1994, übernommen;
- EN 60335-2-52:1996 eingearbeitet;
- Anpassung an dritte Ausgabe der IEC 335-1 (siehe DIN EN 60335-1 (VDE 0700 Teil 1):1995-10);
- Sicherheitstransformator ist nicht mehr vorgeschrieben.

DIN EN 60335-2-53 (VDE 0700 Teil 53):1998-03   März 1998

Sicherheit elektrischer Geräte für den Hausgebrauch und ähnliche Zwecke

Teil 2: Besondere Anforderungen an Sauna-Heizgeräte
(IEC 60335-2-53:1997)
Deutsche Fassung EN 60335-2-53:1997

3 + 11 Seiten EN, 1 Bild, 1 Tabelle, 2 Anhänge   Preisgruppe 11 K

Diese Norm (VDE-Bestimmung) behandelt die Sicherheit elektrischer Sauna-Heizgeräte mit einer Bemessungsaufnahme bis zu 20 kW und einer Bemessungsspannung bis zu 250 V für Einphasengeräte und 480 V für andere Geräte.
Anmerkung 1: Sauna-Heizgeräte können Geräte des Wärmespeichertyps sein.
Anmerkung 2: Sauna-Heizgeräte können aus mehr als einem Sauna-Heizer bestehen, vorausgesetzt, die Heizer sind dazu bestimmt, nebeneinanderliegend installiert zu werden, und werden von gemeinsamen Regel- oder Steuereinrichtungen und Schutzvorrichtungen gesteuert.

Soweit anwendbar, behandelt diese Norm die Gefahren, die üblicherweise von Geräten ausgehen, mit denen alle Personen im Haus und dessen Umgebung umgehen.

Die Abschnitte dieser Norm ergänzen oder ersetzen die entsprechenden Abschnitte in DIN EN 60335-1 (VDE 0700 Teil 1).

Einteilung
Die Geräte müssen der Schutzklasse I, II oder III entsprechen.
Sauna-Heizer, Regel- oder Steuereinrichtungen und Schutzvorrichtungen, die dazu bestimmt sind, im Innern des Saunaraumes installiert zu werden, müssen mindestens IPX4 entsprechen.
Bei vorgefertigten Saunen müssen alle elektrischen Bauteile mindestens IPX4 entsprechen.

Erwärmung
Die Prüfung wird auch mit leerem Steinebehälter durchgeführt, es sei denn, der Sauna-Heizer trägt den Warnhinweis bezüglich eines unzureichend gefüllten Steinebehälters.
Temperaturen vor dem Sauna-Heizer werden an einem beweglichen Holzstab, wie in einem Anhang festgelegt, gemessen, der senkrecht auf dem Boden steht. Der Abstand zwischen dem Stab und dem Heizer ist der auf dem Heizer angegebene waagrechte Mindestabstand.
Die Geräte werden betrieben, bis der Beharrungszustand erreicht ist.
Die Temperaturerhöhung des Holzstabes, der Wände, der Decke und des Bodens des Saunaraumes oder der vorgefertigten Sauna darf 115 K nicht übersteigen.

Im Saunaraum werden die Temperaturerhöhungen von Handgriffen, Knöpfen und ähnlichen Teilen, die nur kurze Zeit gehalten werden, um 20 K erhöht.

Unsachgemäßer Betrieb
Die Prüfungen werden in dem Saunaraum nach einem Anhang durchgeführt, wobei das Volumen das größte in den Montage-Anweisungen festgelegte ist oder das in einer Tabelle angegebene, je nachdem, welches größer ist.
Wenn der Steinebehälter abnehmbar ist oder getrennt geliefert wird, wird die Prüfung ohne den Behälter durchgeführt.
Die Prüfung wird durchgeführt, indem ein etwa vorhandener Deckel sich in der ungünstigsten Lage befindet.
Die Temperaturerhöhung der Oberflächen der Wände, der Decke und des Bodens des Saunaraumes sowie des Holzstabes darf 140 K nicht übersteigen.
Sauna-Heizer dürfen keine übermäßige Wärmestrahlung abgeben, die brennbare Werkstoffe des Saunaraumes beschädigen könnte.

Einzelteile
Regel- oder Steuereinrichtungen und Schutzvorrichtungen zur Anbringung im Innern des Saunaraumes und Beleuchtungskörper von vorgefertigten Saunen müssen zur Verwendung bei der höchsten während der Prüfung gemessenen Temperatur oder bei 125 °C, je nachdem, was höher ist, geeignet sein.
Die Geräte müssen Mittel eingebaut haben, die ein allpoliges Abschalten mit einer Kontaktöffnung von mindestens 3 mm in jedem Pol absichern.
Beleuchtungskörper im Innern von vorgefertigten Saunen müssen unabhängig vom Hauptschalter des Geräts geschaltet werden können.
Schutztemperaturbegrenzer müssen nichtselbsttätig rückstellend sein und müssen alle Heizelemente des Sauna-Heizers ausschalten.
Die Kontakte und Fühlerelemente von Temperaturreglern und Schutztemperaturbegrenzern müssen unabhängig voneinander ansprechen und dürfen nicht denselben Kontaktgeber schalten.

Änderungen
Gegenüber DIN VDE 0700-53 (VDE 0700 Teil 53):1992-06 wurden folgende Änderungen durchgeführt:
- Anpassung an DIN EN 60335-1 (VDE 0700 Teil 1):1995-10;
- Übernahme von EN 60335-2-53:1997.

DIN EN 60335-2-54 (VDE 0700 Teil 54):1997-12 Dezember 1997

Sicherheit elektrischer Geräte für den Hausgebrauch und ähnliche Zwecke

Teil 2: Besondere Anforderungen für Geräte zur Oberflächenreinigung mit Flüssigkeiten
(IEC 60335-2-54:1995)
Deutsche Fassung EN 60335-2-54:1997

2 + 7 Seiten EN, 2 Anhänge Preisgruppe 9 K

Diese Norm (VDE-Bestimmung) behandelt die Sicherheit elektrischer Reinigungsgeräte für den Hausgebrauch, die zur Reinigung von Oberflächen wie z. B. Fenster, Wände und leere Schwimmbecken unter Anwendung flüssiger Reinigungsmittel bestimmt sind, deren Bemessungsspannung nicht mehr als 250 V beträgt.
Die Abschnitte dieser Norm ergänzen oder ersetzen die entsprechenden Abschnitte in DIN EN 60335-1 (VDE 0700 Teil 1).

Begriffe
Normalbetrieb: Das Gerät wird unter den ungünstigsten Bedingungen, die in der Gebrauchsanweisung angegeben sind, betrieben. Der Reinigungskopf wird mit einer Kraft von 30 N gegen eine senkrechte glatte Glasscheibe gedrückt und über eine Strecke von 1 m fünfzehnmal je min auf- und abbewegt. Die Glasscheibe wird ständig mit Wasser bei einer Temperatur von (20 ± 5) °C so befeuchtet, daß ein Wasserfilm auf der Scheibe aufrechterhalten wird.

Einteilung
Die Geräte müssen der Schutzklasse I, der Schutzklasse II oder der Schutzklasse III entsprechen.
Handgeräte und im sachgemäßen Gebrauch in der Hand gehaltene Teile, die elektrische Bauteile enthalten, müssen IPX7 entsprechen, es sei denn, sie entsprechen der Schutzklasse III.
Andere Teile von Reinigungsgeräten müssen mindestens IPX4 entsprechen.

Unsachgemäßer Betrieb
Die Geräte werden nicht an das Wasserversorgungsnetz angeschlossen und werden mit leeren Behältern betrieben.

Standfestigkeit und mechanische Sicherheit
Die Geräte müssen so gebaut sein, daß ein unbeabsichtigter Betrieb unwahrscheinlich ist.
Prüfung: Besichtigung und Aufbringung eines zylindrischen Stabs mit einem Durchmesser von 40 mm und einem halbkugelförmigen Ende auf den Schalter.

Das Gerät darf nicht in Betrieb gehen.
Anmerkung: Die Anforderung gilt als erfüllt, wenn ein Schalter mit Aus-Voreinstellung verwendet wird.

Aufbau
Der Schalter muß allpolig abschalten.
Rotierende Teile müssen gegen Lockerung gesichert sein.

Änderungen
Gegenüber DIN VDE 0700-54 (VDE 0700 Teil 54):1992-10 wurden folgende Änderungen durchgeführt:
- Titel geändert.
- IEC 60335-2-54, 2. Ausgabe 1995, übernommen.
- EN 60335-2-54:1997 eingearbeitet.
- Bezug auf Teil 1 auf die 3. Ausgabe der IEC 335-1:1991 (DIN EN 60335-1 (VDE 0700 Teil 1):1995-10) geändert.

DIN EN 60335-2-55 (VDE 0700 Teil 55):1997-12 Dezember 1997

Sicherheit elektrischer Geräte für den Hausgebrauch und ähnliche Zwecke

Teil 2: Besondere Anforderungen für elektrische Geräte zum Gebrauch mit Aquarien und Gartenteichen
(IEC 60335-2-55:1997)
Deutsche Fassung EN 60335-2-55:1997

3 + 8 Seiten EN, 1 Anhang   Preisgruppe 10 K

Diese Norm (VDE-Bestimmung) behandelt die Sicherheit von elektrischen Geräten zur Verwendung mit Aquarien und Gartenteichen für den Hausgebrauch und ähnliche Anwendungen, deren Bemessungsspannung nicht mehr als 250 V beträgt.
Nicht für den normalen Hausgebrauch bestimmte Geräte, die aber dennoch zu einer Gefahrenquelle für die Allgemeinheit werden können, wie z. B. Geräte, die von Laien in Läden, in gewerblichen Betrieben und in der Landwirtschaft verwendet werden, fallen in den Anwendungsbereich dieser Norm.
Anmerkung: Beispiele für Geräte im Anwendungsbereich dieser Norm sind
- Durchlüfter;
- Schlammabsauger;
- Heizgeräte;
- Fütterungsautomaten.

Soweit anwendbar, behandelt diese Norm die Gefahren, die üblicherweise von Geräten ausgehen, mit denen alle Personen im Haus und dessen Umgebung umgehen.
Die Abschnitte dieser Norm ergänzen oder ersetzen die entsprechenden Abschnitte in DIN EN 60335-1 (VDE 0700 Teil 1).

Begriffe
Normalbetrieb: Betrieb des Geräts unter den folgenden Bedingungen:
Durchlüfter werden mit dem Auslaß in der maximal zulässigen Wassertiefe oder in 1 m Tiefe betrieben, je nachdem, was zu höherer Aufnahme führt.
Schlammabsauger werden mit dem Einlaß in der maximal zulässigen Wassertiefe oder in 1 m Tiefe betrieben, je nachdem, was zu höherer Aufnahme führt.
Fütterungsautomaten werden mit der größtmöglichen Füllmenge betrieben.
Heizgeräte werden in einer ausreichenden Wassermenge betrieben, wobei die Wassertemperatur zwischen 20 °C und 25 °C gehalten wird, ohne daß der Thermostat schaltet.
Durchlüfter: Gerät, das Luft in das Wasser pumpt, um den Sauerstoffgehalt zu erhöhen.
Schlammabsauger: Handgerät zum Entfernen von Ablagerungen aus Aquarien oder Teichen.

Einteilung
Geräte, die im Wasser benutzt werden, müssen IPX8 entsprechen.
Geräte, die über Wasser benutzt werden, müssen mindestens IPX7 entsprechen, es sei denn, sie sind zur Befestigung bestimmt; in diesem Fall müssen sie mindestens IPX4 entsprechen.
Andere Geräte müssen mindestens IPX4 entsprechen.
Diese Anforderungen gelten nicht für Geräte der Schutzklasse III.

Feuchtigkeitsbeständigkeit
Die Geräte werden für 24 h in Wasser getaucht, das eine Temperatur von (15 ± 5) °C hat und etwa 1 % NaCl enthält. Das Gerät wird entsprechend der normalen Lage nach der Gebrauchsanweisung so eingetaucht, daß sich
- bei Geräten mit einer Höhe unter 85 cm sein tiefster Punkt 100 cm unter der Oberfläche befindet;
- bei anderen Geräten sein höchster Punkt 15 cm unter der Oberfläche befindet.

Falls das Gerät mit einer größten zulässigen Tauchtiefe gekennzeichnet ist, muß sich sein tiefster Punkt in dieser Tiefe befinden.
Während des Eintauchens wird das Gerät mit Bemessungsspannung versorgt und in Betriebsspielen betrieben, wobei jedes Betriebsspiel aus 1 h ein und 1 h aus besteht.

Unsachgemäßer Betrieb
Heizgeräte werden in ihrer üblichen Gebrauchslage betrieben, sind jedoch nicht in Wasser eingetaucht.
IPX8-Durchlüfter werden mit Bemessungsspannung versorgt und unter den Bedingungen des Normalbetriebs bis zum Beharrungszustand betrieben. Ventile werden nacheinander und in jeder Kombination unwirksam gemacht. Nach Abkühlung wird der Durchlüfter aus dem Wasser genommen.
Eine Besichtigung muß zeigen, daß kein Wasser an Stellen eingedrungen ist, an denen elektrische Teile angeordnet sind.
Andere Durchlüfter werden mit Bemessungsspannung versorgt und 5 min betrieben, wobei sich der Durchlüfter und sein Auslaß in der ungünstigsten Stellung in bezug auf die Wasserhöhe befinden. Ventile werden nacheinander und in jeder Kombination unwirksam gemacht.

Änderungen
Gegenüber DIN EN 60335-2-55 (VDE 0700 Teil 55):1995-05 wurden folgende Änderungen durchgeführt:
- IEC 60335-2-55, 2. Ausgabe 1997, übernommen.
- EN 60335-2-55:1997 eingearbeitet.
- Bezug auf DIN EN 60335-1 (VDE 0700 Teil 1):1995-10 geändert.

DIN EN 60335-2-56 (VDE 0700 Teil 56):1998-01 Januar 1998

Sicherheit elektrischer Geräte für den Hausgebrauch und ähnliche Zwecke

Teil 2: Besondere Anforderungen für Projektoren und ähnliche Geräte
(IEC 60335-2-56:1997)
Deutsche Fassung EN 60335-2-56:1997

3 + 10 Seiten EN, 1 Tabelle, 2 Anhänge Preisgruppe 11 K

Diese Norm (VDE-Bestimmung) behandelt die Sicherheit elektrischer Projektoren und ähnlicher Geräte für den Hausgebrauch und ähnliche Zwecke, deren Bemessungsspannung 250 V nicht überschreitet.
Anmerkung: Beispiele von Geräten im Anwendungsbereich dieser Norm sind:
- Diaprojektoren (Diaskope),
- Filmstreifen-Projektoren,
- Arbeitsprojektoren,
- Epiprojektoren (Episkope),
- Epidiaprojektoren (Epidiaskope),
- Mikroprojektoren (Mikroskop-Projektoren),
- Effektprojektoren,
- Stehbildbetrachter,
- Filmbetrachter,
- Filmprojektoren,
- Reproduktionsgeräte,
- Vergrößerer,
- Dia-Sortiergeräte (Dia-Leuchtkästen).

Projektoren können Tonverstärker enthalten.

Nicht für den normalen Hausgebrauch bestimmte Geräte, die aber dennoch zu einer Gefahrenquelle für die Allgemeinheit werden können, wie z. B. Geräte, die von Laien in Schulen, Büros, Läden und an ähnlichen Stellen verwendet werden, fallen in den Anwendungsbereich dieser Norm.
Soweit anwendbar, behandelt diese Norm die Gefahren, die üblicherweise von Geräten ausgehen, mit denen alle Personen im Haus und dessen Umgebung umgehen.
Die Abschnitte dieser Norm ergänzen oder ersetzen die entsprechenden Abschnitte in DIN EN 60335-1 (VDE 0700 Teil 1).

Ableitstrom und Spannungsfestigkeit
Bei einer Arbeitsspannung (U) über 250 V gelten die folgenden Prüfspannungen:
- 1000 V wird erhöht auf 1,2 U + 700 V;
- 2750 V wird erhöht auf 1,2 U + 2450 V;
- 3750 V wird erhöht auf 2,4 U + 3150 V.

Unsachgemäßer Betrieb
Die folgenden Geräte werden 5 min betrieben:
- handbetätigte Diaprojektoren,
- halbautomatische Diaprojektoren,
- Arbeitsprojektoren,
- Epiprojektoren,
- Mikroprojektoren,
- Stehbildbetrachter,
- Filmbetrachter,
- Reproduktionsgeräte,
- Vergrößerer,
- handbetätigte Filmstreifenprojektoren,
- halbautomatische Filmstreifenprojektoren,
- Dia-Sortiergeräte.

Das Gerät wird mit Bemessungsspannung und im Normalbetrieb betrieben. Jede Fehlerbedingung, die im sachgemäßen Gebrauch zu erwarten ist, wird nacheinander angewandt.
Während der Prüfung darf die Temperatur der Wicklungen die Werte in einer Tabelle nicht überschreiten.

Mechanische Festigkeit
Fernbedienungen, die im sachgemäßen Gebrauch in der Hand gehalten werden, müssen zusätzlich der nachstehenden Prüfung genügen:
Die Fernbedienung wird nach Verfahren 2 in IEC 60068-2-32 geprüft, wobei jegliche Leitung auf 10 cm gekürzt wird. Die Anzahl der Frei-Fallvorgänge beträgt:
- 100, wenn die Masse des Prüflings nicht mehr als 250 g beträgt;
- 50, wenn die Masse des Prüflings mehr als 250 g beträgt.

Nach der Prüfung darf der Prüfling nicht soweit beschädigt sein, daß die Übereinstimmung mit dieser Norm beeinträchtigt ist.
Anmerkung 1: Nach der Prüfung braucht der Prüfling nicht funktionsfähig zu sein.
Anmerkung 2: Die Prüfung wird nicht bei Prüflingen durchgeführt, die nur mit Sicherheitskleinspannung betrieben werden.

Änderungen
Gegenüber DIN VDE 0700-56 (VDE 0700 Teil 56):1992-06 wurden folgende Änderungen durchgeführt:
- IEC 60335-2-56, 2. Ausgabe 1997, übernommen.
- EN 60335-2-56:1997 eingearbeitet.
- Bezug auf Teil 1 von der 2. Ausgabe auf die 3. Ausgabe der IEC 335-1:1991 (DIN EN 60335-1 (VDE 0700 Teil 1):1995-10) geändert.

DIN EN 60335-2-60/A53 (**VDE 0700 Teil 60/A2**):1997-09   September 1997

Sicherheit elektrischer Geräte für den Hausgebrauch und ähnliche Zwecke

Teil 2: Besondere Anforderungen für Sprudelbadegeräte und ähnliche Anlagen
Deutsche Fassung EN 60335-2-60/A53:1997

3 + 3 Seiten EN, 1 Anhang   Preisgruppe 5 K

Die Abschnitte dieser **Änderung** ergänzen oder ersetzen die entsprechenden Abschnitte in DIN VDE 0700-60 (VDE 0700 Teil 60):1992-06.

Aufschriften
Die Anweisungen müssen angeben, daß die Zuleitung des Geräts mit einer Fehlerstrom-Schutzeinrichtung versehen sein muß, wobei deren Auslösestrom 30 mA nicht überschreiten darf.

Aufbau
Geräte, die Luft zirkulieren lassen, müssen so gebaut sein, daß Wasser nicht in den Motor eindringen und mit unter Spannung stehenden Teilen oder mit Basisisolierung in Berührung kommen kann.
Prüfung:
Der Überlauf von Sprudelbadegeräten wird blockiert und die Wanne gefüllt, bis Wasser überläuft. Rückflußverhindernde Ventile werden eines nach dem anderen funktionsunfähig gemacht.
Separate Einrichtungen zur Verwendung in einer herkömmlichen Badewanne werden auf den Boden gelegt, mit Ausnahme von tragbaren Matten, die in eine mit Wasser gefüllte Wanne gelegt werden. Die Matte wird dann in die ungünstigste Lage gehoben, die die Bauart des Geräts zuläßt, jedoch maximal bis zu einer Höhe von 2 m. Rückflußverhindernde Ventile werden eines nach dem anderen funktionsunfähig gemacht.
Anmerkung: Die Prüfung wird mit jeder möglichen Anschlußweise des Schlauches durchgeführt.
Nach der Prüfung dürfen auf der Isolierung keine Spuren von Wasser vorhanden sein, die zu einer Verminderung der Kriech- und Luftstrecken unter die festgelegten Werte führen könnten.
Sprudelbadegeräte müssen so gebaut sein, daß die Menge Wasser, die nach der Entleerung der Wanne im Gerät bleibt und die zurückfließt, wenn die Wanne wieder benutzt wird, 0,5 l oder 2 % des Volumens der Wanne nicht überschreitet, je nachdem, welcher Wert kleiner ist.
Prüfung: Durch geeignete Verfahren wie z. B. Messungen mit chemischer Verdünnung, Wiegen oder Bestimmung des Volumens.
Sprudelbadegeräte müssen so gebaut sein, daß das Wasser Haare nicht in gefährlicher Weise in die Ansaugöffnungen saugen kann.

DIN EN 60335-2-62 (VDE 0700 Teil 62):1997-10 Oktober 1997

Sicherheit elektrischer Geräte für den Hausgebrauch und ähnliche Zwecke

Teil 2: Besondere Anforderungen für elektrische Spülbecken für den gewerblichen Gebrauch
(IEC 335-2-62:1996)
Deutsche Fassung EN 60335-2-62:1997

3 + 12 Seiten EN, 1 Bild, 1 Anhang Preisgruppe 12 K

Diese Norm (VDE-Bestimmung) behandelt die Sicherheit elektrisch betriebener gewerblicher Spülbecken, die nicht für den Hausgebrauch bestimmt sind, deren Bemessungsspannung nicht mehr als 250 V für Einphasengeräte, betrieben zwischen einem Außenleiter und Nulleiter, und 480 V für andere Geräte beträgt.
Anmerkung: Diese Geräte werden in Küchen verwendet, wie z. B. in Restaurants, Kantinen, Krankenhäusern, und in gewerblichen Betrieben, wie z. B. Bäckereien und Fleischereien.
Diese Norm gilt auch für den elektrischen Teil von Geräten, die mit anderen Energiearten betrieben werden.
Soweit anwendbar, behandelt diese Norm die Gefahren, die üblicherweise durch diese Geräteart hervorgerufen werden.
Die Abschnitte dieser Norm ergänzen oder ersetzen die entsprechenden Abschnitte in DIN EN 60335-1 (VDE 0700 Teil 1).

Erwärmung
Geräte, die zur Befestigung am Boden bestimmt sind, und Geräte mit einer Masse größer als 40 kg, die nicht mit Rollen, Kufen oder ähnlichem ausgestattet sind, werden entsprechend den Anweisungen des Herstellers aufgestellt. Wenn keine Anweisungen gegeben sind, so werden die Geräte als solche betrachtet, die normalerweise auf den Boden gestellt werden.
Die Geräte werden im Normalbetrieb so betrieben, daß die Gesamtaufnahme des Geräts das 1,15fache der Bemessungsaufnahme beträgt. Falls es nicht möglich ist, alle Heizelemente zur gleichen Zeit einzuschalten, so ist die Prüfung mit jeder der Kombinationen durchzuführen, die die Schalteinrichtung mit jeweils höchster Aufnahme erlaubt.

Ableitstrom und Spannungsfestigkeit bei Betriebstemperatur
Anstelle des zulässigen Ableitstroms für ortsfeste Geräte der Schutzklasse I gilt das Folgende:
- bei Geräten mit Anschlußleitung und Stecker
  1 mA/kW Bemessungsaufnahme des Geräts mit einem Maximum von 10 mA;
- bei anderen Geräten
  1 mA/kW Bemessungsaufnahme des Geräts ohne ein Maximum.

519

Falls Bauteile der Schutzklasse II oder III im Gerät eingebaut sind, darf der Ableitstrom dieser Teile die Werte laut Angabe im Teil 1 nicht überschreiten.

Feuchtigkeitsbeständigkeit
Zusätzlich werden Geräte nach IPX0, IPX1, IPX2, IPX3 und IPX4 der nachstehenden Spritzwasserprüfung 5 min lang unterworfen:
Während dieser Prüfung wird der Wasserdruck so reguliert, daß das Wasser 150 mm über den Boden der Schale hochspritzt. Die Schale wird für Geräte, die sachgemäß auf dem Fußboden benutzt werden, auf den Fußboden gestellt; bei allen anderen Geräten wird sie auf eine waagrechte Unterlage 50 mm unterhalb der untersten Kante des Geräts gestellt; die Schale wird so herumbewegt, daß das Gerät aus allen Richtungen angespritzt wird. Es ist darauf zu achten, daß das Gerät nicht von dem direkten Strahl getroffen wird.
Geräte, die sachgemäß auf einem Tisch stehen, werden auf eine Unterlage gestellt, deren Abmessungen (15 ± 5) cm größer sind als diejenigen der senkrechten Projektion des Geräts auf die Unterlage.

Ableitstrom und Spannungsfestigkeit
Anstelle des zulässigen Ableitstroms für ortsfeste Geräte der Schutzklasse I gilt das Folgende:
• bei Geräten mit Anschlußleitung und Stecker
2 mA/kW Bemessungsaufnahme des Geräts mit einem Maximum von 10 mA;
• bei anderen Geräten
2 mA/kW Bemessungsaufnahme des Geräts ohne ein Maximum.

Unsachgemäßer Betrieb
Eine Regel- und Steuereinrichtung oder eine Schalteinrichtung, bei der verschiedene Einstellungen für verschiedene Funktionen desselben Geräteteils vorgesehen sind, die in verschiedenen Normen abgehandelt werden, wird zusätzlich, ungeachtet der Herstellerangaben, in die Einstellung mit den härtesten Bedingungen gebracht.
Die Geräte werden ohne Wasser geprüft; Geräte für automatische Füllung werden bei geschlossener Wasserzufuhr geprüft.

Standfestigkeit und mechanische Sicherheit
Abdeckungen, Deckel und Zubehör werden in die ungünstigste Lage gebracht.

Schutzleiteranschluß
Ortsfeste Geräte müssen mit einer Anschlußklemme für die Verbindung mit einem äußeren Potentialausgleichsleiter ausgerüstet sein. Diese Anschlußklemme muß in gut leitender Verbindung mit allen befestigten und frei zugänglichen Metallteilen des Geräts stehen und den Anschluß eines Leiters mit einem Nennquerschnitt bis 10 mm^2 zulassen. Sie muß so angeordnet sein, daß der Anschluß des verbindenden Leiters nach der Aufstellung des Geräts möglich ist.

Änderungen

Gegenüber DIN EN 60335-2-62 (VDE 0700 Teil 62):1994-11 wurden folgende Änderungen durchgeführt:
- IEC 335-2-62, 2. Ausgabe 1996, übernommen;
- EN 60335-2-62:1997 eingearbeitet.

DIN EN 60335-2-73 (VDE 0700 Teil 73):1997-04 April 1997

Sicherheit elektrischer Geräte für den Hausgebrauch und ähnliche Zwecke

Teil 2: Besondere Anforderungen für ortsfeste Heizeinsätze
(IEC 335-2-73:1994, modifiziert)
Deutsche Fassung EN 60335-2-73:1996

3 + 7 Seiten EN, 1 Anhang   Preisgruppe 9 K

Diese Norm (VDE-Bestimmung) behandelt die Sicherheit ortsfester Heizeinsätze für den Hausgebrauch und ähnliche Zwecke, die zur Installation in einem zur Atmosphäre hin offenen Wasserbehälter zum Erhitzen von Wasser auf eine Temperatur unterhalb seines Siedepunkts bestimmt sind. Die Bemessungsspannung beträgt nicht mehr als 250 V für Einphasen-Heizeinsätze und 480 V für andere Heizeinsätze.
Nicht für den normalen Hausgebrauch bestimmte Geräte, die aber dennoch zu einer Gefahrenquelle für die Allgemeinheit werden können, wie z. B. Geräte, die von Laien in Läden, in gewerblichen Betrieben und in der Landwirtschaft verwendet werden, fallen in den Anwendungsbereich dieser Norm.
Soweit anwendbar, behandelt diese Norm die Gefahren, die üblicherweise von Geräten ausgehen, mit denen alle Personen im Haus und dessen Umgebung umgehen.
Die Abschnitte dieser Norm ergänzen oder ersetzen die entsprechenden Abschnitte in DIN EN 60335-1 (VDE 0700 Teil 1).

Einteilung
Heizeinsätze müssen der Schutzklasse I, Schutzklasse II oder Schutzklasse III entsprechen.

Erwärmung
Heizeinsätze werden betrieben, bis der Beharrungszustand erreicht ist. Die Prüfung wird jedoch nach 24 h beendet, vorausgesetzt, eine Temperaturregel- und -steuereinrichtung hat angesprochen.

Unsachgemäßer Betrieb
Heizeinsätze werden mit leerem Behälter betrieben, wobei jede Temperaturregel und -steuereinrichtung, die während der Prüfung der Erwärmung anspricht, kurzgeschlossen wird.
Die Prüfung wird nicht bei Heizeinsätzen durchgeführt, die dazu bestimmt sind, in einem System eingebaut zu werden, bei denen sich das Heizelement immer unterhalb des Wasserspiegels befindet, wie zum Beispiel bei zisternengespeisten Behältern.

Aufbau
Mit den Heizeinsätzen gelieferte Dichtungen dürfen kein Asbest enthalten.
Jeglicher Schutztemperaturbegrenzer, der während der Prüfungen der Erwärmung anspricht, muß nichtselbsttätig rückstellend sein. Er muß unabhängig vom Temperaturregler sein.
Heizeinsätze müssen mit einer Dichtung versehen sein, die ein Auslaufen des Behälters verhindert.
Das die Anschlußklemmen enthaltende Fach muß an einer Verdrehung um mehr als 180° im Hinblick auf den befestigten Teil des Heizeinsatzes gehindert werden.

Schutzleiteranschluß
Metallteile von Heizeinsätzen der Schutzklasse I, die mit Wasser in Berührung kommen, müssen ständig an die Schutzleiterklemme angeschlossen sein.

Änderungen
Gegenüber DIN VDE 0700-253 (VDE 0700 Teil 253):1988-10, VDE 0720-2C (VDE 0720 Teil 2C):1972-07, VDE 0720-2Ca (VDE 0720 Teil 2Ca):1974-11, DIN 57727-203 (VDE 0727 Teil 2C):1976-11 und DIN VDE 0727-2C/A2 (VDE 0727 Teil 2C/A2):1992-07 wurden folgende Änderungen vorgenommen:
- Anpassung an DIN EN 60335-1 (VDE 0700 Teil 1):1995-10;
- Übernahme von EN 60335-2-73:1996.

DIN EN 60335-2-78 (VDE 0700 Teil 78):1997-10   Oktober 1997

Sicherheit elektrischer Geräte für den Hausgebrauch und ähnliche Zwecke

Teil 2: Besondere Anforderungen an Barbecue-Grillgeräte zur Verwendung im Freien
(IEC 60335-2-78:1995)
Deutsche Fassung EN 60335-2-78:1997

3 + 9 Seiten EN, 1 Bild, 2 Anhänge   Preisgruppe 10 K

Diese Norm (VDE-Bestimmung) behandelt die Sicherheit von Barbecue-Grillgeräten zur Verwendung im Freien für den Hausgebrauch und ähnliche Zwecke, deren Bemessungsspannung nicht mehr als 250 V beträgt.
Soweit anwendbar, behandelt diese Norm die Gefahren, die üblicherweise von Geräten ausgehen, mit denen alle Personen im Haus und dessen Umgebung umgehen.
Die Abschnitte dieser Norm ergänzen oder ersetzen die entsprechenden Abschnitte in DIN EN 60335-1 (VDE 0700 Teil 1).

Erwärmung
Die Geräte werden auf dem Boden der Prüfecke aufgestellt und entfernt von den Wänden.
Die Geräte werden betrieben, bis der Beharrungszustand erreicht ist.

Feuchtigkeitsbeständigkeit
Geräte, die dazu bestimmt sind, zur Reinigung teilweise oder vollständig in Wasser eingetaucht zu werden, müssen ausreichenden Schutz gegen die Eintauchwirkungen haben.
Die Geräte werden im Normalbetrieb bei der 1,15fachen Bemessungsaufnahme betrieben, bis der Temperaturregler das erste Mal anspricht. Geräte ohne einen Temperaturregler werden betrieben, bis der Beharrungszustand erreicht ist.
Die Gerätesteckdosen werden dann herausgezogen, oder die Versorgung wird auf andere Art und Weise abgeschaltet. Die Geräte werden dann sofort vollständig in Wasser mit einer Temperatur zwischen 10 °C und 25 °C eingetaucht, es sei denn, sie sind mit der maximalen Eintauchtiefe gekennzeichnet; in diesem Fall werden sie 5 cm über diese Markierung hinaus eingetaucht.

Unsachgemäßer Betrieb
Deckel und Abdeckhauben sind geöffnet oder geschlossen, je nachdem, was ungünstiger ist. Abnehmbare Teile werden in ihre Lage gebracht oder entfernt, je nachdem, was ungünstiger ist.

DIN EN 60335-2-71 (VDE 0700 Teil 216):1997-04   April 1997

Sicherheit elektrischer Geräte für den Hausgebrauch und ähnliche Zwecke

Teil 2: Besondere Anforderungen für Elektrowärmegeräte für Tieraufzucht und Tierhaltung
(IEC 335-2-71:1993, modifiziert)
Deutsche Fassung EN 60335-2-71:1995

2 + 11 Seiten EN, 3 Tabellen, 3 Anhänge   Preisgruppe 11 K

Diese Internationale Norm (VDE-Bestimmung) befaßt sich mit der Sicherheit aller Arten von elektrischen Heizgeräten für Tiere, die für die Haltung und Aufzucht von Tieren verwendet werden, beispielsweise:Wärmestrahler, elektrische Glucken, Inkubatoren, Kükenaufzuchtgeräte und Wärmplatten für Tiere. Die Bemessungsspannung der Geräte liegt bei Einphasenbetrieb unter 250 V und bei anderen Geräten unter 480 V.
Die Abschnitte dieser Norm ergänzen oder ersetzen die entsprechenden Abschnitte in DIN EN 60335-1 (VDE 0700 Teil 1).

Einteilung
Hinsichtlich des Schutzes gegen gefährliche Berührungsspannungen müssen die Geräte der Schutzklasse I, Schutzklasse II oder Schutzklasse III angehören.
Geräte, die im sachgemäßen Gebrauch auf den Fußboden gestellt werden, wobei die für einen Einbau in den Fußboden und dauerhaften Anschluß an das feststehende Leitungssystem vorgesehenen hier ausgeschlossen sind, müssen Geräte der Schutzklasse III sein und eine Nennspannung von 24 V nicht übersteigen.
Wärmegeräte, außer Wärmestrahler, die im sachgemäßen Gebrauch auf dem Fußboden betrieben oder für den Betrieb bis höchstens 500 mm oberhalb des Fußbodens vorgesehen sind, müssen nach Schutzgrad IPX7 gebaut sein.
Andere Geräte müssen mindestens nach Schutzgrad IPX4 gebaut sein.

Schutz gegen Zugänglichkeit stromführender Teile
Diese Anforderungen gelten nicht für in Wärmestrahlern enthaltene stromführende Teile von Schraub- oder Bajonettlampenfassungen, die nur bei herausgenommenem Strahler zugänglich sind.

Erwärmung
Ortsveränderliche Wärmestrahler, die im sachgemäßen Gebrauch nicht für den Betrieb auf dem Fußboden vorgesehen sind, müssen frei, in ruhender Luft und über einer etwa 20 mm dicken Unterlage aus mattschwarzem Sperrholz aufgehängt werden. Der Abstand zwischen Gerät und Sperrholzunterlage muß dem auf dem Gerät angegebenen Wert entsprechen.
Heizgeräte für Tiere, die im sachgemäßen Gebrauch auf den Fußboden gestellt

werden, müssen auf eine etwa 20 mm dicke Unterlage aus mattschwarzem Sperrholz gelegt und mit einem Wärmeisolierstoff mit einem Wärmewiderstand von 3,2 m^2 K/W abgedeckt werden.

Unsachgemäßer Gebrauch
Geräte, die im sachgemäßen Gebrauch aufgehängt sind, werden auf dem Fußboden der Prüfecke in der ungünstigsten Stellung angeordnet.

Mechanische Festigkeit
Der Federhammer wird auf eine Schlagenergie von (1 ± 0,1) J eingestellt.
Die Schläge werden nicht auf die Strahler von Infrarotlampen ausgeführt.
Das Gitter darf keine bleibende Verformung von über 10 mm aufweisen.
Die Geräte müssen mechanische Stöße aushalten, die auch im sachgemäßen Gebrauch auftreten können.

Änderungen
Gegenüber DIN 57700-216 (VDE 0700 Teil 216):1982-04 wurden folgende Änderungen vorgenommen:
- IEC 335-2-71 übernommen;
- EN 60335-2-71 eingearbeitet.

DIN EN 60598-2-8 (VDE 0711 Teil 2-8):1997-12   Dezember 1997

Leuchten

Teil 2: Besondere Anforderungen
Hauptabschnitt 8: Handleuchten
(IEC 60598-2-8:1996, modifiziert)
Deutsche Fassung EN 60598-2-8:1997

2 + 10 Seiten EN, 3 Bilder, 1 Tabelle, 1 Anhang   Preisgruppe 10 K

Dieser Hauptabschnitt von Teil 2 von EN 60598 (VDE-Bestimmung) enthält Anforderungen an Handleuchten und ähnliche ortsveränderliche Leuchten, die zum Gebrauch in der Hand gehalten werden, für Glühlampen und röhrenförmige Leuchtstofflampen zum Betrieb an Versorgungsspannungen bis 250 V.
Handleuchten, die durch Flügelschrauben, Klammern oder Magnete an einer Befestigungsfläche angebracht werden können, sowie Faßausleuchten, fallen in den Anwendungsbereich dieses Hauptabschnitts.
Die Abschnitte dieser Norm ergänzen oder ersetzen die entsprechenden Abschnitte in DIN EN 60598-1 (VDE 0711 Teil 1).

Aufbau

Das Gehäuse und der Griff von Handleuchten müssen aus Isolierstoff bestehen. Die Lampe muß durch ein Schutzgitter, eine durchscheinende Abdeckung oder dergleichen gegen zufällige Beschädigung geschützt sein. Diese Vorrichtung muß fest mit dem Körper der Handleuchte verbunden sein. Bei Handleuchten für Glühlampen darf diese Schutzvorrichtung nicht von Hand abnehmbar sein, und es muß möglich sein, die Lampe auszuwechseln, ohne die Schutzvorrichtung von der Leuchte vollständig zu entfernen.
Bei Schutzvorrichtungen aus Metall müssen diese so angebracht oder durch Isolierung geschützt sein, daß eine unbeabsichtigte Berührung unwahrscheinlich ist, wenn der Handgriff umfaßt wird. Der Abstand zwischen dem Glaskolben der Glühlampe, der röhrenförmigen Leuchtstofflampe oder einem Schutzglas und einer Ebene zwischen der Außenseite zweier benachbarter Streben eines Schutzgitters muß mindestens 3 mm betragen.
Aufhängehaken, falls vorhanden, müssen sicher an der Handleuchte befestigt sein.
Handlampen dürfen keine Widerstands-Vorschaltgeräte oder Widerstandsleitungen zur Begrenzung des Stroms von Entladungslampen verwenden.

Schutz gegen elektrischen Schlag

Teile, die den Schutz gegen Berührung von Edison- oder Bajonett-Lampensockeln sicherstellen, dürfen nicht von Hand entfernbar sein.
Bei Handleuchten für Glühlampen werden bei der Prüfung des Schutzes gegen elektrischen Schlag das Schutzgitter und das Schutzglas entfernt, es sei denn, sie sind integrierter Bestandteil des Körpers der Handleuchte.

Änderungen
Gegenüber DIN VDE 0711-208 (VDE 0711 Teil 208):1991-12 wurden folgende Änderungen vorgenommen:
- EN 60598-2-8:1997 übernommen;
- neuer Abschnitt aufgenommen: (Widerstands-Vorschaltgeräte **nicht mehr** zulässig);
- alter Abschnitt gestrichen: (Anforderung für Schalter);
- Teilenummer von -208 in -2-8 geändert.

DIN EN 60598-2-2 (VDE 0711 Teil 202):1997-04   April 1997

Leuchten
Teil 2: Besondere Anforderungen
Hauptabschnitt 2: Einbauleuchten
(IEC 598-2-2:1996)
Deutsche Fassung EN 60598-2-2:1996

2 + 6 Seiten EN, 2 Tabellen, 3 Anhänge   Preisgruppe 8 K

Dieser Hauptabschnitt der IEC 598-2 (VDE-Bestimmung) enthält Anforderungen an Einbauleuchten für Glühlampen, röhrenförmige Leuchtstofflampen und andere Entladungslampen zum Betrieb an Versorgungsspannungen bis 1000 V. Dieser Hauptabschnitt schließt Leuchten, die an eine Zwangsbelüftung angeschlossen sind, nicht mit ein.
Die Abschnitte dieser Norm ergänzen oder ersetzen die entsprechenden Abschnitte in DIN EN 60598-1 (VDE 0711 Teil 1).

Äußere und innere Leitungen
Vom Leuchtenhersteller mitgelieferte flexible Anschlußleitungen zum Anschluß an das Netz müssen in ihren mechanischen und elektrischen Eigenschaften mindestens den Anforderungen nach IEC 227, IEC 227A oder IEC 245 entsprechen und ohne Beschädigung der höchsten Temperatur standhalten, der sie im bestimmungsmäßigen Betrieb ausgesetzt sein können. Andere Werkstoffe als PVC und Gummi sind geeignet, wenn sie die oben genannten Anforderungen erfüllen. In diesem Falle gelten jedoch nicht die besonderen Festlegungen der oben genannten Publikationen.

Schutz gegen elektrischen Schlag
Bei Leuchten, die zum Einbau in einem Einbauraum vorgesehen sind und bei denen der Teil der Leuchte im Einbauraum berührbar ist, und bei Leuchten, die Einbauteile haben, die an äußeren Teilen der Leuchte im Einbauraum angebracht sind, müssen diese Teile der Leuchte den Schutz gegen elektrischen Schlag aufweisen entsprechend der Einteilung der Leuchte.

Prüfungen der Dauerhaftigkeit und der Erwärmung
Netzanschlußleitungen, die in die Leuchte eingeführt werden oder die Leuchte berühren können, dürfen keine die Sicherheit beeinträchtigende Temperatur annehmen.
Die Leuchte ist mit der mitgelieferten Leitung, einer Leitung entsprechend der Aufschrift auf der Leuchte oder, falls die Leuchte keine Aufschrift trägt, mit einer Leitung entsprechend der Montageanweisung des Leuchtenherstellers bzw. andernfalls mit einer PVC-Leitung nach IEC 227 an das Versorgungsnetz anzuschließen.

Dann wird die wärmste Stelle (entlang der Leitungsführung im Innern der Leuchte oder auf deren Außenseite) ermittelt, an der die Leitung im bestimmungsgemäßen Betrieb anliegen kann. An dieser Stelle wird die Leitung leicht gegen die Leuchte gedrückt und die Temperatur der Isolierung, wie in IEC 598-1 beschrieben, gemessen.
Die Betriebstemperatur der Leitung darf keine höheren Werte annehmen, als in einer Tabelle angegeben.

Änderungen:

Gegenüber DIN VDE 0711-202 (VDE 0711 Teil 202):1991-09 wurden folgende Änderungen vorgenommen:
- Zweite Ausgabe der IEC 598-2-2:1996 übernommen;
- EN 60598-2-2:1996 eingearbeitet.

DIN EN 60598-2-2/A1 (**VDE 0711 Teil 202/A1**):1997-11 November 1997

Leuchten

Teil 2: Besondere Anforderungen
Hauptabschnitt 2: Einbauleuchten
(IEC 60598-2-2:1996/A1:1997)
Deutsche Fassung EN 60598-2-2/A1:1997

2 + 2 Seiten EN Preisgruppe 2 K

Die Abschnitte dieser **Änderung** ergänzen den entsprechenden Abschnitt in DIN EN 60598-2-2 (VDE 0711 Teil 202):1997-04.

Schutz gegen elektrischen Schlag
Baugruppen und Teile der Leuchte innerhalb des Deckenzwischenraums oder des Hohlraums müssen den gleichen Schutz gegen elektrischen Schlag erfüllen wie die Leuchtenteile unterhalb des Deckenzwischenraums.
Anmerkung: Der Deckenzwischenraum oder der Hohlraum wird als für Montage oder Wartung zugänglicher Raum betrachtet. Die Abdeckung bietet keinen ausreichenden Schutz gegen elektrischen Schlag.
Prüfung: Besichtigung

DIN EN 60598-2-3/A1 (**VDE 0711 Teil 203/A1**):1997-10 Oktober 1997

Leuchten

Teil 2: Besondere Anforderungen
Hauptabschnitt 3: Straßenleuchten
(IEC 60598-2-3:1993/A1:1997)
Deutsche Fassung EN 60598-2-3:1994/A1:1997

2 + 2 Seiten EN, 1 Anhang   Preisgruppe 3 K

Die Abschnitte dieser **Änderung** ergänzen den entsprechenden Abschnitt in DIN EN 60598-2-3 (VDE 0711 Teil 203):1996-03.

Aufschriften
Geeignet für die Verwendung in Innenräumen, vorausgesetzt, daß 10 °C nicht von der gemessenen Temperatur abgezogen wurden.

DIN EN 60598-2-6/A1 (**VDE 0711 Teil 206/A1**):1997-09   September 1997

Leuchten

Teil 2: Besondere Anforderungen
Hauptabschnitt 6: Leuchten mit eingebauten Transformatoren oder Konvertern für Glühlampen
(IEC 598-2-6:1994/A1:1996)
Deutsche Fassung EN 60598-2-6/A1:1997

2 + 4 Seiten EN, 2 Anhänge   Preisgruppe 5 K

Die Abschnitte dieser **Änderung** ergänzen oder ersetzen die entsprechenden Abschnitte in DIN EN 60598-2-6 (VDE 0711 Teil 206):1995-10.
An allen zutreffenden Stellen dieser Norm sind nach dem Wort „Transformator" die Wörter „oder Konverter" einzufügen.

Aufschriften
„Falls ein austauschbarer Sicherungseinsatz verwendet wird, um den Transformator oder den Konverter zu schützen, muß der Wert des Sicherungseinsatzes auf oder neben dem Sicherungshalter aufgebracht sein. Falls in den Transformator oder den Konverter ein austauschbarer Sicherungseinsatz integriert ist, der nicht während der Wartung sichtbar ist, muß das Bildzeichen für die Sicherung auf dem Transformator oder dem Konverter aufgebracht sein:

⊏▭⊐

(siehe Bildzeichen Nr. 5016 in IEC 417: Graphical Symbols for use on Equipment)."

Prüfungen der Dauerhaftigkeit und der Erwärmung
Bei den Prüfungen der Leuchte im sachgemäßen Betrieb ist die 1,06fache Nennversorgungsspannung anzuwenden. Konverter nach IEC 1046, mit t_C-Kennzeichnung, sind bei 1,06facher Nennspannung zu prüfen.
Bei Transformatoren darf die Wicklungserwärmung nicht die der jeweiligen Isolierstoffklasse nach IEC 742 zugeordneten Werte übersteigen.

DIN EN 60598-2-7/A2 (VDE 0711 Teil 207/A2):1997-04   April 1997

Leuchten

Teil 2: Besondere Anforderungen
Hauptabschnitt 7: Ortsveränderliche Gartenleuchten
(IEC 598-2-7:1982/A2:1994, modifiziert)
Deutsche Fassung EN 60598-2-7/A2:1996

2 + 3 Seiten EN   Preisgruppe 6 K

Die Abschnitte dieser **Änderung** ergänzen oder ersetzen die entsprechenden Abschnitte in DIN VDE 0711-207 (VDE 0711 Teil 207):1992-03.

Aufschriften
In der Leuchte eingebaute Steckdosen müssen in unmittelbarer Nähe mit der höchsten Leistung, die sich aus dem höchsten Bemessungsstrom der Anschlußleitung ergibt, gekennzeichnet sein.

Aufbau
Die Verbindung zwischen der Steckdose zur Versorgung anderer Leuchten und dem dazugehörigen Stecker muß mindestens die gleiche Schutzart wie die der Leuchten, aber nicht weniger als IPX3, aufweisen. Diese Schutzart muß mit oder ohne Stecker aufrecht erhalten bleiben.
Netz-Steckdosen an Leuchten der Schutzklasse II müssen IEC-, regionale oder nationale Normen einhalten, so daß ein Anschluß von anderen Leuchten der Schutzklasse II nur an diese Steckdosen erlaubt ist.
Anmerkung: Es ist die Absicht dieser Norm, den Anschluß von Geräten, die genormte Stecker verwenden, mit Leuchten der Schutzklasse II nicht zu gestatten, da bei Anschluß von Leuchten der Schutzklasse I an eine Steckdose einer Leuchte der Schutzklasse II die Schutzleiterverbindung verlorengeht.
Netz-Steckdosen an Leuchten der Schutzklasse I dürfen nur den Anschluß von Leuchten der Schutzklassen I und II gestatten und müssen mit IEC-, regionalen oder nationalen Normen übereinstimmen.

Nationale Abweichungen

Norwegen (Errichtungsvorschriften FEB 1991 cl. 813.53, Gesetz vom 24. Mai 1929)
Falls Steckdosen an ortsveränderlichen Gartenleuchten sich weniger als 2 m über dem Boden befinden, müssen sie entweder mit Shuttern versehen sein, eine blockierbare Bauform haben oder mit einer Fehlerstromschutzvorrichtung geschützt sein oder mit einer äquivalenten Schutzvorrichtung mit einem Auslösestrom, der nicht höher als 30 mA ist.

Schweden (Errichtungsvorschriften STEV-FS 1988:1; § 52 und BFS 1988:18)
Die Steckdosen in ortsveränderlichen Gartenleuchten müssen mit Shuttern ausgerüstet oder blockierbar sein.

Änderung
Gegenüber DIN EN 60598-2-7/A12 (VDE 0711 Teil 207/A1):1995-09 wurde folgende Änderung vorgenommen:
• Die in die EN 60598-2-7/A2:1996 überführte Änderung 2:1994 von IEC 598-2-7:1982 wurde mit gemeinsamen Abänderungen durch CENELEC übernommen.

DIN EN 60598-2-7/A13 (**VDE 0711 Teil 207/A13**):1997-12   Dezember 1997

Leuchten

Teil 2: Besondere Anforderungen
Hauptabschnitt 7: Ortsveränderliche Gartenleuchten
Deutsche Fassung EN 60598-2-7/A13:1997

2 + 2 Seiten EN, 1 Anhang   Preisgruppe 2 K

Der Abschnitt dieser **Änderung** ersetzt den entsprechenden Abschnitt in DIN VDE 0711-207 (VDE 0711 Teil 207):1992-03.

Im Anhang ZC ist die A-Abweichung für Schweden zu **streichen** und folgendes **hinzuzufügen**:

„Es bestehen keine A-Abweichungen zu dieser Europäischen Norm."

DIN EN 60570 (VDE 0711 Teil 300):1997-05   Mai 1997

Elektrische Stromschienensysteme für Leuchten
(IEC 570:1995, modifiziert)
Deutsche Fassung EN 60570:1996 + Corrigendum: 1996

2 + 12 Seiten EN, 4 Bilder, 4 Anhänge   Preisgruppe 11 K

Diese Norm (VDE-Bestimmung) gilt für Stromschienensysteme mit zwei oder mehr Leitern zum Anschluß von Leuchten an das Versorgungsnetz entweder mit einer Bemessungsspannung bis 440 V zwischen den Leitern, mit Schutzleiteranschlußstelle (Schutzklasse I) und einem Bemessungsstrom bis 16 A je Leiter oder mit einer SELV-Bemessungsspannung bis 25 V, ohne Schutzleiteranschlußstelle (Schutzklasse III) und einem Bemessungsstrom bis 25 A je Leiter. Die Stromschienensysteme dürfen auch zur mechanischen Befestigung der Leuchten dienen.
Diese Norm gilt für Stromschienensysteme zur Montage auf, an oder abgehängt von Wänden und Decken in normalen Innenräumen. Diese Stromschienensysteme sind nicht für Räume bestimmt, in denen besondere Bedingungen herrschen, z. B. auf Schiffen, Verkehrsmitteln u. ä., und in gefährdeten Bereichen, wo z. B. Explosionen auftreten können.
Diese Norm gilt zusammen mit den Hauptabschnitten der EN 60598-1 (VDE 0711 Teil 1), auf die Bezug genommen wird.

Allgemeine Anforderungen
Der Bemessungsstrom für ein Stromschienensystem in Schutzklasse I darf maximal 16 A und für ein Stromschienensystem in Schutzklasse III maximal 25 A betragen.
Stromschienensysteme müssen so bemessen und gebaut sein, daß sie im bestimmungsgemäßen Gebrauch zuverlässig sind und keine Gefahr für den Benutzer oder die Umgebung bilden.
Die Beurteilung erfolgt im allgemeinen im Zusammenhang mit der Ausführung aller aufgeführten Prüfungen.

Aufbau
Einzelteile müssen so gebaut sein, daß keine Gefahr der zufälligen Berührung des Schutzleiters des Einzelteils mit aktiven Teilen der Stromschiene besteht, wenn der Benutzer diese Einzelteile an der Stromschiene anbringt oder sie von ihr entfernt. Diese Anforderung gilt nicht während der Montage des Stromschienensystems.
Adapter der Schutzklasse I müssen Vorrichtungen zur mechanischen Verbindung zur Stromschiene enthalten, damit die Masse des Adapters und/oder der Leuchte nicht durch die elektrische Verbindung von Adapter und Stromschiene getragen wird.

Adapter der Schutzklasse III müssen Vorrichtungen für die mechanische Verbindung zur Stromschiene enthalten, so daß die Masse des Adapters und/oder der Leuchte nicht die elektrische Verbindung und die Sicherheit beeinträchtigen.

Leiterfolge
Falls für den ordnungsgemäßen Betrieb erforderlich, müssen Vorkehrungen getroffen sein, daß die ordnungsgemäße Leiterfolge im gesamten System erhalten bleibt.

Mechanische/elektrische Dauerhaftigkeit
Einzelteile müssen den im bestimmungsgemäßen Gebrauch auftretenden mechanischen, elektrischen und thermischen Belastungen ohne außergewöhnliche Abnutzung und andere gefährliche Auswirkungen gewachsen sein.

Kurzschlußschutz
Es darf nicht möglich sein, Leiter der Stromschiene mit dem Prüfstift zu überbrücken.
Die Öffnung in der Isolierauskleidung einer Stromschiene der Schutzklasse I, die den Zugang zum Leiter ermöglicht, muß eine maximale Abmessung von 3,0 mm haben, und der Leiter muß in der Isolierauskleidung mindestens 1,7 mm versenkt sein. Die Kontakte von Adaptern der Schutzklasse III müssen in jeder Einstellung zur Öffnung in der Isolierauskleidung der Stromschiene der Schutzklasse I mindestens eine Abmessung von 3,5 mm haben.
Wenn Adapter von anderen Herstellern als den Herstellern der Stromschienen hergestellt werden, ist größte Sorgfalt auf die Austauschbarkeit und die Sicherheit in der Verwendung zu legen.
Prüfungen müssen an bei Prüfstellen vorhandenen Rückstellmustern zugelassener Stromschienen oder an Stromschienenmustern, die vom Hersteller bereitzustellen sind, durchgeführt werden.
Stromschiene und Adapter müssen allen entsprechenden Teilen der Norm genügen.

Wärmebeständigkeit und Betriebstemperaturen
Stromschienensysteme für Leuchten müssen eine ausreichende Wärmebeständigkeit haben und dürfen im bestimmungsgemäßen Betrieb keine übermäßigen Temperaturen annehmen.
Stromführende Teile der montierten Stromschiene müssen so bemessen sein, daß übermäßige Temperaturen durch Stromfluß verhindert sind.
Prüfung: Eine zur Verwendung mit der Stromschiene typische Leuchte ist an der Stromschiene in der ungünstigsten Lage des bestimmungsgemäßen Gebrauchs zu montieren und mit ihr elektrisch zu verbinden. Darüber hinaus ist die Stromschiene unter Berücksichtigung der Belastung durch die Leuchte mit ihrem Bemessungsstrom zu belasten, bis sich thermisches Gleichgewicht eingestellt hat, oder für 1 h, je nachdem, was länger ist.

Schutz gegen elektrischen Schlag
Bei Stromschienen ist bei der Prüfung zusätzlich mit einem geraden Stahldraht mit 1 mm Durchmesser zu prüfen. Der Stahldraht ist mit einer Kraft von 1 N anzulegen.
Adapter müssen so bemessen sein, daß aktive Teile nicht berührt werden können, wenn sie teilweise oder wenn sie ganz in die Stromschiene eingesetzt und wie im bestimmungsgemäßen Betrieb verdrahtet sind.
Prüfung: Besichtigung und Prüfung mit dem Standard-Prüffinger. Dieser Prüffinger ist in jeder möglichen Stellung, notfalls mit einer Kraft von 10 N anzulegen. Zur Kontaktanzeige mit aktiven Teilen ist eine elektrische Anzeigevorrichtung zu verwenden. Bewegliche Teile sind von Hand in die ungünstigste Lage zu bringen. Es darf nicht möglich sein, die Stromschiene oder Teile, die den Schutz gegen elektrischen Schlag sicherstellen, von Hand zu entfernen. Befestigungsmittel für diese Teile müssen von aktiven Teilen isoliert sein.

Anhang

Besondere nationale Bedingungen

Niederlande, Norwegen
Stromschienensysteme für Leuchten, die mit einer Vorrichtung zum Anschluß an Steckdosen ausgerüstet sind, müssen einen Nennstrom von 16 A haben.

Schweden (Errichtungsbestimmungen – ELSÄK-FS 1994:7, 521.4.6.1)
Die Stromschiene muß mit der nach den Errichtungsbestimmungen geforderten Mindest-Aufhängehöhe gekennzeichnet sein. Hinweise zum Mindestwert der zulässigen Aufhängehöhe müssen auch in den zur Stromschiene mitzuliefernden Montageanweisungen enthalten sein.

Änderung
Gegenüber DIN EN 60570 (VDE 0711 Teil 300):1995-07 wurde folgende Änderung vorgenommen:
- EN 60570:1996 übernommen.

DIN EN 60920/A1 (VDE 0712 Teil 10/A1):1997-12   Dezember 1997

Vorschaltgeräte
für röhrenförmige Leuchtstofflampen

Allgemeine und Sicherheitsanforderungen
(IEC 60920/A1:1993)
Deutsche Fassung EN 60920/A1:1993

2 + 12 Seiten EN, 7 Bilder, 1 Tabelle, 4 Anhänge   Preisgruppe 11 K

Die Abschnitte dieser **Änderung** ergänzen die entsprechenden Abschnitte in DIN EN 60920 (VDE 0712 Teil 10):1993-04.

Allgemeines über Prüfungen
Zusätzlich sind für die Hochspannungsstoßprüfung sechs Vorschaltgeräte erforderlich, die für Schaltkreise vorgesehen sind, in denen Hochspannungsstöße innerhalb des Vorschaltgeräts auftreten. Während der Prüfung darf kein Fehler auftreten.

Hochspannungsstoßprüfung
Einfache Drosselspulen-Vorschaltgeräte müssen der Prüfung nach a) ausgesetzt werden.
Vorschaltgeräte, die anders als die einfachen Drosselspulen-Vorschaltgeräte sind, müssen der Prüfung nach b) unterworfen werden. Der Hersteller muß angeben, welcher Prüfung sein Produkt ausgesetzt wurde.

a) Von den sechs Mustern sind drei der Prüfung auf Feuchtebeständigkeit und Isolierfestigkeit auszusetzen.
Die übrigen drei Muster werden in einem Ofen so lange erwärmt, bis sie die Temperatur t_W annehmen, mit der das Vorschaltgerät gekennzeichnet ist.
Unmittelbar auf diese Vorbehandlungsprüfungen folgend müssen alle sechs Muster der Hochspannungsstoßprüfung widerstehen.
Es ist der Wert für den Gleichstrom zu notieren, bei dem die Zündspannung erreicht worden ist. Die Muster sind dann mit diesem Strom für 1 h zu betreiben, und der Strom ist während dieser Zeitspanne zehnmal für 3 s innerhalb jeder Minute zu unterbrechen.
Unmittelbar nach der Prüfung müssen alle sechs Vorschaltgeräte der Feuchtebeständigkeits- und Isolierfestigkeitsprüfung widerstehen.

b) Ohne Verbindung von der Lampe mit der Ausgangsseite des Vorschaltgeräts ist die Versorgungsspannung so einzustellen, bis der am Vorschaltgerät gekennzeichnete Wert für die vom Zünd- und Vorschaltgerät erzeugte Impulsspannung erreicht wird. Vom Vorschaltgerät sind die Heizwicklungen der Elektrode mit Ersatzwiderständen zu belasten.
Unter diesen Bedingungen ist das Vorschaltgerät ohne Lampe für eine Zeit-

spanne von 30 Tagen zu betreiben.
Die Anzahl der Muster bei der Prüfungsvorbehandlung und die Bedingungen nach der Prüfung sind dieselben wie nach a) vorgeschrieben.
Gekennzeichnete Vorschaltgeräte für die ausschließliche Anwendung mit einem Zündelement, das eine Zeitverzögerungseinrichtung hat, sind derselben Prüfung auszusetzen, jedoch für eine aus 250 An-/Aus-Zyklen bestehende Zeitspanne, die einen mindestens 2 min andauernden Aus-Zyklus hat.

Auswahl von Varistoren
Um Spannungsänderungen während der Messung von Spannungsimpulsen zu vermeiden, ist eine beliebige Zahl von in Reihe geschalteten Varistoren parallel mit dem zu prüfenden Vorschaltgerät verbunden worden.
Wegen der beteiligten Energie sind zu diesem Zweck die kleinsten Varistortypen ausreichend.
Die im Vorschaltgerät aufgebaute Spannung ist nicht nur von ihrer Induktivität, dem Gleichstrom und der Kapazität abhängig, sondern auch von der Güte des Vakuum-Lastschalters, da ein Teil der im Vorschaltgerät gespeicherten Energie mittels eines Funkens am Schalter entladen wird.
Daher ist es notwendig, die Varistoren zusammen mit dem im Schaltkreis angewendeten Schalter auszuwählen.
Aufgrund der Tatsache, daß die Varistoren Abweichungen haben, die sich addieren oder selbst kompensieren können, ist für jeden zu prüfenden Vorschaltgerätetyp eine individuelle Auswahl notwendig.

DIN EN 60920/A2 (VDE 0712 Teil 10/A2):1997-06   Juni 1997

Vorschaltgeräte für röhrenförmige Leuchtstofflampen

Allgemeine und Sicherheitsanforderungen
(IEC 920:1990/A2:1995)
Deutsche Fassung EN 60920/A2:1996

2 + 2 Seiten EN, 1 Anhang   Preisgruppe 2 K

Die Abschnitte dieser **Änderung** ersetzen die entsprechenden Abschnitte in DIN EN 60920 (VDE 0712 Teil 10):1993-04.

Tabelle 3 der Originalnorm – Maximale Temperaturen
Ersetze Fußnote 1) unterhalb der Tabelle 3 durch folgende:
Die Temperaturen in Tabelle 3 dürfen nicht überschritten werden, wenn das Vorschaltgerät bei seiner angegebenen maximalen Umgebungstemperatur, sofern angegeben, betrieben wird. Wenn die maximale Umgebungstemperatur für ein Vorschaltgerät nicht angegeben ist, so wird diese als eine Differenz zwischen t_W und der gemessenen Wicklungserwärmung Δt bei 100 % Nennspannung betrachtet.

Ersetze Fußnote 3) unterhalb der Tabelle 3 durch folgende:
Diese Messung ist nur für Stromkreise erforderlich, die anomale Betriebsbedingungen erzeugen können. Die angegebene Grenztemperatur der Wicklungen unter anomalen Bedingungen darf nicht höher sein als der Wert, der einer Anzahl von Tagen entspricht, die mindestens zwei Drittel der theoretischen Prüfzeit für die Prüfung auf Dauerhaftigkeit ist.

Teile von Einbauvorschaltgeräten
Nach Messung der Wicklungstemperaturen bei 100 % Nennspannung wird die Spannung auf 106 % Nennspannung erhöht. Nachdem thermisches Gleichgewicht eingetreten ist, werden die Temperaturen an den Vorschaltgeräteteilen gemessen. Die Temperaturwerte der Teile müssen die Anforderungen nach Tabelle 3 erfüllen.

DIN EN 60921/A2 (VDE 0712 Teil 11/A2):1997-06   Juni 1997

Vorschaltgeräte für röhrenförmige Leuchtstofflampen

Anforderungen an die Arbeitsweise
(IEC 921:1988/A2:1994)
Deutsche Fassung EN 60921/A2:1995

2 + 2 Seiten EN, 1 Anhang   Preisgruppe 2 K

Die Aussage dieser **Änderung** ergänzt die entsprechende Aussage in DIN EN 60921 (VDE 0712 Teil 11):1993-04.

Maximale Spannung (Effektivwert) an den Anschlüssen des Starters bei Betrieb der Lampe
Wenn ein Vorschaltgerät mit einer Referenzlampe an einer Spannung im Bereich zwischen 92 % und 106 % der Bemessungsversorgungsspannung und bei Bemessungsfrequenz betrieben wird, darf die Spannung an den Anschlüssen des Starters den maximalen Wert nach IEC 81, der in dem entsprechenden Datenblatt angegeben ist, nicht überschreiten.
Diese Grenzwerte gelten sowohl wenn die Lampe gerade gestartet wurde als auch im betriebswarmen Zustand der Lampe.
Wenn Vorschaltgeräte dafür bestimmt sind, Lampen in Parallel-Schaltungen zu betreiben, müssen die betreffenden Anforderungen, unter den ungünstigsten Lastbedingungen, für jede einzelne Lampe erfüllt werden.

DIN EN 60922 (VDE 0712 Teil 12):1997-10   Oktober 1997

Geräte für Lampen

Vorschaltgeräte für Entladungslampen (ausgenommen röhrenförmige Leuchtstofflampen)
Allgemeine und Sicherheits-Anforderungen
(IEC 60922:1997)
Deutsche Fassung EN 60922:1997

3 + 33 Seiten EN, 7 Tabellen, 8 Anhänge   Preisgruppe 22 K

Diese Norm (VDE-Bestimmung) umfaßt Sicherheitsanforderungen für Vorschaltgeräte für Entladungslampen wie Quecksilberdampf-Hochdrucklampen, Natriumdampf-Niederdrucklampen, Natriumdampf-Hochdrucklampen und Halogen-Metalldampflampen. Die Norm gilt für induktive Vorschaltgeräte zum Betrieb an Wechselstromnetzen bis zu 1000 V, 50 Hz oder 60 Hz, die gemeinsam mit Entladungslampen verwendet werden, und die Nennleistungen, Abmessungen und Eigenschaften besitzen, die in den entsprechenden Lampennormen IEC 60188, IEC 60192 und IEC 60662 angegeben werden.
Alle Prüfungen in dieser Norm sind Typprüfungen. Anforderungen für die Prüfung einzelner Vorschaltgeräte während der Fertigung sind nicht eingeschlossen.

Allgemeine Anforderungen
Vorschaltgeräte müssen so bemessen und gebaut werden, daß sie im bestimmungsgemäßen Betrieb ohne Gefahr für den Anwender oder die Umgebung arbeiten. Kondensatoren und andere in Vorschaltgeräte eingebaute Teile müssen die Anforderungen der jeweiligen Europäischen Norm erfüllen.
Thermisch geschützte Vorschaltgeräte müssen die Anforderungen nach einem Anhang erfüllen.
Prüfung: Im allgemeinen für Vorschaltgeräte und andere Bauteile durch die Ausführung aller angegebenen Prüfungen.
Zusätzlich müssen Gehäuse unabhängiger Vorschaltgeräte mit den Anforderungen von IEC 598-1, einschließlich den Anforderungen dieser Norm an die Klassifizierung und die Aufschriften, übereinstimmen.

Schutz gegen zufällige Berührung aktiver Teile
Vorschaltgeräte, die zum Schutz gegen elektrischen Schlag nicht von einem Leuchtengehäuse abhängig sind, müssen ausreichend gegen zufällige Berührung aktiver Teile geschützt sein, sobald sie bestimmungsgemäß eingebaut worden sind.
Lack oder Email gelten nicht als ausreichender Schutz oder Isolierung im Sinne dieser Bestimmung.
Teile, die den Schutz gegen zufällige Berührung bilden, müssen ausreichende mechanische Festigkeit haben und dürfen sich im bestimmungsgemäßen Betrieb nicht lösen. Es darf nicht möglich sein, sie ohne Benutzung von Werkzeug zu entfernen.

Schutzleiteranschluß
Jede Schutzleiter-Anschlußklemme muß den Anforderungen entsprechen. Der elektrische Anschluß muß ausreichend gegen Lockern gesichert sein, und es darf nicht möglich sein, den elektrischen Anschluß ohne Benutzung eines Werkzeugs zu lösen. Bei schraubenlosen Klemmen darf es nicht möglich sein, die elektrische Verbindung unbeabsichtigt zu lösen.

Feuchtebeständigkeit und Isolierung
Vorschaltgeräte müssen feuchtebeständig sein und eine entsprechende Isolierung haben.

Prüfung mit Startspannungsimpuls
Vorschaltgeräte für Halogen-Metalldampflampen und für Natriumdampf-Hochdrucklampen, die für Schaltungen bestimmt sind, in denen Hochspannungsimpulse am Vorschaltgerät auftreten, müssen entweder der Prüfung nach a) oder nach b) unterzogen werden.
Vorschaltgeräte, die für Betrieb in einer Schaltung mit extern zur Lampe angeordnetem Startgerät bestimmt sind, müssen der Prüfung nach a) unterzogen werden.
Vorschaltgeräte, die für Betrieb mit Lampen mit interner Startvorrichtung bestimmt sind, müssen der Prüfung nach b) unterzogen werden. Der Hersteller muß angeben, welcher Prüfung sein Gerät unterzogen wurde.
a) Mit einer Belastungskapazität von 20 pF müssen sechs Vorschaltgeräte mit dem Startgerät betrieben und die Impulsspannung gemessen werden. Das Startgerät wird danach entfernt, und die Durchschlagfestigkeit der Bauteile, die Impulsspannungen ausgesetzt sind, wird folgendermaßen geprüft:
Das Vorschaltgerät wird 30 Tage mit einem anderen gleichen Startgerät an 1,1facher Nennspannung ohne Lastkondensator und ohne Lampe betrieben. Sollte das Startgerät ausfallen, bevor die 30 Tage verstrichen sind, so muß es, bis die Prüfzeit von 30 Tagen erfüllt worden ist, so oft ersetzt werden, wie ein Ausfall vorkommt.
Im Anschluß an diese Prüfung muß die Spannungsprüfung ausgeführt werden, wobei mit Ausnahme des Schutzleiters die einzelnen Anschlußklemmen miteinander verbunden werden. Dabei darf kein Funke oder Überschlag auftreten. Danach wird mit dem Original-Startgerät und demselben Lastkondensator von 20 pF die Impulsspannung noch einmal gemessen. Die Abweichung vom Originalwert darf nicht mehr als 10 % betragen.
b) Von sechs Prüflingen werden drei der Prüfung auf Feuchtebeständigkeit und Durchschlagfestigkeit unterzogen.
Die verbliebenen drei Prüflinge werden in einem Ofen bis zum Erreichen der auf dem Vorschaltgerät angegebenen Nennwicklungstemperatur t_w erhitzt. Unmittelbar im Anschluß an diese vorbereitenden Prüfungen müssen alle sechs Prüflinge die Hochspannungs-Impuls-Prüfung bestehen.
Das zu prüfende Vorschaltgerät wird gemeinsam mit einem veränderlichen Widerstand und einem geeigneten Unterbrecherschalter mit einer Ansprech-

zeit zwischen 3 ms und 15 ms (ohne Rückstellzeit) – z. B. ein Vakuumschalter Typ H 16 oder VR 312/412 – so an eine Gleichspannung angeschlossen, daß nach Einstellen des Stroms beim Arbeiten des Unterbrechungsschalters im Vorschaltgerät Spannungsimpulse induziert werden. Der Strom wird dann langsam steigend abgeglichen, bis der auf dem Vorschaltgerät angegebene Scheitelwert der Spannung erreicht wird. Das Messen der Impulsspannung erfolgt unmittelbar an den Vorschaltgeräteklemmen.

Die Höhe des Gleichstroms, bei der die Startspannung erreicht wird, muß festgehalten werden. Mit diesem Strom werden die Prüflinge danach 1 h belastet, wobei innerhalb dieser Zeit der Strom je Minute zehnmal für jeweils 3 s unterbrochen wird.

Unmittelbar nach der Prüfung müssen alle sechs Vorschaltgeräte die Prüfung auf Feuchtebeständigkeit und Durchschlagfestigkeit bestehen.

Vorschaltgeräte-Erwärmung
Vorschaltgeräte ohne ihre Befestigungsfläche dürfen keine Temperatur annehmen, die die Sicherheit beeinträchtigt.

Schrauben, stromführende Teile und Verbindungen
Schrauben, stromführende Teile und mechanische Verbindungen, deren Fehler das Vorschaltgerät unsicher werden lassen, müssen den mechanischen Beanspruchungen im bestimmungsgemäßen Gebrauch standhalten.

Wärme- und Feuerbeständigkeit, Kriechstromfestigkeit
Äußere Isolierstoffteile, die den Schutz gegen Berührung aktiver Teile sicherstellen, und Teile aus Isolierstoff, die aktive Teile in ihrer Lage halten, müssen ausreichend wärmebeständig sein.

Änderung
Gegenüber DIN VDE 0712-12 (VDE 0712 Teil 12):1992-12 wurde folgende Änderung vorgenommen:
• EN 60922:1997, identisch mit IEC 60922:1997, übernommen.

DIN EN 60923 (VDE 0712 Teil 13):1997-08   August 1997

Geräte für Lampen
Vorschaltgeräte für Entladungslampen
(ausgenommen röhrenförmige Leuchtstofflampen)
Anforderungen an die Arbeitsweise
(IEC 923:1995)
Deutsche Fassung EN 60923:1996

3 + 18 Seiten EN, 6 Bilder, 4 Tabellen, 6 Anhänge   Preisgruppe 15 K

Diese Norm (VDE-Bestimmung) legt Anforderungen an die Arbeitsweise für Vorschaltgeräte für Entladungslampen fest, wie Quecksilberdampf-Hochdrucklampen, Natriumdampf-Niederdrucklampen, Natriumdampf-Hochdrucklampen und Halogen-Metalldampflampen. Jeder Hauptabschnitt behandelt besondere Anforderungen für eine bestimmte Vorschaltgeräteart. Diese Norm gilt für induktive Vorschaltgeräte zur Verwendung in Wechselspannungsnetzen bis zu 1000 V mit 50 Hz oder 60 Hz in Verbindung mit Entladungslampen, die eine Bemessungsleistung, Abmessungen und Eigenschaften haben, die in den entsprechenden IEC-Lampen-Normen angegeben werden.
Sie muß gemeinsam mit IEC 922 (VDE 0712 Teil 12) gelesen werden.

Leistungsfaktor der Schaltung
Der gemessene Leistungsfaktor darf um nicht mehr als 0,05 von dem in der Aufschrift angegebenen Wert abweichen, wenn das Vorschaltgerät mit einer oder mehreren Lampe(n) betrieben und die gesamte Kombination an ihrer Bemessungsspannung und Bemessungsfrequenz angeschlossen wird.

Kurvenform des Lampenstroms
Der Größtwert des Verhältnisses vom Scheitelwert zum Effektivwert darf die Werte in **Tabelle I** nicht übersteigen, wenn das Vorschaltgerät mit einer zugeordneten Referenzlampe an seiner Bemessungsspannung betrieben wird.

Magnetische Abschirmung
Das Vorschaltgerät muß wirksam gegen den Einfluß durch anliegendes magnetisch leitendes Material abgeschirmt werden.
Prüfung: Das Vorschaltgerät wird bei Bemessungsspannung mit einer geeigneten Lampe betrieben. Nach der Stabilisierung muß eine Stahlplatte von 1 mm Dicke und einer Länge und Breite, die größer als die entsprechenden Flächen des zu prüfenden Vorschaltgeräts sind, langsam in die Nähe gebracht werden und in einem Abstand von 5 mm zu jeder Seite des Prüflings gehalten werden. Dabei wird ständig der Lampenstrom gemessen, der sich durch die Anwesenheit der Stahlplatte um nicht mehr als 2 % ändern darf.

Tabelle I: Kurvenform des Lampenstroms, Größtwert des Verhältnisses vom Scheitelwert zum Effektivwert

Lampenart	Größtwert des Verhältnisses vom Scheitelwert zum Effektivwert
Quecksilberdampf-Hochdruck	1,9
Natriumdampf-Niederdruck[1])	1,6
Halogen-Metalldampf	in Beratung
Natriumdampf-Hochdruck	1,8
1) In Schaltungen mit Startgeräten für Natriumdampf-Niederdrucklampen darf abweichend von Tabelle I der Größtwert des Verhältnisses vom Scheitelwert zum Effektivwert des Lampenstroms 2,0 für eine kurze Dauer, z. B. < 0,2 ms, und 1,8 für eine längere Dauer nicht übersteigen.	

Elektrische Anforderungen an Vorschaltgeräte für Quecksilberdampf-Hochdrucklampen

Einstellung des Vorschaltgeräts

Das Vorschaltgerät muß die Leistung und den Strom, die an eine Referenzlampe geliefert werden, auf Werte begrenzen, die nicht weniger als 92,5 % für die Leistung und nicht mehr als 115 % für den Strom von denjenigen Werten entsprechen, die an dieselbe Lampe abgegeben werden, sobald diese mit einem Referenzvorschaltgerät betrieben wird. Sowohl das Referenzvorschaltgerät als auch das zu prüfende Vorschaltgerät müssen dieselbe Bemessungsfrequenz haben, und jedes muß an seiner Bemessungsspannung betrieben werden.

Elektrische Anforderungen an Vorschaltgeräte für Natriumdampf-Niederdrucklampen

Einstellung des Vorschaltgeräts

Das Vorschaltgerät muß den Strom einer Referenzlampe begrenzen innerhalb von 95 % und 107,5 % für Schaltungen mit nominell sinusförmiger Kurvenform des Lampenstroms (z. B. induktive Schaltungen) und innerhalb von x % und 107,5 % für Schaltungen mit nominell nicht sinusförmiger Kurvenform des Lampenstroms (z. B. Konstantleistungs-Schaltungen) von dem entsprechenden Wert, der an dieselbe Lampe geliefert wird, wenn sie mit einem Referenzvorschaltgerät betrieben wird. Sowohl das Referenzvorschaltgerät als auch der Prüfling müssen dieselbe Bemessungsfrequenz haben, und jedes muß an seiner Bemessungsspannung betrieben werden.

Elektrische Anforderungen an Vorschaltgeräte für Natriumdampf-Hochdrucklampen

Einstellung des Vorschaltgeräts

Das Vorschaltgerät muß die Leistung, die an die Referenzlampe geliefert wird, wenn diese mit dem Bemessungswert der Lampenspannung entsprechend dem zutreffenden Datenblatt in der IEC 662 betrieben wird, auf einen bestimmten Wert begrenzen. Dieser Leistungswert darf nicht weniger als 95 % und nicht mehr als 105 % des Wertes betragen, der sich einstellt, wenn diese Referenzlampe mit dem Bemessungswert der Lampenspannung an einem zutreffenden Referenzvorschaltgerät betrieben wird.

Der Wert der Lampenleistung bei dem Bemessungswert der Lampenspannung ist einer Kurve, Lampenleistung über Lampenspannung, zu entnehmen, die zuvor mittels einer Prüfung ermittelt wurde.

Änderung

Gegenüber der Ausgabe September 1994 wurde folgende Änderung vorgenommen:
- EN 60923:1996 übernommen.

DIN EN 60926 (VDE 0712 Teil 14):1997-08   August 1997

Geräte für Lampen

**Startgeräte (andere als Glimmstarter)
Allgemeine und Sicherheitsanforderungen
(IEC 926:1995, modifiziert)
Deutsche Fassung EN 60926:1996**

4 + 21 Seiten EN, 4 Bilder, 3 Tabellen, 5 Anhänge   Preisgruppe 17 K

Diese Norm (VDE-Bestimmung) legt allgemeine und Sicherheitsanforderungen fest für Startgeräte (Starter und Zündgeräte) für röhrenförmige Leuchtstofflampen und andere Entladungslampen zum Betrieb an Wechselspannungsnetzen bis zu 1 000 V, 50 Hz oder 60 Hz, die Startimpulse von nicht mehr als 100 kV erzeugen und welche gemeinsam mit Lampen und Vorschaltgeräten verwendet werden, für die die IEC 81, IEC 188, IEC 192, IEC 662, IEC 920 und IEC 922 gelten.

Allgemeine Anforderungen
Startgeräte müssen so bemessen und gebaut sein, daß sie im bestimmungsgemäßen Gebrauch keine Gefahr für den Anwender oder die Umgebung verursachen. Im allgemeinen wird die Übereinstimmung durch die Ausführung aller angegebenen Prüfungen nachgewiesen.
Außerdem muß das Außengehäuse von unabhängigen Startgeräten mit den Anforderungen von IEC 598-1, einschließlich der darin enthaltenen Anforderungen an Einteilung und Aufschriften, übereinstimmen.

Schutz gegen zufällige Berührung aktiver Teile
Startgeräte, die zum Schutz gegen elektrischen Schlag nicht von einem Leuchtengehäuse abhängig sind, müssen, sobald sie bestimmungsgemäß eingebaut worden sind, ausreichend gegen zufällige Berührung aktiver Teile geschützt sein.
Lack oder Email werden nicht als ausreichender Schutz im Sinne dieser Anforderung betrachtet.
Teile, die den Schutz gegen zufällige Berührung bilden, müssen ausreichende mechanische Festigkeit haben und dürfen sich im bestimmungsgemäßen Gebrauch nicht lösen. Es darf nicht möglich sein, sie ohne Benutzung von Werkzeug zu entfernen.

Schutzleiteranschluß
Jede Schutzleiter-Anschlußklemme muß den Anforderungen entsprechen. Der elektrische Anschluß muß ausreichend gegen Lockern gesichert sein, und es darf nicht möglich sein, den elektrischen Anschluß ohne Benutzung eines Werkzeugs zu lösen. Bei schraubenlosen Klemmen darf es nicht möglich sein, die elektrische Verbindung unbeabsichtigt zu lösen.

Aufbau
Holz, Baumwolle, Seide, Papier und ähnlich faseriger Werkstoff dürfen nicht als Isolierung verwendet werden, wenn sie nicht imprägniert sind.
Gedruckte Schaltungen sind für innere Verbindungen erlaubt.

Staub- und Feuchtebeständigkeit
Startgeräte müssen gegen Einwirkung von Feuchtigkeit geschützt sein, wie sie im bestimmungsgemäßen Gebrauch vorkommen kann.

Isolationswiderstand und Spannungsfestigkeit
Der Isolationswiderstand und die Spannungsfestigkeit müssen ausreichend sein.
Der Isolationswiderstand wird zwischen aktiven Teilen und äußeren Metallteilen einschließlich Befestigungsschrauben und Metallabdeckungen, die an äußeren isolierten Teilen anliegen, gemessen.
Vor der Isolationsprüfung werden sichtbare Wassertropfen durch saugfähiges Papier entfernt.
Unmittelbar nach der Feuchtebehandlung wird der Isolationswiderstand mit einer Gleichspannung von annähernd 500 V gemessen, wobei die Messung 1 min nach dem Anlegen der Spannung durchgeführt wird.
Der Isolationswiderstand darf nicht kleiner als 2 MΩ sein.
Die Prüfung auf Spannungsfestigkeit oder die Impulsprüfung wird unmittelbar nach der Messung des Isolationswiderstands zwischen denselben Teilen ausgeführt.
Bei Startgeräten mit eingebauter Hochspannungswicklung muß die Übereinstimmung mit der nachfolgend angegebenen Impuls-Prüfung nachgewiesen werden.
Das Startgerät muß an 110 % seiner Versorgungs-Bemessungsspannung ohne Lampe betrieben werden, bis 50 Impulse erzeugt wurden. Falls erforderlich, wird die Versorgungsspannung aus- und eingeschaltet.
Während der Prüfung darf:
a) keine sichtbare oder hörbare Funken-Entladung (Hinweis auf einen Isolationsfehler unter dielektrischer Beanspruchung) auftreten;
b) kein Überschlag oder Durchschlag erfolgen;
c) kein Zusammenbruch oder keine Veränderung der Anstiegs- oder Abstiegsflanke der Kurvenform des Spannungsimpulses bei der Beobachtung an einem Oszilloskop erfolgen.

Erwärmung unabhängiger Startgeräte
Unabhängige Startgeräte dürfen im normalen und anomalen Betrieb keine unzulässigen Temperaturen annehmen.

Mechanische Festigkeit
Austauschbare Startgeräte und berührbare Einzelteile von Startgeräten, die ohne Werkzeug ersetzt werden dürfen, müssen eine ausreichende mechanische Festigkeit haben.

Wärme- und Feuerbeständigkeit, Kriechstromfestigkeit
Startgeräte müssen ausreichend wärmebeständig sein. Äußere Isolierstoffteile, die den Schutz gegen elektrischen Schlag sicherstellen, und Teile aus Isolierstoff, die aktive Teile in ihrer Lage halten, müssen ausreichend wärmebeständig sein. Äußere Isolierstoffteile, die den Schutz gegen elektrischen Schlag sicherstellen, und Isolierstoffteile, die aktive Teile in ihrer Lage halten, müssen gegen Entflammen und Entzündung ausreichend beständig sein.

Beständigkeit gegen Korrosion
Eisenteile, die durch Rosten die Sicherheit des Startgeräts gefährden können, müssen ausreichend gegen Rosten geschützt sein.

Änderung
Gegenüber DIN EN 60926 (VDE 0712 Teil 14):1995-05 wurde folgende Änderung vorgenommen:
• EN 60926:1996 übernommen.

DIN EN 60927 (VDE 0712 Teil 15):1997-10   Oktober 1997

Geräte für Lampen

Startgeräte (andere als Glimmstarter)
Anforderungen an die Arbeitsweise
(IEC 60927:1996)
Deutsche Fassung EN 60927:1996

3 + 22 Seiten EN, 9 Bilder, 1 Tabelle, 5 Anhänge   Preisgruppe 17 K

Diese Norm (VDE-Bestimmung) umfaßt Anforderungen an die Arbeitsweise für Startgeräte (Starter und Zündgeräte) für röhrenförmige Leuchtstofflampen und andere Entladungslampen zum Betrieb an Wechselstromnetzen bis 1000 V, 50 Hz oder 60 Hz, die Startimpulse von nicht mehr als 5 kV erzeugen. Sie sollte gemeinsam mit IEC 60926 (VDE 0712 Teil 14) gelesen werden.
Anmerkung: Alle Glimmstarter für Leuchtstofflampen und andere Entladungslampen einschließlich Thermoauslöser/Sicherungen sind in IEC 60155 (VDE 0712 Teil 101) enthalten.

Anforderungen an die Arbeitsweise für Starter (andere als Glimmstarter) für Leuchtstofflampen
Dieser Hauptabschnitt enthält Anforderungen an die Arbeitsweise für Starter, die keine Glimmstarter sind und bei Leuchtstofflampen mit vorgeheizten Elektroden gemeinsam mit ihren zugehörigen Vorschaltgeräten eingesetzt werden (siehe, falls zutreffend, IEC 60081 und IEC 60921).

Prüfung auf Startverhalten
Die Prüfmenge für die Überprüfung des Startverhaltens muß aus sechs neuen Startern bestehen, die noch nicht den Prüfungen nach IEC 60926 unterzogen worden sind.
Derjenige Typ erfüllt die Anforderungen dieses Abschnitts, von dem alle sechs Starter die entsprechenden Prüfungen bestehen. Sobald ein Fehler auftritt, müssen weitere sechs Starter ausgewählt und geprüft werden, die jetzt alle bestehen müssen. Falls mehr als ein Fehler vorkommt, so wird der Starter als nicht übereinstimmend mit den Anforderungen dieses Abschnitts betrachtet.
Der Starter wird in der Schaltung geprüft, die der Hersteller angegeben hat. Wenn nichts anderes auf dem Starter oder im Schrifttum des Herstellers angegeben ist, muß eine Starthilfe benutzt werden.
Im Zweifelsfalle muß im gegenseitigen Einverständnis zwischen der Prüfstelle und dem Hersteller eine Entscheidung getroffen werden.

Prüfung auf Dauerhaftigkeit
Die Prüfmenge muß aus drei Startern bestehen, die die Prüfungen auf Startverhalten bestanden haben.

553

Für diese Prüfung werden die Starter wie im bestimmungsgemäßen Gebrauch angeschlossen, bei maximaler Gehäusetemperatur betrieben und mit einer Lampe mit der höchsten Leistung, für die der Starter vorgesehen ist, und einem geeigneten Vorschaltgerät verbunden. Das Vorschaltgerät muß den Anforderungen eines Anhangs entsprechen. Die Prüfspannung und die Bemessungsspannung des Vorschaltgeräts müssen gleich groß sein.
Fällt die Lampe während dieser Prüfung aus, so müssen Vorkehrungen für ihren unverzüglichen Ersatz getroffen sein.

Anforderungen an die Arbeitsweise von Zündgeräten
Dieser Hauptabschnitt enthält Anforderungen an die Arbeitsweise für Startgeräte, die mit Natriumdampf-Niederdrucklampen, Natriumdampf-Hochdrucklampen und Halogen-Metalldampflampen verwendet werden. Die Anforderungen sollten gemeinsam mit den entsprechenden Publikationen für diese Lampen und ihre Vorschaltgeräte angewendet werden (siehe IEC 60192, IEC 60662, IEC 60922 und IEC 60923; eine Publikation für Halogen-Metalldampflampen ist in Beratung).

Prüfung auf Startverhalten
Die Prüfung wird an zwei Zündgeräten durchgeführt, die noch keiner anderen Prüfung unterzogen wurden.
Die Zündgeräte werden bei dieser Prüfung wie im bestimmungsgemäßen Gebrauch angeschlossen.
Zündgeräte werden gemeinsam mit Lampen und Vorschaltgeräten, für die das Zündgerät bestimmt ist, geprüft. Bei Zündgeräten, die für mehr als einen Lampentyp oder eine Lampenleistung vorgesehen sind, kann es notwendig sein, daß die Prüfung für jeden Lampentyp in jeder Leistungsstufe gesondert durchgeführt wird.
Das verwendete Vorschaltgerät muß die Anforderungen der entsprechenden IEC-Publikation erfüllen und zum Lampentyp oder der Lampenleistung passen, die mit dem Zündgerät gestartet werden sollen.
Falls ein Zündgerät irgendeine Prüfung nicht besteht, dann müssen zwei andere Zündgeräte geprüft werden, die beide bestehen müssen.

Prüfung auf Dauerhaftigkeit
Die Prüfmenge muß zwei Zündgeräte umfassen, die die Prüfungen auf Startverhalten und Funktionsgrenze bestanden haben.
In dieser Prüfung werden, wie im bestimmungsgemäßen Gebrauch, zwei Startgeräte gemeinsam mit einem geeigneten Vorschaltgerät angeschlossen. Die Prüfspannung muß das 1,06fache der Versorgungs-Bemessungsspannung des Vorschaltgeräts betragen. In Übereinstimmung mit ihrer Aufschrift werden die Zündgeräte bei der höchsten Gehäusetemperatur ohne Lampe betrieben. Hierbei werden bei einem der Zündgeräte die spannungführenden Anschlüsse mit der größten zulässigen Lastkapazität belastet, wogegen die Anschlüsse des anderen Startgeräts unbelastet bleiben.

Das in der Lebensdauerprüfung verwendete Vorschaltgerät muß den Anforderungen eines Anhangs entsprechen. Vorschaltgeräte, die während der Prüfung auf Dauerhaftigkeit ausfallen, werden ersetzt.

Änderung
Gegenüber DIN EN 60927 (VDE 0712 Teil 15):1995-06 wurde folgende Änderung vorgenommen:
- Zweite Ausgabe der IEC 927 übernommen.

DIN EN 60925/A1 (VDE 0712 Teil 21/A1):1997-07   Juli 1997

Gleichstromversorgte elektronische Vorschaltgeräte für röhrenförmige Leuchtstofflampen

Anforderungen an die Arbeitsweise
(IEC 925:1989/A1:1996)
Deutsche Fassung EN 60925:1991/A1:1996

2 + 2 Seiten EN, 2 Anhänge   Preisgruppe 2 K

Die Aussage dieser **Änderung** ergänzt als Anhang D die Norm DIN EN 60925 (VDE 0712 Teil 21):1994-10.

Anhang D   (informativ)

Anleitung zur Angabe der Produktlebensdauer und Ausfallrate
1) Um dem Benutzer zu ermöglichen, in sinnvoller Weise die Lebensdauer und Ausfallrate verschiedener elektronischer Produkte zu vergleichen, wird empfohlen, daß die nachstehend definierten Daten in einem Produktkatalog vom Hersteller geliefert werden.
2) Die höchste Oberflächentemperatur, Kurzzeichen t_l (t Lebensdauer), des elektronischen Produkts oder die die Produktlebensdauer beeinträchtigende, unter üblichen Betriebsbedingungen und bei Nennspannung oder beim Höchstwert des Nennspannungsbereichs gemessene höchste Temperatur des Teils, die die Erreichung einer Lebensdauer von 50 000 h ermöglicht.
Anmerkung: In einigen Ländern wie Japan sollte eine Lebensdauer von 40 000 h berücksichtigt werden.
3) Die Ausfallrate, wenn das elektronische Produkt bei der höchsten Temperatur t_l dauernd betrieben wird. Die Ausfallrate sollte in Ausfalleinheiten je Zeiteinheit (fit) angegeben werden.
4) Für das angewandte Verfahren zur Erzielung der oben gemachten Angaben (mathematische Analyse, Zuverlässigkeitsprüfungen usw.) sollte der Hersteller auf Ersuchen ein umfassendes Datenwerk liefern, in dem die Einzelheiten des Verfahrens enthalten sind.

DIN EN 60929 (VDE 0712 Teil 23/A1):1997-07 Juli 1997

Wechselstromversorgte elektronische Vorschaltgeräte für röhrenförmige Leuchtstofflampen

Anforderungen an die Arbeitsweise
(IEC 929:1990/A1:1994)
Deutsche Fassung EN 60929:1992/A1:1995

2 + 8 Seiten EN, 8 Bilder, 2 Anhänge   Preisgruppe 9 K

Die Abschnitte dieser **Änderung** ergänzen oder ersetzen die entsprechenden Abschnitte in DIN EN 60929 (VDE 0712 Teil 23):1995-04.

Betriebsbedingungen

Anforderungen zum Dimmen
Werden Lampen bei niedrigeren Lichtstromwerten als den bestimmungsgemäß optimalen Werten betrieben, muß für eine weiter bestehende Elektrodenheizung durch das Vorschaltgerät gesorgt werden, damit die Lampenlebensdauer nicht heruntergesetzt wird.
Anforderungen sind festgelegt in einem Anhang.
Gegenwärtig gibt es ebenfalls andere nicht genormte Schnittstellen, die zu Austauschproblemen zwischen den Schnittstellen führen können. Diese Schnittstellen müssen nach den Festlegungen des Herstellers geprüft werden. Der Schnittstellentyp muß auf dem Vorschaltgerät gekennzeichnet sein.

Leistungsfaktor der Schaltung
Bei dimmbaren Vorschaltgeräten wird der Leistungsfaktor bei voller Leistung gemessen.

Netzstrom
Bei dimmbaren Vorschaltgeräten darf der Netzstrom in allen Dimmstellungen den auf dem Vorschaltgerät gekennzeichneten Wert um nicht mehr als 10 % überschreiten.

Lebensdauer
Die genannte Zahl t_c ist diejenige, die in der am meisten belastenden Dimmstellung gemessen wird. Diese Dimmstellung darf sich aus einer Rücksprache mit dem Hersteller ergeben.
Anmerkung: Beim Prüfen der Temperatur t_c in der Leuchte ist die gleiche belastende Dimmstellung anzuwenden.

DIN EN 60929 (VDE 0712 Teil 23/A2):1997-06   Juni 1997

Wechselstromversorgte elektronische Vorschaltgeräte für röhrenförmige Leuchtstofflampen

Anforderungen an die Arbeitsweise
(IEC 929:1990/A2:1996)
Deutsche Fassung EN 60929:1992/A2:1996

2 + 2 Seiten EN, 2 Anhänge   Preisgruppe 2 K

Die Aussage dieser **Änderung** ergänzt als Anhang F die Norm DIN EN 60929 (VDE 0712 Teil 23):1995-04.

Anhang F (informativ)

Anleitung zur Angabe der Produktlebensdauer und Ausfallrate
1) Um dem Benutzer zu ermöglichen, in sinnvoller Weise die Lebensdauer und Ausfallrate verschiedener elektronischer Produkte zu vergleichen, wird empfohlen, daß die in den Abschnitten 2 und 3 definierten Daten in einem Produktkatalog vom Hersteller geliefert werden.
2) Die höchste Oberflächentemperatur, Kurzzeichen t_l (t Lebensdauer), des elektronischen Produkts oder die die Produktlebensdauer beeinträchtigende, unter üblichen Betriebsbedingungen und bei Nennspannung oder beim Höchstwert des Nennspannungsbereichs gemessene höchste Temperatur des Teils, die die Erreichung einer Lebensdauer von 50 000 h ermöglicht.
Anmerkung: In einigen Ländern wie Japan sollte eine Lebensdauer von 40 000 h berücksichtigt werden.
3) Die Ausfallrate, wenn das elektronische Produkt bei der höchsten Temperatur t_l (in Abschnitt 2 definiert) dauernd betrieben wird. Die Ausfallrate sollte in Ausfalleinheiten je Zeiteinheit (fit) angegeben werden.
4) Für das angewandte Verfahren zur Erzielung der in den Abschnitten 2 und 3 gemachten Angaben (mathematische Analyse, Zuverlässigkeitsprüfungen usw.) sollte der Hersteller auf Ersuchen ein umfassendes Datenwerk liefern, in dem die Einzelheiten des Verfahrens enthalten sind.

DIN EN 61046/A1 (VDE 0712 Teil 24/A1):1997-07   Juli 1997

Gleich- oder wechselstromversorgte elektronische Konverter für Glühlampen

Allgemeine und Sicherheitsanforderungen
(IEC 1046:1993/A1:1995)
Deutsche Fassung EN 61046:1994/A1:1996

2 + 2 Seiten EN, 1 Anhang   Preisgruppe 2 K

Die Abschnitte dieser **Änderung** ergänzen oder ersetzen die entsprechenden Abschnitte in DIN EN 61046 (VDE 0712 Teil 24):1995-04.

Entladungslampenzubehör
Gleich- oder wechselstromversorgte elektronische Konverter für Glühlampen
Allgemeine Sicherheitsanforderungen

Allgemeine Anforderungen
Zusätzlich müssen unabhängige SELV-Konverter die Anforderungen nach einem Anhang erfüllen. Dies schließt auch den Isolationswiderstand, die Spannungsfestigkeit und Kriech- und Luftstrecken des äußeren Gehäuses mit ein.

Anomale Bedingungen
Weiterhin darf während und am Ende der Prüfung die Ausgangsspannung auf nicht mehr als 115 % der Nennausgangsspannung ansteigen.

Fehlerbedingungen
Zusätzlich darf die Ausgangsspannung des Konverters, wenn dieser unter Fehlerbedingungen betrieben wird, 115 % der Nennausgangsspannung nicht überschreiten.

DIN EN 61047/A1 (VDE 0712 Teil 25/A1):1997-06   Juni 1997

Gleich- oder wechselstromversorgte elektronische Konverter für Glühlampen

Anforderungen an die Arbeitsweise
(IEC 1047:1991/A1:1996)
Deutsche Fassung EN 61047:1992/A1:1996

2 + 2 Seiten EN, 2 Anhänge   Preisgruppe 2 K

Die Aussage dieser **Änderung** ergänzt als Anhang B die Norm DIN EN 61047 (VDE 0712 Teil 25):1993-12.

Anhang B (informativ)

Anleitung zur Angabe der Produktlebensdauer und Ausfallrate
1) Um dem Benutzer zu ermöglichen, in sinnvoller Weise die Lebensdauer und Ausfallrate verschiedener elektronischer Produkte zu vergleichen, wird empfohlen, daß die in den Abschnitten 2 und 3 definierten Daten in einem Produktkatalog vom Hersteller geliefert werden.
2) Die höchste Oberflächentemperatur, Kurzzeichen t_l (t Lebensdauer), des elektronischen Produkts oder die die Produktlebensdauer beeinträchtigende, unter üblichen Betriebsbedingungen und bei Nennspannung oder beim Höchstwert des Nennspannungsbereichs gemessene höchste Temperatur des Teils, die die Erreichung einer Lebensdauer von 50 000 h ermöglicht.
Anmerkung: In einigen Ländern wie Japan sollte eine Lebensdauer von 40 000 h berücksichtigt werden.
3) Die Ausfallrate, wenn das elektronische Produkt bei der höchsten Temperatur t_l (in Abschnitt 2 definiert) dauernd betrieben wird. Die Ausfallrate sollte in Ausfalleinheiten je Zeiteinheit (fit) angegeben werden.
4) Für das angewandte Verfahren zur Erzielung der in den Abschnitten 2 und 3 gemachten Angaben (mathematische Analyse, Zuverlässigkeitsprüfungen usw.) sollte der Hersteller auf Ersuchen ein umfassendes Datenwerk liefern, in dem die Einzelheiten des Verfahrens enthalten sind.

DIN EN 60432-1/A1 (**VDE 0715 Teil 1/A1**):1998-02　　　　Februar 1998

Sicherheitsanforderungen an Glühlampen

Teil 1: Glühlampen für den Hausgebrauch
und ähnliche allgemeine Beleuchtungszwecke
(IEC 60432-1:1993/A1:1995)
Deutsche Fassung EN 60432-1:1994/A1:1997

3 + 2 Seiten EN, 1 Anhang　　　　　　　　　　　　　　Preisgruppe 5 K

Die Abschnitte dieser **Änderung** betreffen zwei Positionen in der Norm.

DIN EN 60432-1/A2 (**VDE 0715 Teil 1/A2**):1998-02   Februar 1998

Sicherheitsanforderungen an Glühlampen
**Teil 1: Glühlampen für den Hausgebrauch
und ähnliche allgemeine Beleuchtungszwecke
(IEC 60432-1:1993/A2:1997)
Deutsche Fassung EN 60432-1:1994/A2:1997**

2 + 4 Seiten EN, 1 Anhang   Preisgruppe 5 K

Die Abschnitte dieser **Änderung** ergänzen oder ersetzen die entsprechenden Abschnitte in DIN EN 60432-1 (VDE 0715 Teil 1):1996-01.
Die Kennzeichnung der Bemessungsspannung für Lampen zum Gebrauch bei Versorgungsspannungen im Vereinigten Königreich kann 240 V oder 240 V lauten.
Anmerkung: Die Ausführung des europäischen Harmonisierungsverfahrens für 230 V erlaubt im Vereinigten Königreich die Beibehaltung der Versorgungsspannungen von 240 V.

Kriechstrecken bei mit B15d und B22d gesockelten Lampen
Die minimale Kriechstrecke zwischen der metallenen Sockelhülse und den Kontakten muß mit dem Abstand, der in dem entsprechenden Sockel-Normblatt der IEC 60061-1 angegeben ist, übereinstimmen.

Sicherheit am Ende der Lebensdauer
Es gilt die Prüfung für den induzierten Lampenausfall oder die alternative Prüfung für den induzierten Lampenausfall der IEC 60432-2.
Anmerkung 1: In Streitfällen sind die Prüfungen nach den Anhängen die Referenzverfahren.
Anmerkung 2: Die Prüfung für den induzierten Lampenausfall ist für Lampen mit Bemessungsspannungen unter 100 V nicht geeignet, jedoch ist die alternative Prüfung für den induzierten Lampenausfall für Lampen mit Bemessungsspannungen unter 100 V geeignet.

DIN EN 60432-2/A1 (VDE 0715 Teil 2/A1):1997-07   Juli 1997

Sicherheitsanforderungen an Glühlampen
Teil 2: Halogen-Glühlampen für den Hausgebrauch
und ähnliche allgemeine Beleuchtungszwecke
(IEC 432-2:1994/A1:1996)
Deutsche Fassung EN 60432-2:1994/A1:1996

2 + 3 Seiten EN, 2 Tabellen, 1 Anhang   Preisgruppe 5 K

Die Abschnitte dieser **Änderung** ergänzen die entsprechenden Abschnitte in DIN EN 60432-2 (VDE 0715 Teil 2):1996-01.

Tabelle 1: Maximal zulässige Sockel-Übertemperatur (Δt_S);
Zusatz für Halogen-Glühlampen zur Allgemeinbeleuchtung zu IEC 432-1

Gruppen-nummer	Leistung	Kolbenform	$\Delta t_\text{S max}$ K			
			B15d	B22d	E14	E27
2	100 W	T-Form oder andere Formen, vorgesehen für die Anwendung in gleichen Leuchten	145	–	140	–

Tabelle 2: Maximale Sockeltemperaturen

Sockeltyp	Leistung W	Temperatur °C
B15d	75, 100	210
	150, 250	250
B22d	250	250
E14	100	210
E27	250	250

DIN EN 60432-2/A2 (**VDE 0715 Teil 2/A2**):1998-02   Februar 1998

Sicherheitsanforderungen an Glühlampen
Teil 2: Halogen-Glühlampen für den Hausgebrauch
und ähnliche allgemeine Beleuchtungszwecke
(IEC 60432-2:1994/A2:1997)
Deutsche Fassung EN 60432-2:1994/A2:1997

2 + 2 Seiten EN, 1 Bild   Preisgruppe 2 K

Die Abschnitte dieser **Änderung** betreffen:
- Kennzeichnung
- UV-Strahlung
- Literaturhinweise
- Bildzeichen

Die Höhe der Bildzeichen muß mindestens 5 mm, die der Buchstaben mindestens 2 mm betragen.

Warnzeichen für gebrochenen Außenkolben

Anmerkung 1: Sockel und Kolben können verändert werden, um die Form der Lampe darzustellen.
Anmerkung 2: Das obige Kreuz kann verändert werden, wenn dies die Lesbarkeit der Angabe verbessert.

DIN EN 61199/A1 (VDE 0715 Teil 9/A1):1998-02   Februar 1998

Einseitig gesockelte Leuchtstofflampen

Sicherheitsanforderungen
(IEC 61199:1993/A1:1997)
Deutsche Fassung EN 61199:1994/A1:1997

3 + 2 Seiten EN, 1 Tabelle, 1 Anhang   Preisgruppe 5 K

Die Abschnitte dieser **Änderung** ersetzen die entsprechenden Abschnitte in DIN EN 61199 (VDE 0715 Teil 9):1995-04.

Maximale Lampensockeltemperatur bei anomalem Betrieb

Tabelle C.1

Sockel	Lampen-Nennleistung W	maximale Sockeltemperatur °C
G23, G24, GX23, GX32	alle	140 *)
2G7, 2GX7, 2G11	alle	140 *)
GX10q, GY10q	alle	120 *)
2G13	alle	140 *)
G10q	alle	120 *)
GR8	alle	110 *)
GR10q	alle	110 *)
*) in Beratung		

DIN EN 60519-4 (VDE 0721 Teil 4):1997-12   Dezember 1997

Sicherheit in Elektrowärmeanlagen

Teil 4: Besondere Bestimmungen für Lichtbogenofenanlagen
(IEC 60519-4:1995)
Deutsche Fassung EN 60519-4:1997

3 + 13 Seiten EN, 4 Bilder, 4 Anhänge   Preisgruppe 12 K

Dieser Teil der IEC 60519 (VDE-Bestimmung) gilt für folgende Elektrowärmeanlagen:
- Öfen mit direkter Lichtbogeneinwirkung (Lichtbogenschmelzöfen, Lichtbogenreduktionsöfen, Lichtbogenbeheizung für Pfannen);
- Öfen mit indirekter Lichtbogeneinwirkung.

Die Abschnitte dieser Norm ergänzen oder ersetzen die entsprechenden Abschnitte in DIN EN 60519-1 (VDE 0721 Teil 1).

Allgemeine Anforderungen

Der Ofen muß so konstruiert sein, daß die Ofenkonstruktion auch ohne Feuerfestzustellung in sich stabil ist. Wenn, wie im Falle von rechteckigen Reduktionsöfen, die Feuerfestzustellung zur Sicherstellung der mechanischen Stabilität notwendig ist, muß durch die Ausführung gewährleistet sein, daß entsprechende Maßnahmen im Bereich des Ofens möglich sind.

Bedienungselemente müssen so angeordnet werden, daß sie von den Arbeitsplätzen der die Anlage bedienenden Person(en) leicht und gefahrlos erreichbar sind.

Die Bedienungselemente müssen, soweit dies sinnvoll durchführbar ist, so ausgebildet und angeordnet werden, daß sie nicht unbeabsichtigt betätigt werden können. Werden Bedienungselemente über Steckvorrichtungen angeschlossen, so müssen diese mechanisch verriegelbar sein und dürfen nicht mit Netzsteckvorrichtungen kuppelbar sein.

Schutz gegen Überstrom und Überspannung

Soweit zutreffend, sind Schutzeinrichtungen gegen Überstrom entsprechend IEC-Publikation 60364-4-43 und IEC-Publikation 60364-4-473 vorzusehen.

Wo notwendig, sind darüber hinausgehende Schutzmaßnahmen gegen Überströme (Überlast und Kurzschluß) vorzusehen.

Die Schalteinrichtung, die die Elektrowärmeanlage mit dem Stromversorgungsnetz verbindet, muß in der Lage sein, alle auftretenden Ströme einschließlich des Kurzschlußstroms sicher zu trennen.

Falls zwei Schalter in Reihe vorgesehen werden, muß diese Kombination so ausgelegt werden, daß sie alle auftretenden Ströme einschließlich des Kurzschlußstroms sicher führen und abschalten kann.

Trennung vom Netz und Schalten
Das Befehlsgerät „Not-Aus" muß auffällig mit roter Farbe nach IEC 60073 gekennzeichnet sein. Die Fläche unter der Handhabe am Einbauort muß mit der Kontrastfarbe Gelb so gekennzeichnet sein, daß sich die Handhabe deutlich abhebt. Die Betätigungsorgane der „Not-Aus"-Einrichtung müssen außerhalb des Gefahrenbereichs angeordnet und für das Personal leicht zugänglich sein.

Prüfung, Inbetriebnahme, Betrieb und Instandhaltung von Lichtbogenofenanlagen
Einzelheiten zum Spannungsfreischalten müssen in einer besonderen Anweisung festgelegt werden. Diese muß in der Schaltanlage angebracht bzw. dem berechtigten Personal in Form einer Bedienungsanleitung übergeben werden. Dieses Personal muß besonders darauf hingewiesen werden.
Das am Ofen arbeitende Personal muß Schutzkleidung und geeignete Unterwäsche tragen sowie Arbeitsschutzmittel für die Durchführung der verschiedenen Arbeiten am Ofen benutzen, wie z. B.:
- Sicherheitsschuhe;
- unbrennbare Schutzhelme (nichtleitend);
- Gesichtsschutz (z. B. Visiere mit getönten Gläsern);
- Gehörschutz;
- Schürzen;
- wärmeisolierte Handschuhe;
- Schutzbrillen mit getönten Gläsern.

Der Zugang zu unter Spannung stehenden Ofenteilen darf nur unterwiesenen Personen erlaubt sein.
Das Personal muß vor den speziellen Gefährdungen durch den Ofen gewarnt werden. Besonders ist vor dem Betreten gefährdeter Bereiche unter dem Ofen und des Bereichs stromführender blanker Leiter durch Schilder zu warnen. Die Zugangsmöglichkeiten zu gefährdeten Bereichen müssen, soweit sinnvoll möglich, durch Absperrungen beschränkt werden.

Ausführungsanforderungen
Die Elektrodenhaltekonstruktion muß gegenüber dem Antriebsmechanismus (Elektrodenverstelleinrichtung) und gegenüber der übrigen Ofenkonstruktion isoliert sein. Der Antriebsmechanismus und die übrige Ofenkonstruktion müssen in geeigneter Form geerdet werden können.
Jedes Elektroden-Bewegungssystem muß mit zwei Endschaltern oder vergleichbaren Vorrichtungen versehen werden. Der zweite Endschalter ist zur Vorabschaltung notwendig. Zusätzlich sind mechanische Endbegrenzungen vorzusehen.

Änderung
Gegenüber DIN VDE 0721-2 (VDE 0721 Teil 2):1975-11 wurde folgende Änderung vorgenommen:
- Übernahme der EN 60519-4 in die vorliegende Norm.

DIN EN 60519-11 (VDE 0721 Teil 11):1998-01   Januar 1998

Sicherheit in Elektrowärmeanlagen

Teil 11: Besondere Anforderungen an Anlagen zum elektromagnetischen Rühren, Fördern und Gießen flüssiger Metalle
(IEC 60519-11:1997)
Deutsche Fassung EN 60519-11:1997

2 + 13 Seiten EN, 4 Anhänge   Preisgruppe 12 K

Dieser Teil von IEC 60519 (VDE-Bestimmung) gilt für:
- Anlagen zum elektromagnetischen (induktiven) Rühren oder Fördern flüssiger Metalle mit Niederfrequenz;
- Anlagen zur Beeinflussung des Gießvorgangs durch ein elektromagnetisches Feld;
- Teile im unmittelbaren Einflußbereich der elektromagnetischen Rühr-, Förder- oder Gießeinrichtung.

Anwendungsbeispiele:
- Rühreinrichtungen in Stranggießanlagen, an Lichtbogenöfen, Pfannen etc.;
- Fördern flüssiger Metalle zum Entleeren oder Befüllen von Öfen, Rinnen oder Formen;
- Einrichtungen zum Fördern flüssiger Metalle mit gleichzeitiger Dosierung der Fördermenge, z. B. zum Befüllen von Druckgießmaschinen;
- Beeinflussung der Strangoberfläche oder des Gießstrahls durch ein elektromagnetisches Feld beim Stranggießen zur Gefügeverbesserung.

Diese Norm gilt in Verbindung mit IEC 60519-1 (VDE 0721 Teil 911).

Induktor

Beim Wechsel eines Induktors oder von Teilen desselben aufgrund von Verschleiß oder aus Produktionsgründen müssen die Anleitungen des Herstellers befolgt werden.

Entsteht durch unzureichende Induktorkühlung eine Gefahr für das Personal oder kann hierdurch eine Beschädigung wichtiger Anlagenteile verursacht werden, so muß ein Alarmsignal ausgelöst und die Leistung automatisch abgeschaltet werden.

Eine Abkühlung des Induktors unter den Taupunkt sollte vermieden werden, da dies Kondensatbildung an der Spule und ihren Klemmen verursacht, wodurch ein Kurzschluß entstehen kann.

Kondensatoren

Es sind alle notwendigen Vorkehrungen zu treffen, um Kondensatoren schnell zu entladen, deren Berühren nach einem Abschalten gefährlich ist.

An auffallender Stelle ist ein Warnschild mit dem Hinweis anzubringen, daß die Kondensatoren vor dem Berühren entladen werden müssen.

Bei Kondensatoren, die einem Induktor oder einem Transformator ständig parallelgeschaltet sind, kann auf eine Entladeeinrichtung verzichtet werden.
Wenn zu einem Induktor oder Transformator parallelgeschaltete Kondensatoren nur im spannungslosen Zustand abgeschaltet werden, kann auf die Entladeeinrichtung verzichtet werden, sofern zwischen dem Abschalten des Netzes und dem Öffnen des Kondensatorenschalters eine ausreichende Zeitspanne liegt.

Schutz gegen elektrischen Schlag

Schutz gegen direktes Berühren
Die Grenze der zulässigen Berührungsspannung ist eine Funktion der Frequenz. Diese Grenze steigt mit der Frequenz. Grenzwertempfehlungen sind in Vorbereitung; soweit nationale Normen bestehen, sind diese anzuwenden.
Anmerkung: Vorsicht ist geboten, wenn eine höherfrequente Spannung mit einer Spannung niederer Frequenz moduliert wird.
Alle Teile einer Anlage zum elektromagnetischen Rühren, Fördern oder Gießen flüssiger Metalle mit elektrischen Einrichtungen, wie z. B. Kondensatoren, Drosselspulen, Transformatoren, Induktionsspulen, Schalteinrichtungen, Kabel- und Schienenanschlüsse, müssen in Gehäusen untergebracht oder anderweitig gegen direktes Berühren geschützt werden. Türen oder Abdeckungen, die Anlagenteile in den Spannungsbereichen 2 und 3 zugänglich machen, dürfen nur unter Zuhilfenahme eines Werkzeugs, wie z. B. eines Schraubenschlüssels, oder über ein Schloß, über dessen Schlüssel nur eine Fachkraft verfügt, zu öffnen sein.

Erdung
Werden stromführende Teile direkt, über Widerstände, Impedanzen oder Ableiter in einer galvanisch vom Versorgungsnetz getrennten Anlage mit Erde verbunden, so muß die Erdverbindung für den höchsten im Fehlerfall auftretenden Strom hinsichtlich ihrer thermischen und dynamischen Belastung ausgelegt werden.
Der in dieser Erdverbindung fließende Strom muß überwacht werden. Bei Überschreiten der im Betrieb zulässigen Höchstgrenze muß eine Meldung erfolgen und die Anlage automatisch abgeschaltet werden.
Eine Überwachung ist nicht erforderlich bei Verbindungen, die der Ableitung statischer Auflädungen oder ähnlichem dienen.
Bei Erdungsmaßnahmen ist die Frequenzabhängigkeit der Schleifenimpedanz, bestehend aus Stromquelle, aktiven Leitern und Erdungssystem, zu beachten.

Schutz gegen indirektes Berühren
Die zulässige Berührungsspannung steigt mit der Frequenz. Dies ist bei Verwendung der in IEC 60364-4-41 vorgegebenen Grenzwerte für Netzfrequenz und Gleichspannung im Spannungsbereich 2 zu berücksichtigen.
Der Einfluß der Frequenz auf die Erhöhung der zulässigen Berührungsspannung bei ständiger Berührung ist gleich für indirektes und direktes Berühren.
Der elektrische Isolationswiderstand von Teilen einer Anlage zum elektromagnetischen Rühren, Fördern oder Gießen flüssiger Metalle ändert sich während des

Betriebs aufgrund von Änderungen der Temperatur und des Zustands der elektrischen Isolation, der Auskleidung und elektrischer Bauteile, z. B. Kondensatoren und wassergekühlter Wicklungen. Von besonderer Bedeutung sind hierbei Temperatur und Qualität des verwendeten Wassers.
Ein Mindestwert des elektrischen Isolationswiderstands wird normalerweise nicht vorgegeben. Deshalb müssen bei Inbetriebnahme der Anlage solche Änderungen bei Einstellung der Schutzeinrichtungen, z. B. einer Erdschlußüberwachung, berücksichtigt werden.
Bei Anlagen zum elektromagnetischen Rühren, Fördern oder Gießen flüssiger Metalle treten oft beträchtliche Ableitströme auf. Dies kann eine galvanische Trennung vom Stromversorgungsnetz erforderlich machen.
Die Schutzmaßnahme Nullung oder Schutzerdung ist anzuwenden.

Funkstörung
Durch den Betrieb von Anlagen zum elektromagnetischen Rühren, Fördern oder Gießen flüssiger Metalle dürfen keine Funkstörungen verursacht werden. Die nationalen oder internationalen Normen sind zu beachten.

DIN EN 50144-2-15 (VDE 0740 Teil 1215):1998-02   Februar 1998
Sicherheit handgeführter Elektrowerkzeuge
Teil 2-15: Besondere Anforderungen für Heckenscheren
Deutsche Fassung EN 50144-2-15:1997

2 + 14 Seiten EN, 13 Bilder, 1 Tabelle   Preisgruppe 12 K

Diese Norm (VDE-Bestimmung) gilt für Heckenscheren, die zur Verwendung durch eine Bedienperson zum Schneiden von Hecken und Büschen gebaut sind, wobei ein oder mehrere linear hin- und hergehende Schneidmesser genutzt werden. Anmerkung: Diese Norm gilt nicht für Heckenscheren mit rotierenden Messern oder Heckenscheren, die durch Huckepack- oder andere äußere Quellen angetrieben werden.
Die Abschnitte dieser Norm ergänzen oder ersetzen die entsprechenden Abschnitte in DIN EN 50144-1 (VDE 0740 Teil 1).

Aufschriften
Heckenscheren müssen mit Sicherheitsempfehlungen und Warnhinweisen folgenden Inhalts oder Symbolen gekennzeichnet sein.
Sie müssen in (einer) der offiziellen Sprache(n) des Landes geschrieben sein, in dem sie verkauft werden sollen.

- Anweisungen lesen.

- Nicht dem Regen aussetzen.
  Anmerkung: Bei anderen Heckenscheren als solchen des gebräuchlichen Typs braucht dieser Warnhinweis auf dem Elektrowerkzeug nicht aufgebracht zu sein.

- Stecker sofort vom Netz trennen, wenn die Leitung beschädigt oder durchtrennt wurde.

Schutz gegen elektrischen Schlag
Bei Heckenscheren der Schutzklasse II müssen die Handgriffe entweder aus Isolierstoff oder aus Metall mit einer festen Isolierverkleidung bestehen, die mit den Anforderungen übereinstimmt, durchgeführt im Anschluß an die Prüfung für zusätzliche Isolierung.
Die Handgriffe müssen so konstruiert sein, daß, wenn sie wie im normalen Gebrauch gehalten werden, die Gefahr verhindert wird, daß die Hand des Benutzers Metallteile berührt, die mit den Schermessern elektrischen Kontakt haben.

Mechanische Gefährdung

Handgriffe
Anzahl der Handgriffe siehe **Tabelle 101**.
Die Handgriffe müssen so gebaut sein, daß jeder einzelne mit einer Hand erfaßt werden kann. Die Greiffläche muß mindestens 100 mm lang sein. Bei Bügel- oder geschlossenen Griffen (U-förmige Griffe) bezieht sich dieses Maß auf die Innenbreite der Greiffläche. Bei geraden Handgriffen ist es die gesamte Länge zwischen dem Gehäuse und dem Griffende. Es muß ein Mindest-Radialabstand von 25 mm um die Greiflänge vorhanden sein.

Tabelle 101

Kategorie Nr.	1	2	3	4
Schnittlänge	≤ 200 mm	> 200 mm	> 200 mm	> 200 mm
Mindestanzahl der Handgriffe	1	2	2	2
Anzahl der Handgriffe mit Messersteuerung	1	1	2	2
maximale Anhaltezeit	keine Anforderung	keine Anforderung	2 s*)	1 s
Schneidwerkzeug	Bild 107	Bild 107	Bild 107 oder Bild 108	Bild 109

*) Für Kategorie 3 wird die Anhaltezeit für Heckenscheren, die nach dem 01. Januar 1998 hergestellt werden, auf 1 s reduziert.

Handschutz
Mit ausgestreckten Fingern darf es von keinem Handgriff aus möglich sein, das sich bewegende Schneidmesser zu berühren.
Prüfung: Die Anforderungen sind erfüllt, wenn alle Handgriffe so angeordnet sind, daß der Prüfabstand vom Schneidmesser zu der am weitesten vom Schneidmesser entfernten Seite des Handgriffs nicht weniger als 120 mm beträgt. Der Abstand wird entlang der kürzesten Strecke von der am weitesten vom Schneidmesser entfernten Seite des Handgriffs zur nächsten Schneidkante des Schneidmessers gemessen. Wenn eine Schutzvorrichtung vorhanden ist, wird der Abstand von der am weitesten entfernten Seite des Handgriffs zur Schutzvorrichtung und von dort zur nächsten Schneidkante des Schneidmessers gemessen.

Schneidwerkzeug
Um gegen die Berührung mit dem Schneidmesser geschützt zu sein, müssen Heckenscheren so gebaut sein, daß sie die Anforderungen einer der in Tabelle 101 angegebenen Kategorien erfüllen.

Änderungen
Gegenüber DIN VDE 0740-22 (VDE 0740 Teil 22):1991-04 wurde folgende Änderung vorgenommen:
• EN 50144-2-15:1997 übernommen.

Erläuterungen
Diese Europäische Norm wurde unter einem von der Europäischen Kommission und der Freihandelszone an CENELEC erteilten Mandat ausgearbeitet und berücksichtigt grundlegende Anforderungen der EG-Richtlinien:
• 73/23/EWG (Niederspannungsrichtlinie),
• 89/392/EWG (Maschinenrichtlinie).

DIN EN 60601-1-4 (VDE 0750 Teil 1-4):1997-07   Juli 1997
Medizinische elektrische Geräte
Teil 1: Allgemeine Festlegungen für die Sicherheit
4. Ergänzungsnorm: Programmierbare elektrische medizinische Systeme (IEC 601-1-4:1996)
Deutsche Fassung EN 60601-1-4:1996

3 + 24 Seiten EN, 5 Bilder, 1 Tabelle, 8 Anhänge, 8 Literaturquellen

Preisgruppe 18 K

Diese Ergänzungsnorm (VDE-Bestimmung) gilt für die Sicherheit von medizinischen elektrischen Geräten und medizinischen elektrischen Systemen, die programmierbare elektronische Subsysteme (PESS) enthalten, im folgenden als programmierbare elektrische medizinische Systeme (PEMS) bezeichnet.

Zweck
Diese Ergänzungsnorm legt Anforderungen für den Designprozeß von PEMS fest. Diese Ergänzungsnorm dient auch als Grundlage für Anforderungen von besonderen Festlegungen und als Anleitung für Sicherheits-Anforderungen mit dem Ziel, Risiken zu reduzieren und zu beherrschen. Diese Ergänzungsnorm wendet sich an:
a) Zertifizierungsstellen;
b) Hersteller;
c) Verfasser von besonderen Festlegungen.

Diese Norm behandelt:
d) Anforderungsspezifikation;
e) Architektur;
f) detailliertes Design und Implementierung einschließlich Software-Entwicklung;
g) Änderungen;
h) Verifizierung und Validierung;
j) Kennzeichnung und Begleitpapiere.

Aspekte, die diese Norm nicht behandelt:
k) Herstellung von Hardware;
l) Software-Vervielfältigung;
m) Installation und Inbetriebnahme;
n) Betrieb und Wartung;
o) außer Betrieb setzen.

Nicht bestimmungsgemäßer Betrieb und Fehlerfälle
Dokumentation
Dokumente, die unter Anwendung dieser Norm erstellt wurden, müssen als

Bestandteil der Qualitätsaufzeichnungen gepflegt werden. Dies sollte entsprechend ISO 9000-3 durchgeführt werden.
Diese Dokumente, nachfolgend als Risiko-Management-Dokumentation bezeichnet, müssen genehmigt, ausgegeben und geändert werden entsprechend einem festgelegten Konfigurations-Management-System. Dies sollte entsprechend ISO 9000-3 durchgeführt werden.
Eine Risiko-Management-Zusammenfassung muß über den gesamten Entwicklungs-Lebenszyklus als Teil der Risiko-Management-Dokumentation erstellt werden. Darin müssen enthalten sein:
a) ermittelte Gefährdungen und deren auslösende Ursachen;
b) Abschätzung des Risikos;
c) Verweis auf die Sicherheitsmaßnahmen einschließlich der geforderten sicherheitsbezogenen Zuverlässigkeit, die angewendet werden, um das Risiko einer Gefährdung auszuschalten oder zu beherrschen;
d) Beurteilung der Wirksamkeit der Risiko-Beherrschung;
e) Verweis auf Verifizierung.
Die Einhaltung dieser Anforderung wird durch Besichtigen der Risiko-Management-Dokumentation geprüft.

Risiko-Management-Plan
Der Hersteller muß einen Risiko-Management-Plan erstellen. Dieser muß folgendes enthalten:
a) Geltungsbereich: Nennung des Projekts oder Produkts und der Phasen des Entwicklungs-Lebenszyklus, für die der Plan anwendbar ist;
b) anzuwendender Entwicklungs-Lebenszyklus einschließlich Verifizierungs-Plan und Validierungs-Plan;
c) Verantwortung des Managements entsprechend ISO 9001;
d) Risiko-Management-Prozeß;
e) Anforderungen für Reviews.
Wenn sich der Plan im Laufe der Entwicklung ändert, müssen die Änderungen dokumentiert werden.

Entwicklungs-Lebenszyklus
Es muß ein Entwicklungs-Lebenszyklus für Entwurf und Entwicklung des PEMS definiert werden.
Der Entwicklungs-Lebenszyklus muß in Phasen und Aufgaben unterteilt werden mit jeweils klar definierten Eingängen, Ausgängen und Tätigkeiten.
Der Entwicklungs-Lebenszyklus muß integrale Prozesse für das Risiko-Management und Anforderungen für die Dokumentation enthalten.
Das Risiko-Management muß sich über den gesamten Entwicklungs-Lebenszyklus, soweit anwendbar, erstrecken.

Risiko-Management-Prozeß
Ein Risiko-Management-Prozeß (**Bild I**) muß folgende Elemente enthalten:
- Risiko-Analyse;
- Risiko-Beherrschung.

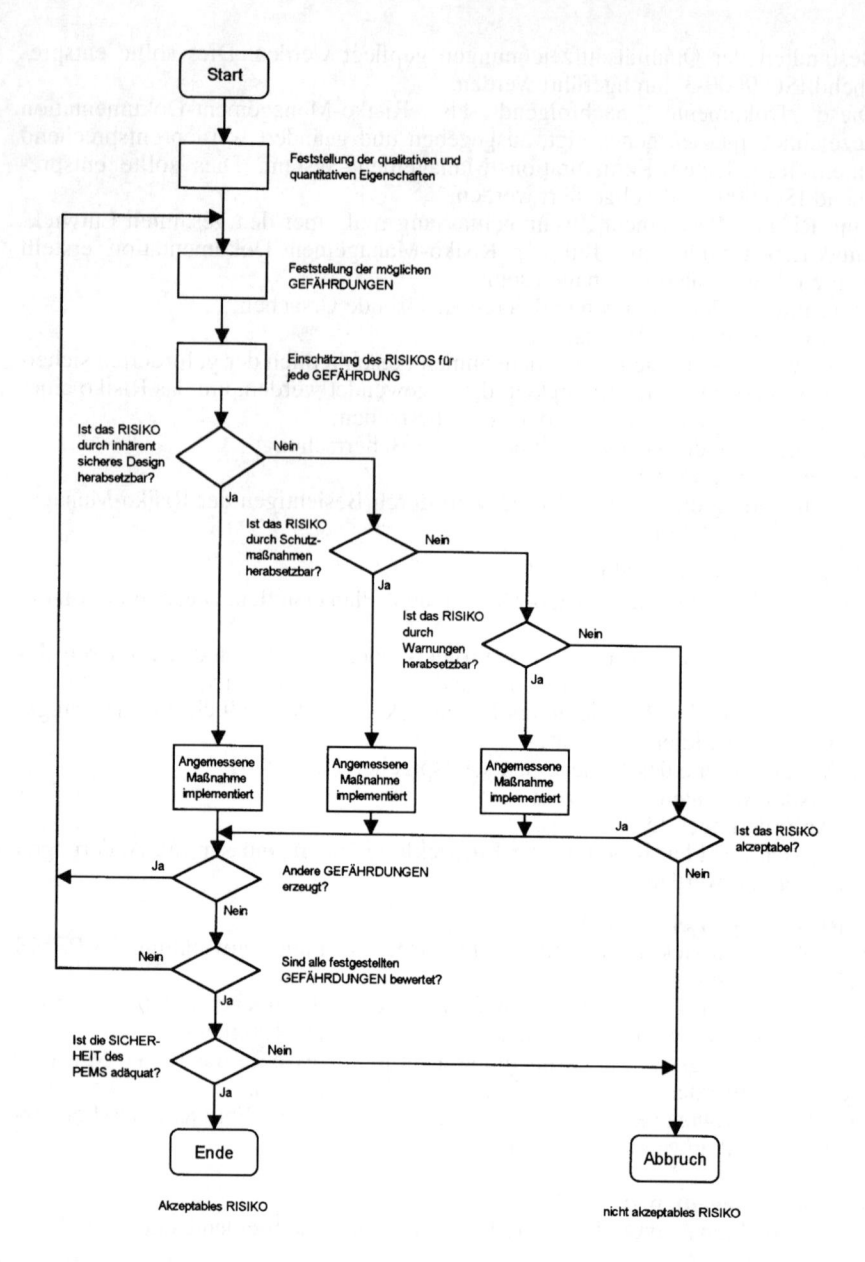

Bild 1 Der Risiko-Management-Prozeß

Gefährdungsanalyse
Die Ermittlung der Gefährdung muß entsprechend dem im Risiko-Management-Plan festgelegten Verfahren durchgeführt werden.
Gefährdungen müssen ermittelt werden für alle vernünftigerweise vorhersehbaren Umstände, dies schließt ein:
- den bestimmungsgemäßen Gebrauch;
- den unsachgemäßen Gebrauch.

Die betrachteten Gefährdungen müssen, soweit angemessen, folgendes enthalten:
- Gefährdungen für Patienten;
- Gefährdungen für Anwender;
- Gefährdungen für das Servicepersonal;
- Gefährdungen für Unbeteiligte;
- Gefährdungen für Umgebung und Umwelt.

Vernünftigerweise vorhersehbare Folgen von Ereignissen, die in einer Gefährdung resultieren können, müssen betrachtet werden.
Die betrachteten auslösenden Ursachen müssen, soweit anwendbar, folgendes enthalten:
- menschliche Eigenschaften;
- Hardware-Fehler;
- Software-Fehler;
- Integrations-Fehler;
- Umgebungsbedingungen.

Die betrachteten Sachverhalte müssen, soweit anwendbar, folgendes enthalten:
- die Kompatibilität von Systemkomponenten einschließlich Hard- und Software;
- die Benutzerschnittstelle einschließlich der Befehlssprache, Warnungs- und Fehlermeldungen;
- Genauigkeit der Textübersetzung für die Benutzerschnittstelle und für die Gebrauchsanweisung;
- Datenschutz gegen beabsichtigte und unbeabsichtigte menschliche Einwirkungen;
- Risiko/Nutzen-Kriterien;
- Fremdsoftware.

Risiko-Abschätzung
Für jede ermittelte Gefährdung muß das Risiko abgeschätzt werden. Die Abschätzung des Risikos muß auf einer Abschätzung der Wahrscheinlichkeit jeder Gefährdung und/oder des Schadensausmaßes der Folgen einer Gefährdung basieren.
Das Verfahren zur Einstufung des Schadensausmaßes muß in der Risiko-Management-Dokumentation beschrieben sein.
Das Verfahren der Wahrscheinlichkeitsabschätzung muß entweder quantitativ oder qualitativ sein und muß in der Risiko-Management-Dokumentation beschrieben sein.

Risiko-Beherrschung
Das Risiko muß derart beherrscht werden, daß das geschätzte Risiko jeder ermittelten Gefährdung akzeptabel ist.
Ein Risiko ist dann akzeptabel, wenn das Risiko geringer ist als oder gleich wie das maximal akzeptable Risiko und das Risiko so gering wie vernünftigerweise praktikabel ist.

Design und Implementierung
Soweit anwendbar, muß das zu entwickelnde System in Subsysteme zerlegt werden, wobei jedes eine eigene Design- und Prüfspezifikation hat.
Soweit anwendbar, müssen Anforderungen festgelegt werden für:
a) Software-Entwicklungsverfahren;
b) elektronische Hardware;
c) Computerunterstützte Software-Entwicklungs-Werkzeuge (CASE);
d) Sensoren;
e) Aktoren;
f) Schnittstelle zwischen Mensch und PEMS;
g) Energiequellen;
h) Umgebungsbedingungen;
i) Programmiersprache;
j) Fremdsoftware.

Verifizierung
Die Verifizierung der Implementierung von Sicherheitsanforderungen muß durchgeführt werden.
Es muß ein Verifizierungs-Plan erstellt werden, um zu zeigen, wie die Sicherheitsanforderungen in jeder Entwicklungs-Lebenszyklus-Phase verifiziert werden.

Validierung
Es muß eine Validierung der Sicherheitsanforderungen durchgeführt werden.
Es muß ein Validierungs-Plan erstellt werden, um zu zeigen, daß die richtigen Sicherheitsanforderungen aufgestellt wurden.
Die Leitung der Gruppe, die die Validierung durchführt, muß von der Entwicklungsgruppe unabhängig sein.
Alle beruflichen Beziehungen zwischen Mitgliedern der Validierungs-Gruppe und der Entwicklungsgruppe müssen in der Risiko-Management-Dokumentation beschrieben sein.
Kein Mitglied einer Entwicklungsgruppe darf sein eigenes Design validieren.

Bewertung
Eine Bewertung muß durchgeführt werden, um sicherzustellen, daß das PEMS entsprechend den Anforderungen dieser Norm entwickelt wurde; diese Bewertung muß in die Risiko-Management-Dokumentation aufgenommen werden.
Diese Bewertung kann durch ein internes Audit durchgeführt werden.
Die Einhaltung dieser Anforderung wird durch Besichtigen der Risiko-Management-Dokumentation geprüft.

Erläuterungen
Diese Europäische Norm wurde unter einem Mandat erarbeitet, das die Europäische Kommission der Normungsorganisation CENELEC erteilt hat. Diese Norm unterstützt die grundlegenden Anforderungen der Richtlinien für Medizinprodukte und ist für die Listung im Amtsblatt der Europäischen Gemeinschaften vorgesehen. Diese Festlegungen dienen vorbehaltlich weiterer in Bearbeitung befindlicher Änderungen als hinreichende Grundlage zur Konformitätsbewertung von programmierbaren elektrischen medizinischen Geräten/Systemen.
Der Einsatz von Computern in medizinischen elektrischen Geräten nimmt mehr und mehr zu, oftmals in sicherheitskritischen Funktionen. Computertechnologien in medizinischen elektrischen Geräten bringen einen Grad von Komplexität mit sich, der nur durch das biologische System der Patienten übertroffen wird, die vom medizinischen elektrischen Gerät diagnostiziert und/oder behandelt werden. Diese Komplexität bedeutet, daß systematische Fehler bei einem in der Praxis akzeptablen Prüfaufwand eventuell nicht erkannt werden. Deshalb geht diese sicherheitskritische Festlegung über die traditionelle Prüfung und Bewertung des fertigen medizinischen elektrischen Geräts hinaus und enthält Anforderungen für dessen Entwicklungsprozesse. Die Prüfung des fertigen Produkts alleine ist nicht geeignet, die Sicherheit von komplexen medizinischen elektrischen Geräten zu gewährleisten.
Diese Norm ist eine Ergänzungsnorm zu den allgemeinen Festlegungen. Sie fordert einen Prozeß und eine Prozeßdokumentation zur Unterstützung der Sicherheit des medizinischen elektrischen Geräts mit programmierbaren elektronischen Subsystemen. Die Risiko-Management-Konzepte und ein Entwicklungs-Lebenszyklus, die die Grundlage dieser Norm sind, können auch von Nutzen für die Entwicklung von medizinischen elektrischen Geräten sein, die keine programmierbaren elektronischen Subsysteme enthalten.

DIN EN 60601-2-18 (VDE 0750 Teil 2-18):1997-09   September 1997

Medizinische elektrische Geräte

Teil 2: Besondere Festlegungen für die Sicherheit von endoskopischen Geräten
(IEC 601-2-18:1996)
Deutsche Fassung EN 60601-2-18:1996

3 + 18 Seiten EN, 3 Bilder, 4 Anhänge   Preisgruppe 15 K

Diese besonderen Festlegungen (VDE-Bestimmung) stellen Anforderungen an die Sicherheit endoskopischer Geräte und deren interconnection conditions mit endoskopisch verwendbarem Zubehör.

Die Abschnitte dieser Norm ergänzen oder ersetzen die entsprechenden Abschnitte in DIN EN 60601-1 (VDE 0750 Teil 1).

Zweck
Zweck dieser besonderen Festlegungen ist, besondere Anforderungen für die Sicherheit von endoskopischen Geräten festzulegen und das Prüfen von Teilen endoskopischer Geräte gemeinsam oder einzeln zu ermöglichen.

Allgemeine Anforderungen
Wenn Anforderungen an endoskopisch verwendbares Zubehör in anderen anwendbaren Besonderen Festlegungen im Widerspruch zu den Anforderungen der interconnection conditions dieser Besonderen Festlegungen stehen, muß den Anforderungen dieser besonderen Festlegungen der Vorrang gegeben werden.
Für die ultraschallspezifischen Aspekte der Sicherheit eines endoskopischen Geräts, das zugleich ein medizinisches Ultraschalldiagnose- und Monitoringgerät ist, muß der für die Ultraschalldiagnose oder Überwachung bestimmte Teil den Festlegungen der IEC 601-2-37 entsprechen, und die anderen Teile müssen mit den Anforderungen dieser besonderen Festlegungen übereinstimmen.
Bei Versorgungseinheiten, die eine Vielzahl an Funktionen bereitstellen, z. B. hochfrequenten Strom, Insufflation, Absaugung usw., müssen die entsprechenden Teile den Anforderungen der relevanten besonderen Festlegungen entsprechen.

Elektromagnetische Verträglichkeit
Folgendes wird der Gruppe 2 in CISPR 11 (VDE 0875 Teil 11) zugeordnet:
- Ultraschall-Endoskop und dessen Versorgungseinheit;
- endoskopisch verwendbares Zubehör und sein zugehöriges medizinisches elektrisches Gerät zur intrakorporalen Lithotripsie;
- endoskopisch verwendbares Zubehör und sein zugehöriges medizinisches elektrisches Gerät zur Ultraschallabsaugung von Gewebe.

Übermäßige Temperaturen

Im bestimmungsgemäßen Gebrauch müssen die zulässigen Oberflächentemperaturen der Anwendungsteile des endoskopischen Geräts, die nicht für eine Wärmezufuhr zum Patienten bestimmt sind, folgende Anforderungen einhalten:

- Teile, die vom Anwender nur kurzzeitig oder ständig gehalten werden, dürfen nicht die zutreffenden maximal zulässigen Temperaturen für berührbare Oberflächen von Griffen, Knöpfen, Knebeln und dergleichen einer Tabelle der Allgemeinen Festlegungen überschreiten. Lichtleiteranschlüsse zum Anschluß entweder an eine Versorgungseinheit oder an ein Endoskop dürfen diese Temperaturen überschreiten. Es müssen dann aber geeignete Warnungen und Hinweise auf Maßnahmen, die der Vermeidung von Gefährdungen für den Anwender dienen, in der Gebrauchsanweisung enthalten sein.
- Die Temperatur des Einführungsteils, mit Ausnahme des Lichtaustrittsteils, darf 41 °C nicht überschreiten. Die Oberflächentemperatur darf jedoch bei Gebrauch von endoskopisch verwendbarem Zubehör für kurze Zeit 41 °C überschreiten, jedoch nicht höher als 50 °C sein. In diesem Fall muß die Gebrauchsanweisung des endoskopisch verwendbaren Zubehörs geeignete Warnungen und Hinweise auf Maßnahmen, die der Vermeidung von Gefährdungen des Patienten dienen, enthalten. Das Lichtaustrittsteil darf 41 °C überschreiten, es müssen aber geeignete Warnungen und Hinweise auf Maßnahmen, die zur Vermeidung von Risiken für Patient und Anwender getroffen werden können, in der Gebrauchsanweisung enthalten sein. Diese Warnungen müssen eine Darstellung der möglichen klinischen Folgen hoher Oberflächentemperaturen (z. B. irreversible Gewebeschädigungen oder Koagulationen) einschließen.

Thermische Gefahren aus der Verwendung von Endoskopen und endoskopisch verwendbarem Zubehör, die Anwendungsteile von Hochfrequenz-Chirurgiegeräten sind

Zwischen Endoskop und endoskopisch verwendbarem Zubehör, die Anwendungsteile von Hochfrequenz-Chirurgiegeräten sind, muß bei gemeinsamer Verwendung eine ausreichende Trennung und/oder Isolierung vorhanden sein, um den Patienten und/oder den Anwender vor Gefährdungen, die durch Abgabe thermischer Energie entsteht, zu schützen.

Die Trennung und/oder Isolierung kann entweder am endoskopisch verwendbaren Zubehör oder am Endoskop, oder auf beide entsprechend aufgeteilt, vorhanden sein.

Okular

Das Okular eines Endoskops, das für den Gebrauch mit endoskopisch verwendbarem Zubehör, das Anwendungsteil von Hochfrequenz-Chirurgiegeräten ist, vorgesehen ist, muß isoliert sein, um den Anwender vor thermischen Auswirkungen des kapazitiv gekoppelten HF-Stroms zu schützen.

DIN EN 60601-2-19 (**VDE 0750 Teil 2-19**):1998-01　　　　Januar 1998

Medizinische elektrische Geräte

Teil 2: Besondere Festlegungen für die Sicherheit von Säuglingsinkubatoren
(IEC 60601-2-19:1990 + A1:1996)
Deutsche Fassung EN 60601-2-19:1996 + A1:1996

3 + 26 Seiten EN, 2 Bilder, 4 Anhänge　　　　　　　　　　Preisgruppe 19 K

Diese besonderen Festlegungen (VDE-Bestimmung) enthalten Sicherheitsanforderungen für Inkubatoren.
Diese Norm gilt nicht für Transportinkubatoren, die zum Transport von Säuglingen verwendet werden.
Die Abschnitte dieser Norm ergänzen oder ersetzen die entsprechenden Abschnitte in DIN EN 60601-1 (VDE 0750 Teil 1).
Der Zweck dieser besonderen Festlegungen ist es, Anforderungen für Inkubatoren aufzustellen, die die Gefährdungen von Patient und Anwender möglichst gering halten, und Prüfungen anzugeben, mit denen die Einhaltung der Anforderungen nachgewiesen werden kann.

Mechanische Festigkeit
Der Säugling muß durch Absperrungen wie Wände oder Seitenabgrenzungen sicher im Patientenraum aufgehoben sein. Absperrungen wie Türen, Durchgriffsöffnungen usw., die geöffnet oder entfernt werden können, um Zugang zum Säugling zu bekommen, müssen so schließen, daß sie nicht durch Prüfungen geöffnet werden können. Es darf nicht möglich sein, daß Absperrungen scheinbar verriegelt sind, während sie tatsächlich nicht sicher geschlossen oder eingerastet sind. Die mechanische Unversehrtheit des Inkubators muß unter den Prüfungsbedingungen erhalten bleiben.

Standfestigkeit bei bestimmungsgemäßem Gebrauch
Inkubatoren müssen stabil bleiben, wenn sie bei bestimmungsgemäßem Gebrauch um 5° und beim Transport um 10° gekippt werden.

Elektromagnetische Verträglichkeit

Störfestigkeit (siehe IEC 60601-1-2)
Bei eingestrahlten hochfrequenten elektromagnetischen Feldern müssen Geräte und/oder Systeme
- die vorgesehene Funktion, wie vom Hersteller festgelegt, bei einem Prüfpegel von 3 V/m über einen Frequenzbereich von 26 MHz bis 1 GHz beibehalten;
- die vorgesehene Funktion, wie vom Hersteller festgelegt, bei einem Prüfpegel von 10 V/m oder weniger über einen Frequenzbereich von 26 MHz bis 1 GHz beibehalten, oder sie darf ausfallen, ohne dabei eine Gefährdung zu verursachen.

Übermäßige Temperaturen
Die Temperatur jener Oberflächen, die für eine Berührung mit dem Säugling bestimmt sind, darf 40 °C nicht überschreiten. Die Temperatur anderer Oberflächen, die dem Säugling zugänglich sind, darf bei Metalloberflächen 40 °C und bei anderen Werkstoffen 43 °C nicht überschreiten. Diese Anforderungen gelten unter Normalzustand und unter Erster-Fehler-Bedingung, einschließlich

- Ausfall der Luftzirkulation,
- Ausfall des Temperaturreglers,
- Loslösung des Hauttemperaturfühlers.

Brandverhütung
Um die Gefahr von Sauerstoffbränden durch elektrische Bauteile, die eine Zündquelle in geschlossenen Bereichen von Geräten mit Sauerstoffsystemen sein können, auszuschalten, muß mindestens eine der folgenden Anforderungen erfüllt sein:

- Elektrische Bauteile müssen durch eine Kapselung, die den Anforderungen entspricht, getrennt von Bereichen sein, in denen eine Anreicherung von Sauerstoff entstehen kann.
- Bereiche, die elektrische Bauteile enthalten, müssen entsprechend den Anforderungen belüftet werden.
- Elektrische Bauteile, die im bestimmungsgemäßen Gebrauch oder im ersten Fehler eine Zündquelle darstellen können, müssen den Anforderungen entsprechen.

Menschliches Versagen
Sämtliche Temperaturfühler (einschließlich Hauttemperaturfühler) müssen deutlich mit ihrer vorgesehenen Funktion gekennzeichnet sein. Es darf nicht möglich sein, einen Fühler an eine nicht für ihn vorgesehene Steckdose am Gerät anzuschließen.

Alarme
Wenn der Inkubator mit einem Lüfter zur Luftzirkulation versehen ist, muß eine akustische, optisch erkennbare Alarmeinrichtung ansprechen, und die Stromversorgung der Heizung muß abgeschaltet werden, bevor eine Gefährdung entsteht, bei einem

- Ausfall der Lüfterrotation oder
- Verschluß der Luftauslässe im Patientenraum und
- möglichen Lufteinlaßverschluß.

Bei einem Ausfall des Lüfters dürfen aus dem Gerät keine Flammen, kein geschmolzenes Metall, keine giftigen oder zündfähigen Gase austreten, und die Teile, die mit dem Säugling in Berührung kommen können, dürfen die angegebenen Temperaturen nicht überschreiten.

Änderungen
Gegenüber DIN VDE 0750-212 (VDE 0750 Teil 212):1987-02 wurden folgende Änderungen vorgenommen:
- Die EN 60601-2-19:1990 wurde übernommen.
- Die EN 60601-2-19/A1:1996 wurde eingearbeitet.
- Der Inhalt wurde redaktionell überarbeitet.

DIN EN 60601-2-20 (VDE 0750 Teil 2-20):1998-01   Januar 1998

Medizinische elektrische Geräte

Teil 2: Besondere Festlegungen für die Sicherheit von Transportinkubatoren
(IEC 60601-2-20:1990 + A1:1996)
Deutsche Fassung EN 60601-2-20:1996

3 + 27 Seiten EN, 2 Bilder, 4 Anhänge   Preisgruppe 19 K

Diese besonderen Festlegungen (VDE-Bestimmung) enthalten Sicherheitsanforderungen für Transportinkubatoren.
Diese Norm gilt nicht für Säuglingsinkubatoren (siehe IEC 60601-2-19).
Die Abschnitte dieser Norm ergänzen oder ersetzen die entsprechenden Abschnitte in DIN EN 60601-1 (VDE 0750 Teil 1).
Der Zweck dieser besonderen Festlegungen ist es, Anforderungen für Transportinkubatoren aufzustellen, die die Gefährdungen von Patient und Anwender möglichst gering halten, und Prüfungen anzugeben, mit denen die Einhaltung der Anforderungen nachgewiesen werden kann.

Mechanische Festigkeit
Der Säugling muß durch Absperrungen wie Wände oder Seitenabgrenzungen sicher im Patientenraum aufgehoben sein. Absperrungen wie Türen, Durchgriffsöffnungen usw., die geöffnet oder entfernt werden können, um Zugang zum Säugling zu bekommen, müssen so schließen, daß sie nicht durch Prüfungen geöffnet werden können. Es darf nicht möglich sein, daß Absperrungen scheinbar verriegelt sind, während sie tatsächlich nicht sicher geschlossen oder eingerastet sind. Die mechanische Unversehrtheit des Transportinkubators muß unter den Prüfungsbedingungen erhalten bleiben.

Standfestigkeit bei bestimmungsgemäßem Gebrauch
Transportinkubatoren müssen stabil bleiben, wenn sie bei bestimmungsgemäßem Gebrauch um 10° und beim Transport um 20° gekippt werden.

Elektromagnetische Verträglichkeit

Störfestigkeit (siehe IEC 60601-1-2)
Bei eingestrahlten hochfrequenten elektromagnetischen Feldern müssen Geräte und/oder Systeme
- die vorgesehene Funktion, wie vom Hersteller festgelegt, bei einem Prüfpegel von 3 V/m über einen Frequenzbereich von 26 MHz bis 1 GHz beibehalten;
- die vorgesehene Funktion, wie vom Hersteller festgelegt, bei einem Prüfpegel von 10 V/m oder weniger über einen Frequenzbereich von 26 MHz bis 1 GHz beibehalten, oder sie darf ausfallen, ohne dabei eine Gefährdung zu verursachen.

Übermäßige Temperaturen

Die Temperatur jener Oberflächen, die für eine Berührung mit dem Säugling bestimmt sind, darf 40 °C nicht überschreiten. Die Temperatur anderer Oberflächen, die dem Säugling zugänglich sind, darf bei Metalloberflächen 40 °C und bei anderen Werkstoffen 43 °C nicht überschreiten. Diese Anforderungen gelten unter Normalzustand und unter Erster-Fehler-Bedingungen, einschließlich

- Ausfall der Luftzirkulation,
- Ausfall des Temperaturreglers,
- Loslösung des Hauttemperaturfühlers.

Brandverhütung

Um die Gefahr von Sauerstoffbränden durch elektrische Bauteile, die eine Zündquelle in geschlossenen Bereichen von Geräten mit Sauerstoffsystemen sein können, auszuschalten, muß mindestens eine der folgenden Anforderungen erfüllt sein:

- Elektrische Bauteile müssen durch eine Kapselung, die den Anforderungen entspricht, getrennt von Bereichen sein, in denen eine Anreicherung von Sauerstoff entstehen kann.
- Bereiche, die elektrische Bauteile enthalten, müssen entsprechend den Anforderungen belüftet werden.
- Elektrische Bauteile, die im bestimmungsgemäßen Gebrauch oder im ersten Fehler eine Zündquelle darstellen können, müssen den Anforderungen entsprechen.

Menschliches Versagen

Sämtliche Temperaturfühler (einschließlich Hauttemperaturfühler) müssen deutlich mit ihrer vorgesehenen Funktion gekennzeichnet sein. Es darf nicht möglich sein, einen Fühler an eine nicht für ihn vorgesehene Steckdose am Gerät anzuschließen.

Alarme

Wenn der Transportinkubator mit einem Lüfter zur Luftzirkulation versehen ist, muß eine akustische, optisch erkennbare Alarmeinrichtung ansprechen, und die Stromversorgung der Heizung muß abgeschaltet werden, bevor eine Gefährdung entsteht bei einem

- Ausfall der Lüfterrotation oder
- Verschluß der Luftauslässe im Patientenraum und
- möglichen Lufteinlaßverschluß.

Bei einem Ausfall des Lüfters dürfen aus dem Gerät keine Flammen, kein geschmolzenes Metall, keine giftigen oder zündfähigen Gase austreten, und die Teile, die mit dem Säugling in Berührung kommen können, dürfen die angegebenen Temperaturen nicht überschreiten.

Änderungen
Gegenüber DIN VDE 0750-217 (VDE 0750 Teil 217):1987-02 wurden folgende Änderungen vorgenommen:
- Die EN 60601-2-20:1996 wurde übernommen.
- Die EN 60601-2-20/A1 wurde eingearbeitet.
- Der Inhalt wurde redaktionell überarbeitet.

DIN EN 60601-2-21/A1 (**VDE 0750 Teil 2-21/A1**):1998-01 Januar 1998

Medizinische elektrische Geräte

Teil 2: Besondere Festlegungen für die Sicherheit
von Säuglingswärmestrahlern – Änderung 1
(IEC 60601-2-21/A1:1996)
Deutsche Fassung EN 60601-2-21/A1:1996

3 + 9 Seiten EN, 1 Bild, 4 Anhänge Preisgruppe 10 K

Die Abschnitte dieser **Änderung** ergänzen oder ersetzen die entsprechenden Abschnitte in DIN EN 60601-2-21 (VDE 0750 Teil 2-21):1995-12.
Diese besonderen Festlegungen (VDE-Bestimmung) gelten für Säuglingswärmestrahler.

Elektromagnetische Verträglichkeit

Störfestigkeit (siehe IEC 60601-1-2)
Bei eingestrahlten hochfrequenten elektromagnetischen Feldern muß das Gerät und/oder das System
- bei einem Wert bis 3 V/m in dem Frequenzbereich von 26 MHz bis 1 GHz die vorgesehene Funktion beibehalten, wie vom Hersteller festgelegt;
- bei einem Wert bis (einschließlich) 10 V/m in dem Frequenzbereich von 26 MHz bis 1 GHz die vorgesehene Funktion beibehalten, wie vom Hersteller festgelegt, oder darf – ohne eine Gefährdung zu verursachen – ausfallen.

Brandverhütung
In der Absicht, das Risiko eines Sauerstoffbrands, ausgehend von einem elektrischen Bauelement als möglichen Verursacher einer Zündung in einem geschlossenen Einbauraum eines Geräts, auszuschließen, muß wenigstens eine der folgenden Anforderungen erfüllt sein:
- Elektrische Bauelemente müssen von Einbauräumen, bei denen Ansammlungen von Sauerstoff vorkommen können, durch eine Schutzabdeckung entsprechend den Anforderungen getrennt sein.
- Einbauräume, die elektrische Bauelemente enthalten, müssen entsprechend den Anforderungen belüftet werden.
- Elektrische Bauelemente, die im bestimmungsgemäßen Gebrauch oder im ersten Fehler eine Zündquelle sein können, müssen den Anforderungen entsprechen.

DIN EN 60601-2-22 (**VDE 0750 Teil 2-22**):1996-12/Ber 1:1997-11
November 1997

Berichtigungen
zu DIN EN 60601-2-22 (VDE 0750 Teil 2-22):1996-12

1 Seite   Preisgruppe 0 K

In DIN EN 60601-2-22 (VDE 0750 Teil 2-22) Medizinische elektrische Geräte –
Teil 2: Besondere Festlegungen für die Sicherheit von diagnostischen und therapeutischen Lasergeräten (IEC 601-2-22:1995), Deutsche Fassung EN 60601-2-22:1996, sind zu berichtigen:

in **Tabelle 103: Basis- oder Zusatzisolierung**
in der Kopfzeile von Überspannungsklasse III in **Überspannungsklasse I**
und
in **Tabelle 104: Doppelte oder verstärkte Isolierung**
in der Kopfzeile von Überspannungsklasse III in **Überspannungsklasse I**.

DIN EN 60601-2-33 (VDE 0750 Teil 2-33):1997-06 Juni 1997

Medizinische elektrische Geräte

Teil 2: Besondere Festlegungen für die Sicherheit von
medizinischen diagnostischen Magnetresonanzgeräten
(IEC 601-2-33:1995)
Deutsche Fassung EN 60601-2-33:1995

4 + 40 Seiten EN, 7 Bilder, 6 Anhänge, 27 Literaturquellen   Preisgruppe 26 K

Diese besonderen Festlegungen (VDE-Bestimmung) gelten für Magnetresonanzgeräte.
Diese Norm gilt nicht für Magnetresonanzgeräte, die für die Verwendung in der medizinischen Forschung vorgesehen sind.
Die Abschnitte dieser Norm ergänzen oder ersetzen die entsprechenden Abschnitte in DIN EN 60601-1 (VDE 0750 Teil 1).

Zweck
Diese besonderen Festlegungen enthalten Anforderungen für die Sicherheit von Magnetresonanzgeräten, um Schutz für den Patienten, den Anwender und das mit Magnetresonanzgeräten arbeitende Personal und die allgemeine Öffentlichkeit sicherzustellen. Sie geben weiterhin Verfahren für den Nachweis der Einhaltung dieser Anforderungen an.

Magnetresonanzgerät
Medizinisches elektrisches Gerät in der medizinischen Diagnose, das für die Magnetresonanzuntersuchung am lebenden Patienten vorgesehen ist.

Magnetresonanzsystem
Gesamtheit von Magnetresonanzgerät, Zubehör, Energieversorgungen und Installationseinrichtungen.

Spezifische Absorptionsrate (SAR)
Absorbierte Hochfrequenzleistung je Masseneinheit eines Objekts (in W/kg).
Die SAR ist eine Funktion der Frequenz (angenähert mit dem Quadrat der Frequenz zunehmend), der Art und Anzahl der HF-Impulse, der Impulsdauer und Impulsfolgefrequenz und der Art der Spule, die für das Senden verwendet wird.
Die wichtigen biologischen Faktoren sind: die Leitfähigkeit des Gewebes, die spezifische Dichte des Gewebes, der untersuchte anatomische Bereich, die Gewebeart (z. B. abhängig vom Durchblutungsgrad) und die Masse des Patienten.

Allgemeine Anforderungen
Ein Magnetresonanzgerät darf keine Gefährdung für den Patienten, den Anwender, das Personal und die allgemeine Öffentlichkeit verursachen.

Die Einhaltung dieser Anforderung wird als erfüllt angesehen, wenn das Magnetresonanzgerät die entsprechenden Anforderungen dieser Norm erfüllt.
Anmerkung: Allgemeine Sicherheitsaspekte von medizinischen elektrischen Systemen werden in IEC 601-1-1 abgehandelt.

Erschütterungen und Geräusche
Das Magnetresonanzgerät darf keine Geräusche mit einem unbewerteten Spitzen-Schalldruckpegel (LP) von mehr als 140 dB, bezogen auf 20 µPa, in irgendeinem dem Patienten zugänglichen Bereich erzeugen.

Schutz gegen übermäßige Temperaturen und andere Gefährdungen

Druckbehälter und durch Druck beanspruchte Teile
Ein Heliumbehälter, der supraleitende Spulen mit flüssigem Helium enthält, wird nicht als Druckgefäß angesehen, wenn er für den Betrieb mit weniger als 100 kPa Überdruck konstruiert ist. Wenn das Heliumgefäß als Druckgefäß konstruiert ist, wird empfohlen, ihn nach Abschnitt 45 von IEC 601-1 oder entsprechend den nationalen Vorschriften zu prüfen.

Unterbrechung der Stromversorgung

Magnetfeld-Notabschalteinheit
Ein Magnetresonanzgerät, das einen supraleitenden oder ohmschen Magneten besitzt, muß mit einer Magnetfeld-Notabschalteinheit ausgestattet sein.
Anmerkung: Derartige Notfallsituationen entstehen zum Beispiel, wenn Personen durch ferromagnetische Gegenstände im Magneten eingeklemmt werden.
Angaben über die Kennwerte des Magnetfeldabfalls während einer Magnetfeld-Notabschalteinheit werden für die Begleitpapiere gefordert.

Unterbrechung der Abtastung
Es ist eine Vorrichtung vorzusehen, die es dem Anwender ermöglicht, die Abtastung durch Unterbrechung des Betriebs der Magnetfeldgradienten und der Energiezufuhr für die Hochfrequenzleistung sofort zu stoppen.

Schutz gegen hohe Hochfrequenzenergie

SAR-Grenzen
Die folgenden Anforderungen an die Ganzkörper-SAR sollten nur angewandt werden, wenn die Umgebungstemperatur 24 °C und die relative Luftfeuchte 60 % nicht übersteigen.

Ganzkörper-SAR
Die Ganzkörper-SAR ist der über den gesamten Körper des Patienten gemittelte SAR-Wert.
Es werden drei Betriebsarten hinsichtlich der Ganzkörper-SAR festgelegt, näm-

lich die bestimmungsgemäße Betriebsart, die kontrollierte Betriebsart erste Stufe und die kontrollierte Betriebsart zweite Stufe:
1) Die bestimmungsgemäße Betriebsart umfaßt Werte der Ganzkörper-SAR von nicht mehr als 1,5 W/kg, gemittelt über eine Zeitspanne von 15 min.
2) Die kontrollierte Betriebsart erste Stufe umfaßt Werte der Ganzkörper-SAR von nicht mehr als 4 W/kg, gemittelt über eine Zeitspanne von 15 min.
3) Die kontrollierte Betriebsart zweite Stufe umfaßt Werte der Ganzkörper-SAR, die 4 W/kg überschreiten können, gemittelt über eine Zeitspanne von 15 min.

Kopf-SAR
Die Kopf-SAR ist der über den Kopf des Patienten gemittelte SAR-Wert.
Zwei Betriebsarten werden hinsichtlich der Kopf-SAR festgelegt, nämlich die bestimmungsgemäße Betriebsart und die kontrollierte Betriebsart zweite Stufe:
1) Die bestimmungsgemäße Betriebsart umfaßt Kopf-SAR-Werte von nicht mehr als 3 W/kg, gemittelt über eine Zeitspanne von 10 min.
2) Die kontrollierte Betriebsart zweite Stufe umfaßt Kopf-SAR-Werte, die 3 W/kg überschreiten können, gemittelt über eine Zeitspanne von 10 min.

Lokale Gewebe-SAR unter Verwendung von z. B. speziellen Übertragungsspulen
Die lokale Gewebe-SAR ist der über die lokalisierte Gewebemasse gemittelte SAR-Wert.
Zwei Betriebsarten werden hinsichtlich der lokalen Gewebe-SAR festgelegt, nämlich die bestimmungsgemäße Betriebsart und die kontrollierte Betriebsart zweite Stufe:
1) Die bestimmungsgemäße Betriebsart umfaßt lokale Gewebe-SAR-Werte in jedem Gramm Gewebe von nicht mehr als 8 W/kg im Kopf oder Rumpf; oder 12 W/kg in den Extremitäten, gemittelt über eine Zeitspanne von 5 min.
2) Die kontrollierte Betriebsart zweite Stufe umfaßt lokale Gewebe-SAR-Werte, die den oberen Grenzwert für die bestimmungsgemäße Betriebsart überschreiten können.

Überwachung der SAR
Senden mit der Körperspule:
- wenn die Körperspule dazu verwendet wird, den Rumpf abzubilden, muß das System die Ganzkörper-SAR überwachen;
- wenn die Körperspule dazu verwendet wird, den Kopf abzubilden, muß das System entweder die Kopf-SAR oder die SAR, gemittelt über den Teil des Körpers, der bestrahlt wird, überprüfen. Im letzteren Fall sind die anzuwendenden Grenzwerte zahlenmäßig übereinstimmend mit denen für die Ganzkörper-SAR;
- wenn die Körperspule dazu verwendet wird, Extremitäten abzubilden, muß das System entweder die lokale Gewebe-SAR oder die SAR, gemittelt über den Körperteil, der gerade bestrahlt wird, überprüfen. Im letzteren Fall sind

die anzuwendenden Grenzwerte zahlenmäßig übereinstimmend mit denen für die Ganzkörper-SAR.

Anzeige der SAR
Der angezeigte SAR-Wert muß der Wert sein, der vom System überwacht wird. Die Einhaltung dieser Anforderung muß durch Messung der SAR nach einer der unten angegebenen Verfahren geprüft werden.
- Impulsenergie-Verfahren;
- kalorimetrisches Verfahren.

DIN EN 60601-2-33/A11 (**VDE 0750 Teil 2-33/A11**):1998-02   Februar 1998

Medizinische elektrische Geräte

Teil 2: Besondere Festlegungen für die Sicherheit von medizinischen diagnostischen Magnetresonanzgeräten
Deutsche Fassung EN 60601-2-33/A11:1997

2 + 3 Seiten EN, 1 Bild   Preisgruppe 5 K

Die Abschnitte dieser **Änderung** ersetzen die entsprechenden Abschnitte in DIN EN 60601-2-33 (VDE 0750 Teil 2-33):1997-06.

Anhang AA   (informativ)

Beispiele für Warn- und Verbotszeichen laut Richtlinie 92/58/EWG des Rates

⚠	Warnschild: Starkes magnetisches Feld
⚠	Warnschild: Warnung vor elektromagnetischem Feld
⊘	Verbotsschild: Kein Zugang für Personen mit Herzschrittmacher

594

🚫	Verbotsschild: Kein Zugang für Personen mit Implantaten aus Metall
🚫	Verbotsschild: Metallteile und Uhren mitführen verboten

DIN EN 60601-2-35 (**VDE 0750 Teil 2-35**):1997-12   Dezember 1997

Medizinische elektrische Geräte

Teil 2: Besondere Festlegungen für die Sicherheit von Matten,
Unterlagen und Matratzen zur Erwärmung von Patienten in der
medizinischen Anwendung
(IEC 60601-2-35:1996)
Deutsche Fassung EN 60601-2-35:1996

3 + 38 Seiten EN, 9 Bilder, 1 Tabelle, 8 Anhänge   Preisgruppe 25 K

Diese besonderen Festlegungen (VDE-Bestimmung) enthalten Anforderungen und Prüfungen für die Sicherheit von Decken, Platten und Matratzen einschließlich mit Luft durchströmter Matratzen und luftunterstützte Systeme.
Anmerkung: In diesen besonderen Festlegungen werden diese getrennt als Decken, Platten oder Matratzen bezeichnet, jedoch werden diese im Kollektiv als Wärmeeinrichtung bezeichnet.
Wärmeeinrichtungen sind für den medizinischen und paramedizinischen Gebrauch vorgesehen.
Die Abschnitte dieser Norm ergänzen oder ersetzen die entsprechenden Abschnitte in DIN EN 60601-1 (VDE 0750 Teil 1).

Zweck
Der Zweck dieser besonderen Festlegungen ist, Anforderungen für Wärmeeinrichtungen zur Verringerung von Gefahren für Patient und Anwender aufzustellen sowie Prüfungen anzugeben, mit denen die Einhaltung der Anforderung nachgewiesen werden kann.

Elektromagnetische Verträglichkeit

Störfestigkeit (siehe IEC 60601-1-2)
Bei eingestrahlten hochfrequenten elektromagnetischen Feldern muß das Gerät und/oder das System
- bei einem Wert von 3 V/m die vorgesehene Funktion beibehalten, wie vom Hersteller festgelegt;
- bei einem Wert von 10 V/m die vorgesehene Funktion beibehalten, wie vom Hersteller festgelegt, oder darf, ohne eine Gefährdung zu verursachen, ausfallen.

Übermäßige Temperaturen
Geräte mit Heizelementen werden wie im bestimmungsgemäßen Gebrauch betrieben, wobei alle Heizelemente eingeschaltet sind, soweit dies nicht durch Schaltsperren verhindert wird, und die Versorgungsspannung ist die, die gleich 115 % des höchsten Bemessungswerts der Eingangsspannung ist.

Die Anwendungsteile der Geräte, die Wärme dem Patienten zuführen, dürfen im Normalzustand eine Kontaktoberflächentemperatur von 41 °C nicht überschreiten.
Die Einhaltung dieser Anforderung wird unter den Bedingungen einer angemessenen Wärmeabgabe geprüft mit Temperatursensoren, die leitfähig an Kupferplatten der Größe 65 mm × 65 mm × 0,5 mm befestigt werden. Die Kupferplatten werden unterhalb der Isolierschicht an den Stellen mit dem Anwendungsteil in Kontakt gebracht, an denen die höchsten Temperaturen zu erwarten sind.
Die Temperatursensorleitungen sind so anzubringen, daß ein zusätzlicher Wärmetransport vermieden wird.

Menschliches Versagen
Falls das Weglassen oder das Vertauschen von Teilen von einer aus mehreren Teilen bestehenden Wärmeeinrichtung eine Gefährdung hervorrufen kann, muß die Wärmeeinrichtung so konstruiert sein, daß die Wärme nur zugeführt wird, wenn alle Teile der Wärmeeinrichtung korrekt angeschlossen sind.

Unterbrechung der Stromversorgung
Wenn bei Unterbrechung des Versorgungsnetzes der Wärmeeinrichtung die Betriebsart und/oder die Solltemperatur nicht automatisch beibehalten wird, muß bei Wiederkehr des Versorgungsnetzes ein akustischer und optischer Alarm gegeben werden.

Schutz gegen gefährdende Ausgangswerte

Alarm bei Netzausfall
Ausgenommen bei Wärmeeinrichtungen mit geringer Wärmeübertragung muß ein akustischer und optischer Alarm für die Dauer jeder Unterbrechung des Versorgungsnetzes der Wärmeeinrichtung oder für die Dauer von 10 min, je nachdem, welcher Wert kürzer ist, vorhanden sein.
Die Einhaltung dieser Anforderung wird durch Trennen der Netzversorgung bei eingeschalteter Wärmeeinrichtung geprüft.

Alarm bei Übertemperatur
Ein akustischer und optischer Alarm muß sich bei Ansprechen des Temperaturbegrenzers oder des Temperaturbegrenzers mit selbsttätiger Rückstellung auslösen.
Für den Fall, daß die Wärmeeinrichtung ausgeschaltet wird, nachdem die Schutzeinrichtung angesprochen hat, und dann wieder eingeschaltet wird (bevor die Ausfallbedingung aufgehoben wurde), müssen sich beide, die akustische und optische Warnung, sofort wieder auslösen.
Die Einhaltung dieser Anforderung wird durch eine Funktionsprüfung kontrolliert.

Nicht bestimmungsgemäßer Betrieb und Fehlerfälle
Bei Stromkreisen mit elektronischen Bauteilen werden folgende Fehlerbedingun-

gen angenommen und, falls erforderlich, einzeln durchgeführt; Folgefehler sind zu berücksichtigen:
a) Kurzschluß von Kriech- und Luftstrecken zwischen spannungsführenden Teilen unterschiedlicher Polarität, falls diese Abstände kleiner als die festgelegten Werte sind.
b) Kurzschluß der Isolierungen von spannungsführenden Teilen unterschiedlicher Polarität, die die Prüfungen nicht bestehen.
c) Unterbrechung des Stromkreises an den Anschlußstellen jedes Bauteils.
d) Kurzschluß von Kondensatoren, die nicht der IEC 60384-14 entsprechen.
e) Kurzschluß an beiden Anschlüssen eines elektronischen Bauteils, ausgenommen an integrierten Schaltkreisen.
f) Ausfall eines integrierten Schaltkreises. In diesem Fall werden mögliche gefährliche Situationen der Wärmeeinrichtung während des Betriebs geprüft, um sicherzustellen, daß die Sicherheit nicht von der ordnungsgemäßen Funktion solcher Bauteile abhängt.

DIN EN 60601-2-36 (VDE 0750 Teil 2-36):1997-12   Dezember 1997

Medizinische elektrische Geräte

Teil 2: Besondere Festlegungen für die Sicherheit von Geräten zur
extrakorporal induzierten Lithotripsie
(IEC 60601-2-36:1997)
Deutsche Fassung EN 60601-2-36:1997

2 + 14 Seiten EN, 3 Tabellen, 4 Anhänge   Preisgruppe 12 K

Diese besonderen Festlegungen (VDE-Bestimmung) gelten für die Sicherheit von Geräten zur extrakorporal induzierten Lithotripsie.
Die Anwendbarkeit dieser besonderen Festlegungen beschränkt sich auf Bauteile, die direkt für die Lithotripsie-Behandlung notwendig sind, wie z. B. (aber nicht ausschließlich) der Druckpuls-Generator, das Patienten-Lagerungssystem und deren Wechselwirkungen mit bildgebenden Systemen und Überwachungsgeräten. Andere Einrichtungen, wie z. B. Personal Computer zum Planen der Behandlung, Röntgen- und Ultraschalleinrichtungen, sind aus dieser Norm ausgeschlossen, da sie in anderen anwendbaren IEC-Normen behandelt sind.
Diese besonderen Festlegungen wurden für Geräte entwickelt, deren Verwendungszweck Lithotripsie ist. Bei ihrer Entwicklung wurde jedoch berücksichtigt, daß sie solange als Anleitung für andere Geräte, deren medizinische Anwendung auf therapeutisch genutzten, extrakorporal induzierten Druckpulsen beruht, benutzt werden kann, bis für diese Geräte eigene besondere Festlegungen vorhanden sind.
Die Abschnitte dieser Norm ergänzen oder ersetzen die entsprechenden Abschnitte in DIN EN 60601-1 (VDE 0750 Teil 1).

Begriffe und Definitionen

Gerät zur extrakorporal induzierten Lithotripsie (nachgehend als Gerät bezeichnet)
Einrichtung zur Behandlung mit extrakorporal erzeugten Druckpulsen.

Lithotripsie
Pulverisierung oder Zerkleinerung von Steinen.

Extrakorporal induzierte Lithotripsie
Steinzertrümmerung im Patienten durch außerhalb des Patienten erzeugte Druckpulse.

Dauer-Ableit- und Patientenhilfsströme
Der Patientenableitstrom wird nicht während der Abgabe des Druckpulses gemessen.

Geräte zur extrakorporal induzierten Lithotripsie
Geräte, bei denen der Netzanschluß über eine industrielle Steckvorrichtung erfolgt und die mechanisch gegen unbeabsichtigtes Trennen gesichert ist, sollten wie fest angeschlossene Geräte beurteilt werden.

Spannungsfestigkeit
Spannungen höher als 10 000 V sind mit dem Faktor 1,2 zu prüfen.

Erschütterungen und Geräusche
Falls das Gerät im bestimmungsgemäßen Gebrauch Geräusche verursacht, die die unten angegebenen Werte überschreiten, sind Vorkehrungen zu treffen, die den Patienten und den Anwender vor diesen Geräuschen schützen. Die Grenzwerte sind so lange zu verwenden, bis sie durch eine IEC-Norm, die vom TC 29 erarbeitet wird, ersetzt werden.
- 90 dB(A)   bei acht Stunden Beschallung am Tag;
- 105 dB(A)   bei einer Stunde Beschallung am Tag;
- 140 dB(A)   Spitzenbeschallung.

Schutz gegen gefährdende Ausgangswerte
Unter der Bedingung erster Fehler müssen die Druckpulsauslösung (Vermeidung von Fehlauslösungen) und die motorisch unterstützte Positionierung (Vermeidung von Veränderungen der Positionierung während der Druckpulsauslösung und Vermeidung mechanischer Gefährdungen) sicher sein.
Diese Anforderungen sind auch erfüllt durch gegenseitige Verriegelung der beiden Systeme, z. B. durch gegenseitige Verriegelung der Druckpulsauslösung mit einer bei der Bedingung erster Fehler sicheren Positioniereinrichtung oder einer bei der Bedingung erster Fehler sicheren Positioniereinrichtung mit einer Druckpulsauslösung. Diese gegenseitige Verriegelung darf durch eine bewußte Handlung des Anwenders aufgehoben werden (z. B. durch Drücken eines separaten Knopfes), wenn die Lage des Steins überwacht wird.
Die Einhaltung dieser Anforderung wird durch Funktionsprüfung und Fehleranalyse kontrolliert.

DIN EN 60601-2-38 (VDE 0750 Teil 2-38):1998-01 Januar 1998

Medizinische elektrische Geräte
Teil 2: Besondere Festlegungen für die Sicherheit von elektrisch betriebenen Krankenhausbetten
(IEC 60601-2-38:1996)
Deutsche Fassung EN 60601-2-38:1996

2 + 28 Seiten EN, 13 Bilder, 4 Anhänge   Preisgruppe 19 K

Diese besonderen Festlegungen (VDE-Bestimmung) enthalten Anforderungen für die Sicherheit von elektrisch betriebenen Krankenhausbetten, nachstehend als Bett bezeichnet.
Die Abschnitte dieser Norm ergänzen oder ersetzen die entsprechenden Abschnitte in DIN EN 60601-1 (VDE 0750 Teil 1).
Der Zweck dieser besonderen Festlegungen für Betten ist, Gefährdungen für Patienten, Anwender und Umgebung so gering wie möglich zu halten und Prüfungen zum Nachweis der Einhaltung dieser Anforderungen festzulegen.

Allgemeine Anforderungen
Falls mit anderen Sonderfunktionen eine Verbesserung des Wohlbefindens des Patienten erreicht wird, ist es technisch nicht notwendig, Anforderungen in diesen besonderen Festlegungen festzulegen, wenn durch klare besondere Anweisungen (in der Gebrauchsanweisung) der bestimmungsgemäße Gebrauch des Betts so eingeschränkt wird, daß keine Gefährdung dadurch entsteht.

Trennung
Ein Anwendungsteil des Typs BF darf keine leitfähige Verbindung zu berührbaren metallischen Teilen haben.

Schutzleiteranschluß, Betriebserdung und Potentialausgleich
Anwendungsteile mit berührbaren metallischen Teilen, die intravaskular oder intrakardial am Patienten gemeinsam mit medizinischen elektrischen Geräten angewendet werden, müssen mit einer Vorrichtung zum Anschließen eines Potentialausgleichs ausgestattet sein.
Berührbare metallische Teile von Anwendungsteilen müssen eine Impedanz kleiner als 0,2 Ω zum Potentialausgleichsanschluß haben.

Mechanische Festigkeit
Die sichere Arbeitslast des Betts muß in der Gebrauchsanweisung angegeben werden und mindestens 1700 N betragen. Der Wert der Last von 1700 N setzt sich wie folgt zusammen:

- 1350 N Patient;
- 200 N Matratze;
- 150 N Zubehör.

Bewegte Teile
Äußere Quetsch- und Scherstellen, bei denen eine Gefährdung durch bewegte Teile entstehen kann, sind zulässig, wenn deren Abstand mindestens 200 mm oder mehr von der äußeren Kante der Liegefläche (zur Innenseite hin) beträgt.
Der Abstand von 200 mm muß um jede Schutzabdeckung herum gemessen werden, die den Patienten von der Gefahrenstelle trennt.
Bei Teilen, die bei vertikaler Bewegung eine Gefährdung verursachen können, muß der lichte Zwischenraum über dem Boden mindestens 120 mm betragen, es sei denn, der Abstand von der äußeren Kante der Liegefläche zur Innenseite hin ist größer als 120 mm.
Alle Betten müssen Einrichtungen zum Sperren derjenigen Bett-Funktionen (Bewegung des Betts) haben, die vom Patienten erreichbar sind.
Die Einrichtung zum Sperren der Bett-Bewegung muß so angeordnet sein, daß der Patient nicht durch eine unbeabsichtigte Betätigung jene Funktion wieder einschalten kann.
Elektrisch betriebene Bett-Bewegungen dürfen nur mittels Taster möglich sein.

1.8 Informationstechnik
Gruppe 8 des VDE-Vorschriftenwerks

DIN EN 41003 (VDE 0804 Teil 100):1997-06 Juni 1997

Besondere Sicherheitsanforderungen an Geräte zum Anschluß an Telekommunikationsnetze

Deutsche Fassung EN 41003:1996

6 + 10 Seiten EN, 1 Bild, 4 Anhänge   Preisgruppe 11 K

Diese Norm (VDE-Bestimmung) gilt für Einrichtungen, die dafür gebaut und vorgesehen sind, an eine Telekommunikationsnetz-Anschlußstelle angeschlossen zu werden. Sie gilt nicht für Einrichtungen, die zum Anwendungsbereich der EN 60950 gehören.
Sie gilt unabhängig von den Eigentumsverhältnissen oder der Verantwortung für Errichtung oder Betrieb der Einrichtung und unabhängig von der Quelle der Stromversorgung.
Diese Norm enthält in Übereinstimmung mit der Einführung „Grundlagen der Sicherheit" zu EN 60950 Anforderungen und Prüfungen für Einrichtungen unter drei Gesichtspunkten:
1) Schutz der Benutzer der Einrichtungen vor Gefahren in den Einrichtungen. Es wird angenommen, daß der Benutzer vor Gefahren in der Einrichtung geschützt ist, wenn die Einrichtung den Anforderungen einer zutreffenden Sicherheitsnorm entspricht. Die Einhaltung solcher Normen ist jedoch nicht Gegenstand der vorliegenden Norm.
2) Schutz der Instandhalter, die am Telekommunikationsnetz arbeiten, und anderer Benutzer des Telekommunikationsnetzes vor gefährlichen Zuständen im Telekommunikationsnetz, verursacht durch den Anschluß der Einrichtungen.
3) Schutz der Benutzer der Einrichtungen vor Spannungen im Telekommunikationsnetz.

Zusätzlich zu den in dieser Norm festgelegten können Anforderungen erforderlich sein für:
- Einrichtungen zum Betrieb, z. B. bei extremen Temperaturen; erhöhter Verschmutzung, Feuchte oder Erschütterung; entflammbaren Gasen; korrosiver Atmosphäre oder in explosionsgefährdeten Bereichen; und
- elektrisch-medizinische Anwendungen mit körperlichen Verbindungen zum Patienten.

Nicht durch diese Norm abgedeckt werden Anforderungen in bezug auf:
- funktionale Sicherheit (Zuverlässigkeit) der Einrichtungen,
- Telekommunikationseinrichtungen mit Fernspeisung mit überhöhter Spannung und
- Schutz von Einrichtungen oder Telekommunikationsnetzen vor Beschädigungen.

Die Abschnitte dieser Norm ergänzen oder ersetzen die entsprechenden Abschnitte in DIN EN 60950 (VDE 0805).

Sicherheitsanforderungen und Bedingungen für ihre Einhaltung
Die Verweisungen auf EN 60950 dürfen durch Verweisungen auf entsprechende Anforderungen nach anderen zutreffenden Normen ersetzt werden, wenn die Einrichtungen (Geräte) nach einer dieser Normen gebaut sind.
Auf den Sicherheitsgrad (SELV-Stromkreis, TNV-Stromkreis, Stromkreis mit Strombegrenzung, ELV-Stromkreis und überhöhte Spannung) der Anschlußstellen zur Verbindung mit anderen Einrichtungen muß vom Hersteller in den Begleitunterlagen zu den Einrichtungen hingewiesen werden.

Schutz gegen Berühren von TNV-Stromkreisen
Diese Anforderungen gelten anstelle jeder strengeren Anforderung der zutreffenden Sicherheitsnorm, der die Vorrichtung zum Schutz des Benutzers vor Gefahren der Einrichtung entsprechen muß.

Schutz der Benutzer der Einrichtungen vor Spannungen im Telekommunikationsnetz
Bei Einrichtungen, die sowohl verstärkte Isolierung als auch geringere Isolationsgrade aufweisen, ist darauf zu achten, daß die an die verstärkte Isolierung angelegte Spannung die Basis- oder die zusätzliche Isolierung nicht überbeansprucht.
Falls erforderlich, dürfen integrierte Schaltkreise und dergleichen in Sekundärstromkreisen vor Durchführung der Prüfungen abgetrennt oder entfernt werden, um Beschädigung oder Zerstörung durch kapazitive Ladeströme oder andere Auswirkungen zu vermeiden.
Während der Prüfungen dürfen Potentialausgleichsleiter benutzt werden, um die Beschädigung von Bauteilen und der Isolierung, die nicht zu prüfen sind, zu vermeiden.

Änderungen
Gegenüber DIN EN 41003 (VDE 0804 Teil 100):1994-05 wurden folgende Änderungen vorgenommen:
• Deutsche Fassung EN 41003:1996 übernommen.
• „Fernmelde-" in „Telekommunikations-" geändert.

Erläuterungen
EN 41003 hat den Status einer (europäisch) harmonisierten Norm im Geltungsbereich der Niederspannungsrichtlinie, die in der Niederspannungsverordnung in deutsches Recht umgesetzt ist. Mit der Ratifizierung von EN 41003 durch CENELEC und ab dem Zeitpunkt ihrer Umsetzung unter einem nationalen Normungsverfahren ist die Vermutungswirkung gegeben, daß mit der Einhaltung der vorliegenden Norm den europäischen gesetzlichen Anforderungen der Niederspannungsrichtlinie entsprochen wird. Maßgeblich dafür, ob die Einhaltung der vorliegenden Norm außerdem zu der Vermutungswirkung beiträgt, daß auch anderen europäischen gesetzlichen Anforderungen entsprochen wird, ist die Bekanntgabe harmonisierter Normen im Amtsblatt der Europäischen Gemeinschaften. Daraus wird im Zweifelsfall ersichtlich, welchen Europäischen Richtli-

nien (EG-Richtlinien) die vorliegende Norm zugeordnet ist. Zum Beispiel in den DIN-Mitteilungen + elektronorm sowie der etz Elektrotechnische Zeitschrift wird laufend auf die Zuordnung hingewiesen.

Statt „Gerät" im Normtitel wird im Normtext wie in EN 60950 im allgemeinen die Benennung „Einrichtung" [en: equipment; fr: matériel] verwendet. Statt dieser deutschen Benennung sieht DIN VDE 0100-200 (VDE 0100 Teil 200) die von K 712 nicht befürwortete Benennung „Betriebsmittel" vor. Jedoch betreffen die Festlegungen zum Anschluß an Telekommunikationsnetze nach EN 60950 auch größere Bau- oder Funktionseinheiten als einzelne „Geräte", z. B. Telefon-Nebenstellenanlagen. (Begriffe für Funktions- und Baueinheiten siehe DIN 40150.) Siehe auch Erläuterungen im Nationalen Vorwort zu DIN EN 60950 (VDE 0805):1993-11.

„Instandhalter" sind „Elektrofachkräfte" oder „elektrotechnisch unterwiesene Personen" nach DIN 31000-10 (VDE 1000 Teil 10).

DIN EN 60950 (VDE 0805):1997-11   November 1997

Sicherheit von Einrichtungen der Informationstechnik

(IEC 950 : 1991 + A1 : 1992 + A2 : 1993 + A3 : 1995 + A4 : 1996, modifiziert)
Deutsche Fassung EN 60950 : 1992 + A1 : 1993 + A2 : 1993 + A3 : 1995
+ A4 : 1997

32 + 157 Seiten EN, 54 Bilder, 30 Tabellen, 26 Anhänge   Preisgruppe 70 K

Diese Norm (VDE-Bestimmung) gilt für netz- oder batteriebetriebene Einrichtungen der Informationstechnik [en: information technology equipment; in der deutschen Fassung dieser Norm auch kurz: Einrichtungen; bisher üblich: Geräte], einschließlich elektrischer Büromaschinen, und für dazugehörige Einrichtungen mit Nennspannungen bis 600 V.
Diese Norm gilt auch für solche Einrichtungen, die dafür gebaut und vorgesehen sind, direkt an ein Telekommunikationsnetz angeschlossen zu werden, und die Bestandteil einer Teilnehmeranlage sind, unabhängig von den Eigentumsverhältnissen und der Verantwortung für Errichtung und Instandhaltung und unabhängig von der Art der Stromversorgung.
Diese Norm enthält Anforderungen zur Sicherheit des Benutzers und des Laien, der mit den Einrichtungen in Berührung kommen kann, und – wo besonders angegeben – des Instandhalters.
Zweck dieser Norm ist, die Sicherheit betriebsbereiter Einrichtungen sicherzustellen, wobei es sich sowohl um ein System untereinander verbundener Baueinheiten als auch um voneinander unabhängige Baueinheiten handeln kann. Dabei wird vorausgesetzt, daß die Einrichtungen in der vom Hersteller vorgeschriebenen Weise installiert, betrieben und instand gehalten werden.

Allgemeine Anforderungen
Die Einrichtungen müssen so bemessen und gebaut sein, daß sie im Sinne dieser Norm bei allen möglichen Bedingungen des bestimmungsgemäßen Betriebs und im Fehlerfall gegen das Risiko von Personenschäden durch elektrischen Schlag (gefährliche Körperströme) und andere Gefahren sowie gegen von ihnen herrührende ernstliche Brände schützen.
Wenn für die Konstruktion einer Einrichtung Techniken oder Werkstoffe oder Verfahren verwendet sind, auf die nicht besonders eingegangen wird, darf die Einrichtung keinen geringeren als den allgemein nach dieser Norm und den vorangestellten Grundlagen der Sicherheit erzielten Sicherheitsgrad aufweisen.

Schutz gegen Gefahren

Schutz vor elektrischem Schlag (gefährlichen Körperströmen) und Energiegefahr
Diese Norm legt für Teile, die unter Spannung stehen, Anforderungen zum Schutz gegen elektrischen Schlag (gefährliche Körperströme) fest. Dabei gilt, daß der Benutzer nachstehende Teile grundsätzlich berühren darf:
- blanke Teile in SELV-Stromkreisen;
- blanke Teile in Stromkreisen mit Strombegrenzung;
- TNV-Stromkreise.

Die Einrichtung muß so gebaut sein, daß im Benutzerbereich ausreichender Schutz vorhanden ist gegen das Berühren von
- blanken Teilen von ELV-Stromkreisen oder blanken Teilen mit gefährlicher Spannung;
- Teilen von ELV-Stromkreisen oder Teilen mit gefährlicher Spannung, die nur durch Lack, Email, gewöhnliches Papier, Baumwolle, Oxidschicht, Perlen oder nicht selbsthärtende Vergußmasse isoliert sind;
- Betriebs- oder Basisisolierung von Teilen oder Leitungen in ELV-Stromkreisen oder mit gefährlicher Spannung;
- ungeerdeten leitfähigen Teilen, die von ELV-Stromkreisen oder von Teilen mit gefährlicher Spannung nur durch Betriebs- oder Basisisolierung getrennt sind.

Isolierung
Die elektrische Isolierung muß entweder aus einer oder aus einer Kombination der beiden folgenden Maßnahmen bestehen:
- feste oder geschichtete Isolierstoffe ausreichender Dicke und mit ausreichenden Kriechstrecken auf ihrer Oberfläche;
- ausreichende Luftstrecken.

Bei der Auswahl und Verwendung der Isolierstoffe müssen die Anforderungen an die elektrische, thermische und mechanische Festigkeit, die Frequenz der Betriebsspannung sowie die Umgebungsbedingungen im Betrieb beachtet werden (Temperatur, Druck, Luftfeuchte und Verschmutzung).
Weder Naturgummi noch asbesthaltige Werkstoffe dürfen als Isolierung verwendet sein.
Hygroskopische Werkstoffe dürfen nicht als Isolierung verwendet sein.

SELV-Stromkreise
SELV-Stromkreise dürfen nur Spannungen aufweisen, die berührungssicher sind, und zwar sowohl bei bestimmungsgemäßem Betrieb als auch nach einem einzelnen Fehler, wie Ausfall einer Lage der Basisisolierung oder Versagen eines einzelnen Bauteils.
Bei einem SELV-Stromkreis zum Anschluß an ein Telekommunikationsnetz müssen sowohl die innerhalb als auch die außerhalb der Einrichtung erzeugten Betriebsspannungen [en: normal operating voltages], einschließlich Rufsignale, berücksichtigt werden. Erdpotentialerhöhungen und von elektrischen Energiever-

sorgungsleitungen und Fahrleitungen induzierte Spannungen, die das Telekommunikationsnetz beeinflussen können, dürfen nicht berücksichtigt werden.

Erdung
Berührbare leitfähige Teile von Einrichtungen der Schutzklasse I, die bei einem einzelnen Isolationsfehler gefährliche Spannung annehmen können, müssen zuverlässig mit der Schutzleiter-Anschlußklemme in der Einrichtung verbunden sein.

Verriegelungen
Wo im Benutzerbereich üblicherweise Gefahren im Sinne dieser Norm entstehen, müssen Verriegelungen vorgesehen sein.
Verriegelungen müssen so ausgeführt sein, daß die Gefahr beseitigt ist, bevor die Abdeckung, Tür oder dergleichen in einer Lage ist, in der gefährliche Teile mit dem Prüffinger berührt werden können.

Verbindung von Einrichtungen
Für Einrichtungen, die dazu vorgesehen sind, elektrisch mit anderen Einrichtungen verbunden zu werden, müssen die Verbindungsstromkreise so ausgewählt sein, daß die Einrichtungen weiterhin den Anforderungen an SELV-Stromkreise und den Anforderungen an TNV-Stromkreise entsprechen, nachdem die Verbindungen zwischen den Einrichtungen hergestellt sind.

Leitungen, Verbindungen und Anschluß an den Versorgungsstromkreis
Der Querschnitt von inneren Leitern und Verbindungsleitungen muß für die Ströme, die sie bei Normallast der Einrichtung führen sollen, ausreichend sein, damit die höchstzulässige Temperatur der Leiterisolierung nicht überschritten wird.
Alle inneren Leitungen (einschließlich Verbindungsschienen) und Verbindungsleitungen für die Versorgung von Primärstromkreisen müssen durch geeignete Überstrom- und Kurzschluß-Schutzeinrichtungen geschützt sein.
Leitungen, die nicht direkt im Verlauf der Stromversorgung liegen, sind von dieser Anforderung ausgenommen, wenn es offensichtlich nicht zu einer Gefahr kommen kann (z. B. Anzeigestromkreise).

Anschluß an den Versorgungsstromkreis
Zum sicheren und zuverlässigen Anschluß an den Versorgungsstromkreis müssen die Einrichtungen mit einer der folgenden Vorkehrungen versehen sein:
- Anschlußklemmen zum festen Anschluß an den Versorgungsstromkreis;
- einer nicht abnehmbaren Anschlußleitung zum Versorgungsstromkreis für den Festanschluß oder Steckanschluß;
- einem Gerätstecker zum Anschluß einer abnehmbaren Anschlußleitung zum Versorgungsstromkreis oder
- einem Stecker zum Versorgungsstromkreis, der Teil eines Steckergeräts ist.

Einrichtungen mit mehr als einem Anschluß zum Versorgungsstromkreis (z. B. mit verschiedenen Spannungen oder Frequenzen oder für unterbrechungsfreie Stromversorgung) müssen so beschaffen sein, daß jede der folgenden Bedingungen erfüllt ist:
- getrennte Anschlußmittel sind für die verschiedenen Stromkreise vorgesehen;
- Steckverbindungen zum Versorgungsstromkreis, falls (mehr als eine) vorhanden, sind nicht verwechselbar, wenn falsches Stecken zu einer Gefahr führen kann;
- der Benutzer kann keine blanken Teile eines ELV-Stromkreises oder Teile mit gefährlicher Spannung, z. B. an Steckkontakten, berühren, wenn ein oder mehrere Stecker gezogen sind.

Standfestigkeit und mechanische Sicherheit
Baueinheiten und Einrichtungen dürfen bei bestimmungsgemäßem Betrieb nicht in dem Maß instabil werden, daß sie zu einer Gefahr für Benutzer oder Instandhalter werden können.
Sind zuverlässige Stützen vorhanden, um die Standfestigkeit bei herausgeschwenkten Einschüben, Türen und dergleichen zu verbessern, so müssen diese selbsttätig wirksam werden, wenn sie im Zusammenhang mit dem Gebrauch durch den Benutzer stehen. Bei nicht selbsttätig wirksamen Stützen müssen geeignete und deutlich sichtbare Hinweise zur Warnung des Instandhalters angebracht sein.

Verringerung der Entzündungsgefahr
Die Gefahr einer Entzündung infolge hoher Temperaturen muß durch geeigneten Einsatz der Bauteile und durch geeignete Konstruktion so gering wie möglich gehalten sein.
Elektrische Bauteile müssen so verwendet sein, daß ihre höchste Betriebstemperatur unter Normallast-Bedingungen geringer ist als jene Temperatur, die nötig ist, eine Entzündung ihrer Umgebung oder von Schmierstoffen zu verursachen, mit denen sie wahrscheinlich in Berührung kommen. Die Temperaturgrenzwerte dürfen für die umgebenden Werkstoffe nicht überschritten werden.
Bauteile, die bei hohen Temperaturen betrieben werden, müssen wirkungsvoll geschirmt oder abgesetzt angeordnet sein, damit keine benachbarten Werkstoffe oder Bauteile überhitzt werden können.

Erwärmung
Die Einrichtungen und ihre Teile dürfen bei bestimmungsgemäßem Betrieb keine unzulässig hohen Temperaturen annehmen.

Ableitstrom
Einrichtungen zum Anschluß an TT- oder TN-Systeme müssen die folgenden Anforderungen erfüllen. Einrichtungen zum direkten Anschluß an IT-Systeme müssen die Anforderungen eines Anhangs erfüllen.
Der Ableitstrom einer Einrichtung darf die Werte nach **Tabelle I** nicht überschreiten.

Tabelle I: Maximaler Ableitstrom zur Erde

Schutz-klasse	Art der Einrichtung	maximaler Ableitstrom mA
II	alle	0,25
I	Handgerät	0,75
I	bewegbare Einrichtung (außer Handgerät)	3,5
I	ortsfeste Einrichtung mit Steckanschluß Typ A	3,5
I	ortsfeste Einrichtung mit Festanschluß oder mit Steckanschluß Typ B: • ohne Zusatzbedingungen • mit Zusatzbedingungen	3,5 5 % des Aufnahmestroms

Spannungsfestigkeit
Die in den Einrichtungen verwendeten Isolierstoffe müssen ausreichend spannungsfest sein.

Bestimmungswidriger Betrieb und Fehlerbedingungen
Die Einrichtungen müssen so gestaltet sein, daß die Gefahr eines Brandes oder eines elektrischen Schlags (gefährlichen Körperstroms) infolge mechanischer oder elektrischer Überlastung oder eines Fehlers oder infolge bestimmungswidrigen oder sorglosen Betriebs so weit wie möglich eingeschränkt ist.
Nach bestimmungswidrigem Betrieb oder einem Fehler muß die Einrichtung im Sinne dieser Norm sicher für den Benutzer bleiben; es ist jedoch nicht erforderlich, daß die Einrichtung noch völlig funktionsfähig ist.
Schmelzeinsätze, Schutz-Temperaturbegrenzer, Überstrom-Schutzeinrichtungen und dergleichen dürfen verwendet werden, um einen angemessenen Schutz sicherzustellen.

Anschluß an Telekommunikationsnetze
Stromkreise zum Anschluß an ein Telekommunikationsnetz bestehen aus SELV-Stromkreisen oder TNV-Stromkreisen.
Es müssen sowohl die innerhalb als auch die außerhalb der Einrichtung erzeugten Betriebsspannungen, einschließlich Rufsignale, berücksichtigt werden. Erdpotentialerhöhungen und von elektrischen Energieversorgungsleitungen und Fahrleitungen induzierte Spannungen, die das Telekommunikationsnetz beeinflussen können, dürfen nicht berücksichtigt werden.

Schutz der Leitungen einer Telekommunikationsanlage vor Überhitzung
Einrichtungen zur Versorgung örtlich abgesetzter Einrichtungen über Leitungen

der Telekommunikationsanlage müssen den Ausgangsstrom auf einen Wert begrenzen, der an Leitungen der Telekommunikationsanlage bei jeder äußeren Belastung durch Überhitzung keinen Schaden verursacht. Der höchstzulässige Dauerstrom der Einrichtung darf einen Grenzwert nicht überschreiten, der dem in der Aufstellanleitung der Einrichtung angegebenen kleinsten Leiterquerschnitt entspricht. Fehlen Angaben über die Leitungen, beträgt der Grenzwert 1,3 A.

Anhang ZB (normativ)

Besondere nationale Bedingungen
Besondere nationale Bedingung: Nationale Eigenschaft oder Praxis, die nicht – selbst nach einem längeren Zeitraum – geändert werden kann, z. B. klimatische Bedingungen, elektrische Erdungsbedingungen. Wenn sie die Harmonisierung beeinflußt, bildet sie einen Teil der Europäischen Norm.
Für die folgenden Länder, in denen die jeweiligen besonderen nationalen Bedingungen gelten, sind diese Festlegungen normativ, für andere Länder sind sie informativ:
- Dänemark
- Frankreich
- Norwegen
- Schweden
- Schweiz
- Vereinigtes Königreich

Anhang ZC (informativ)

A-Abweichungen für nachstehend genannte Länder
A-Abweichung: Nationale Abweichung von der Europäischen Norm, die auf Vorschriften beruht, deren Veränderung zum gegenwärtigen Zeitpunkt außerhalb der Kompetenz des CENELEC-Mitglieds liegt.
Diese Europäische Norm fällt unter die Richtlinie 73/23/EWG.
Anmerkung (aus der CEN/CENELEC-Geschäftsordnung): Bei Normen, die unter EG-Richtlinien fallen, folgt nach Ansicht der Kommission der Europäischen Gemeinschaften (ABl. Nr. C 59, 1982-03-09) aus dem Urteil des Europäischen Gerichtshofs im Fall 815/79 Cremonini / Vrankovich (Entscheidungen des Europäischen Gerichtshofs 1980, S. 3583), daß die Einhaltung der A-Abweichungen nicht mehr zwingend ist und daß die Freiverkehrsfähigkeit von Erzeugnissen, die einer solchen Norm entsprechen, innerhalb der EG nicht eingeschränkt werden darf, es sei denn durch das in der entsprechenden Richtlinie vorgesehene Schutzklausel-Verfahren.
A-Abweichungen in einem EFTA-Land gelten dort anstelle der jeweiligen Festlegungen der Europäischen Norm, bis sie zurückgezogen worden sind.
- Dänemark
- Deutschland (Gerätsicherheitsgesetz, Röntgenverordnung)

- Österreich
- Schweden
- Schweiz

Änderungen

Gegenüber DIN EN 60950 (VDE 0805):1993-11 und DIN EN 60950/A2 (VDE 0805/A2):1994-09 wurden folgende Änderungen vorgenommen:
- Außer EN 60950:1992 (2. Ausgabe) sowie den Änderungen A1:1993 und A2:1993 (auf der Grundlage von IEC 950:1991 + A1:1992 + A2:1993) auch die Änderungen A3:1995 und A4:1997 auf der Grundlage von IEC 950 A3:1995 und IEC 950 A4:1996 eingearbeitet.
- Normtitel geändert.
- „Fernmelde-" in „Telekommunikations-" geändert.
- Mehrere Abschnitte mit Überschriften versehen.
- Gesamter Text redaktionell verbessert (z. B. Fehlerberichtigungen oder Verbesserung der Verständlichkeit).

DIN EN 50116 (VDE 0805 Teil 116):1997-06 Juni 1997

Einrichtungen der Informationstechnik

Stückprüfungen für die Fertigung in bezug auf elektrische Sicherheit
Deutsche Fassung EN 50116:1996

10 + 4 Seiten EN, 2 Bilder, 2 Tabellen Preisgruppe 11 K

Diese Europäische Norm (VDE-Bestimmung) gilt für Einrichtungen der Informationstechnik.
Sie ist dazu vorgesehen, in Verbindung mit dem Ständigen Schriftstück CCA-201 angewendet zu werden.
Diese Europäische Norm legt für die elektrische Sicherheit von Einrichtungen, die nach EN 60950 zertifiziert werden oder deren Übereinstimmung damit erklärt wird, Stückprüfungen und deren Verfahren fest, die während des Fertigungsprozesses oder daran anschließend anzuwenden sind.
Hersteller können diese Norm auch für Baugruppen und Bauteile anwenden, solange die endgültige Einrichtung EN 60950 erfüllt.
In allen Fällen ist die Anwendung der Prüfungen nach der vorliegenden Norm konstruktionsabhängig und muß vom Hersteller festgelegt werden, wobei alle Bedingungen nach dem Ständigen Schriftstück CCA-201 zu berücksichtigen sind.

Begriffe
Für diese Norm gelten die Begriffe nach EN 60950 (VDE 0805).
Zusätzlich gilt für die vorliegende Norm folgender Begriff:
Stückprüfung in bezug auf elektrische Sicherheit [en: routine electrical safety test]: Eine Prüfung für jedes einzelne Gerät während oder nach der Fertigung, um Fertigungsfehler und unannehmbare Toleranzen bei der Fertigung und bei den Werkstoffen aufzudecken.

Prüfungen
Mit der Prüfung des Schutzleiterwiderstands soll festgestellt werden, daß der Widerstand zwischen berührbaren Teilen, die aus Sicherheitsgründen zuverlässig geerdet sein müssen, und dem Schutzleiteranschluß oder Schutzkontakt nicht größer als 0,1 Ω ist.

Spannungsfestigkeit
Die vollständige Einrichtung ist der Prüfung mit einer sinusförmigen Wechselspannung von mindestens 1500 V (bei Basisisolierung) oder 3000 V (bei verstärkter Isolierung) und 50 Hz oder 60 Hz oder einer gleichwertigen Gleichspannung zu unterziehen, die nach EN 60950 auszuwählen und anzulegen ist.
Die Prüfspannung ist zwischen dem Primärstromkreis und berührbaren leitfähi-

gen Teilen anzulegen, ausgenommen Sekundärstromkreise, und zwar während mindestens 1 s und nicht länger als 6 s.
Prüfungen von Bauteilen, die zwischen Primär- und Sekundärstromkreisen angeschlossen werden, sind vor dem abschließenden Zusammenbau durchzuführen.
Während der Prüfungen darf es zu keinem Durchschlag der Isolierung kommen.
Im Sinne dieser Norm gilt als Durchschlag der Isolierung, der sich als Fehlerstrom bemerkbar macht, jede deutliche Erhöhung über den Dauerstrom während der Prüfung der Spannungsfestigkeit.
Die Prüfeinrichtung muß mit einer Anzeige der Prüfspannung und des Durchschlags der Isolierung versehen sein, z. B. sichtbar oder (und) hörbar. Der Fehlerstrom ist vom Hersteller der zu prüfenden Einrichtung anzugeben.

Änderung
Gegenüber DIN VDE 0804:1995-05 und DIN VDE 0804/A1:1992-10 wurde folgende Änderung vorgenommen:
- Anstelle der Festlegungen für Stückprüfungen nach DIN VDE 0804 (VDE 0804):1989-05 wurden die unabhängig davon entstandenen Festlegungen nach EN 50116:1996 übernommen.

DIN VDE 0819-5 (VDE 0819 Teil 5):1997-11   November 1997

Rahmenspezifikation für Geräteanschlußkabel für digitale und analoge Kommunikation

Deutsche Fassung HD 609 S1:1995

2 + 9 Seiten HD, 1 Bild, 1 Tabelle, 3 Anhänge   Preisgruppe 10 K

Diese Rahmenspezifikation (VDE-Bestimmung) bezieht sich auf Geräteverbindungsleitungen für die innere Verdrahtung und zum Anschluß elektronischer Geräte in Netzwerken für die digitale und analoge Kommunikation. Diese Kabel sind aus mehreren Adern, Paaren oder Vierern mit oder ohne Schirm aufgebaut.
Diese Kabel sind üblicherweise mit PVC ummantelt. Wenn jedoch ein raucharmes Kabel gefordert wird, muß das Kabel mit einem thermoplastischen Werkstoff ummantelt werden, der wenig Rauch und wenig korrosive Gase entwickelt, wenn es dem Feuer ausgesetzt ist.
Die Kabel sind für die Verwendung in trockenen Räumen unter den in einem Anhang beschriebenen Bedingungen geeignet. Die Isolierung dieser Kabel ist für den Betrieb mit den Spannungen geeignet, die in den Einzelnormen angegeben sind. Jedoch dürfen diese Kabel nicht direkt mit niederohmigen Spannungsquellen, z. B. öffentlichen Versorgungsnetzen, verbunden werden.
Die Abschnitte dieser Norm ergänzen oder ersetzen die entsprechenden Abschnitte in DIN VDE 0819-1 (VDE 0819 Teil 1).

Zweck
Die in dieser Norm beschriebenen Kabel müssen die Anforderungen der Fachgrundnorm HD 608 S1 (VDE 0819 Teil 1) für vieladrige und symmetrische Kabel in Paar- oder Vierer-Verseilung für digitale und analoge Kommunikation erfüllen. Diese Rahmenspezifikation muß durch entsprechende Einzelnormen, die zusätzliche Informationen enthalten, ergänzt werden, wenn dies durch besondere Verwendungen erforderlich ist.

Werkstoffe und Kabelaufbau
Die Werkstoffe und Kabelbauarten müssen so ausgewählt werden, daß sie für die beabsichtigte Verwendung und Installation geeignet sind. Die speziellen Anforderungen hinsichtlich des Brandverhaltens müssen dabei besonders beachtet werden (wie Brandeigenschaften, Rauchentwicklung, Entwicklung halogenhaltiger Gase usw.).

Isolierung
Die Isolierung muß bestehen aus:
- PVC;
- Polyolefin;

- thermoplastischem Werkstoff mit geringer Rauchentwicklung und geringen korrosiven Brandgasen im Brandfall.

Farbkennzeichnung der Isolierung
Die Isolierung der Leiter muß entweder mit einer oder zwei verschiedenen Farben, in Übereinstimmung mit IEC 189-2:1988, gefärbt sein.

Schirmung der Kabelelemente
Wenn ein Kupfergeflecht verwendet wird, muß es mindestens einen Füllfaktor von 0,41 (65 % Oberflächenbedeckung) besitzen. Wenn ein Band und ein Geflechtschirm verwendet werden, muß der Füllfaktor des Geflechts mindestens 0,16 (30 % Oberflächenbedeckung) betragen. Der Füllfaktor ist in einem Anhang erläutert.

Mantel
Der PVC-Mantel muß vom Typ TM 51 oder TM 52 nach HD 624.2 sein. Der Mantel muß die verseilten Kabelelemente fest umschließen.

Mantelfarbe
Die bevorzugten Mantelfarben sind grau oder blau.

Prüfverfahren
In den Einzelnormen sind die Leistungskriterien eines Kabels enthalten, und es müssen die Grenzwerte für die geforderten Prüfungen angegeben werden, die aus den nachfolgenden Prüfverfahren ausgewählt sein müssen. Für ein Kabel müssen nicht alle aufgelisteten Prüfungen gefordert werden.

Elektrische Prüfungen
Die Prüfungen müssen an Kabeln von mindestens 100 m Länge durchgeführt werden.
Leiterwiderstand
Spannungsfestigkeit – Leiter/Leiter
– Leiter/Schirm
Isolationswiderstand – Leiter/Leiter
– Leiter/Schirm
Kapazität

Prüfungen der mechanischen Eigenschaften und der Abmessungen
Die Prüfungen müssen in Übereinstimmung mit den entsprechenden Unterabschnitten der Fachgrundnorm HD 608 S1 durchgeführt werden:
Leiter – Bruchdehnung
Isolierung – Außendurchmesser
– Bruchdehnung
Mantel – kleinste Wanddicke
– größter Außendurchmesser
– Bruchdehnung und Zerreißfestigkeit

Prüfungen der Umwelteinflüsse
Die Prüfungen müssen in Übereinstimmung mit den entsprechenden Unterabschnitten der Fachgrundnorm HD 608 S1 durchgeführt werden:

Isolierung	– Schrumpfung
	– Wickeln nach Alterung
	– Kälte-Wickelprüfung
Mantel	– Bruchdehnung und Zerreißfestigkeit
	– Wärme-Druckverhalten
	– Wärme-Schockverhalten
Fertiges Kabel	– Kälte-Biegeprüfung
	– Brand-Weiterleitung eines einzelnen Kabels
	– Brand-Weiterleitung eines Kabelbündels
	– Entwicklung korrosiver Gase
	– Rauch-Entwicklung
	– Entwicklung giftiger Gase

DIN VDE 0819-104 (**VDE 0819 Teil 104**):1997-07　　　　　　　　　　Juli 1997

Werkstoffe für Kommunikationskabel
Teil 4: PE-Mantelmischungen
Deutsche Fassung HD 624.4 S1:1996

2 + 15 Seiten HD, 7 Bilder, 6 Tabellen, 4 Anhänge　　　　　　Preisgruppe 14 K

Dieses Harmonisierungsdokument (VDE-Bestimmung) ist auf schwarze oder farbige Polyethylenmantelmischungen nach **Tabelle 1** oder **Tabelle 2** anzuwenden.

Tabelle 1 Schwarze Polyethylenmantelmischungen
Prüfverfahren nach HD 505 und Anhängen dieser Norm

	Eigenschaften	Einheit	Typen*)		
			L/MD	HD	LLD
1	höchste Temperatur am Kabel, für die die Mischung verwendet werden kann	°C	70**)	80	80
2	Dichte*) (ohne Ruß)	g/cm³	≤ 0,940	> 0,940	≤ 0,940
3	Schmelzindex*) (Anmerkung 1)	g/10 min	≤ 0,4 ≤ 2,5***)	≤ 1,0	≤ 2,0
4	mechanische Eigenschaften				
4.1	im Anlieferungszustand				
	Zugfestigkeit – Median, minimal	MPa	10	18	16
	Reißdehnung – Median, minimal	%	300	300	500
4.2	nach Alterung				
	Alterungsbedingungen – Temperatur – Dauer	°C h	100 ± 2 24 × 10	100 ± 2 24 × 10	100 ± 2 24 × 10
	Reißdehnung – Median, minimal	%	300	300	500
5	Längsschrumpfung***)				
	Prüfbedingungen – Probenlänge (wenn nicht anders spezifiziert) – Temperatur – Dauer	mm °C h	200 ****) ****)	200 ****) ****)	200 ****) ****)
	Prüfanforderung – Schrumpfung, maximal	%	****)	****)	****)

Tabelle 1 (Fortsetzung)

Eigenschaften	Einheit	Typen*)		
		L/MD	HD	LLD
6 Verhalten nach Vorkonditionierung (für Mäntel in direktem Kontakt mit Füllmasse) Prüfbedingungen				
– Temperatur	°C	60/70 ± 2	60/70 ± 2	60/70 ± 2
– Dauer	h	7 × 24	7 × 24	7 × 24
Prüfanforderung Zugfestigkeit				
– Median, minimal	MPa	10	18	16
Reißdehnung				
– Median, minimal	%	300	300	500
7 Rußgehalt	%	2,5 ± 0,5	2,5 ± 0,5	2,5 ± 0,5
8 Rußverteilung		zu bestehen	zu bestehen	zu bestehen
9 Spannungsrißbeständigkeit (Anmerkung 2)		zu bestehen	zu bestehen	zu bestehen

*) Vom Lieferanten anzugeben.
**) 80 °C für MD.
***) Für spezielle Anwendungen.
****) In der betreffenden Kabelspezifikation.

Anmerkung 1: Falls gefordert, darf der Schmelzindex am Mantel gemessen werden, wobei andere Werte gelten.

Anmerkung 2: Prüfung auf Spannungsrißbeständigkeit am Rohmaterial reicht unter Umständen nicht aus, um eine Spannungsrißbeständigkeit am fertigen Kabel sicherzustellen. Deshalb ist eine weitere Prüfung entweder am fertigen Kabel oder an Proben des Außenmantels des fertigen Kabels nach den Prüfverfahren eines Anhangs durchzuführen.

Anmerkung 3: Für Innenmäntel kann die Prüfung 9 entfallen.

Tabelle 2 Farbige Polyethylenmantelmischungen
Prüfverfahren nach HD 505 und Anhängen dieser Norm

	Eigenschaften	Einheit	Typen*)		
			L/MD	HD	LLD
1	höchste Temperatur am Kabel, für die die Mischung verwendet werden kann	°C	70**)	80	80
2	Dichte*)	g/cm³	≤ 0,940	> 0,940	≤ 0,940
3	Schmelzindex*) (Anmerkung 1)	g/10 min	≤ 0,4 ≤ 2,5***)	≤ 1,0	≤ 2,0

Tabelle 2 (Fortsetzung)

	Eigenschaften	Einheit	Typen*)		
			L/MD	HD	LLD
4	mechanische Eigenschaften				
4.1	im Anlieferungszustand				
	Zugfestigkeit – Median, minimal	MPa	10	18	16
	Reißdehnung – Median, minimal	%	300	300	500
4.2	nach Alterung				
	Alterungsbedingungen – Temperatur – Dauer	°C h	100 ± 2 24 × 10	100 ± 2 24 × 10	100 ± 2 24 × 10
	Reißdehnung – Median, minimal	%	300	300	500
5	Längsschrumpfung***)				
	Prüfbedingungen				
	– Probenlänge (wenn nicht anders spezifiziert)	mm	200	200	200
	– Temperatur – Dauer	°C h	****) ****)	****) ****)	****) ****)
	Prüfanforderung				
	– Schrumpfung, maximal	%	****)	****)	****)
6	Verhalten nach Vorkonditionierung (für Mäntel in direktem Kontakt mit Füllmasse)				
	Prüfbedingungen				
	– Temperatur – Dauer	°C h	60/70 ± 2 7 × 24	60/70 ± 2 7 × 24	60/70 ± 2 7 × 24
	Prüfanforderung				
	Zugfestigkeit – Median, minimal	MPa	10	18	16
	Reißdehnung – Median, minimal	%	300	300	500
7	Spannungsrißbeständigkeit (Anmerkung 2)		zu bestehen	zu bestehen	zu bestehen

*) Vom Lieferanten anzugeben.
**) 80 °C für MD.
***) Für spezielle Anwendungen.
****) In der betreffenden Kabelspezifikation.
Anmerkungen 1 und 2 siehe Tabelle 1.
Anmerkung 3: Für Innenmäntel entfällt Prüfung 7; naturfarbene Typen können eingesetzt werden.

Erläuterungen
Prüfverfahren für mechanische/thermische Eigenschaften von Starkstrom- und Nachrichtenkabeln und -leitungen waren bisher in dem mit IEC 811 identischen Harmonisierungsdokument HD 505 festgelegt, das in der Normenreihe DIN VDE 0472 (VDE 0472) übernommen wurde. Nunmehr wurde HD 505 mit gleichem Inhalt als EN 60811 (identisch mit IEC 811) übernommen und steht als Reihe DIN EN 60811 (VDE 0473) zur Verfügung.

Eine Gegenüberstellung der in vorliegender Norm noch enthaltenen Verweise auf HD 505 auf die entsprechenden neuen Ausgaben von DIN EN 60811 (VDE 0473) ist in Beiblatt 1 zu DIN VDE 0472 (VDE 0472):1992-08 und dessen Ausgabe 1997 enthalten.

Dieses Dokument ist Teil einer Normenreihe für Werkstoffe, die in Kommunikationskabeln verwendet werden und folgende Teile enthält:

Teil 1: PVC-Isoliermischungen
Teil 2: PVC-Mantelmischungen
Teil 3: PE-Isoliermischungen
 – Tabelle 1: Voll-PE
 – Tabelle 2: Zell-PE (einschließlich Foam Skin)
Teil 4: PE-Mantelmischungen
 – Tabelle 1: Schwarze Polyethylenmantelmischungen
 – Tabelle 2: Farbige Polyethylenmantelmischungen
Teil 5: Polypropylen-Isoliermischungen
Teil 6: Halogenfreie flammwidrige Isoliermischungen
Teil 7: Halogenfreie flammwidrige thermoplastische Mantelmischungen
Teil 8: Petrolat-Füllmasse für gefüllte Kabel
Teil 9: Vernetzte PE-Isolier-Mischungen

Die verschiedenen Teile enthalten besondere Anforderungen für den Einsatz in Kommunikationskabeln. Allgemeine Eigenschaften beziehen sich, wenn überhaupt, auf bereits vorhandene HD, soweit sie für Kommunikationskabel geeignet sind.

DIN VDE 0819-108/A1 (**VDE 0819 Teil 108/A1**):1998-01   Januar 1998

Werkstoffe für Kommunikationskabel

Teil 8: Petrolat-Füllmasse für gefüllte Kabel
Deutsche Fassung HD 624.8 S1/A1:1996

2 + 2 Seiten HD   Preisgruppe 1 K

Die Abschnitte dieser **Änderung** ersetzen die entsprechenden Abschnitte in DIN VDE 0819-108 (VDE 0819 Teil 108):1996-02.

Änderung A1 zu HD 624.8 S1:1995
Ersetze für Typ 1 und Typ 2 den maximalen Wert der relativen Dielektrizitätskonstanten „2,5" durch „2,3".

DIN VDE 0819-109 (VDE 0819 Teil 109):1997-07   Juli 1997

Werkstoffe für Kommunikationskabel
Teil 9: Vernetzte PE-Isolier-Mischungen
Deutsche Fassung HD 624.9 S1:1997

2 + 2 Seiten EN, 1 Tabelle, 1 Anhang   Preisgruppe 3 K

Vernetzte PE-Isolier-Mischungen (Prüfverfahren nach HD 505)

	Eigenschaften	Einheit	Werte
1	höchste Temperatur am Kabel, für die die Mischung verwendet werden kann	°C	90
2	mechanische Eigenschaften		
2.1	am Ausgangsmaterial		
	Zugfestigkeit – Median, minimal	MPa	12,5
	Reißdehnung – Median, minimal	%	250
2.2	nach Alterung im Wärmeschrank		
	Alterungsbedingungen – Temperatur – Dauer	°C h	135 ± 3 10 × 24
	Zugfestigkeit – Änderung, maximal	%	± 25
	Reißdehnung – Änderung, maximal	%	± 25
3	Wickelprüfung nach Alterung		
	Alterungsbedingungen – Temperatur – Dauer	°C h	150 ± 3 7 × 24
	Prüfanforderung		keine Risse

Tabelle (Fortsetzung)

Eigenschaften		Einheit	Werte
4	Wärmedehnung (Hot Set Test)		
	Prüfbedingungen – Temperatur – Dauer – Belastung	°C min N/mm^2	200 ± 3 15 0,2
	Prüfanforderung – Dehnung unter Belastung, maximal – Dehnung nach Entlastung, maximal	% %	175 15
5	Schrumpfung		
	Prüfbedingungen – Temperatur – Dauer	°C h	130 1
	Prüfanforderungen – Schrumpfung, maximal	%	4

Berichtigung 1 zu DIN EN 60127-2
(Berichtigung 1 zu **VDE 0820 Teil 2**):1996-08 Juli 1997

Berichtigungen
zu DIN EN 60127-2 (VDE 0820 Teil 2):1996-08

2 Seiten Preisgruppe 0 K

In DIN EN 60127-2 (VDE 0820 Teil 2)

Gerätschutzsicherungen –
Teil 2: G-Sicherungseinsätze (IEC 127-2:1989 + A1:1995);
Deutsche Fassung EN 60127-2:1991 + A1:1995

sind Berichtigungen an 13 Stellen vorzunehmen.

DIN EN 60127-4 (VDE 0820 Teil 4):1997-05　　　　　　　　　　　Mai 1997

Gerätschutzsicherungen

Teil 4: Welteinheitliche modulare Sicherungseinsätze (UMF)
(IEC 127-4:1996)
Deutsche Fassung EN 60127-4:1996

3 + 25 Seiten EN, 10 Bilder, 6 Tabellen, 2 Normblätter, 2 Anhänge
　　　　　　　　　　　　　　　　　　　　　　　　Preisgruppe 19 K

Dieser Teil der Normenreihe IEC 127 (VDE-Bestimmung) gilt für welteinheitliche modulare Sicherungseinsätze (UMF) für gedruckte Schaltungen und andere Trägermaterialien, die zum Schutz von elektrischen Geräten, elektronischen Ausrüstungen und Teilen derselben dienen, die üblicherweise für den Gebrauch in Innenräumen bestimmt sind.
Es ist üblicherweise vorgesehen, daß diese Sicherungen nur von entsprechend fachlich geschultem Personal unter Verwendung von Spezialgeräten montiert und ausgewechselt werden.
Diese Norm gilt zusätzlich zu den Anforderungen nach IEC 127-1 (VDE 0820 Teil 1).
Zusätzlich zu dem in IEC 127-1 festgelegten Zweck gilt die Anforderung nach einem bestimmten Grad der Unverwechselbarkeit.

Aufschriften
Ein Kennbuchstabe für das Ausschaltvermögen bei Sicherungen mit einer Bemessungsspannung von 250 V muß zwischen den Aufschriften für Bemessungsstrom und Bemessungsspannung angeordnet sein.
Als Kennbuchstaben werden verwendet:
H　zur Kennzeichnung des großen Ausschaltvermögens;
I　zur Kennzeichnung des mittleren Ausschaltvermögens;
L　zur Kennzeichnung des kleinen Ausschaltvermögens.
Das welteinheitlich für modulare Sicherungseinsätze charakteristische Symbol ist wie in **Bild 1** dargestellt.

Typprüfungen
Für Sicherungseinsätze für Lochbefestigung, die sowohl für Wechselstrom als auch für Gleichstrom vorgesehen und ausgelegt sind, beträgt die erforderliche Anzahl der Sicherungseinsätze 63; für Sicherungseinsätze für Lochbefestigung, die nur für Wechselstrom vorgesehen sind, beträgt die Anzahl 48. In beiden Fällen werden neun Prüflinge für eventuelle Wiederholungsprüfungen in Reserve gehalten (siehe **Tabelle 1**).
Für Sicherungseinsätze für Oberflächenmontage, die sowohl für Wechselstrom als auch für Gleichstrom vorgesehen und ausgelegt sind, beträgt die erforderliche Anzahl der Sicherungseinsätze 84; für Sicherungseinsätze für Oberflächenmon-

nur Verhältnisgrößen

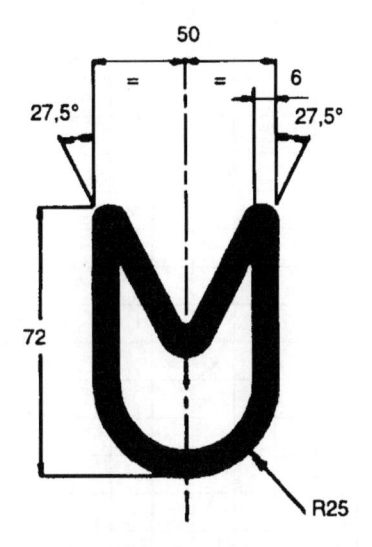

Bild 1 UMF-Symbol (UMF: Universal Modular Fuse-link)

tage, die nur für Wechselstrom vorgesehen sind, beträgt die Anzahl 64. In beiden Fällen werden die Prüflinge in zwei gleich große Gruppen aufgeteilt. Eine Gruppe ist für die Wellenlötung, die andere für die Reflowlötung vorgesehen. Für jede Gruppe werden acht Prüflinge für eventuelle Wiederholungsprüfungen in Reserve gehalten.

Zeit-Strom-Charakteristik bei üblicher Umgebungstemperatur
Bei 1,25fachem Bemessungsstrom nicht weniger als 1 h (nach Beendigung der Dauerprüfung).
Bei zweifachem Bemessungsstrom nicht mehr als 2 min.

Ansprechzeit bei zehnfachem Bemessungsstrom entsprechend den einzelnen Ausführungen
Ausführung FF   weniger als 0,001 s;
Ausführung F   von 0,001 s bis 0,01 s;
Ausführung T   mehr als 0,01 s bis 0,1 s;
Ausführung TT   mehr als 0,100 s bis 1,00 s.

Tabelle 1 Prüfplan für Sicherungseinsätze für Lochbefestigung

Nummer des welteinheitlichen modularen Sicherungseinsatzes

Prüfung		1/2/3	4/5/6	7/8/9	10/11/12	13/14/15	16/17/18	19/20/21	22/23/24	25/26/27	28/29/30	31/32/33	34/35/36	37/38/39	40/41/42	43/44/45	46/47/48	49/50/51	52/53/54	55/56/57	58/59/60	61/62/63
Übertemperatur						X																
maximale Verlustleistung					X	X																
Dauerprüfung					X																	
Zeit-Strom-Charakteristik	$10\,I_N$											X										
	$2\,I_N$																					
	$1{,}25\,I_N$						X															
Ausschaltvermögen																						
Bemessungsausschaltvermögen	AC								X													
	DC									X												
fünffacher Bemessungsstrom	AC										X											
	DC											X										
zehnfacher Bemessungsstrom	AC												X									
	DC															X						

Prüfung	Nummer des welteinheitlichen modularen Sicherungseinsatzes																																																														
	1	4	7	10	13	16	19	22	25	28	31	34	37	40	43	46	49	52	55	58	61
	2	5	8	11	14	17	20	23	26	29	32	35	38	41	44	47	50	53	56	59	62
	3	6	9	12	15	18	21	24	27	30	33	36	39	42	45	48	51	54	57	60	63
50facher Bemessungsstrom AC															X						
50facher Bemessungsstrom DC																X					
250facher Bemessungsstrom AC																		X			
250facher Bemessungsstrom DC																				X	
Isolationswiderstand							X	X	X	X				X	X	X				X	X
Anschlüsse der Sicherungseinsätze	X	X																			
Lötverbindungen					X	X						X									
Lesbarkeit und Beständigkeit der Aufschriften					X	X						X									
Lötbarkeit der Anschlüsse			X																		
Lötwärmebeständigkeit				X																	

Insgesamt 63 Sicherungseinsätze (48 im Fall der alleinigen Verwendung mit Wechselstrom, wobei die Prüflinge für das Ausschaltvermögen mit Gleichstrom entfallen), von denen neun in Reserve gehalten werden. Die Prüflinge 1 bis 12 werden wahllos entnommen.
Die Prüflinge 13 bis 63 (48) werden auf die Prüfleiterplatte gelötet und nach kleiner werdendem Spannungsfall sortiert.

Erläuterungen
Der Trend zur Miniaturisierung von elektronischen Ausrüstungen hat Anwender veranlaßt, nach Sicherungseinsätzen mit kleinen Maßen und einer geeigneten Bauform für die möglicherweise automatische Bestückung von Leiterplatten oder anderen Trägermaterialien zu fragen. Diese Sicherungseinsätze sollten einen bestimmten Grad der Unverwechselbarkeit sicherstellen.

Die Bemessungspannungen 32 V, 63 V, 125 V und 250 V sind jeweils für die folgenden Charakteristiken festgelegt: superflink (FF), flink (F), träge (T) und superträge (TT).

Da in der neuen Technologie der Begrenzung von transienten Überspannungen eine immer größere Bedeutung zukommt, enthält diese Norm Grenzwertempfehlungen für Überspannungen, die von diesen Sicherungen unter bestimmten Prüfbedingungen, die für typische Schaltungsanordnungen gelten, erzeugt werden.

DIN EN 50090-2-2 (VDE 0829 Teil 2-2):1997-06 Juni 1997

Elektrische Systemtechnik für Heim und Gebäude (ESHG)

Teil 2-2: Systemübersicht
Allgemeine technische Anforderungen
Deutsche Fassung EN 50090-2-2:1996 + Corrigendum 1997

6 + 29 Seiten EN, 30 Bilder, 9 Tabellen, 2 Anhänge   Preisgruppe 23 K

Diese Europäische Norm (VDE-Bestimmung) legt die allgemeinen technischen Anforderungen der Elektrischen Systemtechnik für Heim und Gebäude (ESHG) hinsichtlich Verkabelung und Topologie, elektrischer Sicherheit, Umgebungsbedingungen und des Verhaltens im Fehlerfall fest.
Bei Anlagen sind die vorliegenden allgemeinen Anforderungen zusätzlich zu den Anforderungen der bestehenden Produktnormen zu erfüllen, außer wenn die Produktnormen ausdrücklich andere Anforderungen festlegen.

Verkabelung
Das Netz muß geplant werden, bevor mit dem Bau oder der Renovierung eines Gebäudes begonnen wird. Die Installation und die Verbindungen zum Stromversorgungsnetz oder den Kommunikationsnetzen müssen in jeder Hinsicht den entsprechenden Europäischen Normen (oder nationalen Normen, wenn Europäische Normen nicht vorhanden sind) entsprechen, insbesondere in bezug auf Sicherheit und elektromagnetische Verträglichkeit.

Topologie
Für die Zwecke der Steuerung dürfen im Grunde physikalische Medien unterschiedlicher Art benutzt werden. Unter diesen physikalischen Medien sind Kabel mit verdrillten Adernpaaren (TP) am gebräuchlichsten. Da dieses ESHG-Medium (TP) für einen breiten Bereich von Heim- und Gebäudeanwendungen geeignet ist, erlaubt es verschiedene Arten von Verdrahtungstopologien. Insbesondere werden für dieses Medium Baum-, Stern-, Schleifen- und Bus-Topologien unterstützt. Es sind auch Kombinationen aus diesen Topologien möglich.
Bei einem Netz, das sich aus mehreren ESHG-TP-Medien, verbunden durch Brücken oder Router, zusammensetzt, können Beschränkungen hinsichtlich der Gesamttopologie bestehen (beispielsweise werden Schleifen üblicherweise nicht unterstützt).

Stromversorgung
Zusätzlich zu den Funktionen für Steuerung und Informationsübertragung muß die ESHG die Funktion einer Gleichstromversorgung mit Sicherheitskleinspannung (SELV oder PELV) besitzen. Die Stromversorgungsfunktion wird durch eine Stromversorgungseinheit (SVE) bereitgestellt, die sowohl ein eigenständiges Gerät als auch in ein anderes Gerät integriert sein darf. Das gestattet eine

Fern-Stromversorgung für verschiedene angeschlossene Geräte. Die Stromversorgung kann entweder über dieselben zwei Leiter erfolgen, die für die Kommunikation benutzt werden, oder über ein zweites Leiterpaar des Kabels/der Leitung. Je nach den Kenndaten des Speisestroms können nur elektronische Geräte mit begrenzter Leistungsaufnahme (in der Größenordnung von einigen zehn Milliwatt) wie beispielsweise Meßfühler oder Stellglieder betrieben werden. Um sicherzustellen, daß das Kabel/die Leitung nicht thermisch überlastet wird, muß die Stromversorgung eine Kurzschluß- und/oder Überlaststrombegrenzung haben.

Bild 1 zeigt ein Beispiel für eine mögliche Kombination von ESHG-Geräten mit unterschiedlichen Stromversorgungseinheiten, angeschlossen an einen Bus.

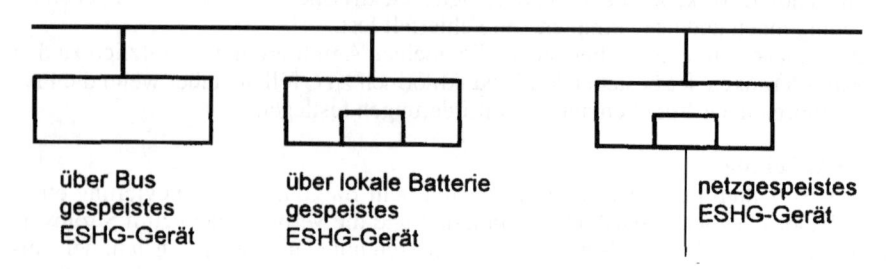

| über Bus gespeistes ESHG-Gerät | über lokale Batterie gespeistes ESHG-Gerät | netzgespeistes ESHG-Gerät |

Bild 1 Stromversorgungseinheiten von ESHG-Geräten

Sicherheit

Das gesamte ESHG-System, d. h. Medien und Geräte sowie ihre Installation, muß einen sicheren Betrieb und den Schutz gegen elektrischen Schlag und Feuer während des normalen Einsatzes sowie unter den festgelegten anomalen Bedingungen sicherstellen.
Das wird erreicht durch die Erfüllung der elektrischen Sicherheitsanforderungen und der funktionalen Sicherheitsanforderungen.
Die elektrische Sicherheit wird sichergestellt durch die Erfüllung der
- allgemeinen Anforderungen,
- Anforderungen an die Medien, d. h. Kabel/Leitungen und Leiter,
- Anforderungen an die Geräte,
- Anforderungen an die Installation.

Funktionssicherheit

Wenn das Netz oder ein anderer Teil eines ESHG-Systems die Funktion eines Geräts beeinträchtigt, müssen alle Sicherheitsaspekte der Produktnorm des Geräts erfüllt werden.
Wenn der sichere Betrieb eines Geräts vom System abhängt, jedoch die korrekte Funktion nicht nachgewiesen werden kann, muß das Gerät in die sichere Betriebsart übergehen.

Umgebungsbedingungen
Die Orte, an denen das ESHG verwendet werden soll, legen die endgültigen Anforderungen an das Netz und die Geräte fest.
Die typischen Umgebungen für ESHG sind Innenräume im Wohn-, Geschäfts- und Gewerbebereich.
Umgebungen, die starke Störquellen aufweisen, dürfen eingeschlossen werden, wenn die Installation nach besonderen Anweisungen durchgeführt wird, welche sicherstellen, daß die Störkopplung auf ein Minimum begrenzt wird.
Betriebsmittel innerhalb des Anwendungsbereichs dieser Norm müssen so ausgeführt sein, daß sie einwandfrei unter den klimatischen und elektromagnetischen Umgebungsbedingungen von Heim und Gebäude funktionieren. Dies bedeutet vor allem, daß sie einwandfrei innerhalb der Bedingungen arbeiten, die durch die elektromagnetischen Verträglichkeitspegel für die verschiedenen Störungen im öffentlichen Niederspannungsnetz festgelegt sind, wie es durch ENV 61000-2-2 definiert ist.

Anforderungen an die elektromagnetische Verträglichkeit
Dieser Abschnitt legt die EMV-Anforderungen für die Produktfamilie ESHG fest. Sofern nichts anderes angegeben ist, gelten die Bestimmungen der Fachgrundnormen EN 50082-1 und EN 50081-1 sowie die Bestimmungen der EN 61000-3-2 und EN 61000-3-3. Es werden alle an ein ESHG angeschlossenen Geräte, Einheiten oder Betriebsmittel behandelt. Der Abschnitt enthält insbesondere Anforderungen an
- Medienschnittstelle (MS);
- Universelle Schnittstelle (US);
- Prozeßschnittstelle (PS);
- E/A-Leitungen (E/A).

Wenn ein Prüfling (EUT) sowohl an die ESHG-Medien und an andere Betriebsmittel angeschlossen ist, muß die Netzzugriffseinheit (NZE) mit allen ihren äußeren zugänglichen Schnittstellen dieser Norm entsprechen. In Fällen, wo der Prüfling nur an die ESHG-Medien und eine wahlweise Stromversorgung angeschlossen ist, zum Beispiel das Netz (NZE ist im Prüfling integriert), sind nur die EMV-Bedingungen, die für die MS spezifisch sind, und die wahlweise Stromversorgung für die NZE durch diese Norm abgedeckt. Die internen und externen E/A für die zugeordnete Funktion sind durch diese Norm nicht erfaßt.

Prüfanordnungen
Sämtliche Prüfungen sind mit einer ESHG-Mindestanordnung durchzuführen. Eine ESHG-Mindestanordnung ist eine Menge von Einrichtungen, welche es ermöglicht, die ordnungsgemäße Funktion eines Prüflings zu prüfen. Die Entladungen auf dem Prüfling müssen in Zeitintervallen von wenigstens 1 s ausgeführt werden, bzw. es muß wenigstens eine Busübertragung je Sekunde durchgeführt werden, um die Erfüllung des Bewertungskriteriums A nachzuweisen.
Die Dämpfung der Signale ist im Prüfbericht anzugeben.
Die Verwendung der Filter für Prüfsignale erfolgt wahlweise, sie wird aber emp-

fohlen, um die Prüfung unabhängig von möglichen Einflüssen/Fehlfunktionen der Kommunikationsgeräte zu machen, die von Prüfsignalen verursacht werden. Die Dimensionierung dieser Filter ist abhängig von der Prüfung.

Spannungseinbrüche und Kurzzeitunterbrechungen
Für die allgemeinen Prüfbestimmungen und für das Prüfverfahren gelten die Festlegungen von EN 61000-4-11. Die Prüfung muß, auf die Stromversorgung bezogen, sowohl mit einer minimalen Konfiguration als auch mit einem voll belasteten Bus durchgeführt werden.

Zuverlässigkeit
Die ESHG-Funktionen müssen ein Minimum an Betriebsqualität bei Fehlfunktion eines an das Netz angeschlossenen Teils oder Geräts sicherstellen.
Dieser Abschnitt beschreibt, wie sich beim Auftreten einiger Betriebsbedingungen die Stromversorgungseinheiten, die Geräte und das Gesamtsystem verhalten müssen.
Einzelheiten des internen Verhaltens der ESHG-Geräte als Reaktion auf besondere Bedingungen sind nicht beschrieben, weil sie von der Anwendung abhängen.

Änderungen
Gegenüber DIN V VDE 0829-220(VDE V 0829 Teil 220):1992-11 wurden folgende Änderungen vorgenommen:
- Vollständige Überarbeitung und Anpassung an den Stand der Technik unter besonderer Berücksichtigung der Anforderungen für die elektrische Sicherheit und die elektromagnetische Verträglichkeit.
- Anhang A mit Informationen zur Zertifizierung neu aufgenommen.

DIN V VDE V 0829-240 (VDE V 0829 Teil 240):1997-06   Juni 1997

Elektrische Systemtechnik für Heim und Gebäude (ESHG)
Teil 240: Technischer Bericht − Richtlinien für die fachgerechte Verlegung von Kabeln mit verdrillten Aderpaaren (TP), Klasse 1
Deutsche Fassung R205-002:1994

4 + 15 Seiten R205-002, 3 Bilder, 4 Tabellen, 2 Anhänge   Preisgruppe 14 K

Einführung
Der erfolgreiche Betrieb von ESHG (Elektrische Systemtechnik für Heim und Gebäude) ist das Endergebnis guter Planung und sorgfältiger Installation. Dazu gehört das Planen und Projektieren des Leitungsverlaufs entsprechend der Verteilung der Geräte, die Installation und das Prüfen der ESHG-Hardware. Dieses schließt seinerseits die Berücksichtigung der Anforderungen bezüglich der Leitungen, der Topologie, des Installationsverfahrens und der Umgebungsbedingungen ein.
Das Ziel dieses Schriftstücks ist ein Technischer Bericht (VDE-Vornorm), der Installationsrichtlinien für die fachgerechte Installation von Kabeln mit verdrillten Aderpaaren (TP = twisted pair cable) für die Elektrische Systemtechnik für Heim und Gebäude (TP-ESHG) enthält. Es wird erwartet, daß dieses Dokument für Planer und Installateure von Nutzen sein und eine Grundlage für die Entwicklung von Anleitungen für die Praxis seitens der Hersteller oder Verbände darstellen wird. Das Dokument kann auch für denjenigen von Wert sein, der Installationen kleinerer und einfacherer Anlagen selbst vornehmen will, wenngleich einige der Anregungen in dem Dokument in einem solchen Fall zu restriktiv sein könnten. Es wird darauf hingewiesen, daß es in manchen Ländern Einschränkungen bezüglich Heimwerker-Installationen (do-it-yourself-, DIY-Installationen) gibt, insbesondere dort, wo eine 230-V-Installation einbezogen wird.

Gesichtspunkte der Planung

Die verschiedenen Gebäudetypen
Ein TP-ESHG kann sowohl in Wohnbereichen als auch in anderen Gebäuden installiert werden. Die richtige Planung eines TP-Netzes hängt von folgenden Faktoren ab: Art der Gebäudestruktur, Größe und Zweck des Gebäudes (Wohnhaus, kommerzielle Umgebung oder leichte Industrie), neues oder vorhandenes Gebäude, Art der Gebäudebelegung.

Physikalische Topologie
Das TP-Netz muß mehrere Topologiearten entsprechend den Anforderungen des Anlagentyps (Art und Größe des Gebäudes, aber auch neue oder nachzurüstende Installationen) voll bedienen können.

Die Netztopologie wird entsprechend einem der folgenden Typen ausgewählt: Bus, Baum, Stern und Schleife. Je nach Anwendungsart können mehrere Topologien kombiniert werden, wie in **Bild 1** gezeigt (Beispiel: Kombination von Bus, Baum, Ring und Stern). Die Implementierung des Esprit HS empfiehlt ausschließlich die Bus-Topologie.
Für ein Gebäude mit mehreren Etagen ist eine Baumstruktur mit einer Hauptlinie und einer Linie je Etage geeignet.

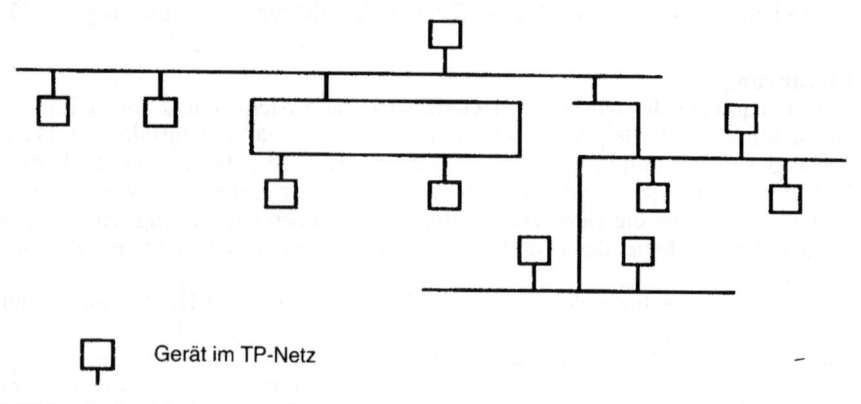

Gerät im TP-Netz

Bild 1   Beispiel einer möglichen Topologie

Planungsmethodik
Die Systemverkabelung sollte unter Berücksichtigung der benötigten Funktionsstufen und der Dienstqualität (z. B. Datenübertragungsgeschwindigkeit, Qualität der Signalübertragung) optimiert sein. Diese Anforderungen sowie Erwägungen bezüglich des Gebäudes (Gebäudeart, künftige Erweiterung des Netzes usw.) haben einen starken Einfluß auf die Planung der Leitungsanlage. Das TP-ESHG sollte außerdem strukturiert sein, um eine geeignete Verfügbarkeit der Dienste bieten zu können.
Die Leitung ist entsprechend den einschlägigen Normen und Anleitungen für die Praxis, nationalen Bestimmungen und zugelassenen Verlegemethoden des Herstellers zu verlegen.

Umgebungsbedingungen und EMV
Für die in ESHG-Anlagen verwendeten Geräte gelten die allgemeinen Bestimmungen bezüglich der Umgebungsbedingungen und EMV, wie in EN 50090-2-2 beschrieben. Alle Elemente der endgültigen Anlage müssen diese Anforderungen erfüllen, die Pegel der einzelnen Geräte dürfen durch die Installation nicht verschlechtert werden.

Elektrische Sicherheit
Die Anforderungen der elektrischen Sicherheit, wie in EN 50090-2-2 beschrie-

ben, müssen von den Geräten und der Installation des TP-Netzes eingehalten werden.
Es wird auf die Notwendigkeit hingewiesen, SELV- oder PELV-Installationen zu erstellen.
Es muß darauf geachtet werden, daß kein Teil des TP-ESHG-Netzes während oder nach der Installation mit höheren, gefährlichen Spannungen in Berührung kommt.

Kabel und ihre Verwendung
Die Auswahl der Kabel erfordert das Berücksichtigen der Übertragungseigenschaften, der Betriebstemperatur, der Klimaverhältnisse sowie der elektrischen Sicherheit und Brandsicherheit. Diese Anforderungen müssen für die Auswahl des bestgeeigneten Kabels gemeinsam betrachtet werden.

DIN EN 50132-7 (VDE 0830 Teil 7-7):1997-07 Juli 1997

Alarmanlagen

CCTV-Überwachungsanlagen für Sicherungsanwendungen
Teil 7: Anwendungsregeln
Deutsche Fassung EN 50132-7:1996

2 + 22 Seiten EN, 2 Bilder, 2 Tabellen, 2 Anhänge   Preisgruppe 15 K

Diese Norm (VDE-Bestimmung) gibt Empfehlungen für das Auswählen, Planen und Errichten von CCTV-Überwachungsanlagen für Sicherungsanwendungen, die aus Kamera(s) mit Monitor(en) und/oder Bildaufzeichnungsgerät(en), Schalt-, Steuer- und Hilfseinrichtungen bestehen.

Der Zweck dieser Norm ist:
a) das Bereitstellen eines Rahmenwerks, um Käufer, Errichter und Betreiber bei der Aufstellung ihrer Anforderungen zu unterstützen;
b) das Unterstützen von Planern und Betreibern zur Festlegung der angemessenen Einrichtung, die für eine gegebene Anwendung erforderlich ist;
c) das Bereitstellen von Mitteln zur objektiven Bewertung der Leistung einer Anlage, d. h. eines errichteten Systems.

Allgemeine Betrachtungen
Eine CCTV-Überwachungsanlage ist die Zusammenfassung von Kameraeinrichtungen, Beleuchtung, Signalübertragung, Monitore usw., ausgewählt und installiert, um die Anforderungen des Betreibers an die Überwachungssicherheit zu erfüllen.
Im folgenden die empfohlene Vorgehensweise für die Planung einer CCTV-Überwachungsanlage:
a) Erarbeiten der Leistungsbeschreibung;
b) Entwurf der Anlage;
c) Übereinstimmung mit den Anforderungen;
d) Errichten und Inbetriebnehmen der Anlage;
e) Übergeben der Anlage an den Betreiber;
f) Instandhaltung.

Leistungsbeschreibungen
Möglicherweise werden Personen ohne entsprechende Kenntnisse und Sachverständnis in die Auslegung der Merkmale einer CCTV-Überwachungsanlage einbezogen. Ein Ansatz dafür ist das Umschreiben der Leistungsbeschreibung durch eine entsprechend qualifizierte Person in technische Anforderungen für die anschließende Ausführung.

Betriebliche Kriterien der Anlage
Die betrieblichen Kriterien der Anlage bedingen die Festlegung von:
a) den Betriebsverfahren;
b) der Reaktion auf Alarm;
c) den Reaktionszeiten der Anlage.

Kriterium für die Anlagenplanung
Bei der Planung einer CCTV-Überwachungsanlage sollten die folgenden Kriterien unter Beachtung, daß die Leistungsbeschreibung zu erfüllen ist, berücksichtigt werden:
a) Festlegung der Bereiche oder Gegenstände, deren Überwachung gefordert wird;
b) Festlegung der Anzahl der Kameras und ihrer Aufstellungsorte, die zur Überwachung der vereinbarten Bereiche oder Gegenstände erforderlich sind;
c) Bewertung der bestehenden Beleuchtung und Berücksichtigung neuer oder zusätzlicher Beleuchtung;
d) Auswahl der Kameras und Einrichtungen, abhängig von den Umweltbedingungen;
e) Gestaltung der Steuerzentrale;
f) Energieversorgungen;
g) Festlegen der Funktions- und Betriebsverfahren;
h) Instandhaltung.

Errichten
Vor Beginn der Arbeiten sollten alle zutreffenden Sicherheitsanforderungen berücksichtigt werden. Diese werden sich mit der Art des Anwesens ändern und dürfen Sondermontageeinrichtungen erfordern, wenn in gefährlichen Bereichen zu arbeiten ist.
Elektrische Installationsverfahren sollten mit den geltenden nationalen und örtlichen Regeln übereinstimmen, und die Installation sollte durch Techniker ausgeführt werden, die entsprechend qualifiziert sind.

Instandhaltung
CCTV-Überwachungsanlagen müssen in Übereinstimmung mit dem vom Anlagenplaner oder Lieferer gelieferten Zeitplan regelmäßig instand gehalten werden. Wenn besondere Prüfinstrumente oder Werkzeuge für die Instandhaltung erforderlich sind, sollte dies im Instandhaltungsplan angegeben sein. Vor der Instandhaltung müssen die Prüfinstrumente auf ordnungsgemäße Kalibrierung geprüft werden. Wenn wiederkehrende Prüfungen während der Instandhaltung durchzuführen sind, sollte dies im Zeitplan festgelegt sein. Ausreichende Ersatzteile sollten für die Durchführung von notwendigen Reparaturen verfügbar sein. Die Ergebnisse der wiederkehrenden Prüfungen sollten aufgezeichnet und mit den vorherigen Prüfungen verglichen werden.
Instandhaltung und Prüfungen sollten nur durch Fachkräfte ausgeführt werden.

Erläuterungen
CCTV ist in seiner einfachsten Art ein Mittel, um Bilder von einer Fernsehkamera für die Betrachtung auf einem Monitor über eine private Übertragungsanlage zu liefern. Es gibt keine theoretische Grenze für die Anzahl von Kameras und Monitore, die in einer CCTV-Überwachungsanlage verwendet werden dürfen, in der Praxis jedoch wird dies durch die Leistungsfähigkeit der Kombination von Bedien- und Darstellungseinrichtungen mit der Fähigkeit der Bedienungsperson, das System zu handhaben, begrenzt sein.
Die erfolgreiche Bedienung einer CCTV-Überwachungsanlage erfordert die aktive Mitarbeit des Betreibers beim Durchführen der empfohlenen Handlungsweise.

DIN EN 50082-1 (VDE 0839 Teil 82-1):1997-11 November 1997

Elektromagnetische Verträglichkeit (EMV)

Fachgrundnorm Störfestigkeit
Teil 1: Wohnbereich, Geschäfts- und Gewerbebereiche sowie Kleinbetriebe
Deutsche Fassung EN 50082-1:1997

3 + 8 Seiten EN, 1 Bild, 5 Tabellen   Preisgruppe 10 K

Diese Norm (VDE-Bestimmung) für die Anforderungen zur Störfestigkeit im Rahmen der elektromagnetischen Verträglichkeit gilt für elektrische und elektronische Geräte (Betriebsmittel), die für eine Verwendung im Wohnbereich, in Geschäfts- und Gewerbebereichen sowie in Kleinbetrieben vorgesehen sind, soweit für diese Geräte (Betriebsmittel) keine spezifischen Produkt- oder Produktfamilien-Normen zur Störfestigkeit bestehen.
Soweit eine spezifische Produkt- oder Produktfamilien-Norm zur elektromagnetischen Verträglichkeit (EMV) – Störfestigkeit (EN oder ETS) besteht, hat diese Norm in jeder Hinsicht Vorrang gegenüber dieser Fachgrundnorm.
Die Anforderungen zur Störfestigkeit gelten im Frequenzbereich von 0 Hz bis 400 GHz. Prüfungen sind nicht erforderlich bei den Frequenzen, für die keine Grenzwerte festgelegt sind.
Diese Norm gilt für Geräte (Betriebsmittel), für die ein direkter Anschluß an eine öffentliche Niederspannungs-Stromversorgung oder eine besondere Gleichstromversorgung, die das Betriebsmittel mit der öffentlichen Niederspannungs-Stromversorgung verbindet, vorgesehen ist. Diese Norm gilt auch für batteriebetriebene Geräte (Betriebsmittel) oder Geräte (Betriebsmittel), die durch ein nicht-öffentliches, aber auch nicht-industrielles Niederspannungs-Stromversorgungsnetz versorgt werden, soweit diese für eine Verwendung in den beschriebenen Einsatzorten vorgesehen sind.
Geräte (Betriebsmittel), die für den Anschluß an ein industrielles Stromversorgungsnetz vorgesehen sind, und Geräte (Betriebsmittel), die zur Verwendung in einer industriellen Umgebung, wie in der EN 50082-2 beschrieben, vorgesehen sind, werden durch jene Fachgrundnorm erfaßt.

Zweck
Zweck dieser Norm ist es, für die im Anwendungsbereich beschriebenen Geräte (Betriebsmittel) Anforderungen zur Störfestigkeit gegen andauernde und impulsförmige, leitungsgeführte und gestrahlte Störgrößen, einschließlich der Entladungen statischer Elektrizität, festzulegen.
Diese Prüfanforderungen stellen unabdingbare Anforderungen zur Störfestigkeit im Rahmen der elektromagnetischen Verträglichkeit dar.

Beschreibung der Einsatzorte
Die von dieser Norm erfaßten Umgebungen sind Wohn-, Geschäfts- und Gewer-

bebereiche sowie Kleinbetriebe, sowohl innerhalb als auch außerhalb von Gebäuden. Die folgende, wenn auch nicht vollständige Aufstellung deutet an, welche Einsatzorte eingeschlossen sind:
- Wohngebäude/Wohnflächen, z. B. Häuser, Wohnungen, Zimmer;
- Verkaufsflächen, z. B. Läden, Großmärkte;
- Geschäftsräume, z. B. Ämter und Behörden, Banken;
- öffentliche Unterhaltungsbetriebe, z. B. Lichtspielhäuser, öffentliche Gaststätten, Tanzlokale;
- im Freien befindliche Stellen, z. B. Tankstellen, Parkplätze, Vergnügungs- und Sportanlagen;
- Kleinbetriebe, z. B. Werkstätten, Laboratorien, Dienstleistungszentren.

Alle Einsatzorte, die dadurch gekennzeichnet sind, daß sie direkt an die öffentliche Niederspannungs-Stromversorgung angeschlossen sind, werden als zum Wohnbereich, zu Geschäfts- und Gewerbebereichen oder zu Kleinbetrieben gehörig betrachtet.

Bewertungskriterien für das Betriebsverhalten
Die Vielfalt und Verschiedenheit der vom Anwendungsbereich dieser Norm betroffenen Geräte (Betriebsmittel) macht es schwierig, genaue Kriterien für die Bewertung der Ergebnisse der Störfestigkeitsprüfungen zu bestimmen.
Kriterium A: Das Gerät (Betriebsmittel) muß weiterhin bestimmungsgemäß arbeiten. Es darf keine Beeinträchtigung des Betriebsverhaltens oder kein Funktionsausfall unterhalb einer vom Hersteller beschriebenen minimalen Betriebsqualität auftreten, wenn das Gerät (Betriebsmittel) bestimmungsgemäß betrieben wird. In bestimmten Fällen darf die minimale Betriebsqualität durch einen zulässigen Verlust der Betriebsqualität ersetzt werden. Falls die minimale Betriebsqualität oder der zulässige Verlust der Betriebsqualität vom Hersteller nicht angegeben ist, darf jede dieser beiden Angaben aus der Produktbeschreibung und den Produktunterlagen abgeleitet werden sowie aus dem, was der Benutzer bei bestimmungsgemäßem Gebrauch vernünftigerweise vom Gerät (Betriebsmittel) erwarten kann.
Kriterium B: Wie Kriterium A, jedoch: Während der Prüfung ist eine Beeinträchtigung des Betriebsverhaltens erlaubt. Eine Änderung der eingestellten Betriebsart oder Verlust von gespeicherten Daten ist aber nicht erlaubt.
Kriterium C: Ein zeitweiliger Funktionsausfall ist erlaubt, wenn die Funktion sich selbst wieder herstellt oder die Funktion durch Betätigung der Einstell-/Bedienelemente wieder herstellbar ist.

Anwendbarkeit
Die Anwendung der Prüfungen zur Ermittlung der Störfestigkeit hängt von dem jeweiligen Gerät (Betriebsmittel), seiner Anordnung, seinen Anschlüssen, seiner Technologie und seinen Betriebsbedingungen ab.
Die Prüfungen sind nach den **Tabellen 1 bis 5** an den betreffenden Anschlüssen des Betriebsmittels durchzuführen. Prüfungen sind nur dann durchzuführen, wenn der entsprechende Anschluß vorhanden ist.

Tabelle 1 Störfestigkeit, Gehäuse

	Umgebungs-Phänomen	Prüfstörgröße	Einheiten	Grundnorm	Anmerkungen	Bewertungs-kriterien
1.1	Magnetfeld mit energietechnischer Frequenz	50 3	Hz A/m	EN 61000-4-8	siehe Anmerkung 1	A
1.2	elektromagnetisches HF-Feld, amplitudenmoduliert	80 bis 1000 3 80	MHz V/m % AM (1 kHz)	EN 61000-4-3	Der festgelegte Prüfpegel ist der Effektivwert des unmodulierten Trägers.	A
1.3	elektromagnetisches HF-Feld, pulsmoduliert	900 ± 5 3 50 200	MHz V/m % Einschaltdauer Hz (Wiederholfrequenz)	ENV 50204	Der festgelegte Prüfpegel gilt vor der Aufschaltung der Modulation. Die Prüfung muß bei einer Frequenz innerhalb des angegebenen Bereichs durchgeführt werden.	A
1.4	Entladung statischer Elektrizität	± 4 bei Kontaktentladung	kV (Ladespannung)	EN 61000-4-2	siehe Grundnorm in bezug auf die Anwendbarkeit der Kontakt- und/oder Luftentladung	B
		± 8 bei Luftentladung	kV (Ladespannung)			B

Anmerkung 1: Gilt nur für Betriebsmittel, die Geräte (Bauteile) enthalten, die empfindlich gegen Magnetfelder sind, z. B. Hall-Elemente, elektrodynamische Mikrofone, Magnetfeldsonden usw.

Tabelle 2 Störfestigkeit, Anschlüsse für Signal- (Daten-) und Steuerleitungen

	Umgebungs-Phänomen	Prüfstörgröße	Einheiten	Grundnorm	Anmerkungen	Bewertungs-kriterien
2.1	hochfrequenz-asymmetrisch	0,15 bis 80 3 80	MHz V % AM (1 kHz)	EN 61000-4-6	Siehe Anmerkungen 1 und 2. Der festgelegte Prüfpegel ist der Effektivwert des unmodulierten Trägers.	A
2.2	schnelle Transienten	± 0,5 5/50 5	kV (Ladespannung) ns (t_r/t_n) kHz (Wiederholfrequenz)	EN 61000-4-4	Siehe Anmerkung 2. Verwendung der kapazitiven Koppelzange.	B

Anmerkung 1: Der Prüfpegel kann als der bei einer Last von 150 Ω fließende äquivalente Strom definiert werden.
Anmerkung 2: Gilt nur für Anschlüsse, die nach Herstellerangaben für Leitungen vorgesehen sind, deren Gesamtlänge größer als 3 m sein darf.

Tabelle 3 Störfestigkeit, Gleichstrom-Netzein- und Gleichstrom-Netzausgänge

	Umgebungs-Phänomen	Prüfstörgröße	Einheiten	Grundnorm	Anmerkungen	Bewertungs-kriterien
3.1	hochfrequenz-asymmetrisch	0,15 bis 80 3 80	MHz V % AM (1 kHz)	EN 61000-4-6	Siehe Anmerkungen 1 und 2. Der festgelegte Prüfpegel ist der Effektivwert des unmodulierten Trägers.	A
3.2	schnelle Transienten	± 0,5 5/50 5	kV (Ladespannung) ns (t_r/t_n) kHz (Wiederhol-frequenz)	EN 61000-4-4	siehe Anmerkung 3	B
3.3	Stoßspannungen unsymmetrisch symmetrisch	1,2/50 (8/20) ± 0,5 ± 0,5	μs (T_r/T_h) kV (Ladespannung) kV (Ladespannung)	EN 61000-4-5	siehe Anmerkung 3	B

Anmerkung 1: Der Prüfpegel kann als der bei einer Last von 150 Ω fließende äquivalente Strom definiert werden.
Anmerkung 2: Gilt nur für Anschlüsse, die nach Herstellerangaben für Leitungen vorgesehen sind, deren Gesamtlänge größer als 3 m sein darf.
Anmerkung 3: Nicht anzuwenden auf Eingangsanschlüsse, die vorgesehen sind für eine Verbindung mit einer Batterie oder mit einer wiederaufladbaren Batterie, die für die Wiederaufladung von dem Gerät (Betriebsmittel) entfernt oder getrennt werden muß.

Tabelle 4 Störfestigkeit, Wechselstrom-Netzein- und -ausgänge

	Umgebungs-Phänomen	Prüfstörgröße	Einheiten	Grundnorm	Anmerkungen	Bewertungs-kriterien
4.1	hochfrequenz-asymmetrisch	0,15 bis 80 3 80	MHz V % AM (1 kHz)	EN 61000-4-6	Der festgelegte Prüfpegel ist der Effektivwert des unmodulierten Trägers. Siehe Anmerkung 1.	A
4.2	schnelle Transienten	± 1 5/50 5	kV (Ladespannung) ns (t_r/t_n) kHz (Wiederholfrequenz)	EN 61000-4-4		B
4.3	Stoßspannungen unsymmetrisch symmetrisch	1,2/50 (8/20) ± 2 ± 1	μs (T_r/T_h) kV (Ladespannung) kV (Ladespannung)	EN 61000-4-5	Siehe Anmerkung 2.	B
4.4	Spannungs-einbrüche	30 10	% (Reduktion) ms	EN 61000-4-11	Spannungssprung beim Nulldurchgang. Siehe Anmerkung 2.	B
		60 100	%(Reduktion) ms			C
4.5	Spannungs-unterbrechungen	> 95 5000	% (Reduktion) ms	EN 61000-4-11	Spannungssprung beim Nulldurchgang. Siehe Anmerkung 2.	C
Anmerkung 1: Der Prüfpegel kann als der bei einer Last von 150 Ω fließende äquivalente Strom definiert werden. Anmerkung 2: Gilt nur für Eingänge.						

Tabelle 5 Störfestigkeit, Funktionserdeanschluß

	Umgebungs-Phänomen	Prüfstörgröße	Einheiten	Grundnorm	Anmerkungen	Bewertungs-kriterien
5.1	hochfrequenz-asymmetrisch	0,15 bis 80 3 80	MHz V % AM (1 kHz)	EN 61000-4-6	Siehe Anmerkung 1. Der festgelegte Prüfpegel ist der Effektivwert des unmodulierten Trägers.	A
5.2	schnelle Transienten	± 0,5 5/50 5	kV (Ladespannung) ns (t_r/t_n) kHz (Wiederholfrequenz)	EN 61000-4-4	Siehe Anmerkung 2. Verwendung der kapazitiven Koppelzange.	B

Anmerkung 1: Der Prüfpegel kann als der bei einer Last von 150 Ω fließende äquivalente Strom definiert werden.
Anmerkung 2: Gilt nur für Anschlüsse, die nach Herstellerangaben für Leitungen vorgesehen sind, deren Gesamtlänge größer als 3 m sein darf.

Aufgrund der elektrischen Eigenschaften und des Verwendungszwecks eines Geräts (Betriebsmittels) sind möglicherweise einige der Prüfungen nicht sinnvoll und daher unnötig. In diesem Fall muß die Entscheidung, nicht zu prüfen, im Prüfbericht festgehalten und begründet werden.

Prüfanforderungen zur Störfestigkeit
Die Anforderungen nach dieser Norm zur Störfestigkeit des Geräts (Betriebsmittels) werden für jeden Anschluß des Geräts (Betriebsmittels) einzeln aufgeführt.
Die Prüfungen müssen unter genau beschriebenen und reproduzierbaren Bedingungen durchgeführt werden.
Die Prüfungen müssen der Reihe nach als Einzelprüfungen durchgeführt werden. Die Reihenfolge ist freigestellt.
Die Beschreibung der Prüfung, des Prüfgenerators, der Prüfverfahren und des Prüfaufbaus sind in den Grundnormen enthalten, die in den folgenden Tabellen genannt sind.
Der Inhalt dieser Grundnormen wird hier nicht wiederholt; es sind jedoch in dieser Norm die für die praktische Anwendung bei den Prüfungen erforderlichen Abänderungen und zusätzlichen Informationen angegeben.

DIN EN 61326-1 (VDE 0843 Teil 20):1998-01   Januar 1998

Elektrische Betriebsmittel für Leittechnik und Laboreinsatz

EMV-Anforderungen
Teil 1: Allgemeine Anforderungen
(IEC 61326-1:1997)
Deutsche Fassung EN 61326-1:1997

4 + 13 Seiten EN, 1 Bild, 4 Tabellen, 2 Anhänge   Preisgruppe 12 K

Diese Norm (VDE-Bestimmung) legt die Mindestanforderungen für Störfestigkeit und Emissionen in bezug auf die elektromagnetische Verträglichkeit (EMV) für elektrische Betriebsmittel fest, die mit einer Versorgungsspannung von weniger als AC 1000 V oder DC 1500 V arbeiten und für den gewerblichen Gebrauch, industrielle Prozesse oder Ausbildungszwecke vorgesehen sind, einschließlich der Betriebsmittel und Rechner für:
- Messen und Prüfen;
- Leittechnik;
- Laboreinsatz;
- Zubehör, das für den Gebrauch im Zusammenhang mit dem oben Genannten bestimmt ist (z. B. Zubehör für die Handhabung von Proben) und in industriellen und nicht industriellen Bereichen eingesetzt wird.

Rechner und Anordnungen aus dem Anwendungsbereich von geltenden und auf diese Betriebsmittel anwendbaren EMV-Normen für Einrichtungen der Informationstechnik (Information Technology Equipment, ITE) können ohne zusätzliche Prüfung eingesetzt werden, wenn sie mit den Anforderungen dieser Normen übereinstimmen.

Sofern es für ein Betriebsmittel eine EMV-Norm mit enger gefaßtem, zutreffendem Anwendungsbereich gibt, hat diese Vorrang vor den Festlegungen dieser Produktfamiliennorm.

Diese Norm gilt für folgende Betriebsmittel:
a) Elektrische Betriebsmittel für Messen und Prüfen
Dies sind Betriebsmittel, die über elektrische Signale eine oder mehrere elektrische oder nicht elektrische Größen messen, anzeigen oder registrieren, aber auch nicht messende Betriebsmittel wie Signalgeber, Maßverkörperungen, Stromversorgungen und Umformer.
b) Elektrische Betriebsmittel für die Leittechnik
Dies sind Betriebsmittel, die einer oder mehreren Ausgangsgrößen bestimmte Werte zuweisen, die durch manuelle Einstellungen, lokale oder entfernte Programmierung oder durch eine oder mehrere Eingangsgrößen festgelegt werden. Dazu gehören auch Betriebsmittel für die industrielle Prozeßleittechnik (industrial-process measurement and control, IPMC), die aus folgenden Einrichtungen bestehen:
- Steuerungen und Regler;

- programmierbare Steuerungen;
- Netzgeräte für Betriebsmittel und Systeme (zentral oder zugeordnet);
- analoge/digitale Anzeige- und Aufzeichnungsgeräte;
- leittechnische Ausrüstungen;
- Umformer, Stellglieder, intelligente Betätigungseinrichtungen usw.

c) Elektrische Laborbetriebsmittel
Dies sind Betriebsmittel, die Substanzen messen, anzeigen, überwachen oder analysieren oder die zum Aufbereiten von Materialien eingesetzt werden. Diese Betriebsmittel können auch außerhalb von Laboratorien eingesetzt werden.

Begriffe
Für die Anwendung dieses Teils der IEC 61326 gelten die Begriffe in IEC 60050(161) zusammen mit den folgenden:

Betriebsmittel der Klasse A: Betriebsmittel für den Einsatz in Gebäuden ohne Wohnbereiche und Betriebsmittel für den Einsatz in Gebäuden, die nicht direkt an ein Niederspannungsversorgungsnetz angeschlossen sind, das für Wohnzwecke genutzte Gebäude versorgt (CISPR 11 = Internationaler Sonderausschuß für Funkstörungen).

Betriebsmittel der Klasse B: Betriebsmittel für den Einsatz in Wohnbereichen und Gebäuden, die direkt an ein Niederspannungsversorgungsnetz angeschlossen sind, das für Wohnzwecke genutzte Gebäude versorgt (CISPR 11).

Anforderungen an die Störfestigkeit
Die Konfiguration und die Betriebsarten während der Prüfungen müssen im Prüfbericht exakt festgehalten werden.
Die Prüfungen müssen an den Anschlüssen nach **Tabelle 1** durchgeführt werden.
Die Prüfungen müssen in Übereinstimmung mit den EMV-Grundnormen angewendet werden. Es wird eine Prüfung nach der anderen durchgeführt. Falls zusätzliche Verfahren erforderlich sind, müssen das Verfahren und die Begründung festgehalten werden.
Die Prüfanforderungen an die Störfestigkeit sind in Tabelle 1 angegeben.
Bei Eingangs- und Ausgangskreisen, für die der Hersteller die Verwendung von geschirmten Kabeln vorschreibt oder festlegt, daß die Kabel in leitfähigen Kabelwannen oder Elektroinstallationsrohren liegen müssen, können die Anforderungen an die Störfestigkeit gegen leitungsgeführte HF-Störungen innerhalb des Frequenzbereichs von 150 kHz bis 80 MHz außer acht gelassen werden.
Prüfungen für Erdanschlüsse werden nicht getrennt festgelegt, weil sie durch die entsprechenden EMV-Grundnormen abgedeckt sind:
- Schutzleiter-Erd-Anschlüsse werden wie Wechselspannungsnetzanschlüsse geprüft,
- Funktionserdeanschlüsse werden wie Eingangs-/Ausgangsanschlüsse geprüft.

Tabelle 1 Mindestprüfanforderungen an die Störfestigkeit

Anschluß	Stör-Erscheinung	EMV-Grund-norm	Prüfwert
Gehäuse	elektrostatische Entladung (ESD)	IEC 61000-4-2	4 kV/4 kV Kontakt/Luft
	elektromagnetische Felder	IEC 61000-4-3	3 V/m
Wechselstrom-versorgungsanschluß	Spannungsunterbrechung	IEC 61000-4-11	1 Periode/100 %
	schnelle Transienten	IEC 61000-4-4	1 kV
	Stoßspannungen	IEC 61000-4-5	0,5 kV$^{1)}$ / 1 kV$^{2)}$
	leitungsgeführte HF-Signale	IEC 61000-4-6	3 V
Gleichstromversorgungs-anschluß$^{4)}$	schnelle Transienten	IEC 61000-4-4	1 kV
	Stoßspannungen	IEC 61000-4-5	0,5 kV$^{1)}$ / 1 kV$^{2)}$
	leitungsgeführte HF-Signale	IEC 61000-4-6	3 V
Eingang/Ausgang, Signal/Steuerung	schnelle Transienten	IEC 61000-4-4	0,5 kV$^{4)}$
	Stoßspannungen	IEC 61000-4-5	1 kV$^{2)}$ $^{3)}$
	leitungsgeführte HF-Signale	IEC 61000-4-6	3 V$^{4)}$
Eingang/Ausgang, Signal/Steuerung mit direkter Verbindung zum Stromversorgungsnetz	schnelle Transienten	IEC 61000-4-4	1 kV
	Stoßspannungen	IEC 61000-4-5	0,5 kV$^{1)}$ / 1 kV$^{2)}$
	leitungsgeführte HF-Signale	IEC 61000-4-6	3 V

1) zwischen Leitungen
2) zwischen Leitung und Erde
3) nur im Falle von langen Leitungen
4) nur im Falle von Leitungen > 3 m

Leistungsmerkmale
Die allgemeinen Grundsätze (Leistungsmerkmale) für die Bewertung der Ergebnisse der Störfestigkeitsprüfung sind folgende (Beispiel siehe **Tabelle 2**):

Leistungsmerkmal A: Während der Prüfung übliches Betriebsverhalten innerhalb der festgelegten Grenzen.

Leistungsmerkmal B: Während der Prüfung vorübergehende Funktionsminderung oder Funktions- bzw. Leistungsverlust mit selbsttätiger Wiederherstellung der Funktion.

Leistungsmerkmal C: Während der Prüfung vorübergehende Funktionsminderung oder Funktions- bzw. Leistungsverlust, die einen Eingriff des Bedieners erfordern oder das Auftreten einer Systemrücksetzung.

Tabelle 2 Beispiel für die Bewertung von Ergebnissen der Störfestigkeitsprüfung

	unentbehrlicher Betrieb (funktionale Sicherheit)	kontinuierlicher, nicht überwachter Betrieb	kontinuierlich überwachter Betrieb	nicht kontinuierlicher Betrieb
ESD IEC 61000-4-2	A	B	B	C
EM IEC 61000-4-3	A	A	A	B
schnelle Transienten IEC 61000-4-4	A	B	B	B
Stoßspannung IEC 61000-4-5	A	B	B	C
leitungsgeführte HF-Signale IEC 61000-4-6	A	A	A	C
Spannungsunterbrechung IEC 61000-4-11	A	B	C	C
Anmerkung: Bei Typprüfungen ist es sehr empfehlenswert, für alle Stör-Erscheinungen und Prüfungen das Leistungsmerkmal A zu wählen. Die Leistungsmerkmale B und/oder C sind jedoch auch akzeptabel, wenn sowohl die Spezifikation als auch der Prüfbericht auf derartige Abweichungen für die entsprechende(n) Kombination(en) von Funktion und Prüfung hinweisen.			

Leistungsmerkmal D: Funktionsminderung oder Funktionsverlust, die aufgrund der Schädigung des Betriebsmittels, der Bauelemente oder der Software oder durch Datenverlust nicht mehr zu korrigieren sind.
Der Prüfling hat die Prüfungen für die Leistungsmerkmale B und C bestanden, wenn er die festgelegte Störfestigkeit während der gesamten Anwendungsdauer des Prüfsignals aufweist und am Ende der Prüfung die funktionellen Anforderungen erfüllt, die in der technischen Produktbeschreibung festgelegt sind. Das Leistungsmerkmal D ist üblicherweise nicht vertretbar.

Anforderungen an die Störaussendung
In einigen Ländern sind bestimmte Steuereinrichtungen gesetzlich von der Einhaltung der Störaussendungsvorschriften befreit. Falls nationale Bestimmungen dies vorgeben, finden die Störaussendungsanforderungen dieser Norm keine Anwendung.
Die Messungen müssen in der Betriebsart gemäß EMV-Prüfplan durchgeführt werden.
Die Prüfbeschreibung, das Prüfverfahren und der Prüfaufbau sind in den Referenznormen, wie in **Tabelle 3** und **Tabelle 4** angegeben, enthalten. Die Inhalte der Referenznormen sind hier nicht wiedergegeben, jedoch sind Änderungen oder zusätzliche Hinweise, die für die praktische Umsetzung der Prüfungen nötig sind, in dieser Norm angegeben.

Grenzwerte der Störaussendung
Tabelle 3 enthält die Grenzwerte für Betriebsmittel der Klasse A.
Tabelle 4 enthält die Grenzwerte für Betriebsmittel der Klasse B.
Je nach der voraussichtlichen Umgebung und den Störaussendungsbestimmungen im Anwendungsbereich werden die Werte aus Tabelle 3 oder Tabelle 4 gewählt.

Tabelle 3 Störaussendungsgrenzwerte für Betriebsmittel der Klasse A

Anschluß	Frequenzbereich in MHz	Grenzwerte	Referenznorm
Gehäuse	30 bis 230	40 dB(µV/m) Quasispitzenwert, gemessen in 10 m Entfernung	CISPR 16[1]) und CISPR 16-1
	230 bis 1000	47 dB(µV/m) Quasispitzenwert, gemessen in 10 m Entfernung	
Wechselspannungs-netzanschluß	0,15 bis 0,5	79 dB(µV) Quasispitzenwert 66 dB(µV) Mittelwert	CISPR 16 und CISPR 16-1
	0,5 bis 5	73 dB(µV) Quasispitzenwert 60 dB(µV) Mittelwert	
	5 bis 30	73 dB(µV) Quasispitzenwert 60 dB(µV) Mittelwert	

1) Für alternative Prüfgelände siehe CISPR 22, Anhang A.

Tabelle 4 Störaussendungsgrenzwerte für Betriebsmittel der Klasse B

Anschluß	Frequenzbereich in MHz	Grenzwerte	Referenznorm
Gehäuse	30 bis 230	30 dB(µV/m) Quasispitzenwert, gemessen in 10 m Entfernung	CISPR 16[1]) und
	230 bis 1000	37 dB(µV/m) Quasispitzenwert, gemessen in 10 m Entfernung	CISPR 16-1
Wechselspannungs-netzanschluß[2])	0 bis 0,002	wie in der Referenznorm angegeben	IEC 61000-3-2 IEC 61000-3-3
	0,15 bis 0,5	66 dB(µV) bis 56 dB(µV) Quasi-spitzenwert 56 dB(µV) bis 46 dB(µV) Mittelwert Die Grenzwerte verringern sich linear mit dem Logarithmus der Frequenz.	CISPR 16 und CISPR 16-1
	0,5 bis 5	56 dB(µV) Quasispitzenwert 46 dB(µV) Mittelwert	
	5 bis 30	60 dB(µV) Quasispitzenwert 50 dB(µV) Mittelwert	

1) Für alternative Prüfgelände siehe CISPR 22, Anhang A.
2) Für diskontinuierliche Störgrößen siehe CISPR 14.

DIN EN 61000-4-3 (VDE 0847 Teil 4-3):1997-08　　　August 1997

Elektromagnetische Verträglichkeit (EMV)
Teil 4: Prüf- und Meßverfahren
Hauptabschnitt 3: Prüfung der Störfestigkeit gegen hochfrequente
elektromagnetische Felder
(IEC 1000-4-3:1995, modifiziert)
Deutsche Fassung EN 61000-4-3:1996

3 + 20 Seiten EN, 6 Bilder, 1 Tabelle, 9 Anhänge　　　Preisgruppe 15 K

Dieser Hauptabschnitt der IEC 1000-4 (VDE-Bestimmung) gilt für die Prüfung der Störfestigkeit von elektrischen oder elektronischen Geräten (Betriebsmitteln) gegen hochfrequente elektromagnetische Felder. Er legt Prüfschärfegrade und die erforderlichen Prüfverfahren fest.
Zweck dieses Hauptabschnitts ist die Festlegung eines allgemeinen Bezugs für die Ermittlung des Betriebsverhaltens von elektrischen oder elektronischen Geräten (Betriebsmitteln), wenn sie hochfrequenten elektromagnetischen Feldern ausgesetzt sind.

Allgemeines
Die meisten elektronischen Geräte (Betriebsmittel) können in gewisser Weise durch elektromagnetische Felder beeinflußt werden. Diese Felder werden häufig durch solche Quellen, wie zum Beispiel kleine Hand-Sprechfunkgeräte, die vom Bedien-, Wartungs- oder Sicherheitspersonal verwendet werden, stationäre Funksender oder Fernseh-Rundfunksender, Funkanlagen in Fahrzeugen und verschiedene industrielle Quellen elektromagnetischer Felder, erzeugt.
Neben den funktionell benötigten und damit bewußt erzeugten elektromagnetischen Feldern gibt es ungewollt erzeugte Felder, die durch Geräte wie Schweißgeräte, Thyristoren, Leuchtstofflampen, beim Schalten von induktiven Lasten usw. verursacht werden. Diese Felder werden zum größten Teil als leitungsgeführte Störgrößen wirksam und als solche in anderen Hauptabschnitten behandelt. Maßnahmen, die zur Verhinderung von Störungen durch elektromagnetische Felder angewendet werden, verringern üblicherweise auch Auswirkungen von diesen Quellen.
Die elektromagnetische Umgebung ist durch die Stärke des elektromagnetischen Feldes bestimmt (Feldstärke in V/m). Die Feldstärke kann ohne hochentwickelte Meßgeräte nur schwierig gemessen und durch klassische Gleichungen aufgrund von Verzerrungen oder Reflexionen der elektromagnetischen Wellen durch umgebende Strukturen oder in der Nähe aufgestellter anderer Einrichtungen nur schwierig berechnet werden.

Beschreibung der Prüfeinrichtung
Aufgrund der Höhe der erzeugten Feldstärken und zur Einhaltung der verschie-

denen nationalen und internationalen Vorschriften über den Schutz des Funkverkehrs müssen die Prüfungen in einem geschirmten Raum durchgeführt werden. Da zusätzlich die meisten Prüfeinrichtungen, die zum Aufnehmen von Daten benutzt werden, gegen das örtlich vorhandene, während der Durchführung der Störfestigkeitsprüfung erzeugte elektromagnetische Feld empfindlich sind, bildet das geschirmte Gehäuse außerdem die notwendige „Barriere" zwischen dem Prüfling und den erforderlichen Prüfgeräten. Es muß darauf geachtet werden, daß sichergestellt ist, daß die Verbindungskabel, die durch das geschirmte Gehäuse geführt werden, die leitungsgeführte und gestrahlte Störaussendung ausreichend dämpfen und die Echtheit von Signal- und Leistungsverhalten des Prüflings sicherstellen.

Die bevorzugte Prüfeinrichtung besteht aus einem mit Absorbern ausgekleideten geschirmten Gehäuse, das ausreichend groß sein muß, um den Prüfling aufnehmen und eine ausreichende Kontrolle über die erzeugten Feldstärken sicherstellen zu können. Zusätzliche geschirmte Gehäuse müssen die felderzeugenden und messenden Geräte und die Geräte, die den Prüfling betreiben, aufnehmen.

Prüfaufbau

Alle Prüfungen von Geräten (Betriebsmitteln) müssen in einer Anordnung durchgeführt werden, die weitestgehend den späteren Installationsbedingungen entspricht. Soweit nicht anders festgelegt, muß die Verkabelung entsprechend den Empfehlungen des Herstellers durchgeführt werden und die Geräte (Betriebsmittel) in dem für sie bestimmten Gehäuse untergebracht, mit allen Verkleidungen versehen und alle zugänglichen Bedienteile eingebaut sein.

Falls das Gerät (Betriebsmittel) für den Aufbau auf eine Schalttafel, in einen Rahmen oder in einen Schrank vorgesehen ist, muß die Prüfung in den jeweiligen Anordnungen erfolgen.

Wenn der Prüfling aus freistehenden Komponenten und Komponenten, die auf einem Tisch stehen, besteht, muß deren relative Anordnung zueinander eingehalten werden.

Ein typischer Prüfaufbau wird in **Bild I** dargestellt.

Anordnung der Leitungen

Falls die Leitungen, die zum Prüfling gehen und vom Prüfling kommen, nicht festgelegt sind, müssen ungeschirmte parallele Leitungen verwendet werden.

Die Leitungen werden dem elektromagnetischen Feld bis zu einem Abstand von 1 m vom Prüfling ausgesetzt.

Prüfverfahren

Der Prüfling muß bei den für ihn festgelegten Betriebs- und klimatischen Bedingungen betrieben werden. Die Temperatur und die relative Luftfeuchte sollten im Prüfbericht festgehalten werden.

Das beschriebene Prüfverfahren gilt für Prüfungen mit bikonischen und logarithmisch-periodischen Antennen in einem veränderten, teilweise ausgekleideten Absorberraum.

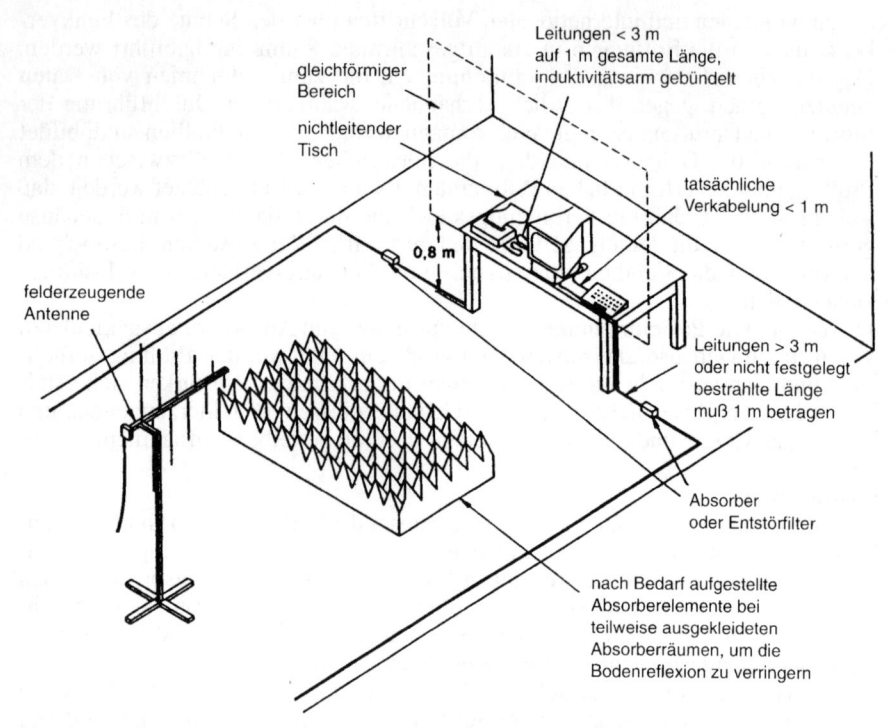

Bild 1 Beispiel für den Prüfaufbau für Tischgeräte

Die Prüfung muß üblicherweise so durchgeführt werden, daß die felderzeugende Antenne nacheinander jeder der vier Seiten des Prüflings gegenübersteht. Wenn Geräte (Betriebsmittel) in verschiedenen Orientierungen betrieben werden können (z. B. senkrecht oder waagrecht), muß die Prüfung alle Seiten umfassen.
Die Polarisation des durch jede Antenne erzeugten Feldes erfordert es, daß jede Seite zweimal geprüft werden muß, und zwar einmal mit der vertikalen Anordnung und einmal mit der horizontalen Anordnung der Antenne.

Änderungen
Gegenüber DIN V ENV 50140 (VDE V 0847 Teil 3):1995-02 wurden folgende Änderungen vorgenommen:
- Überarbeitung des Kalibrierungsverfahrens des für die Prüfung erzeugten elektromagnetischen Felds;
- redaktionelle Überarbeitung des Textes, u. a. wurden die Anhänge umnumeriert;
- das alternative Prüfverfahren (Verwendung von 4-%-Frequenzschritten bei verdoppelter Prüffeldstärke) ist entfallen.

DIN EN 61000-4-6 (VDE 0847 Teil 4-6):1997-04   April 1997

Elektromagnetische Verträglichkeit (EMV)

Teil 4: Prüf- und Meßverfahren
Hauptabschnitt 6: Störfestigkeit gegen leitungsgeführte Störgrößen,
induziert durch hochfrequente Felder
(IEC 1000-4-6:1996)
Deutsche Fassung EN 61000-4-6:1996

3 + 36 Seiten EN, 29 Bilder, 4 Tabellen, 7 Anhänge   Preisgruppe 25 K

Dieser Hauptabschnitt der Norm IEC 1000-4 (VDE-Bestimmung) beschreibt Prüfverfahren zur Störfestigkeit und legt Prüfschärfegrade für elektrische und elektronische Betriebsmittel fest, die elektromagnetischen Störungen von Hochfrequenz-Sendeanlagen im Frequenzbereich 9 kHz bis 80 MHz ausgesetzt sind. Betriebsmittel, die nicht mindestens eine Leitung haben, über die die HF-Störfelder eingekoppelt werden können (z. B. Stromversorgungsleitungen, Signalleitungen, Erdverbindungen), sind von der Prüfung ausgenommen.

Allgemeines
Die Störquellen, die in diesem Hauptabschnitt der Norm erfaßt werden, sind ursprünglich elektromagnetische Felder, die von Sendefunkanlagen erzeugt werden und die auf der vollen Länge der Leitungen, die an das Betriebsmittel angeschlossen sind, einwirken können. Die Abmessungen der beeinflußten Betriebsmittel, die meist Teil einer größeren Anlage sind, werden, bezogen auf die Wellenlänge, als klein angenommen. Die anschließbaren Leitungen, z. B. Netz-, Daten- und Schnittstellenleitungen, verhalten sich deshalb wie ein passives Netzwerk von Antennen, da sie mehrere Wellenlängen Ausdehnung haben können.
Zwischen solchen Netzwerken angeschlossen ist das empfindliche Betriebsmittel Strömen ausgesetzt, die „durch" das Betriebsmittel fließen. Für mit einem Betriebsmittel verbundene Kabelsysteme wird angenommen, daß diese in Resonanz kommen ($\lambda/4$, $\lambda/2$ ohne Abschluß oder gefaltete Dipole) und durch Koppelnetzwerke/Entkoppelnetzwerke nachgebildet werden, die eine asymmetrische Impedanz von 150 Ω zur Bezugserde haben.
Die beschriebenen Prüfverfahren setzen den Prüfling einer Störquelle aus, die elektrische und magnetische Felder umfaßt, wie sie von Sendefunkanlagen ausgehen. Diese Störfelder (E und H) werden durch die elektrischen und magnetischen Nah-Felder nachgebildet, deren Ursache die Spannungen und Ströme sind, die durch den Prüfaufbau nach **Bild 1** entstehen.

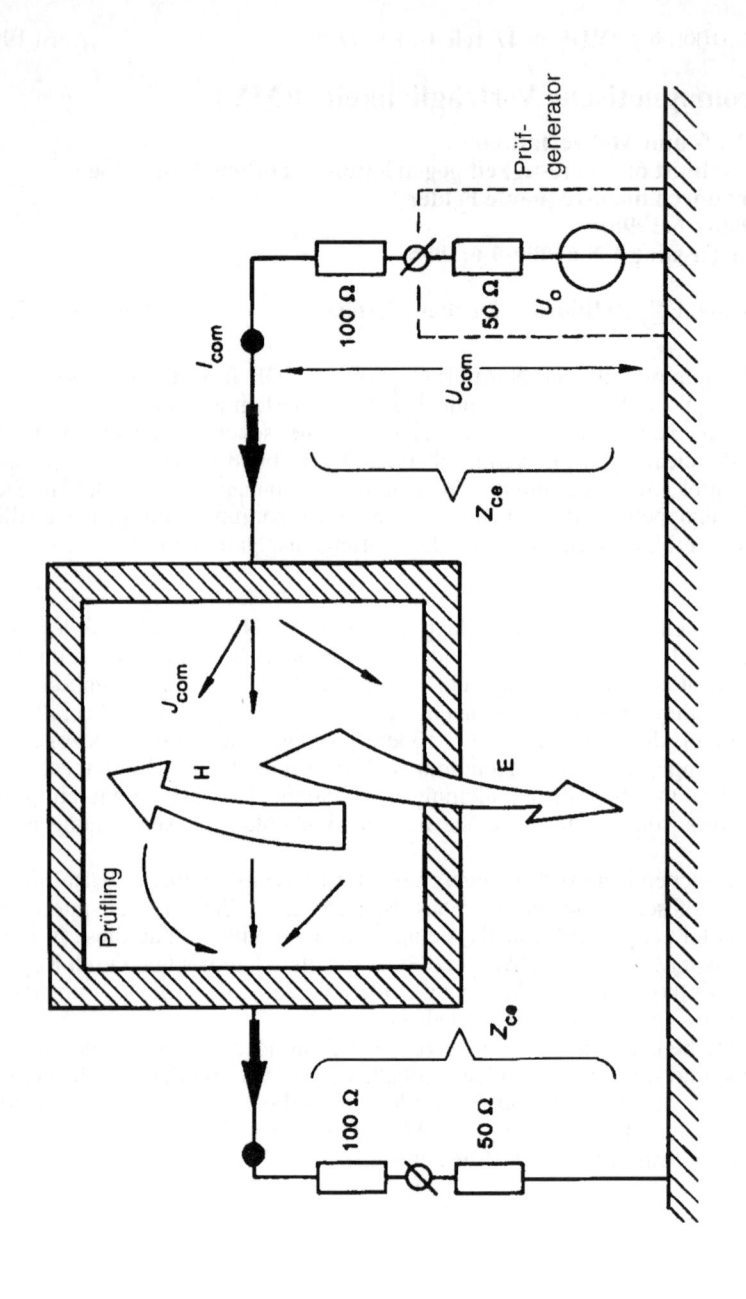

Bild 1 Darstellung der elektromagnetischen Felder in der Nähe des Prüflings durch asymmetrische Ströme auf Leitungen

Prüfschärfegrade

Im Frequenzbereich 9 kHz bis 150 kHz sind für die Erfassung von induzierten Störungen, die durch elektromagnetische Felder von Sendefunkanlagen verursacht werden, keine Prüfungen erforderlich.

Tabelle 1   Prüfschärfegrade

Schärfegrade	Frequenzbereich 150 kHz bis 80 MHz	
	Spannung (Quellenspannung))	
	U_0 in dB(μV)	U_0 in V
1	120	1
2	130	3
3	140	10
X[1])	besonders festzulegen	
1) X ist ein offener Schärfegrad.		

Tabelle 1 enthält die Prüfschärfegrade als Effektivwerte der Leerlaufspannung des unmodulierten Störsignals. Die Prüfschärfegrade gelten für den Prüflingsanschluß des Koppelnetzwerks. Für die Prüfung der Betriebsmittel wird dieses Signal zu 80 % sinusförmig mit 1 kHz amplitudenmoduliert, um reale Gegebenheiten zu simulieren.

Legende zu **Bild I**

Z_{ce} asymmetrischer Anschlußpunkt des Prüflings an das Koppelnetzwerk/Entkoppelnetzwerk, Z_{ce} = 150 Ω
Anmerkung: Die 100-Ω-Widerstände werden durch die Koppelnetzwerke/Entkoppelnetzwerke dargestellt. Der linke Eingang wird durch einen (passiven) 50-Ω-Widerstand abgeschlossen, während der rechte Eingang durch den Prüfgenerator belastet wird.
U_0 Ausgangsspannung des Prüfgenerators (Quellenspannung)
U_{com} asymmetrische Spannung zwischen Prüfling und Bezugserde (Masseplatte)
I_{com} asymmetrischer Strom durch den Prüfling
J_{com} Stromdichte auf leitender Oberfläche oder Ströme auf anderen Leitern im Prüfling
E, H elektrische und magnetische Felder

Prüfgeräte
Der Prüfgenerator nach **Bild II** umfaßt alle Geräte und Bauteile, um die am Eingangsanschluß jedes Koppelnetzwerks erforderliche Prüfstörgröße mit dem geforderten Schärfegrad am Prüflingsanschluß zu erzeugen.

Koppelnetzwerke/Entkoppelnetzwerke
Koppelnetzwerke/Entkoppelnetzwerke müssen verwendet werden, um eine geeignete Kopplung der Prüfstörgröße (über den gesamten Frequenzbereich und mit einer definierten asymmetrischen Impedanz am Prüflingsanschluß) auf die verschiedenen Leitungen zu ermöglichen, die an den Prüfling angeschlossen sind.

Kontrolle der asymmetrischen Impedanz am Prüflingsanschluß des Koppelnetzwerks/Entkoppelnetzwerks
Koppelnetzwerke/Entkoppelnetzwerke sind charakterisiert durch die asymmetrische Impedanz $|Z_{ce}|$ am Prüflingsanschluß. Ihr korrekter Wert ist Voraussetzung für die Reproduzierbarkeit der Prüfergebnisse.
Das Koppelnetzwerk/Entkoppelnetzwerk und die Impedanz-Bezugsplatte sind auf einer Bezugsmassefläche aufzubauen, die die Gesamtanordnung um mindestens 0,2 m auf allen Seiten überragt.

Prüfaufbau für Tischgeräte und freistehende Betriebsmittel
Der Prüfling wird auf einer isolierenden Unterlage von 0,1 m Höhe auf der Bezugserde (Masseplatte) aufgestellt. Alle relevanten Leitungen werden mit den geeigneten Koppelnetzwerken/Entkoppelnetzwerken versehen. Diese werden in einem Abstand von 0,1 m bis 0,3 m vom Prüfling entfernt auf der Bezugserde (Masseplatte) aufgestellt.

Durchführung der Prüfung
Der Prüfling muß innerhalb der vom Hersteller vorgegebenen klimatischen und Betriebsbedingungen geprüft werden. Die Temperatur und die relative Luftfeuchte während der Prüfung werden im Prüfbericht festgehalten.
Örtliche Funk-Entstörbestimmungen hinsichtlich der Abstrahlung durch den Prüfaufbau sind einzuhalten. Falls die abgestrahlte Energie zu hoch ist, muß ein geschirmter Raum verwendet werden.
Zur Prüfung wird der Prüfgenerator nacheinander mit den Koppelnetzwerken/Entkoppelnetzwerken verbunden. Die HF-Eingänge der Koppelnetzwerke, in die gerade nicht eingespeist wird, werden mit einem Widerstand von 50 Ω abgeschlossen.
Die Prüfung muß nach einem Prüfplan durchgeführt werden, der Bestandteil des Prüfberichts sein muß.
Dieser muß angeben:
- die Größe des Prüflings;
- repräsentative Betriebsbedingungen des Prüflings;
- ob der Prüfling als Einzelgerät oder als ein aus mehreren Komponenten bestehendes Betriebsmittel zu prüfen ist;

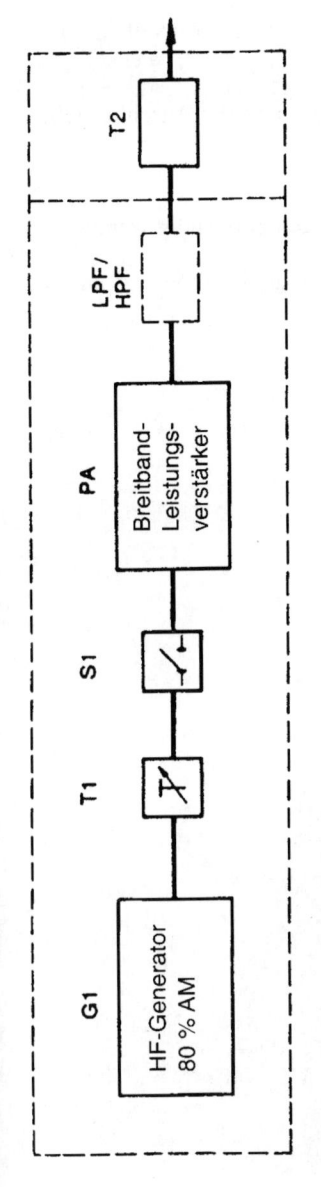

Bild II Aufbau des Prüfgenerators
G1 HF-Generator
PA Breitband-Leistungsverstärker
LPF/HPF Tiefpaß-Filter und/oder Hochpaß-Filter
T1 variable Dämpfung
T2 feste Dämpfung (6 dB)
S1 HF-Schalter

- die Art des Prüfplatzes und die Anordnung des Prüflings, der Zusatzgeräte und der Koppelnetzwerke/Entkoppelnetzwerke;
- die Koppelnetzwerke/Entkoppelnetzwerke und ihre Kopplungsfaktoren;
- den Frequenzbereich, in dem die Prüfung durchgeführt wird;
- die Geschwindigkeit für den Frequenzdurchlauf bzw. die Schrittweite der Frequenzänderung und die Verweilzeit;
- die anzuwendenden Prüfschärfegrade;
- die Art der zu verwendenden Verbindungsleitungen und die Anschlußstellen des Prüflings, mit denen sie verbunden werden;
- die Bewertungskriterien, die angewendet werden;
- die Beschreibung, wie der Prüfling betrieben wird.

Zur Erstellung des Prüfplans können Voruntersuchungen notwendig werden, um einige Angaben für den Prüfplan zu ermitteln.

Der Prüfbericht muß die Prüfbedingungen, Aussagen zur Kalibrierung und die Prüfergebnisse enthalten.

DIN EN 61000-4-24 (VDE 0847 Teil 4-24):1997-11   November 1997

Elektromagnetische Verträglichkeit (EMV)

Teil 4: Prüf- und Meßverfahren
Hauptabschnitt 24: Prüfverfahren für Einrichtungen zum Schutz gegen leitungsgeführte HEMP-Störgrößen
EMV-Grundnorm
(IEC 61000-4-24:1997)
Deutsche Fassung EN 61000-4-24:1997

3 + 11 Seiten EN, 3 Bilder, 3 Anhänge   Preisgruppe 10 K

Dieser Hauptabschnitt der IEC 61000-4 (VDE-Bestimmung) legt Verfahren zur Prüfung von Einrichtungen fest, die zum Schutz gegen leitungsgeführte HEMP-Störgrößen verwendet werden. Er deckt im wesentlichen die Prüfung des Spannungs-Durchbruchsverhaltens und der spannungsbegrenzenden Eigenschaften ab, aber auch Verfahren zur Messung der Restspannung unter HEMP-Bedingungen bei sehr schnellen Spannungs- (u) und Stromänderungen (i) als Funktion der Zeit werden erfaßt.

Prüfverfahren für Einrichtungen zum Schutz gegen leitungsgeführte HEMP-Störgrößen
Das tatsächliche Verhalten einer Schutzeinrichtung unter HEMP-Bedingungen hängt sehr stark von der Art ihres Einbaus am Einsatzort und anderen anzutreffenden Umständen (z. B. die Qualität der Abschirmung zwischen der geschützten und der ungeschützten Seite eines Schutzelements) ab. Die nachfolgenden Prüfverfahren berücksichtigen dies. Sie werden so definiert, daß die erzielten Ergebnisse so weit wie möglich auf die Güteeigenschaften des Prüflings bezogen sind und der Prüfaufbau nicht zu sehr vom Schutzaufbau in der Praxis abhängt. Um diese genormte Prüfung einfach zu halten und so allgemein wie möglich anwendbar zu machen, wird der Prüfperson erlaubt, den Prüfaufbau innerhalb bestimmter Grenzen zu optimieren, ohne dabei den Bereich der in der Praxis anzutreffenden Schutzaufbauten zu verlassen.

Prüfaufbau
Der Prüfaufbau besteht aus einem Impulsgenerator (G), einer Einspeiseleitung (Generatorleitung), einer Prüfhalterung für den Prüfling und einem Abschluß mit einer Verbindungsleitung und einem Oszilloskop (siehe **Bild 1**). Die Leitungsimpedanz muß durch den ganzen Prüfaufbau die gleiche sein. Wenn andere Impedanzen als 50 Ω verwendet werden, müssen diese angegeben werden.
Zur Vermeidung von parasitären Kopplungen zwischen dem Impulsgenerator und dem Oszilloskop müssen sowohl die ungeschützte als auch die geschützte Seite vollständig geschirmt werden. Es sollten Kabel mit Schirmen aus mehrfach geflochtenem Draht oder mit Folienschirmen verwendet werden. Es ist sicherzu-

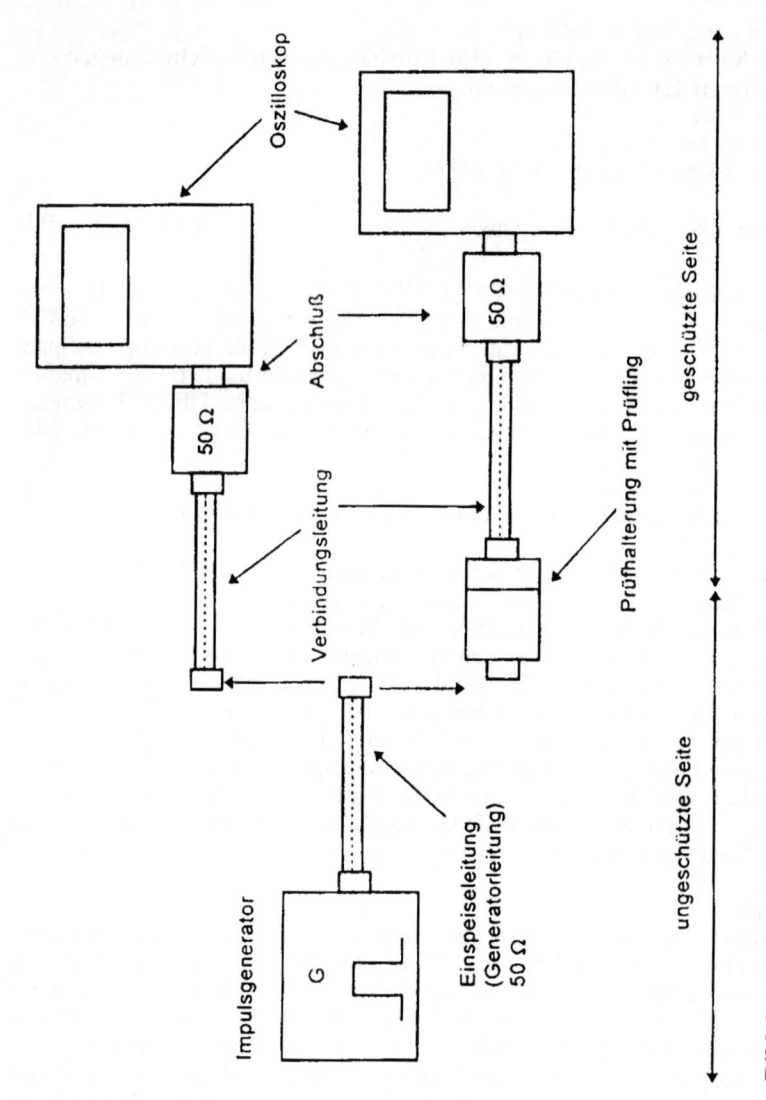

Bild 1 Aufbau zur Prüfung von Schutzeinrichtungen

stellen, daß koaxiale Anschlüsse hoher Güte mit der richtigen Leitungsimpedanz verwendet werden, die Hochspannungsimpulsen widerstehen können. Masseschleifen (Erdschleifen) sollten vermieden werden.

Impulsgenerator
Der Wellenwiderstand des Impulsgenerators muß 50 Ω oder gleich dem festgelegten Wert sein. Der Impulsgenerator muß einen rechteckförmigen Spannungsimpuls üblicher Form an einen angepaßten Abschluß abgeben. Die Vorderflanke muß eine Anstiegssteilheit von wenigstens 1 kV/ns bei der Ansprech- oder Begrenzungsspannung des Primärschutzelements des Prüflings aufweisen. Die (an einen angepaßten Abschluß angelegte) Ausgangsspannung muß auf einen Wert, der das Zweifache der erwarteten Begrenzungsspannung des Prüflings beträgt, eingestellt werden können. Beide Polaritäten müssen verfügbar sein. Die Impulsdauer muß wenigstens 20 ns betragen.

Einspeiseleitung (Generatorleitung)
Die Einspeiseleitung (Generatorleitung) besteht aus einem Koaxialkabel, dessen Leitungsimpedanz 50 Ω oder gleich dem festgelegten Wert sein muß. Das zwischen dem Impulsgenerator und dem Prüfling verlaufende Kabel muß ausreichend lang sein, damit innerhalb der Anstiegzeit der Impuls-Vorderflanke keine Reflexionen vom Prüfling am Eingang des Impulsgenerators ankommen. Um diese Bedingung zu erfüllen, muß die Ausbreitungszeit entlang des Kabels in einer Richtung größer als die Hälfte der Anstiegzeit des Impulses sein. Wegen der frequenzabhängigen Kabeldämpfung kann die Impulssteilheit verringert und durch weitere Verlängerung der Einspeiseleitung (Generatorleitung) dem gewünschten Wert angepaßt werden.

Abschluß
Der Abschlüß muß innerhalb der 3-dB-Bandbreite des Oszilloskops an die Leitungsimpedanz des Prüfaufbaus angepaßt sein. Er muß in Durchführungsbauweise gewählt werden und an die hochohmige Spannungsteilersonde eines Oszilloskops angeschlossen werden, oder er muß Teil der ersten Stufe eines vor dem Oszilloskop angeordneten Dämpfungsglieds sein. Die Leitung zwischen der Prüfhalterung und dem Abschluß muß dieselbe Impedanz wie der Abschluß aufweisen. Sie muß so kurz wie möglich sein. Ihre Dämpfung muß kleiner als 0,5 dB bei der oberen 3-dB-Grenzfrequenz des Oszilloskops sein. Es ist sicherzustellen, daß der Abschluß den Prüfimpulsen ohne Beeinträchtigung widersteht.

Abschließende Untersuchung des Prüflings
Nach der Prüfung wird der Prüfling auf sichtbare Schäden und auf weiterhin vorhandene Übereinstimmung mit den funktionalen und HEMP-relevanten Festlegungen untersucht.

Erläuterungen
Die Internationale Elektrotechnische Kommission (IEC) hat die Erstellung von genormten Verfahren zum Schutz ziviler Einrichtungen gegen die Auswirkungen des in großer Höhe erzeugten nuklearen elektromagnetischen Pulses in die Wege geleitet. Derartige Einwirkungen können zu Unterbrechungen in (Tele-)Kommunikationsnetzen, Stromversorgungsnetzen, Einrichtungen der Informationstechnik usw. führen.
Dieser Hauptabschnitt der IEC 61000-4 ist Teil eines vollständigen Satzes von Normen, welche die gesamte Thematik der Störfestigkeit gegen den in großer Höhe erzeugten nuklearen elektromagnetischen Puls abdecken. Die zugehörige, aus der englischen Sprache entnommene Abkürzung ist entweder HA-NEMP oder einfach HEMP.

DIN EN 50083-9 (VDE 0855 Teil 9):1998-02   Februar 1998

Kabelverteilsysteme für Fernseh-, Ton- und interaktive Multimedia-Signale

Teil 9: Schnittstellen für CATV-/SMATV-Kopfstellen und vergleichbare professionelle Geräte für DVB/MPEG-2-Transportströme
Deutsche Fassung EN 50083-9:1997

3 + 38 Seiten EN, 29 Bilder, 12 Tabellen, 7 Anhänge   Preisgruppe 26 K

Diese Norm (VDE-Bestimmung) beschreibt die Hardware-Schnittstellen zwischen Signalverarbeitungseinrichtungen in professionellen CATV-/SMATV-Kopfstellen oder ähnlichen Systemen, beispielsweise in Erdfunkstellen für die Satellitenkommunikation. In diesem Dokument wird insbesondere die Übertragung von DVB/MPEG-2-Datensignalen im genormten Transport-Layer-Format zwischen Geräten mit verschiedenen Signalverarbeitungsfunktionen festgelegt. HF-Schnittstellen und Schnittstellen zu Telekommunikationsnetzen sind nicht Gegenstand dieses Dokuments.
Ergänzend wird auf die anderen Teile der Normenreihe EN 50083 (Kabelverteilsysteme für Ton- und Fernsehrundfunk-Signale) verwiesen, insbesondere im Zusammenhang mit HF-, Video- und Audio-Schnittstellen auf Teil 5: „Geräte für Kopfstellen".
Zum Anschluß an Telekommunikationsnetze ist eine spezielle Datenübertragungseinrichtung (DCE) zur Adaptierung der in diesem Dokument beschriebenen seriellen oder parallelen Schnittstellen an die Bitraten und Übertragungsformate öffentlicher Netze der Plesiochronen Digitalhierarchie (PDH) notwendig. Neue Techniken, z. B. Breitbanddatendienste ohne Verbindungsorientierung (CBDS), Signale der Synchronen Digitalhierarchie (SDH), Asynchroner Transfer Modus (ATM) usw., können ebenfalls zur Übertragung von MPEG-2-Transportströmen (TS) zwischen abgesetzten Standorten benutzt werden. ATM eignet sich besonders gut zur bedarfsgerechten Bereitstellung von Bandbreite (Bandwidth-on-demand-Dienste) und ermöglicht darüber hinaus hohe Übertragungsgeschwindigkeiten.

Schnittstellen für MPEG-2-Datensignale
Es werden drei Schnittstellen für Geräte zum Senden oder Empfang von MPEG-2-Daten in Form von Transportpaketen beschrieben, z. B. QPSK-Demodulatoren, QAM-Modulatoren, Multiplexer, Demultiplexer oder Adapter für Telekommunikationsnetze. Der Einsatz dieser Schnittstellen ist zwar nicht vorgeschrieben, verlangt jedoch, daß die jeweilige Spezifikation für die gewählte Schnittstelle im vollen Umfang zur Anwendung kommt.
Die Schnittstellen nutzen die 188-Byte-Paketstruktur nach EN/ISO/IEC 13818-1 (siehe **Bild 1**).

```
|  1        |        187        |
| SYNC-Byte |    Datenbytes     |
```

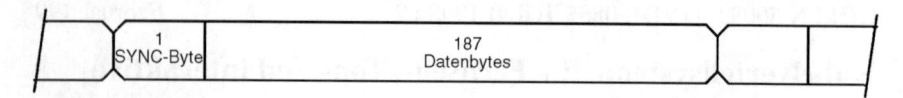

Bild 1 MPEG-2-Transportdatenstrom (EN/ISO/IEC 13818-1)

Der Einsatz von Reed-Solomon-codierten (RS) Paketen (204 Byte) ist ebenfalls zulässig (siehe **Bild 2**). Der ankommende Datenstrom muß nach ETS 300421 RS-codiert sein.

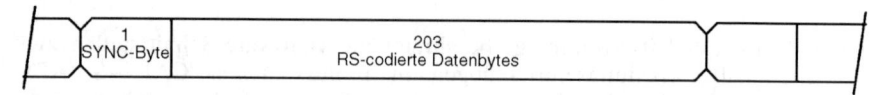

```
|     1     |          203           |
| SYNC-Byte |  RS-codierte Datenbytes |
```

Bild 2 RS-codierter MPEG-2-Transportdatenstrom (ETS 300421)

Die Bilder 1 und 2 zeigen die unterschiedlichen Formate der ankommenden Datenströme. Für die in dieser Norm beschriebenen Schnittstellen ist kein RS-Fehlerschutzcode erforderlich.
Wenn Datensignale über ein Telekommunikationsnetz an eine Kopfstelle übertragen werden oder eine Kopfstelle zur Einspeisung von Datensignalen in solche Netze dient, dann sind die für das betreffende Netz gültigen Schnittstellenparameter zu erfüllen. In diesem Zusammenhang wird auf die ITU-T-Empfehlung G.703 für die Netze der Plesiochronen Digitalhierarchie (PDH) verwiesen.

Synchrone Parallelschnittstelle
Es wird eine Schnittstelle für ein System zur Parallelübertragung mit variablen Datenraten beschrieben. Die Datenübertragung ist auf den Bytetakt des Datenstroms synchronisiert, bei dem es sich um einen MPEG-Transportdatenstrom handelt. Auf den Übertragungsstrecken kommt die LVDS-Technik mit 25poligen Verbindungskabeln zum Einsatz.

Synchrone Serielle Schnittstelle (SSI)
Die Synchrone Serielle Schnittstelle (SSI) kann als erweiterte Parallelschnittstelle betrachtet werden. Sie stellt eine spezielle Anpassung des Parallelformats dar. Die SSI-Schnittstelle ist synchron mit dem über die serielle Verbindung übertragenen Transportdatenstrom.

Asynchrone Serielle Schnittstelle (ASI)
Bei der Asynchronen Seriellen Schnittstelle (ASI) handelt es sich um eine serielle Verbindung, die mit einem festen Leitungstakt arbeitet.

Erläuterungen siehe DIN EN 50083-2/A1 (VDE 0855 Teil 200/A1):1998-02.

DIN EN 50083-2/A1 (VDE 0855 Teil 200/A1):1998-02   Februar 1998

Kabelverteilsysteme für Fernseh-, Ton- und interaktive Multimedia-Signale

Teil 2: Elektromagnetische Verträglichkeit von Geräten
Deutsche Fassung EN 50083-2:1995/A1:1997

3 + 13 Seiten EN, 16 Bilder, 1 Anhang   Preisgruppe 12 K

Die Abschnitte dieser **Änderung** ergänzen oder ersetzen die entsprechenden Abschnitte in DIN EN 50083-2 (VDE 0855 Teil 200):1996-04.

Diese Norm (VDE-Bestimmung)
- gilt für die Störstrahlungscharakteristik und elektromagnetische Störfestigkeit der aktiven und passiven Geräte zum Empfang, zur Aufbereitung und Verteilung von Fernseh-, Ton- und interaktiven Multimedia-Signalen, wie in den folgenden Teilen der Normenreihe der EN 50083 behandelt:
  - EN 50083-3 „Aktive Breitbandgeräte für koaxiale Verteilnetze"
  - EN 50083-4 „Passive Breitbandgeräte für koaxiale Verteilnetze"
  - EN 50083-5 „Kopfstellen"
  - EN 50083-6 „Optische Geräte";
- deckt die folgenden Frequenzbereiche ab:
  ins Stromversorgungsnetz eingespeiste
  Störspannung   9 kHz bis 30 MHz
  Strahlung aktiver Geräte (5 MHz)   30 MHz bis 25 GHz
  Störfestigkeit aktiver Geräte   150 kHz bis 25 GHz
  Schirmungsmaß der passiven
  Geräte (5 MHz)   30 MHz bis 3,0 GHz (25 GHz);
- legt die Anforderungen für die erlaubte Höchst-Strahlung, die Mindest-Störfestigkeit und das Mindest-Schirmungsmaß fest;
- beschreibt die Prüfverfahren der Prüfungen auf Normeneinhaltung.

Koaxialkabel für Kabelverteilanlagen fallen nicht in den Anwendungsbereich dieser Norm. Hierfür gilt die Europäische Normenreihe EN 50117 „Fachgrundspezifikationen für in Kabelverteilanlagen eingesetzte Koaxialkabel".
Normung im Bereich „Elektromagnetische Verträglichkeit" ist für alle Teilnehmerendgeräte (z. B. Tuner, Empfänger, Decoder, Multimedia-Endgeräte) durch die Europäischen Normen EN 55013 und EN 55020 abgedeckt.

Störfestigkeit aktiver Geräte
Jedes HF-Signal, das in ein Gerät eingekoppelt wird, kann Störungen verursachen. Am Ausgang eines Geräts können Fremdsignale auftreten, wenn aufgrund mangelhafter Störfestigkeit Störfrequenzen in das Gerät gelangen und

- Störprodukte mit dem Nutzsignal oder anderen Verteilsignalen bilden oder ihren Modulationsgehalt durch Kreuzmodulation auf das Nutzsignal übertragen,
- sich mit Oszillatorfrequenzen, deren Oberscwingungen oder anderen Verteilsignalen mischen,
- in die Nennfrequenzbereiche des betroffenen Geräts fallen.

Anmerkung: Durch eine durchdachte Wahl der Verteilfrequenzen lassen sich einige Störungen ausschließen.

Gütekriterium
Für die Belange dieser Norm entspricht der Störfestigkeitspegel demjenigen Höchstwert der einfallenden elektromagnetischen Störung, der bei Anliegen des angegebenen eingangs- oder ausgangsseitigen Betriebspegels eine gerade noch wahrnehmbare Störung am Ausgang des Prüflings hervorruft.

Anmerkung 1: Dabei wird von der Annahme ausgegangen, daß diese gerade noch wahrnehmbare Störung bei Messung am Ausgang des Prüflings den folgenden kanalbezogenen HF-Störabständen zwischen Nutzsignal und Fremdsignal entspricht:

60 dB   AM-RSB-Fernseh- und UKW-Tonrundfunksignale
35 dB   FM-TV-Signale
in Beratung   DSR, QPSK, QAM, COFDM.

Anmerkung 2: Bei der Prüfung auf Einhaltung der Normanforderungen braucht nicht der tatsächliche Störfestigkeitspegel ermittelt zu werden, sondern es ist lediglich zu prüfen, ob die Störfestigkeitsanforderungen eingehalten werden.

Messung der äußeren Störfestigkeit gegenüber Feldern der Umgebung

Außerbandstörfestigkeit (gegenüber einem modulierten Fremdsignal)
Das Meßverfahren beruht auf dem in der IEC 60728-1:1986/A1:1992 dargelegten Verfahren.
Bei Frequenzen zwischen 150 kHz und 150 MHz wird das Verfahren mit der offenen Streifenleitervorrichtung eingesetzt. Bei Frequenzen zwischen 150 MHz und 3 GHz werden die Messungen in einem Meßfeld unter Verwendung eines Strahlungsfelds durchgeführt.

Innerbandstörfestigkeit (gegenüber einem unmodulierten Fremdsignal)
Das Meßverfahren beruht auf dem in der IEC 60728-1:1986/A1:1992 dargelegten Verfahren.
Bei Frequenzen zwischen 150 kHz und 150 MHz wird das Verfahren mit der offenen Streifenleitervorrichtung eingesetzt. Bei Frequenzen zwischen 150 MHz und 3 GHz werden die Messungen in einem Meßfeld unter Verwendung eines Strahlungsfelds durchgeführt.

Äußere Störfestigkeit gegenüber elektromagnetischen Feldern

Außerbandstörfestigkeit (gegenüber einem modulierten Fremdsignal)

Tabelle 5a Grenzwerte für die Außerbandstörfestigkeit
(Mindestwert der Feldstärke zur Erfüllung des Gütekriteriums)

Frequenzbereich MHz	Feldstärke dB (μV/m)
0,15 bis 1000 (AM)	125
950 bis 3000 (FM)	125
3000 bis 25 000	in Beratung

Innerbandstörfestigkeit (gegenüber unmodulierten Fremdsignalen)

Tabelle 5b Grenzwerte für die Innerbandstörfestigkeit
(Mindestwert der Feldstärke zur Erfüllung des Gütekriteriums)

Frequenzbereich MHz	Feldstärke dB (μV/m)
0,15 bis 1000 (AM)	106
950 bis 3000 (FM)	106
3000 bis 25 000	in Beratung

Schirmungsmaß von passiven Geräten

Tabelle 10 Grenzwerte für das Schirmungsmaß von passiven Geräten innerhalb der Nennfrequenzbereiche

Frequenzbereich MHz	Grenzwert dB	
	Klasse A	Klasse B
30 bis 300	85	75
300 bis 470	80	75
470 bis 1000	75	65
1000 bis 3000	55	55

Erläuterungen
Die Teile der Normenreihe EN 50083 behandeln Kabelnetze für Fernseh-, Ton- und interaktive Multimedia-Signale, einschließlich der Geräte, Systeme und Installationen für
- Kopfstellenempfang, Aufbereitung und Verteilung von Fernseh- und Ton-Signalen und ihren zugehörigen Datensignalen und
- Aufbereitung, Übergabe und Übertragung aller Arten von interaktiven Multimedia-Signalen

über alle anwendbaren Übertragungsmedien.
Sie enthalten alle Arten von Netzen wie
- Kabelfernsehnetze (GGA-Netze),
- GA- und SAT-GA-Systeme,
- Einzelempfangsnetze

und jede Art von Geräten, Systemen und Installationen, die in solchen Netzen installiert sind.
Die Anwendbarkeit dieser Normen reicht von Antennen, speziellen Eingängen von Signalquellen in der Kopfstelle oder anderen Schnittstellen zum Netz bis hin zur Antennensteckdose bzw. – sofern keine Antennensteckdosen verwendet werden – bis zum Anschluß des jeweiligen Teilnehmerendgeräts.
Teilnehmerendgeräte (z. B. Tuner, Empfänger, Decoder, Multimedia-Endgeräte usw.) oder auch jegliche Koaxial- und Lichtwellenleiter-Kabel und deren Armaturen sind nicht Gegenstand dieser Norm.

DIN EN 55013/A13 (VDE 0872 Teil 13/A3):1997-06   Juni 1997

Grenzwerte und Meßverfahren für die Funkstöreigenschaften von Rundfunkempfängern und verwandten Geräten der Unterhaltungselektronik

Änderung A13:1996 zu EN 55013:1990
Deutsche Fassung EN 55013:1990/A13:1996

2 + 2 Seiten EN, 1 Tabelle, 1 Anhang   Preisgruppe 1 K

Die Aussagen dieser **Änderung** ergänzen die entsprechenden Aussagen in DIN VDE 0872-13 (VDE 0872 Teil 13):1991-08.

Definitionen
Außeneinrichtung von Satellitenempfangssystemen für den Heimgebrauch für einzelnen Empfang (Typ B von ETS 300158:1992). Siehe ETS 300249:1993.
Anmerkung: Satellitenempfangssysteme für gemeinschaftlichen Empfang (Typ A von ETS 300158:1992), insbesondere:
- Kopfstellen von Kabelverteilsystemen (kommunale Gemeinschaftsantennenanlagen, CATV)
- Gemeinschaftsempfangsanlagen (Gemeinschaftsantennenanlagen (Großantennenanlagen), GA (MATV))

werden durch EN 50083-2 erfaßt.

Grenzwerte

Grenzwerte für die Funkstörfeldstärke von Außeneinrichtungen von Satellitenempfangssystemen für den Heimgebrauch

Quelle	Frequenz	Quasi-Spitzenwert-Grenzwert dB(pW) bei 120 kHz Bandbreite
Abstrahlung des Empfangsoszillators innerhalb ± 7° der Hauptempfangsrichtung der Antenne[1])	Empfangsoszillator Grundschwingung	30
	Empfangsoszillator Oberschwingungen	in Beratung
isotrope Strahlungsleistung der Außeneinrichtung[2])	30 MHz bis 960 MHz 960 MHz bis 2,5 GHz 2,5 GHz bis 18 GHz	20 43 57

1) Indirekte Messung mit Hilfe des Substitutionsverfahrens oder direkte Messung nach ETS 300158 oder ETS 300249.
2) Es gelten keine Anforderungen innerhalb ± 7° der Hauptempfangsrichtung der Antenne.

Erläuterungen
Diese Änderung erweitert den Anwendungsbereich der Europäischen Norm EN 55013:1990 um Satellitenempfangssysteme für den Heimgebrauch für Einzelempfang (Typ B von ETS 300158:1992) und entsprechend die in der Einleitung gegebenen Quellenangaben um die ETS 300158:1992 und 300249:1993. Festlegungen für die Funk-Entstörung von Satellitenempfangssystemen für den Heimgebrauch werden durch die neu aufgenommene Tabelle 3A gegeben. Die Deutsche Fassung der EN 55013:1990 war als DIN VDE 0872-13 (VDE 0872 Teil 13):1991-08 veröffentlicht worden.
Für andere Satellitenempfangssysteme (für gemeinschaftlichen Empfang) (Typ A von ETS 300158:1992), insbesondere für Kopfstellen von Kabelverteilsystemen (kommunale Gemeinschaftsantennenanlagen, CATV) und für Gemeinschaftsempfangsanlagen (Gemeinschaftsantennenanlagen (Großantennenanlagen), GA (MATV)) gelten die Festlegungen der EN 50083-2 bzw. DIN EN 50083-2 (VDE 0855 Teil 200):1996-04.

DIN EN 55020/A11 (VDE 0872 Teil 20/A4):1997-06   Juni 1997

Störfestigkeit von Rundfunkempfängern und verwandten Geräten der Unterhaltungselektronik

Änderung A11:1996 zur EN 55020:1994
Deutsche Fassung EN 55020:1994/A11:1996

2 + 2 Seiten EN, 1 Anhang   Preisgruppe 1 K

Die Aussagen dieser **Änderung** ergänzen die entsprechenden Aussagen in DIN EN 55020 (VDE 0872 Teil 20):1995-05.

Normative Verweisungen:
ETS 300158:1992   Satellite Earth Stations (SES) – Television Receive Only (TVRO-FSS)
ETS 300249:1993   Satellite Earth Stations (SES) – Television Receive-Only (TVRO-BSS)

Definitionen
Außeneinrichtung von Satellitenempfangssystemen für den Heimgebrauch für einzelnen Empfang (Typ B von ETS 300158:1992). Siehe ETS 300249:1993.
Anmerkung: Satellitenempfangssysteme für gemeinschaftlichen Empfang (Typ A von ETS 300158:1992), insbesondere:
- Kopfstellen von Kabelverteilsystemen (kommunale Gemeinschaftsantennenanlagen, CATV)
- Gemeinschaftsempfangsanlagen (Gemeinschaftsantennenanlagen (Großantennenanlagen), GA (MATV))

werden durch EN 50083-2 erfaßt.

Prüfungen
Außeneinrichtungen von Satellitenempfangssystemen für den Heimgebrauch (FSS und BSS). Der Strom muß mit Hilfe eines 150-Ω-Koppel-/Entkoppelnetzwerks eingeprägt werden (siehe auch ETS 300158 und 300249).

Erläuterungen siehe DIN EN 55013/A13 (VDE 0872 Teil 13/A13):1997-06.

DIN EN 55011 (VDE 0875 Teil 11):1997-10   Oktober 1997

Grenzwerte und Meßverfahren für Funkstörungen von industriellen, wissenschaftlichen und medizinischen Hochfrequenzgeräten (ISM-Geräten)

(IEC-CISPR 11:1990, modifiziert
+ A1:1996, modifiziert + A2:1996 + Corrigendum:1996)
Deutsche Fassung EN 55011:1991 + A1:1997 + A2:1996

4 + 30 Seiten EN, 4 Bilder, 7 Tabellen, 8 Anhänge   Preisgruppe 20 K

Die in dieser Norm (VDE-Bestimmung) festgelegten Grenzwerte und Meßverfahren gelten für industrielle, wissenschaftliche und medizinische (ISM) Geräte und für Funkenerosionsgeräte.
Es werden Verfahren für die Messung von Funkstörungen und Grenzwerte für den Frequenzbereich 9 kHz bis 400 GHz angegeben.
Die Anforderungen an Beleuchtungseinrichtungen sind in EN 55015 zu finden.
Der Begriff „ISM" umfaßt Geräte oder Betriebsmittel, die für die Erzeugung und/oder lokale Nutzung von Hochfrequenzenergie für industrielle, wissenschaftliche, medizinische, häusliche oder ähnliche Zwecke entwickelt wurden, mit der Ausnahme von Anwendungen auf den Gebieten der Telekommunikations- und der Informationstechnik und solchen, die von anderen EMV-Normen des CENELEC erfaßt werden.

Nationale Maßnahmen und für die Benutzung durch ISM-Geräte festgelegte Frequenzen
Die Grenzwerte wurden auf der Grundlage von Wahrscheinlichkeitsbetrachtungen bestimmt, um die Wahrscheinlichkeit des Auftretens von Störungen gering zu halten. In Störfällen können zusätzliche Maßnahmen erforderlich sein.
Die zuständigen nationalen Stellen dürfen Aufstellung und Betrieb von Geräten der Grenzwertklasse A in Wohnräumen oder in anderen Räumen, die direkt an das Niederspannungs-Stromversorgungsnetz angeschlossen sind, unter den von ihnen als notwendig erachteten Bedingungen erlauben.
Die für die Benutzung durch ISM-Geräte festgelegten Frequenzen sind in **Tabelle 1a** aufgeführt.
In einigen CENELEC-Ländern können andere oder zusätzliche Frequenzen für ISM-Geräte festgelegt werden. Diese Frequenzen sind in **Tabelle 1b** aufgeführt.
Für diese Frequenzen gelten die Grenzwerte für Störspannung und Störstrahlung nicht. Benutzt ein ISM-Gerät andere als die von der IFU oder national festgelegten Grundfrequenzen, gelten die in dieser Norm festgelegten Grenzwerte für Störspannung und Störstrahlung auch für die Grundfrequenzen.
Falls ISM-Geräte nicht entsprechend den Grenzwerten der **Tabelle 5** entstört

werden können, muß der Hersteller oder Importeur die zuständigen nationalen Stellen informieren, bevor die Geräte in Verkehr gebracht werden. Bei Geräten, die auf einem Meßplatz gemessen wurden, müssen dieser Information die Meßergebnisse beigefügt werden. Bei Geräten, die am Aufstellungsort gemessen werden, muß der Betreiber die zuständigen nationalen Stellen informieren, bevor die Geräte in Betrieb genommen werden.

Tabelle 1a Für die Benutzung durch ISM-Geräte als Grundfrequenzen von der IFU festgelegte Frequenzen[1])

Mittenfrequenz MHz	Frequenzband MHz			Grenzwerte der Störstrahlung[3])	Nummer der Fußnote zur Tabelle der Frequenzzuordnung der IFU-Vollzugsordnung
6,780	6,765	bis	6,795	in Beratung	524[2])
13,560	13,553	bis	13,567	unbegrenzt	534
27,120	26,957	bis	27,283	unbegrenzt	546
40,680	40,66	bis	40,70	unbegrenzt	548
433,920	433,05	bis	434,79	in Beratung	661[2]), 662
2 450	2 400	bis	2 500	unbegrenzt	752
5 800	5 725	bis	5 875	unbegrenzt	806
24 125	24 000	bis	24 250	unbegrenzt	881
61 250	61 000	bis	61 500	in Beratung	911[2])
122 500	122 000	bis	123 000	in Beratung	916[2])
245 000	244 000	bis	246 000	in Beratung	922[2])

1) Es gilt Resolution Nr. 63 (1979) der IFU-Vollzugsordnung für den Funkdienst.

2) Die Verwendung dieser Frequenzbänder unterliegt der besonderen Genehmigung durch die betroffenen Verwaltungen in Abstimmung mit anderen Verwaltungen, deren Funkdienste gestört werden könnten.

3) Der Ausdruck „unbegrenzt" betrifft die Grundfrequenz und alle anderen Frequenzen, die in das genannte Band fallen. Besondere Maßnahmen können zur Erreichung der Verträglichkeit erforderlich werden, wenn andere Geräte, die die Störfestigkeits-Anforderungen (z. B. EN 55020) erfüllen, nahe dem ISM-Gerät aufgestellt sind.

Tabelle 1b Für die Benutzung durch ISM-Geräte als Grundfrequenzen von CENELEC-Ländern festgelegte Frequenzen

Frequenz MHz	Grenzwerte der Störstrahlung[1])	Anmerkung
0,009 bis 0,010	unbegrenzt	nur Deutschland
3,370 bis 3,410	unbegrenzt	nur Niederlande
13,533 bis 13,553	110 dB (µV/m) in 100 m	nur Großbritannien
13,567 bis 13,587	110 dB (µV/m) in 100 m	nur Großbritannien
83,996 bis 84,004	130 dB (µV/m) in 30 m	nur Großbritannien
167,992 bis 168,008	130 dB (µV/m) in 30 m	nur Großbritannien
886,000 bis 906,000	120 dB (µV/m) in 30 m	nur Großbritannien

1) Abstand von der Außenwand des Gebäudes, in dem sich das Gerät befindet.

Einteilung der ISM-Geräte
ISM-Geräte sind vom Hersteller mit der Geräte-Klasse und Geräte-Gruppe zu kennzeichnen.
ISM-Geräte der Gruppe 1: Gruppe 1 umfaßt alle ISM-Geräte, in denen absichtlich erzeugte und/oder benutzte leitergebundene HF-Energie vorkommt, die für die innere Funktion des Geräts selbst erforderlich ist.
ISM-Geräte der Gruppe 2: Gruppe 2 umfaßt alle ISM-Geräte, in denen HF-Energie für die Behandlung von Material absichtlich als elektromagnetische Ausstrahlung erzeugt und/oder genutzt wird, sowie Funkenerosionsmaschinen.

Unterteilung in Klassen
Geräte der Klasse A sind Geräte, die sich für den Gebrauch in allen anderen Bereichen außer dem Wohnbereich und solchen Bereichen eignen, die direkt an ein Niederspannungsnetz angeschlossen sind, das (auch) Wohngebäude versorgt. Geräte der Klasse A müssen die Grenzwerte der Klasse A einhalten.
Geräte der Klasse B sind Geräte, die sich für den Betrieb im Wohnbereich sowie solchen Bereichen eignen, die direkt an ein Niederspannungsnetz angeschlossen sind, das (auch) Wohngebäude versorgt. Geräte der Klasse B müssen die Grenzwerte der Klasse B einhalten.

Grenzwerte für Funkstörungen
ISM-Geräte der Klasse A können nach Wahl des Herstellers entweder auf einem Meßplatz oder am Aufstellungsort gemessen werden.
ISM-Geräte der Klasse B sind auf einem Meßplatz zu messen.
Die in den **Tabellen 2 bis 4** enthaltenen Grenzwerte gelten für alle Arten von Störgrößen auf allen Frequenzen, die nicht nach Tabelle 1 ausgenommen sind.
Bei den Übergangsfrequenzen gelten die strengeren Grenzwerte.

Tabelle 2a Grenzwerte für die Störspannung am Netzanschluß von Geräten der Klasse A, die auf einem Meßplatz gemessen werden

Frequenz-bereich	Grenzwerte für Geräte der Klasse A in dB (μV)					
	Gruppe 1		Gruppe 2		Gruppe 2*)	
MHz	Quasi-spitzenwert	Mittel-wert	Quasi-spitzenwert	Mittel-wert	Quasi-spitzenwert	Mittel-wert
0,15 bis 0,50	79	66	100	90	130	120
0,50 bis 5,00	73	60	86	76	125	115
5 bis 30	73	60	90 (linear) mit dem Logarithmus der Frequenz fallend auf 70	80 auf 60	115	105
*) Bei Nennströmen >100 A je Leiter unter Verwendung des CISPR-Tastkopfs.						

Tabelle 2b Grenzwerte für die Störspannung am Netzanschluß von Geräten der Klasse B, die auf einem Meßplatz gemessen werden

Frequenzbereich MHz	Grenzwerte für Geräte der Klasse B in dB (μV)	
	Gruppe 1 und 2	
	Quasispitzenwert	Mittelwert
0,15 bis 0,50	66 (linear) mit dem Logarithmus der Frequenz fallend auf 56	56 (linear) mit dem Logarithmus der Frequenz fallend auf 46
0,50 bis 5,00	56	46
5 bis 30	60	50

Tabelle 3 Grenzwerte für die Störstrahlung von Geräten der Gruppe 1

Frequenzbereich MHz	auf einem Meßplatz gemessen		am Aufstellungsort gemessen
	Gruppe 1 Klasse A 30 m Meßentfernung dB (μV/m)	Gruppe 1 Klasse B 10 m Meßentfernung dB (μV/m)	Gruppe 1 Klasse A in 30 m Entfernung von der Außenwand des Betriebsgebäudes dB (μV/m)
0,15 bis 30	in Beratung	in Beratung	in Beratung
30 bis 230	30	30	30
230 bis 1 000	37	37	37

Tabelle 4 Grenzwerte für die Störstrahlung von Geräten der Gruppe 2, Klasse B, die auf einem Meßplatz gemessen werden

Frequenzbereich MHz	Quasispitzenwert der elektrischen Feldstärke 10 m Meßentfernung dB (μV/m)	Quasispitzenwert der magnetischen Feldstärke 3 m Meßentfernung dB (μA/m)
0,15 bis 30	–	39 linear mit dem Logarithmus der Frequenz fallend auf 3
30 bis 80,872	30	–
80,872 bis 81,848	50	–
81,848 bis 134,786	30	–
134,786 bis 136,414	50	–
136,414 bis 230	30	–
230 bis 1 000	37	–

Tabelle 5 Grenzwerte für die Störstrahlung von Geräten der Gruppe 2, Klasse A

Frequenzbereich MHz			Grenzwerte bei Meßentfernung D	
			Entfernung D von der Außenwand des Betriebsgebäudes dB (µV/m)	auf einem Meßplatz $D = 30$ m vom Gerät dB (µV/m)
0,15	bis	0,49	75	85
0,49	bis	1,705	65	75
1,705	bis	2,194	70	80
2,194	bis	3,95	65	75
3,95	bis	20	50	60
20	bis	30	40	50
30	bis	47	48	58
47	bis	68	30	40
68	bis	80,872	43	53
80,872	bis	81,848	58	68
81,848	bis	87	43	53
87	bis	134,786	40	50
134,786	bis	136,414	50	60
136,414	bis	156	40	50
156	bis	174	54	64
174	bis	188,7	30	40
188,7	bis	190,979	40	50
190,979	bis	230	30	40
230	bis	400	40	50
400	bis	470	43	53
470	bis	1 000	40	50

Allgemeine Meßbedingungen
Geräte der Klasse A werden je nach Festlegung des Herstellers entweder auf einem Meßplatz oder am Aufstellungsort gemessen. Geräte der Klasse B müssen auf einem Meßplatz gemessen werden.

Meßgeräte
Empfänger mit Quasispitzenwert-Gleichrichter und Empfänger mit Mittelwert-Gleichrichter müssen CISPR 16 entsprechen.

Netznachbildung
Die Messung der Störspannung am Netzanschluß ist unter Verwendung einer 50-Ω/50-µH-V-Netznachbildung nach CISPR 16 durchzuführen.

Die Netznachbildung ist erforderlich, um bei der Messung eine definierte HF-Impedanz am Netzanschluß sicherzustellen und den Prüfling ausreichend von Umgebungsstörungen aus dem Netz zu entkoppeln.

Antennen
Im Frequenzbereich unter 30 MHz ist eine Rahmenantenne mit den in CISPR 16 angegebenen Eigenschaften zu verwenden. Die Antenne ist in vertikaler Richtung aufzustellen und muß um die vertikale Achse drehbar sein. Der tiefste Punkt des Rahmens muß sich 1 m über dem Boden befinden.
Bei Frequenzen zwischen 30 MHz und 1 GHz ist ein symmetrischer Dipol zu verwenden. Für Frequenzen zwischen 30 MHz und 80 MHz wird ein auf 80 MHz abgestimmter Dipol, für Frequenzen zwischen 80 MHz und 1 GHz wird ein auf die Meßfrequenz abgestimmter Dipol verwendet. Ausführliche weitere Angaben sind in CISPR 16 enthalten. Die Messungen sind mit horizontaler und vertikaler Polarisation durchzuführen. Bei Messung von Geräten der Gruppe 2, Klasse A, muß sich der Mittelpunkt der Antenne 3,0 m ± 0,2 m über dem Boden befinden. Bei Messung von Geräten der Gruppe 1 und Geräten der Gruppe 2, Klasse B, ist bei jeder Meßfrequenz der Mittelpunkt der Antenne zwischen 1 m und 4 m zu verändern, bis die maximale Anzeige bei jeder Meßfrequenz erreicht wird. Der Abstand zwischen dem tiefsten Punkt der Antenne und dem Boden darf 0,2 m nicht unterschreiten.
Für Messungen bei Frequenzen oberhalb 1 GHz gibt es keine Festlegungen bezüglich der zu verwendenden Antennen.

Anordnung des Prüflings
Die Anordnung des Prüflings ist im Rahmen typischer in der Praxis vorkommender Anwendungen so zu verändern, daß das Maximum des Störpegels erfaßt wird.

Besondere Bedingungen für Messungen auf Meßplätzen (9 kHz bis 1 GHz)
Bei Messungen auf einem Meßplatz muß eine reflektierende (metallische) Grundfläche vorhanden sein. Der Abstand des Prüflings von der reflektierenden Grundfläche muß den in der Praxis bestehenden Bedingungen entsprechen, d. h., Standgeräte stehen auf der Grundfläche oder sind von ihr durch einen dünnen isolierenden Belag getrennt, tragbare Geräte und Tischgeräte sind auf einem nichtmetallischen Tisch 0,8 m über der Grundfläche aufgestellt.

Änderungen
Gegenüber DIN VDE 0875-11 (VDE 0875 Teil 11):1992-07 wurden folgende Änderungen vorgenommen:
- Änderungen A1:1997 und A2:1996 zur Europäischen Norm EN 55011:1991 eingearbeitet.

DIN EN 55014-1/A1 (VDE 0875 Teil 14-1/A1):1997-09   September 1997

Elektromagnetische Verträglichkeit

Anforderungen an Haushaltgeräte, Elektrowerkzeuge und ähnliche Elektrogeräte
Teil 1: Störaussendung – Produktfamiliennorm
(IEC-CISPR 14-1:1993/A1:1996 + Corrigendum 1997)
Deutsche Fassung EN 55014-1:1993/A1:1997

2 + 3 Seiten EN, 1 Anhang   Preisgruppe 4 K

Die Abschnitte dieser **Änderung** ergänzen oder ersetzen die entsprechenden Abschnitte in DIN EN 55014 (VDE 0875 Teil 14):1993-12.

Geräte, die üblicherweise ohne Schutzleiteranschluß betrieben und nicht in der Hand gehalten werden
Für Geräte, die aufgrund ihrer Konstruktion und/oder ihres Gewichts üblicherweise auf dem Boden stehend betrieben werden (sogenannte Standgeräte), gelten die oben angegebenen Festlegungen.
Jedoch
- sind die Geräte auf einer horizontalen metallischen Masseplatte (der Bezugsmasseplatte) aufzustellen, von dieser durch eine nichtmetallische Unterlage (z. B. eine Palette) von etwa 0,1 m + 25 % Höhe isoliert;
- muß die Leitung am Prüfling entlang nach unten bis auf die Ebene der nichtmetallischen Unterlage und dann horizontal zur V-Netznachbildung geführt werden;
- muß die V-Netznachbildung mit der Bezugsmasseplatte verbunden werden;
- muß die Bezugsmasseplatte rundum wenigstens 0,5 m größer als die Umrisse des Prüflings sein und ein Mindestmaß von 2 m × 2 m haben.

Aktenvernichter
Die Messung von Dauerstörgrößen des Geräts muß erfolgen, während dem Gerät ununterbrochen Papier zugeführt wird, so daß der Antrieb (wenn möglich) ununterbrochen arbeitet.
Die Messung von diskontinuierlichen Störgrößen des Geräts muß erfolgen, während dem Gerät ein einzelnes Blatt in der Zeit zugeführt wird, die es dem Antrieb ermöglicht, nach jedem Blatt auszuschalten.
Das Papier muß zur Verwendung in Schreibmaschinen oder Kopierern geeignet sein und eine Länge zwischen 278 mm und 310 mm haben, unabhängig von den Abmessungen, für die der Aktenvernichter ausgelegt wurde. Die Gewichtskategorie muß 80 g/m^2 sein.

Klimageräte
Wenn die Lufttemperatur dadurch geregelt wird, daß die Einschaltzeiten des in

dem Gerät benutzten Kompressormotors geändert werden, oder wenn das Gerät ein Heizelement (Heizelemente) hat, das (die) von Temperaturreglern geschaltet wird (werden), sind die Messungen in Übereinstimmung mit den angegebenen Betriebsbedingungen durchzuführen.

Wenn das Gerät eine leistungsgeregelte Variante ist, die eine Umrichterschaltung (Umrichterschaltungen) für die Regelung der Drehzahl des Lüfters oder des Kompressormotors hat (haben), müssen die Messungen mit einer Einstellung des Temperaturreglers auf seine niedrigste Stellung bei Kühlbetrieb und auf seine höchste Stellung bei Heizbetrieb vorgenommen werden.

Bei der obigen Messung des Geräts muß die Umgebungstemperatur (15 ± 5) °C, wenn das Gerät in Heizbetrieb, und (30 ± 5) °C, wenn es in Kühlbetrieb betrieben wird, sein. Sollte es schwierig sein, die Umgebungstemperatur in dem genannten Bereich zu halten, ist auch eine andere Temperatur zulässig, vorausgesetzt, das Gerät arbeitet in einem stabilen Zustand.

Die Umgebungstemperatur ist definiert als die Temperatur der Ansaugluft am Lufteintritt des Innengeräts.

DIN EN 55014-2 (VDE 0875 Teil 14-2):1997-10   Oktober 1997

Elektromagnetische Verträglichkeit

Anforderungen an Haushaltgeräte, Elektrowerkzeuge und ähnliche Elektrogeräte
Teil 2: Störfestigkeit – Produktfamiliennorm
(IEC-CISPR 14-2 : 1997)
Deutsche Fassung EN 55014-2 : 1997

3 + 12 Seiten EN, 1 Bild, 15 Tabellen, 2 Anhänge   Preisgruppe 11 K

Diese Norm (VDE-Bestimmung) mit Anforderungen an die elektromagnetische Störfestigkeit gilt für Haushaltgeräte und ähnliche Geräte, die Elektrizität verwenden, sowie für elektrisches Spielzeug und Elektrowerkzeuge mit einer Nennspannung von nicht mehr als 250 V bei Einphasenwechselstrom bei Anschluß an Außen- und Neutralleiter und mit nicht mehr als 480 V bei anderen Anschlußmöglichkeiten.

Die Betriebsmittel können elektrische Motoren, Heizelemente oder eine Kombination von beiden sowie elektrische oder elektronische Schaltungen enthalten und sowohl netz- als auch batteriebetrieben sein oder aus irgendeiner anderen Stromquelle gespeist werden.

Betriebsmittel, die zwar nicht für den Gebrauch im Haushalt vorgesehen sind, aber trotzdem den dort erforderlichen Störfestigkeitsanforderungen entsprechen sollten, z. B. Betriebsmittel für den allgemeinen Gebrauch in Geschäften, Werkstätten, in Kleinbetrieben und der Landwirtschaft, fallen ebenfalls in den Anwendungsbereich dieser Norm, soweit sie in IEC-CISPR 14-1 erfaßt sind, sowie zusätzlich:
- Mikrowellenherde für den Gebrauch in Haushalten und Gaststätten;
- durch HF-Energie beheizte Kochmulden und Kochherde, Induktionskochgeräte (mit einem oder mehreren Kochfeldern);
- UV- und IR-Geräte für die Körperpflege.

Anforderungen an die Störfestigkeit im Frequenzbereich 0 Hz bis 400 GHz sind abgedeckt.

Zweck dieser Norm ist es, für die im Anwendungsbereich beschriebenen Betriebsmittel Anforderungen zur Störfestigkeit gegen andauernde und impulsförmige, leitungsgeführte und gestrahlte Störgrößen einschließlich der Entladungen statischer Elektrizität festzulegen.

Diese Prüfanforderungen stellen unabdingbare Anforderungen zur Störfestigkeit im Rahmen der elektromagnetischen Verträglichkeit dar.

Einteilung der Betriebsmittel
Die von dieser Norm erfaßten Betriebsmittel werden in Kategorien unterteilt. Für jede Kategorie werden bestimmte Anforderungen angegeben.
Kategorie I: Betriebsmittel, die keine elektronischen Steuerungen enthalten,

z. B. motorische Geräte, Spielzeuge, Elektrowerkzeuge, Elektrowärmegeräte und ähnliche elektrische Betriebsmittel (wie UV- und IR-Geräte). Elektrische Schaltungen, die nur passive Bauteile (wie Funk-Entstörkondensatoren oder -Drosselspulen, Netztransformatoren und -Gleichrichter) enthalten, werden nicht als elektronische Steuerungen angesehen.

Kategorie II: netzbetriebene motorische Geräte, Elektrowerkzeuge, Elektrowärmegeräte und ähnliche elektrische Betriebsmittel (wie UV- und IR-Geräte sowie Mikrowellen-Kochgeräte), die keine elektronischen Steuerungen mit einer Takt- oder Oszillatorfrequenz oberhalb 15 MHz enthalten.

Kategorie III: batteriebetriebene Geräte (sowohl mit eingebauten als auch mit externen Batterien), die bei der üblichen Benutzung nicht mit dem Stromversorgungsnetz verbunden sind und keine elektronischen Steuerungen mit einer Takt- oder Oszillatorfrequenz oberhalb 15 MHz enthalten. Diese Kategorie schließt Betriebsmittel mit wieder aufladbaren Batterien, die durch Anschluß des Betriebsmittels an das Netz nachgeladen werden können, ein. Diese Betriebsmittel müssen jedoch auch wie solche der Kategorie II geprüft werden, während sie an das Netz angeschlossen sind.

Kategorie IV: alle anderen von dieser Norm erfaßten Betriebsmittel.

Prüfungen

Entladung statischer Elektrizität nach Tabelle 1

Tabelle 1 Gehäuse

Umgebungs-Phänomen	Prüfstörgrößen und Einheiten	Prüfaufbau
Entladung statischer Elektrizität	8 kV Luftentladung 4 kV Kontakt-Entladung	IEC 1000-4-2
Anmerkung: Die 4-kV-Kontakt-Entladung ist an zugänglichen leitenden Teilen anzuwenden. Metallische Kontakte, z. B. in den Batteriefächern oder in Fassungen, sind von dieser Anforderung ausgenommen.		

Die Kontakt-Entladung ist das bevorzugte Prüfverfahren. Es sind 20 Kontakt-Entladungen (10 mit positiver, 10 mit negativer Polarität) an jedem zugänglichen metallischen Teil des Gehäuses vorzunehmen. Bei einem nichtleitenden Gehäuse müssen die Entladungen gegen die waagrechte oder die senkrechte Koppelfläche nach IEC 1000-4-2 vorgenommen werden. Luftentladungen sind anzuwenden, wenn Kontakt-Entladungen nicht anwendbar sind. Prüfungen mit anderen (kleineren) Spannungen als den in Tabelle 1 genannten, brauchen nicht durchgeführt zu werden.

Schnelle Transiente nach Tabellen 2, 3 und 4

Tabelle 2 Anschlüsse für Signal- und Steuerleitungen

Umgebungs-Phänomen	Prüfstörgrößen und Einheiten	Prüfaufbau
schnelle Transiente, unsymmetrisch	0,5 kV Spitze 5/50 ns T_r/T_h 5 kHz Wiederholfrequenz	IEC 1000-4-4
Anmerkung: Gilt nur für Anschlüsse, die nach Herstellerangaben für Leitungen vorgesehen sind, deren gesamte Länge größer als 3 m sein darf.		

Tabelle 3 Gleichstrom-Netzein- und Gleichstrom-Netzausgänge

Umgebungs-Phänomen	Prüfstörgrößen und Einheiten	Prüfaufbau
schnelle Transiente, unsymmetrisch	0,5 kV Spitze 5/50 ns T_r/T_h 5 kHz Wiederholfrequenz	IEC 1000-4-4
Anmerkung: Nicht anzuwenden bei batteriebetriebenen Geräten, die während des Betriebs nicht mit dem Netz verbunden werden können.		

Tabelle 4 Wechselstrom-Netzein- und Wechselstrom-Netzausgänge

Umgebungs-Phänomen	Prüfstörgrößen und Einheiten	Prüfaufbau
schnelle Transiente, unsymmetrisch	1 kV Spitze 5/50 ns T_r/T_h 5 kHz Wiederholfrequenz	IEC 1000-4-4

Bei der Prüfung an den Wechselstrom-Netzein- und Wechselstrom-Netzausgängen muß ein Koppel-/Entkoppelnetzwerk eingesetzt werden.

Eingespeiste Ströme, 0,15 MHz bis 230 MHz nach Tabellen 5, 6 und 7
Die Prüfungen mit eingespeisten Strömen werden nach der Grundnorm IEC 1000-4-6 und nach den Angaben in den Tabellen 5, 6 und 7 durchgeführt. Prüfbedingungen und Prüfanordnungen, insbesondere bei Prüfungen von 80 MHz bis 230 MHz, müssen eindeutig im Prüfbericht beschrieben werden.

Anmerkung: Die Prüfung mit eingespeisten Strömen bis 230 MHz wird unabhängig von der Größe des Prüflings angewendet.
Der Pegel des unmodulierten Trägers des Prüfsignals wird auf den angegebenen Wert eingestellt. Zur Durchführung der Prüfung wird dann der Träger wie angegeben moduliert.

Tabelle 5 Anschlüsse für Signal- und Steuerleitungen

Umgebungs-Phänomen	Prüfstörgrößen und Einheiten	Prüfaufbau
HF-Strom unsymmetrisch, 1 kHz, 80 % AM	0,15 MHz bis 230 MHz 1 V (Effektivwert) (unmoduliert) 150 Ω Quellenimpedanz	IEC 1000-4-6
Anmerkung: Gilt nur für Anschlüsse, die nach Herstellerangaben für Leitungen vorgesehen sind, deren gesamte Länge größer als 3 m sein darf.		

Tabelle 6 Gleichstrom-Netzein- und Gleichstrom-Netzausgänge

Umgebungs-Phänomen	Prüfstörgrößen und Einheiten	Prüfaufbau
HF-Strom unsymmetrisch, 1 kHz, 80 % AM	0,15 MHz bis 230 MHz 1 V (Effektivwert) (unmoduliert) 150 Ω Quellenimpedanz	IEC 1000-4-6
Anmerkung 1: Nicht anzuwenden bei batteriebetriebenen Geräten, die während des Betriebs nicht mit dem Netz verbunden werden können. Anmerkung 2: Anzuwenden bei batteriebetriebenen Geräten, die während des Betriebs mit dem Netz verbunden werden können, und für Betriebsmittel, an die nach Herstellerangaben Gleichstromleitungen angeschlossen werden können, deren gesamte Länge größer als 3 m sein darf.		

Tabelle 7 Wechselstrom-Netzein- und Wechselstrom-Netzausgänge

Umgebungs-Phänomen	Prüfstörgrößen und Einheiten	Prüfaufbau
HF-Strom unsymmetrisch, 1 kHz, 80 % AM	0,15 MHz bis 230 MHz 3 V (Effektivwert) (unmoduliert) 150 Ω Quellenimpedanz	IEC 1000-4-6

Eingespeiste Ströme, 0,15 MHz bis 80 MHz nach Tabellen 8, 9 und 10

Tabelle 8 Anschlüsse für Signal- und Steuerleitungen

Umgebungs-Phänomen	Prüfstörgrößen und Einheiten	Prüfaufbau
HF-Strom unsymmetrisch, 1 kHz, 80 % AM	0,15 MHz bis 80 MHz 1 V (Effektivwert) (unmoduliert) 150 Ω Quellenimpedanz	IEC 1000-4-6
Anmerkung: Gilt nur für Anschlüsse, die nach Herstellerangaben für Leitungen vorgesehen sind, deren gesamte Länge größer als 3 m sein darf.		

Tabelle 9 Gleichstrom-Netzein- und Gleichstrom-Netzausgänge

Umgebungs-Phänomen	Prüfstörgrößen und Einheiten	Prüfaufbau
HF-Strom unsymmetrisch, 1 kHz, 80 % AM	0,15 MHz bis 80 MHz 1 V (Effektivwert) (unmoduliert) 150 Ω Quellenimpedanz	IEC 1000-4-6
Anmerkung: Nicht anzuwenden bei batteriebetriebenen Geräten, die während des Betriebs nicht mit dem Netz verbunden werden können.		

Tabelle 10 Wechselstrom-Netzein- und Wechselstrom-Netzausgänge

Umgebungs-Phänomen	Prüfstörgrößen und Einheiten	Prüfaufbau
HF-Strom unsymmetrisch, 1 kHz, 80 % AM	0,15 MHz bis 80 MHz 3 V (Effektivwert) (unmoduliert) 150 Ω Quellenimpedanz	IEC 1000-4-6

Hochfrequente elektromagnetische Felder, 80 MHz bis 1 000 MHz nach Tabelle 11

Tabelle 11 Gehäuse

Umgebungs-Phänomen	Prüfstörgrößen und Einheiten	Prüfaufbau
Elektromagnetisches HF-Feld, 1 kHz, 80 % AM	80 MHz bis 1 000 MHz 3 V/m (Effektivwert) (unmoduliert)	IEC 1000-4-3

Stoßspannungen/-ströme (langsame energiereiche Impulse) nach Tabelle 12

Tabelle 12 Wechselstrom-Netzeingänge

Umgebungs-Phänomen	Prüfstörgrößen und Einheiten	Prüfaufbau
Stoßspannungen/-ströme (langsame energiereiche Impulse)	1,2/50 (8/20) T_r/T_h μs 2 kV (Spitze) 1 kV (Spitze)	IEC 1000-4-5

Spannungseinbrüche und -unterbrechungen nach Tabelle 13

Tabelle 13   Wechselstrom-Netzeingänge

Umgebungs-Phänomene	Prüfstörgrößen in % von U_N	Dauer (in Perioden der Nennfrequenz)	Prüfaufbau
Unterbrechungen	0	0,5	IEC 1000-4-11 Spannungssprung beim Nulldurchgang
Einbrüche in % von U_N 60	40	10	
	30	70	50
U_N ist die Nennspannung des Betriebsmittels.			

Änderungen
Gegenüber DIN EN 55104 (VDE 0875 Teil 14-2):1995-12 wurden folgende Änderungen vorgenommen:
- Änderung der Normnummer;
- die EMV-Grundnormen der Reihe IEC 1000-4 bzw. EN 61000-4, die in dieser Norm genannt werden, wurden aktualisiert.

DIN EN 55015/A1 (VDE 0875 Teil 15-1/A1):1998-01 Januar 1998

Grenzwerte und Meßverfahren für Funkstörungen von elektrischen Beleuchtungseinrichtungen und ähnlichen Elektrogeräten

(IEC-CISPR 15:1996/A1:1997)
Deutsche Fassung EN 55015:1996/A1:1997

2 + 3 Seiten EN, 1 Tabelle, 1 Anhang Preisgruppe 4 K

Die Abschnitte dieser **Änderung** ergänzen oder ersetzen die entsprechenden Abschnitte in DIN EN 55015 (VDE 0875 Teil 15-1):1996-11.

Tabelle 2a Grenzwerte der Störspannung an den Stromversorgungsanschlüssen

Frequenzbereich	Grenzwerte in dB (μV) *)	
	Quasispitzenwert	Mittelwert
9 kHz bis 50 kHz**)	110	–
50 kHz bis 150 kHz**)	90 bis 80 ***)	–
150 kHz bis 0,5 MHz	66 bis 56 ***)	56 bis 46 ***)
0,5 MHz bis 2,51 MHz	56	46
2,51 MHz bis 3,0 MHz	73	63
3,0 MHz bis 5,0 MHz	56	46
5,0 MHz bis 30 MHz	60	50

*) Bei den Übergangsfrequenzen gelten die niedrigeren Grenzwerte.
**) Die Grenzwerte im Frequenzbereich 9 kHz bis 150 kHz sind als „vorläufige" anzusehen, die nach einigen Jahren der Erfahrung geändert werden können.
***) In den Frequenzbereichen 50 kHz bis 150 kHz und 150 kHz bis 0,5 MHz fällt der Grenzwert linear mit dem Logarithmus der Frequenz.

Anmerkung: In Japan sind die Grenzwerte für den Bereich 9 kHz bis 150 kHz nicht anzuwenden. Ferner gelten die Grenzwerte 56 dB (μV) Quasispitzenwert und 46 dB (μV) Mittelwert zwischen 2,51 MHz und 3,0 MHz.

Entladungslampen mit eingebauten Betriebsgeräten und Semi-Leuchten
Für Entladungslampen mit eingebauten Betriebsgeräten, die mit Frequenzen zwischen 2,51 MHz und 3,0 MHz betrieben werden, ist die folgende Schaltung zu verwenden: Die Entladungslampe wird in eine geeignete Lampenfassung eingefügt und 0,4 m oberhalb einer Metallplatte von mindestens 2 m × 2 m angeordnet,

und sie muß einen Abstand von wenigstens 0,8 m von jeder anderen leitfähigen geerdeten Oberfläche einhalten. Die Netznachbildung (V-Netznachbildung) ist ebenfalls in einem Abstand von wenigstens 0,8 m von der Entladungslampe anzuordnen, und die Verbindungsleitung zwischen der Lampenfassung und der V-Netznachbildung darf 1 m nicht überschreiten. Die Metallplatte muß mit der Bezugsmasse der V-Netznachbildung verbunden werden.

DIN EN 55103-1 (VDE 0875 Teil 103-1):1997-06   Juni 1997

Elektromagnetische Verträglichkeit

Produktfamiliennorm für Audio-, Video- und audiovisuelle Einrichtungen sowie für Studio-Lichtsteuereinrichtungen für professionellen Einsatz

Teil 1: Störaussendung
Deutsche Fassung EN 55103-1:1996

3 + 19 Seiten EN, 3 Bilder, 2 Tabellen, 8 Anhänge   Preisgruppe 15 K

Diese Norm (VDE-Bestimmung) für Anforderungen zur Störaussendung im Rahmen der EMV gilt für Audio-, Video- und audiovisuelle Einrichtungen sowie für Studio-Lichtsteuereinrichtungen für professionellen Einsatz, die für eine Verwendung in den beschriebenen Betriebsumgebungen vorgesehen sind. Digitale Einrichtungen, Baugruppen und Einschübe sind ebenfalls eingeschlossen.
Störaussendungen im Frequenzbereich von 0 Hz bis 400 GHz sind berücksichtigt, Anforderungen sind jedoch nicht über den gesamten Frequenzbereich festgelegt.
Fehlerzustände von Einrichtungen, die Störaussendungen verursachen, oder von Einrichtungen, die durch Störaussendungen beeinflußbar sind, werden nicht berücksichtigt.

Zweck
Zweck dieser Norm ist es, für die im Anwendungsbereich genannten Einrichtungen Grenzwerte und Meßverfahren für andauernde und kurzzeitige, leitungsgeführte und gestrahlte Störaussendungen festzulegen.
Diese Prüfanforderungen stellen wesentliche Anforderungen zur Elektromagnetischen Verträglichkeit dar.

Elektromagnetische Umgebung
Für die nachfolgend beschriebenen fünf Betriebsumgebungen sind Grenzwerte angegeben. Die Einrichtung muß einen oder mehrere dieser Sätze von Grenzwerten einhalten. Es liegt in der Verantwortung des Herstellers, den geeigneten Grenzwertsatz bzw. die geeigneten Grenzwertesätze auf die jeweilige Einrichtung anzuwenden.
E 1   Wohnbereich (schließt beide Umgebungsarten – Klasse 1 und Klasse 2 – nach IEC 1000-2-5 ein)
E 2   Geschäfts- und Gewerbebereiche sowie Kleinbetriebe (einschließlich z. B. Theater)

E 3 Außeneinsatz im städtischen Bereich (Definition nach Umgebungsklasse 6 gemäß IEC 1000-2-5)
E 4 Geschützte EMV-Umgebung (z. B. in Rundfunk- oder Aufnahmestudios) und Außeneinsatz im ländlichen Bereich (in großer Entfernung von Eisenbahnstrecken, Funksendeanlagen, Hochspannungsfreileitungen usw.)
E 5 Schwerindustrie (siehe EN 50081-2) und Betriebsumgebungen in der Nähe von Rundfunksendern

Meßbedingungen
Die Einrichtung muß in Übereinstimmung mit den Anweisungen des Herstellers betrieben werden. Die Messungen müssen in der dem üblichen Gebrauch entsprechenden Betriebsart durchgeführt werden, bei der die höchste Störaussendung für die gerade zu messende Störgröße erzeugt wird. Durch Veränderung der Meßanordnung muß versucht werden, die höchstmögliche Störaussendung der Einrichtung zu erfassen. Die Meßanordnung und die Betriebsart beim Messen sind im Meßbericht genau festzuhalten.
Wenn die Einrichtung Teil einer Anlage (eines Systems) ist oder mit Zusatzgeräten verbunden werden kann, ist sie zur Messung mit der minimalen Anzahl von Zusatzgeräten zu verbinden und zu betreiben, die der üblichen Benutzung der Einrichtung entspricht. Wenn eine Einrichtung mehr als einen Ein- oder Ausgang einer bestimmten Art und Funktion hat, so ist die kleinstmögliche Anzahl der Ein- oder Ausgänge, die es der betreffenden Einrichtung ermöglicht, die vorgesehenen Funktionen auszuführen, mit den Zusatzgeräten zu beschalten.

Grenzwerte für Störaussendungen
Die im Anwendungsbereich genannten Einrichtungen müssen die Anforderungen dieser Norm unabhängig von der Art der Stromversorgung einhalten.
Aufgrund der elektrischen Eigenschaften und des Verwendungszwecks einer Einrichtung können einige der Messungen nicht sinnvoll und daher unnötig sein. In diesem Fall muß die Entscheidung, nicht zu messen, im Prüfbericht festgehalten und begründet werden.
Grenzwerte für die Störaussendungen der Einrichtungen sind in **Tabelle I** enthalten.

Erläuterungen
Die Einhaltung der Anforderungen dieser Norm kann benutzt werden, um die mutmaßliche Übereinstimmung mit den Schutzanforderungen der Europäischen Richtlinie zur Anpassung der Rechtsvorschriften der Mitgliedstaaten über die Elektromagnetische Verträglichkeit (89/336/EWG) zu zeigen.

Tabelle I Grenzwerte für Störaussendungen

		Betriebsumgebungen		
		E1	**E2**	**E3**
STÖRAUSSENDUNG	1	Verfahren A 30 MHz bis 230 MHz, 30 dB(µV/m) in 10 m Meßentfernung 230 MHz bis 1000 MHz, 37 dB(µV/m) in 10 m Meßentfernung Verfahren B 30 MHz bis 300 MHz, 45 dB(pW) bis 55 dB(pW) Quasispitzenwert 35 dB(pW) bis 45 dB(pW) Mittelwert 300 MHz bis 1000 MHz (Grenzwerte in Beratung) (siehe Anmerkung 1)		
	2	50 Hz bis 500 Hz 4 A/m bis 0,4 A/m (siehe Anmerkungen 2 und 5) 500 Hz bis 50 kHz 0,4 A/m		
	3	50 Hz bis 5 kHz 1 A/m bis 0,01 A/m (siehe Anmerkungen 2 und 6) 5 kHz bis 50 kHz 0,01 A/m		
	4	Bezugnahme auf EN 61000-3-2 oder Entwurf IEC 1000-3-4 entsprechend Erklärung in		
	5	Bezugnahme auf EN 61000-3-3 oder IEC 1000-3-5 entsprechend Erklärung in		
	6	0,15 MHz bis 0,5 MHz 66 dB(µV) bis 56 dB(µV) Quasispitzenwert (siehe Anmerkung 2) 56 dB(µV) bis 46 dB(µV) Mittelwert (siehe Anmerkung 2) 0,5 MHz bis 5 MHz 56 dB(µV) Quasispitzenwert 46 dB(µV) Mittelwert 5 MHz bis 30 MHz 60 dB(µV) Quasispitzenwert (siehe Anmerkung 3) 50 dB(µV) Mittelwert (siehe Anmerkung 3)		
	7	Bezugnahme auf EN 55014, Abschnitt 4.2		
	8	Einschalt-Spitzenstrom: Der Einschalt-Spitzenstrom ist vom Hersteller in den Unterlagen		
	9	Bezugnahme auf EN 55013, Tabelle 2 (siehe Anmerkung 4)		
	10	0,15 MHz bis 0,5 MHz 50 dB(µA) bis 40 dB(µA) Quasispitzenwert (siehe Anmerkung 2) 40 dB(µA) bis 30 dB(µA) Mittelwert (siehe Anmerkung 2) 0,5 MHz bis 30 MHz 40 dB(µA) Quasispitzenwert 30 dB(µA) Mittelwert		

Anmerkung 1: Der Grenzwert steigt linear mit der Frequenz.
Anmerkung 2: Der Grenzwert fällt linear mit dem Logarithmus der Frequenz.
Anmerkung 3: Für die Übergangsfrequenz gilt der niedrigere Grenzwert.
Anmerkung 4: Für schnurlose Mikrophone siehe auch ETS 300 445.
Anmerkung 5: Die Messung ist nur für einzelne Einrichtungen, die für den Einbau in Gestelle vorgesehen sind, anzuwenden.
Anmerkung 6: Die Messung ist nur für einzelne Einrichtungen, die **nicht** für den Einbau in Gestelle vorgesehen sind, anzuwenden.

	Betriebsumgebungen	
	E4	E5
Verfahren A	30 MHz bis 230 MHz, 30 dB(µV/m) in 30 m Meßentfernung	
	230 MHz bis 1000 MHz, 37 dB(µV/m) in 30 m Meßentfernung	
Verfahren B	30 MHz bis 300 MHz, 55 dB(pW) bis 65 dB(pW) Quasispitzenwert	
	45 dB(pW) bis 55 dB(pW) Mittelwert	
	300 MHz bis 1000 MHz (Grenzwerte in Beratung) (siehe Anmerkung 1)	
		kein Grenzwert festgelegt
		Messung nicht erforderlich
		kein Grenzwert festgelegt
		Messung nicht erforderlich
EN 61000-3-2		
EN 61000-3-3		
0,15 MHz bis 0,5 MHz	79 dB(µV) Quasispitzenwert	
	66 dB(µV) Mittelwert	
0,5 MHz bis 30 MHz	73 dB(µV) Quasispitzenwert (siehe Anmerkung 3)	
	60 dB(µV) Mittelwert (siehe Anmerkung 3)	
anzugeben.		
0,15 MHz bis 0,5 MHz	63 dB(µA) bis 53 dB(µA) Quasispitzenwert (siehe Anmerkung 2)	
	53 dB(µA) bis 43 dB(µA) Mittelwert (siehe Anmerkung 2)	
0,5 MHz bis 30 MHz	53 dB(µA) Quasispitzenwert	
	43 dB(µA) Mittelwert	

DIN EN 55103-2 (VDE 0875 Teil 103-2):1997-06   Juni 1997

Elektromagnetische Verträglichkeit

Produktfamiliennorm für Audio-, Video- und audiovisuelle Einrichtungen sowie für Studio-Lichtsteuereinrichtungen für professionellen Einsatz

Teil 2: Störfestigkeit
Deutsche Fassung EN 55103-2:1996

3 + 27 Seiten EN, 8 Bilder, 5 Tabellen, 6 Anhänge   Preisgruppe 20 K

Diese Norm (VDE-Bestimmung) für Anforderungen zur Störfestigkeit im Rahmen der EMV gilt für Audio-, Video- und audiovisuelle Einrichtungen sowie für Studio-Lichtsteuereinrichtungen für professionellen Einsatz, die für eine Verwendung in den beschriebenen Betriebsumgebungen vorgesehen sind. Digitale Einrichtungen, Baugruppen und Einschübe sind ebenfalls eingeschlossen. Störgrößen im Frequenzbereich von 0 Hz bis 400 GHz sind berücksichtigt, Anforderungen sind jedoch nicht über den gesamten Frequenzbereich festgelegt. Fehlerzustände von Einrichtungen, die Störaussendungen verursachen, oder von Einrichtungen, die durch Störaussendungen beeinflußbar sind, werden nicht berücksichtigt.

Zweck
Zweck dieser Norm ist es, für die im Anwendungsbereich genannten Einrichtungen Prüfanforderungen, Prüfsignale, Bewertungskriterien für das Betriebsverhalten und Prüfverfahren für andauernde und kurzzeitige, leitungsgeführte und gestrahlte elektromagnetische Störgrößen einschließlich von Entladungen statischer Elektrizität festzulegen.
Diese Prüfanforderungen stellen wesentliche Anforderungen zur elektromagnetischen Verträglichkeit dar.

Elektromagnetische Umgebung siehe DIN EN 55103-1 (VDE 0875 Teil 103-1)

Bewertungskriterien für das Betriebsverhalten
Die Vielfalt und Verschiedenheit der vom Anwendungsbereich dieser Norm betroffenen Einrichtungen machen es schwer, genaue Kriterien für die Bewertung der Ergebnisse der Störfestigkeitsprüfungen festzulegen. Hinweise dazu, wie sich die Betriebseigenschaften der Einrichtungen durch nicht ausreichende Störfestigkeit verschlechtern können, werden in einem Anhang gegeben.
Die Betriebsmittel dürfen als Ergebnis der Anwendung der in dieser Norm beschriebenen Prüfungen weder gefährlich noch unsicher werden.

Der Hersteller muß Einzelheiten über jede zulässige Minderung der Betriebseigenschaften oder akzeptable Funktionsausfälle während oder auch als Folge jeder einzelnen durchgeführten Prüfung angeben, wobei die nachfolgenden Kriterien zugrunde zu legen sind; diese Einzelheiten sind im Prüfbericht festzuhalten:

Kriterium A: Die Einrichtung muß während der Prüfung weiterhin bestimmungsgemäß arbeiten. Es darf keine Beeinträchtigung des Betriebsverhaltens oder kein Funktionsausfall unterhalb einer vom Hersteller beschriebenen minimalen Betriebsqualität auftreten, wenn die Einrichtung bestimmungsgemäß betrieben wird. In bestimmten Fällen darf die minimale Betriebsqualität durch einen zulässigen Verlust an Betriebsqualität ersetzt werden. Falls die minimale Betriebsqualität oder der zulässige Verlust an Betriebsqualität vom Hersteller nicht angegeben ist, darf jede dieser beiden Angaben aus der Produktbeschreibung und den Produktunterlagen (Prospekte und Werbeschriften eingeschlossen) abgeleitet werden sowie aus dem, was der Benutzer bei bestimmungsgemäßem Gebrauch vernünftigerweise von der Einrichtung erwarten kann.

Kriterium B: Wie Kriterium A, jedoch ist während der Prüfung eine Beeinträchtigung des Betriebsverhaltens erlaubt. Eine Änderung der eingestellten Betriebsart oder Verlust von gespeicherten Daten ist nicht erlaubt.

Kriterium C: Ein zeitweiliger Funktionsausfall ist erlaubt, wenn sich die bestimmungsgemäße Funktion nach dem Abklingen der Störgröße selbst wieder herstellt oder durch Betätigung der Einstell-/Bedienelemente wiederherstellbar ist.

Für den Hersteller ist es zulässig, für die Festlegung der Verluste an Betriebsqualität die fünfstufige Beeinträchtigungs-Bewertungsskale nach den ITU/R-Empfehlungen 500-4 oder 562-3 zu verwenden.

Störfestigkeitsprüfungen nach dieser Norm werden unter reproduzierbaren Laborbedingungen durchgeführt, die nicht immer die in der Praxis anzutreffenden Bedingungen exakt repräsentieren können.

Anforderungen zur Störfestigkeit
Die im Anwendungsbereich genannten Einrichtungen müssen die Anforderungen dieser Norm unabhängig von der Art der Stromversorgung einhalten.
Die Anforderungen zur Störfestigkeit der Einrichtungen sind in **Tabelle I** enthalten.

Erläuterungen
Die Einhaltung der Anforderungen dieser Norm kann benutzt werden, um die mutmaßliche Übereinstimmung mit den Schutzanforderungen der Europäischen Richtlinie zur Anpassung der Rechtsvorschriften der Mitgliedstaaten über die elektromagnetische Verträglichkeit (89/336/EWG) zu zeigen.

Tabelle I Anforderungen zur Störfestigkeit

		Betriebsumgebungen		
		E1	E2	E3
Störgröße	1	3 V/m 80 MHz bis 1000 MHz (siehe Anmerkungen 1 und 2)		
	2	4 kV: Kontakt-Entladung 8 kV: Luft-Entladung		
	3	1 A/m bis 0,01 A/m 50 Hz bis 5 kHz 0,01 A/m 5 kHz bis 10 kHz (siehe Anmerkungen 3 und 14)	3 A/m bis 0,03 A/m 50 Hz bis 5 kHz 0,03 A/m 5 kHz bis 10 kHz (siehe Anmerkungen 3 und 14)	
		4 A/m bis 0,4 A/m 50 Hz bis 500 Hz 0,4 A/m 500 Hz bis 10 kHz (siehe Anmerkungen 4 und 14)		
	4	0,5 kV (Spitzenwert) (siehe Anmerkungen 5 und 6)		
	5	siehe Anhang B (normativ) (siehe Anmerkung 7) (50 Hz bis 10 kHz)		
	6	3 V (Effektivwert) 0,15 MHz bis 80 MHz (siehe Anmerkungen 2, 8, 12 und 13)		
	7	0,5 kV (Spitzenwert) (siehe Anmerkungen 5, 6, 9 und 11)		
	8	3 V (Effektivwert) 0,15 MHz bis 80 MHz (siehe Anmerkungen 2, 5, 11 und 13)		
	9	1 kV (Spitzenwert) (siehe Anmerkungen 6 und 10)		

(fortgesetzt)

Betriebsumgebungen		Krite-rium
E4	E5	
V/m 80 MHz bis 1000 MHz iehe Anmerkungen 1 und 2)	10 V/m 80 MHz bis 1000 MHz (siehe Anmerkungen 1 und 2)	A
kV: Kontakt-Entladung kV: Luft-Entladung	4 kV: Kontakt-Entladung 8 kV: Luft-Entladung	B
3 A/m bis 0,008 A/m 50 Hz bis 5 kHz 008 A/m 5 kHz bis 10 kHz ehe Anmerkungen 3 und 14)	10 A/m bis 0,1 A/m 50 Hz bis 5 kHz 0,1 A/m 5 kHz bis 10 kHz (siehe Anmerkungen 3 und 15)	A
	1 kV (Spitzenwert) (siehe Anmerkungen 5 und 6)	B
		A
V (Effektivwert) 5 MHz bis 80 MHz ehe Anmerkungen 2, 8, 12 und 13)	10 V (Effektivwert) 0,15 MHz bis 80 MHz (siehe Anmerkungen 2, 8, 12 und 13)	A
	2 kV (Spitzenwert) direkte Einspeisung (siehe Anmerkungen 6 und 16)	B
	10 V (Effektivwert) 0,15 MHz bis 80 MHz (siehe Anmerkungen 2, 5, 11, 13 und 17)	A
kV (Spitzenwert) he Anmerkungen 6 und 10)	2 kV (Spitzenwert) direkte Einspeisung (siehe Anmerkung 6)	B

(fortgesetzt)

Tabelle I (Fortsetzung)

		Betriebsumgebungen		
		E1	E2	E3
Störgröße	10	100 % Absenkung für eine Halbschwingung (siehe Anmerkung 18)		
		60 % Absenkung für fünf Halbschwingungen (siehe Anmerkung 18)		
	11	> 95 % Absenkung für 5 s (siehe Anmerkung 18)		
	12	Gleichtaktmodus: 1 kV (Spitzenwert) Gegentaktmodus: 0,5 kV (Spitzenwert) oder das 4,5fache der Nennversorgungsspannung, je nachdem, welcher Wert niedriger ist, T_r/T_h: 1,2 µs/50 µs, fünf Pulse von jeder Polarität, ein Puls je Minute		
	13	3 V (Effektivwert) 0,15 MHz bis 80 MHz (siehe Anmerkungen 2, 11 und 13)		
	14	3 V (Effektivwert) 0,15 MHz bis 80 MHz (siehe Anmerkungen 5 und 13)		
	15	0,5 kV (Spitzenwert) (siehe Anmerkungen 5 und 6)		
Anmerkungen auf der folgenden Seite.				

E4	E5	Kriterium
Betriebsumgebungen		
		B
		C
		C
...eichtaktmodus: ... kV (Spitzenwert) T_h: 1,2 µs/50 µs, fünf Pulse von jeder ...arität, ein Puls je Minute	Gleichtaktmodus: 2 kV (Spitzenwert) T_r/T_h: 1,2 µs/50 µs, fünf Pulse von jeder Polarität, ein Puls je Minute	B
... (Effektivwert) ...5 MHz bis 80 MHz ...he Anmerkungen 2, 11 und 13)	10 V (Effektivwert) 0,15 MHz bis 80 MHz (siehe Anmerkungen 2, 11, 13 und 17)	A
... (Effektivwert) ...5 MHz bis 80 MHz ...he Anmerkungen 5 und 13)	10 V (Effektivwert) 0,15 MHz bis 80 MHz (siehe Anmerkungen 5, 13 und 17)	A
	2 kV (Spitzenwert) (siehe Anmerkung 6)	B

Anmerkungen zu Tabelle I:

Anmerkung 1: Für diese Störgröße sind die Störfestigkeitsanforderungen an Ton- und Fernseh-Rundfunkempfänger in EN 55020 enthalten.
Anmerkung 2: Der genannte Prüfpegel wird ohne Modulation eingestellt, danach wird der Träger mit 80 % Amplitudenmodulation, Modulationsfrequenz 1 kHz, beaufschlagt.
Anmerkung 3: Diese Prüfung wird nur für Einrichtungen durchgeführt, die **nicht** für den Einbau in Gestelle vorgesehen sind. Die Feldstärke des homogenen bzw. quasi-homogenen magnetischen Prüffelds nimmt im Bereich von 50 Hz bis 5 kHz linear mit dem Logarithmus der Frequenz ab und ist im Bereich von 5 Hz bis 10 kHz konstant.
Anmerkung 4: Diese Prüfung wird nur für Einrichtungen durchgeführt, die für den Einbau in Gestelle vorgesehen sind.
Die Feldstärke des inhomogenen magnetischen Prüffelds nimmt im Bereich von 50 Hz bis 500 Hz linear mit dem Logarithmus der Frequenz ab und ist im Bereich von 500 Hz bis 10 kHz konstant.
Einrichtungen, die auch in enger Nachbarschaft zu Fernsehbildschirmen verwendet werden, sollten darüber hinaus bei 15,625 kHz unter Verwendung des 10-kHz-Grenzwerts geprüft werden.
Anmerkung 5: Diese Prüfung ist nur für die Anschlüsse durchzuführen, die nach der Funktionsbeschreibung des Herstellers mit Kabeln verbunden werden, deren Gesamtlänge 3 m überschreiten kann.
Anmerkung 6: $T_r/T_h = 5$ ns / 50ns; Wiederholfrequenz 5 kHz.
Anmerkung 7: Diese Prüfung ist nur für symmetrisch ausgeführte Anschlüsse durchzuführen, an die nach der Funktionsbeschreibung des Herstellers Kabel angeschlossen werden können, deren Gesamtlänge 10 m überschreiten kann. Symmetrisch ausgeführte Antennenanschlüsse sind von dieser Prüfung ausgenommen.
Für symmetrisch ausgeführte Signal-/Steueranschlüsse, die für den Anschluß an das öffentliche Telekommunikationsnetz (PSTN) oder ähnliche Telekommunikationsnetze vorgesehen sind, wird auf die entsprechenden ETSI- oder CENELEC-Störfestigkeitsnormen verwiesen.
Anmerkung 8: Diese Prüfung ist nur für die Anschlüsse durchzuführen, an die nach der Funktionsbeschreibung des Herstellers Kabel angeschlossen werden können, deren Gesamtlänge 1 m überschreiten kann.
Anmerkung 9: Zur Einkopplung des Prüfsignals wird die kapazitive Koppelzange verwendet; von dieser Prüfung sind Gleichspannungs-Netzanschlüsse ausgenommen, die für den Anschluß an Gleichspannungsnetzteilen (Zubehör) vorgesehen sind, die nur für die Verwendung im Zusammenhang mit der Einrichtung vorgesehen sind.
Anmerkung 10: Die Einkopplung des Prüfsignals auf Eingänge erfolgt über ein Koppel-/Entkoppelnetzwerk (CDN), siehe EN 61000-4-4; auf Ausgänge erfolgt die Einkopplung über die kapazitive Koppelzange.
Anmerkung 11: Diese Prüfung braucht nicht durchgeführt zu werden, wenn die

Einrichtung dafür vorgesehen ist, in Verbindung mit einem Wechselspannungs-/ Gleichspannungs-Steckernetzgerät mit oder ohne wieder aufladbare Batterien verwendet zu werden, vorausgesetzt, daß die Einrichtung zusammen mit dem empfohlenen Netzgerät mit Störgröße 13 geprüft wird.

Anmerkung 12: Für Antennenanschlüsse wird auf EN 55020 verwiesen.

Anmerkung 13: Die Quellenimpedanz beträgt 150 Ω.

Anmerkung 14: Bei Bildschirmen mit Katodenstrahlröhren sind Bildschirmstörungen oberhalb 1 A/m zulässig.

Anmerkung 15: Bei Bildschirmen mit Katodenstrahlröhren sind Bildschirmstörungen oberhalb 3 A/m zulässig.

Anmerkung 16: Diese Prüfung braucht nicht an Eingängen durchgeführt zu werden, die für den Anschluß an eine Batterie oder eine wiederaufladbare Batterie, die für die Wiederaufladung von der Einrichtung entfernt oder abgetrennt werden muß, vorgesehen sind.

Anmerkung 17: Ausgenommen ist das von ITU festgelegte Rundfunkfrequenzband 47 MHz bis 68 MHz, wo der Pegel 3 V betragen muß.

Anmerkung 18: Spannungssprung beim Nulldurchgang.

DIN EN 50117-1/A1 (VDE 0887 Teil 1/A1):1997-09 September 1997

Koaxialkabel für Kabelverteilanlagen
Teil 1: Fachgrundspezifikation
Deutsche Fassung EN 50117-1:1995/A1:1997

2 + 6 Seiten EN, 1 Anhang   Preisgruppe 7 K

Die Abschnitte dieser **Änderung** ergänzen oder ersetzen die entsprechenden Abschnitte in DIN EN 50117-1 (VDE 0887 Teil 1):1996-02.

Qualitätsbewertung für Koaxialkabel

Zweck
Der Zweck der Qualitätsbewertung ist es, sicherzustellen, daß das Produkt den Anforderungen der betreffenden Bauartspezifikation entspricht. Das wird erreicht durch Anwendung geeigneter Verfahren während der Produktentwicklung, der Produktion und der Qualitätskontrolle. Abhängig von der Art der Qualitätsbewertung können verschiedene Verfahren angewendet werden; der Zweck, Produktqualität sicherzustellen, ist jedoch allen Verfahren gemeinsam.
Die Wahl des Qualitätsbewertungsverfahrens ist eine Angelegenheit, die zwischen Anwender und Hersteller vereinbart wird. Bauartanerkennungs- und Qualitätsbewertungsverfahren können alternativ gewählt werden, wenn geeignete und anerkannte Verfahren die Anforderungen von EN 29000 einschließen.

Bauartanerkennung
Das Verfahren der Bauartanerkennung ist geeignet für Serienprodukte, die üblicherweise in kontinuierlicher Produktion hergestellt werden.
Bauartanerkennung kann nur für existierende Bauartspezifikationen erteilt werden.
Die betreffende Bauartspezifikation legt die Anforderungen für die Bauartanerkennung des Kabelsatzes fest (Prüfplan, Anzahl der Proben, Anzahl der zugelassenen Ausfälle usw.).

Erteilung einer Bauartanerkennung
Zur Erteilung einer Bauartanerkennung müssen die folgenden Schritte durchlaufen werden:
a) Anerkennung des Herstellers auf der Basis seiner Fähigkeit, Produkte entsprechend der Spezifikation und den anerkannten Regeln der Technik herzustellen und zu prüfen; anwendbar auf konkrete Organisationen und Einrichtungen und kontrolliert durch Audits der nationalen Überwachungsstelle anhand des im Qualitätshandbuch des Herstellers festgelegten Qualitätssicherungssystems;
b) erfolgreiche Verfahren von Bauartprüfungen, die üblicherweise an aus der Produktion entnommenen Mustern vorgenommen werden.

Aufrechterhaltung einer Bauartanerkennung
Um eine Bauartanerkennung aufrechtzuerhalten, muß der Hersteller die folgenden von der nationalen Überwachungsstelle überwachten Bedingungen einhalten:
a) Das Ergebnis der regelmäßig von der nationalen Überwachungsstelle durchgeführten Audits zum Qualitätshandbuch muß zufriedenstellend sein.
b) Die gelieferten Produkte müssen die Anforderungen der festgelegten Qualitätssicherung erfüllen.
c) Eine Kontrolle der laufenden Produktion wurde entsprechend der betreffenden Spezifikation durchgeführt. Muster aus Losen, die die Spezifikation nicht erfüllen, dürfen nicht zur Lieferung zugelassen werden.
d) Erfolgreiche Verfahren von periodischen Prüfungen entsprechend der Bauartspezifikation.

Befähigungsanerkennung
Da die Befähigungsanerkennung prozeßorientiert ist, ist es ausreichend, wenn Prozesse und Technologien des Kabelherstellers vollständig überwacht werden und im Falle von Produktänderungen die Anforderungen des Anwenders und die Funktion des Produkts nicht beeinflußt werden. Die Befähigungsanerkennung ist für alle existierenden und zukünftigen Bauartspezifikationen innerhalb der Befähigungsgrenzen gültig. Die Anforderungen zur Erteilung der Befähigungsanerkennung für alle Produkte innerhalb der Befähigungsgrenzen sind im Befähigungshandbuch festgelegt.

Erteilung der Befähigungsanerkennung
Zur Erteilung der Befähigungsanerkennung müssen die folgenden Schritte durchlaufen werden:
a) Anerkennung des Herstellers auf der Basis seiner Fähigkeit, Produkte entsprechend der Spezifikation und den anerkannten Regeln der Technik herzustellen und zu prüfen; anwendbar auf konkrete Organisationen und Einrichtungen und kontrolliert durch Audits der nationalen Überwachungsstelle anhand des im Qualitätshandbuch des Herstellers festgelegten Qualitätssicherungssystems;
b) Anerkennung des Herstellers durch die nationale Überwachungsstelle, basierend auf seinem Befähigungshandbuch;
c) erfolgreiche Verfahren von Anerkennungsprüfungen an Prüfmustern (CQCs), wie durch den Prüfer entsprechend dem Befähigungshandbuch und der betreffenden Bauartspezifikation festgelegt.

Aufrechterhaltung der Befähigungsanerkennung
Um die Befähigungsanerkennung aufrechtzuerhalten, muß der Hersteller folgende Bedingungen einhalten, die durch die nationale Überwachungsstelle überwacht werden:
a) Durch wiederkehrende Prüfung von Prüfmustern (CQCs) entsprechend dem Befähigungshandbuch ist sicherzustellen, daß die Befähigungsgrenzen eingehalten werden.

b) Die Ergebnisse von durch die nationale Überwachungsstelle durchgeführten Audits zum Qualitätshandbuch müssen zufriedenstellend sein.
c) Die gelieferten Produkte müssen die Anforderungen der Qualitätssicherung erfüllen.
d) Das Befähigungshandbuch muß regelmäßig auf den letzten Stand gebracht werden.
e) Die Auflistung der weiteren Produkte (für die die Befähigungsanerkennung gilt) muß regelmäßig auf den neuesten Stand gebracht werden.

Qualitäts-Konformitätsprüfungen
Nachdem eine Bauartanerkennung oder eine Befähigungsanerkennung erteilt wurde, ist der Hersteller dafür verantwortlich, daß keine Änderungen mit wahrscheinlichem Einfluß auf die Zulassung an den Produkten durchgeführt werden, ohne daß eine Neuzulassung unternommen und die in der Spezifikation festgelegte Kontrolle der Bauartanerkennung zufriedenstellend durchgeführt wird.
Die Qualitäts-Konformitätsprüfung besteht aus zwei Teilen:
a) Eine erste Gruppe von Prüfungen, die losweise durchgeführt werden, dient zur Zulassung des einzelnen, bestimmten Fertigungsloses, an dem die Prüfungen durchgeführt wurden.
b) Eine zweite Gruppe von Prüfungen, die zeitaufwendiger und arbeitsintensiver sind und auf periodischer Basis durchgeführt werden.
Bei der Bauartanerkennung ist das vollständige Prüfprogramm in der Bauartspezifikation festgelegt.
Bei der Befähigungsanerkennung müssen periodische Prüfungen an Prüfmustern durchgeführt werden, wie im Befähigungshandbuch festgelegt.

DIN EN 50117-1/A2 (VDE 0887 Teil 1/A2):1998-03 März 1998

Koaxialkabel in Kabelverteilanlagen

Teil 1: Fachgrundspezifikation
Deutsche Fassung EN 50117-1:1995/A2:1997

6 Seiten EN, 1 Bild, 1 Tabelle Preisgruppe 7 K

Die Abschnitte dieser **Änderung** ergänzen oder ersetzen die entsprechenden Abschnitte in DIN EN 50117-1 (VDE 0887 Teil 1):1996-02.

Brennverhalten
Dieses Prüfverfahren wurde für Hausinstallationskabel entwickelt, bei denen es erforderlich ist, Kabel mit geringerer Dichte zu prüfen, als zur Zeit in HD 405.3 enthalten, oder wo es erforderlich ist, Kabel als Bündel zu prüfen.
Dieses Prüfverfahren wurde entwickelt, um die Eigenschaften der Brandfortpflanzung unter nachgeahmten Installationsbedingungen zu ermitteln.
Es werden die Prüfeinrichtungen sowie die allgemeinen Verfahren des HD 405.3 angewendet.
Für Kabel mit einem Gesamtdurchmesser > 8 mm ist Verfahren a) anzuwenden. Kabel mit einem Gesamtdurchmesser ≤ 8 mm sind dem Verfahren b) zu unterziehen.
a) Kategorie NMV 0,5
   Diese Prüfung ist nach HD 405.3, Kategorie C, durchzuführen, mit der Ausnahme, daß die nominelle gesamte Masse des nichtmetallischen Materials 0,5 l/m betragen soll.
b) Kategorie NMV (Bündel)
   Diese Prüfung ist nach HD 405.3, Kategorie C, durchzuführen, mit der Ausnahme, daß die Montage der Kabel auf der Leiter wie nachfolgend beschrieben auszuführen ist:
   – Bündel aus Kabeln von etwa 20 mm mit einem Abstand von jeweils dem halben Bündeldurchmesser.

Statische Biegeprüfung
Mit Hilfe dieser Prüfung wird die Eignung des Kabels zur Installation unter erschwerten Bedingungen nachgewiesen. Diese Bedingungen werden nachgeahmt, indem das Kabel einer Biegeprüfung unterzogen wird.
Für die Prüfung ist ein Kabelstück auszuwählen, das mindestens 20 m vom laufenden Ende des fertigen Kabels entfernt ist.
Einige Meter vom freien Ende entfernt ist das Kabel um 180° um einen Dorn zu biegen, dessen Durchmesser in der betreffenden Kabelspezifikation festgelegt ist. Die elektrischen Eigenschaften müssen mit den festgelegten Werten der betreffenden Kabelspezifikation übereinstimmen. Es dürfen keine Risse oder Brüche im Dielektrikum, in den metallischen Elementen oder im Mantel auftreten.

Zugfestigkeit des Kabels
Mit Hilfe dieser Prüfung wird die Eignung des Kabels nachgewiesen, den während der Installation in Rohren nach der betreffenden Kabelspezifikation auftretenden maximalen Zugkräften zu widerstehen.
Diese Prüfung ist nur für Verteiler- und Hausanschlußkabel anzuwenden.
Für die Prüfung ist ein Kabelstück auszuwählen, das mindestens 20 m vom laufenden Ende des fertigen Kabels entfernt ist.
Am freien Ende ist das Kabel mit einer geeigneten Vorrichtung zu versehen, die eine gleichmäßige Verteilung der Last zwischen Innen- und Außenleiter ermöglicht.
Einige Meter vom freien Ende entfernt ist das Kabel um 90° um einen Dorn zu biegen, dessen Durchmesser in der betreffenden Kabelspezifikation für mehrfaches Biegen festgelegt ist.
Die Last ist dann anzulegen und so lange zu steigern, bis der Wert nach der betreffenden Kabelspezifikation erreicht ist. Dieser Wert ist für 15 min zu halten.

DIN EN 50117-5 (VDE 0887 Teil 5):1998-03 März 1998

Koaxialkabel für Kabelverteilanlagen
Teil 5: Rahmenspezifikation für Hausinstallationskabel für Anlagen
für Frequenzen von 5 MHz bis 2150 MHz
Deutsche Fassung EN 50117-5:1997

2 + 5 Seiten EN, 2 Tabellen, 1 Anhang   Preisgruppe 7 K

Diese Rahmenspezifikation (VDE-Bestimmung) ist gemeinsam mit der EN 50117-1 für Koaxialkabel in Kabelverteilsystemen anzuwenden.
Diese Rahmenspezifikation gilt für Hausinstallationskabel in Netzwerken (z. B. SMATV) mit einem Betriebsfrequenzbereich von 5 MHz bis 2150 MHz.
Zweck dieser Norm ist es, Werte und Eigenschaften der Kabel festzulegen und die anzuwendenden Prüfungen aus der Fachgrundspezifikation auszuwählen. Es wird auf geeignete Qualitätsbewertungsverfahren hingewiesen.

Materialien und Kabelkonstruktion

Dielektrikum
Wenn nicht anders festgelegt, sollte der Nenndurchmesser über dem Dielektrikum aus folgenden Werten ausgewählt werden:
2,9 mm   3,7 mm   4,8 mm   7,2 mm.

Außenleiter oder Schirm
Der Geflechtwinkel muß zwischen 15° und 45° betragen. Der Bedeckungsfaktor muß größer oder gleich 65 % sein oder, wenn das Kabel mit einer Metallfolie ausgerüstet ist, größer oder gleich 25 %. Diese Werte gelten auch für Kabel mit einem Schirm aus schraubenförmig bidirektional gewickelten Drähten.

Mantel
Der Mantel von Kabeln nach dieser Rahmenspezifikation muß aus PVC oder flammhemmenden Materialien, einschließlich halogenfreien Materialien, sein.

Material- und Kabelkonstruktionsprüfungen

Zugfestigkeit und Dehnung nach dem Bruch, für Metalle
Nur anwendbar für Innenleiter aus Kupfer.

Zugfestigkeit und Dehnung beim Bruch, für Metalle
Nur anwendbar für Innenleiter aus Stahl mit Kupfermantel.

Torsionsprüfungen für Metalle mit Kupfermantel
Nur anwendbar für Innenleiter aus Stahl mit Kupfermantel.

Zugfestigkeit und Reißdehnung für Kunststoffe
Anwendbar für den Außenmantel des Kabels.

Anforderungen:
Die Kunststoffmaterialien dieser Kabel müssen den Anforderungen von HD 624 wie folgt entsprechen:

PVC-Mantelmischungen   HD 624.2
Flammhemmende Mischungen   HD 624.6
Halogenfreie flammhemmende Mischungen   HD 624.7.

Elektrische Eigenschaften – Meß- und Prüfverfahren

Isolationswiderstand
Der Isolationswiderstand darf nicht unter 10^4 MΩkm liegen.

Spannungsprüfung am Dielektrikum
Anwendbar mit einer Gleichspannung von 2 kV oder Wechselspannung von 1,5 kV (effektiv).

Wellenwiderstand
Der Wellenwiderstand muß (75 ± 3) Ω betragen.

Rückflußdämpfung
Anwendbar, wobei die Anforderungen einer Tabelle entsprechen müssen.

Leitungsdämpfung
Die Leitungsdämpfung darf die in der Bauartspezifikation festgelegten Werte nicht überschreiten.
Die Werte der Leitungsdämpfung müssen mindestens bei folgenden Frequenzen angegeben werden:
5 MHz   50 MHz   100 MHz   200 MHz   400 MHz   800 MHz   1000 MHz   1600 MHz   2150 MHz.

Wellenwiderstandsgleichmäßigkeit
Diese Messung muß an beiden Enden der Lieferlängen durchgeführt werden.
Bei Verfahren A muß die Gleichmäßigkeit besser als 40 dB sein.
Bei Verfahren B muß die Gleichmäßigkeit besser als 1 % sein.

Schirmdämpfung
Die Messung der Schirmdämpfung wird durchgeführt, nachdem das Kabel der Biegeprüfung unterzogen wurde; die Schirmdämpfung muß einer Tabelle entsprechen.

DIN EN 50117-6 (VDE 0887 Teil 6):1998-03   März 1998

Koaxialkabel für Kabelverteilanlagen

Teil 6: Rahmenspezifikation für Hausanschlußkabel für Anlagen
für Frequenzen von 5 MHz bis 2150 MHz
Deutsche Fassung EN 50117-6:1997

2 + 6 Seiten EN, 2 Tabellen, 1 Anhang   Preisgruppe 7 K

Diese Rahmenspezifikation (VDE-Bestimmung) ist gemeinsam mit der EN 50117-1 für Koaxialkabel in Kabelverteilsystemen anzuwenden.
Diese Rahmenspezifikation gilt für Hausanschlußkabel in Netzwerken (z. B. SMATV) mit einem Betriebsfrequenzbereich von 5 MHz bis 2150 MHz.
Zweck dieser Norm ist es, Werte und Eigenschaften der Kabel festzulegen und die anzuwendenden Prüfungen aus der Fachgrundspezifikation auszuwählen. Es wird auf geeignete Qualitätsbewertungsverfahren hingewiesen.

Materialien und Kabelkonstruktion

Dielektrikum
Wenn nicht anders festgelegt, sollte der Nenndurchmesser über dem Dielektrikum aus folgenden Werten ausgewählt werden:
3,7 mm   4,8 mm   6,9 mm   7,2 mm.

Außenleiter oder Schirm
Wird Geflecht verwendet, muß der Geflechtwinkel zwischen 15° und 45° betragen. Der Bedeckungsfaktor muß größer oder gleich 65 % sein oder, wenn das Kabel zusätzlich mit einer Metallfolie ausgerüstet ist, größer oder gleich 25 %. Diese Werte gelten auch für Kabel mit einem Schirm aus schraubenförmig bidirektional gewickelten Drähten.

Mantel
Der Mantel von Kabeln nach dieser Rahmenspezifikation muß aus Polyethylen (PE) sein. Bei Luftkabeln muß der Mantel aus schwarzem PE sein.
Bei Luftkabeln mit angespritztem Tragseil muß das Tragseil massiv oder verlitzt sein und aus galvanisiertem oder phosphatiertem Stahl oder Aluminiumlegierung bestehen.

Material- und Kabelkonstruktionsprüfungen

Rußgehalt
Nur anwendbar für schwarzen PE-Mantel.

Zugfestigkeit und Dehnung nach dem Bruch, für Metalle
Nur anwendbar für Innenleiter aus Kupfer.

Zugfestigkeit und Dehnung beim Bruch, für Metalle
Nur anwendbar für Innenleiter aus Stahl mit Kupfermantel.

Torsionsprüfungen für Metalle mit Kupfermantel
Nur anwendbar für Innenleiter aus Stahl mit Kupfermantel.

Zugfestigkeit und Reißdehnung für Kunststoffe
Anwendbar für den Außenmantel des Kabels.
Die Kunststoffmaterialien dieser Kabel müssen den Anforderungen von HD 624.4 entsprechen.

Elektrische Eigenschaften – Meß- und Prüfverfahren

Isolationswiderstand
Der Isolationswiderstand darf nicht unter 10^4 MΩkm liegen.

Spannungsprüfung am Dielektrikum
Anwendbar mit einer Gleichspannung von 2 kV oder Wechselspannung von 1,5 kV (effektiv).

Wellenwiderstand
Der Wellenwiderstand muß (75 ± 3) Ω betragen.

Rückflußdämpfung
Anwendbar, wobei die Anforderungen einer Tabelle entsprechen müssen.

Leitungsdämpfung
Die Leitungsdämpfung darf die in der Bauartspezifikation festgelegten Werte nicht überschreiten.
Die Werte der Leitungsdämpfung müssen mindestens bei folgenden Frequenzen angegeben werden:
5 MHz   50 MHz   100 MHz   200 MHz   400 MHz   800 MHz   1000 MHz   1600 MHz   2150 MHz.

Wellenwiderstandsgleichmäßigkeit
Diese Messung muß an beiden Enden der Lieferlängen durchgeführt werden.
Bei Verfahren A muß die Gleichmäßigkeit besser als 40 dB sein.
Bei Verfahren B muß die Gleichmäßigkeit besser als 1 % sein.

Schirmdämpfung
Die Messung der Schirmdämpfung wird durchgeführt, nachdem das Kabel der Biegeprüfung unterzogen wurde; die Schirmdämpfung muß einer Tabelle entsprechen.

2 Inkraftsetzungs-Kalender zum VDE-Vorschriftenwerk

In diesem Abschnitt werden in der Reihenfolge der VDE-Klassifikationsnummern alle VDE-Bestimmungen, VDE-Leitlinien, VDE-Vornormen und Beiblätter aufgeführt, die im Berichtszeitraum oder danach in Kraft gesetzt werden. Die Kurzfassungen der Erst- und Folgeausgaben des Berichtszeitraums können dem Kapitel 1 dieses Jahrbuchs entnommen werden.
Bei Normen, die eine DIN-EN-, DIN-IEC- oder DIN-VDE-Nummer tragen, wird die VDE-Klassifikationsnummer in runden Klammern nachgestellt.

1. April 1997

DIN VDE 0110-1 (**VDE 0110 Teil 1**)
DIN VDE 0282-12 (**VDE 0282 Teil 12**)
DIN IEC 1340-4-1 (**VDE 0303 Teil 83**)
DIN EN 60371-2 (**VDE 0332 Teil 2**)
DIN EN 60695-2-1/0 (**VDE 0471 Teil 2-1/0**)
DIN EN 60695-2-1/1 (**VDE 0471 Teil 2-1/1**)
DIN EN 60695-2-1/2 (**VDE 0471 Teil 2-1/2**)
DIN EN 60695-2-1/3 (**VDE 0471 Teil 2-1/3**)
DIN EN 60669-1/A2 (**VDE 0632 Teil 1/A2**)
DIN EN 60669-2-3 (**VDE 0632 Teil 2-3**)
DIN EN 60269-4 (**VDE 0636 Teil 40**)
DIN EN 60335-2-41 (**VDE 0700 Teil 41**)
DIN EN 60335-2-52 (**VDE 0700 Teil 52**)
DIN EN 60335-2-73 (**VDE 0700 Teil 73**)
DIN EN 60335-2-71 (**VDE 0700 Teil 216**)
DIN EN 60598-2-2 (**VDE 0711 Teil 202**)
DIN EN 60598-2-7/A2 (**VDE 0711 Teil 207/A2**)
DIN EN 61000-4-6 (**VDE 0847 Teil 4-6**)

1. Mai 1997

Beiblatt 3 zu DIN VDE 0102 (**Beiblatt 3 zu VDE 0102**)
DIN VDE 0276-621 (**VDE 0276 Teil 621**)
Beiblatt 1 zu DIN EN 60454 (**Beiblatt 1 zu VDE 0340**)
DIN EN 60454-1 (**VDE 0340 Teil 1**)
DIN EN 60454-2 (**VDE 0340 Teil 2**)
DIN EN 60454-3-10 (**VDE 0340 Teil 3-10**)
DIN EN 60454-3-13 (**VDE 0340 Teil 3-13**)
DIN EN 61036 (**VDE 0418 Teil 7**)
DIN EN 60255-22-2 (**VDE 0435 Teil 3022**)
DIN EN 60383-1 (**VDE 0446 Teil 1**)
DIN EN 60947-4-2 (**VDE 0660 Teil 117**)
DIN EN 50187 (**VDE 0670 Teil 811**)
DIN EN 60570 (**VDE 0711 Teil 300**)
DIN EN 60127-4 (**VDE 0820 Teil 4**)

1. Juni 1997
DIN IEC 909-3 (**VDE 0102 Teil 3**)
Beiblatt 1 zu DIN VDE 0207 (**Beiblatt 1 zu VDE 0207**)
DIN VDE 0271 (**VDE 0271**)
Beiblatt 1 zu DIN VDE 0472 (**Beiblatt 1 zu VDE 0472**)
DIN EN 60400 (**VDE 0616 Teil 3**)
DIN EN 60838-2-1 (**VDE 0616 Teil 4**)
DIN EN 60730-2-5/A1 (**VDE 0631 Teil 2-5/A1**)
DIN EN 60335-2-14 (**VDE 0700 Teil 14**)
DIN EN 60335-2-26 (**VDE 0700 Teil 26**)
DIN EN 60920/A2 (**VDE 0712 Teil 10/A2**)
DIN EN 60921/A2 (**VDE 0712 Teil 11/A2**)
DIN EN 60929/A2 (**VDE 0712 Teil 23/A2**)
DIN EN 61047/A1 (**VDE 0712 Teil 25/A1**)
DIN EN 60601-2-33 (**VDE 0750 Teil 2-33**)
DIN EN 41003 (**VDE 0804 Teil 100**)
DIN EN 50116 (**VDE 0805 Teil 116**)
DIN EN 50090-2-2 (**VDE 0829 Teil 2-2**)
DIN V VDE V 0829-240 (**VDE V 0829 Teil 240**)
DIN EN 55013/A13 (**VDE 0872 Teil 13/A3**)
DIN EN 55020/A11 (**VDE 0872 Teil 20/A4**)
DIN EN 55103-1 (**VDE 0875 Teil 103-1**)
DIN EN 55103-2 (**VDE 0875 Teil 103-2**)

1. Juli 1997
DIN EN 60626-1 (**VDE 0316 Teil 1**)
DIN EN 60626-2 (**VDE 0316 Teil 2**)
DIN EN 60626-3 (**VDE 0316 Teil 3**)
DIN EN 61812-1 (**VDE 0435 Teil 2021**)
DIN IEC 1226 (**VDE 0491 Teil 1**)
Beiblatt 1 zu DIN EN 60034-3 (**Beiblatt 1 zu VDE 0530 Teil 3**)
DIN EN 60034-3 (**VDE 0530 Teil 3**)
DIN EN 60034-16-1 (**VDE 0530 Teil 16**)
DIN EN 50091-1-1 (**VDE 0558 Teil 511**)
DIN EN 60320-1 (**VDE 0625 Teil 1**)
DIN EN 60730-2-1 (**VDE 0631 Teil 2-1**)
Berichtigung 1 zu DIN EN 60730-2-9 (**Berichtigung 1 zu VDE 0631 Teil 2-9**)
DIN EN 60730-2-9/A11 (**VDE 0631 Teil 2-9/A11**)
DIN EN 60269-1/A2 (**VDE 0636 Teil 10/A2**)
DIN EN 60269-2/A1 (**VDE 0636 Teil 20/A1**)
DIN EN 60925/A1 (**VDE 0712 Teil 21/A1**)
DIN EN 60929/A1 (**VDE 0712 Teil 23/A1**)
DIN EN 61046/A1 (**VDE 0712 Teil 24/A1**)
DIN EN 60432-2/A1 (**VDE 0715 Teil 2/A1**)
DIN EN 60601-1-4 (**VDE 0750 Teil 1-4**)

DIN VDE 0819-104 **(VDE 0819 Teil 104)**
DIN VDE 0819-109 **(VDE 0819 Teil 109)**
Berichtigung 1 zu DIN EN 60127-2 **(Berichtigung 1 zu VDE 0820 Teil 2)**
DIN EN 50132-7 **(VDE 0830 Teil 7-7)**

1. August 1997
DIN VDE 0100-482 **(VDE 0100 Teil 482)**
DIN VDE 0100-551 **(VDE 0100 Teil 551)**
DIN EN 61800-3 **(VDE 0160 Teil 100)**
DIN EN 61773 **(VDE 0210 Teil 20)**
DIN EN 60086-4 **(VDE 0509 Teil 4)**
DIN EN 60931-3 **(VDE 0560 Teil 45)**
DIN EN 60931-2 **(VDE 0560 Teil 49)**
DIN EN 61071-1 **(VDE 0560 Teil 120)**
DIN EN 60871-4 **(VDE 0560 Teil 440)**
DIN EN 60730-2-2/A1 **(VDE 0631 Teil 2-2/A1)**
DIN EN 60730-2-7/A1 **(VDE 0631 Teil 2-7/A1)**
DIN EN 61330 **(VDE 0670 Teil 611)**
DIN EN 60099-5 **(VDE 0675 Teil 5)**
DIN EN 60335-1/A1 **(VDE 0700 Teil 1/A1)**
DIN EN 60335-1/A12 **(VDE 0700 Teil 1/A12)**
DIN EN 60335-2-24/A52 **(VDE 0700 Teil 24/A2)**
DIN EN 60335-2-30/A52 **(VDE 0700 Teil 30/A52)**
DIN EN 60335-2-34 **(VDE 0700 Teil 34)**
DIN EN 60335-2-40/A51 **(VDE 0700 Teil 40/A1)**
DIN EN 60923 **(VDE 0712 Teil 13)**
DIN EN 60926 **(VDE 0712 Teil 14)**
DIN EN 61000-4-3 **(VDE 0847 Teil 4-3)**

1. September 1997
DIN EN 60071-2 **(VDE 0111 Teil 2)**
DIN EN 50176 **(VDE 0147 Teil 101)**
DIN EN 50177 **(VDE 0147 Teil 102)**
DIN VDE 0185-103 **(VDE 0185 Teil 103)**
DIN EN 60073 **(VDE 0199)**
DIN EN 60763-1 **(VDE 0314 Teil 1)**
DIN EN 60763-2 **(VDE 0314 Teil 2)**
DIN EN 60763-3-1 **(VDE 0314 Teil 3-1)**
DIN EN 50102 **(VDE 0470 Teil 100)**
DIN EN 60034-14 **(VDE 0530 Teil 14)**
DIN EN 60831-2 **(VDE 0560 Teil 47)**
DIN EN 61071-2 **(VDE 0560 Teil 121)**
DIN EN 61242 **(VDE 0620 Teil 300)**

DIN EN 60439-1/A2 **(VDE 0660 Teil 500/A2)**
DIN EN 60335-2-28 **(VDE 0700 Teil 28)**
DIN EN 60335-2-60/A53 **(VDE 0700 Teil 60/A2)**
DIN EN 60598-2-6/A1 **(VDE 0711 Teil 206/A1)**
DIN EN 60601-2-18 **(VDE 0750 Teil 2-18)**
DIN EN 55014-1/A1 **(VDE 0875 Teil 14-1/A1)**
DIN EN 50117-1/A1 **(VDE 0887 Teil 1/A1)**

1. Oktober 1997

DIN EN 50110-1 **(VDE 0105 Teil 1)**
DIN EN 50110-2 **(VDE 0105 Teil 2)**
DIN VDE 0105-100 **(VDE 0105 Teil 100)**
DIN IEC 1033 **(VDE 0362 Teil 1)**
DIN EN 61010-2-042 **(VDE 0411 Teil 2-042)**
DIN EN 61466-1 **(VDE 0441 Teil 4)**
DIN EN 60730-1/A1 **(VDE 0631 Teil 1/A1)**
DIN EN 60730-2-6/A1 **(VDE 0631 Teil 2-6/A1)**
DIN EN 60730-2-8/A1 **(VDE 0631 Teil 2-8/A1)**
DIN EN 60730-2-9/A2 **(VDE 0631 Teil 2-9/A2)**
DIN EN 60730-2-11/A1 **(VDE 0631 Teil 2-11/A1)**
DIN EN 60669-2-2 **(VDE 0632 Teil 2-2)**
DIN EN 60269-4/A1 **(VDE 0636 Teil 40/A1)**
Beiblatt 2 zu DIN EN 60439-1 **(Beiblatt 2 zu VDE 0660 Teil 500)**
DIN EN 60335-2-47 **(VDE 0700 Teil 47)**
DIN EN 60335-2-48 **(VDE 0700 Teil 48)**
DIN EN 60335-2-49 **(VDE 0700 Teil 49)**
DIN EN 60335-2-50 **(VDE 0700 Teil 50)**
DIN EN 60335-2-62 **(VDE 0700 Teil 62)**
DIN EN 60335-2-78 **(VDE 0700 Teil 78)**
DIN EN 60598-2-3/A1 **(VDE 0711 Teil 203/A1)**
DIN EN 60922 **(VDE 0712 Teil 12)**
DIN EN 60927 **(VDE 0712 Teil 15)**
DIN EN 55011 **(VDE 0875 Teil 11)**
DIN EN 55014-2 **(VDE 0875 Teil 14-2)**

1. November 1997

DIN VDE 0100-442 **(VDE 0100 Teil 442)**
Beiblatt 1 zu VDE 0108 **(Beiblatt 1 zu VDE 0108)**
DIN VDE 0266 **(VDE 0266)**
DIN VDE 0278-628 **(VDE 0278 Teil 628)**
DIN VDE 0278-629-1 **(VDE 0278 Teil 629-1)**
DIN EN 133000 **(VDE 0565 Teil 3)**
DIN EN 60400/A1 **(VDE 0616 Teil 3/A1)**
DIN EN 60838-1/A1 **(VDE 0616 Teil 5/A1)**

DIN EN 60947-2/A11 (**VDE 0660 Teil 101/A11**)
DIN EN 60947-4-1/A2 (**VDE 0660 Teil 102/A2**)
DIN EN 60947-3/A2 (**VDE 0660 Teil 107/A2**)
DIN EN 60947-6-1/A11 (**VDE 0660 Teil 114/A11**)
DIN EN 60947-6-2/A11 (**VDE 0660 Teil 115/A11**)
DIN EN 60947-5-1/A1 (**VDE 0660 Teil 200/A1**)
DIN EN 60947-5-1/A12 (**VDE 0660 Teil 200/A12**)
DIN VDE 0660-507 (**VDE 0660 Teil 507**)
DIN EN 60335-2-7 (**VDE 0700 Teil 7**)
DIN EN 60335-2-16 (**VDE 0700 Teil 16**)
DIN EN 60598-2-2/A1 (**VDE 0711 Teil 202/A1**)
Berichtigung 1 zu DIN EN 60601-2-22 (**Berichtigung 1 zu VDE 0750 Teil 2-22**)
DIN EN 60950 (**VDE 0805**)
DIN VDE 0819-5 (**VDE 0819 Teil 5**)
DIN EN 50082-1 (**VDE 0839 Teil 82-1**)
DIN EN 61000-4-24 (**VDE 0847 Teil 4-24**)

1. Dezember 1997
DIN EN 50122-1 (**VDE 0115 Teil 3**)
DIN EN 60216-3-2 (**VDE 0304 Teil 23-3-2**)
DIN EN 60819-1 (**VDE 0309 Teil 1**)
DIN EN 60076-1 (**VDE 0532 Teil 101**)
DIN EN 60076-2 (**VDE 0532 Teil 102**)
DIN VDE 0532-222 (**VDE 0532 Teil 222**)
DIN EN 61270-1 (**VDE 0560 Teil 22**)
DIN EN 60831-1 (**VDE 0560 Teil 46**)
DIN EN 60931-1 (**VDE 0560 Teil 48**)
DIN EN 132421 (**VDE 0565 Teil 1-3**)
DIN EN 60947-7-1/A11 (**VDE 0611 Teil 1/A11**)
DIN EN 60947-5-2 (**VDE 0660 Teil 208**)
DIN EN 60335-2-27 (**VDE 0700 Teil 27**)
DIN EN 60335-2-54 (**VDE 0700 Teil 54**)
DIN EN 60335-2-55 (**VDE 0700 Teil 55**)
DIN EN 60598-2-8 (**VDE 0711 Teil 2-8**)
DIN EN 60598-2-7/A13 (**VDE 0711 Teil 207/A13**)
DIN EN 60920/A1 (**VDE 0712 Teil 10/A1**)
DIN EN 60519-4 (**VDE 0721 Teil 4**)
DIN EN 60601-2-35 (**VDE 0750 Teil 2-35**)
DIN EN 60601-2-36 (**VDE 0750 Teil 2-36**)

1. Januar 1998
DIN EN 61400-2 (**VDE 0127 Teil 2**)
DIN IEC 60970 (**VDE 0370 Teil 14**)

DIN EN 61083-2 (VDE 0432 Teil 8)
DIN EN 60034-22 (VDE 0530 Teil 22)
DIN V ENV 50184 (VDE V 0544 Teil 50)
DIN EN 60238/A1 (VDE 0616 Teil 1/A1)
DIN VDE 0636-301 (VDE 0636 Teil 301)
DIN EN 60427/A2 (VDE 0670 Teil 108/A1)
DIN EN 61129/A1 (VDE 0670 Teil 212/A1)
DIN EN 60168/A1 (VDE 0674 Teil 1/A1)
DIN EN 60832 (VDE 0682 Teil 211)
DIN EN 60335-2-31 (VDE 0700 Teil 31)
DIN EN 60335-2-56 (VDE 0700 Teil 56)
DIN EN 60519-11 (VDE 0721 Teil 11)
DIN EN 60601-2-19 (VDE 0750 Teil 2-19)
DIN EN 60601-2-20 (VDE 0750 Teil 2-20)
DIN EN 60601-2-21/A1 (VDE 0750 Teil 2-21/A1)
DIN EN 60601-2-38 (VDE 0750 Teil 2-38)
DIN VDE 0819-108/A1 (VDE 0819 Teil 108/A1)
DIN EN 61326-1 (VDE 0843 Teil 20)
DIN EN 55015/A1 (VDE 0875 Teil 15-1/A1)

1. Februar 1998

Beiblatt 1 zu DIN VDE 0118 (Beiblatt 1 zu VDE 0118)
DIN EN 60893-3-1/A1 (VDE 0318 Teil 3-1/A1)
DIN EN 61068-1 (VDE 0337 Teil 1)
DIN EN 61068-2 (VDE 0337 Teil 2)
DIN EN 61068-3-1 (VDE 0337 Teil 3-1)
DIN EN 61067-1 (VDE 0338 Teil 1)
DIN EN 61067-2 (VDE 0338 Teil 2)
DIN EN 61067-3-1 (VDE 0338 Teil 3-1)
DIN EN 61619 (VDE 0371 Teil 8)
DIN EN 61010-2-043 (VDE 0411 Teil 2-43)
DIN EN 60034-1/A2 (VDE 0530 Teil 1/A2)
DIN EN 60551/A1 (VDE 0532 Teil 7/A1)
DIN EN 60730-2-2/A2 (VDE 0631 Teil 2-2/A2)
DIN EN 60730-2-8/A2 (VDE 0631 Teil 2-8/A2)
DIN EN 60669-2-1/A11 (VDE 0632 Teil 2-1/A11)
DIN EN 60947-5-1/A2 (VDE 0660 Teil 200/A2)
DIN EN 60282-1 (VDE 0670 Teil 4)
DIN EN 60895 (VDE 0682 Teil 304)
DIN EN 60432-1/A1 (VDE 0715 Teil 1/A1)
DIN EN 60432-1/A2 (VDE 0715 Teil 1/A2)
DIN EN 60432-2/A2 (VDE 0715 Teil 2/A2)
DIN EN 61199/A1 (VDE 0715 Teil 9/A1)
DIN EN 50144-2-15 (VDE 0740 Teil 1215)

DIN EN 60601-2-33/A11 (**VDE 0750 Teil 2-33/A11**)
DIN EN 50083-9 (**VDE 0855 Teil 9**)
DIN EN 50083-2/A1 (**VDE 0855 Teil 200/A1**)

1. März 1998
DIN EN 50123-5 (**VDE 0115 Teil 300-5**)
DIN EN 50152-2 (**VDE 0115 Teil 320-2**)
DIN EN 137000 (**VDE 0560 Teil 800**)
DIN EN 137100 (**VDE 0560 Teil 810**)
DIN EN 137101 (**VDE 0560 Teil 811**)
DIN VDE 0603-2 (**VDE 0603 Teil 2**)
DIN EN 60947-4-2/A1 (**VDE 0660 Teil 117/A1**)
DIN EN 60129 (**VDE 0670 Teil 2**)
DIN EN 60335-2-24/A53 (**VDE 0700 Teil 24/A3**)
DIN EN 60335-2-29 (**VDE 0700 Teil 29**)
DIN EN 60335-2-43 (**VDE 0700 Teil 43**)
DIN EN 60335-2-51 (**VDE 0700 Teil 51**)
DIN EN 60335-2-53 (**VDE 0700 Teil 53**)
DIN EN 50117-1/A2 (**VDE 0887 Teil 1/A2**)
DIN EN 50117-5 (**VDE 0887 Teil 5**)
DIN EN 50117-6 (**VDE 0887 Teil 6**)

3 Außerkraftsetzungs-Kalender zum VDE-Vorschriftenwerk

In diesem Abschnitt werden alle VDE-Bestimmungen, VDE-Leitlinien, VDE-Vornormen und Beiblätter aufgeführt, die im Berichtszeitraum oder danach außer Kraft gesetzt werden.
Das Zeichen „#" zeigt die seit der letzten Auflage eingefügten oder geänderten Einträge an.
Gekürzte Titelangaben werden zwischen halbe Anführungsstriche ‚...', vollständige Titelangaben werden zwischen vollständige Anführungsstriche „..." gesetzt.
Die von Januar 1985 bis Dezember 1992 gültige Benummerung der DIN-VDE-Normen mit „DIN VDE 0..." wird hier auch auf die vor diesem Datum erschienenen Normen (DIN 57... /VDE 0...) weitgehend angewandt.
Bei den ab Juli 1994 erschienenen DIN-VDE-Normen wird das Ausgabedatum in der Reihenfolge Jahr-Monat angegeben, z. B. 1994-07, bei früheren Normen noch nicht durchgängig.
„Nachweislich entsprechen" heißt, in der Lage sein, einen Nachweis mit Hilfe einer Konformitätserklärung des Herstellers oder einer Konformitätsbescheinigung einer Zertifizierungsstelle zu führen.

31. März 1997

DIN VDE 0110-1 (VDE 0110 Teil 1):1989-01 „Isolationskoordination für elektrische Betriebsmittel in Niederspannungsanlagen; Grundsätzliche Festlegungen": Ohne Übergangsfrist ersetzt durch Ausgabe 1997-04 (HD 625.1 S1).

DIN VDE 0110-2 (VDE 0110 Teil 2):1989-01 „Isolationskoordination für elektrische Betriebsmittel in Niederspannungsanlagen; Bemessung der Luft- und Kriechstrecken": Ersatzlos zurückgezogen laut DIN VDE 0110-1 (VDE 0110 Teil 1):1997-04.

VDE 0332:1968-11 „Bestimmungen für Glimmererzeugnisse" mit Änderung VDE 0332a:1971-09: Ohne Übergangsfrist teilweise ersetzt durch DIN EN 60371-1 (VDE 0332 Teil 1):1997-01 bis DIN EN 60371-3-9 (VDE 0332 Teil 3-9):1997-01 sowie DIN EN 60371-2 (VDE 0332 Teil 2):1997-04.

DIN 57332-5 (VDE 0332 Teil 5):1981-07 „Glimmererzeugnisse für die Elektrotechnik; Formteile aus Spaltglimmer-Mikanit für Kommutatoren": Ohne Übergangsfrist teilweise ersetzt durch DIN EN 60371-1 (VDE 0332 Teil 1):1997-01 bis DIN EN 60371-3-9 (VDE 0332 Teil 3-9):1997-01 sowie DIN EN 60371-2 (VDE 0332 Teil 2):1997-04.

DIN IEC 695-2-1 (VDE 0471 Teil 2-1):1984-03 ‚Prüfungen zur Beurteilung der Brandgefahr; Prüfung mit dem Glühdraht': Ohne Übergangsfrist ersetzt durch DIN EN 60695-2-1/0 (VDE 0471 Teil 2-1/0):1997-04 bis DIN EN 60695-2-1/3 (VDE 0471 Teil 2-1/3):1997-04.

DIN VDE 0700 Teil 1:1990-11 „Sicherheit elektrischer Geräte für den Hausgebrauch und ähnliche Zwecke; Allgemeine Anforderungen": Nach diesem Datum darf diese Norm nicht mehr auf Geräte angewandt werden, die nicht von einem Teil 2 erfaßt werden; laut DIN EN 60335-1 (VDE 0700 Teil 1):1995-10.

30. April 1997

VDE 0255:1972-11 „Bestimmungen für Kabel mit massegetränkter Papierisolierung und Metallmantel für Starkstromanlagen (ausgenommen Gasdruck- und Ölkabel)" mit Änderung A4:1981-10: Ohne Übergangsfrist mit Wirkung vom 01.02.1997 ersetzt durch DIN VDE 0276-621 (VDE 0279 Teil 621):1997-05.

DIN 40633-1 (VDE 0340 Teil 1):1975-05 „VDE-Bestimmung für selbstklebende Isolierbänder; Kunststoffbänder": Ohne Übergangsfrist teilweise ersetzt durch DIN EN 60454-1 (VDE 0340 Teil 1):1997-05 bis DIN EN 60454-3-13 (VDE 0340 Teil 3-13):1997-05.

DIN 40633-2 (VDE 0340 Teil 2):1967-07 „Bestimmung für selbstklebende Isolierbänder; Gewebebänder": Ohne Übergangsfrist teilweise ersetzt durch DIN EN 60454-1 (VDE 0340 Teil 1):1997-05 bis DIN EN 60454-3-13 (VDE 0340 Teil 3-13):1997-05.

DIN VDE 0340 Teil 3:1970-08 „Bestimmung für selbstklebende Isolierbänder; Bänder mit wärmehärtender Klebschicht": Ohne Übergangsfrist teilweise ersetzt durch DIN EN 60454-1 (VDE 0340 Teil 1):1997-05 bis DIN EN 60454-3-13 (VDE 0340 Teil 3-13):1997-05.

DIN EN 61036 (VDE 0418 Teil 7):1997-05 ‚Elektronische Wechselstrom-Wirkverbrauchszähler': Ohne Übergangsfrist ersetzt durch Ausgabe 1997-05.

VDE 0435:1962-09 ‚Relais' mit Änderung a/1972-09: Gilt für die Herstellung von Schaltrelais, die vor dem 30.04.1991 nachweislich dieser Norm entsprochen haben; laut etz Bd. 111 (1990) H. 14, S. 763.

DIN IEC 255-22-2:1991-05 ‚Relais': Ohne Übergangsfrist ersetzt durch DIN EN 60255-22-2 (VDE 0435 Teil 3022):1997-05.

DIN 57446-1 (VDE 0446 Teil 1):1982-04 ‚Isolatoren für Freileitungen, Fahrleitungen und Fernmeldeleitungen': Ohne Übergangsfrist ersetzt durch DIN EN 60383-1 (VDE 0446 Teil 1):1997-05.

DIN EN 60570 (VDE 0711 Teil 300):1995-07 „Elektrische Stromschienensysteme für Leuchten": Ohne Übergangsfrist ersetzt durch Ausgabe 1997-05; gilt für die Fertigung von Erzeugnissen, die vor dem 01.03.1997 nachweislich dieser Norm entsprochen haben, noch bis zum 28.02.2002.

31. Mai 1997

DIN VDE 0102 (VDE 0102):1990-01 „Berechnung von Kurzschlußströmen in Drehstromnetzen": Ohne Übergangsfrist teilweise ersetzt durch DIN IEC 909-3 (VDE 0102 Teil 3):1997-06.

Beiblatt 1 zu DIN 57207 (Beiblatt 1 zu VDE 0207):1982-07 ‚Isolier- und Mantelmischungen für Kabel und isolierte Leitungen; Verzeichnis der Normen': Ersetzt durch Beiblatt 1 zu DIN VDE 0207 (Beiblatt 1 zu VDE 0207):1997-06.

Beiblatt 1 zu DIN VDE 0472 (Beiblatt 1 zu VDE 0472):1992-08 ‚Prüfungen an Kabeln und isolierten Leitungen; Verzeichnis der Normen': Ersetzt durch Ausgabe 1997-06.

VDE 0560 Teil 8:1968-05 ‚Motorkondensatoren': Gilt für die Herstellung von Kondensatoren, die vor dem 01.06.1989 nachweislich dieser Norm einschließlich § 49 entsprochen haben; laut etz Bd. 115 (1994) H. 12, S. 744.

DIN EN 60400 (VDE 0616 Teil 3):1995-11 ‚Lampenfassungen für röhrenförmige Leuchtstofflampen und Starterfassungen': Ohne Übergangsfrist ersetzt durch Ausgabe 1997-06; gilt für die Fertigung von Erzeugnissen, die vor dem 01.04.1997 nachweislich dieser Norm entsprochen haben, noch bis zum 01.04.2002.

DIN VDE 0616-4 (VDE 0616 Teil 4):1989-02 ‚Lampenfassungen; Linienlampen mit Sockel S14': Ohne Übergangsfrist ersetzt durch DIN EN 60838-2-1 (VDE 0616 Teil 4):1997-06; gilt für die Fertigung von Erzeugnissen, die vor dem 01.06.1997 nachweislich dieser Norm entsprochen haben, noch bis zum 01.06.2002.

DIN VDE 0700-14 (VDE 0700 Teil 14):1992-10 ‚Küchenmaschinen' mit Änderungen A53(A1):1995-09 und A54(A2):1996-02: Ersetzt durch DIN EN 60335-2-14 (VDE 0700 Teil 14):1997-06; gilt für die Fertigung von Geräten, die vor dem 01.01.1999 nachweislich dieser Norm entsprochen haben, noch bis zum 01.01.2004.

DIN EN 60335-2-26 (VDE 0700 Teil 26):1993-06 ‚Uhren': Ersetzt durch Ausgabe 1997-06; gilt für die Fertigung von Geräten, die vor dem 01.01.1999 nachweislich dieser Norm entsprochen haben, noch bis zum 01.01.2004.

DIN VDE 0700 Teil 33:1988-05 ‚Kaffeemühlen': Gilt für die Fertigung von Geräten, die vor dem 01.06.1992 nachweislich dieser Norm entsprochen haben, noch bis zum 31.05.1997; laut DIN EN 60335 Teil 2-33 (VDE 0700 Teil 33):1993-06.

DIN EN 60335-2-33 (VDE 0700 Teil 33):1993-06 ‚Kaffeemühlen': Ersetzt durch DIN EN 60335-2-14 (VDE 0700 Teil 14):1997-06; gilt für die Fertigung von Geräten, die vor dem 01.01.1999 nachweislich dieser Norm entsprochen haben, noch bis zum 01.01.2004.

[DIN VDE 0711 Teil 210]/EN 60598-2-10:1989-01: Gilt für die Fertigung von ortsveränderlichen Spielzeugleuchten, die vor dem 01.06.1992 nachweislich dieser Norm entsprochen haben; laut DIN VDE 0711 Teil 210/10.91.

DIN EN 60920 (VDE 0712 Teil 10):1993-04 ‚Vorschaltgeräte für röhrenförmige Leuchtstofflampen; Sicherheitsanforderungen': Ohne Übergangsfrist geändert durch Änderung A2(A2):1997-06; gilt für die Fertigung von Erzeugnissen, die vor dem 01.09.1996 nachweislich dieser Norm entsprochen haben, noch bis zum 01.09.2001.

DIN EN 60921 (VDE 0712 Teil 11):1993-04 ‚Vorschaltgeräte für röhrenförmige Leuchtstofflampen; Arbeitsweise': Ohne Übergangsfrist geändert durch Änderung A2(A2):1997-06.

DIN EN 60929 (VDE 0712 Teil 23):1995-04 ‚Wechselstromversorgte elektronische Vorschaltgeräte für röhrenförmige Leuchtstofflampen; Arbeitsweise': Ohne Übergangsfrist geändert durch Änderung A2(A2):1997-06.

DIN EN 61046 (VDE 0712 Teil 24):1995-04 ‚Gleich- oder wechselstromversorgte elektronische Konverter für Glühlampen': Ohne Übergangsfrist geändert durch die Änderung A1(A1):1997-07; gilt für die Fertigung von Erzeugnissen, die vor dem 01.09.1996 nachweislich dieser Norm entsprochen haben, noch bis zum 01.09.2001.

DIN EN 61047 (VDE 0712 Teil 25):1993-12 ‚Gleich- oder wechselstromversorgte elektronische Konverter für Glühlampen; Arbeitsweise': Ohne Übergangsfrist geändert durch Änderung A1(A1):1997-06.

DIN VDE 0804 (VDE 0804):1989-05 ‚Fernmeldetechnik; Herstellung und Prüfung der Geräte' mit Änderung A1(A1):1992-10, Abschnitt 22: Gilt daneben für die Stückprüfung von Endgeräten der Telekommunikationstechnik bis zum 01.06.1998; gilt für die Fertigung von Endgeräten, die vor dem 01.06.1998 nachweislich dieser Norm entsprochen haben, noch bis zum 01.06.2003; teilweise ersetzt durch DIN EN 50116 (VDE 0805 Teil 116):1997-06.

DIN EN 41003 (VDE 0804 Teil 100):1994-05 ‚Geräte zum Anschluß an Telekommunikationsnetze': Gilt für die Fertigung von Geräten, die vor dem 01.01.1997 nachweislich dieser Norm entsprochen haben, noch bis zum 01.01.2002.

DIN V VDE V 0829-220 (VDE V 0829 Teil 220):1992-11 ‚Systemtechnik für Heim und Gebäude (ESHG)': Ersetzt durch DIN EN 50090-2-2 (VDE 0829 Teil 2-2):1997-06.

DIN VDE 0872-13 (VDE 0872 Teil 13):1991-08 ‚Funkstöreigenschaften von Geräten der Unterhaltungselektronik': Ohne Übergangsfrist geändert durch Änderung DIN EN 55013/A13 (VDE 0872 Teil 13/A3):1997-06.

DIN EN 55020 (VDE 0872 Teil 20):1995-05 ‚Störfestigkeit von Geräten der Unterhaltungselektronik': Ohne Übergangsfrist geändert durch Änderung A11(A4):1997-06.

30. Juni 1997

DIN VDE 0250 Teil 406:1982-11 ‚PVC-Schlauchleitung': Gilt für die Fertigung von Leitungen, die vor dem 01.07.1996 nachweislich dieser Norm entsprochen haben; ersetzt durch DIN VDE 0281-13 (VDE 0281 Teil 13):1996-05.

DIN VDE 0282 Teil 9:1994-01 ‚Einadrige Leitungen ohne Mantel für feste Verlegung mit geringer Entwicklung von Rauch und korrosiven Gasen im Brandfall': Gilt für die Fertigung von Leitungen, die vor dem 01.07.1996 nachweislich dieser Norm entsprochen haben; ersetzt durch DIN VDE 0282-6 (VDE 0282 Teil 6):1996-03.

DIN VDE 0282 Teil 501:1994-1 ‚Wärmebeständige Gummiaderleitung': Gilt für die Fertigung von Leitungen, die vor dem 01.07.1996 nachweislich dieser Norm entsprochen haben; ersetzt durch DIN VDE 0282-7 (VDE 0282 Teil 7):1996-07.

DIN VDE 0282 Teil 506:1992-11 ‚Wärmebeständige Silikon-Aderleitungen ohne Beflechtung': Gilt für die Fertigung von Leitungen, die vor dem 01.07.1996 nachweislich dieser Norm entsprochen haben; ersetzt durch DIN VDE 0282-3 (VDE 0282 Teil 3):1996-05.

DIN VDE 0282 Teil 507:1994-01 ‚Wärmebeständige Gummi-Verdrahtungsleitung': Gilt für die Fertigung von Leitungen, die vor dem 01.07.1996 nachweislich dieser Norm entsprochen haben; ersetzt durch DIN VDE 0282-7 (VDE 0282 Teil 7):1996-07.

DIN VDE 0282 Teil 601:1985-04 ‚Wärmebeständige Silikon-Aderleitungen': Gilt für die Fertigung von Leitungen, die vor dem 01.07.1996 nachweislich dieser Norm entsprochen haben; ersetzt durch DIN VDE 0282-3 (VDE 0282 Teil 3):1996-05.

DIN VDE 0282 Teil 803:1994-01 ‚Schweißleitung': Gilt für die Fertigung von Leitungen, die vor dem 01.07.1996 nachweislich dieser Norm entsprochen haben; ersetzt durch DIN VDE 0282-6 (VDE 0282 Teil 6):1996-03.

VDE 0316:1967-07 „Bestimmungen für Verbundspan der Elektrotechnik": Ohne Übergangsfrist teilweise ersetzt durch DIN EN 60626-1 (VDE 0316 Teil 1):1997-07 bis DIN EN 60626-3 (VDE 0316 Teil 3):1997-07.

DIN VDE 0435-2021 (VDE 0435 Teil 2021):1986-09 ‚Relais mit festgelegtem Zeitverhalten (Zeitrelais)': Ohne Übergangsfrist ersetzt durch DIN EN 61812-1 (VDE 0435 Teil 2021):1997-07.

DIN VDE 0530-3 (VDE 0530 Teil 3):1991-04 ‚Dreiphasen-Turbogeneratoren': Ohne Übergangsfrist ersetzt durch DIN EN 60034-3 (VDE 0530 Teil 3):1997-07.

DIN VDE 0530-16 (VDE 0530 Teil 16):1992-09 ‚Erregersysteme für Synchronmaschinen': Ohne Übergangsfrist ersetzt durch DIN EN 60034-16-1 (VDE 0530 Teil 13):1997-07.

DIN EN 50091-1 (VDE 0558 Teil 510):1994-03 ‚Unterbrechungsfreie Stromversorgung (USV)': Ohne Übergangsfrist ersetzt durch DIN EN 50091-1-1 (VDE 0558 Teil 511):1997-07; gilt für die Fertigung von Erzeugnissen, die vor dem 01.07.1997 nachweislich dieser Norm entsprochen haben, noch bis zum 01.06.2002.

DIN EN 60730-2-9 (VDE 0631 Teil 2-9):1995-11 ‚Temperaturabhängige Regel- und Steuergeräte': Ohne Übergangsfrist geändert durch Änderung A11(A11):1997-07; gilt für die Fertigung von Erzeugnissen, die vor dem 01.07.1997 nachweislich dieser Norm entsprochen haben, noch bis zum 01.07.2002.

DIN VDE 0636-10 (VDE 0636 Teil 10):1992-07 ‚Niederspannungssicherungen': Ohne Übergangsfrist geändert durch die Änderung DIN EN 60269-1/A2 (VDE 0636 Teil 10/A2):1997-07; gilt für die Fertigung von Erzeugnissen, die vor dem 01.09.1997 nachweislich dieser Norm entsprochen haben, noch bis zum 01.09.2002.

DIN EN 60269-2 (VDE 0636 Teil 20):1995-12 ‚Niederspannungssicherungen; Gebrauch durch Elektrofachleute': Ohne Übergangsfrist geändert durch die Änderung DIN EN 60269-2/A1 (VDE 0636 Teil 20/A1):1997-07; gilt für die Fertigung von Erzeugnissen, die vor dem 01.09.1997 nachweislich dieser Norm entsprochen haben, noch bis zum 01.09.2002.

DIN EN 61011 (VDE 0667 Teil 1):1983-11 ‚Elektrozaungeräte mit Netzanschluß': Gilt für die Fertigung von Geräten, die vor dem 01.07.1994 nachweislich dieser Norm entsprochen haben; laut Änderung DIN EN 61011/A2 (VDE 0667 Teil 1/A1):1995-02.

DIN VDE 0700 Teil 5:1992-03 ‚Geschirrspülmaschinen': Die von der Änderung A2 betroffenen Abschnitte und Anhänge dieser Norm gelten bis zu diesem Zeitpunkt unverändert weiter; laut Änderung DIN EN 60335-2-5/A51 (VDE 0700 Teil 5/A2):1995-11; weitere Frist siehe 30.06.2002.

DIN EN 60925 (VDE 0712 Teil 21):1994-10 ‚Gleichstromversorgte elektronische Vorschaltgeräte; Arbeitsweise': Ohne Übergangsfrist geändert durch die Änderung DIN EN 60925/A1 (VDE 0712 Teil 21/A1):1997-07.

DIN EN 60929 (VDE 0712 Teil 23):1995-04 ‚Wechselstromversorgte elektronische Vorschaltgeräte': Ohne Übergangsfrist geändert durch die Änderung DIN EN 60929/A1 (VDE 0712 Teil 23/A1):1997-07; gilt für die Fertigung von Erzeugnissen, die vor dem 15.02.1996 nachweislich dieser Norm entsprochen haben, noch bis zum 15.02.2001.

DIN EN 60432-2 (VDE 0715 Teil 2):1996-01 ‚Halogen-Glühlampen': Ohne Übergangsfrist geändert durch die Änderung A1(A1):1997-07; gilt für die Fertigung von Erzeugnissen, die vor dem 01.07.1997 nachweislich dieser Norm entsprochen haben, noch bis zum 01.07.2002.

31. Juli 1997

DIN 57100-720 (VDE 0100 Teil 720):1983-03 ‚Feuergefährdete Betriebsstätten': Ohne Übergangsfrist ersetzt durch DIN VDE 0100-482 (VDE 0100 Teil 482):1997-08.

DIN VDE 0100-730 (VDE 0100 Teil 730):1986-02 ‚Verlegen von Leitungen in Hohlwänden': Ohne Übergangsfrist ersetzt durch DIN VDE 0100-482 (VDE 0100 Teil 482):1997-08.

DIN VDE 0250 Teil 202:1992-09 ‚Wärmebeständige PVC-Pendelschnur': Gilt für die Fertigung von Leitungen, die vor dem 15.07.1995 nachweislich dieser Norm entsprochen haben; ersetzt durch DIN VDE 0281-12 (VDE 0281 Teil 12):1995-10.

DIN VDE 0281 Teil 104:1992-10 ‚PVC-Lichterkettenleitung': Gilt für die Fertigung von Leitungen, die vor dem 15.07.1995 nachweislich dieser Norm entsprochen haben; ersetzt durch DIN VDE 0281-8 (VDE 0281 Teil 8):1995-10.

DIN VDE 0282 Teil 604:1990-01 ‚Illuminationsleitung': Gilt für die Fertigung von Leitungen, die vor dem 15.07.1995 nachweislich dieser Norm entsprochen haben; ersetzt durch DIN VDE 0282-8 (VDE 0282 Teil 8):1995-10.

DIN VDE 0560-12 (VDE 0560 Teil 12):1990-10 ‚Kondensatoren der Leistungselektronik': Ohne Übergangsfrist ersetzt durch DIN EN 61071-1 (VDE 0560 Teil 120):1997-08; gilt für die Fertigung von Erzeugnissen, die vor dem 01.06.1997 nachweislich dieser Norm entsprochen haben, noch bis zum 01.06.2002.

DIN EN 60931-2 (VDE 0560 Teil 49):1995-03 ‚Nichtselbstheilende Leistungs-Parallelkondensatoren': Ohne Übergangsfrist ersetzt durch Ausgabe 1997-08; gilt für die Fertigung von Erzeugnissen, die vor dem 01.12.1996 nachweislich dieser Norm entsprochen haben, noch bis zum 01.12.2001.

DIN VDE 0625-1 (VDE 0625 Teil 1):1987-11 ‚Gerätesteckvorrichtungen für den Hausgebrauch' mit Änderungen A1(A1):1988-01, DIN EN 60320-1/A1 (VDE 0625 Teil 1/A2):1993-03 und DIN EN 60320-1/A11 (VDE 0625 Teil 1/A8):1995-05: Ohne Übergangsfrist ersetzt durch DIN EN 60320-1 (VDE 0625 Teil 1):1997-07; gilt für die Fertigung von Erzeugnissen, die vor dem 01.03.1997 nachweislich dieser Norm entsprochen haben, noch bis zum 01.03.2002.

DIN EN 60730-2-1 (VDE 0631 Teil 2-1):1993-06 ‚Regel- und Steuergeräte für Haushaltgeräte' mit Änderungen A12(A12):1994-02 und A13(A13):1996-06:

Ohne Übergangsfrist ersetzt durch Ausgabe 1997-07; gilt für die Fertigung von Erzeugnissen, die vor dem 01.04.1999 nachweislich dieser Norm entsprochen haben, noch bis zum 01.04.2004.

DIN EN 60730-2-2 (VDE 0631 Teil 2-2):1993-03 ‚Automatische Regel- und Steuergeräte': Ohne Übergangsfrist ersetzt durch Änderung A1(A1):1997-08; gilt für die Fertigung von Erzeugnissen, die vor dem 01.09.1997 nachweislich dieser Norm entsprochen haben, noch bis zum 01.09.2002.

DIN 57675-2 (VDE 0675 Teil 2):1975-08 ‚Anwendung von Ventilableitern': Ohne Übergangsfrist ersetzt durch DIN EN 60099-5 (VDE 0675 Teil 5):1997-08.

DIN EN 60335-1 (VDE 0700 Teil 1):1997-08 ‚Geräte für den Hausgebrauch': Ohne Übergangsfrist ergänzt durch Änderung A1(A1):1997-08; gilt für die Fertigung von Erzeugnissen, die von wiederaufladbaren Batterien gespeist werden und die vor dem 01.04.1999 nachweislich dieser Norm entsprochen haben, noch bis zum 01.04.2004.

DIN EN 60335-1 (VDE 0700 Teil 1):1997-08 ‚Geräte für den Hausgebrauch': Ohne Übergangsfrist ergänzt durch Änderung A12(A12):1997-08; gilt für die Fertigung von Erzeugnissen, die keine Funk-Entstörkonsatoren enthalten und die vor dem 01.04.1999 nachweislich dieser Norm entsprochen haben, noch bis zum 01.04.2004.

DIN VDE 0700-19 (VDE 0700 Teil 19):1992-03 ‚Batteriegespeiste Rasiergeräte, Haarschneidemaschinen und ähnliche Geräte und ihre Lade- und Batterieteile': Ohne Übergangsfrist zurückgezogen und ersetzt durch Änderung DIN EN 60335-1/A1 (VDE 0700 Teil 1/A1):1997-08; gilt für die Fertigung von Erzeugnissen, die vor dem 01.04.1999 nachweislich dieser Norm entsprochen haben, noch bis zum 01.04.2004.

DIN VDE 0700-20 (VDE 0700 Teil 20):1992-10 ‚Batteriegespeiste Zahnbürsten und ihre Lade- und Batterieteile': Ohne Übergangsfrist zurückgezogen und ersetzt durch Änderung DIN EN 60335-1/A1(VDE 0700 Teil 1/A1): 1997-08; gilt für die Fertigung von Erzeugnissen, die vor dem 01.04.1999 nachweislich dieser Norm entsprochen haben, noch bis zum 01.04.2004.

DIN VDE 0700-34 (VDE 0700 Teil 34):1985-10 ‚Motorverdichter' mit Änderung A3(A1):1996-07: Gilt daneben weiter bis zum 01.04.1999; gilt jedoch für die Fertigung von Erzeugnissen, die vor dem 01.04.1999 nachweislich dieser Norm entsprochen haben, noch bis zum 01.04.2004; ersetzt durch DIN EN 60335-2-34 (VDE 0700 Teil 34):1997-08.

Beiblatt 1 zu DIN VDE 0700-34 (VDE 0700 Teil 34):1985-10 ‚Motorverdichter': Ersetzt durch DIN EN 60335-2-34 (VDE 0700 Teil 34):1997-08.

DIN EN 60335-2-40 (VDE 0700 Teil 40):1994-12 ‚Wärmepumpen, Klimageräte und Raumluft-Entfeuchter': **Darf für die Fertigung von Erzeugnis-**

sen, die vor dem 01.01.1997 nachweislich dieser Norm entsprochen haben, nicht weiter angewendet werden; laut Änderung A51(A1):1997-08.

DIN VDE 0700 Teil 500:1990-11 ‚Stückprüfung': Gilt für die Fertigung von Geräten, die vor dem 01.08.1992 nachweislich dieser Norm entsprochen haben; laut Ausgabe 10.92 (HD 289 S1:1990 + A1:1992).

DIN EN 60923 (VDE 0712 Teil 13):1994-09 ‚Vorschaltgeräte für Entladungslampen': Ohne Übergangsfrist ersetzt durch Ausgabe 1997-08.

DIN EN 60926 (VDE 0712 Teil 14):1995-05 ‚Startgeräte (andere als Glimmstarter)': Ohne Übergangsfrist ersetzt durch Ausgabe 1997-08; gilt für die Fertigung von Erzeugnissen, die vor dem 01.09.1996 nachweislich dieser Norm entsprochen haben, noch bis zum 01.09.2001.

DIN VDE 0843-3 (VDE 0843 Teil 3):1988-02 ‚Störfestigkeit gegen elektromagnetische Felder': Ohne Übergangsfrist ersetzt durch DIN EN 61000-4-3 (VDE 0847 Teil 4-3):1997-08.

DIN V ENV 50140 (VDE 0847 Teil 3):1995-02 ‚Störfestigkeit gegen hochfrequente elektromagnetische Felder': Ohne Übergangsfrist ersetzt durch DIN EN 61000-4-3 (VDE 0847 Teil 4-3):1997-08.

31. August 1997

DIN VDE 0100-728 (VDE 0100 Teil 728):1990-03 ‚Ersatzstromversorgungsanlagen': Für am 01.08.1997 in Planung oder in Bau befindliche Anlagen gilt diese Norm noch bis zu diesem Zeitpunkt; ersetzt durch DIN VDE 0100-551 (VDE 0100 Teil 551):1997-08.

DIN 57111-3 (VDE V 0111 Teil 3):1982-11 „Isolationskoordination für Betriebsmittel in Drehstromnetzen über 1 kV; Anwendungsrichtlinie": Ohne Übergangsfrist ersetzt durch DIN EN 60071-2 (VDE 0111 Teil 2):1997-09.

DIN 57147-1 (VDE 0147 Teil 1):1983-09 „Errichten ortsfester elektrostatischer Sprühanlagen; Allgemeine Festlegungen": Ohne Übergangsfrist teilweise ersetzt durch DIN EN 50176 (VDE 0147 Teil 101):1997-09 und DIN EN 50177 (VDE 0147 Teil 102):1997-09; gilt jedoch weiterhin für ortsfeste elektrostatische Sprühanlagen, für deren Anwendungsbereich noch keine Europäischen Normen vorliegen.

DIN EN 60073 (VDE 0199):1994-01 „Codierung von Anzeigegeräten und Bedienteilen durch Farben und ergänzende Mittel": Ohne Übergangsfrist ersetzt durch Ausgabe 1997-09.

DIN VDE 0281 Teil 102:1994-03 ‚Wärmebeständige PVC-Verdrahtungsleitung': Gilt für die Fertigung von Leitungen, die vor dem 01.09.1996 nachweislich dieser Norm entsprochen haben; ersetzt durch DIN VDE 0281-7 (VDE 0281 Teil 7):1996-10.

DIN VDE 0281 Teil 108:1994-03 ‚Wärmebeständige PVC-Aderleitung': Gilt für die Fertigung von Leitungen, die vor dem 01.09.1996 nachweislich dieser Norm entsprochen haben; ersetzt durch DIN VDE 0281-7 (VDE 0281 Teil 7):1996-10.

DIN IEC 255-1-00 (VDE 0435 Teil 201):1983-05 ‚Schaltrelais': Ohne Übergangsfrist ersetzt durch DIN EN 60255-1-00 (VDE 0435 Teil 201):1997-09; gilt für die Fertigung von Erzeugnissen, die vor dem 01.06.1997 nachweislich dieser Norm entsprochen haben, noch bis zum 01.09.2002.

DIN VDE 0530-14 (VDE 0530 Teil 14):1993-02 ‚Drehende elektrische Maschinen; Mechanische Schwingungen': Ohne Übergangsfrist ersetzt durch DIN EN 60034-14 (VDE 0530 Teil 14):1997-09; gilt für die Fertigung von Erzeugnissen, die vor dem 01.08.1997 nachweislich dieser Norm entsprochen haben, noch bis zum 01.08.2002.

DIN EN 60831-2 (VDE 0560 Teil 47):1995-03 ‚Selbstheilende Leistungs-Parallelkondensatoren': Ohne Übergangsfrist ersetzt durch Ausgabe 1997-09; gilt für die Fertigung von Erzeugnissen, die vor dem 01.12.1996 nachweislich dieser Norm entsprochen haben, noch bis zum 01.12.2001.

DIN VDE 0620 (VDE 0620):1992-05 „Steckvorrichtungen bis 400 V 25 A": Gilt nicht mehr für Leitungsroller, sondern wurde ohne Übergangsfrist durch DIN EN 61242 (VDE 0620 Teil 300):1997-09 ersetzt; gilt für die Fertigung von Leitungsrollern, die vor dem 01.09.1997 nachweislich dieser Norm entsprochen haben, noch bis zum 01.09.2002.

DIN EN 60439-1 (VDE 0660 Teil 500):1994-04 ‚Typgeprüfte und partiell typgeprüfte Niederspannungs-Schaltgerätekombinationen': Ohne Übergangsfrist durch Änderung A2(A2):1997-09 ersetzt; gilt für die Fertigung von Erzeugnissen, die vor dem 01.09.1997 nachweislich dieser Norm entsprochen haben, noch bis zum 01.09.2002.

[DIN VDE 0700 Teil 7:1992-03]/EN 60335-2-7:1990 ‚Waschmaschinen' in Verbindung mit EN 60335-1: Gilt für die Fertigung von Geräten, die vor dem 01.09.1992 nachweislich dieser Norm entsprochen haben; laut DIN VDE 0700 Teil 7/03.92.

DIN EN 60335-2-28 (VDE 0700 Teil 28):1993-06 ‚Nähmaschinen': Mit einer Übergangsfrist bis 01.01.1999 ersetzt durch Ausgabe 1997-09; gilt für die Fertigung von Erzeugnissen, die vor dem 01.01.1999 nachweislich dieser Norm entsprochen haben, noch bis zum 01.01.2004.

DIN VDE 0700-60 (VDE 0700 Teil 60):1992-06 ‚Sprudelbadegeräte' mit Änderung A52(A1):1995-09: Die von der Änderung DIN EN 60335-2-60/A53 (VDE 0700 Teil 60/A2):1997-09 betroffenen Abschnitte dieser Norm gelten noch bis zum 01.06.1999 unverändert weiter; diese Norm gilt für die Fertigung von Erzeugnissen, die vor dem 01.06.1999 nachweislich ihr entsprochen haben, noch bis zum 01.06.2001.

DIN EN 60598-2-6 (VDE 0711 Teil 206):1995-10 ‚Leuchten mit eingebauten Transformatoren': Ohne Übergangsfrist geändert durch Änderung A1(A1):1997-09; gilt für die Fertigung von Erzeugnissen, die vor dem 01.09.1997 nachweislich dieser Norm entsprochen haben, noch bis zum 01.09.2002.

VDE 0720 Teil 2M:1971-09 ‚Waffeleisen' mit Änderung b/04.78 in Verbindung mit Teil 1/02.72 mit Änderung 1e/03.80: Gilt für die Fertigung von Geräten, die vor dem 01.09.1992 nachweislich dieser Norm entsprochen haben; laut DIN VDE 0700 Teil 12/10.91.

DIN VDE 0727 Teil 2M:1976-11 ‚Waffeleisen' mit Änderung A2/03.83 in Verbindung mit Teil 1/06.76 mit Änderung A1/03.81: Gilt für die Fertigung von Geräten, die vor dem 01.09.1992 nachweislich dieser Norm entsprochen haben; laut DIN VDE 0700 Teil 12/10.91.

30. September 1997

DIN 57105-1 (VDE 0105 Teil 1):1983-07 „Betrieb von Starkstromanlagen; Allgemeine Festlegungen": Ohne Übergangsfrist ersetzt durch DIN EN 50110-1 (VDE 0105 Teil 1):1997-10, DIN EN 50110-2 (VDE 0105 Teil 2):1997-10 und DIN VDE 0105-100 (VDE 0105 Teil 100):1997-10.

DIN EN 60269-4 (VDE 0636 Teil 40):1997-04 ‚Sicherungseinsätze zum Schutz von Halbleiter-Bauelementen': Mit einer Übergangsfrist bis 01.12.1997 geändert durch die Änderung A1(A1):1997-10; gilt für die Fertigung von Erzeugnissen, die vor dem 01.12.1997 nachweislich dieser Norm entsprochen haben, noch bis zum 01.12.2002.

DIN VDE 0700 Teil 11:1992-03 ‚Trommeltrockner' mit Änderung A1/08.95: Gilt für die Fertigung von Geräten, die vor dem 01.10.1996 nachweislich dieser Norm entsprochen haben; laut Änderung DIN EN 60335-2-11/A52 (VDE 0700 Teil 11/A2):1995-12.

DIN VDE 0700 Teil 14:1992-10 ‚Küchenmaschinen': Gilt für die Fertigung von Geräten, die vor dem 01.10.1996 nachweislich dieser Norm entsprochen haben; laut Änderung DIN EN 60335-2-14/A54 (VDE 0700 Teil 14/A2): 1996-02.

DIN VDE 0700-47 (VDE 0700 Teil 47):1992-07 ‚Kochkessel für den gewerblichen Gebrauch' mit Änderung A52(A1):1995-09: Mit einer Übergangsfrist bis 01.12.1999 ersetzt durch DIN EN 60335-2-47 (VDE 0700 Teil 47):1997-10; gilt für die Fertigung von Erzeugnissen, die vor dem 01.12.1999 nachweislich dieser Norm entsprochen haben, noch bis zum 01.12.2004.

DIN VDE 0700-48 (VDE 0700 Teil 48):1992-08 ‚Strahlungsgrillgeräte und Toaster für den gewerblichen Gebrauch' mit Änderung A1(A1):1995-06: Mit einer Übergangsfrist bis 01.12.1999 ersetzt durch DIN EN 60335-2-48

(VDE 0700 Teil 48):1997-10; gilt für die Fertigung von Erzeugnissen, die vor dem 01.12.1999 nachweislich dieser Norm entsprochen haben, noch bis zum 01.12.2004.

DIN VDE 0700-49 (VDE 0700 Teil 49):1992-08 ‚Wärmeschränke für den gewerblichen Gebrauch' mit Änderung A1(A1):1995-07: Mit einer Übergangsfrist bis 01.12.1999 ersetzt durch DIN EN 60335-2-49 (VDE 0700 Teil 49):1997-10; gilt für die Fertigung von Erzeugnissen, die vor dem 01.12.1999 nachweislich dieser Norm entsprochen haben, noch bis zum 01.12.2004.

DIN VDE 0700-50 (VDE 0700 Teil 50):1992-08 ‚Warmhaltegeräte für den gewerblichen Gebrauch' mit Änderung A1(A1):1995-07: Mit einer Übergangsfrist bis 01.12.1999 ersetzt durch DIN EN 60335-2-50 (VDE 0700 Teil 50):1997-10; gilt für die Fertigung von Erzeugnissen, die vor dem 01.12.1999 nachweislich dieser Norm entsprochen haben, noch bis zum 01.12.2004.

DIN EN 60335-2-62 (VDE 0700 Teil 62):1994-11 ‚Spülbecken für den gewerblichen Gebrauch': Mit einer Übergangsfrist bis 01.07.1999 ersetzt durch Ausgabe 1997-10; gilt für die Fertigung von Erzeugnissen, die vor dem 01.07.1999 nachweislich dieser Norm entsprochen haben, noch bis zum 01.07.2004.

DIN VDE 0712-12 (VDE 0712 Teil 12):1992-12 ‚Vorschaltgeräte für Entladungslampen; Sicherheits-Anforderungen': Ohne Übergangsfrist ersetzt durch DIN EN 60922 (VDE 0712 Teil 12):1997-10; gilt für die Fertigung von Erzeugnissen, die vor dem 01.10.1997 nachweislich dieser Norm entsprochen haben, noch bis zum 01.10.2002.

DIN EN 60927 (VDE 0712 Teil 15):1995-06 ‚Startgeräte; Arbeitsweise': Ohne Übergangsfrist ersetzt durch Ausgabe 1997-10.

DIN 57730-2ZB (VDE 0730 Teil 2ZB):1981-06 ‚Besondere Bestimmung für Magnetventile': Ohne Übergangsfrist ersetzt durch die Änderung DIN EN 60730-2-8/A1 (VDE 0631 Teil 2-8/A1):1997-10.

EN 60555-3:1987 (VDE 0838 Teil 3) ‚Rückwirkungen in Stromversorgungsnetzen': Gilt für die Fertigung von Erzeugnissen, die vor dem 01.10.1992 nachweislich dieser Norm entsprochen haben; laut DIN EN 60555 Teil 3/A1:1993 (VDE 0838 Teil 3/A1).

DIN VDE 0875-11 (VDE 0875 Teil 11):1992-07 ‚Grenzwerte und Meßverfahren für Funkstörungen von Hochfrequenzgeräten': Ohne Übergangsfrist ersetzt durch DIN EN 55011 (VDE 0875 Teil 11):1997-10; für Betriebsmittel für Leittechnik und Laboreinsatz, die in den Anwendungsbereich von DIN EN 61326-1 (VDE 0843 Teil 20):1998-01 fallen, gilt diese Norm noch bis zum 01.07.2001.

DIN EN 55104 (VDE 0875 Teil 14-2):1995-12 ‚EMV; Störfestigkeit von Haushaltgeräten, Elektrowerkzeugen und ähnlichen Elektrogeräten': Ohne Übergangsfrist ersetzt mit geänderter EN-Nummer durch DIN EN 55014-2 (VDE 0875 Teil 14-2):1997-10.

31. Oktober 1997

DIN VDE 0100 (VDE 0100):1973-05 ‚Errichten von Starkstromanlagen', insbesondere § 17: Ohne Übergangsfrist ersetzt durch DIN VDE 0100-442 (VDE 0100 Teil 442):1997-11.

DIN VDE 0100-736 (VDE 0100 Teil 736):1983-11 ‚Errichten von Starkstromanlagen; Niederspannungsstromkreise in Hochspannungsschaltfeldern', insbesondere Abschnitt 4.1: Ohne Übergangsfrist ersetzt durch DIN VDE 0100-442 (VDE 0100 Teil 442):1997-11.

DIN VDE 0278-2 (VDE 0278 Teil 2):1991-02 ‚Muffen über 1 kV': Ohne Übergangsfrist ersetzt durch DIN VDE 0278-629-1 (VDE 0278 Teil 629-1): 1997-11; gilt für die Fertigung von Erzeugnissen, die vor dem 01.06.1997 nachweislich dieser Norm entsprochen haben, noch bis zum 01.07.1998.

DIN VDE 0278-4 (VDE 0278 Teil 4):1991-02 ‚Endverschlüsse für Innenraumanlagen über 1 kV': Ohne Übergangsfrist ersetzt durch DIN VDE 0278-629-1 (VDE 0278 Teil 629-1):1997-11; gilt für die Fertigung von Erzeugnissen, die vor dem 01.06.1997 nachweislich dieser Norm entsprochen haben, noch bis zum 01.07.1998.

DIN VDE 0278-5 (VDE 0278 Teil 5):1991-02 ‚Endverschlüsse für Freiluftanlagen über 1 kV': Ohne Übergangsfrist ersetzt durch DIN VDE 0278-629-1 (VDE 0278 Teil 629-1):1997-11; gilt für die Fertigung von Erzeugnissen, die vor dem 01.06.1997 nachweislich dieser Norm entsprochen haben, noch bis zum 01.07.1998.

DIN VDE 0278-6 (VDE 0278 Teil 6):1991-02 ‚Steckbare oder schraubbare Kabelanschlüsse über 1 kV': Ohne Übergangsfrist ersetzt durch DIN VDE 0278-629-1 (VDE 0278 Teil 629-1):1997-11; gilt für die Fertigung von Erzeugnissen, die vor dem 01.06.1997 nachweislich dieser Norm entsprochen haben, noch bis zum 01.07.1998.

DIN EN 60400 (VDE 0616 Teil 3):1997-06 „Lampenfassungen für röhrenförmige Leuchtstofflampen und Starterfassungen": Ohne Übergangsfrist geändert durch Änderung A1(A1):1997-11; gilt für die Fertigung von Erzeugnissen, die vor dem 01.01.1998 nachweislich dieser Norm entsprochen haben, noch bis zum 01.01.2003.

DIN EN 60838 (VDE 0616 Teil 5):1995-06 ‚Sonderfassungen': Ohne Übergangsfrist geändert durch Änderung A1(A1):1997-11; gilt für die Fertigung

von Erzeugnissen, die vor dem 01.12.1997 nachweislich dieser Norm entsprochen haben, noch bis zum 01.12.2002.

DIN VDE 0660-507 (VDE 0660 Teil 507):1991-04 ‚Niederspannungs-Schaltgerätekombinationen; Ermittlung der Erwärmung durch Extrapolation': Ohne Übergangsfrist ersetzt durch Ausgabe 1997-11.

[DIN VDE 0700 Teil 5]/EN 60335-2-5:1989 ‚Geschirrspülmaschinen' in Verbindung mit EN 60335-1: Gilt für die Fertigung von Geräten, die vor dem 01.11.1992 nachweislich dieser Norm entsprochen haben; laut DIN VDE 0700 Teil 5:1992-03.

DIN VDE 0700-7 (VDE 0700 Teil 7):1992-03 ‚Waschmaschinen' mit Beiblatt 1:1986-03 sowie Änderungen A51(A1):1995-08 und A52(A2):1995-12: Mit einer Übergangsfrist bis 01.09.1998 ersetzt durch DIN EN 60335-2-7 (VDE 0700 Teil 7):1997-11; gilt für die Fertigung von Erzeugnissen, die vor dem 01.09.1998 nachweislich dieser Norm entsprochen haben, noch bis zum 01.09.2003.

DIN VDE 0700-16 (VDE 0700 Teil 16):1992-12 ‚Zerkleinerer von Nahrungsmittelabfällen': Mit einer Übergangsfrist bis 01.04.1999 ersetzt durch DIN EN 60335-2-16 (VDE 0700 Teil 16):1997-11; gilt für die Fertigung von Erzeugnissen, die vor dem 01.04.1999 nachweislich dieser Norm entsprochen haben, noch bis zum 01.04.2004.

VDE 0710 Teil 1:1969-03 ‚Leuchten': Gilt für die Fertigung von ortsfesten Leuchten für allgemeine Zwecke, Einbauleuchten, Straßenleuchten, ortsveränderlichen Leuchten für allgemeine Zwecke, Scheinwerfern, Leuchten mit eingebauten Transformatoren für Glühlampen, ortsveränderlichen Gartenleuchten sowie Foto- u. Filmaufnahmeleuchten (nicht-professionelle Anwendung), luftführende Leuchten sowie Leuchten für Notbeleuchtung, die vor dem 01.11.1992 nachweislich dieser Norm oder der betreffenden Norm der Reihe EN 60598-2-1:1988-04 bis EN 60598-2-19:1988-04 entsprochen haben; ersetzt durch DIN VDE 0711 Teil 1:1991-09, Teil 209:1992-05, Teil 217:1992-07, Teil 219:1992-08 und Teil 222:1992-08.

VDE 0710 Teil 2:1959-10 ‚Handleuchten und Hohlraumleuchten' in Verbindung mit Teil 1:1969-03: Gilt für die Fertigung von Leuchten, die vor dem 01.11.1992 nachweislich dieser Norm oder EN 60598-2-8:1988-04 entsprochen haben; ersetzt durch DIN VDE 0711 Teil 208:1991-12.

DIN VDE 0710 Teil 9:1979-05 ‚Leuchten für Schwimmbecken': Gilt für die Fertigung von Leuchten für Schwimmbecken, die vor dem 01.11.1992 nachweislich dieser Norm oder EN 60598-2-18:1988-04 entsprochen haben; ersetzt durch DIN VDE 0711 Teil 218:1992-08 (EN 60598-2-18:1991).

DIN EN 60598-2-2 (VDE 0711 Teil 202):1991-09 ‚Einbauleuchten': Ohne Übergangsfrist geändert durch die Änderung A1(A1):1997-11; gilt für die

Fertigung von Erzeugnissen, die vor dem 01.12.1997 nachweislich dieser Norm entsprochen haben, noch bis zum 01.12.2002.

\# DIN EN 60950 (VDE 0805):1993-11 ‚Einrichtungen der Informationstechnik' mit Änderung A2(A2):1994-09: Mit einer Übergangsfrist bis 01.08.1998 ersetzt durch Ausgabe 1997-11; gilt für die Fertigung von Erzeugnissen, die vor dem 01.08.1998 nachweislich dieser Norm entsprochen haben, noch bis zum 01.08.2003.

\# DIN EN 50082-1 (VDE 0839 Teil 82-1):1993-03 ‚EMV; Störfestigkeit; Wohnbereich, Geschäfts- und Gewerbebereiche': Ohne Übergangsfrist ersetzt durch Ausgabe 1997-11; für Betriebsmittel für Leittechnik und Laboreinsatz, die in den Anwendungsbereich von DIN EN 61326-1 (VDE 0843 Teil 20):1998-01 fallen, gilt diese Norm noch bis zum 01.07.2001.

30. November 1997

\# DIN 57115-1 (VDE 0115 Teil 1):1982-06 „Bahnen; Allgemeine Bau- und Schutzbestimmungen": Ohne Übergangsfrist ersetzt durch DIN EN 50122-1 (VDE 0115 Teil 3):1997-12 mit DIN EN 50153 (VDE 0115 Teil 2):1996-12 und DIN EN 50163 (VDE 0115 Teil 102):1996-05.

\# DIN 57115-3 (VDE 0115 Teil 3):1982-06 ‚Bahnen; Ortsfeste Bahnanlagen': Ohne Übergangsfrist ersetzt durch DIN EN 50122-1 (VDE 0115 Teil 3): 1997-12 mit DIN EN 50153 (VDE 0115 Teil 2):1996-12 und DIN EN 50163 (VDE 0115 Teil 102):1996-05.

DIN VDE 0278 Teil 1:1991-02 ‚Starkstromkabel-Garnituren bis 30 kV; Anforderungen und Prüfverfahren': Gilt für die Fertigung von Erzeugnissen, die vor dem 01.12.1996 nachweislich dieser Norm entsprochen haben; ersetzt durch DIN VDE 0278-623 (VDE 0278 Teil 623):1997-01.

DIN VDE 0278 Teil 3:1991-02 ‚Starkstromkabel-Garnituren bis 30 kV; Muffen 1 kV': Gilt für die Fertigung von Erzeugnissen, die vor dem 01.12.1996 nachweislich dieser Norm entsprochen haben; ersetzt durch DIN VDE 0278-623 (VDE 0278 Teil 623):1997-01.

\# DIN 57532-1 (VDE 0532 Teil 1):1982-03 „Transformatoren und Drosselspulen; Allgemeines": Ohne Übergangsfrist ersetzt durch DIN EN 60076-1 (VDE 0532 Teil 101):1997-12.

\# DIN 57532-2 (VDE 0532 Teil 2):1989-01 „Transformatoren und Drosselspulen; Übertemperaturen": Ohne Übergangsfrist ersetzt durch DIN EN 60076-2 (VDE 0532 Teil 102):1997-12.

DIN 57532-4 (VDE 0532 Teil 4):1982-03 „Transformatoren und Drosselspulen; Anzapfungen und Schaltungen": Ohne Übergangsfrist ersetzt durch DIN EN 60076-1 (VDE 0532 Teil 101):1997-12.

DIN VDE 0560-22 (VDE 0560 Teil 22):1986-11 „Kondensatoren für Mikrowellenkochgeräte": Ohne Übergangsfrist ersetzt durch DIN EN 61270-1 (VDE 0560 Teil 22):1997-12; gilt für die Fertigung von Erzeugnissen, die vor dem 01.07.1997 nachweislich dieser Norm entsprochen haben, noch bis zum 01.07.2002.

DIN EN 60831-1 (VDE 0560 Teil 46):1995-03 ‚Selbstheilende Leistungs-Parallelkondensatoren': Ohne Übergangsfrist ersetzt durch Ausgabe 1997-12.

DIN EN 60931-1 (VDE 0560 Teil 48):1995-03 ‚Nichtselbstheilende Leistungs-Parallelkondensatoren': Ohne Übergangsfrist ersetzt durch Ausgabe 1997-12.

DIN VDE 0616 Teil 3:1989-06 ‚Lampenfassungen': Gilt für die Fertigung von Lampenfassungen für röhrenförmige Leuchtstofflampen und Starterfassungen, die vor dem 01.12.1992 nachweislich dieser Norm entsprochen haben; laut Ausgabe 08.92 (EN 60400:1992).

DIN VDE 0660-208 (VDE 0660 Teil 208):1986-08 ‚Niederspannungsschaltgeräte; Hilfsstromschalter; Näherungsschalter' in Verbindung mit DIN EN 50008:1988-01 bis DIN EN 50044:1983-02: Ohne Übergangsfrist ersetzt durch DIN EN 60947-5-2 (VDE 0660 Teil 208):1997-12.

DIN VDE 0700-9 (VDE 0700 Teil 9):1992-02 ‚Brotröster, Grillgeräte, Bratgeräte und ähnliche Geräte' mit Änderung A2(A2):1993-11: Barbecue-Grillgeräte sind aus dem Anwendungsbereich des Teils 9 herausgenommen worden und werden in DIN EN 60335-2-78 (VDE 0700 Teil 78):1997-10 behandelt. Teil 9 gilt für die Fertigung von Barbecue-Grillgeräten, die vor dem 01.12.1999 nachweislich dieser Norm entsprochen haben, noch bis zum 01.12.2004.

DIN EN 60335-2-21 (VDE 0700 Teil 21):1993-05 ‚Wassererwärmer': Die von der Änderung A3 betroffenen Abschnitte gelten bis zu diesem Zeitpunkt unverändert weiter; weitere Frist siehe 30.11.2002; laut Änderung A3:1996-01.

DIN VDE 0700 Teil 28:1988-05 ‚Nähmaschinen': Gilt für die Fertigung von Maschinen, die vor dem 01.12.1992 nachweislich dieser Norm entsprochen haben; laut DIN EN 60335-2-28 (VDE 0700 Teil 28):06.93.

DIN VDE 0700-54 (VDE 0700 Teil 54):1992-10 ‚Geräte zur Oberflächenreinigung mit Flüssigkeiten': Mit einer Übergangsfrist bis 01.12.1999 ersetzt durch DIN EN 60335-2-54 (VDE 0700 Teil 54):1997-12; gilt für die Fertigung von Erzeugnissen, die vor dem 01.12.1999 nachweislich dieser Norm entsprochen haben, noch bis zum 01.12.2004.

DIN EN 60335-2-55 (VDE 0700 Teil 55):1992-10 ‚Geräte zum Gebrauch in Aquarien und Gartenteichen': Mit einer Übergangsfrist bis 01.11.1999 ersetzt durch DIN EN 60335-2-55 (VDE 0700 Teil 55):1997-12; gilt für die Fertigung von Erzeugnissen, die vor dem 01.11.1999 nachweislich dieser Norm entsprochen haben, noch bis zum 01.11.2004.

DIN EN 60598-2-3 (VDE 0711 Teil 203):1996-03 ‚Straßenleuchten': Gilt für die Fertigung von Erzeugnissen, die vor dem 01.01.1998 nachweislich dieser Norm entsprochen haben, noch bis zum 01.01.2003; laut Änderung A1(A1):1997-10.

DIN VDE 0711-208 (VDE 0711 Teil 208):1991-12 ‚Handleuchten' mit Berichtigung 1:1995-08: Ohne Übergangsfrist ersetzt durch DIN EN 60598-2-8 (VDE 0711 Teil 2-8):1997-12; gilt für die Fertigung von Leuchten, die vor dem 01.03.1989 nachweislich dieser Norm und deren Änderung A2:1993 entsprochen haben, noch bis zum 01.03.2003.

DIN EN 60920 (VDE 0712 Teil 10):1993-04 ‚Vorschaltgeräte für röhrenförmige Leuchtstofflampen': Wegen der Änderung A1(A1):1997-12 gilt die vorhergehende Norm für die Fertigung von Erzeugnissen, die vor dem 01.12.1994 nachweislich dieser Norm entsprochen haben, noch bis zum 01.09.2001.

EN 60922:1991 ‚Vorschaltgeräte': Gilt für die Fertigung von Geräten, die vor dem 01.12.1992 nachweislich dieser Norm entsprochen haben; laut DIN VDE 0712 Teil 12/12.92 (EN 60922:1991 + A1:1992).

DIN VDE 0720 Teil 2ZE:1982-05 ‚Küchenwärmegeräte' in Verbindung mit Teil 1/02.72 und Änderung 1e/03.80: Gilt für die Fertigung von Geräten, die vor dem 01.12.1992 nachweislich dieser Norm entsprochen haben; laut DIN VDE 0700 Teil 43:1992-07.

DIN VDE 0721-2 (VDE 0721 Teil 2):1975-11 ‚Industrielle Elektrowärmeanlagen; Besondere Bestimmungen': Ohne Übergangsfrist teilweise ersetzt durch DIN EN 60519-4 (VDE 0721 Teil 4):1997-12; gilt für die Fertigung von Erzeugnissen, die vor dem 01.12.1997 nachweislich dieser Norm entsprochen haben, noch bis zum 01.12.2002.

31. Dezember 1997

DIN VDE 0271 (VDE 0271):1986-06 ‚Kabel mit Isolierung und Mantel aus PVC': Ersetzt durch Ausgabe 1997-06 und durch DIN VDE 0276-603 (VDE 0276 Teil 603):1995-11 und DIN VDE 0276-620 (VDE 0276 Teil 620):1996-12.

DIN EN 60238 (VDE 0616 Teil 1):1997-03 „Lampenfassungen mit Edisongewinde": Gilt für die Fertigung von Erzeugnissen, die vor dem 01.01.1998 nachweislich dieser Norm entsprochen haben, noch bis zum 01.01.2003; laut Änderung A1(A1):1998-01.

DIN 57636-31 (VDE 0636 Teil 31):1983-12 ‚Niederspannungssicherungen; D-System': Ohne Übergangsfrist ersetzt durch DIN VDE 0636-301 (VDE 0636 Teil 301):1998-01; gilt für die Fertigung von Erzeugnissen, die vor dem 01.12.1997 nachweislich dieser Norm entsprochen haben, noch bis zum 01.12.2002.

DIN 57636-41 (VDE 0636 Teil 41):1983-12 ‚Niederspannungssicherungen; D0-System' mit DIN 49362:1984-01: Ohne Übergangsfrist ersetzt durch DIN VDE 0636-301 (VDE 0636 Teil 301):1998-01; gilt für die Fertigung von Erzeugnissen, die vor dem 01.12.1997 nachweislich dieser Norm entsprochen haben, noch bis zum 01.12.2002.

DIN VDE 0636-301 (VDE 0636 Teil 301):1997-03 ‚Niederspannungssicherungen (D-System)': Ohne Übergangsfrist ersetzt durch DIN VDE 0636-301 (VDE 0636 Teil 301):1998-01; gilt für die Fertigung von Erzeugnissen, die vor dem 01.12.1997 nachweislich dieser Norm entsprochen haben, noch bis zum 01.12.2002.

DIN EN 61129 (VDE 0670 Teil 212):1995-02 ‚Wechselstrom-Erdungsschalter': Gilt für die Fertigung von Erzeugnissen, die vor dem 01.03.1996 nachweislich dieser Norm entsprochen haben, noch bis zum 01.03.2001.

DIN VDE 0682-211 (VDE 0682 Teil 211):1992-11 ‚Geräte zum Arbeiten unter Spannung; Isolierende Arbeitsstangen': Ohne Übergangsfrist ersetzt durch DIN EN 60832 (VDE 0682 Teil 211):1998-01; gilt für die Fertigung von Erzeugnissen, die vor dem 01.03.1997 nachweislich dieser Norm entsprochen haben, noch bis zum 01.03.2002.

DIN VDE 0700 Teil 4:1991-10 ‚Wäscheschleudern' mit Änderung A51 (A1):11.93: Gilt bis zu diesem Zeitpunkt; weitere Frist siehe 31.12.2002; ersetzt durch DIN EN 60335-2-4 (VDE 0700 Teil 4):1996-02.

DIN VDE 0700 Teil 5:1992-03 ‚Geschirrspülmaschinen' mit Änderung A3(A1): 1995-08 und A51(A2):1995-11: Gilt bis zu diesem Zeitpunkt; weitere Frist siehe 31.12.2002; ersetzt durch DIN EN 60335-2-5 (VDE 0700 Teil 5): 1996-05.

DIN VDE 0700 Teil 8:1985-05 ‚Rasiergeräte': Gilt für die Fertigung von Geräten, die vor dem 01.01.1993 nachweislich dieser Norm entsprochen haben; laut Ausgabe 03.92.

DIN VDE 0700 Teil 9:1992-02 ‚Brotröster, Grillgeräte, Bratgeräte' mit Änderung A2:1993-11: Gilt bis zu diesem Zeitpunkt; weitere Frist siehe 31.12.2002; ersetzt durch DIN EN 60335-2-9 (VDE 0700 Teil 9):1996-04.

DIN EN 60335-2-10 (VDE 0700 Teil 10):1993-06 ‚Bodenbehandlungsmaschinen und Naßschrubbmaschinen': Gilt bis zu diesem Zeitpunkt; weitere Frist siehe 31.12.2002; ersetzt durch Ausgabe 1996-01.

DIN VDE 0700 Teil 11:1992-03 ‚Trommeltrockner' mit Änderung A51 (A1):1995-08 und A52(A2):1995-12: Gilt bis zu diesem Zeitpunkt; weitere Frist siehe 31.12.2002; ersetzt durch DIN EN 60335-2-11 (VDE 0700 Teil 11):1996-05.

DIN VDE 0700 Teil 12:1991-10 ‚Warmhalteplatten': Gilt noch weiterhin bis zu diesem Zeitpunkt; weitere Frist siehe 31.12.2002; ersetzt durch DIN EN 60335-2-12 (VDE 0700 Teil 12):1996-04.

EN 60335-2-14 ‚Küchenmaschinen' in Verbindung mit EN 60335-1: Gilt für die Fertigung von Geräten, die vor dem 01.01.1993 nachweislich dieser Norm entsprochen haben; laut DIN VDE 0700 Teil 14/10.92 (EN 60335-2-14:1988 mit Änderung A1:1990 und A51:1991).

DIN VDE 0700 Teil 25:1985-02 ‚Mikrowellengeräte': Gilt für die Fertigung von Mikrowellengeräten, die vor dem 01.01.1993 nachweislich dieser Norm entsprochen haben; laut Ausgabe 08.92 (EN 60335-2-25:1990).

DIN VDE 0700 Teil 26:1982-02 ‚Uhren': Gilt für die Fertigung von Uhren, die vor dem 01.01.1993 nachweislich dieser Norm entsprochen haben; laut DIN EN 60335 Teil 2-26 (VDE 0700 Teil 26):06.93.

DIN EN 60335-2-27 (VDE 0700 Teil 27):1993-04 ‚Hautbehandlungsgeräte' mit Änderung A51(A1):1995-09: Mit einer Übergangsfrist bis 01.12.1999 ersetzt durch Ausgabe 1997-12; gilt für die Fertigung von Erzeugnissen, die vor dem 01.12.1999 nachweislich dieser Norm entsprochen haben, noch bis zum 01.12.2004.

DIN VDE 0700 Teil 31:1987-10 ‚Dunstabzugshauben': Gilt für die Fertigung von Dunstabzugshauben, die vor dem 01.09.1993 nachweislich dieser Norm entsprochen haben; laut Ausgabe 1992-03.

DIN VDE 0700-31 (VDE 0700 Teil 31):1992-03 ‚Dunstabzugshauben' mit Änderungen DIN EN 60335-2-31/A1 (VDE 0700 Teil 31/A1):1993-06 und A51(A2):1996-02: Mit einer Übergangsfrist bis 01.02.2001 ersetzt durch DIN EN 60335-2-31 (VDE 0700 Teil 31):1998-01; gilt für die Fertigung von Erzeugnissen, die vor dem 01.02.2001 nachweislich dieser Norm entsprochen haben, noch bis zum 01.02.2006.

DIN VDE 0700 Teil 32:1984-02 ‚Massagegeräte': Gilt für die Fertigung von Geräten, die vor dem 01.01.1993 nachweislich dieser Norm entsprochen haben; ersetzt durch DIN EN 60335 Teil 2-32 (VDE 0700 Teil 32):05.93.

DIN VDE 0700 Teil 34:1985-10 ‚Motorverdichter': Die von der Änderung A3 (A1) betroffenen Abschnitte dieser Norm gelten bis zu diesem Zeitpunkt daneben unverändert weiter; laut Änderung DIN IEC 335-2-34/A3 (VDE 0700 Teil 34/A1):1996-07; weitere Frist siehe 31.12.2002.

DIN VDE 0700 Teil 36:1988-06 ‚Herde, Brat- und Backöfen und Kochplatten für den gewerblichen Bereich': Gilt für die Fertigung von Geräten, die vor dem 01.01.1993 nachweislich dieser Norm entsprochen haben; laut Ausgabe 1992-03.

DIN VDE 0700 Teil 36:1992-03 ‚Herde, Brat- und Backöfen und Kochplatten für den gewerblichen Bereich': Gilt daneben weiter bis zu diesem Zeitpunkt; weitere Frist siehe 31.12.2002; ersetzt durch DIN EN 60335-2-36 (VDE 0700 Teil 36):1996-06.

DIN VDE 0700 Teil 37:1988-07 ‚Elektrische Friteusen für den gewerblichen Bereich': Gilt für die Fertigung von Geräten, die vor dem 01.01.1993 nachweislich dieser Norm entsprochen haben; laut Ausgabe 03.92.

DIN VDE 0700 Teil 38:1988-07 ‚Bratplatten und Kontaktgrills für den gewerblichen Bereich': Gilt für die Fertigung von Geräten, die vor dem 01.01.1993 nachweislich dieser Norm entsprochen haben; laut Ausgabe 03.92.

DIN VDE 0700 Teil 39:1988-07 ‚Mehrzweck-Koch- und Bratpfannen für den gewerblichen Bereich': Gilt für die Fertigung von Geräten, die vor dem 01.01.1993 nachweislich dieser Norm entsprochen haben; laut Ausgabe 03.92.

DIN VDE 0700 Teil 42:1988-07 ‚Elektrische Heißumluftöfen für den gewerblichen Bereich': Gilt für die Fertigung von Geräten, die vor dem 01.01.1993 nachweislich dieser Norm entsprochen haben; laut Ausgabe 03.92.

EN 60335-2-43:1989 ‚Kleidungstrockner': Gilt für die Fertigung von Geräten, die vor dem 01.01.1993 nachweislich dieser Norm entsprochen haben; laut DIN VDE 0700 Teil 43/07.92.

DIN VDE 0700-56 (VDE 0700 Teil 56):1992-06 ‚Projektoren und ähnliche Geräte': Mit einer Übergangsfrist bis 01.02.2000 ersetzt durch DIN EN 60335-2-56 (VDE 0700 Teil 56):1998-01; gilt für die Fertigung von Erzeugnissen, die vor dem 01.01.2000 nachweislich dieser Norm entsprochen haben, noch bis zum 01.01.2005.

DIN VDE 0700 Teil 205:1987-02 ‚Gewerbliche Bodenbehandlungsmaschinen': Gilt noch bis zu diesem Zeitpunkt; weitere Frist siehe 31.12.2002; ersetzt durch DIN EN 60335-2-69 (VDE 0700 Teil 69):1996-05.

DIN EN 60920 (VDE 0712 Teil 10):1993-04 ‚Vorschaltgeräte für röhrenförmige Leuchtstofflampen': Wegen der Änderung A1(A1):1997-12 gilt die vorhergehende Norm für die Fertigung von Erzeugnissen, die vor dem 01.12.1994 nachweislich dieser Norm entsprochen haben, noch bis zum 01.09.2001.

DIN VDE 0720 Teil 2J:1980-09 ‚Geräte für Haut oder Haar' mit Änderung A2/10.83: Gilt für die Fertigung von Geräten, die vor dem 01.01.1993 nachweislich dieser Norm entsprochen haben; ersetzt durch DIN VDE 0700 Teil 23/08.92 (EN 60335-2-23:1990).

DIN VDE 0720 Teil 2 ZE:1982-05 ‚Küchenwärmegeräte' in Verbindung mit DIN VDE 0720 Teil 1/02.72 mit Änderung 1e/03.80: Weitere Frist siehe 31.12.1997; ersetzt durch DIN VDE 0700 Teil 46/03.92.

DIN VDE 0721-2 (VDE 0721 Teil 2):1975-11 ‚Industrielle Elektrowärmeanlagen; Besondere Bestimmungen': Ohne Übergangsfrist teilweise ersetzt durch DIN EN 60519-4 (VDE 0721 Teil 4):1997-12; gilt für die Fertigung von Erzeugnissen, die vor dem 01.12.1997 nachweislich dieser Norm entsprochen haben, noch bis zum 01.12.2002.

DIN VDE 0727 Teil 2J:1977-04 ‚Geräte für Haut oder Haar' mit Änderung A3/02.85: Gilt für die Fertigung von Geräten, die vor dem 01.01.1993 nachweislich dieser Norm entsprochen haben; ersetzt durch DIN VDE 0700 Teil 23/08.92 (EN 60335-2-23:1990).

VDE 0730 Teil 2 G/H:1976-09 ‚Küchenmaschinen' in Verbindung mit Teil 1/03.72: Ersetzt durch DIN VDE 0700 Teil 14/10.92 (EN 60335-2-14:1988 mit Änderung A1:1990 und A51:1991).

DIN VDE 0750-212 (VDE 0750 Teil 212):1987-02 ‚Säuglingsinkubatoren': Mit einer Übergangsfrist bis 13.06.1998 (Ende der Übergangsfrist der Medizingeräteverordnung) ersetzt durch DIN EN 60601-2-19 (VDE 0750 Teil 2-19):1998-01.

DIN VDE 0750-217 (VDE 0750 Teil 217):1987-02 ‚Transportinkubatoren': Mit einer Übergangsfrist bis 13.06.1998 (Ende der Übergangsfrist der Medizingeräteverordnung) ersetzt durch DIN EN 60601-2-19 (VDE 0750 Teil 2-19):1998-01.

DIN EN 60601-2-21 (VDE 0750 Teil 2-21):1995-12 ‚Säuglingswärmestrahler': Mit einer Übergangsfrist bis 13.06.1998 (Ende der Übergangsfrist der Medizingeräteverordnung) geändert durch die Änderung A1(A1):1998-01.
‚

31. Januar 1998

DIN EN 60034-1 (VDE 0530 Teil 1):1995-11 ‚Drehende elektrische Maschinen; Bemessung und Betriebsverhalten': Ohne Übergangsfrist geändert durch Änderung A2(A2):1998-02; gilt für die Fertigung von Erzeugnissen, die vor dem 01.04.1998 nachweislich dieser Norm entsprochen haben, noch bis zum 01.04.2003.

DIN VDE 0670-4 (VDE 0670 Teil 4):1990-07 „Hochspannungssicherungen; Strombegrenzende Sicherungen": Ohne Übergangsfrist ersetzt durch DIN EN 60282-1 (VDE 0670 Teil 4):1998-02.

DIN EN 60432-1 (VDE 0715 Teil 1):1996-01 ‚Glühlampen für den Hausgebrauch': Ohne Übergangsfrist geändert durch die Änderungen A1(A1):1998-02 und A2(A2):1998-02; gilt für die Fertigung von Erzeugnissen, die vor dem 01.06.1998 nachweislich dieser Norm entsprochen haben, noch bis zum 01.06.2003.

DIN EN 60432-2 (VDE 0715 Teil 2):1996-01 ‚Halogen-Glühlampen für den Hausgebrauch': Ohne Übergangsfrist geändert durch die Änderung A2(A2):1998-02; gilt für die Fertigung von Erzeugnissen, die vor dem 01.04.1998 nachweislich dieser Norm entsprochen haben, noch bis zum 01.04.2003.

DIN EN 61199 (VDE 0715 Teil 9):1995-04 „Einseitig gesockelte Leuchtstofflampen; Sicherheitsanforderungen": Ohne Übergangsfrist geändert durch die Änderung A1(A1):1998-02; gilt für die Fertigung von Erzeugnissen, die vor dem 01.04.1998 nachweislich dieser Norm entsprochen haben, noch bis zum 01.04.2003.

DIN VDE 0740-22 (VDE 0740 Teil 22):1991-04 ‚Blechscheren und Nibbler, Hecken- und Grasscheren mit Scherblättern': Ohne Übergangsfrist teilweise ersetzt durch DIN EN 50144-2-15 (VDE 0740 Teil 1215):1998-02; gilt für die Fertigung von Erzeugnissen, die vor dem 01.04.1998 nachweislich dieser Norm entsprochen haben, noch bis zum 01.04.2003.

28. Februar 1998

DIN VDE 0100 Teil 721:1984-04 ‚Caravans': Gilt für die Fertigung von Einrichtungen, die vor dem 01.03.1993 dieser Norm entsprochen haben; laut DIN VDE 0100 Teil 708:10.93.

DIN VDE 0560 Teil 6:1986-01 ‚Kondensatoren für Leuchtstofflampen-Anlagen': Gilt für die Fertigung von Kondensatoren, die vor dem 01.09.1993 dieser Norm entsprochen haben; ersetzt durch DIN EN 61048 (VDE 0560 Teil 61):03.94; weitere Frist siehe 30.11.1998.

DIN VDE 0616 Teil 1:1990-01 ‚Lampenfassungen mit Edisongewinde': Gilt für die Fertigung von Fassungen, die vor dem 01.03.1993 nachweislich dieser Norm entsprochen haben; laut Ausgabe 11.92 (EN 60238:1992).

DIN VDE 0670-2 (VDE 0670 Teil 2):1991-10 ‚Wechselstromtrennschalter und Erdungsschalter': Ohne Übergangsfrist ersetzt durch DIN EN 60129 (VDE 0670 Teil 2):1998-03.

DIN VDE 0700 Teil 13:1991-10 ‚Bratpfannen, Fritiergeräte' mit Änderung A1:1993-11: Gilt daneben weiter bis zu diesem Zeitpunkt; weitere Frist siehe 28.02.2003; ersetzt durch DIN EN 60335-2-13 (VDE 0700 Teil 13):1996-06.

Nach dem 01.03.1998 gilt für die Fertigung aller Geräte: „Abnehmbare Heizelemente, die nicht automatisch abgeschaltet werden, wenn sie vom Gerät entfernt werden, werden in der ungünstigsten Lage auf den Fußboden der Prüfecke gelegt und bei Bemessungsaufnahme betrieben".

DIN EN 60335-2-24 (VDE 0700 Teil 24):1995-09 ‚Kühl- und Gefriergeräte und Eisbereiter' mit Änderungen A51(A1):1996-07 und A52(A2):1997-08: Mit einer Übergangsfrist bis 31.01.1999 geändert durch Änderung A53(A3):1998-03; gilt für die Fertigung von Geräten, die vor dem 01.02.1999 nachweislich dieser Norm entsprochen haben, noch bis zum 01.08.2001.

DIN EN 60335-2-27 (VDE 0700 Teil 27):1993-04 ‚Hautbehandlungsgeräte': Gilt für die Fertigung von Geräten, die vor dem 01.09.1995 nachweislich dieser Norm entsprochen haben; ersetzt durch Änderung A51(A1):1995-09.

DIN VDE 0700-29 (VDE 0700 Teil 29):1992-03 ‚Batterieladegeräte' mit Änderung DIN EN 60335-2-29/A2 (VDE 0700 Teil 29/A1):1995-10: Mit einer Übergangsfrist bis 01.04.1999 ersetzt durch DIN EN 60335-2-29 (VDE 0700 Teil 29):1998-03; gilt für die Fertigung von Geräten, die vor dem 01.04.1999 nachweislich dieser Norm entsprochen haben, noch bis zum 01.04.2004.

DIN EN 60335-2-32 (VDE 0700 Teil 32):1993-05 ‚Massagegeräte': Gilt für die Fertigung von Geräten, die vor dem 01.04.1997 nachweislich dieser Norm entsprochen haben; laut Ausgabe 1996-04.

DIN EN 60335-2-35 (VDE 0700 Teil 35):1995-09 ‚Durchflußwärmer': Die von der Änderung A51 betroffenen Abschnitte gelten bis zu diesem Zeitpunkt unverändert weiter; weitere Frist siehe 28.02.2003; laut Änderung A51(A51):1996-05.

DIN VDE 0700-43 (VDE 0700 Teil 43):1992-07 ‚Kleidungs- und Handtuchtrockner' mit Änderung DIN EN 60335-2-43/A51 (VDE 0700 Teil 43/A1):1995-07: Mit einer Übergangsfrist bis 01.12.1999 ersetzt durch DIN EN 60335-2-43 (VDE 0700 Teil 43):1998-03; gilt für die Fertigung von Geräten, die vor dem 01.12.1999 nachweislich dieser Norm entsprochen haben, noch bis zum 01.12.2004.

DIN VDE 0700-51 (VDE 0700 Teil 51):1992-06 ‚Ortsfeste Umwälzpumpen für Heizungs- und Brauchwasserinstallationen': Mit einer Übergangsfrist bis 01.07.2000 ersetzt durch DIN EN 60335-2-51 (VDE 0700 Teil 51):1998-03; gilt für die Fertigung von Geräten, die vor dem 01.07.2000 nachweislich dieser Norm entsprochen haben, noch bis zum 01.07.2005.

DIN VDE 0700-53 (VDE 0700 Teil 53):1992-06 ‚Sauna-Heizgeräte' mit Änderung DIN EN 60335-2-53/A51 (VDE 0700 Teil 53/A51):1996-10: Mit einer Übergangsfrist bis 01.05.2000 ersetzt durch DIN EN 60335-2-53 (VDE 0700 Teil 53):1998-03; gilt für die Fertigung von Geräten, die vor dem 01.05.2000 nachweislich dieser Norm entsprochen haben, noch bis zum 01.05.2005.

DIN VDE 0700 Teil 223:1984-12 ‚Mundpflegegeräte mit Sicherheitstransformator': Gilt für die Fertigung von Geräten, die vor dem 01.03.1993 nachweislich dieser Norm entsprochen haben; ersetzt durch DIN EN 60335 Teil 2-52 (VDE 0700 Teil 52):06.93.

DIN VDE 0700 Teil 239:1984-07 ‚Fenster- und Wandreinigungsgeräte': Gilt für die Fertigung von Geräten, die vor dem 01.03.1993 nachweislich dieser Norm entsprochen haben; ersetzt durch DIN VDE 0700 Teil 54/10.92 (EN 60335-2-54:1991).

DIN VDE 0713 Teil 6:1983-09 ‚Transformatoren mit einer Leerspannung über 1000 V für Leuchtröhren': Gilt für die Fertigung von Geräten, die vor dem 01.03.1993 nachweislich dieser Norm entsprochen haben; laut DIN EN 61050 (VDE 0713 Teil 6):1994-12.

31. März 1998

DIN EN 60335-2-24 (VDE 0700 Teil 24):1995-09 ‚Kühl- und Gefriergeräte und Eisbereiter': Die von der Änderung A51(A1) betroffenen Abschnitte dieser Norm gelten bis zu diesem Zeitpunkt daneben unverändert weiter; laut Änderung DIN EN 60335-2-24/A51 (VDE 0700 Teil 24/A1):1996-07; weitere Frist siehe 31.03.2003.

DIN VDE 0700 Teil 37:1992-03 ‚Friteusen für den gewerblichen Gebrauch' mit Änderung DIN EN 60335-2-37/A51 (VDE 0700 Teil 37/A1):1995-02: Gilt daneben weiter bis zu diesem Zeitpunkt; weitere Frist siehe 31.03.2003; ersetzt durch DIN EN 60335-2-37 (VDE 0700 Teil 37):1996-11.

DIN VDE 0700 Teil 38:1992-03 ‚Bratpfannen für den gewerblichen Gebrauch' mit Änderung DIN EN 60335-2-38/A51 (VDE 0700 Teil 38/A1):1995-04: Gilt daneben weiter bis zu diesem Zeitpunkt; weitere Frist siehe 31.03.2003; ersetzt durch DIN EN 60335-2-38 (VDE 0700 Teil 38):1996-11.

DIN VDE 0700 Teil 39:1992-03 ‚Mehrzweck-Koch- und Bratpfannen für den gewerblichen Gebrauch' mit Änderung A1(A1):1995-02: Gilt daneben weiter bis zu diesem Zeitpunkt; weitere Frist siehe 31.03.2004; ersetzt durch DIN EN 60335-2-39 (VDE 0700 Teil 39):1997-01.

DIN VDE 0700 Teil 42:1992-03 ‚Heißumluftöfen für den gewerblichen Gebrauch' mit Änderung DIN EN 60335-2-42/A1 (VDE 0700 Teil 42/A1):1995-07: Gilt daneben weiter bis zu diesem Zeitpunkt; weitere Frist siehe 31.03.2004; ersetzt durch DIN EN 60335-2-42 (VDE 0700 Teil 42):1997-01.

DIN VDE 0700 Teil 46:1992-03 ‚Dampfgeräte für den gewerblichen Gebrauch' mit Änderung DIN EN 60335-2-46/A1 (VDE 0700 Teil 46/A1):1995-07: Gilt daneben weiter bis zu diesem Zeitpunkt; weitere Frist siehe 31.03.2004; ersetzt durch DIN EN 60335-2-42 (VDE 0700 Teil 42):1997-01.

30. April 1998

DIN VDE 0727 Teil 2C:1976-11 ‚Tauchsieder' hinsichtlich der vom HD 262.4 S1 betroffenen Abschnitte in Verbindung mit Teil 1/06.76 und Teil 1 A1/03.81: Gilt für die Fertigung von Geräten, die vor dem 01.05.1993 nachweislich dieser Norm entsprochen haben; laut DIN VDE 0727 Teil 2C A2/07.92.

31. Mai 1998

VDE 0414 Teil 3:1970-12 ‚Besondere Bestimmungen für induktive Spannungswandler': Gilt für die Fertigung von Wandlern, die vor dem 01.06.1993 nachweislich dieser Norm entsprochen haben; laut DIN VDE 0414 Teil 2:01.94.

VDE 0414 Teil 4:1973-08 ‚Besondere Bestimmungen für kapazitive Spannungswandler': Gilt für die Fertigung von Wandlern, die vor dem 01.06.1993 nachweislich dieser Norm entsprochen haben; laut DIN VDE 0414 Teil 2:01.94.

VDE 0414 Teil 5:1973-08 ‚Zusammengebaute Strom- und Spannungswandler': Gilt für die Fertigung von kombinierten Wandlern, die vor dem 01.06.1993 nachweislich dieser Norm entsprochen haben; laut DIN IEC 44 Teil 3 (VDE 0414 Teil 5):04.94.

VDE 0419:1966-07 „Bestimmungen für Tarifschaltuhren": Gilt für die Fertigung von Schaltuhren, die vor dem 01.06.1993 dieser Norm entsprochen haben; laut DIN EN 61038 (VDE 0419 Teil 1):03.94.

DIN VDE 0420:1984-07 „Rundsteuerempfänger": Gilt für die Fertigung von Empfängern, die vor dem 01.06.1993 nachweislich dieser Norm entsprochen haben; ersetzt durch DIN EN 60037 (VDE 0420 Teil 1):01.94.

VDE 0623:1972-03 ‚Industriesteckvorrichtungen' mit Änderung a/03.77: Gilt für die Fertigung von Steckvorrichtungen, die vor dem 01.06.1993 nachweislich dieser Norm entsprochen haben; laut DIN EN 60309 Teil 1 (VDE 0623 Teil 1):06.93.

EN 60921:1991 (VDE 0712 Teil 12) ‚Vorschaltgeräte für röhrenförmige Leuchten': Gilt für die Fertigung von Geräten, die vor dem 01.06.1993 nachweislich dieser Norm entsprochen haben; laut DIN EN 60921 (VDE 0712 Teil 11):04.93.

DIN VDE 0700 Teil 10:1987-07 ‚Bodenbehandlungs- und Schrubbmaschinen': Gilt für die Fertigung von Maschinen, die vor dem 01.06.1993 nachweislich dieser Norm entsprochen haben; laut DIN EN 60335-2-10 (VDE 0700 Teil 10):06.93.

VDE 0720 Teil 2O:1979-07 ‚Sauna-Heizgeräte': Gilt für die Fertigung von Geräten, die vor dem 01.06.1993 nachweislich dieser Norm entsprochen haben; ersetzt durch DIN VDE 0700 Teil 53/06.92.

DIN VDE 0804 (VDE 0804):1989-05 ‚Fernmeldetechnik; Herstellung und Prüfung der Geräte' mit Änderung A1(A1):1992-10, Abschnitt 22: Gilt daneben für die Stückprüfung von Endgeräten der Telekommunikationstechnik bis zum 01.06.1998; gilt für die Fertigung von Endgeräten, die vor dem 01.06.1998 nachweislich dieser Norm entsprochen haben, noch bis zum 01.06.2003; teilweise ersetzt durch DIN EN 50116 (VDE 0805 Teil 116):1997-06.

DIN VDE 0838 Teil 3:1987-06 ‚Spannungsschwankungen' mit Änderung A1/04.93: Gilt für die Fertigung von Erzeugnissen, die vor dem 01.01.1996 nachweislich dieser Norm entsprochen haben; ersetzt durch DIN EN 61000-3-3 (VDE 0838 Teil 3):1996-03.

30. Juni 1998

DIN VDE 0278-2 (VDE 0278 Teil 2):1991-02 ‚Muffen über 1 kV': Ohne Übergangsfrist ersetzt durch DIN VDE 0278-629-1 (VDE 0278 Teil 629-1):1997-11; gilt für die Fertigung von Erzeugnissen, die vor dem 01.06.1997 nachweislich dieser Norm entsprochen haben, noch bis zum 01.07.1998.

DIN VDE 0278-4 (VDE 0278 Teil 4):1991-02 ‚Endverschlüsse für Innenraumanlagen über 1 kV': Ohne Übergangsfrist ersetzt durch DIN VDE 0278-629-1 (VDE 0278 Teil 629-1):1997-11; gilt für die Fertigung von Erzeugnissen, die vor dem 01.06.1997 nachweislich dieser Norm entsprochen haben, noch bis zum 01.07.1998.

DIN VDE 0278-5 (VDE 0278 Teil 5):1991-02 ‚Endverschlüsse für Freiluftanlagen über 1 kV': Ohne Übergangsfrist ersetzt durch DIN VDE 0278-629-1 (VDE 0278 Teil 629-1):1997-11; gilt für die Fertigung von Erzeugnissen, die vor dem 01.06.1997 nachweislich dieser Norm entsprochen haben, noch bis zum 01.07.1998.

DIN VDE 0278-6 (VDE 0278 Teil 6):1991-02 ‚Steckbare oder schraubbare Kabelanschlüsse über 1 kV': Ohne Übergangsfrist ersetzt durch DIN VDE 0278-629-1 (VDE 0278 Teil 629-1):1997-11; gilt für die Fertigung von Erzeugnissen, die vor dem 01.06.1997 nachweislich dieser Norm entsprochen haben, noch bis zum 01.07.1998

DIN EN 60730-2-8 (VDE 0631 Teil 2-8):1995-10 ‚Wasserventile' mit Änderung A1(A1):1997-10: Gilt für die Fertigung von Geräten, die vor dem 01.07.1998 nachweislich dieser Norm entsprochen haben, noch bis zum 01.07.2003. **Auf Grund der Berichtigung 1:1998-04 wurden die Fertigungsfrist gestrichen und das Datum für die Zurückziehung der Norm (dow) geändert in 15.12.2000.**

DIN VDE 0667:1981-12 „Elektrozaungeräte": Gilt für die Fertigung von Geräten, die vor dem 01.07.1993 nachweislich dieser Norm entsprochen haben;

laut DIN EN 61011 (VDE 0667 Teil 1):11.93 mit DIN EN 61011 Teil 1 (VDE 0667 Teil 2):11.93 und DIN EN 61011 Teil 2 (VDE 0667 Teil 3):11.93.

DIN VDE 0700 Teil 4:1991-10 ‚Wäscheschleudern': Gilt für die Fertigung von Geräten, die vor dem 01.07.1993 nachweislich dieser Norm entsprochen haben; weitere Frist siehe 31.08.1999; laut DIN EN 60335-2-4/A51 (VDE 0700 Teil 4/A1):11.93.

DIN VDE 0700 Teil 30:1983-01 ‚Elektrowärmewerkzeuge': Gilt für die Fertigung von Geräten, die vor dem 01.07.1993 nachweislich dieser Norm entsprochen haben; laut DIN VDE 0700 Teil 45/01.91, berichtigt laut etz Bd. 112 (1991) H. 2, S. 95.

DIN VDE 0700 Teil 44:1992-03 ‚Bügelmaschinen und Bügelpressen': Die von der Änderung A51(A1):1996-09 betroffenen Abschnitte dieser Norm gelten bis zu diesem Zeitpunkt daneben unverändert weiter; laut Änderung DIN EN 60335-2-44/A51 (VDE 0700 Teil 44/A1):1996-09; weitere Frist siehe 30.06.2003.

DIN VDE 0700 Teil 232:1983-09 ‚Sprudelbadegeräte': Gilt für die Fertigung von Geräten, die vor dem 01.07.1993 nachweislich dieser Norm entsprochen haben; ersetzt durch DIN VDE 0700 Teil 60/06.92.

DIN VDE 0700 Teil 600:1983-11 ‚Anschluß an die Wasserversorgungsanlage': Gilt für die Fertigung von Geräten, die vor dem 01.07.1993 nachweislich dieser Norm entsprochen haben; laut Ausgabe 11.92 (EN 50084:1992).

31. Juli 1998

DIN EN 60950 (VDE 0805):1993-11 ‚Einrichtungen der Informationstechnik' mit Änderung A2(A2):1994-09: Mit einer Übergangsfrist bis 01.08.1998 ersetzt durch Ausgabe 1997-11; gilt für die Fertigung von Erzeugnissen, die vor dem 01.08.1998 nachweislich dieser Norm entsprochen haben, noch bis zum 01.08.2003.

31. August 1998

DIN VDE 0680 Teil 1:1983-01 ‚Körperschutzmittel, Schutzvorrichtungen und Geräte zum Arbeiten an unter Spannung stehenden Teilen bis 1000 V': Gilt für die Fertigung von Erzeugnissen, die vor dem 01.09.1993 nachweislich dieser Norm entsprochen haben; laut DIN EN 60903 (VDE 0682 Teil 311):1994-10.

DIN VDE 0700-7 (VDE 0700 Teil 7):1992-03 ‚Waschmaschinen' mit Beiblatt 1:1986-03 sowie Änderungen A51(A1):1995-08 und A52(A2):1995-12: Mit einer Übergangsfrist bis 01.09.1998 ersetzt durch DIN EN 60335-2-7 (VDE 0700 Teil 7):1997-11; gilt für die Fertigung von Erzeugnissen, die vor

dem 01.09.1998 nachweislich dieser Norm entsprochen haben, noch bis zum 01.09.2003.

[DIN VDE 0700 Teil 11:1992-03]/EN 60335-2-11:1989 ‚Trommeltrockner' in Verbindung mit EN 60335-1: Gilt für die Fertigung von Trommeltrocknern, die vor dem 01.07.1993 nachweislich dieser Norm entsprochen haben; laut DIN VDE 0700 Teil 11/03.92.

DIN VDE 0700 Teil 13:1986-11 ‚Bratpfannen u. ä.': Gilt für die Fertigung von Geräten, die vor dem 01.09.1993 nachweislich dieser Norm entsprochen haben; laut Ausgabe 10.91.

DIN VDE 0700 Teil 15:1992-04 ‚Geräte zur Flüssigkeitserhitzung' mit Änderungen A1:1992-07, A2:1993-04, A3:1994-02 und A52:1993-07: Die von den genannten Änderungen betroffenen Abschnitte dieser Norm gelten bis zu diesem Zeitpunkt daneben unverändert weiter; ersetzt durch DIN EN 60335-2-15 (VDE 0700 Teil 15):1996-09; weitere Frist siehe 31.08.2003.

DIN IEC 601 Teil 2-2 (VDE 0750 Teil 202):1984-09 ‚Hochfrequenz-Chirurgiegeräte': Gilt für die Fertigung von Geräten, die vor dem 15.09.1993 nachweislich dieser Norm entsprochen haben; ersetzt durch DIN EN 60601 Teil 2-2 (VDE 0750 Teil 2-2):02.94.

DIN IEC 601 Teil 2-3 (VDE 0750 Teil 204):1984-07 ‚Kurzwellen-Therapiegeräte': Gilt für die Fertigung von Geräten, die vor dem 15.09.1993 nachweislich dieser Norm entsprochen haben; ersetzt durch DIN EN 60601 Teil 2-3 (VDE 0750 Teil 2-3):02.94.

30. September 1998

DIN VDE 0700 Teil 218/05.85 ‚Projektoren': Gilt für die Fertigung von Geräten, die vor dem 01.10.1993 nachweislich dieser Norm entsprochen haben; laut DIN VDE 0700 Teil 56/06.92.

30. November 1998

DIN VDE 0113 Teil 1:1986-02 ‚Ausrüstung von Industriemaschinen': Gilt für Erzeugnisse, die vor dem 01.12.1993 nachweislich dieser Norm oder EN 60204-1:1985 mit Änderung A1:1988 entsprochen haben; weitere Frist siehe „Termin unbestimmt"; laut DIN EN 60204-1 (VDE 0113 Teil 1):06.93.

DIN VDE 0411 Teil 1:1973-10 ‚Schutzmaßnahmen für elektronische Meßgeräte' mit Änderung Teil 1a/02.80: Gilt für die Fertigung von Erzeugnissen, die vor dem 01.12.1993 nachweislich dieser Norm entsprochen haben; laut DIN EN 61010 Teil 1 (VDE 0411 Teil 1):03.94.

DIN VDE 0411 Teil 2:1969-12 ‚Schutzmaßnahmen für elektronische Regler': Gilt für die Fertigung von Erzeugnissen, die vor dem 01.12.1993 nachweislich dieser Norm entsprochen haben; ersetzt durch DIN EN 61010 Teil 1 (VDE 0411 Teil 1):03.94.

VDE 0414 Teil 1:1970-12 „Bestimmungen für Meßwandler; Allgemeine Bestimmungen" mit Änderung Teil 1a/02.78: Gilt für die Fertigung von Wandlern, die vor dem 01.12.1993 nachweislich dieser Norm entsprochen haben; laut DIN VDE 0414 Teil 1:01.94.

VDE 0414 Teil 2:1970-12 ‚Besondere Bestimmungen für induktive Stromwandler': Gilt für die Fertigung von Wandlern, die vor dem 01.12.1993 nachweislich dieser Norm entsprochen haben; laut DIN VDE 0414 Teil 1:01.94.

DIN VDE 0448 Teil 1:1975-10 ‚Isolatoren über 1 kV; Kieselgur-Prüfverfahren': Gilt für die Fertigung von Isolatoren, die vor dem 01.12.1993 nachweislich dieser Norm entsprochen haben; laut DIN EN 60507 (VDE 0448 Teil 1):04.94.

DIN VDE 0448 Teil 2:1977-09 ‚Isolatoren über 1 kV; Salz-Nebel-Prüfverfahren': Gilt für die Fertigung von Isolatoren, die vor dem 01.12.1993 nachweislich dieser Norm entsprochen haben; laut DIN EN 60507 (VDE 0448 Teil 1):04.94.

DIN VDE 0560 Teil 6:1986-01 ‚Kondensatoren für Leuchtstofflampen-Anlagen': Gilt für die Fertigung von Kondensatoren, die vor dem 01.12.1993 dieser Norm entsprochen haben; ersetzt durch DIN EN 61049 (VDE 0560 Teil 62):04.94; weitere Frist siehe 28.02.1998.

DIN VDE 0700-23 (VDE 0700 Teil 23):1992-08 ‚Geräte zur Behandlung von Haut oder Haar' mit Änderungen A1(A1):1993-11 und A51(A51):1993-09: Gilt daneben weiter bis zu diesem Zeitpunkt; weitere Frist siehe 30.11.2003; ersetzt durch DIN EN 60335-2-23 (VDE 0700 Teil 23):1997-01.

EN 60598-1:1989-10 ‚Leuchten': Gilt für die Fertigung von Leuchten, die vor dem 01.12.1993 nachweislich dieser Norm entsprochen haben; laut DIN EN 60598 Teil 1 (VDE 0711 Teil 1):05.94.

DIN VDE 0711 Teil 204:1991-09 ‚Ortsveränderliche Leuchten für allgemeine Zwecke': Gilt für die Fertigung von Leuchten, die vor dem 01.12.1993 nachweislich dieser Norm entsprochen haben; laut Änderung DIN EN 60598-2-4/A3 (VDE 0711 Teil 204):1995-08.

DIN VDE 0715 Teil 6:1991-01 (EN 60968:1990) ‚Lampen mit eingebautem Vorschaltgerät': Gilt für die Fertigung von Lampen, die vor dem 01.12.1993 nachweislich dieser Norm entsprochen haben; laut DIN EN 60968 (VDE 0715 Teil 6):1994-09.

31. Dezember 1998

DIN EN 60730-2-9 (VDE 0631 Teil 2-9):1995-11 ‚Temperaturabhängige Regel- und Steuergeräte' mit Änderungen A1(A1):1997-02, A2(A2):1997-10 und A11(A11):1997-07: Gilt für die Fertigung von Geräten, die vor dem 01.01.1999 nachweislich dieser Norm entsprochen haben, noch bis zum 01.01.2004. **Auf Grund der Berichtigung 1:1998-04 wurden die Fertigungsfrist gestrichen und das Datum für die Zurückziehung der Norm (dow) geändert in 15.12.2000.**

DIN VDE 0700-14 (VDE 0700 Teil 14):1992-10 ‚Küchenmaschinen' mit Änderungen A53(A1):1995-09 und A54(A2):1996-02: Ersetzt durch DIN EN 60335-2-14 (VDE 0700 Teil 14):1997-06; gilt für die Fertigung von Geräten, die vor dem 01.01.1999 nachweislich dieser Norm entsprochen haben, noch bis zum 01.01.2004.

DIN VDE 0700 Teil 15:1986-07 ‚Geräte zur Flüssigkeitserhitzung': Gilt für die Fertigung von Geräten, die vor dem 01.01.1994 nachweislich dieser Norm entsprochen haben, noch bis zum 01.01.1999; laut Ausgabe 1992-04 (EN 60335-2-15).

DIN EN 60335-2-26 (VDE 0700 Teil 26):1993-06 ‚Uhren': Ersetzt durch Ausgabe 1997-06; gilt für die Fertigung von Geräten, die vor dem 01.01.1999 nachweislich dieser Norm entsprochen haben, noch bis zum 01.01.2004.

DIN EN 60335-2-28 (VDE 0700 Teil 28):1993-06 ‚Nähmaschinen': Mit einer Übergangsfrist bis 01.01.1999 ersetzt durch Ausgabe 1997-09; gilt für die Fertigung von Erzeugnissen, die vor dem 01.01.1999 nachweislich dieser Norm entsprochen haben, noch bis zum 01.01.2004.

DIN EN 60335-2-33 (VDE 0700 Teil 33):1993-06 ‚Kaffeemühlen': Ersetzt durch DIN EN 60335-2-14 (VDE 0700 Teil 14):1997-06; gilt für die Fertigung von Geräten, die vor dem 01.01.1999 nachweislich dieser Norm entsprochen haben, noch bis zum 01.01.2004.

DIN VDE 0700 Teil 400:1993-04 ‚Besondere Anforderung für die höchstzulässige Temperatur für die Gitteroberflächen der Luftaustrittsöffnungen von Speicherheizgeräten': Gilt daneben weiter bis zu diesem Zeitpunkt; weitere Frist siehe 31.12.2003; ersetzt durch DIN EN 60335-2-61 (VDE 0700 Teil 61):1997-02.

VDE 0720 Teil 2C:1972-07 ‚Besondere Bestimmungen für Tauchheizgeräte' mit Änderung Teil 2Ca:1974-11: Gilt daneben weiter bis zu diesem Zeitpunkt; weitere Frist siehe 31.12.2003; ersetzt durch DIN EN 60335-2-74 (VDE 0700 Teil 74):1997-02.

DIN 57720 Teil 2P (VDE 0720 Teil 2P):1980-07 ‚Besondere Bestimmungen für Speicherheizgeräte' mit Änderung A1(A1):1982-10: Gilt daneben weiter bis

zu diesem Zeitpunkt; weitere Frist siehe 31.12.2003; ersetzt durch DIN
EN 60335-2-61 (VDE 0700 Teil 61):1997-02.

DIN 57727 Teil 203 (VDE 0727 Teil 2C):1976-11 ‚Sonderbestimmungen für
Tauchsieder' mit Änderung Teil 2C/A2:1992-07: Gilt daneben weiter bis zu
diesem Zeitpunkt; weitere Frist siehe 31.12.2003; ersetzt durch DIN
EN 60335-2-74 (VDE 0700 Teil 74):1997-02.

DIN VDE 0740 Teil 21:1981-04 ‚Elektrowerkzeuge', Hauptabschnitte A ‚Bohrmaschinen', B ‚Schrauber', F ‚Hämmer' und G ‚Spritzpistolen': Gilt für die
Fertigung von Geräten, die vor dem 01.12.1996 nachweislich dieser Norm
entsprochen haben; laut Ausgabe 01.94.

DIN VDE 0872 Teil 20:1989-08 „Funk-Entstörung von Ton- und Fernseh-Rundfunkempfängern; Störfestigkeit von Rundfunkempfängern und angeschlossenen Geräten": Gilt für das Inverkehrbringen von Geräten, die vor dem
31.12.1995 nachweislich dieser Norm entsprochen haben; laut DIN
EN 55020 (VDE 0872 Teil 20):1995-05.

DIN VDE 0878 Teil 3:1989-11 „Elektromagnetische Verträglichkeit von Einrichtungen der Informationsverarbeitungs- und Telekommunikationstechnik;
Grenzwerte und Meßverfahren für Funkstörungen von informationstechnischen Einrichtungen": Gilt für die Fertigung von Einrichtungen, die vor dem
31.12.1995 nachweislich dieser Norm entsprochen haben; ersetzt durch DIN
EN 55022 (VDE 0878 Teil 22):1995-05.

31. Januar 1999

DIN EN 60335-2-24 (VDE 0700 Teil 24):1995-09 ‚Kühl- und Gefriergeräte
und Eisbereiter' mit Änderungen A51(A1):1996-07 und A52(A2):1997-08:
Mit einer Übergangsfrist bis 31.01.1999 geändert durch Änderung
A53(A3):1998-03; gilt für die Fertigung von Geräten, die vor dem 01.02.1999
nachweislich dieser Norm entsprochen haben, noch bis zum 01.08.2001.

28. Februar 1999

DIN VDE 0607:1974-11 „VDE-Bestimmungen für die Klemmstelle von schraubenlosen Klemmen zum Anschließen oder Verbinden von Kupferleitern von
0,5 mm^2 bis 16 mm^2": Gilt für die Fertigung von Klemmstellen, die vor dem
01.03.1994 nachweislich dieser Norm entsprochen haben; ersetzt durch DIN
EN 60999 (VDE 0609 Teil 1):04.94.

DIN VDE 0609 Teil 1:1983-06 „Klemmstellen von Schraubklemmen zum
Anschließen oder Verbinden von Kupferleitern bis 240 mm^2": Gilt für die
Fertigung von Klemmstellen, die vor dem 01.03.1994 nachweislich dieser
Norm entsprochen haben; laut DIN EN 60999 (VDE 0609 Teil 1):04.94.

DIN 57670-108 (VDE 0670 Teil 108):1979-05 „Hochspannungs-Wechselstrom-Leistungsschalter; Synthetische Prüfung": Gilt für die Fertigung von Schaltern, die vor dem 01.03.1994 nachweislich dieser Norm entsprochen haben; ersetzt durch DIN EN 60427 (VDE 0670 Teil 108):1996-03.

DIN VDE 0711 Teil 300:1991-09 „Elektrische Stromschienensysteme für Leuchten": Gilt für die Fertigung von Systemen, die vor dem 01.03.1994 nachweislich dieser Norm entsprochen haben; ersetzt durch DIN EN 60570 (VDE 0711 Teil 300):1995-07.

DIN VDE 0715 Teil 4:1992-08 (EN 60188:1990) ‚Quecksilber-Hochdrucklampen': Gilt für die Fertigung von Lampen, die vor dem 01.03.1994 nachweislich dieser Norm entsprochen haben; laut DIN EN 60188 (VDE 0715 Teil 4):1994-09.

DIN VDE 0855 Teil 1:1984-05 „Antennenanlagen; Errichtung und Betrieb": Gilt für die Fertigung von Erzeugnissen, die vor dem 01.03.1994 nachweislich dieser Norm entsprochen haben; laut DIN EN 50083 Teil 1 (VDE 0855 Teil 1):03.94.

31. März 1999

DIN EN 60730-2-1 (VDE 0631 Teil 2-1):1993-06 ‚Regel- und Steuergeräte für Haushaltgeräte' mit Änderungen A12(A12):1994-02 und A13(A13):1996-06: Ohne Übergangsfrist ersetzt durch Ausgabe 1997-07; gilt für die Fertigung von Erzeugnissen, die vor dem 01.04.1999 nachweislich dieser Norm entsprochen haben, noch bis zum 01.04.2004.

DIN EN 60335-1 (VDE 0700 Teil 1):1997-08 ‚Geräte für den Hausgebrauch': Ohne Übergangsfrist ergänzt durch Änderung A1(A1):1997-08; gilt für die Fertigung von Erzeugnissen, die von wiederaufladbaren Batterien gespeist werden und die vor dem 01.04.1999 nachweislich dieser Norm entsprochen haben, noch bis zum 01.04.2004.

DIN EN 60335-1 (VDE 0700 Teil 1):1997-08 ‚Geräte für den Hausgebrauch': Ohne Übergangsfrist ergänzt durch Änderung A12(A12):1997-08; gilt für die Fertigung von Erzeugnissen, die keine Funk-Entstörkondensatoren enthalten und die vor dem 01.04.1999 nachweislich dieser Norm entsprochen haben, noch bis zum 01.04.2004.

DIN VDE 0700-16 (VDE 0700 Teil 16):1992-12 ‚Zerkleinerer von Nahrungsmittelabfällen': Mit einer Übergangsfrist bis 01.04.1999 ersetzt durch DIN EN 60335-2-16 (VDE 0700 Teil 16):1997-11; gilt für die Fertigung von Erzeugnissen, die vor dem 01.04.1999 nachweislich dieser Norm entsprochen haben, noch bis zum 01.04.2004.

\# DIN VDE 0700-19 (VDE 0700 Teil 19):1992-03 ‚Batteriegespeiste Rasiergeräte, Haarschneidemaschinen und ähnliche Geräte und ihre Lade- und Batterieteile': Ohne Übergangsfrist zurückgezogen und ersetzt durch Änderung DIN EN 60335-1/A1 (VDE 0700 Teil 1/A1):1997-08; gilt für die Fertigung von Erzeugnissen, die vor dem 01.04.1999 nachweislich dieser Norm entsprochen haben, noch bis zum 01.04.2004.

\# DIN VDE 0700-20 (VDE 0700 Teil 20):1992-10 ‚Batteriegespeiste Zahnbürsten und ihre Lade- und Batterieteile': Ohne Übergangsfrist zurückgezogen und ersetzt durch Änderung DIN EN 60335-1/A1 (VDE 0700 Teil 1/A1):1997-08; gilt für die Fertigung von Erzeugnissen, die vor dem 01.04.1999 nachweislich dieser Norm entsprochen haben, noch bis zum 01.04.2004.

\# DIN VDE 0700-29 (VDE 0700 Teil 29):1992-03 ‚Batterieladegeräte' mit Änderung DIN EN 60335-2-29/A2 (VDE 0700 Teil 29/A1):1995-10: Mit einer Übergangsfrist bis 01.04.1999 ersetzt durch DIN EN 60335-2-29 (VDE 0700 Teil 29):1998-03; gilt für die Fertigung von Geräten, die vor dem 01.04.1999 nachweislich dieser Norm entsprochen haben, noch bis zum 01.04.2004.

\# DIN VDE 0700-34 (VDE 0700 Teil 34):1985-10 ‚Motorverdichter' mit Änderung A3(A1):1996-07: Gilt daneben weiter bis zum 01.04.1999; gilt jedoch für die Fertigung von Erzeugnissen, die vor dem 01.04.1999 nachweislich dieser Norm entsprochen haben, noch bis zum 01.04.2004; ersetzt durch DIN EN 60335-2-34 (VDE 0700 Teil 34):1997-08.

DIN EN 60335-2-36 (VDE 0700 Teil 36):1996-06 ‚Herde, Brat- und Backöfen': Die von der Änderung A1(A1) betroffenen Abschnitte dieser Norm gelten bis zu diesem Zeitpunkt daneben unverändert weiter; laut Änderung DIN EN 60335-2-36/A1 (VDE 0700 Teil 36/A1):1997-01; weitere Frist siehe 31.03.2004.

DIN EN 60335-2-37 (VDE 0700 Teil 37):1996-11 ‚Friteusen für den gewerblichen Zweck': Die von der Änderung A1(A1) betroffenen Abschnitte dieser Norm gelten bis zu diesem Zeitpunkt daneben unverändert weiter; laut Änderung DIN EN 60335-2-37/A1 (VDE 0700 Teil 37/A1):1997-01; weitere Frist siehe 31.03.2004.

DIN EN 60335-2-38 (VDE 0700 Teil 38):1996-11 ‚Bratplatten und Kontaktgrills für den gewerblichen Gebrauch': Die von der Änderung A1(A1) betroffenen Abschnitte dieser Norm gelten bis zu diesem Zeitpunkt daneben unverändert weiter; laut Änderung DIN EN 60335-2-38/A1 (VDE 0700 Teil 38/A1):1997-01; weitere Frist siehe 31.03.2004.

DIN EN 60335-2-39 (VDE 0700 Teil 39):1997-01 ‚Mehrzweck-Koch- und Bratpfannen für den gewerblichen Gebrauch': Gilt daneben weiter bis zu diesem Zeitpunkt; weitere Frist siehe 31.03.2004; laut Änderung A1(A1):1997-01.

DIN EN 60335-2-42 (VDE 0700 Teil 42):1997-01 ‚Heißumluftöfen, Dampfgeräte und Heißluftdämpfer für den gewerblichen Gebrauch': Gilt daneben weiter bis zu diesem Zeitpunkt; weitere Frist siehe 31.03.2004; laut Änderung A1(A1):1997-01.

DIN VDE 0700-253 (VDE 0700 Teil 253):1988-10 ‚Heizeinsätze zur Wassererwärmung': Die von der Neufassung betroffenen Abschnitte dieser Norm gelten bis zu diesem Zeitpunkt daneben unverändert weiter; weitere Frist siehe 31.03.2004; ersetzt durch DIN EN 60335-2-73 (VDE 0700 Teil 73):1997-04.

VDE 0720-2C (VDE 0720 Teil 2C):1972-07 ‚Besondere Bestimmungen für Tauchheizgeräte' mit Änderung Teil 2Ca:1974-11: Die von der Neufassung betroffenen Abschnitte dieser Norm gelten bis zu diesem Zeitpunkt daneben unverändert weiter; weitere Frist siehe 31.03.2004; ersetzt durch DIN EN 60335-2-73 (VDE 0700 Teil 73):1997-04.

DIN 57727-203 (VDE 0727 Teil 2C):1976-11 ‚Sonderbestimmungen für Tauchsieder' mit Änderung Teil 2C/A2:1992-07: Die von der Neufassung betroffenen Abschnitte dieser Norm gelten bis zu diesem Zeitpunkt daneben unverändert weiter; weitere Frist siehe 31.03.2004; ersetzt durch DIN EN 60335-2-73 (VDE 0700 Teil 73):1997-04.

DIN VDE 0715 Teil 3:1991-01 „Natriumdampf-Niederdrucklampen": Gilt für die Herstellung von Lampen, die vor dem 01.03.1994 nachweislich dieser Norm entsprochen haben. Laut DIN EN 60192 (VDE 0715 Teil 3):1994-07.

DIN VDE 0740 Teil 22:1982-07 ‚Handgeführte Elektrowerkzeuge': Gilt für die Herstellung von Blechscheren und Nibblern [nach Hauptabschnitt H], Gewindeschneidern [I], Stichsägen [J] und Innenrüttlern [K], die vor dem 31.03.1994 nachweislich dieser Norm entsprochen haben; laut Ausgabe 04.91.

31. Mai 1999

DIN EN 60669-2-1 (VDE 0632 Teil 2-1):1997-02 ‚Schalter für Haushalt; Elektronische Schalter': Gilt für die Fertigung von Erzeugnissen, die vor dem 01.03.2007 nachweislich der vorherigen nationalen Norm entsprochen haben, noch bis zum 01.03.2012. **Auf Grund der Berichtigung 1:1998-04 wurden die Fertigungsfrist gestrichen und das Datum für die Zurückziehung der Norm (dow) geändert in 01.06.1999.**

DIN EN 60669-2-3 (VDE 0632 Teil 2-3):1997-04 ‚Schalter für Haushalt; Zeitschalter': Gilt für die Fertigung von Erzeugnissen, die vor dem 01.06.2006 nachweislich der vorherigen nationalen Norm entsprochen haben, noch bis zum 01.06.2011. **Auf Grund der Berichtigung 1:1998-04 wurden die Fertigungsfrist gestrichen und das Datum für die Zurückziehung der Norm (dow) geändert in 01.06.1999.**

DIN EN 60335-2-25 (VDE 0700 Teil 25):1996-03 ‚Mikrowellenkochgeräte': Gilt daneben weiter bis zu diesem Zeitpunkt; weitere Frist siehe 31.05.2004; ersetzt durch Ausgabe 1997-03.

DIN VDE 0700-60 (VDE 0700 Teil 60):1992-06 ‚Sprudelbadegeräte' mit Änderung A52(A1):1995-09: Die von der Änderung DIN EN 60335-2-60/A53 (VDE 0700 Teil 60/A2):1997-09 betroffenen Abschnitte dieser Norm gelten noch bis zum 01.06.1999 unverändert weiter; diese Norm gilt für die Fertigung von Erzeugnissen, die vor dem 01.06.1999 nachweislich ihr entsprochen haben, noch bis zum 01.06.2001.

DIN VDE 0715 Teil 1:1989-04 „Sicherheitsanforderungen an Glühlampen für den Hausgebrauch und ähnliche allgemeine Beleuchtungszwecke": Gilt für die Fertigung von Leuchten, die vor dem 01.06.1994 nachweislich dieser Norm entsprochen haben; laut DIN EN 60432 (VDE 0715 Teil 1):01.95.

DIN VDE 0720 Teil 2ZE:1982-05 ‚Küchenwärmegeräte' in Verbindung mit Teil 1/02.72 und Änderung Teil 1e/03.80: Gilt für die Fertigung von Wärmeschränken für den gewerblichen Gebrauch, die vor dem 01.06.1994 nachweislich dieser Norm entsprochen haben; weitere Fristen siehe 30.06.1999 und 31.08.1999; laut DIN VDE 0700 Teil 49/08.92 (EN 60335-2-49:1990).

30. Juni 1999

DIN VDE 0631:1983-12 „Temperaturregler, Temperaturbegrenzer und ähnliche Vorrichtungen": Gilt für die Fertigung von Geräten, die vor dem 01.07.1995 nachweislich dieser Norm entsprochen haben; laut DIN EN 60730-1 (VDE 0631 Teil 1):03.93 und Teil 2-1 (Teil 2-1):06.93; weitere Fristen siehe 31.12.1999, 30.06.2000 und 31.12.2000.

DIN VDE 0641:1978-06 ‚Leitungsschutzschalter' mit Änderung A4/11.88: Gilt für die Fertigung von Leitungsschaltern, die vor dem 01.07.1994 nachweislich dieser Norm entsprochen haben; laut DIN VDE 0641 Teil 11/08.92 (EN 60898:1991).

EN 60335-2-47:1990 ‚Kochkessel': Gilt für die Fertigung von Geräten, die vor dem 01.07.1994 nachweislich dieser Norm entsprochen haben; laut DIN VDE 0700 Teil 47/07.92.

DIN EN 60335-2-62 (VDE 0700 Teil 62):1994-11 ‚Spülbecken für den gewerblichen Gebrauch': Mit einer Übergangsfrist bis 01.07.1999 ersetzt durch Ausgabe 1997-10; gilt für die Fertigung von Erzeugnissen, die vor dem 01.07.1999 nachweislich dieser Norm entsprochen haben, noch bis zum 01.07.2004.

DIN VDE 0720 Teil 2ZE:1982-05 ‚Küchenwärmegeräte' in Verbindung mit Teil 1/02.72 und Änderung Teil 1e/03.80: Gilt für die Fertigung von gewerblichen Warmhalteplatten, die vor dem 01.07.1994 nachweislich dieser Norm entsprochen haben; weitere Frist siehe 31.08.1999; laut DIN VDE 0700 Teil 50/08.92 (EN 60335-2-50:1991).

31. Juli 1999

DIN VDE 0680 Teil 2:1978-03 „Körperschutzmittel, Schutzvorrichtungen und Geräte zum Arbeiten an unter Spannung stehenden Teilen bis 1000 V; Isolierte Werkzeuge": Gilt für die Fertigung von Erzeugnissen, die vor dem 01.08.1995 nachweislich dieser Norm entsprochen haben; ersetzt durch DIN EN 60900 (VDE 0682 Teil 201):1994-08.

DIN VDE 0700 Teil 48:1992-08 ‚Strahlungsgrillgeräte und Toaster für den gewerblichen Gebrauch': Gilt für die Fertigung von Geräten, die vor dem 01.09.1994 nachweislich dieser Norm entsprochen haben; laut DIN EN 60335-2-48/A1:1995-06.

DIN VDE 0720 Teil 2P:1980-07 ‚Speicherheizgeräte' mit Änderung A1/10.82 in Verbindung mit Teil 1/02.72 und Änderung Teil 1e/03.80: Gilt für die Fertigung von Geräten, die vor dem 01.08.1994 nachweislich dieser Norm entsprochen haben; laut DIN VDE 0700 Teil 400:1993-04.

31. August 1999

DIN VDE 0282 Teil 506:1992-11 ‚Wärmebeständige Silikon-Aderleitungen ohne Beflechtung': Gilt für die Fertigung von Leitungen, die vor dem 01.07.1996 nachweislich dieser Norm entsprochen haben; ersetzt durch DIN VDE 0282-3 (VDE 0282 Teil 3):1996-05.

DIN VDE 0530 Teil 9:1984-12 „Drehende elektrische Maschinen; Geräuschgrenzwerte": Gilt für die Fertigung von Maschinen, die vor dem 01.09.1994 nachweislich dieser Norm entsprochen haben; ersetzt durch DIN EN 60034-9 (VDE 0530 Teil 9):1996-05.

DIN VDE 0560 Teil 4:1973-04 ‚Bestimmungen für Leistungskondensatoren' mit Teil 4A:1973-04 ‚Zusätzliche Bestimmungen für Leistungskondensatoren' und Änderung Teil 4/A1:1982-10: Gilt für die Fertigung von Kondensatoren, die vor dem 01.09.1994 nachweislich dieser Norm entsprochen haben; ersetzt durch DIN EN 60831-1 (VDE 0560 Teil 46):1995-03, DIN EN 60831-2 (VDE 0560 Teil 47):1995-03, DIN EN 60931-1 (VDE 0560 Teil 48):1995-03 und DIN EN 60931-2 (VDE 0560 Teil 49):1995-03. *Bestätigt in DIN EN 60931-2 (VDE 0560 Teil 49):1997-08.*

DIN VDE 0560 Teil 41:1988-09 ‚Leistungskondensatoren bis 1000 V Nennspannung; Selbstheilende Kondensatoren': Gilt für die Fertigung von Kondensatoren, die vor dem 01.09.1994 nachweislich dieser Norm entsprochen haben; ersetzt durch DIN EN 60831-1 (VDE 0560 Teil 46):1995-03, DIN

EN 60831-2 (VDE 0560 Teil 47):1995-03, DIN EN 60931-1 (VDE 0560 Teil 48):1995-03 und DIN EN 60931-2 (VDE 0560 Teil 49):1995-03. *Bestätigt in DIN EN 60931-2 (VDE 0560 Teil 49):1997-08.*

DIN VDE 0641-11 (VDE 0641 Teil 11):1992-08 ‚Leitungsschutzschalter für den Haushalt und ähnliche Anwendungen': Gilt für die Fertigung von Erzeugnissen, die vor dem 01.09.1997 nachweislich dieser Norm entsprochen haben; laut Änderung A16(A9):1996-12.

DIN EN 60934 (VDE 0642):1993-02 „Geräteschutzschalter": Gilt für die Fertigung von Schaltern, die vor dem 01.09.1994 nachweislich dieser Norm entsprochen haben; laut Ausgabe 1995-04.

EN 60335-2-4:1989 ‚Wäscheschleudern' mit Änderung A51:1991: Gilt für die Fertigung von Geräten, die vor dem 01.09.1994 nachweislich dieser Norm entsprochen haben; laut DIN EN 60335 Teil 2-4/A51 (VDE 0700 Teil 4/A1):11.93.

DIN VDE 0700-5 (VDE 0700 Teil 5):1992-03 ‚Geschirrspülmaschinen': Gilt für die Fertigung von Geräten, die vor dem 01.09.1994 nachweislich dieser Norm entsprochen haben; laut Änderung DIN EN 60335-2-5/A3 (VDE 0700 Teil 5/A1):1995-08.

DIN VDE 0700 Teil 15:1992-04 ‚Geräte zur Flüssigkeitserhitzung' in Verbindung mit DIN VDE 0700 Teil 1/11.90 und Teil 1 A6/12.91: Gilt für die Fertigung von Geräten, die vor dem 01.09.1994 nachweislich dieser Norm entsprochen haben; laut Änderung DIN EN 60335 Teil 2-15/A2 (VDE 0700 Teil 15/A2):04.93.

DIN VDE 0700 Teil 36:1992-03 ‚Herde, Brat- und Backöfen und Kochplatten für den gewerblichen Gebrauch': Gilt für die Fertigung von Geräten, die vor dem 01.09.1994 nachweislich dieser Norm entsprochen haben; laut Änderung DIN EN 60335-2-36/A1 (VDE 0700 Teil 36/A1):1995-07.

DIN VDE 0700 Teil 37:1992-03 ‚Friteusen für den gewerblichen Gebrauch': Gilt für die Fertigung von Geräten, die vor dem 01.09.1994 nachweislich dieser Norm in Verbindung mit Teil 1/11.90 entsprochen haben; laut Änderung DIN EN 60335-2-37/A51 (VDE 0700 Teil 37/A1):1995-02.

DIN VDE 0700 Teil 38:1992-03 ‚Bratplatten und Kontaktgrills': Gilt für die Fertigung von Geräten, die vor dem 01.09.1994 nachweislich dieser Norm entsprochen haben; laut Änderung DIN EN 60335-2-38/A51 (VDE 0700 Teil 38/A1):1995-04.

DIN VDE 0700 Teil 39:1992-03 ‚Mehrzweck-Koch- und Bratpfannen für den gewerblichen Gebrauch': Gilt für die Fertigung von Geräten, die vor dem 01.09.1994 nachweislich dieser Norm in Verbindung mit Teil 1/11.90 entsprochen haben; laut Änderung DIN EN 60335-2-39/A1 (VDE 0700 Teil 39/A1):1995-02.

DIN VDE 0700 Teil 42:1992-03 ‚Heißumluftöfen für den gewerblichen Gebrauch': Gilt für die Fertigung von Geräten, die vor dem 01.09.1994 nachweislich dieser Norm entsprochen haben; laut Änderung DIN EN 60335-2-42/A1 (VDE 0700 Teil 42/A1):1995-07.

DIN VDE 0700 Teil 46:1992-03 ‚Dampfgeräte für den gewerblichen Gebrauch': Gilt für die Fertigung von Geräten, die vor dem 01.09.1994 nachweislich dieser Norm entsprochen haben; laut Änderung DIN EN 60335-2-46/A1 (VDE 0700 Teil 46/A1):1995-07.

DIN VDE 0700 Teil 49:1992-08 ‚Wärmeschränke für den gewerblichen Gebrauch': Gilt für die Fertigung von Geräten, die vor dem 01.09.1994 nachweislich dieser Norm entsprochen haben; laut Änderung DIN EN 60335-2-49/A1 (VDE 0700 Teil 49/A1):1995-07.

DIN VDE 0700 Teil 50:1992-08 ‚Warmhaltegeräte für den gewerblichen Gebrauch': Gilt für die Fertigung von Geräten, die vor dem 01.09.1994 nachweislich dieser Norm entsprochen haben; laut Änderung DIN EN 60335-2-50/A1 (VDE 0700 Teil 50/A1):1995-07.

DIN VDE 0720 Teil 2ZE:1982-05 ‚Küchenwärmegeräte' in Verbindung mit Teil 1/02.72 und Änderung Teil 1e/03.80: Gilt für die Fertigung von Strahlungsgrillgeräten und Toastern für den gewerblichen Bereich, die vor dem 01.09.1994 nachweislich dieser Norm entsprochen haben; ersetzt durch DIN VDE 0700 Teil 48/08.92 (EN 60335-2-48:1990).

30. September 1999

DIN VDE 0683 Teil 2:1988-03 ‚Zwangsgeführte Staberdungs- und Kurzschließgeräte': Gilt für die Fertigung von Geräten, die vor dem 01.10.1994 nachweislich dieser Norm entsprochen haben; laut DIN EN 61219 (VDE 0683 Teil 200):1995-01.

EN 60335-2-27:1989 (VDE 0700 Teil 27) ‚Hautbehandlungsgeräte': Gilt für die Fertigung von Geräten, die vor dem 01.10.1994 nachweislich dieser Norm entsprochen haben; laut DIN EN 60335-2-27 (VDE 0700 Teil 27):1993-04.

DIN VDE 0715 Teil 7:1991-09 (EN 60901:1990) ‚Einseitig gesockelte Leuchtstofflampen': Gilt für die Fertigung von Lampen, die vor dem 01.10.1994 nachweislich dieser Norm entsprochen haben; laut DIN EN 60901 (VDE 0715 Teil 7):1994-09.

30. November 1999

DIN VDE 0560 Teil 8:1988-06 „Motorkondensatoren": Gilt für die Fertigung von Erzeugnissen, die vor dem 01.12.1994 nachweislich dieser Norm entsprochen haben; laut DIN EN 60252 (VDE 0560 Teil 8):1994-11.

VDE 0675 Teil 1:1972-05 „Richtlinien für Überspannungsschutzgeräte; Ventilableiter für Wechselspannungsnetze": Gilt für die Fertigung von Erzeugnissen, die vor dem 01.12.1994 nachweislich dieser Norm entsprochen haben; laut DIN EN 60099-1 (VDE 0675 Teil 1):1994-12.

DIN VDE 0700-9 (VDE 0700 Teil 9):1992-02 ‚Brotröster, Grillgeräte, Bratgeräte und ähnliche Geräte' mit Änderung A2(A2):1993-11: Barbecue-Grillgeräte sind aus dem Anwendungsbereich des Teils 9 herausgenommen worden und werden in DIN EN 60335-2-78 (VDE 0700 Teil 78):1997-10 behandelt. Teil 9 gilt für die Fertigung von Barbecue-Grillgeräten, die vor dem 01.12.1999 nachweislich dieser Norm entsprochen haben, noch bis zum 01.12.2004.

DIN VDE 0700-43 (VDE 0700 Teil 43):1992-07 ‚Kleidungs- und Handtuchtrockner' mit Änderung DIN EN 60335-2-43/A51 (VDE 0700 Teil 43/A1):1995-07: Mit einer Übergangsfrist bis 01.12.1999 ersetzt durch DIN EN 60335-2-43 (VDE 0700 Teil 43):1998-03; gilt für die Fertigung von Geräten, die vor dem 01.12.1999 nachweislich dieser Norm entsprochen haben, noch bis zum 01.12.2004.

DIN VDE 0700-47 (VDE 0700 Teil 47):1992-07 ‚Kochkessel für den gewerblichen Gebrauch' mit Änderung A52(A1):1995-09: Mit einer Übergangsfrist bis 01.12.1999 ersetzt durch DIN EN 60335-2-47 (VDE 0700 Teil 47):1997-10; gilt für die Fertigung von Erzeugnissen, die vor dem 01.12.1999 nachweislich dieser Norm entsprochen haben, noch bis zum 01.12.2004.

DIN VDE 0700-48 (VDE 0700 Teil 48):1992-08 ‚Strahlungsgrillgeräte und Toaster für den gewerblichen Gebrauch' mit Änderung A1(A1):1995-06: Mit einer Übergangsfrist bis 01.12.1999 ersetzt durch DIN EN 60335-2-48 (VDE 0700 Teil 48):1997-10; gilt für die Fertigung von Erzeugnissen, die vor dem 01.12.1999 nachweislich dieser Norm entsprochen haben, noch bis zum 01.12.2004.

DIN VDE 0700-49 (VDE 0700 Teil 49):1992-08 ‚Wärmeschränke für den gewerblichen Gebrauch' mit Änderung A1(A1):1995-07: Mit einer Übergangsfrist bis 01.12.1999 ersetzt durch DIN EN 60335-2-49 (VDE 0700 Teil 49):1997-10; gilt für die Fertigung von Erzeugnissen, die vor dem 01.12.1999 nachweislich dieser Norm entsprochen haben, noch bis zum 01.12.2004.

DIN VDE 0700-50 (VDE 0700 Teil 50):1992-08 ‚Warmhaltegeräte für den gewerblichen Gebrauch' mit Änderung A1(A1):1995-07: Mit einer Übergangsfrist bis 01.12.1999 ersetzt durch DIN EN 60335-2-50 (VDE 0700 Teil 50):1997-10; gilt für die Fertigung von Erzeugnissen, die vor dem 01.12.1999 nachweislich dieser Norm entsprochen haben, noch bis zum 01.12.2004.

DIN VDE 0700 Teil 222:1988-09 ‚Heiz-Wärmepumpen': Gilt für die Fertigung von Geräten, die vor dem 01.03.1994 nachweislich dieser Norm entsprochen haben; laut DIN EN 60335-2-40 (VDE 0700 Teil 40):1994-12.

DIN VDE 0700 Teil 243:1986-02 ‚Wärmepumpen zur Wassererwärmung': Gilt für die Fertigung von Geräten, die vor dem 01.03.1994 nachweislich dieser Norm entsprochen haben; laut DIN EN 60335-2-40 (VDE 0700 Teil 40):1994-12.

DIN VDE 0700 Teil 258:1988-05 ‚Raumluftentfeuchter': Gilt für die Fertigung von Geräten, die vor dem 01.03.1994 nachweislich dieser Norm entsprochen haben; laut DIN EN 60335-2-40 (VDE 0700 Teil 40):1994-12.

31. Dezember 1999

DIN VDE 0631:1983-12 „Temperaturregler, Temperaturbegrenzer und ähnliche Vorrichtungen": Gilt für die Fertigung von Geräten, die vor dem 01.01.1996 bzw. 01.01.1997 nachweislich dieser Norm entsprochen haben; laut DIN EN 60730-2-2 (VDE 0631 Teil 2-2):1993-06, Teil 2-5 (Teil 2-5):1993-06 und Teil 2-7 (Teil 2-7):1993-06; weitere Frist siehe 31.12.2000. **Auf Grund der Berichtigung 1:1998-04 wurden die Fertigungsfrist gestrichen und das Datum für die Zurückziehung der Norm (dow) geändert in 15.12.2000 für DIN EN 60730-2-5 und bzw. in 01.01.2000 für DIN EN 60730-2-7 (VDE 0631 Teil 2-7).**

DIN EN 60730-2-7 (VDE 0631 Teil 2-7):1993-06 ‚Zeitsteuergeräte, Schaltuhren' mit Änderungen A1(A1):1997-08, A11(A11):1994-10 und A12(A12):1994-07: Gilt für die Fertigung von Geräten, die vor dem 01.01.1996 nachweislich dieser Norm entsprochen haben, noch bis zum 01.01.2000. **Auf Grund der Berichtigung 1:1998-04 wurden die Fertigungsfrist gestrichen und das Datum für die Zurückziehung der Norm (dow) geändert in 01.01.2000.**

DIN VDE 0700 Teil 7:1992-03 ‚Waschmaschinen': Gilt für die Fertigung von Geräten, die vor dem 01.01.1995 nachweislich dieser Norm entsprochen haben; laut Änderung DIN EN 60335-2-7/A51 (VDE 0700 Teil 7/A1): 1995-08.

DIN VDE 0700-56 (VDE 0700 Teil 56):1992-06 ‚Projektoren und ähnliche Geräte': Mit einer Übergangsfrist bis 01.02.2000 ersetzt durch DIN EN 60335-2-56 (VDE 0700 Teil 56):1998-01; gilt für die Fertigung von Erzeugnissen, die vor dem 01.01.2000 nachweislich dieser Norm entsprochen haben, noch bis zum 01.01.2005.

DIN EN 55015 (VDE 0875 Teil 15):1993-12 ‚Funkstörungen von Beleuchtungseinrichtungen': Ersetzt durch DIN EN 55015 (VDE 0875 Teil 15-1):1996-11.

29. Februar 2000

DIN 19240:1985-07 „Messen, Steuern, Regeln; Peripherieschnittstellen elektronischer Steuerungen; Stromversorgung und binäre Schnittstellen": Laut DIN EN 61131-2 (VDE 0411 Teil 500):1995-05.

DIN VDE 0435 Teil 302:1988-04 „Elektromechanische Meßrelais": Gilt für die Fertigung von Relais, die vor dem 01.03.1995 nachweislich dieser Norm entsprochen haben; teilweise ersetzt durch DIN EN 60255-6 (VDE 0435 Teil 301):1994-11.

DIN VDE 0435 Teil 303:1984-09 „Statische Meßrelais": Gilt für die Fertigung von Relais, die vor dem 01.03.1995 nachweislich dieser Norm entsprochen haben; teilweise ersetzt durch DIN EN 60255-6 (VDE 0435 Teil 301): 1994-11.

DIN VDE 0625 Teil 100/Entwurf 1988-11 ‚Steckvorrichtungen für Kraftwagen': Gilt für die Fertigung von Steckvorrichtungen, die vor dem 01.03.1995 nachweislich diesem Norm-Entwurf entsprochen haben; ersetzt durch DIN EN 50066 (VDE 0625 Teil 10):01.94.

DIN VDE 0636 Teil 10:1992-07 „Niederspannungssicherungen; Allgemeine Festlegungen": Gilt für die Fertigung von Sicherungen, die vor dem 01.03.1995 nachweislich dieser Norm entsprochen haben; laut DIN EN 60269-1/A1 (VDE 0636 Teil 10/A1):1995-02.

DIN VDE 0711 Teil 203:1991-09 ‚Straßenleuchten': Gilt für die Fertigung von Leuchten, die vor dem 01.03.1995 nachweislich dieser Norm entsprochen haben; ersetzt durch DIN EN 60598-2-3 (VDE 0711 Teil 203):1996-03.

DIN VDE 0711 Teil 205:1991-09 ‚Scheinwerfer': Gilt für die Fertigung von Leuchten, die vor dem 01.03.1995 nachweislich dieser Norm entsprochen haben; laut DIN EN 60598-2-5/A2 (VDE 0711 Teil 205/A1):1996-03.

DIN VDE 0711 Teil 218:1992-08 ‚Leuchten für Schwimmbecken': Gilt für die Fertigung von Leuchten, die vor dem 01.03.1995 nachweislich dieser Norm entsprochen haben; ersetzt durch DIN EN 60598-2-18 (VDE 0711 Teil 218):1996-03.

DIN VDE 0750 Teil 221:1989-01 ‚Röntgenanwendungsgeräte': Gilt für die Fertigung von Geräten, die vor dem 01.03.1995 nachweislich dieser Norm entsprochen haben; ersetzt durch DIN EN 60601-2-32 (VDE 0750 Teil 2-32):1995-11.

DIN VDE 0805:1990-05 ‚Einrichtungen der Informationstechnik' mit DIN VDE 0805/A1:1991-11: Gilt für die Fertigung von Geräten, die vor dem 01.03.1995 nachweislich dieser Norm entsprochen haben; laut DIN EN 60950 (VDE 0805):1993-11 sowie DIN EN 60950/A2 (VDE 0805/A2): 1994-09.

DIN EN 60825-1 (VDE 0837 Teil 1):1994-07 ‚Laser-Einrichtungen': Gilt für die Fertigung von Erzeugnissen, die vor dem 01.03.1995 nachweislich dieser Norm entsprochen haben; ersetzt durch Ausgabe 1997-03.

31. März 2000

DIN VDE 0626:1988-06 „Geräteanschlußleitungen": Gilt für die Fertigung von Leitungen, die vor dem 15.03.1995 nachweislich dieser Norm entsprochen haben; laut DIN EN 60799/A1 (VDE 0626/A1):1995-04.

DIN VDE 0700 Teil 6:1992-06 ‚Herde usw.': Gilt für die Fertigung von Geräten, die vor dem 01.04.1995 nachweislich dieser Norm entsprochen haben; laut DIN EN 60335-2-6/A2 (VDE 0700 Teil 6/A2):11.93.

DIN EN 60335-2-7 (VDE 0700 Teil 7):1992-03 ‚Waschmaschinen' mit Änderungen A1 und A2: Gilt für die Fertigung von Geräten, die vor dem 01.04.1995 nachweislich dieser Norm entsprochen haben; laut Änderung DIN EN 60335-2-7/A51 (VDE 0700 Teil 7/A1):1995-08.

DIN VDE 0700 Teil 35:1992-01 ‚Durchflußerwärmer': Gilt für die Fertigung von Geräten, die vor dem 01.04.1995 nachweislich dieser Norm entsprochen haben; laut DIN VDE 0700 Teil 35/A1:07.93.

DIN VDE 0700 Teil 43:1992-07 ‚Kleidungstrockner und Handtuchaufhängeleisten': Gilt für die Fertigung von Geräten, die vor dem 01.09.1994 nachweislich dieser Norm entsprochen haben; laut Änderung DIN EN 60335-2-43/A51 (VDE 0700 Teil 43/A1):1995-07.

DIN VDE 0711 Teil 209:1992-05 ‚Photo- und Filmaufnahmeleuchten': Gilt für die Fertigung von Leuchten, die vor dem 01.03.1995 nachweislich dieser Norm entsprochen haben; laut Änderung DIN EN 60598-2-9/A1 (VDE 0711 Teil 206/A1):1996-03.

30. April 2000

\# DIN VDE 0700-53 (VDE 0700 Teil 53):1992-06 ‚Sauna-Heizgeräte' mit Änderung DIN EN 60335-2-53/A51 (VDE 0700 Teil 53/A51):1996-10: Mit einer Übergangsfrist bis 01.05.2000 ersetzt durch DIN EN 60335-2-53 (VDE 0700 Teil 53):1998-03; gilt für die Fertigung von Geräten, die vor dem 01.05.2000 nachweislich dieser Norm entsprochen haben, noch bis zum 01.05.2005.

31. Mai 2000

DIN EN 60335-2-5 (VDE 0700 Teil 5):1992-03 ‚Geschirrspülmaschinen' einschließlich ihrer Änderungen A1 und A2: Gilt für die Fertigung von Geräten, die vor dem 01.06.1995 nachweislich dieser Norm entsprochen haben; laut Änderung DIN EN 60335-2-5/A3 (VDE 0700 Teil 5/A1):1995-08.

30. Juni 2000

DIN VDE 0565 Teil 1:1979-12 „Funk-Entstörmittel; Funk-Entstörkondensatoren" mit Änderung Teil 1A1/06.84: Gilt für die Fertigung von Kondensatoren, die vor dem 26.06.1995 nachweislich dieser Norm entsprochen haben; ersetzt durch DIN EN 132400 (VDE 0565 Teil 1-1):1995-03.

DIN VDE 0630:1992-06 ‚Geräteschalter': Gilt für die Fertigung von Schnurschaltern, die vor dem 01.07.1995 nachweislich dieser Norm entsprochen haben; ersetzt durch DIN EN 61058 Teil 2-1 (VDE 0630 Teil 2-1):1994-01; weitere Frist siehe 30.11.2000.

DIN VDE 0631:1983-12 „Temperaturregler, Temperaturbegrenzer und ähnliche Vorrichtungen": Gilt für die Fertigung von Geräten, die vor dem 01.07.1995 nachweislich dieser Norm entsprochen haben; laut DIN EN 60730-2-11 (VDE 0631 Teil 2-11):04.94 und DIN EN 60730-2-12 (VDE 0631 Teil 2-12):04.94; weitere Frist siehe 31.12.2000. **Auf Grund der Berichtigung 1:1998-04 wurden die Fertigungsfrist gestrichen und das Datum für die Zurückziehung der Norm (dow) geändert in 01.07.2000.**

DIN EN 60730-2-11 (VDE 0631 Teil 2-11):1994-04 ‚Energieregler' mit Änderung A1(A1):1997-10: Gilt für die Fertigung von Geräten, die vor dem 01.07.1995 nachweislich dieser Norm entsprochen haben, noch bis zum 01.07.2000. **Auf Grund der Berichtigung 1:1998-04 wurden die Fertigungsfrist gestrichen und das Datum für die Zurückziehung der Norm (dow) geändert in 01.07.2000.**

DIN VDE 0641 Teil 11:1992-08 (EN 60898:1991) ‚Leitungsschutzschalter für den Haushalt und ähnliche Anwendungen': Gilt für die Fertigung von Erzeugnissen, die vor dem 15.07.1995 dieser Norm entsprochen haben; laut Änderung DIN EN 60898/A11 (VDE 0641 Teil 11/A3):1995-10.

DIN VDE 0700 Teil 3:1991-10 ‚Bügeleisen': Gilt für die Fertigung von Geräten, die vor dem 01.07.1995 nachweislich dieser Norm entsprochen haben; laut DIN EN 60335-2-3/A52 (VDE 0700 Teil 3/A52):07.93.

DIN VDE 0700 Teil 9:1992-02 ‚Brotröster usw.': Gilt für die Fertigung von Geräten, die vor dem 01.07.1995 nachweislich dieser Norm entsprochen haben; laut DIN EN 60335-2-9/A2 (VDE 0700 Teil 9/A2):11.93.

DIN VDE 0700 Teil 11:1992-03 ‚Trommeltrockner': Gilt für die Fertigung von Geräten, die vor dem 01.07.1995 nachweislich dieser Norm entsprochen haben; laut Änderung DIN EN 60335-2-11 (VDE 0700 Teil 11):1995-08.

DIN VDE 0700 Teil 13:1991-10 ‚Bratpfannen usw.': Gilt für die Fertigung von Geräten, die vor dem 01.07.1995 nachweislich dieser Norm entsprochen haben; laut DIN EN 60335-2-13/A1 (VDE 0700 Teil 13/A1):11.93.

DIN VDE 0700 Teil 14:1992-10 ‚Küchenmaschinen': Gilt für die Fertigung von Geräten, die vor dem 01.09.1995 nachweislich dieser Norm entsprochen haben; ersetzt durch DIN EN 60335-2-14/A53 (VDE 0700 Teil 14/A1): 1995-09.

DIN VDE 0700 Teil 15:1992-04 ‚Geräte zur Flüssigkeitserhitzung' mit Änderungen A1/07.92 und A2/04.93: Gilt für die Fertigung von Geräten, die vor dem 01.07.1995 nachweislich dieser Norm entsprochen haben; laut DIN EN 60335-2-15/A52 (VDE 0700 Teil 15/A52):07.93.

DIN VDE 0700 Teil 23:1992-08 ‚Geräte zur Behandlung von Haut oder Haar': Gilt für die Fertigung von Geräten, die vor dem 01.07.1995 nachweislich dieser Norm entsprochen haben; laut DIN EN 60335-2-23/A1 (VDE 0700 Teil 23/A1):11.93.

DIN VDE 0700 Teil 25:1992-08 ‚Mikrowellengeräte': Gilt für die Fertigung von Geräten, die vor dem 01.01.1996 nachweislich dieser Norm entsprochen haben; laut DIN EN 60335-2-25/A2 (VDE 0700 Teil 25/A2):11.93.

EN 60335-2-27:1992 (VDE 0700 Teil 27) ‚Hautbehandlungsgeräte' (ohne Änderung A2): Gilt für die Fertigung von Geräten, die vor dem 01.07.1995 nachweislich dieser Norm entsprochen haben; laut DIN EN 60335-2-27 (VDE 0700 Teil 27):04.93.

DIN VDE 0700 Teil 47:1992-07 ‚Kochkessel für den gewerblichen Gebrauch': Gilt für die Fertigung von Geräten, die vor dem 01.07.1995 nachweislich dieser Norm entsprochen haben; laut Änderung DIN EN 60335-2-47/A52 (VDE 0700 Teil 47/A1)):1995-09.

DIN VDE 0700-51 (VDE 0700 Teil 51):1992-06 ‚Ortsfeste Umwälzpumpen für Heizungs- und Brauchwasserinstallationen': Mit einer Übergangsfrist bis 01.07.2000 ersetzt durch DIN EN 60335-2-51 (VDE 0700 Teil 51):1998-03; gilt für die Fertigung von Geräten, die vor dem 01.07.2000 nachweislich dieser Norm entsprochen haben, noch bis zum 01.07.2005.

DIN VDE 0711 Teil 206:1991-09 ‚Leuchten mit eingebauten Transformatoren für Glühlampen': Gilt für die Fertigung von Leuchten, die vor dem 01.07.1995 nachweislich dieser Norm entsprochen haben; ersetzt durch DIN EN 60598-2-6 (VDE 0711 Teil 206):1995-10.

30. September 2000

DIN VDE 0551:1972-05 „Bestimmungen für Sicherheitstransformatoren" mit Änderung e/09.75: Gilt für die Fertigung von Transformatoren, die vor dem 15.10.1995 nachweislich dieser Norm entsprochen haben; ersetzt durch DIN EN 60742 (VDE 0551):1995-09.

DIN VDE 0551:1989-09 „Trenntransformatoren und Sicherheitstransformatoren; Anforderungen": Gilt für die Fertigung von Transformatoren, die vor dem 15.10.1995 nachweislich dieser Norm entsprochen haben; ersetzt durch DIN EN 60742 (VDE 0551):1995-09.

DIN VDE 0660 Teil 114:1992-07 ‚Automatische Netzumschalter': Gilt für die Fertigung von Erzeugnissen, die vor dem 01.10.1995 nachweislich dieser Norm entsprochen haben; laut Änderung DIN EN 60947-6-1/A1 (VDE 0660 Teil 114/A1):1996-01.

DIN VDE 0711 Teil 207:1992-03 ‚Ortsveränderliche Gartenleuchten': Gilt für die Fertigung von Leuchten, die vor dem 01.10.1995 nachweislich dieser Norm entsprochen haben; laut Änderung DIN EN 60598-2-7/A12 (VDE 0711 Teil 207/A1):1995-09.

DIN EN 60192 (VDE 0715 Teil 3):1994-07 „Natriumdampf-Niederdrucklampen": Gilt für die Fertigung von Lampen, die vor dem 01.10.1995 nachweislich dieser Norm entsprochen haben; laut Ausgabe 1996-01.

30. November 2000

DIN VDE 0100 Teil 300:1985-11 ‚Allgemeine Angaben zur Planung elektrischer Anlagen': Gilt für am 01.01.1996 in Planung oder in Bau befindliche Anlagen; laut Ausgabe 1996-01.

DIN VDE 0100 Teil 520:1985-11 ‚Auswahl elektrischer Betriebsmittel; Kabel, Leitungen und Stromschienen': Gilt für am 01.01.1996 in Planung oder in Bau befindliche Anlagen; laut Ausgabe 1996-01.

DIN VDE 0544 Teil 102:1984-10 ‚Steckverbindungen für Schweißleitungen': Gilt für die Fertigung von Erzeugnissen, die vor dem 01.12.1995 nachweislich dieser Norm entsprochen haben; ersetzt durch DIN EN 60974-12 (VDE 0544 Teil 202):1996-02.

DIN VDE 0616 Teil 1:1992-11 ‚Lampenfassungen mit Edisongewinde': Gilt für die Fertigung von Fassungen, die vor dem 01.12.1995 nachweislich dieser Norm entsprochen haben; laut Änderung DIN EN 60238/A1 (VDE 0616 Teil 1/A1):1996-01.

DIN VDE 0630:1992-06 ‚Geräteschalter': Gilt für die Fertigung von Geräteschaltern, die vor dem 01.05.1993 nachweislich dieser Norm entsprochen haben; ersetzt durch DIN EN 61058 Teil 1 (VDE 0630 Teil 1):1993-05; Komiteebeschluß laut etz Bd. 117 (1996) H.6, S.74, siehe Wortlaut im Jahrbuch zum VDE-Vorschriftenwerk 1997, S. 753.

DIN EN 60730-2-5 (VDE 0631 Teil 2-5):1993-06 ‚Brenner-Steuerungs- und Überwachungssysteme': Gilt für die Fertigung von Reglern, die vor dem 15.12.1997 nachweislich dieser Norm entsprochen haben, noch bis zum 15.12.2002; laut Ausgabe 1995-12. **Auf Grund der Berichtigung 1:1998-04 wurden die Fertigungsfrist gestrichen und das Datum für die Zurückziehung der Norm (dow) geändert in 15.12.2000.**

DIN EN 60730-2-6 (VDE 0631 Teil 2-6):1995-10 ‚Druck-Regel- und Steuergeräte': Gilt für die Fertigung von Erzeugnissen, die vor dem 01.07.1998 nachweislich dieser Norm entsprochen haben, noch bis zum 01.07.2003; laut Ausgabe 1995-10. **Auf Grund der Berichtigung 1:1998-04 wurden die Fertigungsfrist gestrichen und das Datum für die Zurückziehung der Norm (dow) geändert in 15.12.2000.**

DIN EN 60730-2-8 (VDE 0631 Teil 2-8):1995-10 ‚Wasserventile' mit Änderung A1(A1):1997-10: Gilt für die Fertigung von Geräten, die vor dem 01.07.1998 nachweislich dieser Norm entsprochen haben, noch bis zum 01.07.2003. **Auf Grund der Berichtigung 1:1998-04 wurden die Fertigungsfrist gestrichen und das Datum für die Zurückziehung der Norm (dow) geändert in 15.12.2000.**

DIN EN 60730-2-9 (VDE 0631 Teil 2-9):1995-11 ‚Temperaturabhängige Regel- und Steuergeräte' mit Änderungen A1(A1):1997-02, A2(A2):1997-10 und A11(A11):1997-07: Gilt für die Fertigung von Geräten, die vor dem 01.01.1999 nachweislich dieser Norm entsprochen haben, noch bis zum 01.01.2004. **Auf Grund der Berichtigung 1:1998-04 wurden die Fertigungsfrist gestrichen und das Datum für die Zurückziehung der Norm (dow) geändert in 15.12.2000.**

DIN VDE 0660 Teil 102:1992-07 ‚Schütze und Motorstarter': Gilt für die Fertigung von Erzeugnissen, die vor dem 01.12.1995 nachweislich dieser Norm entsprochen haben; laut Änderung DIN EN 60947-4-1/A1 (VDE 0660 Teil 102/A1):1996-01.

DIN VDE 0660 Teil 107:1992-07 ‚Lastschalter, Trennschalter usw.': Gilt für die Fertigung von Schaltern, die vor dem 01.12.1995 nachweislich dieser Norm mit Corrigendum März 1993 entsprochen haben; laut DIN EN 60947-3/A1 (VDE 0660 Teil 107/A1):1996-06.

DIN VDE 0660 Teil 503:1986-07 ‚Niederspannung-Schaltgerätekombinationen; Kabelverteilerschränke': Gilt für die Fertigung von Erzeugnissen, die vor dem 01.12.1996 nachweislich dieser Norm entsprochen haben; ersetzt durch DIN EN 60439-5 (VDE 0660 Teil 503):1997-02.

DIN VDE 0700 Teil 6:1992-06 ‚Herde u. ä.' mit Änderung A2:1993-11: Gilt für die Fertigung von Geräten, die vor dem 01.12.1995 nachweislich dieser Norm entsprochen haben; laut Änderung DIN EN 60335 Teil 2-6/A51 (VDE 0700 Teil 6/A51):1994-01.

DIN VDE 0700 Teil 29:1992-03 ‚Batterieladegeräte': Gilt für die Fertigung von Geräten, die vor dem 01.12.1995 nachweislich dieser Norm entsprochen haben; laut Änderung DIN EN 60335-2-29/A2 (VDE 0700 Teil 29/A1):1995-10. *Bestätigt laut etz Bd. 117 (1996) H. 10, S. 61.*

DIN VDE 0700 Teil 211:1987-12 ‚Geräte zum Betrieb und zur Pflege von Aquarien': Gilt für die Fertigung von Geräten, die vor dem 01.12.1995 nachweislich dieser Norm entsprochen haben; ersetzt durch DIN EN 60335-2-55 (VDE 0700 Teil 55):1995-05.

DIN VDE 0700 Teil 231:1984-08 ‚Geschirrspülmaschinen für den gewerblichen Bereich': Gilt für die Fertigung von Geräten, die vor dem 01.12.1995 nachweislich dieser Norm in Verbindung mit Teil 1:1981-02 entsprochen haben; laut DIN EN 60335-2-58 (VDE 0700 Teil 58):1995-02.

DIN VDE 0712 Teil 101:1990-03 ‚Starter für röhrenförmige Leuchtstofflampen': Gilt für die Fertigung von Erzeugnissen, die vor dem 01.12.1995 nachweislich dieser Norm entsprochen haben; ersetzt durch DIN EN 60155 (VDE 0712):1996-02.

DIN VDE 0725 Teil 1:1992-12 ‚Wärmezudecken': Gilt für die Fertigung von Geräten, die vor dem 01.12.1995 nachweislich dieser Norm entsprochen haben; laut DIN EN 60967/A1 (VDE 0725 Teil 1/A1):1994-02.

31. Dezember 2000

DIN VDE 0631:1983-12 „Temperaturregler, Temperaturbegrenzer und ähnliche Vorrichtungen": Gilt für die Fertigung von Geräten, die vor dem 01.01.1997 nachweislich dieser Norm entsprochen haben; laut DIN EN 60730-2-3 (VDE 0631 Teil 2-3):06.93 und DIN EN 60730-2-4 (VDE 0631 Teil 2-4):02.94.

DIN EN 60335-2-11 (VDE 0700 Teil 11):1992-03 ‚Trommeltrockner' einschließlich ihrer Änderungen A1 und A2: Gilt für die Fertigung von Geräten, die vor dem 01.01.1996 nachweislich dieser Norm entsprochen haben; laut Änderung DIN EN 60335-2-11/A51(VDE 0700 Teil 11/A1):1995-08.

DIN VDE 0700 Teil 24:1992-03 ‚Kühlgeräte, Gefriergeräte und Eisbereiter': Gilt für die Fertigung von Geräten, die vor dem 01.01.1997 nachweislich dieser Norm entsprochen haben; ersetzt durch DIN EN 60335-2-24 (VDE 0700 Teil 24):1995-09.

DIN VDE 0700 Teil 25:1992-08 ‚Mikrowellengeräte': Gilt für die Fertigung von Geräten, die vor dem 01.01.1996 nachweislich dieser Norm entsprochen haben; laut DIN EN 60335-2-25/A2 (VDE 0700 Teil 25/A2):11.93.

VDE 0720 Teil 2E:1970-08 ‚Heißwasserspeicher' und Teil 2Eb/04.78 in Verbindung mit VDE 0720 Teil 1/02.72 und Teil 1e/03.80: Gilt für die Fertigung von Geräten, die vor dem 01.01.1996 nachweislich dieser Norm entsprochen haben; laut DIN EN 60335 Teil 2-21 (VDE 0700 Teil 21):05.93.

DIN VDE 0838 Teil 2:1987-06 ‚Oberschwingungen': Gilt für das Inverkehrbringen von Geräten, die vor dem 01.06.1998 nachweislich dieser Norm entsprochen haben; ersetzt durch DIN EN 61000-3-2 (VDE 0838 Teil 2):1996-03.

31. Januar 2001

DIN EN 60034-9 (VDE 0530 Teil 9):1996-05 ‚Drehende elektrische Maschinen; Geräuschgrenzwerte': Gilt für die Fertigung von Maschinen, die vor dem 15.02.1996 nachweislich dieser Norm entsprochen haben; laut Änderung A1(A1):1996-08.

DIN VDE 0605:1982-04 „Elektro-Installationsrohre und Zubehör": Gilt für die Fertigung von Erzeugnissen, die vor dem 31.01.1996 nachweislich dieser Norm entsprochen haben; laut DIN EN 50086-1 (VDE 0605 Teil 1):1994-05.

DIN VDE 0700-31 (VDE 0700 Teil 31):1992-03 ‚Dunstabzugshauben' mit Änderungen DIN EN 60335-2-31/A1 (VDE 0700 Teil 31/A1):1993-06 und A51(A2):1996-02: Mit einer Übergangsfrist bis 01.02.2001 ersetzt durch DIN EN 60335-2-31 (VDE 0700 Teil 31):1998-01; gilt für die Fertigung von Erzeugnissen, die vor dem 01.02.2001 nachweislich dieser Norm entsprochen haben, noch bis zum 01.02.2006.

DIN EN 60928 (VDE 0712 Teil 22):1995-06 ‚Elektronische Vorschaltgeräte für röhrenförmige Leuchtstofflampen': Gilt für die Fertigung von Vorschaltgeräten, die vor dem 15.02.1996 nachweislich dieser Norm entsprochen haben; laut Ausgabe 1996-03.

DIN EN 60929 (VDE 0712 Teil 23):1995-04 ‚Wechselstromversorgte elektronische Vorschaltgeräte': Ohne Übergangsfrist geändert durch die Änderung DIN EN 60929/A1 (VDE 0712 Teil 23/A1):1997-07; gilt für die Fertigung von Erzeugnissen, die vor dem 15.02.1996 nachweislich dieser Norm entsprochen haben, noch bis zum 15.02.2001.

28. Februar 2001

DIN EN 50054 (VDE 0400 Teil 1):1993-07 ‚Aufspüren brennbarer Gase; Prüfmethoden': Gilt für die Fertigung von Geräten, die vor dem 15.03.1996 nachweislich dieser Norm entsprochen haben; laut Änderung A1(A1):1996-01.

DIN EN 50055 (VDE 0400 Teil 2):1993-07 ‚Aufspüren brennbarer Gase; Meßbereich 5 %': Gilt für die Fertigung von Geräten, die vor dem 15.03.1996 nachweislich dieser Norm entsprochen haben; laut Änderung A1(A1):1996-01.

DIN EN 50056 (VDE 0400 Teil 3):1993-07 ‚Aufspüren brennbarer Gase; Meßbereich 100 %': Gilt für die Fertigung von Geräten, die vor dem 15.03.1996 nachweislich dieser Norm entsprochen haben; laut Änderung A1(A1):1996-01.

DIN VDE 0616 Teil 3:1992-08 ‚Lampenfassungen für röhrenförmige Leuchtstofflampen und Starterfassungen': Gilt für die Fertigung von Fassungen, die vor dem 15.03.1996 nachweislich dieser Norm entsprochen haben; ersetzt durch DIN EN 60400 (VDE 0616 Teil 3):1995-11.

\# DIN 57636-31 (VDE 0636 Teil 31):1983-12 ‚Niederspannungssicherungen; D-System': Ohne Übergangsfrist ersetzt durch DIN VDE 0636-301 (VDE 0636 Teil 301):1998-01; gilt für die Fertigung von Erzeugnissen, die vor dem 01.12.1997 nachweislich dieser Norm entsprochen haben, noch bis zum 01.12.2002.

\# DIN EN 61129 (VDE 0670 Teil 212):1995-02 ‚Wechselstrom-Erdungsschalter': Gilt für die Fertigung von Erzeugnissen, die vor dem 01.03.1996 nachweislich dieser Norm entsprochen haben, noch bis zum 01.03.2001.

31. März 2001

DIN VDE 0711 Teil 210:1991-10 ‚Ortsveränderliche Spielzeugleuchten': Gilt für die Fertigung von Leuchten, die vor dem 01.04.1996 nachweislich dieser Norm entsprochen haben; laut Änderung DIN EN 60598-2-10/A2 (VDE 0711 Teil 210/A1):1995-12.

30. April 2001

DIN VDE 0616 Teil 1:1992-11 ‚Lampenfassungen mit Edisongewinde' mit Änderung A1:1996-01: Gilt für die Fertigung von Fassungen, die vor dem 01.05.1996 nachweislich dieser Norm entsprochen haben; ersetzt durch DIN EN 60238/A2 (VDE 0616 Teil 1/A2):1996-06.

31. Mai 2001

DIN VDE 0616 Teil 2:1988-08 ‚Bajonett-Lampenfassungen': Gilt für die Fertigung von Fassungen, die vor dem 01.06.1995 nachweislich dieser Norm entsprochen haben; ersetzt durch DIN EN 61184 (VDE 0616 Teil 2):1995-11.

30. Juni 2001

DIN VDE 0611 Teil 3:1989-11 ‚Schutzleiter-Reihenklemmen bis 120 mm^2': Gilt für die Fertigung von Klemmen, die vor dem 01.07.1996 nachweislich dieser Norm entsprochen haben; ersetzt durch DIN EN 60947-7-2 (VDE 0611 Teil 3):1996-06.

DIN VDE 0683 Teil 1:1988-03 ‚Erdungs- und Kurzschließgeräte': Gilt für die Fertigung von Erzeugnissen, die vor dem 01.07.1996 nachweislich dieser Norm entsprochen haben; ersetzt durch DIN EN 61230 (VDE 0683 Teil 100):1996-11.

DIN VDE 0700 Teil 6:1992-06 ‚Herde u. ä.' mit Änderungen A2:1993-11 und A51:1994-01: Gilt für die Fertigung von Geräten, die vor dem 01.07.1996 nachweislich dieser Norm entsprochen haben; laut DIN EN 60335-2-6/A3 (VDE 0700 Teil 6/A3):1994-01.

DIN VDE 0700 Teil 15:1992-04 ‚Geräte zur Flüssigkeitserhitzung' mit Änderungen A1/07.92, A2/04.93 und A52/07.93: Gilt für die Fertigung von Geräten, die vor dem 01.07.1996 nachweislich dieser Norm entsprochen haben; laut Änderung DIN EN 60335-2-15/A3 (VDE 0700 Teil 15/A3):1994-02.

DIN VDE 0700-60 (VDE 0700 Teil 60):1992-06 ‚Sprudelbadegeräte' mit Änderung A52(A1):1995-09: Die von der Änderung DIN EN 60335-2-60/A53 (VDE 0700 Teil 60/A2):1997-09 betroffenen Abschnitte dieser Norm gelten noch bis zum 01.06.1999 unverändert weiter; diese Norm gilt für die Fertigung von Erzeugnissen, die vor dem 01.06.1999 nachweislich ihr entsprochen haben, noch bis zum 01.06.2001.

DIN EN 60155 (VDE 0712 Teil 101):1996-02 „Glimmstarter für Leuchtstofflampen": Gilt für die Fertigung von Erzeugnissen, die vor dem 01.09.1996 nachweislich dieser Norm entsprochen haben; laut Änderung DIN EN 60155/A1 (VDE 0712 Teil 101/A1):1996-07.

DIN VDE 0820 Teil 22:1992-11 ‚G-Sicherungseinsätze': Gilt für die Fertigung von Erzeugnissen, die vor dem 01.07.1997 nachweislich dieser Norm entsprochen haben; ersetzt durch DIN EN 60127-2 (VDE 0820 Teil 2):1996-08.

DIN EN 50082-1 (VDE 0839 Teil 82-1):1993-03 ‚EMV; Störfestigkeit; Wohnbereich, Geschäfts- und Gewerbebereiche': Ohne Übergangsfrist ersetzt durch Ausgabe 1997-11; für Betriebsmittel für Leittechnik und Laboreinsatz, die in den Anwendungsbereich von DIN EN 61326-1 (VDE 0843 Teil 20):1998-01 fallen, gilt diese Norm noch bis zum 01.07.2001.

DIN VDE 0875-11 (VDE 0875 Teil 11):1992-07 ‚Grenzwerte und Meßverfahren für Funkstörungen von Hochfrequenzgeräten': Ohne Übergangsfrist ersetzt durch DIN EN 55011 (VDE 0875 Teil 11):1997-10; für Betriebsmittel für Leittechnik und Laboreinsatz, die in den Anwendungsbereich von DIN EN 61326-1 (VDE 0843 Teil 20):1998-01 fallen, gilt diese Norm noch bis zum 01.07.2001.

31. Juli 2001

DIN VDE 0641 Teil 11:1992-08 ‚Leitungsschutzschalter für den Haushalt': Gilt für die Fertigung von Schutzschaltern, die vor dem 15.08.1996 nachweislich dieser Norm entsprochen haben; ersetzt durch DIN EN 60898/A13 (VDE 0641 Teil 11/A1):1996-06 und DIN EN 60898/A14 (VDE 0641 Teil 11/A4):1996-06.

DIN EN 60335-2-24 (VDE 0700 Teil 24):1995-09 ‚Kühl- und Gefriergeräte und Eisbereiter' mit Änderungen A51(A1):1996-07 und A52(A2):1997-08: Mit einer Übergangsfrist bis 31.01.1999 geändert durch Änderung A53(A3):1998-03; gilt für die Fertigung von Geräten, die vor dem 01.02.1999 nachweislich dieser Norm entsprochen haben, noch bis zum 01.08.2001.

31. August 2001

DIN EN 61048 (VDE 0560 Teil 61):1994-03 ‚Kondensatoren für Entladungslampen-, insbes. Leuchtstofflampen-Anlagen': Gilt für die Fertigung von Erzeugnissen, die vor dem 01.09.1996 nachweislich dieser Norm entsprochen haben; laut Änderung A1(A1):1997-02.

DIN EN 61058-2-1 (VDE 0630 Teil 2-1):1994-01 ‚Schnurschalter': Gilt für die Fertigung von Erzeugnissen, die vor dem 01.09.1996 nachweislich dieser Norm entsprochen haben; laut Änderung A1(A1):1996-10.

DIN EN 61095 (VDE 0637 Teil 3):1993-10 ‚Elektromechanische Schütze': Gilt für die Fertigung von Erzeugnissen, die vor dem 01.09.1996 nachweislich dieser Norm entsprochen haben; laut Änderung A11(A11):1996-10.

DIN VDE 0660-101 (VDE 0660 Teil 101):1992-07 „Niederspannung-Schaltgeräte; Leistungsschalter" mit Änderungen A1(A1):1994-02 und A2(A2):1996-03: Gilt für die Fertigung von Erzeugnissen, die vor dem 01.09.1996 nachweislich dieser Norm entsprochen haben; ersetzt durch DIN EN 60947-2 (VDE 0660 Teil 101):1997-02.

DIN EN 60439-1 (VDE 0660 Teil 500):1994-04 ‚Typgeprüfte Schaltgerätekombinationen': Gilt für die Fertigung von Erzeugnissen, die vor dem 01.09.1996 nachweislich dieser Norm entsprochen haben; laut Änderung A1(A1):1996-10; siehe 30.10.2001.

DIN VDE 0660-501 (VDE 0660 Teil 501):1992-02 ‚Baustromverteiler': Gilt für die Fertigung von Erzeugnissen, die vor dem 01.09.1996 nachweislich dieser Norm entsprochen haben; laut Änderung DIN EN 60439-4/A1 (VDE 0660 Teil 501/A1):1996-12.

DIN EN 60920 (VDE 0712 Teil 10):1993-04 ‚Vorschaltgeräte für röhrenförmige Leuchtstofflampen; Sicherheitsanforderungen': Ohne Übergangsfrist geändert durch Änderung A2(A2):1997-06; gilt für die Fertigung von Erzeugnissen, die vor dem 01.09.1996 nachweislich dieser Norm entsprochen haben, noch bis zum 01.09.2001. Wegen der Änderung A1(A1):1997-12 gilt die vorhergehende Norm für die Fertigung von Erzeugnissen, die vor dem 01.12.1994 nachweislich dieser Norm entsprochen haben, auch noch bis zum 01.09.2001.

\# DIN EN 60926 (VDE 0712 Teil 14):1995-05 ‚Startgeräte (andere als Glimmstarter)': Ohne Übergangsfrist ersetzt durch Ausgabe 1997-08; gilt für die Fertigung von Erzeugnissen, die vor dem 01.09.1996 nachweislich dieser Norm entsprochen haben, noch bis zum 01.09.2001.

\# DIN EN 61046 (VDE 0712 Teil 24):1995-04 ‚Gleich- oder wechselstromversorgte elektronische Konverter für Glühlampen': Ohne Übergangsfrist geändert durch die Änderung A1(A1):1997-07; gilt für die Fertigung von Erzeugnissen, die vor dem 01.09.1996 nachweislich dieser Norm entsprochen haben, noch bis zum 01.09.2001.

30. September 2001

DIN VDE 0700-210 (VDE 0700 Teil 210):1996-07 ‚Spielzeug für Sicherheits-Kleinspannung': Gilt für die Fertigung von Erzeugnissen, die vor dem 01.10.1998 nachweislich dieser Norm entsprochen haben; ersetzt durch DIN EN 50088 (VDE 0700 Teil 210):1997-02.

DIN EN 50088 (VDE 0700 Teil 210):1997-02 „Sicherheit elektrischer Spielzeuge": Gilt daneben bis zu diesem Zeitpunkt; weitere Frist siehe 30.09.2004; laut Änderung A1(A1):1997-02.

DIN VDE 0700 Teil 230:1992-06 ‚Raumheizgeräte': Gilt für die Fertigung von Geräten, die vor dem 01.10.1996 nachweislich dieser Norm entsprochen haben; ersetzt durch DIN EN 60335 Teil 2-30 (VDE 0700 Teil 30):02.94.

DIN VDE 0740-21 (VDE 0740 Teil 21):1994-01 ‚Bandschleifer, Bohrmaschinen, [...] Spritzpistolen': Gilt für die Fertigung von Erzeugnissen, die vor dem 01.10.1996 nachweislich dieser Norm entsprochen haben; teilweise ersetzt durch DIN EN 50144-2-6 (VDE 0740 Teil 206):1996-10 und DIN EN 50144-2-7 (VDE 0740 Teil 206):1996-10.

DIN VDE 0740-22 (VDE 0740 Teil 22):1991-04 ‚Blechscheren und Nibbler; Gewindeschneider; [...] Grasscheren': Gilt für die Fertigung von Erzeugnissen, die vor dem 01.10.1996 nachweislich dieser Norm entsprochen haben; teilweise ersetzt durch DIN EN 50144-2-8 (VDE 0740 Teil 208):1996-10, DIN EN 50144-2-9 (VDE 0740 Teil 209):1996-10 und DIN EN 50144-2-14 (VDE 0740 Teil 214):1996-10.

31. Oktober 2001

DIN EN 60439-1 (VDE 0660 Teil 500):1994-04 ‚Typgeprüfte Schaltgerätekombinationen': Gilt für die Fertigung von Erzeugnissen, die vor dem 01.11.1996 nachweislich dieser Norm entsprochen haben; laut Änderung A11(A11): 1996-12.

30. November 2001

DIN EN 61010-2-010 (VDE 0411 Teil 2-010):1995-03 ‚Laborgeräte für das Erhitzen von Stoffen': Gilt für die Fertigung von Geräten, die vor dem 01.12.1996 nachweislich dieser Norm entsprochen haben; laut Änderung A1(A1):1996-10.

DIN EN 61010-2-020 (VDE 0411 Teil 2-020):1995-03 ‚Laborzentrifugen': Gilt für die Fertigung von Geräten, die vor dem 01.12.1996 nachweislich dieser Norm entsprochen haben; laut Änderung A1(A1):1996-10.

DIN EN 61131-2 (VDE 0411 Teil 500):1995-05 ‚Speicherprogrammierbare Steuerungen': Gilt für die Fertigung von Erzeugnissen, die vor dem 01.12.1996 nachweislich dieser Norm entsprochen haben; laut Änderung A11(A11):1996-12.

DIN VDE 0530 Teil 15:1991-09 ‚Bemessungsstoßspannungen drehender Wechselstrommaschinen' (HD 53.15 S1:1991): Gilt für die Fertigung von Maschinen, die vor dem 01.12.1996 nachweislich dieser Norm entsprochen haben; ersetzt durch DIN EN 60034-15 (VDE 0530 Teil 15):1996-08.

DIN 57535-2 (VDE 0535 Teil 2):1982-04 ‚Transformatoren und Drosselspulen auf Schienen- oder Straßenfahrzeugen': Gilt für die Fertigung von Erzeugnissen, die vor dem 01.12.1996 nachweislich dieser Norm entsprochen haben; ersetzt durch DIN EN 60310 (VDE 0115 Teil 420):1996-09.

\# DIN EN 60831-2 (VDE 0560 Teil 47):1995-03 ‚Selbstheilende Leistungs-Parallelkondensatoren': Ohne Übergangsfrist ersetzt durch Ausgabe 1997-09; gilt für die Fertigung von Erzeugnissen, die vor dem 01.12.1996 nachweislich dieser Norm entsprochen haben, noch bis zum 01.12.2001.

\# DIN EN 60931-2 (VDE 0560 Teil 49):1995-03 ‚Nichtselbstheilende Leistungs-Parallelkondensatoren': Ohne Übergangsfrist ersetzt durch Ausgabe 1997-08; gilt für die Fertigung von Erzeugnissen, die vor dem 01.12.1996 nachweislich dieser Norm entsprochen haben, noch bis zum 01.12.2001.

DIN VDE 0605:1982-04 „Elektro-Installationsrohre und Zubehör": Gilt für die Fertigung von Erzeugnissen, die vor dem 01.12.1996 nachweislich dieser Norm entsprochen haben; ersetzt durch DIN EN 50086-2-1 (VDE 0605 Teil 2-1):1995-12 bis -2-3 (VDE 0605 Teil 2-3):1995-12.

DIN EN 60730-2-10 (VDE 0631 Teil 2-10):1996-10 ‚Motorstartrelais': Gilt für die Fertigung von Erzeugnissen, die vor dem 01.12.1996 nachweislich dieser Norm entsprochen haben; laut Änderung A1(A1):1996-10.

DIN EN 60335-2-21 (VDE 0700 Teil 21):1993-05 ‚Wassererwärmer': Gilt für die Fertigung von Geräten, die vor dem 01.12.1997 nachweislich dieser Norm entsprochen haben; laut Änderung A3:1996-01.

DIN EN 60432 (VDE 0715 Teil 1):1995-01 ‚Sicherheitsanforderungen an Glühlampen': Gilt für die Fertigung von Lampen, die vor dem 01.12.1995 nachweislich dieser Norm entsprochen haben; ersetzt durch DIN EN 60432-1 (VDE 0715 Teil 1):1996-01.

DIN EN 60127-6 (VDE 0820 Teil 6):1995-02 ‚G-Sicherungshalter': Gilt für die Fertigung von Erzeugnissen, die vor dem 01.12.1996 nachweislich dieser Norm entsprochen haben; ersetzt durch Ausgabe 1996-12.

DIN VDE 0820 Teil 3:1992-11 ‚Kleinstsicherungseinsätze': Gilt für die Fertigung von Erzeugnissen, die vor dem 01.12.1996 nachweislich dieser Norm entsprochen haben; ersetzt durch DIN EN 60127-3 (VDE 0820 Teil 3):1996-11.

31. Dezember 2001

DIN VDE 0530 Teil 12:1993-09 ‚Anlaufverhalten von Drehstrommotoren': Gilt für die Fertigung von Erzeugnissen, die vor dem 01.01.1997 nachweislich dieser Norm entsprochen haben; ersetzt durch DIN EN 60034-12 (VDE 0530 Teil 12):1996-11.

DIN VDE 0700 Teil 2:1991-12 ‚Staubsauger und Wassersauger': Gilt für die Fertigung von Geräten, die vor dem 01.01.1997 nachweislich dieser Norm entsprochen haben; laut Änderung DIN EN 60335-2-2/A53 (VDE 0700 Teil 2/A1):1995-07.

DIN VDE 0700 Teil 41:1992-06 ‚Pumpen für Flüssigkeiten, die eine Temperatur von 35 °C nicht überschreiten': Gilt für die Fertigung von Geräten, die vor dem 01.01.1997 nachweislich dieser Norm entsprochen haben; laut Änderung DIN EN 60335-2-41/A1 (VDE 0700 Teil 41/A1):1995-08.

DIN VDE 0700 Teil 60:1992-06 ‚Sprudelbadegeräte': Gilt für die Fertigung von Geräten, die vor dem 01.01.1997 nachweislich dieser Norm entsprochen haben; laut Änderung DIN EN 60335-2-60/A52 (VDE 0700 Teil 60/A1):1995-09.

28. Februar 2002

DIN 57115-1 (VDE 0115 Teil 1):1982-06 ‚Bahnen; Bau- und Schutzbestimmungen': Gilt für die Fertigung von Erzeugnissen, die vor dem 01.03.1997 nachweislich dieser Norm entsprochen haben; teilweise ersetzt durch DIN EN 50153 (VDE 0115 Teil 2):1996-12.

DIN 57115-2 (VDE 0115 Teil 2):1982-06 ‚Bahnen; Fahrzeuge und ihre Betriebsmittel': Gilt für die Fertigung von Erzeugnissen, die vor dem 01.03.1997 nachweislich dieser Norm entsprochen haben; ersetzt durch DIN EN 50153 (VDE 0115 Teil 2):1996-12.

\# DIN VDE 0625-1 (VDE 0625 Teil 1):1987-11 ‚Gerätesteckvorrichtungen für den Hausgebrauch' mit Änderungen A1(A1):1988-01, DIN EN 60320-1/A1 (VDE 0625 Teil 1/A2):1993-03 und DIN EN 60320-1/A11 (VDE 0625 Teil 1/A8):1995-05: Ohne Übergangsfrist ersetzt durch DIN EN 60320-1 (VDE 0625 Teil 1):1997-07; gilt für die Fertigung von Erzeugnissen, die vor dem 01.03.1997 nachweislich dieser Norm entsprochen haben, noch bis zum 01.03.2002.

DIN VDE 0660-100 (VDE 0660 Teil 100):1992-07 „Niederspannung-Schaltgeräte; Allgemeine Festlegungen": Gilt für die Fertigung von Erzeugnissen, die vor dem 01.03.1997 nachweislich dieser Norm entsprochen haben; laut Änderung DIN EN 60947-1/A1 (VDE 0660 Teil 100/A1):1997-02.

\# DIN VDE 0682-211 (VDE 0682 Teil 211):1992-11 ‚Geräte zum Arbeiten unter Spannung; Isolierende Arbeitsstangen': Ohne Übergangsfrist ersetzt durch DIN EN 60832 (VDE 0682 Teil 211):1998-01; gilt für die Fertigung von Erzeugnissen, die vor dem 01.03.1997 nachweislich dieser Norm entsprochen haben, noch bis zum 01.03.2002.

DIN VDE 0700 Teil 35:1992-01 ‚Durchflußerwärmer' mit Änderung A1/07.93: Gilt für die Fertigung von Geräten, die vor dem 01.03.1997 nachweislich dieser Norm entsprochen haben; ersetzt durch DIN EN 60335-2-35 (VDE 0700 Teil 35):1995-09.

\# DIN EN 60570 (VDE 0711 Teil 300):1995-07 „Elektrische Stromschienensysteme für Leuchten": Gilt für die Fertigung von Erzeugnissen, die vor dem 01.03.1997 nachweislich dieser Norm entsprochen haben; laut Ausgabe 1997-05.

DIN VDE 0740-21 (VDE 0740 Teil 21):1994-01 ‚Bandschleifer, Bohrmaschinen usw.': Gilt für die Fertigung von Geräten, die vor dem 01.04.1997 nachweislich dieser Norm entsprochen haben; teilweise ersetzt durch DIN EN 50144-2-5 (VDE 0740 Teil 205):1997-03.

31. März 2002

DIN EN 60034-1 (VDE 0530 Teil 1):1995-11 ‚Drehende elektrische Maschinen; Bemessung und Betriebsverhalten': Gilt für die Fertigung von Erzeugnissen, die vor dem 01.04.1997 nachweislich dieser Norm entsprochen haben; laut Änderung A1(A1):1997-02.

DIN EN 61184 (VDE 0616 Teil 2):1995-11 „Bajonett-Lampenfassungen": Gilt für die Fertigung von Erzeugnissen, die vor dem 01.04.1997 nachweislich dieser Norm entsprochen haben, noch bis zum 01.04.2002; laut Änderung A1(A1):1997-02.

\# DIN EN 60400 (VDE 0616 Teil 3):1995-11 ‚Lampenfassungen für röhrenförmige Leuchtstofflampen und Starterfassungen': Ohne Übergangsfrist ersetzt durch Ausgabe 1997-06; gilt für die Fertigung von Erzeugnissen, die vor dem 01.04.1997 nachweislich dieser Norm entsprochen haben, noch bis zum 01.04.2002.

DIN VDE 0616-4 (VDE 0616 Teil 4):1989-02 ‚Lampenfassungen; Linienlampen mit Sockel S14': Ohne Übergangsfrist ersetzt durch DIN EN 60838-2-1 (VDE 0616 Teil 4):1997-06; gilt für die Fertigung von Erzeugnissen, die vor dem 01.06.1997 nachweislich dieser Norm entsprochen haben, noch bis zum 01.06.2002.

DIN VDE 0711-202 (VDE 0711 Teil 202):1991-09 ‚Einbauleuchten': Gilt für die Fertigung von Leuchten, die vor dem 01.04.1997 nachweislich dieser Norm entsprochen haben; ersetzt durch DIN EN 60598-2-2 (VDE 0711 Teil 202):1997-04.

31. Mai 2002

DIN EN 50091-1 (VDE 0558 Teil 510):1994-03 ‚Unterbrechungsfreie Stromversorgung (USV)': Ohne Übergangsfrist ersetzt durch DIN EN 50091-1-1 (VDE 0558 Teil 511):1997-07; gilt für die Fertigung von Erzeugnissen, die vor dem 01.07.1997 nachweislich dieser Norm entsprochen haben, noch bis zum 01.06.2002.

DIN VDE 0560-12 (VDE 0560 Teil 12):1990-10 ‚Kondensatoren der Leistungselektronik': Ohne Übergangsfrist ersetzt durch DIN EN 61071-1 (VDE 0560 Teil 120):1997-08; gilt für die Fertigung von Erzeugnissen, die vor dem 01.06.1997 nachweislich dieser Norm entsprochen haben, noch bis zum 01.06.2002.

DIN 57636-23 (VDE 0636 Teil 23):1984-12 „Niederspannungssicherungen; NH-System; Halbleiterschutzsicherungen bis 1600 A und bis 3000 V": Gilt für die Fertigung von Erzeugnissen, die vor dem 01.06.1997 nachweislich dieser Norm entsprochen haben; ersetzt durch DIN EN 60269-4 (VDE 0636 Teil 40):1997-04.

DIN VDE 0636-33 (VDE 0636 Teil 33):1986-01 „Niederspannungssicherungen; D-System; Halbleiterschutzsicherungen 500 V und bis 100 A": Gilt für die Fertigung von Erzeugnissen, die vor dem 01.06.1997 nachweislich dieser Norm entsprochen haben; ersetzt durch DIN EN 60269-4 (VDE 0636 Teil 40):1997-04.

30. Juni 2002

DIN VDE 0560-22 (VDE 0560 Teil 22):1986-11 „Kondensatoren für Mikrowellenkochgeräte": Ohne Übergangsfrist ersetzt durch DIN EN 61270-1 (VDE 0560 Teil 22):1997-12; gilt für die Fertigung von Erzeugnissen, die vor

dem 01.07.1997 nachweislich dieser Norm entsprochen haben, noch bis zum 01.07.2002.

DIN VDE 0700 Teil 5:1992-03 ‚Geschirrspülmaschinen' mit Änderung A1:1995-08: Gilt für die Fertigung von Geräten, die vor dem 01.07.1997 nachweislich dieser Norm entsprochen haben; ersetzt durch Änderung DIN EN 60335-2-5/A51 (VDE 0700 Teil 5/A2):1995-11.

DIN VDE 0700 Teil 7:1992-03 ‚Waschmaschinen' mit Änderung A1/08.95: Gilt für die Fertigung von Geräten, die vor dem 01.07.1997 nachweislich dieser Norm entsprochen haben; laut Änderung DIN EN 60335-2-7/A52 (VDE 0700 Teil 7/A2):1995-12.

DIN VDE 0711-207 (VDE 0711 Teil 207):1992-03 ‚Ortsveränderliche Gartenleuchten' mit Änderung A12(A1):1995-09: Gilt für die Fertigung von Leuchten, die vor dem 01.07.1997 nachweislich dieser Norm entsprochen haben; laut Änderung DIN EN 60598-2-7/A2 (VDE 0711 Teil 207/A2):1997-04.

31. Juli 2002

DIN VDE 0530-14 (VDE 0530 Teil 14):1993-02 ‚Drehende elektrische Maschinen; Mechanische Schwingungen': Ohne Übergangsfrist ersetzt durch DIN EN 60034-14 (VDE 0530 Teil 14):1997-09; gilt für die Fertigung von Erzeugnissen, die vor dem 01.08.1997 nachweislich dieser Norm entsprochen haben, noch bis zum 01.08.2002.

31. August 2002

DIN IEC 255-1-00 (VDE 0435 Teil 201):1983-05 ‚Schaltrelais': Ohne Übergangsfrist ersetzt durch DIN EN 60255-1-00 (VDE 0435 Teil 201):1997-09; gilt für die Fertigung von Erzeugnissen, die vor dem 01.06.1997 nachweislich dieser Norm entsprochen haben, noch bis zum 01.09.2002.

DIN VDE 0620 (VDE 0620):1992-05 „Steckvorrichtungen bis 400 V 25 A": Gilt nicht mehr für Leitungsroller, sondern wurde ohne Übergangsfrist durch DIN EN 61242 (VDE 0620 Teil 300):1997-09 ersetzt; gilt für die Fertigung von Leitungsrollern, die vor dem 01.09.1997 nachweislich dieser Norm entsprochen haben, noch bis zum 01.09.2002.

DIN EN 60730-2-2 (VDE 0631 Teil 2-2):1993-03 ‚Automatische Regel- und Steuergeräte': Ohne Übergangsfrist ersetzt durch die Änderung A1:1997-08; gilt für die Fertigung von Erzeugnissen, die vor dem 01.09.1997 nachweislich dieser Norm entsprochen haben, noch bis zum 01.09.2002.

DIN VDE 0636-10 (VDE 0636 Teil 10):1992-07 ‚Niederspannungssicherungen': Ohne Übergangsfrist ersetzt durch die Änderung DIN EN 60269-1/A2 (VDE 0636 Teil 10/A2):1997-07; gilt für die Fertigung von Erzeugnissen, die

vor dem 01.09.1997 nachweislich dieser Norm entsprochen haben, noch bis zum 01.09.2002.

DIN EN 60269-2 (VDE 0636 Teil 20):1995-12 ‚Niederspannungssicherungen; Gebrauch durch Elektrofachleute': Ohne Übergangsfrist ersetzt durch die Änderung DIN EN 60269-2/A1 (VDE 0636 Teil 20/A1):1997-07; gilt für die Fertigung von Erzeugnissen, die vor dem 01.09.1997 nachweislich dieser Norm entsprochen haben, noch bis zum 01.09.2002.

DIN EN 60439-1 (VDE 0660 Teil 500):1994-04 ‚Typgeprüfte und partiell typgeprüfte Niederspannungs-Schaltgerätekombinationen': Ohne Übergangsfrist ersetzt durch die Änderung A2(A2):1997-09; gilt für die Fertigung von Erzeugnissen, die vor dem 01.09.1997 nachweislich dieser Norm entsprochen haben, noch bis zum 01.09.2002.

DIN EN 60598-2-6 (VDE 0711 Teil 206):1995-10 ‚Leuchten mit eingebauten Transformatoren': Ohne Übergangsfrist geändert durch die Änderung A1(A1):1997-09; gilt für die Fertigung von Erzeugnissen, die vor dem 01.09.1997 nachweislich dieser Norm entsprochen haben, noch bis zum 01.09.2002.

30. September 2002

DIN VDE 0712-12 (VDE 0712 Teil 12):1992-12 ‚Vorschaltgeräte für Entladungslampen; Sicherheits-Anforderungen': Ohne Übergangsfrist ersetzt durch DIN EN 60922 (VDE 0712 Teil 12):1997-10; gilt für die Fertigung von Erzeugnissen, die vor dem 01.10.1997 nachweislich dieser Norm entsprochen haben, noch bis zum 01.10.2002.

30. November 2002

DIN EN 60730-2-5 (VDE 0631 Teil 2-5):1993-06 ‚Brenner-Steuerungs- und Überwachungssysteme': Gilt für die Fertigung von Reglern, die vor dem 15.12.1997 nachweislich dieser Norm entsprochen haben, noch bis zum 15.12.2002; laut Ausgabe 1995-12. **Auf Grund der Berichtigung 1:1998-04 wurden die Fertigungsfrist gestrichen und das Datum für die Zurückziehung der Norm (dow) geändert in 15.12.2000.**

DIN 57636-31 (VDE 0636 Teil 31):1983-12 ‚Niederspannungssicherungen; D-System': Ohne Übergangsfrist ersetzt durch DIN VDE 0636-301 (VDE 0636 Teil 301):1998-01; gilt für die Fertigung von Erzeugnissen, die vor dem 01.12.1997 nachweislich dieser Norm entsprochen haben, noch bis zum 01.12.2002.

DIN EN 60269-4 (VDE 0636 Teil 40):1997-04 ‚Sicherungseinsätze zum Schutz von Halbleiter-Bauelementen': Mit einer Übergangsfrist bis

01.12.1997 geändert durch die Änderung A1(A1):1997-10; gilt für die Fertigung von Erzeugnissen, die vor dem 01.12.1997 nachweislich dieser Norm entsprochen haben, noch bis zum 01.12.2002.

DIN 57636-41 (VDE 0636 Teil 41):1983-12 ‚Niederspannungssicherungen; D0-System' mit DIN 49362:1984-01: Ohne Übergangsfrist ersetzt durch DIN VDE 0636-301 (VDE 0636 Teil 301):1998-01; gilt für die Fertigung von Erzeugnissen, die vor dem 01.12.1997 nachweislich dieser Norm entsprochen haben, noch bis zum 01.12.2002.

DIN VDE 0636-301 (VDE 0636 Teil 301):1997-03 ‚Niederspannungssicherungen (D-System)': Ohne Übergangsfrist ersetzt durch DIN VDE 0636-301 (VDE 0636 Teil 301):1998-01; gilt für die Fertigung von Erzeugnissen, die vor dem 01.12.1997 nachweislich dieser Norm entsprochen haben, noch bis zum 01.12.2002.

DIN EN 60598-2-2 (VDE 0711 Teil 202):1991-09 ‚Einbauleuchten': Ohne Übergangsfrist geändert durch die Änderung A1(A1):1997-11; gilt für die Fertigung von Erzeugnissen, die vor dem 01.12.1997 nachweislich dieser Norm entsprochen haben, noch bis zum 01.12.2002.

DIN VDE 0721-2 (VDE 0721 Teil 2):1975-11 ‚Industrielle Elektrowärmeanlagen; Besondere Bestimmungen': Ohne Übergangsfrist teilweise ersetzt durch DIN EN 60519-4 (VDE 0721 Teil 4):1997-12; gilt für die Fertigung von Erzeugnissen, die vor dem 01.12.1997 nachweislich dieser Norm entsprochen haben, noch bis zum 01.12.2002.

31. Dezember 2002

DIN EN 60238 (VDE 0616 Teil 1):1997-03 „Lampenfassungen mit Edisongewinde": Gilt für die Fertigung von Erzeugnissen, die vor dem 01.01.1998 nachweislich dieser Norm entsprochen haben, noch bis zum 01.01.2003; laut Änderung A1(A1):1998-01.

DIN VDE 0700 Teil 2:1991-12 ‚Staubsauger und Wassersauger' mit Änderung A53(A1):1995-07: Gilt für die Fertigung von Geräten, die vor dem 01.01.1998 nachweislich dieser Norm entsprochen haben; ersetzt durch DIN EN 60335-2-2 (VDE 0700 Teil 2):1996-04.

DIN VDE 0700 Teil 3:1991-10 ‚Bügeleisen' mit Änderungen A2:11.92 und A52:07.93: Gilt für die Fertigung von Geräten, die vor dem 01.01.1998 nachweislich dieser Norm entsprochen haben; ersetzt durch DIN EN 60335-2-3 (VDE 0700 Teil 3):1996-03.

DIN VDE 0700 Teil 4:1991-10 ‚Wäscheschleudern' mit Änderung A51(A1):11.93: Gilt für die Fertigung von Geräten, die vor dem 01.01.1998 nachweislich dieser Norm entsprochen haben; ersetzt durch DIN EN 60335-2-4 (VDE 0700 Teil 4):1996-02.

DIN VDE 0700 Teil 5:1992-03 ‚Geschirrspülmaschinen' mit Änderungen A3(A1):1995-08 und A51(A2):1995-11: Gilt für die Fertigung von Geräten, die vor dem 01.01.1998 nachweislich dieser Norm entsprochen haben; ersetzt durch DIN EN 60335-2-5 (VDE 0700 Teil 5):1996-05.

DIN VDE 0700 Teil 8:1992-03 ‚Rasiergeräte, Haarschneidemaschinen': Gilt für die Fertigung von Geräten, die vor dem 01.01.1998 nachweislich dieser Norm entsprochen haben; ersetzt durch DIN EN 60335-2-8 (VDE 0700 Teil 8):1996-06.

DIN VDE 0700 Teil 9:1992-02 ‚Brotröster, Grillgeräte, Bratgeräte' mit Änderung A2:1993-11: Gilt für die Fertigung von Geräten, die vor dem 31.12.1997 nachweislich dieser Norm entsprochen haben; ersetzt durch DIN EN 60335-2-9 (VDE 0700 Teil 9):1996-04.

DIN EN 60335-2-10 (VDE 0700 Teil 10):1993-06 ‚Bodenbehandlungsmaschinen und Naßschrubbmaschinen': Gilt für die Fertigung von Geräten, die vor dem 01.01.1998 nachweislich dieser Norm entsprochen haben; ersetzt durch Ausgabe 1996-01.

DIN VDE 0700 Teil 11:1992-03 ‚Trommeltrockner' mit Änderungen A51(A1):1995-08 und A52(A2):1995-12: Gilt für die Fertigung von Geräten, die vor dem 01.01.1998 nachweislich dieser Norm entsprochen haben; ersetzt durch DIN EN 60335-2-11 (VDE 0700 Teil 11):1996-05.

DIN VDE 0700 Teil 12:1991-10 ‚Warmhalteplatten': Gilt für die Fertigung von Geräten, die vor dem 01.01.1998 nachweislich dieser Norm entsprochen haben; ersetzt durch DIN EN 60335-2-12 (VDE 0700 Teil 12):1996-04.

DIN VDE 0700 Teil 25:1992-08 ‚Mikrowellengeräte' mit Änderungen A1:11.92 und A2:11.93: Gilt für die Fertigung von Geräten, die vor dem 01.01.1998 nachweislich dieser Norm entsprochen haben; ersetzt durch DIN EN 60335-2-25 (VDE 0700 Teil 25):1996-03.

DIN VDE 0700 Teil 34:1985-10 ‚Motorverdichter': Gilt für die Fertigung von Geräten, die vor dem 01.01.1998 nachweislich dieser Norm entsprochen haben; laut Änderung DIN IEC 335-2-34/A3 (VDE 0700 Teil 34/A1): 1996-07.

DIN VDE 0700 Teil 36:1992-03 ‚Herde, Brat- und Backöfen und Kochplatten für den gewerblichen Bereich': Gilt für die Fertigung von Geräten, die vor dem 01.01.1998 nachweislich dieser Norm entsprochen haben; ersetzt durch DIN EN 60335-2-36 (VDE 0700 Teil 36):1999-06.

DIN VDE 0700 Teil 205:1987-02 ‚Gewerbliche Bodenbehandlungsmaschinen': Gilt für die Fertigung von Geräten, die vor dem 01.01.1998 nachweislich dieser Norm entsprochen haben; ersetzt durch DIN EN 60335-2-69 (VDE 0700 Teil 69):1996-05.

DIN EN 60598-2-3 (VDE 0711 Teil 203):1996-03 ‚Straßenleuchten': Gilt für die Fertigung von Erzeugnissen, die vor dem 01.01.1998 nachweislich dieser Norm entsprochen haben, noch bis zum 01.01.2003; laut Änderung A1(A1):1997-10.

28. Februar 2003

DIN 7735-1 (VDE 0318 Teil 1):1975-09 „VDE-Bestimmung für die Schichtpreßstoff-Erzeugnisse Hartpapier, Hartgewebe und Hartmatte; Prüfverfahren": Gilt für die Fertigung von Erzeugnissen, die vor dem 01.03.1995 nachweislich dieser Norm entsprochen haben; ersetzt durch DIN EN 60893-1 (VDE 0318 Teil 1):1996-03 bis einschließlich DIN EN 60893-3-7 (VDE 0318 Teil 3-7):1996-03.

DIN 7735-2 (VDE 0318 Teil 2):1975-09 „VDE-Bestimmung für die Schichtpreßstoff-Erzeugnisse Hartpapier, Hartgewebe und Hartmatte; Anforderungen": Gilt für die Fertigung von Erzeugnissen, die vor dem 01.03.1995 nachweislich dieser Norm entsprochen haben; ersetzt durch DIN EN 60893-1 (VDE 0318 Teil 1):1996-03 bis einschließlich DIN EN 60893-3-7 (VDE 0318 Teil 3-7):1996-03.

DIN VDE 0700 Teil 13:1991-10 ‚Bratpfannen, Fritiergeräte' mit Änderung A1:1993-11: Gilt für die Fertigung von Geräten, die vor dem 01.03.1998 nachweislich dieser Norm entsprochen haben; ersetzt durch DIN EN 60335-2-13 (VDE 0700 Teil 13):1996-06.

DIN EN 60335-2-35 (VDE 0700 Teil 35):1995-09 ‚Durchflußerwärmer': Gilt für die Fertigung von Geräten, die vor dem 01.03.1998 nachweislich dieser Norm entsprochen haben; laut Änderung A51(A51):1996-05.

DIN VDE 0711-208 (VDE 0711 Teil 208):1991-12 ‚Handleuchten' mit Berichtigung 1:1995-08: Ohne Übergangsfrist ersetzt durch DIN EN 60598-2-8 (VDE 0711 Teil 2-8):1997-12; gilt für die Fertigung von Leuchten, die vor dem 01.03.1989 nachweislich dieser Norm und deren Änderung A2:1993 entsprochen haben, noch bis zum 01.03.2003.

31. März 2003

DIN EN 60034-1 (VDE 0530 Teil 1):1995-11 ‚Drehende elektrische Maschinen; Bemessung und Betriebsverhalten': Ohne Übergangsfrist geändert durch die Änderung A2(A2):1998-02; gilt für die Fertigung von Erzeugnissen, die vor dem 01.04.1998 nachweislich dieser Norm entsprochen haben, noch bis zum 01.04.2003.

DIN EN 60335-2-24 (VDE 0700 Teil 24):1995-09 ‚Kühl- und Gefriergeräte und Eisbereiter': Gilt für die Fertigung von Geräten, die vor dem 01.04.1998 nachweislich dieser Norm entsprochen haben; laut Änderung DIN EN 60335-2-24/A51 (VDE 0700 Teil 24/A1):1996-07; weitere Frist siehe 31.03.2003.

DIN EN 60335-2-32 (VDE 0700 Teil 32):1993-05 ‚Massagegeräte': Gilt für die Fertigung von Geräten, die vor dem 01.04.1998 nachweislich dieser Norm entsprochen haben; laut Ausgabe 1996-04.

DIN VDE 0700 Teil 37:1992-03 ‚Friteusen für den gewerblichen Gebrauch' mit Änderung DIN EN 60335-2-37/A51 (VDE 0700 Teil 37/A1):1995-02: Gilt für die Fertigung von Erzeugnissen, die vor dem 01.04.1998 nachweislich dieser Norm entsprochen haben; ersetzt durch DIN EN 60335-2-37 (VDE 0700 Teil 37):1996-11.

DIN VDE 0700 Teil 38:1992-03 ‚Bratpfannen für den gewerblichen Gebrauch' mit Änderung DIN EN 60335-2-38/A51 (VDE 0700 Teil 38/A1):1995-04: Gilt für die Fertigung von Erzeugnissen, die vor dem 01.04.1998 nachweislich dieser Norm entsprochen haben; ersetzt durch DIN EN 60335-2-38 (VDE 0700 Teil 38):1996-11.

DIN 57700-216 (VDE 0700 Teil 216):1982-04 ‚Elektrowärmegeräte zur Tieraufzucht und Tierhaltung': Gilt für die Fertigung von Geräten, die vor dem 01.04.1998 nachweislich dieser Norm entsprochen haben; ersetzt durch DIN EN 60335-2-71 (VDE 0700 Teil 216):1997-04.

DIN VDE 0700 Teil 259:1988-07 ‚Luftreinigungsgeräte': Gilt für die Fertigung von Geräten, die vor dem 01.04.1998 nachweislich dieser Norm entsprochen haben; ersetzt durch DIN EN 60335-2-65 (VDE 0700 Teil 65):1996-04.

DIN VDE 0700 Teil 261/Entwurf 1989-05 ‚Wasserbettbeheizungen': Gilt für die Fertigung von Geräten, die vor dem 01.02.1996 nachweislich diesem Entwurf entsprochen haben; ersetzt durch DIN EN 60335-2-66 (VDE 0700 Teil 66):1996-02.

DIN EN 60432-2 (VDE 0715 Teil 2):1996-01 ‚Halogen-Glühlampen für den Hausgebrauch': Ohne Übergangsfrist geändert durch die Änderung A2(A2):1998-02; gilt für die Fertigung von Erzeugnissen, die vor dem 01.04.1998 nachweislich dieser Norm entsprochen haben, noch bis zum 01.04.2003.

DIN EN 61199 (VDE 0715 Teil 9):1995-04 „Einseitig gesockelte Leuchtstofflampen; Sicherheitsanforderungen": Ohne Übergangsfrist geändert durch die Änderung A1(A1):1998-02; gilt für die Fertigung von Erzeugnissen, die vor dem 01.04.1998 nachweislich dieser Norm entsprochen haben, noch bis zum 01.04.2003.

DIN VDE 0740-22 (VDE 0740 Teil 22):1991-04 ‚Blechscheren und Nibbler, Hecken- und Grasscheren mit Scherblättern': Ohne Übergangsfrist teilweise

ersetzt durch DIN EN 50144-2-15 (VDE 0740 Teil 1215):1998-02; gilt für die Fertigung von Erzeugnissen, die vor dem 01.04.1998 nachweislich dieser Norm entsprochen haben, noch bis zum 01.04.2003.

31. Mai 2003

DIN EN 60432-1 (VDE 0715 Teil 1):1996-01 ‚Glühlampen für den Hausgebrauch': Ohne Übergangsfrist geändert durch die Änderungen A1(A1):1998-02 und A2(A2):1998-02; gilt für die Fertigung von Erzeugnissen, die vor dem 01.06.1998 nachweislich dieser Norm entsprochen haben, noch bis zum 01.06.2003.

DIN VDE 0804 (VDE 0804):1989-05 ‚Fernmeldetechnik; Herstellung und Prüfung der Geräte' mit Änderung A1(A1):1992-10, Abschnitt 22: Gilt daneben für die Stückprüfung von Endgeräten der Telekommunikationstechnik bis zum 01.06.1998; gilt für die Fertigung von Endgeräten, die vor dem 01.06.1998 nachweislich dieser Norm entsprochen haben, noch bis zum 01.06.2003; teilweise ersetzt durch DIN EN 50116 (VDE 0805 Teil 116):1997-06.

30. Juni 2003

DIN 57565 Teil 3 (VDE 0565 Teil 3):1981-09 ‚Funk-Entstörfilter bis 16 A' mit Änderung A2:1986-05: Ersetzt durch DIN EN 133200 (VDE 0565 Teil 3-1):1996-06.

DIN EN 60730-2-6 (VDE 0631 Teil 2-6):1995-10 ‚Druck-Regel- und Steuergeräte': Gilt für die Fertigung von Erzeugnissen, die vor dem 01.07.1998 nachweislich dieser Norm entsprochen haben, noch bis zum 01.07.2003; laut Ausgabe 1995-10. **Auf Grund der Berichtigung 1:1998-04 wurden die Fertigungsfrist gestrichen und das Datum für die Zurückziehung der Norm (dow) geändert in 15.12.2000.**

DIN EN 60730-2-8 (VDE 0631 Teil 2-8):1995-10 ‚Wasserventile' mit Änderung A1(A1):1997-10: Gilt für die Fertigung von Geräten, die vor dem 01.07.1998 nachweislich dieser Norm entsprochen haben, noch bis zum 01.07.2003. **Auf Grund der Berichtigung 1:1998-04 wurden die Fertigungsfrist gestrichen und das Datum für die Zurückziehung der Norm (dow) geändert in 15.12.2000.**

DIN VDE 0700 Teil 44:1992-03 ‚Bügelmaschinen und Bügelpressen': Gilt für die Fertigung von Geräten, die vor dem 01.07.1998 nachweislich dieser Norm entsprochen haben; laut Änderung DIN EN 60335-2-44/A51 (VDE 0700 Teil 44/A1):1996-09.

31. Juli 2003

DIN EN 60950 (VDE 0805):1993-11 ‚Einrichtungen der Informationstechnik'
mit Änderung A2(A2):1994-09: Mit einer Übergangsfrist bis 01.08.1998
ersetzt durch Ausgabe 1997-11; gilt für die Fertigung von Erzeugnissen, die
vor dem 01.08.1998 nachweislich dieser Norm entsprochen haben, noch bis
zum 01.08.2003.

31. August 2003

DIN VDE 0700-7 (VDE 0700 Teil 7):1992-03 ‚Waschmaschinen' mit Beiblatt 1:1986-03 sowie Änderungen A51(A1):1995-08 und A52(A2):1995-12:
Mit einer Übergangsfrist bis 01.09.1998 ersetzt durch DIN EN 60335-2-7
(VDE 0700 Teil 7):1997-11; gilt für die Fertigung von Erzeugnissen, die vor
dem 01.09.1998 nachweislich dieser Norm entsprochen haben, noch bis zum
01.09.2003.

DIN VDE 0700 Teil 15:1992-04 ‚Geräte zur Flüssigkeitserhitzung' mit Änderungen A1:1992-07, A2:1993-04, A3:1994-02 und A52:1993-07: Gilt für die Fertigung von Geräten, die vor dem 01.09.1998 nachweislich dieser Norm
entsprochen haben; ersetzt durch DIN EN 60335-2-15 (VDE 0700
Teil 15):1996-09.

30. November 2003

DIN VDE 0700-23 (VDE 0700 Teil 23):1992-08 ‚Geräte zur Behandlung von
Haut oder Haar' mit Änderungen A1(A1):1993-11 und A51(A51):1993-09:
Gilt für die Fertigung von Geräten, die vor dem 01.12.1998 nachweislich dieser Norm entsprochen haben; ersetzt durch DIN EN 60335-2-23 (VDE 0700
Teil 23):1997-01.

DIN VDE 0700-41 (VDE 0700 Teil 41):1992-06 ‚Pumpen für Flüssigkeiten,
die eine Temperatur von 35 °C nicht überschreiten' mit Änderung A1(A1):
1995-08: Gilt für die Fertigung von Erzeugnissen, die vor dem 01.12.1998
nachweislich dieser Norm entsprochen haben; ersetzt durch DIN EN 60335-2-41 (VDE 0700 Teil 41):1997-04.

31. Dezember 2003

DIN EN 60730-2-9 (VDE 0631 Teil 2-9):1995-11 ‚Temperaturabhängige
Regel- und Steuergeräte' mit Änderungen A1(A1):1997-02, A2(A2):1997-10
und A11(A11):1997-07: Gilt für die Fertigung von Geräten, die vor dem
01.01.1999 nachweislich dieser Norm entsprochen haben, noch bis zum
01.01.2004. **Auf Grund der Berichtigung 1:1998-04 wurden die Fertigungsfrist gestrichen und das Datum für die Zurückziehung der Norm
(dow) geändert in 15.12.2000.**

DIN VDE 0700-14 (VDE 0700 Teil 14):1992-10 ‚Küchenmaschinen' mit Änderungen A53(A1):1995-09 und A54(A2):1996-02: Ersetzt durch DIN EN 60335-2-14 (VDE 0700 Teil 14):1997-06; gilt für die Fertigung von Geräten, die vor dem 01.01.1999 nachweislich dieser Norm entsprochen haben, noch bis zum 01.01.2004.

DIN EN 60335-2-26 (VDE 0700 Teil 26):1993-06 ‚Uhren': Ersetzt durch Ausgabe 1997-06; gilt für die Fertigung von Geräten, die vor dem 01.01.1999 nachweislich dieser Norm entsprochen haben, noch bis zum 01.01.2004.

DIN EN 60335-2-28 (VDE 0700 Teil 28):1993-06 ‚Nähmaschinen': Mit einer Übergangsfrist bis 01.01.1999 ersetzt durch Ausgabe 1997-09; gilt für die Fertigung von Erzeugnissen, die vor dem 01.01.1999 nachweislich dieser Norm entsprochen haben, noch bis zum 01.01.2004.

DIN EN 60335-2-33 (VDE 0700 Teil 33):1993-06 ‚Kaffeemühlen': Ersetzt durch DIN EN 60335-2-14 (VDE 0700 Teil 14):1997-06; gilt für die Fertigung von Geräten, die vor dem 01.01.1999 nachweislich dieser Norm entsprochen haben, noch bis zum 01.01.2004.

DIN EN 60335-2-52 (VDE 0700 Teil 52):1993-06 ‚Mundpflegegeräte, die über einen Sicherheitstransformator mit dem Netz verbunden sind': Gilt für die Fertigung von Geräten, die vor dem 01.01.1999 nachweislich dieser Norm entsprochen haben; laut Ausgabe 1997-04.

DIN VDE 0700 Teil 400:1993-04 ‚Besondere Anforderung für die höchstzulässige Temperatur für die Gitteroberflächen der Luftaustrittsöffnungen von Speicherheizgeräten': Gilt für die Fertigung von Erzeugnissen, die vor dem 01.01.1999 nachweislich dieser Norm entsprochen haben; ersetzt durch DIN EN 60335-2-61 (VDE 0700 Teil 61):1997-02.

VDE 0720 Teil 2C:1972-07 ‚Besondere Bestimmungen für Tauchheizgeräte' mit Änderung Teil 2Ca:1974-11: Gilt für die Fertigung von Erzeugnissen, die vor dem 01.01.1999 nachweislich dieser Norm entsprochen haben; ersetzt durch DIN EN 60335-2-74 (VDE 0700 Teil 74):1997-02.

DIN 57720 Teil 2P (VDE 0720 Teil 2P):1980-07 ‚Besondere Bestimmungen für Speicherheizgeräte' mit Änderung A1(A1):1982-10: Gilt für die Fertigung von Erzeugnissen, die vor dem 01.01.1999 nachweislich dieser Norm entsprochen haben; ersetzt durch DIN EN 60335-2-61 (VDE 0700 Teil 61):1997-02.

DIN 57727 Teil 203 (VDE 0727 Teil 2C):1976-11 ‚Sonderbestimmungen für Tauchsieder' mit Änderung Teil 2C/A2:1992-07: Gilt für die Fertigung von Geräten, die vor dem 01.01.1999 nachweislich dieser Norm entsprochen haben; ersetzt durch DIN EN 60335-2-74 (VDE 0700 Teil 74):1997-02.

31. März 2004

\# DIN EN 60730-2-1 (VDE 0631 Teil 2-1):1993-06 ‚Regel- und Steuergeräte für Haushaltgeräte' mit Änderungen A12(A12):1994-02 und A13(A13):1996-06: Ohne Übergangsfrist ersetzt durch Ausgabe 1997-07; gilt für die Fertigung von Erzeugnissen, die vor dem 01.04.1999 nachweislich dieser Norm entsprochen haben, noch bis zum 01.04.2004.

\# DIN EN 60335-1 (VDE 0700 Teil 1):1997-08 ‚Geräte für den Hausgebrauch': Ohne Übergangsfrist ergänzt durch Änderung A1(A1):1997-08; gilt für die Fertigung von Erzeugnissen, die von wiederaufladbaren Batterien gespeist werden und die vor dem 01.04.1999 nachweislich dieser Norm entsprochen haben, noch bis zum 01.04.2004.

\# DIN EN 60335-1 (VDE 0700 Teil 1):1997-08 ‚Geräte für den Hausgebrauch': Ohne Übergangsfrist ergänzt durch Änderung A12(A12):1997-08; gilt für die Fertigung von Erzeugnissen, die keine Funk-Entstörkondensatoren enthalten und die vor dem 01.04.1999 nachweislich dieser Norm entsprochen haben, noch bis zum 01.04.2004.

\# DIN VDE 0700-16 (VDE 0700 Teil 16):1992-12 ‚Zerkleinerer von Nahrungsmittelabfällen': Mit einer Übergangsfrist bis 01.04.1999 ersetzt durch DIN EN 60335-2-16 (VDE 0700 Teil 16):1997-11; gilt für die Fertigung von Erzeugnissen, die vor dem 01.04.1999 nachweislich dieser Norm entsprochen haben, noch bis zum 01.04.2004.

\# DIN VDE 0700-19 (VDE 0700 Teil 19):1992-03 ‚Batteriegespeiste Rasiergeräte, Haarschneidemaschinen und ähnliche Geräte und ihre Lade- und Batterieteile': Ohne Übergangsfrist zurückgezogen und ersetzt durch Änderung DIN EN 60335-1/A1 (VDE 0700 Teil 1/A1):1997-08; gilt für die Fertigung von Erzeugnissen, die vor dem 01.04.1999 nachweislich dieser Norm entsprochen haben, noch bis zum 01.04.2004.

\# DIN VDE 0700-20 (VDE 0700 Teil 20):1992-10 ‚Batteriegespeiste Zahnbürsten und ihre Lade- und Batterieteile': Ohne Übergangsfrist zurückgezogen und ersetzt durch Änderung DIN EN 60335-1/A1 (VDE 0700 Teil 1/A1):1997-08; gilt für die Fertigung von Erzeugnissen, die vor dem 01.04.1999 nachweislich dieser Norm entsprochen haben, noch bis zum 01.04.2004.

\# DIN VDE 0700-29 (VDE 0700 Teil 29):1992-03 ‚Batterieladegeräte' mit Änderung DIN EN 60335-2-29/A2 (VDE 0700 Teil 29/A1):1995-10: Mit einer Übergangsfrist bis 01.04.1999 ersetzt durch DIN EN 60335-2-29 (VDE 0700 Teil 29):1998-03; gilt für die Fertigung von Geräten, die vor dem 01.04.1999 nachweislich dieser Norm entsprochen haben, noch bis zum 01.04.2004.

\# DIN VDE 0700-34 (VDE 0700 Teil 34):1985-10 ‚Motorverdichter' mit Änderung A3(A1):1996-07: Gilt daneben weiter bis zum 01.04.1999; gilt jedoch für die Fertigung von Erzeugnissen, die vor dem 01.04.1999 nachweislich dieser Norm entsprochen haben, noch bis zum 01.04.2004; ersetzt durch DIN EN 60335-2-34 (VDE 0700 Teil 34):1997-08.

DIN EN 60335-2-36 (VDE 0700 Teil 36):1996-06 ‚Herde, Brat- und Backöfen': Gilt für die Fertigung von Geräten, die vor dem 01.04.1999 nachweislich dieser Norm entsprochen haben; laut Änderung A1(A1):1997-01.

DIN EN 60335-2-37 (VDE 0700 Teil 37):1996-11 ‚Friteusen für den gewerblichen Gebrauch': Gilt für die Fertigung von Geräten, die vor dem 01.04.1999 nachweislich dieser Norm entsprochen haben; laut Änderung A1(A1):1997-01.

DIN EN 60335-2-38 (VDE 0700 Teil 38):1996-11 ‚Bratplatten und Kontaktgrills für den gewerblichen Gebrauch': Gilt für die Fertigung von Geräten, die vor dem 01.04.1999 nachweislich dieser Norm entsprochen haben; laut Änderung A1(A1):1997-01.

DIN VDE 0700 Teil 39:1992-03 ‚Mehrzweck-Koch- und Bratpfannen für den gewerblichen Gebrauch' mit Änderung A1(A1):1995-02: Gilt für die Fertigung von Geräten, die vor dem 01.04.1998 nachweislich dieser Norm entsprochen haben; ersetzt durch DIN EN 60335-2-39 (VDE 0700 Teil 39):1997-01.

DIN EN 60335-2-39 (VDE 0700 Teil 39):1997-01 ‚Mehrzweck-Koch- und Bratpfannen für den gewerblichen Gebrauch': Gilt für die Fertigung von Geräten, die vor dem 01.04.1999 nachweislich dieser Norm entsprochen haben; laut Änderung A1(A1):1997-01.

DIN VDE 0700 Teil 42:1992-03 ‚Heißumluftöfen für den gewerblichen Gebrauch' mit Änderung DIN EN 60335-2-42/A1 (VDE 0700 Teil 42/A1):1995-07: Gilt für die Fertigung von Geräten, die vor dem 01.04.1998 nachweislich dieser Norm entsprochen haben; ersetzt durch DIN EN 60335-2-42 (VDE 0700 Teil 42):1997-01.

DIN EN 60335-2-42 (VDE 0700 Teil 42):1997-01 ‚Heißumluftöfen, Dampfgeräte und Heißluftdämpfer für den gewerblichen Gebrauch': Gilt für die Fertigung von Geräten, die vor dem 01.04.1999 nachweislich dieser Norm entsprochen haben; laut Änderung A1(A1):1997-01.

DIN VDE 0700 Teil 46:1992-03 ‚Dampfgeräte für den gewerblichen Gebrauch' mit Änderung DIN EN 60335-2-46/A1 (VDE 0700 Teil 46/A1):1995-07: Gilt für die Fertigung von Geräten, die vor dem 01.04.1998 nachweislich dieser Norm entsprochen haben; ersetzt durch DIN EN 60335-2-42 (VDE 0700 Teil 42):1997-01.

DIN VDE 0700-51 (VDE 0700 Teil 51):1992-06 ‚Ortsfeste Umwälzpumpen für Heizungs- und Brauchwasserinstallationen': Mit einer Übergangsfrist bis 01.07.2000 ersetzt durch DIN EN 60335-2-51 (VDE 0700 Teil 51):1998-03;

gilt für die Fertigung von Geräten, die vor dem 01.07.2000 nachweislich dieser Norm entsprochen haben, noch bis zum 01.07.2005.

DIN VDE 0700-253 (VDE 0700 Teil 253):1988-10 ‚Heizeinsätze zur Wassererwärmung': Gilt für die Fertigung von Geräten, die vor dem 01.04.1999 nachweislich dieser Norm entsprochen haben; ersetzt durch DIN EN 60335-2-73 (VDE 0700 Teil 73):1997-04.

VDE 0720-2C (VDE 0720 Teil 2C):1972-07 ‚Besondere Bestimmungen für Tauchheizgeräte' mit Änderung Teil 2Ca:1974-11: Gilt für die Fertigung von Geräten, die vor dem 01.04.1999 nachweislich dieser Norm entsprochen haben; ersetzt durch DIN EN 60335-2-73 (VDE 0700 Teil 73):1997-04.

DIN 57727-203 (VDE 0727 Teil 2C):1976-11 ‚Sonderbestimmungen für Tauchsieder' mit Änderung Teil 2C/A2:1992-07: Gilt für die Fertigung von Geräten, die vor dem 01.04.1999 nachweislich dieser Norm entsprochen haben; ersetzt durch DIN EN 60335-2-73 (VDE 0700 Teil 73):1997-04.

31. Mai 2004

DIN EN 60335-2-25 (VDE 0700 Teil 25):1996-03 ‚Mikrowellenkochgeräte': Gilt für die Fertigung von Erzeugnissen, die vor dem 01.06.1996 nachweislich dieser Norm entsprochen haben; ersetzt durch Ausgabe 1997-03.

30. Juni 2004

DIN EN 60335-2-62 (VDE 0700 Teil 62):1994-11 ‚Spülbecken für den gewerblichen Gebrauch': Mit einer Übergangsfrist bis 01.07.1999 ersetzt durch Ausgabe 1997-10; gilt für die Fertigung von Erzeugnissen, die vor dem 01.07.1999 nachweislich dieser Norm entsprochen haben, noch bis zum 01.07.2004.

30. September 2004

DIN EN 50088 (VDE 0700 Teil 210):1997-02 „Sicherheit elektrischer Spielzeuge": Gilt für die Fertigung von Geräten, die vor dem 01.10.2001 nachweislich dieser Norm entsprochen haben; laut Änderung A1(A1):1997-02.

31. Oktober 2004

DIN EN 60335-2-55 (VDE 0700 Teil 55):1992-10 ‚Geräte zum Gebrauch in Aquarien und Gartenteichen': Mit einer Übergangsfrist bis 01.11.1999 ersetzt durch DIN EN 60335-2-55 (VDE 0700 Teil 55):1997-12; gilt für die Fertigung von Erzeugnissen, die vor dem 01.11.1999 nachweislich dieser Norm entsprochen haben, noch bis zum 01.11.2004.

30. November 2004

DIN VDE 0700-9 (VDE 0700 Teil 9):1992-02 ‚Brotröster, Grillgeräte, Bratgeräte und ähnliche Geräte' mit Änderung A2(A2):1993-11: Barbecue-Grillgeräte sind aus dem Anwendungsbereich des Teils 9 herausgenommen worden und werden in DIN EN 60335-2-78 (VDE 0700 Teil 78):1997-10 behandelt. Teil 9 gilt für die Fertigung von Barbecue-Grillgeräten, die vor dem 01.12.1999 nachweislich dieser Norm entsprochen haben, noch bis zum 01.12.2004.

DIN EN 60335-2-27 (VDE 0700 Teil 27):1993-04 ‚Hautbehandlungsgeräte' mit Änderung A51(A1):1995-09: Mit einer Übergangsfrist bis 01.12.1999 ersetzt durch Ausgabe 1997-12; gilt für die Fertigung von Erzeugnissen, die vor dem 01.12.1999 nachweislich dieser Norm entsprochen haben, noch bis zum 01.12.2004.

DIN VDE 0700-43 (VDE 0700 Teil 43):1992-07 ‚Kleidungs- und Handtuchtrockner' mit Änderung DIN EN 60335-2-43/A51 (VDE 0700 Teil 43/A1):1995-07: Mit einer Übergangsfrist bis 01.12.1999 ersetzt durch DIN EN 60335-2-43 (VDE 0700 Teil 43):1998-03; gilt für die Fertigung von Geräten, die vor dem 01.12.1999 nachweislich dieser Norm entsprochen haben, noch bis zum 01.12.2004.

DIN VDE 0700-47 (VDE 0700 Teil 47):1992-07 ‚Kochkessel für den gewerblichen Gebrauch' mit Änderung A52(A1):1995-09: Mit einer Übergangsfrist bis 01.12.1999 ersetzt durch DIN EN 60335-2-47 (VDE 0700 Teil 47): 1997-10; gilt für die Fertigung von Erzeugnissen, die vor dem 01.12.1999 nachweislich dieser Norm entsprochen haben, noch bis zum 01.12.2004.

DIN VDE 0700-48 (VDE 0700 Teil 48):1992-08 ‚Strahlungsgrillgeräte und Toaster für den gewerblichen Gebrauch' mit Änderung A1(A1):1995-06: Mit einer Übergangsfrist bis 01.12.1999 ersetzt durch DIN EN 60335-2-48 (VDE 0700 Teil 48):1997-10; gilt für die Fertigung von Erzeugnissen, die vor dem 01.12.1999 nachweislich dieser Norm entsprochen haben, noch bis zum 01.12.2004.

DIN VDE 0700-49 (VDE 0700 Teil 49):1992-08 ‚Wärmeschränke für den gewerblichen Gebrauch' mit Änderung A1(A1):1995-07: Mit einer Übergangsfrist bis 01.12.1999 ersetzt durch DIN EN 60335-2-49 (VDE 0700 Teil 49):1997-10; gilt für die Fertigung von Erzeugnissen, die vor dem 01.12.1999 nachweislich dieser Norm entsprochen haben, noch bis zum 01.12.2004.

DIN VDE 0700-50 (VDE 0700 Teil 50):1992-08 ‚Warmhaltegeräte für den gewerblichen Gebrauch' mit Änderung A1(A1):1995-07: Mit einer Übergangsfrist bis 01.12.1999 ersetzt durch DIN EN 60335-2-50 (VDE 0700 Teil 50):1997-10; gilt für die Fertigung von Erzeugnissen, die vor dem

01.12.1999 nachweislich dieser Norm entsprochen haben, noch bis zum 01.12.2004.

DIN VDE 0700-54 (VDE 0700 Teil 54):1992-10 ‚Geräte zur Oberflächenreinigung mit Flüssigkeiten': Mit einer Übergangsfrist bis 01.12.1999 ersetzt durch DIN EN 60335-2-54 (VDE 0700 Teil 54):1997-12; gilt für die Fertigung von Erzeugnissen, die vor dem 01.12.1999 nachweislich dieser Norm entsprochen haben, noch bis zum 01.12.2004.

31. Dezember 2004

DIN VDE 0700-56 (VDE 0700 Teil 56):1992-06 ‚Projektoren und ähnliche Geräte': Mit einer Übergangsfrist bis 01.02.2000 ersetzt durch DIN EN 60335-2-56 (VDE 0700 Teil 56):1998-01; gilt für die Fertigung von Erzeugnissen, die vor dem 01.01.2000 nachweislich dieser Norm entsprochen haben, noch bis zum 01.01.2005.

30. April 2005

DIN VDE 0700-53 (VDE 0700 Teil 53):1992-06 ‚Sauna-Heizgeräte' mit Änderung DIN EN 60335-2-53/A51 (VDE 0700 Teil 53/A51):1996-10: Mit einer Übergangsfrist bis 01.05.2000 ersetzt durch DIN EN 60335-2-53 (VDE 0700 Teil 53):1998-03; gilt für die Fertigung von Geräten, die vor dem 01.05.2000 nachweislich dieser Norm entsprochen haben, noch bis zum 01.05.2005.

31. Januar 2006

DIN VDE 0700-31 (VDE 0700 Teil 31):1992-03 ‚Dunstabzugshauben' mit Änderungen DIN EN 60335-2-31/A1 (VDE 0700 Teil 31/A1):1993-06 und A51(A2):1996-02: Mit einer Übergangsfrist bis 01.02.2001 ersetzt durch DIN EN 60335-2-31 (VDE 0700 Teil 31):1998-01; gilt für die Fertigung von Erzeugnissen, die vor dem 01.02.2001 nachweislich dieser Norm entsprochen haben, noch bis zum 01.02.2006.

31. Mai 2006

DIN EN 60669-2-3 (VDE 0632 Teil 2-3):1997-04 ‚Schalter für Haushalt; Zeitschalter': Gilt für die Fertigung von Erzeugnissen, die vor dem 01.06.2006 nachweislich der vorherigen nationalen Norm entsprochen haben, noch bis zum 01.06.2011. **Auf Grund der Berichtigung 1:1998-04 wurden die Fertigungsfrist gestrichen und das Datum für die Zurückziehung der Norm (dow) geändert in 01.06.1999.**

28. Februar 2007

DIN EN 60669-2-1 (VDE 0632 Teil 2-1):1997-02 ‚Schalter für Haushalt; Elektronische Schalter': Gilt für die Fertigung von Erzeugnissen, die vor dem 01.03.2007 nachweislich der vorherigen nationalen Norm entsprochen haben, noch bis zum 01.03.2012. **Auf Grund der Berichtigung 1:1998-04 wurden die Fertigungsfrist gestrichen und das Datum für die Zurückziehung der Norm (dow) geändert in 01.06.1999.**

30. September 2010

DIN VDE 0632 Teil 1:1991-04 „Schalter für Haushalt und ähnliche ortsfeste elektrische Installationen; Allgemeine Festlegungen" mit ermächtigtem Entwurf Teil 1/A8:1994-09: Gilt für die Fertigung von Schaltern, die vor dem 15.10.2005 nachweislich dieser Norm entsprochen haben; ersetzt durch DIN EN 60669-1 (VDE 0632 Teil 1):1996-04.

DIN EN 60669-1 (VDE 0632 Teil 1):1996-04 ‚Schalter für Haushalt': Gilt für die Fertigung von Schaltern, die vor dem 15.10.2005 nachweislich dieser Norm entsprochen haben; laut Änderung DIN EN 60669-1/A2 (VDE 0632 Teil 1/A2):1997-04.

31. Mai 2011

DIN EN 60669-2-3 (VDE 0632 Teil 2-3):1997-04 ‚Schalter für Haushalt; Zeitschalter': Gilt für die Fertigung von Erzeugnissen, die vor dem 01.06.2006 nachweislich der vorherigen nationalen Norm entsprochen haben, noch bis zum 01.06.2011. **Auf Grund der Berichtigung 1:1998-04 wurden die Fertigungsfrist gestrichen und das Datum für die Zurückziehung der Norm (dow) geändert in 01.06.1999.**

29. Februar 2012

DIN EN 60669-2-1 (VDE 0632 Teil 2-1):1997-02 ‚Schalter für Haushalt; Elektronische Schalter': Gilt für die Fertigung von Erzeugnissen, die vor dem 01.03.2007 nachweislich der vorherigen nationalen Norm entsprochen haben, noch bis zum 01.03.2012. **Auf Grund der Berichtigung 1:1998-04 wurden die Fertigungsfrist gestrichen und das Datum für die Zurückziehung der Norm (dow) geändert in 01.06.1999.**

Außerkraftsetzungs-Termin: unbestimmt

Es handelt sich um VDE-Bestimmungen, die durch Folgeausgaben zwar ersetzt wurden, die aber laut jeweiliger Vorbemerkung „bis auf weiteres" noch gültig sind.

DIN VDE 0102 Teil 2:1975-11 ‚Drehstromanlagen', Abschn. 13 bis 15: Laut DIN VDE 0102/01.90.

DIN VDE 0113 Teil 1:1986-02 ‚Ausrüstung von Industriemaschinen': Als Bezugsnorm für DIN EN 60204 Teil 3-1 (VDE 0113 Teil 301):02.93 ‚Nähmaschinen'; laut DIN EN 60204 Teil 1 (VDE 0113 Teil 1):06.93.

DIN 57147-1 (VDE 0147 Teil 1):1983-09 „Errichten ortsfester elektrostatischer Sprühanlagen; Allgemeine Festlegungen": Ohne Übergangsfrist teilweise ersetzt durch DIN EN 50176 (VDE 0147 Teil 101):1997-09 und DIN EN 50177 (VDE 0147 Teil 102):1997-09; gilt jedoch weiterhin für ortsfeste elektrostatische Sprühanlagen, für deren Anwendungsbereich noch keine Europäischen Normen vorliegen.

DIN EN 50015 (VDE 0170/0171 Teil 2):1978-05 „Elektrische Betriebsmittel für explosionsgefährdete Bereiche; Ölkapselung ‚o'" mit Änderung A1:09.80: Laut Ausgabe 01.95.

DIN EN 50016 (VDE 0170/0171 Teil 3):1978-05 „Elektrische Betriebsmittel für explosionsgefährdete Bereiche; Überdruckkapselung ‚p'" mit Änderung A1:1980-09: Laut Ausgabe 05.96.

DIN EN 50017 (VDE 0170/0171 Teil 4):1978-05 „Elektrische Betriebsmittel für explosionsgefährdete Bereiche; Sandkapselung ‚q'" mit Änderung A1:09.80: Laut Ausgabe 02.95.

DIN EN 50018 (VDE 0170/0171 Teil 5):1978-05 „Elektrische Betriebsmittel für explosionsgefährdete Bereiche; Druckfeste Kapselung ‚d'" mit Änderung A1:09.80, A2:05.84 und A3:01.87: Laut Ausgabe 03.95

DIN EN 50019 (VDE 0170/0171 Teil 6):1978-05 „Elektrische Betriebsmittel für explosionsgefährdete Bereiche; Erhöhte Sicherheit ‚e'" mit Änderung A1:09.80, A2:07.84, A3:01.87, A4:07.90 und A5:05.92: Laut Ausgabe 03.96.

DIN EN 50020 (VDE 0170/0171 Teil 7):1978-05 „Elektrische Betriebsmittel für explosionsgefährdete Bereiche; Eigensicherheit ‚i'" mit Änderung A1:1980-09, A2:1987-01, A3:1992-03, A4:1992-04 und A5:1992-04: Laut Ausgabe 1996-04.

DIN VDE 0207 Teil 3:1982-07 ‚PE-Mantelmischungen': Laut Ausgabe 1985-11.

DIN VDE 0274:1987-02 ‚Isolierte Freileitungsseile mit Isolierung aus vernetztem Polyäthylen': Gilt bis auf weiteres für einadrige isolierte Freileitungsseile; laut DIN VDE 0276-626 (VDE 0276 Teil 626):1997-01.

DIN VDE 0295:1980-09 ‚Leiter für Kabel und Leitungen': Laut Ausgabe 1986-05.

DIN VDE 0298 Teil 3:1983-08 ‚Allgemeines für Leitungen': Laut DIN VDE 0298 Teil 300/03.91.

DIN VDE 0530 Teil 1:1984-12 „Umlaufende elektrische Maschinen; Nennbetrieb und Kenndaten": Gilt für Maschinen, deren Herstellung vor dem 01.07.1991 begonnen wurde; laut Ausgabe 1991-07.

DIN VDE 0530 Teil 3:1978-09 ‚Turbogeneratoren': Gilt für Generatoren, die vor dem 01.04.1991 bestellt wurden; laut Ausgabe 04.91.

VDE 0551:1972-05 „Bestimmungen für Sicherheitstransformatoren" mit VDE 0551e/09.75, Hauptabschnitt I: Gilt für Batterie-Kleinladegeräte für den Hausgebrauch und ähnliche Zwecke; laut DIN VDE 0551 Teil 1/09.89.

DIN VDE 0620:1984-11 „Steckvorrichtungen bis 250 V 25 A" mit Änderung A1/06.87 in Verbindung mit den Entwürfen DIN VDE 0620 A6/06.88, A7/06.89 und DIN VDE 0620 Teil 301/07.91: Laut etz Bd. 115 (1994) H. 12, S. 745.

DIN VDE 0630:1992-06 ‚Geräteschalter': Laut DIN EN 61058 Teil 1 (VDE 0630 Teil 1):1993-05; für die Fertigung noch anzuwenden bis 15.11.2000 laut etz Bd. 117 (1996) H. 6, S. 74.

DIN EN 60730-1 (VDE 0631 Teil 1):1993-03 ‚Regel- und Steuergeräte für den Hausgebrauch und ähnliche Anwendungen' mit Änderung A12:1994-02: Laut Ausgabe 1996-01.

VDE 0632:1967-09 „Vorschriften für Schalter bis 750 V 63 A" mit VDE 0632p/01.77, DIN VDE 0632q/04.79 und DIN VDE 0632r/04.79 sowie den Inhalten der ermächtigten Entwürfe DIN VDE 0632 A18/05.84 und A19/11.89: Gilt für Reiheneinbauschalter, elektronische Schalter und elektronische Steller; laut DIN VDE 0632 Teil 1/04.91.

DIN VDE 0700 Teil 1:1981-02 „Sicherheit elektrischer Geräte für den Hausgebrauch und ähnliche Zwecke; Allgemeine Anforderungen" mit Teil 1 A2/04.88: Laut Ausgabe 11.90, Änderung A6/12.91 und DIN EN 60335 Teil 1/A54 (VDE 0700 Teil 1/A9):11.93.

DIN VDE 0700 Teil 1/A2:1988-04 ‚Geräte für den Hausgebrauch', Abschnitt 33: Laut DIN VDE 0700 Teil 500/11.90 und Teil 500/10.92 (HD 289 S1).

DIN VDE 0700 Teil 1:1990-11 „Sicherheit elektrischer Geräte für den Hausgebrauch und ähnliche Zwecke; Allgemeine Anforderungen": Ersetzt durch DIN EN 60335-1 (VDE 0700 Teil 1):1995-10.

DIN EN 60335-2-24 (VDE 0700 Teil 24):1995-09 ‚Kühl- und Gefriergeräte': Gilt für die Fertigung von Erzeugnissen, die vor dem 01.08.1996 nachweislich dieser Norm entsprochen haben, vorerst weiter; laut Änderung A52(A2): 1997-08.

DIN VDE 0700 Teil 236:1984-03 ‚Pumpen': Gilt für Pumpen für Temperaturen von über 35 °C bis 60 °C; laut etz Bd. 114 (1993) H. 16, S. 1038.

DIN VDE 0700-253 (VDE 0700 Teil 253):1988-10 ‚Heizeinsätze zur Wassererwärmung': Gilt für ortsfeste Heizeinsätze zur Verwendung in geschlossenen Systemen bis auf weiteres; laut DIN EN 60335-2-73 (VDE 0700 Teil 73): 1997-04.

DIN VDE 0701 Teil 1:1986-10 ‚Instandsetzung elektrischer Geräte': Gilt in Verbindung mit den Folgeteilen, die sich auf diese Ausgabe beziehen, bis auf weiteres; laut Ausgabe 05.93.

VDE 0710 Teil 1:1969-03 „Vorschriften für Leuchten mit Betriebsspannungen unter 1000 V; Allgemeine Vorschriften" in Verbindung mit den zugehörigen Besonderen Bestimmungen Teil 2 und folgenden: Laut DIN VDE 0711 Teil 1:1991-09 und DIN EN 60598 Teil 1 (VDE 0711 Teil 1):1994-05 sowie 1996-09.

VDE 0721 Teil 1:1975-11 ‚Bestimmungen für industrielle Elektrowärmeanlagen' mit Teil 1b/03.78 in Verbindung mit Teil 2/11.75 und Teil 2 A3/09.83: Laut DIN VDE 0721 Teil 911/06.88.

VDE 0725:1970-05 ‚Schmiegsame Elektrowärmegeräte' mit Änderung a/01.77: Teil 2E ‚Elektrisch beheizte Fußsäcke' von VDE 0725a/01.77; laut etz Bd. 114 (1993) H. 12, S. 822.

DIN VDE 0740 Teil 1:1981-04 „Handgeführte Elektrowerkzeuge; Allgemeine Bestimmungen" mit Änderungen A1/07.82 und A2/10.93: Laut DIN EN 50144-1 (VDE 0740 Teil 1):1996-02.

DIN IEC 601 Teil 1 (VDE 0750 Teil 1):1982-05 „Sicherheit elektromedizinischer Geräte; Allgemeine Festlegungen" in Verbindung mit den zugehörigen Besonderen Festlegungen (Teil 2) und folgende: Laut DIN VDE 0750 Teil 1/12.91.

DIN VDE 0750 Teil 1:1991-12 ‚Medizinische elektrische Geräte' in Verbindung mit den zugehörigen Besonderen Festlegungen (Teil 2) und folgende: Laut DIN EN 60601-1 (VDE 0750 Teil 1):1996-03.

4 Mitteilungen zum VDE-Vorschriftenwerk und zu analogen Regelwerken

Änderung des Benummerungssystems bei IEC-Publikationen

Das ISO/IEC Joint Technical Advisory Board (JTAB) hat im Sommer 1996 den Lenkungsgremien von ISO und IEC einen Vorschlag für die einheitliche Benummerung von Internationalen Normen unterbreitet, der inzwischen von beiden Normungsorganisationen angenommen worden ist.
Im Prinzip stellt das System eine Angleichung an die von CEN und CENELEC geübte Praxis dar und wird langfristig dazu führen, daß IEC-Normen und die EN von CENELEC, die auf IEC-Normen basieren, in ihrem numerischen Teil identisch werden und sich nur noch durch das Präfix „IEC" bzw. „EN" unterscheiden. Rein Europäische Normen von CENELEC – d. h. ohne Bezug auf IEC-Normen – werden weiterhin mit Nummern im Bereich 50000 veröffentlicht. Im einzelnen wurden folgende Neuerungen festgelegt:
- Der Nummernblock von 1 bis 59999 bleibt der ISO vorbehalten; der Nummernblock von 60000 bis 79999 ist für IEC-Normen reserviert.
- Die ISO-Nummern gelten auch für Publikationen des ISO/IEC JTC 1 (Informationstechnik).
- Die IEC-Nummern gelten auch für CISPR-Publikationen (Sonderkomitee für elektromagnetische Funkstörungen).

Das ISO-System bleibt von diesen Änderungen praktisch unberührt, da die bisherigen Nummern beibehalten werden können. Die IEC wird zu ihren bisherigen Publikationsnummern die Zahl 60000 addieren oder bei neuen Projekten eine Nummer aus dem Bereich 60000 wählen, um in das neue System überzugehen. Um die Übergangszeit so kurz wie möglich zu halten, hat das IEC Central Office entschieden, in den IEC-Datenbanken und im Katalog alle Publikationen mit der neuen Nummer anzugeben, auch wenn diese körperlich nur mit der alten Nummer vorhanden sind. Seit Januar 1997 wird in Publikationen bei Verweis und Bezugnahme auf andere Publikationen der IEC ebenfalls die Zahl 60000 zur „tatsächlichen" Nummer addiert.
Zum Beispiel verweisen neue IEC-Publikationen jetzt auf IEC 60034-1, wenn IEC 34-1 gemeint ist. Die IEC verkauft weiterhin die vorrätigen Exemplare von IEC 34-1, wenn IEC 60034-1 angefordert wird. Die Norm selbst ist in ihrem Inhalt gleichgeblieben.
Die Datenbanken der IEC wurden bis Ende Mai 1997 vollständig auf das neue Benummerungssystem umgestellt. Die Lagerbestände an Papierversionen werden allerdings teilweise erst in fünf Jahren aufgebraucht sein. Jedem gekauften Exemplar liegt aber ein Informationsblatt bei, das auf die Änderung der Benummerung hinweist.

Quelle: etz Bd.118 (1997) H. 15–16, S. 81

IEC- und CISPR-Normen auf CD-ROM

Die Internationale Elektrotechnische Kommission (IEC) wird ihre Publikationen künftig auch in elektronischer Form auf CD-ROM im „portable document format" (PDF) zeichenkodiert bereitstellen. Das kostenlose Programm Acrobat-Reader ermöglicht eine bequeme Suche im gesamten Text. Damit bietet die IEC ihre Arbeitsergebnisse in demselben elektronischen Format an, in dem die DIN-Normen mit VDE-Klassifikation – kurz DIN-VDE-Normen – bereits seit einigen Jahren erfolgreich vertrieben werden.
Seit kurzem sind in einer ersten Auswahl die Normen und Fachberichte der Reihe IEC 61000 (EMV-Grundnormen) und alle CISPR-Publikationen erhältlich. Eine zweite CD-ROM mit den Reihen IEC 60034 (drehende elektrische Maschinen) und IEC 60439 (Schaltgeräte) ist ebenfalls 1997 erschienen. Weitere wichtige Normenreihen werden in nächster Zeit folgen.
Die auf den CD-ROM enthaltenen Normenreihen können einzeln oder als Gesamtpaket mit einem zugehörigen Aktualisierungsservice bezogen werden. Bezüglich ausführlicher Produkt- und Preisinformationen erteilen Auskunft: VDE-VERLAG GMBH, Bismarckstr. 33, 10625 Berlin, Tel. 030/348 00 01-16 (Frau Ute Quatfasel), Fax 3 41 70 93, E-Mail: ute.quatfasel@vde-verlag.de oder IEC Central Office, 3 rue de Varembé, PO Box 131, CH-1211 Geneva 20, Fax 00 41-22/9 19 03 00.

Quelle: etz Bd.118 (1997) H. 19, S. 62, geänd.

50 Jahre VDE-VERLAG

Technikgeschichte ist mit der Geschichte von Unternehmen eng verbunden, und manche können heute auf eine ungebrochene Tradition von 100 bis 150 Jahren zurückblicken. Fachverlage, die als Wissensvermittler für erklärungsbedürftige Techniken immer schon eine wichtige Rolle spielen, sind in der Regel jünger. Viele wurden erst in den Nachkriegsjahren gegründet und blicken in diesen Monaten auf ihr 50jähriges Bestehen zurück. Ihre Firmengeschichte nimmt sich gegenüber den großen tradierten Industrieunternehmen eher bescheiden aus. Der unternehmerische Wagemut, mit dem bei knappster Kapitaldecke, unzureichender Materialversorgung und der argwöhnischen Aufsicht durch die damaligen Militärverwaltungen vor 50 Jahren Unternehmen gegründet wurden, ist aber um so mehr zu bewundern und berechtigter Anlaß, die Firmenjubiläen zu feiern. Dies gilt auch für den VDE-VERLAG.
Im Oktober 1947 gründeten Prof. Dr.-Ing. Kurt Fischer und Dr.-Ing. Hans Hasse den VDE-VERLAG GMBH in Wuppertal. Grund war die Notwendigkeit zur Kommunikation zwischen den deutschen Fachleuten der Elektrotechnik, die vom internationalen Gedankenaustausch nahezu ausgeschlossen waren und somit Gefahr liefen, den Anschluß an die technische Entwicklung der Welt zu verlieren. Den Verlagsgründern gelang es, sich bei der zuständigen Militärregierung für den Verlag eine Lizenz für die Herausgabe der Elektrotechnischen Zeitschrift etz zu

sichern, eine zwingende Voraussetzung für jegliche Art von publizistischer Tätigkeit in der Nachkriegszeit, die im übrigen auch der einzige Weg war, die für den Druck notwendige Papiermenge zu erhalten.
Bereits 1948 erschien das erste Heft der ETZ, prall gefüllt mit Fachbeiträgen und Nachrichten und schon damals angereichert mit zahlreichen Anzeigen der Industrie, deren Aktivitäten sich in den folgenden Jahren zum Wirtschaftswunder auswachsen sollten. In diesem Heft bot der Verlag auch erste Nachdrucke von VDE-Vorschriften an, die sich bald zum bedeutendsten Segment der Produktpalette des VDE-VERLAGs entwickelten. 1949 gründete Dr. Hasse die Zeitschrift „ELT Der Elektrotechniker", die über die praktischen Aspekte der Elektrotechnik berichtete. Die Aktivitäten des VDE-VERLAGs verbanden sich zunehmend mit dem damals noch im Entstehen befindlichen neuen VDE. Bemühungen des Verlages, die ETZ als Publikationsorgan des neuen Verbandes zu installieren, waren erfolgreich. Im Jahre 1950 bzw. 1951 erwarb der „VDE im Vereinigten Wirtschaftsgebiet" die Geschäftsanteile der beiden Gründerparteien und sicherte sich somit für die Zukunft die Rechte am namensgleichen Verlag.
Im Zusammenspiel zwischen VDE-VERLAG und dem Verband wurde das redaktionelle Konzept der Zeitschriften in den folgenden Jahren mehrfach modifiziert. Aus der ETZ entwickelte sich die ETZ-Ausgabe A, die sich auf die wissenschaftliche Seite der Elektrotechnik konzentrierte. In Zusammenarbeit mit zwölf weiteren Elektrotechnischen Vereinen Europas entstand daraus 1991 die englischsprachige internationale Zeitschrift „ETEP European Transactions on Electrical Power". Die „ELT Der Elektrotechniker" wurde zunächst als ETZ – Ausgabe B weitergeführt und ist heute die praxisorientierte „**etz** Elektrotechnik + Automation".

Quelle: etz Bd.118 (1997) H. 19, S. 3

Berichtigungen von VDE-Bestimmungen

DIN EN 60669-1 (**VDE 0632 Teil 1):1996-04**
„**Schalter für Haushalt und ähnliche ortsfeste elektrische Installationen – Allgemeine Anforderungen (IEC 60669-1:1993, modifiziert); Deutsche Fassung EN 60669-1:1995"**
In 20.7, letzter Absatz, muß es heißen:
„Stirnfläche B" statt „Stirnfläche D".

A. Marschner

DIN EN 60335-2-5 (**VDE 0700 Teil 5):1996-05**
„**Sicherheit elektrischer Geräte für den Hausgebrauch und ähnliche Zwecke – Teil 2: Besondere Anforderungen für Geschirrspülmaschinen (IEC 60335-2-5:1992, modifiziert); Deutsche Fassung EN 60335-2-5:1995"**
Aufgrund des vom Technischen Komitee IEC 61, „Safety of household and similar electrical appliances", ausgearbeiteten und verabschiedeten Interpreta-

tion Sheet No. 1 zu IEC 60335-2-5:1992 ist folgender Unterabschnitt hinzuzufügen:
19.13 Ergänzung:
Während der Prüfungen nach 19.101 darf die Temperatur der Wicklungen nicht die in der Tabelle 6 genannten Werte überschreiten.
Der zweite Absatz von 19.101 ist dementsprechend zu streichen.

T. Brüggemann

DIN EN 60335-2-7 (**VDE 0700 Teil 7**):**1997-11**
„Sicherheit elektrischer Geräte für den Hausgebrauch und ähnliche Zwecke – Teil 2: Besondere Anforderungen für Waschmaschinen (IEC 60335-2-7:1993, modifiziert);
Deutsche Fassung EN 60335-2-7:1997"
Aufgrund des vom Technischen Komitee IEC 61, „Safety of household and similar electrical appliances", ausgearbeiteten und verabschiedeten Interpretation Sheet No. 1 zu IEC 60335-2-7:1993 ist dem Unterabschnitt 19.13 folgendes hinzuzufügen:
Während der Prüfungen nach 19.101 darf die Temperatur der Wicklungen nicht die in der Tabelle 6 genannten Werte überschreiten.
Der zweite Absatz von 19.101 ist dementsprechend zu streichen.

T. Brüggemann

DIN EN 60335-2-24 (**VDE 0700 Teil 24**):**1995-09**
„Sicherheit elektrischer Geräte für den Hausgebrauch und ähnliche Zwecke – Teil 2: Besondere Anforderungen für Kühl- und Gefriergeräte und Eisbereiter (IEC 60335-2-24:1992, modifiziert);
Deutsche Fassung EN 60335-2-24:1994"
Der 1. Satz des 5. Absatzes im Unterabschnitt 11.8 ist wie folgt zu ergänzen:
Bei Geräten der Temperaturklasse für **subtropisches oder** tropisches Klima wird die Temperaturerhöhung gemessen.
Der Text des Unterabschnitts 30.5 ist wie folgt zu ersetzen:
Temperaturregler und andere Teile aus Isolierstoff werden auch als solche betrachtet, die äußerst harten Einsatzbedingungen ausgesetzt sind, es sei denn, sie sind so eingebaut, daß eine Verunreinigung durch Kondensation unwahrscheinlich ist. In diesem Fall gelten die Anforderungen für harte Einsatzbedingungen.

T. Brüggemann

Quelle: etz Bd.118 (1997) H. 23–24, S. 87

Entwürfe mit Ermächtigung

Die Gültigkeit der Ermächtigung beginnt einen Monat nach der Anzeige im DIN-Anzeiger für technische Regeln und der Bekanntgabe in der etz Elektrotechnische Zeitschrift. Begründete Einsprüche dagegen sind innerhalb dieser Frist an die Deutsche Elektrotechnische Kommission im DIN und VDE (DKE), Geschäftsstelle Frankfurt, Stresemannallee 15, 60596 Frankfurt am Main, zu richten.

E DIN VDE 0250-215 **(VDE 0250 Teil 215):1997-10, Entwurf**
„Isolierte Starkstromleitungen – Installationsleitung NHMH mit speziellen Eigenschaften im Brandfall"

W. Kluge

Quelle: etz Bd. 118 (1997) H. 18, S. 87–88

E DIN VDE 0266/A1 **(VDE 0266/A1):1998-01, Entwurf**
„Starkstromkabel mit verbessertem Verhalten im Brandfall – Nennspannungen U_0/U 0,6/1 kV"
Diese Änderung ergänzt DIN VDE 0266 (VDE 0266):1997-11 um eine HEPR-Isoliermischung. Die Anforderungen an diese HEPR-Isoliermischung werden in diesem Norm-Entwurf vorgestellt.

W. Kluge

Quelle: etz Bd. 118 (1997) H. 23–24, S. 86

E DIN IEC 15C/767/CD **(VDE 0340 Teil 3-14):1997-08, Entwurf**
„Selbstklebende Bänder für elektrotechnische Anwendungen – Teil 3: Bestimmungen für einzelne Materialien – Blatt 14: Selbstklebende Bänder aus Polytetrafluorethylenfolie (IEC 15C/767/CD:1997)"

E DIN IEC 15C/768/CD **(VDE 0340 Teil 3-15):1997-08, Entwurf**
„Blatt 15: Bänder aus Polyesterfolie/Polyestervliesstoff-Kombination mit wärmehärtendem Kautschukklebstoff (IEC 15C/768/CD:1997)"

E DIN IEC 15C/769/CD **(VDE 0340 Teil 3-16):1997-08, Entwurf**
„Blatt 16: Selbstklebende Bänder aus Polyesterfolie/Glasfilament-Kombinationen (IEC 15C/769/CD:1997)"

E DIN IEC 15C/770/CD **(VDE 0340 Teil 3-17):1997-08, Entwurf**
„Blatt 17: Selbstklebende Bänder aus Polyester/Epoxid-Kombinationen (IEC 15C/770/CD:1997)"

E DIN IEC 15C/771/CD (**VDE 0340 Teil 3-18):1997-08, Entwurf**
„**Blatt 18: Selbstklebende Bänder aus Polypropylenfolie**
(**IEC 15C/771/CD:1997)"**

E DIN IEC 15C/772/CD (**VDE 0340 Teil 3-19):1997-08, Entwurf**
„**Blatt 19: Selbstklebende Bänder aus verschiedenen Trägermaterialien und beidseitigem Klebstoffauftrag**
(**IEC 15C/772/CD:1997)"** *H.-D. Jenninger*
Quelle: etz Bd. 118 (1997) H. 13–14, S. 72–73

E DIN IEC 15C/789/CD (**VDE 0341 Teil 3-145 bis -147):1997-08, Entwurf**
„**Bestimmung für Isolierschläuche – Teil 3: Anforderungen für einzelne Schlauchtypen – Blatt 145 bis 147: Extrudierte PTFE-Schläuche**
(**IEC 15C/789/CD:1997)"** *H.-D. Jenninger*
Quelle: etz Bd. 118 (1997) H. 13–14, S. 73

E DIN VDE 0700-253 (**VDE 0700 Teil 253):1997-10, Entwurf**
„**Sicherheit elektrischer Geräte für den Hausgebrauch und ähnliche Zwecke – Teil 2: Besondere Anforderungen an ortsfeste Heizeinsätze zur Verwendung in geschlossenen Systemen"** *K. H. Panitz*
Quelle: etz Bd. 118 (1997) H. 18, S. 88

Zurückziehungen von VDE-Bestimmungen

Z DIN VDE 0848-2 (**VDE 0848 Teil 2):1984-07**
„**Gefährdung durch elektromagnetische Felder – Schutz von Personen im Frequenzbereich von 10 kHz bis 3000 GHz"**

Z DIN VDE 0848-4 (**VDE 0848 Teil 4):1989-10**
„**Sicherheit bei elektromagnetischen Feldern – Grenzwerte für Feldstärken zum Schutz von Personen im Frequenzbereich von 0 Hz bis 30 kHz"**
Mit Inkrafttreten der 26. Verordnung zur Durchführung des Bundes-Immissionsschutzgesetzes (Verordnung über elektromagnetische Felder; 26. BImSchV) vom 16. Dezember 1996 (siehe Bundesgesetzblatt Jahrgang 1996 Teil I Nr. 66, ausgegeben zu Bonn am 20. Dezember 1996) gelten für bestimmte, im Anwendungsbereich der Verordnung genannte Hochfrequenzanlagen im Frequenzbereich 10 MHz bis 300 GHz und Niederfrequenzanlagen bei den Frequenzen $16\,^2/_3$ Hz und 50 Hz die Festlegungen der 26. BImSchV.
Bei der laufenden Überarbeitung der Normen der Reihe DIN VDE 0848 erfolgt eine Anpassung der normativen Festlegungen an die vorgenannte Verordnung unter gleichzeitiger Berücksichtigung einer in Bearbeitung befindlichen Unfallverhütungsvorschrift (UVV), die Teilbereiche des bisherigen Anwendungs-

bereichs der Normenreihe betreffen wird. Vor dem Hintergrund der laufenden Normungsarbeiten werden die obengenannten Normen **mit Wirkung zum 1. Mai 1997 zurückgezogen.** Die genannten Normen enthalten Festlegungen, die nicht widerspruchsfrei zur 26. BImSchV sind.

Der im Rahmen der Bearbeitung von Normen der Reihe DIN VDE 0848 veröffentlichte Norm-Entwurf DIN VDE 0848-2 (VDE 0848 Teil 2):1991-10 und die Vornorm DIN V VDE V 0848-4/A3 (VDE V 0848 Teil 4/A3):1995-07 bleiben bis auf weiteres bestehen. Bei der Anwendung dieser Veröffentlichungen ist jedoch über die sich aus dem Status der Veröffentlichungen ergebenden Einschränkungen hinausgehend das Bestehen rechtsverbindlicher Festlegungen zu beachten. Die entsprechenden Hinweise werden nachfolgend bekanntgegeben und mit Wirkung zum 1. Mai 1997 den Veröffentlichungen beigefügt.

Norm-Entwurf DIN VDE 0848-2 **(VDE 0848 Teil 2):1991-10**
„Wichtiger Hinweis zum Norm-Entwurf DIN VDE 0848-2 (VDE 0848 Teil 2):1991-10 ‚Sicherheit in elektromagnetischen Feldern – Schutz von Personen im Frequenzbereich von 30 kHz bis 300 GHz'
Mit Inkrafttreten der 26. Verordnung zur Durchführung des Bundes-Immissionsschutzgesetzes (Verordnung über elektromagnetische Felder; 26. BImSchV) vom 16. Dezember 1996 (siehe Bundesgesetzblatt Jahrgang 1996 Teil I Nr. 66, ausgegeben zu Bonn am 20. Dezember 1996) gelten für bestimmte, vom Anwendungsbereich der Verordnung erfaßte Hochfrequenzanlagen im Frequenzbereich 10 MHz bis 300 GHz die Festlegungen der Verordnung vorrangig vor den im öffentlichen Einspruchsverfahren vorgelegten Inhalten des vorliegenden DIN-VDE-Norm-Entwurfs. Darüber hinausgehend ist zu beachten, daß auf Basis der von der Berufsgenossenschaft der Feinmechanik und Elektrotechnik herausgegebenen „Regeln für Sicherheit und Gesundheitsschutz an Arbeitsplätzen mit Exposition durch elektrische, magnetische oder elektromagnetische Felder" eine Unfallverhütungsvorschrift in Vorbereitung ist.
Alle bestehenden rechtsverbindlichen Festlegungen werden bei der laufenden Überarbeitung der Normen der Reihe DIN VDE 0848 berücksichtigt."

Vornorm DIN V VDE V 0848-4/A3 **(VDE V 0848 Teil 4/A3):1995-07**
„Wichtiger Hinweis zur Vornorm DIN V VDE V 0848-4/A3 (VDE V 0848 Teil 4/A3):1995-07 ‚Sicherheit in elektromagnetischen Feldern – Schutz von Personen im Frequenzbereich von 0 Hz bis 30 kHz; Änderung A3'
Mit Inkrafttreten der 26. Verordnung zur Durchführung des Bundes-Immissionsschutzgesetzes (Verordnung über elektromagnetische Felder; 26. BImSchV) vom 16. Dezember 1996 (siehe Bundesgesetzblatt Jahrgang 1996 Teil I Nr. 66, ausgegeben zu Bonn am 20. Dezember 1996) gelten für bestimmte, vom Anwendungsbereich der Verordnung erfaßte Niederfrequenzanlagen die Festlegungen der vorgenannten Verordnung. Die Festlegungen der vorliegenden Vornorm sind dementsprechend nicht anwendbar auf nachstehend aufgeführte, im Anwendungsbereich der 26. BImSchV liegende ortsfeste Anlagen zur Umspannung und Fortleitung von Elektrizität:

a) Freileitungen und Erdkabel mit einer Frequenz von 50 Hz und einer Spannung von 1000 V oder mehr.
b) Bahnstromfern- und Bahnstromoberleitungen einschließlich der Umspann- und Schaltanlagen mit einer Frequenz von 16 $^2/_3$ Hz oder 50 Hz.
c) Elektroumspannanlagen einschließlich der Schaltfelder mit einer Frequenz von 50 Hz und einer Oberspannung von 1000 V oder mehr.

Über die rechtsverbindlichen, von der vorliegenden Vornorm abweichenden Festlegungen der 26. BImSchV hinausgehend, ist zu beachten, daß auf Basis der von der Berufsgenossenschaft der Feinmechanik und Elektrotechnik herausgegebenen „Regeln für Sicherheit und Gesundheitsschutz an Arbeitsplätzen mit Exposition durch elektrische, magnetische oder elektromagnetische Felder" eine Unfallverhütungsvorschrift in Vorbereitung ist.
Alle bestehenden rechtsverbindlichen Festlegungen werden bei der laufenden Überarbeitung der Normen der Reihe DIN VDE 0848 berücksichtigt.

E DIN VDE 0848-2 **(VDE 0848 Teil 2):1991-10, Entwurf
„Sicherheit in elektromagnetischen Feldern – Schutz von Personen im Frequenzbereich von 30 kHz bis 300 GHz"**

DIN V VDE V 0848-4/A3 **(VDE V 0848 Teil 4/A3):1995-07, Vornorm
„Sicherheit in elektromagnetischen Feldern – Schutz von Personen im Frequenzbereich von 0 Hz bis 30 kHz – Änderung 3"**
Im Zusammenhang mit dem Inkrafttreten der 26. Verordnung zur Durchführung des Bundes-Immissionsschutzgesetzes und der Zurückziehung der Normen
• DIN VDE 0848-2 (VDE 0848 Teil 2):1984-07 und
• DIN VDE 0848-4 (VDE 0848 Teil 4):1989-10
sind wichtige, den obengenannten Norm-Entwurf und die obengenannte Vornorm betreffende Hinweise zu beachten. Diese Hinweise sind dem Ankündigungstext zur Zurückziehung der vorstehend genannten Normen zu entnehmen.

Quelle: etz Bd. 118 (1997) H. 8–9, S. 76 und 78

Verwendung und Einbau von Elektroinstallationsmaterial

Die Nutzung der Elektrizität ist heute praktisch in allen Lebensbereichen unverzichtbar. Der umfassende Einsatz der Elektrizität erfordert ein hohes Maß an Sicherheitsvorkehrungen, um die vom Strom ausgehenden Gefahren für Leben und Sachwerte möglichst auszuschließen. Diese Sicherheitsvorkehrungen erstrecken sich auf eine qualifizierte Ausbildung der Elektrofachkraft, auf sicheres Elektroinstallationsmaterial und auf fachgerechte Verarbeitung nach den einschlägigen technischen Normen.
Trotz der ständigen Verbesserung der Sicherheit in der Elektrizitätsanwendung sind noch immer Todesfälle, schwerwiegende Verletzungen und erhebliche Sachschäden zu beklagen, die vorwiegend auf Unkenntnis der mit Strom verbundenen

Risiken zurückzuführen sind. Es erfüllt mit Sorge, daß Elektroinstallationsmaterial zunehmend von unzureichend vorgebildeten Personen und Nichtfachleuten verarbeitet wird. Wer vorsätzlich oder fahrlässig Elektroinstallationsarbeiten nicht fach- und normengerecht durchführt und hierdurch eine Sachbeschädigung oder einen Unfall verursacht, kann sich strafbar machen. Darüber hinaus ist mit einer nicht ordnungsgemäß durchgeführten Elektroarbeit das Risiko des Wegfalls eines Versicherungsschutzes gegeben. Die unten angeführten Institutionen sehen sich daher veranlaßt, auf folgendes hinzuweisen:
- Anlagen zur Erzeugung, Fortleitung und Abgabe von Elektrizität müssen dem in der Europäischen Union gegebenen Stand der Sicherheitstechnik entsprechen. Die Einhaltung der Bestimmungen des VDE erfüllt diese gesetzliche Forderung.
- Elektrische Anlagen dürfen nur von einem autorisierten Personenkreis errichtet, erweitert, geändert und unterhalten werden. Dies sind neben den Elektrizitätsversorgungsunternehmen (EVU) die bei diesen eingetragenen Elektroinstallateure. Jede Inbetriebsetzung elektrischer Anlagen ist durch den eingetragenen Elektroinstallateur beim EVU zu beantragen. Der Elektroinstallateur trägt damit auch die Verantwortung für Sicherheit und Funktionsfähigkeit der Anlage.
- Vom gewerblichen Betreiber (Anschlußnehmer) elektrischer Anlagen und Betriebsmittel sind regelmäßige Wartung und Instandhaltung zu veranlassen. Er ist auch in rechtlichem Sinn dafür verantwortlich. Aufgrund der Beobachtung des Unfallgeschehens wird empfohlen, auch im privaten Bereich regelmäßige Wartung und Instandhaltung vorzunehmen. Diese notwendigen Arbeiten und Prüfungen sind durch Elektrofachkräfte durchzuführen.
- Es dürfen nur Materialien und Geräte Verwendung finden, die entsprechend dem in der Europäischen Union gegebenen Stand der Sicherheitstechnik hergestellt sind.
- Die Nichtbeachtung vorstehender Grundsätze begünstigt Unfall- und Brandgefahren.

Aktion Das Sichere Haus, Berufsgenossenschaft der Feinmechanik und Elektrotechnik, Bundesanstalt für Arbeitsschutz und Arbeitsmedizin, Bundesministerium für Arbeit und Sozialordnung, Deutsche Elektrotechnische Kommission im DIN und VDE (DKE), VDE Verband Deutscher Elektrotechniker e.V., Zentralverband der Deutschen Elektrohandwerke (ZVEH)

Quelle: etz Bd. 118 (1997) H. 11, S. 70

Stiftung fördert elektrische Sicherheit

Den ersten Alvensleben-Jellinek-Preis verlieh die Gemeinnützige Privatstiftung Elektroschutz, Wien/AT, Anfang Oktober 1997 Dr.-Ing. *Dieter Kieback* für sein hervorragendes Wirken auf dem Gebiet des Elektroschutzes. Der Förderungspreis in Höhe von 100 000 ATS wird an Arbeiten vergeben, aufgrund derer wesentliche Beiträge zur Erhöhung der Sicherheit der Elektrizitätsanwendung geleistet worden sind. In seiner Laudatio würdigte der Gründer der Stiftung, Prof. Dr. *Gottfried Biegelmeier,* den Eifer und die Kompetenz, aber auch den Mut und das Durchsetzungsvermögen, das *D. Kieback* im Dienste des Elektroschutzes erbracht hat.

Der Name des Preises geht auf zwei Persönlichkeiten zurück, die sich um die Verhütung elektrischer Unfälle verdient gemacht haben: den Berliner *Conrad Alvensleben* (1874-1945), der sich vor allem für die Unfallverhütungsvorschriften in der Elektrotechnik engagierte, und den Wiener *Stefan Jellinek* (1871-1968), der sich mit den Auswirkungen des elektrischen Stroms auf den menschlichen Körper beschäftigte.

Unterstützt wird die 1996 gegründete Stiftung von der Felten & Guilleaume Austria AG, Schrems/AT, Spezialist auf dem Gebiet der elektromechanischen Schutzschaltgeräte. „Wir erklärten uns spontan bereit, die Aktivitäten der Stiftung zu fördern und zu unterstützen, da es in Europa keine vergleichsweise gemeinnützige Institution gibt, die die Erhöhung der Sicherheit der Elektrizitätsanwendung zu ihrem Schwerpunkt gemacht hat", führt Dipl.-Ing. *Alfred Mörx,* Mitglied des Vorstands der F & G Austria, aus. Der weltweite Schutz vor den Gefahren der Elektrizität soll vor allem durch die Mitarbeit in einschlägigen Gremien der nationalen und internationalen Normung auf dem Gebiet der Elektrotechnik verwirklicht werden. Vorgesehen ist auch eine Förderung von Forschungsprojekten, besonders auf den Gebieten der Elektropathologie, der Technik der Installation elektrischer Anlagen vor allem mit Nennspannungen bis 1000 V sowie der Technik der elektrischen Betriebsmittel.

Quelle: etz Bd. 118 (1997) H. 22, S. 54

CENELEC-Memorandum 3 leistet Hilfe bei der EG-Konformitätserklärung

Die zweite Ausgabe des CENELEC-Memorandums 3 „zur Anwendung der Richtlinien nach der Neuen Konzeption und der Niederspannungsrichtlinie hinsichtlich der EG-Konformitätserklärung" ist erschienen. Mit dem revidierten CENELEC-Memorandum 3 erhält der Leser einen Leitfaden zum Erstellen der EG-Konformitätserklärung als Basis für die CE-Kennzeichnung zum Nachweis der Einhaltung
- der relevanten EG-Richtlinien nach der Neuen Konzeption und
- der mit der Änderungsrichtlinie 93/68/EWG revidierten EG-Niederspannungsrichtlinie.

Zur Erleichterung des innereuropäischen Handels enthält das Werk ein Musterformblatt für die EG-Konformitätserklärung in allen dreizehn Amtssprachen des Europäischen Wirtschaftsraums. Das CENELEC-Memorandum 3 kann zum Stückpreis von 36 DM zzgl. Versandkosten und 7 % MwSt. bezogen werden bei der DKE, Schriftstückservice, Stresemannallee 15, 60596 Frankfurt.

Quelle: etz Bd. 118 (1997) H. 19, S. 62

Annahme von ENV, EN und HD durch CENELEC

45. Liste

Das Europäische Komitee für Elektrotechnische Normung (CENELEC) hat die nachstehend genannten Europäischen Normen (EN), Harmonisierungsdokumente (HD) und Europäischen Vornormen (ENV) angenommen. Diese gelten damit in ihrem Anwendungsbereich als europäisch anerkannte Regeln der Technik einheitlich in allen CENELEC-Mitgliedsländern, d. h. im Europäischen Wirtschaftsraum, und erhalten den Status einer nationalen Norm. Im gleichen Anwendungsbereich gibt es keine von der EN abweichende nationale Norm mehr. Entgegenstehende nationale Normen werden zurückgezogen. Der Druck als DIN- oder DIN-VDE-Norm ist in Vorbereitung. Bis zu deren Veröffentlichung kann das Vormanuskript jeweils bei der Deutschen Elektrotechnischen Kommission im DIN und VDE (DKE), Stresemannallee 15, 60596 Frankfurt, gegen Kostenbeteiligung bezogen werden.

EN 50014 A1
Elektrische Betriebsmittel für explosionsgefährdete Bereiche; Allgemeine Bestimmungen
Bezugsdokument: Text erstellt von CENELEC/TC 31; Datum der Annahme: 9.12.1996; Zusammenhang: ATEX-Richtlinie 94/9/EG

EN 50054 A2
Elektrische Geräte für das Aufspüren und die Messung brennbarer Gase; Allgemeine Anforderungen und Prüfmethoden
Bezugsdokument: Text erstellt von CENELEC/SC 31-9; Datum der Annahme: 9.12.1996; Zusammenhang: ATEX-Richtlinie 94/9/EG

EN 50055 A2
Elektrische Geräte für das Aufspüren und die Messung brennbarer Gase; Anforderungen an das Betriebsverhalten von Geräten der Gruppe I mit einem Meßbereich bis zu 5 % (V/V) Methan in Luft
Bezugsdokument: Text erstellt von CENELEC/SC 31-9; Datum der Annahme: 9.12.1996; Zusammenhang: ATEX-Richtlinie 94/9/EG

EN 50056 A2
Elektrische Geräte für das Aufspüren und die Messung brennbarer Gase; Anforderungen an das Betriebsverhalten von Geräten der Gruppe I mit einem Meßbereich bis zu 100 % (V/V) Methan in Luft
Bezugsdokument: Text erstellt von CENELEC/SC 31-9; Datum der Annahme: 9.12.1996; Zusammenhang: ATEX-Richtlinie 94/9/EG

EN 50083-1 A1
Kabelverteilsysteme für Ton- und Fernsehrundfunk-Signale; Teil 1: Sicherheitsanforderungen
Bezugsdokument: Text erstellt von CENELEC/TC 209; Datum der Annahme: 9.12.1996; Zusammenhang: Niederspannungs-Richtlinie 73/23/EWG

EN 50083-2 A1
Kabelverteilsysteme für Fernseh- und Tonsignale; Teil 2: Elektromagnetische Verträglichkeit von Bauteilen
Bezugsdokument: Text erstellt von CENELEC/TC 209; Datum der Annahme: 9.12.1996; Zusammenhang: EMV-Richtlinie 89/336/EWG

EN 50104 A1
Elektrische Geräte für das Aufspüren und die Messung von Sauerstoff; Anforderungen an das Betriebsverhalten und Prüfmethoden
Bezugsdokument: Text erstellt von CENELEC/SC 31-9; Datum der Annahme: 9.12.1996; Zusammenhang: ATEX-Richtlinie 94/9/EG

EN 50117-1 A2
Koaxialkabel für Kabelverteilanlagen; Teil 1: Fachgrundspezifikation
Bezugsdokument: Text erstellt von CENELEC/SC 46XA; Datum der Annahme: 9.12.1996

EN 50117-5
Koaxialkabel für Kabelverteilanlagen; Teil 5: Rahmenspezifikation für Innen-Steigkabel für Netze mit Frequenzen von 5 MHz bis 2150 MHz
Bezugsdokument: Text erstellt von CENELEC/SC 46XA; Datum der Annahme: 9.12.1996

EN 50117-6
Koaxialkabel für Kabelverteilanlagen; Teil 6: Rahmenspezifikation für Außen-Steigkabel für Netze mit Frequenzen von 5 MHz bis 2150 MHz
Bezugsdokument: Text erstellt von CENELEC/SC 46XA; Datum der Annahme: 9.12.1996

EN 50131-6
Alarmsysteme; Einbruchsysteme; Teil 6: Energieversorgung
Bezugsdokument: Text erstellt von CENELEC/TC 79; Datum der Annahme: 9.12.1996

EN 50132-2-1
Alarmanlagen; Video-Überwachungsanlagen für Sicherheitsanwendungen; Teil 2-1: Schwarzweiß-Kameras
Bezugsdokument: Text erstellt von CENELEC/TC 79; Datum der Annahme: 9.12.1996; Zusammenhang: Niederspannungs-Richtlinie 73/23/EWG

EN 50136-1-1
Alarmanlagen; Alarmübertragungsanlagen und -einrichtungen; Teil 1-1: Allgemeine Anforderungen an Alarmübertragungsanlagen
Bezugsdokument: Text erstellt von CENELEC/TC 79; Datum der Annahme: 9.12.1996

EN 50136-1-2
Alarmanlagen; Alarmübertragungsanlagen und -einrichtungen; Teil 1-2: Anforderungen an Anlagen mit fest zugeordneten Alarmübertragungswegen
Bezugsdokument: Text erstellt von CENELEC/TC 79; Datum der Annahme: 9.12.1996

EN 50136-1-3
Alarmanlagen; Alarmübertragungsanlagen und -einrichtungen; Teil 1-3: Anforderungen an Anlagen mit automatischen Wähl- und Übertragungsanlagen für das öffentliche Fernsprechwählnetz
Bezugsdokument: Text erstellt von CENELEC/TC 79; Datum der Annahme: 9.12.1996

EN 50136-1-4
Alarmanlagen; Alarmübertragungsanlagen und -einrichtungen; Teil 1-4: Anforderungen an Anlagen mit automatischen Wähl- und Ansageanlagen für das öffentliche Fernsprechwählnetz
Bezugsdokument: Text erstellt von CENELEC/TC 79; Datum der Annahme: 9.12.1996

EN 50143
Flexible Aufzugssteuerleitungen
Bezugsdokument: Text erstellt von CENELEC/TC 20; Datum der Annahme: 9.12.1996

EN 50144-1 A1
Sicherheit von handgeführten motorbetriebenen Elektrowerkzeugen; Teil 1: Allgemeine Anforderungen
Bezugsdokument: Text erstellt von CENELEC/TC 61F; Datum der Annahme: 9.12.1996; Zusammenhang: Niederspannungs-Richtlinie 73/23/EWG und Maschinen-Richtlinie 89/392/EWG

EN 50144-2-4 A1
Sicherheit von handgeführten motorbetriebenen Elektrowerkzeugen; Teil 2-4: Besondere Anforderungen für Schwing- und Bandschleifer
Bezugsdokument: Text erstellt von CENELEC/TC 61F; Datum der Annahme: 9.12.1996; Zusammenhang: Niederspannungs-Richtlinie 73/23/EWG und Maschinen-Richtlinie 89/392/EWG

EN 50144-2-5 A1
Sicherheit von handgeführten motorbetriebenen Elektrowerkzeugen; Teil 2-5: Besondere Anforderungen für Kreissägen und Rundmesser
Bezugsdokument: Text erstellt von CENELEC/TC 61F; Datum der Annahme: 9.12.1996; Zusammenhang: Niederspannungs-Richtlinie 73/23/EWG und Maschinen-Richtlinie 89/392/EWG

EN 50144-2-6 A1
Sicherheit von handgeführten motorbetriebenen Elektrowerkzeugen; Teil 2-6: Besondere Anforderungen für Hämmer
Bezugsdokument: Text erstellt von CENELEC/TC 61F; Datum der Annahme: 9.12.1996; Zusammenhang: Niederspannungs-Richtlinie 73/23/EWG und Maschinen-Richtlinie 89/392/EWG

EN 50144-2-10 A1
Sicherheit von handgeführten motorbetriebenen Elektrowerkzeugen; Teil 2-10: Besondere Anforderungen für Spannvorrichtungssägen
Bezugsdokument: Text erstellt von CENELEC/TC 61F; Datum der Annahme: 9.12.1996; Zusammenhang: Niederspannungs-Richtlinie 73/23/EWG und Maschinen-Richtlinie 89/392/EWG

EN 50144-2-14 A1
Sicherheit von handgeführten motorbetriebenen Elektrowerkzeugen; Teil 2-14: Besondere Anforderungen für Hobelmaschinen
Bezugsdokument: Text erstellt von CENELEC/TC 61F; Datum der Annahme: 9.12.1996; Zusammenhang: Niederspannungs-Richtlinie 73/23/EWG und Maschinen-Richtlinie 89/392/EWG

EN 50193
Geschlossene Elektro-Durchfluß-Wassererwärmer; Prüfverfahren zur Bestimmung der Gebrauchseigenschaften
Bezugsdokument: Text erstellt von CENELEC/TC 59X; Datum der Annahme: 9.12.1996

EN 50214
Leitungen für Leuchtröhrengeräte und Leuchtröhren-Anlagen mit einer Leerlaufspannung über 1 kV, aber nicht über 10 kV
Bezugsdokument: Text erstellt von CENELEC/TC 20; Datum der Annahme: 9.12.1996; Zusammenhang: Niederspannungs-Richtlinie 73/23/EWG

EN 50229
Elektrische Wäschetrockner für den Haushaltsgebrauch; Prüfverfahren zur Bestimmung der Gebrauchseigenschaften
Bezugsdokument: Text erstellt von CENELEC/TC 59X; Datum der Annahme: 9.12.1996; Zusammenhang: Richtlinie über die Angabe des Verbrauchs an Energie und anderen Ressourcen durch Haushaltsgeräte 92/75/EWG

EN 60068-2-21
Grundlegende Umweltprüfverfahren; Teil 2: Prüfungen; Prüfgruppe U: Mechanische Widerstandsfähigkeit der Anschlüsse
Bezugsdokument: IEC 68-2-21:1983 + A1:1985; ersetzt HD 323.2.21 S3; Datum der Annahme: 9.12.1996

EN 60068-2-21 A2
Grundlegende Umweltprüfverfahren; Teil 2: Prüfungen; Prüfgruppe U: Mechanische Widerstandsfähigkeit der Anschlüsse
Bezugsdokument: IEC 68-2-21:1983/A2:1991; Datum der Annahme: 9.12.1996

EN 60068-2-21 A3
Grundlegende Umweltprüfverfahren; Teil 2: Prüfungen; Prüfgruppe U: Mechanische Widerstandsfähigkeit der Anschlüsse
Bezugsdokument: IEC 68-2-21:1983/A3:1992; Datum der Annahme: 9.12.1996

EN 60335-2-55
Sicherheit elektrischer Geräte für den Hausgebrauch und ähnliche Zwecke; Teil 2: Besondere Anforderungen für elektrische Geräte zum Gebrauch mit Aquarien und Gartenteichen
Bezugsdokument: IEC 61/1041/FDIS; veröffentlicht als IEC 335-2-55:199X; Datum der Annahme: 9.12.1996; Zusammenhang: Niederspannungs-Richtlinie 73/23/EWG

EN 60335-2-60 A53
Sicherheit elektrischer Geräte für den Hausgebrauch und ähnliche Zwecke; Teil 2: Besondere Anforderungen für Sprudelbadgeräte und ähnliche Anlagen
Bezugsdokument: Text erstellt von CENELEC/TC 61; Datum der Annahme: 9.12.1996; Zusammenhang: Niederspannungs-Richtlinie 73/23/EWG

EN 60352-2 A1
Lötfreie elektrische Verbindungen; Teil 2: Crimpverbindungen; Allgemeine Anforderungen, Prüfverfahren und Anwendungshinweise
Bezugsdokument: IEC 352-2:1990/A1:1996; Datum der Annahme: 9.12.1996

EN 60360 A2
Standardverfahren zur Messung der Lampensockel-Übertemperatur
Bezugsdokument: IEC 360:1987/A2:1996; Datum der Annahme: 9.12.1996; Zusammenhang: Niederspannungs-Richtlinie 73/23/EWG

EN 60404-4
Magnetische Werkstoffe; Teil 4: Verfahren zur Messung der magnetischen Eigenschaften von Eisen und Stahl im Gleichfeld
Bezugsdokument: IEC 404-4:1995; Datum der Annahme: 9.12.1996

EN 60439-1 A2
Niederspannung-Schaltgerätekombinationen; Teil 1: Typgeprüfte und partiell typgeprüfte Kombinationen
Bezugsdokument: IEC 439-1:1992/A2:1996; Datum der Annahme: 9.12.1996

EN 60456 A12
Elektrische Waschmaschinen für den Haushaltsgebrauch; Prüfverfahren zur Bestimmung der Gebrauchseigenschaften
Bezugsdokument: Text erstellt von CENELEC/TC 59X; Datum der Annahme: 9.12.1996; Zusammenhang: Richtlinie über die Angabe des Verbrauchs an Energie und anderen Ressourcen durch Haushaltsgeräte 92/75/EWG

EN 60512-11-14
Elektrisch-mechanische Bauelemente für elektronische Einrichtungen; Meß- und Prüfverfahren; Teil 11: Klimatische Prüfungen; Hauptabschnitt 14: Prüfung 11p: Korrosionsprüfung mit strömendem Einzelgas
Bezugsdokument: IEC 512-11-14:1996; Datum der Annahme: 9.12.1996

EN 60512-13-1
Elektrisch-mechanische Bauelemente für elektronische Einrichtungen; Meß- und Prüfverfahren; Teil 13: Prüfungen der mechanischen Bedienbarkeit; Hauptabschnitt 1: Prüfung 13a: Kupplungs- und Trennkräfte
Bezugsdokument: IEC 512-13-1:1996; Datum der Annahme: 9.12.1996

EN 60598-2-6 A1
Leuchten; Teil 2: Besondere Anforderungen; Hauptabschnitt 6: Leuchten mit eingebauten Transformatoren für Glühlampen
Bezugsdokument: IEC 598-2-6:1994/A1:1996; Datum der Annahme: 9.12.1996; Zusammenhang: Niederspannungs-Richtlinie 73/23/EWG

EN 60603-7-1
Steckverbinder für Frequenzen unter 3 MHz für gedruckte Schaltungen; Teil 7: Bauartspezifikation für Steckverbinder, 8polig, einschließlich fester und freier Steckverbinder mit gemeinsamen Steckmerkmalen mit Gütebestätigung
Bezugsdokument: IEC 603-7:1996; Datum der Annahme: 9.12.1996

EN 60695-2-1/0
Prüfungen zur Beurteilung der Brandgefahr; Teil 2: Prüfverfahren; Hauptabschnitt 1/Blatt 0: Prüfungen mit dem Glühdraht; Allgemeines
Bezugsdokument: IEC 695-2-1/0:1994; Datum der Annahme: 9.12.1996; Zusammenhang: Niederspannungs-Richtlinie 73/23/EWG

EN 60695-2-1/1
Prüfungen zur Beurteilung der Brandgefahr; Teil 2: Prüfverfahren; Hauptabschnitt 1/Blatt 1: Prüfung fertiger Erzeugnisse mit dem Glühdraht und Anleitung
Bezugsdokument: IEC 695-2-1/1:1994 + Corrigendum Mai 1995; Datum der Annahme: 9.12.1996; Zusammenhang: Niederspannungs-Richtlinie 73/23/EWG

EN 60704-1
Prüfvorschrift für die Bestimmung der Luftschallemission von elektrischen Geräten für den Hausgebrauch und ähnliche Zwecke; Teil 1: Allgemeine Anforderungen
Bezugsdokument: IEC 59/162/FDIS; wird veröffentlicht als IEC 704-1:199X; Datum der Annahme: 9.12.1996; Zusammenhang: Richtlinie über die Geräuschemission von Haushaltsgeräten 86/594/EWG

EN 60704-2-8
Prüfvorschriften zur Bestimmung der Luftschallemission von elektrischen Geräten für den Hausgebrauch und ähnliche Zwecke; Teil 2: Besondere Anforderungen für elektrische Rasierer
Bezugsdokument: IEC 59/155/FDIS; wird veröffentlicht als IEC 704-2-8:199X; Datum der Annahme: 9.12.1996; Zusammenhang: Richtlinie über die Geräuschemission von Haushaltsgeräten 86/594/EWG

EN 60721-3-1 A3
Klassifizierung von Umweltbedingungen; Teil 3: Klassen von Umwelteinflußgrößen und deren Grenzwerte; Hauptabschnitt 1: Langzeitlagerung
Bezugsdokument: IEC 75/277/FDIS; wird veröffentlicht als IEC 721-3-1:1987/A3:199X; Datum der Annahme: 9.12.1996

EN 60721-3-2
Klassifizierung von Umweltbedingungen; Teil 3: Klassen von Umwelteinflußgrößen und deren Grenzwerte; Hauptabschnitt 2: Transport
Bezugsdokument: IEC 75/278/FDIS; wird veröffentlicht als IEC 721-3-2:199X; Datum der Annahme: 9.12.1996

EN 60721-3-3 A2
Klassifizierung von Umweltbedingungen; Teil 3: Klassen von Umwelteinflußgrößen und deren Grenzwerte; Hauptabschnitt 3: Ortsfester Einsatz, wettergeschützt
Bezugsdokument: IEC 721-3-3:1994/A2:1996; Datum der Annahme: 9.12.1996

EN 60721-3-4 A1
Klassifizierung von Umweltbedingungen; Teil 3: Klassen von Umwelteinflußgrößen und deren Grenzwerte; Hauptabschnitt 4: Ortsfester Einsatz, nicht wettergeschützt
Bezugsdokument: IEC 721-3-4:1995/A1:1996; Datum der Annahme: 9.12.1996

EN 60721-3-5
Klassifizierung von Umweltbedingungen; Teil 3: Klassen von Umwelteinflußgrößen und deren Grenzwerte; Hauptabschnitt 5: Einsatz an und in Landfahrzeugen
Bezugsdokument: IEC 75/281/FDIS; wird veröffentlicht als IEC 721-3-5:199X; Datum der Annahme: 9.12.1996

EN 60721-3-6 A2
Klassifizierung von Umweltbedingungen; Teil 3: Klassen von Umwelteinflußgrößen und deren Grenzwerte; Hauptabschnitt 6: Einsatz auf Schiffen
Bezugsdokument: IEC 721-3-6:1987/A2:1996; Datum der Annahme: 9.12.1996

EN 60721-3-7 A1
Klassifizierung von Umweltbedingungen; Teil 3: Klassen von Umwelteinflußgrößen und deren Grenzwerte; Hauptabschnitt 7: Ortsveränderlicher Einsatz
Bezugsdokument: IEC 721-3-7:1995/A1:1996; Datum der Annahme: 9.12.1996

EN 60730-2-1
Automatische elektrische Regel- und Steuergeräte für den Hausgebrauch und ähnliche Anwendungen; Teil 2: Besondere Anforderungen an Regel- und Steuergeräte für elektrische Haushaltsgeräte
Bezugsdokument: IEC 730-2-1:1989, modifiziert; Datum der Annahme: 9.12.1996; Zusammenhang: Niederspannungs-Richtlinie 73/23/EWG

EN 60730-2-9 A11
Automatische elektrische Regel- und Steuergeräte für den Hausgebrauch und ähnliche Anwendungen; Teil 2: Besondere Anforderungen an temperaturabhängige Regel- und Steuergeräte
Bezugsdokument: Text erstellt von CENELEC/TC 72; Datum der Annahme: 9.12.1996; Zusammenhang: Niederspannungs-Richtlinie 73/23/EWG und EMV-Richtlinie 89/336/EWG

EN 60893-3-1 A1
Bestimmung für Tafeln aus technischen Schichtpreßstoffen auf der Basis wärmehärtbarer Harze für elektrotechnische Zwecke; Teil 3: Bestimmung für einzelne Werkstoffe; Blatt 1: Technische Schichtpreßstofftafeltypen
Bezugsdokument: IEC 893-3-1:1992/A1:1996; Datum der Annahme: 9.12.1996

EN 60900 A11
Handwerkszeuge zum Arbeiten an unter Spannung stehenden Teilen bis 1 kV Wechselstrom und 1,5 kV Gleichstrom
Bezugsdokument: Text erstellt von CENELEC/TC 78; Datum der Annahme: 9.12.1996

EN 60922
Geräte für Lampen; Vorschaltgeräte für Entladungslampen (ausgenommen röhrenförmige Leuchtstofflampen); Allgemeine und Sicherheitsanforderungen
Bezugsdokument: IEC 34C/375/FDIS; wird veröffentlicht als IEC 922:199X; Datum der Annahme: 9.12.1996; Zusammenhang: Niederspannungs-Richtlinie 73/23/EWG

EN 60945
Navigations- und Funkkommunikationsgeräte und -systeme für die Seeschiffahrt; Allgemeine Anforderungen; Prüfverfahren und geforderte Prüfergebnisse
Bezugsdokument: IEC 945:1996; Datum der Annahme: 9.12.1996; Zusammenhang: EMV-Richtlinie 89/336/EWG

EN 60950 A4
Sicherheit von Einrichtungen der Informationstechnik
Bezugsdokument: IEC 950:1991/A4:1996, modifiziert; Datum der Annahme: 9.12.1996; Zusammenhang: Niederspannungs-Richtlinie 73/23/EWG

EN 61083-2
Digitalrecorder für Stoßspannungs- und Stoßprüfungen; Teil 2: Prüfung von Software zur Bestimmung der Parameter von Stoßspannungen
Bezugsdokument: IEC 1083-2:1996; Datum der Annahme: 9.12.1996

EN 61242
Elektrisches Installationsmaterial; Leitungsroller für den Hausgebrauch und ähnliche Zwecke
Bezugsdokument: IEC 1242:1995, modifiziert; Datum der Annahme: 9.12.1996; Zusammenhang: Niederspannungs-Richtlinie 73/23/EWG

EN 61605
Drosseln für elektrische und nachrichtentechnische Einrichtungen; Kennzeichnung
Bezugsdokument: IEC 1605:1996; Datum der Annahme: 9.12.1996

EN 61646
Terrestrische Dünnschicht Photovoltaik (PV) Module; Bauarteignung und Bauartzulassung
Bezugsdokument: IEC 1646:1996; Datum der Annahme: 9.12.1996

EN 61754-2
LWL-Steckverbinder; Teil 2: Typ BFOC/2,5 Steckverbinderfamilien
Bezugsdokument: IEC 1754-2:1996; Datum der Annahme: 9.12.1996

EN 61938
Audio-, Video- und audiovisuelle Anlagen; Zusammenschaltungen und Anpassungswerte; Empfohlene Anpassungswerte für analoge Signale
Bezugsdokument: IEC 1938:1996; Datum der Annahme: 9.12.1996

EN 62326-1
Leiterplatten; Teil 1: Fachgrundspezifikation
Bezugsdokument: IEC 2326-1:1996; Datum der Annahme: 9.12.1996

EN 62326-4
Leiterplatten; Teil 4: Starre Mehrlagen-Leiterplatten mit Durchverbindungen; Rahmenspezifikation
Bezugsdokument: IEC 52/655/FDIS, wird veröffentlicht als IEC 2326-4:199X;
Datum der Annahme: 9.12.1996

EN 62326-4-1
Leiterplatten; Teil 4: Starre Mehrlagen-Leiterplatten mit Durchverbindungen; Rahmenspezifikation; Hauptabschnitt 1: Bauartspezifikation zum Nachweis der Befähigung; Anforderungsstufen A, B und C
Bezugsdokument: IEC 52/656/FDIS; wird veröffentlicht als IEC 2326-4-1:199X;
Datum der Annahme: 9.12.1996

EN 123600
Rahmenspezifikation; Biegesteife Mehrlagen-Leiterplatten mit Durchverbindungen
Bezugsdokument: Text erstellt von CENELEC/TC CECC/SC 52; Datum der Annahme: 14.2.1992 (nachträgliche Ankündigung)

EN 123700
Rahmenspezifikation; Biegesteife doppelseitige gedruckte Leiterplatten mit Durchverbindungen
Bezugsdokument: Text erstellt von CENELEC/TC CECC/SC 52; Datum der Annahme: 14.2.1992 (nachträgliche Ankündigung)

EN 123800
Rahmenspezifikation; Flexible Mehrlagen-Leiterplatten mit Durchverbindungen
Bezugsdokument: Text erstellt von CENELEC/TC CECC/SC 52; Datum der Annahme: 22.5.1992 (nachträgliche Ankündigung)

EN 130000
Fachgrundspezifikation; Festkondensatoren
Bezugsdokument: Text erstellt von CENELEC/TC CECC/SC 40XA; Datum der Annahme: 9.12.1996

EN 130800 AA
Rahmenspezifikation; Oberflächenmontierbare Tantalkondensatoren
Bezugsdokument: Text erstellt von CENELEC/TC CECC/SC 40XA; Datum der Annahme: 9.12.1996

EN 130801 AA
Vordruck für Bauartspezifikation; Oberflächenmontierbare Tantalkondensatoren
Bezugsdokument: Text erstellt von CENELEC/TC CECC/SC 40XA; Datum der Annahme: 9.12.1996

EN 131900
Rahmenspezifikation; Festkondensatoren mit metallisierten Polypropylen-Folien als Dielektrikum für Wechselspannungs- und Impulsbetrieb
Bezugsdokument: Text erstellt von CENELEC/TC CECC/SC 40XA; Datum der Annahme: 9.12.1996

EN 131901
Vordruck für Bauartspezifikation; Festkondensatoren mit metallisierten Polypropylen-Folien als Dielektrikum für Wechselspannungs- und Impulsbetrieb
Bezugsdokument: Text erstellt von CENELEC/TC CECC/SC 40XA; Datum der Annahme: 9.12.1996

EN 132400
Rahmenspezifikation; Festkondensatoren zur Unterdrückung elektromagnetischer Störungen, geeignet für Netzbetrieb (Qualitätsbewertungsstufe D)
Bezugsdokument: Text erstellt von CENELEC/TC CECC/SC 40XA; Datum der Annahme: 9.12.1996

EN 133200
Rahmenspezifikation; Passive Filter für die Unterdrückung von elektromagnetischen Störungen (Filter, für die Sicherheitsprüfungen vorgeschrieben sind)
Bezugsdokument: Text erstellt von CENELEC/TC CECC/SC 40XA; Datum der Annahme: 9.12.1996

EN 140100
Rahmenspezifikation; Nicht drahtgewickelte Festwiderstände kleiner Belastbarkeit
Bezugsdokument: Text erstellt von CENELEC/TC CECC/SC 40XB (ersetzt CECC 40100:1980); Datum der Annahme: 20.6.1994 (nachträgliche Ankündigung)

EN 140101
Vordruck für Bauartspezifikation; Nicht drahtgewickelte Festwiderstände kleiner Belastbarkeit (Bewertungsstufe S)
Bezugsdokument: Text erstellt von CENELEC/TC CECC/SC 40XB (ersetzt CECC 40101:1981); Datum der Annahme: 20.6.1994 (nachträgliche Ankündigung)

EN 140200
Rahmenspezifikation; Hochbelastbare Festwiderstände
Bezugsdokument: Text erstellt von CENELEC/TC CECC/SC 40XB (ersetzt CECC 40200:1981); Datum der Annahme: 14.3.1996 (nachträgliche Ankündigung)

EN 140201
Vordruck für Bauartspezifikation; Hochbelastbare Festwiderstände
Bezugsdokument: Text erstellt von CENELEC/TC CECC/SC 40XB (ersetzt CECC 40201:1981); Datum der Annahme: 14.3.1996

EN 140202
Vordruck für Bauartspezifikation; Hochbelastbare Festwiderstände (Bewertungsstufe M)
Bezugsdokument: Text erstellt von CENELEC/TC CECC/SC 40XB (ersetzt CECC 40202:1981); Datum der Annahme: 14.3.1996

EN 140203
Vordruck für Bauartspezifikation; Hochbelastbare Festwiderstände (Bewertungsstufe H)
Bezugsdokument: Text erstellt von CENELEC/TC CECC/SC 40XB (ersetzt CECC 40203:1981); Datum der Annahme: 14.3.1996

EN 160100
Rahmenspezifikation; Befähigungsanerkennung für Hersteller von bestückten Leiterplatten mit bewerteter Qualität
Bezugsdokument: Text erstellt von CENELEC/NC BSI; Datum der Annahme: 9.12.1996

ENV 50184
Gültigkeitserklärung von Lichtbogenschweißausrüstung
Bezugsdokument: Text erstellt von CENELEC/TC 26A; Datum der Annahme: 9.12.1996

ENV 50269
Auswahl und repräsentative Prüfung von Hochspannungsmaschinen
Bezugsdokument: Text erstellt von CENELEC/TC 31; Datum der Annahme: 9.12.1996; Zusammenhang: ATEX-Richtlinie 94/9/EG

HD 384.4.442 S1
Elektrische Anlagen von Gebäuden; Teil 4: Schutzmaßnahmen; Kapitel 44: Schutz bei Überspannungen; Hauptabschnitt 442: Schutz von Niederspannungsanlagen bei Erdschlüssen in Netzen mit höherer Spannung
Bezugsdokument: Text erstellt von CENELEC/SC 64B; Datum der Annahme: 9.12.1996

HD 528 S2
Verfahren zur Ermittlung der Erwärmung von partiell typgeprüften Niederspannungs-Schaltgerätekombinationen (PTSK) durch Extrapolation
Bezugsdokument: IEC 890:1987 + A1:1995; Datum der Annahme: 9.12.1996; Zusammenhang: Niederspannungs-Richtlinie 73/23/EWG

HD 604 S1 A1
Starkstromkabel mit besonderen Eigenschaften im Falle eines Brandes für Kraftwerke und einer Nennspannung von 0,6/1 kV
Bezugsdokument: Text erstellt von CENELEC/TC 20; Datum der Annahme: 9.12.1996

HD 626 S1 A1
Isolierte Freileitungsseile für oberirdische Verteilungsnetze mit Nennspannungen U_0/U (U_m): 0,6/1 (1,2) kV
Bezugsdokument: Text erstellt von CENELEC/TC 20; Datum der Annahme: 9.12.1996

R017-001
Niederspannungs-Hausanschlußkästen und Hausanschluß-/Zählerschränke für die Energieversorgung von Gebäuden und von Straßenbeleuchtung
Bezugsdokument: Text erstellt von CENELEC/TC 17D

R017-002
Betriebsmittel zum Anschluß von Niederspannungs-Hausanschlüssen an das öffentliche Versorgungsnetz
Bezugsdokument: Text erstellt von CENELEC/TC 17D

Quelle: etz Bd. 118 (1997) H. 6, S. 75–80

Annahme von ENV, EN und HD durch CENELEC

46. Liste
Die mit * gekennzeichneten EN und HD gelten als prüfzeichenfähige Betriebsmittel, auf deren Grundlage ab sofort ggf. Konformitätszeichen (Prüfzeichen) beantragt und Konformitätsbescheinigungen ausgestellt werden können.

EN 45502-1 *
Aktive implantierbare medizinische Produkte; Teil 1: Allgemeine Festlegungen für die Sicherheit, Aufschriften und vom Hersteller zur Verfügung zu stellende Informationen
Bezugsdokument: Text erstellt von CEN/CLC/JWG AIMD; Datum der Annahme: 11.3.1997; Zusammenhang: Richtlinie über aktive implantierbare medizinische Geräte 90/385/EWG

EN 50082-1 *
Elektromagnetische Verträglichkeit (EMV); Fachgrundnorm; Störfestigkeit; Teil 1: Wohnbereich, Geschäfts- und Gewerbebereich sowie Kleinbetriebe
Bezugsdokument: Text erstellt von CENELEC/TC 210; Datum der Annahme: 11.3.1997; Zusammenhang: EMV-Richtlinie 89/336/EWG

EN 50083-6 A1
Kabelverteilsysteme für Ton- und Fernsehrundfunk-Signale; Teil 6: Optische Geräte
Bezugsdokument: Text erstellt von CENELEC/TC 209; Datum der Annahme: 11.3.1997; Zusammenhang: Niederspannungs-Richtlinie 73/23/EWG

EN 50165 *
Elektrische Ausrüstung von nicht-elektrischen Geräten für den Hausgebrauch und ähnliche Zwecke; Sicherheitsanforderungen
Bezugsdokument: Text erstellt von CENELEC/BTTF 60-3; Datum der Annahme: 11.3.1997; Zusammenhang: Niederspannungs-Richtlinie 73/23/EWG

EN 50186-1
Abspritzeinrichtungen für Starkstromanlagen mit Nennspannungen über 1 kV; Teil 1: Allgemeine Anforderungen
Bezugsdokument: Text erstellt von CENELEC/BTTF 62-4; Datum der Annahme: 11.3.1997

EN 50186-2
Abspritzeinrichtungen für Starkstromanlagen mit Nennspannungen über 1 kV; Teil 2: Nationale Anhänge
Bezugsdokument: Text erstellt von CENELEC/BTTF 62-4; Datum der Annahme: 11.3.1997

EN 50203 A1
Automatische Kanalzuordnung (ACI)
Bezugsdokument: Text erstellt von CENELEC/TC 206; Datum der Annahme: 15.2.1997

EN 50221
Festlegung der einheitlichen Schnittstelle für Zugriffsbeschränkung und andere digitale Fernsehrundfunkdecoder-Anwendungen
Bezugsdokument: Text erstellt von CENELEC/TC 206; Datum der Annahme: 15.2.1997

EN 50237 *
Handschuhe und 3-Finger-Handschuhe für mechanische Beanspruchung zum Arbeiten unter Spannung
Bezugsdokument: Text erstellt von CENELEC/TC 78; Datum der Annahme: 11.3.1997; Zusammenhang: Richtlinie für persönliche Schutzausrüstungen 89/686/EWG

EN 55011 A1 *
Grenzwerte und Meßverfahren für Funkstörungen von industriellen, wissenschaftlichen und medizinischen Hochfrequenzgeräten (ISM-Geräten)
Bezugsdokument: IEC/CISPR 11:1990/A1:1996; Datum der Annahme: 15.2.1997; Zusammenhang: EMV-Richtlinie 89/336/EWG

EN 55022 A2 *
Grenzwerte und Meßverfahren für Funkstörungen von Einrichtungen der Informationstechnik
Bezugsdokument: IEC/CISPR 22:1993/A2:1996, modifiziert; Datum der Annahme: 11.3.1997; Zusammenhang: EMV-Richtlinie 89/336/EWG

EN 60061-1 A7
Lampensockel und -fassungen sowie Lehren zur Kontrolle der Austauschbarkeit und Sicherheit; Teil 1: Lampensockel
Bezugsdokument: IEC 34B/647/FDIS; wird veröffentlicht als IEC 61-1V:199X; Datum der Annahme: 11.3.1997; Zusammenhang: Niederspannungs-Richtlinie 73/23/EWG

EN 60061-2 A7 *
Lampensockel und -fassungen sowie Lehren zur Kontrolle der Austauschbarkeit und Sicherheit; Teil 2: Lampenfassungen
Bezugsdokument: IEC 34B/647/FDIS; wird veröffentlicht als IEC 61-2S:199X; Datum der Annahme: 11.3.1997; Zusammenhang: Niederspannungs-Richtlinie 73/23/EWG

EN 60061-3 A7
Lampensockel und -fassungen sowie Lehren zur Kontrolle der Austauschbarkeit und Sicherheit; Teil 3: Lehren
Bezugsdokument: IEC 34B/647/FDIS; wird veröffentlicht als IEC 61-3U:199X; Datum der Annahme: 11.3.1997; Zusammenhang: Niederspannungs-Richtlinie 73/23/EWG

EN 60062 A1
Kennzeichnung von Widerständen und Kondensatoren
Bezugsdokument: IEC 62:1992/A1:1995; Datum der Annahme: 11.3.1997

EN 60076-1
Leistungstransformatoren; Teil 1: Allgemeines
Bezugsdokument: IEC 76-1:1993, modifiziert; Datum der Annahme: 11.3.1997

EN 60076-2
Leistungstransformatoren; Teil 2: Übertemperaturen
Bezugsdokument: IEC 76-2:1993, modifiziert; Datum der Annahme: 11.3.1997

EN 60079-14
Elektrische Betriebsmittel für gasexplosionsgefährdete Bereiche; Teil 14: Errichtung elektrischer Anlagen in explosionsgefährdeten Bereichen (ausgenommen Grubenbaue)
Bezugsdokument: IEC 79-14:1996; Datum der Annahme: 11.3.1997; Zusammenhang: ATEX-Richtlinie 94/9/EG

EN 60079-17
Elektrische Betriebsmitel für gasexplosionsgefährdete Bereiche; Teil 17: Prüfung und Instandhaltung elektrischer Anlagen in explosionsgefährdeten Bereichen (ausgenommen Grubenbaue)
Bezugsdokument: IEC 79-17:1996; Datum der Annahme: 11.3.1997

EN 60107-1
Meßverfahren für Empfänger von Fernseh-Rundfunksendungen; Teil 1: Allgemeine Betrachtungen; Messungen bei Radio- und Videofrequenzen und Messungen und Bildwiedergabeeinrichtungen
Bezugsdokument: IEC 100A/5/FDIS + IEC 100A/5A/FDIS; wird veröffentlicht als IEC 107-1:199X; Datum der Annahme: 11.3.1997

EN 60107-2
Meßverfahren für Empfänger von Fernseh-Rundfunksendungen; Teil 2: Tonkanäle; Allgemeine Meßverfahren und Meßverfahren für monophone Kanäle
Bezugsdokument: IEC 60107-2:1997; Datum der Annahme: 11.3.1997

EN 60107-7
Meßverfahren für Empfänger von Fernseh-Rundfunksendungen; Teil 7: HDTV-Wiedergabeeinrichtungen
Bezugsdokument: IEC 60107-7:1997; Datum der Annahme: 11.3.1997

EN 60086-2 A1
Primärbatterien; Teil 2: Spezifikationsblätter
Bezugsdokument: IEC 86-2:1994/A1:1995 + Corrigendum Feb. 1996; Datum der Annahme: 11.3.1997

EN 60238 A1 *
Lampenfassungen mit Edisongewinde
Bezugsdokument: IEC 34B/655/FDIS; wird veröffentlicht als IEC 238:1996/A1:199X; Datum der Annahme: 11.3.1997; Zusammenhang: Niederspannungs-Richtlinie 73/23/EWG

EN 60254-1
Blei-Antriebsbatterien; Teil 1: Allgemeine Anforderungen und Prüfungen
Bezugsdokument: IEC 21/405/FDIS + 21/405A/FDIS; wird veröffentlicht als IEC 254-1:199X; Datum der Annahme: 11.3.1997

EN 60254-2
Blei-Antriebsbatterien; Teil 2: Maße von Zellen und Endpolen und Kennzeichnung der Polarität auf Zellen
Bezugsdokument: IEC 60254-2:1997; Datum der Annahme: 11.3.1997

EN 60269-4 A1 *
Niederspannungssicherungen; Teil 4: Zusätzliche Anforderungen für Sicherungseinsätze zum Schutz von Halbleiter-Bauelementen
Bezugsdokument: IEC 269-4:1986/A1:1995; Datum der Annahme: 11.3.1997;
Zusammenhang: Niederspannungs-Richtlinie 73/23/EWG

EN 60286-4
Gurtung und Magazinierung von Bauelementen für automatische Verarbeitung;
Teil 4: Stangenmagazine für Dual-Inline-Gehäuse
Bezugsdokument: IEC 286-4:1991; Datum der Annahme: 11.3.1997

EN 60286-5
Gurtung und Magazinierung von Bauelementen für automatische Verarbeitung;
Teil 5: Flachmagazine
Bezugsdokument: IEC 286-5:1995, modifiziert; Datum der Annahme: 11.3.1997

EN 60317-1 A1
Technische Lieferbedingungen für bestimmte Typen von Wickeldrähten; Teil 1:
Runddrähte aus Kupfer, lackisoliert mit Polyvinylazetat, Klasse 105
Bezugsdokument: IEC 55/532/FDIS; wird veröffentlicht als IEC 317-1:1990/
A1:199X; Datum der Annahme: 11.3.1997

EN 60317-7 A1
Technische Lieferbedingungen für bestimmte Typen von Wickeldrähten; Teil 7:
Runddrähte aus Kupfer, lackisoliert mit Polyimid, Klasse 220
Bezugsdokument: IEC 317-7:1990/A1:1997; Datum der Annahme: 11.3.1997

EN 60317-8 A1
Technische Lieferbedingungen für bestimmte Typen von Wickeldrähten; Teil 8:
Runddrähte aus Kupfer, lackisoliert mit Polyesterimid, Klasse 180
Bezugsdokument: IEC 317-8:1990/A1:1997; Datum der Annahme: 11.3.1997

EN 60317-13 A1
Technische Lieferbedingungen für bestimmte Typen von Wickeldrähten; Teil 13:
Runddrähte aus Kupfer, lackisoliert mit Polyester oder Polyesterimid und darüber mit Polyamidimid, Klasse 200
Bezugsdokument: IEC 317-13:1990/A1:1997; Datum der Annahme: 11.3.1997

EN 60317-25 A1
Technische Lieferbedingungen für bestimmte Typen von Wickeldrähten; Teil 25:
Runddrähte aus Aluminium, lackisoliert mit Polyester oder Polyesterimid und darüber mit Polyamidimid, Klasse 200
Bezugsdokument: IEC 317-25:1990/A1:1997; Datum der Annahme: 11.3.1997

EN 60317-34
Technische Lieferbedingungen für bestimmte Typen von Wickeldrähten; Teil 34:
Runddrähte aus Kupfer, lackisoliert mit Polyester, Klasse 130L
Bezugsdokument: IEC 55/539/FDIS; wird veröffentlicht als IEC 317-34:199X;
Datum der Annahme: 11.3.1997

EN 60317-42
Technische Lieferbedingungen für bestimmte Typen von Wickeldrähten; Teil 42:
Runddrähte aus Kupfer, lackisoliert mit Polyesteramide-imide, Klasse 200
Bezugsdokument: IEC 60317-42:1997; Datum der Annahme: 11.3.1997

EN 60317-43
Technische Lieferbedingungen für bestimmte Typen von Wickeldrähten; Teil 43:
Runddrähte aus Kupfer, umhüllt mit Band aus aromatischen Polyimiden, Klasse 240
Bezugsdokument: IEC 55/540/FDIS; wird veröffentlicht als IEC 317-43:199X;
Datum der Annahme: 11.3.1997

EN 60317-44
Technische Lieferbedingungen für bestimmte Typen von Wickeldrähten; Teil 44:
Flachdrähte aus Kupfer, umhüllt mit Band aus aromatischen Polyimiden, Klasse 240
Bezugsdokument: IEC 55/541/FDIS; wird veröffentlicht als IEC 317-44:199X;
Datum der Annahme: 11.3.1997

EN 60335-2-7 *
Sicherheit elektrischer Geräte für den Hausgebrauch und ähnliche Zwecke;
Teil 2: Besondere Anforderungen für Waschmaschinen
Bezugsdokument: IEC 335-2-7:1993, modifiziert; Datum der Annahme: 11.3.1997; Zusammenhang: Niederspannungs-Richtlinie 73/23/EWG

EN 60335-2-25 A1 *
Sicherheit elektrischer Geräte für den Hausgebrauch und ähnliche Zwecke;
Teil 2: Besondere Anforderungen für Mikrowellengeräte
Bezugsdokument: IEC 335-2-25:1993/A1:1995; Datum der Annahme: 11.3.1997; Zusammenhang: Niederspannungs-Richtlinie 73/23/EWG

EN 60335-2-27 *
Sicherheit elektrischer Geräte für den Hausgebrauch und ähnliche Zwecke;
Teil 2: Besondere Anforderungen für Hautbestrahlungsgeräte mit UV- und IR-Strahlung
Bezugsdokument: IEC 335-2-27:1995; Datum der Annahme: 11.3.1997; Zusammenhang: Niederspannungs-Richtlinie 73/23/EWG

EN 60335-2-30 *
Sicherheit elektrischer Geräte für den Hausgebrauch und ähnliche Zwecke;
Teil 2: Besondere Anforderungen für Raumheizgeräte
Bezugsdokument: IEC 335-2-30:1996, modifiziert; Datum der Annahme:
11.3.1997; Zusammenhang: Niederspannungs-Richtlinie 73/23/EWG

EN 60335-2-31 *
Sicherheit elektrischer Geräte für den Hausgebrauch und ähnliche Zwecke;
Teil 2: Besondere Anforderungen für Dunstabzugshauben
Bezugsdokument: IEC 335-2-31:1995; Datum der Annahme: 11.3.1997; Zusammenhang: Niederspannungs-Richtlinie 73/23/EWG

EN 60335-2-43 *
Sicherheit elektrischer Geräte für den Hausgebrauch und ähnliche Zwecke;
Teil 2: Besondere Anforderungen für Kleidungstrockner und Handtuchaufhängeleisten
Bezugsdokument: IEC 335-2-43:1995; Datum der Annahme: 11.3.1997; Zusammenhang: Niederspannungs-Richtlinie 73/23/EWG

EN 60335-2-47 *
Sicherheit elektrischer Geräte für den Hausgebrauch und ähnliche Zwecke;
Teil 2: Besondere Anforderungen für elektrische Kochkessel für den gewerblichen Gebrauch
Bezugsdokument: IEC 335-2-47:1995; Datum der Annahme: 11.3.1997; Zusammenhang: Niederspannungs-Richtlinie 73/23/EWG

EN 60335-2-48 *
Sicherheit elektrischer Geräte für den Hausgebrauch und ähnliche Zwecke;
Teil 2: Besondere Anforderungen für Strahlungsgrillgeräte und Toaster für den gewerblichen Gebrauch
Bezugsdokument: IEC 335-2-48:1995; Datum der Annahme: 11.3.1997; Zusammenhang: Niederspannungs-Richtlinie 73/23/EWG

EN 60335-2-49 *
Sicherheit elektrischer Geräte für den Hausgebrauch und ähnliche Zwecke;
Teil 2: Besondere Anforderungen für Wärmeschränke für den gewerblichen Gebrauch
Bezugsdokument: IEC 335-2-49:1995; Datum der Annahme: 11.3.1997; Zusammenhang: Niederspannungs-Richtlinie 73/23/EWG

EN 60335-2-50 *
Sicherheit elektrischer Geräte für den Hausgebrauch und ähnliche Zwecke;
Teil 2: Besondere Anforderungen für elektrische Warmhaltegeräte für den gewerblichen Gebrauch
Bezugsdokument: IEC 335-2-50:1995; Datum der Annahme: 11.3.1997; Zusammenhang: Niederspannungs-Richtlinie 73/23/EWG

EN 60335-2-54 *
Sicherheit elektrischer Geräte für den Hausgebrauch und ähnliche Zwecke; Teil 2: Besondere Anforderungen für Flüssigkeiten verwendende Oberflächenreinigungsgeräte
Bezugsdokument: IEC 335-2-54:1995; Datum der Annahme: 11.3.1997; Zusammenhang: Niederspannungs-Richtlinie 73/23/EWG

EN 60335-2-56 *
Sicherheit elektrischer Geräte für den Hausgebrauch und ähnliche Zwecke; Teil 2: Besondere Anforderungen für Projektoren und ähnliche Geräte
Bezugsdokument: IEC 61/1049/FDIS; wird veröffentlicht als IEC 335-2-56: 199X; Datum der Annahme: 11.3.1997; Zusammenhang: Niederspannungs-Richtlinie 73/23/EWG

EN 60335-2-58 *
Sicherheit elektrischer Geräte für den Hausgebrauch und ähnliche Zwecke; Teil 2: Besondere Anforderungen für elektrische Geschirrspülmaschinen für den gewerblichen Gebrauch
Bezugsdokument: IEC 335-2-58:1995; Datum der Annahme: 11.3.1997; Zusammenhang: Niederspannungs-Richtlinie 73/23/EWG

EN 60335-2-78 *
Sicherheit elektrischer Geräte für den Hausgebrauch und ähnliche Zwecke; Teil 2: Besondere Anforderungen für Barbecue-Grillgeräte zur Verwendung im Freien
Bezugsdokument: IEC 335-2-78:1995; Datum der Annahme: 11.3.1997; Zusammenhang: Niederspannungs-Richtlinie 73/23/EWG

EN 60400 A1 *
Lampenfassungen für röhrenförmige Leuchtstofflampen und Starterfassungen
Bezugsdokument: IEC 34B/656/FDIS; wird veröffentlicht als IEC 400:1996/A1:199X; Datum der Annahme: 11.3.1997; Zusammenhang: Niederspannungs-Richtlinie 73/23/EWG

EN 60406
Kassetten für medizinische Röntgenaufnahmen; Röntgenkassetten und Mammographie-Kassetten
Bezugsdokument: IEC 60406:1997; Datum der Annahme: 11.3.1997

EN 60431
Rechteck-Kerne (RM) aus magnetischen Oxiden; Maße und Zubehör
Bezugsdokument: IEC 431:1983 + A1:1995; Datum der Annahme: 11.3.1997

EN 60444-1
Messung von Schwingquarz-Parametern nach dem Null-Phasenverfahren in einem Pi-Netzwerk; Teil 1: Verfahren zur Messung der Resonanzfrequenz und des Resonanzwiderstandes von Schwingquarzen nach dem Null-Phasenverfahren in einem Pi-Netzwerk
Bezugsdokument: IEC 444-1:1986; Datum der Annahme: 11.3.1997

EN 60444-2
Messung von Schwingquarz-Parametern nach dem Null-Phasenverfahren in einem Pi-Netzwerk; Teil 2: Messung der dynamischen Kapazität von Schwingquarzen nach dem Phasenoffsetverfahren
Bezugsdokument: IEC 444-2:1980; Datum der Annahme: 11.3.1997

EN 60444-3
Messung von Schwingquarz-Parametern nach dem Null-Phasenverfahren in einem Pi-Netzwerk; Teil 3: Verfahren zur Messung der Zwei-Pol-Parameter von Schwingquarzen bis 200 MHz nach dem Phasenverfahren in einem Pi-Netzwerk mit Kompensation der Parallelkapazität C_0
Bezugsdokument: IEC 444-3:1986; Datum der Annahme: 11.3.1997

EN 60444-4
Messung von Schwingquarz-Parametern nach dem Null-Phasenverfahren in einem Pi-Netzwerk; Teil 4: Verfahren zur Messung der Lastresonanzfrequenz f_L, des Lastresonanzwiderstandes R_L und Berechnung anderer hergeleiteter Werte von Schwingquarzen bis 30 MHz
Bezugsdokument: IEC 444-4:1988; Datum der Annahme: 11.3.1997

EN 60444-5
Messung von Schwingquarz-Kennwerten; Teil 5: Meßverfahren zur Bestimmung der elektrischen Ersatzschaltungsparameter von Schwingquarzen mit automatischer Netzwerkanalysatortechnik und Fehlerkorrektur
Bezugsdokument: IEC 444-5:1995; Datum der Annahme: 11.3.1997

EN 60444-6
Messung von Schwingquarz-Kennwerten; Teil 6: Messung der Belastungsabhängigkeit (DLD)
Bezugsdokument: IEC 444-6:1995; Datum der Annahme: 11.3.1997

EN 60519-4 *
Sicherheit von Elektrowärmeanlagen; Teil 4: Besondere Bestimmungen für Lichtbogenofenanlagen
Bezugsdokument: IEC 519-4:1995; Datum der Annahme: 11.3.1997; Zusammenhang: Niederspannungs-Richtlinie 73/23/EWG

EN 60519-11 *
Industrielle Elektrowärmeanlagen; Besondere Bestimmungen für Anlagen zum elektromagnetischen Rühren, Fördern oder Gießen flüssiger Metalle
Bezugsdokument: IEC 27/181/FDIS; wird veröffentlicht als IEC 519-11:199X; Datum der Annahme: 11.3.1997; Zusammenhang: Niederspannungs-Richtlinie 73/23/EWG

EN 60551 A1
Bestimmung der Geräuschpegel von Transformatoren und Drosselspulen
Bezugsdokument: IEC 551:1987/A1:1995, modifiziert; Datum der Annahme: 11.3.1997

EN 60598-2-2 A1 *
Leuchten; Teil 2: Besondere Anforderungen; Hauptabschnitt 2: Einbauleuchten
Bezugsdokument: IEC 598-2-2:1996/A1:1997; Datum der Annahme: 11.3.1997; Zusammenhang: Niederspannungs-Richtlinie 73/23/EWG

EN 60598-2-3 A1 *
Leuchten; Teil 2: Besondere Anforderungen; Hauptabschnitt 3: Straßenleuchten
Bezugsdokument: IEC 34D/432/FDIS; wird veröffentlicht als IEC 598-2-3: 1993/A1:199X; Datum der Annahme: 11.3.1997; Zusammenhang: Niederspannungs-Richtlinie 73/23/EWG

EN 60598-2-8 *
Leuchten; Teil 2: Besondere Anforderungen; Hauptabschnitt 8: Handleuchten
Bezugsdokument: IEC 598-2-8:1996, modifiziert; Datum der Annahme: 11.3.1997; Zusammenhang: Niederspannungs-Richtlinie 73/23/EWG

EN 60601-2-33 A11 *
Medizinische elektrische Geräte; Teil 2: Besondere Festlegungen für die Sicherheit von medizinischen diagnostischen Magnetresonanzgeräten
Bezugsdokument: Text erstellt von CENELEC/TC 62; Zusammenhang: Richtlinie für medizinische Geräte 93/42/EWG

EN 60601-2-36 *
Medizinische elektrische Geräte; Teil 2: Besondere Festlegungen für die Sicherheit von Geräten zur extrakorporal induzierten Lithotripsie
Bezugsdokument: IEC 62D/211/FDIS; wird veröffentlicht als IEC 601-2-36: 199X; Datum der Annahme: 11.3.1997; Zusammenhang: Richtlinie für medizinische Geräte 93/42/EWG

EN 60730-1 A1 *
Automatische elektrische Regel- und Steuergeräte für den Hausgebrauch und ähnliche Anwendungen; Teil 1: Allgemeine Anforderungen
Bezugsdokument: IEC 730-1:1993/A1:1994, modifiziert; Datum der Annahme: 11.3.1997; Zusammenhang: Niederspannungs-Richtlinie 73/23/EWG und EMV-Richtlinie 89/336/EWG

EN 60730-2-6 A1 *
Automatische elektrische Regel- und Steuergeräte für den Hausgebrauch und ähnliche Anwendungen; Teil 2: Besondere Anforderungen an automatische elektrische Druckregel- und Steuergeräte, einschließlich mechanischer Anforderungen
Bezugsdokument: IEC 730-2-6:1991/A1:1994, modifiziert; Datum der Annahme: 11.3.1997; Zusammenhang: Niederspannungs-Richtlinie 73/23/EWG und EMV-Richtlinie 89/336/EWG

EN 60730-2-8 A1 *
Automatische elektrische Regel- und Steuergeräte für den Hausgebrauch und ähnliche Anwendungen; Teil 2: Besondere Anforderungen an elektrisch betriebene Wasserventile, einschließlich mechanischer Anforderungen
Bezugsdokument: IEC 730-2-8:1992/A1:1994, modifiziert; Datum der Annahme: 11.3.1997; Zusammenhang: Niederspannungs-Richtlinie 73/23/EWG und EMV-Richtlinie 89/336/EWG

EN 60730-2-9 A2 *
Automatische elektrische Regel- und Steuergeräte für den Hausgebrauch und ähnliche Anwendungen; Teil 2: Besondere Anforderungen an temperaturabhängige Regel- und Steuergeräte
Bezugsdokument: IEC 730-2-9:1992/A2:1994, modifiziert; Datum der Annahme: 11.3.1997; Zusammenhang: Niederspannungs-Richtlinie 73/23/EWG und EMV-Richtlinie 89/336/EWG

EN 60730-2-11 A1 *
Automatische elektrische Regel- und Steuergeräte für den Hausgebrauch und ähnliche Anwendungen; Teil 2: Besondere Anforderungen an Energieregler
Bezugsdokument: IEC 730-2-11:1993/A1:1994, modifiziert; Datum der Annahme: 11.3.1997; Zusammenhang: Niederspannungs-Richtlinie 73/23/EWG und EMV-Richtlinie 89/336/EWG

EN 60838-1 A1 *
Sonderfassungen; Teil 1: Allgemeine Anforderungen und Prüfungen
Bezugsdokument: IEC 838-1:1993/A1:1996; Datum der Annahme: 11.3.1997; Zusammenhang: Niederspannungs-Richtlinie 73/23/EWG

EN 60851-5 A1
Wickeldrähte; Prüfverfahren; Teil 5: Elektrische Eigenschaften; Prüfung 13: Durchschlagspannung, Abschnitt 4.5
Bezugsdokument: IEC 55/542/FDIS; wird veröffentlicht als IEC 851-5:1996/ A1:199X; Datum der Annahme: 11.3.1997

EN 60874-19
Steckverbinder für Lichtwellenleiter und LWL-Kabel; Teil 19: Rahmenspezifikation für LWL-Steckverbinder; Typ SC-D(uplex)
Bezugsdokument: IEC 874-19:1995 + Corrigendum May 1996; Datum der Annahme: 11.3.1997

EN 60903 A11 *
Handschuhe aus isolierendem Material zum Arbeiten an unter Spannung stehenden Teilen
Bezugsdokument: Text erstellt von CENELEC/TC 78; Datum der Annahme: 11.3.1997; Zusammenhang: Richtlinie für persönliche Schutzausrüstungen 89/686/EWG

EN 60934 A2 *
Geräteschutzschalter (GS)
Bezugsdokument: IEC 23E/265/FDIS; wird veröffentlicht als IEC 934:1993/ A2:199X; Datum der Annahme: 11.3.1997; Zusammenhang: Niederspannungs-Richtlinie 73/23/EWG

EN 60947-3 A2
Niederspannung-Schaltgeräte; Teil 3: Lastschalter, Trennschalter, Lasttrennschalter und Schalter-Sicherungs-Einheiten
Bezugsdokument: IEC 17B/768/FDIS; wird veröffentlicht als IEC 947-3:1990/ A2:199X; Datum der Annahme: 11.3.1997; Zusammenhang: Niederspannungs-Richtlinie 73/23/EWG

EN 60984 A11 *
Isolierende Ärmel zum Arbeiten unter Spannung
Bezugsdokument: Text erstellt von CENELEC/TC 78; Datum der Annahme: 11.3.1997; Zusammenhang: Richtlinie für persönliche Schutzausrüstungen 89/686/EWG

EN 61000-3-2 A13 *
Elektromagnetische Verträglichkeit (EMV); Teil 3: Grenzwerte; Hauptabschnitt 2: Grenzwerte für Oberschwingungsströme (Geräte-Eingangsstrom bis einschließlich 16 A je Leiter)
Bezugsdokument: Text erstellt von CENELEC/TC 210; Zusammenhang: EMV-Richtlinie 89/336/EWG

EN 61000-4-24
Elektromagnetische Verträglichkeit (EMV); Teil 4: Prüf- und Meßverfahren; Hauptabschnitt 24: Prüfverfahren für Einrichtungen zum Schutz gegen leitungsgeführte HEMP-Störgrößen; EMV-Grundnorm
Bezugsdokument: IEC 61000-4-24:1997; Datum der Annahme: 11.3.1997

EN 61007
Transformatoren und Drosseln für die Anwendung in elektronischen und nachrichtentechnischen Einrichtungen; Meßmethoden und Prüfverfahren
Bezugsdokument: IEC 1007:1994, modifiziert; Datum der Annahme: 11.3.1997

EN 61008-1 A1*
Elektrisches Installationsmaterial; Fehlerstrom-/Differenzstrom-Schutzschalter ohne eingebauten Überstromschutz für Hausinstallationen und für ähnliche Anwendungen; Teil 1: Allgemeine Anforderungen
Bezugsdokument: IEC 1008-1:1996/A1:199X; Datum der Annahme: 11.3.1997; Zusammenhang: Niederspannungs-Richtlinie 73/23/EWG

EN 61010-2-042 *
Sicherheitsbestimmungen für elektrische Meß-, Steuer-, Regel- und Laborgeräte; Teil 2-042: Besondere Anforderungen an Autoklaven und Sterilisatoren bei Verwendung toxischer Gase zur Behandlung medizinischer Materialien und für Laboranwendungen
Bezugsdokument: IEC 66/154/FDIS; wird veröffentlicht als IEC 1010-2-042: 199X; Datum der Annahme: 11.3.1997; Zusammenhang: Niederspannungs-Richtlinie 73/23/EWG

EN 61021-1
Blechpakete für Transformatoren und Drosseln für nachrichtentechnische und elektronische Einrichtungen; Teil 1: Maße
Bezugsdokument: IEC 1021-1:1990; Datum der Annahme: 11.3.1997

EN 61021-2
Blechpakete für Transformatoren und Drosseln für nachrichtentechnische und elektronische Einrichtungen; Teil 2: Elektrische Kenngrößen für Kerne mit YEE-2-Blechen
Bezugsdokument: IEC 1021-2:1995; Datum der Annahme: 11.3.1997

EN 61076-4-102
Steckverbinder mit bewerteter Qualität für Gleichspannungs- und Niederfrequenzanwendungen sowie digitale Anwendungen mit hoher Übertragungsrate; Teil 4: Steckverbinder für gedruckte Schaltungen; Hauptabschnitt 102: Bauart-

spezifikation für indirekte einpolige Steckverbinder für vielfache Anwendungen auf steckbaren Baugruppen mit Vorzentrierung, Kodierung und Voreilung im metrischen Raster nach IEC 917
Bezugsdokument: IEC 48B/509/FDIS; wird veröffentlicht als IEC 1076-4-102: 199X; Datum der Annahme: 11.3.1997

EN 61138 *
Leitungen für ortsveränderliche Erdungs- und Kurzschließ-Einrichtungen
Bezugsdokument: IEC 1138:1994 + A1:1995, modifiziert; Datum der Annahme: 11.3.1997; Zusammenhang: Niederspannungs-Richtlinie 73/23/EWG

EN 61169-1 A2
Hochfrequenz-Steckverbinder; Teil 1: Fachgrundspezifikation; Allgemeine Anforderungen und Meßverfahren
Bezugsdokument: IEC 46D/279/FDIS; wird veröffentlicht als IEC 1169-1:1992/ A2:199X; Datum der Annahme: 11.3.1997

EN 61169-1-1
Hochfrequenz-Steckverbinder; Teil 1-1: Zweisprachiger einheitlicher Vordruck für Bauartspezifikation für verschiedene Baureihen
Bezugsdokument: IEC 1169-1-1:1996; Datum der Annahme: 11.3.1997

EN 61169-33
Hochfrequenz-Steckverbinder; Teil 33: Rahmenspezifikation für HF-Steckverbinder der Baureihe BMA
Bezugsdokument: IEC 1169-33:1996; Datum der Annahme: 11.3.1997

EN 61169-36
Hochfrequenz-Steckverbinder; Teil 36: Rahmenspezifikation für Microminiatur HF-Koaxialsteckverbinder mit Einrastkupplung; Wellenwiderstand 50 Ω (Typ MCX)
Bezugsdokument: IEC 1169-36:1996; Datum der Annahme: 11.3.1997

EN 61186
Kerne aus magnetischen Oxiden (ETD-Kerne) für die Stromversorgung; Maße
Bezugsdokument: IEC 1185:1992/A1:1995; Datum der Annahme: 11.3.1997

EN 61189-1
Prüfverfahren für Elektromaterialien, Verbindungsstrukturen und Baugruppen; Teil 1: Allgemeine Prüfverfahren und Methodik
Bezugsdokument: IEC 52/635/FDIS; wird veröffentlicht als IEC 1189-1:199X; Datum der Annahme: 11.3.1997

EN 61189-2
Prüfverfahren für Elektromaterialien, Verbindungsstrukturen und Baugruppen; Teil 2: Prüfverfahren für Materialien für Verbindungsstrukturen
Bezugsdokument: IEC 52/636/FDIS; wird veröffentlicht als IEC 1189-2:199X; Datum der Annahme: 11.3.1997

EN 61189-3
Prüfverfahren für Elektromaterialien, Verbindungsstrukturen und Baugruppen; Teil 3: Prüfverfahren für Verbindungsstrukturen (Leiterplatten)
Bezugsdokument: IEC 52/672/FDIS; wird veröffentlicht als IEC 1189-3:199X; Datum der Annahme: 11.3.1997

EN 61240
Piezoelektrische Bauelemente; Anfertigung von Gehäusezeichnungen von oberflächenmontierbaren Bauelementen (SMD) zur Frequenzstabilisierung und -Selektion; Allgemeine Regeln
Bezugsdokument: IEC 1240:1994; Datum der Annahme: 11.3.1997

EN 61243-2 *
Arbeiten unter Spannung; Spannungsprüfer; Teil 2: Resistive (ohmsche) Ausführungen für Wechselspannungen von 1 kV bis 36 kV
Bezugsdokument: IEC 1243-2:1995 + Corrigendum Jun. 1996, modifiziert; Datum der Annahme: 11.3.1997

EN 61247
PM-Kerne aus magnetischen Oxiden und Zubehörteilen; Maße
Bezugsdokument: IEC 1247:1995; Datum der Annahme: 11.3.1997

EN 61300-2-14
Lichtwellenleiter-Bauteile und passive Komponenten; Grundlegende Prüf- und Meßverfahren; Teil 2-14: Untersuchungen und Messungen; Höchste Eingangsleistung
Bezugsdokument: IEC 86B/841/FDIS; wird veröffentlicht als IEC 1300-2-14: 199X; Datum der Annahme: 11.3.1997

EN 61300-2-39
Lichtwellenleiter-Bauteile und passive Komponenten; Grundlegende Prüf- und Meßverfahren; Teil 2-39: Untersuchungen und Messungen; Prüfungen; Suszeptibilität gegen externe magnetische Felder
Bezugsdokument: IEC 86B/843/FDIS; wird veröffentlicht als IEC 1300-2-39: 199X; Datum der Annahme: 11.3.1997

EN 61300-3-3
Lichtwellenleiter-Bauteile und passive Komponenten; Grundlegende Prüf- und Meßverfahren; Teil 3-3: Untersuchungen und Messungen; Aufzeichnung der Änderung von Dämpfung und Rückflußdämpfung (Mehrkanal-Verfahren)
Bezugsdokument: IEC 86B/852/FDIS; wird veröffentlicht als IEC 1300-3-3: 199X; Datum der Annahme: 11.3.1997

EN 61300-3-6
Lichtwellenleiter-Bauteile und passive Komponenten; Grundlegende Prüf- und Meßverfahren; Teil 3-6: Untersuchungen und Messungen; Rückflußdämpfung
Bezugsdokument: IEC 86B/844/FDIS; wird veröffentlicht als IEC 1300-3-6: 199X; Datum der Annahme: 11.3.1997

EN 61300-3-9
Lichtwellenleiter-Bauteile und passive Komponenten; Grundlegende Prüf- und Meßverfahren; Teil 3-9: Untersuchungen und Messungen; Fernnebensprechen
Bezugsdokument: IEC 86B/845/FDIS; wird veröffentlicht als IEC 1300-3-9: 199X; Datum der Annahme: 11.3.1997

EN 61300-3-12
Lichtwellenleiter-Bauteile und passive Komponenten; Grundlegende Prüf- und Meßverfahren; Teil 3-12: Untersuchungen und Messungen; Polarisationsabhängigkeit der Dämpfung eines Einmoden-LWL-Bauteils: Matrix-Berechnungsverfahren
Bezugsdokument: IEC 1300-3-12:1997; Datum der Annahme: 11.3.1997

EN 61300-3-19
Lichtwellenleiter-Bauteile und passive Komponenten; Grundlegende Prüf- und Meßverfahren; Teil 3-19: Untersuchungen und Messungen; Polarisationsabhängigkeit der Dämpfung eines Einmoden-LWL-Bauteils
Bezugsdokument: IEC 86B/851/FDIS; wird veröffentlicht als IEC 1300-3-19: 199X; Datum der Annahme: 11.3.1997

EN 61300-3-22
Lichtwellenleiter-Bauteile und passive Komponenten; Grundlegende Prüf- und Meßverfahren; Teil 3-22: Untersuchungen und Messungen; Ferrulen-Andruckkraft
Bezugsdokument: IEC 1300-3-22:1997; Datum der Annahme: 11.3.1997

EN 61300-3-25
Lichtwellenleiter-Bauteile und passive Komponenten; Grundlegende Prüf- und Meßverfahren; Teil 3-25: Untersuchungen und Messungen; Konzentrizität von Ferrulen und Ferrulen mit Faser
Bezugsdokument: IEC 86B/847/FDIS; wird veröffentlicht als IEC 1300-3-25: 199X; Datum der Annahme: 11.3.1997

EN 61300-3-26
Lichtwellenleiter-Bauteile und passive Komponenten; Grundlegende Prüf- und Meßverfahren; Teil 3-26: Untersuchungen und Messungen; Messung des Fehlwinkels in der optischen Achse zwischen Faser und Ferrule
Bezugsdokument: IEC 86B/848/FDIS; wird veröffentlicht als IEC 1300-3-26: 199X; Datum der Annahme: 11.3.1997

EN 61300-3-27
Lichtwellenleiter-Verbindungselemente und passive Bauelemente; Grundlegende Prüf- und Meßverfahren; Teil 3-27: Untersuchungen und Messungen; Meßmethode zur Bestimmung der Steckposition eines Mehrwegsteckverbinders
Bezugsdokument: IEC 86B/849/FDIS; wird veröffentlicht als IEC 1300-3-27: 199X; Datum der Annahme: 11.3.1997

EN 61313-1
Passive LWL-Bauelemente und konfektionierte LWL-Kabel; Teil 1: Befähigungsanerkennung; Fachgrundspezifikation
Bezugsdokument: IEC 1313-1:1995; Datum der Annahme: 11.3.1997

EN 61314-1
Faseroptische Abzweiger; Teil 1: Fachgrundspezifikation
Bezugsdokument: IEC 1314-1:1995; Datum der Annahme: 11.3.1997

EN 61315
Kalibrierung faseroptischer Leistungsmesser
Bezugsdokument: IEC 1315:1995; Datum der Annahme: 11.3.1997

EN 61326-1 *
Elektrische Betriebsmittel für Leittechnik und Laboreinsatz; EMV-Anforderungen; Teil 1: Allgemeine Anforderungen
Bezugsdokument: IEC 65A/211/FDIS; wird veröffentlicht als IEC 1326-1:199X; Datum der Annahme: 11.3.1997

EN 61355
Klassifikation und Kennzeichnung von Dokumenten für Anlagen, Systeme und Einrichtungen
Bezugsdokument: IEC 3B/181/FDIS; wird veröffentlicht als IEC 1355:199X; Datum der Annahme: 11.3.1997

EN 61360-4
Genormte Datenelementtypen mit Klassifikationsschema für elektrische Bauteile; Teil 4: IEC-Nachschlagewerk für genormte Datenelementtypen, Bauteilklassen und Terme
Bezugsdokument: IEC 3D/48/FDIS; wird veröffentlicht als IEC 1360-4:199X; Datum der Annahme: 11.3.1997

EN 61466-1
Verbund-Kettenisolatoren für Freileitungen mit einer Nennspannung über 1 kV; Teil 1: Genormte Festigkeitsklassen und Endarmaturen
Bezugsdokument: IEC 61466-1:1997; Datum der Annahme: 11.3.1997

EN 61557-1 *
Elektrische Sicherheit in Niederspannungsnetzen bis AC 1000 V und DC 1500 V; Geräte zum Prüfen, Messen oder Überwachen von Schutzmaßnahmen; Teil 1: Allgemeine Anforderungen
Bezugsdokument: IEC 61557-1:1997; Datum der Annahme: 11.3.1997

EN 61557-2 *
Elektrische Sicherheit in Niederspannungsnetzen bis AC 1000 V und DC 1500 V; Geräte zum Prüfen, Messen oder Überwachen von Schutzmaßnahmen; Teil 2: Isolationswiderstand
Bezugsdokument: IEC 61557-2:1997; Datum der Annahme: 11.3.1997

EN 61557-3 *
Elektrische Sicherheit in Niederspannungsnetzen bis AC 1000 V und DC 1500 V; Geräte zum Prüfen, Messen oder Überwachen von Schutzmaßnahmen; Teil 3: Schleifenwiderstand
Bezugsdokument: IEC 61557-3:1997; Datum der Annahme: 11.3.1997

EN 61557-4 *
Elektrische Sicherheit in Niederspannungsnetzen bis AC 1000 V und DC 1500 V; Geräte zum Prüfen, Messen oder Überwachen von Schutzmaßnahmen; Teil 4: Widerstand von Erdungsleitern, Schutzleitern und Potentialausgleichsleitern
Bezugsdokument: IEC 61557-4:1997; Datum der Annahme: 11.3.1997

EN 61557-5 *
Elektrische Sicherheit in Niederspannungsnetzen bis AC 1000 V und DC 1500 V; Geräte zum Prüfen, Messen oder Überwachen von Schutzmaßnahmen; Teil 5: Erdungswiderstand
Bezugsdokument: IEC 61557-5:1997; Datum der Annahme: 11.3.1997

EN 61557-7 *
Elektrische Sicherheit in Niederspannungsnetzen bis AC 1000 V und DC 1500 V; Geräte zum Prüfen, Messen oder Überwachen von Schutzmaßnahmen; Teil 7: Drehfeld
Bezugsdokument: IEC 61557-7:1997; Datum der Annahme: 11.3.1997

EN 61557-8 *
Elektrische Sicherheit in Niederspannungsnetzen bis AC 1000 V und DC 1500 V; Geräte zum Prüfen, Messen oder Überwachen von Schutzmaßnahmen; Teil 8: Isolationsüberwachungsgeräte für IT-Netze
Bezugsdokument: IEC 61557-8:1997; Datum der Annahme: 11.3.1997

EN 61596
EP-Kerne aus magnetischen Oxiden und Zubehörteilen für die Verwendung in Drosseln und Transformatoren; Maße
Bezugsdokument: IEC 1596:1995; Datum der Annahme: 11.3.1997

EN 61603-1
Übertragung von Ton- und/oder Bildsignalen und verwandten Signalen mit Infrarot-Strahlung; Teil 1: Allgemeines
Bezugsdokument: IEC 1603-1:1997; Datum der Annahme: 11.3.1997; Zusammenhang: Niederspannungs-Richtlinie 73/23/EWG und EMV-Richtlinie 89/336/EWG

EN 61603-2
Übertragung von Ton- und/oder Bildsignalen und verwandten Signalen mit Infrarot-Strahlung; Teil 2: Übertragungssysteme für Breitband-Audio und verwandte Signale
Bezugsdokument: IEC 61603-2:1997; Datum der Annahme: 11.3.1997

EN 61606
Audio- und audiovisuelle Geräte; Digitalteile; Grundlegende Meßverfahren der Audio-Eigenschaften
Bezugsdokument: IEC 61606:1997; Datum der Annahme: 11.3.1997

EN 61619
Isolierflüssigkeiten; Verunreinigung durch polychlorierte Biphenyle (PCBs); Verfahren zur Bestimmung mittels Kapillar-Gaschromatographie
Bezugsdokument: IEC 10/379/FDIS; wird veröffentlicht als IEC 1619:199X; Datum der Annahme: 11.3.1997

EN 61666
Identifikation von Anschlüssen in Systemen
Bezugsdokument: IEC 3B/182/FDIS; wird veröffentlicht als IEC 1666:199X; Datum der Annahme: 11.3.1997

EN 61754-1
Lichtwellenleiter-Steckverbinderübergänge; Teil 1: Allgemeines und Leitfaden
Bezugsdokument: IEC 1754-1:1996; Datum der Annahme: 11.3.1997

EN 61754-3
Lichtwellenleiter-Steckverbinderübergänge; Teil 3: Typ LSA, Steckverbinderfamilie
Bezugsdokument: IEC 1754-3:1996; Datum der Annahme: 11.3.1997

EN 61754-4
Lichtwellenleiter-Steckverbinderübergänge; Teil 4: Typ SC, Steckverbinderfamilie
Bezugsdokument: IEC 61754-4:1997; Datum der Annahme: 11.3.1997

EN 61754-5
Lichtwellenleiter-Steckverbinderübergänge; Teil 5: Typ MT, Steckverbinderfamilie
Bezugsdokument: IEC 1754-5:1996; Datum der Annahme: 11.3.1997

EN 61754-7
Lichtwellenleiter-Steckverbinderübergänge; Teil 7: Typ MPO, Steckverbinderfamilie
Bezugsdokument: IEC 1754-7:1996; Datum der Annahme: 11.3.1997

EN 61754-9
Lichtwellenleiter-Steckverbinderübergänge; Teil 9: Typ DS, Steckverbinderfamilie
Bezugsdokument: IEC 1754-9:1996; Datum der Annahme: 11.3.1997

EN 130600 A1
Rahmenspezifikation; Festkondensatoren mit keramischem Dielektrikum, Klasse 1
Bezugsdokument: Text erstellt von CENELEC/TC CECC/SC 40XA; Datum der Annahme: 11.3.1997

EN 130700 A1
Rahmenspezifikation; Festkondensatoren mit keramischem Dielektrikum, Klasse 2
Bezugsdokument: Text erstellt von CENELEC/TC CECC/SC 40XA; Datum der Annahme: 11.3.1997

EN 130800 AB
Rahmenspezifikation; Oberflächenmontierbare Tantalkondensatoren
Bezugsdokument: Text erstellt von CENELEC/TC CECC/SC 40XA; Datum der Annahme: 11.3.1997

EN 132400 A2 *
Rahmenspezifikation; Festkondensatoren zur Unterdrückung elektromagnetischer Störungen, geeignet für Netzbetrieb (Qualitätsbewertungsstufe D)
Bezugsdokument: Text erstellt von CENELEC/TC CECC/SC 40XA; Datum der Annahme: 11.3.1997

EN 132900
Rahmenspezifikation; Festkondensatoren mit keramischem Dielektrikum für hohe Spannungen; Qualitätsbewertungsstufe EZ
Bezugsdokument: Text erstellt von CENELEC/TC CECC/SC 40XA; Datum der Annahme: 11.3.1997

EN 132901
Vordruck für Bauartspezifikation; Festkondensatoren mit keramischem Dielektrikum für hohe Spannungen; Qualitätsbewertungsstufe EZ
Bezugsdokument: Text erstellt von CENELEC/TC CECC/SC 40XA; Datum der Annahme: 11.3.1997

EN 167000 A1
Fachgrundspezifikation; Piezoelektrische Filter
Bezugsdokument: Text erstellt von CENELEC/TC CECC/SC 49; Datum der Annahme: 11.3.1997

EN 186150
Rahmenspezifikation; Steckverbinder für Lichtwellenleiter und Lichtwellenleiterkabel; Typ OCCA-BU
Bezugsdokument: Text erstellt von CENELEC/TC CECC/SC 86BXA; Datum der Annahme: 11.3.1997

EN 186160
Rahmenspezifikation; Steckverbinder für Lichtwellenleiter und Lichtwellenleiterkabel; Typ OCCA-PC
Bezugsdokument: Text erstellt von CENELEC/TC CECC/SC 86BXA; Datum der Annahme: 11.3.1997

HD 307.3.2 S2
Bestimmungen für lösemittelfreie härtbare Reaktionsharzmassen für die Elektroisolierung; Teil 3: Anforderungen an einzelne Werkstoffe; Blatt 2: Mit Quarzmehl gefüllte Epoxidharzwerkstoffe
Bezugsdokument: IEC 455-3-2:1987 + A1:1994; Datum der Annahme: 11.3.1997

HD 367 S2 AA
Stufenschalter
Bezugsdokument: Text erstellt von CENELEC/TC 14; Datum der Annahme: 11.3.1997

HD 384.2 A1 A2
Internationales elektrotechnisches Wörterbuch; Kapitel 826: Elektrische Anlagen von Gebäuden
Bezugsdokument: IEC 50(826):1982/A2:1995; Datum der Annahme: 11.3.1997

HD 630.3.1 S2 *
Niederspannungssicherungen; Teil 3-1: Zusatzanforderungen für Sicherungen zum Gebrauch von ungelernten Personen (Sicherungen hauptsächlich für Haushalt und ähnliche Einrichtungen); Hauptabschnitt I bis IV
Bezugsdokument: IEC 269-3-1:1994 + A1:1995, modifiziert; Datum der Annahme: 11.3.1997

R009-NNN
Hazardous failure notes and safety integrity levels
Bezugsdokument: Text erstellt von CENELEC/SC 9XA

R079-001
Guidelines to achieving compliances with EC Directives for alarm systems
Bezugsdokument: Text erstellt von CENELEC/TC 79

R206-NNN
Guidelines for the implementation and use of the common interface for DVB decoder appliances
Bezugsdokument: Text erstellt von CENELEC/TC 206

R217-013
Evaluation of EDIF version 300 level 0
Bezugsdokument: Text erstellt von CENELEC/TC 217

R217-17
Evaluation techniques of the reliability test structure of the European Mini Test Chip
Bezugsdokument: Text erstellt von CENELEC/TC 217

R217-018
Report on the viability of EDIF PCB version 350
Bezugsdokument: Text erstellt von CENELEC/TC 217

Quelle: etz Bd. 118 (1997) H. 12, S. 53–58, 60–62

Annahme von ENV, EN und HD durch CENELEC

47. Liste
Die mit * gekennzeichneten EN und HD gelten als prüfzeichenfähige Betriebsmittel, auf deren Grundlage ab sofort Konformitätszeichen (Prüfzeichen) beantragt und Konformitätsbescheinigungen ausgestellt werden können.

EN 50049-1
Kennwerte für die Kleinsignalverbindung zwischen elektronischen Geräten für den Heimgebrauch und ähnliche Anwendungen: Peritelevision-Verbindung
Bezugsdokument: Text erstellt von CLC/TC 203; Datum der Annahme: 1.7.1997

EN 50088 A2 *
Sicherheit elektrischer Spielzeuge
Bezugsdokument: Text erstellt von CLC/TC 61; Datum der Annahme: 1.7.1997;
Zusammenhang: Spielzeug-Richtlinie 88/378/EWG

EN 50107 *
Leuchtröhrengeräte und Leuchtröhrenanlagen mit einer Leerlaufspannung über 1 kV, aber nicht über 10 kV
Bezugsdokument: Text erstellt von CENELEC/BTTF 60-2; Datum der Annahme: 1.7.1997

EN 50136-2-1
Alarmanlagen – Alarmübertragungsanlagen und -einrichtungen – Teil 2-1: Allgemeine Anforderungen an Alarmübertragungseinrichtungen
Bezugsdokument: Text erstellt von CLC/TC 79; Datum der Annahme: 1.7.1997

EN 50136-2-2
Alarmanlagen – Alarmübertragungsanlagen und -einrichtungen – Teil 2-2: Anforderungen an Einrichtungen für Anlagen mit fest zugeordneten Übertragungswegen
Bezugsdokument: Text erstellt von CLC/TC 79; Datum der Annahme: 1.7.1997

EN 50136-2-3
Alarmanlagen – Alarmübertragungsanlagen und -einrichtungen – Teil 2-3: Anforderungen an Einrichtungen für Wähl- und Übertragungsanlagen für das öffentliche Fernsprechwählnetz
Bezugsdokument: Text erstellt von CLC/TC 79; Datum der Annahme: 1.7.1997

EN 50136-2-4
Alarmanlagen – Alarmübertragungsanlagen und -einrichtungen – Teil 2-4: Anforderungen an Einrichtungen für Wähl- und Ansageanlagen für das öffentliche Fernsprechwählnetz
Bezugsdokument: Text erstellt von CLC/TC 79; Datum der Annahme: 1.7.1997

EN 50144 AB *
Sicherheit handgeführter motorbetriebener Elektrowerkzeuge – Teil 1: Allgemeine Anforderungen
Bezugsdokument: Text erstellt von CLC/TC 61F; Datum der Annahme: 1.7.1997

EN 50178 *
Ausrüstung von Starkstromanlagen mit elektronischen Betriebsmitteln
Bezugsdokument: Text erstellt von CLC/BTTF 60-1, basierend auf BT (DE/NOT)48; Datum der Annahme: 1.7.1997

EN 50201
Schnittstellen des integrierten Empfängerdecoders für den digitalen Fernseh-Rundfunk
Bezugsdokument: Text erstellt von CLC/TC 203; Datum der Annahme: 1.7.1997

EN 50205 *
Relais mit zwangsgeführten Kontakten
Bezugsdokument: Text erstellt von CLC/BTWG 78-4; Datum der Annahme: 1.7.1997

EN 55015 A1
Störspannungen an Stromversorgungsanschlüssen
Bezugsdokument: CIS/F/211/FDIS; Datum der Annahme: 1.7.1997; Zusammenhang: EMV-Richtlinie 89/336/EWG

EN 60034-1 A2
Drehende elektrische Maschinen; Teil 1: Bemessung und Betriebsverhalten
Bezugsdokument: 2/956/FDIS; Datum der Annahme: 1.7.1997; Zusammenhang: Niederspannungs-Richtlinie 73/23/EWG

EN 60034-9
Drehende elektrische Maschinen; Teil 9: Geräuschgrenzwerte
Bezugsdokument: IEC 2/979/FDIS; Datum der Annahme: 1.7.1997; Zusammenhang: Niederspannungs-Richtlinie 73/23/EWG

EN 60060-2 A11
Hochspannungs-Prüftechnik – Teil 2: Meßsysteme
Bezugsdokument: Text erstellt von CLC/SR 42; Datum der Annahme: 1.7.1997

EN 60086-1 *
Primärbatterien – Teil 1: Allgemeines
Bezugsdokument: IEC 86-1:1996; Datum der Annahme: 1.7.1997

EN 60086-2 A2 *
Primärbatterien – Teil 2: Spezifikationsblätter
Bezugsdokument: IEC 86-2:1994/A2:1996; Datum der Annahme: 1.7.1997

EN 60086-2 A3 *
Primärbatterien; Teil 2: Spezifikationsblätter
Bezugsdokument: IEC 35/1027/FDIS; Datum der Annahme: 1.7.1997

EN 60107-8
Meßverfahren für Empfänger von Fernseh-Rundfunksendungen; Teil 8: Messungen an D2-MAC/PAKET-Einrichtungen
Bezugsdokument: IEC 100A/31/FDIS; Datum der Annahme: 1.7.1997

EN 60118-2 A2
Hörgeräte; Teil 2: Hörgeräte mit automatischer Verstärkungsregelung
Bezugsdokument: IEC 29/350/FDIS; Datum der Annahme: 1.7.1997

EN 60130-9 A2
Steckverbinder für Frequenzen unter 3 MHz – Teil 9: Rundsteckverbinder für Rundfunk- und verwandte elektroakustische Geräte
Bezugsdokument: IEC 130-9:1998/A2:1995; Datum der Annahme: 1.7.1997

EN 60154-2
Flansche für Hohlleiter – Teil 2: Spezifikationen für Flansche für gewöhnliche Rechteck-Hohlleiter
Bezugsdokument: IEC 154-2:1980; ersetzt HD 129.2 S2; Datum der Annahme: 1.7.1997

EN 60154-2 A1
Flansche für Hohlleiter – Allgemeine Anforderungen an Flansche für Rechteck-Hohlleiter
Bezugsdokument: IEC 60154-2:1980/A1:1997; Datum der Annahme: 1.7.1997

EN 60168 A1
Prüfungen an Innenraum- und Freiluft-Stützisolatoren aus keramischem Werkstoff oder Glas für Systeme mit Nennspannungen über 1 kV
Bezugsdokument: IEC 60168:1994/A1:1997; Datum der Annahme: 1.7.1997

EN 60169-21
Hochfrequenz-Steckverbindungen – Teil 21: Zwei Typen von Hochfrequenz-Steckverbindern mit einem inneren Durchmesser des Außenleiters von 9,5 mm mit verschiedenen Ausführungsarten der Schraubfesthaltung – Wellenwiderstand 50 Ohm (Typen SC-A und SC-B)
Bezugsdokument: IEC 169-21:1995 + A1:1996; Datum der Annahme: 1.7.1997

EN 60214
Stufenschalter
Bezugsdokument: IEC 214:1989, modifiziert; ersetzt HD 367 S2 + prAA; Datum der Annahme: 1.7.1997

EN 60239
Nennmaße für zylindrische Graphitelektroden mit Gewindeschachteln und Nippeln für Lichtbogenöfen
Bezugsdokument: IEC 60239:1997; Datum der Annahme: 1.7.1997

EN 60244-14
Meßverfahren für Funksender – Teil 14: Externe Intermodulationsprodukte, verursacht durch zwei oder mehr Sender, die gleiche oder benachbarte Antennen benutzen
Bezugsdokument: IEC 60244-14:1997; Datum der Annahme: 1.7.1997

EN 60255-3 *
Elektrische Relais – Teil 3: Meßrelais mit einer Eingangsgröße mit abhängiger oder unabhängiger Zeitkennlinie
Bezugsdokument: IEC 255-3:1989, modifiziert; Datum der Annahme: 1.7.1997

EN 60255-8 *
Elektrische Relais – Teil 8: Überlastrelais
Bezugsdokument: IEC 255-8:1990, modifiziert; Datum der Annahme: 1.7.1997

EN 60264-5-1
Verpackung von Wickeldrähten – Teil 5: Spulen mit zylindrischem Kern und konischen Flanschen – Hauptabschnitt 1: Maße
Bezugsdokument: IEC 60264-5-1:1997; Datum der Annahme: 1.7.1997

EN 60311 *
Elektrische Bügeleisen für den Haushalt oder ähnliche Zwecke – Prüfverfahren zur Bestimmung der Gebrauchseigenschaften
Bezugsdokument: IEC 311:1995; Datum der Annahme: 1.7.1997

EN 60317-46
Technische Lieferbedingungen für bestimmte Typen von Wickeldrähten; Teil 46: Runddrähte aus Kupfer, lackisoliert mit aromatischen Polyimiden, Klasse 240
Bezugsdokument: IEC 60317-46:1997; Datum der Annahme: 1.7.1997

EN 60317-47
Technische Lieferbedingungen für bestimmte Typen von Wickeldrähten; Teil 47: Flachdrähte aus Kupfer, lackisoliert mit aromatischen Polyimiden, Klasse 240
Bezugsdokument: IEC 60317-47:1997; Datum der Annahme: 1.7.1997

EN 60335-2-4 A1 *
Sicherheit elektrischer Geräte für den Hausgebrauch und ähnliche Zwecke; Teil 2: Besondere Anforderungen für Wäscheschleudern
Bezugsdokument: IEC 60335-2-4:1993/A1:1997; Datum der Annahme: 1.7.1997; Zusammenhang: Niederspannungs-Richtlinie 73/23/EWG und Maschinen-Richtlinie 89/392/EWG

EN 60335-2-5 A11 *
Sicherheit elektrischer Geräte für den Hausgebrauch und ähnliche Zwecke; Teil 2: Besondere Anforderungen für Geschirrspülmaschinen
Bezugsdokument: Text erstellt von CLC/TC 61; Datum der Annahme: 1.7.1997; Zusammenhang: Niederspannungs-Richtlinie 73/23/EWG

EN 60335-2-24 A53 *
Sicherheit elektrischer Geräte für den Hausgebrauch und ähnliche Zwecke; Teil 2: Besondere Anforderungen für Kühl- und Gefriergeräte und Eisbereiter
Bezugsdokument: Text erstellt von CLC/TC 61; Datum der Annahme: 1.7.1997; Zusammenhang: Niederspannungs-Richtlinie 73/23/EWG

EN 60335-2-51 *
Sicherheit elektrischer Geräte für den Hausgebrauch und ähnliche Zwecke;Teil 2: Besondere Anforderungen für ortsfeste Umwälzpumpen für Heizungs- und Brauchwasserinstallationen
Bezugsdokument: IEC 60335-2-51:1997; Datum der Annahme: 1.7.1997; Zusammenhang: Niederspannungs-Richtlinie 73/23/EWG

EN 60335-2-53 *
Sicherheit elektrischer Geräte für den Hausgebrauch und ähnliche Zwecke; Teil 2: Besondere Anforderungen an elektrische Sauna-Heizgeräte
Bezugsdokument: IEC 61/1099/FDIS; wird veröffentlicht als IEC 60335-2-53: 199X; Datum der Annahme: 1.7.1997; Zusammenhang: Niederspannungs-Richtlinie 73/23/EWG

EN 60335-2-80 *
Sicherheit elektrischer Geräte für den Hausgebrauch und ähnliche Zwecke; Teil 2: Besondere Anforderungen für Ventilatoren
Bezugsdokument: IEC 60335-2-80:1997; Datum der Annahme: 1.7.1997; Zusammenhang: Niederspannungs-Richtlinie 73/23/EWG

EN 60335-2-88 *
Sicherheit elektrischer Geräte für den Hausgebrauch und ähnliche Zwecke; Teil 2: Besondere Anforderungen für Luftbefeuchter, die zur Verwendung mit Heiz-, Lüftungs- oder Klimaanlagen bestimmt sind
Bezugsdokument: IEC 61D/48/FDIS; wird veröffentlicht als IEC 60335-2-88: 199X; Datum der Annahme: 1.7.1997; Zusammenhang: Niederspannungs-Richtlinie 73/23/EWG

EN 60335-2-98 *
Sicherheit elektrischer Geräte für den Hausgebrauch und ähnliche Zwecke; Teil 2: Besondere Anforderungen für Luftbefeuchter
Bezugsdokument: IEC 61/1100/FDIS; wird veröffentlicht als IEC 60335-2-98: 199X; Datum der Annahme: 1.7.1997; Zusammenhang: Niederspannungs-Richtlinie 73/23/EWG

EN 60357 A10 *
Halogen-Glühlampen (Fahrzeuglampen ausgenommen)
Bezugsdokument: IEC 357:1982/A10:1996, modifiziert; Datum der Annahme: 1.7.1997; Zusammenhang: Niederspannungs-Richtlinie 73/23/EWG

EN 60357 A11 *
Halogen-Glühlampen (Fahrzeuglampen ausgenommen)
Bezugsdokument: IEC 34A/703/FDIS; wird veröffentlicht als IEC 357:1982/A11:199X; Datum der Annahme: 1.7.1997; Zusammenhang: Niederspannungs-Richtlinie 73/23/EWG

EN 60432-1 A1 *
Sicherheitsanforderungen an Glühlampen – Teil 1: Glühlampen für den Hausgebrauch und ähnliche allgemeine Beleuchtungszwecke
Bezugsdokument: IEC 432-1:1993/A1:1995; Datum der Annahme: 1.7.1997; Zusammenhang: Niederspannungs-Richtlinie 73/23/EWG

EN 60432-1 A2 *
Sicherheitsanforderungen an Glühlampen – Teil 1: Glühlampen für den Hausgebrauch und ähnliche allgemeine Beleuchtungszwecke
Bezugsdokument: IEC 60432-1:1993/A2:1997; Datum der Annahme: 1.7.1997; Zusammenhang: Niederspannungs-Richtlinie 73/23/EWG

EN 60432-2 A2 *
Sicherheitsanforderungen an Glühlampen – Teil 2: Halogen-Glühlampen für den Hausgebrauch und ähnliche allgemeine Beleuchtungszwecke
Bezugsdokument: IEC 60432-2:1994/A2:1997; Datum der Annahme: 1.7.1997; Zusammenhang: Niederspannungs-Richtlinie 73/23/EWG

EN 60598-2-4 *
Leuchten; Teil 4: Anforderungen; Hauptabschnitt 4: Gewöhnliche ortsveränderliche Leuchten
Bezugsdokument: IEC 60598-2-4:1997; Datum der Annahme: 1.7.1997; Zusammenhang: Niederspannungs-Richtlinie 73/23/EWG

EN 60601-2-11
Medizinische elektrische Geräte; Teil 2: Besondere Festlegungen für die Strahlensicherheit von Gamma-Bestrahlungseinrichtungen
Bezugsdokument: IEC 62C/173/FDIS; wird veröffentlicht als IEC 60601-2-11: 199X; Datum der Annahme: 1.7.1997; Zusammenhang: Richtlinie für medizinische Geräte 93/42/EWG

EN 60601-2-28 A1 *
Medizinische elektrische Geräte; Teil 2: Besondere Festlegungen für die Sicherheit von Röntgenstrahlenerzeugern
Bezugsdokument: IEC 62C/186/FDIS; wird veröffentlicht als IEC 60601-2-28:1987/A1:199X; Datum der Annahme: 1.7.1997; Zusammenhang: Richtlinie für medizinische Geräte 93/42/EWG

EN 60601-2-8 *
Medizinische elektrische Geräte; Teil 2: Besondere Festlegungen für die Sicherheit von Therapie-Röntgenstrahlenerzeugern
Bezugsdokument: IEC 601-2-8:1987; ersetzt HD 395.2.8 S1; Datum der Annahme: 1.7.1997

EN 60654-2
Einsatzbedingungen für industrielle Prozeß-, Meß- und Regeltechnik – Teil 2: Energieversorgung
Bezugsdokument: IEC 654-2:1979 + A1:1992; ersetzt HD 413.2 S2; Datum der Annahme: 1.7.1997

EN 60654-3
Einsatzbedingungen für industrielle Prozeß-, Meß- und Regeltechnik – Teil 3: Mechanische Einflüsse
Bezugsdokument: IEC 654-3:1983; ersetzt HD 413.3 S1; Datum der Annahme: 1.7.1997

EN 60654-4
Einsatzbedingungen für industrielle Prozeß-, Meß- und Regeltechnik – Teil 4: Korrodierender und erosiver Einfluß
Bezugsdokument: IEC 654-4:1987; Datum der Annahme: 1.7.1997

EN 60662 A9
Natriumdampf-Hochdrucklampen
Bezugsdokument: IEC 60662:1980/A9:1997; Datum der Annahme: 1.7.1997; Zusammenhang: Niederspannungs-Richtlinie 73/23/EWG

EN 60669-2-1 A11 *
Schalter für Haushalt und ähnliche ortsfeste elektrische Installationen – Teil 2: Besondere Anforderungen; Hauptabschnitt 1: Elektronische Schalter
Bezugsdokument: Text erstellt von CLC/TC 23B; Datum der Annahme: 1.7.1997; Zusammenhang: Niederspannungs-Richtlinie 73/23/EWG und EMV-Richtlinie 89/336/EWG

EN 60682 A2
Standardverfahren zur Messung der Quetschungstemperatur von Halogenglühlampen in Quarzglasausführung
Bezugsdokument: IEC 60682:1980/A2:1997; Datum der Annahme: 1.7.1997

EN 60684-2
Isolierschläuche; Teil 2: Prüfverfahren
Bezugsdokument: IEC 15C/657/FDIS; wird veröffentlicht als IEC 60684-2: 199X; Datum der Annahme: 1.7.1997

EN 60730-1 A14 *
Automatische elektrische Regel- und Steuergeräte für den Hausgebrauch und ähnliche Anwendungen – Teil 1: Allgemeine Anforderungen
Bezugsdokument: Text erstellt von CLC/TC 72; Datum der Annahme: 1.7.1997; Zusammenhang: Niederspannungs-Richtlinie 73/23/EWG und EMV-Richtlinie 89/336/EWG

EN 60730-2-2 A2 *
Automatische elektrische Regel- und Steuergeräte für den Hausgebrauch und ähnliche Anwendungen; Teil 2: Besondere Anforderungen für thermisch wirkende Motorschutzeinrichtungen
Bezugsdokument: IEC 60730-2-2:1990/A2:1997; Datum der Annahme: 1.7.1997; Zusammenhang: Niederspannungs-Richtlinie 73/23/EWG

EN 60730-2-8 A2 *
Automatische elektrische Regel- und Steuergeräte für den Hausgebrauch und ähnliche Anwendungen; Teil 2: Besondere Anforderungen für elektrisch betriebene Wasserventile, einschließlich mechanischer Anforderungen
Bezugsdokument: IEC 60730-2-8:1992/A2:1997; Datum der Annahme: 1.7.1997; Zusammenhang: Niederspannungs-Richtlinie 73/23/EWG und EMV-Richtlinie 89/336/EWG

EN 60851-6 A1
Wickeldrähte; Prüfverfahren; Teil 6: Thermische Eigenschaften
Bezugsdokument: IEC 60851-6:1996/A1:1997; Datum der Annahme: 1.7.1997

EN 60856 A2
Systeme für bespielte optisch reflektierende Videoplatten „Laser-Vision" 50 Hz/ 625 Zeilen PAL
Bezugsdokument: IEC 60856:1986/A2:1997; Datum der Annahme: 1.7.1997

EN 60864-2
Normung der Zusammenschaltung von Rundfunksendern oder Sendersystemen mit Fernwirkeinrichtungen – Teil 2: Schnittstellen für Anlagen mit Datenbus-Verbindungen
Bezugsdokument: IEC 60864-2:1997; Datum der Annahme: 1.7.1997

EN 60874-17
Steckverbinder für Lichtwellenleiter und LWL-Kabel – Teil 17: Rahmenspezifikation für LWL-Steckverbinder – Typ F-05 (Reibverschluß)
Bezugsdokument: IEC 874-17:1995 + Corrigendum May 1996; Datum der Annahme: 1.7.1997

EN 60901 A1 *
Einseitig gesockelte Leuchtstofflampen; Anforderungen an die Arbeitsweise
Bezugsdokument: IEC 60901:1996/A1:1997; Datum der Annahme: 1.7.1997; Zusammenhang: Niederspannungs-Richtlinie 73/23/EWG

EN 60947-2 A11
Niederspannungsschaltgeräte; Teil 2: Leistungsschalter
Bezugsdokument: Text erstellt von CENELEC/TC 17B; Datum der Annahme: 22.4.1997

EN 60947-4-2 A1 *
Niederspannungsschaltgeräte; Teil 4: Schütze und Motorstarter; Hauptabschnitt 2: Halbleiter-Motor-Steuergeräte und Starter für Wechselspannungen
Bezugsdokument: IEC 60947-4-2:1995/A1:1997; Datum der Annahme: 1.7.1997; Zusammenhang: Niederspannungs-Richtlinie 73/23/EWG

EN 60950 A11 *
Sicherheit von Einrichtungen der Informationstechnik, einschließlich elektrischer Büromaschinen
Bezugsdokument: Text erstellt von CLC/TC 74; Datum der Annahme: 1.7.1997;
Zusammenhang: Niederspannungs-Richtlinie 73/23/EWG

EN 61010-2-043 *
Sicherheitsbestimmungen für elektrische Meß-, Steuer-, Regel- und Laborgeräte – Teil 2-043: Besondere Anforderungen an Sterilisatoren bei Verwendung trockener Hitze durch heiße inerte Gase zur Behandlung medizinischer Materialien und für Laboranwendungen
Bezugsdokument: IEC 61010-2-043:1997; Datum der Annahme: 1.7.1997;
Zusammenhang: Niederspannungs-Richtlinie 73/23/EWG

EN 61019-2
Oberflächenwellen-(OFW-)Resonatoren – Teil 2: Leitfaden für die Anwendung
Bezugsdokument: IEC 1019-2:1995; Datum der Annahme: 1.7.1997

EN 61041-4
Videobandgeräte für den Gebrauch außerhalb des Rundfunks – Meßverfahren – Teil 4: Bezugsband für Videobandgeräte für den Gebrauch außerhalb des Rundfunks
Bezugsdokument: IEC 61041-4:1997; Datum der Annahme: 1.7.1997

EN 61041-5
Videobandgeräte für den Gebrauch außerhalb des Rundfunks – Meßverfahren – Teil 5: Hi-Band-Videobandgeräte, einschließlich solcher, die mit Y/C-Video-Steckverbindungen ausgerüstet sind (NTSC/PAL)
Bezugsdokument: IEC 61041-5:1997; Datum der Annahme: 1.7.1997

EN 61067-1
Bestimmung für Filamentgewebe-Bänder aus Textilglas oder Textilglas und Polyester – Teil 1: Definitionen, Klassifizierung und allgemeine Anforderungen
Bezugsdokument: IEC 1067-1:1991; Datum der Annahme: 1.7.1997

EN 61067-2 A2
Bestimmung für Filamentgewebe-Bänder aus Textilglas oder Textilglas und Polyester – Teil 2: Prüfverfahren
Bezugsdokument: IEC 61067-2:1992/A2:1997; Datum der Annahme: 1.7.1997

EN 61068-1
Bestimmung für gewebte Bänder aus Polyesterfilamenten – Teil 1: Definitionen, Bezeichnung und allgemeine Anforderungen
Bezugsdokument: IEC 1068-1:1991; Datum der Annahme: 1.7.1997

EN 61068-2
Bestimmung für gewebte Bänder aus Polyesterfilamenten – Teil 2: Prüfverfahren
Bezugsdokument: IEC 1068-2:1991; Datum der Annahme: 1.7.1997

EN 61199 A1 *
Einseitig gesockelte Leuchtstofflampen; Sicherheitsanforderungen
Bezugsdokument: IEC 61199:1993/A1:1997; Datum der Annahme: 1.7.1997;
Zusammenhang: Niederspannungs-Richtlinie 73/23/EWG

EN 61243-1 A1
Arbeiten unter Spannung; Spannungsprüfer; Teil 1: Kapazitive Ausführung für Wechselspannungen über 1 kV
Bezugsdokument: IEC 61243-1:1993/A1:1997; Datum der Annahme: 1.7.1997

EN 61248-1
Transformatoren und Drosselspulen für elektronische und nachrichtentechnische Einrichtungen – Teil 1: Fachgrundspezifikation
Bezugsdokument: IEC 1248-1:1996; Datum der Annahme: 1.7.1997

EN 61248-2
Transformatoren und Drosselspulen für elektronische und nachrichtentechnische Einrichtungen – Teil 2: Rahmenspezifikation für Signaltransformatoren mit Befähigungsanerkennung
Bezugsdokument: IEC 1248-2:1996; Datum der Annahme: 1.7.1997

EN 61248-3
Transformatoren und Drosselspulen für elektronische und nachrichtentechnische Einrichtungen – Teil 3: Rahmenspezifikation für Leistungstransformatoren mit Befähigungsanerkennung
Bezugsdokument: IEC 1248-3:1996; Datum der Annahme: 1.7.1997

EN 61248-4
Transformatoren und Drosselspulen für elektronische und nachrichtentechnische Einrichtungen – Teil 4: Rahmenspezifikation für Leistungstransformatoren für Schaltnetzteile (SMPS) mit Befähigungsanerkennung
Bezugsdokument: IEC 1248-4:1996; Datum der Annahme: 1.7.1997

EN 61248-5
Transformatoren und Drosselspulen für elektronische und nachrichtentechnische Einrichtungen – Teil 5: Rahmenspezifikation für Impulstransformatoren mit Befähigungsanerkennung
Bezugsdokument: IEC 1248-5:1996; Datum der Annahme: 1.7.1997

EN 61248-6
Transformatoren und Drosselspulen für elektronische und nachrichtentechnische Einrichtungen – Teil 6: Rahmenspezifikation für Drosseln mit Befähigungsanerkennung
Bezugsdokument: IEC 1248-6:1996; Datum der Annahme: 1.7.1997

EN 61248-7
Transformatoren und Drosselspulen für elektronische und nachrichtentechnische Einrichtungen; Teil 7: Rahmenspezifikation für HF-Drosseln und ZF-Transformatoren auf der Grundlage der Befähigungsanerkennung
Bezugsdokument: IEC 61248-7:1997; Datum der Annahme: 1.7.1997

EN 61249-8-8
Materialien für Verbindungsstrukturen – Teil 8: Fachgrundspezifikation für nichtleitende Filme und Beschichtungen – Hauptabschnitt 8: Temporäre Polymerbeschichtungen
Bezugsdokument: IEC 61249-8-8:1997; Datum der Annahme: 1.7.1997

EN 61300-1
Lichtwellenleiter – Verbindungselemente und passive Bauteile – Grundlegende Prüf- und Meßverfahren – Teil 1: Allgemeines und Leitfaden
Bezugsdokument: IEC 1300-1:1995; Datum der Annahme: 1.7.1997; Zusammenhang: Niederspannungs-Richtlinie 73/23/EWG

EN 61300-2-1
Lichtwellenleiter – Verbindungselemente und passive Bauteile – Grundlegende Prüf- und Meßverfahren – Teil 2-1: Prüfungen: Schwingprüfungen (sinusförmig)
Bezugsdokument: IEC 1300-2-1:1995; Datum der Annahme: 1.7.1997

EN 61300-2-2
Lichtwellenleiter – Verbindungselemente und passive Bauteile – Grundlegende Prüf- und Meßverfahren – Teil 2-2: Prüfungen: Mechanische Lebensdauer
Bezugsdokument: IEC 1300-2-2:1995; Datum der Annahme: 1.7.1997

EN 61300-2-3
Lichtwellenleiter – Verbindungselemente und passive Bauteile – Grundlegende Prüf- und Meßverfahren – Teil 2-3: Prüfungen: Scherfestigkeit
Bezugsdokument: IEC 1300-2-3:1995; Datum der Annahme: 1.7.1997

EN 61300-2-4
Lichtwellenleiter – Verbindungselemente und passive Bauteile – Grundlegende Prüf- und Meßverfahren – Teil 2-4: Prüfungen: Zugfestigkeit von Faser oder Kabel
Bezugsdokument: IEC 1300-2-4:1995; Datum der Annahme: 1.7.1997

EN 61300-2-5
Lichtwellenleiter – Verbindungselemente und passive Bauteile – Grundlegende Prüf- und Meßverfahren – Teil 2-5: Prüfungen: Torsion
Bezugsdokument: IEC 1300-2-5:1995; Datum der Annahme: 1.7.1997

EN 61300-2-6
Lichtwellenleiter – Verbindungselemente und passive Bauteile – Grundlegende Prüf- und Meßverfahren – Teil 2-6: Prüfungen: Zugfestigkeit des Kupplungsmechanismus
Bezugsdokument: IEC 1300-2-6:1995; Datum der Annahme: 1.7.1997

EN 61300-2-7
Lichtwellenleiter – Verbindungselemente und passive Bauteile – Grundlegende Prüf- und Meßverfahren – Teil 2-7: Prüfungen: Biegemoment
Bezugsdokument: IEC 1300-2-7:1995; Datum der Annahme: 1.7.1997

EN 61300-2-8
Lichtwellenleiter – Verbindungselemente und passive Bauteile – Grundlegende Prüf- und Meßverfahren – Teil 2-8: Prüfungen: Dauerschock
Bezugsdokument: IEC 1300-2-8:1995; Datum der Annahme: 1.7.1997

EN 61300-2-9
Lichtwellenleiter – Verbindungselemente und passive Bauteile – Grundlegende Prüf- und Meßverfahren – Teil 2-9: Prüfungen: Schock
Bezugsdokument: IEC 1300-2-9:1995; Datum der Annahme: 1.7.1997

EN 61300-2-10
Lichtwellenleiter – Verbindungselemente und passive Bauteile – Grundlegende Prüf- und Meßverfahren – Teil 2-10: Prüfungen: Querdruck
Bezugsdokument: IEC 1300-2-10:1995; Datum der Annahme: 1.7.1997

EN 61300-2-11
Lichtwellenleiter – Verbindungselemente und passive Bauteile – Grundlegende Prüf- und Meßverfahren – Teil 2-11: Prüfungen: Axialer Druck
Bezugsdokument: IEC 1300-2-11:1995; Datum der Annahme: 1.7.1997

EN 61300-2-12
Lichtwellenleiter – Verbindungselemente und passive Bauteile – Grundlegende Prüf- und Meßverfahren – Teil 2-12: Prüfungen: Schlag
Bezugsdokument: IEC 1300-2-12:1995; Datum der Annahme: 1.7.1997

EN 61300-2-13
Lichtwellenleiter – Verbindungselemente und passive Bauteile – Grundlegende Prüf- und Meßverfahren – Teil 2-13: Prüfungen: Beschleunigen, gleichförmig
Bezugsdokument: IEC 1300-2-13:1995; Datum der Annahme: 1.7.1997

EN 61300-2-15
Lichtwellenleiter – Verbindungselemente und passive Bauteile – Grundlegende Prüf- und Meßverfahren – Teil 2-15: Prüfungen: Kupplungsdrehmoment
Bezugsdokument: IEC 1300-2-15:1995; Datum der Annahme: 1.7.1997

EN 61300-2-16
Lichtwellenleiter – Verbindungselemente und passive Bauteile – Grundlegende Prüf- und Meßverfahren – Teil 2-16: Prüfungen: Schimmelwachstum
Bezugsdokument: IEC 1300-2-16:1995; Datum der Annahme: 1.7.1997

EN 61300-2-17
Lichtwellenleiter – Verbindungselemente und passive Bauteile – Grundlegende Prüf- und Meßverfahren – Teil 2-17: Prüfungen: Kälte
Bezugsdokument: IEC 1300-2-17:1995; Datum der Annahme: 1.7.1997

EN 61300-2-18
Lichtwellenleiter – Verbindungselemente und passive Bauteile – Grundlegende Prüf- und Meßverfahren – Teil 2-18: Prüfungen: Trockene Wärme, Dauerprüfung
Bezugsdokument: IEC 1300-2-18:1995; Datum der Annahme: 1.7.1997

EN 61300-2-19
Lichtwellenleiter – Verbindungselemente und passive Bauteile – Grundlegende Prüf- und Meßverfahren – Teil 2-19: Prüfungen: Feuchte Wärme (konstant)
Bezugsdokument: IEC 1300-2-19:1995; Datum der Annahme: 1.7.1997

EN 61300-2-20
Lichtwellenleiter – Verbindungselemente und passive Bauteile – Grundlegende Prüf- und Meßverfahren – Teil 2-20: Prüfungen: Klimafolge
Bezugsdokument: IEC 1300-2-20:1995; Datum der Annahme: 1.7.1997

EN 61300-2-21
Lichtwellenleiter – Verbindungselemente und passive Bauteile – Grundlegende Prüf- und Meßverfahren – Teil 2-21: Prüfungen: Temperatur/Feuchte, zyklisch
Bezugsdokument: IEC 1300-2-21:1995; Datum der Annahme: 1.7.1997

EN 61300-2-22
Lichtwellenleiter – Verbindungselemente und passive Bauteile – Grundlegende Prüf- und Meßverfahren – Teil 2-22: Prüfungen: Temperaturwechsel
Bezugsdokument: IEC 1300-2-22:1995; Datum der Annahme: 1.7.1997

EN 61300-2-23
Lichtwellenleiter – Verbindungselemente und passive Bauteile – Grundlegende Prüf- und Meßverfahren – Teil 2-23: Prüfungen: Dichtheit bei nicht druckfesten faseroptischen Bauteilen
Bezugsdokument: IEC 1300-2-23:1995; Datum der Annahme: 1.7.1997

EN 61300-2-25
Lichtwellenleiter – Verbindungselemente und passive Bauteile – Grundlegende Prüf- und Meßverfahren – Teil 2-25: Prüfungen: Beständigkeit der Dichtung von Muffen
Bezugsdokument: IEC 1300-2-25:1995; Datum der Annahme: 1.7.1997

EN 61300-2-26
Lichtwellenleiter – Verbindungselemente und passive Komponenten – Grundlegende Prüf- und Meßverfahren – Teil 2-26: Prüfungen: Salznebel
Bezugsdokument: IEC 1300-2-26:1995; Datum der Annahme: 1.7.1997

EN 61300-2-27
Lichtwellenleiter – Verbindungselemente und passive Komponenten – Grundlegende Prüf- und Meßverfahren – Teil 2-27: Prüfungen: Staub – laminare Strömung
Bezugsdokument: IEC 1300-2-27:1995; Datum der Annahme: 1.7.1997

EN 61300-2-28
Lichtwellenleiter – Verbindungselemente und passive Komponenten – Grundlegende Prüf- und Meßverfahren – Teil 2-28: Prüfungen: Industrieatmosphäre (Schwefeldioxid)
Bezugsdokument: IEC 1300-2-28:1995; Datum der Annahme: 1.7.1997

EN 61300-2-29
Lichtwellenleiter – Verbindungselemente und passive Komponenten – Grundlegende Prüf- und Meßverfahren – Teil 2-29: Prüfungen: Niedriger Luftdruck
Bezugsdokument: IEC 1300-2-29:1995; Datum der Annahme: 1.7.1997

EN 61300-2-30
Lichtwellenleiter – Verbindungselemente und passive Komponenten – Grundlegende Prüf- und Meßverfahren – Teil 2-30: Prüfungen: Sonnenstrahlung
Bezugsdokument: IEC 1300-2-30:1995; Datum der Annahme: 1.7.1997

EN 61300-2-31
Lichtwellenleiter – Verbindungselemente und passive Komponenten – Grundlegende Prüf- und Meßverfahren – Teil 2-31: Prüfungen: Radioaktive Strahlung
Bezugsdokument: IEC 1300-2-31:1995; Datum der Annahme: 1.7.1997

EN 61300-2-32
Lichtwellenleiter – Verbindungselemente und passive Komponenten – Grundlegende Prüf- und Meßverfahren – Teil 2-32: Prüfungen: Wassereindringung
Bezugsdokument: IEC 1300-2-32:1995; Datum der Annahme: 1.7.1997

EN 61300-2-33
Lichtwellenleiter – Verbindungselemente und passive Komponenten – Grundlegende Prüf- und Meßverfahren – Teil 2-33: Prüfungen: Montage und Demontage von Gehäusen
Bezugsdokument: IEC 1300-2-33:1995; Datum der Annahme: 1.7.1997

EN 61300-2-34
Lichtwellenleiter – Verbindungselemente und passive Komponenten – Grundlegende Prüf- und Meßverfahren – Teil 2-34: Prüfungen: Widerstand gegen Reinigungsmittel und verschmutzende Flüssigkeiten
Bezugsdokument: IEC 1300-2-34:1995; Datum der Annahme: 1.7.1997

EN 61300-2-35
Lichtwellenleiter – Verbindungselemente und passive Komponenten – Grundlegende Prüf- und Meßverfahren – Teil 2-35: Prüfungen: Kabelnutation
Bezugsdokument: IEC 1300-2-35:1995; Datum der Annahme: 1.7.1997

EN 61300-2-36
Lichtwellenleiter – Verbindungselemente und passive Komponenten – Grundlegende Prüf- und Meßverfahren – Teil 2-36: Prüfungen: Entflammbarkeit (Brandgefährdung)
Bezugsdokument: IEC 1300-2-36:1995; Datum der Annahme: 1.7.1997

EN 61300-2-37
Lichtwellenleiter – Verbindungselemente und passive Komponenten – Grundlegende Prüf- und Meßverfahren – Teil 2-37: Prüfungen: Kabelbiegung bei Muffen
Bezugsdokument: IEC 1300-2-37:1995; Datum der Annahme: 1.7.1997

EN 61300-2-38
Lichtwellenleiter – Verbindungselemente und passive Komponenten – Grundlegende Prüf- und Meßverfahren – Teil 2-38: Prüfungen: Dichtheit druckfester faseroptischer Bauteile
Bezugsdokument: IEC 1300-2-38:1995; Datum der Annahme: 1.7.1997

EN 61300-3-1
Lichtwellenleiter – Verbindungselemente und passive Bauteile – Grundlegende Prüf- und Meßverfahren – Teil 3-1: Untersuchungen und Messungen – Sichtprüfung
Bezugsdokument: IEC 1300-3-1:1995; Datum der Annahme: 1.7.1997

EN 61300-3-2
Lichtwellenleiter – Verbindungselemente und passive Bauteile – Grundlegende Prüf- und Meßverfahren – Teil 3-2: Untersuchungen und Messungen – Polarisationsempfindlichkeit eines Einmoden-LWL-Bauteils
Bezugsdokument: IEC 1300-3-2:1995; Datum der Annahme: 1.7.1997

EN 61300-3-8
Lichtwellenleiter – Verbindungselemente und passive Bauteile – Grundlegende Prüf- und Meßverfahren – Teil 3-8: Untersuchungen und Messungen – Umgebungslichtempfindlichkeit
Bezugsdokument: IEC 1300-3-8:1995; Datum der Annahme: 1.7.1997

EN 61300-3-10
Lichtwellenleiter – Verbindungselemente und passive Bauteile – Grundlegende Prüf- und Meßverfahren – Teil 3-10: Untersuchungen und Messungen – Lehrenrückhaltekraft
Bezugsdokument: IEC 1300-3-10:1995; Datum der Annahme: 1.7.1997

EN 61300-3-11
Lichtwellenleiter – Verbindungselemente und passive Bauteile – Grundlegende Prüf- und Meßverfahren – Teil 3-11: Untersuchungen und Messungen – Steck- und Trennkräfte
Bezugsdokument: IEC 1300-3-11:1995; Datum der Annahme: 1.7.1997

EN 61300-3-13
Lichtwellenleiter – Verbindungselemente und passive Bauteile – Grundlegende Prüf- und Meßverfahren – Teil 3-13: Untersuchungen und Messungen – Schaltstabilität eines faseroptischen Schalters
Bezugsdokument: IEC 1300-3-13:1995; Datum der Annahme: 1.7.1997

EN 61300-3-14
Lichtwellenleiter – Verbindungselemente und passive Bauteile – Grundlegende Prüf- und Meßverfahren – Teil 3-14: Untersuchungen und Messungen – Genauigkeit und Reproduzierbarkeit der Einstellung eines variablen Dämpfungsgliedes
Bezugsdokument: IEC 1300-3-14:1995; Datum der Annahme: 1.7.1997

EN 61300-3-15
Lichtwellenleiter – Verbindungselemente und passive Bauteile – Grundlegende Prüf- und Meßverfahren – Teil 3-15: Untersuchungen und Messungen – Exzentrizität einer konvex polierten Ferrulenendfläche
Bezugsdokument: IEC 1300-3-15:1995; Datum der Annahme: 1.7.1997

EN 61300-3-16
Lichtwellenleiter – Verbindungselemente und passive Bauteile – Grundlegende Prüf- und Meßverfahren – Teil 3-16: Untersuchungen und Messungen – Endflächenradius konvex polierter Ferrulen
Bezugsdokument: IEC 1300-3-16:1995; Datum der Annahme: 1.7.1997

EN 61300-3-17
Lichtwellenleiter – Verbindungselemente und passive Bauteile – Grundlegende Prüf- und Meßverfahren – Teil 3-17: Untersuchungen und Messungen – Anschliffwinkel polierter Ferrulen
Bezugsdokument: IEC 1300-3-17:1995; Datum der Annahme: 1.7.1997

EN 61300-3-18
Lichtwellenleiter – Verbindungselemente und passive Bauteile – Grundlegende Prüf- und Meßverfahren – Teil 3-18: Untersuchungen und Messungen – Kodiergenauigkeit (Winkelfehler) eines Steckers mit schräg angeschliffener Endfläche
Bezugsdokument: IEC 1300-3-18:1995; Datum der Annahme: 1.7.1997

EN 61332
Werkstoffeigenschaften von Ferriten
Bezugsdokument: IEC 1332:1995; Datum der Annahme: 1.7.1997

EN 61378-1 *
Stromrichtertransformatoren; Teil 1: Transformatoren für industrielle Anwendungen
Bezugsdokument: IEC 14/261/FDIS; wird veröffentlicht als IEC 1378-1:199X; Datum der Annahme: 1.7.1997

EN 61549 A1
Sonderlampen
Bezugsdokument: IEC 61549:1996/A1:1997; Datum der Annahme: 1.7.1997; Zusammenhang: Niederspannungs-Richtlinie 73/23/EWG

EN 61558-1 *
Sicherheit von Transformatoren, Netzgeräten und dergleichen; Teil 1: Allgemeine Anforderungen und Prüfungen
Bezugsdokument: IEC 61558-1:1997, modifiziert; Datum der Annahme: 1.7.1997; Zusammenhang: Niederspannungs-Richtlinie 73/23/EWG

EN 61558-2-1 *
Sicherheit von Transformatoren, Netzgeräten und dergleichen; Teil 2: Besondere Anforderungen an Transformatoren mit getrennten Wicklungen für allgemeine Anwendungen
Bezugsdokument: IEC 61558-2-1:1997; Datum der Annahme: 1.7.1997; Zusammenhang: Niederspannungs-Richtlinie 73/23/EWG

EN 61558-2-4 *
Sicherheit von Transformatoren, Netzgeräten und dergleichen; Teil 2: Besondere Anforderungen an Trenntransformatoren für allgemeine Anwendungen
Bezugsdokument: IEC 61558-2-4:1997; Datum der Annahme: 1.7.1997; Zusammenhang: Niederspannungs-Richtlinie 73/23/EWG

EN 61558-2-6 *
Sicherheit von Transformatoren, Netzgeräten und dergleichen; Teil 2: Besondere Anforderungen an Sicherheitstransformatoren für allgemeine Anwendungen
Bezugsdokument: IEC 61558-2-6:1997; Datum der Annahme: 1.7.1997

EN 61558-2-7 *
Sicherheit von Transformatoren, Netzgeräten und dergleichen; Teil 2: Besondere Anforderungen an Transformatoren für Spielzeuge
Bezugsdokument: IEC 61558-2-7:1997, modifiziert; Datum der Annahme: 1.7.1997; Zusammenhang: Niederspannungs-Richtlinie 73/23/EWG

EN 61558-2-17 *
Sicherheit von Transformatoren, Netzgeräten und dergleichen; Teil 2: Besondere Anforderungen an Transformatoren für Schaltnetzteile
Bezugsdokument: IEC 61558-2-17:1997; Datum der Annahme: 1.7.1997

EN 61566
Messung der Belastung durch hochfrequente Felder – Feldstärke im Frequenzbereich 100 kHz bis 1 GHz
Bezugsdokument: IEC 61566:1997; Datum der Annahme: 1.7.1997

EN 61580-6
Meßverfahren für Hohlleiter – Teil 6: Rückflußdämpfung bei Hohlleitern und Hohlleiterbauteilen
Bezugsdokument: IEC 1580-6:1995; Datum der Annahme: 1.7.1997

EN 61591
Haushalt-Dunstabzugshauben; Verfahren zur Messung der Gebrauchseigenschaften
Bezugsdokument: IEC 61591:1997; Datum der Annahme: 1.7.1997

EN 61595-1
Digitales Mehrkanal-Tonbandgerät (DATR) – Spulensystem für Studioanwendungen – Teil 1: Format A
Bezugsdokument: IEC 61595-1:1997; Datum der Annahme: 1.7.1997

EN 61595-2
Digitales Mehrkanal-Tonbandgerät (DATR) – Spulensystem für Studioanwendungen – Teil 2: Format B
Bezugsdokument: IEC 100B/49/FDIS; wird veröffentlicht als IEC 61595-2: 199X; Datum der Annahme: 1.7.1997

EN 61660-1
Kurzschlußströme in Gleichstrom-Eigenbedarfsanlagen in Kraftwerken und Schaltanlagen; Teil 1: Berechnung der Kurzschlußströme
Bezugsdokument: IEC 61660-1:1997; Datum der Annahme: 1.7.1997

EN 61660-2
Kurzschlußströme in Gleichstrom-Eigenbedarfsanlagen in Kraftwerken und Schaltanlagen – Teil 2: Berechnung der Wirkungen
Bezugsdokument: IEC 61660-2:1997; Datum der Annahme: 1.7.1997

EN 61725
Analytische Darstellung für solare Tagesstrahlungsprofile
Bezugsdokument: IEC 61725:1997; Datum der Annahme: 1.7.1997

EN 61754-6
Lichtwellenleiter-Steckverbinderübergänge – Teil 6: Typ MU Steckverbinderfamilie
Bezugsdokument: IEC 61754-6:1997; Datum der Annahme: 1.7.1997

EN 61754-8
LWL-Steckverbinder – Teil 8: Typ CF08 Steckverbinderfamilie
Bezugsdokument: IEC 1754-8:1996; Datum der Annahme: 1.7.1997

EN 61843
Meßverfahren zur Bestimmung des Pegels von Intermodulationsprodukten, erzeugt in einem gryromagnetischen Bauelement
Bezugsdokument: IEC 61843:1997; Datum der Annahme: 1.7.1997

EN 61953
Bildgebende Geräte für die Röntgendiagnostik; Kenngrößen von Streustrahlenkondensatoren für die Mammographie
Bezugsdokument: IEC 62B/297/FDIS; wird veröffentlicht als IEC 61953:199X; Datum der Annahme: 1.7.1997

EN 100114-2
Verfahrensregel – Qualitätsbewertungsverfahren; Teil 2: Anforderungen des CECC zur Bauartanerkennung, zur Freigabe zur Auslieferung und zur Überprüfung der Freigabe von Bauelementen der Elektronik
Bezugsdokument: Text erstellt von CLC/TC CECC/WG QAP; Datum der Annahme: 1.7.1997

EN 160200-2
Rahmenspezifikation; Elektronische Mikrowellenmodule mit bewerteter Qualität; Teil 2: Verzeichnis der Prüfverfahren
Bezugsdokument: Text erstellt durch CLC/NC BSI; Datum der Annahme: 1.7.1997

EN 186290
Rahmenspezifikation; Steckverbindersätze für Lichtwellenleiter und LWL-Kabel; Bauart MPO
Bezugsdokument: Text erstellt von CLC/TC CECC/SC 86BXA; Datum der Annahme: 1.7.1997

ENV 50208-6
Einheitliches Format zum Datenaustausch für simulierte und gemessene Größen;
Bezugsdokument: ...; Datum der Annahme: 1.7.1997

HD 21.1 S3 *
Polyvinylchlorid-isolierte Leitungen mit Nennspannungen bis 450/750 V; Teil 1: Allgemeine Anforderungen
Bezugsdokument: IEC 227-1:1993, modifiziert; Datum der Annahme: 1.7.1997;
Zusammenhang: Niederspannungs-Richtlinie 73/23/EWG

HD 21.2 S3 *
Polyvinylchlorid-isolierte Leitungen mit Nennspannungen bis 450/750 V; Teil 2: Prüfverfahren
Bezugsdokument: IEC 227-2:1979, modifiziert; Datum der Annahme: 1.7.1997;
Zusammenhang: Niederspannungs-Richtlinie 73/23/EWG

HD 22.1 S3 *
Gummi-isolierte Leitungen mit Nennspannungen bis 450/750 V; Teil 1: Allgemeine Anforderungen
Bezugsdokument: IEC 245-1:1985, modifiziert; Datum der Annahme: 1.7.1997;
Zusammenhang: Niederspannungs-Richtlinie 73/23/EWG

HD 22.2 S3 *
Gummi-isolierte Leitungen mit Nennspannungen bis 450/750 V; Teil 2: Prüfverfahren
Bezugsdokument: IEC 245-2:1980, modifiziert; Datum der Annahme: 1.7.1997;
Zusammenhang: Niederspannungs-Richtlinie 73/23/EWG

HD 516 S2
Leitfaden für die Verwendung harmonisierter Niederspannungsstarkstromkabel
Bezugsdokument: Text erstellt von CLC/TC 20; Datum der Annahme: 1.7.1997;
Zusammenhang: Niederspannungs-Richtlinie 73/23/EWG

HD 624.0 S1
Werkstoffe für Kommunikationskabel; Teil 0: Allgemeines
Bezugsdokument: Text erstellt von CLC/TC 46X; Datum der Annahme: 1.7.1997

HD 625.3 S1
Isolierung, Koordination innerhalb Niederspannungssystemen einschließlich Zwischenräumen und Kriechstrecken für Ausrüstungen; Teil 3: Verwendung von Beschichtungen zur Erzielung von Isolierung, Koordinierung von Leiterplatten
Bezugsdokument: IEC 60664-3:1992; Datum der Annahme: 1.7.1997; Zusammenhang: Niederspannungs-Richtlinie 73/23/EWG

HD 629.2 S1
Prüfanforderungen für Starkstromkabelgarnituren mit einer Nennspannung von 3,6/6(7,2) kV bis 20,8/36(42) kV; Teil 2: Kabel mit massegetränkter Papierisolierung
Bezugsdokument: Text erstellt von CLC/TC 20; Datum der Annahme: 1.7.1997

HD 630.2.1 S2 *
Niederspannungssicherungen; Teil 2-1: Zusätzliche Anforderungen an Sicherungen zum Gebrauch durch Elektrofachkräfte bzw. elektrotechnisch unterwiesene Personen (Sicherungen überwiegend für den industriellen Gebrauch); Hauptabschnitte I bis IV: Beispiele von genormten Sicherungstypen zum Gebrauch durch Elektrofachkräfte bzw. elektrotechnisch unterwiesene Personen
Bezugsdokument: IEC 60269-2-1:1996, modifiziert; Datum der Annahme: 1.7.1997; Zusammenhang: Niederspannungs-Richtlinie 73/23/EWG

R009-NNN
Railway applications; Guide to the specification of a guided transport system
Bezugsdokument: Text erstellt von CENELEC/TC 9X; Datum der Annahme: 1.7.1997

R009-NNN
Railway applications; Guide for the use of the terminology for testing procedures
Bezugsdokument: Text erstellt von CENELEC/TC 9X; Datum der Annahme: 1.7.1997

Quelle: etz Bd. 118 (1997) H. 19, S. 63–71

5 Dokumentation von Aufsätzen und Büchern zum VDE-Vorschriftenwerk und zu analogen Regelwerken

Zusendungen zur Dokumentation sind zu richten:

An den
Herausgeber des
Jahrbuchs zum VDE-Vorschriftenwerk
Carl-Ulrich-Straße 56

D-64297 Darmstadt

● (fetter Punkt) steht bei selbständigen Schriften (Büchern, Reports usw.)

5.1 Dokumentation

Ackermann, Gerhard; Scheibe, Klaus; Stimper, Klaus:
Isolationsgefährdende Überspannungen im Niederspannungsbereich
etz Bd. 118 (1997) H. 1–2, S. 36–40, 8 Bild., 4 Tab., 10 Qu.

Unter Federführung des AK 122.1.2 „Luft- und Kriechstrecken in der Niederspannungs-Isolationskoordination" der Deutschen Elektrotechnischen Kommission im DIN und VDE (DKE) wurde von November 1991 bis März 1995 der zweiteilige Rundversuch „Überspannungsmessungen" durchgeführt. Dieser Großversuch hatte zum Ziel, die Höchstwerte der zu erwartenden isolationsgefährdenden Überspannungen im Niederspannungsbereich zu ermitteln. Die Erkenntnisse sollen vor allem als Basis für das Überarbeiten der Bestimmungen für die Niederspannungs-Isolationskoordination dienen.
Zusammenhang mit IEC 664.

Adams, Friedrich:
Verriegelungseinrichtungen mit und ohne Zuhaltung
etz Bd. 118 (1997) H. 19, S. 44–47, 7 Bild., 1 Tab.

Trennende bewegliche Schutzeinrichtungen zählen zu den bevorzugten Mitteln, um Personen im Wirkbereich von Maschinen, industriellen Fertigungssystemen und Anlagen vor gefahrbringenden Bewegungen oder anderen Gefahren zu schützen. Zur Gewährleistung der angestrebten Personenschutzfunktion müssen diese Schutzeinrichtungen so ausgeführt und elektrisch verriegelt sein, daß Personen nicht in die Gefahrenzone gelangen können.
Zusammenhang mit EN 953, 954-1, 999, 1037, 1050, 1088, 60204-1, 60947-5-1, MBL 20 und GS-ET 19.

Altmaier, Holger; Scheibe, Klaus:
Netzfolgestromunterbrechung von Funkenstrecken
etz Bd. 118 (1997) H. 7, S. 70–72, 4 Bild., 1 Tab., 7 Qu.

Funkenstrecken kommen im Rahmen des Blitzschutzpotentialausgleichs vorzugsweise als Überspannungsschutzgeräte, Klasse B, zum Einsatz. Sie sind in der Lage, hohe Energien auf kleiner Baugröße abzuleiten. Funktionsbedingt müssen sie aber einen netzfrequenten Folgestrom löschen, der nach der Überspannungsbegrenzung durch das Bauelement fließt. Die dargestellte innovative Funkenstreckentechnik – Arc-Chopping-Plus – unterbricht auch die im NS-Netz maximal auftretenden Netzfolgeströme bis 25 kA ohne Einschränkung des Blitzstromableitvermögens.
Zusammenhang mit DIN VDE 0100-534, 0675-6 und IEC 1312-1.

Barz, Norbert:
Die "neue" Niederspannungsrichtlinie
etz Bd. 118 (1997) H. 8–9, S. 14–17, 1 Bild, 2 Tab., 6 Qu.

Bislang hat sich die Niederspannungsrichtlinie (RL 73/23/EWG) für den freien Warenverkehr elektrischer Betriebsmittel bewährt. 1993 wurde die Niederspannungsrichtlinie durch die sogenannte CE-Kennzeichnungsrichtlinie (RL 93/68/EWG) geändert. Welche Folgen das hat, wird im Aufsatz gezeigt.
Zusammenhang mit folgenden EG-Richtlinien: 73/23/EWG, 89/336/EWG, 89/392/EWG, 90/396/EWG, 92/42/EWG und 93/68/EWG.

Brüggemann, Gisbert:
Alternative in der Mittelspannung – Leistungsschalter in SF_6-Technik
etz Bd. 118 (1997) H. 23–24, S. 14–16, 3 Bild., 7 Qu.

Anders als in europäischen oder weltweiten Maßstäben sind SF_6-Leistungsschalter am deutschen Markt kaum vertreten. Dabei zeigt eine nähere Betrachtung, daß der Mittelspannungs-Leistungsschalter einige interessante Argumente in die Diskussion einbringen kann.
Im Bereich der Mittelspannung ist der SF_6-Schalter ein ebenbürtiger Konkurrent zum Vakuumschalter. Vor allem die nach dem modernen Auto-Expansionsprinzip konstruierten SF_6-Geräte haben den früheren Zuverlässigkeitsvorteil der Vakuumschalter längst aufgeholt und sich sogar beim Schalten von leerlaufenden Transformatoren und Motoren sowie bei kapazitiven Schaltungen einen Vorsprung erarbeitet.
Zusammenhang mit IEC 1634.

Bührke, Thomas:
- **Newtons Apfel; Sternstunden der Physik; Von Galilei bis Lise Meitner**
München: C. H. Beck, 1997. 258 S., Format DIN A5, kart., 12 Bild.
(Beck'sche Reihe BsR 1202)
ISBN 3-406-42002-8, Preis 19,80 DM

Der Verfasser erzählt hier nicht nur von den großen Momenten in der Physik und ihrer Bedeutung für unser Verständnis von der Welt, sondern entwirft zudem ein anschauliches Bild von den Menschen, ihren Hoffnungen und Zweifeln, denen wir jene Sternstunden der Physik verdanken. Denn allzu oft vergessen wir, daß Forschung von Menschen betrieben wird, die hierfür nicht selten ein hartes Schicksal ertragen mußten. Vorgestellt werden: Galilei, Newton, Faraday, Maxwell, Einstein, Planck, Becquerel, Rutherford, Bohr, Heisenberg, Fermi und Meitner.

Burger, Helmut:
Auf dem Weg nach Europa 2000 – Umsetzung Europäischer Richtlinien und Normen in Unternehmen
DIN-Mitt. 76 (1997) H. 7, S. 457–465, 17 Bild., 4 Qu.

Den deutschen Unternehmen sind aus den Umsetzungen Europäischer Richtlinien und Europäischer Normen sowohl Vorteile als auch Nachteile entstanden. Die aus der Harmonisierung erwartete Kostenentlastung durch einheitliche Richtlinien nach dem Motto „Einmal geprüft und getestet, überall anerkannt" ist nur teilweise eingetreten. Demgegenüber sind über neue nationale Zertifizierungssetzungen hohe Kostensteigerungen unverkennbar. Hier bedarf es einer Revision, z. B. über Europäische Normen, die unterschiedliche Bewertungsmerkmale je nach den länderspezifischen Gegebenheiten beinhalten.

Chéenne-Astorino, A.; Chatterjee, S.:
Kaltschrumpfverfahren für Mittelspannungs-Energiekabelgarnituren
etz Bd. 118 (1997) H. 17, S. 48–52, 7 Bild., 2 Tab., 3 Qu.

Entwickelt wurde eine Verbindungsmuffe für Mittelspannungskabel, die im Werk montagefertig vorbereitet wird, wenig Bauteile aufweist, einfach zu montieren ist, viele Kabelquerschnitte mit nur einem Muffenkörper abdeckt und eine lange Lebenserwartung hat. Maßgebend zur Umsetzung dieser Anforderungen war die Entwicklung von Trägerrohren, die mit einem Material mit niedrigem Reibungskoeffizient beschichtet wird.
Zusammenhang mit DIN VDE 0278, IEC 20-24, HD 629 und NF C33-001 und C33-050.

Christ, Eberhard:
Arbeitsschutz und Normung aus der Sicht eines Vorsitzenden/Chairman
DIN-Mitt. 76 (1997) H. 5, S. 329–331

Die Harmonisierung der Ziele von Arbeitsschutz und Normung in konsensfähigen Dokumenten erfordert neben der gründlichen Kenntnis der behandelten Sachfragen auch ein hinreichendes Verständnis der sozialpolitischen Vorgaben in der Europäischen Union. An Hand von Beispielen der Normung zur Ausfüllung marktharmonisierender EU-Richtlinien entsprechend Ergänzungsartikel 108a des EG-Vertrags wird die Schlüsselfunktion von CEN und CENELEC für die Detailfestlegungen zum Arbeitsschutz aufgezeigt. Im Gegensatz dazu ist bei Normen, die den Regelungsbereich von EU-Richtlinien nach Ergänzungsartikel 118a des EG-Vertrags betreffen, auf strikte Beachtung der Abgrenzung zur Richtlinienkompetenz einzelstaatlicher Autoritäten zu achten. Im Gemeinsamen Deutschen Standpunkt von DIN und arbeitsschutzverantwortlichen Stellen wird wirksame Orientierungshilfe hinsichtlich des erforderlichen und gewünschten Normungsbereichs gegeben.

Dittrich, Manfred; Franke, Hermann:

Bauproduktenrichtlinie – Einsatzbereich von elektrischen Kabeln und Leitungen

etz Bd. 118 (1997) H. 17, S. 44–45, 1 Bild

Die umfangreichen Maßnahmen zur Gewährleistung der Personensicherheit in Gebäuden werden in der Bauproduktenrichtlinie 89/106/EWG mit ihren Grundlagendokumenten, z. B. zum Brandschutz, geregelt. Diese Richtlinie wurde in deutsches nationales Recht überführt. Während die ältere Niederspannungsrichtlinie 73/23/EWG konkrete Angaben über alle betroffenen elektrischen Betriebsmittel – also auch Kabel und Leitungen – enthält, ist dies für die Bauproduktenrichtlinie noch nicht der Fall – die entsprechenden Angaben werden zur Zeit erarbeitet.
Zusammenhang mit DIN 4102, DIN VDE 0472, EN 50200, IEC 331 und 332.

Dreger, Gerhard:

Sicherheit und Qualität – Produkteigenschaften für den Verbraucherschutz

etz Bd. 118 (1997) H. 23–24, S. 46–53, 8 Bild.

Seit 1920 sorgt das VDE-Prüf- und Zertifizierungsinstitut aktiv für die Sicherheit elektrotechnischer Produkte. Heute tragen über 200 000 Produkttypen weltweit VDE-Prüfzeichen, ausgestellt von einer Institution, die der Sicherheit des Verbrauchers verpflichtet ist. Er kann sich darauf verlassen, daß die Produkte in den Laboratorien nach strengen Kriterien geprüft und abschließend zertifiziert werden. Mit seinen vielfältigen Aufgaben und der Mitarbeit an der Normung leistet das VDE-Institut einen wesentlichen Beitrag zur Weiterentwicklung des Standes der Technik.
Zusammenhang mit DIN EN 45001, DIN EN 100114 Teil 6, DIN EN ISO 9002, IEC 65 und dem VDE-Vorschriftenwerk.

Edelhäuser, Rainer:

Konformitätsbewertungsverfahren – der Weg zur CE-Kennzeichnung

DIN-Mitt. 76 (1997) H. 6, S. 400–407, 12 Bild., 8 Qu.

Mit der EG-Richtlinie 93/42/EWG über Medizinprodukte wurden die Anforderungen an das Inverkehrbringen von Medizinprodukten in den Gemeinsamen Markt festgelegt. Die EG-Richtlinie wurde im August 1994 durch das Medizinproduktegesetz (MPG) in nationales Recht umgesetzt. Dieses neue, ab Mitte Juni 1998 verbindliche Medizinprodukterecht sieht für das rechtmäßige Inverkehrbringen verschiedene Konformitätsbewertungsverfahren vor.
Die je nach Produktklasse möglichen „Wege zur CE-Kennzeichnung", die Pflichten der Hersteller sowie die Aufgaben von benannten Stellen und zuständigen Behörden werden aufgezeigt.

Ermisch, Jochen; Georgi, Axel; Müller, Ansgar:
Ohmsche Spannungsteiler jetzt auch für Mittelspannung
etz Bd. 118 (1997) H. 15–16, S. 20–21, 24–26, 5 Bild., 2 Tab., 3 Qu.
Ohmsche Spannungsteiler haben sich in der Hochspannungsmeßtechnik bewährt, waren aber bis heute eine Seltenheit in Energieversorgungsnetzen. Dort eröffnen digitale Schutzrelais und Leittechnik dem Teiler eine neues Einsatzfeld: Speziell für den Betrieb in Mittelspannungsanlagen entwickelte ohmsche Spannungsteiler ermöglichen Innovation und Kostensenkung im Schaltanlagenbau und in der Sekundärtechnik.
Zusammenhang mit VDE 0414 Teil 206.

Falk, Karl:
- **Der Drehstrommotor**
Ein Lexikon für die Praxis
Berlin; Offenbach: VDE-VERLAG, 1997. 596 S., Format DIN A5, kart., zahlreiche Bild. u. Tab., ISBN 3-8007-2078-7, Preis 96,– DM
Das alphabetische Nachschlagewerk, das alle relevanten Normen, Richtlinien und Vorschriften berücksichtigt, führt jeden Interessierten direkt und schnell zum gesuchten Schlagwort oder Fachbegriff. Zahlreiche Tabellen und Abbildungen verdeutlichen und ergänzen den Text. Wichtige Gesichtspunkte für die praktische Arbeit – in herkömmlichen Lehrbüchern meist nicht enthalten – werden optisch hervorgehoben, ebenso Hinweise für die Sicherheit gegen Personen- und Sachschäden. Das Fachlexikon bietet einen weiteren Vorteil: englische Benennungen sind den wichtigsten Stichwörtern beigegeben.

Fangmann, Helmut:
- **Das neue Telekommunikationsgesetz; Texte und Kommentierung für die Praxis**
Heidelberg: Hüthig, 1997. 222 S., Format DIN B5, kart.,
ISBN 3-7785-2516-6, Preis 48,– DM
Das neue Telekommunikationsgesetz beseitigt alle Angebotsmonopole (1996/1998) und öffnet alle Märkte der Telekommunikation für den Wettbewerb. Eine völlig neue Ära beginnt: Die Telekommunikation schafft die Datenautobahn der Multimedia-Kommunikation. Der Band enthält den Gesetzestext, die offizielle Begründung der Bundesregierung, die ersten vorliegenden Rechtsverordnungen zum Telekommunikationsgesetz sowie die geänderten Gesetze in neuer Fassung (Fernmeldegesetz, PTRegG) und die EU-Richtlinie zur Liberalisierung der Telekommunikationsmärkte. Das Telekommunikationsgesetz ist mit einer systematischen Kommentierung versehen, die die Kernaussagen der neuen Regelungen praxisbezogen und verständlich erläutert. Dazu gehören Abschnitte wie Lizenzpflicht, lizenzfreier Bereich, Interconnection, Universaldienstleistungen, Entgeltregulierung, Numerierung, Regulierungsbehörden u.v.a.m. Einige praktische Übersichten, Tabellen und Hinweise runden den Band ab.

Faßbinder, Stefan:
Brandsichere Kabel und Leitungen
etz Bd. 118 (1997) H. 1–2, S. 48–51, 3 Bild., 3 Qu.

Wer als verantwortlicher Entscheidungsträger mit der baulichen Gestaltung und technischen Ausrüstung von Objekten mit erhöhten Sicherheitsanforderungen betraut ist, wird bei der Auswahl der Kabel und Leitungen zumeist auf Typen höchster Brandschutzklassen zurückgreifen. Was aber bedeuten Ausdrücke wie „brandsicher", „flammhemmend" und „flammwidrig" in diesem Zusammenhang? Ist hiermit dem öffentlichen Sicherheitsbedürfnis Genüge geleistet, oder gibt es weiterreichende Techniken, die nur nicht genutzt werden?
Zusammenhang mit BS 6387, DIN 4102-12, DIN VDE 0284-1 und NSF C 32070.

Feldhaus, Gerhard:
Umweltnormung und Deregulierung
DIN-Mitt. 76 (1997) H. 10, S. 680–686, 44 Qu.

Umweltnormen können das Umweltordnungsrecht und dessen Vollzug in erheblichem Umfang entlasten. Für weitere Entlastungen im Anlagen-, Produkt- und Organisationsrecht werden Möglichkeiten untersucht. Insbesondere das neue EU-Recht kann zusätzliche Entwicklungsfelder für die Normungsarbeit erschließen. Je komplexer die rechtlichen Regelungen werden, desto mehr bieten sich Normen zur Konkretisierung an.

Fischer, D.; Neutzner, H.; Odenthal, R.; Raap, K.; Sachs, K.; Sölter, K.:
Unterschiedliche statische USV-Systeme
etz Bd. 118 (1997) H. 10, S. 34–37, 4 Bild., 5 Qu.

Unterbrechungsfreie Stromversorgungsanlagen (USV) haben die Aufgabe, eine sichere Versorgung kritischer Verbraucher mit Wechselspannung zu gewährleisten. In diesem Beitrag definieren die führenden USV-Anbieter die Eigenschaften der USV-Techniken Dauerbetrieb und Netz-Wechselrichter (USV)-Parallelbetrieb.
Verluste bei den verschiedenen USV-Anlagenkonzepten sind vergleichbar, es gibt keine nennenswerten Vorteile einzelner Konzepte bei Berücksichtigung des praktischen Betriebs. Geringe Wirkungsgrad-Vorteile für den Netz-Wechselrichter-Parallelbetrieb ergeben sich nur dann, wenn diese USV in ihrem optimalen Arbeitspunkt betrieben werden kann, das ist jedoch praxisfremd. Der Wirkungsgrad verschlechtert sich deutlich bei nichtlinearer Last, bei Netzspannungsabweichungen sowie im Teillastbereich.
Moderne USV-Anlagen im Dauerbetrieb erreichen heute ebenfalls vergleichbare Wirkungsgrade, sowohl im Teillastbereich als auch bei nichtlinearer Last.
Netzersatzanlagen (NEA) werden erforderlich, wenn große Überbrückungszeiten

und Leistungen nötig sind. Eine Entkopplung der Ein- und Ausgangsfrequenzen findet beim Netz-Wechselrichter-Parallelbetrieb nicht statt. Dies kann den Betrieb an einer Netzersatzanlage unmöglich machen. Beim Dauerbetrieb (Doppelwandlertechnik) ergibt die Entkopplung des Wechselrichters über den Gleichstromzwischenkreis bei einem Betrieb mit Netzersatzanlagen deshalb eindeutige Vorteile. Zusammenhang mit DIN EN 50091-1 (VDE 0558 Teil 510) und DIN EN 50091-3 (VDE 0558 Teil 531).

Forst, Hans-Josef (Hrsg.):
- **Sicherheitstechniken in Gebäuden**
VDE-Bezirksverein Frankfurt am Main
Arbeitsgemeinschaft vom 3. bis 24. November 1997
Berlin; Offenbach: VDE-VERLAG, 1997. 130 S., Format DIN A5, kart., zahlreiche Bild., ISBN 3-8007-2303-4, Preis 38,– DM

Bürogebäude sowie Fertigungsstätten unterliegen einschlägigen Bauvorschriften zum Schutz von Personen und Sachanlagen. Bei der Planung von Gebäuden gilt es, innovative Techniken einzusetzen, die einerseits den hohen Anforderungen genügen, andererseits aber den wirtschaftlichen Aspekt nicht aus dem Auge verlieren. Lösungskonzepte basieren demzufolge in der Regel auf modernen Standardtechniken unter besonderer Berücksichtigung des Personenschutzes.
Folgende Themen werden behandelt:
- allgemeine Rechtsgrundlagen – öffentliche Gebäude, Fabrikgebäude, Bürogebäude – das Gebäude als Verbraucher – das Gebäude als Verkehrsknoten – das Gebäude als Sicherheitsrisiko
- Anforderungen an die Energieversorgung
Energieversorgung – Energieverteilung – Schutzkonzepte – Installationskomponenten – Sicherheitsstromversorgung
- Gebäudetechnik
Sicherheitsbeleuchtung – Klima – Aufzüge
- Überwachungs- und Alarmierungstechniken
Brandmeldeanlagen – Intrusionsschutzanlagen – Kommunikationstechnik – Vorschriftenstand und Trends.

Die Beiträge der neuen Broschüre sind gut aufeinander abgestimmt und geben neben einer umfassenden Einführung vertiefende Einblicke in den heutigen Stand der angewendeten Technik.

Förster, Hans-Joachim; Müller, Ralf:
Normgerecht messen: Elektrische Felder von Hochspannungsanlagen
etz Bd. 118 (1997) H. 11, S. 36–41, 8 Bild., 6 Qu.

Die Normen für die Sicherheit von Personen in elektrischen und magnetischen Feldern wurden verschärft. Sie verlangen die dreidimensionale Messung der Felder und die Zusammenfassung der Komponenten zur Ersatzfeldstärke. Stellt sich

die Frage: Ist dieser Aufwand gerechtfertigt? Ja – deshalb wurden Hochspannungstrassen, Umspannwerke und Arbeitsplatzumgebungen untersucht. Und die Ergebnisse belegen: Ohne dreidimensionale Messung geht es nicht.
Zusammenhang mit DIN VDE 0848-1 und -4 sowie IEC 833.

Frankenberger, Horst:
Leitlinien der Europäischen Kommission zur Auditierung von Qualitätsmanagementsystemen bei Herstellern von Medizinprodukten
DIN-Mitt. 76 (1997) H. 11, S. 776–782, 1 Bild, 3 Qu.

Da die Europäische Kommission an einer einheitlichen Anwendung und Durchführung der EG-Richtlinien für Medizinprodukte interessiert ist, wurde im Jahr 1994 die „Auditing Working Group" ins Leben gerufen, in der die Europäische Kommission, nationale Behörden, Benannte Stellen und europäische Herstellerverbände vertreten sind. Erarbeitet wurde eine europäische Leitlinie zur Auditierung von Qualitätsmanagementsystemen zur Erfüllung der gesetzlichen Anforderungen. Wesentliche Aspekte der derzeitigen europäischen Leitlinie werden dargelegt. Schwerpunktmäßig wird auf Themenbereiche wie allgemeine Grundsätze für Audit-Organisationen, Audit-Ziele, Audit-Umfang, Audit-Typen, Aufgaben und Verantwortlichkeiten, Audit-Team eingegangen.

Fuß, Paul; Spindler, Ulrich; Wey, Paul:
Niederspannungsschaltgeräte einfach zertifizieren
etz Bd. 118 (1997) H. 8–9, S. 18–20, 3 Bild.

Die steigende Regelungsdichte im europäischen Binnenmarkt läßt einen im Dschungel der Bescheinigungen und Kennzeichnungen leicht die Übersicht verlieren. Unter Mitarbeit der Industrie sind aber auch flexible, unbürokratische und wirtschaftliche Verfahren möglich, um die Gesetzeskonformität zu dokumentieren.
Zusammenhang mit DIN VDE 0660, IEC 947 sowie EG-Richtlinien 73/23/EWG und 93/68/EWG.

Gausepohl, Hermann; Mair, Hans J.:
Konstruktionskunststoffe für die Elektrotechnik
etz Bd. 118 (1997) H. 12, S. 24–27, 5 Bild., 2 Tab., 8 Qu.

Hoher Wettbewerbsdruck und der damit verbundene Zwang zur Kostensenkung sind die Triebfedern für ein ständig fortschreitendes Downgrading in der Elektrotechnik- und Elektronikindustrie. Die Kunststoffproduzenten kommen diesem Trend mit maßgeschneiderten, neuentwickelten Produkten entgegen. Beispiele dafür sind syndiotaktisches Polystyrol, Cycloolefincopolymere, spezielle flüssigkristalline Polymere und Blends mit hoher Belichtungsstabilität und dauerhafter Farbkonstanz.
Zusammenhang mit DIN 53495 und ISO 75, 180, 527 und 1791.

Gieselmann, Michael:
Niederspannungs-Schaltgeräte – Motorschutz wie aus dem Baukasten
etz Bd. 118 (1997) H. 4–5, S. 44–47, 5 Bild.

Bei Schaltanlagenbauern und Installateuren ist Innovations- und Kostendruck allgegenwärtig. Zwei wichtige Faktoren sind dabei die Montagezeit und der Schaltschrankplatz. Das bedeutet, Verdrahtungszeiten und Platzbedarf sind zu minimieren. Doch auch die Flexibilität für verschiedene Anwendungen darf dabei nicht zu kurz kommen.
Zusammenhang mit DIN VDE 0660-102 und IEC 947-4-1.

Gieselmann, Michael:
Sicherheitstechnik mit Schützen, Relais oder SPS
etz Bd. 118 (1997) H. 19, S. 42–43, 4 Bild.

Nach der Harmonisierung wichtiger Vorschriften in der EG hat sich das Wissen um die Grundlagen und Wirkungsweisen in der Sicherheitstechnik im Maschinen- und Anlagenbau gefestigt. Lediglich in der Auslegung von einigen Vorschriften gibt es noch Unsicherheiten, zumal hier noch ein Normungsbedarf in den maschinenspezifischen Vorschriften, den sogenannten C-Normen, besteht.
[SPS = **S**peicher**p**rogrammierbare **S**teuerung].
Zusammenhang mit DIN EN 60204-1 (VDE 0113 Teil 1) und EN 954-1.

Gräf, T.; Junker, M.; Pfeiffer, W.:
Anwendung von Lichtbogenmodellen zur Simulation von Überspannungsschutzeinrichtungen
etz Bd. 118 (1997) H. 18, S. 46–51, 5 Bild., 1 Tab., 15 Qu.

Durch den zunehmenden Einsatz empfindlicher Elektronik stellen Überspannungen eine wachsende Gefahr dar. Überspannungen können durch atmosphärische Entladungen oder Schaltvorgänge verursacht werden. Letztere stellen wegen deren ungleich größerer Häufigkeit ein besonderes Problem bezüglich der elektromagnetischen Verträglichkeit (EMV) und der Isolationskoordination dar. Um die Zuverlässigkeit empfindlicher Geräte zu erhöhen, werden überspannungsbegrenzende Betriebsmittel als integrierter Schutz innerhalb dieser Betriebsmittel (Geräte) oder auch der Niederspannungsinstallation eingebaut.

Gretsch, R.; Mombauer, W.:
Probleme mit Pulsmustern beim IEC-Flickermeßverfahren
etz Bd. 118 (1997) H. 10, S. 30–33, und H. 11, S. 18–22, 5 Bild., 3 Qu.

Zur Leistungssteuerung bzw. -regelung von Geräten wird in zunehmendem Maße die Schwingungspaketsteuerung eingesetzt. Zu dieser Gerätegruppe zählen unter anderem elektronische Durchlauferhitzer und Kochmulden. Angesprochen sind vor allem Massengeräte mit Nennströmen kleiner 16 A, die damit unter den Scope der Europanorm DIN VDE 0838 Teil 3 fallen. Die Typprüfung dieser Geräte im Sinne des EMV-Gesetzes erfolgt unter festgelegten Prüfbedingungen mit genormten Meßgeräten. Infolge der nicht im gesamten Taktfrequenzbereich eindeutig spezifizierten Eigenschaften des IEC-Flickermeters kann es bei der Verwendung von bestimmten Pulsmustern ($1/3$-Steuerung) zu unterschiedlichen Prüfergebnissen kommen.

Hannappel, Karl Helmut:

Schluß mit der Schönwetterplanung

etz Bd. 118 (1997) H. 4–5, S. 10, 2 Bild.

In der Praxis werden die VDE-Bestimmungen über Kurzschlußströme und Selektivität vielfach ignoriert. Ohne Rechnerunterstützung ist das VDE-Vorschriftenwerk allerdings auch nur schwer zu erfüllen. Das CAE-Programm elcoCAE Compact für Niederspannungsanlagen 400 V hat die Kurzschluß-, Kabel- und Selektivitätsberechnung integriert und nutzt die grafischen Möglichkeiten von Windows.
Zusammenhang mit DIN VDE 0100 Teil 410, Teil 430, 0298.

Hasse, Peter; Wiesinger, Johannes:

Blitzschläge zerstören elektronische Systeme im weiten Kreis

etz Bd. 118 (1997) H. 1–2, S. 18–20, 2 Bild., 3 Qu.

Blitzschläge richten enorme Schäden an. Blitze stören die Elektronik auch noch in großen Entfernungen vom Einschlagort. Dabei lassen sich das Risiko analysieren und Schutzmaßnahmen auf der Basis des Blitz-Schutzzonen-Konzepts planen.
Zusammenhang mit IEC 1312 und 1662.

Hasse, Peter; Zahlmann, Peter:

Gekapselte Blitzstrom-Ableiter – Sicherheit auf kleinstem Raum

etz Bd. 118 (1997) H. 7, S. 74–77, 4 Bild., 4 Qu.

Der fortschreitende Einsatz immer leistungsfähigerer Elektronik führt zu einem gesteigerten Interesse an Überspannungs- und Störschutz. Der Grund ist offenkundig. Die Störungen an elektronischen Einrichtungen steigen infolge der immer breiteren Einführung elektronischer Geräte und Systeme, der wachsenden Empfindlichkeit dieser Einrichtungen und der ständig weiter fortschreitenden, großflächigen Vernetzung. Die Schäden durch Überspannungen können für Unternehmen erhebliche wirtschaftliche Belastungen bewirken und bei längerandauernden Betriebsunterbrechungen sogar existenzgefährdend werden. Sicherheit bietet die neue Generation der Blitzstrom-Ableiter mit gekapselter Funkenstrecke, die Kompaktheit mit hoher Folgestromlöschfähigkeit verbindet.
Zusammenhang mit DIN VDE 0100-534, 0185-103 und 0675-6.

Heimbach, Markus:
Transiente Potentialanhebungen in ausgedehnten Erdungsanlagen
etz Bd. 118 (1997) H. 3, S. 18–20, 5 Bild., 5 Qu.

Mit der zunehmenden Einführung digitaler Schutz- und Leittechnik und der damit verbundenen Empfindlichkeit dieser Geräte gegenüber transienten Überspannungen muß das Erdungssystem gewährleisten, daß die innerhalb der Erdungsanlage auftretenden Potentialdifferenzen einen gewissen Pegel nicht überschreiten, da diese über die angeschlossenen Meß- und Steuerleitungen in das Sekundärsystem eindringen und dort zu Fehlfunktion oder Beschädigungen führen können.
Der Autor erhielt den Literaturpreis 1997 der Energietechnischen Gesellschaft im VDE (ETG); siehe etz Bd. 118 (1997) H. 23–24, S. 78–79.

Heinze, Ronald:
Rundum sicher versorgt
etz Bd. 118 (1997) H. 4–5, S. 22 u. 25, 2 Bild.

Übersichtsaufsatz zur „Marktübersicht über USV-Anlagen (250 VA bis 3000 VA) – Teil 1", S. 26–29, und „Teil 2", H. 13–14, S. 22–27.
[USV = Unterbrechungsfreie Strom-Versorgung]
Zusammenhang mit DIN EN 50091-1 (VDE 0558 Teil 510) und DIN EN 50091-3 (VDE 0558 Teil 531).

Henninger, Michael-Peter:
Die Situation des Zahntechnikers als Hersteller von Sonderanfertigungen gemäß MPG – Materialnachweis
DIN-Mitt. 76 (1997) H. 6, S. 390–395

Zahntechnische Leistungen fallen als Sonderanfertigung unter das Medizinproduktegesetz (MPG). Bis zum 31. Juni 1998 dürfen zahntechnische Medizinprodukte noch nach altem Recht (Arzneimittelgesetz und Pharmabetriebsverordnung) in den Verkehr gebracht werden. Zuständige Überwachungsbehörde ist – wie bisher – die mittlere Verwaltungsbehörde.
Das MPG ist ein Schutzgesetz und kein Qualitätsgesetz. Zahntechnische Medizinprodukte unterliegen einem vereinfachten Konformitätsbewertungsverfahren ohne CE-Zeichen, bestehend aus einer einfachen Konformitätserklärung des Herstellers sowie der Pflicht zur Dokumentation mit Aufbewahrungsfrist von fünf Jahren.
Nach Zahnarztauffassung sollen die Medizinprodukte aus zahnärztlichen Praxislaboratorien dem MPG nicht unterfallen, weil sie direkt der zahnärztlichen Behandlung dienen und daher nicht „in den Verkehr" gebracht würden. Patienten mit Zahnersatz aus zahnärztlichen Praxislaboratorien und Patienten mit Zahnersatz aus gewerblichen zahntechnischen Laboratorien sind gleichermaßen schutzbedürftig.

In Anbetracht der in der EU unterschiedlichen Behandlung der EG-Medizinprodukte-Richtlinie/des Medizinproduktegesetzes sollten aus haftungsrechtlichen Gründen deutsche Ausgangsmaterialien mit CE-Zeichen verwendet werden.

Hillers, Thomas; Koch, Hermann:
Gasisolierte Hochspannungsleitungen
etz Bd. 118 (1997) H. 11, S. 14–17, 5 Bild., 2 Qu.

Gasisolierte Übertragungsleitungen (GIL) sind heute in der Lage, Leistungen bis 3000 MW bei Betriebsspannungen bis 500 kV über große Entfernungen wirtschaftlich und zuverlässig zu übertragen. Anwendungsgebiete sind dort, wo hohe Übertragungsleistungen oder große Übertragungslängen gefordert sind und der Bau von Freileitungen ausscheidet.

Hinrichs, Wilfried:
Bemerkungen zur Normung aus Sicht eines Begutachters im Akkreditierungsverfahren
DIN-Mitt. 76 (1997) H. 4, S. 261–267, 1 Bild, 29 Qu.

Bei der Durchführung von Akkreditierungsverfahren nach DIN EN 45001 spielen Normen als prüftechnische Arbeitsgrundlagen oft eine maßgebliche Rolle. Ihre Umsetzung in die Prüfpraxis ist daher ein wichtiges Kriterium für die Beurteilung der Kompetenz von Prüflaboratorien. Die im Rahmen solcher Begutachtungen gesammelten Erfahrungen können in der Normungsarbeit nutzbar gemacht werden, weil sie Aussagen zur Umsetzbarkeit der Normvorgaben in der täglichen Prüfpraxis erlauben. Dieser Beitrag enthält eine Reihe von praktischen Beispielen dazu.

Huber, Volker:
Zu mehr Transparenz – Richtlinien und Normen
etz Bd. 118 (1997) H. 17, S. 46–47, 1 Tab.

Die „Niederspannungsrichtlinie" und die besondere Bedeutung von harmonisierten Normen am Beispiel von PVC-isolierten Steuerleitungen.
Zusammenhang mit VDE 0245, 0250, HD 21.5 und 21.13.

Kaltenborn, Uwe; Lambrecht, Jens; Melder, Wilfried:
Automatisiertes Prüfverfahren für die Hochspannungstechnik
etz Bd. 118 (1997) H. 17, S. 24–25, 3 Bild., 8 Qu.

Überwiegend im Mittelspannungsbereich haben sich in den vergangenen 30 Jahren neben den herkömmlichen Isolierstoffen Glas und Porzellan immer mehr auch Isolatoren aus Elastomeren und Formstoffen bewährt. Für den Einsatz unter Freiluftbedingungen wurden diese Isolierstoffe ständig weiterentwickelt. Dabei lag das Augenmerk vorrangig auf Isolierstoffeigenschaften wie der Diffusions-

Durchschlagfestigkeit sowie der Kriechstrom- und Erosionsbeständigkeit. Für die Bewertung dieser Eigenschaften wurden standardisierte Prüfverfahren entwickelt.
Zusammenhang mit DIN VDE 0303-10 und -12 sowie 0441-1.

Kirsch, Eberhard:
Schaltungstechnik entscheidet – Nutzung zwangsgeführter Kontakte
etz Bd. 118 (1997) H. 3, S. 44–45, 5 Bild.

Schaltrelais mit zwangsgeführten Kontakten bieten eine einfache und robuste Möglichkeit, sich selbst überwachende Funktionen oder Geräte aufzubauen. Die Robustheit schließt auch eine hohe Immunität im Zusammenhang mit der EMV ein.
Dem Schaltungstechniker stehen als Entwicklungsgrundlage, neben der speziellen Funktion der zwangsgeführten Kontakte, weitere Prinzipien – wie Diversität und Redundanz – zur Verfügung.

Kirsch, Eberhard:
Unfall ist kein Zufall – die Aufgabe von Sicherheitsrelais
etz Bd. 118 (1997) H. 15–16, S. 50–52, 7 Bild.

Bei dem heutigen technischen Stand der Sicherheitsstandards stellt sich die Frage, weshalb es in unserer perfektionierten technischen Umwelt überhaupt zu Unfällen kommen kann. Eine total sichere Verfügbarkeit und fehlerfreie Funktionalität sind Wunschvorstellungen. Richtig ist, die Differenz zwischen dem Idealzustand und der realen Verfügbarkeit zu ermitteln. Diese Differenz bildet – neben dem Einfluß des menschlichen Versagens – das Risiko für Fehlfunktionen und damit Möglichkeiten für Gefahren und Unfälle.
Zusammenhang mit DIN VDE 0110-1, 0160, IEC 664-1, EN 50178 und ZH 1/457.

Klein, Martin (Begründet) und DIN (Hrsg.):
- **Einführung in die DIN-Normen**
bearbeitet von K. G. Krieg unter Mitwirkung u. a. von K. Orth
12., neubearbeitete und erweiterte Auflage.
Berlin; Köln: Beuth-Verlag 1997, 1032 S., 2552 Bilder, 644 Tab.

Wer DIN-Normen anzuwenden hat, findet in diesem vorzüglichen Handbuch einen Querschnitt durch die DIN-Normen aus 24 Gebieten, angefangen bei den allgemeinen Normen der Information, Dokumentation, Mathematik, Physik, Normungstechnik, Technisches Zeichnen, Gewinde, Toleranzen über die Elektrotechnik bis zum Arbeitsschutz. Der Elektrotechnik (bearb. von K. Orth) wird allein ein Fünftel des Buchumfangs eingeräumt. Durch die geschickte Auswahl der Normen und Straffung der Texte ist ein handliches Nachschlagewerk über die deutsche und internationale Normung entstanden.

Kohl, Thomas; Müller, Ansgar; Scharnewski, Dirk; Werner, Siegfried:
Meßwandler im Wandel
etz Bd. 118 (1997) H. 3, S. 22–25, 4 Bild., 1 Tab., 3 Qu.

In Mittelspannungsschaltanlagen braucht die digitale Sekundärtechnik keine leistungsstarken Meßwandler mehr. Andere nicht-konventionelle Strom- und Spannungsmeßsysteme sind jetzt verfügbar. Im sensiblen Bereich der Energieversorgung erfordert der Einsatz neuer Technologien ein hohes Maß an Vertrauen in die Zuverlässigkeit. Ein Feldversuch ist eine gute Möglichkeit, dieses Vertrauen zu bilden.
Zusammenhang mit DIN VDE 0101.

Krämer, Martin; Johannsmeyer, Ulrich; Wehinger, Hans:
Aktiver Explosionsschutz durch MSR-Maßnahmen
etz Bd. 118 (1997) H. 10, S. 48–51, 1 Bild

Traditionelle Sicherheitstechniken entstanden zum Beherrschen konkreter technischer Risiken, welche die Gefahr von Unfällen mit sich bringen. Sie werden stets mit bestimmten Einrichtungen in Verbindung gebracht, z. B. Dampfkesseln, elektrischen Anlagen, Aufzugsanlagen und explosionsgefährdeten Anlagen. Für diese unterschiedlichen Einsatzgebiete wurden jeweils eigene technische Sicherheitsregeln erarbeitet. Mit zunehmender allgemeiner Verbreitung der Technik geraten diese „Insellösungen" teilweise in Widerspruch zueinander; neue Technologien lassen sich zudem häufig nicht einordnen. Zum Lösen dieser Probleme werden neue sowie übergeordnete Methoden und Betrachtungsweisen benötigt.
[MSR = **Meß**-, **S**teuerungs- und **R**egelungstechnik]
Zusammenhang mit EN 954, 1127-1, DIN 19250, 19251 und Richtlinie 94/9/EG.

Kropp, Gerhard:
- **Geschichte der Mathematik; Probleme und Gestalten**
Wiesbaden: Aula-Verlag, 1994. 230 S., Format DIN A5, kart., 85 Bild., ISBN 3-89104-546-8, Preis 19,80 DM.

In diesem Buch wird der Versuch unternommen, die Entwicklung der Mathematik in ihren Hauptgestalten aufzuzeichnen. Dem Kenner wird klar sein, daß bei dem vorgegebenen Umfang des Buches eine vollständige Darstellung der Geschichte der Mathematik unmöglich ist. Es mußte also eine Auswahl getroffen werden. Diese wurde so vorgenommen, daß die wichtigsten mathematischen Ideen, die den Werdegang der Mathematik befruchtet haben, hinreichend verdeutlicht werden, ohne daß auf solche Einzelheiten eingegangen wird, die nur den Historiker der Mathematik interessieren. Dabei wurden einige große Mathematiker auch im Hinblick auf ihre Gesamtpersönlichkeit gewürdigt. Und ferner sind an geeigneten Stellen, besonders bis zum Beginn der Neuzeit, Verbindungslinien zur Kulturgeschichte und zu den Nachbarwissenschaften, wie Astronomie und Physik, gezogen worden.

Labastille †, Ricardo M.; Reimer, Jürgen; Warner, Alfred:
• **EMV nach VDE 0875**
Elektromagnetische Verträglichkeit von Elektrohaushaltgeräten, Elektrowerkzeugen, Beleuchtungseinrichtungen, industriellen, wissenschaftlichen und medizinisch-elektrischen Geräten, Audio-, Video- und audiovisuellen Einrichtungen und ähnlichen Elektrogeräten
Erläuterungen zur Normenreihe der Klassifikation „VDE 0875"
Berlin; Offenbach: VDE-VERLAG, 1997. 4., völlig überarb. u. stark erweit. Aufl., 395 S., Format DIN A5, kart., zahlreiche Bilder
(VDE-Schriftenreihe Bd. 16), ISBN 3-8007-2156-2, Preis 39,80 DM

Die Europäischen Normen EN 55011, EN 55014-1, EN 55014-2 und EN 55015 sowie EN 61547, deren deutsche Fassungen unter der Klassifikation „VDE 0875" als Teil 11, Teile 14-1 und 14-2, Teile 15-1 und 15-2 veröffentlicht wurden, haben im Zusammenhang mit der „Richtlinie des Rates vom 3. Mai 1989 zur Angleichung der Rechtsvorschriften der Mitgliedstaaten über die Elektromagnetische Verträglichkeit" [89/336/EWG] und der daraus seit dem 1. Januar 1996 folgenden Pflicht zur CE-Kennzeichnung für Hersteller und Vertreiber von elektrischen Betriebsmitteln erhöhte Bedeutung gewonnen. Besonders aus der Sicht des gemeinsamen Marktes der europäischen Staaten. Die Autoren haben in diese Erläuterungen ihre praktischen Erfahrungen und ihre umfangreichen Kenntnisse aus der Arbeit der nationalen und internationalen Normung einfließen lassen.

Lehmann, Elmar:
Automatische Isolationsüberwachung in Gleichstromnetzen
etz Bd. 118 (1997) H. 6, S. 46–48, 4 Bild.

In größeren Anlagen und Systemen werden oft Gleichstromnetze zur Versorgung der einzelnen Verbraucher verwendet. Aus Sicherheitsgründen sind diese Netze galvanisch vom speisenden Netz getrennt und werden erdfrei betrieben (sogenannte IT-Netze nach DIN VDE 0100 Teil 300). Eine Überwachung des Isolationswiderstands zwischen Gleichstromnetz und Erde ist überall dort gefordert, wo sich entweder gefährliche Potentiale (Berührspannungen > 60 V DC nach DIN VDE 0100 Teil 410) aufbauen oder Pufferbatterien durch Leckströme unbemerkt entladen können und die Betriebsbereitschaft sowie die Sicherheit der Anlage oder des Systems gefährden.

Müller, Hartmut:
Arbeitsschutz und Normung aus der Sicht der Industrie
DIN-Mitt. 76 (1997) H. 5, S. 333–335

Sicherheit am Arbeitsplatz ist eine Aufgabe des Unternehmers. Sowohl staatliche (national, europäisch, international) und berufsgenossenschaftliche Regelungen (VBGen) als auch Normen bilden dabei quantitative und qualitative Maßstäbe. Harmonisierte Europäische Normen sollen mehr und mehr die Gestaltung von

Arbeitsmitteln konkretisieren. Im betrieblichen Arbeitsschutz soll der nationale Gestaltungsspielraum erhalten bleiben. Die Kommission Arbeitsschutz und Normung (KAN) führt zu einer stärkeren Beteiligung der Sozialpartner am Normungsgeschehen. Die eigentliche Normungsarbeit muß weiterhin von den Fachleuten geleitet werden. Die Überarbeitung vorhandener und zukünftiger Regelungen erfordert ein Höchstmaß von Kooperation, um knappe nationale Ressourcen zielgerichtet einsetzen zu können.

Mund, Bernhard:

EMV-Verhalten von Kabeln und Leitungen

etz Bd. 118 (1997) H. 8–9, S. 30–33, 4 Bild., 3 Tab., 8 Qu.

Ein großer Teil der elektromagnetischen Störungen wird über das Verbindungselement Kabel ein- oder ausgekoppelt. Da das Störpotential in allen Bereichen weiter zunimmt, empfiehlt sich für zukunftssichere Anlagen der Einsatz hochgeschirmter Kabel und Leitungen auch heute schon bei solchen Einrichtungen, welche zur Zeit noch ungestört arbeiten. In diesem Beitrag werden Koppelmechanismen elektromagnetischer Störungen über Kabel beschrieben, Kabel bezüglich ihrer Schirmwirkung oder ihres EMV-Verhaltens gegenübergestellt und Maßnahmen zur Verbesserung diskutiert. Weiterhin werden verschiedene Meßverfahren in puncto Schirmwirkung skizziert.
Zusammenhang mit DIN 47250, DIN VDE 0472-517 sowie IEC 966-1, 1156, 1196 und VG 95214.

Nerlich, Birgitta:

Markieren leicht gemacht

etz Bd. 118 (1997) H. 21, S. 44–47, 2 Bild.

Die Norm DIN EN 60204 (VDE 0113) schreibt vor: „Alle Leitungen innerhalb und außerhalb des Gebäudes müssen in Übereinstimmung mit dem Stromlaufplan eindeutig identifizierbar und dauerhaft gekennzeichnet sein." Diese Norm ist nicht nur eine Vorschrift, die es einzuhalten gilt, sie macht auch Sinn in der Praxis. Exaktes Kennzeichnen der Leitungen und Kabel ermöglicht eine schnelle Verdrahtung und eine nachvollziehbare Kabelführung. Änderungen, Störungsbeseitigung sowie Instandhaltungsmaßnahmen werden aufgrund eindeutiger Kennzeichnung optimal unterstützt und vereinfacht.

Pfeiffer, Wolfgang:

Stoßspannungsprüfung von Niederspannungsgeräten

etz Bd. 118 (1997) H. 8–9, S. 22–25, 6 Bild., 11 Qu.

Zur Hochspannungsprüfung von Niederspannungsgeräten nutzt man in der Regel netzfrequente Wechselspannung; die Dauer beträgt zumindest bei der Typprüfung 1 min. Für die Stichproben- und die Stückprüfung gelten auch wesentlich kürzere Prüfdauern von z. B. 1 s. Die Norm der Hochspannungsprüftechnik wird kaum beachtet, sie klammert auch den Bereich der Niederspannungstechnik aus dem Geltungsbereich aus. Inzwischen gibt es jedoch die IEC 1180, die speziell die Hochspannungsprüftechnik für Niederspannungsgeräte behandelt. Zusammenhang mit DIN VDE 0110-1 und IEC 60-1, 364-4-442, 555-3, 664 sowie 1000-4-5.

Pfeiffer, Wolfgang (Hrsg.):

- **Isolationskoordination in Niederspannungsbetriebsmitteln; Auswirkungen der DIN VDE 0110 als Pilotnorm auf entsprechende Produktnormen**
 Berlin; Offenbach: VDE-VERLAG, 1998. 215 S., Format DIN A5, kart. (VDE-Schriftenreihe Bd. 73), ISBN 3-8007-2181-3, Preis 34,90 DM

Begleitend zu den Arbeiten über die Isolationskoordination enthält diese Neuerscheinung zahlreiche nützliche Informationen hinsichtlich des Auftretens von Überspannungen in Niederspannungsinstallationen, des Stehvermögens von Luftstrecken, Kriechstrecken und festen Isolierungen sowie der Auswahl von Isolierstoffen und der Anwendung herkömmlicher und neuer elektrischer Prüfverfahren zur Beurteilung des Isoliervermögens. Diese Neuerscheinung ist ein aktuelles Hilfsmittel zur Information und Weiterbildung innerhalb des genannten Gebiets. Durch die Kombination der gegebenen Fachinformationen und die Darstellung der entsprechenden Normungsaktivitäten wird erkennbar, wie manche auf den ersten Blick nicht ganz einleuchtende Festlegung zu deuten und zu interpretieren ist.

Reihlen, Helmut:

Effizienz der Arbeit des DIN

DIN-Mitt. 76 (1997) H. 11, S. 765–773, 19 Bild.

Der Aufwand der deutschen Volkswirtschaft für die hauptamtliche Betreuung der technischen Normungsarbeit im DIN ist in den zurückliegenden 12 Jahren von 120 auf 240 Mio. DM gestiegen. Im gleichen Zeitraum stieg das Volumen der jährlich neu herauszugebenden DIN-Normen von unter 10 000 auf über 40 000 Seiten. Mit der Ausweitung der Arbeit des DIN gingen besondere Anforderungen einher im Zusammenhang mit der deutschen Vereinigung und mit der Europäisierung und Internationalisierung der Normungsarbeit. Eine Straffung der Organisation des DIN und der Einsatz modernster technischer Hilfsmittel haben eine Verbesserung der wichtigsten Kenngrößen zur Bewertung der Leistung des DIN um etwa das Dreifache mit sich gebracht. Der Gesamtaufwand für die hauptamtliche Betreuung der Normung ist je Seite neu erschienener Norm von DM 13 000,– auf DM 6000,– zurückgegangen, die Fachförderung der Wirtschaft und des Staates von DM 6000,– auf DM 2600,– und der Einsatz von Arbeitsstunden von 162 auf 45.

Retzlaff, Ewald:
- **Lexikon der Kurzzeichen für Kabel und isolierte Leitungen nach VDE, CENELEC und IEC**
Mit einem Geleitwort von A. Warner
Berlin; Offenbach: VDE-VERLAG, 1997. 5., überarb. und erweiterte Auflage, 184 S., kart. (VDE-Schriftenreihe Bd. 29), ISBN 3-8007-2288-7, Preis 38,– DM

Im nun wieder vorliegenden „Lexikon der Kurzzeichen", das vollständig überarbeitet wurde, sind alle Kabel- und Leitungstypen, und zwar sowohl auf dem Gebiet der Starkstromtechnik als auch auf dem Gebiet der Informationstechnik, enthalten. Um die fast unendliche Vielzahl von Kabel- und Leitungstypen entsprechend ihren konstruktiven Merkmalen erfassen zu können, bedurfte es einer systematischen Zuordnung der Kennbuchstaben und Ziffern innerhalb des jeweiligen Typ-Kurzzeichens. Die Kurzzeichen der Kabel- und Leitungstypen sind alphabetisch geordnet und in deutscher und in englischer Sprache beschrieben. In der nun schon 5. Auflage sind die neuesten Entwicklungen der Kalbeltechnik, z. B. Kabel mit halogenfreien Isolierwerkstoffen, und das Gebiet der Lichtwellenleiterfasern und -kabel berücksichtigt.

Röder, D. W.; Schlepp, K.; Schrenker, M.:
Erdbebenqualifikation von Stufenschaltern
etz Bd. 118 (1997) H. 23–24, S. 20–23, 4 Bild., 5 Qu.

Bewertet man die Sicherheit der Stromversorgung in erdbebengefährdeten Gebieten, so muß der Errichter von Hochspannungsschaltanlagen berücksichtigen, daß die Aufrechterhaltung des Betriebs während oder nach einem Erdbeben von der Funktionsfähigkeit aller in der Schaltanlage vorhandenen Komponenten abhängt. Dabei kommt dem Stufenschalter als Zubehörteil im Transformator eine wesentliche Rolle zu. Unter Beachtung von Empfehlungen internationaler Normen wurde der Nachweis der Erdbebenfestigkeit durch eine Kombination von Prüfung und Berechnung erbracht.
Zusammenhang mit DIN EN 61166 (VDE 0670 Teil 111), ENV 1998-1-1, IEC 68-3-3 und IEEE Std. 693.

Scheibe, Klaus (Hrsg.):
- **EMV und EMVU nach Inkrafttreten der gesetzlichen Bestimmungen
7. Energietechnisches Forum der FH Kiel vom 9. bis 11. Juni 1997**
Berlin; Offenbach: VDE-VERLAG, 1997. 344 S., Format DIN A5, kart., zahlreiche Bilder, ISBN 3-8007-2293-3, Preis 68,– DM

Thematischer Schwerpunkt des 7. Energietechnischen Forums in Kiel waren praxisrelevante und aktuelle Fragen der Elektromagnetischen Verträglichkeit (EMV). Namhafte Referenten aus Industrie, Wirtschaft und Forschung äußerten sich zu folgenden Themen:

- Störquellenanalyse auf Leiterplatten und entwicklungsbegleitende Störfestigkeitsuntersuchungen,
- EMV lokaler Daten- und Kommunikationsnetze,
- CE-Kennzeichnung von PC, Telekommunikationseinrichtungen und Funkanlagen,
- Prüfvorschriften und Prüfverfahren,
- Netzrückwirkungen,
- Maschinen- und Niederspannungsrichtlinie und
- Wirkungen schwacher Felder bis 300 GHz auf Lebewesen.

Schild, Wolfgang:
Thermosimulation und -analyse elektronischer Systeme
etz Bd. 118 (1997) H. 18, S. 56–58

Thermische Überlastung ist immer noch die häufigste Ausfallursache moderner elektronischer Geräte. Die Forderungen nach immer kleineren und gleichzeitig leistungsstärkeren Geräten machen das Problem der Wärmeabfuhr zu einem wichtigen Teil der gesamten Entwicklung. Daher wird es immer vordergründiger, schon in der Entwicklungsphase eines Geräts die Wärmeverteilung und -abfuhr zu kennen, um kostengünstig und ohne Zeitverlust den optimalen Hardwareaufbau zu realisieren.

Schüch, Andreas:
EPCA in den Startblöcken
etz Bd. 118 (1997) H. 22, S. 16–17, 1 Bild

Kein Anlaß zur Verunsicherung? Ab 25.10.1997 werden Elektromotoren „für allgemeine Anwendungen" mit Wirkungsgrad-Mindestanforderungen – resultierend aus dem Energy Policy and Conservation Act (EPCA) von 1992 – belegt. Doch der Anwendungsbereich und die Durchführungsrichtlinien sind vielerorts noch unklar.
Zusammenhang mit IEC 34 (VDE 0530), IEEE 112, NEMA MG-1, CSA-C390.

Schulze-Wilk, Detlef:
Die rechtliche Situation des Zahnarztes gemäß MPG sowie daraus resultierende Auswirkungen
DIN-Mitt. 76 (1997) H. 6, S. 396–399

Das Medizinproduktegesetz ist kein Gesetz, das zu wesentlichen zusätzlichen Belastungen für die Zahnärzte führt, weil die Zahnärzte keine Hersteller im Sinne des Medizinproduktegesetzes sind, sondern nur Anwender von Medizinprodukten. Ein hohes Qualitäts- und Sicherheitsniveau wird unverändert durch die wissenschaftliche und berufsrechtliche Ausbildung der Zahnärzte und durch die berufsrechtliche Regelungssituation gewährleistet. Die Zahnärzteschaft unterstützt – wie bisher schon bei Arzneimitteln – den Aufbau eines Beobachtungs- und Meldesystems, mit dem Probleme und Risiken im Umgang mit Medizinprodukten erfaßt werden sollen.

Sobotta, Andreas; Stoevesandt, Jörn:
Stark gefragt – flexible MSR-Komponenten
etz Bd. 118 (1997) H. 13–14, S. 44–45, 4 Bild.

In der Automatisierungstechnik spielen analoge Strom- und Spannungssignale eine gravierende Rolle bei der Datenkommunikation zwischen Sensoren/Aktoren und der Steuerungsebene. Neben den in der internationalen Norm IEC 381 beschriebenen Signalen treten noch eine große Menge anderer Pegel, z. B. aus Temperaturmessungen, auf. Um bei der Vielfalt von Anwendungen nicht die Übersicht zu verlieren, gibt es durchdachte Konzepte, die mehrere Geräte in einem Gehäuse zusammenfassen. So auch bei Trennwandlern, die damit dem Anwender Schaltschrankplatz, Lager- und Installationskosten sparen helfen.
Zusammenhang mit IEC 381.

Sommerstange, Michael:
Steife Brise erwünscht – Trends bei der Windenergienutzung
etz Bd. 118 (1997) H. 13–14, S. 16–18, 2 Bild., 1 Tab., 7 Qu.

Die Windenergie hat in den letzten Jahren enorme Fortschritte gemacht und gute Chancen, langfristig einen additiven Beitrag zur Strombedarfsdeckung zu leisten. Der Artikel gibt einen Überblick über die weltweite Nutzung, den Stand der Technik und die Entwicklungstendenzen sowie wirtschaftliche Aspekte der Windenergie.
Zusammenhang mit VDI-Bericht 1321 und DIN VDE 0129.

Streffer, Christel:
Arbeitsschutz und Normung aus der Sicht des Bundesministeriums für Arbeit und Sozialordnung
DIN-Mitt. 76 (1997) H. 5, S. 318–322

Arbeitsschutz und Normung verbindet in Deutschland eine lange, von gegenseitigem Vorteil und Partnerschaft gekennzeichnete Beziehung. Um Arbeitsschutzbelange in der Normung auch unter den veränderten Bedingungen der europäischen und internationalen Entwicklung weiterhin ausreichend zur Geltung zu bringen, ist es unumgänglich, daß die für den Arbeitsschutz maßgeblichen Institutionen ihre Arbeiten koordinieren. Auf der Seite der Normungsorganisationen bedarf es struktureller Sicherungen für eine ausgewogene Beteiligung und mehr

Transparenz. Die unterschiedliche Rolle, die das europäische Recht der Normung in bezug auf die verschiedenen, den Arbeitsschutz betreffenden Bereiche zuweist, verlangt eine differenzierte Vorgehensweise.

Teninty, Daniel E.; Voorheis, Howard T.:
Sicherheit, Signale und Messungen
etz Bd. 118 (1997) H. 15–16, S. 36–41, 3 Bild., 1 Tab., 11 Qu.

Obwohl die Sicherheit von Test- und Meßgeräten schon seit Jahrzehnten ein wichtiges Thema für die Benutzer ist, wurde es erst in den letzten fünf Jahren wirklich systematisch angegangen. Mit dem Aufkommen von Normen, wie der IEC 1010 für Test- und Meßgeräte, wurde der Produktsicherheit und der des Benutzers mehr Beachtung geschenkt. Dieser Beitrag befaßt sich mit einer anwendungsorientierten Vorgehensweise im Hinblick auf die Test- und Meßgeräte, die gemessenen Signale und die Auswahl von Meßgeräten. Zusammenhang mit IEC 479-1, 1010, ANSI/ISA S 82.01 und CAN/CSA-C22.2.

Töpfer, Klaus:
Erwartungen des Bundes und der Länder an die europäische Normung im Bauwesen
DIN-Mitt. 76 (1997) H. 10, S. 694–697

Eine wichtige Arbeit für den Standort Deutschland war das Resümee des Bundesbauministers Prof. Dr. Klaus Töpfer in seinen Ausführungen zur Normung, wobei er besonders die Bedeutung des „dualen Systems", der Aufgabenteilung zwischen Staat und Normungsinstitut, hervorhob. Das Prinzip des Normenverweises in Rechts- und Verwaltungsvorschriften, eine deutsche „Erfindung", habe sich als besonders zweckmäßig erwiesen. Seit der Entschließung des EG-Ministerrats vom 7. Mai 1985 zum „Neuen Ansatz" zu Rahmenrichtlinien, gilt dieses Prinzip auch auf europäischer Ebene. Danach wird die technische Konkretisierung der gesetzlichen Vorgaben, die sogenannten „wesentlichen Anforderungen", in harmonisierten Europäischen Normen festgelegt.

Vardakas, Evangelos:
Technische Integration und Normung in Europa
DIN-Mitt. 76 (1997) H. 10, S. 675–678

Der Verfasser – ehemaliger Generalsekretär des CEN und jetzt Direktor bei der Europäischen Kommission, dort zuständig für Rechtsvorschriften und Normung sowie Telematiknetze – schildert eingehend Stand und Aussichten der europäischen Normung als Werkzeug zur Unterstützung des Europäischen Binnenmarktes. Er erläutert die Aspekte der Neuen Konzeption (wesentliche Anforderungen, „harmonisierte Normen", CE-Kennzeichnung) und beschäftigt sich mit Fragen zur Normung im Rahmen der europäischen Politik. Er zeigt die Anwendungsmöglichkeiten der Normung sowie ihre Grenzen auf und behandelt einige Fragen hinsichtlich der zukünftigen Entwicklung, letzteres unter besonderer Berücksichtigung des schnellebigen Gebiets der Informations- und Kommunikationstechnik.

Volberg, Jürgen:

Sicherheit vor Ort – Positionsschalter

etz Bd. 118 (1997) H. 3, S. 40–42, 2 Bild., 2 Tab.

Mit der CE-Kennzeichnungspflicht erweitern sich die Anwendungsgebiete von Sicherheitspositionsschaltern mit getrenntem Betätiger und Zuhaltung. Zudem fordert die Maschinenrichtlinie (89/392/EWG) den Einsatz an immer mehr Maschinen und Anlagen. Zusammenhang mit EN 292, 294, 414, 418, 953, 954, 999, 1037, 1050, 1088, 45020, 60204, 60335; IEC 68, 721, 801, ISO 9000.

Vosen, Helmut:

- **Kühlung und Belastbarkeit von Transformatoren; Erläuterungen zu DIN VDE 0532**

Berlin; Offenbach: VDE-VERLAG, 1997. 192 S., Format DIN A5, kart., ISBN 3-8007-2225-9 (VDE-Schriftenreihe Bd. 72), Preis 35,– DM

Angesiedelt zwischen einem reinen Lehrbuch und einem streng bauartbezogenen Bedienungshandbuch, vermittelt diese Neuerscheinung Kenntnis der Erwärmungs- und Kühlungsvorgänge beim Betrieb von Transformatoren. Eingegangen wird auf die verwendeten Werkstoffe, deren temperaturabhängiges Alterungsverhalten und die damit zusammenhängenden Grenzen der Belastbarkeit von Trokken- und Öl-Transformatoren. Erläutert werden ferner die verschiedenen Kühlungseinrichtungen und die Monitoring-Systeme zur Aufrechterhaltung uneingeschränkter Betriebssicherheit. Der Leser und Normen-Spezialist erhält interessante Hintergrundinformationen zu den entsprechenden nationalen und internationalen Normen und Richtlinien.

Wenner, Hans C.:

Auditierung von Software – Prüfungen als Werkzeuge zur Qualitätssicherung

DIN-Mitt. 76 (1997) H. 12, S. 836–839, 6 Bild., 7 Qu.

Die Entwicklung und Zertifizierung sicherheitsrelevanter Software erfordern die Beherrschung des Erstellungsprozesses. Für den Bereich der Medizinprodukte sind die notwendigen Konzepte „Entwicklungs-Lebenszyklus" und „Risikoanalyse" in der Norm DIN EN 60601-1-4 über „Programmierbare Elektrische Medizinische Systeme (PEMS)" niedergelegt. Die praktische Umsetzung dieses Qualitätsmanagementprozesses ist Gegenstand des Artikels.

Wolff, Gerhard:
Überspannungs-Schutzeinrichtungen für jede Netzform
etz Bd. 118 (1997) H. 6, S. 24–27, 5 Bild., 10 Qu.

Betreiber von Niederspannungs-Verbraucheranlagen entscheiden sich immer häufiger, ihre Anlagen durch Überspannungs-Schutzeinrichtungen (ÜSE) gegen Zerstörung durch transiente Belastungen zu schützen. Dabei steht nicht nur die Minimierung von Geräteschäden im Vordergrund, sondern vielmehr die Verfügbarkeitsoptimierung der Gesamtanlage. In Abhängigkeit von der Netzform sind bei der Planung und Installation von ÜSE bestimmte Randbedingungen zu berücksichtigen, um einerseits das Schutzziel zu erreichen und um andererseits auch den Forderungen des Personenschutzes Rechnung zu tragen. Zusammenhang mit DIN VDE 0100 Teil 300, Teil 410, Teil 430, 0185, 0664, 0847 und IEC 1000-4.

Zwingmann, Bruno:
Arbeitsschutz und Normung aus der Sicht der Gewerkschaften
DIN-Mitt. 76 (1997) H. 5, S. 324–328

Für den Bereich der Maschinen- und Produktsicherheit weist die Normung eine im Grunde gute Struktur auf (mit der Abstufung in A-, B- und C-Normen) und hat viele Anliegen des Arbeitsschutzes schon recht weitgehend aufgenommen. Die Normung sollte sich aber auf ihr angestammtes Gebiet, technische Normung, beschränken und die Regulierung des betrieblichen Arbeitsschutzes den bewährten Entscheidungsstrukturen überlassen.
Die Grundforderungen von der Arbeitnehmerseite an die Normung sind nach wie vor uneingelöst: Verbesserung der Zugänglichkeit der Normen und der privaten Normung für Arbeitnehmer; d. h. insbesondere Beteiligung „gemäß der sozialen Betroffenheit" an der Normung.

5.2 Veröffentlichungen von Alfred Warner
Erster Nachtrag

Nachträge und Berichtigungen zur Zusammenstellung im „Jahrbuch zum VDE-Vorschriftenwerk 1992" (VDE-Schriftenreihe Bd. 92), S. 355–377. Berlin; Offenbach: VDE-VERLAG, 1992.
Berichtigungen sind durch einen Stern (*) gekennzeichnet.

Übersicht
1 Selbständige Schriften und Mitarbeit an selbständigen Schriften
2 Aufsätze
3 Bibliographien und Zuschriften
4 Buchbesprechungen
5 Aufsatzbesprechungen
6 Übersetzungen
7 Herausgeberschaften

1 Selbständige Schriften und Mitarbeit an selbständigen Schriften

1.12 (4)* **Englisch für Elektrotechniker und Elektroniker/English for electrical and electronics engineers.** Von J. Wanke und M. Havlíček unter Mitwirkung von A. Warner. 4., erheblich erweiterte und überarbeitete Auflage. Wiesbaden: O. Brandstetter / Berlin; Offenbach: VDE-VERLAG, 1993. 719 S.

1.20 **Jahrbuch zum VDE-Vorschriftenwerk; Neues über VDE-Bestimmungen und VDE-Leitlinien.** Herausgegeben und bearbeitet von A. Warner. Berlin; Offenbach: VDE-VERLAG (VDE-Schriftenreihe Bd. 92), 9. Jahrgang, 1992, 406 S.

–; **Neues über VDE-Bestimmungen und VDE-Leitlinien auf der Grundlage von EN, HD, IEC und VDE.**
10. Jahrgang, 1993, Bd. 93, 515 S.
11. Jahrgang, 1994, Bd. 94, 596 S.
12. Jahrgang, 1995, Bd. 95, 583 S.
13. Jahrgang, 1996, Bd. 96, 792 S.

–; **Neues über VDE-Bestimmungen, VDE-Leitlinien und VDE-Vornormen auf der Grundlage von EN, HD, IEC und VDE.**
14. Jahrgang, 1997, Bd. 97, 916 S.
15. Jahrgang, 1998, Bd. 98, 926 S.

2 Aufsätze

2.3.2 **Einheitenzeichen in kyrillischer Schrift.** S. 63 – 66 in: A. Warner: Kurzzeichen an elektrischen Betriebsmitteln. Berlin; Offenbach: VDE-VERLAG, 1992. 4. Auflage. VDE-Schriftenreihe Bd. 15. Wiedergabe

	aus: A. Warner: Einheitenzeichen in russischen Veröffentlichungen. DIN-Mitt. Bd. 39 (1960) S. 268–269.
2.56.3	**Normung und Zertifizierung.** Die Arbeit des CENELEC und das CE-Zeichen. Plastik & Kautschuk Ztg. (KPZ) Nr. 17 (1. Sept. 1992) S. 11 u. 14; Nr. 18 (14. Sept. 1993) S. 47–49.
2.56.4	**Normung und Zertifizierung nach 1992.** S. 43–47 in: Petrick, Klaus: Qualitätssicherung und Zertifizierung im Europäischen Binnenmarkt. Berlin; Köln: Beuth Verlag, 1993. 400 S.
2.57*	**Zeittafel zur Geschichte der DKE.** (Berichtigt:) S. 417–446 in: Jahrbuch Elektrotechnik '91. Bd. 10 (1990). 547 S.
2.58*	**Zeittafel zur Geschichte des VDE Prüf- und Zertifizierungsinstituts** (bis 1990 VDE-Prüfstelle genannt). S. 379–398 in: Jahrbuch zum VDE-Vorschriftenwerk 1992. VDE-Schriftenreihe Bd. 92 (1992). 406 S.
2.59.1	**CB-Verfahren der IEC im neuen Gewand.** VDE-geprüft Nr. 3/92 (Juli 1992) S. 1–2.
2.59.2	**CB-Verfahren der IEC im neuen Gewand.** etz Bd. 113 (1992) Nr. 16, S. 1058.
2.59.3	**CB-Verfahren der IEC im neuen Gewand.** DIN-Mitt. Bd. 71 (1992) Nr. 10, S. 606.
2.60.1	**Zertifizierung als Normenanwendung – Von den Ländern zum Binnenmarkt.** VDE-Fachbericht Bd. 43 (1993) S. 103–113.
2.60.2	**Zertifizierung – Definition und Anwendung.** etz Bd. 114 (1993) Nr. 13, S. 840–843.
2.61	**CE-Kennzeichnung und VDE-Zeichen – Wo ist der Unterschied? – Niederspannungs-Richtlinie.** VDE-Fachbericht Bd. 50 (1996) S. 11–18.
2.62	**L als Formelzeichen für Induktivität.** Der Sprachdienst Bd. 41 (1997) S. 152 und Bd. 42 (1998) S. 78.
3	**Bibliographien und Zuschriften**
3.8	**Veröffentlichungen von Alfred Warner.** S. 355–377 in: Jahrbuch zum VDE-Vorschriftenwerk 1992. VDE-Schriftenreihe Bd. 92. 406 S.
	–; **Erster Nachtrag.** S. 898–899 in: Jahrbuch zum VDE-Vorschriftenwerk 1998. VDE-Schriftenreihe Bd. 98.

(zu 4, 5 und 6 keine Angaben)

7 Herausgeberschaften

7.3 **Zertifizierungsregister 19../Certification register 19..;** Hrsg. v. A. Warner. Leiter des VDE Prüf- und Zertifizierungsinstituts. (VDE-Schriftenreihe Bd. 23)
- 1992, 42. Auflage, 1092 S.
- 1993, 43. Auflage, 1136 S.
- 1994, 44. Auflage, 1133 S.
- 1995, 45. Auflage, 1182 S.
- 1996, 46. Auflage, 1192 S.

7.4 **Firmenzeichen an VDE-geprüften elektrotechnischen Erzeugnissen/Trade marks on VDE-certified electrical equipment.** Hrsg. v. A. Warner, Leiter des VDE Prüf- und Zertifizierungsinstituts. (VDE-Schriftenreihe Bd. 24), 1993, 4., stark erweit. Auflage, 470 S.; 4000 Zeichen.

7.5 **Produktprüfung und Konformitätsbewertung in Europa und weltweit.** Vorträge der VDE-Fachtagung am 28. September 1995 in Frankfurt am Main. Wiss. Tagungsleitung: A. Warner und G. Dreger. VDE-Fachbericht Bd. 48. Berlin; Offenbach: VDE-VERLAG, 1995. 60 S.

7.7(4) **Retzlaff, Ewald: Lexikon der Kurzzeichen für Kabel und isolierte Leitungen nach VDE, CENELEC und IEC./Dictionary of code symbols for cables and insulated cords according to VDE, CENELEC and IEC.** Hrsg. v. A. Warner. 4., überarb. u. erweit. Aufl., Berlin; Offenbach: VDE-VERLAG, 1993. 152 S. (VDE-Schriftenreihe Bd. 29).

7.7(5) –; 5., überarb. u. erweit. Aufl., 1997, 184 S.

7.10(3) **Warner, Alfred (Hrsg.): Internationales Register von Firmenkennfäden und Firmenzeichen für Kabel und isolierte Leitungen./International register of identification threads and markings for cables and insulated cords.** 3., überarb. u. erweit. Aufl., Berlin; Offenbach: VDE-VERLAG, 1996. 451 S. (VDE-Schriftenreihe Bd. 33).

6 Wichtiger Originaltext

Telekommunikationszulassungsverordnung vom 20. August 1997

Wiedergabe aus dem Bundesgesetzblatt Teil I (1997) Nr. 60, vom 28. August 1997, S. 2117, das zu beziehen ist bei der:

Bundesanzeiger Verlagsges. mbH
Postfach 13 20
D-53003 Bonn
Tel. (02 28) 3 82 08-0
Fax (02 28) 3 82 08-36

**Verordnung
über die Konformitätsbewertung, die Kennzeichnung,
die Zulassung, das Inverkehrbringen und das Betreiben
von Funkanlagen, die nicht zur Anschaltung an ein öffentliches Telekommunikationsnetz bestimmt sind, und von Telekommunikationseinrichtungen
(Telekommunikationszulassungsverordnung)***

Vom 20. August 1997

Inhaltsübersicht

- § 1 Anwendungsbereich
- § 2 Begriffsbestimmungen
- § 3 Festlegung des vorgesehenen Verwendungszwecks
- § 4 Inverkehrbringen und Inbetriebnahme
- § 5 Grundlegende Anforderungen
- § 6 Standortbescheinigung für Sendefunkanlagen
- § 7 Konformitätsbewertungsverfahren
- § 8 Verfahren für die Baumusterprüfung
- § 9 Produktkontrolle
- § 10 Verfahren für die Zulassung und Überwachung von Qualitätssicherungssystemen Produktion
- § 11 Verfahren für die Zulassung und Überwachung von umfassenden Qualitätssicherungssystemen
- § 12 Administrative Zulassung
- § 13 Rücknahme oder Widerruf der Zulassung
- § 14 Kennzeichnung
- § 15 Einrichtungen im Sinne des § 1 Abs. 2 Nr. 1

- § 16 Kontrolle der Kennzeichnung
- § 17 Widerspruchsverfahren
- § 18 Gebühren
- § 19 Maßnahmen bei nicht zweckgerechter Benutzung von Telekommunikationseinrichtungen oder von Einrichtungen nach § 1 Abs. 2 Nr. 1
- § 20 Ordnungswidrigkeiten
- § 21 Übergangsvorschriften
- § 22 Inkrafttreten

Anlagen

- Anlage 1 Interne Fertigungskontrolle für Satellitenfunk-Empfangsanlagen
- Anlage 2 Erklärung über die Konformität mit dem Baumuster
- Anlage 3 Konformitätserklärung
- Anlage 4 Muster für die nationalen Zulassungszeichen der Bundesrepublik Deutschland
- Anlage 5 Muster für die CE-Kennzeichnung von Telekommunikationseinrichtungen
- Anlage 6 Kennzeichnung von Einrichtungen, die für den Anschluß an ein öffentliches Telekommunikationsnetz geeignet, jedoch nicht dafür vorgesehen sind
- Anlage 7 Muster einer Herstellererklärung für Einrichtungen, die nicht für den Anschluß an ein öffentliches Telekommunikationsnetz vorgesehen sind

---

*) Diese Verordnung dient der Umsetzung der Richtlinie 91/263/EWG des Rates vom 29. April 1991 zur Angleichung der Rechtsvorschriften der Mitgliedstaaten über Telekommunikationsendeinrichtungen einschließlich der gegenseitigen Anerkennung ihrer Konformität (ABl. EG Nr. L 128 S. 1), geändert durch die Richtlinie 93/68/EWG des Rates vom 22. Juli 1993 (ABl. EG Nr. L 220 S. 1), und der Richtlinie 93/97/EWG des Rates vom 29. Oktober 1993 zur Ergänzung der Richtlinie 91/263/EWG hinsichtlich Satellitenfunkanlagen (ABl. EG Nr. L 290 S. 1).

Anlage 8 Muster für die CE-Kennzeichnung von Satellitenfunk-Empfangsanlagen, die das Verfahren der internen Fertigungskontrolle durchlaufen haben

Anlage 9 Gebühren für Amtshandlungen der benannten Stellen

Anlage 10 Gebühren der Regulierungsbehörde im Anwendungsbereich der Telekommunikationszulassungsverordnung

Anlage 11 Verfahren der Konformitätsbewertung mit anschließender Konformitätserklärung durch den Hersteller

---

Auf Grund des § 59 Abs. 4, des § 60 Abs. 5, der §§ 61 und 64 Abs. 3 und des § 96 Abs. 1 Nr. 9 des Telekommunikationsgesetzes vom 25. Juli 1996 (BGBl. I S. 1120) in Verbindung mit dem 2. Abschnitt des Verwaltungskostengesetzes vom 23. Juni 1970 (BGBl. I S. 821) verordnet das Bundesministerium für Post und Telekommunikation im Einvernehmen mit dem Bundesministerium des Innern, dem Bundesministerium der Finanzen, dem Bundesministerium der Justiz und dem Bundesministerium für Wirtschaft:

§ 1
Anwendungsbereich

(1) Diese Verordnung regelt
1. die Konformitätsbewertung,
2. die administrative Zulassung,
3. die Kennzeichnung und
4. die Voraussetzungen für das Inverkehrbringen und das Betreiben

von Funkanlagen, die nicht zur Anschaltung an ein öffentliches Telekommunikationsnetz bestimmt sind, sowie von Telekommunikationseinrichtungen.

(2) Diese Verordnung regelt ferner
1. die Kennzeichnung und das Inverkehrbringen von Einrichtungen, die für den Anschluß an ein öffentliches Telekommunikationsnetz geeignet, jedoch nicht dafür vorgesehen sind,
2. Maßnahmen und Verfahren zur Kontrolle der Kennzeichnung von Einrichtungen nach Absatz 1 und Absatz 2 Nr. 1 sowie Maßnahmen bei nicht zweckgerechter Benutzung dieser Einrichtungen und
3. die Zulassung und Überwachung von Qualitätssicherungssystemen der Produktion und von umfassenden Qualitätssicherungssystemen im Geltungsbereich des Gesetzes.

§ 2
Begriffsbestimmungen

Im Sinne dieser Verordnung sind:
1. „Telekommunikationseinrichtungen"
   a) Endeinrichtungen und
   b) Satellitenfunkanlagen;
2. „Endeinrichtungen" Telekommunikationseinrichtungen, die unmittelbar an die Abschlußeinrichtung eines öffentlichen Telekommunikationsnetzes angeschaltet werden sollen oder die mit einem öffentlichen Telekommunikationsnetz zusammenarbeiten und dabei unmittelbar oder mittelbar an die Abschlußeinrichtung eines öffentlichen Telekommunikationsnetzes angeschaltet werden sollen, um Informationen zu senden, zu verarbeiten oder zu empfangen. Bei dem Verbindungssystem kann es sich um Kabel-, Funk-, optische oder andere elektromagnetische Systeme handeln. Endeinrichtungen sind auch Funkanlagen und Satellitenfunkanlagen, die an öffentliche Telekommunikationsnetze angeschaltet werden sollen. Eine Endeinrichtung gilt im Sinne dieser Verordnung als indirekt angeschaltet, wenn sie mittelbar über eine direkt angeschaltete Endeinrichtung an ein öffentliches Telekommunikationsnetz angeschaltet und betrieben werden kann. Indirekt angeschaltete Endeinrichtungen können sowohl direkt an ein öffentliches Telekommunikationsnetz anschaltbare Endeinrichtungen als auch Einrichtungen nach § 1 Abs. 2 Nr. 1 sein;
3. „Satellitenfunkanlagen" Geräte, die entweder nur für Senden oder für Senden und Empfangen – „Sende/Empfangsanlagen" – oder für ausschließlichen Empfang – „Empfangsanlagen" – von Funksignalen über Satelliten oder sonstige raumgestützte Systeme verwendet werden können, jedoch keine sondergefertigten Satellitenfunkanlagen, die als Teil des öffentlichen Telekommunikationsnetzes verwendet werden sollen;
4. „Einrichtungen" eine besondere Kategorie von Geräten, die auf Grund ihrer technischen Eigenschaften für den Anschluß an ein öffentliches Telekommunikationsnetz geeignet wären, jedoch für diesen Verwendungszweck nicht vorgesehen sind. Sie können in nichtöffentlichen Telekommunikationsnetzen, die keine Verbindung zu einem öffentlichen Telekommunikationsnetz haben, verwendet werden. Sie dürfen nach Nummer 2 Satz 3 indirekt an ein öffentliches Telekommunikationsnetz angeschaltet werden, sofern die direkt angeschaltete Endeinrichtung über die Schnittstelle für die indirekte Anschaltung solcher Einrichtungen verfügt;
5. „Amateurfunkgeräte" Geräte für den Betrieb einer Amateurfunkstelle im Sinne des Amateurfunkgesetzes vom 23. Juni 1997 (BGBl. I S. 1494);
6. „terrestrischer Anschluß an ein öffentliches Telekommunikationsnetz" jede Verbindung mit öffentlichen Netzen, bei der in dieser Verbindung keine Satellitenfunkstrecke einbezogen ist;
7. „Konformitätsbewertung" die Prüfung, ob die in den technischen Vorschriften konkretisierten grundlegenden Anforderungen eingehalten worden sind;
8. „administrative Zulassung" die Feststellung, daß für Funkanlagen, die nicht zur Anschaltung an ein öffentliches Telekommunikationsnetz bestimmt sind, und für Telekommunikationseinrichtungen jeweils die in § 12 genannten Voraussetzungen gegeben sind;
9. „Zulassung eines Qualitätssicherungssystems" die Bestätigung, daß der Betreiber eines solchen Systems Konformitätserklärungen für seine Produkte abgeben darf, ohne daß die einzelnen Produkte von einer benannten Stelle geprüft werden müssen;

10. „Mitgliedstaaten" die Mitgliedstaaten der Europäischen Union, „Vertragsstaaten" die anderen Vertragsstaaten des Abkommens über den Europäischen Wirtschaftsraum sowie Staaten, mit denen die Europäische Union Abkommen über die gegenseitige Anerkennung von Zulassungen im Bereich der Telekommunikation geschlossen hat;

11. „Inverkehrbringen" die erste entgeltliche oder unentgeltliche Bereitstellung eines Produkts im Gebiet der Europäischen Union oder des Abkommens über den Europäischen Wirtschaftsraum für den Vertrieb oder die Benutzung in diesem Gebiet;

12. „Akkreditierung" das Verfahren, in dem durch die Regulierungsbehörde die fachliche Kompetenz eines Testlabors zur Durchführung von Prüfungen im Verfahren der Baumusterprüfung nach § 8 und von Produktkontrollen nach § 9 Abs. 2 oder einer Prüfstelle für Qualitätssicherungssysteme nach § 10 oder § 11 bestätigt wird;

13. „benannte Stelle" eine Stelle, die von einem Mitgliedstaat oder Vertragsstaat mit der Durchführung der Zulassung und den damit zusammenhängenden Überwachungsaufgaben im Rahmen der Baumusterprüfung und der Anwendung der Qualitätssicherungsverfahren beauftragt, der Kommission der Europäischen Gemeinschaften und den anderen Mitgliedstaaten oder Vertragsstaaten gemeldet und der von der Kommission eine Kennummer zugeteilt worden ist.

§ 3
Festlegung des vorgesehenen Verwendungszwecks

(1) Der Hersteller oder Lieferant einer Funkanlage, die nicht für den Anschluß an ein öffentliches Telekommunikationsnetz bestimmt ist, einer Telekommunikationseinrichtung oder einer Einrichtung nach § 1 Abs. 2 Nr. 1 muß den vorgesehenen Verwendungszweck schriftlich, zweifelsfrei und allgemein verständlich festlegen. Diese Festlegung ist Bestandteil der produktbegleitenden Unterlagen (Gebrauchsanweisung).

(2) Bei Einrichtungen nach § 1 Abs. 2 Nr. 1 muß die Festlegung bestimmen, daß diese Einrichtung nicht für den Anschluß an ein öffentliches Telekommunikationsnetz vorgesehen ist.

(3) Bei Telekommunikationseinrichtungen nach § 2 Nr. 1 muß diese Festlegung alle Angaben umfassen, die zur Inbetriebnahme und zur bestimmungsgemäßen Verwendung am öffentlichen Telekommunikationsnetz notwendig sind. Bei Telekommunikationseinrichtungen mit Anschlußpunkten für indirekt anzuschaltende Endeinrichtungen nach § 2 Nr. 2 Satz 4 sind darüber hinaus auch die dafür geltenden Bedingungen durch den Hersteller oder Lieferanten der direkt anzuschaltenden Telekommunikationseinrichtung aufzuführen. Bei Einhaltung dieser Bedingungen muß sichergestellt sein, daß auch am Netzabschlußpunkt des öffentlichen Telekommunikationsnetzes die grundlegenden Anforderungen des § 5 erfüllt werden.

(4) Der Hersteller oder Lieferant einer Satellitenfunkanlage muß in der Gebrauchsanweisung festlegen, ob die Anlage für den terrestrischen Anschluß an ein öffentliches Telekommunikationsnetz bestimmt ist.

§ 4
Inverkehrbringen und Inbetriebnahme

(1) Funkanlagen, die nicht für den Anschluß an ein öffentliches Telekommunikationsnetz bestimmt sind, und Telekommunikationseinrichtungen dürfen nur dann in Verkehr gebracht werden, wenn sie nach § 12 Abs. 1 Satz 1, Abs. 2 oder 4 administrativ zugelassen, mit den Angaben nach § 14 Abs. 7 versehen sind und

1. entsprechend § 14 Abs. 1 Satz 1 mit einem deutschen Zulassungszeichen nach Anlage 4 oder

2. entsprechend § 14 Abs. 1 Satz 2 mit der CE-Kennzeichnung nach Anlage 5

gekennzeichnet sind. Den Produkten nach Satz 1 ist eine Gebrauchsanweisung beizufügen, in denen der vorgesehene Verwendungszweck entsprechend § 3 Abs. 1 zweifelsfrei und allgemein verständlich beschrieben ist.

(2) Telekommunikationseinrichtungen dürfen nur dann an ein öffentliches Telekommunikationsnetz angeschaltet und in Betrieb genommen werden, wenn sie bei einwandfreier Installation und Wartung sowie bestimmungsgemäßer Benutzung entsprechend der Festlegung nach § 3 Abs. 3 die grundlegenden Anforderungen nach § 5 Abs. 1 erfüllen und nach § 12 administrativ zugelassen sind.

(3) Telekommunikationseinrichtungen, die mit dem nationalen Zulassungszeichen eines anderen Mitgliedstaats oder Vertragsstaats gekennzeichnet sind, dürfen in der Bundesrepublik Deutschland in Verkehr gebracht werden. Sie dürfen jedoch in der Bundesrepublik Deutschland an ein öffentliches Telekommunikationsnetz nicht angeschaltet und in Betrieb genommen werden, wenn die in § 12 Abs. 4 genannten Voraussetzungen nicht erfüllt sind.

(4) Einrichtungen nach § 1 Abs. 2 Nr. 1 dürfen nur dann in Verkehr gebracht werden, wenn die in § 15 Abs. 1 genannten Voraussetzungen erfüllt sind. Sie dürfen mittelbar über solche Telekommunikationseinrichtungen an ein öffentliches Telekommunikationsnetz angeschaltet werden, die mit einer CE-Kennzeichnung oder einem deutschen Zulassungszeichen gekennzeichnet sind und die über Anschlußpunkte für indirekt anzuschaltende Endeinrichtungen verfügen.

(5) Satellitenfunk-Empfangsanlagen, die nicht für den terrestrischen Anschluß an ein öffentliches Telekommunikationsnetz bestimmt sind und die das Verfahren der internen Fertigungskontrolle nach Anlage 1 durchlaufen haben, dürfen nur dann in Verkehr gebracht werden, wenn sie mit einer Kennzeichnung nach Anlage 8 versehen sind.

(6) Absatz 1 gilt nicht für Amateurfunkgeräte nach § 2 Nr. 5.

§ 5
Grundlegende Anforderungen

(1) Telekommunikationseinrichtungen nach § 2 Nr. 1 müssen den grundlegenden Anforderungen nach § 59 Abs. 2 und 3 des Telekommunikationsgesetzes entsprechen.

(2) Funkanlagen, die nicht für den Anschluß an ein öffentliches Telekommunikationsnetz bestimmt sind und die nicht von der Konformitätsbewertungspflicht nach § 7 Abs. 5 Nr. 1 befreit worden sind, sowie Satellitenfunkanlagen, die nicht für den Anschluß an ein öffentliches Telekommunikationsnetz bestimmt sind, müssen den

grundlegenden Anforderungen nach § 59 Abs. 2 Nr. 1, 2 und 5 des Telekommunikationsgesetzes entsprechen. Die Einhaltung der grundlegenden Anforderungen muß auch beim Betrieb dieser Funkanlagen sichergestellt sein.

(3) Die Regulierungsbehörde macht in ihrem Amtsblatt die technischen Vorschriften bekannt, die die grundlegenden Anforderungen nach den Absätzen 1 und 2 konkretisieren und die die Grundlage für eine Konformitätsbewertung nach § 7 sind. Falls die Bekanntmachung nur einen Hinweis auf eine bestimmte technische Vorschrift oder Norm enthält, ist die Bezugsquelle anzugeben.

(4) Für Funkanlagen, die nicht zur Anschaltung an ein öffentliches Telekommunikationsnetz bestimmt sind, und die nach § 7 Abs. 5 Nr. 1 von der Konformitätsbewertungspflicht freigestellt worden sind, veröffentlicht die Regulierungsbehörde Technische Empfehlungen. Die Technischen Empfehlungen enthalten Parameter, die die Funkverträglichkeit dieser Funkanlagen mit anderen Frequenznutzungen gewährleisten sollen. Die Einhaltung dieser Parameter ist nicht verbindlich und nicht Voraussetzung für das Inverkehrbringen dieser Funkanlagen. Wenn Funkanlagen diese Parameter einhalten, soll dies in den Gebrauchsanweisungen dokumentiert werden.

§ 6
Standortbescheinigung für Sendefunkanlagen

(1) Ortsfeste Sendefunkanlagen mit einer äquivalenten isotropen Strahlungsleistung (EIRP) von zehn oder mehr als zehn Watt müssen die grundlegenden Anforderungen zur Sicherheit von Personen und zur effizienten Nutzung des Frequenzspektrums nach § 59 Abs. 2 Nr. 1 und 5 des Telekommunikationsgesetzes, insbesondere soweit sie den Standort der Sendeanlage betreffen, einhalten. Satz 1 gilt auch für Funkamateure.

(2) Eine Sendefunkanlage nach Absatz 1 darf erst betrieben werden, wenn die Regulierungsbehörde die Einhaltung der Grenzwerte, die aus den Anforderungen nach Absatz 1 Satz 1 resultieren, bescheinigt hat (Standortbescheinigung). Die in der Standortbescheinigung genannten Grenzwerte sind während des Betriebs der Sendeanlage jederzeit einzuhalten.

(3) Die Regulierungsbehörde macht in ihrem Amtsblatt die technischen Vorschriften bekannt, die die Einhaltung der grundlegenden Anforderungen nach Absatz 1 durch die Vorgabe der Verfahren zur Ermittlung eines einzuhaltenden Abstandes mit dem Ziel sicherstellt, die Sicherheit von Personen vor schädigenden Wirkungen von elektromagnetischen Feldern zu gewährleisten und die Beeinflussung von Herzschrittmachern zu verhindern. Dabei ist die standortbezogene Vorbelastung durch andere Sendefunkanlagen zu berücksichtigen. Falls die Bekanntmachung nur einen Hinweis auf eine bestimmte technische Vorschrift enthält, ist die Bezugsquelle anzugeben.

(4) Die Standortbescheinigung erlischt, wenn die Sendefunkanlage geändert wird.

§ 7
Konformitätsbewertungsverfahren

(1) Funkanlagen, die nicht zur Anschaltung an ein öffentliches Telekommunikationsnetz bestimmt sind, und Telekommunikationseinrichtungen nach § 2 Nr. 1 müssen vorbehaltlich der Absätze 3 und 4 zum Nachweis, daß die grundlegenden Anforderungen nach § 5 eingehalten sind, vom Hersteller oder seinem im Gebiet der Europäischen Union oder des Abkommens über den Europäischen Wirtschaftsraum niedergelassenen Bevollmächtigten einem Konformitätsbewertungsverfahren nach Absatz 2 unterworfen werden. Als Hersteller im Sinne dieser Verordnung gilt auch, wer außerhalb des Gebiets der Europäischen Union oder des Abkommens über den Europäischen Wirtschaftsraum produzierte Funkanlagen, die nicht zur Anschaltung an ein öffentliches Telekommunikationsnetz bestimmt sind, und Telekommunikationseinrichtungen in Verkehr bringt. Satz 1 gilt nicht für Telekommunikationseinrichtungen, die vom Hersteller oder Lieferanten ausschließlich zur indirekten Anschaltung an ein öffentliches Telekommunikationsnetz vorgesehen sind, die dazu kein Verbindungssystem unter Verwendung des Funkfrequenzspektrums nutzen oder die in den Anwendungsbereich einer nach § 5 Abs. 3 bekanntgemachten gemeinsamen technischen Vorschrift der Europäischen Union oder einer harmonisierten europäischen Norm fallen.

(2) Folgende Verfahren stehen einem Antragsteller nach Absatz 1 zur Wahl:

1. die Baumusterprüfung nach § 8 oder
2. das umfassende Qualitätssicherungsverfahren nach § 11.

(3) Für Satellitenfunk-Empfangsanlagen, die für den terrestrischen Anschluß an ein öffentliches Telekommunikationsnetz bestimmt sind, gilt für die terrestrische Schnittstelle hinsichtlich der Konformitätsbewertung Absatz 2. Für andere Anlageteile kann das Verfahren der internen Fertigungskontrolle nach Anlage 1 angewendet werden. Für Satellitenfunk-Empfangsanlagen, die nicht für den terrestrischen Anschluß an ein öffentliches Telekommunikationsnetz bestimmt sind, gilt für die Konformitätsbewertung wahlweise Absatz 2 oder das Verfahren der internen Fertigungskontrolle nach Anlage 1.

(4) Für Funkanlagen, die nicht zum Anschluß an ein öffentliches Telekommunikationsnetz bestimmt sind, und für Telekommunikationseinrichtungen nach § 2 Nr. 1, die unter den Anwendungsbereich einer nach § 5 Abs. 3 bekanntgemachten technischen Vorschrift fallen, kann aus besonderem Anlaß, insbesondere für Messen oder Ausstellungen oder zu Erprobungszwecken, eine Baumusterprüfung nach Absatz 2 Nr. 1 durchgeführt werden. In diesen Fällen wird eine befristete Baumusterprüfbescheinigung für diese Einrichtungen erteilt. Sie kann mit einer Stückzahlbegrenzung und mit weiteren Auflagen versehen werden. § 9 Abs. 1 Satz 2 findet auf diese Einrichtungen keine Anwendung.

(5) Funkanlagen, die nicht zum Anschluß an ein öffentliches Telekommunikationsnetz bestimmt sind, kann die Regulierungsbehörde auch abweichend von Absatz 1

1. von der Konformitätsbewertungspflicht nach Absatz 1 freistellen oder
2. für sie das Verfahren der Konformitätsbewertung mit anschließender Konformitätserklärung durch den Hersteller nach Anlage 11 gestatten.

Die Freistellung nach Nummer 1 oder die Einführung des Verfahrens nach Nummer 2 wird im Amtsblatt der Regulierungsbehörde bekanntgegeben. Im Interesse der öffentlichen Sicherheit kann die Bekanntgabe nach Satz 2 in anderer geeigneter Weise erfolgen.

§ 8
Verfahren für die Baumusterprüfung

(1) Gegenstand der Baumusterprüfung ist die Feststellung einer benannten Stelle nach § 2 Nr. 13, daß ein für die beabsichtigte Produktion repräsentatives Baumuster die grundlegenden Anforderungen nach § 5 einhält. Die benannte Stelle bestätigt dies mit einer Baumusterprüfbescheinigung.

(2) Bei der Baumusterprüfung wird unterschieden zwischen

1. der deutschen Baumusterprüfung, soweit ein Produkt nur unter den Anwendungsbereich einer nach § 5 Abs. 3 bekanntgemachten deutschen technischen Vorschrift fällt, oder

2. der EG-Baumusterprüfung, soweit ein Produkt unter den Anwendungsbereich einer nach § 5 Abs. 3 bekanntgemachten gemeinsamen technischen Vorschrift der Europäischen Union im Sinne des Artikels 6 Abs. 2 der Richtlinie 91/263/EWG des Rates vom 29. April 1991 zur Angleichung der Rechtsvorschriften der Mitgliedstaaten über Telekommunikationsendeinrichtungen einschließlich der gegenseitigen Anerkennung ihrer Konformität (ABl. EG Nr. L 128 S. 1) fällt.

(3) Anträge auf Baumusterprüfung können vom Hersteller oder seinem im Gebiet der Europäischen Union oder des Abkommens über den Europäischen Wirtschaftsraum niedergelassenen Bevollmächtigten bei einer benannten Stelle eines Mitgliedstaats oder Vertragsstaats gestellt werden. Anträge auf eine deutsche Baumusterprüfung müssen bei einer deutschen benannten Stelle gestellt werden.

(4) Bei Anträgen für eine Baumusterprüfung durch eine benannte Stelle gilt folgendes:

1. Der Antrag muß bei der benannten Stelle schriftlich gestellt werden und folgende Angaben enthalten:

   a) Name und Anschrift des Antragstellers,

   b) Bezeichnung des Produkts mit Beschreibung des Verwendungszwecks und der Wirkungsweise zusammen mit einer entsprechenden technischen Dokumentation. Die technische Dokumentation muß bei Telekommunikationseinrichtungen die Benutzerinformationen enthalten, die für den Anschluß an ein öffentliches Telekommunikationsnetz und für den Betrieb erforderlich sind,

   c) einen Prüfbericht eines auf Grund des § 62 des Telekommunikationsgesetzes akkreditierten Testlabors oder eines Testlabors aus der in Artikel 10 Abs. 3 der Richtlinie 91/263/EWG im Amtsblatt der EG veröffentlichten Liste der Testlabors oder die Angabe, daß ein solcher Prüfbericht nachgereicht wird. Die benannte Stelle kann auch mit der Durchführung der technischen Prüfung beauftragt werden. In diesem Falle kann sie ein akkreditiertes Testlabor mit der Durchführung der technischen Prüfung beauftragen,

   d) eine Erklärung, daß ein gleichlautender Antrag bei keiner anderen benannten Stelle eingereicht wurde,

   e) eine Erklärung des Antragstellers gegenüber der benannten Stelle, daß die Einrichtung die grundlegenden Anforderungen nach § 59 Abs. 2 Nr. 1 bis 2 des Telekommunikationsgesetzes und die Schutzanforderungen des Gesetzes über die elektromagnetische Verträglichkeit von Geräten in der Fassung der Bekanntmachung vom 30. August 1995 (BGBl. I S. 1118) einhält.

2. Die benannte Stelle fordert fehlende Unterlagen unter Setzung einer Frist und mit dem Hinweis, daß der Antrag nach Ablauf der Frist zurückgewiesen wird, beim Antragsteller an. Über die Anträge wird grundsätzlich in der Reihenfolge des Vorliegens der vollständigen Antragsunterlagen entschieden. Über Anträge nach § 7 Abs. 4 ist vorrangig zu entscheiden. Die benannte Stelle muß innerhalb von vier Wochen nach Vorliegen der vollständigen Antragsunterlagen über den Antrag entscheiden.

3. In Ausnahmefällen, die gegenüber der Regulierungsbehörde begründet werden müssen, kann die benannte Stelle auch technische Prüfungen von nicht auf Grund des § 62 des Telekommunikationsgesetzes akkreditierten Testlabors ganz oder teilweise anerkennen. Ausnahmefälle sind insbesondere nicht abgeschlossene Akkreditierungsverfahren von Testlaboren, die einen erfolgreichen Abschluß erwarten lassen oder Erweiterungen des Prüfbereichs von bereits akkreditierten Testlaboren, die einen erfolgreichen Abschluß erwarten lassen.

4. Entspricht das Baumuster den Anforderungen der technischen Vorschriften im Sinne des § 5 Abs. 3, so stellt die benannte Stelle dem Antragsteller eine Baumusterprüfbescheinigung aus. Die Bescheinigung enthält Namen und Anschrift des Antragstellers und, sofern dieser nicht gleichzeitig der Hersteller ist, auch dessen Namen und Anschrift, die Ergebnisse der Prüfung, eventuelle Auflagen, die für die Identifizierung des Baumusters erforderlichen Angaben und eine Liste der wesentlichen Teile der technischen Dokumentation.

5. Der Antragsteller ist verpflichtet, die benannte Stelle über alle Änderungen an dem Produkt zu unterrichten, soweit diese Änderungen die Konformität mit den grundlegenden Anforderungen oder den Auflagen für die Benutzung des Produkts beeinflussen können. Erforderlichenfalls erteilt die benannte Stelle eine neue Baumusterprüfbescheinigung. Nummer 4 gilt entsprechend.

(5) Der Antragsteller hat zusammen mit der technischen Dokumentation die Baumusterprüfbescheinigung und ihre Ergänzungen mindestens zehn Jahre nach Herstellung des letzten Produkts aufzubewahren.

(6) Die benannte Stelle übermittelt allen benannten Stellen im Gebiet der Europäischen Union und des Abkommens über den Europäischen Wirtschaftsraum die wesentlichen Angaben über ausgestellte oder widerrufene EG-Baumusterprüfbescheinigungen und deren Ergänzungen.

§ 9
Produktkontrolle

(1) Der Hersteller trifft bei Anwendung des Verfahrens nach § 7 Abs. 2 Nr. 1 alle erforderlichen Maßnahmen, damit im Fertigungsprozeß die Übereinstimmung der hergestellten Produkte mit dem in der Baumusterprüf-

bescheinigung beschriebenen Baumuster und mit den dafür geltenden technischen Vorschriften gewährleistet ist. Er kann dafür

1. einen Vertrag über die Produktkontrolle nach Absatz 2 abschließen oder
2. ein Qualitätssicherungssystem nach § 10 unterhalten.

(2) Der Vertrag über die Produktkontrolle nach Absatz 1 Nr. 1 ist vom Hersteller mit einem akkreditierten Testlabor abzuschließen und der benannten Stelle vorzulegen, bei der der Antrag auf Erteilung einer Baumusterprüfbescheinigung gestellt worden ist. Auf Grund des Vertrags nach Absatz 1 Nr. 1 führt das vom Hersteller beauftragte akkreditierte Testlabor in unregelmäßigen Abständen Produktkontrollen durch und erstellt darüber einen Prüfbericht. Dieser Prüfbericht ist vom Hersteller zur Wahrnehmung der Überwachungsaufgaben unaufgefordert der benannten Stelle zuzuleiten, die die Baumusterprüfbescheinigung ausgestellt hat. Wird durch die benannte Stelle festgestellt, daß eines oder mehrere Produkte dem Baumuster nicht entsprechen, so hat die benannte Stelle den Hersteller aufzufordern, das Produkt wieder in Übereinstimmung mit den maßgebenden Anforderungen der technischen Vorschriften zu bringen und ihm hierzu eine angemessene Frist zu setzen. Kommt der Hersteller der Aufforderung nicht innerhalb der gesetzten Frist nach und erfüllt somit die Voraussetzungen nach baumustergetreue Fertigung nicht, kann die benannte Stelle die administrative Zulassung nach § 12 Abs. 1 Nr. 1 widerrufen.

(3) Der Hersteller darf nur dann eine Erklärung über die Konformität des Produkts mit dem Baumuster ausstellen, wenn die Voraussetzungen nach Absatz 1 Satz 2 Nr. 1 oder 2 erfüllt sind. Diese Erklärung hat nach dem Muster der Anlage 2 zu erfolgen.

(4) Der Antragsteller hat eine Kopie der Konformitätserklärung mindestens zehn Jahre lang nach Herstellung des letzten Produkts aufzubewahren.

§ 10
Verfahren für die
Zulassung und Überwachung von
Qualitätssicherungssystemen Produktion

(1) Im Falle des § 9 Abs. 1 Nr. 2 hat der Hersteller oder sein im Gebiet der Europäischen Union oder des Abkommens über den Europäischen Wirtschaftsraum niedergelassener Bevollmächtigter die Zulassung seines Qualitätssicherungssystems Produktion für eine deutsche Baumusterprüfung bei einer deutschen benannten Stelle, für eine EG-Baumusterprüfung bei einer benannten Stelle seiner Wahl eines Mitgliedstaats oder Vertragsstaats schriftlich zu beantragen.

(2) Wird das Verfahren bei einer deutschen benannten Stelle durchgeführt, gilt folgendes:

1. Der Antrag muß enthalten:

   a) Namen und Anschrift des Antragstellers,

   b) alle erforderlichen Angaben über die vorgesehene Produktkategorie,

   c) die Prüfbescheinigung einer auf Grund des § 62 des Telekommunikationsgesetzes akkreditierten Prüfstelle für Qualitätssicherungssysteme,

   d) die Kopie eines Vertrags mit der akkreditierten Prüfstelle über die Überwachung des Qualitätssicherungssystems,

   e) falls erforderlich die technische Dokumentation über das geprüfte Baumuster und eine Kopie der Baumusterprüfbescheinigung. Wenn sich der Antrag auf ein geändertes Produkt bezieht, ist die ergänzende technische Dokumentation und die Baumusterprüfbescheinigung beizufügen.

2. Die benannte Stelle fordert fehlende Unterlagen unter Setzung einer Frist und mit dem Hinweis, daß der Antrag nach Ablauf der Frist zurückgewiesen wird, beim Antragsteller an. Über die Anträge wird grundsätzlich in der Reihenfolge des Vorliegens der vollständigen Antragsunterlagen entschieden. Die benannte Stelle muß innerhalb von vier Wochen nach Vorliegen der vollständigen Antragsunterlagen über den Antrag entscheiden.

3. Die benannte Stelle kann bei begründeten Zweifeln am Inhalt der Prüfbescheinigung nach Nummer 1 Buchstabe c vor der Entscheidung über die Zulassung des Qualitätssicherungssystems einen Inspektionsbesuch beim Hersteller durchführen.

4. Sofern alle an das Qualitätssicherungssystem zu stellenden Anforderungen erfüllt sind, erteilt die benannte Stelle einen schriftlichen Zulassungsbescheid.

(3) Durch die Vorlage einer Kopie des Vertrags zur Überwachung des Qualitätssicherungssystems nach Absatz 2 Nr. 1 Buchstabe d soll der benannten Stelle die Möglichkeit der Mitwirkung an den Überwachungsmaßnahmen gegeben werden. Insbesondere ist der benannten Stelle vom Zulassungsinhaber der geplante Überwachungstermin rechtzeitig, mindestens sechs Wochen vor dem vorgesehenen Termin mitzuteilen. Der Überwachungsbericht ist der benannten Stelle unaufgefordert zuzuleiten.

(4) Die benannte Stelle übermittelt den anderen benannten Stellen im Gebiet der Europäischen Union und des Abkommens über den Europäischen Wirtschaftsraum die wesentlichen Angaben über die ausgestellten oder zurückgezogenen Zulassungen für Qualitätssicherungssysteme unter Angabe der betreffenden Produktkategorien, soweit gemeinsame technische Vorschriften für Telekommunikationseinrichtungen betroffen sind, die nach § 5 Abs. 3 bekanntgemacht worden sind.

§ 11
Verfahren für die
Zulassung und Überwachung von
umfassenden Qualitätssicherungssystemen

(1) Im Falle des § 7 Abs. 2 Nr. 2 ist Voraussetzung für die Anwendung eines umfassenden Qualitätssicherungsverfahrens, daß der Hersteller alle erforderlichen Maßnahmen trifft, damit die betreffenden Produkte die für sie geltenden technischen Vorschriften erfüllen.

(2) Der Hersteller oder sein im Gebiet der Europäischen Union oder des Abkommens über den Europäischen Wirtschaftsraum niedergelassener Bevollmächtigter hat dazu schriftlich bei einer deutschen benannten Stelle oder einer benannten Stelle seiner Wahl eines Mitgliedstaats oder Vertragsstaats die Zulassung seines umfassenden Qualitätssicherungssystems zu beantragen. Soweit Produkte

in Verkehr gebracht werden sollen, die deutschen technischen Vorschriften unterliegen und in Deutschland an ein öffentliches Telekommunikationsnetz angeschaltet werden sollen, muß der Antrag auf Zulassung des umfassenden Qualitätssicherungssystems bei einer deutschen benannten Stelle gestellt werden.

(3) Wird das Verfahren bei einer deutschen benannten Stelle durchgeführt, gilt folgendes:

1. Der Antrag muß enthalten:

    a) Namen und Anschrift des Antragstellers,

    b) alle wesentlichen Angaben über die vorgesehenen Produktkategorien,

    c) die Prüfbescheinigung einer auf Grund des § 62 des Telekommunikationsgesetzes akkreditierten Prüfstelle für Qualitätssicherungssysteme,

    d) die Kopie eines Vertrags mit der akkreditierten Prüfstelle über die Überwachung des Qualitätssicherungssystems.

2. § 10 Abs. 2 Nr. 2 bis 4 sowie Abs. 3 und 4 gilt entsprechend.

§ 12
Administrative Zulassung

(1) Die administrative Zulassung für das Inverkehrbringen, den Anschluß und den Betrieb von Telekommunikationseinrichtungen nach § 2 Nr. 1 an öffentlichen Telekommunikationsnetzen gilt als erteilt

1. durch die Ausstellung einer Baumusterprüfbescheinigung nach § 8 Abs. 4 Nr. 4, die durch eine Erklärung des Herstellers über die Konformität mit dem Baumuster mit dem Inhalt nach Anlage 2 zu ergänzen ist, oder

2. durch die Ausstellung einer Konformitätserklärung mit dem Inhalt nach Anlage 3.

Der Hersteller darf nur dann eine Konformitätserklärung mit dem Inhalt nach Anlage 2 ausstellen, wenn er ein zugelassenes umfassendes Qualitätssicherungssystem nach § 11 Abs. 1 und 2 unterhält. Die Erklärung nach Anlage 2 oder 3 ist vom Hersteller der benannten Stelle, die die Baumusterprüfbescheinigung erteilt hat oder das umfassende Qualitätssicherungssystem zugelassen hat, sowie der benannten Stelle des Mitgliedstaats oder Vertragsstaats, in den das Inverkehrbringen erfolgt, vor dem Inverkehrbringen zu übersenden.

(2) Für die administrative Zulassung zum Inverkehrbringen von Funkanlagen, die nicht zur Anschaltung an ein öffentliches Telekommunikationsnetz bestimmt sind, gilt Absatz 1 entsprechend.

(3) Der Baumusterprüfbescheinigung einer deutschen benannten Stelle nach § 8 Abs. 4 Nr. 4 steht eine entsprechende Baumusterprüfbescheinigung einer benannten Stelle eines anderen Mitgliedstaats oder Vertragsstaats gleich, soweit Produkte betroffen sind, die unter den Anwendungsbereich einer nach § 5 Abs. 3 bekanntgemachten gemeinsamen technischen Vorschrift der Europäischen Union oder einer harmonisierten europäischen Norm fallen.

(4) Nationale administrative Zulassungen anderer Länder von Funkanlagen, die nicht für den Anschluß an ein öffentliches Telekommunikationsnetz bestimmt sind, und von Telekommunikationseinrichtungen werden für die Bundesrepublik Deutschland durch die Regulierungsbehörde anerkannt, sofern die grundlegenden Anforderungen nach § 5 erfüllt sind. Die Anerkennung nach Satz 1 sowie die anstelle des deutschen Zulassungszeichens verwendete Kennzeichnung werden im Amtsblatt der Regulierungsbehörde bekanntgemacht.

§ 13
Rücknahme oder Widerruf der Zulassung

(1) Wird eine im Verfahren nach § 8 erteilte Baumusterprüfbescheinigung zurückgenommen oder widerrufen, so gilt auch die administrative Zulassung nach § 12 Abs. 1 bis 3 als zurückgenommen oder widerrufen.

(2) Die Zulassung eines Qualitätssicherungssystems nach § 10 oder § 11 kann durch die in die Überwachung des Systems einbezogene benannte Stelle widerrufen werden, wenn im Rahmen von Überwachungsmaßnahmen festgestellt wird, daß die Anforderungen an das Qualitätssicherungssystem nicht mehr erfüllt sind und somit die Voraussetzungen für eine Zulassung nicht mehr bestehen.

(3) Die Rücknahme oder der Widerruf einer Baumusterprüfbescheinigung nach Absatz 1 sowie der Widerruf der Zulassung eines Qualitätssicherungssystems nach Absatz 2 sind von der benannten Stelle der Regulierungsbehörde unverzüglich mitzuteilen. Die Rücknahme oder der Widerruf werden im Amtsblatt der Regulierungsbehörde bekanntgemacht.

(4) Erfolgt der Widerruf einer EG-Baumusterprüfbescheinigung oder der Zulassung eines Qualitätssicherungssystems für Produktkategorien, die unter den Anwendungsbereich einer nach § 5 Abs. 3 bekanntgemachten gemeinsamen technischen Vorschrift der Europäischen Union oder einer harmonisierten europäischen Norm fallen, hat die benannte Stelle neben der Regulierungsbehörde auch die Kommission der Europäischen Gemeinschaft sowie die benannten Stellen der anderen Mitgliedstaaten und Vertragsstaaten unverzüglich über den Widerruf zu informieren.

§ 14
Kennzeichnung

(1) Funkanlagen, die nicht für den Anschluß an ein öffentliches Telekommunikationsnetz bestimmt sind, und Telekommunikationseinrichtungen, die einem Konformitätsbewertungsverfahren nach § 7 Abs. 2 unterliegen, sind vom Hersteller vor dem Inverkehrbringen mit dem deutschen Zulassungszeichen nach Absatz 2 zu kennzeichnen, falls die Konformitätsbewertung auf der Grundlage deutscher technischer Vorschriften durchgeführt wurde. Sofern die Konformitätsbewertung auf der Grundlage einer nach § 5 Abs. 3 bekanntgemachten gemeinsamen technischen Vorschrift der Europäischen Union erfolgte, sind Endeinrichtungen und Satellitenfunkanlagen, die für den terrestrischen Anschluß an öffentliche Telekommunikationsnetze geeignet und vorgesehen sind, vom Hersteller vor dem Inverkehrbringen mit der CE-Kennzeichnung nach Absatz 3 zu kennzeichnen. Eine Kennzeichnung sowohl mit dem deutschen Zulassungszeichen als auch mit der CE-Kennzeichnung ist zulässig, wenn die Konformitätsbewertung auf Grund des erklärten Verwendungszwecks auf der Grundlage deutscher technischer Vorschriften und auf der Grundlage nach § 5 Abs. 3

bekanntgemachter gemeinsamer technischer Vorschriften der Europäischen Union erfolgte. Die Kennzeichnung darf erst erfolgen, wenn die Voraussetzungen nach § 12 Abs. 1 oder 2 erfüllt sind.

(2) Das deutsche Zulassungszeichen richtet sich nach dem Muster der Anlage 4.

(3) Die CE-Kennzeichnung von Telekommunikationseinrichtungen richtet sich nach dem Muster der Anlage 5. Dabei ist die Kennummer der benannten Stelle anzugeben, die die für die administrative Zulassung nach § 12 Abs. 1 und 2 maßgebliche Baumusterprüfbescheinigung entsprechend § 8 Abs. 4 Nr. 4 ausgestellt oder die die Qualitätssicherungssysteme nach § 10 oder § 11 zugelassen hat.

(4) Telekommunikationseinrichtungen, die ausschließlich zur indirekten Anschaltung an ein öffentliches Telekommunikationsnetz vorgesehen sind und die nach § 7 Abs. 1 Satz 3 von der Konformitätsbewertung ausgenommen sind, dürfen nicht nach Anlage 4 oder 5 gekennzeichnet werden.

(5) Bei Funkanlagen, die nicht für die Anschaltung an ein öffentliches Telekommunikationsnetz bestimmt sind, wird mit dem deutschen Zulassungszeichen nach Anlage 4 bestätigt, daß sie den grundlegenden Anforderungen nach § 5 Abs. 2 entsprechen, in der Bundesrepublik Deutschland in Verkehr gebracht und nach Maßgabe der Verordnung nach § 47 Abs. 4 des Telekommunikationsgesetzes (Frequenzzuteilungsverordnung) und unter Beachtung des § 6 Abs. 2 dieser Verordnung betrieben werden dürfen.

(6) Das Anbringen von Zeichen, die mit den in den Anlagen 4 oder 5 abgebildeten Zeichen hinsichtlich Aussage und Bedeutung verwechselt werden können, ist auf Funkanlagen, die nicht zur Anschaltung an ein öffentliches Telekommunikationsnetz bestimmt sind, und auf Telekommunikationseinrichtungen verboten. Jedes andere Zeichen darf auf diesen Produkten angebracht werden, wenn es die Sichtbarkeit und Lesbarkeit der Kennzeichnung nicht beeinträchtigt.

(7) Funkanlagen, die nicht zur Anschaltung an ein öffentliches Telekommunikationsnetz bestimmt sind, und Telekommunikationseinrichtungen sind durch den Hersteller vor dem Inverkehrbringen mit Bauartnummern, Losnummern oder Seriennummern sowie dem Namen desjenigen, der für das Inverkehrbringen verantwortlich ist, zu kennzeichnen.

(8) Wenn auf Funkanlagen, die nicht zur Anschaltung an ein öffentliches Telekommunikationsnetz bestimmt sind, und auf Telekommunikationseinrichtungen die Kennzeichnung wegen zu geringer Größe der Produkte nicht möglich ist, darf mit Zustimmung der benannten Stelle die Kennzeichnung auf der Verpackung, der Gebrauchsanweisung oder dem Garantieschein angebracht werden.

(9) Sind Telekommunikationseinrichtungen mit der CE-Kennzeichnung nach Absatz 3 gekennzeichnet worden, wird durch diese CE-Kennzeichnung auch bestätigt, daß die Telekommunikationseinrichtung zusätzlich den Bestimmungen anderer einschlägiger Rechtsvorschriften entspricht, die die CE-Kennzeichnung vorschreiben. Steht jedoch nach diesen Rechtsvorschriften dem Hersteller während einer Übergangszeit die Wahl der anzuwendenden Regelung frei, bestätigt in diesem Falle die CE-Kennzeichnung lediglich, daß die Telekommunikationseinrichtung den vom Hersteller angewandten Rechtsvorschriften entspricht. In diesen Fällen sind in der der Telekommunikationseinrichtung beigefügten Unterlagen, Hinweisen oder Anleitungen diese Rechtsvorschriften aufzuführen.

(10) Funkanlagen, die entsprechend § 7 Abs. 5 Nr. 1 von der Konformitätsbewertungspflicht freigestellt worden sind, und Funkanlagen, die entsprechend § 7 Abs. 5 Nr. 2 dem Verfahren der Konformitätsbewertung mit anschließender Konformitätserklärung durch den Hersteller unterzogen worden sind, dürfen nicht mit einem Zulassungszeichen nach Anlage 4 gekennzeichnet werden.

§ 15

Einrichtungen im Sinne des § 1 Abs. 2 Nr. 1

(1) Einrichtungen im Sinne des § 1 Abs. 2 Nr. 1 müssen vom Hersteller vor dem Inverkehrbringen mit einer Kennzeichnung nach Anlage 6 versehen werden. Den Einrichtungen ist eine Erklärung des Herstellers nach Anlage 7 und eine Gebrauchsanweisung beizufügen. Eine Ausfertigung dieser Unterlagen ist einer benannten Stelle des Mitgliedstaats der Europäischen Union oder eines Vertragsstaats des Abkommens über den Europäischen Wirtschaftsraum, in dem das erstmalige Inverkehrbringen erfolgt, vor dem Inverkehrbringen zuzuleiten.

(2) Der Hersteller oder Lieferant hat auf Verlangen den benannten Stelle den Bestimmungszweck solcher Einrichtungen auf der Grundlage ihrer sachdienlichen technischen Merkmale und Funktion sowie durch Angaben über den vorgesehenen Marktbereich zu begründen.

(3) § 14 Abs. 7 bis 9 gilt entsprechend.

§ 16

Kontrolle der Kennzeichnung

(1) Zuständige Behörde für die Kontrolle der Kennzeichnung nach den §§ 14 und 15 ist die Regulierungsbehörde.

(2) Besteht der begründete Verdacht, daß die in dieser Verordnung bestimmten Voraussetzungen für die Kennzeichnung der in § 14 genannten Funkanlagen und Telekommunikationseinrichtung oder der in § 15 genannten Einrichtungen nicht eingehalten werden, sind die dazu ermächtigten Bediensteten der Regulierungsbehörde befugt, die in § 59 Abs. 8 des Telekommunikationsgesetzes vorgesehenen Besichtigungen und Prüfungen vorzunehmen. Der Eigentümer und sonstige Berechtigte der Geschäftsgrundstücke und Geschäfts- und Betriebsräume haben diese Besichtigungen und Prüfungen zu den üblichen Geschäftszeiten zu dulden sowie den Bediensteten der Regulierungsbehörde die erforderlichen Auskünfte auf Verlangen zu erteilen. Die nach Satz 2 Verpflichteten können die Auskunft auf solche Fragen verweigern, deren Beantwortung sie selbst oder einen der in § 383 Abs. 1 Nr. 1 bis 3 der Zivilprozeßordnung bezeichneten Angehörigen der Gefahr strafrechtlicher Verfolgung oder eines Verfahrens nach dem Gesetz über Ordnungswidrigkeiten aussetzen würde.

(3) Der Besichtigung und Prüfung unterliegen neben Ausstellungsstücken auch verpackte Funkanlagen, die nicht zur Anschaltung an ein öffentliches Telekommunikationsnetz bestimmt sind, Telekommunikationseinrichtungen und Einrichtungen nach § 1 Abs. 2 Nr. 1. Die Besichtigung und Prüfung erstreckt sich insbesondere auf

das berechtigte Vorhandensein der vorgeschriebenen Kennzeichnung.

Beim Vorliegen eines begründeten Verdachts, daß die grundlegenden Anforderungen entsprechend § 5 nicht eingehalten werden, kann die Regulierungsbehörde die in Satz 1 genannten Produkte vorübergehend zur kurzfristigen Nachprüfung der technischen Parameter unentgeltlich entnehmen, sofern eine Nachprüfung vor Ort nicht angemessen durchführbar ist.

(4) Bei der Durchführung einer Nachprüfung von Produkten, die nach Absatz 3 entnommen worden sind, hat die Regulierungsbehörde sicherzustellen, daß das mit der Prüfung beauftragte Testlabor nicht ganz oder teilweise an der Erstprüfung im Rahmen der Erteilung der Baumusterprüfbescheinigung beteiligt war, sofern das Verfahren der Baumusterprüfung nach § 8 angewendet wurde.

(5) Tragen die in Absatz 3 Satz 1 genannten Produkte keine Kennzeichnung oder sind sie unberechtigterweise gekennzeichnet, so ist die Regulierungsbehörde befugt, das Inverkehrbringen oder den freien Warenverkehr dieser Erzeugnisse vorläufig zu untersagen und eine angemessene Frist zur Abhilfe einzuräumen. Verstreicht die Frist ergebnislos, so ist das Inverkehrbringen und der freie Warenverkehr dieser Erzeugnisse endgültig zu untersagen. Die unberechtigten Kennzeichnungen auf diesen Erzeugnissen werden auf Kosten des Herstellers oder seines Bevollmächtigten beseitigt. Sofern die Maßnahmen mündlich angeordnet worden sind, sind sie unverzüglich schriftlich zu bestätigen.

(6) Die Befugnisse der Regulierungsbehörde nach Absatz 5 gelten auch für Funkanlagen, die nicht zum Anschluß an ein öffentliches Telekommunikationsnetz bestimmt sind und die nach § 7 Abs. 5 von der Konformitätsbewertungspflicht freigestellt worden sind, sofern die Anforderungen nach § 3 Abs. 1 nicht erfüllt werden.

§ 17
Widerspruchsverfahren

Gegen Entscheidungen beliehener Stellen findet ein Vorverfahren statt. Wird dem Widerspruch nicht oder nicht in vollem Umfang abgeholfen, so erläßt die Regulierungsbehörde einen Widerspruchsbescheid.

§ 18
Gebühren

(1) Die benannten Stellen erheben für ihre Amtshandlungen Gebühren nach Anlage 9 und Auslagen nach Maßgabe des § 10 des Verwaltungskostengesetzes.

(2) Für die Ausstellung der Bescheinigung nach § 6 Abs. 2, für die Kontrolle der Kennzeichnung nach § 16, für die Bearbeitung von Widersprüchen gegen Entscheidungen beliehener Stellen sowie von Widersprüchen nach § 19 Abs. 2 erhebt die Regulierungsbehörde Gebühren nach Anlage 10 und Auslagen nach Maßgabe des § 10 des Verwaltungskostengesetzes.

§ 19
Maßnahmen bei nicht zweckgerechter Benutzung von Telekommunikationseinrichtungen oder von Einrichtungen nach § 1 Abs. 2 Nr. 1

(1) In den Fällen des § 59 Abs. 6 des Telekommunikationsgesetzes darf die Abschaltung unverzüglich erfolgen, wenn die Telekommunikationseinrichtung oder Einrichtung nach § 1 Abs. 2 Nr. 1 nach Beurteilung des Betreibers des öffentlichen Telekommunikationsnetzes die Sicherheit von Personen, den störungsfreien Betrieb seines Netzes oder den öffentlichen Telekommunikationsverkehr gefährdet. Ist dies nicht der Fall, darf die Abschaltung erst vorgenommen werden, nachdem der Kunde eine schriftliche Aufforderung des Betreibers des öffentlichen Telekommunikationsnetzes, die Telekommunikationseinrichtung oder Einrichtung nach § 1 Abs. 2 Nr. 1 unverzüglich vom Netz zu trennen, nicht befolgt hat.

(2) Widerspricht der Kunde der Abschaltung, entscheidet die Regulierungsbehörde nach Eingang des Antrags des Betreibers auf Zustimmung nach § 59 Abs. 6 Satz 2 des Telekommunikationsgesetzes über die Zulässigkeit der Abschaltung innerhalb von fünf Werktagen. Die Gebühr für die Bearbeitung des Widerspruchs trägt der im Verfahren Unterlegene.

§ 20
Ordnungswidrigkeiten

Ordnungswidrig im Sinne des § 96 Abs. 1 Nr. 9 des Telekommunikationsgesetzes handelt, wer vorsätzlich oder fahrlässig

1. entgegen § 4 Abs. 1 Satz 1, Abs. 4 Satz 1 oder Abs. 5 eine Funkanlage, eine Telekommunikationseinrichtung, eine Einrichtung nach § 1 Abs. 2 Nr. 1 oder eine Satellitenfunk-Empfangsanlage in Verkehr bringt,

2. entgegen § 4 Abs. 2 oder 3 Satz 2 eine Telekommunikationseinrichtung anschaltet oder in Betrieb nimmt,

3. entgegen § 6 Abs. 2 Satz 1 eine Sendefunkanlage betreibt,

4. entgegen § 9 Abs. 3 Satz 1 oder § 12 Abs. 1 Satz 2, auch in Verbindung mit Abs. 2, eine Konformitätserklärung ausstellt,

5. entgegen § 12 Abs. 1 Satz 3, auch in Verbindung mit Abs. 2, eine Erklärung nicht oder nicht rechtzeitig übersendet,

6. entgegen § 14 Abs. 6 Satz 1 ein Zeichen anbringt,

7. entgegen § 16 Abs. 2 Satz 2 eine Besichtigung oder Prüfung nicht duldet oder eine Auskunft nicht, nicht richtig, nicht vollständig oder nicht rechtzeitig erteilt oder

8. einer vollziehbaren Anordnung nach § 16 Abs. 5 Satz 1 oder 2 zuwiderhandelt.

§ 21
Übergangsvorschriften

(1) Anträge auf Erteilung einer Baumusterprüfbescheinigung, die bis zum Zeitpunkt des Inkrafttretens dieser Verordnung bereits beim Bundesamt für Post und Telekommunikation eingegangen sind, werden auf Antrag nach den Bestimmungen der Telekommunikationszulassungsverordnung 1995 vom 13. Dezember 1995 (BGBl. I S. 1671) entschieden.

(2) Zulassungen und Baumusterprüfbescheinigungen, die vor Inkrafttreten dieser Verordnung erteilt worden sind, bleiben gültig.

(3) Befristungen von Allgemein- und Einzelzulassungen, Baumusterprüfbescheinigungen sowie Erprobungs-

zulassungen für Funkanlagen, die nicht für den Anschluß an ein öffentliches Telekommunikationsnetz bestimmt sind, und für Telekommunikationseinrichtungen, die vor dem Inkrafttreten dieser Verordnung ausgesprochen worden sind, bleiben gültig.

(4) Einrichtungen im Sinne des § 1 Abs. 2 Nr. 1, die vor dem 20. Dezember 1995 in Verkehr gebracht worden sind, dürfen weiter in Verkehr bleiben, ohne entsprechend § 15 Abs. 1 gekennzeichnet zu sein.

(5) Eine nach dem Standortverfahren entsprechend den Verfügungen des Bundesministeriums für Post und Telekommunikation Nr. 95/1992, veröffentlicht im Amtsblatt des Bundesministeriums für Post und Telekommunikation Nr. 12 vom 1. Juli 1992, Seite 275, und Nr. 77/1994, veröffentlicht im Amtsblatt des Bundesministeriums für Post und Telekommunikation Nr. 6 vom 23. April 1994, Seite 260, erteilte Standortbescheinigung ist der in § 6 Abs. 2 genannten Bescheinigung gleichwertig und bleibt gültig, solange sich die ihrer Erteilung zugrundeliegenden Standortdaten oder die technischen Daten der Sendefunkanlage nicht ändern.

§ 22
Inkrafttreten

Diese Verordnung tritt am 1. September 1997 in Kraft. Gleichzeitig tritt die Telekommunikationszulassungsverordnung 1995 vom 13. Dezember 1995 (BGBl. I S. 1671, 1996 I S. 451) außer Kraft.

Bonn, den 20. August 1997

Der Bundesminister
für Post und Telekommunikation
Wolfgang Bötsch

Anlage 1
(zu § 7 Abs. 3)

Interne Fertigungskontrolle für Satellitenfunk-Empfangsanlagen

1. Der Hersteller oder sein in der Gemeinschaft niedergelassener Bevollmächtigter stellt sicher und erklärt, daß die betreffenden Produkte die für sie geltenden technischen Anforderungen erfüllen.

2. Der Hersteller erstellt die unter Nummer 3 beschriebenen technischen Unterlagen. Er oder sein in der Gemeinschaft niedergelassener Bevollmächtigter halten sie mindestens zehn Jahre nach der Herstellung des letzten Produkts zur Einsichtnahme durch die nationalen Behörden bereit. Sind weder der Hersteller noch sein Bevollmächtigter in der Gemeinschaft niedergelassen, so fällt diese Verpflichtung zur Bereithaltung der technischen Unterlagen der Person zu, die für das Inverkehrbringen des Produkts auf dem Gemeinschaftsmarkt verantwortlich ist.

3. Die technischen Unterlagen müssen eine Bewertung der Übereinstimmung der Produkte mit den für sie geltenden technischen Anforderungen ermöglichen. Soweit dies für die Bewertung erforderlich ist, müssen die Unterlagen folgendes enthalten:

    a) eine allgemeine Beschreibung des Produkts;

    b) Entwürfe, Fertigungszeichnungen und -pläne von Bauteilen, Montage-Untergruppen, Schaltkreisen;

    c) Beschreibungen und Erläuterungen, die zum Verständnis der genannten Zeichnungen und Pläne sowie der Funktionsweise des Produkts erforderlich sind;

    d) eine Liste der in vollem Umfang oder teilweise im Rahmen ihrer Relevanz angewendeten Normen oder, sofern es keine derartigen Normen gibt, die Konstruktionsunterlagen sowie eine Beschreibung der Lösungen, die zur Erfüllung der für das Produkt geltenden grundlegenden Anforderungen nach § 5 gewählt wurden;

    e) die Ergebnisse der Konstruktionsberechnungen, Prüfungen;

    f) Prüfberichte des Produkts.

4. Der Hersteller trifft alle erforderlichen Maßnahmen, damit das Fertigungsverfahren die Übereinstimmung der Produkte mit den in Nummer 2 genannten technischen Unterlagen und mit den für sie geltenden technischen Anforderungen gewährleistet.

5. Der Hersteller oder sein Bevollmächtigter bewahrt zusammen mit den technischen Unterlagen eine Kopie der Konformitätserklärung auf.

Anlage 2
(zu § 9 Abs. 3)

Erklärung über die Konformität mit dem Baumuster

Hiermit wird erklärt, daß das Produkt

....
(Bezeichnung des Produkts, insbesondere Bauartnummer, Los- oder Seriennummer)

dem in der EG-Baumusterprüfbescheinigung/Baumusterprüfbescheinigung Registrier-Nr. .... beschriebenen Baumuster entspricht und alle für das Produkt relevanten technischen Vorschriften im Anwendungsbereich der Telekommunikationszulassungsverordnung erfüllt:

....
....
(Bezeichnung der Vorschriften, Normen usw.)

Ort, Datum, Unterschrift des Herstellers

....

....
(mit Angabe der Anschrift, der Telefon- und Telefax-Nummer und eines Ansprechpartners)

914

Anlage 3
(zu § 12 Abs. 1 Nr. 2)

Konformitätserklärung

Hiermit wird erklärt, daß das nachfolgend näher bezeichnete Produkt im Rahmen eines umfassenden Qualitätssicherungssystems mit der Registrier-Nr. .... gefertigt wird:

....
(Bezeichnung des Produkts, insbesondere Bauartnummer, Los- oder Seriennummer)

Die Konformität mit den nachfolgend genannten technischen Vorschriften im Anwendungsbereich der Telekommunikationszulassungsverordnung ist gewährleistet:

....

....
(Bezeichnung der Vorschriften, Normen usw.)

Ort, Datum, Unterschrift des Herstellers

....

....
(mit Angabe der Anschrift, der Telefon- und Telefax-Nummer und eines Ansprechpartners)

915

Anlage 4
(zu § 14 Abs. 2)

Muster für die nationalen Zulassungszeichen der Bundesrepublik Deutschland

```
    X  A999
    Y
    Z  999N
```

A	– Kurzzeichen für Zulassungsart (Buchstaben A bis Z)
N	– Jahresangabe nach DIN EN 60 062
A999 999N	– Zulassungsnummer
XYZ	– Buchstabenkombination als Kurzzeichen der benannten Stelle

Anmerkung:

Die Zahlenangaben für die Maße sind Verhältniswerte. Die reale Größe des Zulassungszeichens kann frei bestimmt werden. Die Schriftgröße für die Zulassungsnummer darf jedoch nicht kleiner als 2 mm sein. Die Mindesthöhe des Zulassungszeichens beträgt mithin 5,7 mm.

Die Kurzzeichen der benannten Stellen in Deutschland werden im Amtsblatt der Regulierungsbehörde bekanntgemacht.

Zeichenelement	Verhältniswert
Höhe des Bundesadlers, des XYZ-Schriftzugs und der alphanumerischen Zulassungsnummer	70
Abstände zwischen Umrandungs- und Kennzeichenelementen	5
Strichstärke der Umrandung	1

Bundesgesetzblatt Jahrgang 1997 Teil I Nr. 60, ausgegeben zu Bonn am 28. August 1997   2131

Anlage 5
(zu § 14 Abs. 3)

Muster für die CE-Kennzeichnung von Telekommunikationseinrichtungen

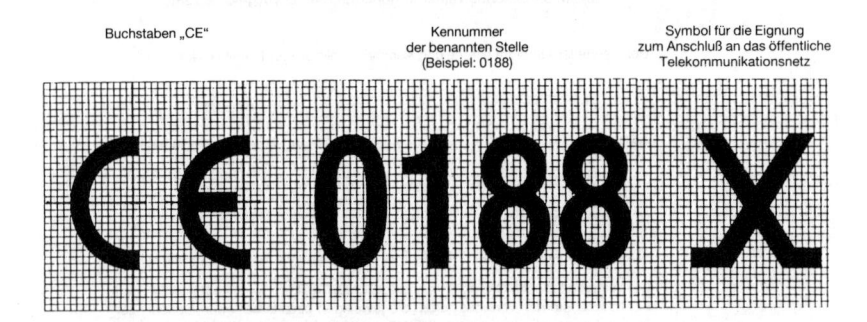

Buchstaben „CE"   Kennummer   Symbol für die Eignung
                    der benannten Stelle   zum Anschluß an das öffentliche
                    (Beispiel: 0188)   Telekommunikationsnetz

Bei Verkleinerung oder Vergrößerung der CE-Kennzeichnung müssen die sich aus dem oben abgebildeten Raster ergebenden Proportionen eingehalten werden. Das Raster selbst ist nicht Bestandteil der CE-Kennzeichnung.

Die verschiedenen Bestandteile der CE-Kennzeichnung müssen gleich hoch sein; die Mindesthöhe beträgt 5 mm.

Die Kennummern der benannten Stellen in Deutschland werden im Amtsblatt der Regulierungsbehörde bekanntgemacht.

Anlage 6
(zu § 15 Abs. 1 Satz 1)

Kennzeichnung von Einrichtungen, die für den Anschluß an ein öffentliches Telekommunikationsnetz geeignet, jedoch nicht dafür vorgesehen sind

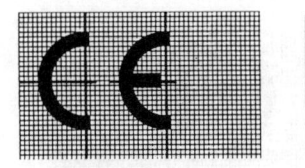

Bei Verkleinerung oder Vergrößerung der CE-Kennzeichnung müssen die sich aus dem abgebildeten Raster ergebenden Proportionen eingehalten werden. Das Raster selbst ist nicht Bestandteil der Kennzeichnung.

Die verschiedenen Bestandteile der CE-Kennzeichnung müssen gleich hoch sein; die Mindesthöhe beträgt 5 mm.

Anlage 7
(zu § 15 Abs. 1 Satz 2)

**Muster einer Herstellererklärung
für Einrichtungen, die nicht für den Anschluß
an ein öffentliches Telekommunikationsnetz vorgesehen sind**

Der Hersteller/Lieferant (Name und Anschrift, Telefon- und Telefax-Nummer)

....

erklärt, daß .... (Kennzeichnung der Einrichtung)

....

....

nicht zum Anschluß an ein öffentliches Telekommunikationsnetz bestimmt ist.

Der Anschluß dieses Geräts an ein öffentliches Telekommunikationsnetz in den EG-Mitgliedstaaten verstößt gegen die jeweiligen einzelstaatlichen Gesetze zur Anwendung der Richtlinie 91/263/EWG zur Angleichung der Rechtsvorschriften der Mitgliedstaaten über Telekommunikationsendeinrichtungen einschließlich der gegenseitigen Anerkennung ihrer Konformität und der Richtlinie 93/97/EWG des Rates zur Ergänzung der Richtlinie 91/263/EWG hinsichtlich Satellitenfunkanlagen.

Ort, Datum, Unterschrift

....

Anlage 8
(zu § 4 Abs. 5)

**Muster für die CE-Kennzeichnung von
Satellitenfunk-Empfangsanlagen, die das Verfahren
der internen Fertigungskontrolle durchlaufen haben**

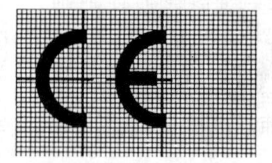

Bei Verkleinerung oder Vergrößerung der CE-Kennzeichnung müssen die sich aus dem oben abgebildeten Raster ergebenden Proportionen eingehalten werden. Das Raster selbst ist nicht Bestandteil der CE-Kennzeichnung.

Die Mindesthöhe der Kennzeichnung beträgt 5 mm.

Bundesgesetzblatt Jahrgang 1997 Teil I Nr. 60, ausgegeben zu Bonn am 28. August 1997

Anlage 9
(zu § 18 Abs. 1)

Gebühren für Amtshandlungen der benannten Stellen

1 Allgemeine Gebühren

Gebühren-nummer	Leistungsbeschreibung	Gebühr
1.1	Beratungsleistungen außerhalb eines Antragsverfahrens	Gebühr nach dem personellen Zeitaufwand (bis zu DM 200 je angefangene Stunde)
1.2	Ablehnung eines Antrags	Die Höhe der Gebühr bemißt sich nach § 15 des Verwaltungskostengesetzes.
1.3	Vollständige oder teilweise Zurückweisung eines Widerspruchs gegen eine Sachentscheidung, soweit die Erfolglosigkeit des Widerspruchs nicht auf der Unbeachtlichkeit der Verletzung einer Verfahrens- oder Formvorschrift nach § 45 des Verwaltungsverfahrensgesetzes beruht	bis zu 100 % der Gebühr für die angegriffene Amtshandlung
1.4	Vollständige oder teilweise Zurückweisung eines ausschließlich gegen eine Kostenentscheidung gerichteten Widerspruchs nach Beginn der sachlichen Bearbeitung, jedoch vor deren Beendigung	bis zu 10 % des streitigen Betrags
1.5	Zurückziehen eines Widerspruchs gegen eine Sachentscheidung	bis zu 75 % der Gebühr für die angegriffene Amtshandlung

Anmerkung: Die Erstattung von entstandenen Reisekosten für Personal und Beförderungskosten für Meßgeräte sowie von Aufwendungen für Dienstleistungen Dritter erfolgt gemäß § 10 des Verwaltungskostengesetzes.

2 Gebühren

Gebühren-nummer	Amtshandlung	Deutsche Mark
2.1	Ausstellen einer Baumusterprüfbescheinigung oder einer Baumusterbescheinigung	250
2.2	Änderung einer Baumusterprüfbescheinigung oder einer Baumusterbescheinigung	200
2.3	Ausstellung eines Doppels einer Baumusterprüfbescheinigung oder einer Baumusterbescheinigung	150
2.4	Zuteilung eines Zulassungsnummernkontingents	250
2.5	Vormerken einer Zulassungsnummer	150
2.6	Bewerten eines Prüfberichts von leitergebundenen Telekommunikationseinrichtungen mit analogem Anschaltepunkt und Feststellen der Konformität	von 500 bis 3 500
2.7	Bewerten eines Prüfberichts von leitergebundenen Telekommunikationseinrichtungen mit digitalem Anschaltepunkt und Feststellen der Konformität	von 500 bis 5 000
2.8	Bewerten eines Prüfberichts von Mobilfunkeinrichtungen für die C-, D- und E-Netze und Feststellen der Konformität	von 500 bis 7 000
2.9	Bewerten eines Prüfberichts von sonstigen Funkgeräten und Feststellen der Konformität	von 500 bis 8 000
2.10	Einmalige Registrierungsgebühr für Einrichtungen nach § 1 Abs. 2	50
2.11	Erteilen der Zulassung eines Qualitätssicherungssystems nach § 10 oder § 11	von 3 000 bis 30 000
2.12	Überwachung eines Qualitätssicherungssystems nach § 10 oder § 11	von 1 500 bis 5 000
2.13	Erteilung einer befristeten Zulassung	700

Anlage 10
(zu § 18 Abs. 2)

Gebühren der Regulierungsbehörde
im Anwendungsbereich der Telekommunikationszulassungsverordnung

Gebühren-nummer	Amtshandlung	Deutsche Mark
101	Erteilen einer Standortbescheinigung nach § 6 Abs. 2	von 50 bis 12 000
102	Rücknahme oder Widerruf einer Baumusterprüfbescheinigung oder der Zulassung von Qualitätssicherungssystemen nach § 13	Die Höhe der Gebühr bemißt sich nach § 15 des Verwaltungskostengesetzes.
103	Kontrolle der Kennzeichnung nach § 16 Abs. 2 oder Einleitung und Auswertung der Nachprüfung von Produkten nach § 16 Abs. 3*)	500
104	Prüfung im eigenen Labor (Prüfpersonal und Meßmittel) nach § 16 Abs. 2 und 3*)	je angefangene Stunde bis 500
105	Durchführung von Maßnahmen nach § 16 Abs. 5	bis 1 000
106	Entscheidungen über Widersprüche nach § 19 Abs. 2	500
107	Bearbeitung eines Widerspruchs gegen eine Sachentscheidung einer nach § 64 Abs. 2 TKG beliehenen Stelle	bis zu 100 % der Gebühr für den angegriffenen Verwaltungsakt
108	Bearbeitung eines ausschließlich gegen eine Kostenentscheidung einer nach § 64 Abs. 2 TKG beliehenen Stelle gerichteten Widerspruchs	bis zu 10 % des streitigen Betrags

Anmerkung: Die Berechnung von Auslagen der Regulierungsbehörde für Maßnahmen nach § 16 Abs. 3 und 4 wie Transport und Prüfung im Fremdlabor erfolgt gemäß § 10 des Verwaltungskostengesetzes.*)

---

*) Sofern bei der Kontrolle der Kennzeichnung nach § 16 keine Mängel festgestellt werden, werden durch die Regulierungsbehörde weder Gebühren noch Auslagen erhoben.

Bundesgesetzblatt Jahrgang 1997 Teil I Nr. 60, ausgegeben zu Bonn am 28. August 1997   2135

Anlage 11
(zu § 7 Abs. 5 Nr. 2)

**Verfahren der Konformitätsbewertung
mit anschließender Konformitätserklärung durch den Hersteller**

(1) Für bestimmte Kategorien von Funkanlagen, für die die Regulierungsbehörde in ihrem Amtsblatt die Anwendung des Verfahrens der Konformitätsbewertung mit anschließender Konformitätserklärung durch den Hersteller ausdrücklich gestattet hat, wird das Einhalten der in § 5 dieser Verordnung genannten grundlegenden Anforderungen für die Funkanlagen vermutet, die mit den Anforderungen einer zu diesem Zwecke nach § 5 Abs. 3 im Amtsblatt der Regulierungsbehörde veröffentlichten einschlägigen Technischen Vorschrift übereinstimmen.

(2) Der Hersteller bescheinigt durch eine Konformitätserklärung mit dem Inhalt nach dem im Anhang angegebenen Muster die Übereinstimmung der Funkanlage mit den Vorschriften der unter Absatz 1 genannten Technischen Vorschrift.

(3) Der Hersteller legt jeder Funkanlage eine Abschrift der Konformitätserklärung nach Absatz 2 bei.

Anhang zu Anlage 11

Konformitätserklärung

Hiermit wird erklärt, daß die Konformität der nachfolgend näher beschriebenen Funkanlage:

....

....
(Bezeichnung der Funkanlage, insbesondere Bauartnummer, Los- oder Seriennummer)

mit den Vorschriften der nachfolgend genannten Technischen Spezifikation gewährleistet ist:

....

....
(Bezeichnung und Fundstelle der Technischen Spezifikation, mit Bezug auf die die Konformität erklärt wird)

Ort, Datum, rechtsverbindliche Unterschrift des Herstellers

....

....
(Angabe der Anschrift, der Telefon- und Telefax-Nummer und eines Ansprechpartners)

Sachregister

Die mit Null beginnenden Zahlen entsprechen den VDE-Klassifikationsnummern der VDE-Bestimmungen, VDE-Leitlinien und VDE-Vornormen in Abschnitt 1.

Beispiele: 0284 siehe **(VDE 0284)**
0472 T 811 siehe **(VDE 0472 Teil 811)**
0472 Bbl 1 siehe **(Beiblatt 1 zu VDE 0472)**

Bei Wortgruppen wird das substantivische Oberglied vorangestellt; Beispiele: „spezifischer Oberflächenwiderstand" ist zu suchen bei „Oberflächenwiderstand, spezifischer", „Anschließen von Kupferleitern" ist zu suchen bei „Anschließen". Die Umlaute ä, ö und ü wurden wie ae, oe und ue eingeordnet.

Alarmanlage   0830 T 7-7
Aluminium-Elektrolyt-
  Wechselspannungskondensator
  0560 T 800, T 810
Anlage, ortsfeste   0115 T 3
– für Menschenansammlungen
  0108 Bbl 1
– im Gebäude   0100 T 442
Annahmekriterium   0446 T 1
Anschluß an Telekommunikations-
  netz   0804 T 100
Antrieb, drehzahlveränderbarer
  0160 T 100
Anzeigegerät   0199
Arbeitskopf   0682 T 211
Arbeitsstange, isolierende
  0682 T 211
Arbeitsweise von Konvertern
  0712 T 23
– von Startgeräten   0712 T 15
– von Vorschaltgeräten   0712 T 11,
  T 13, T 23
Audio-Einrichtung
  0875 T 103-1, T 103-2
Ausfallzeit   0304 T 23-3-2
Ausschaltprüfung von Sicherungen
  0560 T 121
Autoklav   0411 T 2-042

Bahnanwendung   0115 T 3, T 300-5,
  T 320-2

Band, gewebtes, aus Textilglas
  0338 T 1, T 2, T 3
–, gewebtes   0337 T 1, T 2, T 3
Barbecue-Grillgerät   0700 T 78
Beanspruchung, äußere
  mechanische   0470 T 100
Bedienteil   0199
Beleuchtungseinrichtung
  0875 T 15-1
Bemessung von Maschinen
  0530 T 1
Berechnung der Kurzschlußströme
  0102 T 3, Bbl 3
Bergbau unter Tage   0118 Bbl 1
Beschichtungspulver, brennbares
  0147 T 102
Beschichtungsstoff, brennbarer
  flüssiger   0147 T 101
Bestimmung der Anzahl der
  Teilchen   0370 T 14
Betrieb elektrischer Anlagen
  0105 T 1, T 2, T 100
Betriebsmittel   0100 T 551
Betriebsverhalten von Maschinen
  0530 T 1
Betrieb von Turbogeneratoren
  0530 T 3, Bbl 1
Biphenyl, polychloriertes   0371 T 8
Blitzimpuls, elektromagnetischer
  0185 T 103
Blockspan   0314 T 1, T 2, T 3-1

925

Bodenbelag 0303 T 83
Brandgefahr 0471 T 2-1/0, T 2-1/1,
 T 2-1/2, T 2-1/3
Brandschutz 0100 T 482
Brenner-Steuerungssystem
 0631 T 2-5
Brenner-Überwachungssystem
 0631 T 2-5

CATV/SMATV-Kopfstelle 0855 T 9
CCTV-Überwachungsanlage für
 Sicherungsanwendungen
 0830 T 7-7
Codierungsgrundsatz 0199
CPS 0660 T 115

Digitalrecorder 0432 T 8
Dokumentation, technische
 0118 Bbl 1
Doppelerdkurzschlußstrom 0102 T 3
Drehstromnetz 0102 Bbl 3
Drehstrom-Öl-Verteilungs-
 transformator 0532 T 222
Dreiphasen-Turbogenerator
 0530 T 3
Drosselspule 0532 T 7
Druck-Regelgerät 0631 T 2-6
Druck-Steuergerät 0631 T 2-6
Dunstabzugshaube 0700 T 31
DVB/MPEG-2-Transportstrom
 0855 T 9

Einrichtung, audiovisuelle
 0875 T 103-1, T 103-2
Eisbereiter 0700 T 24
Elektrofachkraft 0636 T 20
Elektrogerät 0875 T 14-1
Elektroisolierstoff 0304 T 23-3-2
Elektrolyt, flüssiger 0560 T 800,
 T 810
elektromagnetische Verträglichkeit
 siehe EMV
Elektrostatik 0303 T 83
Elektrowärmegerät für Tieraufzucht
 und Tierhaltung 0700 T 216

Elektrowerkzeug, handgeführtes
 motorbetriebenes 0740 T 1215,
 0875 T 14-1
EMV-Produktnorm 0160 T 100
EMV 0127 T 2, 0160 T 100,
 0435 T 2021, 0620 T 300,
 0625 T 1, 0631 T 2-6, T 2-11,
 0660 T 101, T 102, T 114, T 115,
 T 200, T 208, 0750 T 2-19, T 2-20,
 T 2-21, 0839 T 82-1, 0843 T 20,
 0847 T 4-3, T 4-6, T 4-24,
 0855 T 200, 0875 T 11, T 14-1,
 T 14-2, T 103-1, T 103-2
EN 41003 0804 T 100
EN 50082-1 0839 T 82-1
EN 50083-2 0855 T 200
EN 50083-9 0855 T 9
EN 50090-2-2 0829 T 2-2
EN 50091-1-1 0558 T 511
EN 50102 0470 T 100
EN 50110-1 0105 T 1
EN 50110-2 0105 T 2
EN 50116 0805 T 116
EN 50117 0887 T 1
EN 50122-1 0115 T 3
EN 50132-7 0830 T 7-7
EN 50144-2-15 0740 T 1215
EN 50152-2 0115 T 320-2
EN 50176 0147 T 101
EN 50177 0147 T 102
EN 50187 0670 T 811
EN 55011 0875 T 11
EN 55013 0872 T 13
EN 55014-1 0875 T 14-1
EN 55014-2 0875 T 14-2
EN 55015 0875 T 15-1
EN 55020 0872 T 20
EN 55103-1 0875 T 103-1
EN 55103-2 0875 T 103-2
EN 60034-1 0530 T 1
EN 60034-14 0530 T 14
EN 60034-16-1 0530 T 16
EN 60034-22 0530 T 22
EN 60034-3 0530 T 3
EN 60071-2 0111 T 2

EN 60073	0199
EN 60076-1	0532 T 101
EN 60086-4	0509 T 4
EN 60095-5	0675 T 5
EN 60127-4	0820 T 4
EN 60216-3-2	0304 T 23-3-2
EN 60238	0616 T 1
EN 60255-1-00	0435 T 201
EN 60255-22-2	0435 T 3022
EN 60269-1	0636 T 10
EN 60269-2	0636 T 20
EN 60269-4	0636 T 40
EN 60282-1	0670 T 4
EN 60325-1	0625 T 1
EN 60335-2-14	0700 T 14
EN 60335-2-16	0700 T 16
EN 60335-2-24/A52	0700 T 24/A2
EN 60335-2-26	0700 T 26
EN 60335-2-27	0700 T 27
EN 60335-2-28	0700 T 28
EN 60335-2-30/A52	0700 T 30/A52
EN 60335-2-31	0700 T 31
EN 60335-2-34	0700 T 34
EN 60335-2-40/A51	0700 T 40/A1
EN 60335-2-41	0700 T 41
EN 60335-2-47	0700 T 47
EN 60335-2-48	0700 T 48
EN 60335-2-49	0700 T 49
EN 60335-2-50	0700 T 50
EN 60335-2-52	0700 T 52
EN 60335-2-54	0700 T 54
EN 60335-2-55	0700 T 55
EN 60335-2-56	0700 T 56
EN 60335-2-60	0700 T 60
EN 60335-2-62	0700 T 62
EN 60335-2-7	0700 T 7
EN 60335-2-71	0700 T 216
EN 60335-2-73	0700 T 73
EN 60335-2-78	0700 T 78
EN 60371-2	0332 T 2
EN 60383-1	0446 T 1
EN 60400	0616 T 3
EN 60427	0670 T 108
EN 60432-1	0715 T 1
EN 60432-2	0715 T 2
EN 60439-1	0660 T 500 Bbl 2
EN 60519-11	0721 T 11
EN 60519-4	0721 T 4
EN 60551	0532 T 7
EN 60570	0711 T 300
EN 60598-2-2	0711 T 202
EN 60598-2-3	0711 T 203
EN 60598-2-6	0711 T 206
EN 60598-2-7	0711 T 207
EN 60598-2-7/A2	0711 T 207/A2
EN 60598-2-8	0711 T 2-8
EN 60601-1-4	0750 T 1-4
EN 60601-2-18	0750 T 2-18
EN 60601-2-19	0750 T 2-19
EN 60601-2-20	0750 T 2-20
EN 60601-2-21	0750 T 2-21
EN 60601-2-22	0750 T 2-22
EN 60601-2-33	0750 T 2-33
EN 60601-2-35	0750 T 2-35
EN 60601-2-36	0750 T 2-36
EN 60601-2-38	0750 T 2-38
EN 60626-1	0316 T 1
EN 60626-2	0316 T 2
EN 60626-3	0316 T 3
EN 60669-1/A2	0632 T 1/A2
EN 60669-2-1	0632 T 2-1
EN 60669-2-2	0632 T 2-2
EN 60669-2-3	0632 T 2-3
EN 60695-2-1/0	0471 T 2-1/0
EN 60695-2-1/1	0471 T 2-1/1
EN 60695-2-1/2	0471 T 2-1/2
EN 60695-2-1/3	0471 T 2-1/3
EN 60730-1	0631 T 1
EN 60730-2-1	0631 T 2-1
EN 60730-2-11	0631 T 2-11
EN 60730-2-2	0631 T 2-2/A1
EN 60730-2-2	0611 T 2-2
EN 60730-2-5	0631 T 2-5
EN 60730-2-6	0631 T 2-6
EN 60730-2-7	0631 T 2-7/A1
EN 60730-2-8	0631 T 2-9
EN 60730-2-8	0631 T 2-8
EN 60730-2-8	0611 T 2-8
EN 60730-2-9	0631 T 2-9
EN 60763-1	0314 T 1

EN 60763-2 0314 T 2
EN 60763-3-1 0314 T 3-1
EN 60819-1 0309 T 1
EN 60831-1 0560 T 46
EN 60831-2 0560 T 47
EN 60832 0682 T 211
EN 60838-1 0616 T 5
EN 60838-2-1 0616 T 4
EN 60871-4 0560 T 440
EN 60893-3-1 0318 T 3-1
EN 60895 0682 T 304
EN 60920 0712 T 10
EN 60921 0712 T 11
EN 60922 0712 T 12
EN 60923 0712 T 13
EN 60925 0712 T 21
EN 60926 0712 T 14
EN 60927 0712 T 15
EN 60929 0712 T 23
EN 60931-1 0560 T 48
EN 60931-2 0560 T 49
EN 60931-3 0560 T 45
EN 60947-2 0660 T 101
EN 60947-3 0660 T 107
EN 60947-4-1 0660 T 102
EN 60947-4-2 0660 T 117
EN 60947-5-1 0660 T 200
EN 60947-5-2 0660 T 208
EN 60947-6-1 0660 T 114
EN 60947-6-2 0660 T 115
EN 60947-7-1 0611 T 1
EN 60950 0805
EN 61000-4-24 0847 T 4-24
EN 61000-4-3 0847 T 4-3
EN 61000-4-6 0847 T 4-6
EN 61010-2-043 0411 T 2-043
EN 61036 0418 T 7
EN 61046 0712 T 24
EN 61047 0712 T 25
EN 61067-1 0338 T 1
EN 61067-2 0338 T 2
EN 61067-3-1 0338 T 3
EN 61068-1 0337 T 1
EN 61068-2 0337 T 2
EN 61068-3-1 0337 T 3

EN 61071-1 0560 T 120
EN 61071-2 0560 T 121
EN 61083-2 0432 T 8
EN 61129 0670 T 212
EN 61199 0715 T 9
EN 61242 0620 T 300
EN 61270-1 0560 T 22
EN 61326-1 0843 T 20
EN 61330 0670 T 611
EN 61400-2 0127 T 2
EN 61466-1 0441 T 4
EN 61619 0371 T 8
EN 61773 0210 T 20
EN 61800-3 0160 T 100
EN 61812-1 0435 T 2021
EN 132421 0565 T 1-3
EN 133000 0565 T 3
EN 137000 0560 T 800
EN 137100 0560 T 810
EN 137101 560 T 811
Endarmatur 0441 T 4
Energieregler 0631 T 2-11
Energieverteilungskabel 0276 T 621
Entflammbarkeit von Werkstoffen
 0471 T 2-1/2
Entladung, elektrostatische 0435 T 3022
Entzündbarkeit von Werkstoffen
 0471 T 2-1/3
ENV 50184 0544 V T 50
EPR-Isolierhülle 0282 T 12
Erdung 0115 T 3
Erdungsschalter, einphasiger
 0115 T 320-2
Ermittlung der Erwärmung durch Extrapolation 0660 T 507
Erregersystem für Synchronmaschinen 0530 T 16
Errichten elektrischer Anlagen
 0118 Bbl 1
Erwärmung 0660 T 507

Feld, hochfrequentes 0847 T 4-6
–, hochfrequentes elektromagnetisches 0847 T 4-3

Fernschalter 0632 T 2-2
Fernseh-Signal 0855 T 9, T 200
Festigkeitsklasse, genormte
 0441 T 4
Filter, passives 0565 T 3
Fördern, elektromagnetisches
 0721 T 11
Freileitung 0210 T 20, 0441 T 4
Freiluft-Stützisolator 0674 T 1
Funkenerosionsgerät 0875 T 11
Funkstöreigenschaft von Rundfunk-
 empfängern 0872 T 13
Funkstörung von Beleuchtungs-
 einrichtungen 0875 T 15-1
Fußboden, verlegter 0303 T 83

Gas, heißes inertes 0411 T 2-043
–, toxisches 0411 T 2-042
Gebäude 0100 T 482
Genauigkeitsklasse 0418 T 7
Gerät, endoskopisches 0750 T 2-18
–, medizinisches elektrisches
 0750 T 1-4, T 2-18, T 2-19, T 2-20,
 T 2-21, 2-33, T 2-35, T 2-36,
 T 2-38
Geräteanschlußkabel für digitale
 Kommunikation 0819 T 5
Geräteschutzsicherung 0820 T 4
Gerätesteckvorrichtung für den
 Hausgebrauch 0625 T 1
Gerät für Aquarien und
 Gartenteiche 0700 T 55
– für den gewerblichen
 Gebrauch 0700 T 47, T 48, T 49,
 T 50, T 62
– für den Hausgebrauch 0700 T 1,
 T 7, T 14, T 16, T 24, T 26, T 27,
 T 28, T 30, T 31, T 34, T 40, T 41,
 T 52, T 54, T 55, T 56, T 60, T 73,
 T 78, T 216
– für Lampen 0712 T 12, T 15
– für Lithotripsie 0750 T 2-36
– zur Oberfächenreinigung
 0700 T 54
Geräuschpegel 0532 T 7

Geschäftsbereich 0839 T 82-1
Gewerbebereich 0839 T 82-1
Gießen, elektromagnetisches
 0721 T 11
Glas 0674 T 1
Glas-Isolator 0446 T 1
Gleichstrom-Schalteinrichtung
 0115 T 300-5
Glimmererzeugnis 0332 T 2
Glühdraht-Prüfung 0110 T 1,
 0471 T 2-1/0, T 2-1/2, T 2-1/3
– am Enderzeugnis 0471 T 2-1/1
Glühlampe 0715 T 2
– für den Hausgebrauch 0715 T 1
Grenzwert der Schwingstärke
 0530 T 14
– für die Funkstöreigenschaften
 0872 T 13
– für Funkstörungen
 0875 T 11
Gültigkeitserklärung 0544 V T 50

Halbleiter-Motor-Starter 0660 T 117
Halbleiter-Motor-Steuergerät
 0660 T 117
Halogen-Glühlampe für den
 Hausgebrauch 0715 T 2
Handleuchte 0711 T 2-8
Harz, wärmehärtbarer 0318 T 3-1
Hauptleitungsabzweigklemme
 0603 T 2
Haushaltgerät 0875 T 14-1
Hausinstallationssicherung
 0636 T 301
Hautbehandlungsgerät 0700 T 27
HD 22.12 0282 T 12
HD 384.4.442 0100 T 442
HD 384.5.551 0100 T 551
HD 428.2.2 0532 T 222
HD 528 0660 T 507
HD 609 0819 T 5
HD 621 0276 T 621
HD 624.4 0819 T 104
HD 624.8 0819 T 108

HD 624.9   0819 T 109
HD 625.1   0110 T 1
HD 628   0278 T 628
HD 629.1   0278 T 629-1
HD 630.3.1 0636 T 301
Heckenschere   0740 T 1215
Heizeinsatz, ortsfester   0700 T 73
HEMP-Störgröße, leitungsgeführte
   0847 T 4-24
Hochfrequenzgerät, industrielles
   0875 T 11
–, medizinisches   0875 T 11
–, wissenschaftliches   0875 T 11
Hochspannungssicherung   0670 T 4
Hochspannungs-Wechselstrom-
   Leistungsschalter
   0670 T 108
Hubkolben-Verbrennungsmotor
   0530 T 22

IEC-CISPR 11   0875 T 11
IEC-CISPR 14-1 0875 T 14-1
IEC-CISPR 14-2 0875 T 14-2
IEC-CISPR 15   0875 T 15-1
IEC 34-3   0530 T 3
IEC 34-14   0530 T 14
IEC 34-16-1   0530 T 16
IEC 71-2   0111 T 2
IEC 86-4   0509 T 4
IEC 99-5   0675 T 5
IEC 127-4   0820 T 4
IEC 255-1-00   0435 T 201
IEC 255-22-2   0435 T 3022
IEC 269-1   0636 T 10
IEC 269-2   0636 T 20
IEC 269-4   0636 T 40
IEC 320-1   0625 T 1
IEC 335-2-07   0700 T 7
IEC 335-2-14   0700 T 14
IEC 335-2-16   0700 T 16
IEC 335-2-24   0700 T 24/A2
IEC 335-2-26   0700 T 26
IEC 335-2-28   0700 T 28
IEC 335-2-30   0700 T 30/A52
IEC 335-2-34   0700 T 34
IEC 335-2-40   0700 T 40
IEC 335-2-41   0700 T 41
IEC 335-2-47   0700 T 47
IEC 335-2-48   0700 T 48
IEC 335-2-49   0700 T 49
IEC 335-2-50   0700 T 50
IEC 335-2-52   0700 T 52
IEC 335-2-60   0700 T 60
IEC 335-2-62   0700 T 62
IEC 335-2-71   0700 T 216
IEC 335-2-73   0700 T 73
IEC 335-2-78   0700 T 78
IEC 364-5-551   0100 T 551
IEC 371-2   0332 T 2
IEC 383-1   0446 T 1
IEC 400   0616 T 3
IEC 432-2   0715 T 2
IEC 570   0711 T 300
IEC 598-2-2   0711 T 202
IEC 598-2-6   0711 T 206
IEC 598-2-7/A2 0711 T 207
IEC 601-1-4   0750 T 1-4
IEC 601-2-18   0750 T 2-18
IEC 601-2-33   0750 T 2-33
IEC 626-1   0316 T 1
IEC 626-2   0316 T 2
IEC 626-3   0316 T 3
IEC 664-1   0110 T 1
IEC 669-1/A2   0632 T 1/A2
IEC 669-2-3   0632 T 2-3
IEC 695-2-1/0   0471 T 2-1/0
IEC 695-2-1/2   0471 T 2-1/2
IEC 695-2-1/3   0471 T 2-1/3
IEC 730-2-1   0631 T 2-1
IEC 730-2-2   0631 T 2-2/A1
IEC 730-2-5   0631 T 2-5
IEC 730-2-7   0631 T 2-7/A1
IEC 763-1   0314 T 1
IEC 763-2   0314 T 2
IEC 763-3-1   0314 T 3-1
IEC 831-2   0560 T 47
IEC 838-2-1   0616 T 4
IEC 842   0530 T 3 Bbl 1
IEC 871-4   0560 T 440
IEC 890   0660 T 507

IEC 909-3   0102 T 3
IEC 920   0712 T 10
IEC 921   0712 T 11
IEC 923   0712 T 13
IEC 925   0712 T 21
IEC 926   0712 T 14
IEC 929   0712 T 23
IEC 931-2   0560 T 49
IEC 931-3   0560 T 45
IEC 947-4-2   0660 T 117
IEC 950   0805
IEC 1000-4-3   0847 T 4-3
IEC 1000-4-6   0847 T 4-6
IEC 1033   0362 T 1
IEC 1036   0418 T 7
IEC 1046   0712 T 24
IEC 1047   0712 T 25
IEC 1071-1   0560 T 120
IEC 1071-2   0560 T 121
IEC 1226   0491 T 1
IEC 1242   0620 T 300
IEC 1312-1   0185 T 103
IEC 1330   0670 T 611
IEC 1340-4-1   0303 T 83
IEC 1641   0660 T 500 Bbl 2
IEC 1773   0210 T 20
IEC 1800-3   0160 T 100
IEC 1812-1   0435 T 2021
IEC 60000 ff siehe EN mit gleicher Nummer außer nachstehende
IEC 60970 (nicht als EN umgesetzt)   0370 T 14
IK-Code   0470 T 100
Innenraum-Stützisolator   0674 T 1
Installation, ortsfeste   0632 T 2-1, T 2-2
Installationskleinverteiler   0603 T 2
Installationsmaterial   0620 T 300
ISM-Gerät   0875 T 11
Isolation, elektrische   0316 T 1
Isolationskoordination   0110 T 1, 0111 T 2
Isolator für Freileitungen   0446 T 1
Isolierband, selbstklebendes   0340 T 1 bis T 3-13

Isolierflüssigkeit   0370 T 14, 0371 T 8
Isoliermischung   0207 Bbl 1
Isolierung aus PVC   0271

Kabel   0207 Bbl 1
Kabelanschlußkasten   0532 T 222
Kabelgarnitur für extrudierte Kunststoffkabel   0278 T 629-1
Kabel mit verdrillten Aderpaaren   0829 T 240
Kabelverteilanlage   0887 T 1
Kabelverteilsystem   0855 T 9, T 200
Kapillar-Gaschromatographie   0371 T 8
Kategorisierung der Sicherheitsleittechnik   0491 T 1
Keramik-Isolator   0446 T 1
Kernkraftwerk   0491 T 1
Kleidung, schirmende   0682 T 304
Kleinbetrieb   0839 T 82-1
Klimagerät   0700 T 40/A1
Koaxialkabel für Kabelverteilanlagen   0887 T 1
Kochkessel für den gewerblichen Gebrauch   0700 T 47
Kommunikation, digitale und analoge   0819 T 5
Kommunikationskabel   0819 T 104, T 108, T 109
Kondensator der Leistungselektronik   0560 T 120, T 121
– für Mikrowellenkochgerät   0560 T 22
– gegen elektromagnetische Störungen   0565 T 1-3
Konverter, gleich- oder wechselstromversorgter   0712 T 24
– für Glühlampen   0712 T 24, T 25
Krankenhausbett, elektrisch betriebenes   0750 T 2-38
Küchenmaschine   0700 T 14
Kühlgerät   0700 T 24/A2
Kunststoffaserbasis   0309 T 1

Kurzschlußstrom 0102 T 3
- in Drehstromnetzen
  0103 Bbl 3

Laboreinsatz 0843 T 20
Laborgerät 0411 T 2-042, T 2-043
Lackdraht-Substrat 0362 T 1
Lampenfassung 0616 T 3
- für röhrenförmige
  Leuchtstofflampen 0616 T 3
- mit Edisongewinde 0616 T 1
- S14 0616 T 4
Langzeiteigenschaft, thermische
  0304 T 23-3-2
Lasergerät, diagnostisches und
  therapeutisches 0750 T 2-22
Lastschalter 0115 T 320-2,
  0660 T 107
Lasttrennschalter 0660 T 107
Lebensdauerprüfung 0560 T 121
Leistungselektronik 0560 T 120
Leistungs-Parallelkondensator,
  nichtselbstheilender 0560 T 45,
  T 48, T 49
-, selbstheilender 0560 T 46, T 47
Leistungsschalter 0660 T 101
Leistungstransformator 0532 T 101
Leittechnik 0843 T 20
Leitung, gummi-isolierte 0282 T 12
-, isolierte 0207 Bbl 1
Leitungsroller für den
  Hausgebrauch 0620 T 300
Leuchte, röhrenförmige
  0712 T 10
Leuchte 0711 T 202, T 203, T 206,
  T 207, T 2-8
- mit eingebautem Konverter für
  Glühlampen 0711 T 206
- mit eingebautem
  Transformator 0711 T 206
Leuchtstofflampe, einseitig
  gesockelte 0715 T 9
-, röhrenförmige 0616 T 3,
  0712 T 10, T 11, T 23
Lichtbogenofenanlage 0721 T 4

Lichtbogenschweißausrüstung
  0544 V T 50
Lithium-Batterie 0509 T 4

Magnetresonanzgerät, medizinisches
  diagnostisches 0750 T 2-33
Mantel aus PVC 0271
Mantelmischung 0207 Bbl 1
Maschine, drehende elektrische
  0530 T 1, T 3, T 3 Bbl 1, T 14,
  T 16, T 22
Maschinenrichtlinie (89/392/EWG)
  0118 Bbl 1
Material für flexible Mehrschicht-
  isolierstoffe 0316 T 3
Matratze zur Erwärmung von
  Patienten 0750 T 2-35
Matte zur Erwärmung von
  Patienten 0750 T 2-35
Mehrfunktionsschaltgerät
  0660 T 114, T 115
Mehrschichtisolierstoff,
  flexibler 0316 T 1, T 2, T 3
Mensch-Maschine-Schnittstelle
  0199
Meßgerät 0411 T 2-042, T 2-043
Meßrelais 0435 T 3022
Meßverfahren für Funkstörungen
  0875 T 11
Metall, flüssiges 0721 T 11
Motorschutzeinrichtung, thermisch
  wirkende 0631 T 2-2
Motorstarter 0660 T 102, T 117
Motorverdichter 0700 T 34
Multimedia-Signal, interaktives
  0855 T 9, T 200
Mundpflegegerät 0700 T 52

Näherungsschalter 0660 T 208
Nähmaschine 0700 T 28
Netzumschalter, automatischer
  0660 T 114
Niederspannungsanlagen-
  Isolationskoordination 0110 T 1

Niederspannungsbegrenzer 0115
T 300-5
Niederspannungsschaltgerät
0611 T 1, 0660 T 101, T 102,
T 107, T 114, T 115, T 117, T 200,
T 208
Niederspannungs-Schaltgeräte-
kombination 0660 T 500,
T 500 Bbl 2, T 507
Niederspannungssicherung
0636 T 10, T 20, T 40
- (D-System) 0636 T 301

Papierisolierung, getränkte
0276 T 621
Parallelkondensator, selbstheilender
0560 T 47
Parallelkondensator bis 1 kV
0560 T 45, T 49
- über 1 kV 0560 T 440
PCB 0371 T 8
PE-Isolier-Mischung, vernetzte
0819 T 109
PE-Mantelmischung 0819 T 104
Person, elektrotechnisch
unterwiesene 0636 T 20
Petrolat-Füllmasse für Kabel
0819 T 108
Polyesterfilament 0337 T 1, T 2, T 3
- und Textilglas 0338 T 1, T 2, T 3
Primärbatterie 0509 T 4
Projektor 0700 T 56
Prüfung, synthetische 0670 T 108
- an isolierten Leitungen
0472 Bbl 1
- an Kabeln 0472 Bbl 1
Prüfverfahren für Blockspan
0314 T 2
- für flexible Mehrschichtisolierstoffe 0316 T 2
- für Glimmererzeugnisse 0332 T 2
PTSK 0660 T 507
Pumpe bis 35 °C 0700 T 41

Raumheizgerät 0700 T 30/A52

Raumluft-Entfeuchter 0700 T 40/A1
Regelgerät 0411 T 2-042, T 2-043,
0631 T 2-2, T 2-5, T 2-7
- für den Hausgebrauch
0611 T 2-2, T 2-8, 0631 T 1, T 2-6,
T 2-8, T 2-9, T 2-11
- für elektrische
Haushaltgeräte 0631 T 2-1
Reihenklemme 0611 T 1
Relais 0435 T 3022
- mit festgelegtem
Zeitverhalten 0435 T 2021
Rühren, elektromagnetisches
0721 T 11
Rundfunkempfänger 0872 T 13,
T 20

Säuglingsinkubator 0750 T 2-19
Säuglingswärmestrahler
0750 T 2-21
Schaltelement 0660 T 200
Schalten eingekoppelter
Ströme 0670 T 212
Schalter, elektronischer 0632 T 2-1
- für Haushalt 0632 T 2-1, T 2-2
- für Haushalt und ortsfeste
Installationen 0632 T 1/A2,
0632 T 2-3
Schalter-Sicherungs-Einheit
0660 T 107
Schaltgerätekombination, partiell
typgeprüfte 0660 T 500, T 507
Schaltrelais 0435 T 201
Schaltuhr 0631 T 2-7/A1
Schichtpreßstoff, technischer
0318 T 3-1
Schlauchleitung, wärmebeständige
0282 T 12
Schnittstelle für CATV-Kopfstelle
0855 T 9
Schottraum, gasgefüllter 0670 T 811
Schütz 0660 T 102, T 117
Schutzart durch Gehäuse
0470 T 100

933

Schutzart gegen äußere
  mechanische Beanspruchungen
  0470 T 100
Schutz bei Erdschlüssen   0100 T 442
– gegen elektromagnetischen
  Blitzimpuls   0185 T 103
– gegen HEMP-Störgrößen
  0847 T 4-24
Schutzmaßnahme   0100 T 442,
  T 482, 0115 T 3
Schutz von Halbleiter-
  Bauelementen   0636 T 40
Schwellenwertprüfergebnis
  0304 T 23-3-2
Schwingung, mechanische
  0530 T 14
Selbstheilprüfung   0560 T 47
Selbstheilungsprüfung   0560 T 121
Sicherheitsanforderung für
  Leuchten   0712 T 10
Sicherheitsleittechnik   0491 T 1
Sicherheitsprüfung   0565 T 1-3
Sicherheitsstromversorgung
  0108 Bbl 1
Sicherung, eingebaute   0560 T 45,
  T 440
–, strombegrenzende   0670 T 4
– für Laien   0636 T 301
Sicherungsanwendung   0830 T 7-7
Sicherungseinsatz, welteinheitlicher
  modularer   0820 T 4
Sicherungseinsatz   0636 T 40
– für Halbleiter-Bauelemente
  0636 T 40
Softwareprüfung   0432 T 8
Sonderfassung   0616 T 4, T 5
Sprudelbadgerät   0700 T 60
Sprühanlage, ortsfeste
  elektrostatische   0147 T 101,
  T 102
Spülbecken für den gewerblichen
  Gebrauch   0700 T 62
Starkstromkabel-Garnitur
  0278 T 628
Starkstromkabel   0271, 0276 T 621

– mit verbessertem
  Brandverhalten   0266
Starterfassung   0616 T 3
Startgerät   0712 T 15
Startgerät für
  Leuchtstofflampen   0712 T 14
Station, fabrikfertige, für Hoch-/
  Niederspannung   0670 T 611
Sterilisator   0411 T 2-042, T 2-043
Steuer- und Schutz-Schaltgerät
  (CPS)   0660 T 115
Steuergerät, elektromagnetisches
  0660 T 200
Steuergerät   0411 T 2-042, T 2-043,
  0631 T 2-2/A1, T 2-5, T 2-7,
  0660 T 208
– für den Hausgebrauch
  0611 T 2-2, T 2-8, 0631 T 1, T 2-1,
  T 2-6, T 2-8, T 2-9, T 2-11
– für elektrische
  Haushaltgeräte   0631 T 2-1
Störaussendung   0875 T 14-1,
  T 103-1
Störfestigkeit   0839 T 82-1,
  0875 T 103-2
– gegen hochfrequente Felder
  0847 T 4-3
– gegen leitungsgeführte
  Störgrößen   0847 T 4-6
– von Elektrogeräten   0875 T 14-2
– von Elektrowerkzeugen
  0875 T 14-2
– von Haushaltgeräten   0875 T 14-2
– von Meßrelais   0435 T 3022
– von Rundfunkempfängern
  0872 T 20
Störlichtbogenbedingung
  0660 T 500 Bbl 2
Störung, elektromagnetische
  0565 T 3
–, Unterdrückung elektromagnetischer   0565 T 1-3
Stoßspannungsprüfung   0432 T 8
Strahlungsgrillgerät für den gewerblichen Gebrauch   0700 T 48

Straßenleuchte   0711 T 203
Stromerzeugungsaggregat   0530 T 22
Stromerzeugungsanlage   0100 T 551
Stromschienensystem für
   Leuchten   0711 T 300
Stromversorgungssystem,
   unterbrechungsfreies   0558 T 511
Studio-Lichtsteuereinrichtung   0875
   T 103-1, T 103-2
Stückprüfung   0805 T 116
Synchronmaschinen-Erregersystem
   0530 T 16
System, programmierbares
   medizinisches   0750 T 1-4
Systemtechnik für Heim und
   Gebäude   0829 T 2-2, T 2-40

Teilchenbestimmung   0370 T 14
Teilkurzschlußstrom   0102 T 3
Telekommunikationsnetz
   0804 T 100
Textilglas   0338 T 1, T 2, T 3
Toaster für den gewerblichen
   Gebrauch   0700 T 48
Tragwerkgründung   0210 T 20
Transformator   0532 T 7
Transportinkubator   0750 T 2-20
Trennschalter, einphasiger
   0115 T 320-2
Trennschalter   0660 T 107
Turbogenerator   0530 T 3

Überspannungsableiter
   0115 T 300-5, 0675 T 5
Überwachungsanlage für Sicherungs-
   anwendungen   0830 T 7-7
Uhr   0700 T 26
UMF   0820 T 4
USV   0558 T 511

Validierung   0544 V T 50
Verbackungsfestigkeit von
   Imprägniermitteln   0362 T 1
Verbund-Kettenisolator für
   Freileitungen   0441 T 4
Verbundspan (veraltet)   0316 T 1
Verhalten, elektrostatisches
   0303 T 83
Verlegung von Kabeln   0829 T 240
Verträglichkeit, elektromagnetische,
   siehe EMV
Verunreinigung durch PCBs
   0371 T 8
Video-Einrichtung   0875 T 103-1,
   T 103-2
Vliesstoff auf Kunststoffaserbasis
   0309 T 1
Vorschaltgerät   0712 T 10, T 11
-, elektronisches   0712 T 23
-, gleichstromversorgtes   0712 T 21
-, wechselstromversorgtes
   0712 T 23
– für Entladungslampen
   0712 T 12, T 13
– für röhrenförmige Leuchtstofflampen   0712 T 10, T 21, T 23

Wärmepumpe   0700 T 40
Wärmeschrank für den gewerblichen
   Gebrauch   0700 T 49
Warmhaltegerät für den gewerblichen
   Gebrauch   0700 T 50
Waschmaschine   0700 T 7
Wasserstoff als Kühlmittel   0530 T 3
   Bbl 1
Wasserventil   0611 T 2-8, 0631 T 2-8
Wechselspannungs-Starkstromanlage
   0560 T 440
Wechselstrom-Erdungsschalter
   0670 T 212
Wechselstromgenerator   0530 T 22
Wechselstrom-Schaltanlage
   0670 T 811
Wechselstrom-Schalteinrichtung
   0115 T 320-2
Wechselstrom-Schaltgerät
   0670 T 811
Wechselstrom-Wirkverbrauchszähler,
   elektronischer   0418 T 7

Werkstoff, keramischer 0674 T 1
- für Kommunikationskabel
 0819 T 104, T 108, T 109
Windenergieanlage, kleine 0127 T 2
Wohnbereich 0839 T 82-1

Zählerplatz 0603 T 2

Zeitrelais 0435 T 2021
Zeitschalter 0632 T 2-3
Zeitsteuergerät 0631 T 2-7
Zerkleinerer von Nahrungsmittel-
 abfällen 0700 T 16
Zerstörungsprüfung 0560 T 47,
 T 49, T 121